中国科学院科学出版基金资助出版

现代化学专著系列·典藏版　06

分子材料

——光电功能化合物

（第二版）

游效曾　著

科学出版社

北京

内 容 简 介

本书是一部介绍光电功能化合物这一备受国内外关注的“分子材料”的基础及进展的著作，着重从结构化学、凝聚态物理、材料和分子生物学相互渗透的观点，结合高校教学和科研基础，深入浅出地对当前高新科学技术中光、电、磁、热等物理功能分子材料分章进行介绍，其中包括分子材料的物理研究方法、分子光电材料的制备、分子导体、分子磁体、介电体和介磁体、极化作用和多铁性、非线性光学材料、光的吸收和光致发光、电致发光、机械化学发光和发电、颜色和热致变色、电致变色、光致变色、分子光电体系的组装、分子纳米体系及其膜层体系、光伏电池和化学储能等内容。

本书可作为高等学校化学、材料科学、凝聚态物理学和分子生物学等有关专业高年级学生及研究生的参考书，在适当取舍后，也可作为相关学科的选修课教材以及科研人员的参考资料。

图书在版编目(CIP)数据

现代化学专著系列：典藏版/江明，李静海，沈家骢，等编著. —北京：科学出版社，2017.1

ISBN 978-7-03-051504-9

Ⅰ.①现… Ⅱ.①江… ②李… ③沈… Ⅲ. ①化学 Ⅳ.①O6

中国版本图书馆 CIP 数据核字(2017)第 013428 号

责任编辑：朱 丽 杨新改 / 责任校对：赵桂芬 张凤琴

责任印制：张 伟 / 封面设计：铭轩堂

科学出版社 出版

北京东黄城根北街 16 号

邮政编码：100717

http://www.sciencep.com

北京厚诚则铭印刷科技有限公司印刷

科学出版社发行 各地新华书店经销

*

2017 年 1 月第 一 版 开本：720×1000 B5

2017 年 1 月第一次印刷 印张：38 1/2

字数：900 000

定价：7980.00 元（全 45 册）

序 言

随着科学技术的高速发展，材料已被誉为现代文明的支柱之一，在社会经济的发展、人民生活质量的提高中都起着重要的作用。材料科学所涉及的领域很宽，它的发展涉及物理、化学等各个基础学科的交叉。化学学科发展的一个重要趋势是它在与材料科学、物理科学及生命科学相互促进过程中日益发展。各种高技术的要求为新材料的开拓带来了生命力。除了常用的结构材料外，目前有实际应用的超导、磁性、非线性光学、激光材料、传感器等新型功能材料大都是由原子(或离子)所组成的原子基材料(atomic-based materials)，这些金属和无机离子非金属化合物从主体结构上发挥其功能。早在20世纪70年代科学家就提出了一类以分子为基础的所谓分子基材料(molecular-based materials)，目前已受到国际学者的广泛重视。比起传统的无机原子基材料来，其优点是易于在较低温度下，采用由下而上的方法，通过分子剪裁实现分子设计和聚集态及超分子器件的分子组装。这些具有全新的特异分子光、电、热、磁等物理功能材料，有望成为21世纪材料科学的主攻领域之一。

分子材料和分子化合物紧密相关。分子本身就是化学的主要研究对象。在材料科学领域中，如果相对地将原子或离子型化合物列为一类，则按目前国际惯例，另一类分子化合物主要是指通常的有机化合物、聚合物、配位化合物，甚至生物化合物。实质上这种分类也只是相对的，因为即使从化学观点也很难严格定义无机或有机"分子"。目前，以无机和有机化合物相结合的配位化合物和配位键为基础的杂化、界面和复合材料的研究发展很快。基于以上的认识，我们早在20世纪80年代末就从超分子化学角度注意到国际上对分子功能材料的研究，进而倡导光电功能配位化合物的研究。诚然，比起配位化学在传统化学领域(如催化合成、萃取分离、医药、环保等)所取得的众所周知成就来说，目前对于其物理功能的研究和开发还处于发展和开拓阶段。本书对此作了强调，也算是本书的一个特点吧。

另一方面，高校理工科基础教育正面临21世纪新科技成就的挑战。将化学、材料科学、物理科学和生命科学内容交叉融入教学改革已是大势所趋。这不仅是由于产、学、研结合的需要，对于培养学生开拓视野、启发思考和发展创新思维也是大有裨益的。恰恰在这方面，国内外还缺乏一本系统的较全面可资借鉴的材料化学或材料物理等领域的教材。基于这种期望，结合我们在教学和科研中的体验和探讨，在编著本书时就考虑到：根据专业情况及原有基础，对一些较为抽象的数理公式及繁杂的化学叙述进行适当取舍后，本书也能用作大专院校化学、材料、物理和分子生物学等学科的高年级学生和研究生的选修教材。实际上，我在1998年后分别应新加坡国立大学和台湾大学邀请进行访问讲学时就曾节录本书作为"光电功能材料"的主要内容进行系统教学。

本书的第二版是在第一版基础上进行了全面修正并增补了大量新颖内容，并结合传统原子基材料内容，着重介绍受到国内外关注的分子基光电功能材料的一般原理及其应用。

自从本书第一版出版以来，我国化学家在分子材料领域中做了很多优秀的和国际同步的工作，并已使光电功能化合物成为材料科学的一个富有前景的方向。但由于篇幅有限，对这些优秀成果只好忍痛割爱，不加细述，对此深为遗憾。

我愿借此机会，向我在南京大学配位化学国家重点实验室多年共同合作的众多同事和历届的研究生，撰写电致发光和光电分子材料制备章节的游宇建博士以及对我关心备致的家人表示衷心感谢，没有他们的协助和支持是难以在这么短的时间内专心致志地完成这项工作。还要感谢国家科学技术部和国家自然科学基金委员会长期对我们科研工作所提供的资助和鼓励。本书的责任编辑朱丽女士和她的同事们为本书的出版做了大量认真细致的工作，在此一并表示感谢。

本书中的图表及文献来自不同学科的著作及期刊，特别是得到了美国化学会、英国皇家化学会、Elsevier 出版公司、麦克米伦公司、美国科学促进会、美国物理学会、Wiley-VCH 出版公司、日本化学会、日本纯粹与应用物理研究所、美国光学学会等，以及我国诸多出版社支持。特此致谢。

在编写过程中虽然企图由大学已有的基础知识，由浅入深、理论结合实际地将结构化学、凝聚态物理、材料科学和分子生物学等不同领域的基本概念和内容系统地关联，以形成一个完整的体系，但由于我们还刚刚踏入这样一个涉及多科性学科的新园地，实属热情有余而力不从心，错误在所难免，欢迎海内外同行予以批评指正，不胜感激。

游效曾

南京大学　配位化学国家重点实验室

2013 年 12 月第二版

目　录

第1章 绪 论

材料科学是研究有关材料成分、结构、工艺流程及其对材料的性质和应用影响规律的一门学科。它的发展过程和物理、化学及工程技术领域的交叉密切相关。其重要的进展之一表现在“材料科学”和“固体化学”分支学科的建立。化学是研究物质合成、组成、结构、反应、性质和应用的科学。在物理、材料和其他相关学科的配合下,化学在认识物质、改造物质和创造物质方面起着主体作用,并处于现代科学的重要地位。

在通常的物质世界中,从日常衣食住行中的生活用品到宇宙飞船、火箭核弹以及其他新型材料,都是由化学元素周期表中的110多个元素以化合物的形式所构成。除了天然的化合物外,为满足人类社会的需求,近百年来化学家已人工合成了大量化合物。已知化合物,从1880年的约1200种,1940年的50万种增至1972年的600万种,到目前已迅猛增加到千万种。现在世界上平均每月约有百种新化合物出现。正是这些化合物为材料科学的发展提供了源泉和基础。本章将对光电功能分子材料做一简介[1]。

1.1 功能化合物和分子材料

1.1.1 分子化合物

宏观上看起来,在形式多样的化合物中,化学家常根据其中原子(例如A和B等)间的电子分布,按它们的微观成键方式粗分为:电子完全转移的离子键(A^+B^-),电子共享的共价键(A∶B),金属原子间电子完全离域的金属键和配体原子中孤对电子配位于金属空轨道的配位键(A→B)这四种形式。表1.1中列出了这些键型的一些主要特点。

表1.1 化合物的不同键型

类型（主要存在形式）	示例	键能/(kJ/mol)	成键特点	物理性质
离子键（固态,液态）	NaCl	795	静电作用和短距离排斥力,无方向,高配位数	熔点、沸点高,溶于极性溶剂,硬度大,导电性能一般
	LiF	1 010		
共价键（原子晶体,分子,分子晶体）	H_2	452	定域或离域电子,具方向性,低配位数	熔点、沸点低,硬度高,溶解度取决于极性,导电性能差
	金刚石	715		
	SiC	1 010		
金属键（固态,液态）	Na	110	电子气,无方向性,高配位数	熔点、沸点中等,不溶解,硬度中等,导电
	Fe	395		
	合金			

续表

类　型 （主要存在形式）	示　例	键能/(kJ/mol)	成键特点	物理性质
配位键 （气态，液态，固态）	$Fe(CO)_5$ $Ga(CH_3)_3$ $Co(NH_3)_6Cl_3$	范围很宽，介于共价键和分子间键之间	一般为孤对电子的配体和空价轨道的金属间的成键	包含金属 d、f 电子而使其物理性质多样化
氢键 （分子间）	H_2O	50	有方向性	熔点低，绝缘
	HF	30		
范德华键 （原子或分子间）	CH_4	10	偶极作用 诱导作用 色散作用	熔点低，绝缘
	Ar	7.6		

通常将化合物按其组成和结构分成无机化合物和有机化合物（后者又延伸出相对分子质量更大的高分子化合物，甚至生物分子）。从化学的角度看，有机化合物是由碳和氢元素为主体的化合物，无机化合物则包括除有机化合物以外的所有元素及其化合物。实际上大多数离子型无机化合物为离子键结合，分子型有机化合物和高分子化合物主要是以共价键的方式结合。从材料科学的角度看，大多数材料是以固体的形式出现，根据其组成可分为原子（包括离子）材料和分子材料。当分子形成分子固体时在分子内仍然保留其共价键结合方式，只是在分子间大致是以氢键和范德华力（表 1.1）结合；但离子化合物形成离子晶体时离子间则仍以离子键结合；而当原子间相互作用形成金属或合金之类的金属固体时，则以一种电子离域的金属键的形式相互结合。在分子型化合物中，众所周知的有机分子和高分子结构中大多数都是以碳原子或杂原子的 sp^3、sp^2 和 sp 杂化结合的单键、双键和叁键等形成的骨架。在下面将要介绍的配位化合物，由于还可能包括可以和有机分子配位的 d、f 等轨道的金属原子，因而使得分子化合物的内容和形式愈来愈多样化。非化学专业的读者可能对配位化合物不太熟悉，下面做简短介绍，以便读者了解本书要讨论的更复杂分子化合物成键、结构和功能的多样性。实际上，以无机和有机相结合的配合物及配位键，在讨论杂化、界面、缺陷和复合材料的结构及性质时有着重要的意义。

配位化合物（coordination compounds，简称为配合物）通常是由无机金属或金属离子（称为中心原子）和其邻近的其他离子或分子（称为配位体，或简称为配体，大都是有机化合物）相互作用而形成的化合物[2-3]。由于早期对这类化合物的本性了解不够清楚，故最初曾称其为“复合物”（complex compounds），也曾译为“错合物”和“络合物”。由于不同配合物的本性及其稳定性差别很大，本身又处于不断发展和丰富的过程，所以至今仍无一致的确切定义。通常认为它是由两种或更多种可以独立存在的简单物种（species）结合起来的一种化合物。

最早的配合物是 1878 年法国 Tassert 报道的 $CoCl_3 \cdot 6NH_3$，它是由较为简单的两种稳定物种 $CoCl_3$ 和 NH_3 反应而得的一个较为复杂的化合物。自 1891 年瑞士的青年化学家 Werner 教授在其发表的具有历史意义的博士论文《无机化学新概念》①中对这类化合物的研究明确提出配位键理论后才使配位化学正式成为化学中的一个分支。他认为金属

① Zeit. Anorg. Chem，1893，3：267-330

原子有主价和副价之分，例如在上例中钴的主价为3和三个氯原子化合，而副价为6和六个氨分子结合。

1916年美国Lewis提出配价键理论，对这类经典配位化合物的本质从微观的成键角度做了更深刻的阐明，即它是具有孤对电子的配体和具有空轨道的中心金属原子形成的配价键。按此，配合物$CoCl_3 \cdot 6NH_3$的电子结构应写为$[Co(NH_3)_6]Cl_3$(图1.1)。其中配价键中的共享电子对(记为：)是由NH_3单方面作为电子给体D(donor)提供给作为电子受体A(acceptor)的Co^{3+}，即

$$D: + A = D \rightarrow A \tag{1.1.1}$$

其中，用配价键"→"区别于共价键"—"记号(例如水分子H—O—H)。在配价键概念引导下，由已独立存在而稳定的饱和化合物进一步合成了大量的所谓经典配位化合物，其特点是，中心金属离子有明确的氧化态及空轨道，配体为具有孤对电子的饱和化合物，二者之间可以形成配价键。当时这类配体大多为简单的无机化合物，如NH_3、H_2O、OH^-、F^-，以及乙二胺、$(HOOCCH_2)_2NCH_2—CH_2N(CH_2COOH)_2$(化学上根据其英文名称第一个字母简记为EDTA)等含O、N、S、P原子的有机配体。早期应用化学分析、旋光性、电导等经典方法研究了它们在溶液中的配位数、稳定性、反应动力学、立体结构和异构现象等性质。它们的一系列特殊性能在元素的分析分离、矿物的提取精选、有机合成和工业催化等传统生产实践中得到广泛的应用。

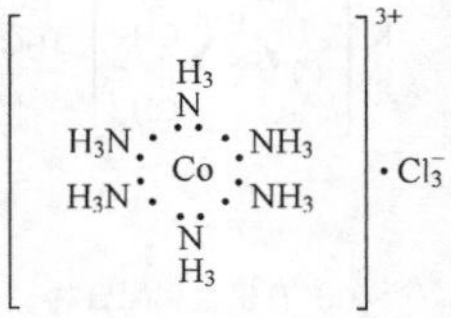

图1.1 经典配合物$Co(NH_3)_6Cl_3$的Lewis结构

金属配合物是相当普遍存在的化合物形式之一。实际上，早在1827年就制备了含有不饱和有机配体的Zeise盐$K[PtCl_3C_2H_4] \cdot H_2O$ [图1.2(a)]。20世纪50年代初测定了含有金属-碳键的夹心面包式二茂铁$Fe(\eta^5\text{-}C_5H_5)_2$的结构后[例如图1.2(b)]，使得有机金属化合物得到了迅猛发展，并被作为无机化学复兴的标志。在这类新型有机金属配合物中配体和中心离子生成了离域的多中心键。这时，即使从实验化学的角度来看，也很难区分有机化合物和无机化合物。不同于一般双电子配价键的经典配位化合物(例如图1.1)，在这些烯烃、环戊二烯等配位体中并没有可以提供给金属的定域孤对电子而是离域的π电子体系，人们称之为新型配合物。

自从1967年Pederson合成并发现冠醚配体对于碱金属离子的特殊选择性后，这类配合物引起人们广泛的兴趣[例如图1.2(c)中化合物，简称为18-冠-6-钾，其中18为成环的质子数，6为环中杂原子数]。为此，他和Lehn分享了1987年诺贝尔化学奖。现在已发展到包括过渡金属和稀土离子大环化合物的研究。冠醚一般是由具有$\leftarrow CH_2CH_2X \rightarrow_n$重复单元所组成的大环化合物，其中X=O、N、S或P等杂原子[4]。对于杂原子为氧原子的大环聚醚化合物，由于其貌似皇冠而常称为冠醚，当在$\leftarrow CH_2CH_2X \rightarrow_n$键的桥端位置上有两个叔氮原子相连时，则称之为双环或三环穴醚[4]。这些大环醚都具有疏水的—CH_2外部骨架，使得它们在油相中有较大的溶解度，而又因具有亲水的 $\rangle C=O$ 内腔，可以和无机金属离子作用。例如，将苯并-15-冠-5和含有"软酸"的过渡金属水合盐$Cu(ClO_4)_2 \cdot nH_2O$在丙酮溶液中反应可以制得$\{[Cu(Ⅱ)(C_{14}O_5H_{20})(H_2O)_2](ClO_4)_2\} \cdot 3H_2O$配合

物(图 1.3 为用 X 射线单晶衍射法测定的分子结构图,常称它为 ORTEP 图)[5]。结构中含有分立的 $Cu(Ⅱ)(C_{14}O_5H_{20})(H_2O)_2$ 阳离子、两个 ClO_4^{2-} 离子和三个结晶 H_2O 分子。一般由图中 O_1、O_2、O_3、O_4 和 O_5 所组成的五元 15-冠-5 环的大小为 0.17～0.27nm,完全足以容纳直径为 0.144nm 的 Cu(Ⅱ)离子。实验的 Cu(Ⅱ)和氧的距离(平均为 0.223nm)比 Cu(Ⅱ)离子半径(0.072nm)和氧的范德华半径(0.14nm)之和要大,因此它们主要依靠离子-偶极的静电作用键合在一起。

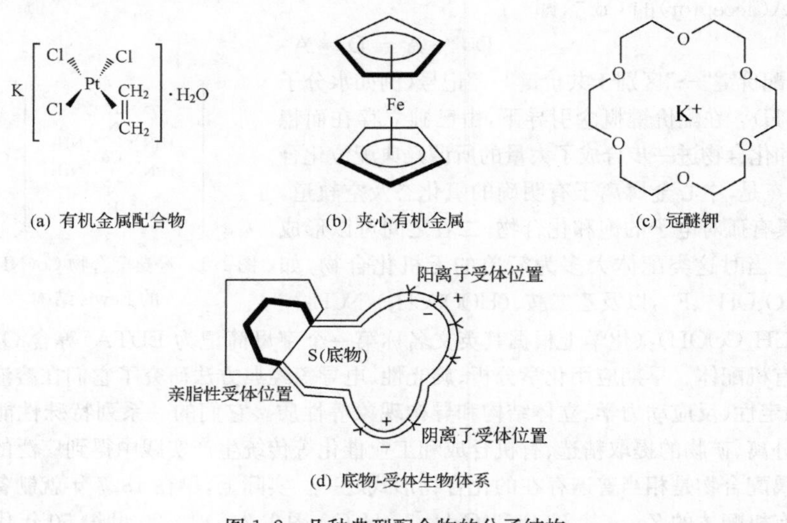

图 1.2　几种典型配合物的分子结构

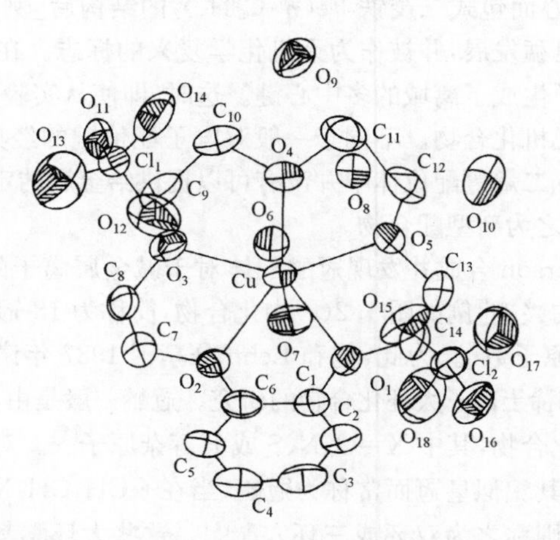

图 1.3　苯并冠醚铜$\{[Cu(Ⅱ)(C_{14}O_5H_{20})(H_2O)_2](ClO_4)_2\}\cdot 3H_2O$ 晶体中的分子结构图

注:图中略去了氢原子;O_6 和 O_7 为配位水中的氧,O_8、O_9 和 O_{10} 为结晶水中的氧

更有意义的是,在生物学所研究的体系中也出现类似的“键合”情况。在生物体系中

研究由较小分子的底物(substrate)和较大分子的受体(receptor)的相互作用所形成的这一对“物种”时[图1.2(d)],在局部作用的区域内,其中底物和受体间键合的含义约略对应于化学中常用的钥匙(key)和锁(lock),客体(guest)和主体(host),甚至Lewis酸和Lewis碱,配位化学中的电子受体(acceptor)和电子给体(donor),金属和配体等概念。在生物体系中主要依靠分子间的范德华力或亲水-疏水性使底物和受体缔合在一起。

近40年来,随着对碱金属冠醚配合物,或比其更为广泛的包合物等主体-客体化学和生物体系中受体和底物相互作用的深入研究,一门与配位化学有密切血缘关系的学科——超分子化学得到了迅速的发展。超分子可以看成是由受体(receptor)和底物(有时也用给体receptee)所组成。诺贝尔奖得主Lehn曾经将这种借助分子间“弱相互作用”(静电作用、范德华力、氢键、短程排斥力)而形成的超分子看作广义的配位化学(generalized coordination chemistry)研究领域[6]。实际上,我们从在分子材料研究中所提到的诸如“复杂化合物(complex compounds)和加合物(addition compounds)的形成以及其他可能较高有序(order)的化合物”等描述及术语中,就可以理解其中蕴含了弱相互作用、分子组装、分子识别等近代很多配合物和超分子化学的概念(参见第16.1节)。配位化学和超分子化学的成长沿着宽度、深度和应用这三个方向发展,使得“分子”的概念及其所包含的内容已今非昔比,为分子和生物分子体系,凝聚态和固态体系间的联系架起了一座宽阔的通道[7,8]。

1.1.2 功能化合物

广义地说,化合物的功能就是指其有应用的性质,主要包括物理、化学和生物等功能。对于化学功能方面,在合成化学和生物酶转化工业生产过程中,就要用到能加快反应速度的酸碱和氧化还原等特定功能的催化剂。例如,对于分子中只含一个碳(CO、CH、CO_2、$HCHO$、CH_4等)的“C_1体系”的开发是当前化学工业的重要基础。在这些反应中使用了大量的过渡金属羰基配合物和簇合物作为催化剂,或引入其他有机配体以改进其性质。与此相关的小分子活化问题也随着能源开发等研究而日益活跃,例如在催化剂羰基钌$Ru_2(CO)_{12}$作用下由乙炔制备聚合物材料所需的二苯酚的反应:

$$2HC\equiv CH+2CO+H_2 \xrightarrow[200℃]{\text{高压}} HO-C_6H_4-OH \tag{1.1.2}$$

根据有机配体和金属离子所形成配合物的稳定性和溶解度差异,可通过溶剂萃取法、沉淀分离法和离子交换法等进行元素分离、富集和提取,这也是该有机分子配体的一种功能。由于原子能工业、核燃料、稀有金属及有色金属工业的发展,广泛使用特定配合物的湿法冶炼方法在20世纪60年代后也以工业生产规模出现。

特定性质的有机分子和高分子已用作紫外吸收剂和光敏物质、合成抗静电物质和金属物质的表面黏合剂等。在某些材料中加入少量金属化合物添加剂,常可大大改进其性能。众所周知,将有机金属化合物二茂铁及其衍生物加到火箭燃料中,可作为抗震剂而改善基体燃烧性能,对于碳粒的氧化也有催化作用。在金属表面技术中,广泛使用可与金属离子配位的有机缓冲剂和添加剂等,以获得具有各种功能(如导电性、磁性、可焊性、耐磨、滑润和太阳能吸收等)的表面镀层结构。

在生物功能方面,很多特效的抗癌药物、农药等都是具有特定结构的有机化合物。已知在很多生物过程中，微量的金属起着关键作用，即它和生物大分子的结合会产生特异的功能。从蛋白质中金属离子的配位化学观点来看，生物无机化学对了解金属蛋白中的生物反应作出了重要的贡献。生物体系存在非常复杂的配体，但在其活性中心位置处的金属环境和经典的 Werner 配合物没有什么本质区别。这方面最突出的成就之一是 Rees 等完成的固氮酶的 X 射线结构分析(图 1.4)[9]。在过去 40 多年中，世界上很多杰出化学家在这方面进行了卓越的工作。特别是从光谱信息及 Fe-Mo 辅酶的元素分析数据 Fe：Mo：S=(7±1)：1：(8±1)合成了很多金属硫簇合物，从而提出了固氮模型化合物。其中有些也具有活化氮的功能，但是没有一个真正对应于图(1.4)所示的结构。这个固氮酶的核心结构可以看作是：二个 3Fe：3S 六元环由二个硫(—S—)所桥连，二边各被一个 Fe 和 Mo 所帽联(capped)。二个 3Fe：3S 环以重叠的方式排列使桥基配体 Y 形成为 Fe_3…Y…Fe_7 的形式，其中具有较弱电子密度的桥基配体 Y 可能就是 N_2。正是这种 Fe_3—N≡N—Fe_7 方式使 N_2 活化，而易于还原裂解成 NH_3。这种发现使得 Mo 在该辅酶中的作用成为一个新的问题。自然界并不是一个化学家，但它非常现实地通过进化在设计能还原 N_2 的固氮酶时，巧妙地选择了这样一种含有 Fe_3—N≡N—Fe_7 的结构。化学家若能从这种天然生物分子材料中学习，进而合成出人造"固氮酶"以将空气中的 N_2 气转化为 NH_3(氨肥)，这对于农业的增产将会产生革命性突破。

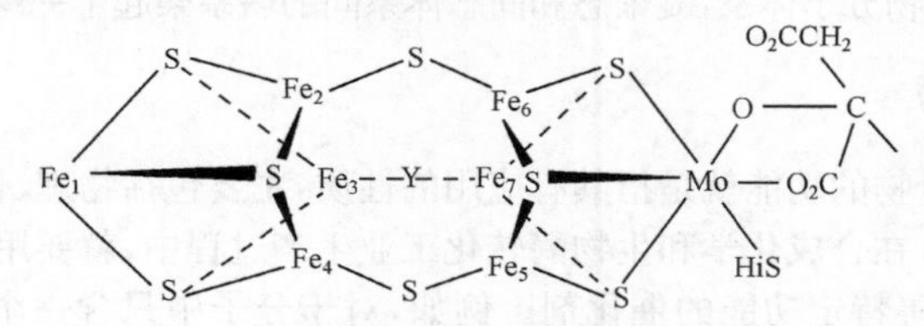

图 1.4 Fe-Mo 辅酶结构示意图

1.1.3 光电分子材料

上面示例性地泛述了分子基化合物的化学和生物功能。但是本书所述的功能化合物则是狭义上特指具有光、电、热、磁等物理功能的一类化合物，由此而形成了一类在高新技术中十分重要的光电分子材料。

随着空间技术、激光、能源、信息、计算机和电子技术的发展，作为新型功能化合物的固体材料的应用也逐渐引人注目。在高新技术中，具有实用意义的光、电、热、磁材料，目前实际上几乎大都是无机化合物[10]。图 1.5 是一个具有超导性质的无机化合物 $YBa_2Cu_3O_{7-x}$ 和钙钛矿的单胞，它们具有典型的多面体配位结构。目前已可以由钇、锶、钡和氧化铜合成出能在室温下保持性能稳定的超导材料。分子基室温超导材料已成为国际上高技术的主攻方向之一。已经发现，铂等一些簇合物分子具有一维导电性能，即它仅在某个特定方向才接近金属导电性。这些分子导体在电子计算机的分子电子器件以及电子显示和印刷系统方面可能有十分重要的应用。

在光电信息学研究中的一个重点是信息处理，其中第一步就涉及信息的显示(display)。功能化合物体系作为信息存储的主要条件是：①当受到光、电、热或磁等外界微扰 P 调节到达一定的临界值 P_c 时，体系(固体或分子)可以从一种状态到达另一种状态；

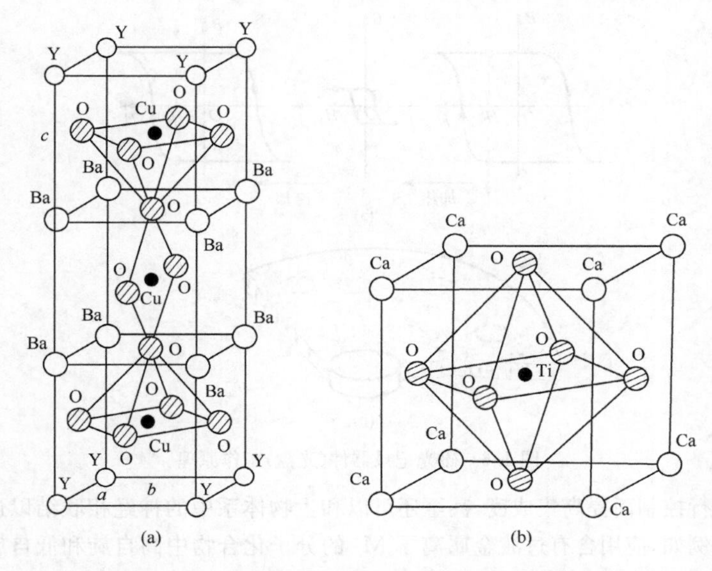

图 1.5　$YBa_2Cu_3O_{7-x}$(a)和钙钛矿 $CaTiO_3$(b)的单胞结构

②当临界微扰 P 分别处在升高值 P_c↑和降低值 P_c↓时，功能体系的性质应有不同数值(如具有滞后效应)，这种与样品历史有关的现象就可能起着记忆效应；③功能体系在这两种微扰 P 状态之间的过渡必须很明显，并且可以很灵敏地被检测。下面以记录材料中所应用的磁光效应和物理相变效应为例加以说明。

在高新技术中，广为应用的磁光记录材料也是一种典型的无机材料。已有很多基于热效应引起相变的光记忆元件，其中最有商品意义的是薄膜穿孔方法[11]制备的材料。例如，可将 Te 和 Pb、Bi、Ge、In 等金属聚合物在烧蚀光盘中作为吸收膜材料。这种磁膜包括 GdCo、GeTe、EuO、MnBi、TbFe(即用电子束蒸发的 $Tb_{22}Fe_{78}$ 膜)。它具有图 1.6(a)所示的磁场强度 H 对磁感应度 B 的磁回曲线。将物质在小的固定磁场 H_0 下用激光(Laser)光束局部加热后，其磁化性质发生从铁磁性到顺磁性的热相变逆转，则在光盘中[图 1.6(b)]存在一种磁化性区域处于和其相反磁化性的背景中，这就达到了“写入”的目的。然后经冷却后再用 Kerr 磁光效应(在磁化表面左、右两种偏振光具有不同的反射性)或 Faraday 效应(左、右两种偏振光具有不同的折射性)进行光“读出”的目的。也可以再次将磁场反向逆转到 H_0 而进行信号擦除。其他无机信息材料的实例如半导体 GaAs、离子导体 $Na_3Si_2Zr_2PO_{12}$、非线性光学 $LiNbO_3$、铁磁性的 Fe_3O_4、光电转换材料 $SrTiO_3$ 和热致变色的 Ag_2HgI_4 等。

上述由原子(或离子)所构成的无机材料，虽然具有较高稳定性及易于形成大块单晶等优点，但其结构较为简单，难以通过组成和结构的调控而改变其功能。随着现代科学和高新技术的发展，由分子构成并在分子水平上发挥其功能的所谓分子材料在国际上受到广泛的重视[12]。比起以原子为基础的传统无机材料来说，它具有更为易于通过分子设计来实现分子剪裁及分子组装以有效地实现更多更新的功能。通过化学合成而实现分子设计及分子工程的研究，正是化学家得天独厚的优势。特别是可以在分子水平上对电子和

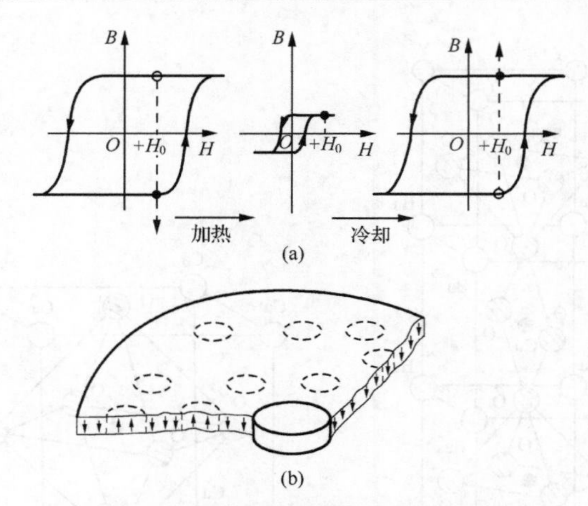

图 1.6　磁光记录器件(光盘)工作原理

能量转移进行控制而提高集成度,甚至还可以和生物体系中的神经相联结以进行信息存储和传递。例如,应用含有过渡金属离子 M^+ 的分子化合物中高自旋和低自旋两种状态间的自旋转换性质可能发展出一类全新的存储材料(参见第 5.4 节)。

下面以分子材料酞菁染料作为光学存储器为例进行说明。它是一种利用可见、紫外、红外等电磁辐射波的读写信息存储装置(例如照相技术)。但普通录像技术斑点极限 > 1μm,已远不能符合容量大、速度快特点的要求。持久性光谱烧孔(PHB)就是一种很有前途的分子电子技术,可用作不同频区光存储器(图 1.7)[12,13]。我们熟知当将刚性分子作为客体嵌在作为主体的立体晶格中时,若和晶格没有相互作用,则其吸收光谱是由最低的电子或振动能级间的跃迁贡献。这时若所有孤立的分子具有相同的环境,则呈现出狭谱线宽度 Γ_H 的吸收光谱。在实际的晶体、玻璃体或高分子中,由于空位、位错或其他缺陷,

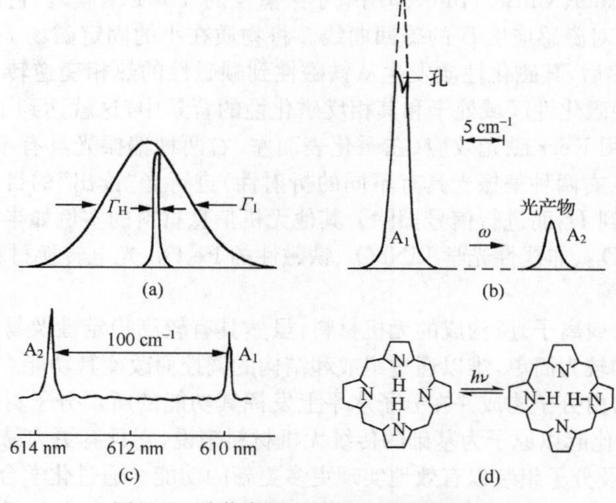

图 1.7　酞菁染料光谱烧孔光存储器原理

各个分子处在不同的环境，从而使谱线不均匀变宽为Γ_1[图1.7(a)]。若用谱线宽度狭于Γ_1、频率为ω_1的激光束去照射晶体，设实验温度足够低，以使$\Gamma_H<\Gamma_1$，则会有Γ_1/Γ_H数量级($10\sim10^4$)的分子受到激发。如果分子在这种光化学(或光物理)作用的诱导下，由于化学变化(或环境变化)而产生一种新产物(或重新取向)，则在ω_1处光的吸收将会降低(故称为光谱烧孔)，而新产物又将引起一个新的均匀峰包[图1.7(b)]。只要对激光进行ω(ω_2等)调谐，就可对不同环境分子(实际上这种微观环境就是一种超分子结构)进行选择性烧孔。可见对PHB材料的要求是高量子产率、不会光分解、光化学可逆、有谱线变宽，而且在ω下会有吸收降低。这时，有孔时为二进制计数1，无孔时为0。应用这种器件，原则上存储密度可达$10^{11}\sim10^{12}$ bits/cm^2。酞菁染料的光异构化作用[图1.7(c)～(d)，参考10.3节]、二价稀土的光致电离作用等都使其可用作这类材料。

不难理解，在无机化学基础上发展起来的光电功能材料已经扩展到复杂分子化合物，特别是新近发展的无机-有机杂化(包括配位化合物)光电功能材料，从而实际上已经使得传统的无机化合物和有机化合物变得难分难解。从其组成和功能的机理来看，正是由于其兼具无机和有机材料的特性，而使其在发展兼容这两类材料优点的分子材料中处于特殊的地位。这方面的工作虽然还处于初始阶段，但在未来的分子材料中必将发挥更大的优势。

1.2 分子组装和分子工程

20世纪80年代以来，以电子信息、新能源、生物以及新材料等技术为代表的高技术已成为国际竞争的焦点[14]。高技术的发展有赖于以优良的新功能材料及器件作为物质基础。目前世界上传统材料已有几十万种。新技术的应用又向功能材料提出了更高的要求，也促进了其相关基础研究的发展[15]。通常功能材料泛指利用材料所具有的光、电、热、磁、声等物理特性以及化学和生物等性质和效应以实现某种功能。由于它是伴随着高技术的发展而产生的，因而其用量虽少但附加价值很高。分子材料的微观构筑块(building block)基础是分子，宏观体系的功能是微观分子性质的表现。微观分子的相互组装和排列对宏观体系实施分子工程、对于材料的功能有着重大影响。下面我们先从生物分子的自组装特性进行介绍。

1.2.1 生物分子中的自组装

在地球的生命活动中，通过十几亿年的化学和生物化学进化形成了无机化合物、有机化合物等，继而发展到生物体系。细胞是一切生物体系的基本结构单位。生物机体的功能及反应机理大都和细胞结构相关。在细胞中主要的生物分子有蛋白质、核酸、多糖、磷脂及其各级的降解产物等四种类型，分别简述如下[16]。

天然蛋白质是生命现象的物质基础。人们已确定，蛋白质主要是由含有不同R基团的二十多种左旋L型α碳原子位置的氨基酸 $H_2N—\overset{\overset{\displaystyle COOH}{|}}{\underset{\underset{\displaystyle R}{|}}{C^{\alpha}}}—H$ 缩水后以肽键(分子结构式

$-\overset{\overset{\large O}{\|}}{C}-\overset{\overset{\large H}{|}}{N}-\overset{\overset{\large R}{|}}{CH}-$ ）为基本单位的化合物（其中 R 为不同的有机官能团，称为侧基；而由于肽键中原来氨基酸的部位已不是原有完整的分子，故称为残基）。按不同比例和次序连接的肽键形成链状蛋白质分子，其真实的相对分子质量很大（$10^4 \sim 10^6$），结构也很复杂。可以通过 X 射线和多维核磁共振等现代技术确定它的四级结构来加以描述。

（1）一级结构：它描述了分子中氨基酸残基中侧基 R 的排列顺序。这种排列顺序决定了蛋白质的物理化学性质是可用生物化学方法加以测定，并加以命名。例如，下列一级结构（图 1.8）可以命名为丝氨酰（Ser）、甘氨酰（Gly）、酪氨酰（Tyr）、丙氨酰（Ala）和亮氨酰（Leu）五肽蛋白质。

（2）二级结构：它描述了上述肽键（图 1.8）的非线性多肽链在空间以一定方式盘绕的 α 螺旋结构或 β 平面折叠构象（图 1.9）。

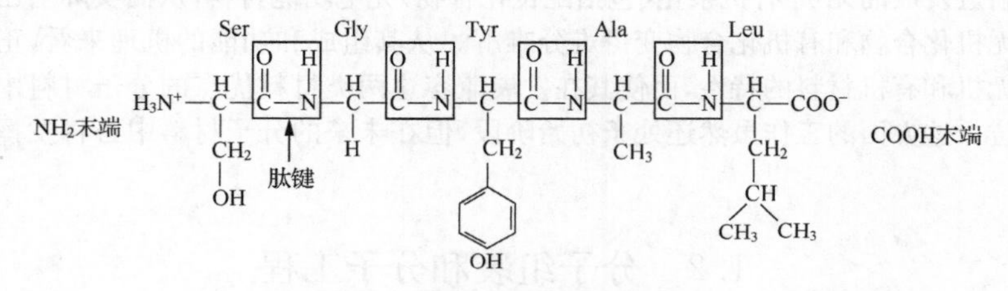

图 1.8　五肽蛋白质的一级结构

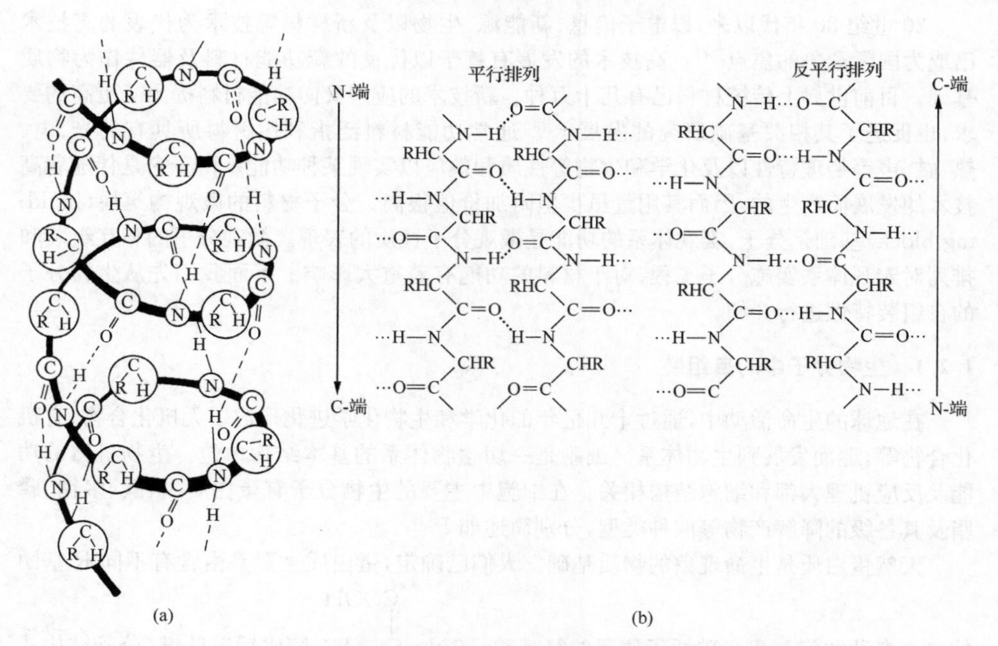

图 1.9　蛋白质的 α 螺旋结构（a）和 β 平面折叠结构（b）示意图

(3) 三级结构：它描述了多肽链及螺旋和折叠的二级结构本身在三维空间的折叠方式，它决定了蛋白分子的几何形状。它充分发挥了侧基官能团的相互作用而使蛋白质呈现出特殊的活性和功能。图 1.10 为由八个有规则的螺旋结构所组成的稳定的球状结构。

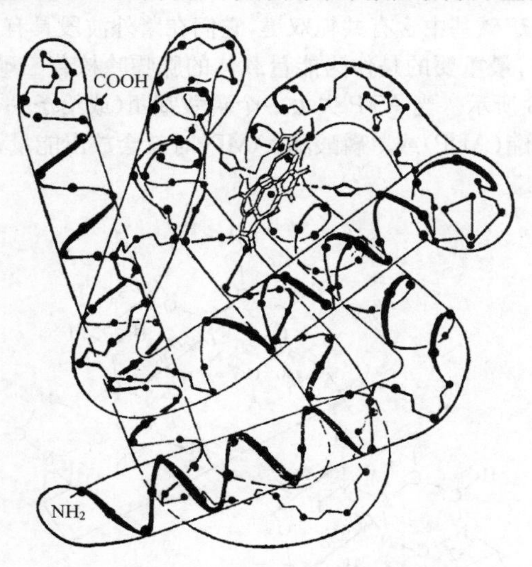

图 1.10 肌红蛋白的三级折叠结构

(4) 四级结构：它描述了各自据有一、二、三级结构的肽链(称之为亚单位)之间，通过非共价键的分子间的离子键、侧链氢键、疏水键或范德华力等弱相互作用而在空间的配置方式。例如，血红蛋白就是由两个 α 键和两个 β 键这四种亚单位所组成(图 1.11)。当然，有些蛋白质只具有一、二级结构而不具有三、四级结构。特别是人工合成的蛋白质中也可以含有右旋的 D-α 氨基酸。

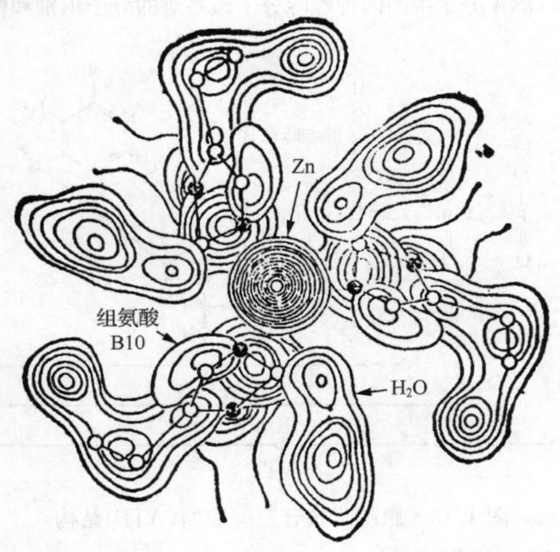

图 1.11 三方二锌猪胰岛素晶体中锌离子的配位情况

(通过 X 射线结构分析法得到的电子云密度图)

核苷酸(nucleotide):它的基本结构单元是由戊糖、磷酸根和四种碱基所组成。其中四种碱基分别称为腺嘌呤(A)、鸟嘌呤(G)、胞嘧啶(C)和胸腺嘧啶(T),它们在生物中通过氢键相互作用,只能以图 1.12 所示的方式以 T-A 和 C-G 配对的这两种方式结合(图中长度单位为 nm)。由于碱基中含有共轭双键,它们在紫外波段具有 240～290nm 吸收峰。在天然的单核苷酸中,最重要的是作为能量载体的腺嘌呤核苷三磷酸酯(称为 ATP),其化学结构式如图 1.13 所示。当 ATP 失去一个磷酸基团(或给予一个接受体分子)而转换成腺嘌呤核苷二磷酸酯(ADP)或单磷酸酯(AMP)时就会放出能量,所以这是一种生物储能系统。

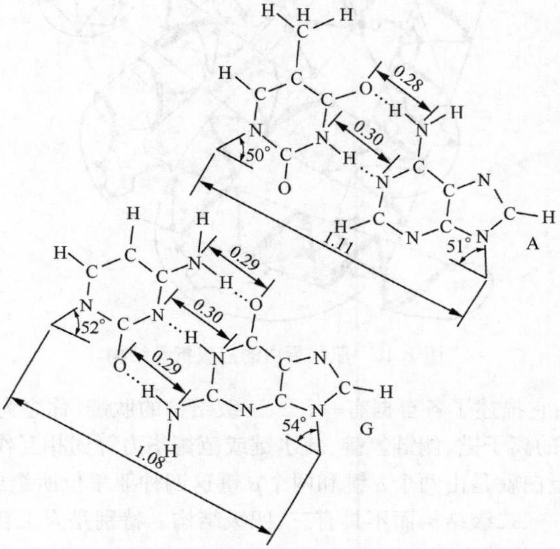

图 1.12　DNA 分子中的四种嘌呤分子碱基对的分子识别和配对方式

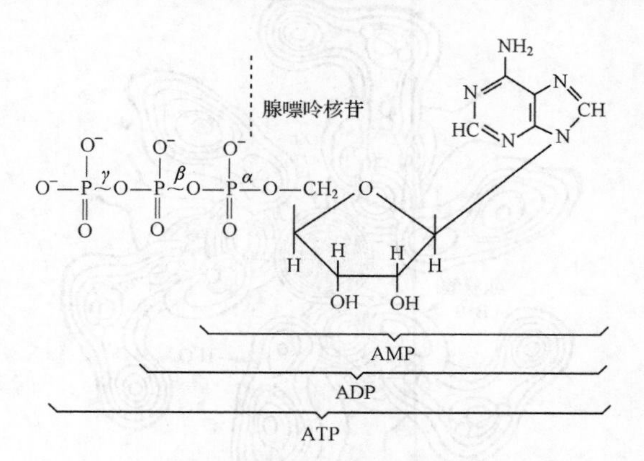

图 1.13　腺嘌呤核苷三磷酸酯(ATP)结构

核酸(nucleic acid)是由核苷酸聚合而成的重要生物大分子,它们不具有分支结构。

核酸中的核苷酸是通过分别处在核糖的 5′和 3′位的磷酸和羰基缩合后所生成的二酯键而彼此相连的。核酸水解后产生碱基和核苷酸。核酸具有一定的酸碱性。在天然核酸中最重要的是核糖核酸(RNA)和脱氧核糖核酸(DNA)这两大类。它们的区别只在于图 1.13 中的戊糖部分。核酸分子上的碱基相互配对而形成双螺旋结构。图 1.14 中表示了由诺贝尔奖得主 Watson 和 Crick 所提出的 DNA 双螺旋结构的示意图。

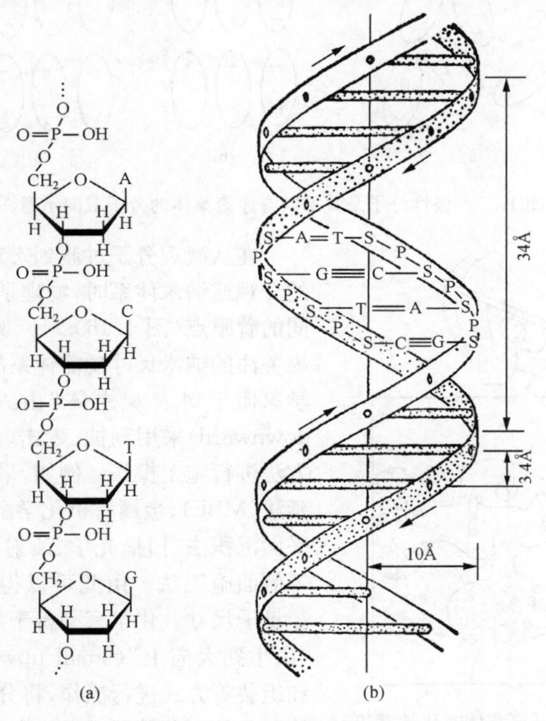

图 1.14 DNA 的分子结构示意图

(a) 多核苷酸的一个小片段；(b) 双螺旋结构

1.2.2 分子设计

通常的分子材料都是以凝聚态的形式发挥其功能。当代科学技术发展表明，比起零维的原子或离子来说，当分子聚集成多维的固体时，它们的排列次序及组合的方式，即物理上的所谓有序性对体系的功能有着重大意义。例如，对于对硝基苯胺($NO_2C_6H_4NH_2$)这类正电荷(给予电子的氨基端)和负电荷(接受电子的硝基端)中心相互分离而不重叠的这种偶极分子，在气态或溶液中分子间没有相互作用，因而是无序的[图 1.15(a)]。当它们按图 1.15(b)的有序排布时，整体看来，该聚集体具有上正下负的极性电荷分布；而若按图 1.15(c)的排布序列，则整体看来为非极性正负电荷中心重叠。在物理上称前者分布为具有非对称中心的结构，后者则为对称中心结构。正是这种电荷分布的不同，导致物质具有不同的性质和功能。例如前种组装方式具有非线性光学性质，而后一种方式则没有(详见第 8.3 节)。由于该分子偶极的静电作用,所以图 1.15(c)是一种能量较低的有序结构,为了使分子达到图 1.15(b)这种有序结构,就必须对分子进行设计和组装。分子组装和纳米技术这两个热点的出现都强烈地体现了有序聚集体分子工程意识。

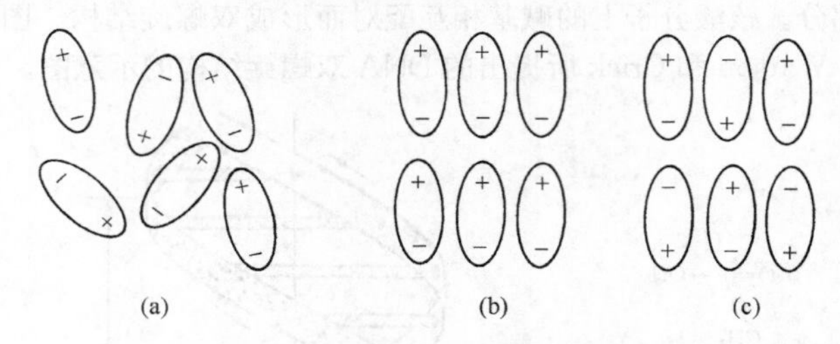

图 1.15　极性分子及其不同有序聚集体的分子取向示意图

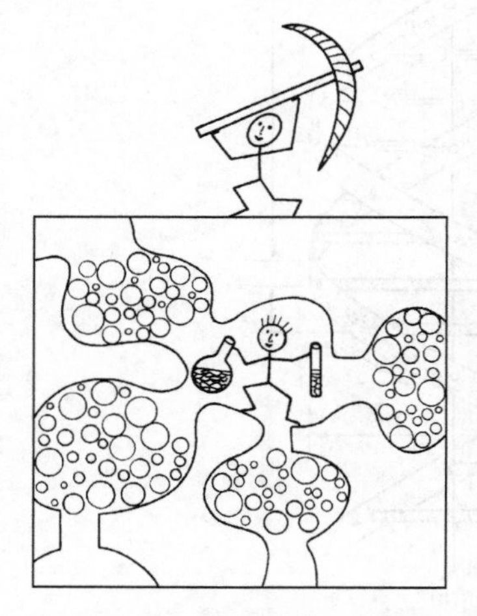

图 1.16　构筑分子聚集体时化学家和物理学家不同的施工方式

在从微观分子过渡到宏观聚集的、有序固体的介观或纳米体系时,物理学家和化学家有着不同的着眼点(图 1.16)[16]。例如,在进入当前广为关注的纳米尺寸功能体系的分子工程时,物理学家惯于对宏观主体"由大到小向下"(large downward)采用刻蚀、轰击、溅射或分散等物理方法进行施工操作。例如,采取巧妙的分子束外延法(MBE)、金属有机化学沉积法(MOCVD)等平面沉积法,扫描光学、X 射线离子和电子注入等侧面施工法。由此可以得到序列为 300Å 直径量子尺寸。化学家则善于从原子和分子出发,"由小到大向上"(small upward)应用化学合成和组装等方式进行操作,将分子基块在较温和的控制条件下分阶段地将基块有序地组装出所需的介观材料。而用扫描探针显微镜还可以将原子,甚至 MoS_2、Me_3Ga 等分子在固体表面进行人工搬运施工。这些组装成分子材料的基块可以是无机的简单配合物或杂多金属氧酸之类的多面体,也可以是线性或环状的芳香性有机分子或高分子:酞菁、席夫碱之类配体所形成的金属配合物,或二茂铁及羰基化合物之类的有机金属化合物。通常研究的聚集体,通过定向的分子间弱相互作用可以得到呈现出单个分子所不具有的特性。例如,这种弱的分子间相互作用使水分子聚集成呈液体状态,植物中纤维素分子间的相互作用增强了细胞支撑物的强度。

分子间的相互作用形成了各种化学、物理和生物中高选择性的识别、反应、传递和调制过程。而正是这些过程导致超分子的基本功能[18]。同这种有组织的多分子体系(更复杂的有多维结构,层、膜、囊泡、液晶等)相联系的功能性超分子就导致了分子器件的发展(图 1.17,参考第 15.1 节)[6]。人们在设计具有识别能力的接受体和给予体时要正确地模拟这种具有一定分子构造的非共价分子间力(静电作用、氢键、范德华引力等)使其具有正确的能量和空间匹配特性。化学家在这里不仅只是限于自然界生物中已经存在的体系，而且可以自行设计和创造出新的更有效的物种和过程。

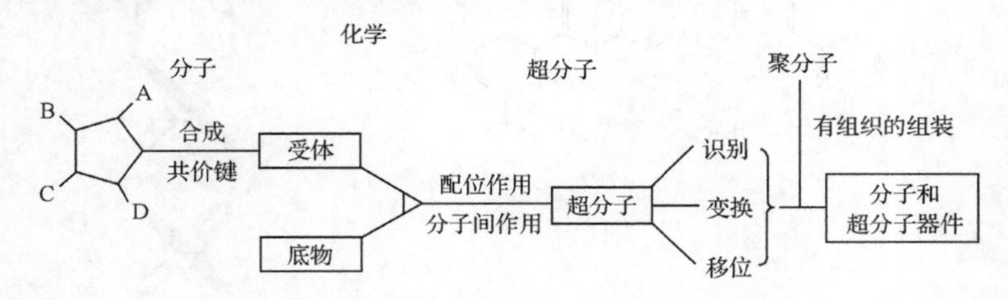

图 1.17 从分子到超分子和分子器件[6]

分子识别(molecular recognition)作用可以定义为对于一个具有特殊功能的给定受体和分子底物的成键和选择作用。一般说来仅仅成键并不一定是识别作用。受体和底物成键而形成超分子时信息存储于底物的构造及其成键位置(本性、数目、排列)并以超分子形成和离解的速率读出。例如，多吡啶大环配体和发光的 Eu^{3+} 离子生成的配合物结合在光活性穴状化合物中可以实现光波波长的转换(图 1.18)。亦即其中联吡啶单元吸收入射的紫外光后经内部能量转移到邻近的镧系离子，再由后者发射出可见光。这类稀土配合物作为发光探针的设计特点是：使配合物较为惰性；使镧系离子免遭与溶剂作用后的光活性消失；从配体发色团(强吸收)到金属离子化学发光的有效能量转换。这种配合物也就是能使其中配体吸收的紫外光转换到镧系离子而发射出可见光的有效分子器件[6]。

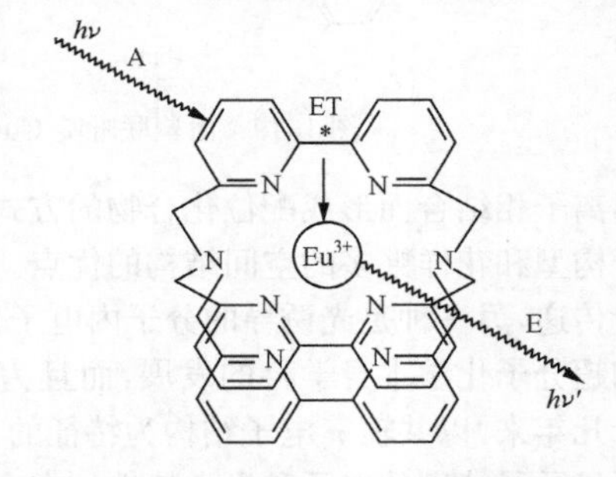

图 1.18 将紫外光转换为可见光的简单超分子

这种有组织多分子系统和相(层、膜、囊泡、液晶等)的功能性超分子体系可以是自然界已存在的，也可以用仍行之有效的固体结晶、LB 膜、化学自组装和其他人工分子识别等技术组装而成的。化学家基于分子识别和自组装特性可以建造一些从简单的大环化合物甚至设计多桥凹面主体(或接受体)，使其以三维的形式包合金属阳离子和中性凸形客体(或底物)，形成复杂超分子体系。这时不仅要利用分子基块进行合成的熟练技巧和策略，还需要适当地将基块官能团组装的思维以使之有效结合，从而使原来基块具有新的性质和功能。

自组装成明确结构的分子设计开发了有方向性的超分子实体[19]。生物中双螺旋核酸的生成就是这样一种由互补的核酸碱基对通过氢键的超分子协同作用而组装的天然实例(图 1.14)。将 Cu^{+} 离子和适当的线性聚联吡啶配体键合时，优先生成 $Cu^{+}(bpy)_2$ 四面体配位结构，进一步作用后从而首次得到了无机双股螺旋的自组装结构(图 1.19)。

分子器件是一种由分子元件组装的体系(即具有超分子结构)，它被设计为在电子、离子或光子操作下能完成特定功能的体系。除了熟知的有机分子外，也可以以有机配体和

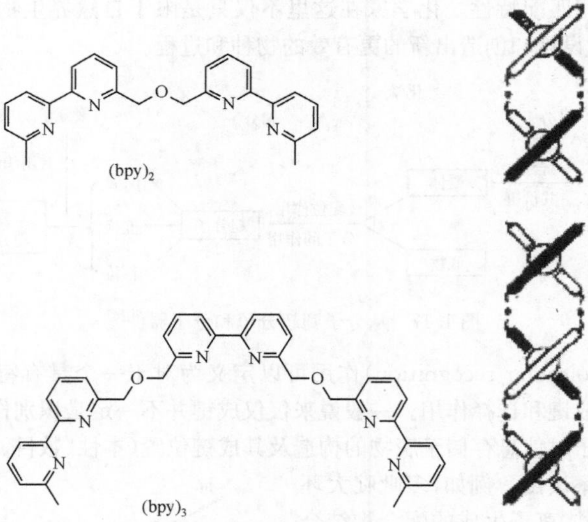

图 1.19　由聚联吡啶 Cu(Ⅰ)配合物自组装的无机双螺旋

金属离子相结合而形成配位化合物的方式去进行这种器件的元件设计。它们具有易变的电子构型和花样繁多的空间结构的优点。分子器件功能主要通过两种过程进行：一种是能量传递，另一种是光诱导的分子内电子传递和电荷传递。这种研究不仅促进了合成技术和超分子化学本身学科的发展，而且为功能体系的分子工程提供了一种思路和依据。近十几年来，以共轭 π 电子结构为特征的有机化合物及以其为配体的金属配合物的分子材料显示了特别的电子和光学特性。在对功能体系的分子组装研究中应该注意到超分子有序组装和分子基功能体系的密切关系[20]。一方面超分子体系本身就常是具有特殊光电功能的体系，另一方面其识别的原理又是达到组装功能体系的有效途径。

1.2.3　晶体工程

经过长期的实践努力，化学家虽然已合成了数千万种新化合物，但由于对新材料的需求，人们期望能有一套科学的方法来减少材料研究中的盲目性，增加理论预见性。传统上化学家和材料科学家采取经验和大量实验数据的“炒菜式”(trial and error method)进行新型功能材料的探索。这种方式不仅工作量大，而且仍有相当大的不确定性。因此，功能体系的分子工程学研究自然就受到人们的重视，它是在分子水平的结构和性质的指导下，合成和组装具有预期功能的一个涉及物理、化学、材料、生物学以及微电子工程学的边缘学科[21]。化学家在变革分子的研究中有其独特的研究方式[22]。随着科学技术的发展，有意识地加强分子工程学研究已提到日程上。早在 20 世纪 50 年代美国麻省理工学院就出版了《分子科学与分子工程》，提出了从原子、分子和固体的结构讨论材料和器件的分子设计课题[23]。在化学合成中出现的“有机合成子”“前体物”和“分子基块”等名词就是源自分子设计的概念。在随后的发展中，化学家着重于采用合成—结构—性质的模式耕耘周期表，以进行发现新化合物及新材料的研究。当有意识地对功能体系的分子工程学进行研究时则要求逆向而行，即根据所需的功能为导向对结构进行设计和施工。

在分子功能体系的分子工程中，人们首先关心的是究竟目前理论计算可以在多大程度上起作用。原则上若我们能够精确数学求解，则从量子力学加上电磁理论、热力学、统计力学及动力学原理可以大致地回答实际的问题。但由于体系的复杂性，基于 Oppenheim 近似的量子化学计算大都从单电子波函数出发(包括从头计算法)。除了像对含几个原子的简单分子外，目前研究物质的理论基础还远不够完整和精确。典型的做法是从实验的几何构型及有关参数出发求出体系的能级及波函数。必要时还可以将计算结果和实验比较后对计算参数进行调整以求得更好的结果，进而对体系的光、电、热、磁性质进行预测。量子化学家对理想孤立的简单到几个原子组成的“分子”研究取得了一定的成果。例如，从轨道正交原理出发建立了初步的“前线轨道理论”和“磁性工程”。另一方面对理想化的有序晶体及半导体材料中的所谓“能带工程”的研究也较为成功。但是，目前除简单情况下，纯粹从理论上对功能体系进行工程设计还有很长一段距离，特别是进入亚微观的分子聚集体，面对无定形结构和生物体系时碰到相当大的困难。

实际多体问题的计算困难导致了目前更多的工作不是由理论化学去预测体系的结构，而是由物理方法测定的结构出发去阐明其性质[24]，这多少有悖于分子工程的宗旨。因而一些经验的规律及参数的结构研究方法有着重要应用。对于这些体系，目前只能将其宏观功能和分子事件进行简单的相关。这对功能和结构的研究仍然至关重要。

在化学上，早期以元素周期表的元素为基础，由原子的轨道和能级出发可以构造出分子的成键及晶体的能带，结晶化学研究原子的密堆积以及极性晶体的结构规律，但在对一些特殊形态的聚集体进行讨论时，需要实验提供更多的结构参数和电荷分布，晶体和谱学化学家在这方面作了很大的贡献。原子、离子和范德华半径，电离能、亲和势、电负性、偶极矩、极化率等概念的建立，为结构和性质的关系提供了丰富的依据[23]。

对于真实的固体体系，诸如掺杂和缺陷引起的电子和空穴导电、色心的产生和荧光猝灭、位错和离子迁移动力学性质、高能激发过程等和光、电、热、磁等功能研究都有着十分重要的意义。当我们从简单的热活化过程平衡和欧姆定律之类的线性规律研究进入到光激发的高能态，瞬间诱导的非平衡及非线性规律过程的研究时情况更为复杂。例如，彩色胶片中应用的光敏晶体就是通过控制缺陷模式，按所期望形状生长晶体的结果。在分子工程学中考虑电子结构，晶体缺陷，晶粒间相互结合的方式等不同层次结构和类型以及有关原理时，要求更加深入地了解其中电子给体和受体的作用，电子和能量传递的控制因素。目前，已经提出了类氢原子模型、激子、极化子、双极化子、孤子等多种载流子概念。这时分子物理对于能量转换，固体物理对于电子工程有着很强的指导作用。为弥补目前理论的不足，科学家更多地应用了现代化学和物理的技术，如 X 射线衍射可提供电子密度，回旋共振研究费米(Fermi)面的形状和 K 空间的带结构，Mössbauer 谱研究 s 电子密度、自旋有序等。

如果我们可以从简单的原子、分子、单胞等结构单元来了解物理功能体系的结构特征，则面对生物体系时将会碰到更复杂的作用机理和更奥妙的电子结构。人们借助对非生物研究的结果及模拟研究、分子结构和反应活性观点，对生命体系中化学复制和分子进化等本质有了更深刻的认识。从 20 世纪 80 年代的基因工程发展到目前的蛋白质工程，但目前我们对其结构和功能仍不足,更深入的工作等待分子生物学家来完成。

在目前已有科技成果的基础上,进一步建立更加严格的分子工程学虽非易事,但目前已具备了一定的有利条件。特别是20世纪50年代以来,化学家已积累了大量的化合物的结构和性质的资料,数学、物理及计算机信息处理技术的深入发展,提供了一定的理论及计算基础。新的合成和制备技术,特别是超高温、超高压、超高真空、超高速、超高能、微重力、高纯度等极端条件的合成技术,以及新的各种光谱、波谱、能谱以及隧穿显微镜、原子力显微镜等各种可在分子水平上进行分析、表征和评估的精密仪器和装置的出现,促进了分子工程的研究。

从上述功能体系分子工程研究建立的基础及现状来看,在分门别类的各种物理功能体系的研究中虽然仍有一定的困难,但已有一定的规律可循。开展各种层次功能体系微观键合和空间结构的研究对其分子工程的研究有着基本的意义。

在进行分子功能体系的工程设计时,研究对象是由单个基块(building block,它也可以是化合物)组合成的整个功能体系。就像由各类砖头等基块组装成一个整体建筑物一样,在实施分子工程时,按其过程大致可分为两个环节:①按预先要求选择适当的结构基块(分子设计)。虽然自然界及长期的化学实践已为我们积累了很多结构基块,但人类在改造世界的过程中,更需要能动地去设计和创造出更为丰富和有效的结构基块,以满足实际的多元化需求。化学家在这方面最是得心应手。②将这些基块进行合理的组装以达到所需的功能(晶体工程)。在将这些基块进行组装时,物理学家走在化学家的前面。他们在采用高温高真空的分子外延等"硬合成"方式进行原子组装方面取得了突出的进展。但是化学家也不断创新,特别是根据分子识别采用超分子组装的"软合成"方式也取得了各有千秋的进展。

目前,纯粹从第一原理出发的理论方法看来还不够成熟,但也不能只停留在"模型"和"半经验"的方法上。显然,分子工程学的建立,不能等待所有基本原理都得到解决后才能进行。通常是对于指定的功能目标借助于现有基础理论和实践经验的结合而进行工作。从基础研究的观点来看,由较有明确目标的简单功能体系出发,深入探讨其指定功能的机理、结构及微观过程可能是一种较好的途径。我国化学家已能动地在分子水平上实施工程设计的想法,进一步加深了各学科之间的渗透和交叉[25]。深入问题的实质,在探讨其特性的基础上综合其共性,将会促进分子材料这一国际前沿领域的进一步发展。

参考文献

[1] (a) Pedro Gomerz-Romero,Clément Sanchez. 功能杂化材料. 张学军,迟伟东译. 北京:化学工业出版社,2005

(b) Rao C N R,Gopalakrishman J F R S. 固态化学的新方向——结构、合成、性质、反应性及材料设计. 刘新生译. 长春:吉林大学出版社,1990

[2] Wilkinson S G. Comprehensive coordination chemistry —The synthesis, reactions, properties and applications of coordination compounds. Oxford: Pergamon Press,1987

[3] 游效曾. 配化合物的结构和性质(第二版). 北京:科学出版社,2011

[4] Izatt R M,Christensen J J. Progress in macrocyclic chemistry. New York:John Wiley & Sons,1979

[5] 游效曾,李重德,杨星水,等. 科学通报,1985,30: 65

[6] Lehn J M. Angew. Chem. Int. Ed. Eng.,1989,27;89

[7] Basolo F. Coordination Chem. Rev.,1993,125:13

[8] 刘云圻,等.有机纳米与分子电子器件.北京:科学出版社,2010

[9] Kim J,Rees D C. Science,1992,257:1677

[10] (a) 国家自然科学基金委员会. 无机化学——自然科学学科发展战略调研报告.北京:科学出版社,1994
(b) 洪茂椿,陈荣,梁文平. 21世纪的无机化学.北京:科学出版社,2005

[11] Blunt R. Chem. Brit.,1983,19: 736.

[12] Moerner W E. J. Mol. Electro.,1985,1: 55

[13] Lee H W H, Walsh C A,Fayer M D. J. Chem. Phys.,1985,84:3948

[14] Mayo J S. Sci. Am.,1986,255: 58

[15] 21世纪科学发展趋势课题组. 21世纪科学发展趋势.北京:科学出版社,1996

[16] 沈同,王镜岩,赵邦梯.生物化学.北京:高等教育出版社,1984

[17] Ozin G A. Adv. Mater.,1992,4: 612

[18] Williams A F,Floriani C,Merbach A E. Perspectives in coordination chemistry. Weinheim: Verlag Chemie,1992

[19] Steed J W,Atwood J L. Supramolecular Chemistry. 2nd. New York: John Wiley & Sons,2009

[20] Woodruff W H. *In*: Chisholm M H. Inorganic chemistry: Toward the 21st century. Washington DC: ACS, 1983

[21] 唐有祺.现代科学技术简介.北京:科学出版社,1978

[22] Pimentel G C,Coonrod J C. 化学中的机会——今天和明天.北京:北京大学出版社,1990

[23] Hippel A V. The molecular designing of materials and devices. Combridge Massachusetts: The MIT Press,1965

[24] Morris D E,Woodruff W H. *In*: Clark R J H,Hester R H. Spectroscopy of inorganic-based materials. New York: John Wiley & Sons, 1987

[25] 中国化学会.高速发展的中国化学.北京:科学出版社,2012

第 2 章　分子材料的物理研究方法

在研究分子体系的光、电、热、磁等物理功能时，近代物理的理论和实验方法对于表征其微观结构、阐明其物理功能，以及对其进行分子设计和应用都有着重大意义。

在物质世界中，无论是原子、分子还是其不同的凝聚态都有着丰富和不同层次的内部结构和相互作用。其运动形式和规律始终是基础研究的重要环节，包括从理论上探讨其电子结构及成键规律，以及实验上确定其空间结构和组合方式两个方面。本章将分别对其加以概述。对于已经熟悉这方面内容和已具备量子力学知识的读者，也可以略去其中部分章节。将物理学上的量子力学、电动力学、统计力学和热力学等理论与化学原理相结合是研究化学现象和规律、阐明实验结果、进行功能体系分子设计及材料设计的基本方法。

量子化学是近代自然科学学科间相互渗透而形成的边界学科，其特点是应用物理的量子力学原理研究分子和固体等聚集态的微观结构，以及结构和性质间的关系[1-2]。从 1927 年 Heitler 和 London 处理 H_2 分子开始，80 年来量子化学的发展促使化学进入了新的水平，使之由感性认识上升到理性认识、由外部联系深入到内部本质、由宏观性质研究到微观结构研究。量子化学是理论化学的核心。它对丰富的化学实验和经验规律作出了更定量的概括和理论解释，并使化学实践逐步摆脱了叙述性和经验性。1998 年诺贝尔化学奖授予了在量子化学领域中研究分子密度泛函理论和计算方法作出开创性贡献的科恩和波普尔教授就是一个例证。

量子化学在化学研究领域中已经扎下了根，而且广泛地深入到了化学基础教学中。例如，在有机化学中对化学反应有指导意义的前线轨道理论，在无机化学中周期规律和酸碱概念的精确化，配位化学中对于分子结构从价键图式发展到分子轨道和配体场理论的描述。由于理论的重要性，化学工作者不能由于它貌似生疏而回避它，也必须消除量子化学使人望而生畏的处境。联系实际掌握基本的量子化学知识并不太难，这对于促进化学学科的发展有着重要意义。

2.1　分子材料的理论计算

世界按其本质来说是物质的，不同形式的物质都有其本身固有的运动规律。

从经典力学到量子力学：人们最早是对宏观物质力学运动的认识。按照力学发展的动量守恒定律，即如果一个系统不受外力或所受外力的矢量和为零，则这个系统的总动量保持不变。对于质量为 m 的粒子，其动量随时间 t 的变化和外加力 F 成正比

$$F=\frac{\mathrm{d}}{\mathrm{d}t}(mv)=ma+v\frac{\mathrm{d}m}{\mathrm{d}t} \tag{2.1.1a}$$

在 Einstein 的相对论条件下物体的质量 m 和它的运动速率 v 具有如下关系：$m=m_0/\sqrt{1-(v/c)^2}$，其中 c 为光速，m_0 为静止质量。但当物体的运动速度 v 很小（$v\ll c$）时，

$m=m_0$，在宏观条件下就近似地回到经典的牛顿定律 $F=ma$。这时对于 n 个处于三维空间的粒子体系，在经典力学中借助于 $3n$ 组二阶微分方程的牛顿方程求解宏观物体运动的规律：

$$-\frac{\partial V}{\partial r_i}=m_i\frac{\partial^2 r_i}{\partial t^2}\quad(i=1,2,\cdots,n) \tag{2.1.1b}$$

式中，r_i、m_i和 V 分别为第 i 个粒子的位置（由三个坐标 x_i、y_i、z_i确定）、质量和体系中相互作用的势能。例如，由该微分方程组，原则上可以求出粒子或物体在势能 $V(r)$场中及时间 t 的位置 r 和能量 E 等物理量。

对于光波之类的电磁波这类物质，则是由 Maxwell 在遵守牛顿力学原理，基于电学和磁学大量现象和实践，于 1873 年建立了适用于宏观物质中的电磁场和带电粒子流在 Lorentz 力[参见式(2.3.21)]作用下运动的电动力学。假定介质为线性均匀的介质，其核心内容可以概括为下面四个数学微分方程式①：

$$\nabla\cdot\boldsymbol{D}=\rho \tag{2.1.2a}$$

$$\nabla\cdot\boldsymbol{B}=0 \tag{2.1.2b}$$

$$\nabla\times\boldsymbol{E}=-\frac{\partial\boldsymbol{B}}{\partial t} \tag{2.1.2c}$$

$$\nabla\times\boldsymbol{H}=\boldsymbol{j}+\frac{\partial\boldsymbol{D}}{\partial t} \tag{2.1.2d}$$

式(2.1.2a)和式(2.1.2b)是根据静电场和静磁场建立的；式(2.1.2c)和式(2.1.2d)则是根据毕奥-萨伐尔定律，安培和奥斯特等的实验经过总结后的电磁波麦克斯韦方程。式中，ρ 为自由电荷密度，$\boldsymbol{j}$ 为传递电流密度矢量，$\boldsymbol{E}$ 为电场强度，$\boldsymbol{H}$ 为磁场强度，$\boldsymbol{D}$ 为电位移矢量，$\boldsymbol{B}$ 为磁感应强度，t 为时间。它们之间具有 $\boldsymbol{D}=\varepsilon\boldsymbol{E}$，$\boldsymbol{B}=\mu\boldsymbol{H}$ 的关系，ε 和 μ 分别称为介电常数和介磁常数。在传统的物理电动力学教材中，对于它们的含义及符号表达有更详细的说明，从原理上介绍了各个公式意义，并且更具体的将式(2.1.2c)和(2.1.2d)中的 $\frac{\partial\boldsymbol{B}}{\partial t}$ 和 $\frac{\partial\boldsymbol{D}}{\partial t}$ 项分别与电动机和发电机的应用相关，这里不再复述[3]。

现在考虑对于在 $\rho=0$ 和 $\boldsymbol{j}=0$ 的一维自由空间中沿 z 方向传播的平面电磁波，由上述 Maxwell 方程可以从数学上求解出在某一固定时间 t 其电场 $\boldsymbol{E}$ 或磁场 $\boldsymbol{H}$ 的振幅的特解之一为[参见式(9.2.10)]

$$\boldsymbol{E}(z,t)=\boldsymbol{E}_{\mathrm{m}}\cos(\omega t-\boldsymbol{k}z) \tag{2.1.3}$$

$$\boldsymbol{H}(z,t)=\boldsymbol{H}_{\mathrm{m}}\cos(\omega t-\boldsymbol{k}z) \tag{2.1.4}$$

式中，$\boldsymbol{H}_{\mathrm{m}}$ 和 $\boldsymbol{E}_{\mathrm{m}}$ 分别是这两个矢量场的最大振幅。由于这两个方程的形式类似，这里只对电场解的物理意义略作说明。式(2.1.3)中的 $\boldsymbol{E}(z,t)$ 表示电场 $\boldsymbol{E}$ 在一维空间中随位置 z 和时间 t 作简谐振荡传播的波（图 2.1）。其中 $\boldsymbol{k}$ 表示光波沿着 z 轴正方向矢量（称为波矢量），其大小为波长 λ 的倒数 $\left(\boldsymbol{k}=\frac{2\pi}{\lambda}\right)$；$(\omega t-\boldsymbol{k}z)$ 表示波的相位，$\omega=2\pi\nu$ 为波的角频

① 本书中因涉及多种学科的交叉，对用以描述物理量规律的公式时，当用不同的单位表示测量数值时就可以出现同一个物理量得到不同的数值和表达式（但它们具有相同的量纲），特别是在使用电磁学及量子力学的符号单位时。请参见附录 2，并在阅读中注意前后文中具体内容加以确认。除另加说明外，这里一般采用 MKSA 有理制。

率，其中 ν 为光的频率。Maxwell 方程的重要贡献就是它将原来互不相关的光、电、磁理论统一在一起。后面我们将结合具体问题介绍它们对于分子材料的光、电、热、磁功能原理的表达方法，解释其在应用中所起的重要作用。

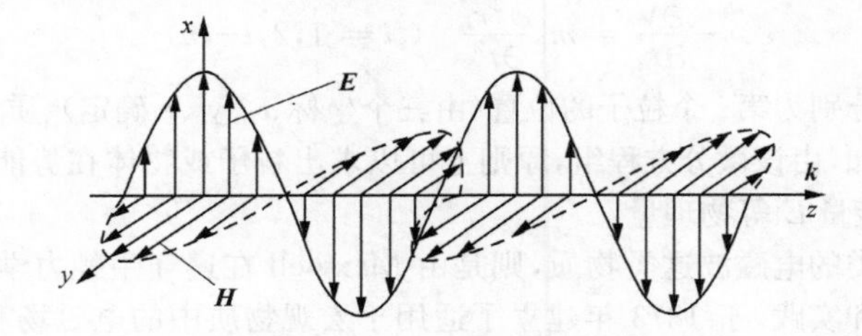

图 2.1 平面电磁波矢 $\boldsymbol{k}$ 在某个时间 t 所伴随的电磁场 $\boldsymbol{E}$ 和 $\boldsymbol{H}$ 示意图

在经典牛顿力学关于质粒和 Maxwell 关于电磁波的进一步研究中，对于光波双重性的理解特别重要。即光波既有式(2.1.2c～d)所示的波动性，又具有式(2.1.1)的粒子性。当从粒子性观点来看单色光波时，这种称为"光子"的能量 E 为

$$E = h\nu = \hbar\omega \tag{2.1.5}$$

为了书写方便，量子力学中常令 $\hbar = \dfrac{h}{2\pi}$。光子的质量 m 则由爱因斯坦的质量和能量转换公式(2.1.6)决定：

$$E = mc^2 \tag{2.1.6}$$

因而光子的动量为

$$p = mc = \frac{h\nu}{c} = \frac{h}{\lambda} = \hbar k \tag{2.1.7}$$

从这种宏观经典力学到对光子及能量过渡到量子化的深刻理解，对于微观体系中的量子力学理论发展起了重要的作用。目前在处理由少数原子组成的分子以及固体体系时，主要采用量子力学方法。这里简单介绍其概念。

量子力学是研究微观物质运动规律的基本方法。为了简单，我们仍然考虑以沿 x 方向(和图 2.1 中取 z 方向的习惯不同)的一维电磁波进行说明。对于波长为 λ，频率为 ν 的单色自由波 $\Psi(x,t)$，根据 Maxwell 方程式(2.1.2c～d)，将这两个方程中的磁场 H 约除后可以导出该波的运动方程：

$$\frac{\partial^2 \Psi}{\partial x^2} = \frac{1}{\lambda^2 \nu^2}\frac{\partial^2 \Psi}{\partial t^2} \tag{2.1.8}$$

采用数学上的变数分离法将 $\Psi(x,t)$ 分离为两个独立变数 $\psi(x)$ 和 $\phi(t)$ 的乘积：

$$\Psi(x,t) = \psi(x)\phi(t) \tag{2.1.9}$$

将式(2.1.9)代入式(2.1.8)后得到(为了简化，下面方程中略去了波函数中的变数 x 和 t)：

$$\frac{\lambda^2}{\psi}\frac{\partial^2 \psi}{\partial x^2} = \frac{1}{\nu^2 \phi}\frac{\partial^2 \phi}{\partial t^2} \tag{2.1.10}$$

式(2.1.10)中左右两边分别只是 x 和 t 的函数，因此可以用变数分离法分为两个方程：

$$\frac{\lambda^2}{\psi}\frac{\partial^2\psi}{\partial x^2}=-a^2 \quad (2.1.11a)$$

$$\frac{1}{\nu^2\phi}\frac{\partial^2\phi}{\partial t^2}=-a^2 \quad (2.1.11b)$$

式中，$-a^2$ 为常数。数学上熟知的式(2.1.11b)的解是：

$$\phi=\mathrm{e}^{-\mathrm{i}a\nu t} \quad (2.1.12)$$

此解表示一个频率为 ν 的简谐振动。因而当 $t=0,\frac{1}{\nu},\frac{2}{\nu},\cdots$ 时，ϕ 值必定相等，即应有 $\phi(0)=\phi\left(\frac{1}{\nu}\right)=\phi\left(\frac{2}{\nu}\right)=\cdots$，或 $1=\mathrm{e}^{-\mathrm{i}a}=\mathrm{e}^{-\mathrm{i}2a}=\cdots$。根据欧拉公式 $\mathrm{e}^{-\mathrm{i}a}=\cos a-i\sin a$，所以必定有 $a=2\pi$，将此 a 值代入式(2.1.12)和式(2.1.9)就可以得到

$$\phi=\mathrm{e}^{-\mathrm{i}2\pi\nu t} \quad (2.1.13)$$

$$\Psi=\psi\mathrm{e}^{-\mathrm{i}2\pi\nu t} \quad (2.1.14)$$

将式(2.1.14)分别对坐标 x 取二阶微分及对时间 t 取一阶微分得到

$$\frac{\partial^2\Psi}{\partial x^2}=-\frac{4\pi^2}{\lambda^2}\psi=-\frac{4\pi^2p^2}{h^2}\psi \quad (2.1.15a)$$

$$\frac{\partial\Psi}{\partial t}=-2\pi\mathrm{i}\nu\psi=-\frac{2\pi\mathrm{i}E}{h}\psi \quad (2.1.15b)$$

根据能量守恒定理，体系的总能量 E 为动能 T 加势能 V，有

$$E=T+V=\frac{1}{2}mv^2+V=\frac{p^2}{2m}+V \quad (2.1.16)$$

式中，m 为微观粒子质量，v 为微观粒子速度。将式(2.1.16)两边同乘 Ψ 就得到恒等式：

$$\left(\frac{1}{2}mv^2+V\right)\Psi=E\Psi \quad (2.1.17)$$

将式(2.1.15a)和式(2.1.15b)代入式(2.1.17)就得到和时间有关的薛定谔(Schrödinger)第一方程式：

$$-\frac{h^2}{8\pi^2m}\frac{\partial^2\Psi}{\partial x^2}+V\Psi=\frac{\mathrm{i}h}{2\pi}\frac{\partial\Psi}{\partial t} \quad (2.1.18)$$

将上述一维空间的形式推广到三维空间(x,y,z)空间，并引入熟知的 Laplace 算符：

$$\nabla^2\equiv\frac{\partial^2}{\partial x^2}+\frac{\partial^2}{\partial y^2}+\frac{\partial^2}{\partial z^2} \quad (2.1.19)$$

及简写符号 Hamilton 算符 $\hat{H}$：

$$\hat{H}=-\frac{h^2}{8\pi^2m}\nabla^2+V(x,y,z) \quad (2.1.20)$$

则式(2.1.18)还可以简写为

$$\hat{H}\Psi=-\frac{h}{2\pi i}\cdot\frac{\partial\Psi}{\partial t} \quad (2.1.21)$$

若讨论的体系是与时间无关的体系，即波函数具有式(2.1.14)的形式，将它代入式(2.1.17)就得到与时间无关的 Schrödinger 第二方程式：

$$\hat{H}\psi=-\frac{h^2}{8\pi^2m}\nabla^2\psi+V\psi=E\psi \quad (2.1.22)$$

式中，$\hat{H}$ 上出现尖角 $\wedge$ 的符号在量子力学中称为算符(operator)，它是一种类似于数学中的 $\sqrt{\ }$ 表示要进行开方的运算符号。要强调的是，这里得到的 Schrödinger 基本方程是通过和经典力学对比的方式得到的，并不是推导的。正如牛顿力学也不是推导出来的，而是符合目前微观体系的自然规律。事实上，我们在导出式(2.1.15)中的最后一项时，已经用到了光及粒子的双重性式(2.1.6)和式(2.1.7)，这意味着我们已经将式(2.1.18)中的波看作了电子之类的微观物质波 ψ 了。由量子力学的 Schrödinger 方程式求解波函数 $\Psi(x,y,z,t)$，虽然是个数学问题，但是这样解出的 Ψ 要有物理意义。从统计力学的规律来看，这是一种概率波，其平方值 $|\Psi(x,y,z,t)|^2$ 表示在时间 t 及空间某处 (x,y,z) 电子出现的概率。因此相当于经典力学中的边界条件，在数学上解出的 Ψ 就必须满足几个合理的条件：①单值，有一定的数值；②有限，出现在整个空间是必然的，即归一化条件 $\int\Psi^*\Psi\mathrm{d}\tau=1$；③连续，即是二次可微的函数，否则 $\nabla^2\psi$ 都没有意义。

在量子力学中可以依据上述的薛定谔第二方程以确定分子之类微观粒子运动的规律[4]。对于 n 个电子和 N 个核组成的多粒子体系，严格地说，上述 Ψ 应该写为 $\psi^{电子}$ 和 $\psi^{核}$ 的乘积，但若将比电子重的原子核看作固定不动的骨架，而近似地只考虑电子的运动[称为玻恩-奥本海默(Born-Oppenheim)近似]，则从统计力学观点引入波函数 $\psi^{电子}(1,2,\cdots,n)$ 表示电子所处物理状态的概率。例如，对应于经典力学的量子力学式(2.1.22)的方程就可写为

$$\hat{H}^{电子}(1,2,\cdots,n)\psi^{电子}(1,2,\cdots,n)=E\psi^{电子}(1,2,\cdots,n) \tag{2.1.23}$$

式中，哈密顿算符 $\hat{H}^{电子}$ 就对应于经典力学中体系的能量 E(E=动能 T+势能 V)，但在量子力学中应将它看作一种运算，简称能量算符，但其具体形式要根据具体情况和相互作用的势能而定。了解量子力学的读者知道，只需应用表 2.1 中所列出的经典力学物理量(第一列)和量子力学算符 $\hat{O}$ (第二列)间的对应关系，就可以应用其中的 T 和 V 变换关系很方便地将式(2.1.23)中的 $\hat{H}^{电子}$ 写成明显的形式：

表 2.1 某些经典力学物理量所对应的量子力学算符(用直角坐标表示)

经典力学物理量	量子力学算符 $\hat{O}$
位置	$\boldsymbol{r}=x\boldsymbol{i}+y\boldsymbol{j}+z\boldsymbol{k}$
势能	$V=r^{-1}$
线动量	$\hat{p}=\hat{p}_x\boldsymbol{i}+\hat{p}_y\boldsymbol{i}+\hat{p}_z\boldsymbol{k}=\frac{h}{2\pi\mathrm{i}}\left(\frac{\partial}{\partial x}\boldsymbol{i}+\frac{\partial}{\partial y}\boldsymbol{j}+\frac{\partial}{\partial z}\boldsymbol{k}\right)$
轨道角动量	$\hat{L}=L_x\boldsymbol{i}+L_y\boldsymbol{j}+L_z\boldsymbol{k}$ 其中 $L_x=\frac{h}{2\pi\mathrm{i}}\left(y\frac{\partial}{\partial z}-z\frac{\partial}{\partial y}\right)$，$Ly$ 和 Lz 以此类推
动能	$\hat{T}=\frac{\hat{P}^2}{2m}$
电荷密度	$\hat{\rho}(R)=\delta(R-r)$
自旋密度	$\rho^{自旋}(R)=2S_z\,\delta(R-r)$
偶极矩	$\hat{\mu}=er$

$$\hat{H}^{电子} = -\frac{h^2}{8\pi^2 m}\sum_{p}^{n} \nabla_p^2 - \sum_{A}^{N}\sum_{p}^{n} e^2 Z_A r_{Ap}^{-1} + \sum_{p<q}^{n} e^2 r_{pq}^{-1} \tag{2.1.24}$$

电子动能算符　电子 - 核吸引算符　电子 - 电子排斥算符

式中，p 和 A 分别为电子和核的标号，r_{Ap} 为核 A 和电子中间的距离，r_{pq} 为相应电子 p 和 q 间的距离。用数学语言来说，求解方程(2.1.24)可以得到体系的波函数 ψ（数学上称本征矢量）和能量（称本征值）E。它的解波函数 $\psi^{电子}$ 描述了电子在核固定时的运动状态。

原子结构简述：作为一个实例，我们简述原子结构的量子力学处理。从初等量子力学知道，可将式(2.1.24)应用于原子序数为 Z、只含有一个价电子的类氢原子。这时电子和核库仑相互作用的中心势场为 $V = -\frac{ze^2}{r}$，得到其 Schrödinger 方程为

$$\nabla^2\psi + \frac{h^2}{8\pi^2 m}\left(E + \frac{Ze^2}{r}\right)\psi = 0 \tag{2.1.25}$$

在要求波函数 ψ 为连续、单值和有限的物理边界条件下，使用数学上的变数分离法严格求解该微分方程后（在一般的量子力学书中有详细介绍，这里不再详述），可以得到其本征值 E（即体系中电子的能量）

$$E_n = -\frac{2\pi^2 me^2 Z^2}{n^2 h^2} = -R\frac{Z^2}{n^2} = -13.6\frac{Z^2}{n^2}\ (\text{eV}) \tag{2.1.26}$$

式中，$R = \frac{2\pi^2 me^2}{h^2}$，称为里德堡常数，其值为 13.6eV。本征函数 ψ（称为波函数）为

$$\psi_{nlm}(r,\theta,\phi) = R_{nl}(r)Y_{lm}(\theta,\phi) \tag{2.1.27}$$

它的平方 $\psi^*\psi = |\psi|^2$ 称为电子概率密度。其中 $R(r)$ 称为径向波函数，$Y(\theta,\phi)$ 称为角度波函数，其具体函数的形式有表可查，不再复述。对于类氢原子（或离子），根据量子力学理论，若电子之间不存在相互作用，则每一个电子的状态可以用主量子数 n，轨道角量子数 l 及其在磁场方向分量 m_l 这三个量子数来描述。这三个量子数描述了电子在三维轨道空间的运动，其取值为 $n=1,2,\cdots,n$（整数）；$l<n$；$|m_l|\leqslant l$。后来为了描述电子还具有自旋的特性，从相对论效应引入了另一个量子数 s，描述了单个电子在自旋空间的运动，其数值 $s=\frac{1}{2}$，它在磁场方向的分量只能取 $m_s=\pm\frac{1}{2}$（通常分别用箭头 ↑及 ↓或用希腊字母 α 及 β 表示其自旋方向是平行或反平行于外加磁场方向，参见 5.1 节）。实际上对于含多个电子的原子中，电子间存在着复杂的电磁相互作用。个别电子 i 的量子数 l_i，s_i 已意义不大，不是好的量子数。为了更准确地反映原子整体的内部状态，应该采用 L、S、J 和 M_J 这四个量子数（参考表 2.1 中的量子力学算符）。它们分别可以根据简单的矢量偶合模型直接由各个单电子的量子数 l_i 和 s_i 得到总量子数 L、S、J：

$$L = \sum_{i=1}^{N} l_i \qquad S = \sum_{i=1}^{N} s_i \qquad J = L + S \tag{2.1.28}$$

例如，由这些总量子数利用量子力学可以导出多电子原子中的角动量等其他一些物理量[4]：

轨道角动量

$$P_L = \frac{h}{2\pi}\sqrt{L(L+1)} \tag{2.1.29}$$

自旋角动量 $$P_S = \frac{h}{2\pi}\sqrt{S(S+1)} \tag{2.1.30}$$

总角动量 $$P_J = \frac{h}{2\pi}\sqrt{J(J+1)} \tag{2.1.31}$$

总角动量沿磁场的分量 $$P_{M_J} = \frac{h}{2\pi}M_J \tag{2.1.32}$$

我们不进一步具体讨论这些各个 l_i 和 s_i 微观态经过线性组合后如何得到所对应于 L、S、J 和 M_J 状态的归属。其结果通常在文献上统一应用光谱项符号 ^{2S+1}L 或者光谱支项 $^{2S+1}L_J$ 来简记这些好量子数 L、S、J 和 M_J 所表示的状态 $\psi(SLJM_J)$，左上角 $(2S+1)$ 称为光谱项的多重性，而整个该光谱项所描述状态的总简并度为 $(2S+1)\ (2L+1)$[2]。

这种微观物体运动的基本物理规律早在 20 世纪 20 年代就已经清楚了，以至狄拉克等物理学家认为“原则上任何化学问题可由求解相应的薛定谔方程而得到解决”。实际上除了上述类氢原子外，由于客观对象和数学处理的复杂性，严格计算式(2.1.2)的方法还远没有实现。因而对于更复杂的分子体系，总是要根据具体情况进行简化而求出其近似解。经过不同近似方法后，在现阶段流行的三大化学键理论中大都采用比价键(VB)理论[5]和配位场(LF)理论[6-7]以及更为优越的分子轨道(MO)理论近似[8]。

2.1.1 化学键的价键理论

价键理论是在 1927 年 Heitler 和 London 用量子力学处理 H_2 分子的基础上发展起来的。以含核间距为 R 的两个氢原子组成的 H_2 分子为例，它是含有两个核 a 及 b 和两个电子 1 及 2 的体系(图 2.2)，其 Hamilton 算符 $\hat{H}$ 为

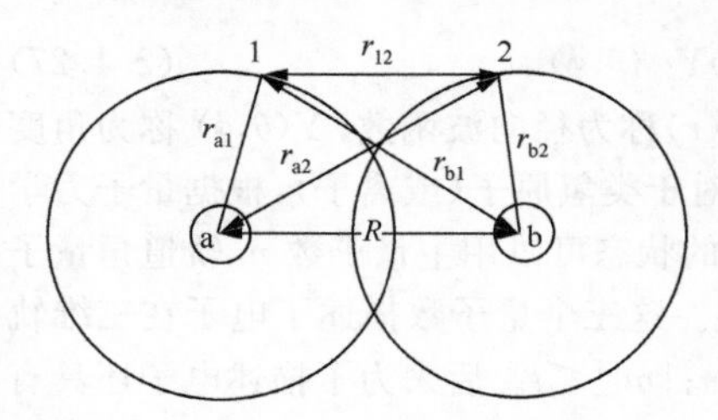

图 2.2 氢分子的坐标示意图

$$\begin{aligned}\hat{H} &= \left[-\frac{h^2}{8\pi^2 m}\nabla_1^2 - \frac{e^2}{r_{a1}}\right] + \left[-\frac{h^2}{8\pi^2 m}\nabla_2^2 - \frac{e^2}{r_{b2}}\right] \\ &\quad + \left[-\frac{e^2}{r_{a2}} - \frac{e^2}{r_{b1}} + \frac{e^2}{r_{12}} + \frac{e^2}{R}\right] \\ &= \hat{H}_{a(1)} + \hat{H}_{b(2)} + \hat{H}'\end{aligned} \tag{2.1.33}$$

以两个氢原子的 1s 轨道作为单粒子函数组成空间函数 $\phi_a(1)\phi_b(2)$ 和由 $2^n = 2^2 = 4$ 个自旋函数 $\alpha(1)$、$\alpha(2)$、$\beta(1)$ 和 $\beta(2)$。由空间波函数 ϕ 和自旋波函数之间进一步也可以组合成满足四个反对称性要求的空间自旋波函数：单重态 $^1\Phi_S$ 和三重态 $^3\Phi_A$。其中下标 S 和 A 分别表示交换电子 1,2 的空间坐标时不变号(对称的 S)和变号(反对称的 AS)。求解由式(2.1.33) $\hat{H}$ 所建立的久期方程后，可以证明这两种状态的相应能量为

$$E_S = 2\varepsilon_H + \frac{Q+A}{1+S_{ab}^2} \tag{2.1.34}$$

$$E_A = 2\varepsilon_H + \frac{Q-A}{1-S_{ab}^2} \tag{2.1.35}$$

其中重叠积分 $S_{ab} = \int \phi_a \phi_b \mathrm{d}\tau$，$\varepsilon_H$ 为式(2.1.26)表示的氢原子基态能量。Coulomb 积分 Q 及交换积分 A 分别为

$$Q = -\int \frac{\phi_a^2(1)}{r_{b1}} d\tau_1 - \int \frac{\phi_b^2(2)}{r_{a2}} d\tau_2 + \int \frac{\phi_a^2(1)\phi_b^2(2)}{r_{12}} d\tau_1 d\tau_2 + \frac{1}{R} \tag{2.1.36}$$

$$A = -S_{ab}\int \frac{\phi_a(1)\phi(1)}{r_{a1}} d\tau_1 - S_{ab}\int \frac{\phi_a(2)\phi_b(2)}{r_{b2}} d\tau_2 + \int \frac{\phi_a(1)\phi_b(1)\phi_a(2)\phi_b(2)}{r_{12}} d\tau_1 d\tau_2 + \frac{1}{R}S_{ab}^2 \tag{2.1.37}$$

可以通过量子化学方法对上面这些公式进行具体计算。从能量公式 E 可以看出，一般积分 Q 和 A 值(当 S_{ab} 不能忽略时)都是负值，故单重态 Φ_S 为比两个无相互作用的氢原子能量 ε_H 低的稳定态，而三重态 Φ_A 为能量高的排斥态。

综上所述，可以得到两个重要结论：①电子云最大重叠原理。从波函数 Φ 的空间部分可以看出，ϕ_a 和 ϕ_b 轨道的电子云重叠得愈多，体系愈稳定。②电子配对原理。当两个处于 $\phi_a\phi_b$ 轨道的价电子相互接近而成键时，若它们自旋平行($S=1$，↑↑)，则会形成不稳定的排斥态，若它们自旋反平行($S=0$，↑↓)就可以形成稳定态的分子。

价键理论的中心问题是分子中每一对电子结合的原子必须各自具有一个处在适当轨道的未成对电子，在式(2.1.38)中它们分别表示为·和×。这一对电子在结合的原子间按照电子云最大重叠的方向形成一个共享的定域单键。例如，按照 Lewis 的表示式，对于 F—H 分子，其共价键的形成可以示意为

$$:\ddot{\underset{\cdot\cdot}{F}}\cdot + \times H \longrightarrow :\ddot{\underset{\cdot\cdot}{F}}\overset{\cdot}{\times} H \tag{2.1.38}$$

当形成配位键时，其和上述经典共价单键唯一的区别是共享的一对电子来自同一个结合的原子。例如，氢化硼-氨分子中相关的配位键示意为

$$\mathrm{BH_3} + :\mathrm{NH_3} \longrightarrow \mathrm{H_3B}:\mathrm{NH_3} \tag{2.1.39}$$

诺贝尔奖得主 Pauling 根据大量实验结果将简单的价键理论扩展到包括 d 轨道在内的杂化轨道理论[5]。过渡金属原子在形成分子过程中，为了使形成的化学键强度增大而有利于降低体系的能量，因而趋向于将一个金属原子中原有的 n 个不同电子轨道线性组合成新的 n 个杂化轨道，一般说来，当过渡金属原子中的 f-d-s-p 轨道之间按其贡献的权重大小形成等性杂化轨道 ψ 时，若令其 s、p、d、f 的成分依次为 α、β、γ、δ，则有关系：

$$\alpha + \beta + \gamma + \delta = 1 \tag{2.1.40}$$

其杂化波函数 ψ 的一般形式为

$$\psi_{\mathrm{dspf}}^{i} = \sqrt{\alpha}\psi_s + \sqrt{\beta}\psi_p + \sqrt{\gamma}\psi_d + \sqrt{\delta}\psi_f \quad (i = 1, 2, \cdots, n) \tag{2.1.41}$$

例如，对于电子组态为 $2s^2 2p^6 3s^2 3p^6 3d^5$(不考虑内层已占满的 $1s^2$)的 Fe^{3+}，在形成下列两种配位化合物时，Pauling 认为它们分别可能按下列价键图式，即以两个 d 轨道，一个 s 轨道和三个 p 轨道形成六个虚线方框所示的 d^2sp^3 杂化轨道：

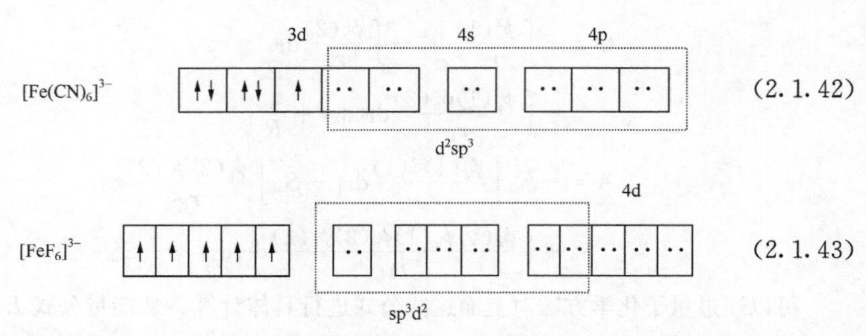

(2.1.42)

(2.1.43)

成键时其中六对配位体：CN^-或：F^-的孤对电子(以两个圆点：表示)正好填满这六个杂化轨道。对于式(2.1.42)的$[Fe(CN)_6]^{3-}$配位离子,用到内部的"3d"轨道,这种配位化合物称为"内轨配位化合物",对应于一般的强配位场、共价性及低自旋配位化合物,较为惰性。对于式(2.1.43)的$[FeF_6]^{3-}$配位离子,则用到外部的"4d"轨道,称之为"外轨配位化合物",对应于一般的弱场、电价性及高自旋配位化合物,活性较不稳定。按照式(2.1.40),可以求出$[Fe(CN)_6]^{3-}$这六个d^2sp^3杂化轨道的s、p、d成分,依次为

$$\alpha=\frac{1}{6},\ \beta=\frac{3}{6},\ \gamma=\frac{2}{6}=\frac{1}{3} \tag{2.1.44}$$

其波函数形式应为

$$\phi_{d^2sp^3}=\frac{1}{\sqrt{6}}\psi_s+\frac{1}{\sqrt{2}}\psi_p+\frac{1}{\sqrt{2}}\psi_d \tag{2.1.45}$$

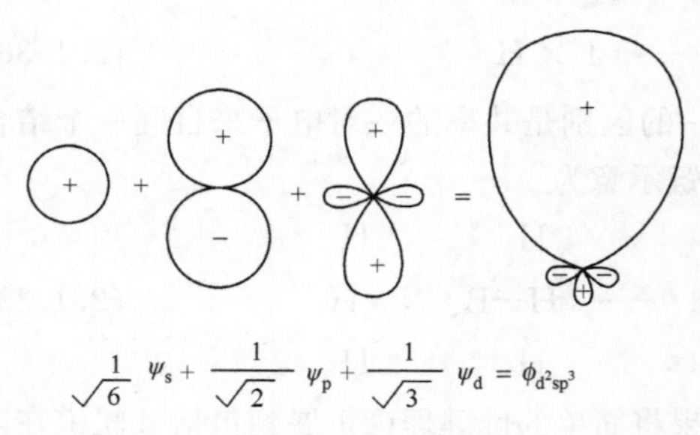

图 2.3 d^2sp^3 杂化轨道

图2.3为对应于$\phi_{d^2sp^3}$杂化轨道中各个成分组合的几何图形。由此可以看出,杂化后的轨道能更加集中优势的电子云密度形成配位键,这也正是轨道杂化的优点。这六个杂化轨道相互正交(夹角为90°)而指向正八面体的六个顶点,这就通过中心原子的d^2sp^3杂化解释了所示配位离子的八面体空间结构。

由式(2.1.42)中方框电子结构图,从5.1节将可以从理论上说明$[Fe(CN)_6]^{3-}$配位离子具有一个未成对电子的低自旋性。类似地可以解释对式(2.1.43)的$[FeF_6]^{3-}$配位离子具有五个未成对电子的高自旋磁性。这些理论结论和它的磁化率实验结果一致(参见5.4节)。

2.1.2 分子轨道理论

我们大致地了解一下分子轨道理论中所作的近似。首先作"轨道近似",即对$2n$个电子的分子体系选择一套单电子轨道$\psi_1,\psi_2,\cdots,\psi_n$为基础,结合每一个分子轨道中可以容纳两个电子的Pauli原理和Fermi的电子不可区分特性,提出将下列包含自旋α或β在内的自旋轨道作为行列式,而构成了下列的行列式。该式就是接近体系精确解的反对称行列式,可作为$2n$个电子的闭壳层近似波函数。

$$\Psi(1,2,\cdots,2n)=\frac{1}{\sqrt{2n!}}\begin{vmatrix}\psi_1(1)\alpha(1) & \psi_1(1)\beta(1) & \psi_2(1)\alpha(1) & \cdots & \psi_n(1)\beta(1)\\ \psi_1(2)\alpha(2) & \psi_1(2)\beta(2) & \psi_2(2)\alpha(2) & \cdots & \psi_n(2)\beta(2)\\ \vdots & \vdots & \vdots & & \vdots\\ \psi_1(2n)\alpha(2n) & \psi_1(2n)\beta(2n) & \psi_2(2n)\alpha(2n) & \cdots & \psi_n(2n)\beta(2n)\end{vmatrix} \tag{2.1.46}$$

若规定电子编号为行，轨道编号为列，其中 $\psi_1(1)\alpha(1)$ 就表示第一个电子处在空间轨道 $\psi_1(1)$ 和自旋为 $\alpha(1)$ 的自旋轨道中的状态。交换电子的不可区分的特性表现在行列式本身具有交换行或列时仅使 $\boldsymbol{\Psi}$ 变号，而电子存在的概率密度 $|\boldsymbol{\Psi}|^2$ 不变。将式(2.1.23)和式(2.1.46)代入 Schrödinger 式(2.1.22)，并在保持分子轨道 ψ 间具有下列正交归一化条件：

$$\int\psi_i\psi_j\,\mathrm{d}\tau=\delta_{ij} \tag{2.1.47}$$

其中 $\mathrm{d}\tau$ 为电子的微体积元，δ_{ij} 称为 Kronecker 符号：当 $i=j$ 时为 1，$i\neq j$ 时为零。利用常用的变分原理使能量达到最小，经过一些烦琐的数学推导后就可以导出 Hartree-Fock 微分方程组：

$$[\hat{H}^{实}+\sum_j(2\hat{J}_j-\hat{K}_j)]\psi_i=\varepsilon_i\psi_i \tag{2.1.48}$$

它描述了单个电子在所有原子核和其余电子平均势场中的运动规律，其中 $\hat{H}^{实}$ 对应于在纯原子实(core)场中运动的单电子哈密顿算符[将式(2.1.24)中前两项中的 Σ 符号除去后的项次]，$\hat{J}_j$ 和 $\hat{K}_j$ 分别称为库仑算符和交换算符，即

单电子哈密顿 $$\hat{H}^{实}(p)=-\frac{h^2}{8\pi^2m}\nabla_p^2-\sum_A e^2Z_A/r_{pA} \tag{2.1.49}$$

库仑算符 $$\hat{J}_j(1)=\int\psi_j^*(2)\frac{1}{r_{12}}\psi_{ji}(2)\mathrm{d}\tau_2 \tag{2.1.50}$$

交换算符 $$\hat{K}_j(1)\psi_i(1)=[\int\psi_j^*(2)\frac{1}{r_{12}}\psi_i(2)d\tau_2]\psi_j(1) \tag{2.1.51}$$

为了从式(2.1.48)中求出本征值 ε_i 和本征函数 ψ_i，在实际运算时，我们需要预先假设一套试探解 ψ_i' 以求出上述三类算符，再将通过式(2.1.48)求出的另一套 ψ_i'' 作为第二次试探函数，如此循环迭代到轨道 ψ_i 自洽不变为止，这种过程称为自洽场方法。这时含蓄地包含了四个近似：①近似地不考虑电子高速运动所引起的相对论效应；②将电子和核分开讨论的波恩-奥本海默近似；③轨道近似；④以一个轨道可容纳两个电子为基础的反对称行列式近似。

对于含有很多原子的实际化学问题，要直接求解一套联立微分方程组式(2.1.48)仍然是件麻烦的事，而且得出的解往往只有数值解的结果，而不具有明显分析解形式，不便理解。

在化学应用中较为方便的是把每个分子轨道 ψ_i 再具体简化而写成原子轨道(ϕ_μ)的线性组合(简称 LCAO)，其中的这一组 ϕ_μ 在数学上称为 ψ_i 的基矢量[形式上类似原子中的式(2.1.45)]，C 为组合系数，即

$$\psi_i = \sum_{\mu} C_{\mu i}\phi_{\mu} \tag{2.1.52}$$

则由式(2.1.35)，经过一些数学运算后可以得到一组易于求解的Roothan代数方程

$$\sum_{\nu}(F_{\mu\nu} - \varepsilon_i S_{\mu\nu})C_{\mu,i} = 0 \tag{2.1.53}$$

其中矩阵元

$$F_{\mu\nu} = H_{\mu\nu} + \sum_{\lambda\sigma} P_{\lambda\sigma}\left[(\mu\nu \mid \lambda\sigma) - \frac{1}{2}(\mu\lambda \mid \nu\sigma)\right] \tag{2.1.54}$$

双电子排斥积分

$$(\mu\nu \mid \lambda\sigma) = \iint \phi_{\mu}(1)\phi_{\nu}(1)\frac{1}{r_{12}}\phi_{\lambda}(2)\phi_{\sigma}(2)\mathrm{d}\tau_1\mathrm{d}\tau_2 \tag{2.1.55}$$

重叠积分

$$S_{\mu\nu} = \int \phi_{\mu}\phi_{\nu}\mathrm{d}\tau \tag{2.1.56}$$

密度矩阵元

$$p_{\lambda\sigma} = 2\sum_{i=1}^{n} C_{\lambda i}^{*} C_{\sigma i} \tag{2.1.57}$$

求解联立方程组式(2.1.53)后，可以得到其中的根ε_i(即分子轨道i的能量)和相应的组合系数$C_{\mu i}$(第i个分子轨道中第μ个原子的贡献)。从而得到体系的总电子能量：

$$\varepsilon = \sum_{i=1}^{2n}\varepsilon_i = \sum_{\mu,\nu} p_{\mu\nu}H_{\mu\nu} + \frac{1}{2}\sum_{\mu,\nu,\lambda,\sigma} p_{\mu\nu}p_{\lambda\sigma}\left[\langle\mu_{\nu} \mid \lambda_{\sigma}\rangle - \frac{1}{2}\langle\mu_{\lambda} \mid \nu_{\sigma}\rangle\right] \tag{2.1.58}$$

体系的总能量 $E = \sum_{i}^{2n}\varepsilon_i(\text{电子能量}) + \sum_{A<B}^{N} e^2\frac{Z_A Z_B}{r_{AB}}(\text{核 - 核排斥力})$ (2.1.59)

和式(2.1.52)所示的分子轨道。

即使这样的近似计算也是很复杂的。例如，遇到式(2.1.55)所表达的双电子四中心积分时，不但难度大，而且工作量也很大。其积分数目与电子数n的四次方成正比。例如，对于由20个原子组成不太大的分子，若每个原子只含有5个电子也要计算$(20\times5)^4=$1亿个积分。这是一般容量为几十万的计算机所难于承受的。

随着基矢量选用的多少和经验参数(为了减少计算量和增加精确度而设置的)确定方法的不同，分子轨道理论大致可以概括为四种类型(图2.4)：①从头计算法(*ab initio*)；②半经验的LCAO法；③新近发展的密度泛函(DF)法；④X_{α}散射波法。下面就用得最多的前三种方法分别加以介绍。

(1) 从头计算法。原则上正如该名字含义，计算时只需要输入一些物理参数(如坐标、基函数等)而不需要其他实验参数[8,9]。其主要的优点是精确，但困难是计算工作量大，并且依赖于基函数的选择而分成几种类型：如STO-nG型(最小基集)，是由n个简单的[类似式(2.1.14)]Gauss型函数逼近的Slater型基函数；6-31G型，其中第一个和第二个数字分别代表构成其内层和价层的Gauss函数的数目。还可以选择极化基和扩散基，简化内层计算的有效核势(ECP)和简化有效势(CEP)等方法，但计算中并不包括相对论效应、自旋-轨道偶合和自旋-自旋相互作用，以及电子的相关能[8]。对于后者有两种方案，即包括空轨道的组态相互作用(CI)方案和包括高激发微扰的Mϕller-Plesset(MP)方

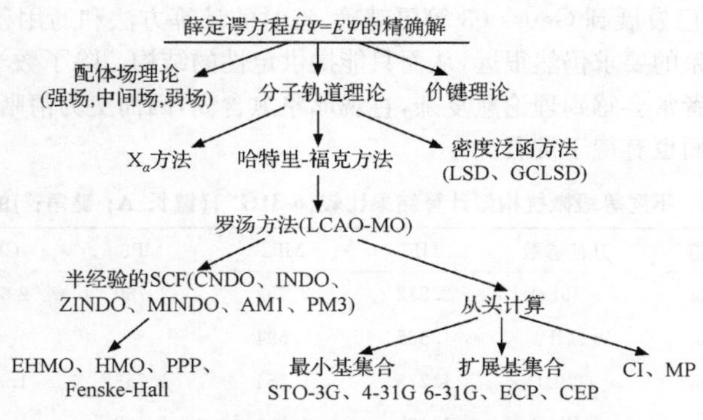

图 2.4　量子化学近似计算方案

案。在早期常用的 Gaussian 92 程序中包含了到 5 级微扰的计算方法[10]。我们曾用这种较简单的方法处理过 $CH_5N_2^+$ 阳离子的异构化反应[11]，阐明了 $CH_2=NH-NH_2^+$ 是其多种异构体中最稳定的结构。

(2) 半经验方法。在简化一些积分值时应用了各种近似。例如扩展的 Hückel 分子轨道法(EHMO)，不依赖于参数的 Fenske-Hall 方法[12]，忽略微分重叠(NDO)，忽略双原子微分重叠(NDDO)，Austin Model 1 (AM1)和其变种 PM3 等。通常引用了一些易于从光谱等实验中得到的数据代替其中一些难于计算的参数，特别是适于包含金属元素的 ZINDO/1 方法，其特点是计算工作量较小[13]，可用于 H，Li，Be，B，C，N，O，F，Na，Mg，Al，Si，P，S，Cl，K，Ca，Sc，Ti，V，Cr，Mn，Fe，Co，Ni，Cu，Zn，Y，Zr，Nb，Mo，Tc，Ru，Rh，Pd，Ag 和 Cd 等元素的计算。

(3) 密度泛函理论(DFT)：在所谓的局部自旋密度(LSD)法中，用定域电子自旋为 α 和 β 相应的自旋密度 ρ_α 和 ρ_β 的单电子积分代替原来 HF 方程中的交换-相关能[14]；在所谓的非定域或梯度校正的 GCLSD 法中则用 ρ_α，ρ_β 及其梯度 $\nabla\rho_\alpha$ 和 $\nabla\rho_\beta$ 代替交换-相关能。其特点是研究基态物理性质时，最为经济省时。研究激发态的密度泛函理论也正得到发展。目前的趋势是将该方法和 Hartree-Fock 法相结合而发展 HF-DFT 方法。在 Gaussian 98 程序包中包含了这类计算方法。我们将这个方法推广应用于计算包含有分子间电荷转移的超分子体系[15]。

在计算方法的选择上要兼顾精确度和计算时间这两个因素，等级越高的微扰计算方法会得到更接近实验的结果(表 2.2)[16]。即使最简单的 Hückel 方法得到的结果在研究中也是有用的。比它更精确一点的微扰分子轨道法(PMO)也已出现在基础教学中。比起初期用手摇计算机计算 H_2 分子约需一年时间而言，目前进行高达 100 个金属原子簇的 X_α 法[17,18]和精确度达到 0.02Å 键长、1kcal①/g 分子生成热的多原子分子自恰场方法已经不算太难(表 2.2)。从 1945 年发明电子计算机以来，人们的计算能力已提高了约 8 个数量级。早期我们用 Fenske 方法计算了 $Fe_3(CO)_9(\mu_3\text{-}S)_2$ 等三核簇合物电子结构[12b]。Pacchioni 等采用 DFT 方法对 $Ni_{147}He_{180}$ 和 $[Ni_{38}Pt_6(CO)_{48}]^{8-}$ 等簇合物体系作了理论计

① cal 为非法定单位，1cal＝4.1868J，下同。

算[19]。尽管现在已发展到 Gauss 03 等更精确、省时的计算方法和通用程序,但是毕竟离化学实际功能体系的要求仍然很远,从而只能提供定性的结构。除了数学计算困难外,对于实验科学工作者常会感到理论愈复杂,直观形象愈含糊,因而更为清晰的物理因素和化学模型精确化方面也有待于发展。

表 2.2 不同等级微扰构型计算结果比较(6-31G*)(键长:Å; 键角:°)的示例

分子	点群	几何参数	HF	MP2	MP3	CID	实验
Li_2	$D_{\infty h}$	r(LiLi)	2.812	2.782	2.760	2.724	2.673
LiF	$C_{\infty v}$	r(LiF)	1.555	1.594			1.582
	D_{2h}	r(BB)	1.778	1.754	1.753	1.750	1.763
B_2H_6		$r(BH_a)$	1.185	1.190	1.192	1.190	1.201
		$r(BH_b)$	1.316	1.311	1.312	1.310	1.320
		∠HBH	122.1	121.7	121.6	121.5	121.0

2.1.3 配体场理论

很多包含 d,f 电子的金属化合物可以作为光学、光电子、导电、磁性和其他敏感性材料。配体场理论的应用对象主要是研究包括 d,f 电子的过渡金属和 f 电子的稀土元素的成键[6-7]。它的发展要追溯到 1929 年物理学家 Bethe 所发展的静电晶体场理论。在该理论中认为过渡金属化合物或晶体是由离子和配体所组成的聚集体。这些离子和配体彼此有静电相互作用,但没有电子交换的共价键作用。在经典配位化学中所讨论的大多数化合物,特别是离子性强的氧化物,卤化物,水化物,硫酸盐等常见配体都属于这种类型。

在这些过渡金属离子中除了最外层是部分充满的 d 轨道以外,其他内层轨道或是全满,或是全空(对于稀土离子),所以可以只考虑环境的静电场和未充满壳层中 n 个 d 电子的相互作用。例如,考虑含有 d 轨道的过渡金属正离子,当最邻近的阴离子或有一定取向的偶极子为八面体取向时(例如图 1.1 中的$[Co(NH_3)_6]^{3+}$,O_h点群),由于带负电的配体所处位置处于不同对称性关系,形象化地表示于图 2.5(a),它们之间的静电作用使金属离子中原来能级简并的 5 个 d 轨道分裂成能量不同的二组轨道,即较高的 e_g轨道(dz^2,$d_{x^2-y^2}$)和较低的 t_{2g}轨道(d_{xy},d_{xz},d_{yz}),前一组中的(如 $d_{x^2-y^2}$)的电子密度集中在沿 $x-y$ 平面配体附近,导致金属-配体的电子之间的静电推斥作用不如电子密度夹在配体之间的后一组 t_{2g}轨道(如 d_{xy})稳定,其差值为 Δ。而对于四面体结构的配位离子则能级次序恰恰相反[图 2.5(b)中的 T_d点群],由最简单的静电模型可以计算出其能级分裂大小 Δ' 仅为八面体场能级分裂值 Δ 的 4/9。对于图 2.5 中其他更复杂对称性的晶体场情况,原则上根据所选择模型的结构细节也可以估算出金属离子 d 轨道的能级分裂情况及其相对高低。

所谓的配体场理论则是在晶体场理论基础上进一步考虑中心离子和配体之间的共价性成分。这种共价性成分的贡献一般是通过参数调节的形式反映在计算中的。在处理不同中心离子的价电子 i 在有效核电荷 z^* 场的中心离子势场和配体静电场中的运动时,特别要考虑下列三种微扰作用,即①金属离子中价电子 i 和 j 间的静电作用($\sim e^2/r_{ij}$);②配

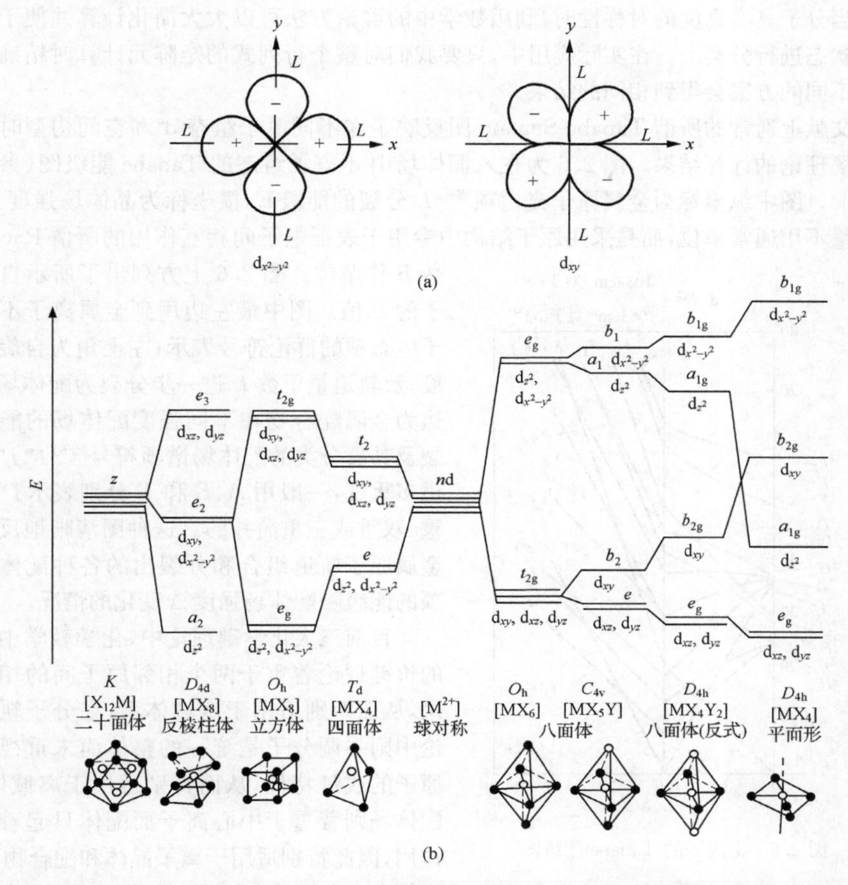

图 2.5　(a)八面体配合物中晶体场对金属离子中 $d_{x^2-y^2}$ 和 d_{xy} 轨道能级的影响；(b) 不同对称性晶体场中 d 能级的分裂

体场对金属离子电子 i 的作用[$\sim v(r_i)=\Delta$]；③电子的自旋-轨道相互作用($\sim \zeta l_i \cdot s_i$，其中 ζ 为自旋 s_i和轨道 l_i偶合作用常数)。从而可以在式(2.1.20)的基础上将配位的分子体系的 Hamilton 算符一次写成：

$$\hat{H}=-\frac{h^2}{8\pi^2 m}\sum_{i}^{m}\nabla_i^2-\sum_{i}^{N}\frac{Ze^2}{R_i}+\sum_{i>j}^{n}\sum^{m}\frac{e^2}{r_{ij}}+\sum_{t=1}^{n}\zeta_i l_i \cdot s_i+\sum_{t=1}^{n}V(r_i)=\hat{H}_0+\hat{H}_1 \tag{2.1.60}$$

即使如此简化，要严格求解这三项微扰所建立的量子化学 Schrödinger 方程式也是不可能的。通常根据上述三项微扰作用的大小而分成三类方案处理。配体场作用较强时为强场方案；静电作用强时为弱场方案；而自旋-轨道偶合作用大于配体场时则为自旋-轨道偶合方案。第一过渡金属常采用弱场或强场方案：第二、三过渡金属常采用强场方案，而对 f 电子被屏蔽的稀土或锕系配合物则宜采用自旋-轨道偶合方案[6]。在具体的体系中，特别在当分子具有高度的对称性时，利用数学中的群论方法可以大大简化计算并便于将电子的状态进行分类[7]。在实际应用中，只要我们对整个行列式的矩阵元计算时精确而完整则不同的方案会得到相同的结果。

文献上通常的所谓 Tanabe-Sugano 图反映了在不同电子组态 d^n 和空间构型时这种配体场理论的计算结果。图 2.6 为在八面体场中 d^6 电子组态的 Tanabe 能级图(参见文献[6])。图中纵坐标为金属原子光谱项 ^{2S+1}L 分裂的能级 E，横坐标为晶体场强度 Δ，但其能量不用通常单位，而是采用原子结构中专用于表征电子间相互作用的所谓 Racah 参数 B 作单位。图 2.6 上方列出了所示自由离子的 B 值。图中最左边用到金属离子不同电子组态项的群论符号表示；左上角为自旋多重度，及轨道量子数 L 进一步分裂为配体场。右边为金属配合物在不同强度配体场的能级分裂及其群分类的配体场谱项符号 $^{2S+1}\Gamma$，Γ 为轨道多重度，一般用 A、E 和 T 分别表示 Γ 是单重、双重或三重简并的。这种图清晰地反映了金属原子轨道组合和分裂出的各种配体场谱项的能级随配体场强度 Δ 变化的情况。

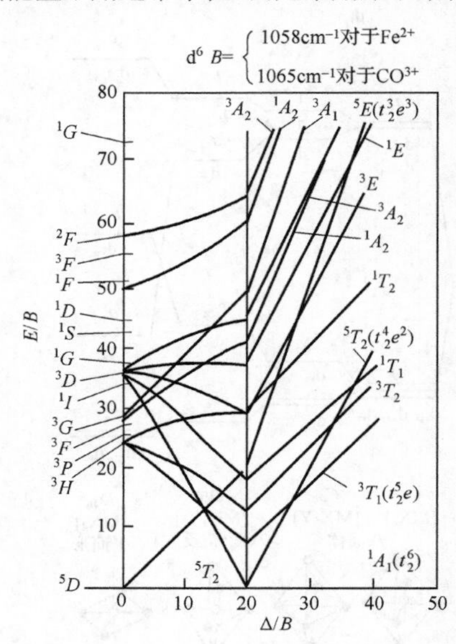

图 2.6 d^6 离子的 Tanabe 能级图

目前三大化学键理论中，化学教学中常用的价键理论着重于两个相邻原子间的相互作用，从而特别适用于定域体系；在分子轨道理论中则强调分子是统一的整体而未重视个别原子的成键特性，从而特别适用于离域体系；配体场则着重于中心离子而配体只起着微扰作用，因此特别适用于离子晶体和配合物。

这三种理论计算方法也呈现相互渗透融合的趋势。配体场理论也发展到既保留了计算简捷的晶体场理论的具体模型，又吸收了分子轨道理论的统一整体性。这种实质上属于配合物分子轨道理论的方法将金属的所有 s，p，d 或 f 轨道以及配体的轨道在成键时都处于同等地位，采用式(2.1.52)的 LCAO 方法和求解久期方程等数学方法处理。例如，图 2.7 就是一个由中心金属离子 Co^{3+}(d^6)的 3d，4s，4p 价轨道(左边)和 6 个 NH_3 配体的 σ 轨道(右边)相互按照上述的谱项 $^{2S+1}\Gamma$ 分类的方式组合后所形成的分子轨道 ψ(中间)及其能量 E(纵坐标)的示意图。这种方法在配合物的结构和性质的应用方面得到了广泛的应用。例如，能说明配合物的稳定性，几何构型和反应活性；从配体场分裂能的大小解释光谱跃迁机理；从 d 轨道分裂能和电子成对能的比较阐明配合物的磁性。特别是在各种电磁场微扰下，能级的分裂情况对于配合物的电子光谱及顺磁共振波谱的解释等方面，配体场理论也都十分成功。配体场理论在使很多过渡金属的化学知识系统化方面起了重要作用。

由于目前还不存在普遍适用于复杂体系的计算方案，行之有效的是针对具体对象发展新的方法。例如对于对称性高的簇状化合物采用 X_α 散射波方法，在生物量子化学构

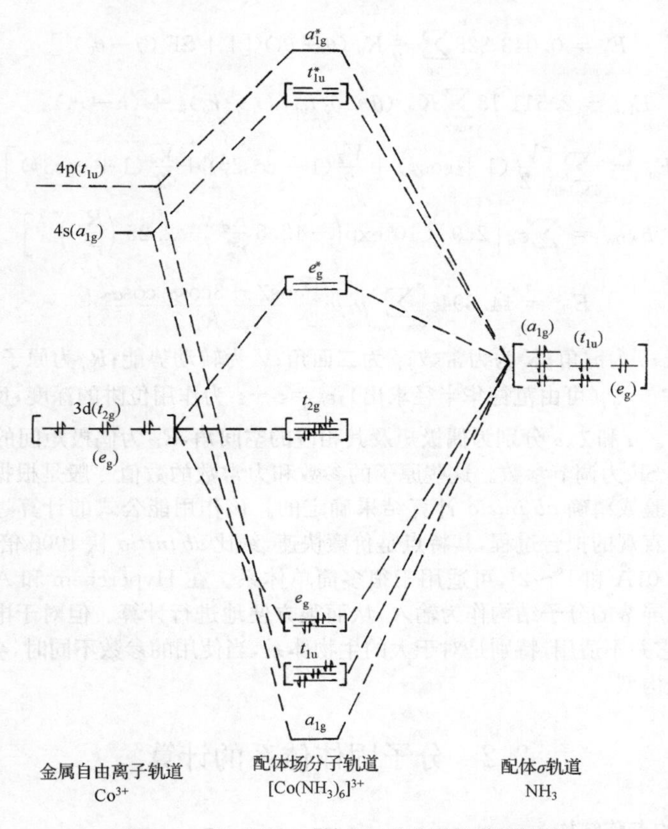

图 2.7　$[Co(NH_3)_6]^{3+}$ (d^6)的分子轨道能级图

象研究中采用"定域轨道的微扰构型作用法"(PCILO)等。我们应用将 MO 和价键方法相结合的正则杂化轨道方法[20]成功地说明了核四极矩光谱的规律性[21]。

2.1.4　分子力学方法

对于复杂的分子或凝聚态分子体系，常采用和量子力学计算不同的分子力学(MM)方法，这时不涉及电子的哈密顿或波函数，而是用具有显式表达的势能函数 $E(r)$ 来描述一组坐标矢 r 下原子 i，j 之间的相互作用能。这时对分子中电子能量的贡献包括：键伸缩能 E_b，键角弯曲能 E_a，以及伸缩-弯曲这二者之间的相互作用能 $E_{b,a}$，二面角旋转能 E_{dh}，非键原子间的范德华力和排斥能 E_{VDW} 和来自键的极化或形式电荷间的静电作用能 E_{dip}，即

$$E(r) = E_b + E_a + E_{b,a} + E_{dh} + E_{VDW} + E_{dip} \tag{2.1.61}$$

根据这些能量表示式中力常数的选择方式不同，MM 方法又分为 MM2，MM3，AMBER，BIO 和 OPLS 等软件方法[22,23]。例如在 MM2 中采取

$$E_b = 143.88 \sum_{bond} \frac{1}{2} K_r (r - r_0)^2 [1 + CS(r - r_0)] \tag{2.1.62}$$

$$E_{a} = 0.043\,828 \sum_{angle} \frac{1}{2} K_{\theta} (\theta - \theta_0)^2 [1 + SF(\theta - \theta_0)^4] \tag{2.1.63}$$

$$E_{b,a} = 2.511\,18 \sum_{angle} K_{sb} (\theta - \theta_0)_{ijk} [(r - r_0)_{ik} + (r - r_0)_{jk}] \tag{2.1.64}$$

$$E_{dh} = \sum_{dihedral} \left[\frac{V_1}{2}(1 + \cos\phi) + \frac{V_2}{2}(1 - \cos 2\phi) + \frac{V_3}{2}(1 + \cos 3\phi) \right] \tag{2.1.65}$$

$$E_{VDW} = \sum_{ij} \varepsilon_{ij} \left[2.9 \times 10^5 \exp\left(-12.5 \frac{R_{ij}}{r_{ij}^*}\right) - 2.25 \left(\frac{R_{ij}}{r_{ij}^*}\right)^{-6} \right] \tag{2.1.66}$$

$$E_{dip} = 14.394\varepsilon \sum_{polar\ bond} \mu_1 \mu_2 \left[\frac{\cos\chi - 3\cos\alpha_1 \cos\alpha_2}{R_{12}^3} \right] \tag{2.1.67}$$

式中，r 为键长；θ 为键角；K 为力常数；ϕ 为二面角；V 为转动势能；R_{ij} 为原子间距；非键原子间距 $r_{ij}^* = r_i^* + r_j^*$（可由范德华半径求出）；$\varepsilon_{ij} = \varepsilon_i + \varepsilon_j$ 为作用位阱的深度，反映了原子靠近的难易程度。μ 和 χ、α 分别为偶极矩及其相应的空间角，R_{12} 为偶极矩间的距离，ε 为介电常数，CS 和 SF 为调节参数。这些原子的参数和力常数的数值一般是根据其不同类型而从小分子实验或精确 *ab initio* 计算结果确定的。该作用能公式的计算过程实际上是一种更为化学直观的拟合过程，其特点是价廉快速，约比 *ab initio* 快 1000 倍，键长和键角准确度可达 0.01Å 和 1°～2°，可适用于很多简单体系。在 Hyperchem 和 Alchemy 等软件中还可以用屏幕的分子结构作为输入，从而很方便地进行计算。但对于电子效应特别明显的体系，它并不适用，特别是对于大的生物体系，当使用的参数不同时，会得到差别很大的能量最低构型。

2.2　分子固体体系的计算

2.2.1　晶体的点阵结构

1. 晶体的对称性

我们熟知，晶体是由原子、离子或分子所组成。它具有一定对称性的图形。由一个经过某种不改变其中任何二点间距离的操作而能够复原的图形就称为对称图形。在进行实际操作时必须借助于（甚至是假想的）点、线、面等所谓的几何元素来进行。对于分子和晶体这种有限的图形，由数学上的群论（一种在物理和化学中有广泛应用的分支）可以证明，对于有限的几何图形只有具有下列四类对称元素及其相应的对称操作：①旋转和旋转轴 C_n；②反映和对称中心 i；③反映和对称面 σ；④旋转反映和反轴 $\bar{n}$，即该图形为经过 n 次旋转而继以反演操作而能复原（不过也有用像转和像转轴 S_n，它是用沿着某 n 次轴旋转并连续对垂直于该轴的镜面进行反映的操作。由于 S_n 和 $\bar{n}$ 对称操作二者是等价的，如 $S_4 = \bar{4}$，所以这两类对称操作只要选用其一）。

特别是对于晶体外形的这种有限几何图形，它有八种对称元素，即没有对称性的 C_1，二次旋转轴 C_2，三次旋转轴 C_3，四次旋转轴 C_4，六次旋转轴 C_6，对称中心 I，对称面 σ 和四次反轴 $\bar{4}$ 这八个独立的对称元素，以及和它们各自相应的对称操作。根据其图形的立体构型可以看出这一群对称操作的几何群体的特点是所有这些对称操作都要通过一个公共点,所以通常简称为点群[6,24]。由群论还可以证明,晶体宏观外形的对称元素的组合方式或点群只有 32 种类型。表 2.3 中列出了这 32 种点群,其中在第一列中分别列出了它们所属的七个晶系。第二列为所有对称元素集合的缩写,并将它们按国际符号及习惯上常用的 Schoenflies 记号表示。第三列分别为国际上统一规定的各个晶系,用三个特定轴向的对称操作标记。例如对于其宏观外型为立方体的 ZnS 晶体,由 X 射线衍射法可以确定它具有图 2.8 所示的晶体结构,它就具有表 2.3 中所属的立方晶系及所属的 O_h 点群结构。

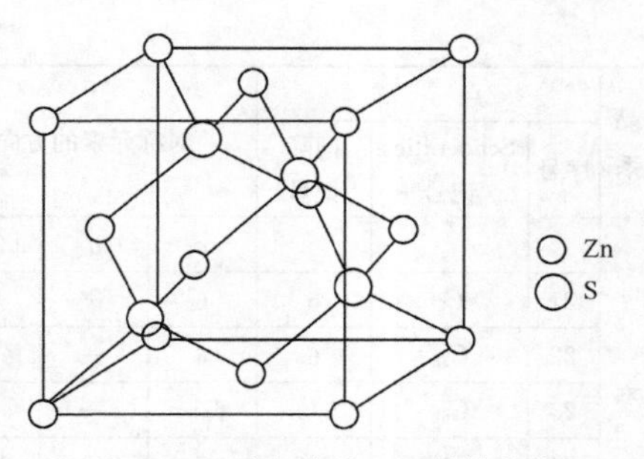

图 2.8　电致发光的 ZnS 晶体结构

表 2.3　晶体的点群及其物理性质

晶系	点群 序号	Schoenflies 记号	国际记号	对称元素的方向和数目				对映体	旋光性	压电效应	热电效应	倍频效应	劳埃群	空间群的编号
				a	b	c								1
三斜	1	C_1	1					+	+	+	+	+	$\bar{1}$	
三斜	2	C_i	$\bar{1}$				$\bar{1}$	−	−	−	−	−		2
单斜	3	C_2	2		2			+	+	+	+	+		3～5
单斜	4	C_s	m		m			−	(+)	+	+	+	$2/m$	6～9
单斜	5	C_{2h}	$2/m$		$2/m$		$\bar{1}$	−	−	−	−	−		10～15
正交	6	D_2	222	2	2	2		+	+	+	−	+		16～24
正交	7	C_{2v}	$mm2$	m	m	2		−	(+)	+	+	+	mmm	25～46
正交	8	C_{2h}	mmm	$2/m$	$2/m$	$2/m$	$\bar{1}$	−	−	−	−	−		47～74
				c	a	[110]								75～80
四方	9	C_4	4	4				+	+	+	+	+		81～82
四方	10	S_4	$\bar{4}$	$\bar{4}$				−	(+)	+	−	+	$4/m$	83～89
四方	11	C_{4h}	$4/m$	$4/m$			$\bar{1}$	−	−	−	−	−		89～98
四方	12	D_4	422	4	2(2)	2(2)		+	+	+	−	+		99～110
四方	13	C_{4v}	$4mm$	4	$m(2)$	$m(2)$		−	−	+	+	+	$4/mm$	111～122
四方	14	C_{2d}	$\bar{4}2m$	$\bar{4}$	2(2)	$m(2)$		−	(+)	+	−	+		
四方	15	D_{4h}	$4/mmm$	$4/m$	$2/m(2)$	$2/m(2)$	$\bar{1}$	−	−	−	−			123～142
				c	a	—								
三方	16	C_3	3	3				+	+	+	+	+	$\bar{3}$	143～146
三方	17	C_{3i}	$\bar{3}$	$\bar{3}$			$\bar{1}$	−	−	−	−	−		147～148
三方	18	D_3	32	3	2(3)			+	+	+	−	+		149～155
三方	19	C_{3v}	$3m$	3	$m(3)$			−	−	+	+	+	$\bar{3}m$	156～161
三方	20	D_{3d}	$\bar{3}m$	$\bar{3}$	$2/m(3)$		$\bar{1}$	−	−	−	−	−		162～167

续表

晶系	点群			对称元素的方向和数目				对映体	旋光性	压电效应	热电效应	倍频效应	劳埃群	空间群的编号
	序号	Schoenflies记号	国际记号											
六方				c	a	[210]								
	21	C_6	6	6	—	—		+	+	+	+	+	$6/m$	168～173
	22	C_{3h}	$\bar{6}$	$\bar{6}$	—	—		—	—	+	—	+		174
	23	C_{6h}	$6/m$	$6/m$	—	—	$\bar{1}$	—	—	—	—	—		175～176
	24	D_6	622	6	2(3)	2(3)		+	+	+	—	+	$6/mm$	177～182
	25	C_{6v}	$6mm$	6	m(3)	m(3)		—	—	+	+	+		183～186
	26	D_{3h}	$\bar{6}m2$	$\bar{6}$	m(3)	2(3)		—	—	+	—	+		187～190
	27	D_{6h}	$6/mmm$	$6/m$	$2/m$(3)	$2/m$(3)	$\bar{1}$	—	—	—	—			191～194
立方				a	[111]	[110]								
	28	T	23	2(3)	3(4)	—		+	+	+	—	+	$m\bar{3}$	195～199
	29	T_h	$m\bar{3}$	$2/m$(3)	$\bar{3}$(4)	—	$\bar{1}$	—	—	—	—	—		200～206
	30	O	432	4(3)	3(4)	2(6)		+	+	—	—	—	$m\bar{3}m$	207～214
	31	T_d	$\bar{4}3m$	$\bar{4}$(3)	3(4)	m(6)		—	—	+	—	+		215～220
	32	O_h	$m\bar{3}m$	$4/m$(3)	$\bar{3}$(4)	$2m$(6)	$\bar{1}$	—	—	—	—	—		221～230

注：对称元素的方向和数目栏中，圆括号内的数字代表数目。
"+"表示该性质有可能在该点群中观察到，"—"表示不可能观察到。

2. 晶胞的点阵结构

大部分分子体系是凝聚态的固体。应用物理的单晶 X 射线衍射法证实，晶体是微观粒子（原子、离子或分子等化学单元结构）在三维空间中作有规则周期排列的固体[24]。例如对于宏观外型也是立方体的金刚石，其微观结构却由碳原子（sp^3杂化成四面体价键）所组成的图 2.8 所示的单胞在三维空间周期性平移堆积而形成的结构。这种沿 a，b 和 c 三个晶轴方向经过平移操作而能自行重复的最短距离 a_i，a_j 和 a_k 称为周期。从数学的观点来看，这种周期性结构具有一个特点，就是将晶体结构中周围环境完全相同的所谓等价点抽取出来，而用一个几何点代替它就可以得到所谓的空间点阵。对应于物理上具体的晶胞所抽取出来的点集合，数学上抽象的称之为格子单位。例如，在图 2.9 中金刚石单胞中体对角线 1/4 处的原子和面心或顶点上的原子价键取向不相同，所以只可以抽取出一个图 2.10(c)所示的面心格子单位。用数学上抽象的点阵概念来代替物理上具体的晶胞的概念的优点之一是抓住了晶体的共同本质（平移性），便于统一进行研究。例如，可由晶体结构理论来证明，对于表 2.3 中的立方晶系中点阵格子只能具有图 2.10 所示的简单、立方和体心这三种类型。因此，尽管客观物质世界的晶体具体结构千姿

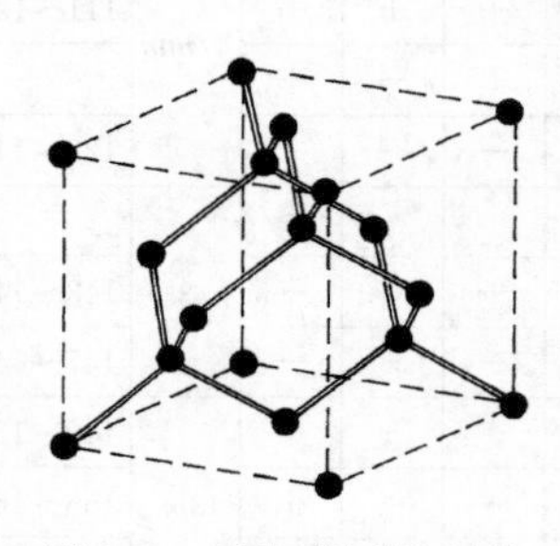

图 2.9　金刚石的单胞结构

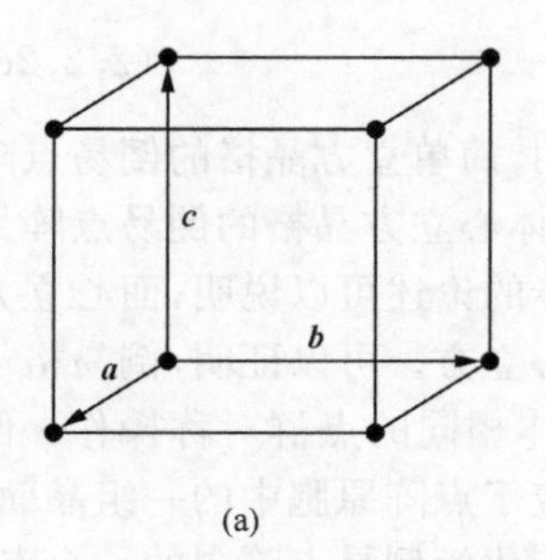

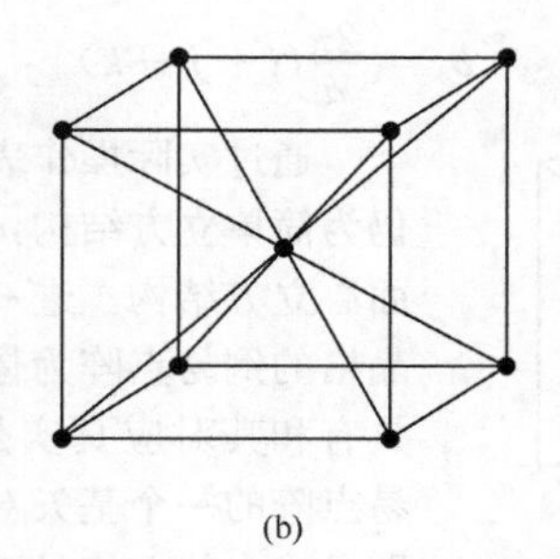

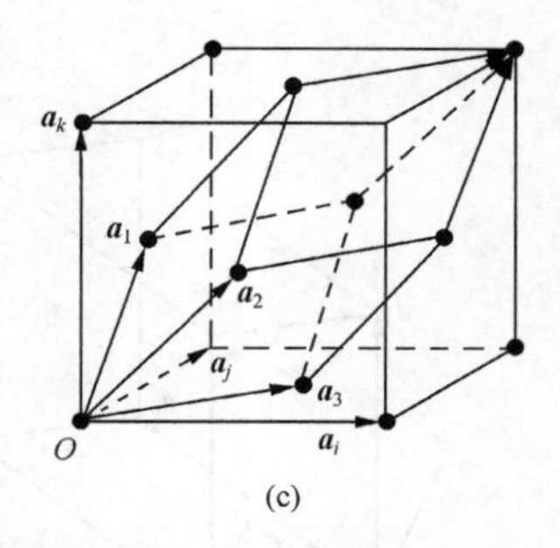

图 2.10　立方晶系中的三种 Bravis 格子及其原胞格子

(a) 简单;(b) 体心;(c) 面心立方

百态,无穷无尽,但它的格子型式只有 14 种(所谓 Bravis 格子)。图 2.10 的面心格子只是其中的三种。由上可见,为了完整地表达晶体空间的对称性,既应该考虑晶体的宏观点群的对称性,也应该考虑其微观 Bravis 格子的平移群。从数学上的群论可以证明,这两种相容的组合方式只有 230 种(这种空间群的编号是表 2.3 中最后一列,具体记号有表可查,这里从略),它们称为空间群。例如,金刚石晶体的点群为 $m3m$,平移为 F(面心格子),因而可以将它的空间群标记为 $F(m3m)$空间群,该点群 O_h 中包括表 2.3 中第 221～230 号空间群。

在作这种点阵格子单位的选择时,既考虑微观周期性,还照顾到晶体的宏观对称性特点,所以例如对于图 2.9 的金刚石结构虽然它是较小的重复单位,但还是可以选出比它更小的单位。对于这种面心立方格子,我们也可以选取其中任一格点为顶点,而以基矢 $\boldsymbol{a}_1$,$\boldsymbol{a}_2$,$\boldsymbol{a}_3$为边构成平行六面体(图 2.10),以这种称之为原胞的最小单位在空间以 $\boldsymbol{a}_1$,$\boldsymbol{a}_2$,$\boldsymbol{a}_3$为周期,无限重复的排列也可以构成整个点阵。原胞基矢的选择是:$\boldsymbol{a}_1 = a(\boldsymbol{j}+\boldsymbol{k})/2$,$\boldsymbol{a}_2 = a(\boldsymbol{k}+\boldsymbol{i})/2$,$\boldsymbol{a}_3 = a(\boldsymbol{i}+\boldsymbol{j})/2$。其中$\boldsymbol{i},\boldsymbol{j},\boldsymbol{k}$是沿单胞三个轴向的单位矢量。从整个晶格来看,作为顶点的格点为 8 个格子所共有,面心上的格点为相邻两个格子所共有,故面心格子共含有 4 个格点而原胞只含有一个格点。显然在每个原胞中只包含一个基元,即两个不等价的碳原子。

在后面讨论能带理论及晶体的衍射实验时,倒易点阵是一个十分重要的理论方法和较抽象的概念[25]。从空间点阵原胞的基矢 $\boldsymbol{a}_1$,$\boldsymbol{a}_2$ 和 $\boldsymbol{a}_3$ 可以按式(2.2.1)定义倒易点阵的基矢 $\boldsymbol{b}_1$,$\boldsymbol{b}_2$ 和 $\boldsymbol{b}_3$:

$$\boldsymbol{a}_i \cdot \boldsymbol{b}_j = \begin{cases} 2\pi & i = j \\ 0 & i \neq j \end{cases} \quad (i,j = 1,2,3) \tag{2.2.1}$$

可见倒空间中的 $\boldsymbol{b}_1$是垂直于正空间的 $\boldsymbol{a}_2$ 和 $\boldsymbol{a}_3$,即处于($\boldsymbol{a}_1$,$\boldsymbol{a}_3$)的平面法线方向,以此类推(图 2.11)。例如,对于面心立方晶格,其倒易点阵基矢为

$$\boldsymbol{b}_1 = \frac{2\pi}{a}(-\boldsymbol{i}+\boldsymbol{j}+\boldsymbol{k}) \tag{2.2.2a}$$

$$\boldsymbol{b}_2 = \frac{2\pi}{a}(\boldsymbol{i}-\boldsymbol{j}+\boldsymbol{k}) \tag{2.2.2b}$$

$$b_3 = \frac{2\pi}{a}(i + j - k) \tag{2.2.2c}$$

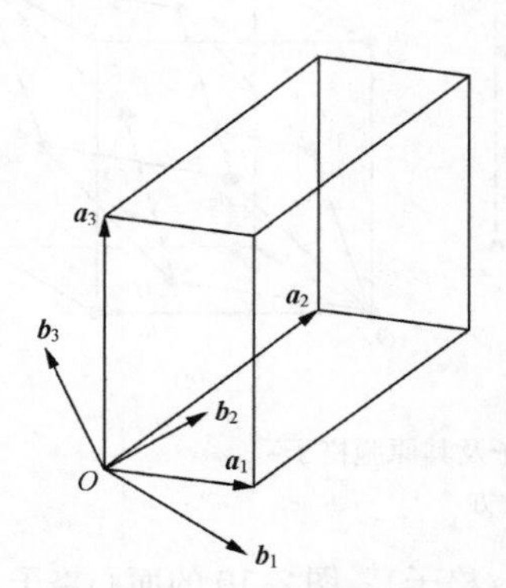

图 2.11　正点阵和倒易点阵基矢间的关系

通过实际操作表明，简单立方晶格的倒易点阵仍为简单立方结构，但体心立方晶格的倒易点阵为面心立方结构。进一步的论述可以说明，面心立方晶格的倒易点阵为体心立方。可以证明，倒易格子具有和其对应真实晶体相同的点群对称操作。倒易点阵的一个基矢对应于点阵原胞中的一组晶面，即晶格中的一族晶面转化为倒易点阵中的一个点。这在晶体衍射实验中是有其物理意义的。因为晶体中一族晶面发生的干涉作用在照片上的一个衍射斑点正好是对应于一个倒易阵点。下面我们将说明倒易点阵概念在能带理论阐述中的重要意义。

2.2.2　晶体能带理论

晶体中的电子是在有序的周期性排列的 N 个($= N_1 \cdot N_2 \cdot N_3$，其中 N_1、N_2 和 N_3 对应于三维点阵中 $\boldsymbol{a}_1$、$\boldsymbol{a}_2$、$\boldsymbol{a}_3$ 三个边上阵点的数目)原子或离子，以及其他电子所产生的势场中运动。和在上节中对多原子分子体系中的理论类似，在求解晶体这种多体的薛定谔方程式时也需要进行简化。一般都假设晶体中的原子实固定不动而不考虑晶格的振动，再将这种多电子间的相互作用势能按某种周期性的平均势场 $V(\boldsymbol{r})$ 近似势能，从而将多电子问题简化为单电子问题。在这种单电子近似下研究固体中的电子状态的理论就是能带理论[26,27]。在单电子近似下，对于薛定谔方程：

$$\left[\frac{h^2}{8\pi^2 m}\nabla^2 + V(\boldsymbol{r})\right]\psi = E\psi \tag{2.2.3}$$

由于在平移操作 $T(\boldsymbol{r})$ 下，晶格作用下使位移矢 $\boldsymbol{r}$ 变到$(\boldsymbol{r} + \boldsymbol{R}_i)$ 时，其中

$$\boldsymbol{R}_n = n_1\boldsymbol{a}_1 + n_2\boldsymbol{a}_2 + n_3\boldsymbol{a}_3 \quad (n_1, n_2 \text{ 和 } n_3 \text{ 为整数}) \tag{2.2.4a}$$

保持平移不变的周期性要求，式(2.2.3)中势场 $V(\boldsymbol{r})$ 满足下列关系：

$$V(\boldsymbol{r} + \boldsymbol{R}_n) = V(\boldsymbol{r}) \tag{2.2.4b}$$

当 $V(\boldsymbol{r})$ 为常数或其变数部分很小时，式(2.2.3)的零级解为[参见式(2.1.11a)]

$$\psi = \mathrm{e}^{\mathrm{i}2\pi(\boldsymbol{p}\cdot\boldsymbol{r})/h^*} \tag{2.2.5}$$

其本征值(能量) E_p 可分为势能 V_0 和动能 $\frac{1}{2m}p^2$(其中 p 为电子的动量)，即

$$E_\mathrm{p} = V_0 + \frac{1}{2m}p^2 \tag{2.2.6}$$

这也就是通常将金属中的电子看作自由电子的波函数和能量。但是当势能 $V(\boldsymbol{r})$ 的变化比较大时，就要用到各种近似理论处理。这里只对能带理论中常用的离域近似和紧密束

* 在量子力学中为了简化公式表达或计算，有时常用简化记号 $\hbar = h/(2\pi)$，因而将动量记为 $p = \hbar\boldsymbol{k}$ 而将式(2.2.5)简写为 $\psi = \mathrm{e}^{\mathrm{i}\boldsymbol{k}\cdot\boldsymbol{r}}$。

缚这两种理论作简单介绍。它们都是基于将多体的问题简化为单电子问题。

根据晶体具有平移对称性式(2.2.4)要求，经过使位矢 $\boldsymbol{r}$ 变到$(\boldsymbol{r}+\boldsymbol{R}_i)$的平移操作 $T(\boldsymbol{R}_i)$ 后，从数学上的平移群理论可以证明，在晶体的周期场中电子的波函数 ψ_k应为受晶格周期调幅 $u_k(\boldsymbol{r})$ 的平面波 $e^{i\boldsymbol{k}\cdot\boldsymbol{r}}$，即 $\psi_{\boldsymbol{k}}(\boldsymbol{r})$ 应具有下列形式：

$$\psi_{\boldsymbol{k}}(\boldsymbol{r}) = e^{i\boldsymbol{k}\cdot\boldsymbol{r}} u_{\boldsymbol{k}}(\boldsymbol{r}) \tag{2.2.7}$$

其中

$$u_{\boldsymbol{k}}(\boldsymbol{r}) = u_{\boldsymbol{k}}(\boldsymbol{r}+\boldsymbol{R}_i) \tag{2.2.8}$$

具有式(2.2.7)这种形式的波函数 $\psi_{\boldsymbol{k}}(\boldsymbol{r})$称为 Bloch 波函数。因此在描述晶体中单电子波函数时，出现了一个较难理解的下标 $\boldsymbol{k}$。它实质上就是平移算符本征值中的位移矢 $\boldsymbol{k}$(在这里固体物理的讨论中也称为 Bloch 波矢)。它对于每一个平移算符 $T(\boldsymbol{R}_n)$都是相同的。熟悉群论在化学中应用的读者将会更深刻地体会到，其中的下标 $\boldsymbol{k}$ 是一种由于在晶体中新的平程操作引入平移群后，出现对晶体波函数用 $\boldsymbol{k}$ 作为其不可约表示的分类记号；正如在球形原子结构中由于应用旋转群而将原子轨道分成 s、p 和 d 轨道，分子结构中由于应用点群而将分子轨道分成 e_g和 t_{2g}等一样[7]。

对于在周期性势场情况下，式(2.2.8)中这种本来只限于取用任意的波矢 $\boldsymbol{k}$ 表示的波函数 $\psi_{\boldsymbol{k}}(\boldsymbol{r})$ 就必定满足下列所谓的玻恩-卡门周期边界条件限制下的形式：

$$\psi_{\boldsymbol{k}}(\boldsymbol{r}+N_1\boldsymbol{a}_1+N_2\boldsymbol{a}_2+N_3\boldsymbol{a}_3) = \psi_{\boldsymbol{k}}(\boldsymbol{r}) \tag{2.2.9}$$

将它与式(2.2.7)进行比较，可见平移算符的本征值，即波矢 $\boldsymbol{k}$ 就只能被限制在下列条件下才能满足式(2.2.8)：

$$\boldsymbol{k} = \frac{l_1}{N_1}\boldsymbol{b}_1 + \frac{l_2}{N_2}\boldsymbol{b}_2 + \frac{l_3}{N_3}\boldsymbol{b}_3 \tag{2.2.10}$$

其中，l_1，l_2 和 l_3 为整数。可以证明，如果将 $\boldsymbol{k}$ 限于在式(2.2.2)所定义的倒易点阵的一个原胞内，则它和平移算符 T 的不同本征值 $\boldsymbol{k}$ 一一对应。因而，更方便的是取倒易点阵原点与最近倒易阵点连线的中垂面所包围的所谓第一布里渊(Brillouin)区(参看立方点阵的图 2.12)作为限制范围，即

$$-\frac{N_i}{2} \leqslant l_i \leqslant \frac{N_i}{2} \quad (i=1,2,3) \tag{2.2.11}$$

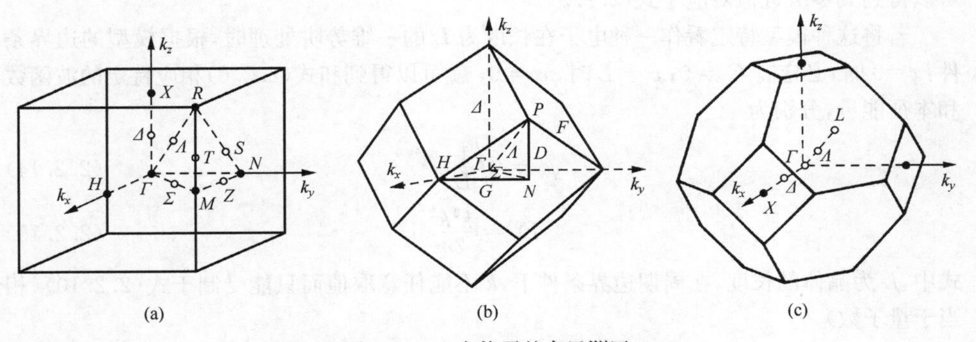

图 2.12　立方格子的布里渊区

(a) 简单立方；(b) 体心立方；(c) 面心立方

例如，对于图 2.11 所示的简单立方晶格得到其对应的倒易点阵基矢 $\boldsymbol{b}_1=(2\pi/a)\boldsymbol{i}$，$\boldsymbol{b}_2=(2\pi/a)\boldsymbol{j}$，$\boldsymbol{b}_3=(2\pi/a)\boldsymbol{k}$，故其所构成倒易点阵仍为简单立方，由其原点和六个最近相邻倒易阵点的连线中垂向围成一个六面体[图 2.12(a)]，其体积为$(2\pi/a)^3$。这样正好有 N 个分立的取值，即每个布里渊区 $\boldsymbol{k}$ 的取值范围都是一个倒易原胞的长度 $2\pi/a$，其中包含的量子态数目 N 就是晶体中原胞的数目。从而也就将数学上较抽象的 Bloch 矢 k 赋于了物理上电子波动量 p 的意义。

在介绍了上述对晶体中式(2.2.7)波函数 ψ_k 及式(2.2.10)本征值波矢 $\boldsymbol{k}$ 的一般要求后，我们具体地介绍了以下两种较常用的近似能带理论方法。

单电子近似模型：根据晶体中平移群的周期性，对于这时假设晶体中各个原子的价电子接近于自由电子。式(2.2.4)中的势场 $V(\boldsymbol{r})$看作是位矢 $\boldsymbol{r}$ 的周期性函数。为了简化，在简单一维的(x 方向)的情况下可以用傅里叶级数展开为

$$V(x)=V_0+\sum_n{}'V_n\mathrm{e}^{\mathrm{i}\frac{2\pi}{a}nx} \tag{2.2.12}$$

式中，V_0为势能的平均值，求和号 $\sum{}'$ 中的右上方带撇($'$)表示在求和时不包括 $n=0$ 的项 V_0。在下面的讨论中选定 $V_0=\bar{V}=0$ 作为能量的零点。为了简化记号，令式(2.2.12)中的

$$\sum_n{}'V_n\mathrm{e}^{\mathrm{i}\frac{2\pi}{a}nx}=\Delta V \tag{2.2.13}$$

首先讨论微扰 ΔV 很小的简单情况。这时相当于准自由电子近似。对于一维的 x 方向，我们可以将式(2.2.3)简化为一般的具有数学上的二阶微分形式：

$$\frac{\mathrm{d}^2\psi(x)}{\mathrm{d}x^2}+u\psi(x)=0 \tag{2.2.13a}$$

该方程的通解可以用含有两个特定系数 A 和 B 线性组合的波函数表示：

$$\psi(x)=A\mathrm{e}^{\mathrm{i}ux}+B\mathrm{e}^{-\mathrm{i}ux} \tag{2.2.13b}$$

其中，令 $u=\pm\dfrac{(2mE)^{\frac{1}{2}}}{\hbar}$，根据尤拉公式 $\mathrm{e}^{-\mathrm{i}x}=\cos x-\mathrm{i}\sin x$ 改写为新的实数表达：

$$\psi(x)=C\cos x-D\sin x \tag{2.2.13c}$$

可以得到其零级近似对应于式(2.2.5)。

若将这种模型特定看作一种电子在长度为 L 的一维势阱处理时，根据模型的边界条件：$x=0$ 时，必定有 $C=0$；$x=L$ 时，$x=0$，就可以得到和式(2.2.6)相应特定的波函数和本征能量，分别为

$$\psi_k^0=\sqrt{\frac{1}{L}}\mathrm{e}^{\frac{\mathrm{i}2\pi px}{h}} \tag{2.2.14}$$

$$E_k^0=\frac{\hbar^2\boldsymbol{k}^2}{2m} \tag{2.2.15}$$

式中，L 为晶体的长度，在周期边界条件下，$\boldsymbol{k}$ 不能任意取值而只能受制于式(2.2.10)(相当于量子数)

$$\boldsymbol{k}=\frac{2\pi}{Na}l\quad(l\text{ 为整数}) \tag{2.2.16}$$

若用通常的非简并态微扰理论处理可以证明：当微扰 V_n 很小时，其近似的能级 E_p 和电子动量 p 具有类似于图 2.13 所示的抛物线形式，即只有在 $p=h/\lambda=n\pi/(2a)$ 时，也可以出现稳定的驻波状态。

当微扰 ΔV 比较大时，借助量子力学中的简并态微扰理论，应该考虑到能量的二级修正。在标准的量子力学中有较详细的计算过程，这里我们不再复述，只列出其最后的本征值 E 及波函数 ψ 的结果，即根据 Schrödinger 方程式(2.2.3)及势能 V[式(2.2.12)]，可以得

$$\psi_k(x)=\psi_k^0(x)+\psi_k^{(1)}(x)$$
$$=\psi_k^0(x)+\sum_{k'}{}'\left(\frac{H'_{k'k}}{E_k^0-E_{k'}^0}\right)\psi_{k'}^0(x) \tag{2.2.17}$$

$$E_k=E_k^0+E_k^{(1)}+E_k^{(2)}$$
$$=\frac{\hbar^2k^2}{2m}+\sum_n{}'\frac{|V_n|^2}{\dfrac{\hbar^2\boldsymbol{k}^2}{2m}-\dfrac{\hbar^2}{2m}\left(\boldsymbol{k}-\dfrac{2\pi}{a}n\right)^2} \tag{2.2.18}$$

上两式中，第一项相当于零级近似结果式(2.2.5)和式(2.2.6)，第二项相对于二级修正。而 $E_k^{(1)}=0$。可以证明，这种单分子微扰理论处理所得到的近似波函数 $\psi_k(x)$ 也是满足 Bloch 式(2.2.7)的一般条件。

值得注意的是，在上面所得到的微扰波函数式(2.2.17)中，含 $H'_{k'k}$ 的第二项中 $(E_k^0-E_{k'}^0)$ 越小，则该项 $H'_{k'k}$ 的贡献越大，特别是在 $\boldsymbol{k}=\dfrac{n\pi}{a}$ 和 $\boldsymbol{k}'=-\dfrac{n\pi}{a}$ 时就会导致 ψ_k 和 E_k 的发散。这就相当于量子力学的简并态。从而使得上述的处理非简并态的微扰法不适用了，而必须采用更复杂的简并态理论求解久期线性代数方程组的方法来进行处理[27]。从而得到使原来简并的 ψ_k 和 $\psi_{k'}$ 这两个能级受微扰后在动量 $p=\pm\dfrac{nh}{2a}$ 处分裂成能隙为 $\Delta\varepsilon=2V_n$ 的 E_1 和 E_2 两个能级(参见图 2.13)。当 $\boldsymbol{k}$ 很小时，这两条小抛物线的 E_k 和 $\boldsymbol{k}$ 的关系为：原来能级为 E_k^0 的 ψ_k^0 态能级上升了，而 $E_{k'}^0$ 的 $\psi_{k'}^0$ 态的能级降低了。通常我们将这种能量不连续点的 $\boldsymbol{k}$ 点记为 $\boldsymbol{k}_n=\dfrac{n\pi}{a}$；$n=\pm1,\pm2,\cdots$，电子的动量 $p=\dfrac{1}{2}\boldsymbol{k}_l+\boldsymbol{k}$，即能量不连续发生在倒易单位平移矢量 $\boldsymbol{k}_l$ 处：

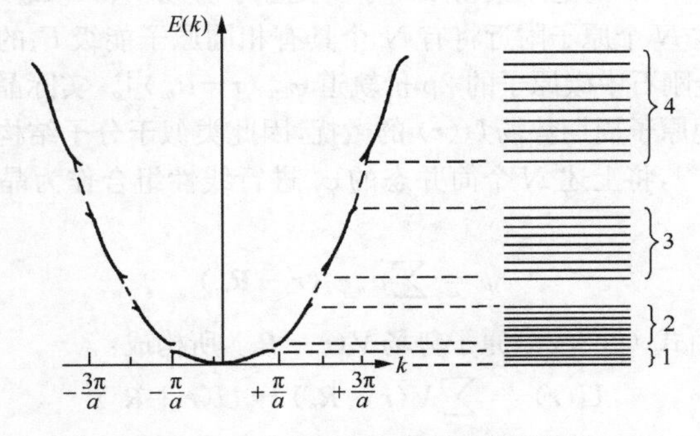

图 2.13　$E(\boldsymbol{k})$能级图和晶体的能带结构

$$\boldsymbol{k}_l = h(l_1\boldsymbol{b}_1 + l_2\boldsymbol{b}_2 + l_3\boldsymbol{b}_3) \tag{2.2.19}$$

对于三维的晶体势能傅里叶展开式：

$$V(\boldsymbol{r}) = \sum_l V_l \mathrm{e}^{\mathrm{i}2\pi\boldsymbol{k}_l\cdot\boldsymbol{r}/h} \tag{2.2.20}$$

只有当 $p' = (p - \boldsymbol{k}_l)$ 或 $p' = p + \frac{n\pi}{a}$ 时，矩阵元 $V_{pp'}$（或 V_n）$\neq 0$，而当 $E_{p'} = E_p$ 时，能量为简并化。

由上可见，在倒易空间中绕着原点 O 的能量不连续面将空间划分为一层层相互连接的多面体。第一层为第一布里渊区（图 2.12），所有的第二层多角体称为第二布里渊区。它具有较复杂的多面体结构，详情从略。

由于晶体的平移对称性要求，也自然要求量子态 k 的本征值 $E(\boldsymbol{k})$ 是以 $2\pi/a$ 为周期，$\boldsymbol{k}$ 和 $\boldsymbol{k} + 2n\pi/a$ 具有相同的能量

$$E(\boldsymbol{k}) = E(\boldsymbol{k} + 2n\pi/a) \tag{2.2.21}$$

所以能带的结构只需要在波矢 $\boldsymbol{k}$ 的 $[-\pi/a, \pi/a]$ 范围内表征即可。经过较复杂的微扰理论处理后，得到布里渊区的另一个重要的物理意义是，虽然在每个区域内由于 N 的数目很大，从而使 E 对 $\boldsymbol{k}$ 是准连续的变化，前面从式(2.2.8)已经说明，式(2.2.3)在周期势场的微扰下，能量曲线会在 $\boldsymbol{k} = n(\pi/a)$（其中 $n = \pm 1, \pm 2, \cdots$）处断开(图 2.13)，即在该区域边界上，电子的能量本征值会产生与微扰项 V_n 有关的突变 $2|V_n|$。在此能量间隔内不存在允许的电子能级，故称之为禁带(注意：对于三维晶体，其中某一维能量的不连续不一定意味着晶体整体存在禁带)。

考虑在实际中很重要的半导体材料硅和锗等，它们都具有金刚石型结构。下面我们以这种面心点阵结构为例进一步讨论三维 Brillouin 区的构成。如图 2.10 所示的面心立方晶格，其倒易点阵为体心立方格子。不难看出，由离原点最近邻的 8 个倒易点阵的中垂面构成了一个正八面体。原点与次近邻倒易点连续的中垂面会将该正八面体的六个顶锥截去而最后形成一个如图 2.12 所示的截角八面体。每一个 Brillouin 区的体积等于倒易点阵中原胞的体积，多个区中都包含 N 个可能的状态。

紧密束缚近似法：它和化学中的 LCAO 法十分类似[28]。当 N 个相同原子(假设一个原子只有一个原子轨道)结合成晶体时，若晶体中第 m 个原子位矢 $\boldsymbol{R}_m = m_1\boldsymbol{a}_1 + m_2\boldsymbol{a}_2 + m_3\boldsymbol{a}_3$ 处 $(m=1,2,\cdots,N)$ 的电子紧密束缚于所处原子势场 $V(\boldsymbol{r} - \boldsymbol{R}_m)$ 的作用大于其他原子势场的作用，则这 N 个原子附近将有 N 个具有相同原子能级 E_i 的简并态原子波函数 $\varphi_i(\boldsymbol{r} - \boldsymbol{R}_m)$［例如金刚石中碳原子的 2p 价轨道 $\varphi_{2p}(\boldsymbol{r} - \boldsymbol{R}_m)$］。实际晶体中的原子并不是孤立的，而是受其他原子周期势场 $U(\boldsymbol{r})$ 的微扰，因此类似于分子结构中的原子轨道线性组合(LCAO)方法[29]，将上述 N 个简并态的 φ_i 进行线性组合作为晶体中电子离域状态的波函数：

$$\psi = \sum_m a_m \varphi_i(\boldsymbol{r} - \boldsymbol{R}_m) \tag{2.2.22}$$

晶体势场 $U(\boldsymbol{r})$ 是由式 (2.2.23)原子势场 $V(\boldsymbol{r} - \boldsymbol{R}_n)$ 所构成：

$$U(\boldsymbol{r}) = \sum_n V(\boldsymbol{r} - \boldsymbol{R}_n) = U(\boldsymbol{r} + \boldsymbol{R}_n) \tag{2.2.23}$$

这时就要求在周期性边界条件式(2.2.6)下求解晶体中电子运动的薛定谔方程式

$$\left[-\frac{h^2}{8\pi^2 m}\nabla^2+U(\boldsymbol{r})\right]\psi=E\psi \tag{2.2.24}$$

用类似于分子轨道理论中的求解代数方程的方法，经过较复杂的量子力学的微扰处理后，可以求解出离域化电子的能量本征值为

$$E(\boldsymbol{k})=E_i-\sum_s J(\boldsymbol{R}_s)\mathrm{e}^{-\mathrm{i}\boldsymbol{k}\cdot\boldsymbol{R}_s} \tag{2.2.25}$$

和该本征值相对应的本征波函数为

$$\psi_{\boldsymbol{k}}(\boldsymbol{r})=\frac{1}{\sqrt{N}}\sum_m^N \mathrm{e}^{\mathrm{i}\boldsymbol{k}\cdot\boldsymbol{R}_m}\varphi_i(\boldsymbol{r}-\boldsymbol{R}_m) \tag{2.2.26}$$

式(2.2.26)中的 $\frac{1}{\sqrt{N}}$ 称为归一化系数，式(2.2.25)中的积分为

$$-J(\boldsymbol{R}_s)=\int\varphi_i^*(\xi-\boldsymbol{R}_s)[U(\xi)-V(\xi)]\varphi_i(\xi)\mathrm{d}\xi \tag{2.2.27}$$

其中 $\boldsymbol{R}_s=\boldsymbol{R}_n-\boldsymbol{R}_m$ 为原子的相对位置(与原子标号 m 和 n 无关)。$\varepsilon=\boldsymbol{r}-\boldsymbol{R}_m$ 为计算积分引入的积分变量。按式(2.2.10)$\boldsymbol{k}$ 值在第一布里渊区共有 N 个不同的值。由于 N 的数值很大，因此对应于这些准连续的波矢 $\boldsymbol{k}$ 对 $E(\boldsymbol{k})$ 作出图 2.13，也就形成了一个和前面单电子理论相似的准连续的能带。

2.2.3　能带理论应用示例

1. 一维聚合物的能带结构

为了更加清楚地理解紧密束缚法理论和分子轨道理论的关联性，我们考虑了一个由碳原子 p 轨道 φ_p 所形成体系的 p 能带，例如可以看作链长无限的一维聚乙炔体系 $\leftarrow\!CH=CH\!\rightarrow_n$。图 2.14(a)定性地表示了原子轨道组线性组合的分子轨道(MO)，它们分成成键的 HOMO 和反键的 LUMO。很多这样的原子轨道的聚集就形成了晶体的能带。能带之间的区域为禁带，其间的差值称为能隙 E_g。它的大小决定了晶体的导电性质。

在一般情况下，为了应用式(2.2.25)定量地计算能带 $E(\boldsymbol{k})$，首先考虑该式中求和号中的积分项：

$$-J(\boldsymbol{R}_s)=\int\varphi_p^*(\xi-\boldsymbol{R}_s)[U(\xi)-V(\xi)]\varphi_p(\xi)\mathrm{d}\xi \tag{2.2.28}$$

它表示两个相距为 $\boldsymbol{R}_s$ 的碳原子间 p 轨道 $\varphi_p^*(\xi-R)$ 和 $\varphi_p(\xi)$ 之间的一种能量积分。这个积分值与这两个轨道之间的重叠程度成比例，因而当轨道间的距离 $\boldsymbol{R}_s=0$ 时，波函数的重叠最大。我们可以用 J_0 表示

$$-J_0=\int\varphi_p^*(\xi)[U(\xi)-V(\xi)]\varphi_p(\xi)\mathrm{d}\xi \tag{2.2.29}$$

再考虑式(2.2.25)求和号下一个较大贡献的项，所以应该考虑碳原子的第一近邻的两个原子，其位置 $\boldsymbol{R}_s$ 分别为 $+a$ 和 $-a$。这两个等距离 R_s 的邻近原子应有相同的积分值

$$-J_1=\int\varphi_p^*(\xi-a)[U(\xi)-V(\xi)]\varphi_p(\xi)\mathrm{d}\xi \tag{2.2.30}$$

它实际上对应于 MO 理论中式(2.1.55)的共振积分 β，或固体物理中称为转移积分

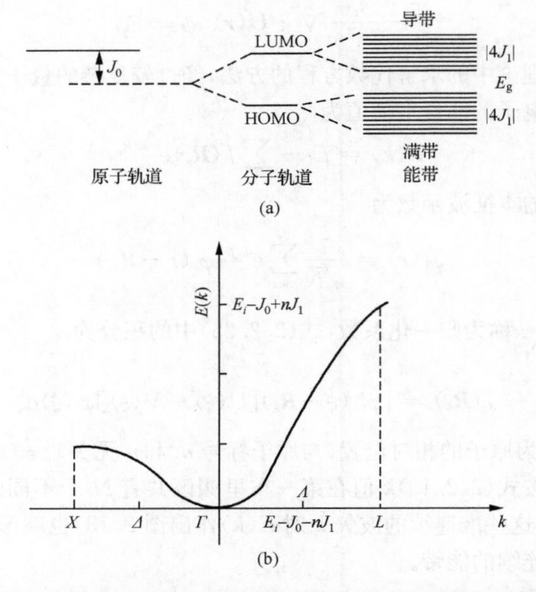

图 2.14　(a) 原子能级组合成晶体能带(一维结构),(b)晶体的能带结构(沿特殊方向的一维示意图)

(transfer integral,简记为 t)。一般我们不再考虑距离更大的第二邻近以上的积分贡献,因为它们的重叠积分很小,从而可忽略不计。由此我们最后可以得到一组 p 轨道所形成的能带函数 $E(\boldsymbol{k})$的表示式:

$$
\begin{aligned}
E(\boldsymbol{k}) &= E_i - J_0 - J_1 \sum_{\boldsymbol{R}_s(\text{邻近})} e^{i\boldsymbol{k}\cdot\boldsymbol{R}_s} \\
&= E_i - J_0 - 2J_1 \cos \boldsymbol{k}a
\end{aligned}
\tag{2.2.31}
$$

按式(2.2.26),这时其相应的波函数应写成:

$$
\psi_k(\boldsymbol{r}) = \frac{1}{\sqrt{N}} \sum_m^N e^{imka} \varphi_p(\boldsymbol{r} - \boldsymbol{R}_m) \quad (\boldsymbol{k} = 0, 1, 2, \cdots, N-1) \tag{2.2.32}
$$

由此可以按式(2.2.31)计算出简单立方倒易结构中第一布里渊区的能带(图 2.14b 中抛物线)。由式(2.2.27)不难理解,邻近原子波函数的相互重叠愈多则相互作用愈大,能带愈宽。由于 $\cos(-\boldsymbol{k}a) = \cos \boldsymbol{k}a$,所以该能带对 $\boldsymbol{k}$ 是二重简并,$\varepsilon(\boldsymbol{k}) = \varepsilon(-\boldsymbol{k})$。由 M 点最大能级和 Γ 点最小能级之间的差,得到上述体系该能带的带底和带顶的能带宽度为 $W = 12|J_1|$。

上面是以只含有一个轨道的原子作为一个晶胞来简化能带理论的介绍。实际上晶体的晶胞中可能含有多个原子轨道,例如一个原子含有几个 s,p 或 d 轨道,更通常的是一个单胞中含有几种不同的原子或分子,情况就更为复杂。例如,对于 N 个晶胞组成的体系,若每个晶胞中对应于孤立原子有 m 个不同量子态的 s,p,d 等原子轨道,在形成晶体时每一种量子态将产生一系列相应的能带。具体的定量结果一般要应用群论进行分类,并在不同 $\boldsymbol{k}$ 值下求解 m 阶的久期方程式。当所得到的带轨道主要贡献是由 p 原子轨道 χ_p 组成时就简称为 p 能带。同样可得到 s 能带和 d 能带。能级低的能带，由于原子间轨道重叠较小，所以其能带较能级高的能带的带宽要窄。

2. *三维的金刚石结构*

对于没有物理群论基础的读者，这一段可能较为难于理解，可以略而不读。

三维晶体中的宏观对称性是由所有经过其中同一点对称操作[旋转、反映、对称面和旋转反演(或像转)]，包含平移在内的组合，从而具有 32 个点群。如前所述，当更细微地考虑三维晶体微观结构的对称性后，则由数学上的群论可以证明，由 32 种点群和 7 种布拉维格子及平移群的所有对称性所组合的方式可用 230 个空间群来表示(参见表 2.3 中最后一列)。其中包括旋转平移、滑移反映等平移操作。

在 230 个空间群中有一个可以用如前所述的电子波矢量 $\boldsymbol{k}$ 表示的一维不可约表示，数学上称其为阿贝尔子群。由于在晶体中的势场具有式(2.2.24)所示的周期性，其波函数具有 Bloch 函数式(2.2.7)的形式，它所对应电子运动物理能量的 Hamilton 算符在所属点群的所有操作下应保持不变，其倒易格子的矢量群 $\boldsymbol{K}$ 和波矢量 $\boldsymbol{k}$ 应有相同的对称操作组合。所以从群论观点，只要用其所属点群的不可约表示就可说明其算符的本征值的特性、简并度和波函数的对称性。即仅从这种体系对称性所导出的不可约特征标表(character table)，就可以导出该体系所有状态的对称性信息。例如，对于具有立方晶系中 O_h 点群的晶体，就可以从群论推导出如表 2.4 所示点群的 Γ 点($\boldsymbol{k}=0$ 的原点，参见图 2.12)的特征标表[30]。

表 2.4　点群 O_h 的特征标

点群	BSW	K	E	$3C_4^2$	$6C_4$	$6C_2$	$8C_3$	J	$3JC_4^2$	$6JC_4$	$6JC_2$	$8JC_3$	不可约表示的
O_h	记号	记号	E	$3C_2$	$6C_4$	$6C_2'$	$8C_3$	I	$3\sigma_n$	$6S_4$	$6\sigma_d$	$8S_6$	基函数
A_{1g}	Γ_1	Γ_1^+	1	1	1	1	1	1	1	1	1	1	$(x^2+y^2+z^2)$
A_{2g}	Γ_2	Γ_2^+	1	1	−1	−1	1	1	1	−1	−1	1	
E_g	Γ_{12}	Γ_3^+	2	2	0	0	−1	2	2	0	0	−1	$(2z^2-x^2-y^2, x^2-y^2)$
T_{1g}	Γ_{15}'	Γ_4^+	3	−1	1	−1	0	3	−1	1	−1	0	(xz, yz, xy) (R_x, R_y, R_z)
T_{2g}	Γ_{25}'	Γ_5^+	3	−1	−1	1	0	3	−1	−1	1	0	
A_{1u}	Γ_1'	Γ_1^-	1	1	1	1	1	−1	−1	−1	−1	−1	
A_{2u}	Γ_2'	Γ_2^-	1	1	−1	−1	1	−1	−1	1	1	−1	
E_u	Γ_{12}'	Γ_3^-	2	2	0	0	−1	−2	−2	0	0	1	
T_{1u}	Γ_{15}	Γ_4^-	3	−1	1	−1	0	−3	1	−1	1	0	(x, y, z)
T_{2u}	Γ_{25}	Γ_5^-	3	−1	−1	1	0	−3	1	1	−1	0	

正如群论一般所导出的结论，该点群列于表中第 1 行的 48 个对称操作可以分成 10 个不同的对称类，表中第一列所列出的这个群的不可约表示数目就应该等于群的对称类型数目(10)，它代表了 10 种波函数可能状态的类型。国际上对这 10 个不可约表示使用不同的符号分别列于表 2.4 左方的第 1～3 列。其中第 1 列记号方式为在化学中常用的

符号 A 和 E 以及 T，它们分别代表这种不可约表示是一维、二维和三维的；下标中 g 和 u 代表这种不可约表示对于对称中心操作 I 是对称(g)的还是反对称(u)的。第 2 列的记号称为 Bouckert-Smoluchowski-Wigner(BSW)记号，其优点是考虑了从同一 Γ 点出发而和其他对称方向的状态之间保持一致[例如，金刚石的能带(图 2.14 和图 2.15)中就常用这种符号，以将 Γ_{25} 和 Δ_2 及 Δ_5 的下标进行相关]。第 3 列为物理上常用的 Koster 等提出的 K 记号。第 4 列后分别为在各个对称操作下不同不可约表示的变换矩阵的对角矩阵元之和(数学上称为"迹"，trace；物理和化学上称它为特征标)。特别是在表 2.4 中第 4 列的单位对称操作 E 下"迹"(又称特征标)的数值就对应于该不可约表示状态的简并度，例如由表 2.4 中第 4 列可知 Γ_1 是一维的，Γ'_{25} 是三维的。

这种由群论推导出来的一个十分重要的应用是当我们要确定某种状态波函数 ψ(或某种物理算符 $\hat{O}$)是否属于所述点群的不可约表示时，就要看它经过所述点群的所有对称操作下变换矩阵的"迹"是否和表中的"迹"一致。例如，不难验证，在 O_h点群中，坐标 x、y、z(表 2.4 中最后一列)在对称操作下的变换关系是按和 T_{1u}或 Γ_{15} 相同的变换，即有相同的迹，等价于 x、y、z 的原子轨道的 p 波函数 p_x、p_y、p_z也属于 T_{1u}或 Γ_{15}不可约表示；表 2.4 中最后一列也列出了其他一些常用的 d 轨道和转动操作 R_x、R_y、R_z 等算符的不可约表示。例如当我们在后面讨论物质和光发生相互作用而从初始的 i 态(如分子的 HOMO 或晶体的导带)价带跃迁到终态 f(如分子的 LUMO 或晶体的导带)的跃迁过程时，它的跃迁概率就比例于算符 $\hat{O}$ 的跃迁积分矩阵元(参见 1.1 节)，继而可以从式(2.2.33)计算这种跃迁过程的选择规律：

$$\text{跃迁概率} \sim \int \psi_f^* \hat{O} \quad \psi_i \mathrm{d}\tau \begin{cases} = 0 \text{ 为禁阻} \\ \neq 0 \text{ 为允许} \end{cases} \tag{2.2.33}$$

我们知道微扰算符 $\hat{O}$ 的一般形式是易于得到的。例如，对于光激发 $i \rightarrow f$ 的跃迁通常主要是用表 2.1 中的电偶极矩跃迁 $\mu_{if} = e\boldsymbol{r}$ 来表达，而 $\boldsymbol{r}$ 是由坐标(x,y,z)分量来表示(表 2.4 中最后一列)。它在确定的点群中属于明确的不可约表示 $\Gamma_{\hat{O}}$，因此我们不必经过很复杂的量子力学计算去计算波函数 ψ 的具体形式，而只要知道初态和终态 ψ 的不可约表示的对称性分别为 Γ_i 或 Γ_f，由作为微扰的算符 $\hat{O}$ 和波函数 ψ_i 或 ψ_f 在一定的点群对称晶体中特征表中(如表 2.4)，它们必定属于其不可表示之一的 $\Gamma_{\hat{O}}$、Γ_i 和 Γ_f；又由于跃迁概率是个明确的物理量，所以式(2.2.34)中三个不可约表示的直积(在数学上将"直积"用符号$\otimes$表示，而不是用通常的简单的·或×乘法)必定是包含(数学上用记号$\subset$)一个不随操作而变号的全对称 A_1不可约表示。从而得到下列的选择规则[5]：

$$\Gamma_f \otimes \Gamma_{\hat{O}} \otimes \Gamma_i \in A_1 \text{ 时为允许跃迁；} \notin A_1 \text{ 时为禁阻跃迁} \tag{2.2.34}$$

因而如前所述，由表 2.4 最后一列可知，对于 O_h点群的晶体(参见图 2.15)，$\boldsymbol{r}(x,y,z)$属于 Γ_{15}不可约表示。由群论中的群分解方式通过式(2.2.34)计算可以证明，例如考虑 O_h群中表 2.4，从初始态 Γ_{25} 只有到 Γ'_2，Γ'_{12}，Γ'_{15}或 Γ'_{25}的偶极矩($\Gamma_{\hat{O}}$)跃迁是允许的，而跃迁到其他不可约表示的状态是禁阻的。关于群论的更详细讨论请参见文献[7]。

晶体中的电子结构和空间结构式是密切相关的。三维晶体的 Brillouin 区是一个多面体，它具有其所属点群的所有对称元素。除了处于该区中的一般位置以外，某些特殊对称元素位置的 $\boldsymbol{k}$ 矢量具有特别的重要性[29]。例如对于金刚石，图 2.12 中 $\boldsymbol{k}$ 空间中所标出的一些特殊对称位置是：原点(000)用 Γ 表示，Δ 表示<100>轴，Λ 表示<111>轴，X 为 $2\pi/a(1,0,0)$，L 为 $2\pi/a(½,½,½)$ 等。

不难理解，在用空间群不可约表示将状态按不可约表示进行分类时，不仅取决于前述的平移群，也取决于它所属的点群。细致的论述涉及过多的群论知识。作为一个实例，这里我们只讨论金刚石和其类似面心结构半导体的能带结构(图 2.15)。如上所述，金刚石原胞中含有两个不等价的碳原子。由原子结构理论可知，每个碳原子有一个 2s 轨道和三个 2p 轨道($2s^2 2p^2$ 价电子结构)，所以共有 8 个价原子轨道。对于一般类型的 $\boldsymbol{k}$ 矢量，相当于在 LCAO 法中要解一个 8 阶的久期方程才能解出这 8 个分支的能带。从群论观点看，没有任何对称操作可使该 $\boldsymbol{k}$ 矢量复原，所以是一个恒等变换，其 Bloch 函数属于一维不可约表示，它的能带曲线 $\varepsilon(\boldsymbol{k})$ 应包含 8 个单重的 $\varepsilon_i(\boldsymbol{k})$。而对于一些特殊的对称点，例如原点 Γ，点群的任何对称操作都将波矢 $\boldsymbol{k}=0$ 变换为同一波矢，即 s 轨道仍变成 s 轨道，而 p 轨道仍变成 p 轨道(当然它可以是属于另一原子的 p 轨道)。这时在 Γ 点处晶体中由两个 s 轨道构成的 Bloch 函数形成的两个一维的不可约表示，而由 6 个 p 轨道构成的 Bloch 函数形成两个三维(p_x, p_y, p_z)的不可约表示。正如图 2.15 中的 Γ 点所显示那样，出现两个单重能级 Γ_1^v 和 $\Gamma_{2'}^c$，两个三重能级 $\Gamma_{25'}^v$ 和 Γ_{15}^c。这 8 个分支分成 2 组，每组有 4 个分支(其中各有一个是三重简并)。其中下面和上面的四个分支分别相当于被对应两个原子中的 8 个电子所充满的价带(用上标 v 表示)和空着的导带(用上标 c 表示)。价带和导带间存在一个使它们分开的禁带。同样的分析可以导出，在图 2.12 中对称方向 $\Delta=[100]$和 $\Lambda=[111]$的能级可分成四个单重简并能级和两个双重能级，即在下部成键轨道中，Γ 点中三重简并的 $\Gamma_{25'}^v$ 能级在 Λ(和 X 点)分裂成为一个单重态 $L_1^v(X_1^v)$和双重态 $L_{3'}^v(X_4^v)$。图 2.14(b)则仅为三维晶体结构沿某些特定 k 方向的一维能带示意图。

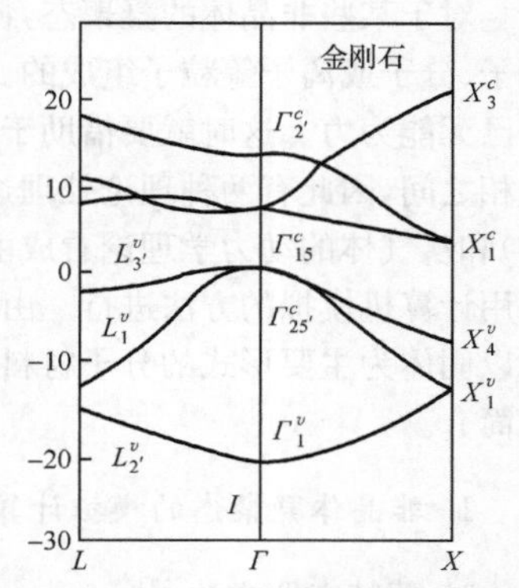

图 2.15　金刚石的能带结构示意图

为了计算方便，在化学中用得较多的是基于 EHMO 方法发展的能带理论计算[31]。将它应用于类似系列或同结构类型的化合物中，可以阐明化合物的导电等物理性质的规律。

2.2.4　凝聚态体系及其计算模拟

上面我们是对理想晶体中的周期性势场中电子状态的介绍。而实际的固体是无序的体系，如成分无序、位置无序或拓扑无序。这时对应的各个原子的势阱位置或深度都是随机分布的。原则上，也可以用扩展态的单电子近似法或定域的紧密束缚近似法处理。例如类似于式(2.2.22)可将定域态的电子波函数表示为

$$\Psi = \mathrm{e}^{-ar}\sum A_m \mathrm{e}^{\mathrm{i}\theta_m}\varphi_i(\boldsymbol{r}-\boldsymbol{R}_m) \tag{2.2.35}$$

式中，$\boldsymbol{r}$ 为某参考点势阱的距离，a 为衰减常数，A_m 和 θ_m 分别为无规则的振幅因子和位相

因子。由于这种无序体系势场$V(\boldsymbol{r})$的非周期性，所以得不到$E(\boldsymbol{k})$函数，但由此所得到类似的能带和能态密度$N(E)$概念是有用的(参见图2.19)。

对于某些非晶体的凝聚态，特别是液体，其中包括含有溶质分子的溶液。它是由大量原子、分子或离子等粒子组成的。虽然我们知道两个或较少粒子间的相互作用，但对多粒子已无能为力。这时就要借助于计算物理的方法。由于这种体系缺乏刚性，介于固相和气相之间，因此有两种理论处理途径，即从晶体出发把它看成规则的格子结构(参见4.4节)和从气体的动力学理论看成由分子间作用力决定结构的处理方法。目前这方面主要采用计算机模拟的方法进行。由于液体的计算理论主要对化学和生物体系应用较多，而对以固体为主要形式的分子材料应用不多，因此这里只对常用到的上述两种模拟方法加以简介。

1. 非晶体凝聚态的模拟计算方法

1) 蒙特卡罗方法[32]

在经典的蒙特卡罗(Monte Carlo，MC)方法中只考虑两体之间的相互作用，线性加和后可得到总的N个粒子构型能为

$$E(\boldsymbol{r}) = \sum_{\substack{i,j \\ i<j}} \sum E_{ij}(\boldsymbol{r}) \tag{2.2.36}$$

其中，$\boldsymbol{r}$为体系中粒子的构型坐标。为研究体系的性质，考虑恒定体积V和温度T的含N个粒子的正则系综。根据统计力学、热力学物理量$\langle F\rangle$的平均值为

$$<F>=\frac{\int\cdots\int F(\boldsymbol{r})\exp[-E(\boldsymbol{r})/kT]\mathrm{d}\boldsymbol{r}}{\int\cdots\int \exp[-E(\boldsymbol{r})/kT]\mathrm{d}\boldsymbol{r}} \tag{2.2.37a}$$

这种MC方法就是对N个粒子坐标系的相空间进行多维积分，即对大量无规取样所产生的所有构型进行模拟求和。为了避免随机取点的误差，实用上通常是采用所谓的Metropolis方法进行[32]，并采用Boltzmann分布的概率函数$P(\boldsymbol{r})$来权重所产生的构型进行取样点。对大量的空间点M进行运算后，可以由下列求和粗略地计算$\langle F\rangle$量的平均值

$$<F>\approx \bar{F}=\frac{\sum_{i=1}^{M} F(\boldsymbol{r})P(\boldsymbol{r})^{-1}\exp[-EM(\boldsymbol{r})/kT]}{\sum_{i=1}^{M} P(\boldsymbol{r})^{-1}\exp[-E(\boldsymbol{r})/kT]} \tag{2.2.37b}$$

式(2.2.37b)就可以写成

$$\bar{F}=\frac{1}{M}\sum_{i=1}^{M} F_i \tag{2.2.37c}$$

其中，F_i是第i次构型变化后体系性质的数值。人们曾经用这种方法研究了快离子氧导体Y/CeO_2中氧的扩散[33]。

2) 分子动力学方法

自20世纪50年代提出分子动力学(molecular dynamics，MD)方法后，其基本方法的过程没有太大变化[34]，即基于经典物理的分子动力学式(2.1.1)建立N个分子之类的粒

子的运动方程式(每个粒子3个平动和3个转动)或其等价的Hamilton形式的$6N$个一阶微分方程：

$$\frac{\mathrm{d}r_i}{\mathrm{d}t} = p_i/m_i$$

$$\frac{\mathrm{d}p_i}{\mathrm{d}t} = -\frac{\mathrm{d}V}{\mathrm{d}r_i} \tag{2.2.38}$$

其中，r_i、p_i、m_i和V分别为体系中第i个粒子的位置、动量、质量和势能。由2个粒子中心在接近时，计算第一对发生碰撞的粒子和时间t，在粒子i和j粒子碰撞后，它们的速度大小和方向都会发生变化。将它们作为新的参数再输入上式，经过多次模拟迭代就可以达到热平衡态的各种物理量。实际上，为了数学求解方便，常应用差分法求解上述微分方程组；然后数值求解差分方程，以一步一步地(约10^{-15}～10^{-14} s)追踪这些粒子每次运动时与时间相关的性质；最后再根据追踪所有N个粒子位置r和动量P的信息以计算所感兴趣的物理量。在模拟晶体固体时，一般应用基本单胞的超格子作为边界条件的模拟箱子。

应用MD方法可以得到和前述MC方法相似的物理量，但其原理是截然不同的，特别是在MC的平均值计算的方程式中，并不包含有时间变量，而MD不仅可以得到径向分布函数等结构信息，而且可以计算与时间有关的粒子扩散系数等动力学性质。其缺点是不能计算热力学性质和扩散系数D大于$10^{-8}\mathrm{cm}^2/\mathrm{s}$的体系，也不适于晶体中Schottky无序等涉及表面效应的问题。

2. 非晶态体系的结构和性质

前面我们主要讨论的是具有点阵有序结构的晶体理论。经典的凝聚态是研究固体和晶体性质的。近代材料已扩张到非晶态固体性质的研究，其中的原子或分子已没有长程有序。这时不着重能带理论，而更重视短程的化学键概念，如定域理论、逾渗方法等。这对半导体非晶太阳能电池、超导、光导纤维、静电复印机的应用都有重要意义。在实际的固体中，另外一类重要的是非晶态固体，亦即通常称之为玻璃态固体[35]。

1) 玻璃态特征

为了区分晶体和玻璃，我们设想当很多孤立的原子或分子从无穷远而进行冷却时，它们相互接近，进一步冷却(沸点温度T_b)就发生从蒸气凝结成液体，体积一直变小到发生固体的相变。这样在实验上就可以得到图2.16所示的体积V随温度T而变化的$V(T)$曲线。由此可见，在液体固化为固体时，得到两种固体：①晶体，体积V不连续的突然收缩，特别在冷却速率低时(淬火)常发生这种情况；②玻璃，当冷却速率低时，体积变化为连续，在冻结温度T_f时，液体没有发生相变，而是一直保持到较低的所谓玻璃温度T_g时才转变为玻璃态。

在微观尺度上，非晶态和晶体态在结构上的区别是在平衡位置没有长程有序(有时也可以是短程有序的)。由于玻璃体内分子的构型(原子尺度的结构)在不同的温度下要恢复原有构型要有不同的时间，这种时间称为弛豫时间τ(见图2.16的上方横坐标)，因而在冷却过程中时间τ较长时T_g就可能移向较低的温度，所以T_g值是一个受动力学效应影

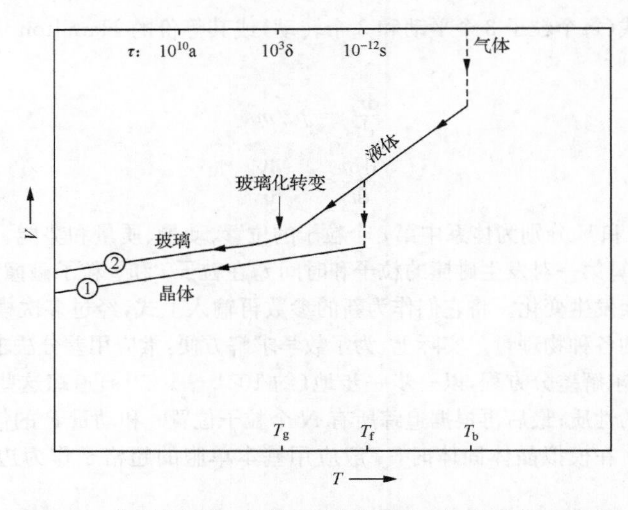

图 2.16 物质从气体→液体→固体的凝聚途径：①晶体；②玻璃

响的值。非晶态固体实际上是一种广泛存在的材料。它的微观值成键性质也存在表 2.5 所示的多种键型。过去认为只有共价键的氧化物（如 SiO_2 或 As_2S_3 类，其 T_g 分别为 1430K 和 473K）玻璃和有机聚合物[参见 4.4 节，聚苯乙烯（T_g为 370K）]才是玻璃态固体。现在已认识到凝聚态物质都有可能在快速和低温下制备为非晶态固体。以金属性结合的金属和合金在特定条件下也可以形成金属玻璃（例如 Fe、Co、Ni、$Pd_{0.4}Ni_{0.4}P_{0.2}$ 等金属），有时也称为液态金属。它们具有硬度多变、高导电等特性，甚至在小到纳米级时可有透明性，其玻璃转变温度约为其熔化温度的 0.5～0.6 倍，有望于用作有自修复能力的智能材料。含有离子键的 BeF_2（T_g＝570K）和范德华键（如异戊烷，T_g＝65K）等非晶态固体。表 2.5 中列出了一些从常用的 SiO_2类玻璃到新型金属玻璃等非晶固体的代表性应用示例。

表 2.5 非晶态固体的一些代表性应用

非晶态固体的类型	代表性的材料	应 用	所用的特性
氧化物玻璃	$(SiO_2)_{0.8}(Na_2O)_{0.2}$	窗玻璃等	透明性，固体性，形成大面积的能力
氧化物玻璃	$(SiO_2)_{0.9}(GeO_2)_{0.1}$	用于通信网络的纤维光波导	超透明性，纯度，形成均匀纤维的能力
有机聚合物	聚苯乙烯	结构材料，塑料	强度大，重量轻，容易加工
硫系玻璃	Se，As_2Se_3	静电复印技术	光导电性，形成大面积薄膜的能力
非晶半导体	$Te_{0.8}Ge_{0.2}$	计算机记忆元件	电场引起非晶↔晶化的转换
非晶半导体	$Si_{0.9}H_{0.1}$	太阳能电池	光生伏打的光学性质，大面积薄膜
金属玻璃	$Fe_{0.8}B_{0.2}$	变压器铁芯	铁磁性，低损耗，形成长带的能力

不同键型的非晶态固体在玻璃化转变温度 T_g时常表现出一些宏观特性。对于玻璃态固体，从实验上常可以得到和图 2.16 中②所示的那种类似的体积 V 和温度 T 的 $V(T)$ 曲线，膨胀系数 α 或等压比热容 c_p 和熵 S 随温度 T 的变化曲线也和 $V(T)$类似，呈现一

种“扩散型”的连续性变化。这是由于按热力学关系相变时等压比热容：

$$c_p \equiv \left(\frac{\delta Q}{\delta T}\right) = T\left(\frac{\delta S}{\delta T}\right) \tag{2.2.39}$$

式中，$\mathrm{d}Q$ 是单位质量材料升高 $\mathrm{d}T$ 后吸收的热量，因而体系的熵值 S 随温度 T 也发生了和体积 V 类似的这样变化。实际上，从类似的 $c_p(T)$ 图实验曲线上可以更明显地看出其玻璃态在液-固转变温度 T_g 附近时也会出现一个“台阶”，只是它们在玻璃态的 c_p 和晶体态的 c_p 值很相近。从热力学观点，当体系 Gibbs 函数 G 的 n 阶微商为最低而表现为不连续时体系相变为 n 级相变[参见 2.3.2 节]。因而可见玻璃化转变的不连续性和热力学的相变很类似。由图 2.16①中 T_g 附近宏观所表现的行为可见晶体的晶化过程是一级相变，因为它的体积和熵(热力学 G 函数对压强 p 或温度 T 的一阶微商)不连续变化，它在 T_f 点体积的变化是不连续的突变，而熵的不连续性则和晶态所存在的熔化热有关；但对于玻璃态图 2.16②中的 V(或 S)等随温度的变化表现为一种“扩散型”的连续变化(但不是像晶体那样的“突变性”变化)，所以是类似于二级热力学相变。

这种从宏观实验上对晶体和玻璃态的区分当然较为明显和方便，但是对于它们在 T_f 和 T_g 相变点附近的真实的动力学机理及过程仍然是凝聚态物理中的一个难点。

2) 非晶态固体的光电性质

这是一个十分有趣而又内容很广的领域。作为例子，这里只结合与分子的成键和晶态的能带理论对在当前十分重要的半导体硅类非晶态的光电性质作一简单介绍。非晶态固体的特点是短程有序而长程无序，不具有平移对称性。

考虑到硅系中锗这类共价键型的非晶半导体材料，它的平均能隙 E_{av} 和图 2.15 所示典型硅系晶体能带结构所得到的相应能级最小能隙 E_g 差则不大。化学家从强调短程有序的价键理论观点，对于这种倾向于定域电子结构的事实是比较易于理解的(参考 2.1.1 节)。如图 2.17 所示，锗原子共有 32 个电子，其中内壳层 $1s^2 2s^2 2p^6 3s^2 3p^6 3d^{10}$ 这 28 个电子占据稳定的三个电子层，它们不参与互相成键(简称为“原子实”)。在形成固体(不论晶体还是玻璃体)时只有外层的 $4s^2 4p^6$ 这四个处于高能级的所谓价电子。这四个 sp^3 轨道通过杂化而形成四个成面面体分布的等价的杂化轨道，最后相邻二个原子间的 sp^3 杂化轨道相互作用(重叠)而形成能量较低的成键轨道和能级较高的反键轨道，按照 Pauli 的能量最低原理，锗原子的四个电子在和相邻原子成键时正好占满成键轨道[在分子轨道理论中称为最高占据分子轨道(HOMO)，而最低为被电子占据的反键轨道称为最低未占据分子轨道(LUMO)]。当由大量原子间通过成键之间和反键轨道之间的相互作用分别形成固体时就得到图 2.17 中最后一列所示的价带和导带结构。相对于晶体的严格能带结构概念，对于非晶态共价键固体，由于它是短程有序的，因而可以定性地理解它也具有和晶体能量相似的态密度 $N(E)$ 电子结构、平均 E_{av} 和 E_g 值接近的事实。但由于它不具有长程有序而使其能级变宽和有限态密度的拖尾现象而进入能隙 E_g 区内的所谓“能隙区”，从而影响其光、电、磁等功能。

(1) 非晶态固体中光学性质的研究：在晶体中一般着重于材料中的电子和振动(或声子)激发。但在晶体吸收光子过程中除了保持能量守恒外，还必须保持动量守恒。在无序的非晶态固体中，原来对晶体中动量 $\boldsymbol{k}$ 守恒[参见 9.2 节]的选择规则不再存在(或称为被

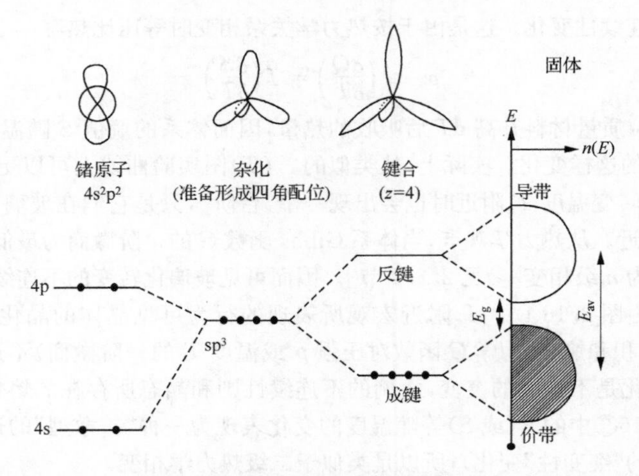

图 2.17　硅系中锗的四面体共价固体成键电子结构示意图

取消)，即晶格振动的全部声子都有可能被激发，非晶态中严格的“声子”已没有意义。但为叙述概念方便，一般另保留“声子”概念，因而当声子和频率为 ν 的入射光子发生相互作用。图 2.18 中的上部为非晶态硅的红外和 Raman 散射光谱，以及晶体硅(C—Si)的 Raman 光谱；图中下部虚线为晶态硅的声子态密度，以及实线为展宽了的晶态的声子态密度 $g(\nu)$。其中 $g(\nu)d\nu$ 为每单位体积内频率在 ν 到 $(\nu+d\nu)$ 间的本征振动的个数(图中以波数 $\bar{\nu}=\nu/c$ 为光子的能量单位，参见附录 2)。类似于定域态的化学分子中的极性分子和非极性分子，在晶态硅中也能分别在红外光谱和 Raman 散射光谱中测出其相应选择规则所允许的$(3n-6)$个正则振动(基频)。用红外光谱(虚线)及 Raman 光谱(实线)可分别测出声子模光谱中的相互补充的极性和非极性两部分声子模光谱。由于晶体硅的四面体金刚石结构的高度简并，从而在图 2.18 上部的 Raman 光谱中只存在一条单-明锐(对应于 $k=0$ 的光学声子模)，它对应于零电偶极矩。但用同一样品的非晶态硅的声子光谱中，则有可能同时出现包含红外及 Raman 这两种声子模的全部(基频)的光谱和声子态密度 $g(\nu)$的特征及贡献。虽然图 2.18 上部中玻璃态的谱带较宽，但它和图 2.18 底部的展宽了的 C—Si 的 $g(\bar{\nu})$谱带峰形相似。这反映了其声子态密度结构中无序的基本一致性。在非晶态固体中所有的声子都参与了这类光学过程。

(2) 非晶态固体的导电性质：对于晶态金属由于其 Fermi 能级出现在能带内部(图 2.14)，而其未填充满能带中的电子波函数为式(2.2.7)离域的 Bloch 波函数，因此金属是良好的导体，只是可能由于杂质、表面或外界微扰等“缺陷”或“杂质”而使理想点阵结构的晶体偏离了平移周期性，从而引起电子波的散射而降低其导电性。另外由于晶体中的原子总是存在固有的振动(声子，参见 4.2.1 节)，因而电子在运动中也会和声子相互作用而影响电子的传递。这也解释了晶体金属的导电率 σ 随温度升高而降低的实验结果(参见4.2节)。对于非晶态金属，由于它的无序结构及更严重的热声子散射，导致其导电率比相应非晶态金属的小得多，而且在熔化过程中随温度的升高而减少的程度不够敏感。

目前对于非晶态的半导体和绝缘体的导电性质研究较多，对于这种玻璃材料，相对于具

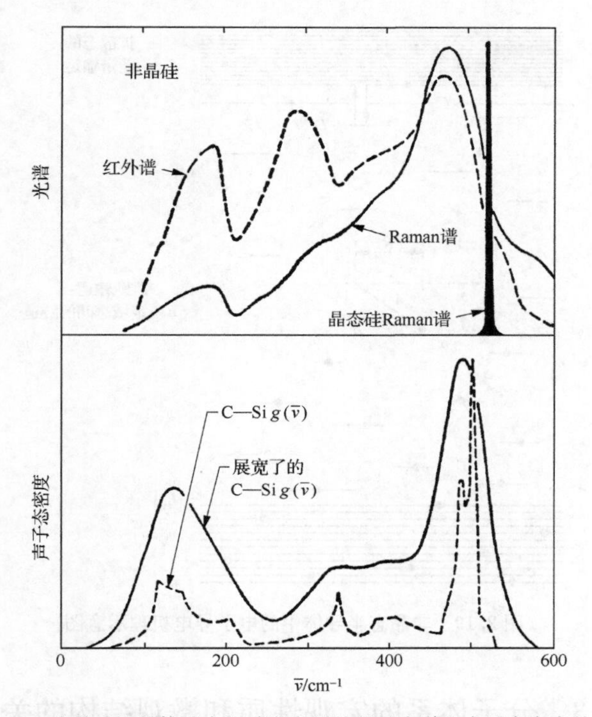

图 2.18　非晶硅和晶体硅在振动激发区的基频光谱和声子态密度的比较

有离域能带结构的晶体来说，它是处于一种定域态的电子结构。因此非晶态半导体中可以用图 2.19 所示的真实坐标空间(不是动量 $\boldsymbol{k}$ 空间)的能级示意图来理解它的电子导电机理。

这时我们可以参考能带输运机理，一个已被激发到导带 C 之上离域态能级的电子可以类似于金属中传导电子相似的方式对电导率作出贡献。由于玻璃材料的 E_f 态一般处于迁移间隙内(对应“晶体”能带的带隙 E_g 内)，所处的载流子 C 也可能处在如图 2.19 中 E_c 附近被 D 处高密度定域态所捕获或释放而被切断。这种散射和俘获就会降低非晶态中电子的漂移迁移率 μ 和它的电导率 σ。按照后述的式(3.2.4)当载流子浓度为 n 时，其所贡献的电导率为

$$\sigma(T) = ne\mu \tag{2.2.40}$$

其中，e 为电子的电荷；$n(T)$ 比例于 $\exp\left(\dfrac{\Delta E}{kT}\right)$，如图 2.19 右边所示，激活能 $\Delta E = E_c - E_f \sim E_g/2$。对非晶态半导体，Fermi 能 E_f 处在定域态导带 E_c 和价带 E_v 能级中间。对于非晶态半导体，可以从变程跃迁(隧穿效应)机理和弥散输送(逾渗结构，参见 4.4 节)等更深入的理论研究得到对玻璃态固体(如 Si、$Pd_{0.8}Si_{0.2}$ 和 As_2Se_3 等)的导电率 σ～(一常数/$T^{1/4}$)等随温度 T 变化的实验结果。

关于非晶态固体的随机 Knomig-Penney 和 Anderson 模型的介绍请参考文献[36]，由此可以阐明一些半导体和共价合金玻璃的热电和 Hell 效应。

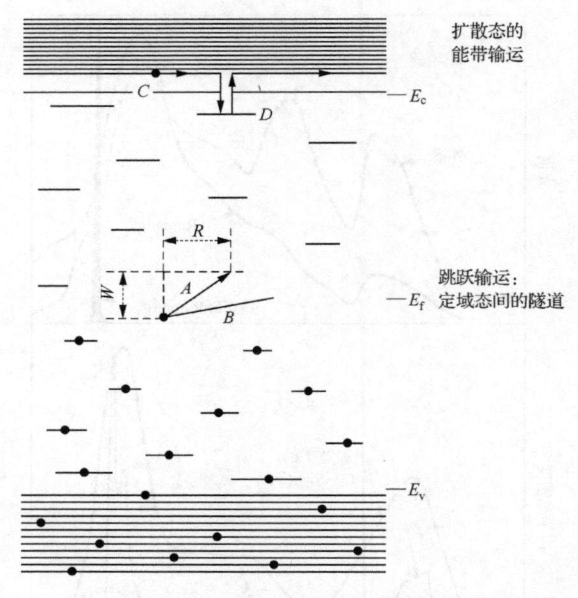

图 2.19　非晶态半导体中的电子导电机理示意图

2.3　分子体系的宏观性质和微观结构的关联

自从牛顿创建经典力学以来，物理学主要是研究物质运动基本规律的科学，由此延伸到各种物理运动的基本规律的研究中。分子材料的研究将促进分子物理和固体物理的交叉发展。这除了需要应用更多的热力学，统计力学，电动力学和量子力学理论方法，还要发展精细准确和动态的实验技术，以更加深入探讨分子材料的宏观性质与微观结构的关联。

2.3.1　宏观物理化学性质的微观诠释

通过量子化学计算可以了解分子的微观结构，进而可以诠释大量物质的宏观物理化学性质。从实验上测出来的宏观性质有两种类型：一种是反映单个分子的性质，例如分子的电离能、偶极矩、电子自旋密度等；另一种是反映分子集合的性质，例如热力学函数和动力学速率，平衡常数及物理上的磁化率和铁电系数等。

对于单个分子的性质，按照量子力学的基本假定：对于归一化的 ψ_i，$|\psi_i{}^2(1,2,\cdots,n)|\mathrm{d}\tau_1\mathrm{d}\tau_2\cdots\mathrm{d}\tau_n$ 表示粒子 1 在 $\mathrm{d}\tau_1$、粒子 2 在 $\mathrm{d}\tau_2$，…，粒子 n 在 $\mathrm{d}\tau_n$ 中同时出现的概率。一旦求出了 ψ_i，则对应于可测物理量 M 的量子力学期望值为[37]

$$M=\int\psi_i\hat{M}\psi_i\,\mathrm{d}\tau \tag{2.3.1}$$

算符 $\hat{M}$ 是与物理量 M 相对应的量子线性算符。例如，由此可以求出分子基态和激发态

的能量 ε_i 随角度的变化(图 2.20)：

$$\varepsilon_i = \int \psi_i \hat{H} \psi_i \mathrm{d}\tau \tag{2.3.2}$$

从而可以确定它的几何构型。图 2.20 为对于含 6 个电子的 C_{2v} 点群的最简单的例子 NH_2 分子；计算表明，由该分子不可约表示所属的分子轨道组成的电子组态为 $2a_1^2 1b_2^2 3a_1 1b_1^2$ 的 $^2A_1$ 激发态时的性质如偶极矩 μ、氮原子上的电子布居数 P_N 和拉伸力常数 k，与电子组态为 $2a_1^2 1b_2^2 3a_1^2 1b_1$ 的 $^2B_1$ 基态的有很大差别，这种差别常被人们所忽略。电荷密度、自旋密度、偶极矩和磁矩等物理量也可以用类此方法求出(表 2.1)[36]。对于难于从实验研究的激发态和不稳定中间态配合物的结构和性质，理论计算有着重要的意义。

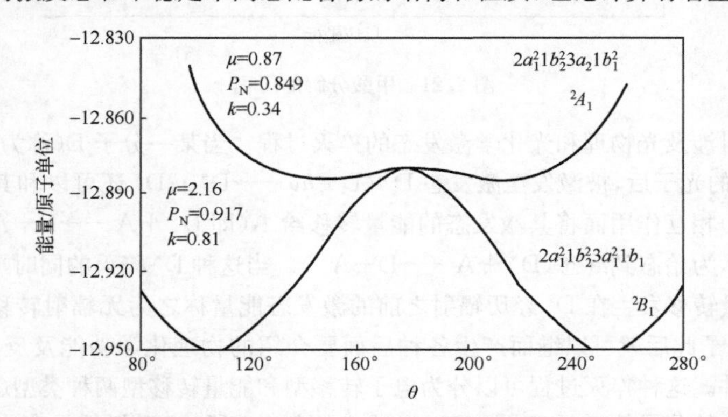

图 2.20　NH_2 分子的总能量 E 和 H—N—H 键角 θ 的关系(CNDO 法)

对于分子的动态性质，特别是化学反应特性，一般集中于从量子化学计算获得反应活性指标。例如，对于简单的共轭有机分子可以从静态观点，应用简化的 EHMO 量子化学方法导出化学中所熟知的参数[50]：

第 μ 个原子上的电荷密度　　$\rho_{i\mu} = \sum_i N_i C_{i\mu}^2$　　(2.3.3a)

相邻原子 $\mu\nu$ 的键序　　$P_{\mu\nu} = \sum_i N_i C_{i\mu} C_{i\nu}$　　(2.3.3b)

原子 t 在分子中的自由价　　$F_t = 4.732 - \sum_r P_{rt}$　　(2.3.3c)

式中，$C_{\mu i}$ 为式(2.1.52)中 LCAO 分子轨道组合系数，所以 $C_{i\mu}^2$ 就相应地表示第 i 个分子轨道在第 μ 个原子上的密度，N_i 为涉及成键原子 μ 和 ν 的分子轨道中电子数目(0,1 或 2)。式(2.3.3c)中的 $\sum P_{rt}$ 是对直接键连于原子 t 的原子 r 求和，由此可以分别说明取代、加成和自由基反应的位置，以及作用分子间的电荷转移方向和数量。

更严格的处理当然是计算反应能量曲线[36,37]，由此有可能跟踪化学反应的过程，确定难于从实验确定过渡状态中间化合物的结构和性质。图 2.21 以甲酸的分解过程为简单示例。由此可以计算出过渡态的结构、反应能 ΔE 和活化能 $\Delta E^{\neq}$。另外，我们曾用量子化学方法阐明了简单分子 $CH_2{=}CCH_3COOH$ 的光分解去羰基机理[38]。

在分子体系的光电功能讨论中，经常是通过其分子间的电子转移和能量转移而发挥

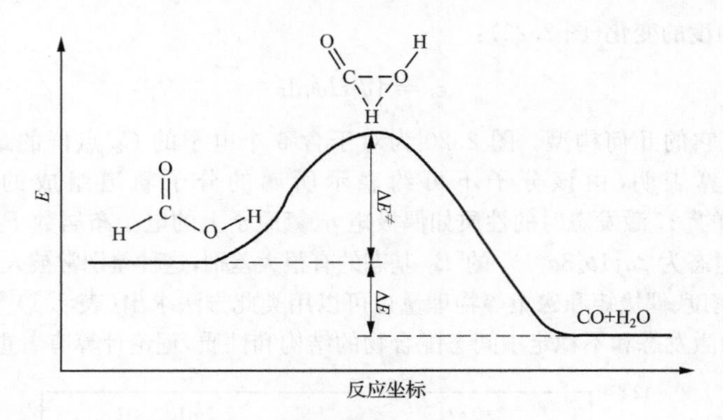

图 2.21 甲酸分解的历程

其功能。这时涉及光物理和光化学激发态的猝灭过程。当某一分子 D(称为光敏剂)吸收了能量为 $h\nu$ 的光子后,被激发至激发态 D^* ($D+h\nu \longrightarrow D^*$);$D^*$ 还可以和其他的分子 A(称为猝灭剂)相互作用而将其激发态的能量转移给 A(即 $D^* + A \longrightarrow D + A^*$)。这两个过程总的表示为始态到终态($D^* + A \longrightarrow D + A^*$)。当这种 D^* 猝灭的同时形成的激发态 A^*,这种能量转移发生在 D^* 经历辐射之前的激发态能量称之为无辐射转移。这种间接生成的 A^* 分子此后就可以继而产生各种后面要介绍的物理化学功能及反应,例如光敏化和传感器件。这种猝灭过程可以分为电子转移型和能量转移型两种类型(图 2.22)。

按照简化的分子轨道示意图,可以形式上用敏化剂和猝灭剂的最高占据分子轨道(HOMO)和最低未占据分子轨道(LUMO)之间的电子转移来说明这两种猝灭过程。图 2.22 中 D 为电子给体(donor),A 为电子受体(acceptor)。电子转移型猝灭是电子从一个反应物的占据轨道跃迁到另一个反应物的未占据轨道的单电子反应[图 2.22(a),通常它们之间的电子转移速率常数 $k_{ET} \sim r^{-6}$,r 为 D 和 A 间距,在<10Å 距离内有轨道重叠]。光敏剂的激发态可以是单重态或三重态。一般受体或猝灭剂的能级必须接近或者低于给体分子的能级。当两个反应分子是中性时就形成自由基离子对(ion pair)或电荷-转移过渡态配合物(可能是单重态,也可能是三重态)。

对能量转移型的猝灭机理讨论时,不妨定性地将($D^* + A$)看作初态,($D + A^*$)看作终态,将这种分子间相互作用关系和在分子成键理论中的式(2.1.34)进行对比(因为它们实质的机理是不同的),最后用含时间的微扰理论也可以得到这类 D-A 型能量转移参数 β [相当于式(2.2.29)中的 J],其中也包含库仑项和交换项,对应于两种不同的机理。在所谓的电子交换(或 Dexter)机理中,两个独立的单电子各自朝相反的方向转移(一般 D 和 A 之间的电荷转移速率常数 $k_{ET} \propto e^{-r}$,在<10Å 内,二者的轨道重叠,近程过程),结果形成敏化剂的基态和猝灭剂的激发态[图 2.22(b)]。在所谓的偶极-偶极(或 Förster)机理中通过库仑共振作用["传输天线"机理,远程过程,图 2.22(c)],这时激发态的光敏剂的振荡电子和猝灭剂的振荡电子通过诱导偶极子相互作用而偶合(一般 D 和 A 之间的电荷转移速率常数 $k_{ET} \propto \frac{1}{r^6}$,发生在其间距<10~100°)。当然,在电子转移或能量传递中一

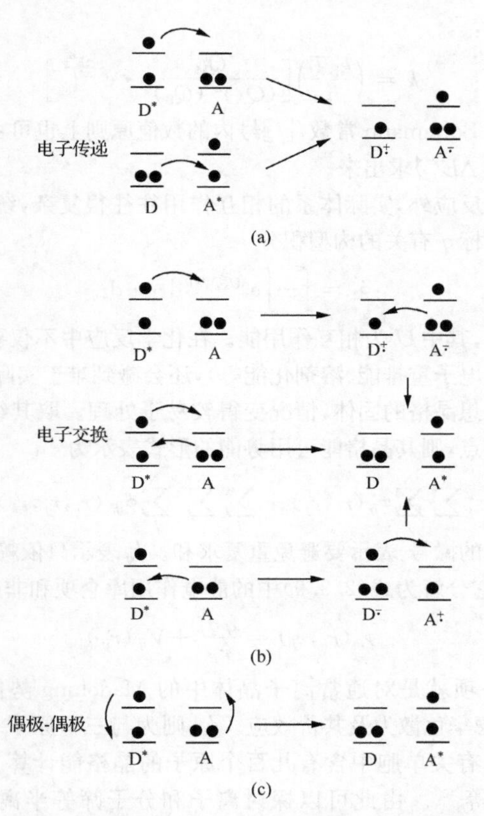

图 2.22　电子转移和能量转移猝灭机理的分子轨道示意图(· 代表电子)

(a) 电子传递；(b) 电子交换；(c) 偶极-偶极作用

般都是保持自旋守恒。总的电子自旋的改变在偶极-偶极机理中是禁止的，但是可以发生在电子交换过程中。

对于分子集合的性质，特别是对一个化学反应能否发生，以及它的反应速度问题一直是化学热力学和化学动力学的研究对象。通过统计力学这个桥梁就可以从个别分子的微观结构导出大量分子组成的宏观性质[39]。例如对于简单的气相反应：

$$aA + bB \rightleftharpoons mM^{\neq}(\text{中间配合物}) \longrightarrow cC + dD \tag{2.3.4}$$

由统计力学可以导出在分压 p 下，其平衡常数的理论式为[24b]

$$K_p = \frac{P_C^c P_D^d}{P_A^a P_B^b} = \frac{\left(\frac{(Q_0^0)_C}{N_0}\right)^c \left(\frac{(Q_0^0)_D}{N_0}\right)^d}{\left(\frac{(Q_0^0)_A}{N_0}\right)^a \left(\frac{(Q_0^0)_B}{N_0}\right)^b} \cdot e^{-\Delta\varepsilon/kT} \tag{2.3.5}$$

式中，N_0 为阿伏伽德罗常量，生成物和反应物的基态能量差 $\Delta\varepsilon_1$ 和标准配分函数 $Q_0{}^0$（取决于平动、转动和电子等能级）都可以从量子化学计算或结构化学实验确定。假定中间配合物 $M^{\neq}$ 有足够长的寿命和初始物达到热力学平衡，则由 Eyring 的绝对反应速率理论可以导出反应速率常数：

$$k=\left(\frac{k_{\mathrm{B}}T}{h}\right)\left[\frac{Q_{\mathrm{M}}^{m}}{(Q_{\mathrm{A}})^{a}\ (Q_{\mathrm{B}})^{b}}\cdot \mathrm{e}^{-\frac{\Delta E^{\neq}}{kT}}\right] \tag{2.3.6}$$

其中，式右边的 k_{B} 为 Boltzmann 常数，[ ]号内的数值原则上也可由量子化学计算势能面(类似于图 2.21 中的 $\Delta E^{\neq}$)求出来。

除了简单的气相反应外，实际体系的相互作用往往很复杂，统计力学配分函数 Q 中出现的和分子构型坐标 q 有关的构型积分

$$\phi_k=\int\cdots\int \mathrm{e}^{-U(q)/kT}\mathrm{d}\tau_1\cdots\mathrm{d}\tau_n \tag{2.3.7}$$

之类的计算就很困难，其中 U 为相互作用能。在化学反应中不仅要确定其反应决定步骤的热焓变化(解离能、电子重排能、溶剂化能等)，还会碰到难于实际估计的熵效应。

对于具有有序理想晶格的固体，情况变得较易于处理。取其组成离子或原子间相距为无限远时为能量零点，则其晶格能可用势能的形式表示为

$$U=\sum_{i}^{N}\sum_{j}^{N}\phi_{ij}(r_i,r_j)+\sum_{i}^{N}\sum_{j}^{N}{}'\sum_{k}^{N}\phi_{ijk}(r_i,r_j,r_k)+\cdots \tag{2.3.8}$$

其中求和号中右上角的撇号′表示要避免重复求和。ϕ_{ij} 表示只依赖于两个原子 i 和 j 位置的双体函数，通常将它分解为式(2.3.9)中的静电作用库仑项和非库仑项 $V_{ij}(r_{ij})$

$$\phi_{ij}(r_i,r_j)=\frac{q_iq_j}{r_{ij}}+V_{ij}(r_{ij}) \tag{2.3.9}$$

式中，q_i 为电荷，第一项就是对通常离子晶体中的 Madelung 势能贡献，第二项则包括 Pauli 的排斥项和范德华色散力及共价效应。ϕ_{ijk} 则为与三个原子 i,j,k 有关的多体势能项。目前已有能计算有关单胞中含有几百个原子的晶格能计算方法，如 METAPOCS，THBREL 和 GULP 等[40]。由此可以探讨离子和分子筛等半离子晶体的结构和稳定性[41]。更为重要的是将能量对原子坐标进行一次微分和二次微分后还可以计算出晶格的稳定性、弹性系数、介电常数和热电常数和非线性光学系数及光色散曲线等物理性质[42]。对于有序多元晶格的磁性和缺陷晶格的稳定性和光学特性也可以从统计力学方法进行处理[24a]。

由于上述纯粹演绎法计算上的困难，采用归纳法也是解决实际问题的途径之一。这时以量子力学近似计算和定性概念作指导，可从大量实验数据中总结出规律性的半经验方法。早期归纳出同系化合物相对反应速率 k(或平衡常数 K)的哈密特方程：

$$\lg\frac{k_{\mathrm{s}}}{k_0}=\rho\sigma_{\mathrm{s}} \tag{2.3.10}$$

就是这方面的例子[43,44]。式中 ρ 和 σ 分别对应于反应类型和取代基常数。我国不少科技工作者在实践中广泛应用相关分析法[45]。化学模式识别法辅助无机合成是 20 世纪 70 年代初分析化学家通过将模式识别用于化学分析图谱识别和数据处理而发展出来的新学科领域，它属于“化学计量学”范畴，被认为是结构分析的一个新分支。前苏联学者应用化学模式识别从事计算机辅助金属间无机合成。其优点是直接、简单和方便，缺点是缺乏严格的理论论证，无法预料其准确度和适用范围。我们曾从原子间电荷转移作用的两能级模型，将式(2.3.11)的分子拓扑学的 Randic 指数 H_1[46] 扩展应用于讨论一系列化合物的

热力学和分子谱学性质，得到了很好的规律性[47-48]：

$$H_1 = \left(\sum_i \frac{1}{(1+\Delta_i)\sqrt{p_i q_i}}\right)^2 \tag{2.3.11}$$

式中，求和是对分子图中所有边(键)进行。p_i，q_i 为 i 边的二个顶点(原子)的支化度，Δ_i 是键端 1，2 两原子的键参数差：

$$\Delta_i = I_i(1) - A_i(2) \tag{2.3.12}$$

其中，I_i，A_i 分别为原子的第一电离能和电子亲和势。

2.3.2　晶体的相变及其对称性性质的关联

很多晶体的结构随着温度或压力的变化会发生结构的转变，这种变化称为多晶(polymorphy)形变。这种结构形变可能是由于晶体中原子构型的相转变，也可能是晶体发生了电子或自旋构型的相转变，后者可参考 5.4 节的高自旋-低自旋转变机理。在物质系统中，具有相同成分及相同物理化学性质的均匀部分就称为相，而由于外界条件的变化而引起的不同相之间的变化就称为相变[35,49]。

从热力学观点，对于一个均匀体系一旦确定了独立变量后，用一个热力学的特征函数就可以确定该体系的平衡性质。例如，在选定温度 T 和应力 X(以及其对应的应变系数 x_i)作为独立变量后，就可以选择 Gibbs 自由能 G 作为系统的特征函数。

$$G = H - TS - X_i x_i \tag{2.3.13}$$

实际上更方便的是使用它的全微分形式。根据热力学第一定律(实际上就是能量守恒定律的一种表现)，系统的内能 U 变化和热焓 H 变化

$$\mathrm{d}U = \mathrm{d}Q + X_i x_i \tag{2.3.14}$$

$$\mathrm{d}H = T\mathrm{d}S - x_i \mathrm{d}X_i \tag{2.3.15}$$

$$\mathrm{d}G = \mathrm{d}H - \mathrm{d}(TS) = \mathrm{d}U - T\mathrm{d}S - S\mathrm{d}T - x_i \mathrm{d}X_i \tag{2.3.16}$$

对这种特征函数求出其偏微商原则上就可得到描述体系的各种其他宏观参数。

在讨论平衡温度下的相变过程中，固体的自由能保持连续变化，但是像熵、体积和热容这些热力学参数则不一定是连续的。热平衡时系统处于什么相取决于所选用的特征函数。当采用式(2.3.13)所示的 Gibbs 自由能作为特征函数时，系统的热平衡相必须使 Gibbs 自由能 G 为极小，从而可以根据对 G 的一级和二级微商的连续性情况将相变分为两种类型[51]。

在一级相变中有一级微商：

$$\left(\frac{\partial G}{\partial T}\right)_p = -S; \quad \left(\frac{\partial G}{\partial p}\right)_t = V \tag{2.3.17}$$

在二级相变中自由能 G 的二级微商为

$$\left(\frac{\partial^2 G}{\partial T^2}\right)_p = -\frac{c_p}{T}; \quad \left(\frac{\partial^2 G}{\partial p^2}\right)_T = -V\beta; \quad \left(\frac{\partial^2}{\partial p \partial T} = V\alpha\right) \tag{2.3.18}$$

其中 c_p，α 和 β 分别为由实验可以测定的等压比热容，体积热膨胀率和压缩率。

在图 2.23 中，下标 Ⅰ 和 Ⅱ 分别表示不同的相。在 $G(T)$ 和 $G(p)$ 曲线中所表现的一级相变中，包括熵 $S(\sim H)$ 和体积 V 在转变温度 T_t 和转变压力 p_t 处都发生不连续的变化。

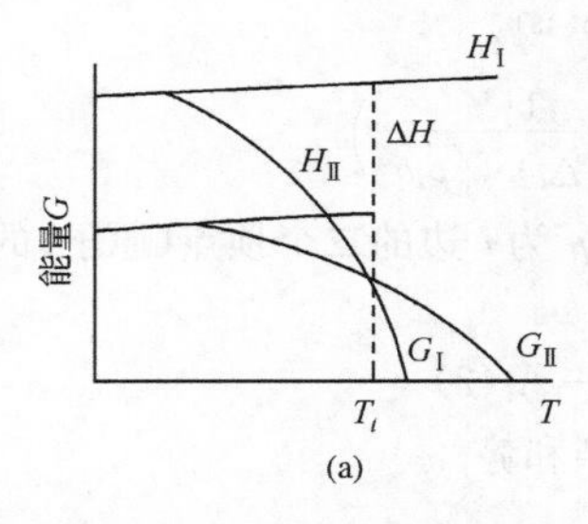

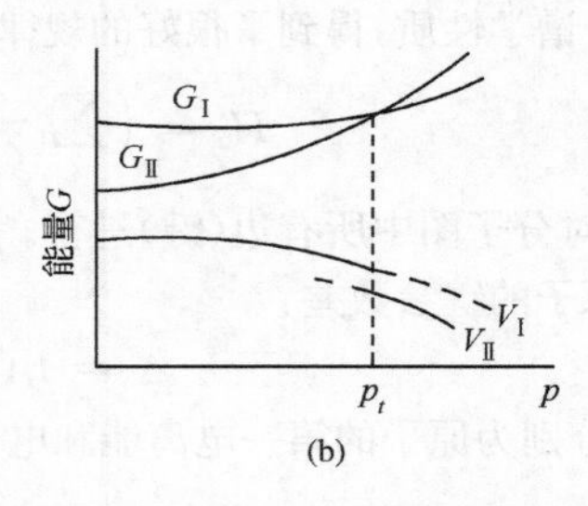

图 2.23　一级相变中自由能 G 和焓 H 随温度 T 的变化(a)；自由能 G 和体积 V 随压力 p 的变化(b)

在有些相变中，由热力学关系：

$$c_p T\left(\frac{\delta S}{\delta T}\right)_p = -T\left(\frac{\delta G}{\delta T^2}\right) \tag{2.3.19}$$

在温度 T_t时呈现很大的变化。按照克劳修斯-克拉珀龙方程：

$$\frac{\mathrm{d}p}{\mathrm{d}T} = \frac{\Delta H}{T\Delta V} \tag{2.3.20}$$

可以说明这种 λ 型 c_p-T 曲线是由于式(2.3.18)中 $\frac{\Delta S}{\Delta V}$ 变化所引起的。而在二级相变中，$G(p,T)$曲线则不迅速交叉，这时焓和体积在相变时发生连续改变，ΔS 和 ΔV 为零。但比热容 c_p在二级相变表现出一定的变化。

综上可见，在一级相变中，熵 S 和比热容 c_p以及电场为零时的自发极化 P_s(参见 7.1 节中铁电性)都是不连续的；在二级以及更高级的相变中熵、自发极化都是连续的，但热容不连续。

Landau 在相变理论方面作了很大的贡献。他还进一步认识到二级相变在微观上几乎总是和某种无序过程相关，从而引进了有序参数 ξ 的概念。在 T_c以上，有序参数平均值 ξ 消失，T_c以下则 ξ 不会消失。在铁磁性(5.3 节)中的磁化和铁电中(7.1 节)的极化都可以作为这种有序参数，完全无序时 $\xi=0$，以及相变具有明显的滞后现象。热滞后主要是由相变时的体积变化引起的。

Landau 的另一个重要贡献是提出：每种相变都会引起体系的对称性变化。如果用 $\rho(x,y,z)$ 描述晶体中原子位置的概率分布(类似于 X 射线衍射晶体结构分析中的电子密度)，则 ρ 应该反映晶体的对称性。在一级相变中，高温相和低温相的对称性之间没有联系。在二级结构相变中，晶体中的对称性发生不连续变化，从而使原有一些对称性元素出现或消失，并导致当 $T>T_c$时，ρ 必须和高温相的高对称性的对称群 Γ 一致，而当 $T<T_c$时，ρ 必须和低温相的低对称性的对称群 Γ' 一致。

基于这种原理，我们就可以将晶体宏观的多种物理光电功能和它本身的微观结构的对称性相关联(参见表 2.3)。例如，只要测出某个分子晶体属于点群 T_d，就可以由表 2.3 中右边对应的列中知道它有可能具压电性(记为＋)，而不具热电性(记为－)，余此类推。更详细的说明将在今后有关章节中具体介绍。

2.3.3　分子体系结构的物理研究方法

通常化学上主要是借助于化学和电化学实验，结合理论分析的方法来了解物质的组成、氧化态和杂质等结构信息[50]。但现在这种方法大有被近代物理方法取代之势。这些形式多样的物理方法在实验上的共同特点是通过各种电磁波或质粒（电子、离子、中性粒子）和被研究物质相互作用后所产生的吸收、发射、偏振、干涉或散射等现象而研究物质的微观结构和性质[50,51]。在研究电磁波和物质的相互作用及其性质时，光之类的电磁波等物质的波动性和粒子性双重性观点十分重要。从光的波动观点可以方便地阐明和光传播相关的衍射、干涉和偏振等现象，而从光的微粒观点则可以方便地阐明光和物质相互作用的光电、电光、发射和散射等现象。

Maxwell 公式(2.1.2)反映了在场源自由电荷密度 ρ 及传递电流密度 J 在电场 E 和磁场 H 作用下随时间变化的规律。反之，按照式(2.3.21)也阐明了带电荷 q 的粒子在电场 E 作用下会受到电场力

$$F = qE \tag{2.3.21}$$

而以速度 v 的带电荷 q 的运动粒子在磁场 B 中受到的 Lorentz 力(MKSA 制)为

$$F = q(E + v \times B) \tag{2.3.21a}$$

这表示磁场产生的 Lorentz 力对于带电粒子（电子、离子、原子、分子）所施加的作用（参考图 16.33）。作为特殊情况，当在所讨论的空间中没有带电粒子（称为无源）而只有电磁场时，由式(2.1.2)所求解出来式(2.1.3)和式(2.1.4)的结果 $E(x,y,z,t)$ 和 $H(x,y,z,t)$ 就代表物理上所述的电磁波。由此，自然延伸出光波只是一种以光速 c 运动的电磁波。图 2.1 取一维 z 方向为光矢 $\boldsymbol{k}$ 方面就是对于自由空间($\rho=0, J=0$)的平面电磁的一种特解形式。由式(2.1.2)也可以导出在介电常数为 ε 和介磁常数为 μ 的介质中电场 E 和磁场 H 分别和光矢 $\boldsymbol{k}$ 之间的取向关系：

$$H = (1/\omega\mu)\boldsymbol{k} \times E = \sqrt{\frac{\varepsilon}{\mu}} n \times E \tag{2.3.21b}$$

由此，我们可以对通常使用不同电磁波的谱学方法进行分类（图 2.24）。其中包括从涉及原核能级的短波的穆斯堡尔谱、内层和外层原子中电子能级的紫外和可见光谱、分子和固体晶格振动能级的红外和 Raman 光谱、分子转动能级的微波谱，以及涉及磁诱导、电子自旋能级变化所导致的顺磁共振和核磁共振等谱学方法[51]。

对于这些花样繁多的研究测定几何构型和价态键型的结构分析方法，其理论基础都与物理和量子化学密切相关。例如，对于熟知的苯的紫外吸收光谱（图 2.25），其横坐标上的特征频率 ν 可以用于定性分析，而其纵坐标的吸收强度 I 则可以用于定量分析。量子化学理论对这些实验图谱的特征可以作出阐明：①求出了苯的基态能量 E_1 和激发态 E_2 后就可以根据公式

$$E_f - E_i = h\nu \tag{2.3.22a}$$

计算吸收频率 ν；②求出了对应的波函数 ψ_i 和 ψ_f 就可以根据理论计算的始态 i 和终态 f 跃迁偶极矩 μ_{if} 计算积分吸收强度并和实验得到的消光系数值 ε 进行比较：

$$I = \int \varepsilon(v)\mathrm{d}\nu = \frac{N\nu}{2.303 \times 1000c} \cdot \frac{8\pi^3}{3h} g_f \left| \mu_{if} \right|^2 \tag{2.3.22b}$$

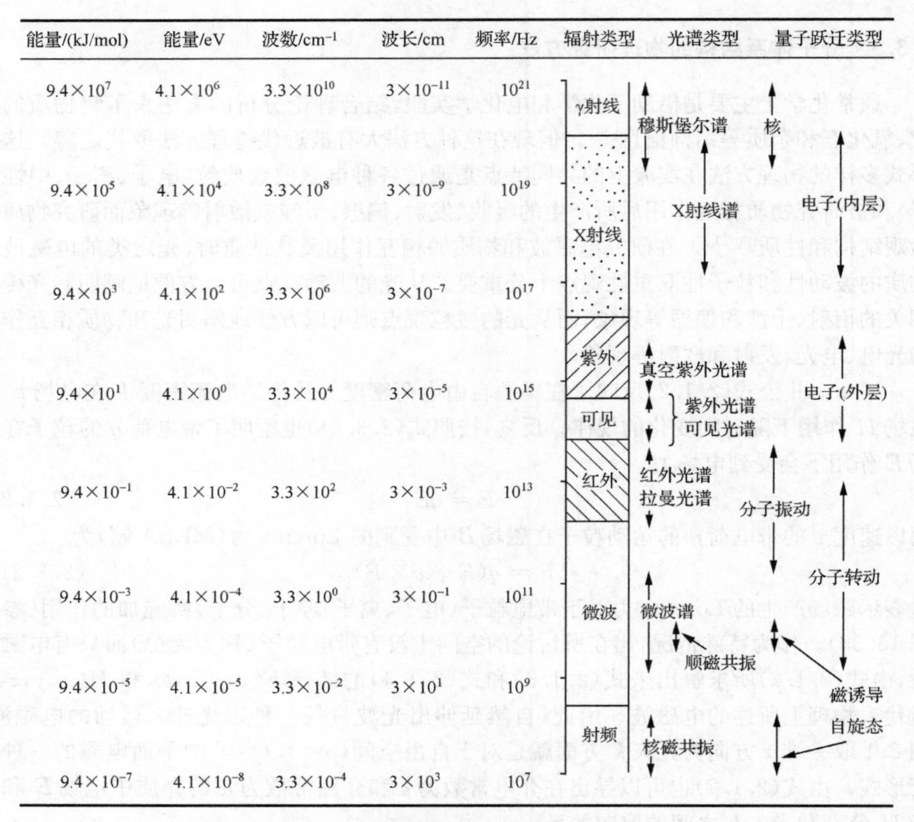

图 2.24 电磁辐射的性质及其在谱学上的应用

其中 g_f 为终态简并度，c 为样品中被研究物质的浓度，跃迁偶极矩为[参见式(2.2.33)]

$$\mu_{if} = e\int \psi_i \mu \psi_f \mathrm{d}\tau \tag{2.3.23}$$

对于其他各种图谱(光谱、波谱、质谱及电子能谱等)都可作类似处理，并求出相应的微观参数。我们应用量子化学计算核磁共振谱化学位移 δ 值的计算方法，对于包括 d 轨道在内的过渡金属化合物，可得到和实验 δ 值的规律性一致的结果[52]。

量子化学从原子间的相互作用理论解释了分子中的成键规律，它不仅阐明了图谱本身的特性(强度、位置和形状)，而且为解释实验获得的立体结构和物理化学性质提供了理论依据，例如由图 2.25 可以说明为什么苯具有正六角形平面结构和各向异性的反磁性等。事实表明，将结构化学实验总结出来的结构规律和量子化学理论确立的结构原理结合起来，并联系物质的已有性质就可以对物质的结构大致做到“心中有数”，从而提出一个原始的“模型”。例如基于 X 射线单晶衍射结构分子，由碱基腺嘌呤 A，胸腺嘧啶 T，胞嘧啶 C，鸟嘌呤 G 为构筑块，通过分子间氢键超分子识别作用成对而形成在生物分子电子器件研究中很重要的核酸分子 DNA 双螺旋体结构(图 2.26)的确定，就是高水平运用模型法的一个体现。

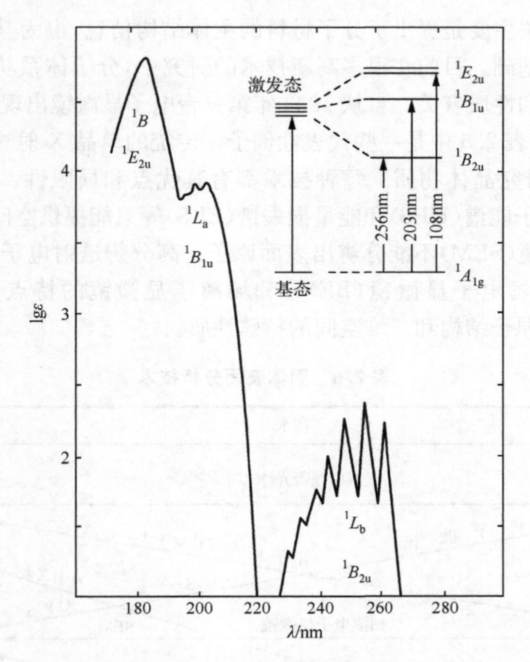

图 2.25　苯的电子吸收光谱

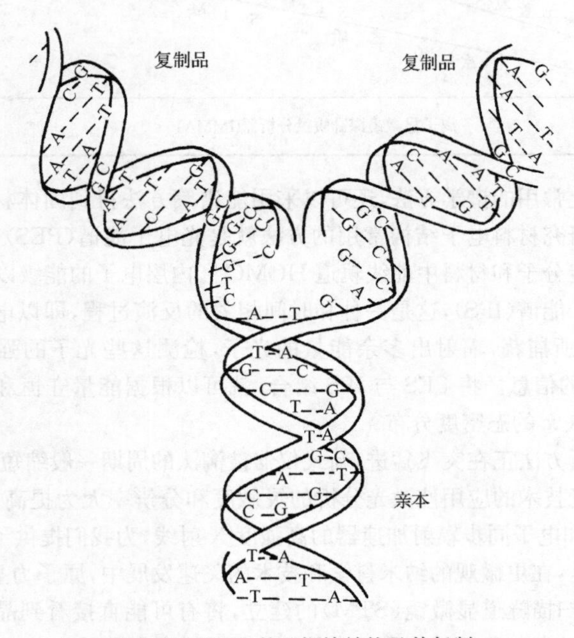

图 2.26　DNA 的双螺旋结构及其复制

上述的谱学方法主要是提供了分子材料的主体结构信息，也为其他固体材料的结构和功能研究提供了基础。目前在很多高新技术的研究中，分子体系功能的发挥常常与其界面和缺陷的结构和性质有关。自从 1933 年第一台电子显微镜出现后，发展了一系列表面结构的研究方法，表 2.6 中是一些代表性例子。传统的单晶 X 射线衍射和低能电子衍射法(LEED)只能研究晶体物质。每种技术都有其优点和局限性。化学分析电子能谱(ESCA)、紫外光电子能谱(UPS)和能量损失谱(ELS)等只能提供空间平均的电子结构信息。扫描电子显微镜(SEM)不能分辨出表面原子。高分辨透射电子显微镜(TEM)和主要用于薄层样品的场电子显微镜(FEM)和场离子显微镜的特点是能探测半径小于 100nm 的针尖上的原子结构和二维空间的特殊性质。

表 2.6 固体表面分析技术

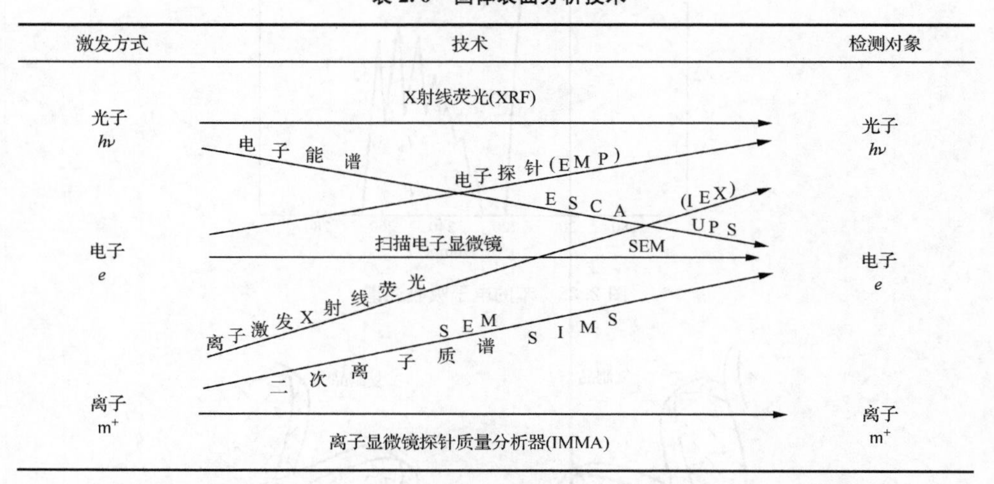

由这些化学上常用的谱学方法，还可以采用能谱等方法得到固体材料理论中重要的能带结构。例如研究材料电子结构常用的方法就是光电子能谱(PES)，它是在给定能量的光电照射下测定分子和材料中前线轨道 HOMO 和内层电子的能级以及与 PES 相反过程的所谓反光电子能谱(IPS)，这是一种和时间相关的反演过程，即以电子辐射样品表面时被 LUMO 轨道所捕获，辐射出多余能量的光子，检测这些光子的强度分布就可得到 LUMO 电子结构的信息。将 PES 与 IPS 结合，就可以根据能量守恒和动量守恒得到材料的能量 E 和波矢 $\boldsymbol{k}$ 的态密度分布。

近代结构分析方法正在突飞猛进，新式仪器被淘汰的周期一般缩短到 3～5 年。傅里叶变换光谱和激光技术的应用使激光分析的灵敏度和分辨率大为提高，X 射线激光器的全息 X 射线照相和电子同步辐射加速器的高强度 X 射线，为我们提供了更细致的结构信息。特别强调的是，在更微观的纳米科学和技术的飞速发展中，原子力显微镜(AFM)，磁力显镜(MFM)和扫描隧道显微镜(STM)的建立，将有可能直接看到晶体和表面中原子的排布，并研究其动态过程。特别是其中的 STM，分辨率高达 0.1nm 和 0.01nm，可分辨到单个原子，也可观察到单原子层的表面缺陷、吸附等局部结构。和扫描隧道谱(STS)相结合还可以得到有关表面态密度、电子阱、电荷密度波、间隙结构等电子结构信息[54]。不难预料，新的物理实验方法必将促进分子功能材料迈向更高水平。值得指出的是，新近发展很快的组合化学（combinatorial chemistry）在材料科学中得到应用，其中快速（上万个）微量（μm 斑点）的谱学扫描方法使材料合成更为有效和节约。

目前，分子材料学科已积累了丰富的实验数据，广泛应用了物理方法和理论，并已经对化合物的组成、结构和性能作出更深刻的了解；结构化学实验从实践上为材料科学提供了明确的空间构型和价键特性，从而为分子材料学科的发展及分子工程学的实现开辟了新的前景。

在研究对象上，除了传统的无机、有机、高分子体系外，超分子和杂化功能体系已成为当代的研究目标之一。国际上很多著名的理论物理学家和化学家也纷纷转向"材料设计"这个非常活跃的领域，其中心内容是在电子、原子和分子的水平上，从分子设计观点上研究分子材料的化学过程和物理功能，即从已知的微观结构规律出发，推算并设计所要求的材料性质，从分子水平设计出具有预期性能的分子材料。高分子设计、药物设计、催化剂设计、晶体设计、磁性工程等名词已相继问世。在电子计算机的帮助下，有可能像"量体裁衣"那样预先设计一套化学过程，并合成出具有给定性能的材料。"计算化学"的出现使理论和实际联系得更为密切了。这些当然是材料、物理和化学工作者梦寐以求的事情，尽管目前的水平离这个科学目标还很远，但它无疑将是推动分子材料发展的重要动力。

参考文献

[1] 唐敖庆，等. 量子化学. 北京：科学出版社，1982

[2] 徐光宪，黎乐民，等. 量子化学（第二版）. 北京：科学出版社，2007

[3] 梁灿彬，秦光戎，梁竹健原著，梁灿彬修订. 电磁学. 北京：高等教育出版社，2004

[4] Levine I N. Quantum Chemistry. 4th. New Jersey：Prentice-Hall，1991

[5] 鲍林 L. 化学键的本质. 卢嘉锡，等译. 上海：上海科技出版社，1966

[6] (a) 欧格尔 L E. 过渡金属化学导论——配位场理论. 游效曾，等译. 北京：科学出版社，1966

(b) 施莱弗 H L，格里曼 G. 配体场理论基本原理. 曾成，等译. 南京：江苏科技出版社，1982

[7] 科顿 F A. 群论在化学中的应用. 刘春万，游效曾，赖伍江译. 北京：科学出版社，1987

[8] 杜瓦 M J S. 有机化学分子轨道理论. 戴树珊，等译. 北京：科学出版社，1977

[9] Hehre W J，Radom L S，Chleyer P V R，Pople J A. *Ab initio* molecular orbital theory. New York：John Wiley & Sons，1986

[10] Frisch M J，et al. Gaussian 92 / DFT，Revision F2. Gaussian Inc.，Pittsburg，PA，1993

[11] Fang W H，You X Z，J. Mol. Struct.（Theochem），1995，358：205

[12] (a) Hall M B，Fenske R F. Inorg. Chem.，1972，11：768；

(b) Rives A B，You X Z，Fenske R F. Inorg. Chem.，1982，21：2286

[13] Anderson W P，et al. Inorg. Chem.，1989，25：2728

[14] Slater J C. The self-consistent field for molecules and solids. New York：McGraw-Hill，1974

[15] Zhang Y，Zhao C Y，You X Z. J. Phys. Chem.，1997，101：2879

[16] 林梦海. 量子化学计算方法和应用. 北京：科学出版社，2004

[17] Freir D G，Fenske，R F，You X Z. J. Chem. Phys.，1985，83：3525

[18] Pyykkö P. Chem. Rev.，1988，88：563

[19] Coavinszky P. Int. J. Quant. Chem.，1992，26：371

[20] Foster J P, Weinhold F. J. Am. Chem. Soc., 1980, 102:7211
[21] Zhang Y, Li L F, You X Z. Magn. Res. Chem., 1994, 32:36
[22] Allinger N L, et al. J. Comput. Chem., 1990, 11: 848
[23] Li J H, Allinger N L. J. Am. Chem. Soc., 1986, 111:8566
[24] (a) 唐有祺. 结晶化学. 北京:高等教育出版社,1957
(b) 殷之文. 电介质物理学. 第二版. 北京:科学出版社,2008
[25] 吕世骥. 固体物理教程北京:北京大学出版社,1990
[26] Callaway J. Energy band theory. New York:Academic Press, 1964
[27] (a) 程开甲. 固体物理学. 北京:高等教育出版社,1959
(b) 李正中. 固体理论. 北京:高等教育出版社,1985
[28] (a) 加特金娜 M E. 分子轨道理论基础. 朱龙根译,戴安邦,游效曾校. 北京:人民教育出版社,1978
(b) 莱文 A A. 固体量子化学理论. 徐小白译,赵成大校. 北京:科学出版社,1982
[29] 赵成大. 固体量子力学——材料化学的理论基础. 北京:高等教育出版社,1997
[30] 沈学础. 半导体光学性质北京:科学出版社,1992
[31] Whangbo M H, Hoffmann R. J. Am. Chem. Soc., 1978, 100:6093
[32] Metroplis N, Rosenbluth W J. Chem. Phys., 1953, 21:1087
[33] Murray A D, Murch G E, Catlow R A C. Solid State Ionics, 1986, 18-19: 196
[34] (a) Allen M P, Tildesley D J. Computer simulation of liquids. Oxford:Oxford University Press, 1987
(b) Alder B J, Wainwright J T E. Chem. Phys., 1957, 27:1208
[35] 泽仑 R. 非晶态固体物理学. 黄均,等译. 北京:北京大学出版社,1988
[36] Kavarnos G J, Turro N J. Chem. Rev., 1986: 86:401
[37] 赵成大. 化学反应量子理论. 长春:东北师范大学出版社,1989
[38] Fang W H, You X Z. Inter. J. Quant. Chem., 1995, 56: 43
[39] 唐有祺. 统计力学及其在物理化学中的应用. 北京:科学出版社,1964
[40] Parker S C, Catlow C R A, Cormack A N. Acta Cryst., 1984, B40:200
[41] Ooms G, VanSanten R A, Denouden C J J. J. Phys. C, 1988, 92:4462
[42] Parker S C, Price G D//Catlow C R A. Advances in solid state chemistry. London: JAI Press, 1990, 1
[43] Drago R S. Coord. Chem. Rev., 1980, 33:251
[44] Drago R S, 游效曾, Miller J G. 化学学报,1984,42:618
[45] 陈念贻,等. Anal. Chim. Acta, 1988, 210:175
[46] 辛厚文. 分子拓扑学. 北京:中国科学技术大学出版社,1991
[47] Li L F, You X Z. Thermochimica Acta, 1993, 85:225
[48] Li L F, Zhang Y, You X Z. J. Chem. Inf. Comput. Sci., 1995, 35:697
[49] Rao C N R, Gopalakrishman J F R S. 固态化学的新方向——结构、合成、性质、反应性及材料设计. 刘新生译. 长春:吉林大学出版社,1990
[50] 狄拉果 R S. 化学中的物理方法. 游效曾,袁传荣,李重德,等译. 北京:高等教育出版社,1991
[51] 游效曾. 结构分析导论. 北京:科学出版社,1980
[52] (a) You X Z, Wu W X. Magn. Res. Chem., 1987, 25:860
(b) You X Z, Wu W X. Dai A B. Pure Appl. Chem., 1990, 62:1087
[53] 博克里斯 J O'M, 卡恩 S U M. 量子电化学. 冯宝义,等译,李笃校. 哈尔滨:哈尔滨工业大学出版社,1988
[54] 白春礼,郭军. 化学进展. 1992,8:1

第3章　分子材料的制备

在研究和开发新材料时，制备纯净、稳定和易于表征的固态材料是十分重要的[1,2]，在实践上它体现了科学原理和工艺的结合。其实验制备的方法是多种多样的。即使同一个物种在不同的条件下也可以制得不同的晶体、微晶和无定形或粉末。不同的微观结构具有不同的性质和功能[3,4]。与传统物理上所用高温“硬化学”研究的无机材料不同，本章主要对分子材料从传统但新近发展的“软化学”方法着手，再进入到现代高新技术中备受重视的半导体电子材料和金属有机化学气相沉积前体物材料的制备。

3.1　软化学合成方法

在材料研究中，使用不同的物理或化学合成方法和过程可以得到不同组成、结构、凝聚态和缺陷及功能的分子材料。对于离子型的无机化合物的合成，反应常在反应物的相界面上进行。为了提高反应的速率，必须促进反应物的扩散以减少扩散距离（$<10\mu m$），因而物理学家经常是在高于1000℃以上的高温和微细颗粒下进行反应，例如强激光的辐射光源经聚光后照射在靶材料上，使之溅射在基片上[图3.1(a)]。这种方法可以制备多层异质结。现在甚至还可以使用加热到高达4300K的电子束轰击熔融法、离子溅射法和气相传输法等[图3.1(b)]。这是一类在耗能高、污染重的条件下进行的反应。相对地，

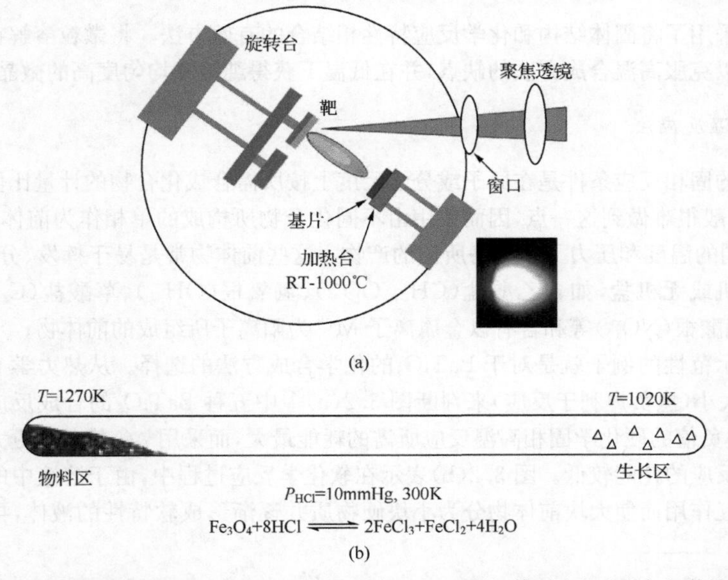

图3.1　高温“硬化学”合成法的离子溅射法示意图(a)和封闭体系中的化学气相传输法(b)

将这种无机高温合成称为“硬化学”(hard chemistry)方法。在常规条件应用这种条件易于制备的典型例子有：$Na_3Zr_2PSi_2O_{12}$［NaSi(ON)］、$Na_{1+x}Al_{11}O_{17+x/2}$($\beta$-三氧化铝)、$BaFe_{12}O_{19}$等。当反应初始物都是固体时，这种高温反应特称为制陶法。这类硬化学方法的其他缺点是难于控制反应过程，常形成多晶混合物。为此常应用冰冻干燥、共沉淀及溶胶-凝胶等降低粒子大小到几百个纳米。它是在高温、高压、辐射和无重力等极端仿生和仿宇宙等条件下的原位实时合成方法。其特点是：若运气好可以得到一些理论上预测到、而实际上在常规环境下又得不到的一些介稳态和中间体。例如，在原意是以 Na_2MoO_4，ZnO，MoO_2和 Mo 为原料，在密封铜管中加热到 1370K 以制备 $NaMo_4O_6$，但结果却得到亮光的针状的 $NaMo_4O_6$。用金刚石双顶碾压机在 4000K 的高温和$>3\times10^6$ atm① 的高压下可以制备出 C-Si-Ge 体系中的某种未知化合物。

化学家则一直在探讨更简便的节能方法。特别是在分子体系中，例如，在生物体系中由于它们易于高温分解，因而反应大多在温和条件下的溶液中进行。其实第 1 章提及的超分子化学就是使用低温的软化学方法。人们早就发现了一种趋磁细菌的细胞中含有对磁场敏感的小磁体，它就是起着导向作用的纳米单磁体 Fe_3O_4[5]。在 20 世纪 70 年代，法国的科学家特将这种在温和条件的溶液中合成无机材料的方法称为“软化学”方法(soft chemistry method)。其优点是设备简单和化学易控。

软化学的特点是在溶液中进行反应，其中的溶剂起着重要作用。溶剂的自由流动性及其振动和溶质的氢键等相互弱相互作用，有可能使反应易于越过较低的势垒而发生电子转移，从而在较低的温度下终止氢键作用而使反应易于进行。在软化学合成中，除了传统的氧化-还原反应外，还有离子交换法、嵌入化学、前驱体化学和溶胶-凝胶法[6]。

3.1.1 溶剂热法

人们采用了将固体结构和化学反应特性相结合的有效方法。将微粒溶解在溶剂中进行反应可以克服高温合成方法的缺点，并在低温下获得纯度和均匀度高的微晶或晶体。

1. 低温反应法

理想的固相反应条件是在原子或分子尺度上按所需合成化合物的计量比例均匀混合后进行，一般很难做到这一点，因而采用由不同化合物所构成的单相作为前体物(precursor)在不同的温度和压力下以制备所需的产物。这些前体物常是易于挥发、分解、交换或取代的有机或无机盐，如含乙酸盐(CH_3COO^-)、氢氧根(OH^-)、草酸盐($C_2O_4^-$)、氰根(CN^-)、硝酸根(NO_3^-)等和含有以金属离子 M^{n+} 为阳离子所组成的前体物。

一个示范性的例子就是对于 $BaTiO_3$的化学合成方法的选择。从热力学 Gibbs 自由能 ΔG 的大小(愈负愈利于反应)来判断图 3.2(a)[4] 中五种 $BaTiO_3$的合成反应。其中以 ΔG 值为小负值的硬化学固相高温反应所需的耗能最大，而采用 ΔG 值负得更大的软化学溶液所需反应的耗能较低。图 3.2(b)表示在软化学反应过程中，由于溶液中的溶剂或有机分子相互作用而使大块前体物分为小块硬物质并逐渐形成软特性的液体，再通过流体

① atm 为非法定单位，1atm=1.013 25×10^{5}Pa。

中纳米级的小硬块和溶液中其他分子在一定的条件下聚集拼合而形成一定性质的材料。其中每步反应的能垒都比硬化学反应中的低。

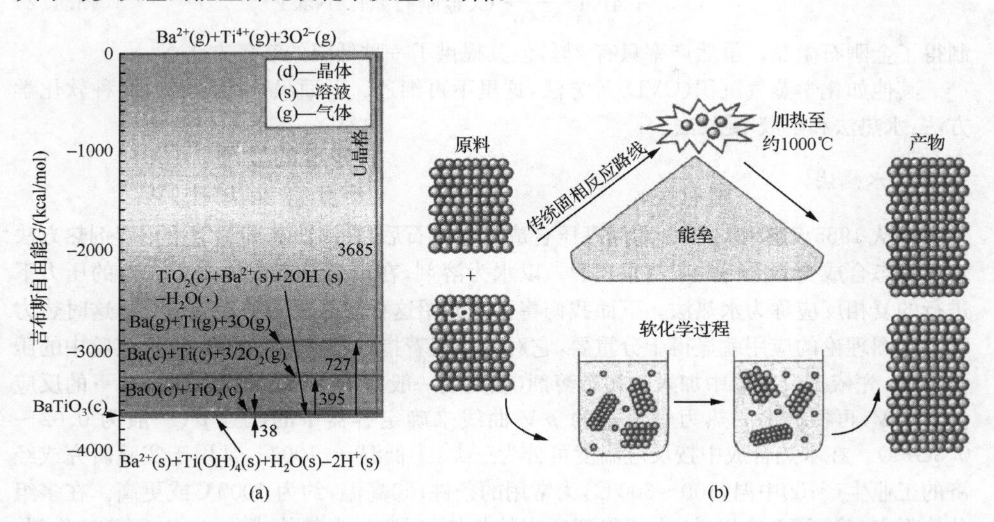

图 3.2　$BaTiO_3$的软化学合成法比其硬化学合成法有利的能量分析(a)和其软化学合成过程示意图(b)

对于更复杂的三元氧化物铁氧体 MFe_2O_4 的尖晶石，也可以由分子式为 $M_3Fe_6(CH_3COO)_{17}O_3OH \cdot 12C_5H_5N$ 的乙酸盐(M＝Mg，Mn，Co，Ni)为前体物用热分解方法进行制备。除了利用这种单一的金属酸盐作为前体物外，还可以通过已知相图选用连续组分的固溶体作为前驱体。在实际中有应用价值的方法是将低挥发温度前体物的蒸气进行分解而制备固体材料。例如，通过 CH_3SiH_3，$(CH_3)_2SiCl_2$ 或 $SiCl_4$ 和 NH_3 的热分解反应而分别制得了 SiC、Si_4N_4 等材料。有关前体物的进一步讨论参考 3.3 节。

为了形成晶体，物理上通常应用 Czochralski 方法，即将熔融体在高于其熔点温度下融化，在热平衡条件下，把置于单晶炉中的种子小晶体慢速提升而在界面上长出大的单晶(提拉法，如商业化的太阳能应用的单晶硅制备)。化学家在实验室中经常用低温的溶液生长法，即使溶质在溶剂中形成略为过饱和的溶液从而慢速结晶，或使溶剂缓慢挥发而结晶。溶剂的作用是降低溶质的熔点。有时在实验中也会发现在低过饱和度下发生快速的生长，而形成阶梯或螺旋结构，这可以由较低能量的位错理论加以解释。对于不溶于水中或溶解度低的溶质可以在溶液中加入配合物(或称为矿化剂)，或采用将反应物分别放在不同的溶剂或空间区域中使其慢慢地相互扩散的方法或凝胶法、溶盐溶液电解法、化学蒸气沉积方法(VCD)。在化学研究中，还应用金属蒸气转输反应的合成法制备出很多新的有机金属化合物。下面是一个典型的实例[7]：

$$M(g) + \left[\underset{\text{C}_6\text{H}_5}{\overset{\text{CH}_3}{\text{Si}}}\text{-O} \right] \left[\underset{\text{CH}_3}{\overset{\text{CH}_3}{\text{Si}}}\text{-O} \right]_* \xrightarrow{-20^\circ\text{C}} \left(\left[\underset{\text{C}_6\text{H}_5}{\overset{\text{CH}_3}{\text{Si}}}\text{-O} \right] \left[\underset{\text{CH}_3}{\overset{\text{CH}_3}{\text{Si}}}\text{-O} \right]_* \right)_2 M \quad (3.1.1)$$

钱逸泰等曾采用金属还原热解的途径通过下列反应：

$$CCl_4 + 4Na \xrightarrow[\text{Ni-Co}]{700^\circ C} C(\text{金刚石}) + 4NaCl \tag{3.1.2}$$

制得了金刚石微晶。虽然产率只有 2%，但其提供了一种低温的制备方法[8]。

其他如化学蒸气沉积(CVD)等方法，这里不再细述。下面只介绍常用的两种软化学方法：水热法和溶胶-凝胶法。

2. 水热法

自从 1955 年通用电器公司用高压合成了金刚石后，在高压和高温下应用溶剂热方法进行固态合成受到人们的广泛重视[9]。以水为溶剂，在由高于室温的水所产生的压力下进行的复相反应称为水热法。下面我们将重点介绍这种较为成熟的水热法[8]。这时热力学上相图理论的应用就显得十分重要，它对实验起着指导作用。例如，在选择实验中的压强 p 时，先依据反应器中加入的初始溶剂（填充度一般为 50%～80%）以确定留下的反应的体积 V，再根据水的热力学测得的 p-V 曲线来确定容器中的压强 p（一般为 0.02～0.3GPa）。在水热合成中按反应温度可分为三类：①低温，<100℃，常用于实验研究或经济的工业生产；②中温，100～300℃，为常用的条件；③高温，约为 1000℃或更高。在多组分体系中，除了 H_2O 以外，为了得到适当的晶体，还要加入其他成分 A、B、C 等矿化剂。例如可以用水热法制备在信息材料中很重要的压电材料 α-SiO_2（石英）。石英属于六方晶系，空间群为 P_2^4-$P312$。其中四面体SiO_4^{4-} 单元在 C 轴方向作螺旋形排列。天然的石英有八种不同的同质多晶变体，在常压下转变为 β-石英等。由于石英在高新技术中的广泛应用，研究 SiO_2 和 H_2O 的作用十分重要。

固体 α-石英 Q 和纯水的反应为

$$Q + H_2O \rightleftharpoons SiO_2 \cdot nH_2O \tag{3.1.3}$$

式中并不产生电离的硅酸，当 n 为很小的非整数时，也只会生成聚多酸。α-石英在水中的溶解度很小，它的溶解度大概只有 0.1%～0.5%。从它的 p-T 相图来看，这个浓度远低于从 SiO_2 水中生长 α-石英单晶的浓度。通常要在水中加入约 0.5mol/L 的 NaOH，通过下列水解反应可以增强 SiO_2 的溶解度

$$SiO_2 + H_2O \longrightarrow H_2SiO_3 \tag{3.1.4}$$

从而可得到单晶 α-SiO_2，这时就将 NaOH 称为助溶剂或矿化剂 A 组分。常用的矿化剂有酸、碱或其他有机铵盐等化合物，有时不仅是加一种矿化剂 A，甚至还要加入其他 B、C 和 D 等多种外加物。可见在水热法中相图对于决定晶体形成的种类及条件是十分重要的。图 3.3 中表示了这种体系中的部分相图。其中下方指出了适于石英晶化的 Na_2O 浓度区域处在接近石英生长条件下的 H_2O-Na_2O-SiO_2 体系。它在 400℃的部分相图平衡时，石英处在饱和的气相溶液状态[9]。在高 Na_2O 浓度状态，会出现不互溶的液相，而在更高浓度的碱性 Na_2O 时，多酸钠就会沉淀。在更复杂的体系中，还可以加入其他的 B、C、D 等组分而制备不同性质的微晶或物相。它们的相图当然也更为复杂。

现在已经应用水热法制备了很多高新材料，例如非线性光学的 $NaZr_2P_3O_{12}$、$AlPO_4$、激光晶体的 $LiNbO_3$、超导固体薄膜 $BaPb_{1-x}Br_3$ 以及其他铁电和铁磁材料，以及几百种类

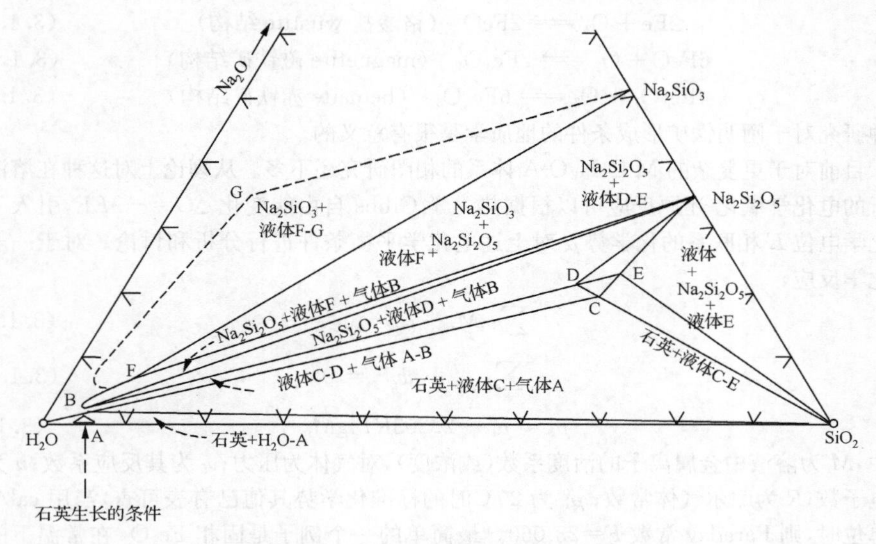

图 3.3 SiO_2-H_2O-Na_2O体系的相图

型的分子筛和微孔结构的催化和吸附材料(参见15.1节)。例如,对于高温下Na_2O-SiO_2-Al_2O_3-H_2O体系在不同条件下(如晶化温度)可以得到不同类型的微孔晶体:

100~150℃ A型,X型,Y型

200~300℃ 方纳石,小孔绿光沸石

>300℃ 方沸石,纳沸石

早期的工作是研究Si、Bi等这类简单元素在高压高温下的p-T相图。目前大部分的工作倒是因为难于得到复杂体系的高温相图,而仅是应用相图原理(甚至只根据实验经验)来摸索和总结合成不同结构及功能材料,精确的相图理论探讨还有待发展。特别是由于晶体生长的动力学过程及不同实验条件下的不同反应机理,从而不能达到真正的热力学平衡状态,且实际得到的可能是不同的介稳状态及中间产物。在水热合成法中主要是将预先配制的水溶液放在一个密闭的玻璃或不锈钢制成的容器中(高压釜)进行反应。应用这种水热的方法不仅可以易于生成出新的晶相,也可用于晶体生长以制备较大的晶体材料。在高温高压的水热条件下,水作为溶剂起着双重作用。一方面,它的很多物理性质发生很大变化,如蒸气压、离子积变大;密度、表面张力、黏度、介电常数变低。从而导致反应速度升高,加快水解,并且影响其中反应物的氧化-还原电势,使很多在普通常温下不溶于水的矿物或有机物的反应都能在水热反应中得以实现。

水热制备方法中的氧化还原反应:大多数贵金属和铜以外的金属M在水热条件下,特别是在弱碱性条件下都会发生氧化-还原反应,从而形成M-O-H_2O体系。其机理可理解为在高压下水会分解

$$H_2O \rightleftharpoons H_2 + \frac{1}{2}O_2 \tag{3.1.5}$$

从而影响价态多变的过渡金属的氧化态。例如高温下的铁就会产生不同相的物种:

$$2Fe + O_2 \rightleftharpoons 2FeO \quad (铬酸盐\ wüstite\ 结构) \tag{3.1.6a}$$

$$6FeO + O_2 \rightleftharpoons 2Fe_3O_4 \quad (magnetite\ 磁铁矿结构) \tag{3.1.6b}$$

$$4Fe_3O_4 + O_2 \rightleftharpoons 6Fe_2O_3 \quad (hemaite\ 赤铁矿结构) \tag{3.1.6c}$$

这种研究对于阐明铁矿形成条件的地质学是很有意义的。

目前对于更复杂的M-O-H_2O-A体系的相图研究还不多。从理论上对这种在溶液中进行的电化学氧化-还原反应可以根据热力学Gibbs自由能变化$\Delta G = -nEF$,引入下列与化学电位E相联系的化学势μ对上述电化学平衡条件进行分析和讨论。对于一般的电化学反应,

$$\sum_i \nu_i M_i + ne = 0 \tag{3.1.7a}$$

$$-\sum_i \nu_i \mu_i + nEF = 0 \tag{3.1.7b}$$

$$\mu_i = \mu_i^0 + 2.303RT\lg M_i \tag{3.1.8}$$

式中,M_i为溶液中金属离子的活度系数(或浓度),对气体为压力;ν_i为其反应系数;n为反应电子数;R为摩尔气体常数;μ_i^0为25℃时的标准化学势其值已有表可查,当用cal/mol为单位时,则Faraday常数F=23 060。最简单的一个例子是固相Fe_2O_3在常温下的水溶液反应:

$$Fe_2O_3 + 6H^+ \rlap{=}{=\!=} 2Fe^{3+} + 3H_2O \tag{3.1.9}$$

可以查出标准的$\Delta G^0_{Fe_2O_3} = -177cal$,$\Delta G^0_{Fe^{3+}} = -25\ 300cal$,$\Delta G^0_{H_2O} = -56\ 690cal$,由式(3.1.8)可以得到:

$$\lg\alpha_{[Fe^{3+}]} = -0.723 - 3pH \tag{3.1.10}$$

可见这个反应只有在pH=-0.241时才会开始沉淀而生成Fe_2O_3。详见参考文献[10]。

3.1.2 溶胶-凝胶法

除了上述的有序晶体制备外,在实际工艺和基础上我们还需要制备介于原子(分子)和晶体之间的聚集体,特别是其中的微晶和具有无序的无定形材料。它们的制备和形成一般经过成核、生长和终结三个过程的控制,并通过蒸气-固体、液体-固体、固体-固体或者蒸气-液体-固体形式而发生相变。原则上,大多数物质在从液态高速冷却(例如1000K/s)时都可以制备出玻璃态或无定形态。例如蒸气沉积法可用于制备无定形固体(参见下节),在低温基体上又可以沉积成薄膜晶体。晶体物质受X射线照射、去溶剂化或生成吸附物都可以产生无序的无定形态或微晶簇合物(cluster)。例如应用金属蒸气在一个加热池中通过一个小孔射出可以得到几百个原子组成的金属原子簇,如由500个原子组成的Sb_{500},其平均粒子大小可达几百个埃;用电弧-等离子体法可以得到100~200Å的SiC的微原子簇;由微晶或金属组分的岛状粒子分散于非晶态陶瓷中还可以制得气溶胶。

为了制备更大的超细粒子,常利用涉及固态扩散及反应的烧结法、喷溅干燥、液体干燥和冰冻干燥技术制备法。例如,用冰冻干燥技术可以制备150~200Å的α-和γ-Fe_2O_3。这些方法的特点是使按化学剂量配制的溶液在原子化后加热,并在毫秒时间内快速完成原子或分子的重组。

溶胶-凝胶方法是在软化学合成中最重要的方法之一[11,12]。对于一些由Si、Ti、Cr、

Al 和 Zr 之类的金属烷氧基有机(或卤基官能团)化合物，因含有易于水解的—M—O—R 键而常作为溶胶-凝胶法的前体物。例如，由此制备的含金属有机聚硅氧烷材料就是一种很有实际应用的有机-无机前体物，它易于直接通过聚合物制备成薄膜、纤维粒子或块状和形状可控的粉末。

另一种溶胶-凝胶方法是加工醇盐和控制混合物水解的方法。在传统的溶胶-凝胶法中常是利用有机金属醇盐(ROM)为原料，例如对于 M^{4+} 其反应过程为

$$M(OR)_4 + 2H_2O \longrightarrow MO_2 + 4ROH \tag{3.1.11}$$

对于易升华的金属盐可以直接用化学蒸气沉积法制备金属氧化物表面膜：

$$Zr(OBu^{+})_4 \longrightarrow ZrO + 4H_2C = CMe_2 + 2H_2O \tag{3.1.12}$$

图 3.4 表示了这种方法的加工示意图。溶胶是悬浮或分散在溶液中的胶体粒子(10～1000Å)，这是一种在不断作 Brown 运动的超细微粒悬浮体。在浓缩时这种不稳定的物质就会失去其流动性而形成无定形胶状固体的凝胶，在其三维网络中分散有流体组分，经过干燥后，就变成干凝胶或气凝胶。其优点是可应用高纯度的前体物、具有在分子水平上的组分均匀性以及在最后步骤中加工温度低。应用这种方法可以制备 Ba、Sr、Pb、La、Zr 等的钛酸盐[13]。使用不同的反应基团，如醇(—OH)、硫基(—SH)、氨基(—NH_2)、羧

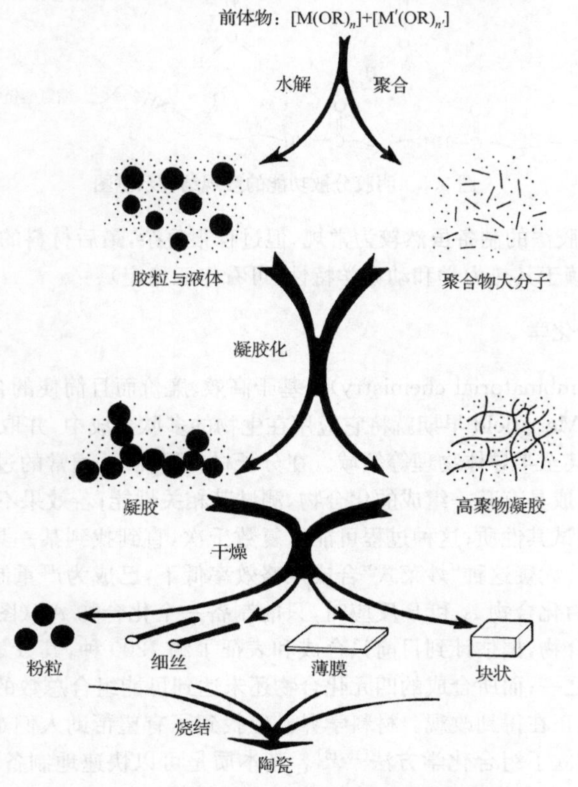

图 3.4　溶胶-凝胶加工过程示意图

基(—COOH)、羰基(—CO)、苯基(—⟨苯环⟩—)或不饱和官能团作为前体物，还可通过进一步反应得到更多不同结构和官能团的产物。

在制备单分散而没有缺陷的网络型聚合粉末时，在这种无机粉末直接形成氧化物纳米结构材料的加工过程中应避免晶粒的长大。在前体物反应时，应控制 pH 并适当加入催化剂。在制备无机纳米晶体时，还要加入适宜的稳定剂(例如，既亲水又亲油的硬脂酸、明胶、聚乙二醇)，它们兼具有配位和分散的功能。它们可以和无机纳米晶的前体物或产物通过配位键或超分子相互作用而促使晶体定向生长或调控最后产物的形貌。图 3.5 为应用明胶(一种廉价的变性胶原蛋白，其中含有氨基酸，可作为稳定剂)而制备具有一定微结构纳米 TiO_2 的示意图[14]，其中通过分子间的氢键作用而达到前体物间的分散和隔离。

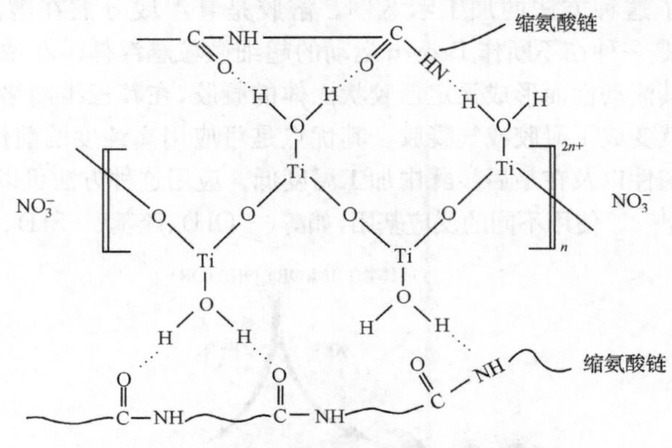

图 3.5　明胶分散功能的微观结构示意图

整个溶胶-凝胶法的制备虽然较为常规，但过程很复杂，最后材料的微观结构、稳定性以及其他性质依赖于其热力学和动力学特性(可看作亚稳定)。

3.1.3　固态组合化学

组合化学(combinatorial chemistry)是基于高效、廉价而且简便的合成方法。诺贝尔奖得主(1984 年)Merrifield 早期就将它应用在生物的多肽合成中，并取得成功，现在已拓展到医药、化学，甚至半导体物理等领域。在分子材料研究中，通常的过程是根据物质-性能关系，设计和合成具有某一组成的化合物，测试其相关性能；若效果不佳，再制备另一组成的化合物，再测试其性质；这种过程可能重复数千次，直到找到某一具备较理想的相关性能的组成为止。无疑这种“炒菜式”合成策略效率低下，已成为严重制约新材料开发速度的瓶颈。例如由化合物 A 和 B 反应时，只能制备一个化合物 AB(图 3.6)。又如对于三元无机固体化合物，据估计到目前只合成和表征了约 7200 种，其数量还不及所有可能组合数目的百分之一；而所合成的四元化合物还未达到可能组合总数的万分之一[15]。所幸的是，这种状况正在得到改观。材料学界已经找到了有望帮助人们走出这种材料开发困境的方法，即建立了组合化学方法[15,16]。其本质是可以快速地制备出所需要的产物。在图 3.6 中，若我们能预先组合一个包 含 $A_1,A_2,\cdots,A_n$ 和 $B_1,B_2,\cdots,B_n$ 的原料数据库，则使它们在同样条件下进行反应，就可以为每一种 A_iB_i 的组合提供反应的机会，从而通过生物和物理测试等方法，选出其所需功能的产物。这种组合技术可适用于液相和固相等方式。

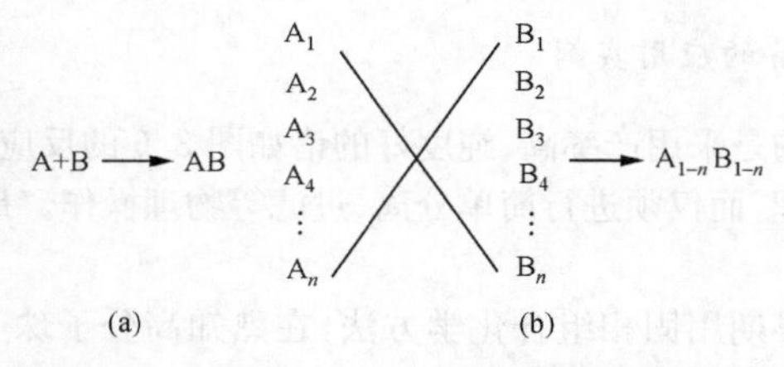

图 3.6　传统化学(a)和组合化学(b)的比较

1. 组合化学合成的基本过程

目前组合化学不仅给化学和材料的合成带来了很大的冲击，引进了新的思路，而且已成为生物技术和药物商业化应用方面的一个生长点。在药物化学中，人们常要设计一种特效的有机或无机的化合物(称为底物)，它和人体内某种病原(靶分子，接受体，抗原酶)通过弱相互作用而达到几何和结构上的相匹配后，才可以达到对症下药的效果(参见 1.3 节)。很多作为医药底物分子是有机分子，人们估计不同结构的有机小分子总数不少于 10^{100} 个，不可能对它们中哪怕一小部分进行试探或筛选。因而为了针对某种要治疗的靶分子 i 而寻找一种特效的底物是很困难的。这也是开发和制备新药物或创制新功能材料最困难和缓慢的一步。

在实际的开发创新的过程中，首先根据功能材料的期望目标及测试指标，明确思路及方案选择。例如，在药物开发过程中大致分为以下几个方面。

(1) 先导化合物(lead compound)的合成：由于可作为药物的初始分子 A 和 B 等类型太多，难于确定由它们合成的 AB 分子(作为给予体或底物)是否对于治疗的靶分子(接受体或酶)有效。一般总是根据已有文献、经验、专利而去探试把这些可能的化合物进行初步筛选。它们常是从一些天然动植物中分离出来的天然产物。例如由此发现了 β-内酰胺、四环素等药物。目前由于对分子的结构已有了更深入的了解，所以从探讨给予体(药)和接受体(靶)间的构-效(structure-activity)关系来开发新药物已成了一个新方向。据此而建立的“药物分子设计”思想合成了成千上万个化合物。根据上面思路找寻出来的这些初步、但不一定准确的化合物就可以组成一个“组合化合物”库(library)。由这些推测可能有效或活性的化合物，再根据它们的分子结构就大大减少或限定了海量初选化合物的数目，它们就组成了一个更值得作为起始实验的先导化合物的数据库。

(2) 优化先导化合物：对数据库中的先导化合物进行改进和系统筛选，直到它的性能符合指定的候选药物所需的性能指标。

(3) 研制候选药物：这时化学家起着分子设计的重要任务。即从上述纯经验式筛选出来的先导化合物进一步开展改性出新的化合物，并实验这些化合物对生物靶分子结合(配位)的方式和机理。例如，化学家早已熟知，先导分子化合物中必须包含一个亲脂性侧键，例如甲基、丙基和苯基等类似取代基。

由于在先导化合物库中不同的分子数目有成千上万个，而对于在用生化、谱学化学等合成测试过程中的高速的技术要求也很高，因而计算机、程序编码、现代物理微电子技术等在组合化学中有着特殊的重要性。

2. 组合化学法制备的应用实例

组合化学中重要的是采用产率高、纯度好的诸如图 3.6 的反应，并采用一些无须进行复杂的化学反应后处理，而仅须进行简单分离、过滤等物理操作。最后由仪器测定其纯度及结构。

这里我们举一个早期用固相组合化学方法，在熟知高分子珠上制备多肽库的示例。多肽合成反应是将溶剂掺入高分子化合物而发生溶胶，在形成类似凝胶的多孔基体上进行的。例如，常用的这种由反应前单体苯乙烯通过聚合反应得到的聚苯乙烯合成的高流动性凝胶高聚物树脂球状小珠（其大小为 80～200μm），就具有图 3.7 所示的内部多孔结构。

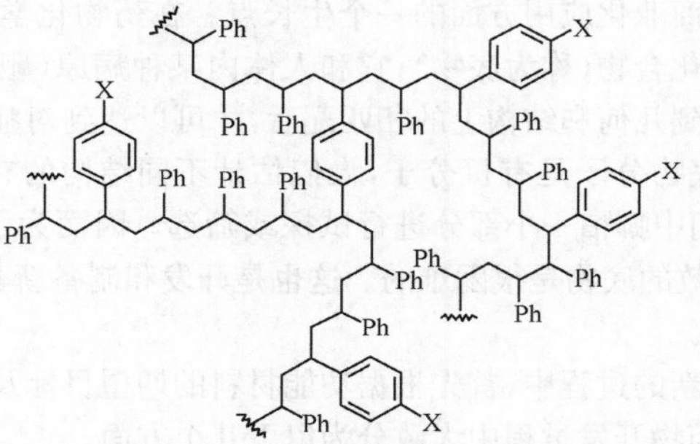

图 3.7 聚苯乙烯珠的内部多孔结构

其作为固体载体的特点是交联而不会在一般溶剂中溶解，但可以发生溶胀现象而导致体积变化。该载体上作为连接体的氯甲基苯 X 分子和高聚物相结合，其中 X 为含 Cl（氯）的有机官能团，它易和含侧链 R 的氨基酸相互连接，反应后而生成酯基链（图 3.8），并要求所形成的这种中间化合物在多肽合成条件下是稳定的，但又可以在加入切割试剂（如三氟乙酸，TFA）的作用下从载体上部分地或全部地切割下来以利于检测反应的过程。

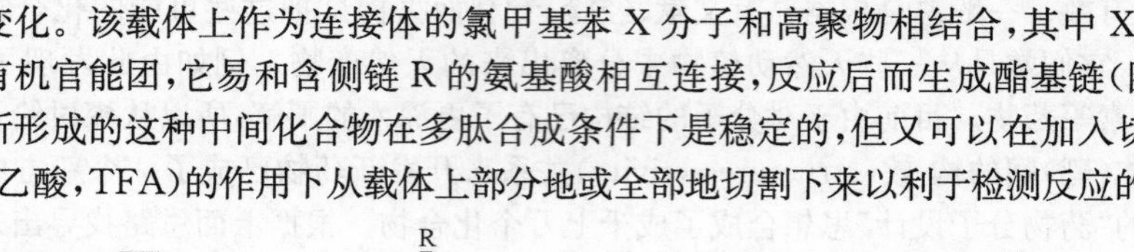

图 3.8 将 N-保护氨基酸连接到氨甲基化树脂上，从而产生和固相载体间以酯基连接的方式

在合成过程中，为了使氨基酸中羧酸负离子 COO^- 对连接体中氯进行亲核取代反应，使用了保护剂 Boc（*N*-叔丁氧羰基酸）以便氨基酸的 N-端不进行取代反应；另外还使用了苄基保护氨基酸的侧链官能团 R。多肽合成反应是从 C 端向 N 端进行以避免氨基酸的消旋体出现。用三氟乙酸（TFA）脱去 Boc 保护剂后再加下一个氨酸盐残基，最后在无水 HF 强酸溶液条件下将合成出的多肽从聚苯乙烯的侧基上的保护剂 Boc 切割下来。

由上可见，Merrifield的创造性在于将多孔的树脂珠兼有羧基端的保护剂和固相载体的双重作用。这种树脂珠型化合库的方法和思路在后来液相反应和其他无机反应法中都得到很大的改进和推广。

组合化学的生命力在于制备不同多肽的快速、微型和经济节约性。例如，在传统方法中，合成10 000个化合物时需要从初始氨基酸经过三步反应制备三联体就需要至少30 000个单独的化学反应。现在组合化学中又新发展了"混合裂分化合物库"合成方法。这种方法是根据在小树脂珠上合成化合物，将一定数量的载体被分成相等的几个部分，再将各部分单独和不同的起始单体原料反应。其效率就高很多。这时在相同化学反应条件下，将不同的底物合并到一个相同的反应器中进行（相当于前述树脂珠载体上的"一珠一化合物"）。这时进行10 000个三联体化合物的工作可以用少到10 000的立方根，即$\sqrt[3]{10\,000}=22$个反应器来完成。

1995年，加州大学伯克利分校Lawrence Berkeley国家实验室的Schultz和Xiao-Dong Xiang等首次证实组合化学方法确实可以用于发现新的固体材料[16]。这里再通过一个在薄片固相载体上空间定向组合化学来说明固态组合化学(SSCC)技术的关键过程。

(1) 先导化合物组合库薄膜的制备：SSCC的第一步是将多种固体先导化合物以不同的比例，按预先设计的空间排布方式，用溅射或化学沉积等方法将它沉积到固体基质片的表面上，形成薄膜阵列。这时一般使用的遮蔽(masking)技术有两类：光刻蒙片技术和物理投影蒙片技术。具体如图3.9所示，如果将基质片的一半用蒙片1遮蔽覆盖并开始淀积先导化合物A，则在基片上只有一半的样品位点上可以覆盖A的薄膜；现用蒙片2代替蒙片1，淀积先导化合物B。由于蒙片2与蒙片1的遮蔽位置不同，此时基片被分成四个区域，每个区域产生了一种不同的先导化合物组合(A，AB，B，无)。接着依此使用蒙片3和4，分别用以淀积化合物C和D，则可在基片上形成16个独特的区域，每一区域对应着不同的先导化合物组合。如果继续使用更多的蒙片并沉积以不同的前体化合物，则可得到更复杂的先导化合物多层膜。在每种情况下，所用蒙片的图案和顺序决定了库中产物的种类与位置。

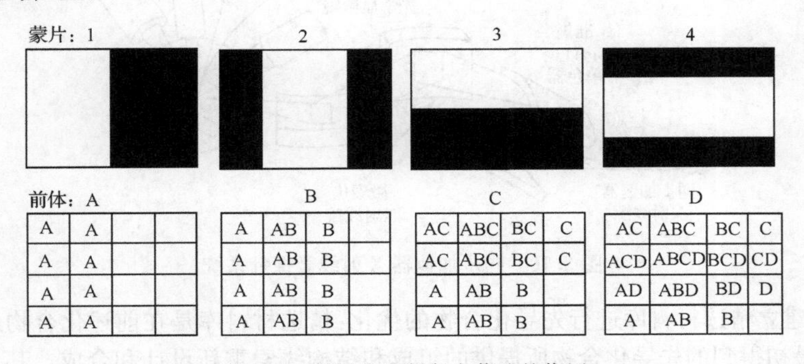

图3.9　材料芯片制备中蒙片的作用

(2) 材料库化合物的热处理：功能材料是一些需要加热才能形成的晶态固体。在材料库中，先导化合物是逐层沉积的，需要随后的退火工艺以促使先导物均匀扩散，形成稳态或亚稳态的化合物。许多高技术材料的功能与薄膜的晶体质量紧密相关，而晶体膜的质量又在很大程度上取决于热处理的条件。因为各种化合物库中材料的组成变化很大，通常是根据文献和经验而建立的，所以热处理的条件也应作为组合库的变量加以优化。

(3) 薄膜材料库的高通量检测筛选以寻找先导化合物和目标化合物：SSCC 薄膜库所使用的筛选技术应具备微区、快速、非破坏性和定量的特点。尽管对于库化合物进行详细的组成和结构表征可能需要体相样品，但可以通过直接在基片上筛选样品而得到几种关键性质。一般来说，光学性质(如发光性质)或那些可从光学测量中导出的性质是最容易检测的，因为用于光强度及颜色测量的仪器随处可得。如图 3.10 所示，利用两个椭圆弯曲反射镜得到一个 2μm×20μm 的 X 射线光斑，以测定薄膜样品的组成及结构。图中上半部分为在宽带紫外光辐照下硅基片上的 $GdGaO_3$ 发光材料库。Isaacs 等结合使用 X 射线荧光、X 射线衍射及边边 X 射线吸收精细结构(XAEAF)等谱学方法，直接测定了库中红色磷光体 Zn-Gd-Ga-O 的化学组成、晶体结构和掺杂物 Eu 的价态。据称采用第三代粒子加速源，科学家将能在 1 小时内测得 1000 个以上库样品的组成和结构。

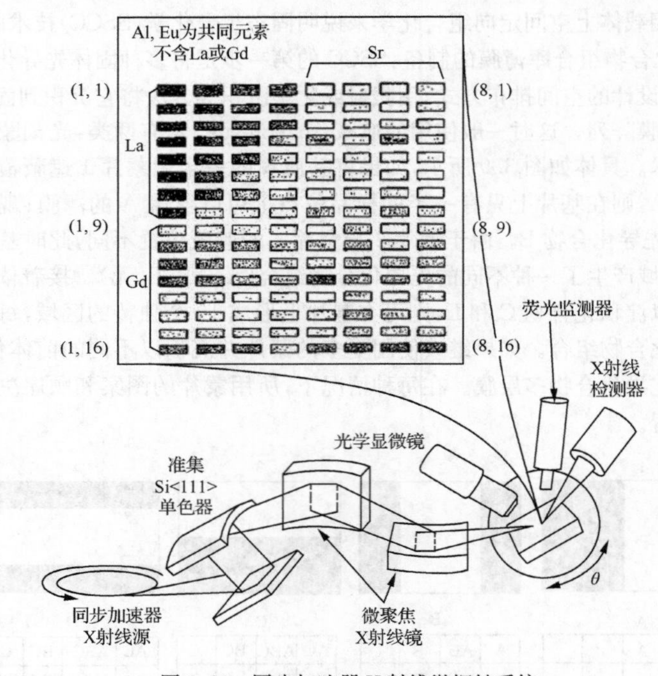

图 3.10　同步加速器 X 射线微探针系统

(4) 建立精选材料库进行先导化合物的优化：精选材料库是在前述化合物库的基础上，根据最初得到的先导化合物所提供的组成和结构线索重新设计和合成。其目的是为了缩小范围，进一步确认优选的材料化合物的组成。其设计思想、制作方法和筛选手段与前述过程的基本过程大致相同，不再赘述。

综上可见，在整个 SSCC 薄膜库技术过程中，以先导薄膜淀积和库筛选这两步对仪器设备的要求最高,也是整个过程的难点所在,需要在实践中加以克服。

3. 组合化学应用

在组合化学二十余年的发展史中,其主要用于生物材料,特别是药物的开发[17]。直到最近几年,才开始将组合化学用于非生物材料或无机材料开发中。文献中陆续出现了一些其他用组合化学方法来寻找各种新材料的论文,其中包括巨磁阻材料、磷光材料、铁电材料、半导体、异相催化及沸石等。此外,用于固体物质合成的组合合成技术也有了一定程度的发展。除了用气相淀积法形成薄膜化合物库以外,还出现了组合水热合成及利用喷墨法将反应物溶液定量配加到作为反应容器的特制微井中,然后升温烧结等固态组合合成技术。

3.2 半导体电子材料的制备

无机化合物广泛用于各种微电子工业,众所周知的有以硅为基础的光电材料。由于激光二极管、太阳能电池、光阴极等高新技术的需求,以及当代物理和材料科学的发展,半导体薄膜的研究日益受到人们的重视[18,19]。除了物理方法以外也广泛应用化学的方法来制备电子器件的化学薄膜材料[20],典型的有在高温下的材料熔融法。应用这类方法生长薄膜的一个特点是需要较高的温度(一般>800℃)以蒸发前体物(precursor)。在制备半导体时,还会导致非化学计量的产物,例如在CdS系中易于失去较易挥发的S,而生成 $Cd_{1+x}S_{1-x}$(x 为非整数)。在另一种改进的化学传递法中,可应用碘之类的载气加强某一固体成分的传输,例如对于在 ZnI_2 制备中传输的应用

$$ZnS(s) + I_2(g) \longrightarrow ZnI_2(s) + 1/2S_2(g) \tag{3.2.1}$$

虽然这种方法可以在较低的温度下生长薄膜晶体,但是碘之类的载气本身就是电和光的活性物质,从而作为杂质会影响其后Ⅱ、Ⅵ族材料的性能。有时也可以在更低温度下,应用通常在溶液中生长晶体的方法,例如,可以从富集了碲 Te 的溶液中生长 $[CdTe]_n$ 晶体[21]。目前国际上普遍采用的一种新途径就是本章要重点介绍的金属有机化学气相沉积(metal-organic chemical vapor deposition,MOCVD)前体物法[22,23]。

为了今后说明分子光电功能的重要性,我们先简单介绍半导体光电性质的基本概念[24,25]。

3.2.1 半导体的类型

宏观物质在外电场 E 作用下,按 Maxwell 方程(2.1.2)主要有两种效应:电子传导和电极化作用(参见6.1节),前者是由自由电荷引起的。按照第2章所述能带理论的观点,固体物质的导电特性取决于其组成原子价轨道所组成的价带(对应于分子轨道理论中的HOMO)和空轨道所组成的导带(对应于分子轨道理论中的LUMO)间的能隙 E_g(图3.11)。当 E_g 较小时为导体(导电率 $\sigma=1\sim10^5$ S/cm),较大时为绝缘体($<10^{-15}$ S/cm),介于其间的为半导体($10^{-15}\sim1$ S/cm)。费米能级 E_f 是指在绝对零度时充满电子的能级。它一般处于价带和导带之间,并随着温度的升高而升高。对于导体,当 $E_g<kT$ 时电子就

可以通过热激发由价带跃迁到导带，并在价带中留下一个空穴。在外电场 E 的作用下，这些本来无序自由扩散的电子或空穴（它们统称为载流子）就会沿着电场方向漂移而受到加速。另一方面，由于这些电子受到晶格振动（声子）和其他晶体不完整性所引起的散射而阻碍电子的加速运动。由此得到电荷 e，质量为 m 的载流子在电场强度 E 下的漂移速度 v_d 为

$$v_d = -eE\tau/m = -\mu_d E \tag{3.2.2}$$

式中，m 为电子质量，μ_d 为漂移率（单位电场的漂移速度），τ 为弛豫时间（散射过程的平均时间）。因而电流密度 J 可表示为

$$J = ne\langle v_d\rangle = ne^2\tau E/m \tag{3.2.3}$$

式中，n 为载流子（电子或空穴）密度。将式（3.2.3）和宏观的欧姆定律的表达形式比较可以导出电导率：

$$\sigma = ne^2\tau/m = ne^2 l/mv \tag{3.2.4}$$

式中，l 为具有能量 E_f 电子的平均自由程，v 为总速度（它不仅是在电场下引起的漂移 v_d，还包括在没有电场下的自由扩散速度）。

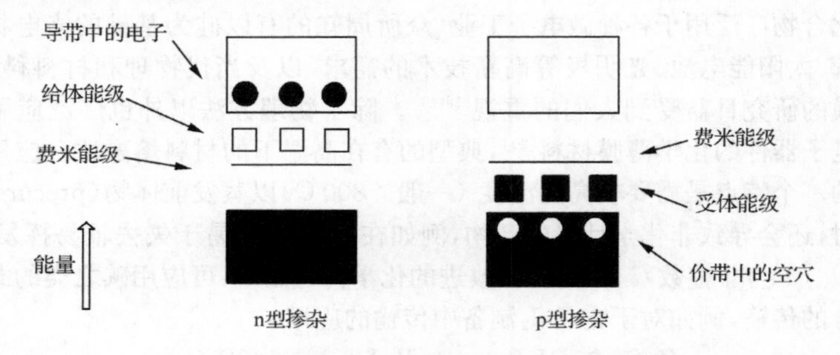

图 3.11　掺杂引起 n 型和 p 型半导体的示意图

除了这种本征半导体外，还常通过掺入少量其他非计量化学成分的方式而形成所谓的掺杂半导体，这时掺杂原子在禁带中形成孤立的杂质能级（图 3.11）。若掺入元素比母体化合物多一个电子（例如在 Si 单晶中加少量 P 取代 Si 或用 I 取代 ZnSe 中的 Se）则该杂原子（作为施主，化学上常称电子给体，donor）在禁带中的多余电子将由于热激发进入导带而形成 n 型（或称施主型）半导体。使其导电的主要载流子（称为多数载流子）是由施主热激发到导带中的电子，而称为少数载流子的空穴则对导电贡献很小。反之，当掺入的元素比母体元素少一个电子（例如加入少量的 As 或用 Ga 取代硅材料中的 Si 元素）则电子会从价带中给予一个电子到杂原子（作为受主，化学上称为受体，acceptor）而在价带中形成一个缺电子的空穴，从而形成 p 型（或受主型）半导体，其多数载流子是价带的空穴，而电子则成为少数载流子。

上述的施主及受主的杂质能级在带隙中的位置分别接近于导带底部或价带顶部，所以称为浅能级杂质。有些杂质能级在能隙中处于距离导带底或价带顶较远位置（例如在 Si 中掺的杂质 Au），则称之为深能级杂质。表征这种半导体的参数有载体浓度 n（不要和 n 型半导体的 n 混淆）和迁移率 μ。例如，由 MOCVD 外延法所制得的 GaAs 半导体其 n 值和 μ 值分别约为 $10^{14}\,cm^{-3}$（相当于摩尔分数为 $4\times10^{-7}\%$）和 $1.3\times10^5\,cm/(V\cdot s)$。

3.2.2　pn 结

pn 结是微电子材料的基础。由两种不同材料，例如 GaAs，硅和金属等，相接触就可以形成异质结。为保持良好的接触，要求两种材料有相近的晶格结构。这里讨论两种同质（如 Si）材料，但用不同掺杂方法而得到的 p 型和 n 型硅半导体，使二者界面相互接触就形成所谓的同质 pn 结。pn 结具有很多特殊的性质，示例如下。

1. pn 结的光电效应

如图 3.11 所示，费米能级总是处在半导体的导带和价带之间。设想开始由于 n 型一侧的费米能级 $(E_f)_n$ 比 p 型一侧的费米能级 $(E_f)_p$ 高，因此接触成 pn 结时内部的 n 型的电子 e(●）和 p 型的空穴 h(○）这类多数载流子就会向对方扩散。结果使得 n 型侧界面形成正的空间电荷，p 型侧界面形成负的空间电荷。这个界面间的空间电荷区的内部电场电位（定义为由正极到负极）是由 n 区指向 p 区，从而阻止了载流子向对方继续扩散。结果是使 n 区的电势升高，电子不易逸出，$(E_f)_n$ 下降，从而使相对于 p 区而言，n 区的整个能带及其 E_f 值都下降，并在界面附近引起能带的弯曲；对于 p 区空穴也有相反类似的结果[图 3.12(a)]。最后一直达到两个区域处于相同 E_f 的新平衡态为止。这时在该区域中，包含符号相反而数量相等的电荷，相当于电化学中所形成的双电层（参见图 17.22）。

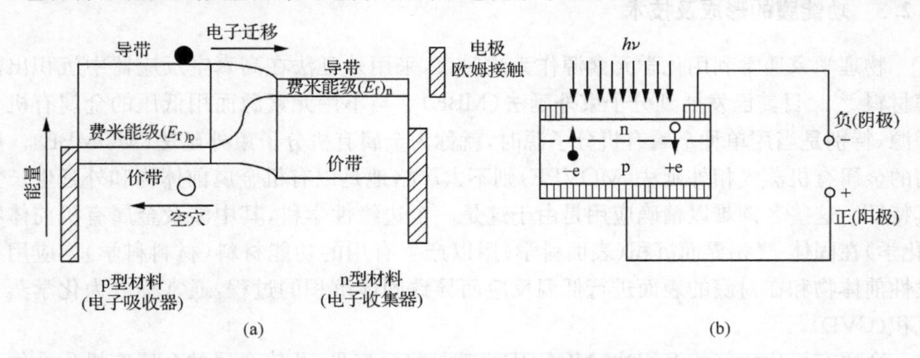

图 3.12　太阳能电池中 pn 结的示意图（载流子的迁移）[9]
其中纵坐轴表示相对能级(a)；光生伏特效应(b)

pn 结的重要应用之一是制作光电池。当用频率为 ν、能量 E 为 $h\nu$、（介于 $(E_f)_n < h\nu < (E_f)_p$）的光源，即在 $h\nu >$ 能隙 E_g 条件下从附有透明电极的 n 型侧照射 pn 结时，则光子透过 E_f 值大的 n 型层使电子跃迁到导带产生光电子后，再和 pn 结附近 p 型层的价带电子吸收光子而产生空穴，从而形成大量的电子-空穴对(e-h)。其 n 型中的空穴或 p 型中的电子为少数载流子。如果载流子在重新结合以前可以扩散到 pn 结处的空间电荷区，则它们会穿过接触界面，电子进入 n 区，空穴进入 p 区（图 3.12b）。在强内电场作用下，当将它们两边用导线从外面连成线路，光照产生的多数载流子就会离开半导体从而可以观察到光电流，类似于一个化学电池。由此原理而设计的单层 pn 结硅太阳能光电池的光电效率已达到 25%以上。作为无污染的价廉能源，目前已受到国际上广泛的重视（参见 17.1.3 节）。

2. pn 结的伏安特性(称为 I-V 曲线)

当外加正向电压时(指 p 区为正电位)其空间电荷区的电场将会减弱，从而打破原已建立的热平衡，n 区的电子和 p 区的空穴又将开始不断向对方漂移，从而电流大增。反之，当 pn 结加上反向偏压，则使空间电荷区中电场增强，这时只有 n 区的空穴和 p 区的电子这类少数载流子向对方扩散，从而产生很小的反向电流。这种光伏 I-V 曲线特性可用作整流器[参考图 3.12(b)和图 17.8]，只是分别以外加电场 E 和外加光场 $h\nu$ 进行作用。

此外，pn 结空间电荷区最简单的一种电性质是可以将它看作是其电容随外加电场 E 而变化($\sim V^{0.5}$)的电容器。因此可以用以制作锁频或调制线路的变容二极管或可变电抗器。

固体的各种能带结构都是与电子动量 k 有关的函数(参考图 2.12，横坐标)，根据带隙 E_g 的跃迁类型可以区分二种半导体类型。在直接的带隙型材料(如 GaAs，$Hg_{1-x}Cd_xTe$ 和 CdS)中，由于价带和导带的能带结构相似，电子在价带和导带间的辐射吸收或发射跃迁时没有动量变化，由直接带隙型材料所形成的激光等光电器件具有快速和有效产生光子和导电性的优点。而在 Si、Ge 或 GaP 等间接带隙的材料中，则由于价带和导带的能带结构相差较远，所以发生这种跃迁时有较大的动量变化(参考图 9.12)。

3.2.3 功能膜的形成及技术

物理学家通常利用化学元素源作为注射束，采用外延法在高真空反应器中沉积出薄膜材料[26]。目前已发展到分子束外延法(MBE)。当不用元素源而用低压的金属有机分子源，特别是当用单种金属有机分子源时，就称为金属有机分子束外延法(MOMBE)。所谓的金属有机蒸气相外延法(MOVPE)则不太严格地是以有机金属前体物和外延生长为其特征。这些名词难以精确应用是由于这是一个边缘性学科，其中涉及金属有机前体物(化学)在固体-气相界面沉积(表面科学)用以产生有用的功能材料(材料科学)。应用挥发性前体物和在衬底的表面进行低温反应而导致固体沉积的过程，通常称之为化学蒸气沉积(CVD)。

金属有机化学气相沉积法(MOCVD)，就是将含有Ⅲ、Ⅱ族金属的金属有机化合物与作为相应阴离子的Ⅴ、Ⅵ族元素的氢化物或相应的元素有机化合物，按一定比例混合，在氢气或氦气等载气的携带下，通过不同较低温度的反应炉进行反应，从而在衬底上沉积出半导体材料。作为例子，MOCVD 过程中沉积砷化镓(GaAs)、金属铝和氧化锡(SnO_2)膜的化学反应如下：

$$Ga(CH)_3 + AsH_3 \xrightarrow[H_2]{700℃} GaAs + 3CH_4 \tag{3.2.5}$$

$$2Al(C_4H_9)_3 \xrightarrow{260℃} 2Al + H_2 + 6C_4H_8 \tag{3.2.6}$$

$$Sn(CH_3)_4 + O_2 \xrightarrow[Ar]{450℃} SnO_2 + \text{挥发性物质} \tag{3.2.7}$$

由这种沉积方法可以得到高纯 GaAs、Al 、SnO_2 和 ZnSe 等薄膜。其真实过程的机理很复杂。例如在反应式(3.2.5)中，反应初始物在气相中可能发生反应：

$$Ga(CH_3)_3 \longrightarrow Ga(CH_3)_2 + CH_3\cdot \quad (3.2.8a)$$

$$CH_3\cdot + H_2 \longrightarrow CH_4 + H\cdot \quad (3.2.8b)$$

$$CH_3\cdot + AsH_3 \longrightarrow CH_4 + AsH_2\cdot \quad (3.2.8c)$$

这些活性物种和衬底表面作用后又可能继续反应生成 Ga—AsH_2 和 As—Ga—CH_3 等中间体。更细致的要涉及分子在固体界面的吸附和分解反应。这类反应机理和速率的研究对反应器的设计十分重要。

还有一些从溶液出发制备薄膜的方法，它们适用于制备廉价和大面积的半导体太阳能电池之类的薄膜。在电化学沉积法中，从介稳溶液中沉积固体材料。例如，在 CdS 薄膜制备中，将硫化镉碱性溶液、氨和硫脲加热到 70～80℃进行电沉积，其化学反应为[27]

$$Cd(NH_3)_4^{2+} + (NH_2)_2CS + OH^- \longrightarrow CdS + (NH_2)_2CO + NH_4^+ + 3NH_3 \quad (3.2.9)$$

该法也可以用于沉积二元氧化物体系[28]。

在溅射热解法中，将包含前体物分子的原子化束直接溅射到加热的涂有 SnO_2 膜的玻璃衬底上。理想情况下，溶剂在到达表面前就气化了，蒸气相前体物则以类似于 MOCVD 反应器中的条件和表面相互作用而成膜。

新近发展了激光诱导化学沉积(LICVD)法。由于激光的高单色、高强度、相干性和超短波脉冲等特点，这种集热解和光解反应于一身的方法有其突出的优点：沉积面积可小至 $10^{-4}cm^{-1}$，速度高达 3000Å/min，甚至可以直接产生金属图像而避免一般光刻蚀法的中间过程。在光化学沉积法中，可以根据需要的反应能量而选择不同的激光器。常用的有：红外的 CO_2 激光器，紫外的 XeCl(308nm)和 ArF(190nm)准分子激光器，连续的 Ar 离子激光器(488nm 和 5145nm 及其倍频 257.2nm)，脉冲的 Nd-YAG 激光器(1060nm 及其各种倍频 530nm，355nm 和 265nm)等。

人们早就熟知金属有机化学气相沉积方法可用于生长各种高新薄膜材料(例如金属材料、铁电材料、超导材料、半导体材料等)。但只有在 20 世纪 60 年代 Manasevit 等[29-30]首次应用 MOCVD 法从三甲基镓和砷化氢按式(3.2.5)制备了高质量的 GaAs 单晶薄膜后，该方法才受到人们的重视，并成为生长薄膜材料的首选方法。这种方法具有大面积生长、厚层可控性能好、层薄、多层、异质衬底、生长性能好等优点。目前主要采用在商业上有应用价值的Ⅲ-Ⅴ族半导体薄膜。由此所生长的 AlGaAs/GaAs 和 InGaAsP/InP 等材料，已经成功地制备出了高迁移率晶体管、高性能场效应管、量子阱结构等新一代微电子和光电子器件，在超高速电子计算机、激光器、太阳能电池等设备上得到广泛的应用。1977 年首次利用 MOCVD 技术制得了低阈值电流的 DH 激光器，现在适于激光光盘的 760mm 的激光器也是用 MOCVD 法生产的。目前，MOCVD 技术已经发展成为一种标准化生长工艺。显然，从化学上对分子前体物进行分子设计和表征具有最基础的意义。下面将重点叙述 MOCVD 前体物法。

3.2.4 MOCVD 技术

金属有机化学气相沉积技术是一种比较复杂的工艺。图 3.13 表示了应用 MOCVD 法由三甲基镓、三甲基铝和砷化氢制备 $GaAs/Ga_{1-x}Al_xAs$ 的过程。应用硒化氢和二乙基锌作为制备 n 型或 p 型半导体材料的掺杂剂。

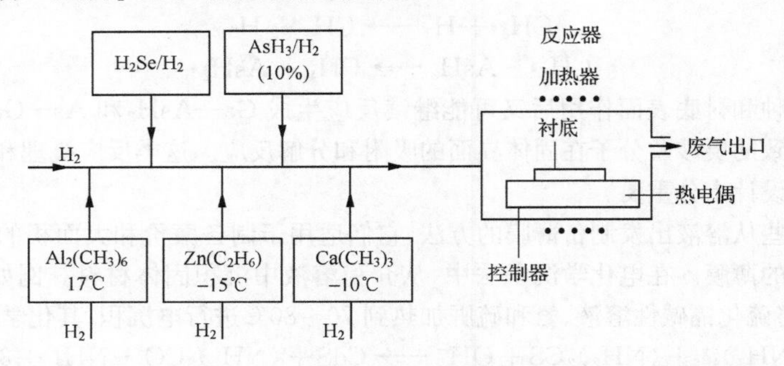

图 3.13　制备 $GaAs/Ga_{1-x}Al_xAs$ 外延生长层的 MOCVD 系统示意图[1]

在严格控制温度下，由质量流速控制器精密地调制载气（H_2），气泡通过液体的 MOCVD 前体物（少数情况下为低蒸气压的固体）。使气相中 MOCVD 前体物通过载气（H_2）的流速达到恒定的蒸气压，以严格控制各种前体物（常置于不锈钢瓶中）的比例。混合气流经硅反应器中的单晶 GaAs 衬底（substrate，反应物进攻的对象）。该衬底位于控温石墨敏感器上，通过射频感应加热。可以在常压或低压下（如 0.1 个大气压）沉积半导体膜。生长速度一般控制在 500～1000Å/min，膜的厚度在 10Å～100μm 之间。根据所掺杂的材料，可以制备成 n 型或 p 型半导体，掺杂浓度在 10^{15}～$10^{19}\,cm^{-3}$ 之间。在现代的设备中，可以使要掺杂的组分流经气体支管，通过计算机快速控制支管的开和关，以严格控制掺杂组分。这对于生产异质结构，量子阱和超晶格之类的低维固体电子器件特别重要。

在 MOCVD 光电器件应用中，可根据图 3.14 所示的能隙 E_g 和晶格参数的大小进行

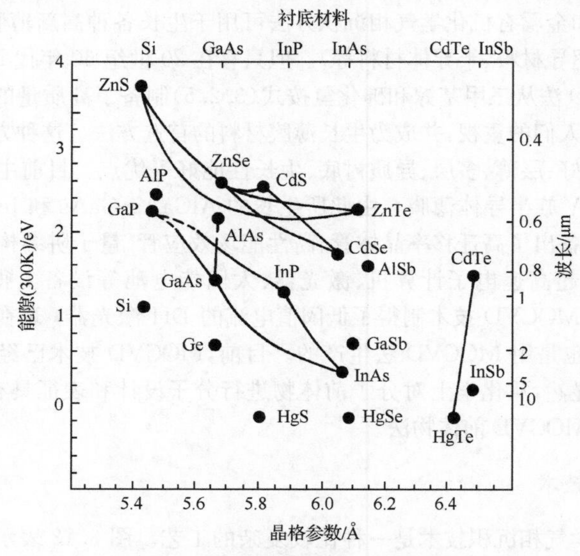

图 3.14　一些半导体的能隙 E_g 对晶格参数的图

灵活选择[1]。图中左右两边纵坐标分别以 eV 和 μm 为单位，类似系列之间的数据用曲线相连。图中上下横坐标为常见衬底材料和晶格参数。应尽量选择衬底和所生成半导体膜的晶格参数相近以避免产生位错。

图 3.15 通过 MOCVD 技术制成的一个由 $GaAs/Ga_{1-x}Al_xAs$ 异质结构组成的典型光电集成器件[19]。其中包括一个场效应管（FET，参见 15.3 节），两个光发射二极管（LEDs，参见 13.2 节），一个检测器，一个波导和一个半导体电阻。衬底是由取向为（100）晶面的半绝缘材料 GaAs 制成，活性层为硒掺杂（掺杂量为 $10^{17}\,cm^{-3}$）的 n 型 GaAs。缓冲层（buffer layer）为 $Ga_{0.6}Al_{0.4}As$，它具有较低的导电性，其作用是使场效应管与其他器件隔离，并作为加工器件过程中的化学阻挡层。发光二极管的光活性层夹在两引导层中间，其组分为锌掺杂（掺杂浓度为 $10^{18}\,cm^{-3}$）的 p 型 GaAs，它具有红外发射功能。引导层则是由 p 型 $Ga_{0.7}Al_{0.3}As$ 制成。盖层（cap layer）是由 p 型 GaAs 构成，具有减少接触电阻的作用。图中所示的第二个二极管是作为一个检测器的，它具有与第一个发光二极管相同的结构。整个器件制成多层的层状结构，再对每个独立器件用光刻和化学浸蚀方法加工以得到所需的结构。最后将金属蒸发到器件表面，以形成电接触的电极。在此集成芯片上可以显示光发射并进行检查。

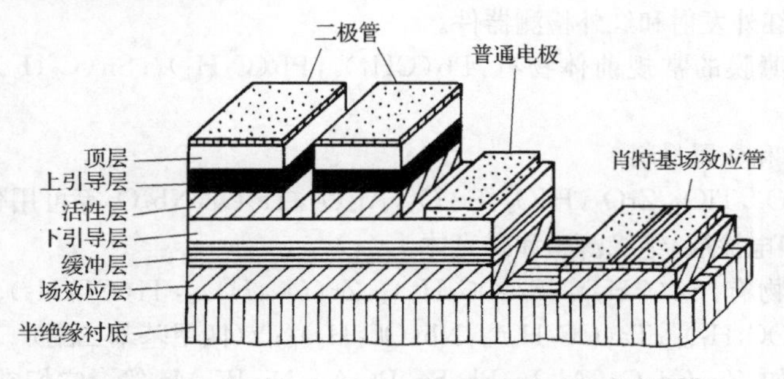

图 3.15　$GaAs/Ga_{1-x}Al_xAs$ 光电集成器件的示意图[2]

CVD 技术可以用来生长各种类型的薄膜，按组分可以分为：单元组分、二元组分、三元组分和四元组分等。按膜的类型又可分为：金属膜、金属氧化物膜、金属氮化物膜、金属氟化物膜和半导体膜等。下面是按元素在周期表中的位置进行分类，同时列出了其前体物及其特殊的光电功能和主要应用。

1）Ⅲ-Ⅴ族材料

其中包括二元化合物 AlN、GaN、AlP GaP、InP、AlAs、GaAs、InAs、AlSb、InSb，三元化合物 $Ga_{1-x}Al_xAs$、$Ga_{1-x}In_xP$、$GaAs_{1-y}P_y$、$Ga_{1-x}In_xAs$、$GaAs_{1-y}Sb_y$、$Al_{1-x}In_xAs$、$InAs_{1-y}P_y$ 和四元化合物 $Ga_{1-x}In_xAs_{1-y}P_y$、$Ga_{1-x}In_xAs_{1-y}Sb_y$ 等。

最常见的 $GaAs/Ga_{1-x}Al_xAs$ 可用作场效应管、混频二极管、电子传输振荡器、异构双极子晶体管、高迁移率电子晶体管、发光二极管、光阴极管、激光二极管、量子阱激光二极管、集成光电元件、波导（引导电磁波沿设计方向传播的良导体管道）和太阳能电池等。

InP，$Ga_{1-x}InAs$，$Al_{1-x}In_xAs$，$Ga_{1-x}In_xAs_{1-y}P_y$ 可用作场效应管、电子传输振荡器、光发射二极管、量子阱激光二极管、集成光电子元件和电子雪崩光检测器。

生长上述薄膜的常规前体物有金属烷基化合物：如 $Ga(CH_3)_3$、$Ga(C_2H_5)_3$、$Al(CH_3)_3$、$Al(C_2H_5)_3$、$In(CH_3)_3$、$In(C_2H_5)_3$。氢化物和第Ⅴ族烷基化合物：NH_3、AsH_3、PH_3、$As(CH_3)_3$、$P(CH_3)_3$、$Sb(CH_3)_3$。

p 型掺杂剂：$Zn(CH_3)_2$，$Zn(C_2H_5)_2$，$Cd(CH_3)_2$，$Mg(C_5H_5)_2$，$Be(C_5H_5)_2$。

n 型掺杂剂：SiH_4，$Sn(C_5H_5)_2$，GeH_4，$Sn(CH_3)_4$，H_2S，H_2Se，$Te(C_5H_5)_2$。

2）Ⅱ-Ⅵ族材料

ZnO，ZnS，ZnSe，CdO，CdS，CdSe，CdTe，HgTe，HgCdTe 和 ZnS_xSe_{1-x} 等可用作电致发光显示器、红外成像遥控器、太阳能电池、磷光体和波导。

生长上述薄膜的常规前体物有：第Ⅱ族的 $Zn(CH_3)_2$，$Zn(C_2H_5)_2$；$Cd(CH_3)_2$；第Ⅵ族的 H_2O，H_2S，$(CH_3)_2S$；H_2Se，$(CH_3)_2Se$；$(CH_3)_2Te$，$(C_2H_5)_2Te$ 以及含 O，S，Se 的杂环化合物。

n 型掺杂剂：$Ga(C_2H_5)_3$，$Al(C_2H_5)_3$。

p 型掺杂剂：第Ⅴ族烷基金属化合物。

3）Ⅳ-Ⅵ族材料

二元化合物 PbS，PbSe，PbTe，SeS，SnSe，SeTe，$Pb_{1-x}Te$ 和三元化合物 $Pb_{1-x}Sn_xTe$ 等。主要用作红外发射和红外检测器件。

生长上述薄膜的常规前体物有：$Pb(CH_3)_4$，$Pb(C_2H_5)_4$；$Sn(C_2H_5)_4$；H_2S，H_2Se，$(C_2H_5)_2Te$。

4）氧化物和金属材料

氧化物 SiO_2，TiO_2，ZrO_2，HfO_2，Fe_2O_3，Al_2O_3，Ta_2O_3，Nb_2O_3 等可用作抗反射涂层，透明导体，抗静电涂层，绝缘薄膜和磷光体。

常规前体物有：$Sn(CH_3)_4$；$Si(OC_2H_5)_4$，$Zr(OC_4H_9)_4$，$Ti(OC_3H_7)_3$，Hf(AcAc)$_4$；$Te(CO)_5$，$Al(OC_3H_7)_3$；$Ta(OC_2H_5)_5$，$Nb(OC_2H_5)_5$；Y(四甲基苯二酮)$_3$。

金属材料如：Zn，Cd，Ga，Al，In，Pb，Sn，Pt，Au，Ni，W，Mo 等。它们常用热或光分解的方法制备以作为器件的电接触电极。

常规前体物有：第Ⅱ族的 $Zn(CH_3)_2$，$Zn(C_2H_5)_2$，$Cd(CH_3)_2$；第Ⅲ族的 $Ga(CH_3)_2$，$In(CH_3)_2$，$Al(C_4H_9)_3$，$Al_2(CH_3)_6$，$Al(C_2H_5)_3$，$Al(C_4H_9)_3$ 和第Ⅳ族的 $Pb(CH_3)_4$，$Pb(C_2H_5)_4$；$Sn(C_2H_5)_4$；$Ni(CO)_4$。

3.3　金属有机化学气相沉积方法及其前体物

从化学键的观点可以将前体物分子划分为几种类型：①有机金属化合物，其中包括金属—碳 σ 键的二甲基锌等含主族元素的有机金属化合物和含有共轭 π 键配体的三羰基二茂金属化合物［$(MeCp)Mn(CO)_3$］等[31]；②经典的配合物，其中包含有典型的配位键，如二酮和硫代甲酮所形成的配合物和由分立的有机分子和含金属化合物发生加合作用所形成的加合物；③包含有机金属和其他带电荷基团的混合型化合物。

烷基金属有机化合物是最通用并已商品生产的前体物。前体物的选择及质量直接影响所生长材料的光电性能。其中最常用的几种前体物的物理性质如表 3.1 所示。其中

ΔH_f 为生成能。金属和碳之间的平均键能较一般的化学键低，这也是应用它作为 MOCVD 源的主要依据。

表 3.1　某些烷基金属 MOCVD 源的物理性质

化合物	生成热 ΔH_f[31]/(kJ/mol)	键能 E/(kJ/mol)	蒸气压/(Torr①,20℃)
$ZnMe_2$	50	177	302.5
$CdMe_2$	106	139	28.4
$AlMe_3$	−81	274	8.7
$GaMe_3$	−42	247	182.3
$InMe_3$	173	160	1.73

理想的 MOCVD 或 MOMBE 前体物一般要具有如下特点。

(1) 在室温或更低温度下，其蒸气压最好要大于 10mmHg②，优先选择在使用温度下为液态的前体物，低蒸气压的固体前体物要求高真空度等条件，这将给使用带来麻烦。一般对于同一种金属，相对分子质量越小，烷基侧链越多，分子间相互作用越小，则蒸气压越高。图 3.16 是部分常规前体物的蒸气压与温度的关系。由图可见，大部分常规前体物的蒸气压在使用温度下能够满足 MOCVD 工艺的要求，因而得到广泛应用。

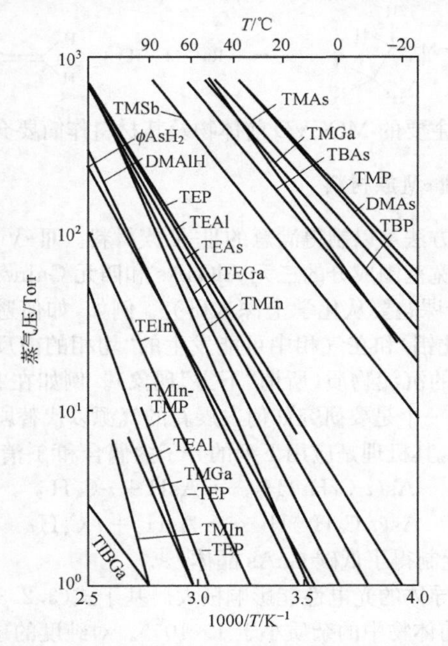

图 3.16　Ⅲ，Ⅴ族 MO 源的蒸气压与温度的关系

① Torr 为非法定单位，1Torr＝1.333 22×10^2Pa。

② mmHg 为非法定单位，1mmHg＝1.333 22×10^2Pa。

(2) 杂质含量小于 1ppm(10^{-6}),否则将影响所生长材料的性能。杂质主要来自掺杂及前体物,因而要求它易于纯化。

(3) 该前体物具有足够的热和光化学稳定性。在容器内要能长时间稳定存在,不自燃。因为前体物的用量很少,储存在特殊容器内的前体物至少在一至两年内保证化学组分不会变化。

高纯烷基金属前体物通常是由格氏(Grignard)试剂乙醚溶液和金属氯化物制备[32]:

$$MCl_2 + 2MeMgI \longrightarrow MMe_2 + MgCl_2 + I_2 \quad (M = Cd, Zn) \tag{3.3.1}$$

$$2MCl_3 + 6MeMgCl \longrightarrow 2MMe_3 + 6MgCl_2 \quad (M = Ga, In) \tag{3.3.2}$$

也可采用金属和合金的路线:

$$2Ga + 3Hg(CH_3)_2 \longrightarrow 2Ga(CH_3)_3 + 3Hg \tag{3.3.3}$$

$$Ga_2Mg_5 + 8CH_3I \longrightarrow 3MgI_2 + 2MeMgI + 2Ga(CH_3)_3 \tag{3.3.4}$$

以及用电化学合成或者应用三甲基铝等有机金属烷基化试剂的方法进行烷基金属化合物的合成。

$$2MeMgI \longrightarrow Mg(CH_3)_2 + MgI_2 \tag{3.3.5}$$

$$3Mg(CH_3)_2 + 2Ga \longrightarrow 2Ga(CH_3)_2 + 3Mg \tag{3.3.6}$$

这类前体物一般为活性很高的自燃液体。其最重要的机理可能是通过氢 β-消除反应(除甲基金属外)而产生烯烃和金属氢化物,这是烷基金属易于分解的途径。

$$Rn{-}M(CH_2{-}CHHR\cdots H) \longrightarrow Rn{-}M{-}H + H_2C{=}CH_2 \tag{3.3.7}$$

下面我们将对几类主要的 MOCVD 前体物及其材料作简要介绍。

3.3.1 Ⅲ-Ⅴ族材料和Ⅱ-Ⅵ族材料

一般来说应用前述方法可以制得满意的Ⅲ-Ⅴ族材料。Ⅲ-Ⅴ族半导体的突出优点是易于按功能要求设计成宽范围成分的三元 AlGaAs 和四元 GaInAsP 合金,从而可以调节材料的带隙 E_g。有几个课题要从化学上深入研究。例如,如何避免掺入碳杂质(如在生成 AlSb 层时会产生碳化铝)和在气相中可能发生的"均相的前反应"。该反应是指反应时从气相中得到不需要的沉淀物质(所谓"下雪"现象)。例如在 Me_3In 和 PH_3 反应时生成 MeInPH 沉淀物。另一个是要研究如何发展新的气源以代替剧毒的 AsH_3 和 PH_3。方法之一是使用 Bu^tAsH_2,其机理是应用下列的分子内偶合和 β-消除反应:

$$As(t\text{-}C_4H_9)H_2 \longrightarrow AsH + i\text{-}C_4H_{10} \tag{3.3.8}$$

$$As(t\text{-}C_4H_9)H_2 \longrightarrow AsH_3 + i\text{-}C_4H_8 \tag{3.3.9}$$

在低裂解温度下,曾由此制得了低碳 GaAs 晶体[33]。

前体物的纯度对半导体的光电性能影响极大。基于式(3.2.3),若要载流子的浓度小于 $10^{14}cm^{-1}$,则常要求前体物中的杂质小于 1×10^{-6}。对纯度的这种高要求,即使在化学分析上也有一定的难度。

Ⅱ-Ⅵ族材料具有一系列特点。首先高质量 ZnSe 和 ZnS 经过可重复性的 p 和 n 型掺杂后可以制得在可见光的蓝区内工作的光电器件。窄能带的碲化镉汞($Cd_xHg_{1-x}Te$,简记为 CMT)在红外光电器件中十分重要。其 x 值可调节,特别是在 $x=0.3$ 和 $x=0.2$ 时的近红外窗口 3～5μm 和 8～14μm 对太空大气特别重要。

热和光稳定的低熔点的新戊基镉 $Cd[(CH_3)_3CCH_2]_2$ 固体（mp～40℃）和 H_2S 作用后可以于 350℃下在 GaAs 的（111）晶面上生长出 CdS 薄膜。新戊基镉化合物也可以作为 InP 的 p 型掺杂剂，其锰化合物则可能代替目前商品的（MeCp）$Mn(CO)_3$ 作为掺锰的前体物[34]。

Ⅵ-Ⅳ族材料研究不多，我们不加叙述。早期的 MOCVD 中也应用第Ⅳ族烷基金属和第Ⅵ族元素的氢化物或烷基化物以制备 Pb 和 Sn 的硫、硒和碲化物层状单晶。它们主要是用于红外检测器和长波光学通信。

单分子前体物：这是我们要加以特别强调的一类新型 MOCVD 前体物。在该分子中，前体物是通过有机合成使金属元素 M 和 B 族元素 E 二者同时包含在同一个分子内。这类分子对于用 MOMBE 法生长 GaAs 和 InP 之类的Ⅲ-Ⅴ族半导体材料特别重要。最为成功的是 Coates 所合成的二聚物[35]（$R_2'ER_2M)_2$，$[Me_2In(\mu\text{-}t\text{-}Bu_2P)]_2$ 和 $[Me_2Ga(\mu\text{-}t\text{-}Bu_2As)]_2$[36]，

$$2GaCl_3 + 2t\text{-}BuAsLi + 4RLi \longrightarrow 6LiCl + [R_2Ga(\mu\text{-}AsBu_2)]_2 \tag{3.3.10}$$

$$[R_2Ga(\mu\text{-}AsBu_2)]_2 \xrightarrow{570℃} 4(CH_3)_2{=}CH_2 + 2GaAs + 4RH$$

后来又合成了三聚 $[Me_2Ga(\mu\text{-}As\text{-}i\text{-}Pr)]_3$ 和四聚立方烷型 $[t\text{-}BuGa(\mu_3\text{-}E)]_4$（E＝S，Se，Te）[37]。利用后者曾由低压 MOCVD 制得了新型立方型 GaAs。这说明 MOCVD 生长法不是在平衡条件下生成而是受动力学控制的，从而在较温和条件下可生成高温下的介稳相。这类单分子前体物的优点是操作安全及低温沉积[38]。我们曾合成了一种三聚的前体物分子（图 3.17）[39]，它具有特殊的层状结构。

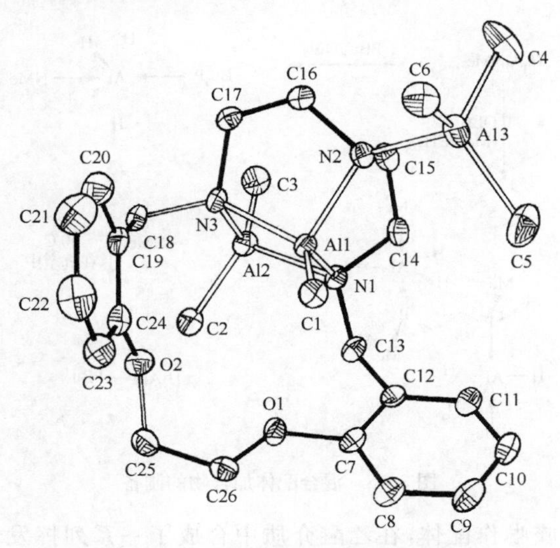

图 3.17　三聚三甲基镓层状化合物的结构

3.3.2　加合物型 MOCVD 前体物

1. 分子间加合物

很多含有孤对电子的含 N,O 和 P 原子的有机化合物(这时起着 Lewis 碱的作用)易于和有机金属化合物 R_nM 中具有空轨道的金属原子 M(起着 Lewis 酸的作用)形成加合物(这种配位键常用横线或·来表示):

$$MR_n + L \longrightarrow R_nM—L \tag{3.3.11}$$

例如在Ⅲ-Ⅴ族化合物中可生成加合物:$(CH_3)_3In \cdot P(CH_3)_3$,$(CH_3)_3In \cdot P(C_2H_5)_3$,$(CH_3)_3In \cdot N(CH_3)_3$,$(CH_3)_3Ga \cdot P(C_2H_5)_3$,$(CH_3)_3Ga \cdot As(CH_3)_3$。直接应用加合物作为前体物已日益受到重视。在Ⅱ-Ⅵ族化合物中烷基锌和镉的加合物 Me_2Zn·二烷,$Me_2Zn \cdot NEt_2$ 和 Me_2Cd·Tht (Tht 为四氢噻吩)等[40]已经用作 MOCVD 生产宽带隙半导体的前体物。

应用这类加合物的下列潜在优点有可能制得高质量的半导体材料:①加合物常为固体,其蒸气压比前体烷基金属有机化合物低,对空气不太敏感,易于操作;②在前体物达到反应器的加热区前已经发生了反应,因而大大降低了前述的“均相的前反应”;③在制备加合物时烷基金属化合物得到进一步纯化。从而改进了沉积层的电学性质。

用一般方法直接得到的 MOCVD 源产物中由于夹含了 MeI 之类卤素物质,以致在最后材料中可能会出现由于卤素所引起的 n 型掺杂剂。由 Bradley 等所开创的生成加合物的技术有重要的意义。例如,由 $InMe_3$ 和二苯基膦乙烷(diphos)所形成的加合物以纯化 $InMe_3$ 的方法已经商品化[41]。

为了满足某些特殊需要,可采取分步反应的方法,制备含不同配体的加合物[42],如图 3.18 所示:

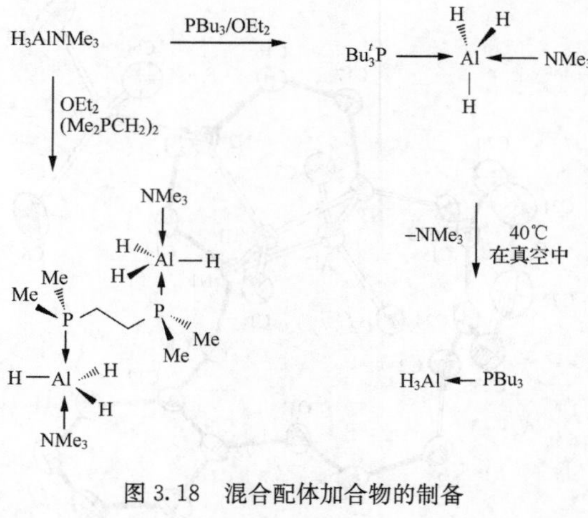

图 3.18　混合配体加合物的制备

我们利用苯并喹啉作配体,在乙醚介质中合成了一系列挥发性配合物[43],如式(3.3.12)所示:

$$MMe_3 + BQ \xrightarrow{Et_2O} Me_3M—BQ$$

$$M = Al, Ga, In^-; BQ = 5,6\text{-苯并喹啉} \quad (3.3.12)$$

在这类加合物中，N 上的孤电子对填充到 M 的空轨道上形成配位键，金属为四配位的四面体结构。图 3.19 是 $Me_3Ga—BQ$ 的分子结构图，镓位于苯并喹啉大共轭平面上。

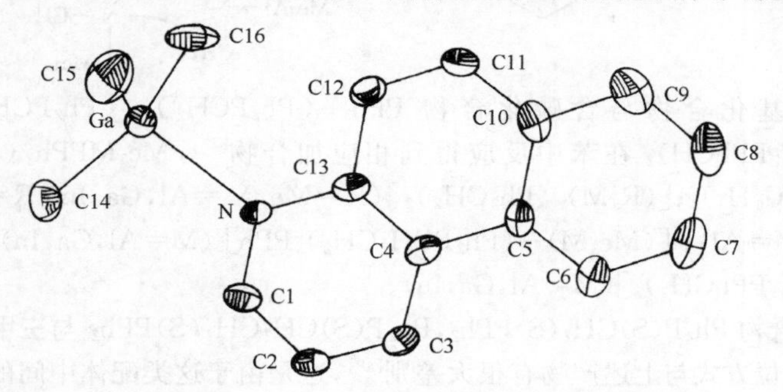

图 3.19　$Me_3Ga—BQ$ 的分子结构图

$ZnEt_2$ 或 $CdMe_2$ 与 1,4-二氮双杂环［2,2,2］辛烷(dabco)反应后得到 1∶1 型加合物[44]，如式(3.3.13)所示：

R_3M + N N ⟶ N N—MR_3　　(3.3.13)

R=Et, M=Zn; R=Me, M=Cd

这种 1∶1 型化合物具有锯齿形直链结构，如图 3.20 所示。同样，$InMe_3$ 与 dabco 反应也得到 1∶1 型化合物，而 $AlMe_3$ 或 $GaMe_3$ 与 dabco 反应，则得到 2∶1 型化合物[45]，这是由于 Al 和 Ga 的原子共价半径较小，难于形成位阻较大的 1∶1 型五配位结构。

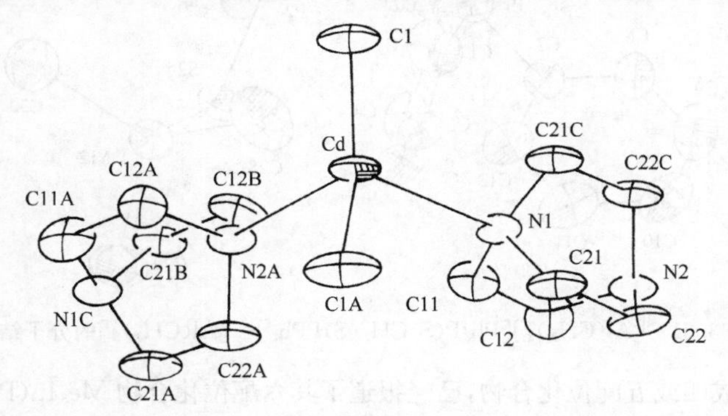

图 3.20　Me_2Cd-dabco 的晶体结构，其中标记 C1 和 C1A 为—CH_3 官能团

Robinson 等[46]研究了 $Al(CH_3)_3$ 与冠醚、穴醚、硫醚等大环化合物的反应，如：

AlMe$_3$ + (CH$_3$N)$_4$ macrocycle → H$_3$C—N(AlMe$_3$)…N(CH$_3$)—AlMe$_3$ / Me$_3$Al—N(CH$_3$)…N(AlMe$_3$)—CH$_3$　　(3.3.14)

Ⅲ族金属烷基化合物与含磷化合物 PPh_3，$(Ph_2PCH_2)_2$，$(Ph_2PCH_2CH_2)_2PPh$，$(Ph_2PCH_2CH_2PPhCH)_2$ 在苯中反应得到相应加合物[47]，Me_3MPPh_3（M＝Ga, In），$Me_3InP(2\text{-}MeC_6H_4)_3$；$[(R_3M)_2(Ph_2CH_2)_2]$（R＝Me，M＝Al，Ga，In；R＝Et，M＝Ga，In；R＝Bu^i，M＝Al）；$[(Me_3M)—(Ph_2PCH_2CH_2)_2PPh]$（M＝Al，Ga，In）和 $[(Me_3M)_4(Ph_2PCH_2CH_2PPhCH_2)_2]$（M＝Al，Ga，In）。

然而，化合物 $Ph_2P(S)CH_2(S)PPh_2$，$Ph_2P(S)CH_2CH_2(S)PPh_2$ 与三甲基铝反应，所得化合物的配位方式与上述产物有很大差别[48]，这是由于这类配体中间的 CH_2 具有较强的酸性，容易发生 Al—CH_3/C—H 的消去反应。图 3.21 是上述反应产物$[Al(CH_3)_2][Ph_2P(S)CH_2(S)PPh_2]—[Al(CH_3)_3]$的分子结构。分子中的 Al(1)除与 S(1)形成共价键外，还与 C(13)形成共价键。

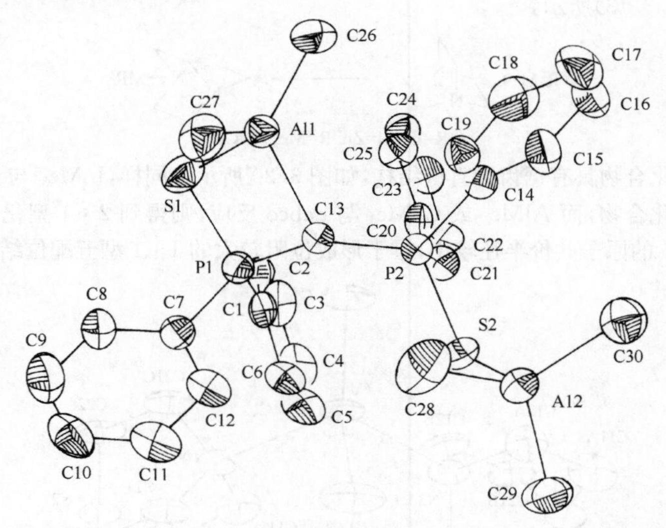

图 3.21　$[Al(CH_3)_2][Ph_2P(S)CH_2(S)PPh_2]—[Al(CH_3)_3]$的分子结构

铟一般形成四或五配位化合物，已经报道了其六配位化合物 $Me_3In(Pr^iNCH_2)_3$ 的结构[49]。在这个分子中，In 接受三对孤对电子，形成三个配位键，In—N 键长(2.776Å)较一般 In—N 键(2.621Å)的长。

我们利用吖啶(acridine)与三甲基镓反应，得到第一个 MOCVD 前体物中具有层状包合物结构的化合物[50]，如图 3.22 所示，加合物层与自由吖啶层交替排列。

尽管在 MOCVD 方法中对加合物作为前体物的研究日益引起人们兴趣，但对于其在

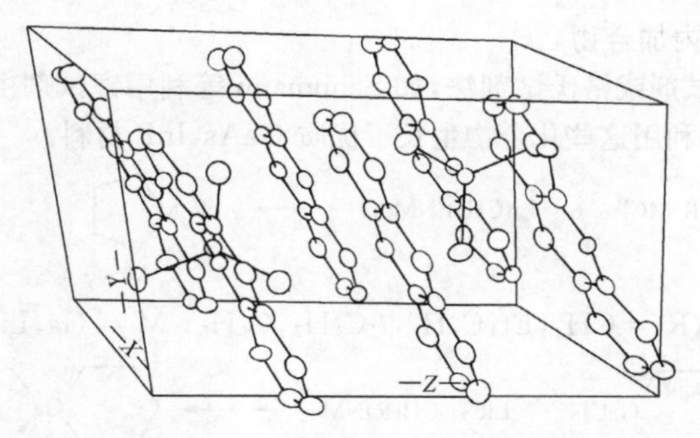

图 3.22　Me_3Ga-$C_{13}H_9N$ 分子堆积图

反应器气相中的机理及物种仍然知之甚少，近来的红光谱研究表明加合物在气相中几乎全部离解。但至少对于包含螯合配体在内的加合物并非完全如此[51]。已经对加合物能抑制在反应器中发生不利的“均相的前反应”提出了下列观点，即

$$ZnMe_2 + H_2X \longrightarrow Me_2Zn \cdot XH_2 \tag{3.3.15}$$

$$Me_2Zn \cdot XH_2 \longrightarrow ZnX + CH_4 \text{ 等挥发性产物} \tag{3.3.16}$$

$$ZnMe_2 + L \rightarrow Me_2Zn \cdot L \tag{3.3.17}$$

均相前反应的第一步是金属烷基化合物和通过缔合反应式(3.3.15)生成加成化合物，该反应通过式(3.3.17)而被过量的 Lewis 碱 L 所抑制。但是这种机理和前述加合物(不论是 $Me_2Zn \cdot L$ 还是 $Me_2Zn \cdot XH_2$)在气相中完全离解的事实不符，因此有人提出完全相反的离解机理，即均相前预反应导致 MC 键的均裂反应而产生自由基[52]：

$$Me—M—Me \longrightarrow Me \cdot + \cdot M—Me \tag{3.3.18}$$

该活性中间自由基在没有 Lewis 碱 L 时和 HX 反应而产生“下雪”的污染现象。但在应用加合物作为前体物时则含金属的自由基优先和气体中更好的 L 配体作用(类似陷阱)。所形成的活性中间产物则可能在通过反应器的热区时不进一步反应，从而不影响成膜材料的成核和生长。

2. 分子内加合物

有一类能起螯合作用的有机金属化合物也常用于Ⅲ-Ⅴ族材料的沉积。例如图 3.23 中同一分子的氮原子的孤对电子就可以和缺电子的金属原子 M 通过配位作用而形成分子内加合物(其中 R 和 R′＝Me 或 Et 基；M＝Al，In 或 Ga)。这就大大改进了金属原子的配位饱和性而更有利于实际操作。这可能会从该前体物中转移少量的氮到沉积层中，这对沉积高纯度Ⅲ-Ⅴ族材料是很有利的[53]。

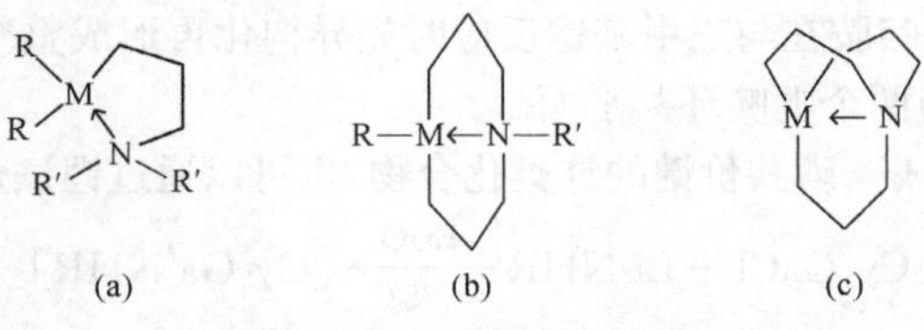

图 3.23　分子内加合物

1）一般的分子内加合物

常用方法为锂试剂或格氏试剂法，如 Schumann 等利用锂试剂由下列成盐的方式制得一系列加合物，并利用这些化合物生长了优质 GaAs，InP 材料。

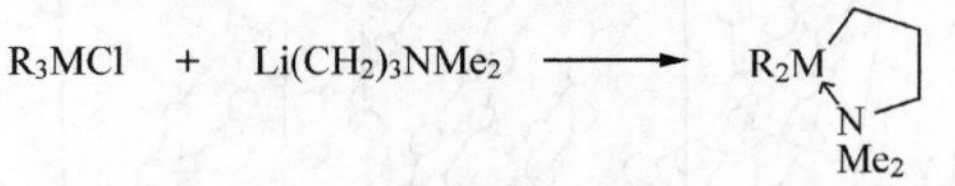

$$R_3MCl + Li(CH_2)_3NMe_2 \longrightarrow R_2M\leftarrow NMe_2 \text{(环)} \tag{3.3.19}$$

$(R = CH_3, Et, C_3H_7, i\text{-}C_3H_7, C_6H_5;\ M = Ga, In)$

$$\text{(环己基)}GaCl + LiCH_2CH(R)NMe_2 \longrightarrow \text{(环己基)}Ga\leftarrow NMe_2 \text{(环)} \tag{3.3.20}$$

利用二卤代烷基或三卤化物与格氏试剂反应，可得如下化合物[54,55]。控制化学计量可得到不同反应产物[56]，如

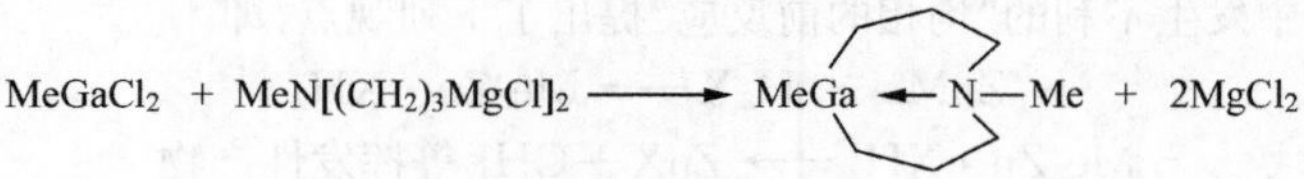

$$MeGaCl_2 + MeN[(CH_2)_3MgCl]_2 \longrightarrow MeGa\leftarrow N{-}Me + 2MgCl_2 \tag{3.3.21}$$

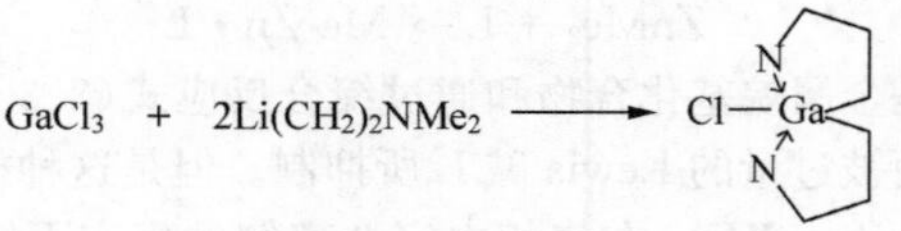

$$GaCl_3 + 2Li(CH_2)_2NMe_2 \longrightarrow Cl{-}Ga(\leftarrow N)_2 \tag{3.3.22}$$

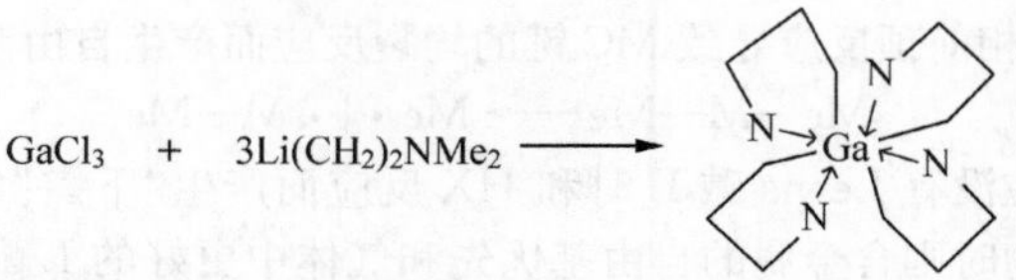

$$GaCl_3 + 3Li(CH_2)_2NMe_2 \longrightarrow Ga(\leftarrow N)_3 \tag{3.3.23}$$

2）含金属-氮或金属-磷共价键化合物

R_3M 极易与 N—H 发生反应形成 M—N 键，即

$$R_3M + HNR'_2 \longrightarrow R_2M - NR'_2 + RH \tag{3.3.24}$$

Boyer 等[57]利用上述反应合成了下列化合物：

$$Me_3Ga + HL \longrightarrow Me_2Ga - L \tag{3.3.25}$$

（L＝1-甲基咪唑，1,2-二甲基咪唑，1-甲基苯并咪唑等杂环）这类化合物多以二聚形式存在，有趣的是，其[$(i\text{-}Bu)Al—N(C_{14}H_{12})]_2$ 的二聚结构中苯环上的 C 也参与成键。

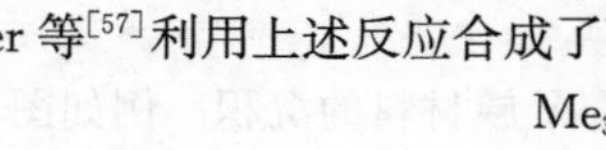

我们发现[58]二吡啶胺在与三甲基镓反应时先异构化再形成整个大共轭体系配合物，如图 3.24 所示，Ga 与两个吡啶环共平面。

含金属—氮或金属—磷共价键的这类化合物，也可以通过锂试剂制备[59]，如：

$$Cy_2GaCl + Li\ NHR \xrightarrow[-78℃]{Et_2O} [Cy_2Ga'NHR]_2 \tag{3.3.26}$$

（其中 Cy ＝ 环乙基；R ＝ Ph，Bu）

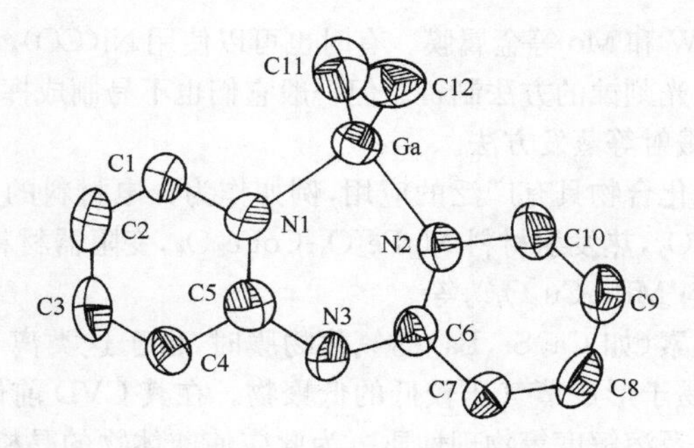

图 3.24　$Me_2Ga\text{-}C_{12}H_{18}N$ 结构图

$$[HB(3.5\text{-}Me_2Pz)_3]InCl_2 \cdot THF + K[R_1R_2B(Pz)_2] \longrightarrow$$

$$\text{(3.3.27)}$$

MOCVD是在温和可控的反应条件下生长薄膜和单晶材料的重要方法。这种“软”合成的方法在制备半导体光电器件、太阳能电池、光纤涂层方面都已取得重大进展。随着其应用范围的扩大以及高品质和纯度(99.999%)的要求,新型 MOCVD 前体物热解和光解的研究和开发也在迅速发展。科学工作者们正在从分子设计观点努力寻找低毒、稳定、易于使用的新型前体物。

3.3.3　金属及其氧化物膜

人们早就知道可以由有机金属化合物通过热分解制备在电子器件中作为接触导体用的金属膜。最好用导电性好的贵金属,但其价格较高。对于铂膜早期用二酮配合物 $Pt(AcAc)_2$ 作为前体物,但其配位键太强,易引起碳对膜的污染。较好的是应用二茂有机金属配合物 $CpPrMe_3$,在用 H_2 作载气下,碳污染可降至<1%C[60]。也曾对 $AuMe_2$(hfac)混合配体前体物应用激光诱导沉积的方法制备金膜(其中 hfac 为六氟乙酰丙酮)[61]。Puddephat[62] 及其合作者研究表明,具有挥发性的有机金属化合物,如 *cis*-$[PtMe_2(MeNC)]_2$ 和 $PtMe_2$(COD) (COD=1,5-环辛二烯)在 250℃下,可在硅衬底上沉积铂,而在氢的存在下,在较低温度 135~180℃可减少铂膜的碳沾污。同样利用前体物 $AuMe(PMe_3)$ 和 $AuMe_3(PMe_3)$[63] 可沉积金膜。在微电子工业中用得最多的是由三丁基铝制备铝膜。利用 $Cu(OCHMeCH_2NMe_2)_2$ [64] 和 $AlH_3(NMe_3)_2$ [65] 可分别获得铜和铝膜。对最感兴趣的铜膜,除了用醇盐 $(CuO^tBu)_4$ 和有机金属化合物 $CpCu(PMe_3)$ 外,新近发展了由下列加合物的复分解机理实现了铜膜沉积[66]:

$$2[(hfac)Cu(PMe_3)] \longrightarrow Cu + Cu(\text{II})(hfac)_2 + 2PMe_3 \qquad (3.3.28)$$

其镀膜速率可达 10~1000Å/min,电阻率接近主体铜的 1.7μΩ·cm。其他在电子器件中应用较多的是 Ni，W 和 Mo 等金属膜。有时也可以使用 $Ni(CO)_4$ 和 WF_6 或在半导体表面上用紫外光解和激光刻蚀的方法制备。但一般它们也不易制成挥发性的金属烷基化合物，故在加工时常用溅射等蒸发方法。

金属氧化物功能化合物具有广泛的应用，例如作为介电材料的 $BaTiO_3$，铁电材料的 $LiNbO_3$-$AlPO_4$、$KTaO_3$，热发射材料 $MgFe_2O_4$-$CoFe_2O_4$，变阻器材料 ZnO，快离子导体 β-Al_2O_3，以及超导材料 $MBa_2Cu_3O_{7-x}$ 等。

在制备ⅡA 族元素（如 Ca，Sr，Ba）的氧化物膜时，由于这类离子的配位数高达 8～12，电荷/半径比低，易于形成蒸气压较低的低聚物。在其 CVD 前体物的分子设计研究中应该重视其挥发性及溶解度等物理性质。为此应使前体物的晶格能小，聚合度低以增加其挥发性。为此希望使用具有位阻大和多齿的配体，例如位阻大的 $[Ba(NSiMe_3)_2]_2$，可以阻止反应体系中其他配体接近金属离子中心。但这不能有效地阻止 H_2O、CO_2 等小分子的渗入，而且相对分子质量的增大有可能导致降低配合物的挥发性。有效的方法是使用能形成高配位数的多齿有机配体，但在合成时应避免配体作为桥而形成齐聚或多聚而降低挥发性及溶解度。

如前所述，CVD 反应希望在较低温度下进行。对于ⅡA 族元素薄膜一般认为在 500℃以下即使反应活性较低，若能生长出高质量膜也就是一种突破。大部分氧化物是用烷氧基金属进行制备，但这些化合物挥发性不太好，而且在加热时不稳定以致气相传输不易进行，所以其成膜大多在研究实验室中进行，很难实际应用。目前可以用其他分子化合物代替。

对于众所周知的超导 123 化合物 $MBa_2Cu_3O_{7-x}$（M＝Y，Nd，Sm，Gd，Dy，Ho，Er，Tm，Yb 或 Lu），广泛运用有相当挥发性及良好稳定性的二酮衍生物作为 MOCVD[67] 成膜的前体物。例如，运用铜和 Y 的 2，2，6，6-四甲基-庚二酮 $(CH_3)_2C—C(O)—CH_2C(O)C(CH_3)_2$ 配合物可以在大气压下分别于 125℃和 160℃下进行升华，但是相应的钡配合物则要更高的温度，而且它会分解。为此通常引入含氟基团于二酮衍生物以改进其挥发性。例如，$Ca(hfac)_2(H_2O)_2(MeOCH_2CH_2OMe)$ 配合物就可以降低其升华温度[68]。但其分解温度仍太接近其升华温度以致会引起前体物的分解，而且导致产物膜中含有 BaF_2。

在氧化物前体物中，除了二酮衍生物外用得最多的就是由 Bradley 所开创的金属醇盐的方法[69]。对高价金属醇盐可以用下述方法制备：

$$TiCl_4 + 4NaOEt \longrightarrow Ti(OEt)_4 + 4NaCl \qquad (3.3.29)$$

但该法不适于 Zr，Hf，Nb 和 Ta 等，因为会得到更稳定的混合金属醇盐 $NaZr_2(OR)_9$ 等。这时可以用无水氨去脱氯：

$$ZrCl_4 + 4NH_3 + 4ROH \longrightarrow Zr(OR)_4 + 4NH_4Cl \qquad (3.3.30)$$

将金属醇盐水解就可以制得金属氧化物[33]：

$$M(OR)_4 + 2H_2O \longrightarrow MO_2 + 4ROH \qquad (3.3.31)$$

对于易蒸发的金属盐可以直接应用 MOCVD 的方法分解制得表面膜：

$$Zr(OBu^t)_4 \longrightarrow ZrO_2 + 4H_2C = CMe_2 + H_2O \qquad (3.3.32)$$

在制备更复杂的铁电体和非线性光学材料膜时，在技术上及挥发性前体物的选择中会碰到更大的困难。曾经用 β-二酮锂和锂醇盐相结合的方法在 Ar 气流下于 450℃制备了

$LiNbO_3$膜[70]。

金属氮化物膜：某些金属氮化物在电子工业中具有相当重要的应用，如氮化铝 AlN 是具有较高热导电性能的绝缘体；氮化镓(GaN)具有半导体性能；氮化钛(TiN)在某些特殊环境中，具有比金和铂还要好的金属导电性能。最近应用了一些新的沉积氮化铝膜的前体物，例如，铝的叠氮化合物 $AlEt_2(N_3)$[71]、氨基化合物 $AlMe_2(NH_2)$[72]已被成功地应用于生长 AlN 膜。镓的叠氮化合物也可用来生长氮化镓膜。$Ti(NMe_2)_4$[73]可生长出高品质的氮化钛。

金属氟化物膜：目前，用来生长氟化物膜较为理想的前体物仍然是氟代二酮配合物，如 $Ca(CF_3OCH_2COCF_3)_2$可以在 GaAs 衬底上沉积 CaF_2[74]。

金属碳化物膜：金属卡拜化合物可用来生长金属碳化物[75]，我们也曾合成了一系列铬、钼、钨的卡拜化合物，如 $Mo(\equiv CC_6H_5)Br(CO)_2(Py)_2$[76,77]等，有可能用于生长 MoC 或 WC。

硅化物：硅基材料在半导体工业中有重要应用，特别是可作为金属导体和硅之间的阻挡材料，以防止二者间的原子相互扩散，以及作为 Schottky 和多重量子阱器件的活性物质。这时作为前体物的含有 M—Si 键的挥发性配合物在 He 载气下可以通过下列反应而成膜：

$$6H_3SiM(CO)_5 \longrightarrow MSi_x + M_5Si_3 + \text{其他} \quad (x \approx 1.25; M = Mn\text{或}Re) \tag{3.3.33}$$

$$(H_3Si)_2Fe(CO)_4 \longrightarrow \{\beta\text{-}FeSi_2\}_n + \text{其他} \tag{3.3.34}$$

在各种分子光电功能材料的制备方面，除了本章中涉及的物理化学方法外，从化学和生物观点对于各种定向体系的合成也受到人们的重视，这里不加赘述[78]。

参 考 文 献

[1] Interrante L V, Caspar L A, Eills A B. Materials chemistry: An emerging descipline. Washington D C: ACS, 1995

[2] West A R. Solid state chemistry and its applications. New York: John Wiley & Sons, 1984

[3] (a) Rao C N R, Gopalakrishman J F R S. 固态化学的新方向——结构、合成、性质、反应性及材料设计. 刘新生译. 长春：吉林大学出版社，1990

(b) 林建华，荆西平，等. 无机材料化学. 北京：北京大学出版社，2006

[4] (a) O'Brien P. // Bruce D W, O'Hare D. Inorganic materials. Chichester: John Wiley & Sons, 1992

(b) 黄春辉，李富友，黄岩谊. 光电功能超薄膜. 北京：北京大学出版社，2001

[5] Bruerlein E. The biomineralisation of nano-and micro-structures. Weinheim, Germany: Wiley-VCH Verlag GmbH, 2000

[6] (a) 汪信，郝青丽，张莉莉. 软化学方法导论. 北京：科学出版社，2007

(b) Yoshimura M. J. Mater. Sci., 2006, 41(5): 1299

[7] Francis C G, Huber H, Ozin G A. Angew. Chem. Int. Ed. Engl., 1980, 19: 402

[8] Li Y D, Qian Y T, Liao H W, et al. Science, 1998, 281: 246

[9] (a) 徐如人，庞文琴. 无机合成和制备化学. 北京：高等教育出版社，2001

(b) Laudise R A, Nielsen J W. Solid State Phys., 1961, 12: 185

[10] (a) Pourbaix M, et al. Atlas of electrochemical equilibria in aqueous solution. Paris: Gruthier-Villars, 1966

(b) 游效曾. 化学通报. 1975, 2: 58

[11] Cushing B L, Kolesnichenko V L, O'Connor C J. Chem. Rev., 2004, 104: 3893

[12] 黄剑锋. 溶胶-凝胶原理与技术. 北京:化学工业出版社,2005
[13] Ulrich D R. J. non-Crystalline Solids, 1988,100:74
[14] Liu X H,Wang X,Zhang J R, et al. Thermo. Acta. , 1999, 342:67
[15] Terrett N K. 组合化学. 许加喜,麻远译,王欣波审定. 北京:北京大学出版社,1999
[16] Xiang X D, Sun X D, Briceno G, et al. Science, 1995, 268: 1738
[17] Czatnik A W. Chemtracts: Org. Chem. ,1995, 8:13
[18] Grovenor C R M. Microelectronic materials. Bristol:Adam Hilger,1989
[19] Griffiths R J M. Chem. Indust. , 1985,8:247
[20] Words J. // Moss S J, Ledwith A. The chemistry of the semiconductor industry. Glasgow: Blackie, 1987: 64
[21] Taguchi T,Shirafugi J,Jnuishi Y. Rev. Phys. Appl. ,1977,12:117
[22] Stringfellow G B. Ogranometallic vapour phase epitaxy: Theory and practice. New York: Academic Press,1989
[23] (a) Mullin B, Irvine J C, Moss R H, et al. Proc. 2nd International Conference on MOVPE. Sheffield, 1984
(b) Wight D R. J. Crystal Growth, 1984, 68
[24] 吕世骥. 范印哲. 固体物理教程. 北京:北京大学出版社,1990
[25] 沈学础. 半导体光学性质. 北京:科学出版社,1992
[26] (a) 曲喜新,杨邦朝,姜节俭,张怀武. 电子薄膜材料. 北京:科学出版社,1997
(b) Davis G D, Andrews D A. Chemtronic, 1988,33
[27] Kaur I D,Pandya K,Chopra K L. J. Electrochem. Soc. , 1980,127:943
[28] Sharma N C,Kainthla R C,Pandya D K,Chopra K L. Thin Solid Film, 1979, 60:55
[29] Manasevit H M. Appl. Phys. Lett. ,1969,116:1725
[30] Manasevit H J. Cryst. Growth,1972,13/14:306
[31] Wilkinson G,Stone F G A,Abel E W. Comprehensive organometallic chemistry. Oxford:Pergammon, 1982
[32] Elschenbroich C, Salzer A. Organometallics. Weinheim:Verlag Chemie, 1989
[33] Zanella P,Rossetto G,Brianese N,et al. Chem. Mater. , 1991,3:225
[34] Pain G N,Christiansz G I,Dickinson R S,et al. Polyhedron, 1990,9:921
[35] Beachley O T, Coates G E. J. Chem. Soc. ,1965,3241
[36] Cowley A H,Benac B L,Ekerdt J G,et al. J. Am. Chem. Soc. , 1988,110:6248
[37] Cowley A H,Jones R A,Harris P R,et al. Angew. Chem. Int. Ed. Eng. , 1991,30:1143
[38] Cowley A H,Jones R A. Angew. Chem. Int. Ed. Eng. ,1989,28:1208
[39] Zhao Q, Sun H S, You X Z. Organometallics, 1998,17:156
[40] Wright P J,Parbrook P J, Cockayne B, et al. J. Cryst. Growth, 1990,104:601
[41] Bradley D C, Chudzynska H, Faktor M M,et al. Polyhedron, 1988,7:1289
[42] Atwood J L,Butz K W,Gardiner Jones M G C, et al. Inorg. Chem. ,1993,32:3482
[43] Sun H S, Wang X M, Huang X Y,You X Z. Polyhedron, 1995,14(15-16):2159
[44] Wang Xi-meng, Sun Hong-sui, Sun Xiang zhen, Huang Xiao-ying. Acta Cryst. , 1995,C51: 1754
[45] Bradford A M,Bradley D C,Hursthouse M B,Motevalli M. Organometallics,1992,11:111
[46] Robinson G H,Hunter W E,Bott S G,Atwood J L. J. Organomet. Chem. , 1987, 326: 9
[47] Bradley D C,Chudzynska H,Faktor M M,et al. Polyhedron, 1988,7:1289
[48] Self M F,Lee B,Sangokoya S A. Polyhedron, 1990,9:313
[49] Bradley D C, Frigo D M,Harding I S,et al. J. Chem. Soc. Chem. Commun. ,1992,577
[50] Sun H S, Wang X M, Sun X Z, et al. Acta Cryst. 1996,C52:1184
[51] Almond M J, Beer M P,Hagen K D, et al. J. Mater. Chem. , 1991, 1: 1065
[52] Butler J E,Bottka N,Sillmon R S,Gaskill D K. Cryst. Growth, 1986,77:163
[53] Pohl L, Hostalek M,Schumann H,et al. Cryst. Growth, 1991,107. 309
[54] Schumann H. J. Organomet. Chem. ,1994,472:15

[55] Schumann H J. Organomet. Chem. ,1994,479:171
[56] Lee B,Pennington W T, Robinson G H. Inorg. Chim. Acta,1991,190:173
[57] Boyer D,Gassend R,Maire J C. J. Organomet. Chem. , 1981,215,157
[58] Wang X M, Sun H S, You X Z, Huang X Y. Polyhedron,1996,15(20):3543
[59] Atwood D A. J. Organomet. Chem. ,1993,463,29
[60] Cockayne B, Wright P J,Armstrong A J,et al. Cryst. Growth, 1988,91:57
[61] Habeeb J B,Juck D G. J. Organomet. Chem. ,1978,146:213
[62] Puddephat R J,Treuernicht I. J. Organomet. Chem. ,1987,319:129
[63] Kumar R, Roy S, Rashidi M, Puddephat R. J. Polyhedron,1989,8:551
[64] Goel S C, Kramer K,Buhro W E,et al. Polyhedron, 1990,9:611
[65] Wee A T S,Murrell A J, Singh N K,et al. J. Chem. Soc. Chem. Commun. ,1990,11
[66] Shin H-K, Chi K-M, Hampden-Smith M J,et al. Adv. Mater. ,1991,3:246
[67] Watanabe K, Yamane H,Kuroosawa H,et al. Appl. Phy. Lett. ,1989,54:575
[68] Bradley D C, Hasmn M, Hursthouse M B,et al. J. Chem. Soc. Chem. Commun. , 1992,575
[69] Bradley D C. Chem. Rev. ,1989,89:1317
[70] Curtis B J, Brunner H R. Mater. Res. Bull. ,1975,10:515
[71] Schullze R K, Mantell D R, Gladfelter W L,Evans J F. J. Vac. Sci. Technol. 1988,A6:2162
[72] Interrante L V, Lee W, McConnell Lewis M N,Hall E J. Electrochem. Soc. ,1989, 136:472
[73] Fix R M,Gordon R G, Hoffman D M. Chem. Mater. ,1990,2:235.
[74] Vere A W,Mackey K J,Rodway D C, et al. Adv. Mater. ,1989,11:399
[75] Xue Z L, Cautton K G, Chisholm M H. Chem. Mater. ,1991,3:384.
[76] Sun H S, Y X Z, Yin Y Q, Yu K B. Polyhedron, 1994,13: 1475
[77] You X Z, Zhu Z H, Huang J S, et al. //Huang Yaozeng, Yamamoto A,Teo Boon-keng. New frontiers in organometallic and inorganic chemistry. Beijing:Science Press, 1984
[78] Tan D S. Nature Chemical Biology, 2005, 1: 74

第4章 分子导体

从这章开始我们将分章介绍在不同外力作用下分子材料的电子状态及其功能的变化。

前面2.2节从微观量子力学观点介绍了晶体中电子的本征态(波函数)及能量(本征值)。但是并非所有关于晶体的结构和性质,特别是其中较复杂的光、电、热、磁和力学中的结构与功能以及其中发生的输送等问题都要用复杂的量子力学去解决。这时我们要注意表2.1第一列中的经典力学物理量间的前后次序是可以互换对易(交换)的。例如,坐标 x 和动量 p_x 之间有 $xp_x=p_xx$;但将这两者转换成对应的量子力学算符 x 和 p_x 时,它们之间就不存在对易性,即 $xp_x\neq p_xx$。在量子力学中,就称这两个不可对易算符的物理量的坐标 x 和动量 p_x 在同一状态 ψ(本征函数)中不能具有确定的值(本征值)。从量子力学可以阐明,它们之间具有下列所谓的测不准关系:

$$\Delta x\cdot\Delta p_x\geqslant\frac{\hbar}{2}\tag{4.0.1}$$

可见 Δx 和 Δp_x 不能同时为零,即坐标 x 的误差愈小,与其共轭动量 p 的误差就愈大。只有两个算符可以对易时,它们的物理量才都具有确定的值。又如,对于一维的情况,经过量子力学的论证,若以在倒易空间中的波矢 $\boldsymbol{k}_0$ 为中心,范围为 $\Delta\boldsymbol{k}$ 的Bloch波组成一个稳定的所谓的波包,波包的振幅只集中在一个很小的范围内。当这个波包 $\Delta\boldsymbol{k}$ 的大小比布里渊区的线度 $\frac{2\pi}{a}$ 小得多时,或在由一定范围的波长 λ 所组成的波包大小比在正空间晶胞的线度 a 大得多,即

$$\Delta\boldsymbol{k}\ll\frac{2\pi}{a}(\text{倒空间});\qquad\lambda\gg a(\text{正空间})\tag{4.0.2}$$

则晶体中的电子可以近似地当作宏观的经典粒子来处理。这时对于晶体中 $\boldsymbol{k}$ 状态波包的电子的平均速度 $v(\boldsymbol{k}_0)$ 不必要用严格的量子力学方法处理,而只要用式(4.0.3)中群速度表示:

$$v(\boldsymbol{k}_0)=\left(\frac{\mathrm{d}\omega}{\mathrm{d}\boldsymbol{k}}\right)_{\boldsymbol{k}_0}=\frac{1}{\hbar}\left(\frac{\mathrm{d}E}{\mathrm{d}\boldsymbol{k}}\right)_{\boldsymbol{k}_0}\tag{4.0.3}$$

一旦我们能将波包当作准粒子来处理时,就可以将晶体中的电子看作准经典粒子,也就可以用熟知的经典力学代替复杂量子力学这种半经典力学的方法来简单处理在光、电、磁等外力作用下电子状态的变化。

根据经典力学,外力 F 使体系位移 l 和速度做功的原理由动能定律 $Fl=\frac{1}{2}mv_1^2-\frac{1}{2}mv_0^2$,它反映了力对空间的累积效应。则单位时间内电子能量 E 的增加关系可以表示为

$$\frac{\mathrm{d}E}{\mathrm{d}t}=Fv\tag{4.0.4}$$

根据式(2.1.1a)电子能量 $E(\boldsymbol{k})$ 是状态波矢 $\boldsymbol{k}$ 的函数,所以也将会使 $\boldsymbol{k}$ 矢发生变化

$$\frac{\mathrm{d}E}{\mathrm{d}t}=\frac{\mathrm{d}E}{\mathrm{d}\boldsymbol{k}}\frac{\mathrm{d}\boldsymbol{k}}{\mathrm{d}t}=v\frac{\mathrm{d}(\hbar\boldsymbol{k})}{\mathrm{d}t} \tag{4.0.5}$$

将式(4.0.4)和式(4.0.5)进行比较,就可以得到在外力 F 作用下电子状态变化的基本方程式

$$\frac{\mathrm{d}(\hbar\boldsymbol{k})}{\mathrm{d}t}=F \tag{4.0.6}$$

和经典的牛顿方程式(2.1.1)相比,形式上完全一致,只是用量子力学中的 $\hbar\boldsymbol{k}$ 代替了经典式中的动量。

当电子在三维 $\boldsymbol{k}$(动量)空间中受到外界电场 ε 和磁场 B 作用时,受到的力 F

$$F=-e(\varepsilon+v\times B) \tag{4.0.7}$$

则有

$$\frac{\mathrm{d}}{\mathrm{d}t}(\hbar\boldsymbol{k})=-e(\varepsilon+v\times B) \tag{4.0.8}$$

当在位置空间中进行讨论时,由式(4.0.3)和式(4.0.8)可以得到在外力 F 作用下电子的加速度为

$$\begin{aligned}\frac{\mathrm{d}v}{\mathrm{d}t}&=\frac{\mathrm{d}}{\mathrm{d}t}\left(\frac{1}{\hbar}\frac{\mathrm{d}E}{\mathrm{d}t}\right)=\frac{1}{\hbar}\frac{\mathrm{d}}{\mathrm{d}k}\left(\frac{\mathrm{d}E}{\mathrm{d}t}\right)\\&=F\cdot\frac{\mathrm{d}}{\mathrm{d}\boldsymbol{k}}\left(\frac{1}{\hbar^2}\frac{\mathrm{d}E}{\mathrm{d}\boldsymbol{k}}\right)=\frac{1}{\hbar}\frac{d^2t}{\mathrm{d}\boldsymbol{k}^2}\cdot F\end{aligned} \tag{4.0.9}$$

将式(4.0.9)写成 $m^*\dfrac{\mathrm{d}v}{\mathrm{d}t}=F$ 后,与牛顿方程式(2.1.1)结合就可以得到式(4.0.10)所示的电子有效质量 m^*

$$\frac{1}{m^*}=\frac{1}{\hbar}\frac{\mathrm{d}^2E}{\mathrm{d}\boldsymbol{k}^2} \tag{4.0.10}$$

对于三维空间,$\dfrac{1}{m^*}$ 表达形式较为复杂,它可以将式(4.0.9)表示为

$$\frac{\mathrm{d}v}{\mathrm{d}t}=\frac{1}{\hbar^2}\nabla_k\nabla_kE\cdot F \tag{4.0.11a}$$

将这种较抽象的数学形式[式(4.0.11a)]写成化学家较易接受的张量形式:

$$\begin{pmatrix}\dfrac{\mathrm{d}v_x}{\mathrm{d}t}\\\dfrac{\mathrm{d}v_y}{\mathrm{d}t}\\\dfrac{\mathrm{d}v_z}{\mathrm{d}t}\end{pmatrix}=\frac{1}{\hbar^2}\begin{pmatrix}\dfrac{\partial^2E}{\partial\boldsymbol{k}_x^2}&\dfrac{\partial^2E}{\partial\boldsymbol{k}_x\partial\boldsymbol{k}_y}&\dfrac{\partial^2E}{\partial\boldsymbol{k}_x\partial\boldsymbol{k}_z}\\\dfrac{\partial^2E}{\partial\boldsymbol{k}_x\partial\boldsymbol{k}_y}&\dfrac{\partial^2E}{\partial\boldsymbol{k}_y^2}&\dfrac{\partial^2E}{\partial\boldsymbol{k}_y\partial\boldsymbol{k}_z}\\\dfrac{\partial^2E}{\partial\boldsymbol{k}_x\partial\boldsymbol{k}_z}&\dfrac{\partial^2E}{\partial\boldsymbol{k}_y\partial\boldsymbol{k}_z}&\dfrac{\partial^2E}{\partial\boldsymbol{k}_z^2}\end{pmatrix}\begin{pmatrix}F_x\\F_y\\F_z\end{pmatrix} \tag{4.0.11b}$$

由这种张量形式更易于理解有效质量倒易张量($1/m^*$)的各向异性特性。m^* 不是一个常数,不仅可以取正值(能带底部附近),甚至可以取负值(能带顶部附近)。这也说明在材料研究中加速度 $\dfrac{\mathrm{d}v}{\mathrm{d}t}$ 和外力 F 的方向可能是不相同的。

在对上述经典力学和量子力学的关联及应用范畴有了初步概念后,我们将以此为切入点进入分子导体的讨论。如前 3.2 节所述,一般根据导电特性将固体分为三类:绝缘体

($\sigma<10^{-15}\,\mathrm{S/cm}$)，半导体($\sigma\cong10^{-5}\sim1\,\mathrm{S/cm}$)和导体($\sigma\cong1\sim10^{5}\,\mathrm{S/cm}$)。下面我们将这种分类的本性进行阐明。

4.1 金属和半导体的导电基础

4.1.1 金属导体和半导体的电子传输过程

早期的金属导电理论中不考虑金属中电子和原子相互作用的概念，只对引入电子碰冲的自由程进行说明[1]。例如，在设原子价为 z，原子密度为 n_0 的金属中(即单位体积内有 zn_0 个自由电子)，根据 Pauli 不相容原理(每个量子状态不允许被多于两个自旋相同的电子所占据)。根据经典的量子论，动量空间体积 $\mathrm{d}p_x\mathrm{d}p_y\mathrm{d}p_z$ 中有 $\mathrm{d}p_x\mathrm{d}p_y\mathrm{d}p_z/h^3$ 个能级。因而在动量从 0 到 p_0 之间的能级数为$\frac{4\pi}{3}p_0^3/k^3$。由此可以求出金属中的 zn_0 个自由电子在动量空间能级中进行填充时，可以得到这些能级中的最大动量 p_0 和动能分别为

$$p_0=\left(\frac{3n_0z}{8\pi}\right)^{\frac{1}{3}} \tag{4.1.1a}$$

$$\mu_0=\frac{1}{2m}p_0^2=\frac{h^2}{2m}\left(\frac{3n_0z}{8\pi}\right)^{\frac{2}{3}} \tag{4.1.1b}$$

例如对于金属钠(Na)，以 $m\approx9.0\times10^{-28}\,\mathrm{g}$，$h=6.62\times10^{-17}\,\mathrm{erg}$①$\cdot\mathrm{s}$，$n_0=2.5\times10^{22}$，$z=1$ 代入式(4.1.1)可以得到 $\mu_0=5\times10^{-12}\,\mathrm{erg}=3.12\mathrm{eV}$，可见处在最高能级的电子动能 μ_0 值远大于室温的热能($kT=300\mathrm{K}$，关于能量单位参见附录 2)。由此可见，这种简单的理论是金属中电子不能受热激发而跳跃到更高能级，因而不能解释其电子所引起的比热容 c 远低于实验值的事实。

为此要进一步考虑电子动能的 Fermi 统计分布函数 $f_1=1/[\mathrm{e}^{(\varepsilon_i-\mu)/kT}]+1$，则金属中在动能为 $\varepsilon_i=\frac{1}{2m}p_i^2$ 的能级上的电子数为[在式(4.1.2)中出现的 2 是由于只允许 2 种自旋态]

$$n_i=2f_1=\frac{2}{[\mathrm{e}^{\frac{\varepsilon_i-\mu}{kT}}]+1} \tag{4.1.2}$$

其中的 k 为玻尔兹曼常量；μ 为金属中电子的化学势。当温度 $T\to0$ 时，$\mu\to\mu_0$，它相当于经典理论中的 μ_0 或量子理论中的 Fermi 能级 E_f。由此可以导出电子的平均能量：

$$\bar{\varepsilon}=\frac{1}{zn_0}\int_0^\infty\frac{\frac{8\pi}{h^3}p^2\mathrm{d}p\varepsilon}{\mathrm{e}^{(\varepsilon-\mu)/kT}+1} \tag{4.1.3a}$$

$$\bar{\varepsilon}=\frac{3}{5}\mu_0\left[1+\frac{5}{12}\pi^2\left(\frac{kT}{\mu_0^2}\right)^2\right] \tag{4.1.3b}$$

① erg 为非法定单位，$1\mathrm{erg}=10^{-7}\mathrm{J}$。

从而可以导出金属中自由电子对于比热 c_V^e 的贡献，即由式(4.1.3)可以得到每单位体积下电子比热容：

$$\frac{\mathrm{d}}{\mathrm{d}T}n_0 z\bar{\varepsilon}=\frac{zn_0k\pi^2}{2}\cdot\frac{kT}{\mu_0} \tag{4.1.4}$$

从而得到电子比热容：

$$c_V^e=zR\cdot\frac{\pi^2}{2}\left(\frac{kT}{\mu_0}\right) \tag{4.1.5}$$

虽然由此解释金属中的电子比热容有较大的贡献，但其比热容随温度 T 成正比的结果和大量实验中比热容是随温度的三次方 T^3 而变化的规律不一致。例如，对于金属铜，由理论上计算出来的 μ_0 理论值和实验值 $\mu_0^*=4.78$ 的比值为 1.47，这种差别后面将从量子力学的能带理论加以说明。

金属或半导体中电子运动的规律：当温度 T 不同，或在电磁场 E 和 H 的外力作用下，其中的电子会发生迁移现象[2]。这时原来处于稳定状态的分布函数 f[如在热平衡状态下为类似式(4.1.2)的表示]被打破，而必须有适应于新运动状态的稳定分布。这种分布变化原因是：①电子在从一个地方流动到另一个地方的流动过程中，它们在各个时间的位置和速度都不同，从而引起粒子分布函数 f 都不同。若用 $f(x,y,z,v_x,v_y,v_z)\mathrm{d}x\mathrm{d}y\mathrm{d}z\mathrm{d}v_x\mathrm{d}v_y\mathrm{d}v_z$ 表示在坐标 x,y,z 到 $x+\mathrm{d}x,y+\mathrm{d}y,z+\mathrm{d}z$ 之间和速度在 v_x,v_y,v_z 到 $v_x+\mathrm{d}v_x,v_y+\mathrm{d}v_y,v_z+\mathrm{d}v_z$ 之间的电子数，则由于流动而引起的每秒增加的粒子数为

$$\left(\frac{\mathrm{d}f}{\mathrm{d}t}\right)_{\mathrm{d}}=\frac{\partial f}{\partial x}v_x-\frac{\partial f}{\partial y}v_y-\frac{\partial f}{\partial z}v_z-\frac{\partial f}{\partial x}a_x-\frac{\partial f}{\partial v_y}a_y-\frac{\partial f}{\partial v_z}a_z \tag{4.1.6}$$

其中 a 为相应下标方向的加速度。②另一方面，电子和电子或者和离子相互碰撞而使它们在每秒内其中某些原来速度为 v_x、v_y、v_z 减小到 v' 的电子数为 a，而使其中某些原来速度不是 v 的粒子从 v'' 变成 v' 的电子数目为 b，则由于碰撞引起电子运动速度发生改变而引起电子的增加数为

$$\left(\frac{\mathrm{d}f}{\mathrm{d}t}\right)_{\mathrm{c}}=b-a \tag{4.1.7}$$

综合上述两个因素，为了达到稳定状态时保持总的电子数不变，则要遵守所谓连续性的Boltzmann运动方程：

$$\begin{aligned}\left(\frac{\mathrm{d}f}{\mathrm{d}t}\right)&=\left(\frac{\mathrm{d}f}{\mathrm{d}t}\right)_{\mathrm{d}}+\left(\frac{\mathrm{d}f}{\mathrm{d}t}\right)_{\mathrm{c}}\\&=-\left\{\left(\frac{\mathrm{d}f}{\mathrm{d}x}\right)v_x+\left(\frac{\partial f}{\mathrm{d}y}\right)v_y+\left(\frac{\partial f}{\partial y}\right)v_z+\left(\frac{\partial f}{\partial v_x}\right)a_x+\left(\frac{\partial f}{\partial v_y}\right)a_y+\left(\frac{\partial f}{\partial v_z}\right)a_z\right\}\\&\quad+(b-a)\end{aligned} \tag{4.1.8}$$

当在稳定情况下，总的电子数保持不变，则 $\frac{\mathrm{d}f}{\mathrm{d}t}=0$；特别是当没有外力作用时，电子不会产生加速运动，这时 $a_x=a_y=a_z=0$，且有$\frac{\partial f}{\partial x}=\frac{\partial f}{\partial y}=\frac{\partial f}{\partial z}=0$，而式(4.1.8)就成为：$a=b$，即电子在没有外力场作用下，每秒内由于碰撞而损失的电子数 a 就正好等于由于碰撞而增加的电子数 b。当有温度 T 的梯度或外界电磁场作用于金属中的自由电子时，就可以从上述经典力学的 Boltzmann 方程求解出新建立的稳定分布函数 f

$$f = f_0 + v \cdot \chi(v) \tag{4.1.9a}$$

$$\chi(v) = l/v \frac{\partial f_0}{\partial t}\left(\frac{\varepsilon - \mu}{T}\frac{\mathrm{d}T}{\mathrm{d}r} + \frac{\mathrm{d}\mu}{\mathrm{d}r} - F\right) \tag{4.1.9b}$$

其中,l 为电子的自由程。上述结果对求出导电、导热等物理性质和功能具有基础的意义。

例如,当金属中的自由电子($q=e$)以速度 v 在外电磁场 E 和 H 的作用下[参见式(4.0.8)],按经典 Maxwell 的电磁场理论可以导出,电子所受到的洛伦兹力 F 为

$$F = -q(E + v \times H) \tag{4.0.8}$$

当只在 x 方向受到电场 E_x 的作用下,电子的自由程为 l,则式(4.0.8)简化为 $F_x = -\mathrm{e}E_x, F_y = E_z = 0$,将它代入式(4.1.9a),经过较复杂的推导后[1],则可以得到其在新的稳定态下电子的分布函数:

$$\begin{aligned} f &= f_0 + \left[\frac{l}{v}\frac{\partial f_0}{\partial \varepsilon}eE_x + \frac{l(\varepsilon-\mu)}{vT}\frac{\mathrm{d}T}{\mathrm{d}x}\frac{\partial f_0}{\partial \varepsilon} + \frac{l}{v}\frac{\mathrm{d}\mu}{\mathrm{d}x}\frac{\partial f_0}{\partial \varepsilon}\right]v_x \\ &= f_0 + \frac{l}{v}\left(eE_x + \frac{(\varepsilon-\mu)}{vT}\frac{\mathrm{d}T}{\mathrm{d}x} + \frac{\mathrm{d}\mu}{\mathrm{d}x}\right)\frac{\partial f_0}{\partial \varepsilon}v_x \end{aligned} \tag{4.1.10}$$

基于电子的 Fermi 统计分布,可以证明其中平衡态的解 f_0 为[相当于式(4.1.2)中的平衡态的分布函数 f_1]

$$f_0 = \frac{2m^3}{h^3}\frac{1}{\mathrm{e}^{(\varepsilon-\mu)/kT}} + 1 \tag{4.1.11}$$

当在 E_x,E_y 的电场和 Hz 的磁场 H 作用这一特例情况下,通过类似上述对 F_x,F_y 和 χ_z,χ_z 的计算,通过式(1.1.9a)可以发现含有 Hz 的各个项次全部消失。从而得知,在一级近似上磁场不改变电子的分布函数分数,即 f_0 不变。重要的是,在经典力学观点中,如要 Hz 起作用单纯的 Hz 不存在,必须要同时有电场或温度梯度的配合,亦即必须在式(14.1.8)中有 Hz 和 E_x 乘积的二次项。

这里我们简单介绍金属的导电性,如式(3.2.3)所示,若单位体积有以速度 v 运动的 n 个电子,则所产生的电流密度为

$$i = -nev \tag{4.1.12}$$

总的电流为

$$I_x = -\int evf\,\mathrm{d}v_x\mathrm{d}v_y\mathrm{d}v_z \tag{4.1.13}$$

若以类似于式(4.1.11)的 f_0 作为 f 代入式(4.1.13),则由于 f_0 对于 V 的正、负方向是对称的,因而会得到 $I_x=0$,即在平衡状态时没有电流通过。但是在等温条件下$\left(\frac{\mathrm{d}T}{\mathrm{d}x}=0\right)$,当在 x 方向加以电场 E_x 后,基于式(4.1.10),经过更细致的近似和一系列物理数学处理后,就可以分别得到总电流 I 和导电率 σ

$$I_x = \frac{e^2 n_0 l}{mv_x}E_x \tag{4.1.14}$$

$$\sigma = I_x/E_x = \frac{e^2 n_0 l}{mv_x} = \frac{zn_0 e^2 \tau}{m} \tag{4.1.15}$$

其中后一等式出现的每两次碰撞所间隔的时间 τ 是由于考虑到每一个电子每秒钟内被核

散射的次数，即在时间 τ 内，电子运动的距离（自由程）$l=v\tau$，其具体的 τ 值和电子输送过程有关。由于该式中只有电子的自由程 l 和温度有关，从而说明了温度愈高，电导率 σ 愈低的事实。但这种经典理论还不能说明实验结果：高温时 $\sigma \approx \frac{1}{T}$，而在低温时 $\sigma \approx \frac{1}{T^5}$。

4.1.2　导体的量子理论

以上的讨论都是基于经典的自由电子理论。为了更好地解释金属和半导体导电性的实验结果，就需要从量子力学的能带理论进一步加以解释。这时主要采取将金属中的电子运动以波动的形式进行。它和离子的作用相当于发生波的散射和干涉等现象。

1. 金属导体的能带结构

在应用量子力学处理周期性结构晶体中电子的运动时，应该采取 Schrödinger 方程式(2.1.22)

$$\nabla\psi+\frac{8\pi^2 m}{h^2}[E-V(r)]\psi=0 \tag{4.1.16}$$

当其中势能 V 为常数或很小时，就只有动能的作用，这就相当于前面讨论的金属中自由电子的经典模型。在前面的 2.2.2 节中，我们已经采用结合物理上常用的单电子近似方法对晶体的导带性质进行了介绍，这里只对接近于化学中的分子轨道(MO)理论相似的紧密束缚方法对由 N 个原子所组成的三维结构的能带理论作些补充说明，更复杂的数学处理较为复杂，这里只列出了一些主要结果。和前述的式(2.2.23)和式(2.2.22)一样，假定电子在受到微扰之前围绕第 n 个离子运动原子态的波函数为 $\varphi(r-r_{\mathrm{n}})$，利用久期微扰方法可以得到在三维晶体空间中 $2n$ 个状态的波函数：

$$\varphi_k(r)=\mathrm{e}^{ir\cdot k/\hbar}\varphi(r) \tag{4.1.17}$$

其中 k 相当于电子的动量 p，其相应的能量为

$$\varepsilon(k)=\varepsilon_0+\sum v_n\cos(\boldsymbol{k}\cdot\boldsymbol{r}_n) \tag{4.1.18}$$

当 k 很小时，将式(4.1.18)中 k 展开后得到其最低的近似值：

$$\varepsilon(k)=\varepsilon_0+\sum v_n+\frac{1}{2m^*}k^2 \tag{4.1.19}$$

值得指出的是，其中第三项类似于经典自由电子相类似的动能表示式(4.1.1)，只是该式中的动能表示式中要用到式(4.1.20)中称为有效质量 m^* [参见式(4.0.10)]代替原来电子的真正质量 m：

$$m^*=\left[-\frac{1}{3h^2}\sum v_n(r_n)^2\right]^{-1} \tag{4.1.20}$$

近似地看，由这 N 个不同能量的状态所组成的能级在相邻原子微扰 v_n 下形成的能带就对应于 2.2 节中所述的布里渊区，尽管它们在出发点或本质上并不相同。在能带中，最高能级和最低能级间的距离称为带宽(图 4.1 右边的阴影区)。式(4.1.20)表明，金属中原子间距离愈大，m^* 更接近原有电子的质量 m，反之亦然。

根据上述对晶体中电子结构理论的描述，可知不同的原子价壳层形成了不同的多层

布里渊区(或称能带)。每个区内有 N 个靠的很近的,但几乎连续的电子能级,每个能带内的能级分布近似地为 $\varepsilon=\frac{1}{2m^*}k^2$,每个能级至多容纳两个电子。两个相邻的布里渊区之间有时会多少有点重叠,具体依赖于式(2.2.21)中 J_1[或对应于分子轨道理论中式(2.1.17)的 β 值]的大小,从而可以区分它们是导体、非导体还是半导体(图 4.1)。

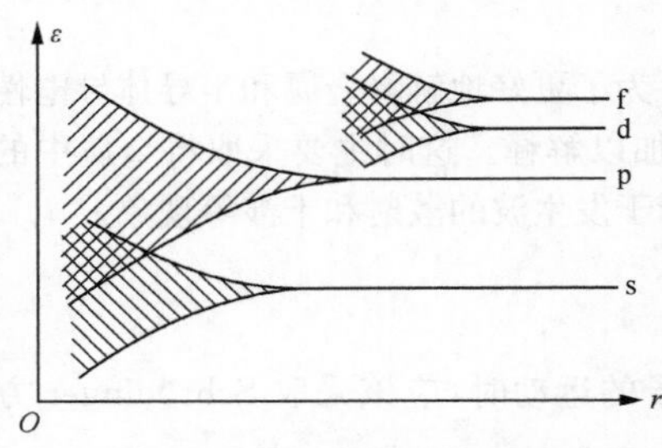

图 4.1　能带宽度和原子间距的关系

参考元素周期表,对于由一个价电子所组成的晶体,如 Li、Na、Cu 等 N 个原子所组成的金属,可释放 N 个价电子。按照 Pauli 不相容原理,这个电子只能将第一布里渊区填满一半,其中其他 $N/2$ 能级是空的。所以在外电场 E 作用下,最高占据能级上的电子就会沿着电场方向跳至较高的能级而形成电流,这就说明了周期表中的 IA 和 IB 族元素所形成的晶体为导体。

类似地可以说明ⅡA 或ⅡB 族的二价原子 Be、Mg、Ca、Zn、Cd、Hg 等金属,每个原子有两个电子,这些价电子正好填满第一布里渊区。当第一和第二布里渊区间没有重叠,导带中没有电子,其在电场作用下并不导电;但对于 Ca 和 Sr,由于两个区之间有点相互重叠,可导电但导电率不高。同样可以说明含三个价电子的 Al 金属是导电的,而含四个价电子的 C、Si 和 Ge 等晶体,由于它们的第一和第二布里渊区都填满了电子,所以其晶体也都不是导体。这些 Te 和 C 的金刚石等晶体中一个共同特点是都以电子配对的 sp^3 杂化成键的形式生成了四面体结构共价键(参见 2.1 节)。它们一般都是非导体(除非经过掺杂成为半导体)。

2. 半导体的导电性

前面我们对金属导电机理及其导电率 σ 的基础进行了简单介绍,从而可以在量子力学的能带结构及电子传输过程中的运动方程[参见式(4.1.8)]中,导出不同类型半导体的导电率。由于推导过程较为烦琐,这里只做简单诠释。以 n 型半导体为例(参见图 3.11),其单位体积中有 n_b 个杂质束缚能级,当在适当的温度 T 下,杂质中的束缚电子会跃迁到导带中,这些电子就会像金属中的自由电子一样而使半导体成为导电的固体。利用 Fermi 统计就可以求出 n 型导带中 $dv_x dv_y dv_z$ 区间内电子的分布为

$$f_0 dv_x dv_y dv_z = n_f\left(\frac{m_e^*}{2\pi kT}\right)^{\frac{3}{2}} e^{-\varepsilon/kT} dv_x dv_y dv_z \tag{4.1.21}$$

式中 n_f 为 Fermi 能级上的粒子数。将式(4.1.21)代入式(4.1.13)就可以类似地求出沿 x 轴方向的电流 I_x:

$$I_x = -\frac{4\pi e}{3}\int_0^\infty lv\frac{\partial f_0}{\partial \varepsilon}eE_x dv = \frac{4e^2 ln_f}{3\sqrt{2\pi m_e kT}}E_x \tag{4.1.22}$$

继而类似于式(4.1.15)求出半导体的导电率:

$$\sigma = \frac{4e^2\ ln_f}{3\sqrt{2\pi m_e^* kT}} = n_f e\mu_e = e(2n_b)^{\frac{1}{2}}\left(\frac{2\pi m_e^* kT}{h^2}\right)^{\frac{3}{4}} e^{\frac{-\Delta\varepsilon}{2kT}}\mu_e \tag{4.1.23}$$

其中电子的迁移率(或称淌度)μ_e为:$\mu_e=\dfrac{4el}{3\sqrt{2\pi m_e^* kT}}$,其中$m_e^*$为导带中电子的有效质量。

类似地可以求出本征半导体的导电率:

$$\begin{aligned}\sigma &= n_e e\mu_e + n_h e\mu_h \\ &= 2e\left(\frac{2\pi kT}{h^2}\right)^{\frac{3}{2}}(m_e^* m_h^*)^{\frac{3}{4}}e^{\frac{-\varepsilon_g}{2kT}}(\mu_e+\mu_h)\end{aligned} \tag{4.1.24}$$

其中空穴的迁移率为

$$\mu_h=\frac{4el}{3\sqrt{2\pi m_h^* kT}} \tag{4.1.25}$$

掺杂本征半导体:例如掺入施主杂质,则其导电率为

$$\sigma=2e\left(\frac{2\pi kT}{h^2}\right)^{\frac{3}{2}}(m_e^* m_h^*)^{\frac{3}{2}}e^{\frac{-\Delta\varepsilon}{2kT}}(\mu_e+\mu_h)+(2n_b)^{\frac{1}{2}}\left(\frac{2\pi m_e^* kT}{h^2}\right)^{\frac{3}{4}}e^{\frac{-\Delta\varepsilon}{2kT}}\mu_e \tag{4.1.26}$$

式中第一项和杂质浓度无关,第二项则与浓度有关,其中n_b为单位体积中杂质的能级数,杂质的电离能$\Delta\varepsilon$的计算是以导带的最低能级为零点。

4.1.3　金属超导性

自从1911年Kammerlingh-onnes发现第一代超导体汞在温度降低到4.22K下便全部失去其电阻。这种超导性质和一般金属材料的电阻随温度降低而降低的性质不同(图4.2)。此后发现一系列化合物都具有反常的、甚至超导的导电特性。所谓的超导体具有两个明显的特征:其一是在低温下发生零电阻现象。电阻突然消失的温度称为超导临界温度T_c;其二是超导体具有完全的抗磁性,这种现象称为Meissner效应,在外加磁场临界磁场H_m后又会恢复其电阻性,但也有一些例外。后者中最常见的是含有自由电子金属键的金属或合金的第二代超导体,如V_3M(Ⅲ)[其中M(Ⅲ)=Ga,Al]和超导临界转变温度T_c为25.5K的超导合金$Nb_3Al_{0.8}Ge_{0.2}$等。使性能急剧改变的是一些具有半导体特性的离子键硫化物或氧化物的出现,例如T_c=15.2K的超导体$PbMo_6S_8$,$T_c\approx40K$的$La_{2-x}M_xCuO_{4-y}$(M=Ca,Sr,Ba)和$T_c>90K$的超导体$YBa_2Cu_3O_{6+x}$等[1]。1975年发现了唯一的$(SN)_x$的无机聚合物超导体。

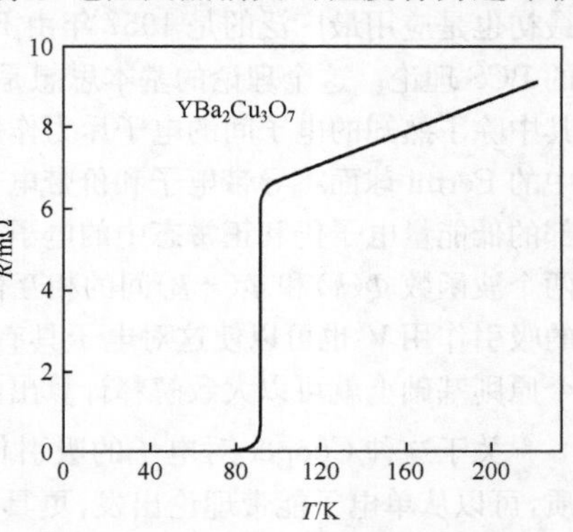

图4.2　$YBa_2Cu_3O_{7-x}$超导体的电阻和温度T的关系

金属超导性理论先后不下有数十个。这里只概述几个主要理论类型[3,4]:

(1)超导的热力学理论。超导态在转变点T_c时没有放热和吸热现象,即熵小于非超导态,因而超导态是更有序的状态。而且这种超导转变是热力可逆的过程。由此可以从热力学导出这种二级相变中在不同温度T时临界磁场H_m和比热容不连续值Δc以及温度之间的关系:

$$\Delta c=\frac{T}{4\pi}\left[\left(\frac{dH}{dT}\right)^2\right]+H\frac{d^2H}{dT^2}$$

$$= \frac{3H_m^2}{2\pi T_0^4}T^3 - \frac{H_m^2}{2\pi T_0}T \tag{4.1.27}$$

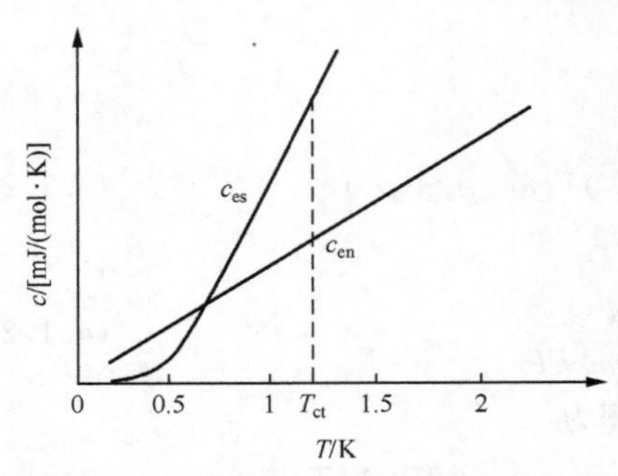

图 4.3 超导态和正常态电子比热容 c_{es} 和 c_{en} 随温度的变化

对于正常状态金属晶体的比热容是 $c_M=\alpha T+\beta T^3$，其中第一项 αT 是电子热容的贡献[参见式(4.1.5)]，第二项为晶格热振动热容的贡献。将它和超导状态的实验结果图 4.3 进行比较，可见在超导状态下，晶格的热容保持不变，只是电子比热容 c_{es} 在 T_c 以下与正常金属的 c_{en} 相比发生了突变。超导态热容变化符合指数关系 $\exp\left(\frac{-\Delta E}{2kT}\right)$，电子能量状态中的能隙 ΔE 比较小。这种 ΔE 的出现和电子 Cooper 对密切相关。

(2) 超导的微观理论。自超导体的出现，目前已对大量化合物的超导进行了研究。其中包括合金[如 Nb_3Ge，$T_c\approx 23K$；YBCO，$T_c\approx 93K$]。现在钙钛矿型的铜氧化物在常压下 $T_c\approx 134K$，而高压下可达 165K。到了 20 世纪初已发现金属间化合物 MgB_2 的超导 T_c 也已达 39K。目前还发现了一系列非常规的配对机理，也促使了熟知 BCS 超导理论向更新的高度发展。如前所述，电子-声子作用使电子被声子散射而引起金属的电阻。这里要介绍的一种超导观点则是认为电子(k)发射一个声子(f)，而这个声子随后又被另一个电子所吸收，这种多体现象可能在电子间产生一种吸引力。在多种的超导微观理论中，最初也是应用最广泛的是 1957 年由 Bardeen，Cooper 和 Schrieffer 三位物理学家提出来的 BCS 理论。这个理论的基本思想是当金属的温度降低时，很容易受到其他小的微扰。其中除了熟知的电子间的电子斥力作用外，电子间也可能出现引力。在正常的金属导体中的 Fermi 球面将导带电子和价带电子上下分开(参见图 4.4)。在超导态中 Fermi 球内部的低能量电子仍和正常态中的电子分布一样，但 Fermi 面附近有一对相反动量($\pm\boldsymbol{k}$)的两个波函数 $\Phi(\boldsymbol{k})$ 和 $\Phi(-\boldsymbol{k})$ 间的相互作用。只要使球外的两个电子间存在着哪怕是很弱的吸引作用 V' 也可以使这对电子具有比正常金属态 Fermi 分布更为稳定的状态。在这个原则基础上就可以大致解释计算出的 T_c、H_m、比热容 c 等数值和实验值一致的事实。

关于这种 Cooper 对电子的吸引作用 V' 的本质，可以从单电子能带理论出发，更具体地提出了这样一个明确模型：考虑到原来金属能带中电子和晶格振动所形成的声子相互作用而引起的交换作用，即当带负电荷的电子在固体晶格中运动时会在晶格原子产生一个畸变而使在其通过晶格的区域中的正电荷增加(图 4.4)。这种正电荷区域会对其他电子产生吸引作用，这种畸变微扰的大小还和电子骨架的距离 $\boldsymbol{r}$ 有关。通过求解 Schrödinger 方程可以求出其波函数 $\psi(\boldsymbol{r}_1,\boldsymbol{r}_2)$ 和

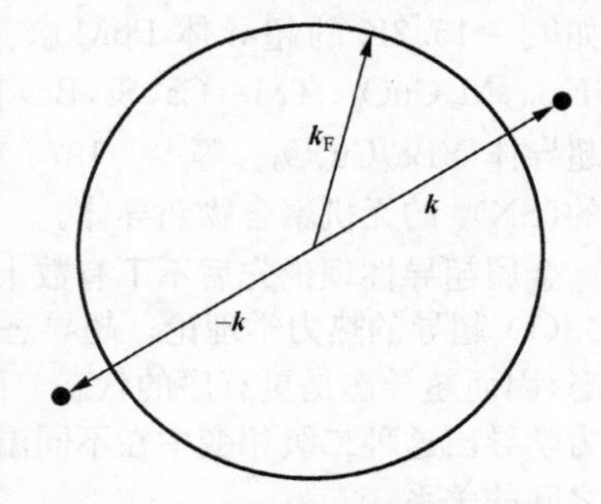

图 4.4 Fermi 面外的两个相反动量($I\boldsymbol{k}$，即$\pm\boldsymbol{k}$)的电子形成 Cooper 对

能级 E。当我们考虑两个具有相反动量矢 $\pm\boldsymbol{k}$，它们的两个 Cooper 对电子相互作用后可以分别用 $\Phi(\boldsymbol{k})\Phi(-\boldsymbol{k})$ 和 $\Phi(\boldsymbol{k}')\Phi(-\boldsymbol{k}')$ 来表示金属态的占据轨道 k 和未占据轨道 k'，在电子-振动微扰能 $V' < \Phi(\boldsymbol{k})\Phi(-\boldsymbol{k}) | V' | \Phi(\boldsymbol{k}')\Phi(-\boldsymbol{k}') >$ 的作用下，根据熟知的轨道混合规则，可得到两个新的成对波函数，其中能量较低的那个成对波函数就是超导态。超导态中有一个低于 Fermi 面的稳态能级，其可以形成 $E<0$（以 E_f 为零点）的束缚态，其中的一对束缚电子就被称为 Cooper 电子对。它们具有比 E_f 更低的能量。这种 Cooper 对 $(k,-k)$ 在基态时的总动量和总自旋都是零，所以它们不受泡利(Pauli)不相容的限制，都成对地凝聚在比 E_f 更低的能级中。这是一种高度有序的状态，从而在 E_f 附近留下一个空隙 $2\Delta(0)$［图(4.5)］。从 BCS 理论可以导出 $\Delta(T)$ 值为

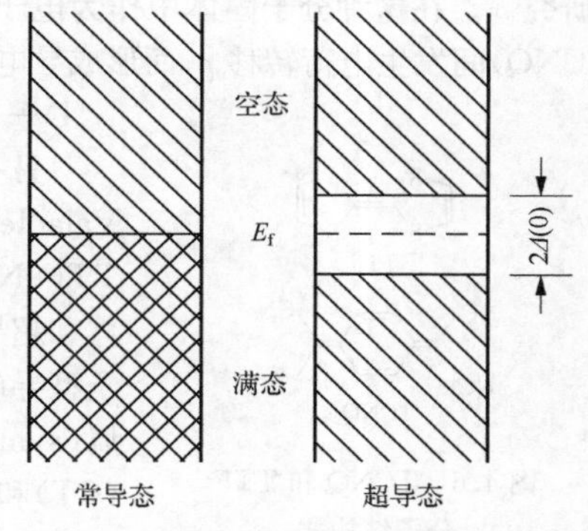

图 4.5 常态金属和超导态的电子能级示意图

$$\Delta(T) = 1.74\left(1-\frac{T}{T_c}\right)^{\frac{1}{2}} \tag{4.1.28}$$

可见当 $T=T_c$ 时，

$$\Delta(0) = 2\hbar\omega_D \exp\left[-\frac{1}{N(E_f)V}\right] \tag{4.1.29}$$

从实验的 T_c 值估计其能隙 $2\Delta(0)$ 很小，只约为 10^{-4} eV。Cooper 对吸引力的本性使我们认识，若要把它拆开还原成原来的金属态就必须给予大于 2Δ 的能量。

根据这种电子-声子作用机理，当两个电子在两个状态 k_0 和 k_1 之间的能量差小于晶格声子的振动能 $h\omega_D$ 时，电子将发生散射，这可以从理论上推导出超导的转变温度：

$$T_c = \frac{1.14h\omega_D}{k}e^{\frac{1}{N_0V}} \tag{4.1.30}$$

式中，ω_D 为 Fermi 面附近晶格振动的 Debye 频率。$N(0)$ 为正常态金属中的 Fermi 面附近的能态密度，$V_{kk'}$ 为电子-声子作用的偶合矩阵元。由式(4.1.30)大致可以说明：与过渡金属相比，轻原子材料的声子振动能量较高，可能有较高 T_c；而且由于 ω_D 和材料中原子的质量 m 有关［参见式(4.1.20)］，因而可以说明 $T_c \propto m^{-\frac{1}{2}}$ 的同位素效应。在过渡金属氧化物中，金属的成键作用较弱，形成的能带较窄。在 Fermi 面附近的态密度 N_0 较高，因而也可能有较高的 T_c 值。

4.2 分子导体

通常认为由共价键组成的有机化合物和一些由有机配体形成的配合物以及高分子这三类化合物都是绝缘体或不良导体，其中分子之间的轨道相互作用太弱以致很难在外场作用下引起导电。后来情况发生了改观。首先 1973 年四硫代富瓦烯(tetrathiafulvalene,

TTF)和四氰代对二亚甲基苯醌(7,7,8,8-tetracyano-*p*-quinodimethane,TCNQ)所生成的有机导体 TTF-TCNQ(图 4.6)晶体结构及对其电导的测定开创了分子型导电化合物的研究[5]。在这种分子固体中作为电子给体的分子 D(TTF)和作为电子受体的分子 A(TCNQ)间发生电荷转移 ρ,而形成导电配合物 DA:

$$D + A \longrightarrow D^{+\rho}A^{-\rho} \tag{4.2.1}$$

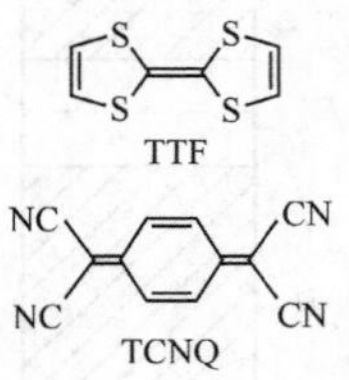

另一种电荷转移分子型导电配合物是 Cassoux 和 Valadle[6]合成含硫配体 TTE 和含金属 M 配合物的 $TTF[Ni(dmit)_2]_2$。在 Little 提出激子机理后[7],分子导体和超导体的研究发展成为一个全新的领域。通常将分子型导电晶体称为分子金属(molecular metals)或合成金属(synthetic metals)。它们大致可以分为:电荷转移(CT)和低维(LD)聚合物这两大类。本章将重点放在前一类的电荷转移型配合物上。

TTF

TCNQ

图 4.6　TCNQ 和 TTF 分子结构式

由于超导材料在高技术中的重要性,长期研究的结果导致 T_c 值大为提高。图 4.7 中表示了 T_c 值随着年代的推进而升高的一些代表性超导体[8]。当前基于氧化铜为主体的一系列无机超导体在实际研究中仍处于主导地位。但是合成金属超导体的 T_c 提高速度之快则是令人鼓舞的,引起了人们对设计和合成新的分子超导体的重视[8,9]。

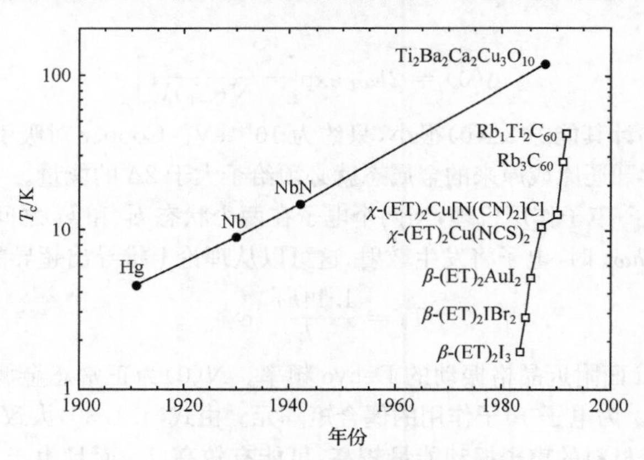

图 4.7　不同年代典型超导体的高临界温度 T_c

与传统的金属氧化物超导体比较,分子导体具有易于合成、剪裁和获得在空气中稳定的单晶。其低维性对于近代磁性协同作用及超导态理论研究也提供了一种验证的模型。

4.2.1　电荷转移有机分子导体的合成和结构

在分子导体中通常所用到的电子给体 D 和电子受体 A 如表 4.1 所示。通常采用下列两种方法制备电荷转移配合物自由基离子盐单晶、多晶粉末或薄膜[8]。

(1) 化学方法:对于有机的 DA 型分子导体,方法之一是将中性的给体和受体这两个化合物制成饱和溶液,再缓慢地冷至低温,或在较高温度下蒸发溶剂而形成单晶。例如在

表 4.1　常见的给体和受体分子

给体	受体	自由基
TTF	TCNE	DPPN
BEDT-TTF(ET)	TCNB	gaivinoxyl
TMTSF	TCNP	$DASPM^+$
DMET	TNAP	
MDT-TTF	$M(dmit)_2$	
BEDO-TTF	X=Cl *p*-chloranil *p*-iodanil	
DBTTF	TCNQ	
X=S:TTT X=Se:TSeT	DMTCNQ	

续表

给体	受体	自由基
TMTSF	DCNQI	
TTF衍生物	HCBD	
苝	$M(mnt)_2$	

TTT-TCNQ分子导体中，TTF中很容易给出1～2个电子以满足其化学上稳定的$(4n+2)$ Huckel共轭结构规则。若给体或受体在溶剂中溶解度较差，则可在少量溶剂下，密封在锥形瓶中而使其慢慢反应数个月，辅以温热或超声波振荡可以在短时间内使其快速溶解。也可以采取扩散法，这时将两种组分分别置于充满溶剂的两个同轴的试管内使之进行相互缓慢扩散而形成晶体。

(2) 电解法：这时大都应用氧化-还原反应，例如应用一个中间以多孔砂芯玻璃隔开的H型电解池。例如在制备$(ET)_mX_n$分子导体时，在阴极部分放置表4.1所示的分子给体ET和含阴离子X支持电解质的溶液，而在阴极部分则只放置支持电解质，在约0.2～1$\mu A/cm^2$的低电流密度下(对敏感物质还要在黑暗条件下)进行电解，使给体发生氧化。在几天甚至几个月内可以得到单晶。制备自由基离子盐时，常用非氧化性的含阴离子的支持电解质为①一价的：简单卤化物Cl^-，Br^-；线性分子CN^-，SCN^-，I_3^-，IBr_2^-，$AuBr_2^-$，$Ag(CN)_2^-$；三角形分子NO_3^-；四面体分子ClO_4^-，$GaCl_4^-$；四方平面$AuBr_4^-$；三角双锥TeF_6^-；八面体PF_6^-；$SbCl_6^-$。②二价的：$[Pt(CN)_4]^{2-}$，SO_4^{2-}，$Hg_2I_8^{2-}$，$CuCl_4^{2-}$。③聚氧阴离子$MW_{12}O_{40}^{n-}$(M = Co, Cu)。④螯合物：金属二硫烯，$Fe(C_2O_4)_3$，$Ni(C_2S_2O_2)_2$。⑤有机金属：$Cu(CF_3)_4$。不同的实验条件会得到不同的相结构。

有时也可用置换或复分解的方法代替直接的氧化-还愿反应，如：

$$TTFI + (Bu_4N)Ni(dmit)_2 \longrightarrow TTF\text{-}Ni(dmit)_2 + Bu_4NI \quad (4.2.2)$$

也可采用蒸气沉积和Langmuir-Blodgett技术在玻璃、聚合物或金属上制备导电薄膜。

早在1954年就曾应用苝(perylene，表4.1)作为给体和碘之类的受体相互作用生成导电有机固体。其主要导电机理是由该平面分子中的共轭电子在固体中形成面对面的HOMO-π电子相互作用所引起。它的氧化电位较低(～0.9V，相对于SCE，二氯甲烷溶液)。但其阳离子不太稳定，溶解度低，其周边的氢原子阻碍了平面内邻近原子的相互作用,而只能依赖形成面对面的一维结构而导电,并大多具有反铁磁性。代表性化合物为 $Per_2(I_2)_3$($\sigma\approx 1.2\times 10^{-1}$ S/cm, RT), $Per_2(AsF_6)_{0.5}(PF_6)_{0.25}$ 和 0.85DCM($\sigma\approx 200\sim 1200$S/cm)[10]。表4.2中列出了一些分子导体和超导体合成进展中的主要事件。

表4.2 分子导体和超导体合成进展的主要事件

年份	事件或成果
1973	第一个有机导体 TTF-TCNQ 的合成
1979	合成了 TMTSF-DMTCNQ,$\sigma=10^5$ S/cm(10^9 Pa, 1K)
1981	第一个常压低温(1.4K)下的分子超导盐 $(TMTSF)_2ClO_4$
1986~1989	(7~24)×10^8 Pa 下合成 $Ni(dmit)_2^{n-}$ 盐,$T_c=1.6\sim 5.9$K
1987~1988	合成了 T_c 高达 10.4K 的 κ-$(ET)_2Cu(SCN)_2$
1989	合成了新超导体 $(ET)_2NH_4Hg(SCN)_4$,$T_c=1.15$K
1990	κ-$(ET)_2Cu[N(CN)_2]Br$,$T_c=11.6$K
1990	k-$(ET)_2Cu[N(CN)_2]Cl$,$T_c=12.8$K(在 0.3×10^8 Pa 下)
1991	K_3C_{50},第一个 C_{60} 超导体,$T_c=18.0\sim 19.6$K
1991	$Rb_xTi_yC_{60}$,T_c 高达 45K

第一个DA型纯有机导体是以TTF作为给体和以TCNQ作为受体的有机导体TTF-TCNQ复合物(参见图4.6)。由于这类化合物的高导电性,因此合成了大量以这两类化合物为导体的衍生物[11,12]。例如,对于典型的TTF给体就有很多对其结构进行剪裁成表4.1所示具有不同官能团或原子方式的分子导体。对于TCNQ受体则可采取下述四个途径来改变它的结构(图4.8):①在醌基骨架上引入取代基,由此制备了最强的受体 $TCNQF_4$ 和较弱的受体 $TCNQ(OMe)_2$;②通过共轭或熔合而扩大醌基骨架而形成TCNDQ之类衍生物;③在醌体系中引入杂原子X而形成X-TCNQ。上述方法可达到减低晶格位点(on-site)上的库仑推斥作用;④将TCNQ和杂原子结合(annelation),使之具有杂原子相互作用的平面。TTF-TCNQ晶体具有分列成柱的结构,因此具有较好的导电性。但是以TCNQ作为受体的有机导体,由于它们的一维结构所导致的Peierls效应(参见图2.12),在低温时会发生从导体向非导体转变。

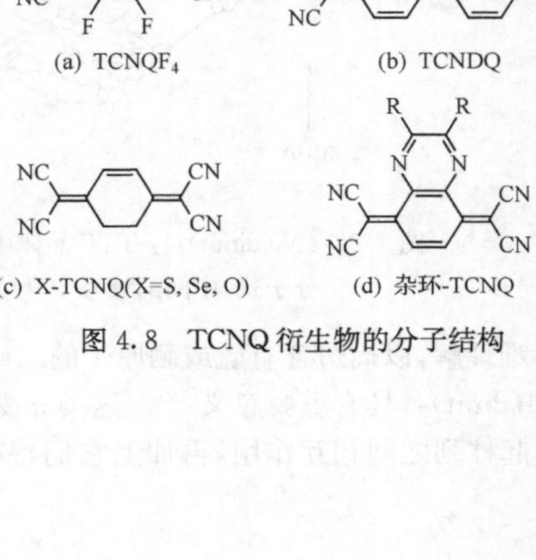

(a) $TCNQF_4$　(b) TCNDQ

(c) X-TCNQ(X=S, Se, O)　(d) 杂环-TCNQ

图4.8 TCNQ衍生物的分子结构

很多DX型这种由TTF作为给体D所形成的配合物在低温时的导电性从金属过渡到绝缘体,但有些则会由导体直接过渡到超导体。特别是自从丹麦的Bechgaard合成了第一个有机超导体 $(TMTSF)_2\cdot PF_6$ 以后(在6.5kbar① 下,

① bar为非法定单位,1bar=10^5Pa。

T_c=1.4K),已合成了大量$(TMTSF)_2X$ 和$(BEDT\text{-}TTF)_2X$ 超导体($X=PF_6$,AsF_6,SbF_6 和 TaF_6 等)。其结构特点是,通过同一柱列或柱列之间的S…S或Se…Se间的相互作用形成片状的二维结构,从而避免了金属-半导体转变(图4.9)。这种导电性的转变和其在不同温度或压力下所引起的相变密切相关。例如,在用电化学方法制备$(BEDT\text{-}TTF)_2I_3$ 时就发现有7种之多的$\alpha,\beta,\gamma,\theta,\kappa,\beta_d$ 和 λ_d 的不同晶型和不同化学比的晶相。对于含有杂原子硫的物种,当柱列间的间距S…S<3.6nm(范德华半径之和)时,就会引起利于导电的强相互作用。单从压力升高看,原子间距缩短就可以理解有些化合物在高压下才呈现超导的事实。目前在以TTF衍生物为给体的电荷转移盐也已成为这类有机超导体的主流[13]。T_c 为7K的含有磁性离子超导体$(BEDT\text{-}TTF)_4Fe(C_2O_4)_3 \cdot H_2O \cdot C_6H_5CN$ 的出现[14]使得磁性离子破坏超导的传统概念受到挑战。

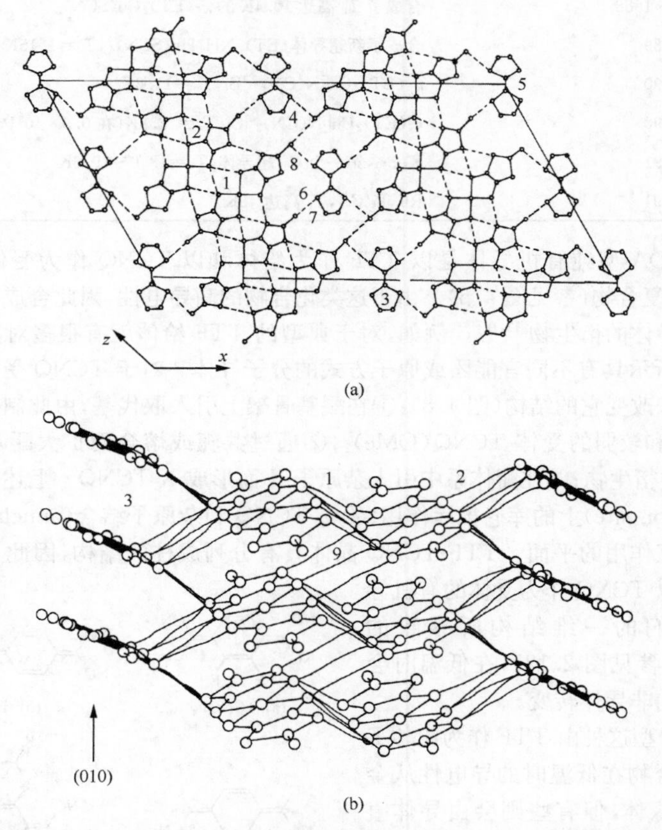

图4.9 $\{Ni(dmit)_2\}_2$-TTF晶体中通过S…S作用而形成的二维结构
分子式,中间的编号1~9对应于不同的S…S作用对

不难理解,以周边含有硫或硒原子的二硫烯作为电子受体的CT配合物,例如表4.1中的$M(dmit)_2$,具有重要意义[15]。这类π受体的特点是其平面构型有利于通过周边的S原子引起柱列之间相互作用,再加上它们特有的氧化还原电位从而和TTF、BEDT-TTF

以及其他电子给体相互作用时具有良好的导电，甚至超导性能。最近有一篇这类受体合成方面的总结性文章[16]。早期 Cassoux 等合成了第一个包含有过渡金属的超导体[17]。$M(dmit)^{n-}$和最近发展的 C_{60}一起组成了目前仅有的两种对超导体起主要作用的有机受体。目前已发现了七种以上 $M(dmit)_2$ 型超导体。

由 $M(dmit)_2$ 型作为受体 A 的分子导体，可以分成为分子型 DA（例如 D＝TTF，TMTSF，ET，$CoCp_2$ 等相关化合物[18]）和离子型 CA 两种类型（其中 C 为闭壳层结构的阳离子，例如 C＝H_4N^+、R_4N^+、R_4As^+、R_4P^+、$DASPM^+$[19,20]等）。由于 $M(dmit)_2$ 是一种 π 受体分子，所以在形成 DA 分子导体时其前线轨道（导带轨道）不是中性分子$M(dmit)_2$的 HOMO 而是其 LUMO。在 D_{2h}点群中，它们的 LUMO 和 HOMO 分别属于反对称 u 的 a_{2u}和对称 g 的 b_{2g}（图 4.10）[11]。参考式（2.1.52）波函数系数 C_{μ_i} 的数值在图 4.10 中用圆圈的大小表示，其符号用非空心和空心圆圈表示。和 HOMO 不同，LUMO 的波函数对于分子的对称中心操作是反对称的（a_{2u}中的下标 u 表示在对称中心操作下改变了波函数符号），因此决定了其侧面分子间 S…S 对的相互作用很弱，所以只能沿堆积方向形成一维导体。对大多数 $M(dmit)_2$ 型导体，同一导电层间相互是平行排列的。其 LUMO 所形成的一维堆砌方向间的重叠积分 S 为较大的负值。当它和 TTF 型 π 给体形成分子导体时，由于 TTF 型分子的 HOMO具有和 $M(dmit)_2$ 中 LUMO 相同的 a_u 对称性，TTF 沿着堆砌方向的重叠积分也是负值。因此由简单的能带理论预计受体 $M(dmit)_2$ 和给体 TTF 型相互作用而生成的 CT 化合物具有图 4.11(a)中所示的平行能带结构。由于它们的对称性相同，因而其 Fermi 面没有交叉，所以它们的一维金属态相当稳定，并且对温度的依赖性也不大。从和上类似的分析得知，在 TTF-TCNQ 化合物中，受体 TCNQ 分子“环外键重叠构型”沿堆砌方向的重叠积分 S(LUMO…LUMO)则为正值。因此 TTF-TCNQ 导体形成图 4.11(b)所示的交叉能带。由于(TTF…TCNQ)链间的相互作用使得在 E_f 处产生能级分裂而形成“共价性”能隙，其导电性较好。

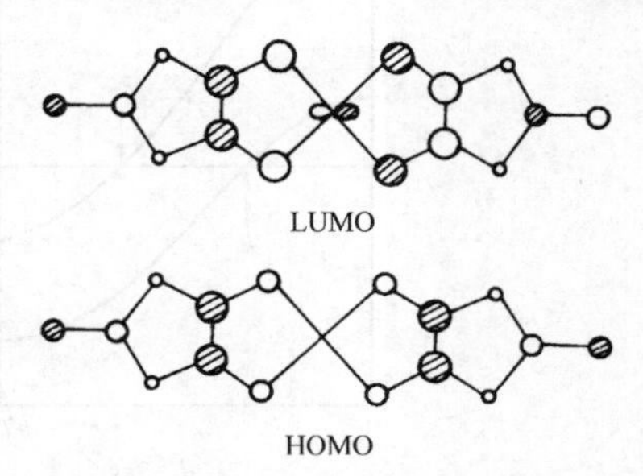

图 4.10　$M(dmit)_2$ 的 HOMO 和 LUMO 对称性

在生成这类导电配合物时，反常氧化态的金属离子会变得稳定。但对其中前线轨道的成键性质（即前线轨道的本性是金属的还是配体的）一直存在争论。这可以从顺磁共振、振动光谱、光电子能谱和晶体结构键长数据出发，对$[Ni(dmit)_2]^{n-}$等配位离子论证其前线轨道的配体本性[21]。

以二硫代盐为配体的$(H_3O)_xLi_yPt(mnt)_2 \cdot zH_2O$ 导电体的发现，对于配合物导体的发展具有重大意义。它的部分氧化的 $Pt(mnt)_2$ 分子平面也呈规则堆积，但其 Pt…Pt 间距 3.64Å 大到不足以形成 Pt—Pt 键，故其导电性是由于 mnt 配体中 S 原子间 3p 轨道的重叠所引起。朱道本等将 dmit 外围端基的 S 换成 O 原子[22]。负电性的改变导致 HOMO 电子云分布的变化，从而影响阴离子内的成键和分子间的作用。一些由 dddt（参见图 8.17 中，R＝—CH_2CH_2—）作为给体和 bpy 作为受体的[Pt(SS)(NN)]型不对称配

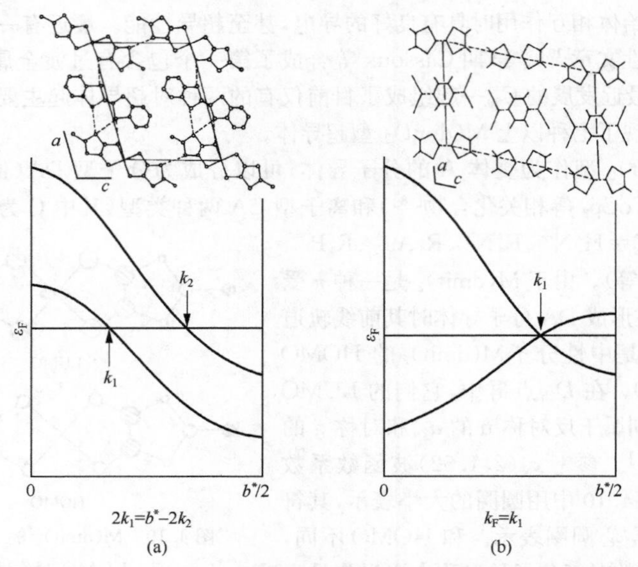

图 4.11　分列成柱 DA 化合物一维分子金属的两种典型能带结构

(a) (DBTTF)[Ni(dmit)$_2$],平行能带;(b) TTF-TCNQ 交叉能带

合物的合成日益受到重视。这种中性混合配体所形成配合物的电导在掺 I_2 后可以由 $10^{-9}\sim10^{-10}$ S/cm 增加到 $10^{-7}\sim10^{-8}$ S/cm[23]。

4.2.2 分子导体的分子设计

当电子给体 D 和电子受体 A 相互作用时,发生分子间的电荷转移,而通过式(4.2.1)生成所谓的电荷转移配合物(CT complexes)。1951 年 Mülliken 提出这种配合物结构之所以稳定存在是由于其波函数 ψ_{CT} 为共价键结构 ψ_{cov} 和电价键结构 ψ_{ele} 共振杂化的结果[23,24]:

$$\psi_{CT} = C_1\psi_{cov\,(D\text{-}A)} + C_2\psi_{ele(D^+A^-)} \tag{4.2.3}$$

其中组合系数 C_1 和 C_2 反映了 D-A 间的电荷转移程度 ρ 值的大小。当 $\rho=0(C_2=0)$ 时对应于共价化合物;$\rho=1(C_1=0)$ 时对应于离子化合物;$0<\rho<1$ 时对应于混合价化合物,后者可能形成导电材料。这种分子缔合作用的存在已被光谱实验所证实(参看 8.4 节)。

电荷转移量 ρ 取决于给体的电离势和受体的电子亲和势。一般只有强给体和弱受体(或反之)搭配时才能生成 $0<\rho<1$ 的导电混合价材料。此外还有两种较为简单的类型是:TTF 型分子(D)和反磁性的 Cl^-、ClO_4^-、PF_6^- 和 $AuBr_2^-$ 等阴离子(X^{n-})生成自由基阳离子盐$(D_x)^{n+}X^{n-}$(溶剂),其 $\rho=n/x<1$。而 1,2-二硫代烯型受体(A)分子则和反磁性的碱金属和铵等阳离子(C)生成自由基阴离子盐 CA。

Hubbard 模型:对于多粒子体系,量子力学中常应用一种更方便的所谓二次量子化方法,其要点是将我们习惯在能带理论中用的坐标 r 或动量 k 表象经过变换后换为粒子数表象进行讨论。这种理论特别适用于窄能带(如含 d 轨道的过渡金属化合物)中的电子相关效应。在定量地研究电荷转移盐或其特例的自由基离子盐的导电性时,较好的近似是采取物理上的 Hubbard 模型,这是在计算电子相互作用时主要考虑同一原子中的电子相互作用而认为不同原子的相互作用很小，适于窄能带的d轨道或孤立原子波函数。其专业语言接近于化学中的混合价态模型。在能带理论基础上，若只考虑同一格点或相邻格点(或原子位置) p 和自旋 σ 之间电子的相互作用，在扩展的Hubbard哈密顿近似中，将一般常用坐标表象的式(2.1.24)(即一次量子化)转化为粒子数表象形式(即二次量子化)[25]：

$$\hat{H}=\varepsilon\sum_{p,\sigma}n_{p,\sigma}-t\sum_{p,\sigma}(C^{+}_{p+1,\sigma}C_{p,\sigma}+C^{+}_{p,\sigma}C_{p+1,\sigma})+ U\sum_{p}n_{p\uparrow}n_{p\downarrow}+V\sum_{p}n_{p+1}n_{p}+(\hat{H}_{e\text{-}p}) \tag{4.2.4}$$

式中，$C^{+}_{p,\sigma}$ 和 $C_{p,\sigma}$ 分别为在格点 p 上自旋为 σ 的电子产生算符和电子消灭算符，n_p 为占据度算符，ε 和 t 分别对应于紧密束缚模型中所定义的单电子位置能量和转移积分[参见式(2.2.25)]，U 和 V 分别为格点 p(on-site)及其和邻近格点 $(p+1)$ 间的电子库伦积分。H_{ep} 为考虑到电子和声子、分子内振动和晶格声子之间的相互作用。

式(4.2.4)中第1～2项没有考虑电子相互作用。在这种模型的理论计算中要用到格林函数等复杂的数学方法，但是在概念上和实验上相关的是其中的 ε,t,U 和 V 等四个参数。常用的是EHMO的紧密束缚法能带理论[参见式(2.2.36)]，由此可以求出转移积分 t，带宽 $w\approx 2zt$($\leqslant$1eV；z 为最邻近的配位数目)，色散能量 $E(k)$，Fermi面附近的能态密度 $N(E)$ 等。人们已经对一系列一维、准一维和二维的分子型电荷转移盐进行了计算。由此得到可以和实验相比较的计算值。式(4.2.4)后两项才考虑单体或双聚分子上电荷分布等分子特性。这时在这些电荷转移盐中 U 和 V 的大小及其正负值有重要意义。初步估计 $U>$1eV(约近似于或大于带宽 w)，而且 $U>V>0$。

从上述观点出发，主要有两种求解式(4.2.4)的近似方法：①弱偶合。$U,V<|t|$ 时，将它们看成单电子模型的微扰 $\langle\Phi(k)|H'|\Phi(k)\rangle$。由此可以说明不同电子状态的不稳定性。②强偶合：$U,V\gg|t|$，这种强的电子-电子相互作用会导致电子定域在分子位置或分子之间(紧密束转)。不论哪种近似都预言：和二维或三维的体系不同，纯粹的一维导电的体系总是不稳定的(参见图2.13)。例如，对于二维的情况，特别在电子的相互库伦作用或电子和振动的相互作用下，当 $U\approx w$ 时，其初始的能带轨道 $\Phi(k_{\rm a},k_{\rm b})$ 就会通过轨道混合作用，由类似式(4.2.4)求出的第一个布里渊区中两个相距为 $q=k=k'$ 的波矢占据带函数 $\Phi(k_{\rm a},k_{\rm b})$ 和未占据带函数 $\Phi(k'_{\rm a},k'_{\rm b})$，从而在Fermi面附近分裂为 $\Psi(k)$ 和 $\Psi(k')$ 上下为 $\pm\cos q\cdot R$ 的两个能带，经过相互作用重新组合，从而形成能隙 $E_{\rm g}$[图4.12(a)]；当 $U\gg w$ 时就会发生如图4.12(b)所示的不稳定的巢型Fermi面，由此形成的能隙 $E_{\rm g}$ 也较大；图4.12(c)表示了金属铜的Fermi面。当其中 $\Psi(k)$ 由自旋 σ 为↑和↓的电子双重占据

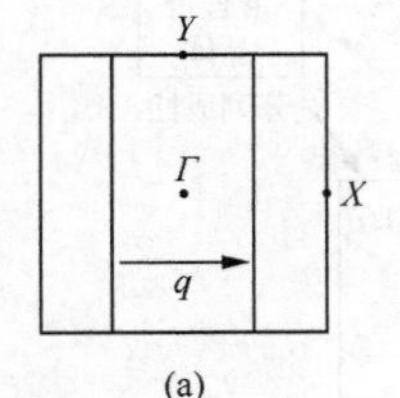

(a)

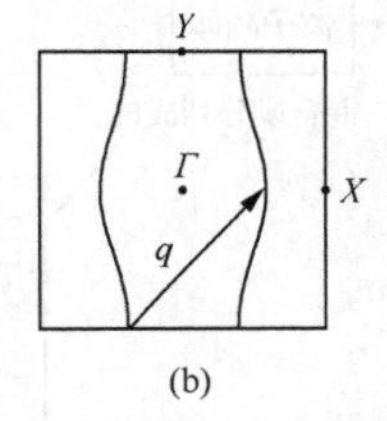

(b)

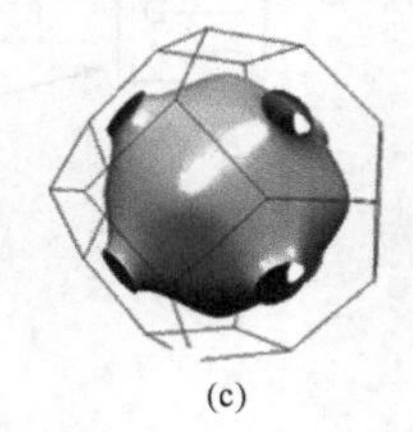
(c)

图4.12 巢状二维 (k_a,k_b) 的Fermi穴

(a) $\beta_b/\beta_a=0$；(b) $\beta_b/\beta_a<1$；(c) 三维 (k_a,k_b,k_c) Cu的Fermi面

时，就会使导体变为绝缘体，同时破坏其结构的长程有序性而使其基态的对称性发生变化。这种和电荷密度波（CDW）相关的周期性晶格遭受破坏（相变）并导致一维导体转变为绝缘体的现象称为 Peierls 效应。甚至对于二维或三维导体也会出现这种现象。类似地，当 $\Psi(k)$ 和 $\Psi(k')$ 分别被一个 σ 自旋↑和↓的电子所占据时，就可以从这种相互作用说明和自旋密度波（SDW）相关的自旋调制态变化，从而导致反铁磁相变的所谓"磁性 Peierls 效应"[8]。这些理论已由对于准 1D 的 Bechgaard 分子导体实验所证实。甚至还可以预见电子-空穴间单重成对和三重成对超导态的存在[26]。

晶体结构实验表明，电荷转移复合物给体 D 和受体 A 两种分子在晶体中的堆积方式，可以大致分为两种（图 4.13）：①分列成柱堆积（segregated stacks），给体分子和受体分子分别堆积成分子柱…D·D·D…和…A·A·A…的结构。TTF-TCNQ 晶体（图 4.6）就具有这种结构，其导电性能高（$\sigma_{RT}=200\sim600(S/cm)^{-1}$）。②混合成柱堆积（mixed stacks）：给体分子和受体分子在同一分子柱内混合交叉堆积成…D·A·D·A·D…的结构（图 4.11）。TPTTF-TCNQ 晶体就具有这种结构（$\sigma_{RT}=6.2\times10^{-3}S/cm$），其中 TPTTF 为表 4.1 中 $R_1=R_2=R_3=R_4=C_3H_7$ 的 TTF 衍生物分子。后来发现的 κ-$(ET)_2Cu[N(CN)_2]Br$（$T_c=12.8K$）和 κ-$(ET)_2Cu(NCS)_2$（图 4.14）有机超导体中 ET 分子以"面对面双聚体"的方式作二维排列[27]，但相邻的"二聚体"则几乎与前者以相互垂直的方式取向。可见分列成柱并非超导的必要条件。

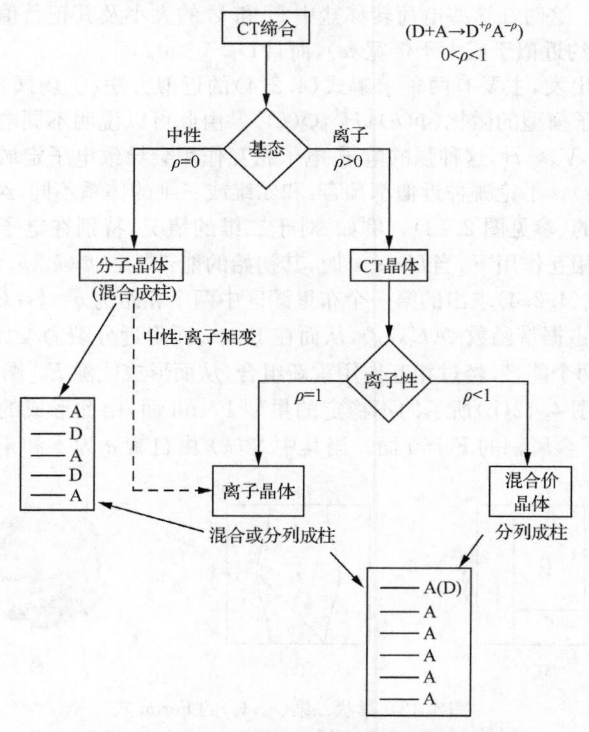

图 4.13 π-分子 CT 配合物的结构组合示意图

在理解电荷转移化合物的光学和电磁等性质时，Hubbard 理论具有重要意义。例如在讨论低频区（可见或红外区）所出现的电荷转移谱带时，对于上述①类的(EDT-TTF)I_3型(EDT-TTF＝ethylenedithio－tetrathiafulvalene)的 $\rho=1$ 化合物，其 CT 谱带对应于

$$\cdots D^+ D^+ D^+ D^+ D^+ \cdots \longrightarrow \cdots D^+ D^0 D^{++} D^+ D^+ \cdots \tag{4.2.5}$$

显然，近似地对于 $\rho=1$ 的离子体系，其激发过程中的电荷转移能量与 D^{++} 原位分子上的短程库伦作用的排斥能 U 有关；对于$(ET)_2X$ 型的 $\rho=1/2$ 化合物，其 CT 谱带对应于

$$\cdots D^+ D^0 D^+ D^0 D^+ \longrightarrow \cdots D^+ D^0 D^0 D^+ D^+ \cdots \tag{4.2.6}$$

而对于 $\rho=1/2$ 的部分离子体系则与两个相邻位置 D^+D^+ 间的静电排斥能 V 有关。

在分子导电材料制备的分子设计中，可分为两个步骤：①化学合成含大杂环体系的给体和受体分子。这时要考虑分子本身的大小、对称性、电子自旋密度等；②控制这些分子基块之间的电荷转移以制备分子材料。这时超分子组装的原理和抗衡离子（counterion）的选择十分重要。

在对合成材料的结构和光、电、磁等物理性质进行研究时，应注意在 Hubbard 理论模型指导下，探讨其中强电子相关所引起的维数效应和相变稳定性。对于以 TTF 骨架系列衍生物的导电物质，增加分子大小可以降低同一分子上的电子排斥能。目前已合成了在室温下具有金属特性的单价 TTF 衍生物[28]。为了稳定低温时的磁性或超导基态，理想的是要合成真正的三维重叠的 π 体系。一种互补的观点是，当电子相关的 U 参数降到和电子-声子作用 V 的大小时，可能出现极子(polaronic)过程。即使在和双电子转移相关的双极子（参见图 4.25）情况下，也可能导致超导中玻色(Bose)凝聚作用的出现[29]。在理论物理中，将遵从 Bose-Einstein 统计的粒子构成的量子磁体。例如，磁体^{4}He，其原子外层有 2 个电子，原子核有 2 个质子和 2 个电子，共有偶数 6 个 Fermi 颗粒。这种复合粒子^{4}He 原子就是玻色子。与此对应的是遵从 Fermi-Dirac 统计的粒子构成 Fermi 磁体。例如，^{3}He 磁体的^{3}He 原子是由奇数 5 个 Fermi 粒子组成的复合粒子就是 Fermi 磁体。

在抗衡离子的选择中要考虑：①其大小、形状、对称性、可能的取向，以及形成线性或平面多聚的子晶格(sublattice)；②从单价阴离子到多价阴离子会导致多极子静电作用和电子交换作用；③具有未成对电子的过渡金属所引起的磁性状态。

这种离子在分子柱或层之间起着隔离的作用，并引起马德隆能(Madelung energy)[参见式(2.3.8)]、外电势和次晶格之间的公度-非公度效应(incommesurate-commnsurate effect)。从无机-有机基块组装材料的观点看，平面型的 $Ni(CN)_4^{2-}$、$Pt(CN)_4^{2-}$ 和准球形的多酸金属配合物引起了人们的注意[30]。局部磁矩和导电电子间的交换作用引起的铁磁性甚至超导态可由早期在非分子体系中发展的 RKKY 振荡模型（参见 7.1.3 节）加以说明[31]。最近在 λ-$(BETS)_2FeCl_4$ 盐中观测到的电场诱导 Fe^{3+} 的铁磁有序性引起了人们的注意[32]。它为磁性和超导相关联的研究开辟了一个新途径。

从电子和空间结构理论出发，在实践中已经总结出一系列如下的规律[33-36]，从而有利于进行有机导体的合成和分子设计[34]。

(1) 1D 堆积：进行堆积的分子必须具有平面型结构，以使分子可以沿一个方向堆积而形成能带结构。

(2) 重叠性:进行堆积的分子具有非偶数电子数,并且在垂直分子平面具有离域性的未充满轨道,从而可以使邻近位置间电子有很好的重叠,并在分子堆积时能互相接近而不受空间阻碍,以通过金属-金属成键(如 KCP 分子中,图 4.21)或者 π 轨道重叠(如 TTF-TCNQ 中)而增加能带宽度。

(3) 非整数的氧化态:通过部分电荷转移或部分氧化还原作用,可使导带部分填充,这是形成导体的重要因素。

(4) 规则堆积:分子在堆积时应间隔均匀以避免 Peierls 型变形效应。特别在 D-A 型化合物中,电子给体和受体一般应采取分列成柱堆积的方式。但这一点很难在实验上加以控制。因为它取决于同类分子间的电荷排斥作用、邻近自旋间的交换作用、极化作用、阳离子的大小和对称性、晶体的无序性、电子-振动偶合等一系列因素[35]。如图 4.14 所示,该规则也偶有例外。

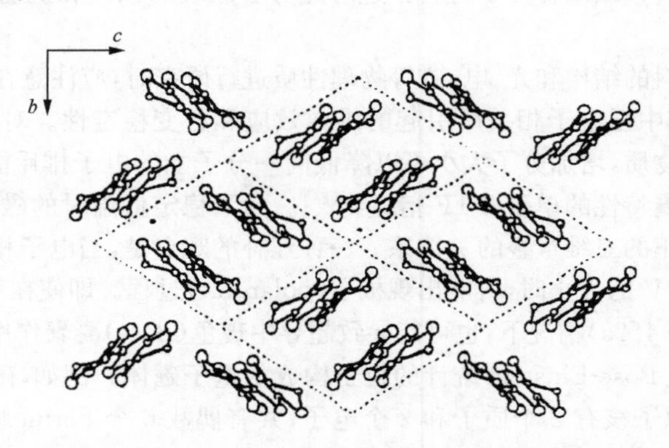

图 4.14 κ-$(ET)_2Cu(NCS)_2$ 在 118K 下 ET 分子层

(5) 氧化还原电位判据:由于给体的电离势和受体的电子亲合势数据不易获得,然而较方便的是可根据它们在溶液中的电化学氧化还原电位 $E_{1/2}$ 数据进行判断。经验表明,为了达到部分电荷转移,给体和受体间的氧化-还原电位最好处在下列范围:

$$E_{1/2}(D \rightarrow D^+ + e) - E_{1/2}(A + e \rightarrow A^-) = (0.1 - 0.4)\,eV \tag{4.2.7}$$

自从合成了以 TCNQ 为受体和以 TTF 为给体的电荷转移导电配合物以后,由于在合成平面型 TCNQ 之类的受体时遇到一系列困难,大部分工作集中在给体部分的合成。近十几年来,在 TCNQ、DCNQ(二氰基对醌二亚胺)、$M(dmit)_2$、C_{60} 等受体衍生物的研究方面取得了进展。1992 年诺贝尔奖得主 Marcus 提出了电荷转移理论[37]。由于 CT 化合物在化学和生物反应中的重要性,制备了一系列 D-σ-A 型 σ 桥联的给予-接受型化合物以研究分子内电荷转移的机理[38]。这类新型 D-A 型化合物具有一系列光学和电子特性,从而成为一类分子电子器件发展的基础[39-41],例如应用于人工光合成[42-43],生物模拟天然的染料(pigments)[44],非线性光学材料[43-46]和基于单个组分半导体的特性研究[47-48](图 4.15)。

对于一般的各向同性导带电子的导电率也可用式(4.1.14)进行讨论,

$$\boldsymbol{\sigma} = \frac{ne^2\tau}{m} \tag{4.2.8a}$$

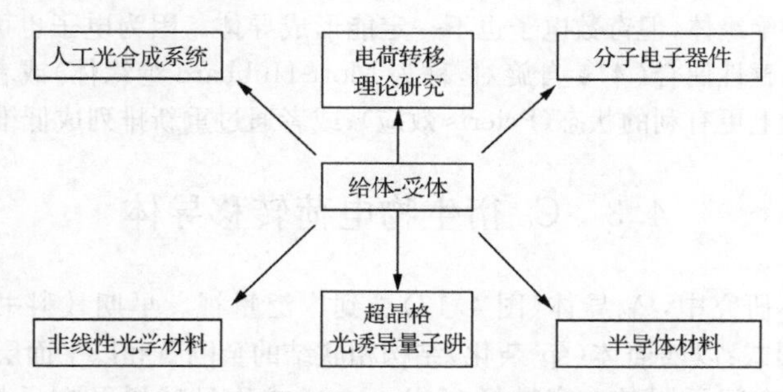

图 4.15　电子给体-受体(D-A)分子体系的应用

对于各向异性分子导体,其中 $\boldsymbol{\sigma}$ 是个三阶张量(参见附录 1),所以其导电率 σ 和 Fermi 面的形状和方向有关。一般它是窄的导带而带宽又大,分子的体积又大,传导的电子又少,因而电子密度 n 也很小,其分子导电率比无机粉针的小很多。由于弛豫时间 τ 比例于由晶格振动(声子)所导致的电子散射概率,窄带有机导体在 Fermi 面附近具有较大的态(动量 k)密度,所以其低的 τ 值也导致其中电子的淌度($e\tau/m$)比金属的低。很多实验表明,金属有机盐的 CT 型化合物常是 p 型半导体(但也有例外)。而且其能隙 E_g 也较低(Fermi 能级 E_f 处在 $E_g/2$,接近于室温的热能 $kT=26$meV),所以其基态可能为易变的动态弛豫体,但其电导率随温度的变化关系常为本征半导体型:

$$\sigma=\sigma_0\exp\frac{E_g}{2kT} \tag{4.2.8b}$$

目前也发现很多分子导体在温度降低时也具有超导性,这大致上也可以用式(4.1.30)去说明它们的结构和它们的超导性。图 4.16 说明了 β-(BEDT-TTF)$_2$X($X^-=I_3^-$,AuI_2^-,IBr^-)的 T_c 值和压力 p 成反比的关系。目前,已经从能带结构对其 2D 金属盐的导体性作了解析[8]。但有机盐的超导 T_c 和 E_f 的关系和式(4.1.30)有点不符,这与有机盐晶格的软度有关,即软的晶格有较大的电子-声子偶合常数 λ 值而使 T_c 增大。晶格的软性又和晶体中 D…D 和 D…A 中的离子 A(如 C—H…D 和 CH…阴离子)的堆积方式有关。

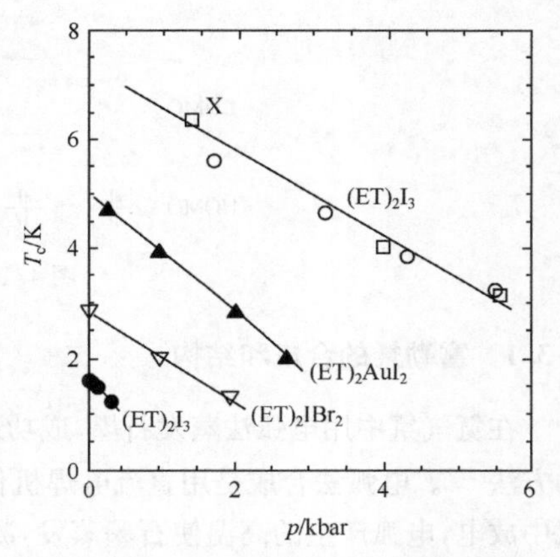

图 4.16　β-(BEDT-TTF)$_2$X 的 T_c 和压力的关系

分子金属导体的特点:有机导体也具有一般金属所具有导电率 σ 随温度升高而减小的 $\frac{d\sigma}{dT}<0$ 的性质,其 σ 值一般$<10^3(\Omega cm)^{-1}$,并具有很大的各向异性,沿层状结构方向特别小,常可看作 1-2D 导体。

能带理论也适于讨论分子导体和半导体。由于分子导体中的分子间的相互作用很弱(特别是其中的电荷转移型半导体),所以它们的能带很窄。其中无机对抗离子除了起着电荷输送体作用外,还起着有机层状间的隔离作用。如果有机部分含有偶数电子,则由于价带全满而称为绝缘体,但奇数电子也不一定能形成导体。因为电子也可能在导带中重新分布后成为反磁性偶合(↑↓自旋对,称为 Mott-Hubbard 绝缘体)或者分子离子的双聚合而成为能量上更有利的状态(Peierls 效应);或者通过重新排列成低维结构。

4.3 C_{60}衍生物电荷转移导体

在分子导体研究中,C_{60}导体(图 4.17)受到广泛重视。早期教科书中认为单质碳只有两种存在形式:以四面体(sp^3杂化)结构相联结的金刚石和以平面层状(sp^2杂化)的石墨,两者都是空间无限的。富勒烯(fullerene),或称足球烯及布氏烯(Buckminster fullerene)是近年来分子导体领域中的一个重大发现。空间有限的笼状结构和随后发现的管状结构是单质碳的一种新的形式。由于富勒烯奇特的结构形式和特别的物理化学性质,吸引了世界上众多的化学家、物理学家和材料学家对富勒烯(特别是C_{60})进行系统研究,形成了世界范围的"C_{60}热"[49-50]。但出人意外的是,层状结构的石墨烯及其衍生物的分子材料又异军突起,以 2010 年诺贝尔奖得主 Andre Geim 和 Konstantin Novoselov 的工作为标志,正在成为新的热点,这里就不细述了[50]。

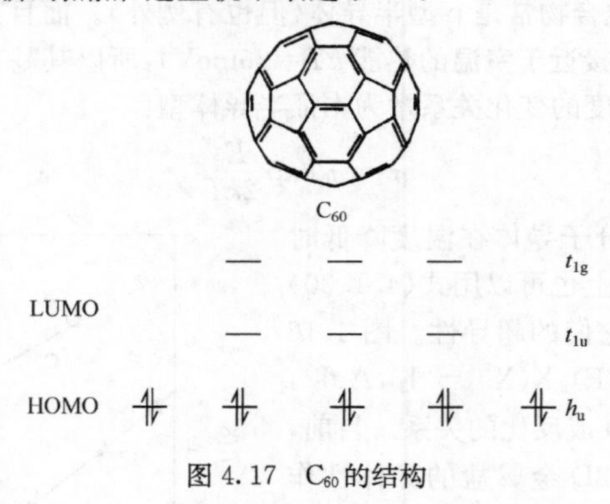

图 4.17 C_{60}的结构

4.3.1 富勒烯的合成和结构

在氦气氛中用电弧法蒸发石墨,成功地合成出宏观量的C_{60}/C_{70}。这是目前广泛采用的方法[51]。电弧法合成是用直流电焊机作为电源,两根光谱纯石墨棒作为电极,在氦气氛中放电,电弧产生的高温使石墨蒸发,凝聚在水冷的收集筒内壁上(图 4.18)。碳灰中富勒烯含量为 29%~44%。从碳灰中提取富勒烯有两种方法:升华法和萃取法。升华法是将碳灰保持在 0.133Pa 压力下,加热至 400℃,C_{60}升华并凝聚在冷表面上。萃取法是将碳灰放入索氏(Soxhlet)提取器中,用苯或甲苯作提取液,加热回流,可得 29%~44%的富勒烯,其中主要是C_{60}和C_{70}(图 4.19)。

由于富勒烯家族的结构很相似,在有机溶剂中的溶解度又比较小,分离较为困难。一般先经溶剂萃取法粗分后,再用液相色谱作进一步分离,得到纯的产物。用中性氧化铝作固定相,用已烷/甲苯淋洗液,可以将C_{60}、C_{70}和高碳数富勒烯分离,但一次能分离的样品

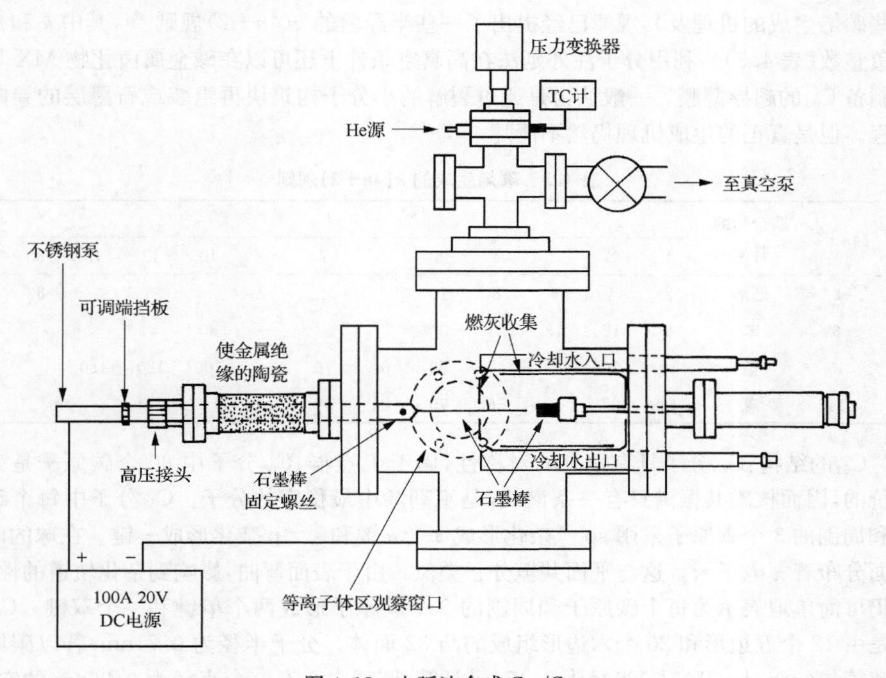

图 4.18 电弧法合成 C_{60}/C_{70}

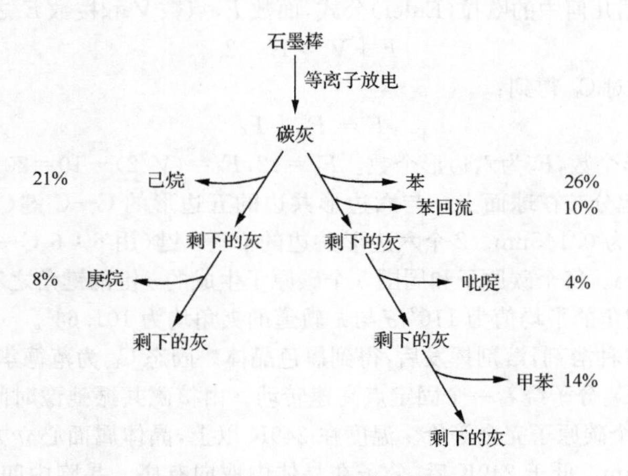

图 4.19 C_{60}/C_{70} 的萃取

数量很少。用石墨粉(粒度小于 100μm)作为固定相,一次分离的量大为增加。而用活性炭和硅胶作固定相,效率更高,每小时可得到 1g 纯 C_{60}。Coustel 等发展了一种新的分离方法,不用层析柱,仅用简单的结晶方法就可以得到纯度为 98%的 C_{60},为开展 C_{60} 化学的研究创造了条件。质谱实验表明,最稳定的是 C_{60},下一个稳定的是 C_{70},而不是理论所预示的 C_{62},还可能有:C_{28},C_{32},C_{50},C_{70},C_{76},C_{78},C_{82},C_{84},C_{90},C_{94},…,C_{240},C_{250} 等分子。对这些碳烯生成的机理及其规律已经提出了一些半经验的 $k(4n+2)$ 规则[52]，其中 k 和 n 为非负整数(表 4.3)。利用分子注外延法在高真空条件下还可以在碱金属卤化物 MX 基底上制备 C_{60} 的超导薄膜。一般认为是通过裂解的小分子构筑块再组装或石墨层的卷曲等过程。但是真正的生成机理仍然不清楚。

表 4.3 碳烯生成的 $k(4n+2)$ 规则

n	$4n+2$	簇合物的骨架	k												
			1	2	3	4	5	6	7	…	10	12	18	30	—
0	2	己烯	2	4	6	8	10			—				60	—
1	6	苯	6	12	18	24	30			—	60				—
2	10	萘	10	20	30	40	50	60	70	—	100	120	180		—
3	14	蒽	14	28	42	56	70	84	98	—					—

C_{60} 的结构：C_{60} 分子具有很高的对称性，属于 I_h 点群，C_{60} 分子中 60 个碳原子是完全等价的，因而核磁共振谱只有一条谱线，是富勒烯中最稳定的分子。C_{60} 分子中每个碳原子和周围的 3 个碳原子采用 $sp^{2.28}$ 杂化形成 3 个 σ 键和 $s^{0.09}p$ 杂化形成 π 键。在球的内外表面分布着 π 电子云。这与平面共轭分子类似。由于表面弯曲，影响到杂化轨道的性质，但仍可简单地表示为每个碳原子和周围的 3 个碳原子形成两个单键和一个双键。C_{60} 分子是由 12 个五边形和 20 个六边形组成的凸 32 面体。分子半径为 0.71nm，若以碳原子的范德华(van der Waals)半径为 0.17nm 计算，圆球中心有一个直径为 0.36nm 的空腔。对于多面体，根据几何中的欧拉(Euler)公式，面数 F、点数 V 和棱数 E 之间存在关系：

$$F + V = E - 2 \tag{4.3.1}$$

利用这些关系式对 C_{60} 得到：

$$F = F_5 + F_6$$

其中 F_5 为五边形个数，F_6 为六边形个数。$F_5 = 12, F_6 = (V/2) - 10 = 20$。12 个五边形互相不连接，均匀地分布在球面上。与六边形共边的五边形的 C—C 键(用 6∶5 C—C 表示)为单键，键长为 0.145nm。2 个六边形共边的 C—C 键(用 6∶6 C—C 表示)为双键，键长为 0.1391nm。每个碳原子和周围 3 个碳原子生成的 σ 键的键角之和为 348°，故呈球面。C—C—C 键角的平均值为 116°，σ 与 π 轨道的夹角均为 101.64°。

C_{60} 可溶于多种溶剂，溶剂挥发后，得到黑色晶体。固态 C_{60} 为范德华型键的固体。室温下，晶格中的 C_{60} 分子绕着一个固定点高速转动。由核磁共振弛豫时间估计，频率大于 $10^5 s^{-1}$，致使 60 个碳原子完全等价。温度在 249K 以上，晶体属面心立方点阵结构，点阵常数 $a_0 = 1.417$nm。低于 249K 后，分子在晶体中取向有序。晶胞中四个分子的空间取向不等效，对称性从面心立方降为简单立方。在温度为 5K 时，C_{60} 粉末的中子衍射确定其空间群为 $Pa3$，点阵常数 $a_0 = 1.4078$nm，并得到前述的 C—C 键长数值。相对而言，6∶6 C—C 键电子密度较高，6∶5 C—C 键电子密度较低。在低温相中，分子处于转动有序状态。为了使 π 电子的静电排斥力最小，C_{60} 分子堆积时，每个 C_{60} 分子以 6 个缺电子的五边形和 6 个富电子的 6∶6 C—C 键，分别面对着邻近的 12 个 C_{60} 分子的 6∶6 C—C 键和五边形的中心。这种堆积方式导致 6∶5 C—C 键分为两组：一组为面对 6∶6 C—C 键的五边形，其键长较长，平均为0.1466nm，另一组为不面对6：6 C—C键的五边形，其键长较短，平均为0.1444nm。

由于C_{60}分子在晶格中高速转动，分子结构难以用单晶X射线衍射法测定。1991年Hawkins在C_{60}球上巧妙地接上了一个锇Os的配合物，阻止了分子的转动，从而"锚定"了分子。用单晶X射线衍射法测定了$C_{60}(OsO_4)(4\text{-}Bu^tPy)_2$的分子结构(图4.20)，从而第一次测定了$C_{60}$的结构，证实了其球形结构的正确性。

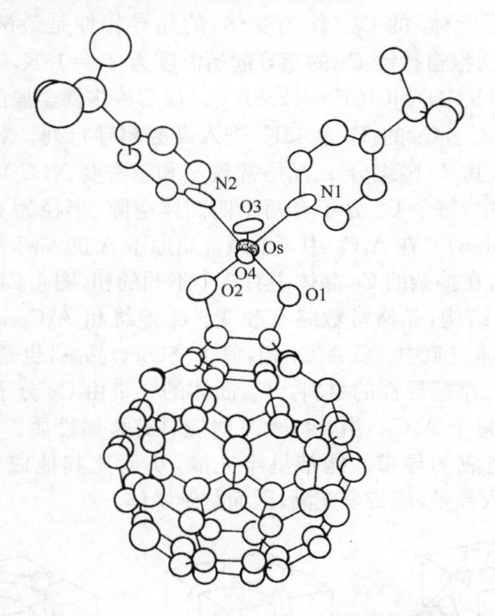

图4.20 $C_{60}(OsO_4)(4\text{-}Bu^tPy)_2$的晶体结构

C_{60}最引人注目的特点是球形结构。它直接决定了C_{60}分子具有异常的电子结构。分子轨道计算表明，最低未占据轨道(LUMO)为3重简并的t_{1u}，最高占据轨道(HOMO)是5重简并的h_u，它被10个电子所填满(参见图4.7)。HOMO和LUMO之间的能隙约为1.9eV。这些p型轨道在整个分子上离域。C_{60}分子6个最低的光学允许跃迁为：$h_u \to t_{1g}$，$h_g \to t_{1u}$，$h_u \to h_g$，$g_g \to t_{2u}$，$h_g \to t_{2u}$和$h_u \to g_g$。对面心立方C_{60}晶体的能带结构的计算表明，在形成晶体时，C_{60}分子的深层能级没有什么变化。这些能级相应于成键状态的σ键。在−6～+7eV之间的能级有相当程度的离域。可以把它们归属于成键状态的π键，因为π轨道比σ轨道较为扩散。在晶体中不同C_{60}分子的π轨道有较多的重叠。能量高于7eV的能级与C_{60}分子的能级基本相似，它们相应于σ键的反键状态。光电子能谱研究表明，固态C_{60}的价带从整体上看与金刚石和石墨类似。总带宽均约为23eV。逆光电子谱(IPES，参见2.3.3节)研究表明，固态C_{60}的空带宽度约为15eV，在接近Fermi面处为pπ键，远离Fermi面处为σ键。对于面心立方的C_{60}晶体，其主要由h_u组成的价带和t_{1u}组成的导带间的能隙约为1.8eV，所以属于直接间隙半导体，和GaAs半导体相似。在布里渊区的X点，价带的顶点和导带的底部的能隙为1.5eV。

自1990年发表了大量制备C_{60}富勒烯的方法后，对这类新型电子受体的研究日益受到人们重视[49]。相对于对苯醌之类受体而言，C_{60}是较弱的受体，其绝热电子亲和势约为2.10～(2.21±0.1)eV，引进强吸电子基团而形成$C_{60}F_{48}$等衍生物可以增加C_{60}的电负性。

4.3.2 C_{60}的导电特性

掺有碱金属(电子给体)的C_{60}(作为受体)的超导特性是最诱人的物理性质之一。1991年Hebard等首次报道掺钾C_{60}的超导起始温度为T_c=18K，超过了当时T_c最高的有机超导体$(Et)_2Cu[N(CN)_2]Cl$(T_c=12.8K)。接着许多掺金属的C_{60}超导体相继制备成功。其中$Rb_{1.0}Tl_{2.0}C_{60}/C_{70}$的$T_c$为48K，进入高温超导行列。对各种掺杂的$C_{60}$超导体$M_xC_{60}$的研究表明，其$T_c$随组分$x$、晶格常数$a_0$和态密度$N(E_f)$的增加而增加[53]。

在面心立方晶体中，每个C_{60}分子有两个四面体空隙(半径为0.112nm)和一个八面体空隙(半径为0.206nm)。在A_3C_{60}中3个碱金属原子A进入两个四面体空隙和一个八面体空隙。已经确定，在掺杂的C_{60}晶体中有3个不同的相(图4.21)：①超导相A_3C_{60}，晶体保持面心立方(fcc)结构，晶格常数略有改变。②绝缘相A_6C_{60}，体心立方(bcc)结构。碱金属离子填在四面体空隙中。③A_4C_{60}相，属正交(bct)晶系，也是绝缘相。具有立方对称性的A_3C_{60}是具有三维超导性的材料。C_{60}固体的导带由C_{60}分子的π_u组成，最多可容纳6个电子。因此对每个A_xC_{60}，当$0<x<6$时应具有金属性质。在K_3C_{60}中，电子从钾原子转入由π_u轨道组成的导带。能带呈半充满，从而比其他成分具有更高电导。在K_6C_{60}中，6个电子进入导带，能带全充满，因而是绝缘体。

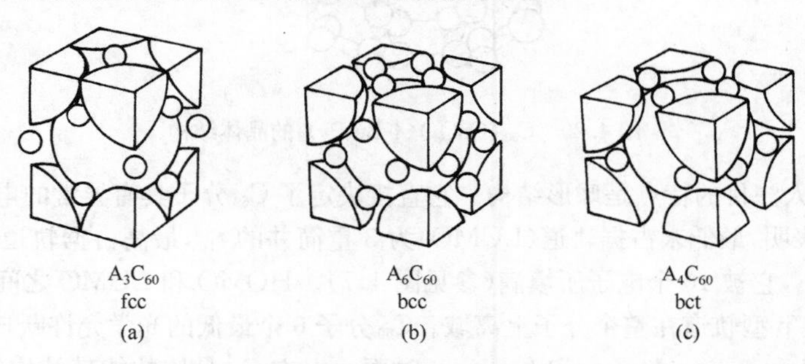

图4.21 掺有碱金属A的C_{60}晶体的三种不同相结构

在C_{60}超导体中，仍然保留了C_{60}分子的特性，从而保持了其高频的分子内声子。其窄能带体系使得在Fermi面处有高的态密度。从而使得超导的Bardeen-Cooper-Schrieffer(BCS)理论特别适用。按这种弱偶合的BCS理论预期其T_c值为

$$T_c = 1.14(h\omega/2\pi k_B)\exp\{-1/vN(E_f)\} \tag{4.3.2}$$

其中，ω为相关声子的频率，h和k_B分别为Planck和Boltzmann常数，v为电子-声子偶合强度。由此可以说明对于A_3C_{60}面心立方超导体，从K_3C_{60}到Rb_3C_{60}，其T_c值随单胞大小a_0值的增大而升高(图4.22)[54]。因为即使从简单的能带理论也可导出随着掺入的碱金属离子半径和晶格常数a_0的增大，而使能带变狭、$N(E_f)$增大，按照式(4.3.2)，可得出

T_c 随之增高的结论。不过这个结论似乎对 β-$(ET)_2X$ 之类的有机超导并不适宜。因为其 $N(E_f)$ 实质上是个常数。

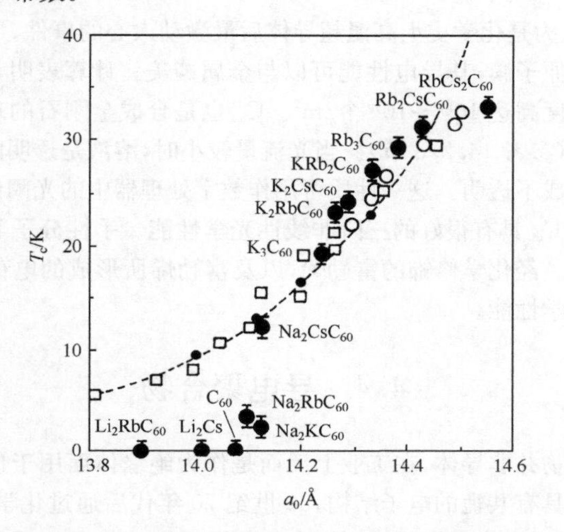

图 4.22 A_3C_{60} 超导体中 T_c 值和面心立方晶格常数 a_0 值的关系

根据 T_c 值随给体和晶格的增大而升高的设想，对其他很多有机及配合物给体和 C_{60} 受体的电荷转移配合物进行了研究。虽然并未成功，但在合成上大有收获。这时必须考虑受体的电子亲和势 E_A 和给体的电离势 I_A 的匹配。实验发现弱受体的接受电子能力次序为

$$\begin{aligned}&\mathrm{TCNQ} > \mathrm{TCNE} > \mathrm{QBr_4} > \mathrm{QCl_4} > \mathrm{QF_4} > \mathrm{Cl_2NQ} > \mathrm{TCNB} > \mathrm{C_{60}} \approx \\ &\mathrm{QMe_2Br_2} > \mathrm{Q} > \mathrm{TNB}\end{aligned} \tag{4.3.3}$$

其中，Q 为苯醌基团。目前已发现 C_{60} 和下列强给体可以生成电荷转移盐：$Fe(C_5H_5)(C_6Me_6)$，SnT_pTP（T_pTP=4-对甲苯卟啉），Cp_2Co（二茂钴），CrTPP（TPP=4-苯基卟啉），TDAE（四合-二甲胺-乙烯）；和弱给体 Fc，$Fe(CO)_4(\eta^5\text{-}C_5H_5)_4$，HMTTeF，BEDT-TTF，氢醌和 γ-环糊精等则生成中性的 CT 化合物。从 McConell-Hoffmann-Metzger 方程[55]来看，若 E_M 为 D-A 对的 Madelung 能量，则可将 CT 化合物分为三类：

(1) 当 $I_P(D) - E_A(A) > E_M$ 时，为中性化合物；

(2) 当 $I_P(D) - E_A(A) = E_M$ 时，为部分离子性化合物(isometric complex)；

(3) 当 $I_P(D) - E_A(A) < E_M$ 时，为离子化合物。

其中部分离子性化合物有较大的电导。但从上式看，只适用于 D 和 A 均为闭壳层电子结构的 D-A 配合物，对碱金属离子的 D-C_{60} 化合物并不适用。除了 BCS 理论外，超导现象也可以用激子机制或强关联模型解释。与氧化物超导比较，这种分子超导体的优点是三维导电，易于加工。有人估计富勒烯 C_{540} 可望达到室温超导。

例如采用了二茂铁，BEDT-TTF 和 TDAE 等作为给体，但几乎都只得到了不导电的 CT 化合物。值得指出的是，对于后者在 C_{60} 的甲苯溶液中加入过量的 TDAE 可得到对空气极为敏感的 $C_{60}(TDAE)_{0.86}$ 微晶。该化合物具有软铁磁性，居里温度 T_c=16.1K。其也是有机磁体临界温度最高的一个化合物。后来还发现了 2-，3-和 4-硝基苯 C_{60} 和 TDAE

或 CpCo 的化合物可以得到磁性转变温度 T_m 高达 29K 的铁磁性化合物，但其机理仍不明确。

C_{60}的出现被认为是化学史上高温超导体后最激动人心的事件。令人更为惊讶的是，最近发现的管状碳原子簇，其导电性能可以与金属媲美。计算表明，截面直径为 1nm 的管内电荷载流子密度高达 $10^{26}\sim10^{29}$个/m^3。C_{60}也是合成金刚石的理想原料。C_{60}和 C_{70}的溶液具有光限性(参考 14.2.3 节)。当光流量较小时，溶液是透明的。但是当光强超过阈值强度后立即变成不透明。这一性质可用作数字处理器中的光阈值器件和强光保护敏感器。中心对称的 C_{60}具有很好的三阶非线性光学性能。手性分子 D_2-C_{76}具有良好的二阶非线性光学性能。经化学修饰的富勒烯，以及富勒烯所形成的电荷转移化合物也可望具有二阶非线性光学性能。

4.4 导电聚合物

通常认为聚合物并非导体，在工业上反而是作为绝缘体而用于包装和密封材料。但是很多新型聚合物具有共轭的电子结构，20 世纪 70 年代后通过化学或电化学氧化-还原改性后，其优异的电学和光学性能受到极大的重视。

4.4.1 有机和配位聚合物[8]

我们熟知，具有双键的乙烯在聚合后生成具有 sp^3杂化的聚乙烯(polyethylene)，其中由定域的 σ 键结合，所以是绝缘体。但是具有三键的乙炔聚合后生成具有 sp^2杂化的聚乙炔，就具有由 p_z轨道形成的共轭结构。如果这种一维结构中所有的共轭骨架中的键长都是相等的，则按能带理论，其中价带应该是半充满[图 4.23(a)]。实际上考虑到电子和骨架的电子相互作用所引起的 Peierls 效应后，这种理想的一维结构会畸变成长短交替(其间差值约 0.1°)的结构。这种畸变阻止了电子的离域作用，并引起沿链存在周期性电荷密度调制，使得短键分配有更多的电荷密度。即使聚合物的聚合度高达 10^4，其电子最大的离域范围一般也局限在 15～20 个共轭键内。畸变导致在 Fermi 能级附近引起能带分裂而产生能隙 E_g[图 4.23(b)]。该能级间隙约为 1.5eV，落在可见光范围内。这就说明该聚合物属于半导体，并在透射光中呈现蓝色或红色，以及其各向异性。实际上这种聚乙

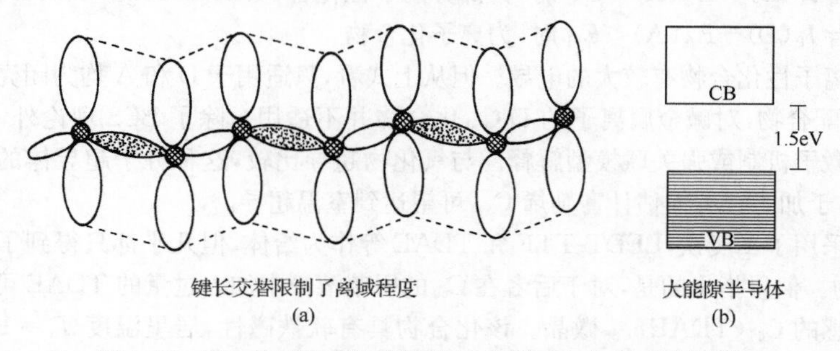

图 4.23 聚乙炔的半满价带结构(a)及其 Peierls 效应分裂(b)

炔在进一步用金属钠等给体还原（“掺杂”）后，还可使电导接近于金属铜的数量级（10^5 S/cm）。但是其在空气中的稳定性很差。

表 4.4 中列出了一些经过化学氧化还原而能导电的代表性共轭聚合物。这些聚合物本身一般是绝缘的。但它和电子受体（氧化剂）或电子给体（还原剂）相互作用后可以转化为导体，同时分别产生聚合的碳阳离子（carbenium）和碳阴离子（carbanion）。常用的氧化剂是 I_2，AsF_5，$FeCl_3$ 和 $NOPF_6$。还原剂则可以用萘基钠等。

表 4.4　代表性导电聚合物的结构重复单元，稳定性及加工状态

聚合物（单体）	电导率/(S/cm)	稳定性（掺杂态）	可加工性
polyacetylene（—HC═CH—）	$10^3 \sim 10^5$	差	有限
polyphenylene（—C₆H₄—）	10^3	差	有限
PPS（—C₆H₄—S—）	10^2	差	很好
PPV（—C₆H₄—C(N)═C(N)—）	10^3	差	有限
polypyrrole（R 取代吡咯环）	10^2	好	好
polythiophene（R 取代噻吩环）	10^2	好	很好
polyaniline（—C₆H₄—N(H)—）	10	好	好

图 4.24 表示了聚合物电导随掺杂剂（dopant）含量的变化。这种电荷转移试剂的作

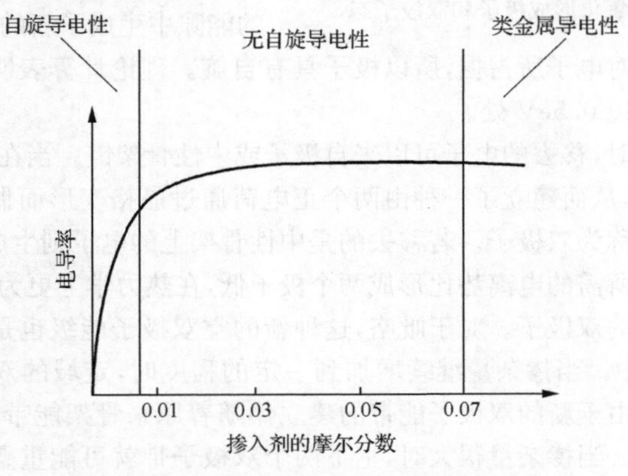

图 4.24　聚合物的电导随掺杂剂的变化

用有点类似于半导体中的掺杂作用，从而也可以分别形成 p 型半导体和 n 型半导体。但其掺杂量(摩尔分数～1%)远大于半导体掺杂(约为 ppm 范围)，而且机理上也不全相同。上述实验事实和简单的能带理论设想并不一致。因为随着掺杂量的增加，由于价带电子减少(氧化时)或导带电子的增加(还原时)都应该使电导升高，进而伴随具有自由自旋的导电电子数的增加。但实验中当掺杂量超过一定的低限量后就呈现无自旋的导电性(可由 ESR 谱信号的降低而证实)。这类现象可以由下述极子和孤子理论加以说明[56-57]。

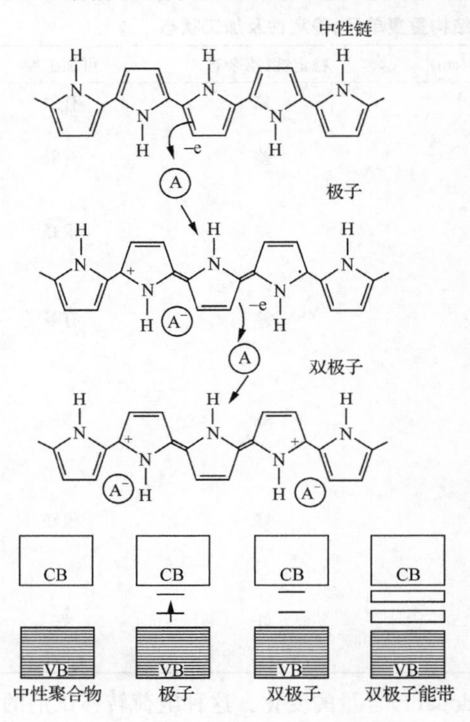

图 4.25 吡咯氧化形成极子和双极子态

应该分别对聚合物的基态非简并态和简并态这两种情况加以区别。

(1) 非简并基态：以聚吡咯的氧化过程为例(图 4.25)。电子由中性的 π 链转移到添加的受体 A 上形成无自旋的阴离子 A^- 而使聚合物骨架上产生(p 型半导体)自旋为 1/2 的自由基和无自旋的正电荷(阳离子)。这个离域的阳离子相当于价带中的空穴导电。但是这个正电荷可能通过一维聚合链的构型重排而定域在链中的某一个区域，并和自由基相互作用而使体系更加稳定。这种通过电子-声子偶合而使围绕在电荷缺陷位子附近产生晶格结构的弛豫作用，这在准一维结构中是可能发生的。所形成类醌结构的变形大致可以扩展到四个吡咯环。这种电荷和自由基之间通过局部格子变形的偶合就是所谓的极子(polaron)。极子可以是阳离子(化学氧化)，也可以是自由基阴离子(化学还原)。极子的生成使得在原来的能隙中生成了新的定域电子态，其较低的能态被单个未成对电子所占据，所以极子具有自旋。理论计算表明，对于吡咯，极子能态对称地处在能带边 0.5eV 处。

在进一步氧化时，移去的电子可以来自极子或中性骨架链。当在极子中移去电子，则极子的自由基消失，从而建立了一种由两个正电荷通过晶格变形而偶合的双阳离子。这种无自旋的缺陷就称为双极子。若移去的是中性骨架上的电子则生成了另一个极子。由于形成一个双极子所需的电离势比形成两个极子低，在热力学上更为有利，所以在高掺杂量时利于生成定域的双极子。对于吡咯，这种新的空双极子能级也是对称地处在离带边约 0.75eV 的能隙中。当掺杂量继续增加到一定的程度时，定域的双极子定域能带会形成连续双极子带。由于新的双极子能带的建立伴随着原来骨架能带的消耗，因此聚合物的带隙也随之增加。当掺杂量很大时，上下两个双极子带就可能重叠而产生半充满的导电状态。

(2) 简并基态：以具有简并基态的反式-聚乙炔的氧化为例(图 4.26)。开始氧化时也在带隙结构中生成结构对称的定域极子态，进一步氧化时也生成双阳离子。但是由于聚乙炔具有双重简并的基态，两个带电的阳离子不再互相束缚在一起形成高能键合结构型，而是沿链自由地分开。亦即电荷缺陷两边的成键构型采取相反的取向，但在能量上是彼此等价的形式。这种相互隔离而没有相互作用，但具有相反取向的位相就称为孤子(solition)。它可以是中性的，也可以是带电的，其离域程度约为 12 个 CH 单位，其电荷主要集中在掺杂离子周围，所形成的新定域电子态处在能隙的中间，当掺杂量增加时带电的孤子将相互作用而生成孤子能带，最后可能重叠而导致金属导电。

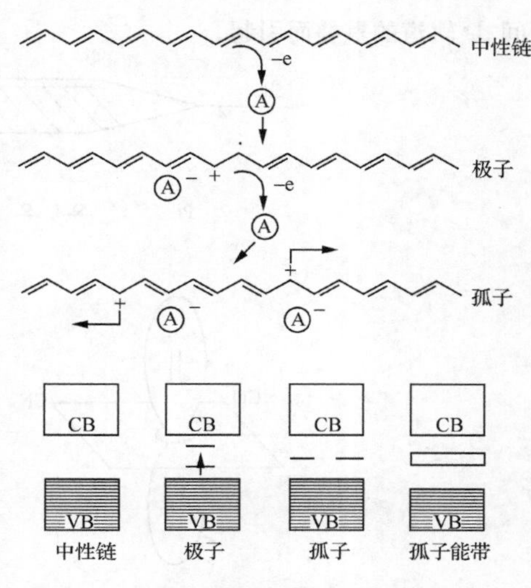

图 4.26　聚乙炔氧化形成极子和孤子态

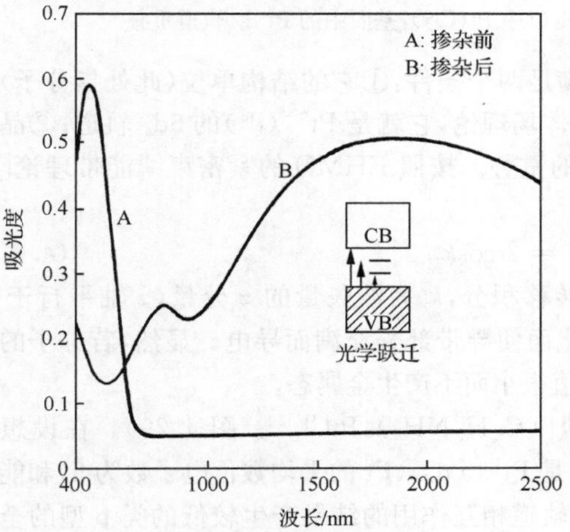

图 4.27　聚(3-辛基噻吩)掺杂前(A)后(B)的光谱

这种导电聚合物中带电缺陷所导致的双极子和孤子的机理和理论，虽然在定量的细节方面还有待探讨，但已日益被各种实验所支持。例如，在聚 3-辛基噻吩的光谱中(图 4.27)，在未被掺杂的中性状态中只在 500nm 处出现一个强的价带-导带跃迁[54]。但在用 $NOPF_6$ 掺杂后所形成的高导电状态(在刚性的三维结构中不会有这种变形，因为其中主要是电子和空穴激发作用)，从而使带间跃迁强度降低而出现两个新的由价带到双极子态的新吸收峰。

由于聚合物大多为无序的非晶态，因而在理论方面难以进行定量的探讨。在实际应用中研究其掺杂后的稳定性及加工技术的可能性十分重要。目前有人报道了第一个室温超导的氧化聚丙烯聚合物，但其结果未被他人所证实[58]。

4.4.2　导电配位聚合物

早在 1842 年 Knop 就不自觉地用 Cl_2 或 Br_2(用现代科技语言来说，类似掺杂)氧化 $K_2Pt(CN)_4$ 而得到的第一个分子无机导体[59]。但它并没有全部表征这个晶体。现在我们知道它的组成是 $K_2Pt(CN)_4X_{0.3} \cdot nH_2O$，具有图 4.28 所示的结构(X=Cl 或 Br)，其中 Pt 原子具有非整数的氧化态。这种一维的类似金属特性是由相距为 3.0Å 的 Pt—Pt 原

子间 d_{z^2} 轨道的重叠而引起。

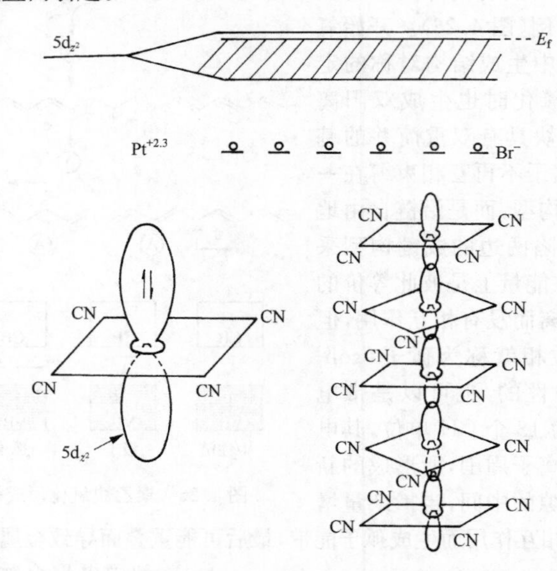

图 4.28　$K_2[Pt(CN)_4]X_{0.3}\cdot nH_2O$ 中 $Pt(CN)_4$ 基团中的 Pt d_{z^2} 轨道重叠

这类一维分子晶体的金属特性显然满足两个条件:①它的结构单位(此处指分子)的 HOMO 轨道为部分占据。按照简单的配体场理论,它就是 $Pt^{2+}(d^8)$ 的 $5d_{z^2}$ 轨道;②晶体中分子的排列有利于其分子间前线轨道的重叠。按照 EHMO 的紧密束缚能带理论[参见式(2.45)],沿着原子链的一维能带为

$$\varepsilon(\boldsymbol{k}) = 2t\cos\boldsymbol{k}_z \tag{4.4.1}$$

式中,t 为比例于 d_{z^2} 轨道间积分的所谓转移积分,$\boldsymbol{k}_z$ 为波矢量的 z 分量(z 轴平行于 Pt 链),由于铂($Pt^{(2+\delta)+}$,$\delta\approx0.3$)的部分氧化而使导带部分充满而导电。显然,若分子的前线轨道为 $d_{x^2-y^2}$ 的一维结构,则由于其 t 值很小而不产生金属态。

考虑具有卤素桥联的 Wolfram 红盐$[(C_2H_5NH_2)_4PtCl]^{2+}$(图 4.29)。在设想为 …Pt…Cl…Pt…Cl 的规则链中,前线轨道是 Pt^{3+} 5 d_{z^2}(Pt 的平均数价电子数为 5)和能量比它较低的 Cl^- 的 $3p_z$ 轨道。这两种前线轨道相互作用的结果产生较低的类 p 型的全满能带:

$$\varepsilon(\boldsymbol{k}_z) = \varepsilon_p + \varepsilon_d - \{(\varepsilon_p - \varepsilon_d)^2 + 16t^2\sin^2(\boldsymbol{k}_z/2)\}^{1/2} \tag{4.4.2}$$

和较高的类 d 半满能带:

$$\varepsilon(\boldsymbol{k}_z) = \varepsilon_p + \varepsilon_d + \{(\varepsilon_p - \varepsilon_d)^2 + 16t^2\sin^2(\boldsymbol{k}_z/2)\}^{1/2} \tag{4.4.3}$$

上两式中的 ε_d 和 ε_p 分别为晶态中 $5d_{z^2}$ 和 $3p_z$ 的轨道能量,t 为 $5d_{z^2}$ 和 $3p_z$ 间沿链方向的转移积分。

表面上看来这种配合物有可能是导电的。但实际上由于其中强烈的电子相关及电子-晶格的相互作用而使之产生 Peierls 效应(对半满能带特别严重),使得 Pt^{4+} 和 Pt^{2+} 沿链交替排列,而使体系变为非导体。

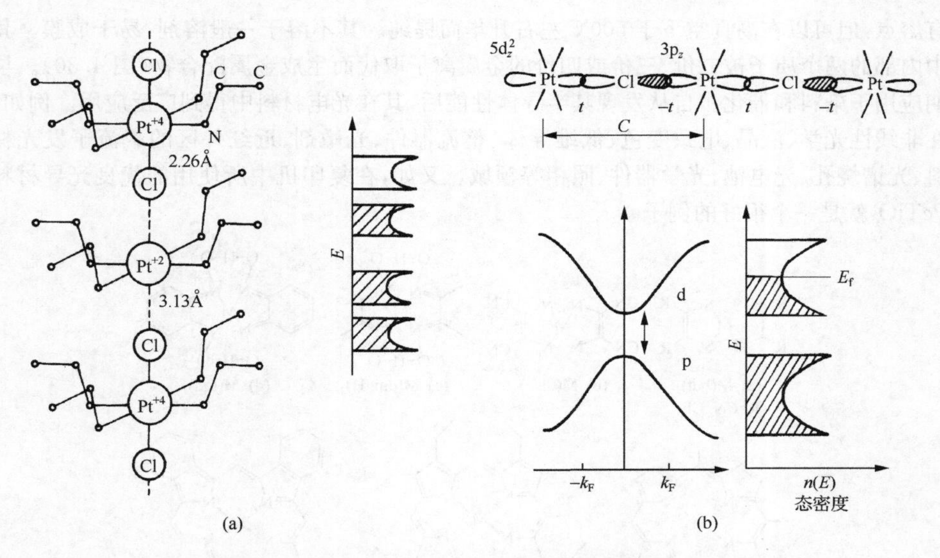

图 4.29　$[(C_2H_5NH_2)_4PtCl]^{2+}$的结构和含卤桥 Pt 配合物的能带

按照这种观点，例如对氧化铜金属导体 La_2CuO_4，其中以氧作为桥联的二维 $Cu^{2+}(d_{x^2-y^2})O^{2-}(2p_x$和$2p_y)$网络结构导致类 p 轨道全满、而类 d 轨道 e_g半满的导电和磁性结构。实验表明，当用 Ba^{2+} 进行空穴掺杂时还得到了第一个高 T_c 氧化物超导体 $(La_{1-x}Ba_x)_2CuO_4$。当然这对分子设计很有启发，但已经不是简单的单电子能带理论所能解释的。准三维有机导体$(BEDT\text{-}TTF)_4[Cu(C_2O_4)_2]$的合成是尝试将无机超导中的 Cu—O 面引入有机导体的一个例子[60]。

有机导电材料的一个重要分支是基于大环平面分子堆积成柱的配位导电聚合物，它在一系列高新技术中得到了应用。以金属酞菁(metallophthalocyanines, MPc)配合物为例，其制备方法见图 4.30。酞菁$(C_{32}H_{18}N_8)$具有中心对称平面结构(图 4.31)，它虽然没

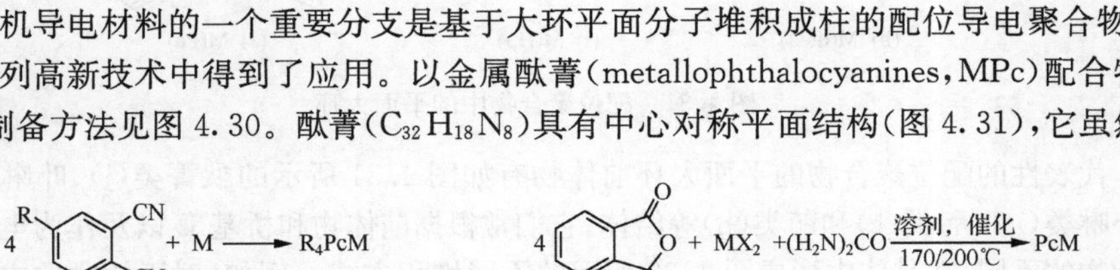

(a) 4 R-C$_6$H$_3$(CN)$_2$ + M → R_4PcM　R=H, 烷基, 烷氧基, …

(b) 4 邻苯二甲酸酐 + MX_2 + $(H_2N)_2CO$ —溶剂, 催化, 170/200℃→ PcM

(c) 4 C$_6$H$_4$(CONH$_2$)(CN) + M —300℃, 干燥→ PcM + $4H_2O$

(d) 4 邻苯二甲酰亚胺(NH) + MCl_2 —甲胺→ PcM + $4NH_3$ + 2HCl

(e) $PcH_2/PcLi_2$ + MCl_2 —溶剂→ PcH + 2H/LiCl

(f) 邻苯二甲腈 + MX_2 —1-丙醇, DBU, △→ PcM

图 4.30　金属酞菁配合物的合成和结构

有熔点，但可以在高真空下于 500℃左右升华而提纯。其不溶于一般溶剂，易于成膜。其中内部的两个质子被二价、三价或四价的金属离子取代而生成金属配合物(图 4.30)。早期应用于染料和催化。自从发现其半导体性能后，其在光电材料中得到广泛应用。例如，在非线性光学、液晶、电致变色、低维导体、整流器件、光敏剂、近红外区的载流子发光材料、光谱烧孔、光电池、光学器件、照相等领域。又如，在复印机中所使用的优良光导材料 $PcTiO_3$ 就是一个很好的例子。

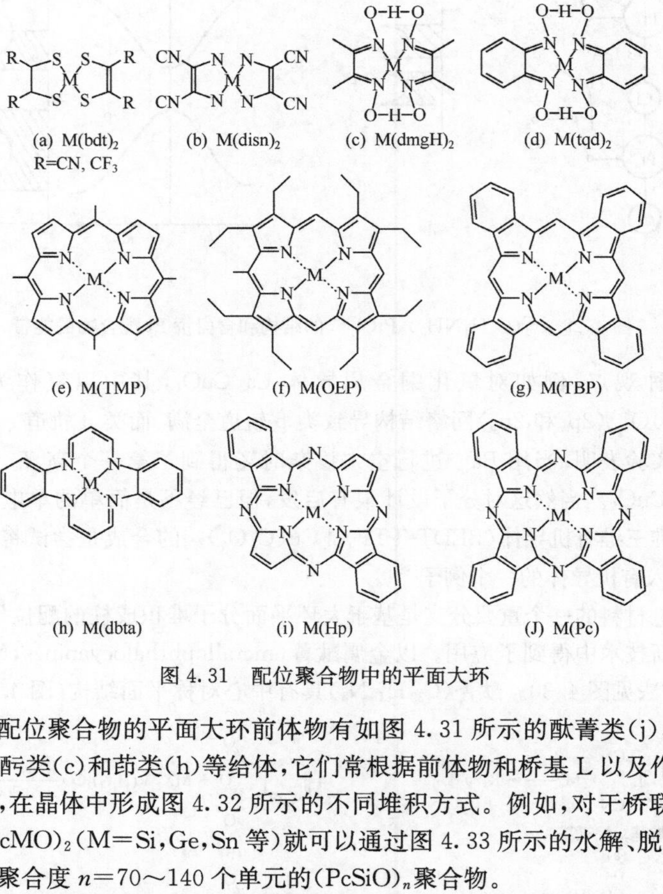

(a) $M(bdt)_2$ R=CN, CF_3　(b) $M(disn)_2$　(c) $M(dmgH)_2$　(d) $M(tqd)_2$

(e) M(TMP)　(f) M(OEP)　(g) M(TBP)

(h) M(dbta)　(i) M(Hp)　(J) M(Pc)

图 4.31　配位聚合物中的平面大环

代表性的配位聚合物的平面大环前体物有如图 4.31 所示的酞菁类(j)、卟啉类(g)、半卟啉类(i)、肟类(c)和芘类(h)等给体，它们常根据前体物和桥基 L 以及作为电子受体掺杂物的不同，在晶体中形成图 4.32 所示的不同堆积方式。例如，对于桥联的主族元素大环聚合物$(PcMO)_2$(M=Si,Ge,Sn 等)就可以通过图 4.33 所示的水解、脱水缩合、掺杂等方式合成出聚合度 n=70～140 个单元的$(PcSiO)_n$聚合物。

由于在晶体中分子间的作用力、静电力和面间距的不同而使相邻分子间采取重叠式[图 4.32(a)]和交错式两种排列方式[图 4.32(b)]。一般当分子间距离小时，由于 C—H,C—N,N—M 键间的静电斥力而使相邻环的交错角约为 25°～45°。这样就形成了 α,β-等不同晶相的异构体。

在这些配位聚合物中，通过 M-M、M-π 或 π-π 相互作用而形成一维堆积。例如对于 PcPb 和 $H_2PcI_{0.33}$ 晶体，属于图 4.32 中(a)的情况。其中大环分子面对面地排列，后者 Pc 环间距约 0.317nm，由于大环间 π-π 轨道的重叠而导电。图 4.32 中(j)是另一种 π-π 相互

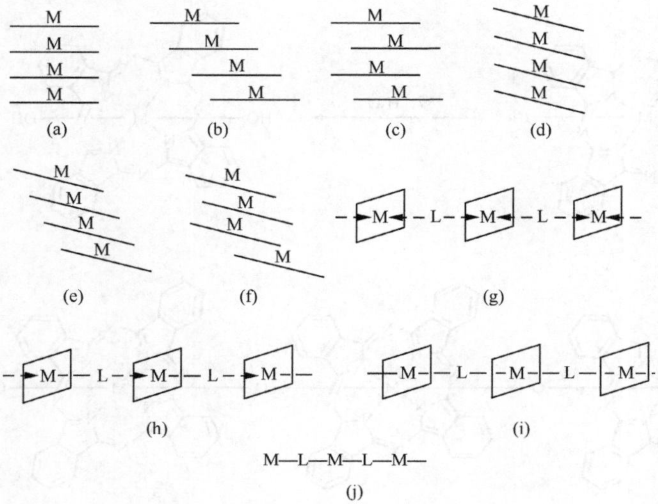

图 4.32 不同金属环状配合物的不同堆积方式

作用的情况。其中聚合或堆积的方向是沿着分子的长轴方向并处于分子平面。在 $CoPcI_{0.33}$配合物中，则面间距增大到 0.33nm，和前述 $K_2[Pt(CN)_4]Br_{0.3}\cdot 3H_2O$ 中一样，它们是通过金属的 d_{z^2}-d_{z^2} 轨道重叠而导电。而在 $NiTBPI_{0.33}$ 配合物中，则同时通过 π-π 或 M-M 两种方式进行导电。目前合成了大量共价桥联面对面串联型的所谓“shish kebab”(串珠型)配位聚合物[图 4.32 中(j)～(i)，其中 L 为线性 π 电子配体]，它们分别属于双配位键，单 σ 键和单配位键，以及两个 σ 键的成键方式。这种 M-π 型的导电性是基于金属的 d_π(大环的 HOMO)和桥基 L 的 π^*(配体的 LUMO)轨道相互作用。属于这种桥联配位聚合物的重要的有$[M(Pc)L]_\infty$和$[M(OEP)L]_\infty$两种类型。典型的对称多桥基配位聚合物结构有$[Co(Ⅱ)(dmgH)_2(Pyz)]_\infty$[61]和$[M(TTA)(\mu\text{-bpy})]_\infty$[62]等，其中 TTA 为噻吩甲酰三氟丙酮基。

这类分子导电体的特点之一是易于进行分子设计(图 4.33)。在大环上引入给电子基团，如—OH、—OR、—R 等会升高大环分子的 HOMO 能级，在桥基团上引入拉电子基团，如—CN、—F、—NO_2等则会降低桥基的 LUMO 能级，其后果都是使能隙变窄，增高电导率，反之亦然。在合成中为了增加溶解度，可以在大环上或桥基上引入烷基基团。目前，已经可以合成出聚合度 n 高达 120 的配位聚合体[63]。

掺杂是提高聚合物导电率的重要一环，例如前体物 PcH_2是 $\sigma\sim10^{-16}$ S/cm 的绝缘体，形成配合物 PcCu 后可以升高到 $\sigma\sim10^{-10}$ S/cm，而在掺杂后形成的 PcCuI 则可达到 500～2000 S/cm。可以采用化学或电化学方法进行掺杂。一般在溶液中进行掺杂比在固相中掺杂更均匀。I_3^-或 I_5^-等掺杂剂通常沿堆积方向分布于大环分子链的槽沟之间。在进行氧化掺杂时，根据具体实验条件，被氧化的可以是大环分子(在 PcNiI 和 PcCuI 中)、金属(在 PcCoI 中)甚至桥基。我们曾经应用 EHMO 的紧密束缚法能带理论对一系列酞菁配位聚合物进行了计算[64]。结果表明，对于 Cu 和 Ni 等配位聚合物是通过酞菁 π

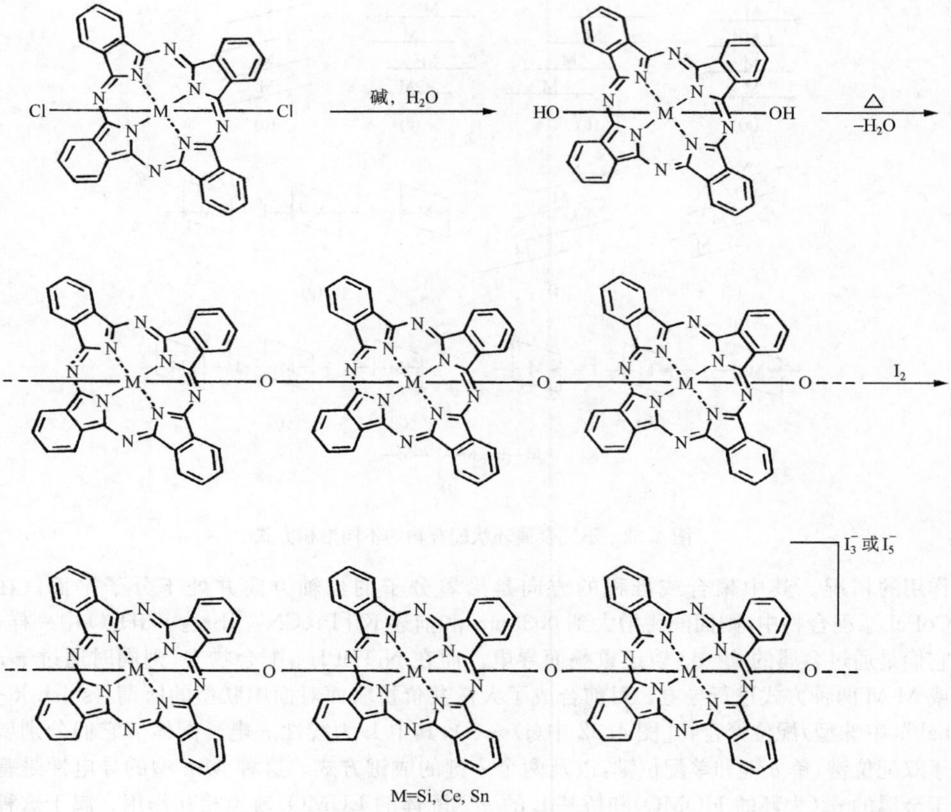

Cl
M
Cl
碱，H_2O
HO
M
OH
△
$-H_2O$
O
I_2
I_3^- 或 I_5^-
M=Si, Ce, Sn

图 4.33 $[PcMO]_n$的合成

键重叠而导电，而对于 Pt 和 Mn 等配位聚合物，则是通过金属原子 d_{z^2} 轨道的重叠而导电。可以从简单的能带理论来阐明在不同氧化程度时导电率和温度的关系。例如，在用 I_2 对 NiPc 掺杂时大环发生氧化，HOMO 价带失去 1/3 电子后形成由 1/3 空穴带和 2/3 满带所组成的价带。故导电通过空穴沿大环轨道进行。可以应用物理方法测定塞贝克系数 $S>0$，$d\sigma/dT<0$（参见 7.3.2 节），以显示分子金属导电性[65]。

前述 CT 导体的优点是导电率高（一般约 10^4 S/cm），溶解性好，但易于脆裂，不易加工。有机聚合物导体导电性一般也可达 10^4 S/cm，且由于其柔软性而易于加工，但掺杂后不稳定，溶解性也差[66]。本节介绍的大环配位导体则可能兼具前二者的一些优点，即既可成一维堆积，又可桥联成柔性链，如能克服其难于提纯和聚合度较低的缺点则将大有前途。

参 考 文 献

[1] 程开甲. 固体物理学. 北京：高等教育出版社，1959
[2] 吕世骥，固体物理教程. 北京：北京大学出版社，1990

[3] 冯端,金国钧.凝聚态物理学.北京:高等教育出版社,2003
[4] 林建华,荆西平,等.无机材料化学.北京:北京大学出版社,2006
[5] Coleman L B, Cohen M J, Scandman D J, et al. Solid State Commun. Z, 1973, 12:1125
[6] Cassoux P, Valadle L. Molecular inorganic superconductors//Bruce D W, Hare D O. Inorganic materials. 2nd. Chichester: John Wiley & Sons, 1991 :1-57
[7] Little W. Phys. Rev. A. ,1964, 134:1416
[8] Williams J M, Ferraro J R, Thorn R J, et al. Organic superconductors. Englewood Cliffs, N J: Prentice Hall, 1992
[9] Ashwell G J. Molecular electronics. New York :John Wiley & Sons, 1991
[10] Schweitzer D, Hennig I, Bender K, et al. Mol. Cryst. Liq. Cryst., 1985, 120:213
[11] Hari S N. Handbook of organic conductive molecules and polymers. Chichester:John Wiley & Sons, 1997
[12] Svenstrup N, Becher J. Synthesis, 1995, 215
[13] Graja A. Condensed Material News, 1994, 3(5):14
[14] (a) Kuemoo M, Graham A W,Day P, et al. J. Amer. Chem. Soc. , 1995, 117: 12209
(b) Graham A W, Kurmoo M,Day P. J. Chem. Soc. Chem. Commun. , 1995: 2061
[15] Bruce M R. Chem. Soc. Rev. , 1991, 20:355
[16] Canadell E, Rachidi I E I, Ravy S, et al. J. Phys. France,1989,50(2):967
[17] Brossard L, Ribault M, Valade L, Cassoux P. Physical B & C (Amsterdam), 1986, 143:378
[18] Fang Q, Cai J H,You X Z. Acta Cryst. , 1993, C49:1347
[19] Yao T M, You X Z, Li C, et al. Acta. Cryst. , 1994, C50:67
[20] Zuo J L, Yao T M, You X Z,Huang X Y. Polyhedron, 1995, 14:483
[21] (a) You X Z,Zhang Y. Conducting metallic complexes//Che C M, ed. Advanced in transition metal coordination chemistry. Vol. 1. London: JAI Press Inc. , 1996,239
(b) Fang Q, Li C, Qu Z, You X Z. Acta Chim. Sinica, 1992, 50: 365
[22] Sun S Q, Zhang B, Wu P J,Zhu D B. J. Chem. Soc. Dalton Trans. , 1997, 277
[23] Yao T M, Zuo J L, You X Z. Trans. Met. Chem. , 1994, 19:614
[24] (a) Mulliken R S,Person W B. Molecular complexes. New York: John Wiley & Sons, 1964
(b) Powell W H. Pure and Appl. Chem. , 1993, 65: 1357
[25] (a) Becher J,Schemembur K. Molecular engineering for advanced materials, 1995,456;Delhaes P, Yartsev V M. //Clark R J H, Hester R E,ed. Spectroscopy of New Material(XXII). New York:John Wiley & Sons,1993, 199-289
(b) 姜寿亭.铁磁理论.北京:科学出版社,1993
[26] Ishiguro T, Yamaji K. Organic superconductors. Springer Series in Solid State Science. Vol. 1, B88. Berlin: Springer Verlag, 1989
[27] (a) Kini A M, Geiser U, Wang H H, et al. Inorg. Chem. , 1990, 29:255
(b) Urayama H, Yamochi H, Saito G, et al. Chem. Lett. , 1988, 55
[28] Mori T, Inokuchi H, Misaki Y, et al. Bull. Chem. Soc. Jpn. , 1994, 67:661
[29] Delhaes P. //Metzger R M, Day P, Papavassiliou G C, eds. Low-dimensional system and molecular electronics NATO. ASI. Ser. B, Vol. 248. New York: Plenum Press, 1990, 43
[30] (a) Fettouhi M, Ouahab L, Ducasse L, et al. Chem. Mater. ,1995
(b) Gomez-Garcia C J, Coronado E, Triki S, et al. Adv. Mater. , 1993, 5:283
[31] Gomez-Garcia C J, et al. Angew. Chem. Int. Ed. Engl. , 1994,33:224
[32] Goze F, Laukhin V N,Cassoux P, et al. Europhys. Lett. , 1994, 28(6):427
[33] (a) Garito A F,Heelger A. Acc. Chem. Res. , 1974, 7: 232
(b) Marks T J. Angew. Chem. Int. Ed. Eng. , 1990, 29: 857

(c) Becker J Y, Berustein J, Bittner S, Shairk S S. Pure Appl. Chem., 1990, 62:467
[34] Khodorkovsky V, Beckey J Y. Organic conductors, foundamentals and applications//Fargery J P, ed. New York: Marcel Dekker, 1994: 75-17
[35] Torrance J B. Acc. Chem. Res., 1979, 12:79; Hatfield W E, ed. Molecular metals. New York: Plenum Press, 1979, 7
[36] Bruce M R. Chem. Soc. Rev., 1991, 20: 355
[37] Mercus R A. Angew. Chem. Int. Ed. Eng., 1993, 32:1111
[38] Paddon-Row M N. Acc. Chem. Res., 1994, 27:18
[39] Metzger R M, Panetta Ch. New J. Chem., 1991, 15: 209
[40] Aviram A, ed. Molecular eletronic science and technology. New York: Engineering Foundation, 1989
[41] Launay J P. // Ferry D K, ed. Molecular electronics in granular nanoelectronics. New York: Plenum Press, 1991
[42] Fox M A, Chanon M, ed. Photoinduced electron transfer. Amstrdam: Elsevier, 1988
[43] Isied S S. Prog. Inorg. Chem, 1984, 32: 4436
[44] Kurreck H, Huber M. Angew. Chem. Int. Ed. Engl, 1995, 34: 849
[45] Nalwa H S, Miyata S, ed. Nonlinear optics of organic molecules and polymers. Boca Raton, Florida: CRC Press, 1996
[46] (a) Nalwa H S. Adv. Mater., 1993, 5:341
(b) Long N J. Angew. Chem. Int. Ed. Engl, 1995, 34: 21
[47] Yamashita Y, Tanaka S, Imeada K, et al. J. Org. Chem., 1992, 57: 5517
[48] Bando P, Martin N, Segura J L, et al. J. Org. Chem., 1994, 59:4618
[49] (a) Hirsh A. Acc. Chem. Res., 1992, 25: 97
(b) Kroto H W. Angew. Chem. Int. Ed. Eng. 1992, 31: 111
[50] (a) Daniel R D, Sungjin P, Chrisbtopher W, et al. Chem. Soc. Rev., 2010, 39:228-240
(b) Matthew J A, Vincent C T, Richard B K. Chem. Rev., 2010, 110:132
[51] Wur P, Chartterjcc K. J. Am. Chem. Soc., 1991, 113:7500
[52] Li L F, You X Z. J. Mol. Struct (Theochem), 1993, 280:147
[53] Fleming R M, Ramirez A P, Rosseinsky M J, et al. Nature, 1991, 352:787
[54] Tanigaki K, Prassides K. J. Mater. Chem., 1995, 5:1515
[55] McConnell H M, Hoffman B M, Metzgar R M. Proc. Natl. Acad. Sci., USA, 1965, 53: 46
[56] Bredas J L, Street G B. Acc. Chem. Res., 1985, 18:309
[57] Skotheim T A. Handbook of conducting polymers. Vol. 1 and 2. New York: Marcel Dekker, 1986
[58] Grigorov L N, Rogachev D N. Mol. Cryst. Liq. Cryst., 1993, 230:133
[59] Krogmann K, Hausen H D. Z. Anorg. Allg. Chem., 1968, 358: 67
[60] Wang P, Bandow S, Maruyama Y, et al. Synth. Met., 1994, 44: 147
[61] Kubel F, Strahle J Z. Naturforsch Teil B, 1981, 36: 441
[62] Li M X, Xu Z, You X Z. Polyhedron, 1993, 12: 921
[63] Dirk C W, Inabe T, et al. J. Am. Chem. Soc., 1983, 105: 1539
[64] 孙岳明,朱龙根,游效曾,江元生. 化学学报,1992, 50: 216
[65] Martinsen J, et al. J. Am. Chem. Soc., 1985, 107: 6915
[66] Jerome D. //Farges J P. Organic conductors, fundamentals and applications. New York: Marcel Dekker, 1994, 405

第5章　分子磁体

磁性在人类社会科学技术发展中起着重要的作用。我国最早发明的“指南针”(Fe_3O_4矿石)就是磁技术的最好例证。目前已广泛应用磁性技术于磁性机械(无磨滚珠、磁性分离器、医疗器械)、电磁屏蔽和吸收、声学器件(扬声器)、电话和信息技术(开关、磁共振成像、磁盘和光盘)、发电机以及其他智能(smart)磁性设备。

目前实用磁性材料的特点是:①由含有未成对电子的中心原子(或离子)组成;②含有过渡金属(d轨道)或稀土金属(f轨道)元素;③含有至少为二维的成键网络;④它们是用高温冶金方法制备的。其代表性的例子是由碱金属或碱土金属阳离子和聚合阴离子的一类孤立离子组成的磁性的Zintl相如NaTl、$Ca_{14}MnBi_{11}$和有共价结合的二维网络结构的Rb_2CrCl_2磁铁,以及其他有机分子裂解而成的磁性材料。

当从这种由原子组成的无机磁性材料转向分子组成的($FeCp_2^*$)(TCNE)之类有机金属材料时,出现一些新的特点[1]:①应用化学方法可以引起特别的磁性变化;②可以将其磁性与其他机械性质、电性和光学性质结合;③可以用低温合成及加工的方法;④碳之类的轻元素中含有对磁性贡献的s和p轨道,使得分子磁性的密度较低(轻),但单位体积的磁性中心可能较小。按照目前国际惯例,所谓分子磁体是指通过有机、有机金属、配位化学和高分子化学方法在低温下合成的磁性材料[2,3]。一般性介绍和评论性文献请参阅文献[4～8]。

目前的分子磁体按其组成大体可以分为以下三类。

(1) 磁性有机化合物:大多为含有未成对电子的共轭大环结构的有机自由基,其特点是密度小,但基态自旋S不可能很高,否则不稳定,因此其磁性都很弱。

(2) 磁性分子聚合物:主要是碳的各种纳米分子材料,比如C_{60}衍生物及其低维聚合物。这类化合物的磁性也很弱。对于C_{60}磁性及其起源并无定论,也有报道称C_{60}的铁磁性实际上来自于C_{60}合成时产生的痕量Fe_3C。

(3) 磁性配合物:由有机配体围绕金属而形成的一类化合物。这类材料兼具无机和有机材料特点,只要分子设计合理,通过调控不同的配体,可以调控磁体的结构和性质。配合物的磁性主要来自于带有较大自旋S的中心金属离子,它可以提供比纯粹有机材料强得多的磁性,这是分子基磁性材料研究的重点。

5.1　分子磁性基础

5.1.1　原子磁性和磁性的类型

1. *原子磁性*[4,8]

原子(和离子)中的电子因不断地运动而存在着复杂的电磁相互作用。根据量子力学

理论，若电子之间不存在相互作用，则每一个电子的状态可以用主量子数 n，轨道角量子数 l 及其在磁场方向分量磁量子数 m_l 和自旋量子数 s 这四个量子数来描述。其中前三个量子数描述了电子在三维轨道空间的运动，其取值为整数 $n=1,2,\cdots,n,l<n,|m_l|\leqslant l$。后一个量子数 s 描述了单个电子在自旋空间的运动，其数值只能取 $s=\pm 1/2$（通常分别用箭头↑或↓形象化地表示其自旋方向是平行还是反平行于磁场方向）。实际上由于含 N 个电子所组成的原子中电子间的相互作用，个别电子 i 的 l_i、s_i 已意义不大，不是好的量子数。为了更准确地反映原子整体的内部状态，应该采用多电子的 L、S、J 和 M_J 这四个总量子数。它们分别可以根据矢量偶合模型，直接由各单个电子的量子数 l 和 s 得到［式(2.1.28)］：

$$L=\sum_{i=1}^{N} l_i,\quad S=\sum_{i=1}^{N} s_i,\quad J=L+S$$

例如，由此可以直接计算出多电子原子中的一些物理量[4]，即

轨道角动量［式(2.1.29)］：

$$P_L=\frac{h}{2\pi}\sqrt{L(L+1)}$$

自旋角动量［式(2.1.30)］：

$$P_S=\frac{h}{2\pi}\sqrt{S(S+1)}$$

总角动量［式(2.1.31)］：

$$P_J=\frac{h}{2\pi}\sqrt{J(J+1)}$$

总角动量沿磁场方向的分量［式(2.1.32)］：

$$P_{M_J}=\frac{h}{2\pi}M_J$$

电子的运动必然伴随着磁性的产生。量子力学证明，对于多电子原子处于光谱支项为 ${}^{2S+1}L_J$ 状态时（参见 3.1.3 节），其原子磁矩 μ 直接和总角动量 P_J 相关，由此导致

$$\mu=-g\sqrt{J(J+1)}\beta \tag{5.1.1}$$

其中负号表示 μ 和 P_J 的方向相反，该磁矩沿磁场方向 z 的分量为

$$\mu_z=-gM_J\beta \tag{5.1.2}$$

磁矩 μ 在外磁场 H 作用下的塞曼(Zeeman)能量为

$$E(M_J)=-\mu\cdot H=-\mu_z H=gM_J\beta H \tag{5.1.3}$$

其中 β 称为玻尔磁子(Bohr magneton，BM，文献上有时也用符号 μ_B)

$$\beta=\frac{he}{4\pi mc}=0.9274\times10^{-20}\,\text{erg/G}^{①} \tag{5.1.4}$$

它是磁矩的一个自然单位，m 为电子质量，而 g 称为朗德(Lundé)因子

$$g=1+\frac{S(S+1)+J(J+1)-L(L+1)}{2J(J+1)} \tag{5.1.5}$$

① 高斯 G 为非法定单位，$1\text{G}=10^{-4}\text{T}$。T 为特斯拉(Tesla)单位缩写。

在很多磁性讨论中，特别是对于有机自由基等体系，当可以忽略轨道的贡献（$L=0$）而只考虑电子自旋 L 的贡献时，$J=S$，而 $g=2$。因此有：

$$\mu = -g\cdot\beta\cdot S \tag{5.1.6}$$

μ 和外磁场 H 相互作用的能量为

$$E = -\mu\cdot H = M_S g\beta H \tag{5.1.7}$$

显然，当原子（或分子）为 $L=0$，$S=0$ 的闭壳层的电子结构时，它就不具有永久磁矩 μ，则不会呈现出磁性，但却会呈现出所谓的反磁性，其原因是原子或分子中的电子在外加磁场中运动时，由于受到洛伦兹（Lorentz）力的作用会产生诱导磁场，其方向则恰和外加磁场方向相反（即宏观上的楞次感应定律）。对于电荷作平均半径为 r_i 球形分布的原子，其感应磁矩近似值为

$$\mu_A = -\left(\frac{e^2}{6mc^2}\sum_{i=1}^{N}\bar{r}_i^2\right)H \tag{5.1.8}$$

可见其数值与温度无关。由于这种反磁性是物质中的电子运动所诱导出来的，所以原则上任何物质都有反磁性，只是其数值 μ_A 远小于上述的分子磁矩所引起式（5.1.6）的磁矩 μ。

2. 物质磁性的类型

由于大多数化合物通过电子转移而形成离子键或通过电子共享而生成共价键物质时，其自旋相反的电子配对而不产生净自旋及相应的磁矩，故常呈现反磁性。反之，当物质是由含有未成对电子的分子所组成时，则由于式（5.1.6）所示的分子磁矩 μ 的存在而导致物质的磁性。可以将每个原子或分子自旋 S 所引起的磁矩 μ 看成一个小磁铁（常称为磁子）。通常由于大量这些磁子的无序取向而使物质不呈现宏观的磁性。当我们将含有 1mol 分子的这种化合物置于外磁场 H 下，该物质的内部磁场强度 B（称为磁感应强度）为

$$B = H + H' = H + 4\pi\kappa H \tag{5.1.9}$$

式中，H' 为由于介磁率为 κ 的磁介质所引起的附加磁场强度。当实验的 $H'>0$，即 H' 和 H 同向的 κ 磁介质称为顺磁性物质；若 $H'<0$，即 H' 和 H 反向的 κ 磁介质称为反磁性物质。这时样品中若含有 N（阿伏伽德罗常量）个在外磁场 H 作用下磁子作有序取向，则产生宏观的磁矩 M。这种所谓的摩尔磁化强度 M 和外磁场 H 的关系为

$$\partial M = \chi\partial H \tag{5.1.10}$$

其中 χ 为摩尔磁化率，对于各向异性的磁体，严格上它是一个二阶张量（参见附录 1）。对于磁子间没有相互作用的理想体系，其 M 和 H 成正比，净的宏观磁矩为

$$M = \chi H \tag{5.1.11}$$

在磁化学研究中大都不采用国际单位（参见附录 2），而仍按照习惯用的绝对电磁制（e. m. u），即磁场 H 用高斯 G 作单位，摩尔磁化率 χ 用 $cm^3\cdot mol^{-1}$ 作单位，摩尔磁化强度 M 用 $m^3\cdot G\cdot mol^{-1}$ 作单位。另外 M 也可以用 BM/摩尔作单位（记为 $\beta\cdot mol^{-1}$），它们的关系是：

$$1\beta\cdot mol^{-1} = 5585cm^3\cdot G\cdot mol^{-1}$$

能量单位则采取 cm^{-1} 为单位。在电磁性质研究中，电磁体单位较为复杂，详情参见附录 2。

对于不同分子磁矩间存在自旋相互作用的体系，不仅表现在 χ 和温度 T 的实验上，而且其磁化强度 M 和外磁场 H 也具有不同的相互作用。根据图 5.1 中的磁性物质中自旋的不同微观取向，可以从实际上得到图 5.2 所示的不同磁化曲线。由这类宏观实验结果，可以将它们分为磁有序和磁无序两大类。其中对于无定形和无序的固体较难分类。对于磁有序固体一般分为以下几种不同的类型[1]。

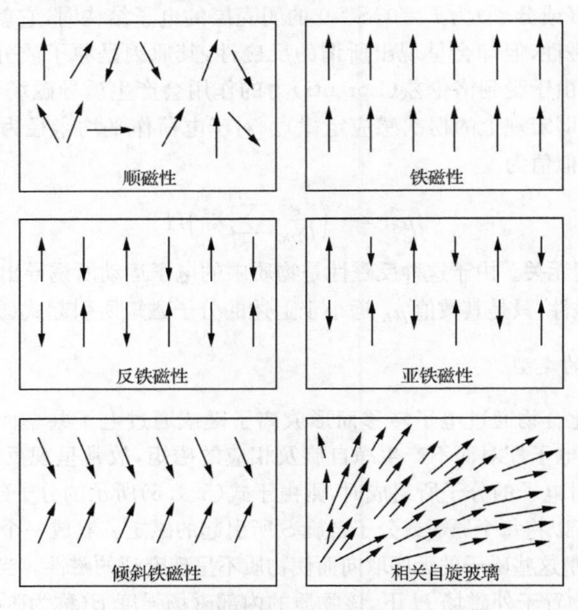

图 5.1　不同磁性物质中二维自旋取向示意图

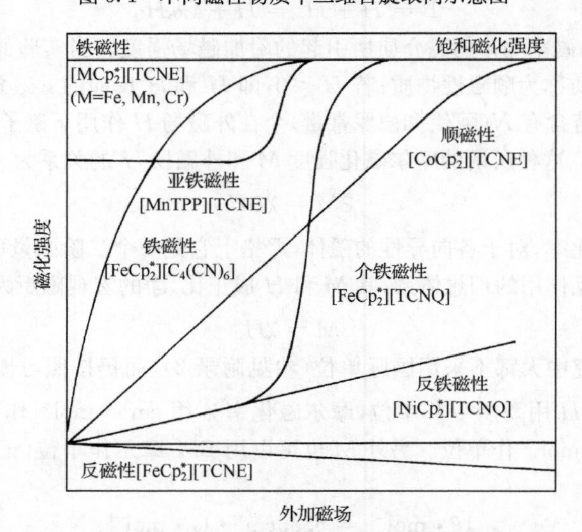

图 5.2　不同磁性物质磁化强度 M 和磁场 H 关系的示意图

(1) 反磁性：随着磁场强度 H 的增加，其和外磁场反向的感应磁矩也随之增加[参考式(5.1.9)]，从而使磁化强度 M 的绝对值也呈增加趋势。例如，分子化合物[$FeCp_2^*$][TCNE]就具有反磁性性质。

(2) 顺磁性：如前所述，当体系中磁子相距足够远时，它们之间的偶合作用比去偶合作用的热能小，它们只能通过和磁场的作用而形成弱磁性的顺磁性，它们的 M 和 H 间呈式(5.1.11)的线性关系。

(3) 反铁磁性：在足够低温度下，一般当将体系的温度降到某个温度后其中的自旋作有序排列，这个温度称为临界温度 T_c。当其中的自旋在外磁场作用下作相互反平行的有序排列时[参考式(5.2.3)]，就形成了反铁磁体(图5.2)。例如，[$NiCp_2^*$][TCNQ]在 T_c 以下就具有反铁磁性，其磁化强度受到压抑而比对应顺磁体的相应值低。

(4) 铁磁性：当分子的自旋在磁场作用下作平行的有序排列时就称其为铁磁性物质，其宏观磁化强度 M 随 H 很快增加并最后达到自旋完全平行的饱和值 M_S。[$FeCp_2^*$][$C_4(CN)_6$]$^-$ 的 T_c 在其临界温度以下时，其就从顺磁性转化为铁磁性。

(5) 亚铁磁性(ferrimagnetism)：在晶体结构中，两种晶格中平行排列的自旋多于反平行排列的自旋，因而这种相反铁磁偶合的结合不能相互抵消而在 T_c 以下保留一个永久的磁矩，呈现出净的磁矩。在无机化合物中，尖晶结构的 Fe_3O_4 磁体和分子基的[$Mn^{Ⅲ}$TPP]$^+$[TCNE]$^{\cdot -}$ 中就是这样，其中TPP为四苯基卟啉(图5.2)。

(6) 倾斜铁磁性：这时在偶合链中发生自旋较为倾斜的铁磁性偶合，从而导致磁化强度较低，有时也称之为弱铁磁体(图5.2)。一个实际例子是酞菁锰 $Mn^{Ⅱ}$Pc，其 T_c 值约为8.3K。由于它的鱼骨状的结构，其饱和磁化强度 M_S 只有完整自旋排列值的72%。它的机理也很复杂，文献上常用Dyzaloshinskii-Moriya(DM)相互作用解释。其必要条件是一个单胞中含磁矩的离子之间没有对称中心相关。

(7) 介磁性(metamagnetism)：由磁场引起的从反铁磁性到铁磁性转换的一种状态。其实例之一是[$Fe(C_5Me_5)_2$][TCNQ]。

(8) 自旋玻璃态：它是邻近磁子自旋方向的局部空间相关作用，但并不具有长程有序的磁性状态(图5.1)。与其自旋方向随时间而变化的顺磁性不同，在自旋玻璃态中自旋保持固定的取向(但也不是长程有序)。[$V(TCNE)_x$]·y(MeCN)在低温下就呈现这种性质。

在2.2.4节中我们介绍了玻璃态的特性，其中磁子的无序性和邻近不同磁性，如三角形△结构中的铁磁性(↑↑)和反铁磁性(↑↓)之间的竞争或组合作用而产生的简并态，从而会引起所谓的磁阻挫(frustration)作用。还可能存在其他磁性现象，更复杂的情况涉及自旋体系的低能激发理论(参见7.1节)，这里不加细述[5-8]。

实际上很多铁磁性和反铁磁性物质即使在没有外加磁场下，由于内部磁场的相互感应(化学上也称为诱导)作用，这种均匀磁极化作用在晶体内部将形成很多的小微磁区。温度降至 T_c 以下时在微区内原子或分子的磁矩已经作有序的排列，这种微区称为磁畴[图5.3(a)]。磁畴的出现将使晶体的静磁能和晶体应变能降低。只是由于这些微区间并不是有序排列，所以在宏观上磁矩抵消而未呈现出磁性。磁畴间的界面称为畴壁，它的存在会引起磁壁能。在外加磁场下磁畴相互融合而使磁壁消失，并沿磁场方向形成更大的有序排列。在高温向低温转换下，磁场很快达到最大饱和磁化强度 M_S[图 5.3(b)]。当磁场降低时，磁畴将以比原来温度上升时较低的速度弛豫，以致磁场强度降低到零时仍残存有磁化强度。磁畴的稳定构型取决于总自由能取极小值的条件。只有继续降低到所谓的矫顽磁场强度 H_c 时，M 才会为零。也只有当继续改变外加磁场方向才能使自旋再度取向而达到最大的反向饱和磁化强度。

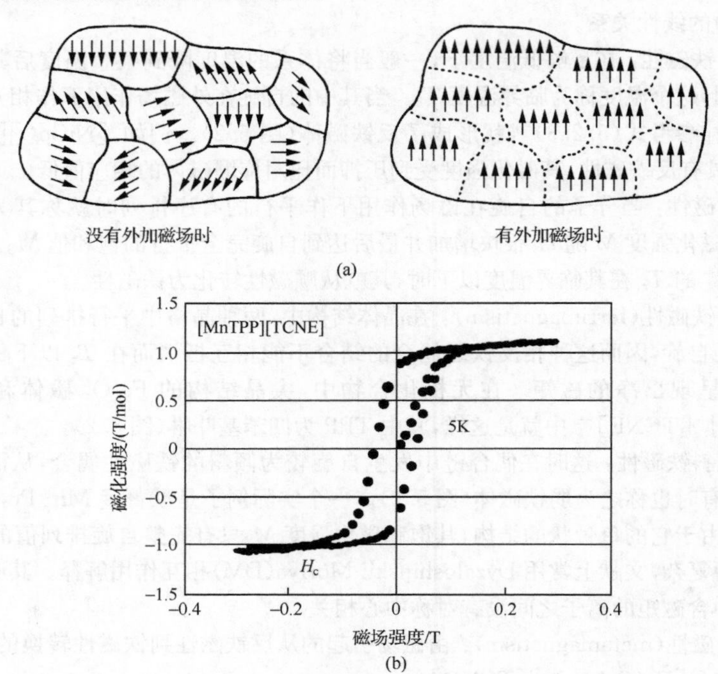

图 5.3　磁体的磁畴(a)和磁滞后曲线(b)

通常将铁磁体分为两类：H_c 大(>100Oe①)的“硬磁体”，这对于作为数据的磁存储器件很重要；H_c 小(<100Oe)的“软磁体”，这对于交流发电机很重要。例如，$[Fe^{III}(S_2CNEt_2)_2]Cl_2$ 就是软磁体，其 T_c=2.46K，但并不呈现图 5.3 所示的磁滞效应，磁化是可逆的。分子磁体的磁畴理论较为复杂，还有待探讨。由于外磁场会改变磁畴的大小，所以从实验测得的磁化率大小与样品的形状、尺寸、纯度和晶格缺陷有关。在磁性物质的实际应用中，饱和磁化强度 M_S、临界温度 T_c 和矫顽磁场强度 H_c 这三个参数十分重要。

5.1.2　顺磁性的 van Vleck 方程[6,7]

现在我们讨论经常要用到的顺磁性物质作为定量计算磁化率 χ 的一般理论基础及方

① Oe 为非法定单位，1Oe=79.577 55A/m，1T=10^4Oe。

法。对于一个磁性分子体系，在外磁场 H 作用下，它的能量 E_n 应是外磁 H 的函数，这种效应称为塞曼(Zeeman)效应，可将它用级数的形式展开：

$$E_n = E_n^0 + HE_n^{(1)} + H^2E_n^{(2)} + \cdots \tag{5.1.12}$$

其中 H 的 n 次项称为 n 级塞曼项。从经典力学来看，能量为 E 的体系在外磁场 H 的微扰下，其摩尔磁化强度 M(有些文献上也用 P 表示)可以表示为[参考式(5.1.10)]

$$M = -\frac{\partial E}{\partial H} \tag{5.1.13}$$

对于各个分子磁矩间没有相互作用的体系，将式(5.1.13)转化成量子统计力学的语言：在磁场 H 下，含有能量 $E_n(n=1,2,\cdots)$ 的不同分子体系，其宏观的磁化强度 M 应是微观磁化强度按 Boltzmann 分布的统计平均，即

$$M = \frac{N\sum_n -\left(\frac{\partial E}{\partial H}\right)\exp\left(-\frac{E_n}{kT}\right)}{\sum_n \exp\left(-\frac{E_n}{kT}\right)} \tag{5.1.14}$$

根据式(5.1.8)，$\mu_n = -\frac{\partial E_n}{\partial H} = -E_n^{(1)} - 2E_0^{(2)} + \cdots$

式(5.1.14)也可表达为

$$M = \frac{\sum_n \mu_n \exp\left(-\frac{E_n}{kT}\right)}{\sum_n \exp\left(-\frac{E_n}{kT}\right)} \tag{5.1.15}$$

基于式(5.1.12)，式(5.1.15)中的指数项可根据：当 x 很小时，$e^x = 1 - x + \cdots$，近似写为

$$\exp\left(-\frac{E_n}{kT}\right) = \exp\{-(E_n^0 + H_n^{(1)} + \cdots)/kT\} \approx (1 - H_n^{(1)}/kT)\exp(-E_n^0/kT) \tag{5.1.16}$$

我们得到

$$M = N\frac{\sum_n [-E_n^{(1)} - 2HE_n^{(2)}(1 - HE_n^{(1)}/kT)\exp(-E_n^0/kT)]}{\sum_n \exp(-E_n^0/kT)(1 - HE_n^{(1)}/kT)} \tag{5.1.17}$$

对于顺磁性体，当没有磁场 H(即 $H=0$)时，$M=0$(和存在永久性极化作用的铁磁体不同)，就要求式(5.1.17)中的分子为零，即

$$\sum_n [-E_n^{(1)}\exp(-E_n^0/kT)] = 0 \tag{5.1.18}$$

若再近似地只保留 H 的一次项，就可以得到

$$M = N\frac{H\sum_n [(-(E_n^{(1)})^2 - 2E_n^{(2)}]\exp(-E_n^0/kT)}{\sum_n \exp(-E_n^0/kT)} \tag{5.1.19}$$

根据式(5.1.10)静态的摩尔磁化率 χ 的一般表达式为

$$\chi = \frac{N\sum_{n}[-(E_n^{(1)})^2 - 2E_n^{(2)}]\exp(-E_n^0/kT)}{\sum_{n}\exp(-E_n^0/kT)} \tag{5.1.20}$$

式(5.1.20)只适于能级非简并的情况。对于能级简并体系应该根据简并度"多次求和"。对于只有自旋 S 的磁化体系,例如对于具有$(2S+1)$自旋简并度的轨道单重态$(L=0)$,根据式(5.1.3),该能级从$+S$到$-S$所处的M_S能级为

$$E_{M_S} = M_S g\beta H \tag{5.1.21}$$

当把在磁场中的最低能级取作零能量时,将

$$E_n^0 = E_n^{(2)} = 0, E_n^{(1)} = M_S g\mu_B \tag{5.1.22}$$

结果代入式(5.1.20)中时,就得到

$$\chi = \frac{Ng^2\mu_B^2}{kT}\frac{(-S)^2 + (-S+1)^2 + \cdots + (+S)^2}{2S+1}$$

根据数学级数公式

$$\sum_{-S}^{S} M_S^2 = \frac{1}{3}S(S+1)(2S+1) \tag{5.1.23}$$

则可以从上述理论式(5.1.14)导出下列摩尔磁化率的居里(Curie)方程式[6]:

$$\chi = \frac{Ng^2\beta^2}{3kT}S(S+1) = \frac{C}{T} \tag{5.1.24}$$

其反映了 χ 随温度倒数 $1/T$ 的线性变化,常数 $C=\frac{Ng^2\beta^2S(S+1)}{3k}$ 和基态的自旋量子态 S 有关,具有这种线性关系的物质称为顺磁性物质。

居里(Curie)定理是基于 M 和 H 的线性关系式(5.1.11)得到的,它只有在 H/kT 很小时(低场高温)才适用。当 H/kT 增大时,理论上可以导出摩尔磁化强度

$$M = Ng\beta SBs(y) \tag{5.1.25}$$

其中 $y=\frac{g\beta SH}{kT}$,Bs 为由式(5.1.26)定义的 Brillouin 函数

$$Bs(y) = \frac{2S+1}{S}\coth\left(\frac{2S+1}{2S}\right)y - \coth\left(\frac{1}{2}y\right) \tag{5.1.26}$$

当 H/kT 变得很大时,$Bs(y)\approx 1$,从而得到所预料的饱和磁化强度:

$$M_S = Ng\beta S \tag{5.1.27}$$

当 H/kT(或 y)很小时,即对于顺磁性物质有

$$Bs(y) = \frac{y(S+1)}{3} \tag{5.1.28}$$

这时 $\chi=M/H$ 关系有效,从而还原成 Curie 定律。

基于式(5.1.24)和式(5.1.27)可以从实验的 χ 值定义平均磁矩

$$\mu_{eff} = \sqrt{\frac{3\chi kT}{N}} = 2.83\sqrt{\chi T} \tag{5.1.29}$$

特别是对于只有自旋贡献的,而且它们之间无相互作用的体系可得到常用的有效磁矩:

$$\mu_{eff} = \beta g\sqrt{S(S+1)} \tag{5.1.30}$$

当我们讨论热能 kT 不足以破坏分子磁矩间相互作用的体系时，Curie 定律不再适用，这时应该代之以

$$\chi = \frac{Ng^2\beta^2 S(S+1)}{3kT - ZJS(S+1)} \tag{5.1.31}$$

其中 J 为两个邻近分子间的偶合参数，Z 为给定磁性分子最近邻的数目。更一般地可以表示为经验的 Curie-Weiss 定律

$$\chi = \frac{C}{T-\theta} \tag{5.1.32}$$

其中 θ 称为 Weiss 温度或 Weiss 常数。当 J 或 θ 为正值时，称为铁磁性相互作用；当 J 或 θ 为负值时，称为反铁磁性相互作用。通常只要将变温磁化率实验数据作出 χ^{-1}-T 的图就可以从直线的斜率和截距求出 C 值和 θ 值，但更好的是作出 χT-T 的图(图 5.4)，它可以更明显地确定物质的顺磁性($\theta=0$)、铁磁性($\theta>0$)和反铁磁性($\theta<0$)。

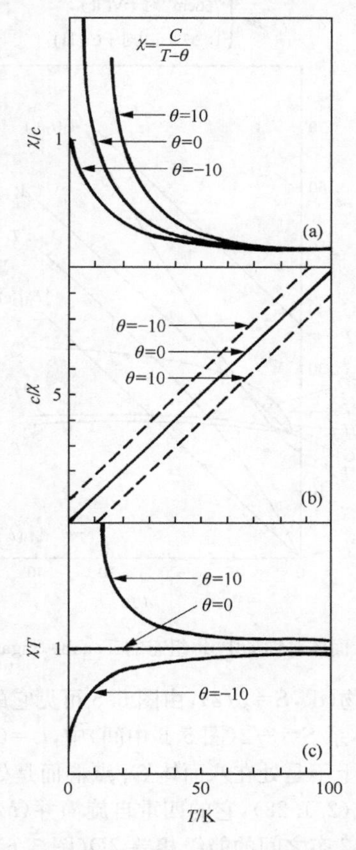

图 5.4 Curie-Weiss 定律：χ^{-1}-T 和 χT-T 的示意图

5.1.3 零场分裂和各向异性

在分子体系的磁学研究中，零场分裂是一个很重要的概念，它会造成对上述居里定律的偏差，会引起单离子体系的磁性各向异性交换作用，也是引起自旋倾斜和弱铁磁性的一种原因。对于理解后面叙述“有效自旋”这个貌似简单而常用的名词是必要的[4,6,7]。

我们在 2.1.3 节中介绍了分子的配体场理论。晶体在不同对称性晶体场的作用下可以用不同的 Tanabe-Sugano 能级图来表示其能级分裂情况。例如，对于处于八面体 O_h 点群配体场作用下的图 5.5 所示的 Tanabe-Sugano 能级图，其中纵坐标为其 d^3 电子组态，由于原子中的电子间相互作用而产生不同原子光谱项 $^{(2S+1)}L$ 的能级，在不同的配体场强度（横坐标 Δ/B）下，这些原子谱项分裂成可用配体场谱项 $^{(2S+1)}\Gamma$ 表示的能级，其中左上角为谱项的自旋 S 多重性（$2S+1$），Γ 为化合物所示点群的空间多重性。

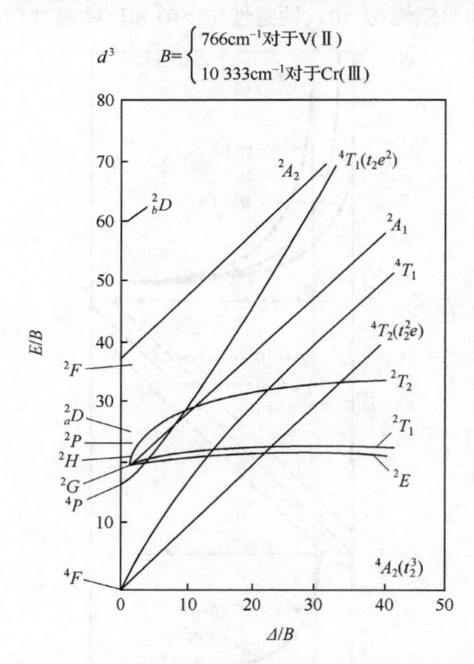

图 5.5　八面体对称场中 d^3 组态的 Tanabe-Sugano 能级图

例如，对于 Cr(Ⅲ)化合物（d^3，$S=3/2$），由图 5.5 可见它的基态是一个来自原子谱项 ^4F 的配位谱项 $^4A_2(t_2^3)$。该体系 $S=3/2$（图 5.6 中间）中，$L=0$。

由于中心金属离子实际上不是处在八面体 O_h 点群而是处在更低对称性的轴向对称的晶体场中（图 2.4），则按式(2.1.28)，它的四重自旋简并（$M_S=\pm1/2, \pm3/2$）将会被部分地解除，而在 $\pm3/2$ 和 $\pm1/2$ 态之间的能级相差 $2D$（图 5.6）。这个能级分裂 D 值是由于配体场的低对称性（这里为轴向场）形成的，它在外加磁场 H_z（图 5.6）之前就按 Zeeman 式(5.1.7)的能级分裂和磁场是否存在无关，所以称为零场分裂。它是起源于配体

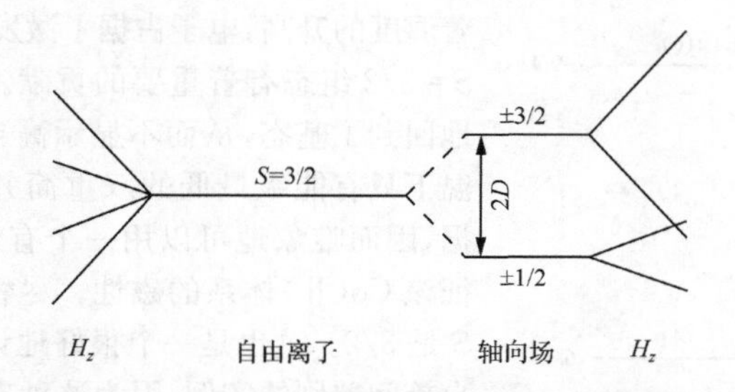

图 5.6 $S=3/2$ 态在低对称性轴向体系中的零场分裂

的静电作用[2.1.3 节类似于式(5.2.6)的偶极子之间的相互作用],而且理论上涉及激发态的轨道角动量。从量子力学可以计算这个称之为零场分裂参数 D,将它和顺磁共振等物理实验相结合后,不仅可以得到 D 的数值,而且可以确定它的正负号。对于图 5.6 中的 Cr(Ⅲ),为 $D>0$ 的情况;若 $D<0$,则轴向分裂后较低的能级应是±3/2(二者相反)。因而为了方便,从算子运算方法可以唯象地将这种零场分裂效应用所谓等效自旋 Hamilton 算符写为

$$\hat{H}_S = \hat{S} \cdot D \cdot \hat{S} \tag{5.1.33}$$

对于我们所讨论的轴向对称性体系并取下标 z 的取向平行于分子的主轴,则可以将式(5.1.33)表示为

$$\hat{H}_S = D\left[S_z^2 - \frac{1}{3}S(S+1)\right] \tag{5.1.34}$$

应该强调的是,式(5.1.33)中的 S 应是基态的表观自旋或称为等效自旋 S,而不一定是分子体系真正的自旋。由式(5.1.34)可见,只有 $S\geqslant1$ 的体系才会引起 $D\neq0$ 的零场分裂效应。当 $S=1/2$ 时,则有 $S_z^2-S(S+1)/3=0$。例如,对于我们这里讨论的 d^3-Cr(Ⅲ)化合物和 d^9-Cu(Ⅱ)化合物,它们的真正自旋 S 分别为 3/2 和 1/2。因此 d^3 ($S=3/2$) 的 Cr(Ⅲ)离子可以产生零场分裂;但是 d^9($S=1/2$)的 Cu(Ⅱ)离子,不论它在什么对称性的配位场中,它只有一个 $S=1/2$ 的电子组态,所以它始终只有一个自旋双重简并的双重基态(常称为 Kramrs 双重态),因而不会产生自旋分裂现象(参见 7.1.2 节)。

上面从低对称性畸变的机理对零场分裂的唯象表达式(5.1.33)进行了说明。另外一种可从自旋-轨道偶合的机理说明。我们仍然以 d^7 电子组态的中心磁性金属离子Co(Ⅱ)化合物为例,在八面体点群 O_h 对称环境中将它和其电子互补的 d^3(图 5.7)相比(即和满壳层 d^{10} 电子结构相比较),可见其具有类似能级结构,可以将它看成具有 3 个电子空穴的电子组态(称为电子互补原理),因而只要将图 5.5 右边的配体场谱项 $^{(2S+1)}\Gamma$ 的次序上下颠倒一下就可得它的 Tanabe-Sugano 图轮廓和次序,即二价钴($3d^7$)在八面体场中的基态是从自由原子谱项 $^{(2S+1)}\Gamma$ 中分裂出来的配体场谱项中的 $^4T_1 \sim t_2^5e^2$ 基态,其中 3 个未成对电子在 77K 以上具有对应于自旋为 $S=3/2$ 的磁性,自旋多重度$(2S+1)=4$;其轨道点群部分为三重态 T_1(对应于 3 个 d 轨道量子数 $l=2$ 中组合出来的一种配位状态)。由于在 Co(Ⅱ)离子中有大的自旋-轨道偶合作用,所以$^4T_1$态总共有 $(2S+1)\times(2L+1)=12$ 个分裂为三组自旋轨道能级,其简并度分别注在图 5.7 中相应配体场谱项的括号内。随

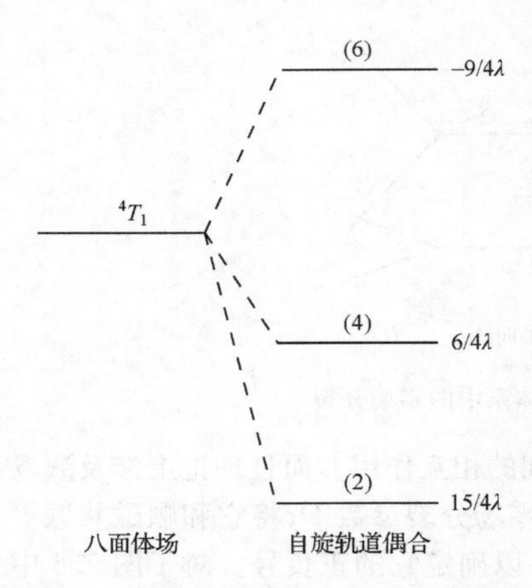

图 5.7　在八面体群的 Co(Ⅱ)中发生强偶合作用下最低能级的精细结构

着温度的升高,电子占据了激发态,从而使得真实的 $S=3/2$ 组态有着重要的贡献。但由于该状态快速地回到了基态,从而不显示高自旋的性质。但在低温下只有能级最低的双重简并的双重态能级被占据,因而唯象地可以用一个有效自旋 $S=1/2$ 来表征该 Co(Ⅱ)体系的磁性。尽管它本来真实的自旋 S 是 3/2。这也是一个很好地说明有效自旋和真实自旋间差别的实例,因为这种有效自旋 S 的产生与是否有磁场作用没有关系,所以也是零场分裂的一种重要机理。

从量子导出自旋-轨道偶合作用为 $\lambda \cdot L \cdot S$,其中 λ 是所属谱项的函数,被称为多电子自旋-轨道偶合系数,它和原子结构中的单电子的自旋-轨道偶合系数 ζ:

$$\zeta(r)=\frac{e}{2m^2c^2}\frac{1}{r}\frac{\partial V(r)}{\partial(r)} \tag{5.1.35}$$

之间的关系为 $\lambda=\pm\xi n_d/(2S)$。对于 d^n 电子组态,小于半满($n<5$)时取正值,大于半满时取负值。经过一些量子力学演算,也可以导出这种自旋-轨道作用表达为式(5.1.33)的自旋哈密顿 $\hat{H}$ 形式。只是我们不能用磁化学的方法,但可以用顺磁共振法等更细微的实验上方法以区分这两种机理。

零场分裂是引起顺磁性的各向异性的主要原因。对于在实验中磁场和分子主轴的不同取向(平行//或垂直⊥)具有不同的零场分裂 Δ 值,从而也会影响式(5.1.36)中不同的朗德因子 g 发生很大的变化。例如,当我们对于弱四方场的镍(Ⅱ)进行计算时,除了得到类似图 5.6 的能级 E 外,还应当考虑在外磁场 H 下的 Zeeman 效应和零场效应对能级的影响,即应采用式(5.1.36)

$$\hat{H}_z=g_z\mu_B HS+\hat{S}\cdot D\cdot\hat{S} \tag{5.1.36}$$

作为自旋 Hamilton 算符,通过量子化学计算各个能级 E_i 后,将 x 和 y 两个方向代入 van Vleck 方程式(5.1.20)就可以求出其在平行(//)和垂直(⊥,一般指 z 轴)方向的磁化率:

$$\chi_{/\!/}\approx\frac{2Ng_z^2\mu_B^2}{kT}(1-D/kT)\approx\frac{2Ng_z^2\mu_B^2}{kT}(1-D/kT) \tag{5.1.37a}$$

$$\chi_{\perp}=\frac{2Ng_{\perp}^2\ \mu_B^2}{3kT}\frac{6kT}{D}\left[\frac{1-\exp(-D/kT)}{1+2\exp(-D/kT)}\right] \tag{5.1.37b}$$

实验中常用粉末样品进行测定,则得到的是平均磁化率。

$$\langle\chi\rangle=(\chi_{/\!/}+2\chi_{\perp})/3 \tag{5.1.38a}$$

对于一个假想的 Ni(Ⅱ)模型化合物(图 5.8),取 $g_{/\!/}=g_{\perp}=2$ 和 $D/k=3k$ 的平行和垂直的磁化率和它们的倒数。实线为 $\chi_{/\!/}$ 和 $(\chi_{/\!/})^{-1}$,虚线为 $\chi_{\perp}$ 和 $(\chi_{\perp})^{-1}$。经过按式(5.1.38)平均后得到平均磁化率

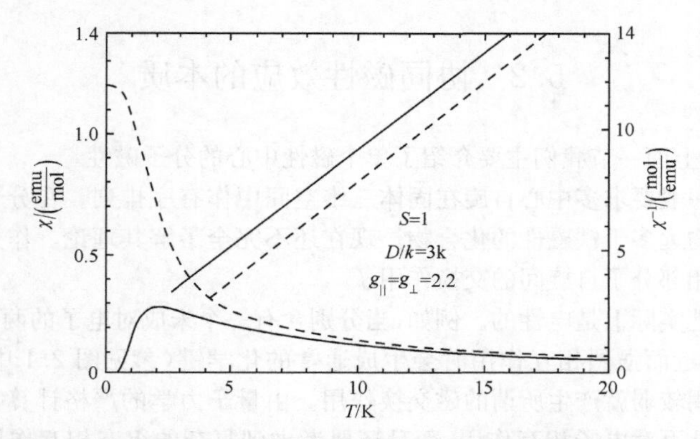

图 5.8 对于一个假想的 Ni(Ⅱ)模型化合物，由于对称性降低和外磁场 H 所引起的能级分裂而得到不同方向的磁化率曲线

实线为 $\chi_{\parallel}$ 和 $(\chi_{\parallel})^{-1}$，虚线为 $\chi_{\perp}$ 和 $(\chi_{\perp})^{-1}$

$$\langle\chi\rangle = \frac{3Ng^2\mu_B^2}{3kT}\left[\frac{2x - 3\exp(-x)/x + \exp(-x)}{1 + 2\exp(-x)}\right] \tag{5.1.38b}$$

式中，$x = D/kT$。由图 5.8 可见，在高温时 χ^{-1} 与 T 也呈现线性关系。将此直线外推到 $\chi^{-1}=0$ 而得到的 Curie-Weiss 常数 θ(截距)的正负值及大小，从而为磁性的零场分裂及磁交换作用提供了更多的信息。

对于分子磁矩间存在自旋 S_i 和 S_j 之间相互作用的体系，通常在处理磁性体系中的磁交换问题时，采用唯象的自旋等效算符方法，其 Hamilton 算符应表示为

$$\hat{H}_s = g\beta S \cdot H + \hat{S} \cdot D \cdot \hat{S} + \sum J_{i,j}\hat{S}_i \cdot \hat{S}_j \tag{5.1.39}$$

原则上只要我们对金属中心离子的微观结构、分子轨道理论、配体场理论和固体的能带理论有所了解，则对于分析分子材料的磁性将大有帮助。例如，对于 d^8 电子组态的化合物，图 5.9 中为假想的镍(Ⅱ)离子，其电子基态是由 ^3F 谱项所导出的 $^3A_2$(参见图 5.9)。根据图 5.9 所示的畸变八面体的能级分析就可以应用式(5.1.39)的有效自旋哈密顿 $\hat{H}_S$，从理论上导出它的 g、J 和 D 等磁性参数的解析形式，再将它们和实验结果拟合对比，就可以得到其更定量的数值，从而进一步阐明其微观磁性机理，并指导其实际应用。

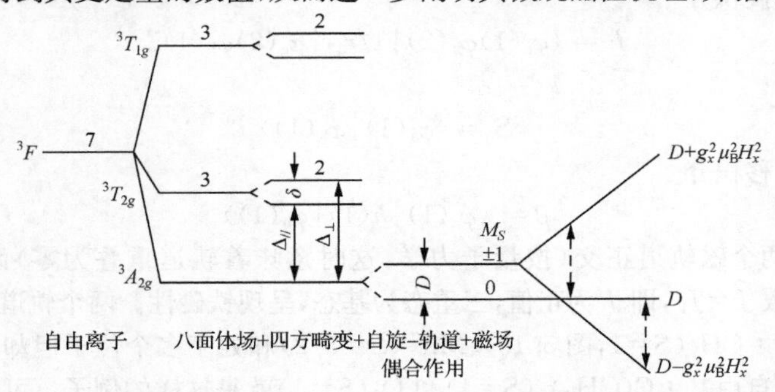

图 5.9 d^8 离子在四方畸变八面体在 z 方向外磁场 H_z 中的能级分裂

5.2　协同磁性效应的本质

作为基础，上面一节我们主要介绍了单个磁性中心的分子磁性。

分子材料一般要求多中心自旋在固体三维空间中作有序排列。在分子体系中，有序反铁磁的化合物远多于铁磁性的化合物。现在还不完全了解其理论。作为近似，先考虑式(5.1.39)中相邻分子自旋间的交换作用 J。

磁性的本性实际上是电性的。例如，当分别含有一个未成对电子的两个原子(或自由基分子)彼此靠近而强烈相互作用时会生成通常的化学键(参见图 2.1 中 H_2 分子的生成)，若相互作用较弱就产生所谓的磁交换作用。由量子力学的严格计算，要对这两个分子间所含有的几百对电子相互作用，而且还要考虑到复杂的组态相互作用(CI)，这显然存在困难。而且太复杂的计算对于实际的合成化学家也很难起到指导作用。为了便于分子铁磁性材料的合成，通常应用轨道正交、组态作用和偶极-偶极作用这三种自旋偶合机理。我们着重介绍前两种较重要的机理。

5.2.1　轨道正交偶合机理

一般未成对电子总是处在电子给体 D 和受体 A 的部分占据的分子轨道(简记为 POMO)。例如，对于由给体 D 和受体 A 所形成的 D^+A^- 磁体，POMO 就是分别为给体 D 的 HOMO 和受体 A 的 LUMO。现在一般地假定两个 $S=1/2$ 的未成对电子分别定域在两个相邻的分子 A 和 B 的 φ_a 和 φ_b 的磁性轨道上。当它们相互接近时，就会产生自旋-自旋偶合作用而产生单重态($S=0$)和三重态($S=1$)。单重态和三重态间的能级差为 J(参考图 5.6)，常称为交换积分。当 J 为负值，则单重态为基态，具有反铁磁性；若 J 为正值，则三重态为基态，具有铁磁性。应用类似于氢分子 H_2 的 Heitler-London 价键模式处理[4,8][参考式(2.1.35)]，就可以近似地理解而将偶合常数粗分为

$$J = J_F + J_{AF} \tag{5.2.1}$$

其中

$$J_F = 2k \tag{5.2.2}$$

$$J_{AF} = 4\beta S \tag{5.2.3}$$

双电子交换积分

$$k = \langle \varphi_a(1)\varphi_b(2) | 1/r_{12} | \varphi_a(2)\varphi_b(1) \rangle \tag{5.2.4}$$

重叠积分

$$S = \langle \varphi_a(1) | \varphi_b(1) \rangle \tag{5.2.5}$$

单电子转移积分

$$\beta = \langle \varphi_a(1) | h(1) | \varphi_b(1) \rangle \tag{5.2.6}$$

由上可见，当两个磁轨道正交(按量子力学，这时意味着轨道重叠为零)而使 $S=0$ 时，$J_{AF}=0$，则导致 $J=J_F$，即 J 为正值，三重态为基态，呈现铁磁性。两个轨道处于同一原子上的卡宾分子：CH_2($S=1$，图 5.10)、Mn^{II}($S=5/2$)和处于多个位子但却处在同一空间的三次甲基烷自由基：$C(CH_2)_3$($S=1$)和 O_2($S=1$)就是这样的例子。可见所谓轨道正

交原则，实质上就是量子力学中 Pauli 原理（每个轨道最多容纳两个电子）和 Hund 规则（轨道中两个电子自旋相同时能量较低）的实际体现。

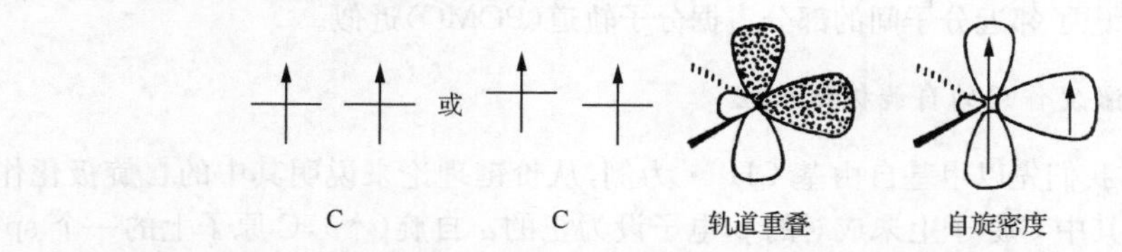

图 5.10　A 原子上正交 POMO 轨道的能量、轨道重叠（$S=0$）和自旋配置（↑↑）

实际上在大多数情况下，式(5.2.3)中 $4\beta S$ 要比式(5.2.2)中 $2k$ 大得多，所以分子磁体大多呈现单重的反铁磁性状态。但是如果我们在进行合成设计时，使得重叠密度 $\rho(i)=\varphi_a(i)\varphi_b(i)$ 为零则可能导致由 $2k$ 决定的铁磁性。应用这个原理已在分子磁体设计方面进行了很多工作[9]。

磁性轨道准正交的一个例子是配合物$(Bu_4N)[MCr(Ox)_3]$，其中 Ox 为草酸根，M=Fe、Co、Ni、Mn、Cu。D_3 对称性的$[Cr(Ox)_3]^{3-}$ 作为构筑块，在三个方向上都具有成对电子：所组成的"钩子"，它们易于和其他金属离子形成二维网状铁磁性固体[10]（图 5.11，当 M=Cu 和 Ni 时 T_c 分别为 7K 和 14K）。其中 Cr(Ⅲ)和 M(Ⅱ)处于八面体环境，Cr(Ⅲ)具有 3 个未成对电子，占据 t_{2g} 轨道，而 Ni(Ⅱ)具有两个未成对电子，占据 e_g 轨道。在 Cr(Ⅲ)-Ni(Ⅱ)连线上具有准 C_{2v} 点群对称性，t_{2g} 和 e_g 轨道为准正交，而且所有的定域自旋估计为平行排列而产生 $S=9/2$ 的基态。也曾经合成了以氢氧根和肟基桥联的这类多核铁磁性配合物，其 J 值约从 $+12\text{cm}^{-1}$ 到 $+40\text{cm}^{-1}$。

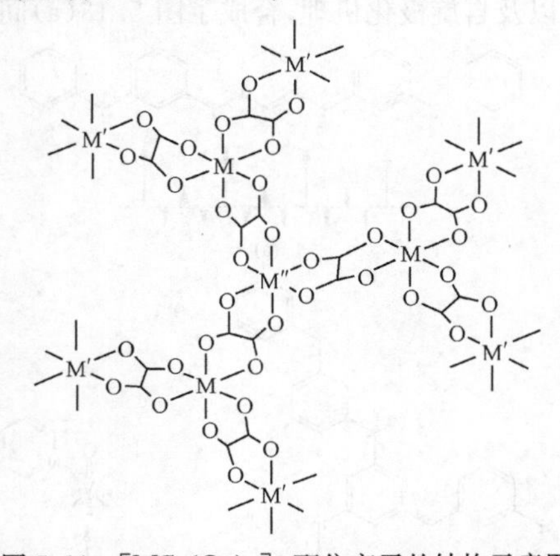

图 5.11　$[MCr(Ox)_3]^-$ 配位离子的结构示意图

应该指出的是高磁性不仅与其组成分子有关，更重要的是它是宏观固体的一种协同效应，因此必须考虑分子间的相互作用，或者分子组合成大到足以在其中产生磁畴。

5.2.2　组态相互作用机理

正交轨道机理只适于讨论同一空间区域内分子自旋间的偶合。为了考虑远距离空间区域内的自旋偶合，从量子力学观点就是在考虑整个分子(甚至固体体系)的总波函数时，应该考虑组态相互作用(CI)。为了简化计算，常常在考虑基态和被组合的激发态的电子组态时，也只考虑了邻近分子间的部分占据分子轨道(POMO)近似。

1. 分子内激发作用的自旋极化机理

为了简化，我们先以甲基自由基 CH_3 · 为例，从价键理论来说明其中的自旋极化作用(图 5.12)。其中 C 原子上未成对的 p_z 电子设为正的 α 自旋(↑)，C 原子上的一个 sp^2 杂化轨道中的电子与氢原子的一个电子形成共价键。根据化学键成键原理，其自旋应反平行而配对为↑↓。此外，根据 Hund 规则，即同一原子内的电子倾向于平行配布。因此，当 C 原子上的 p_z 为 α 自旋时(↑)，则和它靠近的同一 C 原子上那个参与共享成对的电子应具有较多的 α 自旋(↑)密度 ρ_α，而在氢原子上电子的自旋密度应具有较多的 β 自旋(↓)密度 ρ_β。[注意：净的未成对自旋($\rho_\alpha-\rho_\beta$)不变，也没有离域到其他 C 原子上去]。其效果是由于自旋之间的相互作用，未成对的 α 自旋电子可以使相邻的 σ 或 π 键中的成对键电子受到极化，而使与其成键的邻近原子上产生 β 自旋。对于更复杂的情况要应用较完整的分子轨道理论对极化作用进行计算。这时要考虑将少量的反键激发态混入基态(即组态相互作用)。所以上述的自旋极化机理实质上是分子内的组态相互作用机理。

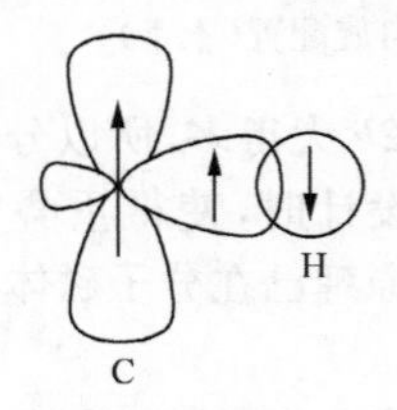

图 5.12　自旋极化作用示意图：σ 键内

根据前述卡宾：CH_2 中两个未成对电子的自旋处于正交轨道，根据其分子几何构型而具有高自旋三重基态，以及自旋极化机理，合成了图 5.13(a)间位取代的交替聚合卡宾

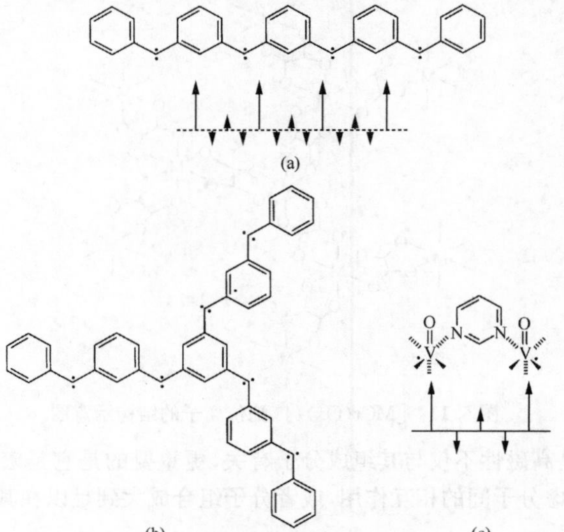

(a)

(b)　　(c)

图 5.13　一些有机铁磁性分子

(a)$S=4$；(b)$S=6$；(c)$S=1$

自由基($S=4$),其中箭头分别表示自旋的大小和方向[11]。值得注意的是,对于邻位和对位取代卡宾聚合物则自旋极化的结果是产生反铁磁性和反磁性。后来还合成了更大的铁磁性六卡宾[$S=6$,图5.13(b)]和九卡宾($S=9$)化合物。其磁化强度证实了其$S=6$的基态,但其磁化率随温度的变化说明$S=6$的自由基分子间为反铁磁性偶合。随后还开展了很多有机自由基磁体的研究。图5.13(c)为以嘧啶为桥基的$S=1$的钒配合物这方面也应用了包括CI作用的紧密束缚能带理论(参见2.2.2节)及Hubbard模型(参见4.2.2节)等方法进行理论探讨[12]。

2. 分子间的激发作用

组态相互作用可以应用于讨论固体中分子间的磁性偶合。在最简化的情况下,只考虑分子的部分占据分子轨道POMO。但原则上也可以讨论包含次最高占据轨道(NHOMO)或次最低未占据分子轨道(NLUMO),甚至考虑定域态和离域态之间的相互作用(类似金属中杂质对能带影响的RKKY理论,参见7.2节)。

这里介绍McConnell所提出的组态相互作用理论[13]。考虑电子给体D和受体A相互作用所生成的电荷转移盐$D^{\cdot+}A^{\cdot-}D^{\cdot+}A^{\cdot-}D^{\cdot+}A^{\cdot-}$。如4.2节所述,对于这种给体和受体混合堆积的CT盐,由于相邻离子间的距离和能量差别比较大,所以前线轨道间的重叠很小而不能形成金属导电能带。

对于都含有非简并轨道的给体D和受体A间的相互作用,当$D^{\cdot+}$和$A^{\cdot-}$的自旋都处在半满的非简并POMO时,则其基态↓↑可以和由于$D^{+}\rightarrow A^{-}$电荷转移所引起$D^{2+}A^{2-}$组态中较高通量的单线态(—↑↑)通过组态相互作用而降低整个体系的能量,从而稳定以单线态为特征的反铁磁性偶合(↑↓)。(当D和A中的自旋数目不相同时,就形成亚铁磁性偶合)。由于Pauli原理的限制,这种电荷转移的结果不可能使两个电子平行地占据同一个A(或D)的非简并轨道,亦即不可能发生铁磁性偶合。对于电荷转移盐$[TTF]^{\cdot+}Ni[S_2C_2(CF_3)_2]_2^{\cdot-}$(Weiss常数$\theta=-18K$)就是这样的一个例子。

当D(或A)由于对称性较高而具有一个非半满的简并POMO,而A(或D)具有非简并的POMO时,情况发生很大的变化。如图5.14(a)所示,当D为非半满简并POMO时,则当发生足够强的给体和受体间的D→A的电荷转移而产生其能量比DA还稳定的$D^{+}A^{-}$组态[图5.14(b)]。由于$D^{+}A^{-}$中能量最低的状态是三重态,该状态和$D^{2+}A^{2-}$的三线态组态[图5.14(c)]相互作用后,使整个体系的能量降低,从而在一组无限的D—A链中有利于稳定以三重态为特征的铁磁性偶合(但当发生D→A的电荷转移单重激发态时,则会稳定单重态反铁磁性偶合)。

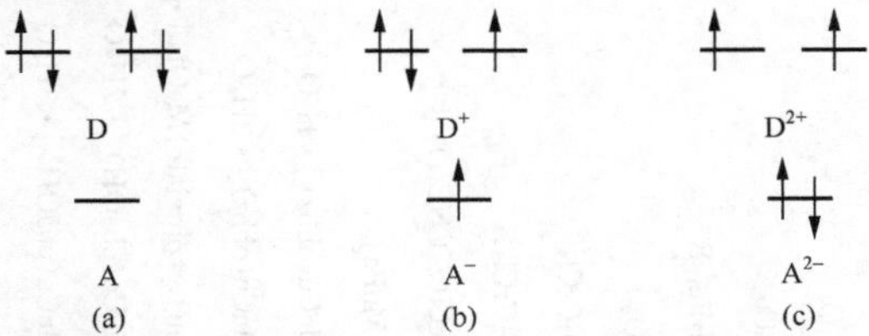

图5.14　相邻给体和受体间通过组态相互作用而形成铁磁性和反铁磁性偶合的示意图

表 5.1　代表性磁性材料的磁性质

材料	θ/K	磁性*	M /(g/mol)	T_c/K	密度 /(g/cm^3)	饱和磁化度/(emu/G) (mol^{-1})	(M^{-1})	(g^{-1})	(cm^{-3})	矫顽度 /T(T/K)	X射线**
铁	1 101	FO	55.8	1043	7.86	12 175	12 175	218	1 715	10	SC
钴	1 408	FO	58.9	1394	8.89	9 500	9 500	161	1 434		SC
镍	650	FO	58.7	627	8.91	3 200	3 200	54.5	486	≈7×10^{-4}	SC
Fe_3O_4	673	FI	232	858	5.1	21 300	7 100	91.8	468	0.021 3	SC
$SmCo_5$		FO	445	993	8.59	66 050	11 000	148	1 275	5.600	P
$Nd_2Fe_{14}B$		FO	1081	585	7.6	181 100	11 300	168	1 273	2.500	
CrO_2		FO	84	387	4.89	8 800	8 800	105	512	0.065 0	SC
Rb_2CrCl_4	92	FO	365	52.4	2.91	22 700	22 700	62.2	181		SCn
Rb_2CrCl_3Br		FO	409	55	3.26	22 500	22 500	55	179		Pn
[FeCl(S_2CNEt_2)$_2$]	3.6	FO	388	2.46	1.5	14 500	14 500	37.4	56.1		SC
β-[MnPc]	23	C/W	567	8.3	1.63	12 000	12 000	21.1	34.4		SC
[MnCu(obbz)]·H_2O		FI	465	14	1.8	22 300	11 150	48	86.3	6×10^{-3}(4.2)	—
[MnCu(obbz)]·2H_2O		FI	417	4.6	1.8	22 300	11 150	53.5	96.3	1×10^{-3}(2)	—
[Cu(terephtalato)MeOH]·1/2H_2O		FO	269	13	1.65	6 400	6 400	23.8	39.3	8×10^{-3}(4.2)	—
[MnCu(pbaOH)]·2H_2O		FI	385	30	2	22 300	11 150	58	116	6×10^{-3}(4.2)	—
[MnCu(pbaOH)]·3H_2O		FI	403	4.6	2.02	22 300	11 150	55.4	112	5×10^{-3}(1.3)	SC
[Mn(hfac)$_2$NITEt]		FI	654	8.1	1.61	22 000	22 000	33.6	54.1	0.032 0(1.2)	SC
[Mn(hfac)$_2$NITiPr]		FI	668	7.6	1.61	22 000	22 000	32.9	53	<5×10^{-4}(1.2)	SC
[Fe(4-imidazoleacetate)$_2$]·2MeOH		C/W	370	15	1.57	3 900	3 900	10.5	16.5	0.620 0(4.2)	
[(NBu_4)Ni{Cr(Ox)$_3$}]	19	FO	617	14	1.49	27 590	13 795	44.7	66.6	0.016 0(5)	
[FeCp_2^*]$^{\cdot+}$[TCNE]$^{\cdot-}$	30	FO	454	4.8	1.31	16 300	16 300	35.9	47	0.100 0(2)	

续表

材料	θ/K	磁性*	M /(g/mol)	T_c/K	密度 /(g/cm^3)	饱和磁化度/(emu/G)				矫顽度 /T(T/K)	X射线**
						(mol^{-1})	(M^{-1})	(g^{-1})	(cm^{-3})		
$[FeCp_2^*]^{\cdot+}[TCNQ]^{\cdot-}$	3	MM	531	2.55	1.26	18 000	18 000	33.9	42.7	0.16(H_{cr})	SC
$[FeCp_2^*]^{\cdot+}[C_4(CN)_6]^{\cdot-}$	35	FO	502		1.31	17 700	17 700	35.2	46.1	none	SC
$[CrCp_2^*]^{\cdot+}[TCNE]^{\cdot-}$	22.2	FO	527	3.65	1.21					none	UC
$[CrCp_2^*]^{\cdot+}[TCNQ]^{\cdot-}$	11.6	FO	527	3.1	1.25	22 500	22 500	42.7	53.4	none	UC
$[MnCp_2^*]^{+}[TCNQ]^{\cdot-}$	10.5	FO	530	6.2	1.26	13 500	13 500	25.5	32.1	0.360 0	SC
$[MnCp_2^*]^{+}[TCNE]^{\cdot-}$	22.6	FO	453	8.8	1.31	20 000	20 000	44.2	57.8	0.120 0(2)	UC
$[MnCp_2^*]^{+}[DDQ]^{\cdot-}$	27.8	MM	552	8.5	1.39	24 200	24 200	43.8	60.9		P
$[MnCp_2^*]^{+}[Pd\{S_2C_2(CF_3)_2\}_2]^{\cdot-}$	3.7	MM	896	2.8		12 500	6 250			0.080(H_{cr})	
$[NnTPP]^{+}[TCNE]^{\cdot-}$	61	FO	980	18	1.33	30 000	30 000	30.6	40.7	0.037 5(5)	SC
β-p-$O_2NC_6H_4NIT$	1	FO	278	0.6	1.41	2 800	2 800	10.1	14.2	≈1×10^{-4}(0.44)	SC
tanol suberate	0.7	MM	483	0.38	1.12	11 125	11 125	23	25.8	0.010 0(H_{cr})	P
$[V(TCNE)_2]\cdot 12CH_2Cl_2$	>350	FI	350	>350		6 000	6 000	17.1		0.006 0(300)	D

* FO=铁磁的,FI=亚铁磁的,MM=介铁磁的,C/W=倾斜铁磁的/弱铁磁的; * * D=无序,P=粉末衍射,Pn=中子粉末衍射,SC=单晶,SCn=中子单晶结构,UC=单胞; H_{cr}=介铁磁临界场。

由上近似可知，为了达到铁磁性偶合，至少 A(或 D)必须具有一个简并(不论本征的或偶然的)轨道，而且它不是半满、全空或全满的。对其他一些电子组态的电荷转移盐，人们也进行了研究。由这个理论所预言的一些结果和实例列于表 5.1[14]。其中 AF 表示反铁磁性偶合，FI 为亚铁磁性偶合，FO 为铁磁性偶合，s、d 和 t 分别为单重、双重和三重简并度。根据这个原则，Breslow 合成了很多新的高对称芳香性分子磁体，但却没有观察到铁磁性[6,15]，这可能是由于除了低的三重态外，其中还存在其他低的单重态。

5.2.3 偶极-偶极交换机理

偶极-偶极交换机理只是通过空间(而不涉及轨道重叠)进行偶合的，一般在室温下并不将它看作一种引起有序的有效铁磁性机理。这种弱相互作用是由于式(5.2.6)自旋磁偶极矩所引起的磁场间通过空间(不通过键间)相互作用而稳定有机自由基磁体。对于两个自旋为 S_i 和 S_j 的这种磁偶极矩-偶极距的相互作用，可用下列经典 Hamilton 表示为

$$\hat{H}_{\text{d-d}} = g^2\beta^2\left[\frac{S_i \cdot S_j}{r_{ij}^3} - 3(S_i \cdot r_{ij})(S_j \cdot r_{ij})/r_{ij}^5\right] \tag{5.2.7}$$

其中 r_{ij} 是磁原子 i 和 j 间的距离矢量。这种偶极-偶极作用对于 $Er(C_2H_5SO_4)_3 \cdot 9H_2O$ 等稀土化合物的磁性有重要贡献[35]。它能说明 T_c 低于 1K 左右的协同磁效应，特别是对于含亚硝基自由基的磁性行为就可能涉及这种机理。

寻找轻化学元素的有机磁体一直是个活跃的领域，它有两个特点：一是这种轻元素 H、C、N 和 O 组成的分子中自旋-轨道偶合较弱，电子自旋是高度的各向同性；二是其共轭 π 键特性使自旋密度分布在分子的整个 π 体系中。这就使得磁偶极矩相互作用具有很小的各向异性，适用于在理想 Heisenberg 的自旋基础上进行磁性分析[参见式(5.1.39)]。但却使得晶体中相邻自由基间的相互作用比无机晶体中自旋定域的磁性作用要复杂，会出现从零维到三维的铁磁性和反铁磁性相互作用。自从 1991 年在有机磁性获得成功后[16]，苯氧基(phenoxy)、氮氧基(nitroxide)和绿菌基(verdazyl)等有机自由基受到广泛重视。特别是在硝基化合物(nitronyl nitroxide)中，对于对硝基苯氮氧基化合物(NPNN，图 5.15)等纯有机晶体的结构和磁性研究证实，它们具有铁磁性。和电子一样，中子也有自旋，它可以和分子的自旋相互作用。因此通过中子衍射实验可以直接测定

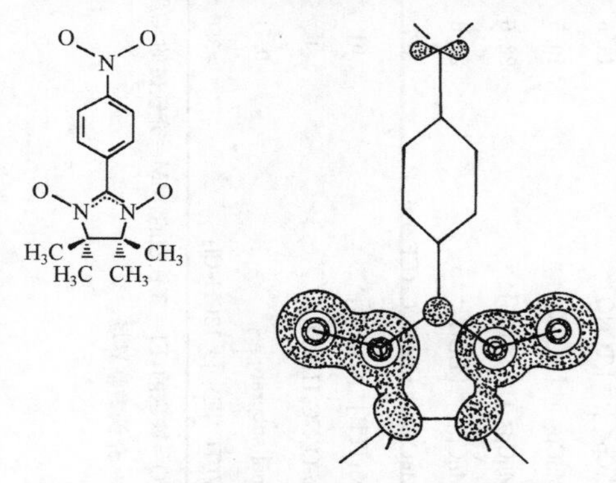

图 5.15 NPNN 自由基的中子衍射自旋分布

分子中未成对电子的自旋分布及取向。对NPNN自由基单晶测定证明,其中阴影所示自旋定域在氮氧基环上,其中两个N原子上等量分配26%,两个O原子上等量分配28%。和两个氮原子相连的两个碳原子具有9%的负自旋密度(BM/Å²),少量正自旋定域在NO基上。

NPNN自由基的磁性遵从Curie-Weiss定律,其θ值约为1K。随着温度的降低其磁化度M上升很快。人们曾经从组态相互作用对它们进行说明,但该磁性很可能是通过空间的偶极-偶极相互作用。对于HNN(4,4,5,5-tetramethylimidazoline-1-oxyl-3-oxide)类衍生物,它们形成各种类型对称性的稳定晶体。例如,对于HNN分子,其中未成对电子占据反键的π轨道(类似于氧分子)。这个单重占据的分子轨道(记为SOMO)分布在ONCNO片段上,并在中心碳原子上形成一个波节。在晶体中存在分子间的C—H…O氢键,其α相可以看作二聚体结构。应用二聚体模型及自旋Hamilton[参见式(5.1.3a)],以及由此导出其顺磁磁化率χ[参见式(5.3.10)]可以求出$J/K=-11K$[17]。

对于一些对称性较高的简单体系,根据式(5.3.2)所示的Hamilton可由量子力学解出其磁化率的解析形式,然后根据实验数据模拟出其J值。在复杂的情况下很难从数学上准确求出其分析解形式。例如,Gatteschi等合成了Cu(Ⅱ)-自由基配合物[Cu(hfac)$_2$](NIT$_p$P$_y$)[hfac是六氟乙酰丙酮,NIT$_p$P$_y$是2-(2′-吡啶)-4,4,5,5-四甲基咪唑-1-氧基-3-氧化物][18a]。由于常规的量子化学方法还无法对该体系得到严格解,他们近似地将磁偶合关系简化为五核结构,但却导致了$T\to 0K$时,$\chi\to\infty$的结果。也可以基于式(5.3.2)按照Monte Carlo方法(参见2.2.4节),采用Metropolis抽样统计对这种分子磁体进行了磁化率拟合,得到和实验较一致的结果[18b]。

5.3 分子的铁磁、反铁磁和亚铁磁性磁体

通常在处理多磁子磁性体系中的磁交换问题时,采用式(5.1.39)唯象的自旋等效算符的方法,即将其Hamilton算符中的磁偶合作用部分表示为

$$\hat{H}=-\sum_{i<j}J_{ij}S_i\cdot S_j \tag{5.3.1a}$$

式中,S_i和S_j分别为不同磁子i和j的自旋,J_{ij}为它们的交换偶合常数,求和是对所有邻近电子自旋对进行的。在进行分子磁性研究时,其一般过程可分为三个:首先根据实验结果提出可能的理论模型,其次应用自旋波函数计算体系的能级和简并度,最后应用统计力学的式(5.1.14)导出的Van Vleck方程式就可以得到以J为参数的磁化率χ的表达式。其中J值可以根据实验数据进行模拟或从量子力学理论加以计算而得到。

式(5.3.1a)中只用同一个J值表示Hamilton意味着自旋交换是各向同性和对称的体系。但对于交换作用是各向异性的体系,这时应该将式(5.3.1a)进行扩展。对于只有S_i和S_j的双自旋体系,引入各向异性偶合系数(α,β,γ),偶合作用在(x,y,z)三个分量形式表示为

$$\hat{H}=-\sum_{i<j}J(\alpha S_{ix}S_{jx}+\beta S_{iy}S_{jy}+\gamma S_{iz}S_{jz}) \tag{5.3.1b}$$

在具体计算时,若令$\alpha=\beta=\gamma=1$,则为各向同性,称为海森伯模型(Heisenberg model);若

令 $\beta=\gamma=0$,则称为一维的伊辛模型(Ising model)。

5.3.1 双核化合物

双核化合物中的磁交换作用是最简单的只含有两个自旋分别为 S_1 和 S_2 的自旋体系,但也可以作为阐明上述一般处理自旋偶合作用过程的一个简单实例。其等效自旋 Hamilton 算符为

$$\hat{H}=-J\hat{S}_1\cdot\hat{S}_2 \tag{5.3.2}$$

经过简单的量子化学的算符运算,或从简明的矢量和法则就可以得到双核体系的总自旋为

$$\hat{S}^2=\hat{S}_1^2+\hat{S}_2^2+2\hat{S}_1\cdot\hat{S}_2 \tag{5.3.3}$$

从而得到

$$\hat{S}_1\cdot\hat{S}_2=1/2[\hat{S}^2-\hat{S}_1^2-\hat{S}_2^2] \tag{5.3.4}$$

由于自旋波函数 Ψ 是算符 $\hat{S}^2$ 的本征函数,即

$$\hat{S}^2\Psi=S(S+1)\Psi \tag{5.3.5}$$

因此得到

$$-J\hat{S}_1\cdot\hat{S}_2\Psi=-J/2[S(S+1)-S_1(S_1+1)-S_2(S_2+1)]\Psi \tag{5.3.6}$$

假定我们处理的是 $S_1=S_2=1/2$ 的双核体系,则它们偶合后可以得到 $S=0$ 的单重态($M_S=0$)和 $S=1$ 的三重态($M_S=1,0,-1$),这两种状态分别用 $^1\Psi_0$ 和 $^3\Psi_{M_S}$ 来表示它们对应的波函数。由此根据式(5.3.2)得到

$$\langle^1\Psi_0|\hat{H}|^1\Psi_0\rangle=3/4J\qquad(S=0,M_S=0) \tag{5.3.7}$$

$$\langle^3\Psi_{M_s}|\hat{H}|^3\Psi_{M_s}\rangle=-1/4J\qquad(S=1,M_S=\pm1,0) \tag{5.3.8}$$

在上两式计算中略去了共同的 $-S_1(S_1+1)-S_2(S_2+1)$ 项,因为它指定 S_1 和 S_2 为常数,不影响后面讨论结果。

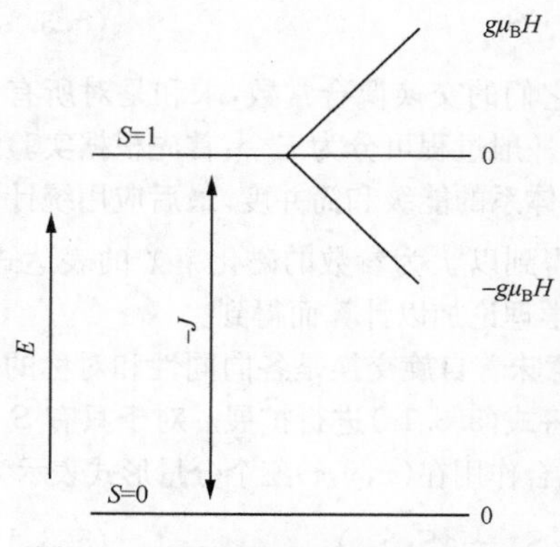

图 5.16 磁场引起自旋 $S_1=S_2=1/2$ 双核体系的能级分裂

当进一步考虑包括 Zeeman 效应[参见式(5.1.39)]在内的磁场效应后,完整的 Hamilton 算符应为

$$\hat{H}=g\beta\hat{S}_zH_z-J\hat{S}_1\hat{S}_2 \tag{5.3.9}$$

由此得到图 5.16 所示的能级分裂图。显然,$J=E(S=0)-E(S=1)$,它是各向同性磁偶合参数。当 J 为负值时,$S=0$ 的单重态为基态,呈反磁性偶合;当 J 为正值时,$S=1$ 的三重态为基态,呈铁磁性。将这样得到的能级代入式(5.1.20),经过数学处理就得到摩尔磁化率:

$$\chi=\frac{2Ng^2\beta^2}{3kT}\frac{1}{1+\dfrac{\exp(-J/kT)}{3}} \tag{5.3.10}$$

例如，对于双聚二乙酸铜 $Cu_2(CH_3CO_2)_4 \cdot 2H_2O$ 化合物，可以得到其 $J=-142cm^{-1}$。

5.3.2　链式磁性化合物

这种一维结构介于磁性簇合物和三维格子之间。虽然我们可以很方便地写出它的自旋 Hamilton 算符，但却不能像一些简单磁性化合物那样具有式(5.3.1)那样的分析解，而只能采取数值模拟的方法由实验得到其偶合常数。下面举两个实例加以说明。

1. 等同磁性离子 A 组成的链

这种链形式为 $-A_i \overset{J}{-} A_{i+1} \overset{J}{-} A_{i+2} -$，其 Heisenberg 模型的自旋 Hamilton 算符可写为

$$\hat{H}=-J\sum_{i=1}^{n-1}\hat{S}_{Ai}\cdot\hat{S}_{Ai+1} \tag{5.3.11}$$

求和是对链中所有位置 n 进行的。1964 年 Bonner 和 Fisher 对 $n=1$ 以后的长链用数值解法求出其磁化率 χ，再外推到 $n=\infty$，计算了无穷长键的磁化率。

适于这种模型的一个实例是由[$CuCl_3(C_6H_{11}NH_3)$]中 Cu(Ⅱ)离子所形成的链(图 5.17)[19a]。实验表明，沿着 c 轴形成 $J_c=100cm^{-1}$ 的铁磁性链，这些链沿 b 轴以 $J_b=10^{-1}cm^{-1}$ 形成较弱的铁磁性偶合。铁磁性的 bc 平面再沿 a 轴形成 $J_a<-10^{-2}cm^{-1}$ 的反铁磁性偶合。这个物质实际上是一个介磁体，它在 2.18K 以下的基态为反铁磁性，但在磁场高于临界值 H_c(由于 J_a 为很小的负值，这时 H_c 约为 100G)时，就形成了铁磁体。

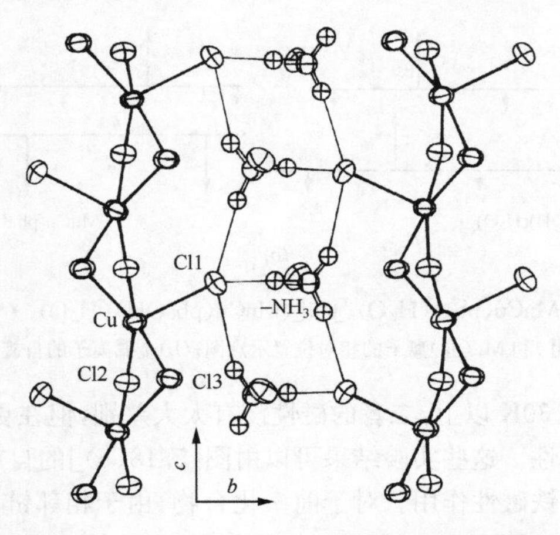

图 5.17　[$CuCl_3(C_6H_{11}NH_3)$]的晶体结构

2. 规则亚铁磁性链

它是由 A 和 B 两种磁性中心交替组成的链 $-A_i \overset{J}{-} B_{i+1} \overset{J}{-} A_{i+2} - B_{i+3} -$，其自旋 Hamilton 算符可表示为

$$\hat{H} = -J\sum_{i=1}^{2n}\hat{S}_i \cdot \hat{S}_{i+1} \tag{5.3.12}$$

其中 $S_{2i-1}=S_A$，$S_{2i}=S_B$ 和 $S_{2n+i}=S_i$。这种类型的一个实例是[MnCu(pba)$(H_2O)_3$ · $2H_2O$][pba=1,3-propylenebis(oxamato)][20]，其中八面体的 Mn(Ⅱ)和四方锥的Cu(Ⅱ)沿 b 轴交替排列，$J=-23.4cm^{-1}$。

5.3.3　亚铁磁性链

亚铁磁性链的铁磁性有序排列：为了说明如何将和上述一维亚铁磁性链组装成铁磁性链，将前述亚铁磁性化合物 MnCu(pba)$(H_2O)_3$ · $2H_2O$ 和具有类似晶体结构的亚铁磁性化合物 MnCu(pbaOH)$_3$ · $(H_2O)_3$ 和 MnCu(phaOH)$(H_2O)_3$ · $2H_2O$ 进行比较[图 5.18(a)][21]。它们的差别在于沿着 b 轴的方向，其最短的金属间距离在 MnCu(pbaOH)$(H_2O)_3$ 中为 Cu⋯Cu 和 Mn⋯Mn，而在 MnCu(phaOH)$(H_2O)_3$ · $2H_2O$ 中为 Mn⋯Cu。即前者相对于后者沿着 b 轴方向移动了半个重复单元。

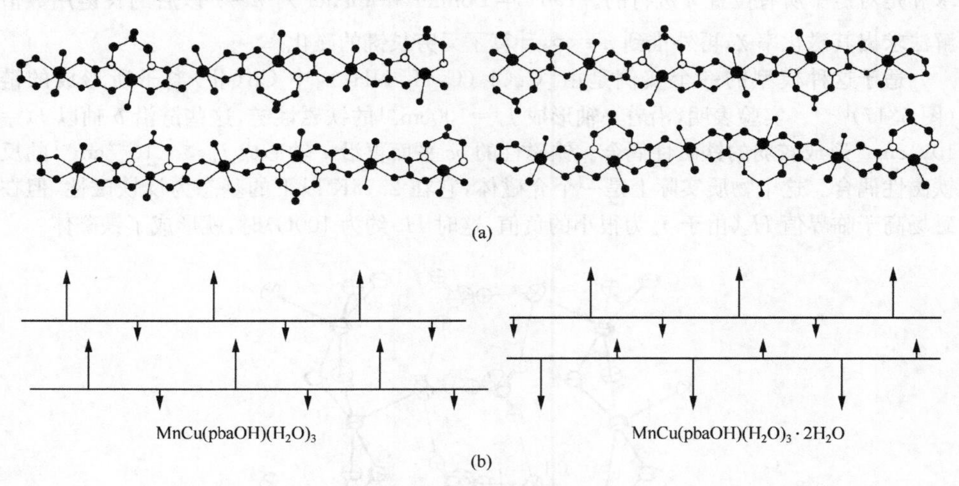

图 5.18　在[MnCu(pba)$(H_2O)_3$]和[(MnCu(pbaOH)$(H_2O)_3$ · $2H_2O$]的结构

(a) Cu(Ⅱ)和 Mn(Ⅱ)离子的相对位置示意图；(b)金属离子的自旋优先取向

磁性实验表明，在 30K 以上，二者的磁性没有太大差别，但在更低温度下前者呈现铁磁性，后者呈现反铁磁性。这些实验结果可以由图[5.18(b)]的自旋取向来说明。沿着 b 轴，同一邻近离子是反铁磁性作用。对于前一化合物，由于相邻链的相对位移导致自旋，($S_{Mn}=5/2$)平行排列，从而在 T_c(=4.6K)以下表现出亚铁磁链的铁磁性有序。但对于后一分子，由于相邻链位移了重复单位的 1/2，导致自旋相消，从而在 T_c(=2.4K)以下表现出反铁磁性有序。

高 T_c 磁性材料的研究在理论上和应用上都备受重视。由于应用需要，人们希望铁磁性材料的 T_c 在室温以上。由于分子磁性材料的 T_c 一般比较低，所以这种具有相对较高 T_c 的分子磁性材料被称为高 T_c 分子磁性材料。理论上一维分子材料一般不具有铁磁性,从而实用的高 T_c 铁磁材料要求自旋 S_i 在固体三维空间中作三维有序排列。作为近似,三维铁磁体考虑的主要是相邻自旋偶合常数 J 为大的负值。早期的分子磁体的 T_c 很低,只有几开尔文到十几开尔文[13],这就极大的限制了它的实际应用。因此,获得更高居里温度是分子磁体走向实用的基本要求。为了提高 T_c,要求增加协同效应。亚铁磁性的表观性质和铁磁性类似,表现出宏观铁磁性的分子磁体中实际上有相当大一部分是亚铁磁体。所以在分子基磁性材料的研究中,按磁性种类和用途区分研究方向时,对于铁磁性和亚铁磁性两者经常不严格区分。对于亚铁磁体,J 的符号与铁磁体的相反,提高 T_c 既依赖于强的协同效应,又要求两种磁性中心间有尽可能大的自旋差值。

按化学的观点,分子的铁磁性来源于金属中心之间的电子交换,这一交换是通过桥键的电子云来进行的。桥键越短,电子云的密度越大,其交换作用就越强,分子的磁性就越强,其居里温度也越高。因而,短的氰根 CN^-、叠氮根 N_3^- 等电子云密度大的分子基团,应是很好的桥基。由此推广,直接使用 Cu、Ag 等非六配位氰合金属可以直接得到与普鲁士蓝不同的网格结构,并具有不同的磁性。控制结晶过程,形成不同缺陷,掺杂入不具有磁性的 Ca 等金属离子等,这些方法都可以用来调控磁性。

目前对含氰根 CN^-[22]、硫氰根[23]和叠氮根 N_3^-[24]的配合物进行了广泛研究。我们制备了第一个 N_3^- 桥连的长程有序二维铁磁性苄胺 BA 的配合物 $Cu(BA)(N_3)_2$[25]。文献上报道了高维室温铁磁体,如 T_c 为 305K 的 $V(Cr(CN)_6)_{0.86}$[26]和 T_c 高达 400K 的 $[V(TCNE)_x]_y(CH_2Cl_2)$配合物[27]。可惜的是,其结构不明确,难于研究它们的结构和性质的关系。新近的一个进展是,$MnCr(Ox)_3^-$ 和(BEDT-TTF)$^+$ 所组成的铁磁性和导电性交替层状杂化材料的出现,为分子磁性电子学的研究开辟了一条新途径。

由量子力学严格计算偶合常数,显然存在困难。我国学者应用了对多核磁性体系从量子化学不可约张量法和根据 Davidson 和 Clark 所建立的分子定域自旋理论,经过进一步简化,对金属配合物的偶合常数 J 进行了计算[28]。结果和实验较为一致。有关三维空间中分子铁磁性固体的讨论将在 7.1.2 节进行。

5.4 其他类型的分子磁体

5.4.1 高自旋-低自旋转换

所谓的自旋交叉(spin crossing)化合物,通常是指由过渡金属离子和配体所形成的一类特殊化合物,它易于受热或光的激发而从低自旋(LS)的基态激发到高自旋(HS)的激发态(相当于离子内的电荷转移)。这种从一种稳定状态转向另一种稳定状态的转换在信息存储等方面有重要应用前景。早在 20 世纪 30 年代,Cambi 就观察到自旋交叉现象,20 世纪 70 年代这方面研究有很大发展[29-30]。这里主要讨论研究最多的热激发自旋交叉性。

热激发自旋转换:对于处于八面体对称性的 d^5 组态磁性配合物 FeF_6^{3-} 和 $Fe(CN)_6^{3-}$,根据配体场理论,金属离子的 5 个 d 轨道在配体场的作用下,可以分裂成三重简并的 t_{2g} 轨道和二重简并的 e_g 轨道(参考图 2.2,其分裂参数为 Δ)。对于配体 F^- 所形成弱配体场

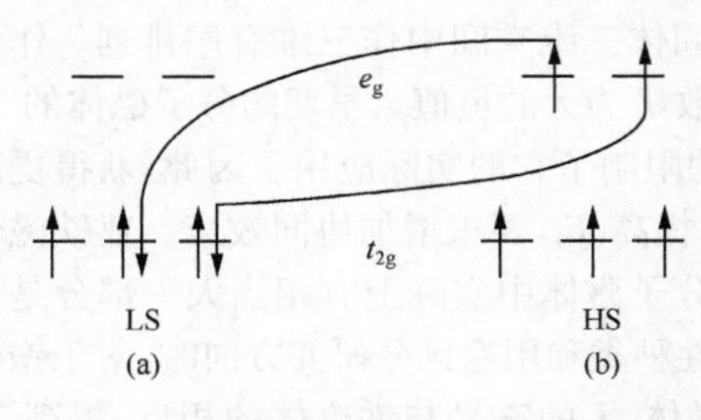

图 5.19 d^5组态中电子的 HS 和 LS 态

FeF_6^{3-}，实验得到其 $\mu_{eff}=5.9BM(S=5/2)$，所以它的基态是高自旋态[图 5.19(b)中记为$^6A_1$]，而强配体场配体 CN^- 所形成的 $Fe(CN)_6^{3-}$，其 $\mu_{eff}=2.3BM(S=1/2)$，它的基态是低自旋的(记为$^2T_2$)。目前可以从配体场理论对这种采取不同高低自旋状态的实质作出阐明。对于d^n电子组态的八面体配合物，表5.2 中列出了 n 个电子在t_{2g}和 e_g轨道中的配布(详情参考文献[4])。若令 t_{2g}和 e_g间的配体场分裂参数为 Δ，则高自旋和低自旋间的配体场稳定能为-2Δ。显然，配体场分裂能 Δ 愈大，愈有利于电子处于较低的 t_{2g}能级，导致电子成对，有利于低自旋态的稳定。但是下面两个因素又促使电子占据较高的 e_g能级而利于高自旋态的稳定：①静电排斥力。因为处在同一轨道比分别处在两个不同轨道中的斥力要大 π_c，例如，在上述的 d^5例中，高自旋的 $\pi_c=0$，而低自旋的为 $2\pi_c$。②交换作用。根据 Hund 规则，自旋平行的电子对的交换能为π_{ex}[参见式(2.1.51)]，它是负值，故使体系稳定。自旋反平行的电子对则无交换作用，$\pi_c=0$，故高自旋 Fe(Ⅲ)的自旋稳定能比低自旋的多了 $10\pi_c$。因此，一个电子从 e_g轨道到 t_{2g}轨道时，平均成对能为$\pi=\pi_c+\pi_{ex}$。从配体场理论分析，当$\Delta>\pi$ 时为低自旋基态，当$\Delta<\pi$ 时为高自旋基态。

在实际讨论电子能级随配体场强度 Δ 的变化时，方便的是应用 Tanabe-Sugano 图。对于 d^5组态的例子，其简化图如图 5.20 所示。其中标出了当 Δ 通过 π 值后从高自旋基态 $^6A_1(t_{2g}^3e_g^2)$ 转向低自旋基态 $^2T_2(t_{2g}^5)$。由于 HS 态所占据的 e_g轨道比在 LS 态所占据的 t_{2g}的要高，并具有更多的反键特性，所以在 HS 态中的金属-配体(M-L)平均键长比在 LS 态中的要长(图 5.21)。为了正确判断自旋交叉处的 D_q值和热诱导自旋跃迁。仅仅考虑

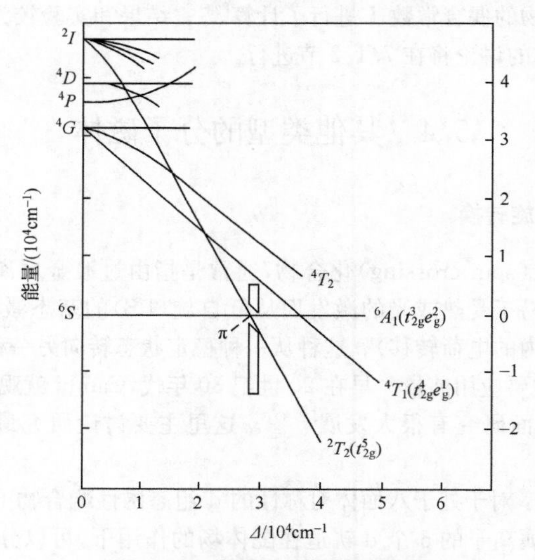

图 5.20 d^5组态的谱项能级简图

表 5.2 d^n 离子中的各种作用能

电子数		0	1	2	3	4		5		6		7		8	9	10
例子		Ca^{2+} Sc^{3+}	Ti^{3+} U^{4+}	Ti^{2+} V^{3+}	V^{2+} Cr^{3+}	Cr^{2+} Mn^{3+}		Mn^{2+} Fe^{3+} Os^{3+}		Fe^{2+} Co^{3+} Ir^{3+}		Co^{2+} Ni^{3+} Rh^{2+}		Ni^{2+} Pt^{2+} Au^{3+}	Cu^{2+} Ag^{2+}	Cu^{+} Zn^{2+} Cd^{2+} Ag^{+} Hg^{2+} Ga^{3+}
自旋态						高	低	高	低	高	低	高	低			
电子分布	e_g	0	0	0	0	1	0	2	0	2	0	2	1	2	3	4
	t_{2g}	0	1	2	3	3	4	3	5	4	6	5	6	6	6	6
不成对电子		0	1	2	3	4	2	5	1	4	0	3	1	2	1	0
自旋交换作用(π_{ex})		0	0	−1	−3	−6	−3	−10	−4	−10	−6	−11	−9	−13	−16	−20
电子静电排斥(π_c)		0	0	0	0	0	1	0	2	1	3	2	3	3	4	5
稳定化能量(D_q)		0	−4	−8	−12	−6	−16	0	−20	−4	−24	−8	−18	−12	−6	0

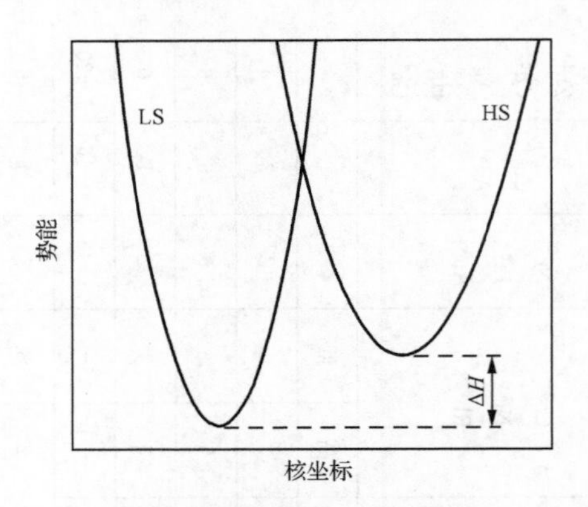

图 5.21　$Fe(d^5)$高自旋和低自旋的势能曲线

Tanabe-Sugano 图是不够的。因为配体场强度 Δ 不仅取决于配体的性质,而且是配体-金属距离 r 的函数。例如,对于中性的配体,近似有

$$10D_q \approx \mu/r^6 \tag{5.4.1}$$

式中,μ 为配体的电偶极矩。若令 r_0为 M-L 的平衡距离,则对于给定的配体有

$$10D_q(r) = 10D_q(r_0)\left(\frac{r_0}{r}\right)^6 \tag{5.4.2}$$

因此对于 LS 和 HS 的基态,我们可以应用式(5.4.2)和 Tanabe-Sugano 图作出如图 5.21 所示激发态电子能级的势能 E 和 r(M-L)构型坐标的势能曲线。

热诱导自旋跃迁的条件是:

$$\Delta E^0(=E^0_{HS}-E^0_{LS}) \approx kT(\text{热能}) \tag{5.4.3}$$

对于典型的铁(Ⅱ)自旋交叉化合物,估计

$10D_q^{HS} < 11\ 000\text{cm}^{-1}$ 为 HS 化合物

$\left.\begin{array}{l}10D_q^{HS} \approx 11\ 500 \sim 12\ 500\text{cm}^{-1}\\ 10D_q^{LS} \approx 1\ 900 \sim 21\ 000\text{cm}^{-1}\end{array}\right\}$为自旋交叉化合物

$10D_q^{LS} > 21\ 500\text{cm}^{-1}$ 为 LS 化合物

可见,自旋交叉化合物可允许的范围很窄。

目前研究较多的是二价铁离子 Fe(Ⅱ)中 $HS(^5\pi_{2g}) \longleftrightarrow LS(^1A_{1g})$之间的自旋弛豫。因为它们自旋之间的弛豫时间(在 300K 以下)比 Mössbauer 谱法的时间分辨(10^{-7}s)要长得多,而对 Fe(Ⅲ)其 $HS(^6A_{1g}) \longleftrightarrow LS(^2T_{2g})$自旋态间的弛豫时间则接近于 Mössbauer 谱的窗口时间,故谱线变宽而不易分辨。

初看时,似乎只要从能量曲线上 LS 和 HS 态的能量较近时就可能发生自旋跃迁。但实际上,从热力学观点来看,应该考虑 HS 和 LS 间转变的 Gibbs 自由能变化[31]:($\Delta G = G_{HS} - G_{LS}$)。对于由 N 个分子所组成的系综,有

$$\Delta G = \Delta H - T\Delta S \tag{5.4.4}$$

其中 $\Delta H = H_{HS} - H_{LS}$,$\Delta S = S_{HS} - S_{LS}$分别为高低自旋间的焓变和熵变。其转变的临界温度 T_c可由 $\Delta G=0$ 来定义(LS 和 HS 分子的数量各占一半),即

$$T_c = \Delta H/\Delta S \tag{5.4.5}$$

为使 T_c 为正值，ΔH 和 ΔS 必须具有相同的符号。由于 ΔS 为电子贡献 ΔS_{el} 和振动贡献 ΔS_{vib} 之和

$$\Delta S = \Delta S_{el} + \Delta S_{vib} \tag{5.4.6}$$

而 ΔS_{el} 取决于 HS 和 LS 态的简并度 Ω 比：

$$\Delta S_{el} = NK\ln(\Omega_{HS}/\Omega_{LS}) \tag{5.4.7}$$

对于 O_h 对称性的 Fe(Ⅱ)化合物，$\Omega_{HS}/\Omega_{LS}=15$，$\Delta S_{el}=1.882\text{cm}^{-1}\text{K}^{-1}$ 为正值。而由于 HS 态比 LS 态具有较长的金属-配体键长，因而具有更明显的振动无序，导致 ΔS_{vib} 也是个正值。为了能实际观察到自旋跃迁，LS 态的势能曲线的极小必须比 HS 态的略低些，才能保证 ΔH 为正值(图 5.21)。在低于 T_c 的低温时，焓变 ΔH 起主要作用，ΔG 为正，则 LS 物种稳定；高于 T_c 时，熵变 ΔS 起主要作用，ΔG 为负值，则稳定的是 HS 物种。

对自旋跃迁温度的影响可以通过磁化率、Mössbauer 谱、红外光谱等实验方法进行研究，大致可以分为两类。一种是渐变式的，其中自旋跃迁随温度逐渐变化，与在溶液中的类似，分子的自旋态基本上按照 Boltzmann 分布；另一种是突变式的，常常呈现滞后效应，这时自旋的跃迁显然是一种晶格的协同效应。目前人们已经对后者的机理进行了研究。

作为信息记录材料，除了自旋突变、滞后效应外，实用上还希望这种变换温度接近室温，因此目前研究得最多的是自旋转换配合物 $Fe(phen)_2(NCS)_2$ ($T_c=176\text{K}$)等[32]。我们制备了 $Fe(dpp)_2(SCN)$ 化合物，其热滞后曲线的 ΔT_c 高达 50K，并且在快速降温时可以保持高自旋态[33]。为了增加协同效应(提高 T_c)和适于检测，最好能采用无机桥连聚合并伴随有热致变色效应的化合物。目前重点放在一些 1,2,4-三唑铁(Ⅱ)衍生物(T_c=250～400K)这类化合物，例如[$Fe(trz)(Htrz)_2$](BF_4)等。

从分子设计观点，通过对金属电子组态和配体的选择，当使 Δ 和 π 的值较为接近时，才有可能产生自旋转换。实际上考虑到自旋-轨道偶合和对八面体对称性的偏离，对于第Ⅰ过渡金属系配合物，大概在 $|\Delta-\pi|<2000\text{cm}^{-1}$ 时两种自旋态才可能具有相当的浓度。外界离子也有相当的影响，一般体积为中等大小的阴离子易于稳定介于高低自旋交叉状态。例如，对于[Fe(pten)]X_2($X=I^-,Br^-,ClO_4^-,PF_6^-$)，中等大小的 ClO_4^- 得到的是自旋平衡的配合物。

从晶体工程的观点看，要重视稀释效应和制备工艺过程。例如，对于[$Fe(2\text{-}Pic)_3$]Cl_2 配合物，当掺以同晶型的[$Zn(2\text{-}Pic)_3$]Cl_2 而形成共晶的[$Fe_{1-x}Zn_x(2\text{-}Pic)_3$]$Cl_2$ 时，由于 Zn(Ⅱ)离子半径更接近于高自旋 Fe(Ⅱ)的值，所以共晶化合物在 HS 状态时更稳定。又如，采取沉淀法制备的晶体常比萃取法制备的含有较多的高自旋态。

有很多物理方法可用于表征高低自旋体系的特征，如 Mössbauer 谱、X 射线衍射、红外和紫外光谱、核磁共振、顺磁共振、瞬态光谱、中子衍射、μ-介子自旋弛豫技术等。我们应用将 Mössbauer 谱和 X 射线近邻超精细结构(XALF)相结合的方法对高低自旋转换性质进行了研究[33]。

5.4.2 光诱导自旋转换

目前研究最多的是光诱导自旋交叉现象。铁(Ⅱ)配合物的光化学不如其他过渡金属

配合物活跃，因为它不具有长寿命的光激发态。其低能级的配体场状态常易于通过一系列不同自旋多重态之间的系间串越（ISC）或内部转换（IC）无辐射弛豫而回到基态（参见9.1节）。自1984年Gütlich首次在低温下（<50K）于 $[Fe(ptz)_2](BF_4)_2$ 体系中观察到所谓的光诱导激发自旋态俘获现象（light-induced excited spin-state trapping，LIESST）以来，情况大为改观。下面从配体场理论对它作简要阐明。

从 d^6 组态的Tanabe-Sugano图可以导出，在八面体配体场 O_h 下，d^6 电子组态Fe(Ⅱ)中电子间相互作用引起不同状态（常称为配体场谱项）的主要能级如图5.22所示。

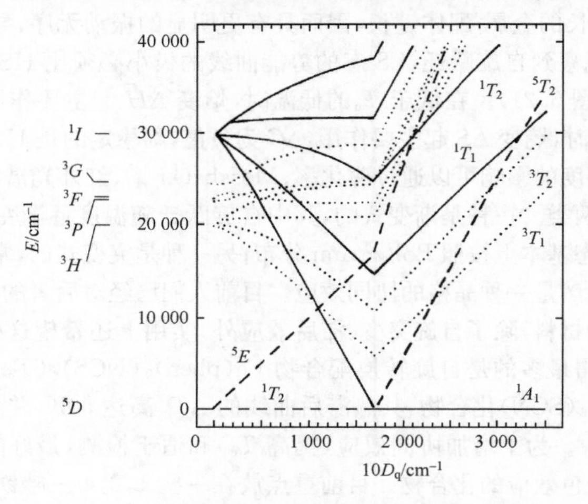

图5.22　d^6 组态Fe(Ⅱ)在 O_h 配体场中的谱项能级

目前LIESST效应化合物的激发态能长期保持在高自旋的温度较低，约130K。由于固态中LIESST激发态的稳定性和它的热致转换温度 T_c 成反向关系，因而有可能设计具有更高温光致自旋转换材料[87]。利用光诱导相变技术得到 $Fe(Dyz)[Pt(CN)_4]$ 化合物在350K左右的HS稳定态。

当应用某一波长的光入射于该化合物时，在自旋交叉点附近，电子由基态 $^1A_1$ 态跃迁到以配体为主要贡献的轨道 ^{1}MLCT（即 $^1T_2$）。电子在该状态中的寿命很短，它很快地通过 $\Delta S=1$ 系间串越而转入到 $^1T_1$ 状态，继而通过 $\Delta S=1$ 的系间串越而跃迁到 $^3T_1$ 和 $^3T_2$ 状态。然后再通过自旋-轨道偶合而由 $^3T_2$ 状态跃迁到高自旋的 $^5T_2$ 状态。如果实验时温度低到临界温度 T_c 以下，低自旋基态 $^1A_1$ 和高自旋 $^5T_2$ 状态间由于二者的核间距差别很大而存在很大的势垒，由于 $^1A_1$ 和 $^5T_2$ 间为自旋禁阻，电子在该状态的寿命足够长（在10K下约为40d），从而电子有可能被俘获在该高自旋状态[34]。反之，由图5.22可知，当再次用光照射时，被俘获在该高自旋状态 $^5T_2$ 的电子就可能跃迁到 ^5E 状态，通过系间串越和自旋-轨道偶合作用而可逆地回到 $^1A_1$ 状态（称为反转的LIESST效应）。

这种LIESST现象已被实验所证实，它与图5.21所示的存在HS和LS态两个极小以及LS态极小比HS态低的势能曲线密切相关。这就为信息存储中的应用开发了一个诱人的领域。例如，将这类配合物的HS和LS间的光诱导变换看成对应于计算机中的0

和1就是一种有效的分子光开关。由于这是一种离子内的电荷转移,其优点是没有疲劳效应。关键在于我们能否找到其临界转变温度 T_{ch} 提高到室温附近的新型配合物[35-37]。

5.4.3 价态互变异构转换

在动态电子过程中,除了熟知的分子内不同金属中心间电子交换的混合价和不同自旋状态间的自旋交叉现象外,另外一种重要的过程就是在过渡金属配合物中所出现的金属中心和氧化-还原属性配体间价态互变异构转换现象[38]。人们期望这种电子开关过程也可能应用于分子器件。

价态互变异构可以定义为由给体D和受体A所形成加合物 A^-D^+ 的这样一种性质,其中电子基态由两个以上具有不同电荷分布的异构体描述。其不同价态互变异构体可以由下列分子内电子转换来表示:

$$A—(D^+) \longleftrightarrow (A^+)—D$$

这类加合物必须满足两个条件:A和D间相互作用的共价性必须很低,二者的前线轨道必须相近。由于这两种条件很难同时满足,所以只有少数1,2-苯醌的衍生物呈现这种反常的性质。最早是在1980年配合物[Co(bpy)(dbsq)(dbcat)]中发现这种现象(其中dbsq和dbcat分别为3,5-二-特丁基-1,2-苯醌的半醌和邻苯二酚盐的形式)。

根据它在溶液中的反常磁化率和光谱特性,其价态平衡如图5.23所示。两种互变异构体间由邻苯二酚根配体和Co(Ⅲ)离子间的分子内单电子转移相关,钴原子中心自旋变化为 $S=0\rightarrow S=3/2$。这和配合物的磁矩由低温的 $2.3\mu_B$[对应于一个未成对电子处在sq配体上的低自旋Co(Ⅲ)异构体]变到高温的 $4.3\mu_B$[对应于在每个dbsq配体上有一个未成对电子的高自旋Co(Ⅱ)异构体]的结果是一致的。该化合物之所以呈现价态互变异构现象是由于dbsq和dbcat这两种配体所关联的自由能变化不大,以及这种苯醌金属配合物的电子结构可以用定域电子结构来描述。由于其间轨道混合不大,所以可以存在不同电荷分布的异构体。进一步研究证实,它们在固态时也呈现这种价态互变异构性质,并且也可以经由光诱导或压力来诱导这种过程。

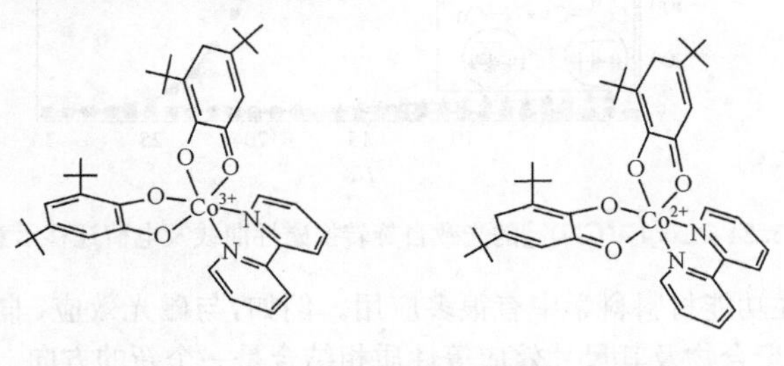

图5.23 1,2-苯醌钴配合物中的价态互变异构转换

此后发现,另外一些以二胺配体(N—N)和1,2-苯醌衍生物(diox)所形成[Co(N—N)$(diox)_2$]的配合物和[Mn(N—N)$(diox)_2$]配合物也呈现价态互变异构[39,40]。其特点

是都是六配位的，而且对于 Co(Ⅲ)→Co(Ⅱ)和 Mn(Ⅳ)→Mn(Ⅱ)变换处于高氧化态的是在低温稳定，所以认为这种变换(提高价变低价)是熵驱动的，电子进入反键的 e_g^* 轨道，导致 M—L 键减弱，键长变化很大。因而分子内的这种电子过程的焓和熵具有大的正变化。在 Fe(Ⅲ)→Fe(Ⅱ)体系中，由于二者都是高自旋或低自旋，因而电子组态的变化不涉及 e_g^* 轨道中的集聚度变化，实际上在 Fe(Ⅲ)和 Fe(Ⅱ)的苯醌配合物中，焓的正变化和键长变化都不大，因此 Fe(Ⅱ)(N—N)$(dbsq)_2$配合物并不呈现价态互变异构体。

某些镍、铜、铑和铱的配合物在溶液中的行为也可以由价态互变异构去阐述。反常的价态互变异构现象对于分子开关器件的设计是很有意义的。从实际应用考虑也要注意，其不同自旋基态间的跃迁也必须很敏锐并呈现滞后效应。

新近发展了一种在高温下控制的"配体-驱动光致自旋转换"(LD-LISC)效应是一种很有前途的光磁效应。它是建立在自旋转换金属中心和具有光活性配体(如顺-反光异构物体)之间的相互作用基础上的，即使光诱导配体的改变而引起中心金属离子周围自旋态发生变化，从而发生配位场强度的变化。[41]

早期研究的自旋转换分子是单核的，后来又发现某些双核、簇和 1D、2D、3D 的配位聚合物也有自旋转换性质[42]。多核自旋转换的原理要比上述复杂一些，可能是在光和热的诱导下，电子在两个金属离子之间的传递所致(图 5.24)[43]。

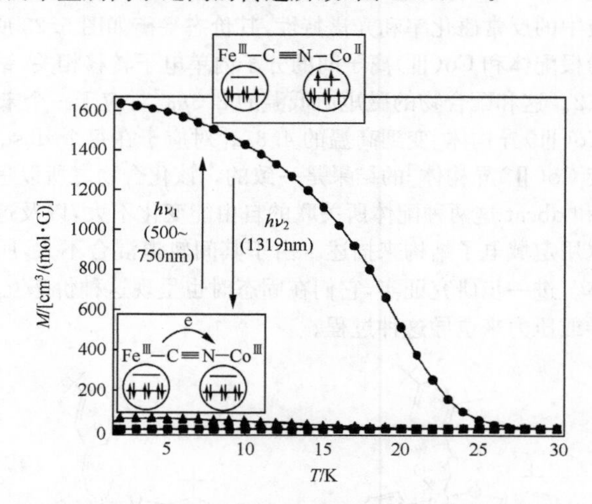

图 5.24　Co[Fe(CN)$_6$]的光致自旋转换磁性曲线及电荷迁移示意图

自旋交叉性在功能材料科学中有很多应用。例如，与磁光效应、非线性光学、自旋倾斜磁体、纳米多孔聚合物及其尺寸效应等性质相结合是一个新的方向。

5.4.4　量子隧道单分子磁体

铁磁性物质的特征是其晶格中全部磁矩或磁畴自发地平行排列。对于具有 n 个自旋组分的化合物，对于 n 为∞的大块材料，在临界温度 T_c以下具有铁磁性、亚铁磁性或反铁磁性。但当这种材料被粉碎而使 n 变小到使颗粒尺寸减小到一定程度时，会呈现与粒子

体积 V 成正比的磁各向异性。此时其磁化作用处于铁磁性和简单顺磁性之间而成为超顺磁体,这是磁性纳米材料必然出现的宏观性质的信号之一。其磁化强度 M 的弛豫时间 τ 可以表示为指数规律:

$$\tau = \tau_0 \exp(KV/kT) \tag{5.4.8}$$

式中,V 为粒子的体积,K 为体积各向异性,k 为玻耳兹曼常数,τ_0为没有各向异性时的弛豫时间。

在一个大的金属簇合物分子中,当每个磁性金属离子的自旋都定向排列时,就有可能使一个分子具有与块材磁体类似的磁结构。在如图 5.25 所示的[$Mn_{12}O_{12}(O_2CMe)_{16}(H_2O)_4$](简写为 $Mn_{12}Ac$)簇合物分子中,外围 8 个 Mn^{3+}(d^4,$S_i=2$)为自旋向上,中心 4 个 Mn^{4+}(d^3,$S_i=3/2$)为自旋向下,分子总自旋值 $S=10$。各个锰离子之间有短程相互作用,就像是块材亚铁磁体中的一个磁畴。尽管尺寸上要小得多,但其仍然具有磁滞回性质,从而有望作为高密度信息材料。这就是所谓的单分子磁体(single molecular magnets,SMM)[44]。

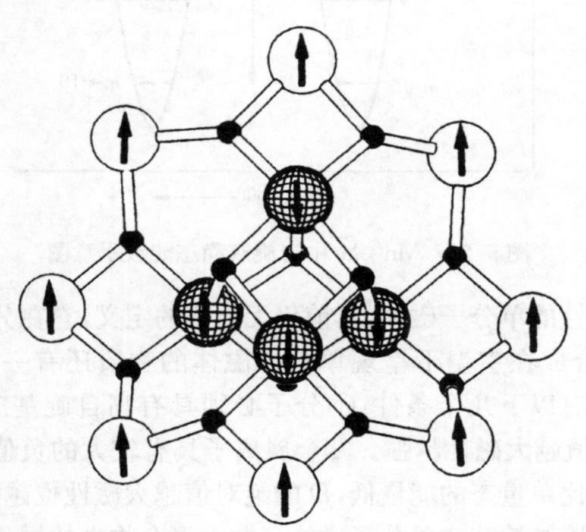

图 5.25 [$Mn_{12}O_{12}(O_2CMe)_{16}(H_2O)_4$]簇合物结构示意图

略去部分有机原子,仅保留金属和 μ_3-O 桥原子,箭头↑和↓表示分子中金属离子磁矩和外磁场的相对取向

单分子磁体的唯象自旋哈密顿算符可以用式(5.1.33) $\hat{H}_S=\hat{S}\cdot D\cdot\hat{S}$ 表示。由此可得到 M_S 简并态的能量差

$$\Delta E = D|S_M|^2 \tag{5.4.9}$$

它表示由于自旋-轨道偶合或低对称场引起的零场分裂或能量变化为 $\Delta E=DM_S^2$。在磁场中零场分裂能级具有两个抛物线型的简并的能量最低态 $M_S=+S$ 和 $M_S=-S$(图 5.26 为图 5.25 所示分子的零场能级分裂图,该分子 $S=10$),如要使分子自旋从 $M_S=+S$ 跃迁到 $M_S=-S$,需要越过一个势垒 DM_S^2。实验表明,这个势垒比应用热化学 Arrhenius 方程求出的活化热激发算出的势垒 ΔE_T 要低,这就表明在这两个等价或状态 $\Delta M_S=\pm1$ 的跃迁间具有量子隧穿效应[45]。它的两个自旋态可以视作计算机中的 0 和 1,从而使它可能成为信息器件。这类簇合物分子大小(1~5nm)已达到纳米尺寸范围,并

以其特殊的阶梯形磁滞回效应、慢弛豫性质和量子隧穿效应而备受关注。近几年来已经连续召开了数次单分子磁体国际会议。它的量子效应也使之可能成为将来建造量子计算机的材料，并在基础研究中成为磁学经典理论和量子理论之间的桥梁。

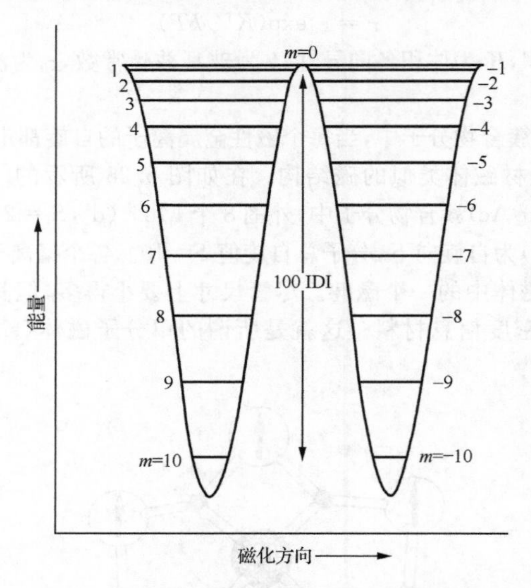

图 5.26　$Mn_{12}Ac$ 中自旋双稳态能级示意图

对于具有上述特性的单分子磁体，目前仍无严格的定义，它在分子磁体中是一个较新的课题，目前寻找和合成在室温下呈现单分子磁体的物质还有一定的偶然性。根据式(5.4.9)，通常要求具有以下几个条件：①分子必须具有高自旋基态 S，因而也具有大的 M_S。一般来说，自旋值越大磁性越强。②金属离子具有较大的负值零场分裂常数 D 值，负值使多重态的能量比单重态的能量低，D 的绝对值越大磁性也越强。

用单分子磁体的冻结溶液或单分子磁体分散在聚合物中的样品测得的磁滞回线和交流磁化率与固体样品的结果类似，表明这些都是孤立分子短程有序的性质，而不像一般的合金和金属氧化物那样源于长程有序。

目前研究的单分子磁体有以下几类：①羰基桥连金属 V、Cr、Mn、Fe、Co、Ni 的簇合物，包括最经典的 $Mn_{12}Ac$；②氰根桥连金属簇合物。我国在这方面做了很好的工作[46]，目前合成了几个典型氰基桥连配合物 $[(Tp)_8(H_2O)_6Cu_6^{II}Fe_8^{III}(CN)_{24}]^{4+}$[47]、$[Tp_2(Me_3tacn)_3Cu_3Fe_2(CN)_6]^{4+}$[48] 和 $[Co_9^{II}\{M^V(CN)_8\}_6\cdot(CH_3OH)_{24}]$[49]，以及其他配合物。化学家们仍在寻找新的具有单分子磁体性质的簇合物体系。

Glauber 早在 1963 年就从理论上预言了一维 Ising 磁体系在低温下具有磁弛豫现象[50]，于是单分子磁体的研究很快又扩展到单链磁体(single chain magnets，SCM)领域。单链磁体要求磁性交换作用只在一维链上传递，而在链间没有磁性偶合作用，其磁性质与单分子磁体类似。因为这种相似性，它和被视为零维的单分子磁体一起称为低维纳米分子磁体，以区别于传统的宏观有序三维磁结构的分子磁体。

目前的单链单分子磁体虽然为数不多,但都包含了铁磁性、亚铁磁性、自旋倾斜性多核簇合物等多种类型。这里我们只列举一个亚铁磁性的实例[Co(hfac)$_2$(NITPhOMe)],其中hfac为六氟乙酰丙酮,NITPhOMe为4-甲氧基-苯基-4,4,5,5-四甲基咪唑啉-1-羟基氧-3-氧化物,其结构如图5.27所示的一维螺旋链。链中Co(Ⅱ)离子[51] $\left(S=\frac{1}{2}\right)$具有强的单轴各向异性($g=7.2$)和自由基$\left(S=\frac{1}{2}, g=2\right)$链内间为反铁磁性偶合($J=76\text{cm}^{-1}$)二者的磁矩不能抵消,从而呈现反铁磁性,由低温下的磁化学实验求出单链磁体的参数为$\tau_0=3.0\times10^{-11}$ s,$\frac{\Delta E}{k_B}=154\text{K}$,$T_B\approx17\text{K}$。陈小明等应用弱磁交换传递作用弱的桥连配体将一维铁磁或亚铁磁连接后可以得到一些二维或三维聚合物,它们也呈现出单链磁体性质[52]。

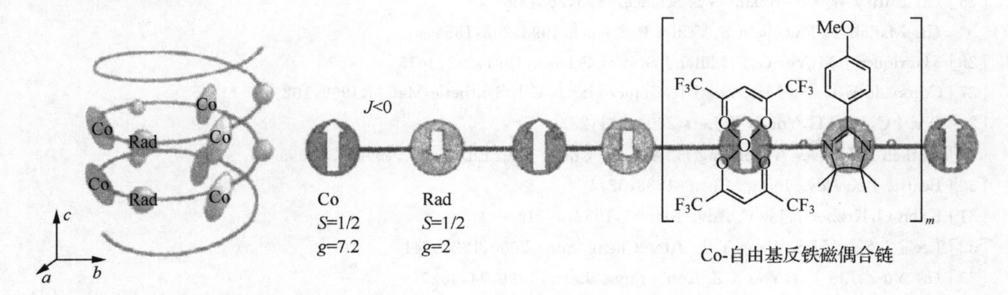

图5.27 [Co(hfac)$_2$(NITPhOMe)]的链模型图,Rad代表NITPhOMe

参考文献

[1] Miller J S,Epstein A J. Angew. Chem. Int. Ed. Engl.,1994,33:385

[2] Ashwell G J. Molecular Electronics. New York:John Wiley & Sons,1991

[3] Iwamura H,Miller J S. Proc. Int. Symp. on Chemistry and Physics of Molecular Based Magnetic Materials (Mol. Cryst. Liq. Cryst.),1973,232:233

[4] 游效曾.配位化合物的结构和性质(第二版).北京:科学出版社,1992

[5] Kahn O. Molecular magnetism. New York:VCH,1993

[6] Bruce D W,O'Hare D. Inorganic materials. 2nd. Chichester:John Wiley & Sons,1996

[7] Beattle J K. //Adv. in Inorg. Chem.,vol 32. San Diego:Academic Press,1988

[8] Karin R L. 磁化学.万纯娣,臧焰,胡玉珠,万春华,译.南京:南京大学出版社,1989

[9] Kahn O. Struct. Bonding,1987,68,89;Angew. Chem. Int. Ed. Engl.,1985,24:834

[10] (a) Tamaki H,Zhong Z J,Matsumotom N,et al. J. Am. Chem. Soc.,1992,114:6974
(b) Zhong Z J,Matsumoto N,Okawa H,et al. Inorg. Chem.,1991,30:436

[11] Nakamura N,Inoue K,Iwamura A. Angew. Chem. Int. Ed. Engl.,1993,32:871

[12] Thomas J A,Jones C J,Mccleverty J A,et al. J. Chem. Soc. Chem. Commun,1992,1796

[13] Miller J S,Epstein A J. J. Am. Chem. Soc.,1987,109:3850

[14] (a) Miller J S,Epstein A J. Angew. Chem. Int. Ed. Engl.,1994,33:385
(b) Chittapeddi K R,Cromack J S,et al. Phys. Rev. Lett.,1987,58:2695

[15] Lepage T J,Breslow R. J. Am. Chem. Soc.,1991,113:7987

[16] (a) Tamura M, Nakazawa Y, Shiomi D, et al. Chem. Phys. Lett., 1991, 186: 401
(b) Zhuang J Z, Tao J Q, You X Z. J. Chem. Soc. Dalton. Trans., 1998: 327
[17] Hosokoshi Y, Sawa H, Kato R, Kinoshita M. Mol. Cryst. Liq. Cryst., 1995, 271:115
[18] (a) Caneschi A, Farraro F, Gatteschi D, et al. Inorg. Chem., 1991, 30: 3162
(b) Zhong J M, You X Z, Chen T Y. Annual Sci. Rept. — Suppl. J. Nanjing Univ. Eng. Series, 1994,32:37.
[19] (a) Willett R D, Landee C P, Gaura R M, et al. J. Magn. Mat., 1980, 15-18:1055
(b) Liu J C, Zhong J Z, You X Z, et al. J. Chem. Soc. Dalton, 1999, 14:2337
[20] Pei Y, Verdaguer M, Kahn O, et al. Inorg. Chem., 1982, 26:138
[21] Kahn O, Pei Y, Verdaguer M, et al. J. Am. Chem. Soc., 1988, 110:82
[22] (a) Verdaquer M, Bleuzen A, Marvaud V, et al. Coord. Chem. Rev., 1999, 190:1023
(b) Hplmes S M, Girolami G S. J. Am. Chem. Soc., 1999, 121:5593
[23] Zuo J L, Fun H K, Yor X Z. New J. Chem., 1999, 22:923
[24] Shen Z, Zuo J L, You X Z. Angew. Chem. Int. Ed. Eng., 2000, 39:3633
[25] (a) Entley W R, Girolami G S. Science, 1995, 268:397
(b) Mallah T, Thioebaut S, Veillet P. Science, 1993, 262:1554
[26] Manriquez J M, Yee G T, Miller J S, et al. Science, 1991, 252:1415
[27] Coronado E, Galan-Mascaros J R, Gomez-Garcia C J. Synthetic Metals, 1999, 102:1
[28] Wei J C, Ju G C, You X Z. Lett, 2004, 371:233
[29] Gutlich P, Hauser A, Spiering H. Angew. Chem. Int. Ed. Engl., 1994, 33:1995
[30] Beattie J K. Adv. Inorg. Chem. 1988, 32:1
[31] Kahn O, Krober J, Jay C. Adv. Mater., 1992, 4:718
[32] Lee J J, Shen H S, Wang Y. J. Am. Chem. Soc., 2000, 122:5741
[33] (a) Yu Z, Liu J Q, You X Z. Appl. Phys. Lett., 1999, 74:4029
(b) Zhu D R, Xu Y, You X Z, et al. Chem. Mater., 2002, 14:838
[34] (a) Yu Z, Gutlich P, You X Z. Trans. Metal. Chem., 1996, 21:472
(b) Yu Z, Spiering H, Gutlich P. J. Mat. Sci., 1997, 32:6579
[35] Zarembowitch J, Kahn O. New J. Chem., 1991, 15:181
[36] Konig E, Ritter G, Knlsreshtha S K. Chem. Rev., 1985:219
[37] Lavrenova L G, Lkorskii N Y, Varnck V A, et al. Koord. Khim., 1990, 16:654
[38] Gutlich P, Dei A. Angew. Chem. Int. Ed. Engl., 1997, 36:2743
[39] Adams D M, Dei A, Rheingold A L, et al. Angew. Chem. Int. Ed. Engl., 1993, 32:880
[40] Adams D M, Dei A, Rheingold A L, et al. J. Am. Chem. Soc., 1993, 115:8221
[41] 唐国涛，王庆伦，廖代正，杨光明. 化学进展，2010，22:57
[42] Gutlich P, Goodwin H A. Top. Curr. Chem., 2004, 1
[43] Sato O. Acc. Chem. Res., 2003, 36: 692
[44] Sessoli R, Gatteschi D, Caneschi A, et al. Nature, 1993, 365: 141
[45] (a) Gatteschi D, Sessoli R. Angew. Chem. Int. Ed., 2003, 42: 268
(b) Ma B-Q, Gao S, Su G, et al. Angew. Chem. Int. Ed., 2001, 40: 434
[46] Kou H Z, Liao D Z, Cheng P, et al. J. Chem. Soc. Dalton. Trans., 1997: 1503-1506
[47] Wang S, Zuo J-L, Zhou H-C, et al. Angew. Chem. Int. Ed. Engl., 2004, 43: 5940
[48] Wang C-F, Zuo J-L, Bartlett B M, et al. J. Am. Chem. Soc., 2006, 128: 7162
[49] Song Y, Zhang P, Ren X M, et al. J. Am. Chem. Soc., 2005, 127: 3708
[50] Glauber R J. J. Math. Physics., 1963, 4: 294
[51] Sun Z M, Prosvirin A V, Zhao H H, et al. Apl. Phys., 2005, 97:10B305
[52] Zheng X Z, Tong M L, Zhang W X, et al. Angew. Chem. Int. Ed. Engl., 2006, 45:6310

第6章 介电体和介磁体

从物质的电性而言，可以分为导体、半导体和绝缘体。对早期的介电体主要是研究绝缘体的介电常数、损耗、电导和击穿等性质。随着电子技术、激光、红外、声学等高新材料技术的发展和基础研究的深入，现在对介电体研究已成为研究其以电极化和电荷转移的传递方式、存储和记录作用的一门学科[1]。一般，绝缘体都是介电体，但介电体却不一定是绝缘体。介电性质对于晶态、凝聚态、无定形和溶液的无机配位聚合物的研究有着特别的优点，对于和微电子材料相关的应用也具有一定的意义。

6.1 介质的极化作用及其机理

作为一般情况，我们讨论由原子、离子所组成的、具有固有偶极矩 μ_0 的分子，在没有外电场作用时，它在空间的取向是无序的，所以从宏观看，分子各种取向总的统计平均偶极矩为零。但外加静电场后，其平均偶极矩 $\bar{\mu}$ 并不等于零，而是和其所处电场强度 $\boldsymbol{E}$ 成正比，即

$$\bar{\mu}=\alpha\boldsymbol{E}=(\alpha_{\mathrm{d}}+\alpha_{\mathrm{e}}+\alpha_{\mathrm{a}})\boldsymbol{E}=\left(\frac{\mu_0^2}{3kT}+\alpha_{\mathrm{e}}+\alpha_{\mathrm{a}}\right)\boldsymbol{E} \tag{6.1.1}$$

其中 α 称为分子的总极化率。α_{d}、α_{e} 和 α_{a} 分别称为分子固有偶极矩 μ_0 的转向极化率、电子极化率和原子极化率，k 为玻尔兹曼常量。对于非极性分子 $\alpha_{\mathrm{d}}=0$。正是这种微观的分子极化作用导致宏观物质的介电常数 ε 和极化强度 $\boldsymbol{P}$ 密切相关。

为了叙述宏观材料介电性质，方便的是考虑在两个平行板中含有均匀的各向同性的介电质电容器上充以一定的电荷 $\boldsymbol{Q}$，由于介电质中分子的极化，在界面上感应出电荷相反的电荷 σ'（图 6.1）[2]。它部分地屏蔽了板上的自由电荷 σ 所产生的静电场 $\boldsymbol{E}$，从而使两极之间的电场 $\boldsymbol{E}$ 比不存在介电质（相当于真空）时的 E_0 要弱，即两个电极板间的电容 C 会比在真空中时的电容 C_0 要大 ε 倍，因而有介电常数（或称电容率）：

$$\varepsilon=\frac{C}{C_0}=\frac{Q}{\boldsymbol{E}}\frac{\boldsymbol{E}_0}{Q}=\frac{\boldsymbol{E}_0}{\boldsymbol{E}} \tag{6.1.2}$$

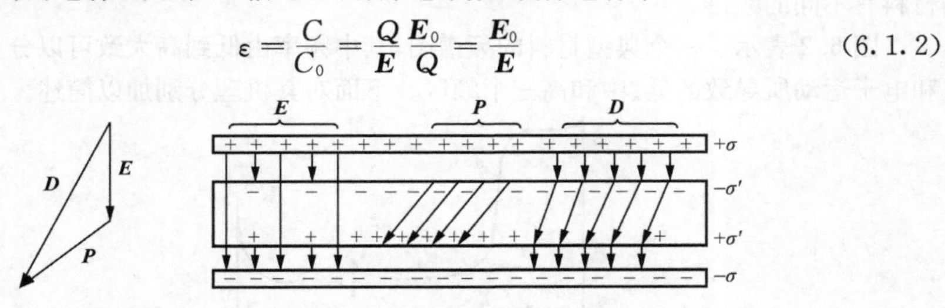

图 6.1 各向异性介电质中 $\boldsymbol{E}$、$\boldsymbol{D}$ 和 $\boldsymbol{P}$ 的极化作用示意图

通常我们将这种由于介电质的存在而引起电场的移动简称为电位移 $\boldsymbol{D}$，在真空中电位移记为 $\boldsymbol{D}=\varepsilon_0\boldsymbol{E}_0$，其中 ε_0 为自由空间（即相当于真空中）的介电常数，这个比例常数 ε_0 的数值与所用的单位有关，在国际单位（SI）中为 $8.8537\times10^{-12}\,\mathrm{F/m}$，在 CGS 制中则为 1

(参见附录 2)。两电容板间充有介电质时的电位移 $\boldsymbol{D}$(有时也称为电感应强度)为

$$\boldsymbol{D}=\varepsilon_0\varepsilon_r\boldsymbol{E}=\varepsilon_0\boldsymbol{E}+\boldsymbol{P} \tag{6.1.3}$$

式中,$\boldsymbol{E}$ 为介质中的宏观静电场,ε_r 称为介质的相对静态介电常数。式(6.1.3)中引入的 $\boldsymbol{P}$ 表示介电质的电极化强度,它表示电场强度 $\boldsymbol{E}$ 所感应出介电质的表面电荷密度,或者介质中单位体积中单个分子电偶极矩 μ[图 6.1 中用单个由正到负的(+→−)矢量之和表示]。由具有电偶极矩的粒子所组成的宏观物质称为极性物质。实际上,$\boldsymbol{P}$ 就是表示在一个宏观无限小的体积 ΔV 内,但粒子数目仍有足够多的体系中偶极矩 μ 的矢量和 $\left(\boldsymbol{P}=\frac{1}{\Delta V}\Sigma\boldsymbol{P}\right)$,在 CGS 制中其单位可以表示为 cm^{-2}。

$$\boldsymbol{P}=\varepsilon_0(\varepsilon_r-1)\boldsymbol{E} \tag{6.1.4a}$$

$$\boldsymbol{P}=\varepsilon_0\chi\boldsymbol{E} \tag{6.1.4b}$$

$$\chi=\varepsilon_r-1 \tag{6.1.4c}$$

其中 χ 称为宏观的介质极化率,可见在宏观描述中,ε 和 χ 是等价的。要注意的是,在化学上我们常把宏观物质的偶极矩 χ 当作由各个原子或分子组成的近似孤立体系来处理;但在晶体等物理体系中,则有可能将它推广到晶胞或晶畴中,当其正负中心不重合时,也可应用偶极矩这个概念来进行定量的描述。

上面是对各向同性质进行说明的,其中物理量 $\boldsymbol{E}$、$\boldsymbol{D}$ 和 $\boldsymbol{P}$ 都是方向相同的矢量,而 ε 和 χ 等相关系数则为与 $\boldsymbol{E}$、$\boldsymbol{D}$ 和 $\boldsymbol{P}$ 方向无关的标量。对于更一般的各向异性介电体,虽然 ε 或 χ 系数仍然采用上述表示式,但它们已不是标量而是对称二阶张量元素 $\boldsymbol{\varepsilon}_{ij}$ 和 $\boldsymbol{\chi}_{ij}$(参见附录 1)。在后面更深入的讨论中还将说明 ε(或 χ)等可以用复数的形式表示为 $\varepsilon=\varepsilon'+i\varepsilon''$。

介电质的极化机理:式(6.1.2)中的 ε 是联系宏观电位移 $\boldsymbol{D}$ 和电场 $\boldsymbol{E}$ 的综合性宏观物理量。可以从微观的极化机理了解其对电极化强度 $\boldsymbol{P}$ 和物质的原子、分子和晶体的微观结构密切相关。现代物理实验和理论研究表明,其极化机理大致可分为三类:原子核外的电子云畸变,分子中正、负离子相对位移极化和分子本身固有的电偶极矩的转向极化。在外电场作用极化下,不难理解,相对介电常数 ε 应是外场角频率 ω 的函数 $\varepsilon(\omega)$,不同的材料有不同的频谱。

图 6.2 表示了一个典型材料的频谱图,其中频率由低到高大致可以分为由转动、振动和电子运动所导致的低、中和高三个频区。下面对其机理分别加以简述。

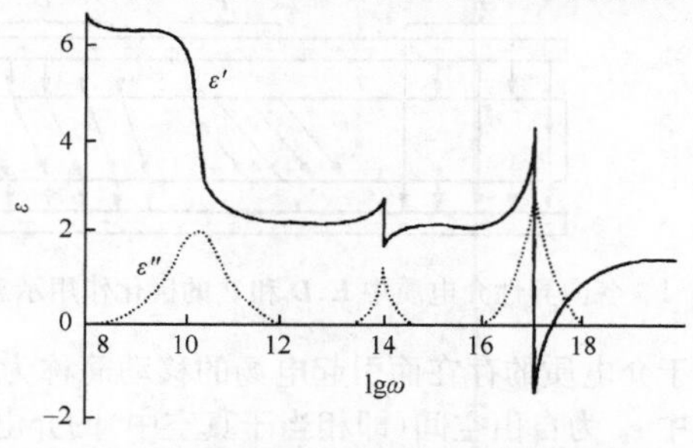

图 6.2　介电质中的色散 ε' 和损耗 ε'' 示意图

6.1.1　电子极化

介电质中最基本的组分是分子所含的原子核及其核外的电子。它们在电场 $\boldsymbol{E}$（当不考虑由于分子间相互作用的 Lorentz 内场时）的作用下会引起原子、离子或分子中电子云（特别是外层原子轨道）的畸变，使原子的负电荷和原子核的正电荷中心不重叠，从而产生电子位移极化率贡献 α_e。在理论计算中，可近似地看作电子沿相对于原子核范围内的原子球半径 r 作简谐振动，则近似得到：

$$\alpha_e = r^3 \tag{6.1.5a}$$

其中 α_e 采取了国际单位制（SI），若用 CGS 制则表示为 $4\pi\varepsilon_0 r^3$（参见附录 2）。由式(6.1.5a)可见，外层价电子数愈多，原子核对电子的束缚愈小（受内层电子的屏蔽愈大），则 r 愈大，由式(6.1.5a)所定义的由原子或离子的电子极化率 α_e 也愈大。真正的量子力学微扰理论计算是很困难的。对于离子晶体，鲍林（Pauling）等曾用将理论和实验数据相结合的半经验方法得到了大多数常用于离子极化率 α 的结果[3]。我们曾将这种数据，根据离子极化率 α 值比例于其极化力的半经验线性关系（图 6.3）得到式(6.1.5b)。

$$\alpha = 0.138(r^2/z^*)^{0.830} n^{*C} (\text{Å}^3) \tag{6.1.5b}$$

其中，参数 C 为常数，对于 18- 电子构型为 2.80，对其他电子构型为 2.68；Z^* 和 n^* 为按 Slater 规则计算的有效原子序数和主量子数，可推广到几乎全周期的离子[4]。在共价键的有机化合物中，原子的电子位移极化率 α 和离子电子位移极化率的大小基本具有相同的次序：负离子的 α 大于正离子的，同一族中的离子或原子的随着原子序数 Z 的增大而增大。

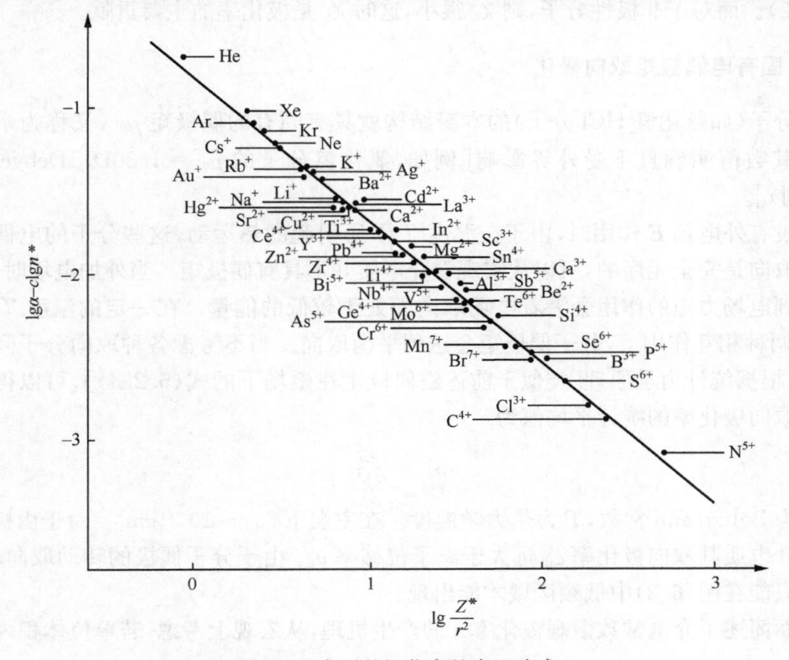

图 6.3　离子的极化率的半经验式

由于宏观极化强度 $\boldsymbol{P}$ 不仅和电偶极矩 μ_e 的大小有关，而且还和单位体积中电偶极矩的数目有关，因而通常可用 $\alpha_e/r^3>1$ 作为选取电子位移极化率对介电质介电场贡献的标准。和计算一致，O^{2-}、Pb^{2+}、Ti^{4+}、Zr^{4+}、Ce^{4+} 等离子就有较大的 α_e/r^3 值。原子或离子的电子位移极化率约为 $10^{-24}\,cm^3$（或国际单位 $10^{-40}\,F\cdot m^2$）。当外场 $\boldsymbol{E}$ 的频率近乎离子或原子基态的能级跃迁对应的角频率 ω 时就会出现共振可见紫外吸收峰(图 6.2)。

6.1.2　离子位移极化

在离子晶体中，由于正、负离子间库仑相互作用，通常将其看成具有固定半径 r_+ 或 r_- 的刚性球。实际上它们是多少具有点弹性的球。当正、负离子靠得很近时就会产生相互排斥的能量 $u_r=\dfrac{b}{r^n}$，其中 b 和 n 为经验常数。根据离子晶体的压缩系数实验 $n=6\sim10$。因而其中的分子将在其平衡距离 r(例如，通常的键长 a)附近作振动位移。当晶体在沿着键轴方向(对晶体相当于正则振动)受到外电场 $\boldsymbol{E}$ 的作用时，正、负离子就会朝相反方向位移，从而就会产生离子位移极化 $\mu_a=|\alpha_a|\boldsymbol{E}$，当晶体结构所决定的 Madelung 常数为 A，则可以导出：

$$\alpha_a\cong\frac{3}{A}\frac{a^3}{(n-1)}\tag{6.1.6}$$

对于极性分子，式(6.1.6)中分子和分母具有近乎相同的数量级，即 $\chi_a\approx\chi_e$（例如 NaCl 晶体），其数值约为 $10^{-40}\,F\cdot m^2$，其在平衡位置附近所出现的频率在红外区域内(参见图 6.2)。而对于非极性分子，则 χ_a 很小，这时 χ_e 是极化率的主要贡献。

6.1.3　固有电偶极矩取向极化

当分子(如氯化氢 HCl 分子)的本身结构就具有固有的偶极矩 μ_0（又称为永久偶极矩)时，其数值明确且不受外界影响[例如，氯化氢分子的 $\mu_0=1.30D$，$1Debye=10^{-18}$(CGS 制)]。

在没有外电场 $\boldsymbol{E}$ 作用时，由于在温度 T 下所引起的热运动，这些分子的电偶极矩在空间的取向是完全无序的，所以从宏观看介电质并不具有偶极矩。当外加电场时，分子偶极矩受到电场力矩的作用会沿着电场取向而处于较低的能量。在一定的温度 T 和外电场 $\boldsymbol{E}$ 这两种相互作用下，分子偶极矩会达到平衡取向。当不考虑各种取向分子间的相互作用时，根据统计力学原理[类似于前述磁偶极矩在磁场下的式(5.2.4)]，可以得到分子电偶极取向极化率的统计平均值为

$$\alpha_d=\frac{\mu_0^2}{3kT}\tag{6.1.7}$$

其中 k 为 Boltzmann 常数，T 为热力学温度。在室温下，$\alpha_d\sim10^{-21}\,cm^3$。对于由极性分子组成的介电质其取向极化率 α_d 远大于离子位移率 α_a。由于分子偶极的转动取向较慢，它的频谱只能在图(6.2)中低频区域才能出现。

上面简述了介电常数微观极化率 α 的产生机理，从宏观上考虑，若单位体积内含有 N 个分子，则按式(6.1.4)所定义的宏观极化率 χ 应按式(6.1.1)相应地有

$$\chi = \frac{N\alpha}{\varepsilon_0} = \frac{N}{\varepsilon_0}(\alpha_e + \alpha_a + \alpha_d) = \frac{N}{\varepsilon_0}(\alpha_e + \alpha_a + \frac{\mu_0^2}{3kT}) \tag{6.1.8a}$$

因为上式右边的前两项中的 $(\alpha_e + \alpha_a)$ 只由分子的微观结构所决定，所以 χ 随温度变化的关系只是由第三项的固有电偶矩 μ_0 所决定。基于式(6.1.4)可以将式(6.1.8a)分为三部分贡献：

$$\chi(\omega) = \chi_e(\omega) + \chi_a(\omega) + \chi_d(\omega) \tag{6.1.8b}$$

至此，我们可以更加理解图 6.2 的宏观介电 $\varepsilon(\omega)$ 频谱的实验结果。当实验的外场频率 ω 为零或低于 1kHz 时，式(6.1.8b)中的 ε_e、ε_a 和 ε_d 都对 ε 有贡献。随着 ω 的增加，分子固有的偶极矩 μ_0 引起的翻转取向逐渐跟随不上外场 $\boldsymbol{E}$ 的快速变化，这时振动位移滞后了 ωt，在物理上就可将介电常数用数学的复数形式表示为

$$\varepsilon(\omega) = \varepsilon'(\omega) + \mathrm{i}\varepsilon''(\omega) \tag{6.1.9}$$

式(6.1.9)中的实数部分反映了极化偶极矩对外加电场的取向过程。由于介电质长期处在外电场(特别是交变电场)中工作，会由于重新取向极化弛豫作用而引起发热等耗能现象，这种能量损耗反映在式(6.1.9)的虚数部分。通常可用式(6.1.10)所述的相位移角 δ 表示：

$$\tan\delta = \frac{\varepsilon''}{\varepsilon'} \tag{6.1.10}$$

它是反映介电质品质的一个重要指标。

图 6.2 中实数部分 $\varepsilon'(\omega)$ 随频率的增加而下降；$\varepsilon''(\omega)$ 代表介质损耗，并且出现峰值(图 6.2)。当频率继续增大时，实数部分 $\varepsilon'(\omega)$ 值更快速降到新极化机理的稳定值，而虚数部分 $\varepsilon''(\omega)$ 降至零。这表明分子的转动位移 ε_0 已完全跟不上外场频率的变化，没有任何响应。当频率 ω 增大到红外区时，引起 ε_a 的贡献而和外场发生振动共振，从而使实数部分 $\varepsilon'(\omega)$ 突然升高和随后的下降，与此响应的共振频率处虚数部分 $\varepsilon''(\omega)$ 也出现峰值。频率 ω 再次增大时，振动位移极化 ε_a 也跟不上外场的变化而也随之出现突变。一直到可见光谱区时只有电子畸变所引起的电子极化 ε_e 才有贡献，这时其实数部分为更小的值，并将这种光频介电常数特记为 $\varepsilon(\infty)$，其中光频介电常数 ε' 随频率的增加而略有增加的部分称为正常色散，随后突然下降部分称为反常色散。虚数部分 $\varepsilon''(\omega)$ 对应于光的吸收，其出现的最大峰值对应于电子跃迁的共振吸收。

在推导式(6.1.8)时，考虑了每个分子在受到外电场 $\boldsymbol{E}$ 的作用下都会被极化，从而在其周围建立自己的电场，由于这种电场极化作用会引起长程库仑作用，从而使每个分子除了受到外加电场 $\boldsymbol{E}$ 的作用外，还要受到其他分子感应电矩的电场作用。这两部分合起来称之为局部场 $\boldsymbol{E}_{\mathrm{loc}}$。对于单个分子，$\boldsymbol{E}_{\mathrm{loc}}$ 才是较真实的外电场。可以证明，对于气体、非极性液体或极性物质的稀溶液之类的弥散态物质其局部场为

$$\boldsymbol{E}_{\mathrm{loc}} = \boldsymbol{E} + \frac{1}{3\varepsilon_0}\boldsymbol{P} \quad (\text{国际单位}) \tag{6.1.11}$$

这也就是 Lorentz 原来式(6.1.8)中涉及偶极子极化项中出现系数 $\frac{1}{3\varepsilon_0}$ 为修正内场系数的原因。对于单位体积内平均含有 N 个分子的介电质，这时有：

$$\boldsymbol{P} = N\mu = N\alpha\left(E + \frac{1}{3\varepsilon_0}\right) \tag{6.1.12a}$$

其中 μ 为由式(6.1.11)和式(6.1.4a)得到的多个分子受到 $\boldsymbol{E}_{\text{loc}}$ 的作用而产生电偶极矩

$$\mu = \alpha \boldsymbol{E}_{\text{loc}} = \alpha\left(\boldsymbol{E} + \frac{1}{3\varepsilon_0}\boldsymbol{P}\right) \tag{6.1.12b}$$

因而得到：

$$\boldsymbol{P} = \frac{3N\alpha E_0}{3\varepsilon_0 - N\alpha}\boldsymbol{E}$$

另外，由式(6.1.4b)和式(6.1.4c)可以得到：

$$\boldsymbol{P} = \varepsilon_0(\varepsilon_r - 1)\boldsymbol{E} \tag{6.1.13}$$

由上两式相结合可以得到宏观静态介电常数 ε_r 和微观极化率 α 的相关性。仍采用系数 $\frac{1}{3\varepsilon_0}$，从电学理论可以得到在化学中常用的 Clausius-Mossotti 公式：

$$\frac{\varepsilon_r - 1}{\varepsilon_r + 2} = \left(\frac{1}{3\varepsilon_0}\right)N\alpha = \left(\frac{1}{3\varepsilon_0}\right)N(\alpha_a + \alpha_e + \alpha_d) \tag{6.1.14}$$

由于介电常数 ε 是一个宏观集体性质，它和由外加电场 E 所导致的微观分子偶极矩 $\mu = \alpha E$ 密切相关，为了更广泛地应用式(6.1.8)，对于其中与体系微观内场相关的系数($1/3\varepsilon_0$)在文献上常用 γ 表示，对于其具体形式在实验和理论方面都做了很多工作。

这里强调化学上的两个重要结果。

分子中偶极矩的加和规则：特别是对于在非水溶液中溶解度较低、对称性低、原子和化学键的极化率不确定性和溶剂效应等化合物使得有些谱学方法对它们难于应用。对于较简单的无机化合物及有机分子的偶极矩和构型也仅做出了一些初步的量子力学计算。当不考虑分子中的各种相互作用(如共轭效应、空间效应和诱导效应)时，其偶极矩 μ 是由分子中所有原子和化学键的性质及它们的相对位置(偶极矩 μ 的大小及其夹角 θ)确定的。这时，可以近似地将分子中每个化学键或化学功能团赋予一定的偶极矩(表 6.1)，并将它看作一个局部的矢量，从而将整个分子的偶极矩 μ 看成各个键矩和基团矩 μ_i 的矢量和。例如，根据图 6.4 中的矢量加和规则，导出由两个夹角为 θ 的两个偶极矩分别为 μ_1 和 μ_2 的基团，按矢量加和规则计算它们所组成分子的偶极矩应为

$$\mu^2 = \mu_1^2 + \mu_2^2 + 2\mu_1\mu_2\cos\theta \tag{6.1.15}$$

例如对于甲醇($H_3C—O—H$)，由表 6.1 所列值 $\mu_{\text{H—O}} = 1.51\text{D}$ 和 $\mu_{\text{O—CH}_3} = 1.12\text{D}$，可以求出甲醇分子的计算值为 1.71D，这和实验值 1.69D 基本一致。

表 6.1　分子中的键矩和基团矩

共价单键		配价键		多重键		苯的取代基(溶液)	
H—C	0.40	N→O	4.3	C═C	0	—CH_3	−0.4
H—N	1.31	P→O	2.7	C═N	0.9	—CN	4.0
H—O	1.51	P→S	3.1	C═O	2.3	—NO_2	3.98
N—O	0.5	S→O	2.8	C═S	2.6	—F	1.46
C—N	0.22	N→B	3.9	N═O	2.0	—Cl	1.58
C—O	0.74	P→B	4.4	C≡C	0.0	—Br	1.54
C—Cl	1.46	O→B	3.6	C≡N	3.5	—I	1.30

对于溶液或无定形的无机化合物，由介电常数或偶极矩的实验结果可以得到一些应用X射线或其他一些谱学方法难以得到的几何结构、键型或电子转移情况、配体的空间排列多面体几何异构间的平衡、构型和构象的热力学参数、分子内旋转的势垒和介电弛豫时间等信息。

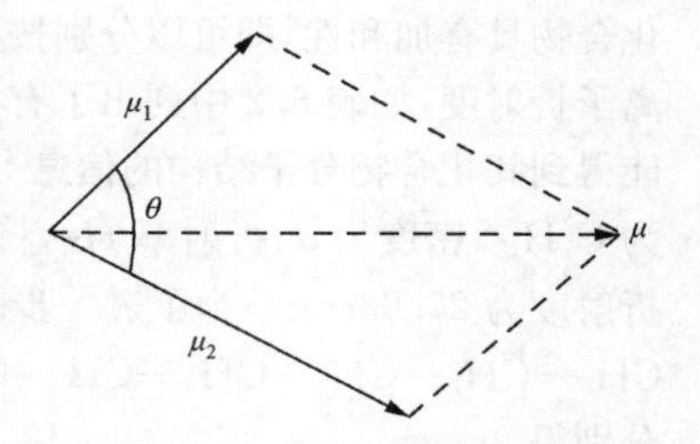

图 6.4 偶极矩矢量加和规则

从分子的点群对称性(参见表 2.3)分析可见，不具有偶极矩的分子应为：对称中心 i 的点群 C_i，C_{2h}，D_{4h}，D_h；或分子虽没有对称中心，但有 n 次反轴的点群 T_h，D_{3h}，D_{2d}；甚至即使整个分子对称性不符合上述条件，但键矩或基团矩的对称性也是符合上述条件的。

例如，对于图 6.5(a)所示的Cu[Ⅱ]、Co[Ⅱ]和Ni[Ⅱ]的含偶氮有机配体(AZO)螯合物，从介电常数等实验方法的偶极矩测定(在苯溶液中)结果，经过对称性分析之后表明，这类具有偶极矩的分子可以具有如图 6.5 所示的不同几何构象的存在形式，特别是图 6.5(b)这类分子还具有反式八面体结构[5]。

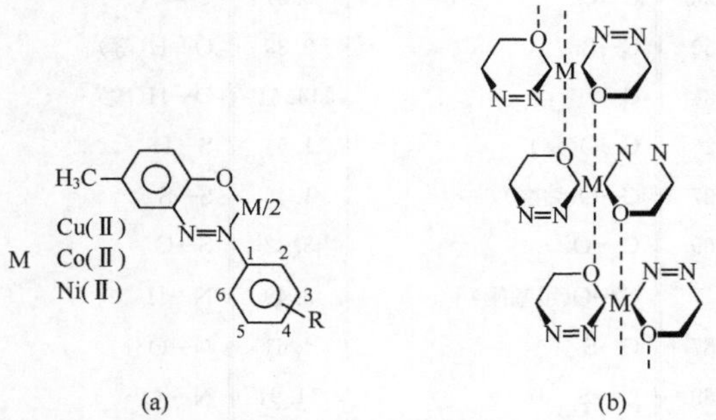

图 6.5 在苯溶液中的偶极矩实验中，某些 AZO 金属螯合物所呈现的对称结构
(a)AZO 螯合物；(b)不具有偶极矩 AZO 的反式八面体配位聚合物

这种类似的方法也可以在不同的温度、不同溶剂与顺磁共振(ESR)、红外(IR)、Raman 光谱、CD 谱等谱学方法相结合，而研究其他复杂的无机二酮、硫酮等螯合物及其衍生物。

摩尔折射率的加和性：若只考虑光频 ω 下高频电子极化率 α_e，则根据 Maxwell 电磁波理论，介电质的介电常数 ε_e 和折射率 n 之间有关系(参见 9.2.1 节)：

$$\varepsilon(\omega) = n^2(\omega) \tag{6.1.16}$$

因而通常应用紫外可见(例如，钠光灯的 D 谱线的波长 $\lambda_D = 5890\text{Å}$)作为光源。通过测定的折射率 n 就得到化学中的摩尔折射度(也称克分子折射度)R(化学上常采用 CGS 单位)

$$R \equiv \frac{n^2-1}{n^2+2} \cdot \frac{M}{d} = P_e = \frac{4}{3}\pi N \alpha_E \tag{6.1.17}$$

其中 M 为化合物的相对分子质量，d 为介电质的密度。对于无序和稀释的溶液体系，表观上可见，物质的密度愈大，则其介电常数愈大。有意义的是，R 值对于共价键或离子键化合物具有加和性，即可以分别按有机化合物键型的摩尔键折射度或无机化合物的摩尔离子折射度，如表 6.2 中列出了有机物中共价键的摩尔键折射率值，进行简单的求和就可能得到其化合物分子结构的信息[4]。例如，由化学元素分析实验测得未知化合物分子式为 C_6H_{12}，密度为 d，折射率 H_D，将这些数据代入式(6.1.17)就可以计算出该分子的摩尔折射度为 27.63cm³。为了进一步确定它的化学结构，对可能出现的化学的共价结构己烯 $CH_3—CH_2—CH_2—CH_2—CH═CH_2$ 和环己烷的 R_D 值分别按表 6.2 中的值进行计算，分别得

$$R_D(\text{己烯}) = 12R_D(\text{C—H}) + 4R_D(\text{C—C}) + R_D(\text{C═C}) = 29.45\text{cm}^3 \tag{6.1.18}$$

$$R_D(\text{环己烯}) = 12R_D(\text{C—H}) + 6R_D(\text{C—C}) = 29.45\text{cm}^3 \tag{6.1.19}$$

和实验值进行比较可知它是环己烷。

表 6.2　共价键的摩尔键折射率

键	R_D	键	R_D	键	R_D
C—C	1.296	C—Cl	6.51	C≡N	4.82
C—C(环丙烷)	1.50	C—Br	9.39	O—H(醇)	1.66
C—C(环丁烷)	1.38	C—I	14.61	O—H(酸)	1.80
C—C(环戊烷)	1.26	C—O(醚)	1.54	S—H	4.80
C—C(环己烷)	1.27	C—O(缩醛)	1.46	S—S	8.11
C═C(苯环)	2.69	C═O	3.32	S—O	4.94
C═C	4.17	C═O(甲基酮)	3.49	N—H	1.76
C≡C(末端)	5.87	C—S	4.61	N—O	2.43
$C_{芳香}—C_{芳香}$	2.69	C═S	11.91	N═O	4.00
C—H	1.676	C—N	1.57	N—N	1.99
C—F	1.45	C═N	3.75	N═N	4.12

在前面的讨论中我们都将介电质当作连续的介质，因而将固体宏观介电质电场 $\boldsymbol{E}$ 作为分子实际所受到的有效电场 $\boldsymbol{E}_{loc}$。实际上，由于固体中偶极子之间的相互作用，在外电场作用下介电质发生电极化，因而整个介质出现宏观电场，但是真正作用在每个原子或分子上使之极化的有效电场 $\boldsymbol{E}_{loc}$（或称内场）应该进一步考虑原子或分子自身极化所产生的电场。当介质具有对称中心时，Lorentz 曾导出外加电场 $\boldsymbol{E}$ 和有效电场 $\boldsymbol{E}_{loc}$ 的关系。

由式(6.1.21)推导的对称性前提可知，它只适于不具有固有电偶极矩、但具有不对称中心的电子或离子位移极化的介电质。

6.2　极化弛豫和介电性对频率和温度的依赖

在研究介电体在电场作用下的极化作用时，一般都要经过一定的时间才能得到稳定的极化强度 $\boldsymbol{P}$，这就是极化弛豫效应，所需要达到稳定的时间就称为弛豫时间 τ。弛豫过

程取决于微观离子之间的相互作用[7]。上述三种不同的极化机理具有不同的弛豫时间 τ。电子位移机理的 τ 最短，约为 $10^{-4} \sim 10^{-6}\,\mathrm{s}$，离子位移极化的 τ 较长，约为 $10^{-12} \sim 10^{-13}\,\mathrm{s}$，偶极取向极化时转向分子会和周围分子碰撞而受阻，因而它的 τ 更长。

式(6.1.9)所表示同一介电性质的复介电常数中的实数部分 ε' 和虚数部分 ε'' 这两个部分实际上并不是相互独立的。从数学的原理出发，Kramer 和 Kronin 曾得到了它们之间的相互变换关系。对该情况，它们之间实际上就是对应于光学上的折射率和吸收系数之间的关系(图6.2)。如前所述，当我们撤去电场后，电场位移 $\boldsymbol{D}$ 和介电常数 ε 会随时间 t 而减小。因此只要有了这种系统作为时间 t 的衰减函数 α，就可以按式(6.2.1)求得对极化弛豫现象的一般公式：

$$\varepsilon(\omega) = \varepsilon_\alpha + \int_0^\alpha \alpha(t)\mathrm{e}^{\mathrm{i}\omega t}\,\mathrm{d}t \tag{6.2.1}$$

按式(6.2.1)可以对不同的系统按衰减函数 α 和它们的弛豫时间 $\tau(\omega)$ 得到它们更具体的频谱特性。进一步的分析表明，这些机理可以分为以下两大类型。

6.2.1　分子极化弛豫

在高频率的电场 $\boldsymbol{E} = \boldsymbol{E}_0\mathrm{e}^{\mathrm{i}\omega t}$ 的作用下，弛豫 τ 场中的偶极子的取向远落后于交变电场的变化，因而在光频相应的信号不出现；这时我们就只要研究出现在电子位移和离子位移所导致有滞后效应的极化强度 $\boldsymbol{P}$ 和电场位移 $\boldsymbol{D}$。对于这类可归纳为准阻尼型谐振子型系统，当电场频率 ω_1 低于固有的共振频率 ω_0 时，其 $\alpha(t)$ 可以表示为 $\exp\left(\dfrac{-\gamma t}{2}\right)\sin(\omega_1 t)$，其中 γ 为谐振子的阻尼系数，从而可以导出：

$$\varepsilon_\mathrm{r}(\omega) = \varepsilon_\mathrm{r}(\infty) + \frac{\omega_0\omega_1}{\omega_0^2 - \omega^2 + \mathrm{i}\omega\gamma} \tag{6.2.2}$$

$$\varepsilon'_\mathrm{r}(\omega) = \varepsilon_\mathrm{r}(\infty) + \frac{\omega_0\omega_1(\omega_0^2 - \omega^2)}{(\omega_0^2 - \omega^2)^2 + \omega\gamma^2} \tag{6.2.3}$$

$$\varepsilon''_\mathrm{r}(\omega) = \frac{\omega_0\omega_1\omega\gamma}{(\omega_0^2 - \omega^2)^2 + \omega^2\gamma^2} \tag{6.2.4}$$

这些公式可以分别用图6.6表示，它们相当于图6.2中较高频率(红外或高紫外)部分曲线的放大。

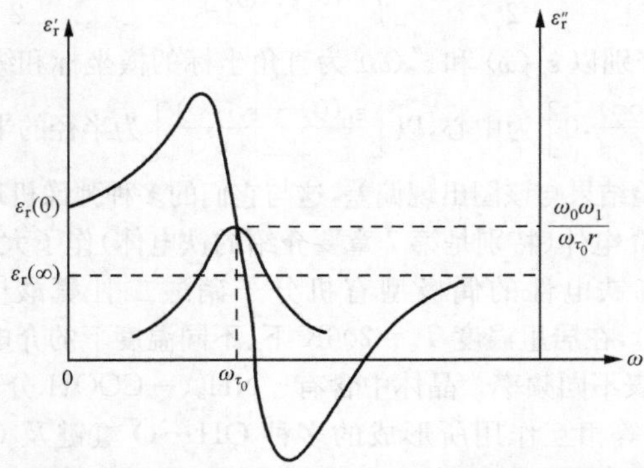

图6.6　谐振型介电常数中实数部分 ε'_r 和虚数部分 ε''_r 与频率的关系

6.2.2 偶极子极化弛豫

对于这类低频的转动偶极子系统，在外加电场撤除后，偶极极化相当于由有序变到无序而使极化作用消失。这时它的衰减函数表示为 $\alpha(t)=\exp\left(\frac{-t}{\tau}\right)$，其中 τ 为弛豫时间，由此可以导出所谓的 Debye 介电色散弛豫方程：

$$\varepsilon_r(\omega)=\varepsilon_r(\infty)+\frac{\varepsilon_r(0)-\varepsilon_r(\infty)}{1+\mathrm{i}\omega\tau} \tag{6.2.5}$$

$$\varepsilon_r'(\omega)=\varepsilon_r(\infty)+\mathrm{i}\omega\tau+\frac{\varepsilon_r(0)-\varepsilon_r(\infty)}{1+(\omega\tau)^2} \tag{6.2.6}$$

$$\varepsilon_r''(\omega)=\frac{\varepsilon_r(0)-\varepsilon_r(\infty)}{1+(\omega t)^2}\omega t \tag{6.2.7}$$

这些公式可以分别表示于图 6.7。它们相当于图 6.2 中低频(微波)部分的放大。

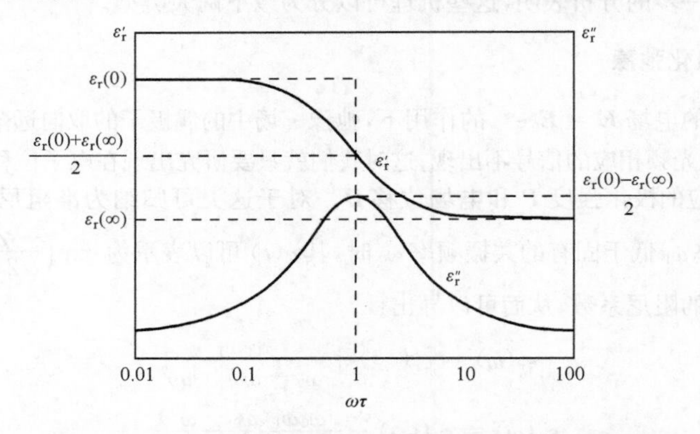

图 6.7 偶极型介电常数中实数部分 ε_r' 和虚数部分 ε_r'' 与频率的关系

如前所述，介电常数的实数部分 $\varepsilon_r'(\omega)$ 和虚数部分 $\varepsilon_r''(\omega)$ 并不是相互独立的。这也表现在将式(6.2.6)和式(6.2.7)相互联立而消去 ω 后就可以得到：

$$\left\{\varepsilon_r'(\omega)-\left[\frac{\varepsilon_r(0)+\varepsilon_r(\infty)}{2}\right]\right\}^2+[\varepsilon_r''(\omega)]^2=\left[\frac{\varepsilon_r(0)+\varepsilon_r(\infty)}{2}\right]^2 \tag{6.2.8}$$

由式(6.2.8)可见，当分别以 $\varepsilon_r'(\omega)$ 和 $\varepsilon_r''(\omega)$ 为直角坐标的横坐标和纵坐标时，就可以绘出图 6.8：以 $\left[\frac{\varepsilon_r(0)+\varepsilon_r(\infty)}{2},0\right]$ 为中心，以 $\left[\frac{\varepsilon_r(0)-\varepsilon_r(\infty)}{2}\right]$ 为半径的半圆，这个圆称为 Cole-Cole 圆。也有一些实验结果与该图出现偏差，这与它们的多种弛豫机理(即有不同 τ)有关。

对很多无机固体介电体(特别是第 7 章要介绍的铁电体)作了大量的研究。图 6.9 中表示了一个代表具有铁电性的偶极型有机分子硝酸二甘氨酸[$NH_2CH_2(COOH)_2HNO_3$](简记为 DGN)，在居里温度 T_c=206K 下、不同温度下的介电系数 $\varepsilon(\omega)$ 的实验结果。曲线旁的数字代表不同频率。晶体中含有—NH_2、—COOH 分子质子化后形成的两性 NH_3^+—COO^- 离子等相互作用所形成的多种 OH…O 氢键及 O—NH_3 中 CH_3 绕着 O—N 键的转动所引起的极化作用，其自发极化沿着对称面中的[101]轴方向。

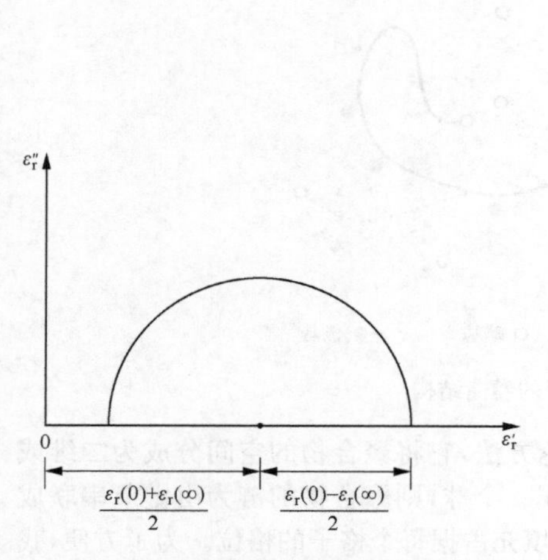

图 6.8　介电常数的 Cole-Cole 曲线

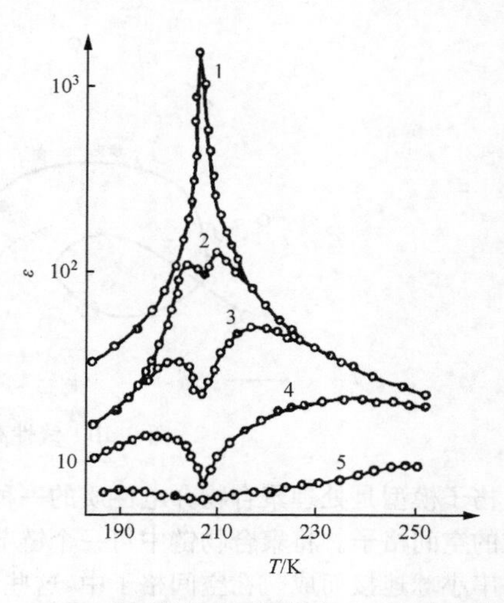

图 6.9　DGN 分子晶体在不同温度 T 时的介电常数 ε

目前以金属和有机相结合而形成的配位化合物及无机-有机的杂化化合物的研究日益受到人们的重视。

6.2.3　聚合物的介电性质及其应用

前面我们讨论的都是具有点阵结构的长程有序的晶体材料。对于不完整或非晶态固体的极化机理要用到更为复杂的模型进行统计力学处理。下面简述用格子模型将分子聚合物(化学中常称为高分子)当作偶极子与极化型机理处理的基本概念[8]。

1. 有机聚合物

在没有经过掺杂等处理时,有机聚合物大都为绝缘体。对于有些具有单键和双键相间的单体,如含 R 官能团的乙烯分子(CH ═CHR—,其中侧链 R 为 Cl 等卤素或其他官能团所组成的分子)通过头(CH_2)和尾(CHX)结合而生成主链为线性的聚合物(图 6.10)。当单体中 R 为含有电负性大(吸电子能力强)的基团结构时,在电场作用下易于形成极化效应,从而产生表面极性。在实际上最重要的是含有电负性大的含氟的聚偏氟乙烯 CH ═CHF—。在化学聚合过程中,这些组成聚合物的单体在整个键中会形成不同的重复单元,广义地说,这种化学组成和连接方式相同的结构常称为链节(node)。由于聚合物是由高达 10^6 以上的单元所组成,所以在溶液、液态或固态中,这些单元链节处于不断的热运动而导致它们都具有很复杂的卷曲结构。图 6.10 中粗黑线为它的主链结构,主链上所附的分叉称为支链(与主链化学结构类似)或侧基(不同于主链结构),主链或支链的末端基团称为端基。这些支链或侧基一般都具有一定的偶极矩。化学上将它称之为键矩 μ(表 6.1,请注意:由于实验方法或比较标准不同,其绝对值可能不同)。例如,在聚偏氟乙烯中的 C—H,键矩 $\mu_{C-H}=0.2D$,$\mu_{C-F}=2.7D$。利用键矩具有矢量加和性的优点,化学家常可由此而估计单个化合物的分子偶极矩,从而判断它的对称性和结构。

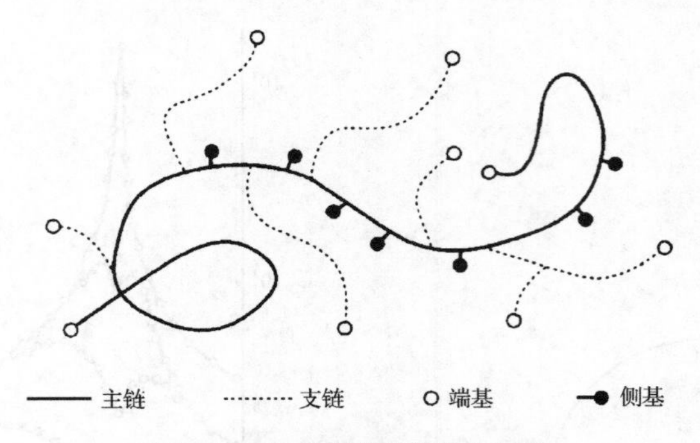

图 6.10 线性高分子的卷曲结构

格子模型是处理聚合物介电性质的一种理论方法，它将聚合物的空间分成为二维或三维的空间格子。将聚合物链中每一个链节当作一个球，则聚合物的链为由键节串联成的一串小球连接而成。在空间格子中，这些键节填充占据每个格子的格位。为了方便，我们只讨论一个由两种不同物种所组成的二元混合物体系的二维格子。在图 6.11 中它们分别用具有相同的面积，黑、白二种不同圆球表示键节。假设相同种类的小球间的相互作用能相同，不同种类的球间的相互作用不同。根据这种格子模型，就可以从分子水平上计算这两种不同物种所形成类似“金属合金”不同结构的 Gibbs 生成自由能 ΔG 变化，从热力学上判断生成这个混合物的可能性。关于这方面的研究请参考文献[9]。

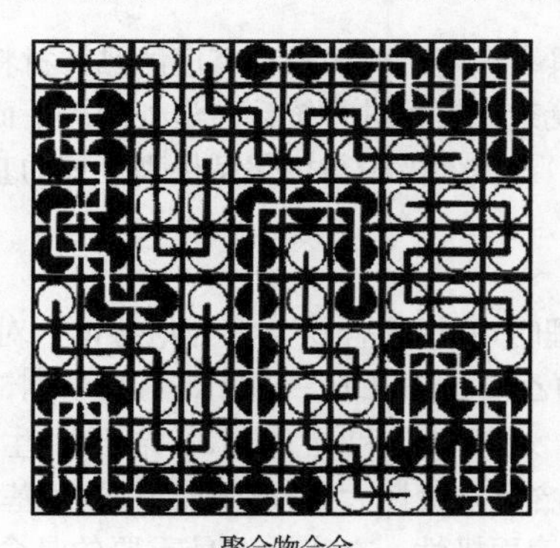

聚合物合金

图 6.11 二元混合聚合物的二维格子模型

根据具体的聚合过程，参与聚合的单体（如上例中的聚氯乙烯和聚丙烯$[CH_2—CH(CH_3)]_n$）和聚合反应后的重复单元的化学组成可以相同，或有少许变化，从而生成均聚物。当两种或两种以上的单体，如丁二烯 $CH_2═CH—C═CH_2$ 和聚苯乙烯 $CH_2—CH(C_6H_5)$反应就形成丁苯橡胶共聚物。不同的单体聚合物在分子链中形成不同的重复单元，和聚合前单体相对应的重复单元就是前述的链节。表 6.3 中列出了一些常见聚合物的介电常数 ε 和损耗系数 δ 的数据。

表 6.3　常用聚合物的介电常数和介电损耗

聚合物	δ	ε	聚合物	δ	ε
聚四氟乙烯	12.7	2.1	聚对苯二甲酸乙二酯	21.8	3.3
聚丙烯	18.8	2.2	聚氯乙烯	19.4	3.4
聚三氟氯乙烯	14.7	2.24	聚甲基丙烯酸甲酯	18.7	3.6
聚乙烯	17.1	2.3	尼龙 66	27.8	4.0
聚苯乙烯	15.6～21	2.5	聚偏氯乙烯	20.0～25.0	4.5～6.0
聚乙烯醇	25.78	2.5	聚丙烯腈	28.7	6.5
聚二甲基硅氧烷	15.1	2.75	聚氯丁二烯	—	6.7
双酚 A 聚碳酸酯	19.4	3.0	PVF	25	8.5
聚醚醚酮	—	3.3	PVDF	17.4	9
聚乙酸乙烯酯	21	3.3			

也可以将上述格子理论推广到一种取向缺陷的晶格[1]。若原有晶格结点中的一个格点位置通过掺杂(或取代)被另一个不同价态离子取代,从而形成一个带正空间电荷的晶格点,这个被束缚在格点上的正电荷必然通过另一个邻近带负电荷的离子㊀作为填隙离子,它可以是图 6.12 中 2、3 或 4 中的任何一个格点。这样就形成各种取向的偶极矩,在外场 $\boldsymbol{E}$ 的作用下,取向的改变或弛豫过程就相当于杂质离子在不同格点之间的跳跃运动。这种现象在不完整晶格的陶瓷材料中经常出现。

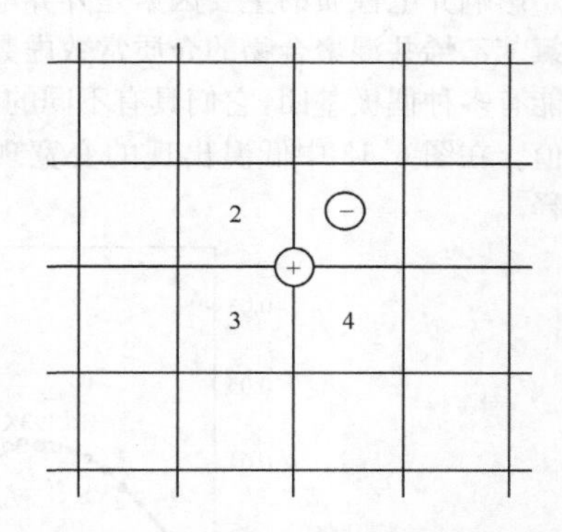

图 6.12　格子缺陷所引起的极化效应

从格子观点上也可以将固体介质中存在的带电缺陷间的跳跃看作电场下的偶极矩转向。当然,在非晶态的化学聚合物和物理凝聚态、甚至液态物质中还有更复杂的机理,其中最具有吸引力的理论就是所谓的逾渗模型,这是一种处理强无序和具有随机几何结构系统的理论方法,特别适用于研究体系中长程相互联结程度(占据度、密度或浓度)的变化而引起的效应。例如,聚合物中的配体-凝胶、绝缘体-金属、液体-玻璃态等相关现象[9]。

如上所述,当聚合物中的多个结构单元(或链)绕着主键做复杂的卷曲运动时,在空间上并不是自由的,而是受到分子内部键角、键长和单键-单键基团之间的自由旋转限制,又受到分子外长程相互力的摩擦阻力。这种阻力使其各节点的局部运动受到阻力。在促使其无序的热运动的作用下,克服了其势垒后,使聚合物的局部电偶极矩具有不同的低能量或较低能量介稳态的取向。

在电场 $\boldsymbol{E}$ 的作用下,由于原子组成的局部空间所引起取向偶极矩的质量较大,因而聚合物的介电弛豫过程可以当作偶极子机理(参见 6.1 节)看待而出现在低频区。由于对聚合物中这种局部的取向是一种随机性的复杂效应,所以很难从理论上进行分析。通常可以从统计力学上借助聚合物中由 Flory 和 Huggins 所建立的平均场格子模型从热力学上加以处理。

材料的介电性质主要由介电常数 ε 和介电损耗 $\tan\delta$ 两个参数表征。对于分子体系，对称性高的分子(如乙烯)的极化率一般比对称性低的分子(如氟乙烯)所形成材料的介质常数 ε 低[参见式(6.1.9)]，这说明对 ε 的贡献主要来自偶极极化。对于具有直接连在主链上的极性基团的聚合物(如聚氯乙烯)，由于其柔性较低，而在侧基上连接有极性基团(如聚甲基丙烯酸甲酯)则由于它能作独立运动，因而聚氯乙烯聚合物的极化比后者要低，而且在外电场 $\boldsymbol{E}$ 作用下(在玻璃温度 T_g 以下)更适于作为绝缘材料。

介电损耗取决于电场频率 ω 和极化取向弛豫时间 τ(即取向过程进行到 1/e 所需的时间)的乘积 $\omega\tau$。聚合物的 δ 主要是低频的偶极极化贡献，所以它的 $\omega\tau<1$，因而对于含偶极矩 μ 很小的—CH_2—基团或非极性基团聚乙烯，其 δ 值很小；而对于含有含极性—CHCl—或非对称的偏氯乙烯等基团所形成的聚偏氯乙烯之类的聚合物，由于其偶极矩随电场频率交变不断地转动而产生消耗能量，从而有较大的 δ 值。

影响介电性质的主要因素是外界电场的频率 ω 和温度 T。图 6.13 表示了聚苯乙烯-对氯苯乙烯共混聚合物的介质常数虚数部分 ε'' 对频率对数 $\lg\nu$ 的频谱，由于一种聚合物可能有多种偶极基团，它们具有不同的弛豫时间 τ，因而在谱图中会出现对应的多个极大峰值。在图 6.13 中低温出现的变宽现象可以用该共混聚合物中出现的相分离现象来解释。

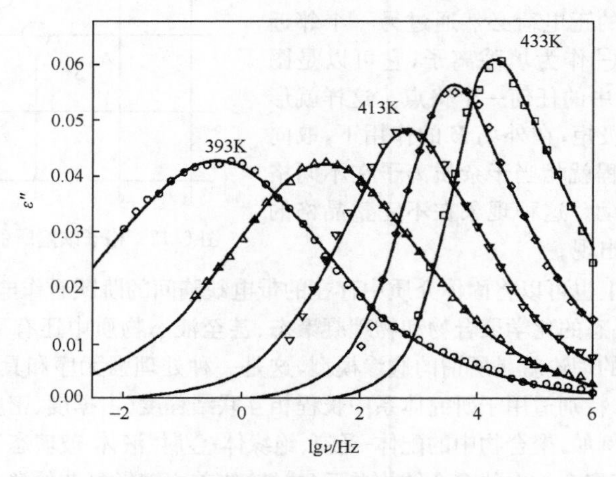

图 6.13　聚苯乙烯-聚对氯基乙烯共混物的 ε''-$\lg\nu$ 的频谱

图 6.14 表示了聚乙烯在固定频率下，$\tan\delta$ 或 ε'' 对温度 T 的图。图中每个峰也表示了一种结构单元运动的转变或冻结，其中峰值的标记随着温度由高到低分别标记为 α,β,γ 等。其纵坐标所表示的强度和每个对应相的数量成正比。其中 α 峰表示聚乙烯晶区中发生了构象扭曲运动；β 峰表示为无定形区和玻璃之间的转变，对应的温度称为玻璃化温度 T_g；γ 峰时无定形链中出现的一种所谓曲柄运动，它一般是局限于 5～7 个单链进行的局部运动。

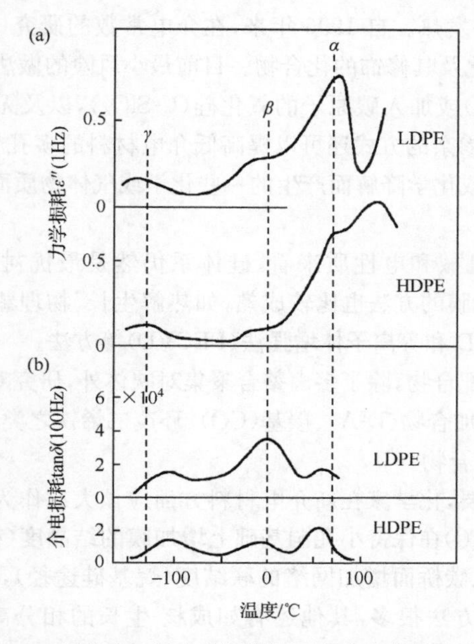

图 6.14　两种聚乙烯力学耗散谱(a)与介电损耗(b)的比较

这种介电谱的研究和我们后面 7.1.3 节要介绍的铁电性质[图 6.14(b)]和力学性质[图 6.14(a)]具有很好的相关性，但有时对于研究结晶过程和更小的链段结构等次级效应有更高的灵敏度。

2. 介电性聚合无机电子材料

近代计算机芯片是一种复杂的集成体系，目前已可达 45nm 技术节点(node)，每 cm^2 可达 10 亿(billion)个晶体管，其导线长可达 1 万米。按照 1965 年 Moore 所提出的定律，每 18 个月器件数会增加一倍。这就要求印刷电路线间的距离减少，器件密度增加，但这又将使相互联结的线路间的电阻-电容值(RC)增加而引起信号延迟现象。目前使用了导电率高的 Cu 代替 Al，如何使用低介电常数(电子材料中常用 κ 表示)的绝缘层材料将是克服 RC 信号延迟问题的困难之一。

另一方面，在电子器件中，如场效应管中，目前大量应用的仍是硅基材料[10]。目前在发展新的光刻、光阻和浸蚀等技术中其尺寸已经接近极限尺寸。在三极晶体管的门电路中的介电质是 SiO_2(κ=3.9～4.2)材料。为了获得能在低电压下增加驱动电流的微米大小器件，要求作为其门电路的薄膜介电质有足够小的间距 d 和较少的缺陷密度和陷阱密度以防止电击穿。一般门电极和掺杂 Si 衬底之间的厚度薄到约 2nm，以增加隧道效应的电流，为此需要探讨新一代的 SiO_2 衍生物或比它更高的高介电性材料[11,12]。无机硅聚合材料在微电子行业中主要可用于柔性印刷线路板(FPC)的基体绝缘薄膜树脂，还可用于薄膜电容器。用于绝缘层时，要求材料的高介电 ε 和小 $\tan\delta$，以减小流过的电容电流和能量损耗，避免电子元件发热。自 1996 年来，在介电常数的研究中主要有三个方面：无机、有机和无机-有机杂化及其修饰的化合物。目前最小风险的做法还是在氧化硅基础上引入含氟氧化硅（F-SiO_2）或加入碳原子的氧化硅（C-SiO_2），以及无机的由含硅烷前体物制备的（SiCOH）。这种掺杂的方式还可以提高低介电材料的多孔性。这时需要注意，在潮湿的情况下导致穿透或化学降解而产生的一些化学或气体物质而影响材料介电性能及发生漏电的现象。

从制备热稳定性、机械和电性质来看，硅体系仍然是最优衬底材料。在不同衬底（Al，Cu 等）上制备 SiO_2 膜的方法也比较成熟，如热解生长、物理蒸气沉积、电子注溅射、离子溅射、栅极溅射、CXD 和等离子体增强法（PECVD）等方法。

对于过渡金属无机配合物，除了多卤螯合聚集对映体外，研究对象还包括酸碱作用的卤素和Ⅱ-ⅥB 族金属的加合物（D-A）、羰基（CO）、环茂二烯铁之类的夹心化合物，以及其他ⅡB、ⅣA、Ⅷ族元素化合物。

为了满足不同的需要，化学家在新介电材料方面应该大有作为。在分子设计基础上提出了很多策略。例如：①在保持小孔洞基础上增加膜的结晶度（硅酸盐途径）和微孔开放通道的分子筛；②引入碳桥而增加网络的联结度（烷基硅途径），如杂化的无机-有机多孔材料。形成多孔膜的方法很多，其他还有如成核-生长的相分离方法、自组装法和模板法[13]。

作为高介电性的有机场效应管（OFET）中门电路的高介电材料，目前在研究和应用中用得最多的是无机材料，如用含有多层（2～400nm）SiO_2 的 Si 衬底。还有一些用 Ta_2O_5、Al_2O_3、Y_2O_3、CeO_2、TiO_2及其不同衍生官能团以求代替 SiO_2 作为绝缘层，它们属于易于生成—OH 基的介电材料。经过烷基化和稳定化等步骤而生成不同形式有机介电材料，其中包括不同聚合物、自组装单层或多层结构形式的材料（图 6.15）以及无机-有机杂化材料[11,14]。

6.3 磁介质和介磁性

6.3.1 物质的介磁性

如前所述，磁现象和电现象之间存在很多类似。例如，磁力和电力的相互作用都遵守 Coulomb 定律形式，按 Maxwell 方程式（2.1.2）电流可以激发磁场，磁场也可以产生电流。但是一切磁现象本质上都是由电子流引起的。对处于非真空状态下的介质，在磁场作用下一般都能发生变化，反之这种变化又能影响磁场的这种介质就称为磁介质[15]。由于一般介质都可以受磁场的影响，因此都可以称为磁介质[15]。在阐明它们的宏观性质时经常应用分子电流理论。早期安培的假说：由于电子的运动，每个磁介质分子（或原子）相当于一个环形电流，其磁矩称为分子磁矩 μ_0，在第 5 章中我们讨论了一些分子和离子型化合物的磁性，本节将用和介电性对比的方式简述半导体或导体固体的介磁性质。

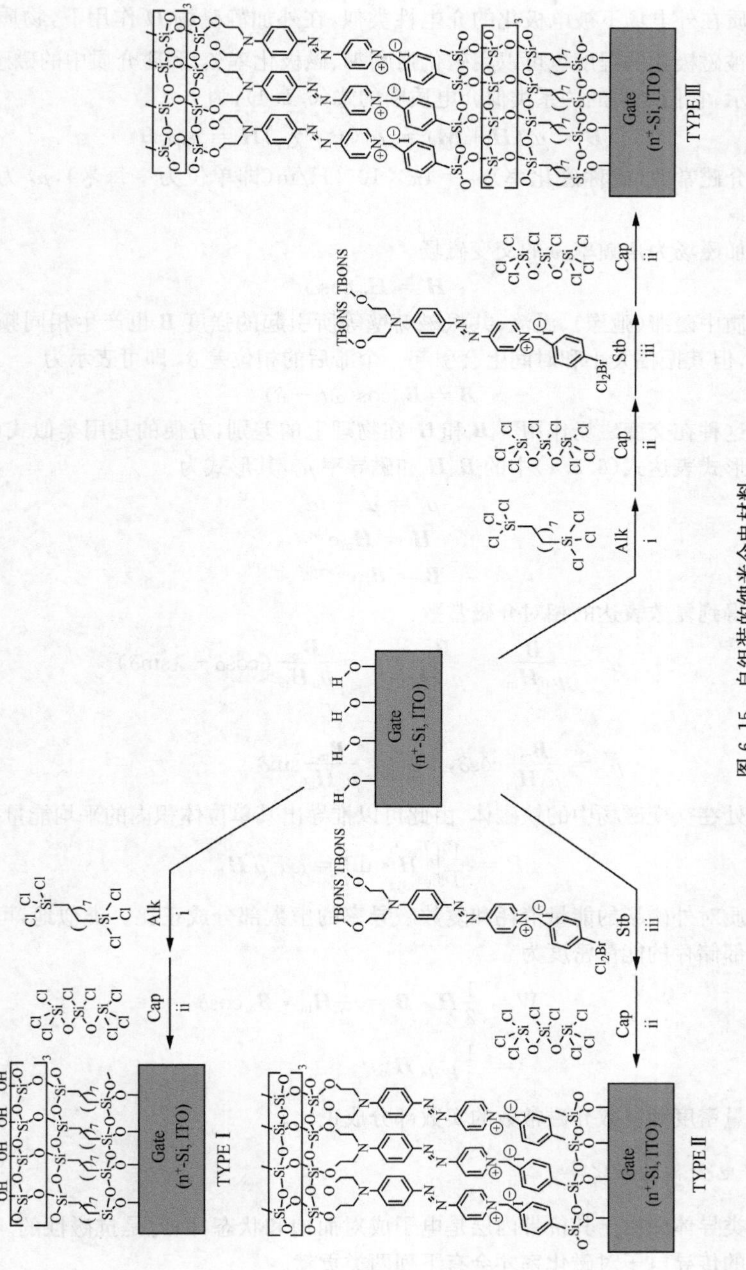

图 6.15　自组装的纳米介电材料

1. 物质的介磁性

与物质在外电场下被电极化的介电性类似，在外加静磁场 $\boldsymbol{H}$ 作用下，物质也会被磁极化。其被磁极化的程度也可以用磁化强度 $\boldsymbol{M}$、磁极化率 χ_m 和磁介质中的磁感应强度 $\boldsymbol{B}$ 等参数表示，它们之间的关系类似介电质中的式(6.1.4)，为

$$\boldsymbol{B}=\mu_0(\boldsymbol{H}+\boldsymbol{M})=\mu_0(1+\chi_m)\boldsymbol{H}=\mu_0\mu_r\boldsymbol{H} \tag{6.3.1}$$

其中真空介磁常数(或称磁化率)$\mu_0=4\pi\times10^{-7}$ H/m(即单位为亨每米)，μ_r 为相对介磁常数。

当外加磁场为角频率 ω 的交变磁场

$$\boldsymbol{H}=\boldsymbol{H}_m\cos\omega t \tag{6.3.2}$$

则由磁介质中磁滞(弛豫)、涡流、共振磁畴壁等所引起的强度 $\boldsymbol{B}$ 也产生相同频率 ω 的周期性变化，但其振幅大小和时间上会引起一个滞后的相位差 δ，即可表示为

$$\boldsymbol{B}=\boldsymbol{B}_m\cos(\omega t-\delta) \tag{6.3.3}$$

为了表示这种在交变磁场作用下 $\boldsymbol{B}$ 和 $\boldsymbol{H}$ 在物理上的差别，方便的是用类似式(6.1.9)的数学复数形式表达式(6.3.1)中的 $\boldsymbol{B}$、$\boldsymbol{H}$ 和磁导率 μ_r，其形式为

$$\mu_r=\mu'-\mathrm{i}\mu'' \tag{6.3.4}$$

$$\boldsymbol{H}=\boldsymbol{H}_m\mathrm{e}^{\mathrm{i}\omega t} \tag{6.3.5}$$

$$\boldsymbol{B}=\boldsymbol{B}_m\mathrm{e}^{\mathrm{i}(\omega-\delta)t} \tag{6.3.6}$$

从而可以得到复数表达的相对介磁常数：

$$\mu_r=\frac{\boldsymbol{B}}{\mu_0\boldsymbol{H}_m}=\frac{\boldsymbol{B}_m}{\mu_0\boldsymbol{H}_m}\mathrm{e}^{-\mathrm{i}\delta}=\frac{\boldsymbol{B}_m}{\mu_0\boldsymbol{H}_m}(\cos\delta-\lambda\sin\delta) \tag{6.3.7}$$

其中

$$\mu'=\frac{\boldsymbol{B}_m}{\mu_0\boldsymbol{H}_m}\cos\delta,\quad \mu''=\frac{\boldsymbol{B}_m}{\mu_0\boldsymbol{H}_m}\sin\delta \tag{6.3.8}$$

对于处在交变磁场中的铁磁体，由此可以推导出其单位体积内的平均能量损耗为

$$P=\frac{1}{T}\int_0^T\boldsymbol{H}\cdot\mathrm{d}\boldsymbol{B}=\omega\mu_0\mu''\boldsymbol{H}_m^2 \tag{6.3.9}$$

这种磁介质对外磁场的能量消耗和复数磁导率的虚数部分成正比。类似地，可以推导出磁介质内部储存的能量密度为

$$\begin{aligned}W&=\frac{1}{2}\boldsymbol{H}\cdot\boldsymbol{B}=\frac{1}{2}\boldsymbol{H}_m\cdot\boldsymbol{B}_m\cos\delta\\&=\frac{1}{2}\mu_0\mu'\boldsymbol{H}_m^2\end{aligned} \tag{6.3.10}$$

即储存能量密度和复数介磁常数的实数部分成正比。

2. 导电金属的磁化率

在这类导体中由于其价带内层是电子成对而饱和状态，因此是抗磁性的。只有接近自由电子的传导电子对磁化率才会有下列两类贡献。

1）Pauli 顺磁性

Pauli 顺磁性是由金属中高度简并的载流子电子固有的自旋磁矩在磁场中的取向所产生的顺磁性。对于金属，图 6.16（a）为在没有磁场时，其中 ↑ 和 ↓ 两种自旋服从 Pauli 原理，两种自旋电子的能量分布，其横坐标为不同的电子 $\boldsymbol{k}$ 矢下的电子分布 $\frac{1}{2}N(E)$，阴影部分面积表示 Fermi 能级下完全填充的电子数[2]。

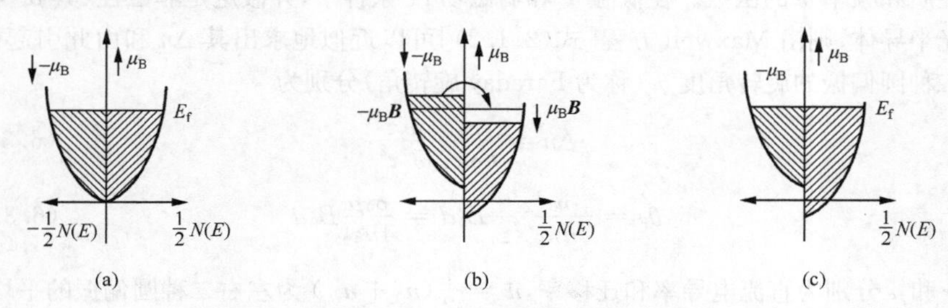

图 6.16　电子自旋顺磁性示意图

(a)$\boldsymbol{H}=0$；(b)$\boldsymbol{H}\neq 0$，未平衡；(c)$\boldsymbol{H}\neq 0$，达到平衡

因而在温度 $T\to 0$ 时，$+\frac{1}{2}$和$-\frac{1}{2}$两种取向的电子数相等。当外加磁场为 $\boldsymbol{H}$ 时，则类似于分子中式(5.1.3)的 Zeeman 效应，两种自旋取向的能带曲线将发生位移 $2\mu_B\boldsymbol{H}$［图 6.16(b)］，使原来 E_f 以上的反平行电子自旋磁矩发生部分反转，成为平行电子，最终达到新的平衡态能级 E_f［图 6.16(c)］，从而呈现顺磁性。进一步可以证明 Pauli 顺磁磁化率为

$$\chi = \frac{3}{2}N\mu_0\frac{\mu_B^2}{E_f^0}\left[1-\frac{\pi^2}{12}\left(\frac{k_BT}{E_f^0}\right)^2\right] \tag{6.3.11}$$

从而说明金属（如 Ag，Cu 等）的抗磁性比离子（Ag^+，Cu^+）的低，而且磁化率 χ 近乎不随温度而变化的事实。

2）Landau 抗磁性

这种抗磁性是由在磁场作用下电子的轨道运动所产生的。从量子力学观点，当在磁场沿 z 方向（即 $\boldsymbol{k}_z$ 方向）的 $\boldsymbol{B}=\boldsymbol{B}_k$ 时，原来电子的轨道能量状态会分裂为量子化的能级：

$$E = \frac{\hbar^2\boldsymbol{k}_z^2}{2m^*}+\left(n+\frac{1}{2}\right)\hbar\omega_e \quad (n=0,1,2\cdots) \tag{6.3.12}$$

式中，$\omega_e=\frac{eH_0}{m^*}$ 或$\frac{eB_0}{m^*}$ 为回旋运动的圆频率。该式第一项表明，在平行于 z 方向的磁场仍保持能量为 $\frac{\hbar^2\boldsymbol{k}_z^2}{2m^*}$ 的自由运动，但在第二项中垂直于磁场的 xy 平面方向，电子运动的能量则是量子化的，这种简并分裂后的能级称为 Landau 能级。在 $h\omega\gg k_BT$ 的低温高磁场强度和样品很纯的条件下，可以观察到 χ 随磁场 $\boldsymbol{H}$ 的振荡现象。对于高度简并电子态的金属，采用自由电子近似可以证明 Landau 抗磁机理对磁化率的贡献为

$$\chi = \frac{1}{3}N(E_f^0)\mu_e\mu_B^2\left(\frac{m}{m^*}\right)^2 \tag{6.3.13}$$

磁场和电场经常是作为微扰条件而影响光学电磁波的吸收、折射、发射、偏振和相位等性质。磁场的引入通过磁光效应或光磁效应可以得到更多的信息[16]。例如，在1847年Faraday所发现的磁光效应中，当使频率ω辐射光的波矢量$\boldsymbol{k}$沿着磁场B_0(通常指定为z方向，即$k_{/\!/}B_0$)时，光中的电矢量$\boldsymbol{E}\perp\boldsymbol{B}$，就会观察到入射光中的左圆偏振光和右圆偏振光这两种圆偏振光具有不同的折射率n，它们的差值Δn是与所使用材料(如半导体)的物理性质和频率ω的函数。在低温T和弱磁场H条件下，并假定是非磁性(其$\mu_r\approx1$)及弱吸光半导体，则由Maxwell方程[式(2.1.2)]可以近似地求出其Δn和由此引起的左、右这二种圆偏振的旋转角度θ_F(称为Faraday旋转角)分别为

$$\Delta n=\frac{\sigma_0}{\bar{n}\omega\varepsilon_0}\frac{\omega_c\tau}{\omega^2\tau^2}\tag{6.3.14a}$$

$$\theta_F=\frac{ne^3\tau^2}{4\bar{n}m^{*2}\varepsilon_0}B_0d=\frac{\sigma_0\mu}{4\bar{n}\varepsilon_0}B_0d\tag{6.3.14b}$$

其中σ和μ分别为直流电导率和迁移率，$\bar{n}=\dfrac{1}{2}(n_\perp+n_{/\!/})$为左右二种圆偏振的平均折射率，$n$为自由载流子浓度，$d$为样品厚度。由这种方法可以判断半导体的能带顶或能带底的对称性、禁带的能级和宽度、载流子的有效质量m^*、等效g^*因子，以及其他更细微的能带结构。

6.3.2 电磁波和隐身材料

在经典的电动力学中，物质在电磁场作用下，它对于不同频率的响应依赖于介电常数ε和介磁常数μ这两个基本参数。ε和μ分别通过$\boldsymbol{D}=\varepsilon\boldsymbol{E}$和$\boldsymbol{B}=\mu\boldsymbol{H}$而和电场位移$\boldsymbol{D}$和磁感应强度$\boldsymbol{B}$相关。按Maxwell方程式(2.1.2)，如果在相互作用时没有损耗而透过物质，则ε和μ从二阶张量变为标量(参见附录1)，并应为实数，则折射率$n=\sqrt{\varepsilon\mu}$为实数[参见式(9.2.17)]。若有色散或损耗，则在复数的ε和μ中会引入虚数。但在这里的定性处理中，我们忽略损耗而将ε和μ当作实数。严格说，ε和μ是二阶张量，但对于各向同性物质我们仍将它看作标量)。上述情况是我们日常所见到的情况。如果处在这样一个介质中，当其中ε和μ这两者之一是负数，其他条件都不变，则折射率n为虚数，这时电磁波不能通过该介质。金属和地球外层上的等电离层就是这样一种介质，它们具有约10MHz频率。在国际单位中$\mu=1$，对应式(6.2.4)，当应用高于等离子体频率时，一般ε为正值，电磁波就能通过；对于低频ε为负值，折射率n也为负值，电磁波不能通过，从而这种材料起着隐身作用。

当然，若ε和μ都是负值，则光仍能透过该物质，n仍为正值，其能量流(或波包)对于平面波，按式(2.3.21)中$\boldsymbol{E}\times\boldsymbol{H}$的叉乘仍为原来方向。但它的波矢量$\boldsymbol{k}$(或相速度)方向则和原来的$\boldsymbol{E}\times\boldsymbol{H}$相反，即这时光的电磁波虽然能够通过这类介质，但电场$\boldsymbol{E}$、磁场$\boldsymbol{H}$和波矢量$\boldsymbol{k}$之间是采取左手规则，这种介质就称为左手介质。自然界并不存在这种介质，但是人们已经可以根据金属磁性颗粒或纳米壳层组合材料设计出隐身材料，并用作民用电磁屏蔽和隐身飞机材料(图6.17)[17a]。应该指出的是，新近发展的太赫兹科学技术已得到人们的重视。太赫兹(teraHz=10^{12} Hz)是一类波长为300～30μm、频率在0.1～1THz的

电磁波，它处在微波和射频之间(图2.24)，其介电函数$\varepsilon(\omega)$贡献来自高频、自由电子和晶格振动/光声部分。这个被忽略的波段对于左手材料、成像和等离子体基础研究和在国民经济及太空航天领域将会得到发展[17b]。

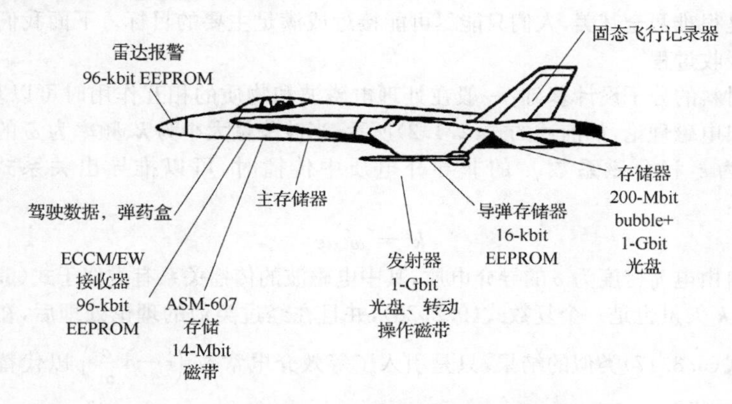

图6.17 用于飞机数字存储器示意图
电子反干扰(ECCM)，反潜艇系统(ASM)

1. 吸波材料选择的原则

上面介绍了电磁波和光吸收的一些基本性质，这里将介绍一个从现代雷达、电磁抗干扰、电磁屏蔽到微波炉、移动电话等从高科技到基础研究中的一个重要应用——隐身吸收材料[18]。在科技幻想小说中，隐身人及现代军事技术中的隐身飞机都和这种微波吸收材料有关，它是一种能够吸收电磁波，但散射、反射和透射都很小的功能材料。从使用考虑，要求它具有吸收频带宽、质量轻、机械性能好、使用简便等特点。作为吸收材料，根据其衰减特性(一般不经过反射和折射的衰减)，可以有很多类型，主要有薄膜涂层型(多为利用光的干涉)、贴片型、泡沫型(多次界面反射吸收)、夹层复合型(如将电磁波能转为热能的吸收)等。

在具体进行电磁波吸收材料设计时，为了很好地吸收电磁波，有两方面要考虑，一是使入射的电磁波(如低频的雷达正弦电磁波)经过空间传播而入射到目标(如飞机)单层薄膜表面层时，要使它能最大限度地使电磁波不直接反射回去而能够进入到材料的内部(几何工程设计)。这就要求其能量无反射(反射系数$R=0$)地被材料所吸收。从传输线路理论看，要求线路的特性阻抗z_0应等于材料内部阻抗z_L，即使二者相互匹配。对于自由空间中的平板型的结构材料，可以从微波传播的阻抗归一化条件导出反射系数R和等效阻抗z_L间的关系应为

$$R = z_L - z_0/(z_L + z_0) \tag{6.3.15}$$

式中，z_0为介质的本征阻抗，这时它就是自由空间阻抗[参见式(2.3.21b)]：

$$z_0 = |\boldsymbol{E}|/|\boldsymbol{H}| = \omega\mu/k = \sqrt{\mu/\varepsilon} \tag{6.3.16}$$

即电磁波中的电场和磁场的振幅之比。后一等式是按式(9.2.22)得到的，为了使$R=0$，则要求在整个频率ω的范围内$z_L=z_0$以使阻抗匹配，要求当电磁波进入材料内部经过传

播后能够很快地被吸收而衰减(分子工程设计)。

总之,在进行分子工程设计时要求吸波材料同时满足在整个频率范围内对界面上阻抗匹配以使 $R=0$,又要从分子材料设计上做到介电常数 ε_r 和介磁常数 μ_r 相等。但是,这在实际上是很难两全其美,人们只能尽可能接近或满足主要的目标。下面我们将重点讨论其中的吸收过程。

吸波材料的分子设计基础:一般在处理电磁波和物质的相互作用时可以基于 Maxwell 的经典电磁理论,如前述的式(2.1.2)所示,当波矢量大小为 $\boldsymbol{k}$、频率为 ω 的电磁波在介电常数为 ε 和介磁系数 μ 的非导介电质中传播时,可以推导出关系式[参考式(9.2.13)]:

$$\boldsymbol{k}^2 = \omega^2 \mu\varepsilon \tag{6.3.17}$$

对于自由电荷密度为 ρ 的导介电质,其中电磁波的传播关系有类似于式(6.1.9)的形式,其中的 $\boldsymbol{k}$ 矢量也是一个复数式(9.2.28),并且在经过类似的理论处理后,在形式上可以得到和式(6.3.17)类似的结果,只是引入了等效介电常数 $\left(\varepsilon - \mathrm{i}\,\dfrac{\sigma}{\omega}\right)$ 以代替非导体中出现的 ε 而已[参见式(9.2.32)]。

当处理单色平面波的电磁波入射在介质 1 和 2 之间的界面时,则会分别产生反射和折射[18]。若入射、反射和折射的波矢量 $\boldsymbol{k}$、$\boldsymbol{k}'$ 和 $\boldsymbol{k}''$ 分别和平面的入射角为 θ,反射角为 θ' 和折射角为 θ''(图 6.18),则由 Maxwell 的电磁理论,由式(6.3.17)可以证明这些用不带′,带′和带″这三种情况的相应波矢量的绝对值为

$$|\boldsymbol{k}| = \omega\sqrt{\mu_1\varepsilon_1}\,;\quad |\boldsymbol{k}'| = \omega'\sqrt{\mu_1\varepsilon_1}\,;\quad |\boldsymbol{k}''| = \omega''\sqrt{\mu_2\varepsilon_2} \tag{6.3.18}$$

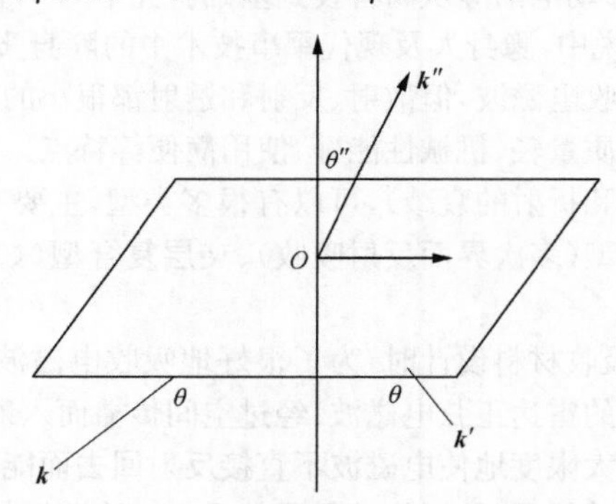

图 6.18 电磁波的入射、反射和折射图

根据在界面上所导出的下列边界条件,可以得出一些我们熟知的结论:①由 $\omega=\omega'+\omega''$ 可知,电磁波经反射和折射后,其频率不变;② 由 $\boldsymbol{k}_z = \boldsymbol{k}'_z + \boldsymbol{k}''_z$,说明入射、反射和折射这三个波矢量都在同一个平面上(x,y);③ 由 $\boldsymbol{k}_y = \boldsymbol{k}'_y + \boldsymbol{k}''_y$ 可知 $\boldsymbol{k}\sin\theta = \boldsymbol{k}'\sin\theta'$,从而得到光的反射定律:$\theta=\theta'$;④ 由 $\boldsymbol{k}_z = \boldsymbol{k}''_z$ 可知 $\boldsymbol{k}\sin\theta = \boldsymbol{k}''\sin\theta''$,从而得到光学的折射定律:

$$\frac{\sin\theta}{\sin\theta''} = \frac{\boldsymbol{k}''}{\boldsymbol{k}} = \frac{\sqrt{\mu_2\varepsilon_2}}{\sqrt{\mu_1\varepsilon_1}} = \frac{n_2}{n_1} = n_{21} \tag{6.3.19}$$

进一步利用这些边界条件,还可以推导出我们需要的关于反射和折射光振幅和入射光振

幅的关系。详细请参考有关电磁学的参考书[15]。

考虑一个以有能量消耗介质的单层吸收波材料作为模型来分析其和微波的吸收作用。当一束正弦平面波垂直照射在厚度为 d 的吸收材料上时，在界面上发生反射和透射。如式(6.3.15)所述，要求在界面上的微波反射系数 $R=\dfrac{z_{\mathrm{in}}-z_0}{z_{\mathrm{in}}+z_0}=0$，该条件值取决于界面处的波阻抗 z_{in} 和自由空间(空气)的阻抗 z_0，而根据微波传输线理论可以导出，界面处波阻抗 z_{in} 为

$$z_{\mathrm{in}}=z_{\mathrm{c}}\frac{z_{\mathrm{L}}+z_{\mathrm{c}}\tanh(\Gamma d)}{z_{\mathrm{c}}+z_{\mathrm{L}}\tanh(\Gamma d)} \tag{6.3.20}$$

式中，z_{c} 为负载阻抗；$z_{\mathrm{L}}=\sqrt{\dfrac{\mu_{\mathrm{r}}\mu_0}{\varepsilon_{\mathrm{r}}\varepsilon_0}}$。作为吸收材料的特性阻抗，$\varepsilon_{\mathrm{r}}$ 和 μ_{r} 分别为材料的复数等效相对介电常数和介磁常数[参见式(6.3.4)]：

$$\varepsilon_{\mathrm{r}}=\varepsilon'-\mathrm{i}\varepsilon'';\mu_{\mathrm{r}}=\mu'-\mathrm{i}\mu'' \tag{6.3.21}$$

式(6.3.20)中的 Γ 定义为电磁波在介质中的传播常数：

$$\Gamma=\mathrm{i}\omega(\varepsilon_{\mathrm{r}}\mu_{\mathrm{r}}\cdot\varepsilon_0\mu_0)^{\frac{1}{2}}=\alpha+\mathrm{i}\beta \tag{6.3.22}$$

式(6.3.22)中最后一项是经过重新组合后的，明确用实数部分的衰减常数 α 和虚数部分的相位常数 β 来表示的复数形式。其中表示电磁波在介质中的衰减(光吸收)性质 α 值显示为

$$\alpha=\omega(\mu'\mu_0\varepsilon'\varepsilon_0)^{\frac{1}{2}}+\left(2\left\{\frac{\mu''\varepsilon''}{\mu'\varepsilon'}-1+\left[1+\frac{\mu''^2}{\mu'^2}+\frac{\varepsilon''^2}{\varepsilon'^2}+\frac{\mu''^2\varepsilon''^2}{\mu'^2\varepsilon'^2}\right]^{\frac{1}{2}}\right\}\right)^{\frac{1}{2}} \tag{6.3.23}$$

由式(6.3.23)可见，为使 $\alpha\neq 0$，就要求吸收剂的 $\varepsilon''\neq 0$，或 $\mu''\neq 0$，或 ε'' 和 μ'' 都不等于零。

综上所述，电磁波在介质中的反射或衰减都和介电质材料的介电常数 ε 和介磁常数 μ 相关。

2. *微波吸收材料*

微波吸收材料主要可以分为结构型吸收和涂层型吸收这两类材料，它们都要求加入对电磁波具有吸收作用的吸收剂。因而在设计材料的组分和结构形式的核心技术时就要调整材料的电磁参数 ε 和 μ 以优化材料对微波的反射和吸收(对于一般的材料，反射性质就是由吸收性质决定。)因而由上小节讨论可知，一方面从式(6.3.16) 中单位长度下波衰减系数 α 来看，它主要是取决于频率 ω 和 $\mu'\varepsilon'$，为了增加吸收，要求在实数部分的 ε' 和 μ' 在足够大的基础上，耗能的虚数部分的 ε'' 和 μ'' 越大越好；另一方面，由式(6.3.16)的阻抗匹配条件，在一定的边界限制下为了减少反射，要求 $z_{\mathrm{c}}=z_0=1$，即 $\mu_{\mathrm{r}}=\varepsilon_{\mathrm{r}}$；因而并非单纯地要求 μ_{r} 和 ε_{r} 的虚数部分和实数部分值愈大愈好。

从理论上讲，使用的参数愈多，计算设计愈准确，但求解电磁波在复杂结构体系中的传播特性方程、数学模型也愈难求解。因而在实际上这种综合考虑的问题就更复杂了。

由式(6.3.23)可知，当 $\mu''=0$ 和 $\varepsilon''=0$ 时，α 取极小值 $\alpha=0$。将式(6.3.23) 对 ε' 和 μ' 取一阶导数为零后，还可以得到对吸收剂材料的进一步限制条件：

$$\frac{\varepsilon'}{\varepsilon''}=\frac{\mu'}{\mu''} \tag{6.3.24a}$$

$$\frac{\mu''}{\varepsilon''}=\frac{\mu'}{\varepsilon'} \tag{6.3.24b}$$

若对式(6.3.23)在进行二阶导数为零的运算，还可以求出 α 的极小值。只要式(6.3.24)条件得不到满足就会引起 α 值的增大。若 $\mu''=0$，则只有当 $\varepsilon''=0$ 时，α 才能取得极小值 $\alpha=0$。可见 α 值总是随着 ε'' 的增大而增大。

现在我们再回到实际上使用微波吸收剂的选择问题。根据上述基本原理，一般可以按其吸波本性将微波吸收剂分为两大类，介电损耗型（ε'' 较大，μ'' 较小）和介磁损耗型（μ'' 较大，ε'' 较小）。由于一般使用的材料总是 $\mu'<\varepsilon'$，因此式(6.3.16)的左边 $\mu'/\varepsilon'<1$，右边的 μ''/ε'' 也就小于1，左右两边的差距愈大则 α 值也就愈大。因而对于介磁损耗材料，希望 ε'、μ'' 要大，而 ε''、μ' 要小；对于介电损耗材料，则希望其 ε'' 较大，μ'' 较小而 μ' 要小（实际上对于介电损耗材料 μ' 总是<1）。具体选择要依据应用对象及其具体要求，如密度轻、化学稳定性高、制备工艺简单、生产成品低等因素。

1) 介电损耗型吸附剂

石墨、乙烯炭黑和碳纤维型吸收剂：它和树脂类等黏结剂一起制成复合材料；具有很好力学及高温抗氧化的碳化硅纤维材料 SiC，还可以在其表面涂上或掺入过渡金属元素 M 生成磁性 Fe_3Si、Co_3Si 等以调节电阻率和电磁参数而兼有磁性损耗的材料，它们和环氧树脂混叠成纤维，当总厚度为 6mm 时，在电磁波的 X 波段下，其吸收可达－14dB（分贝），带宽约为 2.29Hz。

铁电体吸收剂：电阻率较高，可直接作为吸收剂，和其他磁损耗型吸收剂混合使用可以扩展吸收谱带范围。常用的有尖晶石型 $MFeO_4$ 和磁铅石型 $AB_{12}O_{19}$ 这两种类型。

2) 磁损耗型吸收剂

目前对铁磁性的研究较多（参考 7.3 节），其磁性远大于铁电体，Fe、Co、Ni 之类的金属及其合金具有导电和介磁损耗特性。因而其 μ' 和 μ'' 相对比值较大，有利于微波吸收，特别是纳米大小的针状纤维晶发，其各向异性更有利于提高其“薄、轻、宽、强”吸收性能。在该领域的一个新发展是使用配位化合物中的羰基铁化合物 $Fe(CO)_5$、$Fe_2(CO)_9$、$Fe_3(CO)_{12}$ 等，在不太高的温度下，易于分解为粉末铁：

$$Fe(CO)_5(l) \longrightarrow Fe(s)+5CO(g)\uparrow \tag{6.3.25}$$

由此可以得到粒度约为 $5\mu m$ 的立方晶格的 α-Fe 超细粉末（由于羰基易于分解而含有碳和氧杂质）。由于这种磁晶的磁畴转动和电子涡流的各向异性取向，从而使产生的磁矩排列在晶体的易磁化方向上。

3) 新型分子型微波吸收剂

在众多的导电聚合物吸收材料中有机高分子材料得到了很大的发展，最主要的是对具有 π 键共轭体系进行化学或电化学掺杂而发生电荷转移（参见 4.4 节），以实现阻抗匹配和电磁损耗，从而使其可作为吸收材料。当掺杂使其电导率接近 $10^{-3}\sim10^{-1}$ S/cm，其就呈现类似于半导体电损耗型吸收剂特性，但这类分子材料更易于进行分子设计和分子剪裁。目前常用的有掺杂的聚苯乙烯和聚对苯基-苯并双噻吩、聚吡咯等衍生物，以及导电高聚物和氢酸盐晶发等高分子吸收材料。

已经报道了一种新型视黄基席夫碱及其铁配位化合物微波吸附剂。席夫碱是一种由含有机醛基和伯胺基在碱性条件下通过缩合反应而生成的一种含有亚胺 $>C=N-$ 的衍生物，它和金属盐作用就会生成铁配合物。这种视黄基席夫碱铁配合物是一种顺磁性半导体，它在 8～10GHz 微波范围内约具有 −10dB 的衰减。

4）手性材料

自 20 世纪中期，有关手性吸收材料受到广泛的重视，其动力就是对电磁屏蔽、隐身飞机和隐身人的关注[19,20]。

从分子和晶体的对称性观点看，手性就是指一个物体和其镜像（如人的左手和右手）不能通过镜面或对称中心的操作而使其复原的性质[参考表(2.3)]。图 6.19 为一种手性镜面对称的一种右手(R)和左手(L)分子示意图。在化学中将镜面两边的分子分别称为左手分子（记为 L 对映体）和右手分子（记为 R 对映体），它们相互组成所谓消旋体。可见这种分子本身不具有对称中心，可以用化学上的偏振仪加以测定（参考图 9.9）。

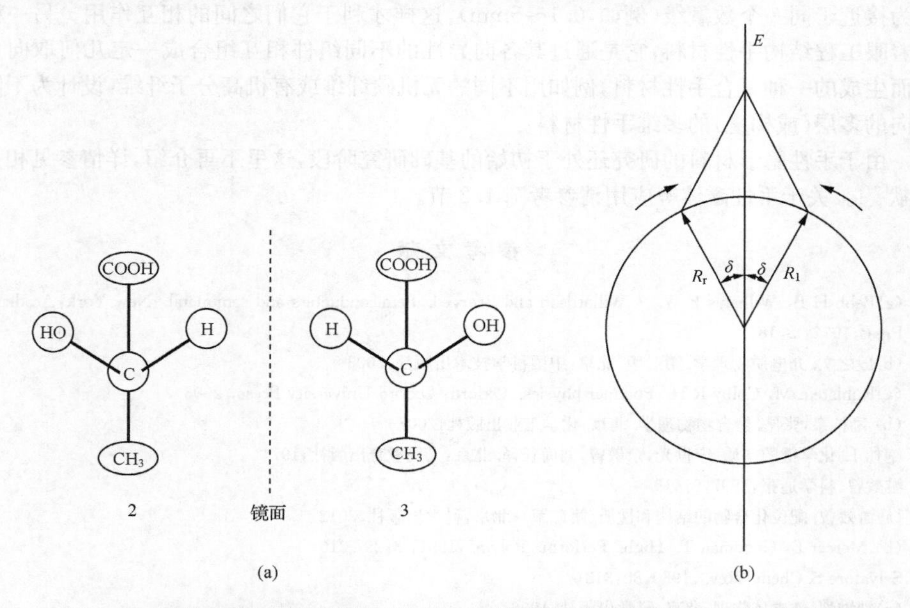

图 6.19　手性乳酸分子中的镜面对称性(a)和线偏振分解为左偏振光和右偏振光(b)

这里我们再次介绍前述图 6.17 中有电磁截止效应的隐身材料。由普通光学知道当辐射电磁波矢量 $\boldsymbol{k}$ 通过各向异性的介质传播时，由于任何一个这种线偏振的电磁波都可以看作是一个左手圆偏振 ε_+ 和一个右手圆偏振 ε_- 的合成[图 6.19(b)]，在光波效应中主要是电场 $\boldsymbol{E}$ 的贡献，故用 ε 表示。而这两种不同偏振的电磁波在介质中就会具有不同的消光系数 ε、折射率 n 和介磁常数 μ，从而导致不同的各向异性材料。

对于所讨论的手性材料，在磁光效应中，频率为 ω 的入射光在磁场作用下，左手和右手材料的反射和吸收效应[参见式(6.3.14)]都各不相同，类似地，在隐身材料研究中也可以根据 Maxwell 方程进行讨论，其结果表示为

$$\boldsymbol{D}=\varepsilon\boldsymbol{E}+\beta\varepsilon\ \nabla\times\boldsymbol{E} \tag{6.3.26}$$

$$\boldsymbol{B}=\mu\boldsymbol{H}+\beta\mu\ \nabla\times\boldsymbol{H} \tag{6.3.27}$$

其中的β值是依赖于材料的左、右手特性而变化的参数，称为手性参数。由于这种手性材料不具有对称中心，其中的电场和磁场的互相偶合就反映在上两式的第二项中。由上两式可见，手性材料对电磁波的响应除了$\boldsymbol{D}$和$\boldsymbol{B}$不同之外，还可以通过调节左、右手材料的不同β值而调控其对电磁波的反射和吸收能力。一般设计中要求β值尽可能接近$\frac{1}{\omega}\sqrt{\mu\varepsilon}$。从而比非手性复合材料有更大的调节余地。再者，由于手性材料对频率ω更加敏感，因而更易于开拓吸收频率的范围。

为了达到手性结构的目标，大致有两种途径。一种是着眼本征手性材料，即改变分子材料本身的化学结构，例如设计不具有中心对称的螺旋形的分子或晶体的结构。但是要求所掺入的金属或非金属的体积分数要使手性材料的尺寸大小和入射电磁波的波长大小较为接近于同一个数量级（例如，0.1～5mm），这样才利于它们之间的相互作用。另一种是着眼工程结构手性材料，它是通过其各向异性的不同组件相互组合成一定几何取向角度而生成的一种复合手性材料，例如用不同的无机碳纤维或有机高分子纤维，设计为不同轴向的多层（或梯度）的多维手性材料。

由于手性隐形材料的研究还处于初始的基础研究阶段，这里不再介绍，详情参见相关文献[22]。关于手性磁体等应用请参考7.1.2节。

参考文献

[1] (a)Bebb H B, Williams E W. //Willardson and Beer, ed. Semiconducters and semimetal. New York: Academic Press, 1972, 8, 181

(b)殷之文.介电质物理学.第二版.北京：中国科学技术出版社，2003

[2] (a)Rubistein M, Colby R H. Polymer physics. Oxford: Oxford University Press, 2003

(b) 励杭泉，张昆.聚合物物理学.北京：化学工业出版社，2007

[3] 鲍林 L.化学键的本质.宁世光，佘敬曾，刘尚长译.北京：人民教育出版社，1974

[4] 游效曾.科学通报，1997，9：419

[5] (a)游效曾.配位化合物的结构和性质(第二版).北京：科学出版社，2012

(b) Mercer F, Goodman T. High. Perform. Polym., 1991, 3: 297-310

[6] Selvatore S. Chem. Rev., 1980, 80: 313

[7] (a)钟维烈.铁电体物理.北京：科学出版社，1996

(b)潘祖仁.高分子化学.北京：化学工业出版社，2007

[8] (a)Nilashis N. Chem. Rev., 2000, 100: 2013

(b)Xu H R, Zhang Q C, Ken Y P, et al. Cryst. Eng. Comm., 2011, 13: 6361

[9] (a) 泽仑 R.非晶态固体物理学.黄昀等译.北京：北京大学出版社，1988

(b) Li J, Zhang H S, Liu F, et al. Polymer, 2013, 54: 5673-5683

[10] Kim J, Baek K, Kim C, et al. Appl. Phys. Lett., 2007, 90: 123118-123120

[11] Long T, Swager T. J. Am. Chem. Soc., 2003, 46: 14113-14119

[12] Maier G. Prog. Polym. Sci., 2001, 26: 3-65

[13] Ishi J, Sunaga T, Nomura M, et al. J. Photopolym. Sci. Technol., 2008, 21: 107-112

[14] Dang Z, Lin Y, Xu H, et al. Adv. Funct. Mater., 2008, 18: 1509-1517

[15] 梁灿彬.电磁学(第二版).北京：高等教育出版社，2004

[16] Mack H,Stillman M J,Kobayask N. Coord. Chem. Rev. ,2007,251:429
[17] (a) Scott J F,Paz de Araujo C A. Science,1989,246:1400
(b) Tiagang H,Azad A K,Zang Weili. J. Nanoelectron. Optoelectron. ,2007,2(3):222
[18] 邢丽英,等. 隐身材料. 北京:化学工业出版社,2004
[19] Shelby R A,Smith D R,Schultz S. Science,2001,292:77
[20] Yang Yanglai, Gupta Mool C. Nano Lett. ,2005,5(11):2131
[21] Chui S T,Hu L B. Phys. Rev. B,2002,65:144402

第 7 章　极性分子晶体的铁性材料

晶态材料是指原子在空间按一定规律作周期性排列，具有长程有序的结构。这种有序结构原则上不受空间大小的限制，但宏观上常表现为物理性质(力学的、热学的、电磁学的和光学的)随方向而变，即各向异性。区别于液体或其他非晶态材料，晶态材料的物理性质基本取决于它的微观结构，所以具有严格的构-效关系[1]。研究分子基光电功能晶态体系及其控制就是在分子尺度范围内设计合成具有特定结构的晶态固体，探讨其物理性质随结构变化的规律，以便创造指定功能的晶态材料。

7.1　极性晶体和相变

与有序结构密切相关的对称性是研究晶态体系的一个重要概念。日常生活中常说的对称性是指一个物质系统各部分之间具有适当比例、平衡、协调一致，从而产生的一种美感。对称性这种数学概念和方法，不仅是单纯的几何结构问题，而且许多物质的物理性质和化学性质都与其微结构的对称性密切相关。

7.1.1　晶体的极性和铁性的热力学

晶态体系中含有若干相同原子或基团的分子常常因在不同外界条件下而显示出某种特定的对称性。不同的对称性必然导致由这些分子组成的物质具有不同的结构，或结晶为不同的点群和空间群(参见 2.2 节)，进而导致它们所形成晶态的物理性质和化学性质也不同。比如在化学上，同样由碳原子构成，分别以 sp^3 杂化和 sp^2 杂化成键的金刚石(O_h 点群，空间群 $Fd\text{-}3m$)和石墨(C_{6v} 点群，空间群 $P\text{-}6_3mc$)，因其对称性不同而具有截然不同的性质。又如在物理上对于水分子，由于温度降低而从由各向同性的液态变为各向异性的晶体冰态时，其对称性及分子取向等也不同，即宏观性质都会发生重要转变。例如，对于水分子 H—O—H（O 位于上方，两个 H 分列左下、右下），由于其中电荷分布不对称而形成自发的电偶极矩 μ_0，在外电场 $\boldsymbol{E}$ 作用下会产生电极化作用(参见 6.1 节)。通常认为，分子中相同的原子或基团越少，分子的对称性就越低。在当今的材料研究中，对于这种没有对称中心 i 的极性分子或非中心对称空间群晶体的化合物已经引起人们的极大关注，在许多高新技术领域可能具有重要的潜在应用前景[2]。

本章关注的是晶体的 32 种点群(参见表 2.3)中所属的所谓极性群。这就限制了在晶体的 32 个点群中只有 C_1、C_2、C_s、C_{2v}、C_4、C_{4v}、C_3、C_{3v}、C_6 和 C_{6v} 这 10 个点群的晶体才有可能发生自发极化现象，特称之为极性点群。本章所讨论的铁电体就具有这种性质。它们在电场 $\boldsymbol{E}$ 作用下，晶胞中的原子构型变化而使正负电荷的中心沿晶体中某个特殊的方向发生相对位移和取向时，就会形成电偶极矩 μ，从而使晶体在该方向产生正、负分离的极性。这个特殊的极性方向和晶体中的其他方向都不是对称等效的。这类极性方向在所属点群的对称操作下是不变的。在物理上,本章所讨论的铁性晶体是广义的、泛指在外场作用下其中至少发生一种改变其晶体极化方向的对称性相变。更具体的“铁性材料”一般泛指铁电、铁磁和铁弹这三类特殊的相变材料。值得注意的是,存在自发极化并不是铁性材料的充分条件,而是它的必要条件。铁性材料存在极化作用而形成两个或多个可能的取向,而且在晶体中这些取向可以在外有磁场、电场或力场作用下发生变化。显然,这类极性点群都是非中心对称群。当然,非中心对称分子组装的晶体不一定是极性点群。

因为物质的宏观性质依赖于其组成分子的微观结构,所以在对于结晶在非中心空间群化合物的晶体工程研究时,我们将充分注意功能与分子及其所形成晶体结构中的对称性关联。从数学的群论可以明确地指出哪些宏观物理性质可以在哪种点群晶体中出现。例如,在群论研究中,将具有非真转动($\bar{n}$,不含对称中心和对称面)的一类点群称为手性点群,与手性有关的旋光性或光活性(optic-activity)只在 15 种点群中出现;而二阶非线性光学性只在 18 种点群中可能出现;压电性则只在 20 种点群中出现;与电偶极子相关的铁电体,则只出现在 10 种极性点群中(参见表 2.3,图 7.2)。

晶态铁性体(ferroics)中包括铁磁性、铁电性和铁弹性材料。它们分别在磁场、电场和应力等外力驱动下可以发生各种取向态或畴态的相变(图 7.1)。这种自发的方向性和对称性的破裂甚至早在“大爆炸”时就普遍存在于自然界。本章将分别重点讨论铁磁体、铁电体和铁弹体这三类铁性材料[2]。

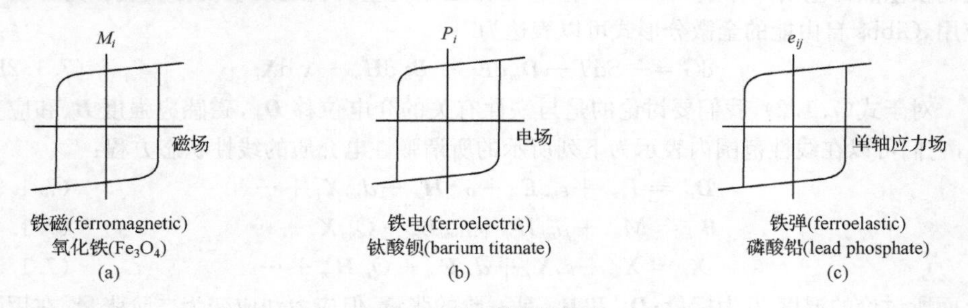

图 7.1 初级铁性材料

从微观结构的观点看,分子和晶体的构型是随温度而变化的。晶体具有 32 种点群之一的结构(参见表 2.3)。因而我们在研究晶体的对称性变化时总要涉及相变。相是由一定的原子结构和组分所表征的均一界面所组成的一种体系。

按照热力学理论,我们可以在所研究对象中确定一部分物质称之为体系(system),而将被分开的另一部分称为环境。根据具体情况,选定一组适当的独立变量后就可以将一个均匀体系的平衡性质用特征函数而将它完全确定。在通常的物理化学研究中常用的有 5 个热力学状态函数(p,T,V,U,S),其中内能 U(及热焓 H)和熵 S 是分别由热力学第一和第二定律推导出来的。这 5 个函数之间的含义及关系为

热函数或焓

$$H = U + pV \quad (\text{等压或等温热效应}, \Delta H < 0 \text{ 放热或} > 0 \text{ 吸热}) \tag{7.1.1a}$$

吉布斯自由能

$$G = H - TS \quad (\text{等温等压条件下}, \Delta G \leqslant 0) \tag{7.1.1b}$$

赫姆亥兹自由能

$$F = U - TS \quad (\text{等温等容条件下}, \Delta F \leqslant 0) \tag{7.1.1c}$$

其中,等号适用于可逆过程。这些函数都不具有绝对值,只能将它们看作定义。它们都具有能量的量级,且只有在括号内指定的条件下才具有一定的物理意义。例如,由上述关系式,当过程只做体积功 $p\mathrm{d}V$ 而不做其他功时,就可以得到在封闭体系中(体系和环境间没有物质交换,但有能量交换)的内能变化为:$\mathrm{d}U=T\mathrm{d}S-p\mathrm{d}V$。这时($p,T,V,U,S$)的物理量就都是体系的性质了,它们的改变量也有明确的数值,从而是与过程无关的状态函数。物质或材料的相是温度(T)、环境压力(p),及其所包含化学组分化学势 μ_i 的函数。

本章主要讨论在一定温度下晶体受外界电场 $\boldsymbol{E}_i$、磁场 $\boldsymbol{H}_i$ 和应力 $\boldsymbol{X}_i$ 等物理量作用下的影响。假设晶体处于一定的取向态(畴)或相 R 时,由热力学可知,其特征函数 Gibbs 自由能 G 一般可以表示为

$$G = U - TS + pV - \boldsymbol{D}_m\boldsymbol{E}_m - \boldsymbol{B}_m\boldsymbol{H}_m - \boldsymbol{x}_i\boldsymbol{X}_i \tag{7.1.2a}$$

其中,对于矢量的下标 $m=1,2,3$;对于二级张量的下标 $i=1\sim6$(参见附录 2);U 为内能,S 为熵,$\boldsymbol{D}_m$ 和 $\boldsymbol{B}_m$ 分别为介电位移和磁感应强度分量,$\boldsymbol{x}_i$ 为应变。式中的可控变数可以分为标量(T,p)一级张量(矢量 $\boldsymbol{E},\boldsymbol{H}$)和二级张量($\boldsymbol{X}$)。在一定的临界条件下,这些变数都可以引起相变。物理化学家在相图研究中已熟悉压力 p 和体积 V 所引起的相变。这里我们仅重点讨论由非标量 T、$\boldsymbol{E}$、$\boldsymbol{H}$,张量 $\boldsymbol{X}$ 为独立变量所引起的场诱导相变。为了便于应用,Gibbs 自由能的全微分形式可以表达为[3]

$$\mathrm{d}G = -S\mathrm{d}T - \boldsymbol{D}_m\mathrm{d}\boldsymbol{E}_m - \boldsymbol{B}_m\mathrm{d}\boldsymbol{H}_m - \boldsymbol{x}_i\mathrm{d}\boldsymbol{X}_i \tag{7.1.2b}$$

对于式(7.1.2),我们要讨论的是与铁性有关的介电位移 $\boldsymbol{D}_m$,磁感应强度 $\boldsymbol{B}_m$ 和应变 $\boldsymbol{x}_i$,它们可以在线性范围内表示为下列所示的所谓弹性电介质的线性状态方程:

$$\boldsymbol{D}_m = P_{sm} + \varepsilon_{mn}\boldsymbol{E}_n + \alpha_{mn}\boldsymbol{H}_n + d_{mj}\boldsymbol{X}_j + \cdots \tag{7.1.3}$$

$$\boldsymbol{B}_m = M_{sm} + \mu_{mn}\boldsymbol{H}_n + \alpha_{mn}\boldsymbol{E}_n + Q_{mj}\boldsymbol{X}_j + \cdots \tag{7.1.4}$$

$$\boldsymbol{X}_i = \boldsymbol{X}_{si} + s_{ij}\boldsymbol{X}_j + d_{mi}\boldsymbol{E}_m + Q_{im}\boldsymbol{H}_m + \cdots \tag{7.1.5}$$

上面所讨论的温度 T 为标量;$\boldsymbol{D}_m$ 和 $\boldsymbol{B}_m$ 是一阶的张量,但应力和应变为二阶张量,在用张量记号法时,应用 Viogt 的双下标法[1](参见附录 1);其中 m 和 $n=1\sim3$,i 和 $j=1\sim6$;P_{sm}、M_{sm} 和 X_{si} 分别为自发电极化度、自发磁化度和自发应变度(参见 6.1 节);ε_{mn}、α_{mn} 和 d_{mi} 分别称为介电容常数、磁电常数和压电常数的分量;μ_{mn} 和 Q_{mj} 分别称为介磁常数和压磁常数分量;s_{ij} 为弹性常数分量。

将式(7.1.3)～(7.1.5)代入式(7.1.2)后,再积分可以得到取向态 R 的 Gibbs 自由能 G 的更明显表达式。进一步考虑,当体系处于两种不同取向态(或相)R_1 和 R_2 时,它们之间的 Gibbs 自由能 G 的差别 $\Delta G(=G_2-G_1)$ 可以表示为

$$\begin{aligned}-\Delta G = {} & \Delta P_{sm}\boldsymbol{E}_m + \Delta M_{(s)m}\boldsymbol{H}_m + \Delta x_{si}\boldsymbol{X}_i + \left(\frac{1}{2}\right)\Delta\varepsilon_{mn}\boldsymbol{E}_m\boldsymbol{E}_n + \left(\frac{1}{2}\right)\Delta\mu_{mn}\boldsymbol{H}_m\boldsymbol{H}_n \\ & + \left(\frac{1}{2}\right)\Delta S_{ij}x_ix_j + \Delta\alpha_{mn}\boldsymbol{E}_m\boldsymbol{H}_n + \Delta d_{mj}\boldsymbol{E}_mx_j + \Delta Q_{mj}\boldsymbol{H}_mx_j + \cdots\end{aligned} \tag{7.1.6}$$

其中 ΔP_{sm} 是取向态(或相)R_1 和 R_2 中自发极化 P_s 的第 m 个分量之差;其他符号含义以

此类推。

对于铁性材料，按张量分类，式(7.1.6)是最基本的公式。只要式(7.1.6)中右边的第一、二、三项中含有下标 s 的对应项为非零值(1 个或多个 m 或 i)，则该晶体分别称为铁电相(如 $BaTiO_3$)、铁磁相(如 Fe)或铁弹相(如 $PbPO_4$)，这意味着 R_1 和 R_2 这两个畴有不同的自发极化作用和 G_1、G_2 值。这三种属性统称为第一类(或初级)铁性相(图 7.1)。类似地，在式(7.1.6)中右边依次的后六项为非零值，则这些晶体称为第二类铁性相，其中分别将第四项称为铁双电体(ferrobielectrics，如所有的介电铁弹体)；第五项称为铁双磁体(如 NiO_2)；第六项称为铁双弹体(如石英)；第七项称为铁磁电体(ferromegnetoelectrics，如 CrO_2)；第八项称为铁弹电体(如石英)；第九项称为铁磁弹体(如 CoF_2)。在叙述时应该小心：例如，在同一相中的铁磁电体材料并不意味着同时具有铁磁性和铁电性。

另外一大类称为多铁性体(multiferroics)，这是一类至少具有两种初级铁性的材料，其中包括含锰化合物的巨磁阻(参见 15.2 节)，超导性的铜化合物和其他在射频区有高介电性的弛豫型的铁电体[如 $Pb(B_1B_2)O_3$，其中 B_1 和 B_2 分别为二价 Mg^{2+} 和五价 Nb^{5+} 之类的金属离子]。由此可见，铁性材料的范围实际上是很广泛的，其中还包括很多在实际上很有意义的形变记忆合金等智能材料。

我们知道晶体有 32 种对称点群(参见表 2.3)。图 7.2 表示了不含有对称中心 i 的 21 类非中心对称晶体(non-centrosymmetric crystal classes)中不同物理性质间的关系[4]。其中有 11 种属于对映体，10 种是极性群，另外的还有 18 种二阶谐波发生性(SHG)的和 16 种压电性的，这二者在数学上都属于三级张量 $\boldsymbol{d}_{ijk}$(参见附录 1)。图 7.2 最中间的是最低的五个真转动轴对称操作。只有这 5 种同时具有手性和极性对称性。值得注意的是，除了 432(O)点群外，所有的没有对称中心的对称类型点群都具有 SHG 和压电性的正确对称性。

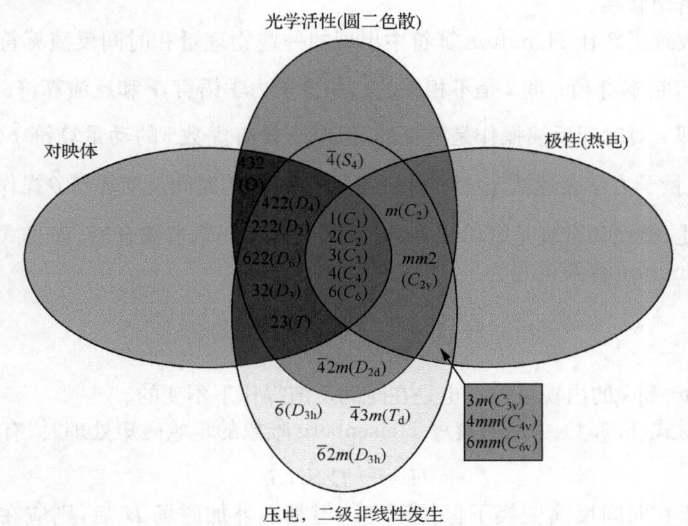

图 7.2 非中心对称晶体的分类

在铁磁体、反铁磁体和铁磁性的特性讨论中，不仅涉及点群，而且在更深层的基础研究中还涉及另外一种重要的对称性，即时间反演对称性。后面我们将分别加以介绍。

7.1.2　时间反演操作和磁性

1. 时间反演操作

按照式(2.1.21)所示的包含时间变量的 Schrödinger 第二方程：

$$\hat{H}\psi = -\mathrm{i}\bar{h}\frac{\partial\psi}{\partial t}$$

当其中 $\hat{H}$ 算符中不含时间 t 及自旋 $\hat{s}$ 时，$\psi(t)$ 只是坐标 r 的函数，其中算符 $\hat{H}$ 为实数，即 $\hat{H}^* = \hat{H}$。对式(2.1.21)取复共轭操作 * 就可以得到[5,6]：

$$\hat{H}\psi^* = -\mathrm{i}\hbar\frac{\partial\psi^*}{\partial t} = \mathrm{i}\hbar\frac{\partial\psi^*}{\partial(-t)} \tag{7.1.7a}$$

若令 $t' = -t$ 代入式(7.1.7a)，则可得到：

$$\hat{H}\Psi(-t')^* = \mathrm{i}\hbar\frac{\partial}{\partial t'}\psi(-t')^* \tag{7.1.7b}$$

比较式(2.1.21)和式(7.1.7b)可见，将时间 t 改变为符号 $-t$ 和将 ψ 变为 ψ^* 而 Schrödinger 方程仍然成立。这样，我们就可以式(7.1.8)中的 $\hat{\theta}$ 算符称为时间反演算符：

$$\hat{\theta}\psi(t) = \psi(-t)^* \tag{7.1.8}$$

由上可知，在没有磁场时，Schrödinger 方程对于时间反演操作具有不变性。

在三维晶态物理中，讨论其几何空间的空间对称性，但在常见与磁性相关的对称性时，则涉及 Hamilton 算符的时间反演(也称为速度反演)对称操作，它和其对应的复数共轭之间存在密切联系。

现在来大致了解在 Hamilton 算符中出现的一些物理量和时间反演算符的关系。对于位置矢量 $\boldsymbol{r}$，它本身和时间 t 是不相关的。用量子力学语言，r 和反演算符 $\hat{\theta}$ 是可对易的(即 $\hat{\theta}r = r$)，即 r 对时间反演操作是不变的，但对于含有虚数 i 的动量算符 $\hat{p}$(或角动量 $\hat{L}$ 和自旋 $\hat{s}$)，从量子力学表达式 $\hat{p} = \left(\frac{\hbar}{\mathrm{i}}\right)\Delta$(参见表 2.1)的时间反演算符 $\hat{\theta}$ 操作是变号的。

如前所述，磁性和自旋是密切相关，当考虑了自旋和轨道偶合后[参见式(2.1.60)]，单粒子的 Hamilton 算符可写为

$$\hat{H} = \frac{\hat{p}^2}{2m\,\nabla^2} + V + \varepsilon(\hat{l}, \hat{s}) \tag{7.1.9}$$

其中所含的 $\hat{p}^2$ 和 $\hat{s}$ 的出现可见它也是在时间反演操作下不变的。

在我们对式(5.3.1) 中的磁有序 Heisenberg 唯象的定域磁矩处理时，有

$$\hat{H} = -J\Sigma\hat{S}_i, \hat{S}_j \tag{7.1.10}$$

可见它是属于在时间反演变换下保持不变。但是在外加磁场 $\boldsymbol{H}$ 后，则应在式(7.1.10) Hamilton 算符中增加 Zeeman 项($-\beta g\,\hat{S}\cdot H$)。这就破坏了其时间反演变换下的不变

性，而这种外磁场就导致其时间反演对称性的破缺(会使原来有的对称性改变)。即使没有外加磁场，随着温度的降低体系内部也会产生内磁场。对于大多数绝缘性磁体，由于最邻近 i 和 j 磁矩间的相互作用是主要的，可以将偶合常数 J_{ij} 看作是常数。但对于 $J>0$ 的铁磁体或者 $J<0$ 的反铁磁体，则这时其时间反演对称性就是自发破缺的，从而导致丰富的磁结构。如前所述，磁空间群有 1191 个，而通常的无色空间群则只有 230 个。对于旋-轨偶合强的稀土金属磁体，其自旋引起的磁结构多样性还表现为磁倾斜、螺旋、锥形等不同的磁有序结构(图 7.3)。当然，对于没有磁矩的晶体或磁矩无序分布的顺磁物质，其晶体 Hamilton 算符 $\hat{H}$ 对于时间反演操作总是不变的。如表 2.1 轨道角动量 $\hat{L}=\left(\frac{h}{2\pi \mathrm{i}}\nabla\right)$，应是在时间反演操作变号。对于磁学讨论中十分重要的自旋 s，由于它是从轨道角动量概念引申到量子力学中来的(参考 2. 1 节)，因而它对时间反演操作也是变号的，即导致其自旋倒反。物理上一般要求，不含自旋 s 的体系的 Hamilton 算符在时间反演下是不变的。当系统中的 Hamilton 算符同时含有坐标动量和自旋的函数 $\hat{H}(r,p,s)$ 时，时间反演操作会使得 r 不变号而 p 和 s 会变号。在简单的金属和一般半导体晶体周期场的单电子能带理论中，当不考虑自旋影响时，其 Hamilton 算符[参见式(2. 1. 20)]为

$$\hat{H}=\frac{\hat{p}^2}{2m}+V(r)$$

其中动量算符为二次型 $\hat{p}^2$，所以它是时间反演对称的。其每一个本征态空间 Bloch 函数 $\psi_k(r)$ 可以容纳两个自旋相反的电子。这种时间反演对称性就自然导致一个重要的推论：

$$\boldsymbol{E}_n\uparrow(\boldsymbol{k})=\boldsymbol{E}_n\downarrow(-\boldsymbol{k}) \tag{7.1.11}$$

即与晶格点群对称性无关的所谓的 Kramer 简并性。它的物理含义表现在一个(或奇数个)电子体系的波矢 $\boldsymbol{k}$ 和自旋 σ 处在时间反转的状态，即 $\boldsymbol{k}$ 标识的 $\boldsymbol{E}(\boldsymbol{k})=\boldsymbol{E}(-\boldsymbol{k})$ 是简并

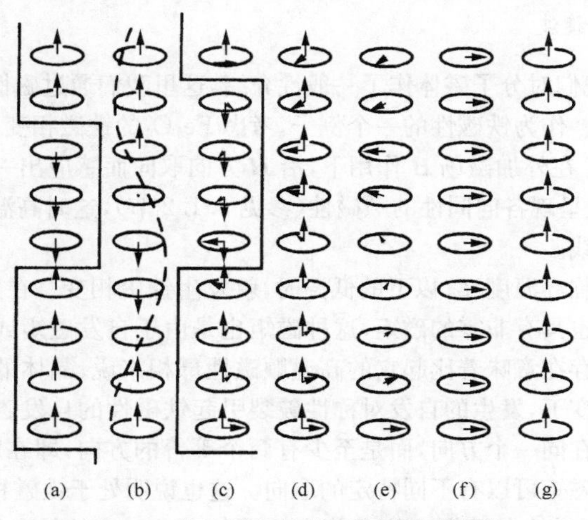

图 7.3　稀土金属不同类型的磁有序结构

图中所示的圆圈表示了垂直 c 轴的水平原子层各自作环形运动，箭号表示磁矩的方向

的,其中 $\boldsymbol{E}(\boldsymbol{k})$ 为波矢 $\boldsymbol{k}$ 的能级。然而,晶体势能 V 具有反演中心(i)的空间对称操作,则整个 Brillouin 区的能带也必是存双重简并性。这也解释了图 2.13 的必然结果,但毕竟时间反演对称性和这种空间反演对称性是不同的概念。

由上可见,时间倒反操作和磁性密切相关,会引起磁性晶体的对称性降低。一般我们在讨论三维的欧几里得空间(Euclidean space)时,从数学的群论上证明,在所有的晶体结构中的 32 种点群中只出现一维的 A、二维的 E 和三维的 T 等最多三维的不可约表象(参见表 2.3 或图 2.5),32 种点群和 7 种平移群结合后也只出现 230 种空间群。在数学理论及物理化学实验中,有时要讨论多维空间群。例如,在研究的材料中的非公度(noncommon,不成公约数)结构时,方便的是引入四维空间群,或准晶结构的研究中用到六维空间群。当研究具有不同色度的物质结构时,就可能出现三维周期结构以外的不连续的维度,这种空间群就称为色群。例如,对称面不同的双方可以使黑色和白色互相反转。这里讲的黑、白在概念上还可以扩展到实际的物理性质上,例如可以是磁性中上、下自旋(α,β 或 ↑,↓),电性中的正、负电荷(±),以及波函数中的对称、不对称(g、u)等。对这里所感兴趣的铁性和反铁磁中磁子的有序排列的磁群就等价于黑、白色群,这种群比常规的三维群更加复杂,在磁体中要考虑到磁有序,因而涉及时间反演对称性,也使得晶体的周期性与化学上的单胞结构不同。这时可以应用磁 Brillouin 区来描述,其对称群的数量也大为增加。可以证明,在三维空间中,黑、白色群中的平移群有 36 种,点群数有 122 种,空间群有 1651 种。

在我们考虑晶体的宏观性质时,它和原子在晶体中的取向有关。因而在考虑晶体宏观上是否存在磁性时可作如下考虑。微观原子中的未成对电子作环流运动时所产生的微观磁矩 $\boldsymbol{\mu}$ 是一个旋转矢量,如同图 7.3 中所示的一个圆形电子绕着轴向那样形成上下两个方向不同的小箭头↓。对于由这些大量磁矩所组成的微观有序晶体在宏观[如不同的(a)~(g)排列]旋转和反演操作下改变符号,而在该磁性格点的晶体所属点群类(非真转动)的所有操作下都保持不变,则此晶体必存在一个具有磁性特征的宏观磁矩 M。

2. 铁磁性和自旋波

在第 5 章中,我们对分子磁体作了一般性介绍,这里我们通过磁性体系的对称性对铁磁性作进一步说明。作为铁磁性的一个例子,考虑 Fe_3O_4 的铁磁相变。在高温时,由于它的自发磁偶极矩 $\boldsymbol{\mu}_m$ 在外加磁场 $\boldsymbol{H}$ 作用下,沿 $\boldsymbol{H}$ 方向取向而感应出一个比例于感应磁矩的磁场 $\boldsymbol{H}'$。宏观上呈现各向同性的顺磁性(参见 5.1.2 节),这时高温极化的响应是没有回磁效应的单值曲线。

当晶体冷却到临界温度 T_c 以下的低温时,就发生铁磁相变。在这种铁磁相中,即使不在外磁场中晶体也具有非零的磁矩,这种磁矩也是由于自发磁矩或自发磁化作用引起的。但自发磁矩的存在意味着比起它的高温顺磁性母相来说,晶体的方向或点群对称性会降低。在这种相变下,发生的自发对称性破裂引起铁磁性的自发磁化作用在整个晶体中并不一定是发生在同一个方向,而是至少有两个等价的方向,即在对称性破裂时,其中各种磁畴中的自发磁矩可以有不同特定的取向。这也说明处于铁磁相的晶体具有磁畴结构,但其中在同一磁畴中的不同磁矩都指向相同的方向。当外加磁场时,Fe_3O_4 和铁-磁合金等铁磁性材料就呈现图 7.1(a)所示的磁回曲线。

前面我们讨论了在自旋晶体体系中由于交换作用，其中常见的磁性离子的自旋有序排列的基态常呈现铁磁、反铁磁和亚铁磁状态(图 5.2)。当体系受到外界磁场和温度等微扰后，其中之一晶格的自旋可能会发生磁取向的变化而通过邻近间的自旋-自旋间的相互作用而使体系从低能量的基态激发到较高一点的激发态。对于不同的铁磁体，其自发极化的机理有很大的不同。高温区采用分子场近似的式(5.1.32)；更宽范围温度内采取热力学的 Green 函数方法；这里介绍适于低温下的自旋波方法。这种受微扰后磁性变化的量子力学处理较为复杂，这里以一个用经典力学处理的一维铁磁体为例作定性的图像说明。

在低温(接近 0K)下，铁磁晶体中占据格点原子的原子磁矩几乎都处于同一取向；当(或)温度升高时，晶格中总有少数原子受激发而偏离了原来量子化的 z 轴方向(即自旋倒向，或从 S_{m+1} 变为 S_m，这种偏离是以量子化的方式进行的)。

由于晶格原子间的自旋-自旋交换作用(J，偶合常数)，从而使这种偏离作用不是固定在晶格的某一个晶格位置上，而是在整个晶格中传播，这就是所谓的磁自旋波(图 7.4)，即自旋波的波矢 $\boldsymbol{k}(\neq 0)$，各个原子的自旋磁矩以不同的位相围绕磁场 H_z 方向运动。相邻格子的相位差为 $\boldsymbol{k}a$，类似式(2.2.16)，$\boldsymbol{k}a=\frac{2\pi na}{L}$，其中 L 为一维链的长度，从而得到$\lambda=\frac{L}{na}$，相当于样品大小的数量级。这也是 5.1 节中铁畴现象的理论基础。

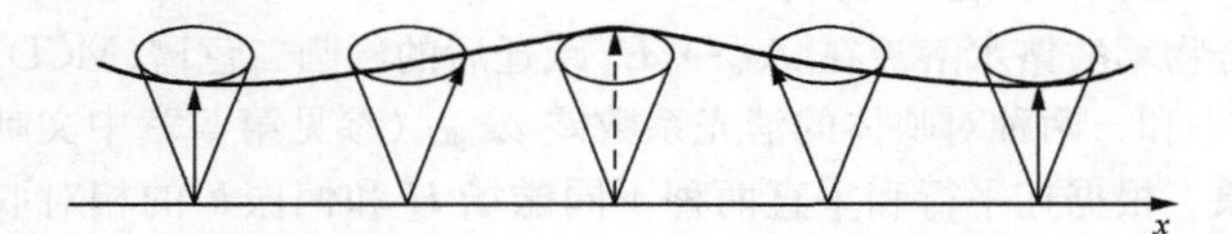

图 7.4　相邻格子中自旋波(S_z＝常数)的瞬间图像

由上可见，磁自旋波是晶格中一种集体元激发，特别适于处理低温下铁磁体系的 Hamilton 方程的求解及其动态处理。

分子基磁体从发现至今已有四十余年，图 5.3 表示了一种典型分子铁磁体的磁化强度 $\boldsymbol{M}$ 随外场强度 $\boldsymbol{H}$ 和温度 T 而变化的磁弛豫回线。在过去的研究中，分子磁体经历了高 T_c 分子磁体(如普鲁士蓝和 TCNQ 类化合物，参见 5.1 节)、低维磁体(单分子和单链磁体，参见 5.3.4 节)和自旋转换磁体(spin transition，参见 5.4 节)，直至最近的多功能磁体，如光诱导磁体(photo-induced magnets)、铁磁分子导体(ferromagnets molecular conductors)和手性磁体(chiral magnets)。由于在第 5 章中我们对分子铁磁性进行过较详细的介绍，这里结合物理上的铁性材料，介绍新近进展很快的手性铁磁体等类型磁体。

将分子的磁性和物质的光学活性、电性、磁性和材料的微观纳米、微孔等空间结构相结合可以发展多功能的分子材料。

3. 手性分子磁性

化学上，早在 1811 年 Arago 就发现了天然的光学活性手性晶体。Faraday 于 1864 年又发现了磁诱导光学活性。在 6.3 节中我们简单介绍了手性分子及手性分子材料的电磁屏蔽特性，它们所属的点群中不含有对称中心和对称面，属于非中心对称群之一（图7.1）。这在材料科学中有着重要的理论意义及实际应用，如石英(SiO_2)就是很好的手性光学偏振材料。特别是对探索生命科学、药学及生命起源中的手性问题，提供了重要的启示。目前仍不清楚为什么天然的蛋白质都是由单一的左手 L-氨基酸组成，而核酸则是由单一的右手 D-核糖形成的，这是否与地球的磁性和阳光的手性偏振有关？手性磁体(chiral magnets)是指具有单一手性（相同的左手或右手属性）的自旋结构的磁体。这种有序排列可以是反铁磁性的也可以是铁磁性的，但相邻自旋间并不像通常三维磁体那样完全平行或完全反平行，而是以一定手性的方向旋转形成自旋间微小的自旋倾斜以达到有序取向，即手性磁有序（类似于图 5.27 所示的自旋螺旋结构）。下面简单介绍手性和磁性的关系。

1997 年，法国 Rikken 等从实验上第一次观测到了磁手性体的各向异性(MchA)或磁手性双色性现象。他们在实验中令光的传播矢量 $\boldsymbol{k}$ 与磁场 $\boldsymbol{B}$ 平行（记为 $\boldsymbol{k}\uparrow\uparrow\boldsymbol{B}$）及反平行（记为 $\boldsymbol{k}\uparrow\downarrow\boldsymbol{B}$）的相互取向条件下，观测到右旋（+，化学上记为 R）和左旋（−，化学上记为 L）的三氟二酮(tfc_3)衍生物铕(Ⅲ)配合物 Eu(±)(tft_3)的荧光光谱，它们对应于图 9.22 中 Eu^{3+} 的 $^5D_0\rightarrow{}^7F_J$ 跃迁，$J=0,1,2$ 对应于图 7.5(a)左中的 0,1,2 峰。图 7.5(a)右的结果显示(+)和(−)两种对映体会使磁手性各向异性因子 g[图 7.5(b)]产生相反的符号[7]，其中 $g=\frac{\partial}{\partial B}\left[\frac{(I_{B\uparrow\uparrow k}-I_{B\uparrow\downarrow k})^B}{I_{B\uparrow\uparrow k}+I_{B\uparrow\downarrow k}}\right]$，$I$ 为荧光强度，B 为磁场强度。后来又通过实验对金属配位化合物草酸铬水溶液在 $^4A_{2g}\rightarrow{}^2E_g$ 跃迁后的磁圆二色谱(MCD)[图 7.5(c)]中左旋和右旋，或+和−两种对映体的消光系数差 $\Delta\varepsilon_{MCD}$（参见第 5 章中文献[4]）呈现磁手性各向异性现象。根据在平行和垂直两种不同磁场 $\boldsymbol{H}$ 和偏振 $\boldsymbol{k}$ 的相对取向对左手和右手对映体的不同消光系数 $\varepsilon(\boldsymbol{k}\uparrow\uparrow\boldsymbol{B})$ 和 $\varepsilon(\boldsymbol{k}\uparrow\downarrow\boldsymbol{B})$ 的实验值可以求出磁圆二色谱的手性各向异性不对称因子 $g_{MCD}(\boldsymbol{B})=[\varepsilon(\boldsymbol{k}\uparrow\uparrow\boldsymbol{B})-(\boldsymbol{k}\uparrow\downarrow\boldsymbol{B})]/[\varepsilon(\boldsymbol{k}\uparrow\uparrow\boldsymbol{B})-(\boldsymbol{k}\uparrow\downarrow\boldsymbol{B})]$。由此还可以对该化合物的消旋体在光照下手性选择性求出其化学上常用的所谓的手性过量

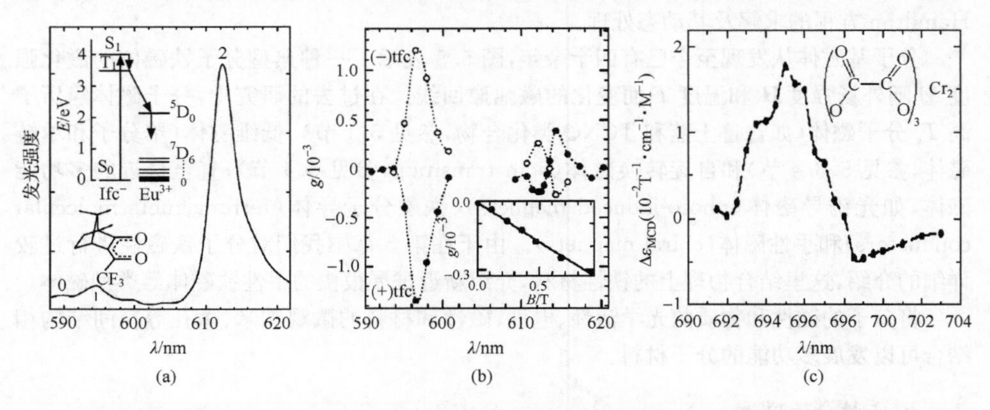

图 7.5　手性铕配合物 Eu[(±)tfc]在溶液中的磁手性各向异性荧光光谱(a)；及在交换磁场 B 为 0.9T 下的磁手性荧光各向异性 g 值(b)；三草酸铬 Cr(III)配合物溶液的磁圆二色谱，在 $^4A_{2g}\rightarrow{}^2E_g$ 跃迁附近的吸收系数差 $\Delta\varepsilon$(MCD)谱(c)

值 e. e(excessing equillibrium)。根据实验,他们进一步解释认为,它是自然光通过具有手性活性物质的波矢 $\boldsymbol{k}$ 以平行于和磁场 $\boldsymbol{B}$ 相互作用 $\boldsymbol{k}\cdot\boldsymbol{B}$(参见 6.3.2 节)引起的。磁手性双光性(即椭圆偏振性)的研究也可以解释生命体中产生手性选择性而使生命体系能保持相同手性的现象。

由对映体中左右手的二元性,很容易联想起信息技术中“开”和“关”信号表示的二元性——“0”和“1”。如果人们能够掌握精确调控磁场的技术,那么精确调控两种对映体之间的相对数量就可能成为一种更有效的信息表达方式。

手性磁体也可能应用于自旋电子器件(详见第 15.2 节),通过电子的自旋(而不是电子的电荷)实现数据传输和控制。例如,一个手性磁有序结构的自旋极化电流通过磁场时将由于和这个磁结构相互作用而形成一个自旋转矩,产生各种激发和磁性变化,进而导致微波发射、磁性开关或磁性马达等效应。目前国际上相关的研究在凝聚态物理方面已经取得了一定的进展[8],但因为手性磁体的作用机理、物理合成方法及物质结构不明朗而受到限制。

众所周知,要得到手性磁体首选是要求作为建筑基块的分子具有手性结构,因为在合成中引入手性基团或分子可以提高物质产生手性的机会。而要获得手性结构的物质,化学方法显然比物理方法更得心应手。事实上,在化学领域已得到许多具有手性结构的分子磁体。比如欧洲的 Coronado 和 Julve[9],日本的 Inoue、Ohba 和 Ohkoshi[10],我国的学者也有相关的工作报道[11]。但真正具有手性磁有序相关的例子还很少,需要进一步地深化其规律性研究。

1) 手性铁磁体

手性铁磁体是手性磁体中的一类新型多功能材料,在理论上它破坏了时间反演对称性和空间中心对称性[参见式(7.1.9)],从而除了上述手性分子磁体所表现的荧光光谱和 MCD 效应外,在高新技术中还有一系列潜在应用。例如,定向双折射(参见 6.3.2 节)、磁手性效应(magnetic chiral effect)、电磁手性效应(electrical magnetochiral effect)、电控制磁化效应、磁诱导非线性光学等,其中手性铁磁体是一类重要的双功能材料。它表现了光学活性和铁磁性的一种相互作用。传统上,可通过使用物理的方法制备钙钛矿型超晶格结构的金属氧化层(几个单胞厚度)而得到这种非中心对称的无机手性铁磁体。对这类无机手性磁体的研究有助于设计分子基块并组装成所期望的多维结构和光学透明的手性铁磁体材料。当光学透明的分子晶体具有手性结构时,则很可能具有手性自旋结构,从而呈现出非对称的磁各向异性和磁手性双色性。这种材料不仅具有基础研究意义,而且提供了一种组装新的富有前景的分子材料和光电器件的途径。

如图 6.19 所示,其中一对 S 和 R 手性镜像对映体都是手性分子。反之,我们也可以将图 7.6 中具有镜像对称的这些分别有左、右手,即分子(a)、(c)和(d)中的 R、S 或(b)中的 Λ,Δ 配合物。对于这一对镜面消旋体,用化学或物理方法将其左、右手这两种对映体组分拆分后就可以获得手性分子基块,再将这些手性基块(一般为有机配体 L)和含磁性(一般为金属离子 M,其中第二层配位为螺旋排列)分子进行组装,形成手性对映体的手性磁体(ECM)。这种方法对于物理和化学的研究都很有意义[12]。在讨论手性磁体时,要注意“手性”这个形容词。在化学上,一般只关注非对称中心原子周围的“结构手性”,例如,图 7.6 中(a)和(b)中的 S 或 R 的分子手性。但对于物理上更关心的“磁性手性”,与

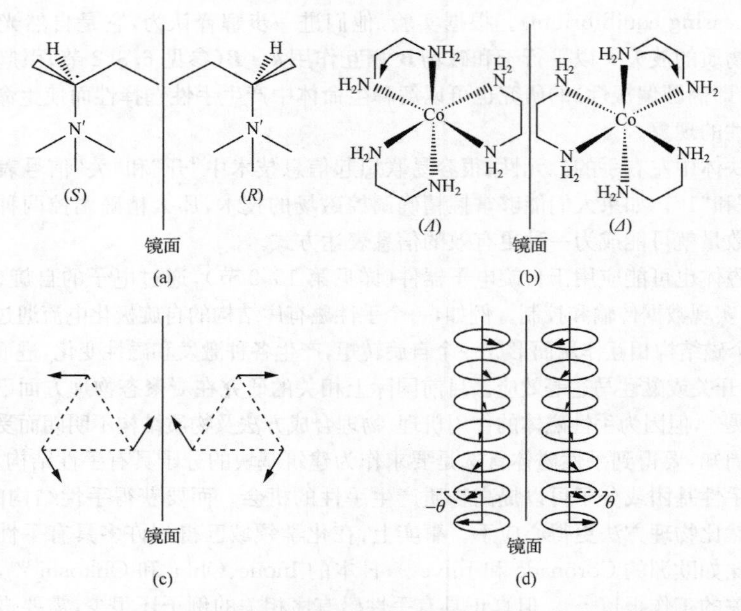

图 7.6　几种具有镜像对称的手性对映体 S、R、Λ、Δ 和左、右螺旋手性体

(a)具有手性支链的胺阳离子的中心结构手性；(b)二(1,2-乙二胺)钴配位化合物的螺旋结构手性；(c)发生在三角形格子阻挫反铁磁偶合中的磁矩手性排列；(d)在发生 D-M 相互作用中的磁矩螺旋形排列

结构手性有类似性，但它是由一组有磁矩($\boldsymbol{\mu}_s$)所组成的排列，其磁矩镜像对映体是不能重合的，如图 7.6 中(c)和(d)所示。图 7.6(b)中为直接用含磁性 Co(Ⅱ)离子和有机乙二胺分子组装的消旋体，将它用化学方法拆分后就可以直接得到化学上分别命名为右(Δ)或左(Λ)型手性磁体。图 7.6(c)和(d)中手性排列分别引起磁阻挫和 Dyz aloshinskil-Moriya(D-M)倾斜铁磁结构(参见图 5.1)。在具有 D-M 作用的情况下[图 7.6(d)]，其 Hamilton 算符可表示为

$$\hat{H}=-J\sum_{n}\hat{S}_n\cdot\hat{S}_{n+1}+d_{\mathrm{DM}}\sum_{n}\hat{S}_n\times\hat{S}_{n+1} \tag{7.1.12}$$

其中第一项为式(5.3.1)所示的海森堡直接各向同性交换，第二项为各向异性交换作用。

已经有不少合成具有手性结构的分子磁体例子，它们可以是手性的 1D、2D、3D 聚合物，也可以是具有螺旋链等特殊结构的无机聚合物。通过圆二色谱可以证实 R 和 S 型对映体的光学活性。对于常见的$[M_x(L)_y(N_3)_z]_n$结构的磁性配位聚合物，当选用合适的前手性(即在反应前不是手性)配体 L 时，生成的聚合物可能是手性的，并且仍然具有磁性[13a]。用含平面型辅助配体的三氰基构筑基块与其他平面金属配合物作用时，合成了异金属的一维链聚合物。如$[(\mathrm{bpca})Fe^{\mathrm{III}}(CN)_3Cu(\mathrm{bpca})(H_2O)\cdot H_2O]_n$，由于反应过程中发生自我拆分作用，得到的是一个具有右手螺旋形状的手性配合物，在链内杂金属间表现为铁磁相互作用。这个结果表明，通过 R 和 S 的自我拆分过程也可能获取手性铁磁体[13b]。Inoue 等应用氧氮自由基 BNC* 作为桥基的$[Co(\mathrm{hfac})_2(\mathrm{NNO}^*)]$[14a]。Kigataula 等利用氰基桥联手性一维螺旋分子对映体$[Mn(HL)(H_2O)][Mn(CN)_6]\cdot 3H_2O$[14]，其

间金属-自由基之间为反铁磁耦合在低温时为变磁体。严纯华等合成了以叠氮基 N_3^- 为桥基的螺旋体手性传递和有自我拆分作用的 Mn(Ⅱ)配体聚合物，即具有手性磁性的 $[Mn_2(L^3)(N_3)_4]_n$（其中辅助配体 L 为非手性开链二嗪类化合物）[14c]。这种同金属变磁体，由自旋倾斜层构成弱铁磁体的磁有序温度约为 8K。直接以手性的席夫碱类作为配体所形成的配合物为基础，成功制备了具有铁磁性的手性一维螺旋链聚合物 $[Mn_3((R,R)$-Salcy$)_3(H_2O)_2Fe(CN)_6 \cdot 2H_2O]$ [15]。

目前报道的大多数 R 构型和 S 构型的手性磁体，其磁性大多数是相同的。只有极少数文献报道了 R 和 S 对映体构型具有不同的磁性。只有当这种左(S)、右(R)两种不同手性具有磁性的相关性时，才是严格意义上的手性磁体。这种相关性源自于分子中的自旋手性而不仅仅是空间几何结构手性[16]。

2) 多孔磁体

多孔材料是一种传统的、被广泛研究的材料。纯无机多孔材料主要利用其孔道进行吸附、分离、充当催化剂载体等。而对金属有机骨架(MOF)多孔分子材料也进行了不少研究。过去，MOF 材料主要用于催化领域，它实际上相当于把催化剂和多孔载体结合在一起，金属提供了催化活性中心，而多孔结构可以提供比网状和颗粒状材料更大的比表面，并且孔道形状具有空间选择性（例如用于在新能源中有前途的储氢的材料），这样，MOF 在化学合成上具有很大的应用价值。现在，由于发现一些大孔配合物也具有铁磁性，且这种磁性多孔材料对于磁性气体（顺磁性的氧）或微粒（选矿）的吸附能力比无磁性气体（氮）强，可以把空气中的氧富集起来。

目前的困难在于，当加热除去孔道中填充的溶剂后，即使孔道骨架没有被破坏，但由于金属离子间的距离改变和磁交换介质的减少也会导致铁磁性质的丧失。为了增强铁磁性，必然有其他途径来传递磁交换作用，例如在孔内加入共轭填充物，或者使网格节点或桥基本身就有铁磁性。实际上，以不同的磁性中心充当 MOF 中的结构节点，比如已经报道过多孔磁体、多孔自旋交叉等可以得到有着特殊磁性的多孔磁体。Sutter 等合成了一类三维手性多孔磁体 $\{Mn(HL)(H_2O)_2Mn[Mo(CN)_7]_2\} \cdot 2H_2O$[17a]。该化合物的相变点 T_c 为 106K 和 85K，可通过吸水和脱水而相互转换，且对 N_2、CO 和 CO_2 有一定的吸附能力。图 7.7 为宋友等所合成的一种磁性多孔稀土化合物的方钠石分子筛型结构[17b]。

7.1.3　分子铁电性

分子铁电性(ferroelectrics)是指结晶在极性点群中的化合物，在不加外电场 $\boldsymbol{E}$ 时就具有自发电极化现象，其自发极化的方向能够被外加电场反转或重新定向，并出现滞回效应[3]。这种材料在信息存储、图像显示和全息照相等高新技术中有着广泛的应用，特别是可作为电子计算机中随机存储记忆器件（ferroelectric random access memories，Fe-RAMs）[18]和可调控微波器件[19]，从而引起人们注意。

在外电场 $\boldsymbol{E}$ 作用下的铁电体和在磁场 $\boldsymbol{H}$ 作用下的铁磁体十分类似，有时只要将前面讨论中的磁偶极矩 $\boldsymbol{\mu}_m$ 对比于此处的电偶极矩 $\boldsymbol{\mu}_e$ 就更易于理解它们的类似性，尽管二者的微观机理并不相同。

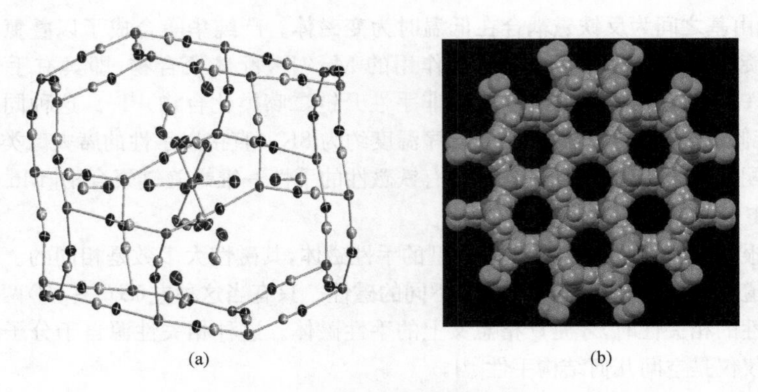

图 7.7　多孔稀土配合物磁体

(a) 氰基 CN^- 桥联分子笼；(b) 多孔磁体空穴结构

实际上，最早的分子铁电体就是 1920 年由法国 Valasek 发现的铁电体酒石酸钾钠(分子式为 $NaKC_4H_4O_6 \cdot 4H_2O$，俗称罗谢尔盐，Rochelle salt)，它就具有在改变外电场方向时，其自发极化作用的方向也是可逆的。说明晶体铁电性最简单的例子就是我们熟知的钛酸钡 $BaTiO_3$ 晶体(图 7.8)。在外加电场下，它只有在 130℃以上，宏观极化作用才呈现“顺电性相”，具有的方向性为立方体对称性。这时其极化作用是外加电场的单值函数，不出现滞回曲线。当冷却到 130℃时则发生相变而转变到一种新的晶体结构，这时正、负电荷的中心不一致，从而即使在没有外加电场时也会产生一种净的电偶极矩或电极化作用 P_s。这种自发极化作用可以指向晶体中的六个等价方向(它们平行或反平行于顺电相和母体相立方体中的任何对称元素)从而引起六种可能的电畴。和前面对铁磁性的讨论类似，当升高或降低电场强度 $\boldsymbol{E}$ 时，就可以得到电滞回曲线[图 7.1(b)]。这六种取向或电畴状态处于相同的稳定状态，因而这些不同状态之间的转换(或开关)可以用于计算机中的信息存储和记忆。特别是这种自发极化之间的“向上”(up)和“向下”(down)状态之间的转化(类似于二进制的 0/1)的等价稳定性，使得原存信息即使在没有外电源(断电)时也被保留而呈非挥发的“记忆构型”(memory-configuration)。

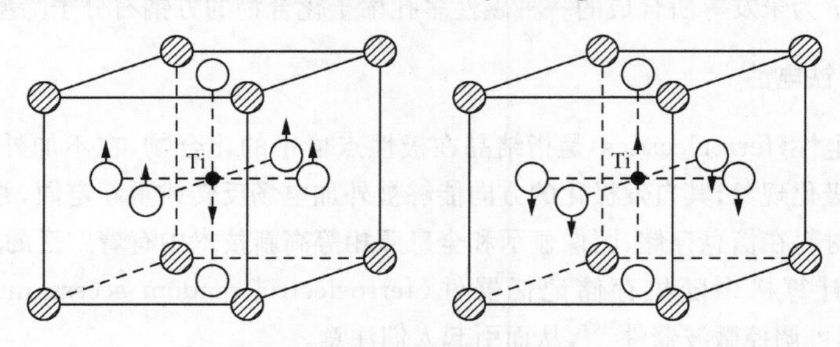

图 7.8　ABO_3 钙钛矿结构的铁电极化态

铁电体的类型：从上面名词的含义可知，无论是铁电还是铁性材料都与该物质中是否含有铁(Fe)元素无关。只是由于历史上早期在这些含铁物质中发现了铁电或铁性特性而已，且有关铁电体的报道从未间断，只是过去的工作主要集中在纯无机铁电体的研究上。近年来，分子基铁电体逐渐成为寻找新型铁电材料的一个热点，主要是因为分子基铁电体区别于纯无机铁电材料的是它具有容易设计、合成、成膜等特点。目前从事该领域研究的化学家主要集中在亚洲，其中包括日本[20-22]。我国熊仁根在该领域也开展了很好的研究工作[23-24]。尽管借助传统的物理方法，设计合成分子铁电体的方法已有规律可循，但铁电性受空间电子结构和电子成键、有机基团在红外区的吸收干扰等更复杂的因素影响，使得合成和表征存在极大的挑战。

目前对于分子型铁电研究不多，大都集中在聚合物和小分子中。分子铁电体的主要优点是可以设计成柔性、轻便、简单、廉价、非毒性和多组分的多功能铁电体。图 7.9 中列出了一些通常的无机(a)和有机(b)(包括配位化合物)的铁电固体[23]。铁电体大致有下列几种类型。例如，最简单的无机分子 $NaNO_2$，它是一种具有永久偶极矩的极性分子，所产生的自发极化作用从无序的顺磁性到在 T_c时偶极矩重新取向，而二硫尿和 PVDF(聚二氟乙烯膜)聚合物则是典型的有机分子铁电体。目前合成了结构-功能关系明确的有机铁电体并不多，这主要是由于它们的低晶格对称所引起的各向异性，以及很多非中心对称的有机分子在结晶时会和邻近的分子通过偶极-偶极作用而导致两个偶极子间反向取向(↑↓)而使偶极作用相互抵消；只有那些结晶时分子偶极矩不会彼此抵消而形成非中心的固体(←←)，才可以组装成具有低能垒(重新取向)非中心对称的铁电性固体。这也说明了具有立体取向困难的聚合物的滞后场 E_C 比其他类型铁电体高的事实。

最通常一类铁电机理就是图 7.9(a)中由 $BaTiO_3$类的离子相对位移而引起的极化作用的位移机理，其中不含电偶极子的极性离子。它是由于结构不稳定而引起自发晶格变形，以使和离子间的短程斥力达到一种相互平衡的模型。图 7.9 中的多组分电子给予-接受性有机分子化合物 TTF-CA 就属于这种类型。除了上述两种偶极分子和离子位移机理外，另外一类就是质子转移时所谓的氢键触发机理。如 KH_2PO_4(KDP)中，它是通过图 7.9 中的 OH…O 氢键由质子一步一步地转移而引起的自发极化作用。氢键在顺电-铁电相变中起着关键作用，但由于自发极化作用 P_s 方向近似地垂直于 OH…O 氢键，而氢键不是线性的而是类曲折状(zigzag like)的聚集体，因而 H 原子离开 OH…O 氢键线对 P_s 的补偿贡献并不大。在顺电相中，电子给体和受体之间的氢原子的无序使垂直于氢键的氢原子对晶体极化作用 P_s 值的主要贡献被相互抵消了。由于在这种结构中，临近氢原子且几乎近似于反平行的排列使所有平行于键的极化作用都被抵消了。为了克服这一缺点，提出了一种新的非对称 NH…N 氢键铁电晶体，例如$[C_6H_{12}N_2H]^+ReO_4^-$(简记为 $dabCoHReO_4$)，其中所有的双稳定 NH…N 氢键都较严格地同向平行，并与晶体的自发极化和沿着[001]方向的氢键采取相同的取向(图 7.10)[26]，这种第一次观察到的有机或水溶性铁电体具有 NH^+…N 聚集体平行排列，并具有与温度无关的最高旋转极化作用。

实际上，晶体的极化作用机理通常是几种机理都可能同时发生。表 7.1 中列出了一些代表性化合物的铁电性质。目前，特别是一些无机-有机杂化材料方面工作，丰富了铁电材料的内容。

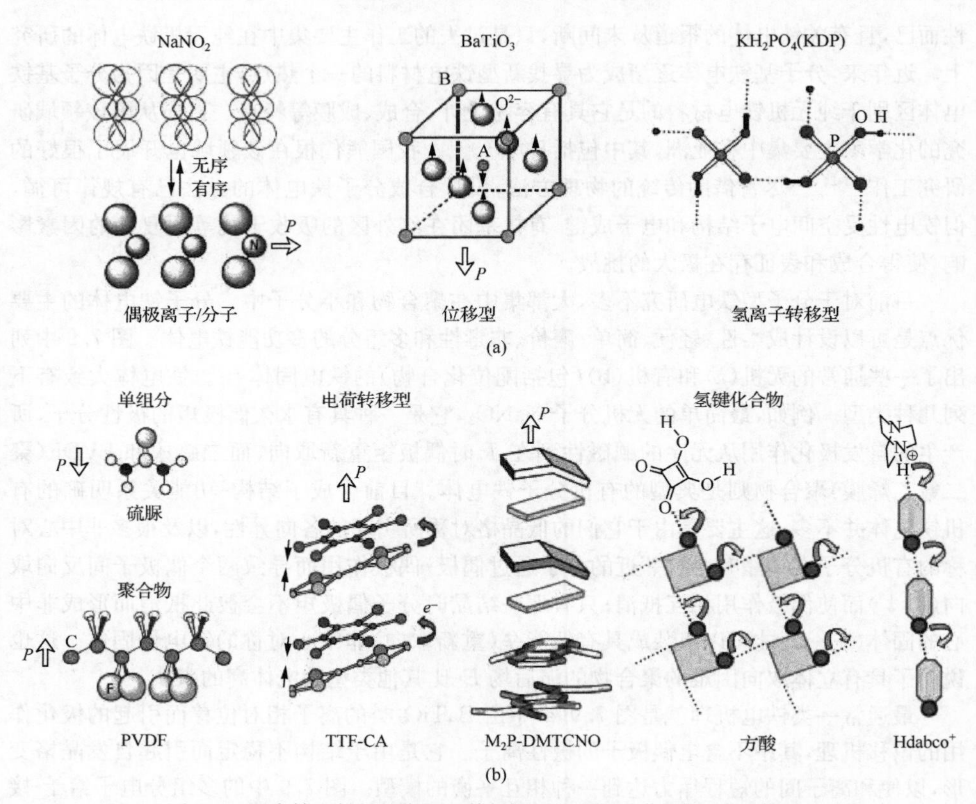

图 7.9　通常铁电材料的类型及其偶极矩 p 和极化作用 P（虚心箭头）
(a)无机铁电体；(b)有机铁电或反铁电体

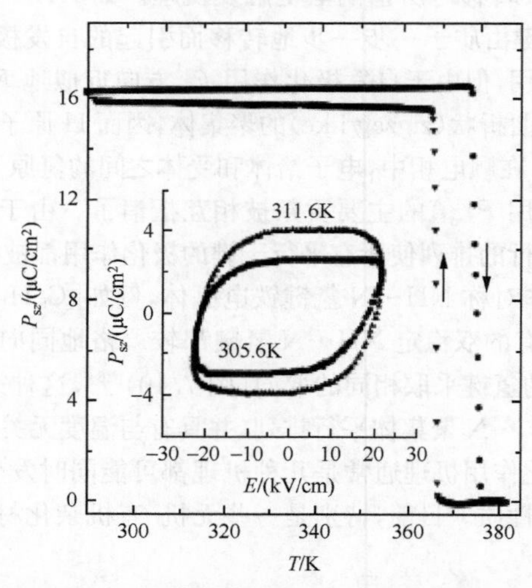

图 7.10　dabCoHReO$_4$化合物沿[001]方向的自发极化组分 P_{sz} 和它的电滞回曲线

表 7.1 一些代表性无机，有机和无机-有机杂化化合物的铁电性和介电常数

材料	转变温度/K		介电常数		C	P_a/(μC/cm²)；	E_c
	T_c	T_c^0	κ_{RT}	κ_{max}	/(×10³K)	温度	/(kV/cm)
单组分(极性)有机分子							
硫脲	169	185	30	10^4	3.7	3.2;120K	0.2
TEMPO	287	288	10	16	—	0.5	—
CDA	397			25		—	—
TCAA	355		4.5	6.5	0.0076	0.2;*RT*	4
苯偶酰	84	88		2.7		3.6×10^{-3};70K*	—
DNP	46		4.0	22	0.026	0.24;10K*	—
TCHM	104		9.6	100	2.7	6×10^{-2};96K*	—
VDF 低聚物	—		6			13;*RT*	1200
CT 复合物							
TTF-CA	81	84	40	500	5.7	—	—
TTF-BA	50			20	—	—	—
氢键型超分子							
Phz-H_2ca	253	304†	110	3×10^3	5.0	1.8;160K*	0.8
Phz-H_2ba	138	204†	30	1.7×10^3	4.0	0.8;105K*	0.5
[H-55dmbp][Hia]	269	338†	250	900	14	4.2*;110K*	2
Clathrate							
β-Quinol-methanol	63.7			220	—	6×10^{-3};25K*	—
聚合物							
$VDF_{0.55}$-$TrFE_{0.25}$	363		20	50	—	8;*RT*	500
尼龙-11	—			4	—	5;*RT*	600
无机化合物							
$NaNO_2$	437			4×10^3	4.7	10;140K	5
$BaTiO_2$	381		5×10^2	10^4	150	26;*RT*	10
$PbTiO_2$	763		210	9×10^3	410	75;*RT*	7
SbSl	293			6×10^4	233	20;270K	—
KH_2PO_4(KDP)	123	213	30	2×10^4	2.9	5.0	0.1
有机-无机化合物							
$HdabcoReO_4$	374		6	22	—	16;*RT**	>30
TGS	323	333	45	2×10^3	3.2	3.8;220K	0.9
TSCC	127		5	80	—	0.27;80K	3
罗谢尔盐	297	308		4×10^3	2.24	0.25;276K	0.2

7.1.4 铁性相变理论

由于铁性相变是一种改变点群的相变，所以铁性相变属于结构相变。目前可以从宏观和微观两种理论形式来理解这类相变前后的关联。

1. 宏观相变理论

朗道(Landau)从群论观点将对称性引入相变理论，但这种分析较为抽象和复杂。这里我们只介绍另一种简单、直观而易于理解的居里原理[3]。

1) 居里原理

居里原理含义是当晶体受到外场的作用后，晶体的对称操作将保留晶体原有对称操作中和外场一致的那部分对称性。该定理说明，当外场的对称性低于晶体对称性时晶体的对称性就会降低。也可以用不同的几何图形来形象化地从宏观上描述相变前后的对称性变换。当将它们的对称取向按确定的方式组合成一个新的几何图像后，后者的对称群应是这两个几何图形对称群的最大公约子群，这就是居里原理。更具体形象的表达方式是:将不同对称性的几何图形在空间叠加时所形成新的几何图形必然是它们所共同具有的对称元素。

例如，对于前述的 $BaTiO_3$ 铁电体，在温度高于其 T_c(120℃)时的顺电体为 $m3m$ 点群。由于铁电体所引起电偶极矩 $\boldsymbol{\mu}$ 的自发极化作用，$\boldsymbol{\mu}$ 所属的对称群为 ∞mm，在 120℃ 的顺电-铁电相变时，根据图 7.11 所示的几何图形在空间叠加就会得到对称性为 $4mm$ 的图形。用群论术语，亦即根据居里原理在顺电-铁电相变中，由原型相的对称群 Γ_0 和由于自发极化的对称群 Γ' 所形成的交截(或几何图形的空间叠加)群就是相变后的对称群 Γ[3a]。按群论符号记为

$$\Gamma = \Gamma_0 \frown \Gamma' \tag{7.1.13}$$

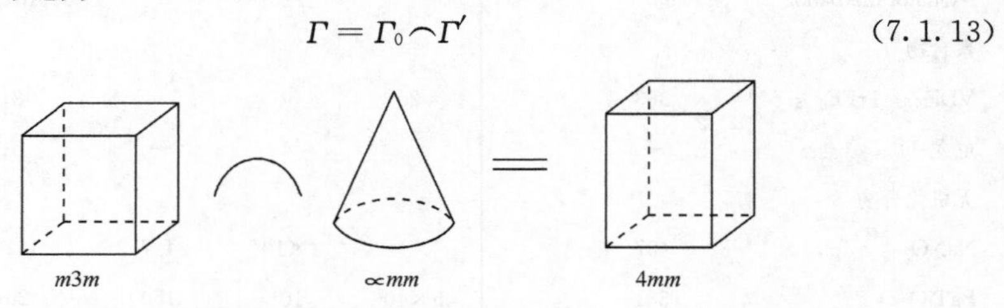

图 7.11 $m3m$ 点群和 ∞mm 点群对称性的交截成为 $4mm$ 点群

在应用上述原理时请注意：温度 T 是一个标量，它具有最高的宏观对称性 $\infty/\infty mm$，其中 ∞ 表示无限次的旋转轴，因而在温度场作为 Γ' 时，晶体保持原有的 Γ_0 对称性不变；若某种晶体对称性为 $m3m$ 点群，而在其[010]轴向加以单轴向应力 σ，其应力对称性为 ∞/mmm，则根据居里定理，其对称性会降低到 mmm。一般当外场对晶体对称性影响不大时，则可以直接利用下列 Neuman 原理。

2) Neumann 原理

如前所述，铁性相变是一种改变点群的相变。根据物理上更一般的 Neumann 原理，晶体的物理性质(如铁电体中的电偶极矩 $\boldsymbol{\mu}_e$)的对称性一定包含晶体点群的全部对称性

操作，即宏观物理性质必受其所属微观点群的限制(参见表 2.3)。即晶体的物理性质的对称性比晶体所属的点群对称性高，这就限制了物理性质的最低对称性。

Aziu 通过对铁性体的研究得到各种可能的铁性体总共有 773 个，其中非磁性的有 212 个。在铁性体中，自发极化的概念十分重要。晶体的物理性质可以用张量表示(参考附录 1)，张量具有一定的对称性。例如，电偶极之类的矢量为一阶张量的对称性为∞mm。从对称性观点出发，自发磁极化的对称性在几何上等同于一个圆锥，它可以表示为∞m，自发磁化的对称性在几何上则可用∞/mm'表示，单轴自发应变的对称性在几何上可用圆柱形的∞/mm表示[27]。

值得注意的是，这里泛指的点群并不限于传统晶体学中的 32 个点群。例如，在涉及磁性的研究中，考虑到的磁偶极 $\boldsymbol{\mu}_{\mathrm{m}}$ 是一种轴性矢量(例如地球绕南北极的自转)，这是和电偶极 $\boldsymbol{\mu}_{\mathrm{e}}$ 的极化矢量不同之处。按式(7.1.9)，它在时间反演(对应于方向相反的环形电流会产生方向相反的磁矩)作用下会产生相反的偶极磁矩[25]。考虑到磁性晶体的时间反演性后就发展了一种磁对称点群(参见 7.1.2 节)。为了简便，将磁对称点群中的一些对称元素符号的右上角加撇(′)，以表示该对称元素伴随有时间反演。例如，对于 α-Fe，在 1043K 发生顺磁-铁磁相变时，其 $m3m$ 点群虽然不变，但沿[100]晶轴方向出现自发磁化而使磁对称点群由 $m3'm$ 变为 $4/mm'm'$，所以这种铁磁相变也是一种铁性相变。即对于所讨论的指定晶体，只要我们预先知道其相变前的点群以及沿其允许的各种方向取向的自发极化互相组合，就可以确定相变后的可能点群。

表 7.2 中列出了在铁电材料中由顺电-铁电相变的自发电极化所引起的对称性变化；反之，也可以用于铁电-顺电相的点群变化。表 7.3 中列出了一些包括分子基铁电体相变在内的点群变化示例[3a]。

表 7.2　自发极化引起的对称性变化

顺电点群	自发极化方向及铁电相点群						
	[100]	[111]	[110]	[$hk0$]	[hkk]	[hhl]	[hkl]
$m3m$	$4mm(6)$	$3m(8)$	$mm2(12)$	$m(24)$	$m(24)$	$m(24)$	1(48)
432	4(6)	3(8)	2(12)	—	—	—	1* (24)
$\bar{4}3m$	$mm2(6)$	$3m^*(4)$	—	—	—	$m^*(12)$	1* (24)
$m3$	$mm2(6)$	3(8)	—	$m(12)$	—	—	1(24)
23	2(6)	3* (4)	—	—	—	—	1* (12)
	[001]	[100]	[110]	[$hk0$]	[$h0l$]	[hhl]	[hkl]
$4/mmm$	$4mm(2)$	$mm2(4)$	$mm2(4)$	$m(8)$	$m(8)$	$m(8)$	1(16)
$4mm$	—	—	—	—	$m^*(4)$	$m^*(4)$	1* (8)
$4/m$	4(2)	—	—	$m(4)$	—	—	1(8)
422	4(2)	2(4)	2(4)	—	—	—	1* (8)
4	—	—	—	—	—	—	1* (4)
$\bar{4}2m$	$mm2(2)$	2(4)	—	—	—	$m^*(4)$	1* (8)
$\bar{4}$	2(2)	—	—	—	—	—	1* (4)
	[001]	[010]	[100]	[$hk0$]	[$h0l$]	[$0kl$]	[hkl]
mmm	$mm2(2)$	$mm2(2)$	$mm2(2)$	$m(4)$	$m(4)$	$m(4)$	1(8)

续表

顺电点群	自发极化方向及铁电相点群						
$mm2$	—	—	—	—	$m^*(2)$	$m^*(2)$	$1^*(4)$
222	2(2)	2(2)	2(2)	—	—	—	$1^*(4)$
$2/m$	$m(2)$	2(2)	$m(2)$	1(4)	$m(2)$	1(4)	1(4)
	[001]	[010]	[100]	[$hk0$]	[$h0l$]	[$0kl$]	[hkl]
m	—	—	—	—	—	—	$1^*(2)$
2	—	—	—	—	—	—	$1^*(2)$
$\bar{1}$	—	—	—	—	—	—	1(2)
	[0001]	[$11\bar{2}0$]	[$10\bar{1}0$]	[$hki0$]	[$h\bar{h}2hl$]	[$h0\bar{h}l$]	[$hkil$]
$6/mmm$	$6mm(2)$	$mm2(6)$	$mm2(6)$	$m(12)$	$m(12)$	$m(12)$	1(24)
$6mm$	—	—	—	—	$m^*(6)$	$m^*(6)$	$1^*(12)$
$6/m$	6(2)	—	—	$m(6)$	—	—	1(12)
622	6(2)	2(6)	2(6)	—	—	—	$1^*(12)$
6	—	—	—	—	—	—	$1^*(6)$
$\bar{6}m2$	$3m(2)$	$mm2(3)$	—	$m^*(6)$	$m^*(6)$	—	$1^*(12)$
$\bar{6}$	3(2)	—	$m^*(3)$	$m^*(3)$	—	—	$1^*(6)$
$\bar{3}m$	$3m(2)$	2(6)	—	—	—	$m(6)$	1(12)
$\bar{3}$	3(2)	—	—	—	—	—	1(6)
$3m$	—	—	—	—	—	$m^*(3)$	$1^*(6)$
32	3(2)	$2^*(3)$	—	—	—	—	$1^*(6)$
3	—	—	—	—	—	—	$1^*(3)$

表 7.3　顺电-铁电相变中对称性变化的一些示例

序号	化学式	顺电相点群	铁电相点群	相变温度/K
1	$BaTiO_3$	$m3m(O_h)$	$4mm(C_{4v})$	393
2	$PbTiO_3$	$m3m(O_h)$	$4mm(C_{4v})$	763
3	$KNbO_3$	$m3m(O_h)$	$4mm(C_{4v})$	708
4	$BiFeO_3$	$m3m(O_h)$	$3m(D_{3v})$	1123
5	HCl	$m3m(O_h)$	$mm2(D_{2v})$	98
6	$Ba_{0.4}Sr_{0.6}Nb_2O_6$	$4/mmm(D_{4h})$	$4mm(C_{4v})$	348
7	$Ba_2NaNb_5O_{15}$	$4/mmm(D_{4h})$	$4mm(C_{4v})$	833
8	$K_{0.6}Li_{0.4}NbO_3$	$4/mmm(D_{4h})$	$4mm(C_{4v})$	703
9	KH_2PO_4(KDP)	$\bar{4}2m(D_{2d})$	$mm2(D_{2v})$	123
10	$Gd_2(MoO_4)_3$	$\bar{4}2m(D_{2d})$	$mm2(D_{2v})$	432
11	$LiNbO_3$	$\bar{3}m(D_{3d})$	$3m(D_{3v})$	1483
12	$LiTaO_3$	$\bar{3}m(D_{3d})$	$3m(D_{3v})$	938
13	SbSI	$mmm(D_{2h})$	$mm2(D_{2v})$	295

续表

序号	化学式	顺电相点群	铁电相点群	相变温度/K
14	$SC(NH_2)_2$	$mmm(D_{2h})$	$mm2(D_{2v})$	202
15	$NaNO_2$	$mmm(D_{2h})$	$mm2(D_{2v})$	438
16	$NaKC_4H_4O_6 \cdot 4H_2O$	$222(D_2)$	$2(C_2)$	297
17	$(NH_2CH_2COOH)_3 \cdot H_2SO_4$	$2/m(C_{2h})$	$2(C_2)$	322
18	NH_4HSO_4	$2/m(C_{2h})$	$m(C_3)$	270
19	$PbHPO_4$	$2/m(C_{2h})$	$m(C_3)$	310
20	$CaB_3O_4(OH)_3 \cdot H_2O$	$2/m(C_{2h})$	$2(C_2)$	248.5
21	$NaH_3(SeO_3)_2$	$2/m(C_{2h})$	$1(C_1)$	194

这里，我们只限于讨论铁电相变和其所属10个极化点群的关系，而没有涉及它们所属的空间群(参见表2.3中最后一列)。实际上，表2.3中第3列相对应的与这10个极性点群相应的有68个极性空间群，也可以用上述居里定理讨论顺电-铁电相变中空间群的变化。这时与式(7.1.13)类似，相变后的空间群Γ是相变前的空间群Γ_0和自发极化矢量场空间对称性Γ'的交截群。后者是晶格的平移对称操作T作用于自发极化矢量所示点群$\Gamma(\infty mm)$的连续操作，即可表示为符号(平移∞mm)T。将这三个信息综合在一起就可以用简洁的记号表达出这种相变特性。例如，对于金属有机化合物[$Me_3NCH_2CO_2$]$CaCl_2 \cdot 2H_2O$，其相变T_c为165℃，发生的相变可记为$mmmFmm$，其中mmm为该化合物作用前的空间群，F为其平移群T(即布拉维格子为F)，mm为该作用的自发极化矢量。上面主要介绍了以相变热力学为基础的宏观铁性理论。近半世纪来，在原子和分子水平上发展了微观铁性理论。例如在对铁电相变研究中，对其位移型系统，从晶格动力学观点出发，基于晶格振动发展了如下的光学横模“软化”理论：振动-电子作用理论。对于有序-无序系统，参照铁磁性的自旋波理论(参见7.1.2节)发展了膺自旋波双势阱理论。特别是其中的横波Ising模型、薄膜和界面的微观处理、密度泛函理论(DFT)和计算技术等也取得了长足的进展。详情请参考相应文献[28a]。

2. 软模理论

晶体的铁电性与晶体结构、电子结构、长程和短程相互作用等都密切相关，特别是早期Slater等关于$BaTiO_3$中氧八面体中钛离子位移运动和KH_2PO_4中氢键中质子有序-无序对自发电极化的微观理论的发展起了重要作用。这里简略介绍较为形象的、与晶体的振动有关的软模理论。

从结构化学的振动光谱研究得知，每个原子有其3个位移坐标(x,y,z)所表达的3个自由度，对于n个原子组成的分子，除去其中分子作为整体运动的3个平动和3个转动这6个自由度外，一般非线性分子共有$(3n-6)$个振动自由度。从固体物理研究得知，对于由分子组成的固体，从固体动力学理论可以证明，由它的原子间偶合而引起的集体振动有两种类型：一种是频率较低的声频支(常以A表示)，这种以声频频率出现的是普通的弹性波，它的两个相邻离子以相同的位相上下振动，因而声频支不会产生极化作用；另一种是频率较高的光频支(常以O表示),正是这种以光频出现的分子内部正离子和负离子之间的相对振动才会引起晶体的极化作用(图7.12)。对于简单的一维空间可以证明[27],每一个分子(例如"NaCl")只有一个声频频率,如果每个分子有 n 个原子,则共有 $(n-1)$ 个光频频率;若共有 N 个分子,则有 N 个声频和 $N(n-1)$ 个光频频率。

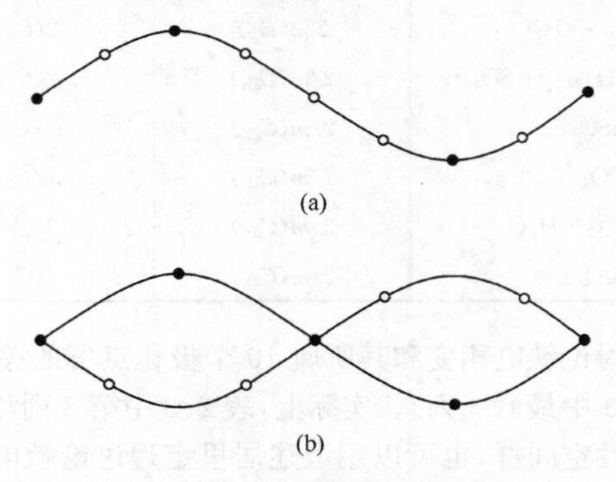

图7.12　固体中的二种振动的类型

(a) 声频支;(b) 光频支

软模理论:以我们前述的铁电体 $BaTiO_3$ 为例来说软模的基本概念(图7.13)。它引起相变是由 T_c(=120℃)以上的 $Pm3m(O_h)$ 空间群相变到 $P4mm(C_{4v})$ 空间群。图7.13中表示了 $BaTiO_3$ 晶体的一种光学模(在化学的分子振动讨论中也称为正则振动)的振动模式。实验表明,在铁电相变中,钛正离子和氧负离子分别沿着 $+z$ 和 $-z$ 轴发生了静态位移,从而使晶体的对称性发生变化,并形成了沿 z 轴位移的电偶极子 $\boldsymbol{\mu}_e$。

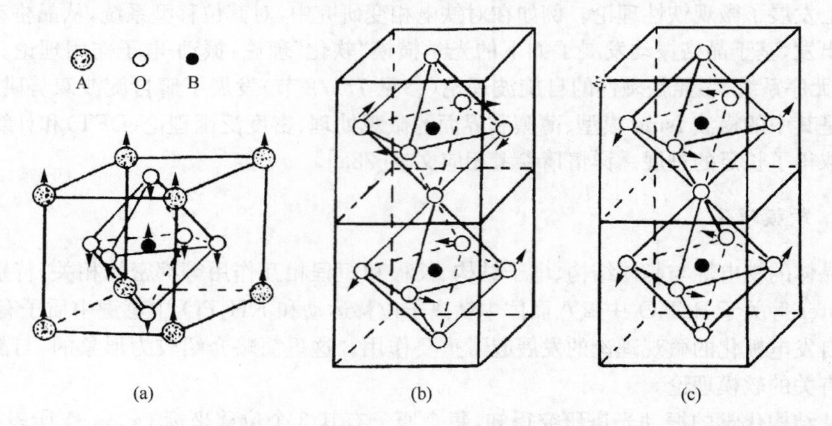

图7.13　ABO_3 立方晶体中 Γ 点光学 T_{1u}(a),R 点光学软模 Γ_{25} (b)和软模 M_3(c)中原子振动示意图

由于晶体振动中的光频支的频率比例于简谐振子频率 ω,即比例于 $(k/m)^{\frac{1}{2}}$,其中 m 为质量,力常数为 k(请不要和波矢符号 $\boldsymbol{k}$ 混淆)。所以 k 愈小,圆频率 ω 愈低,表示这种振动愈"软化",当频率软化(或降低)到 $\omega=0$ 时,就意味着这种光横振动中所有的原子不能回复到原来的平衡位置,这时也称为其振动着的原子被"冻结"或"凝固"了(图7.13)。

如前所述，由于晶体光支振动的晶胞中正离子和负离子间的相对位移使整个晶体产生均匀的自发极化。而按照能带理论，晶体中布里渊区中心的波矢为零(即波长 λ 为无穷大，参见 2.2.3 节)，即若该中心的光频支被冻结就会产生自发极化。由上述概念可以理解铁电软模理论的基本陈述：铁电性自发极化和该晶体的布里渊区中心某个光支振动模式的“软化”相关。

作为例子，我们将以比 $BaTiO_3$ 更一般的钙钛矿型 ABO_3 晶体为例对光学软模理论加以说明(图 7.13)[2]。它在高温的原型相为空间群 $Pm3m(O_h^1)$，该简单立方结构的第一布里渊区也具有简单的倒易空间结构(参见图 2.11)。这个三维原胞中含有一个 ABO_3 分子，共有 5 个原子。因而有 3×5(＝15)个晶格振动支，其中 3 个为声频支，12 个为光频支，在布里渊区中心 Γ 点(0,0,0)的 12 个光学模按照群论分析(参见图 5.19 中高对称向低对称性分解示例图)，它们在 O_h 点群下可以分解(或称为裂解)为 $(3T_{1u}+T_{2u})$ 不可约表示(注意 T 和 E 分别为三维和二维不可约表示，所以在分裂后的总维数不变，即也是 3×3＋3＝9＋3＝12，参考表 2.3)。在长程的正则坐标 $q(0)$ 静电相互作用下，其中三重简并的每一个 T_{1u}(也可以记为 Γ_{15}) 和 T_{2u}(Γ_{25})降低为二重简并的光学横模(记为 TO)和一个非简并的光学纵模(记为 LO)。其中的一个 TO 模就是铁电软模，如图 7.13(a)所示。经过相变后就转变为空间群 $P4mm(C_{4v}^1)$，之后，T_{1u}和 T_{2u}模又按 C_{2v}点群分别再分解为较低维的 (A_1+E) 和 (B_1+E) 不可约表示。其中最后标记为 E(1TO)的振动模就是软模[3a]。因而预期该铁电原型在相变软模振动“冻结”后就会形成图 7.13 所示的铁电相。类似上述原则，对[图 2.12(a)]布里渊区顶角 R 点 $\left(\frac{1}{2},\frac{1}{2},\frac{1}{2}\right)\frac{\pi}{a}$ 可以导致软模 Γ_{25} [图 7.13(b)]，它表示邻层八面体绕立方轴反向摇摆振动；对边界点 $M\left(\frac{1}{2},\frac{1}{2},0\right),\frac{\pi}{a},\frac{\pi}{a}$ 导致软模 M_3[图 7.13(c)]，它表示相邻氧八面体绕立方轴同向摇摆振动。

这种软模理论可以由中子衍射、Raman 散射等谱学实验加以验证，而且在理论上也发展到可能应用于有序-无序铁电体系。特别是关于布里渊区中心声支振动的“冻结”，虽然不会导致自发极化作用，但却有可能导致后面将介绍的自发应变而发生铁弹相变。

铁电体在物理和材料科学中已广泛进行研究，研究最多的是钙钛矿型、铌酸锂型钛酸锆铅(PZT)、钛酸锶钡(BST)等含氧八面体。在应用上使用薄膜型比主体型铁电体更为广泛；$RbHPO_4$ 型含氢键的铁氧体，含氟八面体的硫酸三甘氨酸(TGS)，两性的内胺化合物，罗谢尔盐($NaKC_4H_4O_6\cdot 4H_2O$)等其他离子基团的铁电体。可见目前广为研究的是无机盐离子型铁电体，而有机基团由于红外吸收的影响，目前报道被称为具有铁电性的分子基化合物不少，但真正的分子基铁电体还不多。

7.2　分子铁弹性和多功能铁性

7.2.1　铁弹性

具有与铁磁性和铁电性类似性质的是机械或弹性的所谓铁弹体。这种材料也具有自发的应变和相应的畴结构。当我们将宏观的自发应变对所应用的有方向性的应力作图时也可以观察到图 7.1(c)所示的滞回曲线。对这种现象的研究最早是在1950年对类似于金-镉和铟-锑合金的物理冶金中进行的。日本的 Aizu 于 1961 年对晶体中这种铁弹现象进行了深入研究。

为此,我们再次讨论具有铁电相变的 $BaTiO_3$,它有六个铁电相变态。考虑其中任何一个畴区,例如若具有自发极化作用的 P_z 的这个方向,当发生这种自发电极化作用时,显然沿着它的 z 轴会发生变形(拉长)。这种初始为立方的单胞会产生其他一个轴变形而使它的对称性降低到四方对称性,可见这时 $BaTiO_3$在相变时不仅产生自发极化作用,而且会引起自发应变。同样,对于具有 P_x极化的畴区沿着单胞的 x 轴方向将会变长;对于具有 P_y极化的畴区将会沿着 y 轴方向变长。如果我们取这三个畴区中的任意两个,则它们的自发应变将会不同,因而 $BaTiO_3$是四方相变,当然 $BaTiO_3$的四方相变也是铁电相变。在这个相变中,初级不稳定性是铁电性,所以它称为真(proper)铁电相变。但这种铁弹性只是由于应力和初级参数的偶合引起的极化作用,故只能称为非真(improper)铁电相变。可以证实,单水酒石酸铵锂分子所形成的晶体是一种真铁电相的实例[1]。本章主要讨论一级铁性材料,二级铁性材料情况较为复杂,这里不再细述,详细请参考文献[3]。这里只结合压电性质简单加以说明。

铁弹电性是这样一种铁弹材料,它至少有一对和不同压电对应的取向状态或畴状态,亦即它涉及在一种共同的坐标骨架中至少有一对具有不同压电张量组分 $\boldsymbol{d}_{ijk}$ [参见式(7.3.1a)]的畴状态。有一个很实际的例子就是家用的煤气点火器:通常用钛酸锆铅(PZT)之类的陶瓷,当用类似于小锤子一样去敲击它一下(给以压力)时,从而由于电极化作用产生的表面电荷在空气中产生火花通过放电而点燃煤气。这种由于机械应力而引起的极化偶极矩作用就是铁电效应。呈现这种性质的材料就类似于“铁弹电体”。

值得研究的是属于$[R_aM_bX_{3b+a}]$类型的无机-有机杂化分子材料,其中 M 是 As、Sb、Bi 等三价金属,X 为 Cl、Br 或 I。它们具有不同的大小和对称性,并有能形成氢键的阳离子和阴离子[29a]。当其中的无机部分具有层状共顶的 MX_6 八面体时,例如对于在结晶状态的 $R_3M_2X_9$的化合物就可能具有铁性-铁电体和非线性光学性质[29b,c]。另外一类是化学计量结构的 $R_5M_2X_{11}$类的衍生物,它具有分立的 $M_2X_{11}^{-5}$结构及它是 R 为烷基或芳基的配位化合物。

这里我们介绍新型的铁弹体,它是一种由分子内光致高自旋-低自旋转换所引起的压电畸变的材料。最近对含有四甲基磷酸盐的$[P(CH_3)_4]M_2X_9$类型的分子化合物进行了较系统的研究,其中含有无序的$[(CH_3)_4P]^+$阳离子[30]。例如,对于$(CH_3)PH_3[Sb_2Cl_9]$化合物(简记为 TMPCA)。根据其 X 射线衍射单晶结构、差热分析、热膨胀、介电、热电、质子^{1}H 核磁共振、红外、Raman 光谱和二次矩等铁弹等实验,证实它在不同温度下发生如图 7.14 所示的四个相变,并且从阳离子的二次矩(moment)动力学说明了它的极化性质和有序-无序相变机理(图 7.15)。特别之处是,它在 375K 发生顺弹-铁弹相变

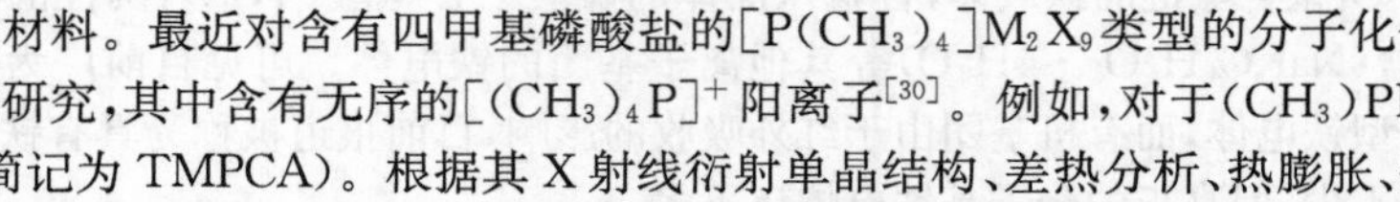

加热温度(K)　212　223　272　375　T/K

$Pna2_1$ (Ⅴ) | modulated (Ⅳ) | $P2_1/a$ (Ⅲ) | $Pnam$ (Ⅱ) | $P6_3/mmm$ (Ⅰ) →

图 7.14　TMPCA 化合物晶体在不同温度下的相变结构

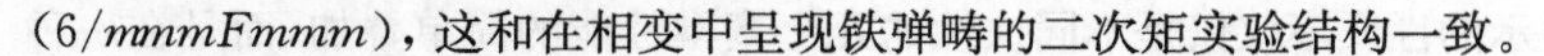

(6/*mmmFmmm*)，这和在相变中呈现铁弹畴的二次矩实验结构一致。

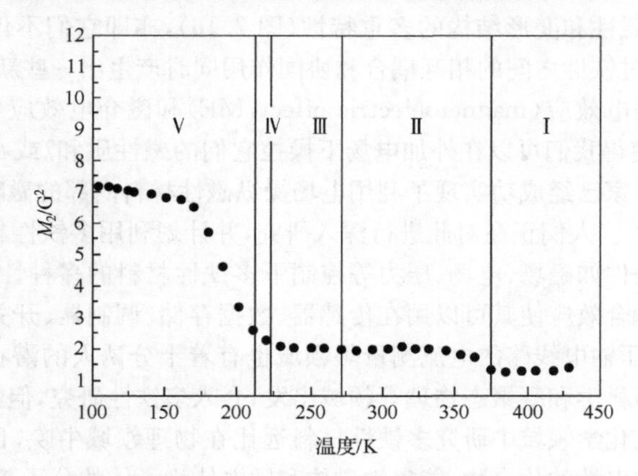

图 7.15　TMPCA 化合物的实验二次矩 M_2 和温度 T 的关系

7.2.2　多铁性

多铁性(multiferroics)材料是指材料的同一相中至少含有铁电性、铁磁/反铁磁性和铁弹性中的两种铁性的基本性能[31]。由式(7.1.6)可见同一种相中将两种以上的铁性结合起来的材料称为多铁性材料。熟知的有电磁材料中的扬声器，它是在声波的应力下使铁电体发生相变而伴随有电极化作用，从而使声波和电信号之间发生相互转换，又如可以用电场调节铁磁材料的自发极化方向使之成为开关传感器。

磁性导体：现代器件的微型化要求在同一个相中做到两种铁性，特别是兼具铁磁性和铁电性是很具有挑战性的研究。因为早期的理论研究表明，从原子水平的机理看，铁磁性要求过渡金属 d 轨道有空的，以便于配体电子给体的电子部分进入导带而导致磁用；而铁电性要求过渡金属的 d 轨道是部分充满的以利于导带中电子的产生，因而在同一相中这二者是相互冲突因此难以在同一相中同时满足这些条件。不过这种认识已被突破。在磁电效应中，主要强调了下列两项：

$$\hat{H} = \alpha_{ij}\langle P_i\rangle\langle M_j\rangle + \beta_{ijk}\langle P_i\rangle\langle M_j M_k\rangle \tag{7.2.1}$$

其中 P 和 M 分别为在其下标 i 和 j 方向的电子极化作用和磁极化作用。其中第一项不是时间倒反不变量。对于磁有序体系的温度，高于 Neel 温度 T_N 或居里温度 T_c 时，由于 $\langle M\rangle=0$，而使对应于式(7.2.1)中的第一项线性磁光效应中的 α_{ij} 相互抵消[它对应于式(7.1.6)中的第 7 项]。然而，当非线性的第二项中 β_{ijk} 是比例于 $\langle M^2\rangle$ 时，它在有些磁体中，例如具有 2D 平面自旋的磁体 $BaMnF_4$，在温度 $T\approx T_N$ 下仍然保持一定的磁壁。

近来发现了对钙钛矿型 $HoMnO_3$、$ReMn_2O_3$ 等材料的磁电效应[31]，在纳米(nm)结构中通过在 $BaTiO_3$-$CoFe_2O_4$ 两相之间的强弹性耦合而形成磁电耦合(magnetoelectric coupling)的多电性要求[32]，以及在涉及螺旋自旋结构的非中心晶格(参见图 7.2)、自旋-轨道偶合等体系，在时间反演倒反对称性破裂等理论上也有所突破。详情请参考文献[33]。

多铁性材料显示的性质不仅仅是不同铁性的几个基本性能的简单叠加，而是在一种材料中展示电性、磁性和变形结构的多重特性(图 7.16)，亦即它们不仅具有各种原有单一的铁性，而且通过铁性之间的相互耦合和协同作用同时产生出一些新的效应，比如铁电和铁磁耦合产生磁电效应(magnetoelectric effect, ME)和磁介电效应(magnetodielectric effect)[34]。这就使得我们可以在外加电场下操控它们的磁性质和/或在磁场下控制它们的电性质。物理学家已经成功实现了利用电场操纵磁性材料内部的磁畴或者利用磁场诱导电偶极的产生[35]。人们正在对此进行深入研究，并计划利用多铁性材料制造新型计算机芯片。在外界条件如磁场、电场、压力等控制下多铁性材料的多种性质发生改变，特别是多种铁性功能耦合效应使其可以用在传感器、数据存储、调制器、开关等电子和计算机元件，在微波和高压输电线路的电流测量等领域也有着十分诱人的潜在应用。目前研究大都集中在从材料科学和凝聚态物理等领域出发，介入多铁性研究，但鲜有化学家从分子材料观点介入。在化学领域中研究多铁性材料远比在物理领域中晚，目前只局限于合成既具有磁性又有铁电性的化合物，能集铁磁体和铁电体为一体的分子基化合物还非常少，而且大部分磁相转变温度都很低，所以还不能研究它们的铁性耦合，例如磁电效应等问题。目前仅有几个化合物既是铁磁体同时又是铁电体[18,19]。

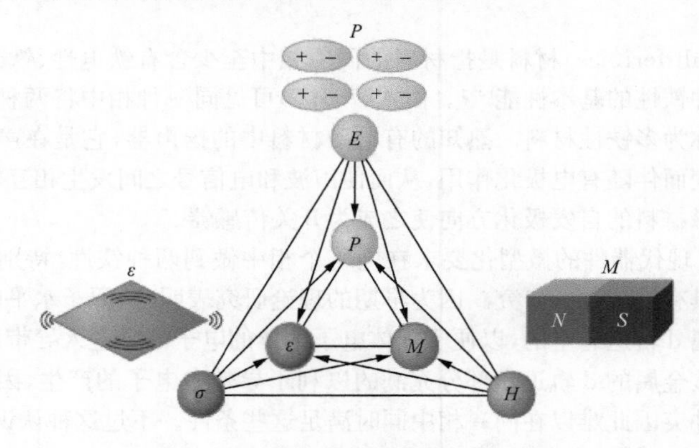

图 7.16　相变控制铁性和多铁性的示意图

在物理方法中，单相多铁性材料非常难得，因为很难直接得到具有极性点群的晶体。而复合相多铁性材料，如多层膜才开始研究，也还不能找到设计它们的规律。然而在化学领域，较易于设计使磁性和铁电性处于同一种相，以使铁电和铁磁共存并耦合在一起进行多铁性研究。铁电和铁磁产生的机制各不相同，甚至互相矛盾，但在一些材料中确实有铁电性和铁磁性共存现象，如 Cr_2O_3、Y-Fe-Ga、硼、稀土铁基或锰基钙钛矿等。但是只有很少能明显地通过铁性的耦合协同作用而产生一些新的功能，如我们前述的隐身效应和后面将介绍的巨磁电阻效应等。这种多功能材料研究也是实现高密度信息存储的重要方法之一。

7.2.3　多功能分子材料

前面介绍的具有真正相互耦合作用的多铁性材料是一时难于获得的。现在人们重视追求在一种材料上表现多种性质和用途的所谓多功能(multifunction)分子材料[37]。

多功能材料有两种实现方式，一是只含一种成分，但兼具有多种性质；另一种是含两种或更多成分的混合物，每种成分具有各不相同的性质[37]。前一种方法在分子设计和合成上困难得多，因为不同的性质对于分子的微观结构要求也不同，甚至可能正好起着相反的效果，要平衡这些不同的需求有很大难度。但这样的材料也有一个很大的优点，就是两种性质有很大的相关性，例如上述的铁性。这样，通过改变一种性质所处的环境，就会影响到另一种性质。这就更加要求从微观上进行量子调控。后一种方法在设计和合成上相对比较简单，但两种性质之间基本是孤立的，易于形成只有多种性质叠加而没有耦合。如果需要让两种性质能够互相影响，则需要形成特殊的几何结构，而在分子水平上形成这种特殊的几何结构，相对于制作微电子元件，也是相当困难的。

1. 磁性导电体

在分子基磁性材料中，由于分子之间轨道相互作用太弱，所以大都为非导体。1983年，法国 Cassoux 合成了第一个分子型导电配合物 TTF[Ni(dmit)$_2$](参考 4.2.1 节)[37]。目前，一般按 BCS 理论，磁性和超导性是不能共存的。导电分子材料一般不是磁体，而是半导体。磁性分子材料的导电性，多半是来自有机大共轭体系，它也是很好的配体，而金属离子可以提供磁性中心，因此配合物是一类便于设计磁性半导体材料的体系。还有一种方法是直接将磁性颗粒掺杂到导电的高分子材料中。

分子磁体的出现可从 RKKY 振动模型加以阐明，其为磁性和超导的关联提供了一个新途径。

RKKY 理论：在讨论分子磁性中的极化理论时通常采用两种耦合机理。①直接磁耦合作用。海森伯早期将氢分子的磁交换作用式(2.1.50)中 J 参数的结果推广到多原子分子体系的这种直接自发极化理论式(5.3.1)，这种定域的电子模型只适用于电子间有强相互作用距离较小的定域体系。②间接磁偶合作用(参见第 5 章中文献[4]中 4.5.2 节)。有些定域的磁性分子(n)，将它稀释在另一种非磁性分子(m)中，可以通过所处的导电体系的传导电子相互作用而产生间接的交换作用。它们之间的相互作用 Hamilton 算符可以表示为类似于式(5.3.1)：

$$\hat{H}_{\mathrm{RKKY}} = \sum_{nm}{}' S_n \cdot S_m J(|r_n - r_m|) \tag{7.2.2}$$

令离子间距 $r = r_n - r_m$，则相互作用强度 $J(r)$ 为

$$J(|r|) = \frac{9\pi}{2}\left(\frac{j^2}{E_{\mathrm{F}}}\right)\left\{\frac{\cos 2\boldsymbol{k}_{\mathrm{F}} r}{2\boldsymbol{k}_{\mathrm{F}} r^2} - \frac{\sin 2\boldsymbol{k}_{\mathrm{F}} r}{2\boldsymbol{k}_{\mathrm{F}} r^4}\right\} \tag{7.2.3}$$

这种长程交换型振荡按 r^3 衰减作用，文献上以提出者 Ruderman、Kittel、Kasuya 和 Yosida 将该理论命名 RKKY 理论[40]。这种理论成功地阐明了稀土金属及其合金的磁性结构的多样性(图 7.3)，磁性半导体，二级微扰理论处理配合物中的 s-d 交换体系，非磁性导电金属(Cu、Ag)中掺入微量 d 壳层磁性金属杂质(Fe，Mn)的稀磁合金等一系列功能材料性质问题。例如，对于上述的稀释磁体，其中杂质会使一个磁性离子邻近的传导电子产生振荡自旋极化而使其邻近磁性离子受到诱导而产生振荡间接耦合(图 7.17)。这就使得图中在 O 点的杂质和在 $r = OA$ 处的第二个杂质间为反铁磁相互作用(J＝－)和 r＝OB 的第二个杂质作用是铁磁性的(J＝＋)。

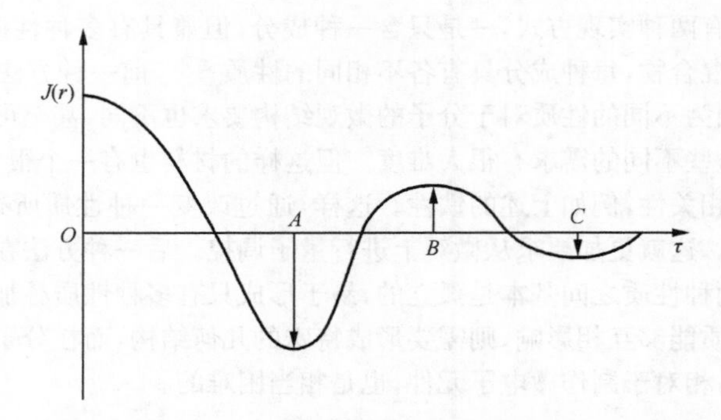

图 7.17　磁性杂质之间通过 RKKY 机理进行的相互作用

2. 导电-铁磁体

在功能材料方面新近的进展之一是在同一晶体中兼具导电、超导、非线性光学和铁磁等的两种宏观性质方面的有机-无机杂化分子材料。目前，已经合成了一些将含有 π 电子给体(或受体)的有机分子和磁性过渡金属配合物作为抗衡离子杂化在一起的网络状固体，从而合成具有导电(甚至超导)性和磁性结合在一起的多功能分子材料。Coronad 等在这方面取得了突破性进展，首次合成了基于配位化合物导电的铁磁$(ET)_3[MnCr(Ox)_3]\cdot(CH_2Cl_2)$(参见 5.2 节)，其中导电的层状有机电子给体 ET[＝(BEDT-TTF), bis(ethylenedithio)-tetrathiafulvalene]起着导电作用，它和起着铁磁有序的双金属草酸(Ox)盐蜂窝层状交替排列[38]。

化学家可以在合成反应的原料中导入和控制某种反应物，这样就可以使产物按照晶体设计的思路得到具有极性点群的产物。选择适当的有机配体和无机金属中心可以使很大一部分的化合物结晶成具有极性点群对称性结构，从中组装和筛选出具有耦合作用的铁磁性和铁电性等铁性体。利用不同方法测定滞回曲线或铁电畴以确定物质的磁特性。化学合成较易得到有确定结构的晶体产物，这为探讨多铁性材料中各种铁性间耦合的理论研究提供了最直接的途径。在分子体系铁性研究中，还会出现一些与物理学科研究较多的离子无机固体体系不同的、更复杂的现象和规律，这将对分子基功能材料方面研究的发展具有重要的意义。

3. 光诱导铁电性

1) 铁电和光诱导铁电体

铁电体和压电性的本质问题都涉及极化现象，因而它们只可能出现在 10 种非中心对称的极性点群中。铁电体除了本身对外电场响应而导致自发偶极矩反转以作为记忆材料外，还因为其介电常数通常都很高。特别是在它的相变温度附近，可以利用其高的介电性制备高容量的特种电容器(参见 17.4.1 节)。另外，当铁电体中引入光敏感基团后，光的刺激可诱发电荷迁移或跃迁，从而导致铁电体的内部极性发生改变，甚至结构从非中心对称性变成中心对称性，反之亦然。这样，我们就有可能得到光诱导的铁电材料，这些材料在光电能量转换中有着潜在应用。对于光诱导铁电体[39a,b]，通过光照使物质中金属离子间发生电子跃迁，从而导致极性发生变化。例如发生图 7.18 所示的机理，电子从基态跃迁到激发态，使之发生 John-Teller 变形效应。这样极化就会导致材料性质一定的变化。例如铁电材料 SbSI 在单位入射光强度 I 时，在一定波长 λ 的光照射下，由于极化作用而产生的反常铁电效应使其光生性质发生反常的增大(图 7.19)。

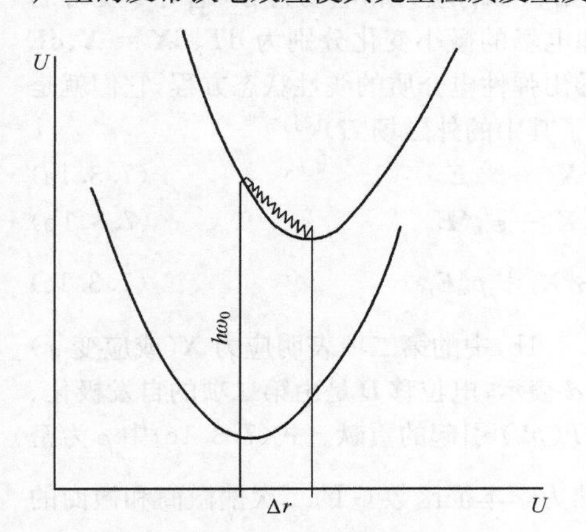

图 7.18　John-Teller 变形 Δr 引起的极化能 U 的变化

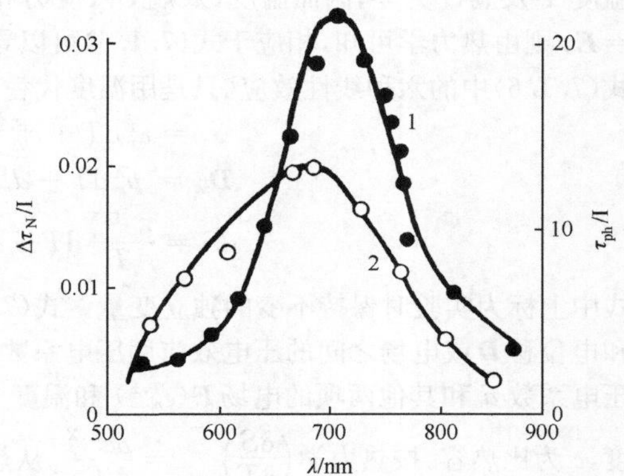

图 7.19　SbSI 晶体的光电导率 τ_{ph}(曲线 1)和居里点 $\Delta\tau_N$ 的光敏性位移(曲线 2)的频谱分布(任意单位)

目前其最有应用的前景就是应用在通常的固体半导体光伏器件中(参见 17.1.3 节)。由光照导致的电子-空穴对所制备的太阳能电池，其最大开路电压就是它们的能带隙 E_g。目前铁电体的一个最新发展就是它在光照下沿着其极化方向会产生一种反常的光伏效应，从而产生比 E_g 大 10^2 数量的反常电压。进一步还证明在纳米级距离的铁电畴界面内也会产生很大的高电压。这种铁电效应引起的反常光伏效应在太阳能池等光电器件中受到人们广泛的关注，详见文献[39c]。

2) 光可逆相变

基于高密度蓝色激光等记忆器件的发展，很多硫化物系的相变，特别是光诱导的相变现象受到人们重视。例如，光诱导的晶体-无定形相变[40]、光诱导引起化学结构变化的光致变色化合物(参见 13.1 节)[41]、光诱导层状堆积的电子给体-受体间电荷转移型化合物[42]、光诱导激发自旋态陷阱、高低自旋转化配合物(参见 5.4.1 节)[43-44]、氰基(CN^-)作为桥链的金属配合物[45]和 perovskite 锰化合物等[46]。Ohkoshi 等最近还首次报道了一种常温下可以发生金属-半导体可逆光相变的 λ-Ti_3O_5 金属氧化物[47]，它有可能用于实际的室温光存储系统。

7.3　压电性、热电性和智能材料

7.3.1　压电性

所有的铁电体都会表现出压电行为。探讨铁性和介电、热电性、机械或摩擦发光现象的关联性已经被应用到发电等领域，但这种能量转化的机理还有待于进一步澄清。它们都表现了自发极化晶体的共性。压电现象是一种晶体在特定方向施加外部应力作用下，在相应的表面上出现正的或负的电荷，从而产生极化作用。

若只考虑以温度 T、应力 $\boldsymbol{X}$ 和电场 $\boldsymbol{E}$ 作为独立变量，则相应的热力学特征函数为 Gibbs 自由能 G[参考式(7.1.1)]。通常设定初始状态的应力和电场为零，绝对零度时的温度 T 及熵 S 为零，因而温度(及熵 S)、应力和电场的微小变化分别为 $\mathrm{d}T$、$\mathrm{d}\boldsymbol{X}=\boldsymbol{X}$、$\mathrm{d}\boldsymbol{E}=\boldsymbol{E}$，则由热力学可知，相应于式(7.1.6)可以导出弹性电介质的线性状态方程，它们就是式(7.1.6)中的六种线性效应(只是用温度代替了其中的外磁场 $\boldsymbol{H}$)[3]

$$x_i=\alpha_i^E\mathrm{d}T+c_{ij}^{E,T}\boldsymbol{X}_j+d_{im}^T\boldsymbol{E}_m \tag{7.3.1a}$$

$$\boldsymbol{D}_m=p_m^X\mathrm{d}T+d_{mi}^T\boldsymbol{X}_i+\varepsilon_{mni}^{T,X}\boldsymbol{E}_n \tag{7.3.1b}$$

$$\mathrm{d}S=\frac{\rho c^{E,X}}{T}\mathrm{d}T+\alpha_i^E\boldsymbol{X}_i+p_m^X\boldsymbol{E}_m \tag{7.3.1c}$$

式中上标为实验时保持不变的独立变量。式(7.3.1b)中的第二项表明应力 $\boldsymbol{X}$(或应变 x)和电位移 $\boldsymbol{D}$ 或电场之间的压电效应用压电系数 d 表示；电位移 $\boldsymbol{D}$ 是由第二项的自发极化、压电系数 d 和其他两项的电场 $\boldsymbol{E}(\varepsilon_{mi}^{T,x})$ 和温度 $T(p_m^x)$ 引起的贡献。式(7.3.1c)中 ρ 为密度，c 为比热容，按热力学 $\left(\frac{\delta S}{\delta T}\right)_{X,E}=\frac{\rho c^{E,X}}{T}$。从热力学本征函数 G 的二次偏微商和微商的次序无关的原理，例如

$$\left(\frac{\partial^2 G}{\partial\boldsymbol{E}_m\partial T}\right)_X=-\left(\frac{\partial\boldsymbol{D}_m}{\partial T}\right)_{X,F}=-p_m^{E,X}$$

$$\left(\frac{\partial^2 G}{\partial T\partial\boldsymbol{E}_m}\right)_X=-\left(\frac{\partial S}{\partial\boldsymbol{E}_m}\right)_{X,T} \tag{7.3.2a}$$

$$p_m^{E,X}=\left(\frac{\delta S}{\delta\boldsymbol{E}}\right)_{X,T},\quad p_m^{E,X}=\left(\frac{\delta D_m}{\delta T}\right)_{X,T} \tag{7.3.2b}$$

即电场和应力恒定时的热电系数 $p_m^{E,X}$ 和温度系数 $p_m^{E,X}$ 相等。热力学中电场对熵变的影响可以理解为：对于铁电体，电场引起的极化作用会使有序度升高(熵减小)，而在绝热条件下的去极化作用会引起有序度降低(熵增加)。因而电热效应的绝热去极化作用有可能应用于电冰箱之类的制冷或储能功能。

还可以证明，这些系数之间存在正效应和逆效应相等的关系。例如压电常数 d_{im}^T 就和逆压电(或电压、光压)常数 d_{mi}^T 相等，因而式(7.3.1b)的压电电荷(charge)系数(SI 单位为 $\mathrm{CN^{-1}}$ 或 $\mathrm{mV^{-1}}$)和(7.3.1a)中的压电应变(strain)系数 d(单位为 $\mathrm{mV^{-1}}$)有相同的 d_{mi}^T 值。

由式(7.3.1a)～式(7.3.1c)可见总共出现了六个物性参数，即热膨胀系数 α_i、弹性顺度 c_{ij}、压电常数 d_{im}、热电系数 p_m、介常数 ε_{mn} 和比热容 $c^{E,X}$。这些系数称为线性响应系数，也就是电介质的物性参量。

对于上面式(7.3.1)中的各种作用系数，一般它们都是具有大小，又有方向的数值，在二维空间中，对这六个参数(如 d_{mi} 和 d_{mj} 等，其中下标 i,j,k 可取 1～6 值；m 取 1～3 值)是采用物理上常用的简化矩阵记号表达的方式(参见附录 1)。为了简化，在更多的理论讨论中常采用阶数为 n 的张量形式来表示它们在三维空间中共有下标 3 那个分量。这些

物理量，例如对于压电常数 d 是联系一阶张量的应力 X_i 和对称二阶张量的电位移 $\boldsymbol{D}$ 的 $3^n(=27)$张量，所以压电常数 d 只有 16 个独立分量(参见 8.13 节)。

压电效应的两个特点是它的直接性和可逆性。在应用上可以直接将机械能转换为电能，这可以应用于固体蓄电池、传感器和上述的燃料点火器；它的可逆性是可以将电能转换为机械能而应用在声学和超声学、微马达和电机传动器等领域。例如，王中林对 ZnO 纳米压电材料方面研究取得了进展[48]。

在实验上是采用静态光学的逆向压电法测定 d_{33} 值。在外加电场强度为 E 时，会引起光传感器所收集光的变化。因而 d_{33} 可通过实验由式(7.3.3)进行计算：

$$d_{33} = S/E = \Delta t/x \tag{7.3.3}$$

其中 Δt 为样品厚度的变化(不是开始样品本身的厚度)，S 为信号大小。通常得到的应变和电场强度的关系如图 7.20 所示，对于 ZnO、$LiNiO_3$ 和 $LiTaO_3$ 等压电体都可得到很好的响应曲线。其 p_z 值约为 100～600PCN^{-1}。

压电体是一种常见的传动材料。因为它是以电信号作为输入和输出的，而且易于产生快而大的传动应力(～t/cm^2)，比机械信号或磁信号更容易操作。由于大的晶体难于生长而且昂贵，所以在进行铁电研究时常用多晶粉末样品。实际上大多数晶体材料和压电材料常为铁弹电体。但实际制备的压电陶瓷材料只有小的，甚至不具有压电效应，这是由于其微粒晶体是无序的取向，所以在电场或机械应力作用下诱导的应变是无规取向而极性相互抵消所致。因而在使用上通常采用将微粒铁性样品预先放置外加电场(一般在 100～300℃下于 1000～2000V 下处理 20～30min)下，使其优先沿电场方向取向(这种过程常称为电加工，electrical poling)，再进行测试。这时虽然不是 100%的完整取向，但可能使多晶的陶瓷材料有限取向，使之具有类似于各向异性的单晶性质。

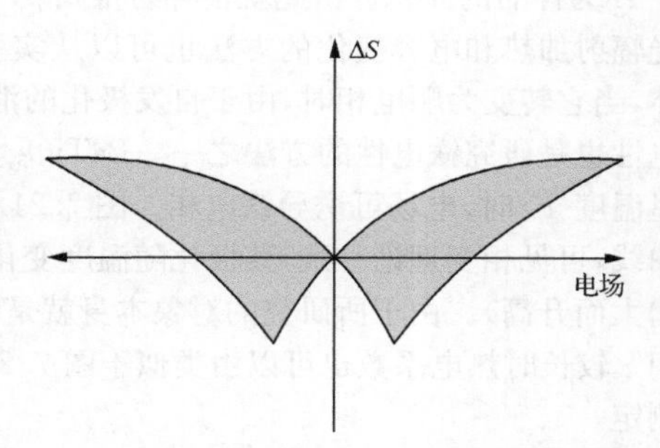

图 7.20　逆向压电实验中观察到的蝴蝶形滞回曲线

7.3.2　热电性

热电效应可以定义为自发极化 P_s 随温度 T 的变化[参见式(7.3.1b)]。其在对称性的要求上不如二阶非线性发生(SHG)和压电性那么高，它的充分条件是只要晶体具有 10 种极性点群之一就满足了。

1. 热电体

虽然早在 2400 年前希腊哲学家 Theophrastus 就发现了所谓的哲人石就具有这种能吸引稻草的能力，但第一个使用热电性这个名词进行研究的是 1824 年的布儒斯特(Brewster)。

对于热电体，其中(例如一个单畴)极化作用只是使相互的偶极子表面附近两端出现束缚电荷。在热平衡条件下，这种束缚电荷被等量反号的自由电荷所屏蔽，因而铁电体用导线和外界接通时并不显示电流，但在温度改变的实验条件下极化大小发生变化而使束缚电荷不能完全被原有自由电荷所屏蔽。从而在表面上出现自由电荷在附近空间形成的电场，它们会吸引或排斥带电的微粒，因而在和外界接通后会显示出电流。

由于热电效应是由温度 T 变化引起的自发极化作用 P_s 的变化，因而热电系数 $\boldsymbol{p}$ 可以表示为矢量 $\boldsymbol{p}=\frac{\mathrm{d}P_s}{\mathrm{d}T}$，其单位为 $\mu\cdot\mathrm{cm}^{-2}\cdot\mathrm{K}$。自从第二次世界大战初用于夜视红外传感器之后，其在热检测器、污染显示器、材料热性质等领域得到了很大的发展。

在实验室中最直接的技术是利用热电流方法，即将热电材料以恒定的速率 $\frac{\Delta T}{\mathrm{d}t}$（1～2℃/min）均匀地加热。由实验测得热电电流 $i(T)=A\left(\frac{\Delta T}{\mathrm{d}t}\right)\boldsymbol{p}$ 可以求出热电系数 $\boldsymbol{p}$，其中 A 为样品的面积。由此就很容易得到 $\boldsymbol{p}(T)$ 对不同温度 T 的图。用其他更复杂一点的光辐射加热和电容变化的方法也可以从实验上得到更精确的热电电流。对于很多铁电体，当它转变为顺电相时，由于自发极化的消失，会同时出现热电系数的尖锐峰值，因而热电性也是研究铁电性的方法之一。$BaTiO_3$ 是一种一级相变的铁电体。在温度稍高于居里温度 T_c 时，电场可诱导铁电相。图 7.21 是它在不同温度时热电流和偏压关系的实验曲线，可见相变理论一致，其极化随温度变化的峰值(即热电系数 $\boldsymbol{p}$ 的峰值温度随电场的增大而升高)。由于所研究的对象本身就是铁电体(即可逆的极化作用)，则当热电弛豫时间 τ 较长时热电系数也可以由类似于图 7.22 所示的剩余极化作用 P_r 和温度的关系进行测定。

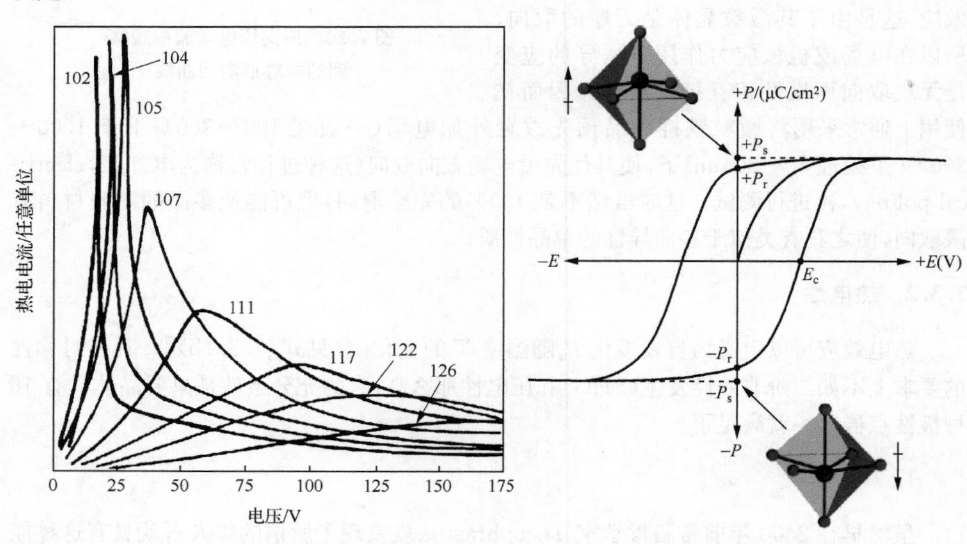

图 7.21　热电材料的压电曲线　　图 7.22　铁电滞回曲线、极化度和电压的关系

热电体的主要应用之一是用在热辐射转变为电信号的热电探测器上，军事上可作为

红外夜视器。热电探测器一般可以在不同的频率范围内工作，但在实际工作时依赖于其热电元件对不同频率的响应(弛豫)特性。因而对热电材料进行实际综合评价时，根据具体测试条件将其品质值(merit)分为电流响应品质值 F_i 和电压响应品质值 F_v，分别为

$$F_i = \frac{\boldsymbol{p}}{c'} \tag{7.3.4}$$

$$F_v = \frac{\boldsymbol{p}}{c'\varepsilon'} \tag{7.3.5}$$

其中 $\boldsymbol{p}$ 为热电系数，c' 为涉及元件热性质单位体积的热容(一般材料，其值约为 2.5×10^6 J/m^3)，ε' 为涉及元件电性质的介电常数。对 TGS 等分子铁电体系的研究表明，对于位移型铁电体和有序-无序型铁电体，它们的最大 F_v 值分别约为 $4\times10^{-6}C/(m^2\cdot K)$ 和 $20\times10^{-6}C/(m^2\cdot K)$。

鉴于热电材料在高新技术的发展，目前已积累了一系列材料的实验数据。表 7.4 中列出一些代表性的热电材料的性能[3]。特别是其中的 TGS、DTGS(氘化的 TGS)和 ATGSP(它们是用部分磷酸根取代硫酸根并掺有丙氨酸的 TGS，ATGSAs 是用部分砷酸根取代硫酸根)等典型分子材料具有很高的热电系数 $\boldsymbol{p}$ 及电压响应品质值 F_v[参见式(7.3.5)]。

表 7.4　代表性热电材料的性能

材料 (温度/℃)	$\boldsymbol{p}$/[10^{-4}C /($m^2\cdot K$)]	ε_r /(1kHz)	$\tan\delta$ /(1kHz)	c'/[10^6J /($m^3\cdot K$)]	F_v /(m^2/C)	F_i /($10^{-5}Pa^{-1/2}$)
TGS(35)	5.5	55	0.025	2.6	0.43	6.1
DTGS(40)	5.5	43	0.020	2.4	0.60	8.3
ATGSAs(25)	7.0	32	0.01		0.99	16.6
ATGSP(25)	6.2	31	0.01		0.98	16.8
SBN-50*	5.5	400	0.003	2.34	0.07	7.2
$LiTaO_3$	2.3	47	0.005	3.2	0.17	4.9
PVDF	0.27	12	0.015	2.43	0.10	0.88
PZ-FN 陶瓷*	3.8	290	0.003	2.5	0.06	5.8
PT 陶瓷*	3.8	220	0.011	2.5	0.08	3.3

* SBN-50 是 $Sr_{0.5}Ba_{0.5}Nb_2O_6$，PZ-FN 陶瓷是改性的 $PbZrO_3$-$PbNb_{2/3}Fe_{1/3}O_3$，PT 陶瓷是改性的 $PbTiO_3$。

2. 热电系数的讨论

前面我们介绍了在弹性电介质中当以温度 T、电场 $\boldsymbol{E}$ 和应力 $\boldsymbol{X}$ 为独立变量时得到电位移 $\boldsymbol{D}_m$ 线性方程(7.3.1b)，它的微分形式为

$$d\boldsymbol{D}_m = \left(\frac{\delta\boldsymbol{D}_m}{\delta X_i}\right)_{E,T} d\boldsymbol{X}_i + \left(\frac{\delta\boldsymbol{D}_m}{\delta E_n}\right)_{X,T} d\boldsymbol{E}_n + \left(\frac{\delta\boldsymbol{D}_m}{\delta T}\right)_{X,E} dT = d_{mi}^{E,T}d\boldsymbol{X}_i + p_m^{E,X}dT + \varepsilon_{mn}^{T,X}d\boldsymbol{E}_n \tag{7.3.6}$$

其中第一项为压电性贡献，第二项为介电性贡献，第三项则反映了本节所关心的热电性：

$$d\boldsymbol{D}_m = p_m^{E,X}dT \tag{7.3.7}$$

值得注意的是，即使假定电场 $\boldsymbol{E}$ 为恒定(=0)时，正如式(7.3.1a)所示，电位移 $\boldsymbol{D}_m$ 仍

是应变 x 和温度 T 的函数，而应变仍是应力 $\boldsymbol{X}$ 和温度的函数。从热力学可以导出，这时在室温附近测得的总热电系数 P_m^X 应为

$$P_m^X = p_m^x + d_m^T S_{ij}^T \sigma_j^X \tag{7.3.8}$$

式中右边第一项为在应变 x 不变时测得的所谓初级热电系数 p_m^x，第二项则是由于压电应变系数 d、弹性顺度 S 和热膨胀系数 σ 的乘积。实验表明：一般对总热电系数 P^X 的贡献主要来自初级热电系数 p^x。由式(7.3.8)可见，不同的实验条件可能得到不同数据和不同含义的热电系数。

应该注意的是，在推导线性状态方程式(7.1.6)时，只考虑了将特征函数按泰勒级数一次展开。实际上在考虑由于结构无序和成分涨落而导致的所谓弛豫铁电材料中随电流出现弥散性相变的电滞回曲线，压电材料中在居里点附近出现极性微区的强电致伸缩效应和后面将讨论的非线性光学等其他一些重要的非线性物理特性时，还要进一步考虑在泰勒级数展开时应添加二次以上的高次非线性项。

热电效应的微观动力学理论：前面我们定性地说明了热电效应是由不同温度引起的自发极化作用，因而从微观来看这一定涉及晶格的热振动理论。早期 Born 和黄昆[27,51]就从经典的晶格动力学理论，利用周期性边界条件证实了在宏观应变 x 条件不变时，晶体中离子位移和电子云畸变会引起热振动形成不同振动的偶极子。将极化 P 的变化按正则振动位移 Q 的各次幂之和展开，并且求出其热平均值对温度微分，就可以按式(7.3.9)求出其初级热电系数：

$$P_\alpha(T) = P_\alpha(0) + \sum_n P_{\alpha\beta}^n \langle Q_n^\beta \rangle + \frac{1}{2} \sum_{nn'} P_{\alpha\beta\gamma}^{nn'} \langle Q_n^\beta Q_{n'}^\gamma \rangle + \cdots \tag{7.3.9}$$

很多实验表明，具有铁电性和非铁电性之间的热电体的铁电系数有很大的不同。对于 $BaTiO_3$、$LiNbO_3$ 和 $LiTaO_3$ 等的铁电性热电体，其值分别为 $-200\mu C/(m^2 \cdot K)$、$-83\mu C/(m^2 \cdot K)$ 和 $-176\mu C/(m^2 \cdot K)$，而对于非铁电性的热电体、ZnO、电气石（tourmaline）和 CdS 等分别为 $-9.4\mu C/(m^2 \cdot K)$、$-4.0\mu C/(m^2 \cdot K)$ 和 $-4.0\mu C/(m^2 \cdot K)$。特别是 Grout 等指出分子型铁电体 TGS 的室温热电体，其数值比非铁电体 ZnO 的要大两个数量级，并指出非铁电性热电体的热电系数和温度的关系也可以是由于其晶格振动的非简谐性引起的。此外，由于自发极化的共同性，在实验上常可由热电性获得对铁电相变中的相变温度、对称性结构和机理等提供更为灵敏和丰富的信息。虽然后来很多学者从理论上对热电系数提出各种模型，但要满意地解释不同体系及温度下的热电性实验还有待发展。

3. 热-电能量转换材料

在当前石油、煤气能源日益枯竭的现实下，节能减排已成为科学技术上的重大挑战，很多废热排入环境而未被利用的总量估计已达 60%，将废热转换成电能的热-电技术日益受到重视。早在 1821 年，Seebeck 就发现当在一根金属棒上两端有温度差时就会在这两端之间产生电位差，从而在两端有导线相连时就会测出电流。在实验及生产中所使用的热电偶就是基于热-电效应，通过电流来测量温度差的一种常用仪器。将热能转换成电能的转换材料应称为 thermoelectric materials。不妨暂直译中文：热-电能量转换材料（文

献上有时也称为第一热电效应)，以和我们前面讲述的由温度变化引起电极化作用而产生的热电材料(pyroelectric materials)加以区别[52,53]。

温度梯度$-\nabla T$会引起带电的载流子从高温端向冷端扩散。电荷的积累会导致一个净电动势为E的电池，从而决定 Seebeck 系数$Q=E/|\nabla T|$。在简单情况下，如果将这种温度梯度$-\nabla T$产生的“热-电”电流密度j记为$j=\alpha(-\nabla T)$，其中α为热-电材料的热导率。实际的热功实验是：将样品用在外加电场E下产生电荷的电流密度$J'=\sigma E$，其中σ为导电率。若实验时调节到该电荷电流J'恰恰和上述热-电电流相互抵消而平衡时就可以求出j值。因而一般在$j=J'$时，采用所谓 Seebeck 热功值

$$S=\frac{\alpha}{\sigma}=-\frac{\Delta T}{E} \tag{7.3.10}$$

来表示实验测得的结果。

类似于式(7.3.4)，为了综合性考虑热-电材料的性能，一般采取无因次的品质值(figure of merit)表示为

$$ZT=S^2\sigma T\alpha^{-1} \tag{7.3.11}$$

其中T为热力学温度。为了得到实际应用价值的热-电能量转换材料，一般要求$ZT>1$。图 7.23 中表示了一些常用为基质的重金属化合物的热-电材料优值ZT和温度的关系[31]。

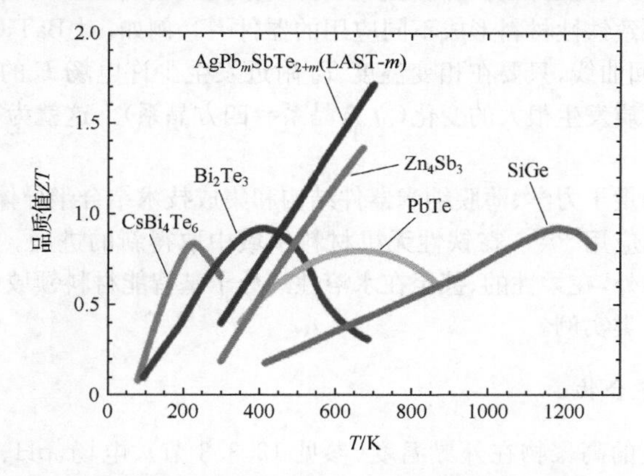

图 7.23　重金属氧化物类热-电材料的优值ZT和温度关系

由式(7.3.11)可见，为了得到有效的热-电能量转换材料，要求它具有三种物理性质：①低热导系数α，以使材料两端得到高的温度差；②高的电导率σ，以减少材料的外阻R；③导致大的热电动势的(Seebeck 系数)S，以得到高的电动势E。由图 7.23 可见 Bi_2Te_3 和 PbTe 的ZT值很高，但是它们操作温度太高($T\sim1000$K，其成分易于分解，蒸发或熔融而不利于环境，且这种稀有金属不太实用)。目前比较关注高温的金属氧化物。但对于一些小单晶或聚晶陶瓷，在实际中也会碰到一些实质性的困难，如得不到高质量的外延生长膜(多孔、杂质多的颗粒边界)。最近的一个重要进展是发现了一些 ABO_3 型的 n-型或 p-型的 $SrTiO_3$ 和 Na_xCoO_2 类薄膜，它们具有很高的热-电 Seebeck 系数[32]，其S值已大到超过了下面从 Sommerfeld 导出的理论式的外推值：

$$S = \left(\frac{K}{e}\right)\frac{k_B T}{\varepsilon_f} \tag{7.3.12}$$

其中 k_B为 Boltzmann 常数，K 为比例常数，e 为电子电荷，ε_f 为 Fermi 能级。更有意义的是，他们还创新性地将其热-电能力增强效应和在磁场实验条件下的强电子-电子相互作用的自旋极化贡献和自旋熵相联系。

7.3.3 智能材料和结构

铁性材料的一个重要方面是它在智能(smart)材料方面的应用。它们的一些宏观性质常在相变时发生很大的变化。例如，这种性质随着外界电、磁、光场或温度等有关的条件变化发生非常快的非线性变化。现在人们将对于特定的功能目标，用一种适当的偏置场(bias field)就可以对其宏观性质进行微调的材料也称为智能材料。这时可以对特定的功能目标进行分子设计和晶体工程。有兴趣的读者请参考文献[54,55]。

前面我们所述的铁性材料有着很大的基础研究和应用意义。其主要特点是：①它们由于自发对称性破缺和具有畴域(domain)结构，从而存在弛豫效应；②铁性材料对于周围铁性的相变有高度的响应性能；③它们的一些宏观性质和其周围铁电相变有高度的依赖性；④如果铁性和其他的性质之间有强烈的耦合，则其他的性质也会发生相应的变化。这些性质就可能导致铁性材料形成不同应用的器件[2]。例如，对 $BaTiO_3$ 型铁电材料，由图 7.22 所示的滞回曲线，只要在相变温度 T_c 附近发生少许电场 E 的变化，就会引起对称性和电极化度性质发生很大的变化(立方晶系⇄四方晶系)。这就为智能材料发展了一个新的领域。

目前已经应用量子力学、薄膜纳米器件结构和集成技术结合半导体和铁性材料，在器件上得到了广泛的应用[56,57]，在铁性无机材料领域中取得新的进展。目前，除了在刚性固体智能材料领域外，在柔性的、甚至在水溶性的分子基智能材料领域中也得到了迅速的发展。下面列举三类实例。

1. 形状记忆聚合物

这类刺激响应的高聚物在外界温度(参见 12.3.3 节)、电场、pH、光、磁场、声场、溶剂、离子或酶的微小环境条件下，其形状、力学性质、相分离、表面可渗透性和电学性质会发生改变。为了得到具有形状记忆效应(SME)的聚合物(SMP)，其必须具有稳定的网络结构和可适的开关变换特性(相当于可以自动“开锁”或“关锁”)。如图 7.24 所示，稳定的网络结构取决于初始分子的形状，它可以通过分子的纠缠、晶体的相态、化学交联或者网络的穿插而达到稳定的目标。为了表示网络开关变换的响应以固定其模板形状，可以通过结晶/熔融转变、类玻璃/玻璃转变、液晶各向异性/各向同性转变和可逆分子交联和超分子缔合/解离作用来实现。典型的可逆分子交联反应包括光聚合 Diels-Alder 反应和硫醇基团的氧化-还原反应；超分子变换则是通过氢键自组装，金属-配体的配位作用和自组装以及其他的方法[58]。

形状记忆聚合物的一个缺点是它的低机械性和具有形变应力，在实际应用中可以在原位或化学交联时填加其他填充剂以扩大它的应用范围，甚至反而可以增强它对外界的

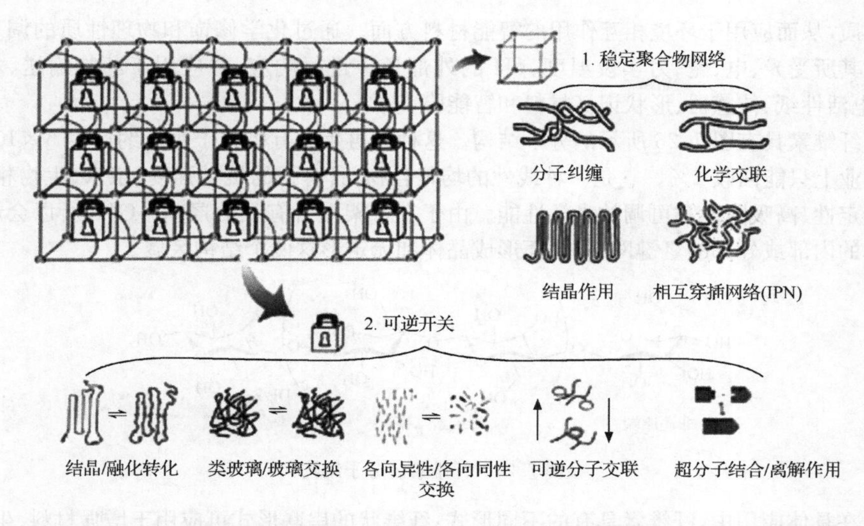

图 7.24　形状记忆聚合物的各种分子结构，为了使形状记忆聚合物具有记忆效应的稳定网络结构及可逆开关的先决条件

响应。例如，对于低电压激发效应的形状记忆材料是适当填加导电填料以达到一定的导电性。这时可以利用一种导电的碳纳米纸(CNP)，将它混入或在不导电的形状记忆膜上涂层(图 7.25)。制备时用了环氧树脂转换模板。

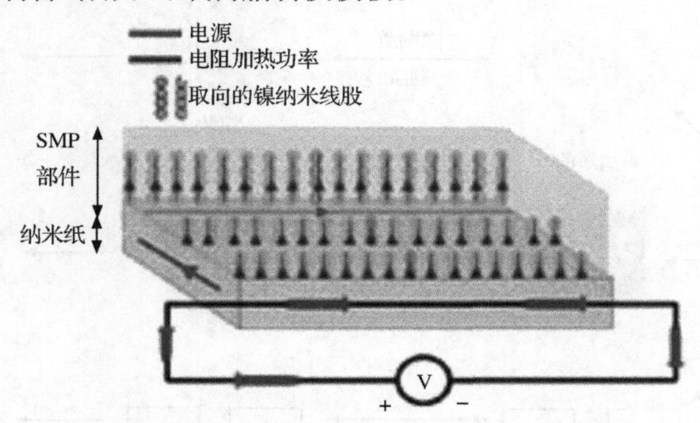

图 7.25　碳纳米纸(CNP)/形状记忆聚合物层

这样就可以得到很好的导电性，而且可以很快地观察到电响应作用。将导电填充物中加入聚合物底物，不仅提高了其导电率而且有利于由导电纸 SMP 传递热(相当于热处理)。后来又利用磁场将电磁性的镍纳米线股垂直的排列在 SMP 层中，从而更好地提高了这种组合材料的功能。现在这种形状变形高聚物还向多功能发展(参见 7.2.1 节)，详请参考有关文献。

2. 基于纤维素智能材料

纤维素是自然界丰富的生物物质：它具有力学刚性、亲水性、生物相容性和生物降解等性质，从而应用于环境相互作用的智能材料方面。通过化学修饰和物理性质的调节可以对其所受光、电、磁、力学及温度、pH 的外部条件进行响应，并应用于药物输送、水凝胶、电活性纸、传感器、形状记忆材料和智能膜[59]。

纤维素具有图 7.26 所示的分子结构。这种可再生的有机分子每年约产生 5×10^{11} t，而工业上只能回收 2%。它是一种线性的均聚合物，具有强的机械强度、亲水、生物相容、热稳定性、高吸附性和可调的光学性能。由于在骨架上含有强的羟基—OH，所以会形成很广的内部或外部的氢键网络，从而形成晶体和无定形这两个结构区域。

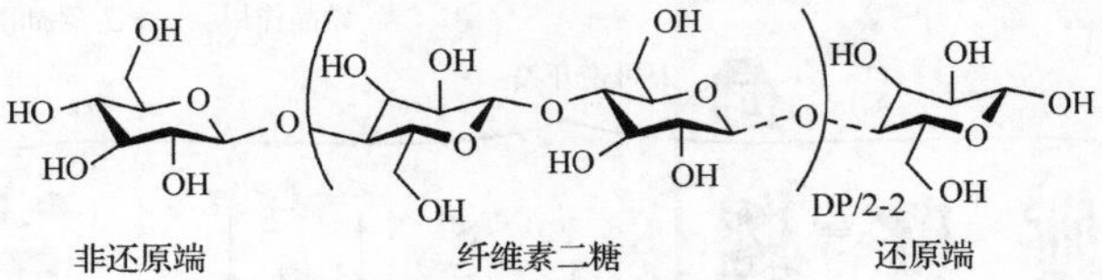

非还原端　　纤维素二糖　　还原端

DP/2-2

图 7.26　纤维素的分子结构

在具体应用中，纤维素具有的不同形式：纤维状的串联形式可应用于增强材料、生物、磁性纸等；薄膜或膜形式可用于药物输送、水处理、包装、光学介质、生物膜和吸附等；纳米组件形式可用于生物材料、黏合剂等；聚合物形式可用于药物输送、生物材料、水质处理、稳定剂等。除了上述一般应用外，纤维智能聚合物也得到发展[60]。目前应用最多的还是水溶胶形态。图 7.27 中表示了这类智能材料的一种组合方式及其应用。

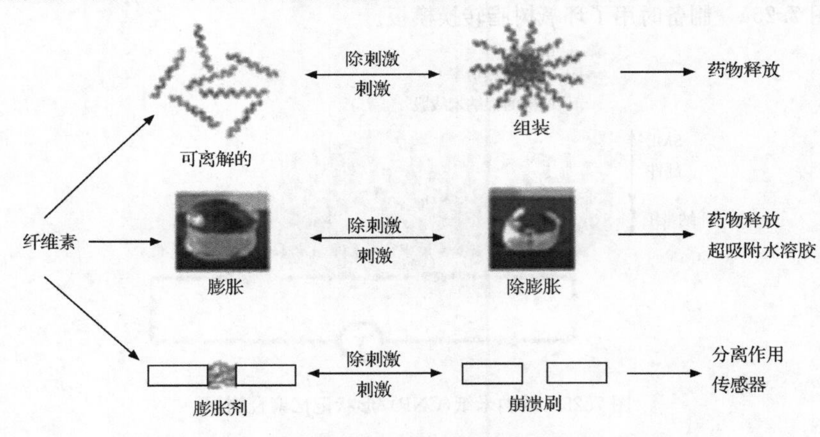

图 7.27　纤维素智能材料的形成及其应用示意图

在广为应用于药物输送时，可以用智能聚合物网络材料将含纳米粒子药剂混合在一起，或者将纳米药剂包合成微型药片，从而控制服用药片在人体内释放的速率。图 7.28 表示了药物通过聚合物壳层在体内扩散的速率动力学过程，该过程可以由体内不同部位的生理温度、pH 和药物的缔合常数 K_a 值所决定。一般是开始阶段释放速度快，然后是较长时间的慢速释放，以达到必要的释放温度，并使药物在病灶目标处保持的时间足以达到治疗的目的(参见 16.2.1 节)。

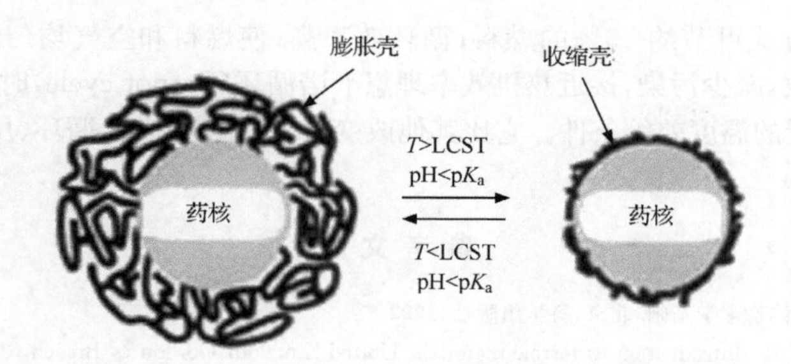

图 7.28　在一定温度 T 和 pH 条件下，响应壳层的药物载体的理想结构

这种价格低廉和易于处理的智能材料有可能推广到其他智能传感和光电材料中。

在工程应用中，对于多孔陶瓷材料的一般要求是在燃烧室内能耐高温。目前进行研究的有泡沫状、夹层状或混合结构的氧化铝(Al_2O_3)、碳化硅(SiC)、二氧化锆(ZrO_2)和氮化硅(Si_3N_4)，研究最多的是 ZrO_2 多孔材料。ZrO_2 是一种单斜、四方或立方晶系的晶体(图 7.29)，紧密烧结的是立方的或四方结构。为了使这种 ZrO_2 结构稳定，常要加入 MgO、CaO 或 Y_2O_3，有时也要加入 Yb_2O_3、Se_2O_3。经过不同的热处理及退火可以调控它们的微相结构及其强度和韧性等性质。

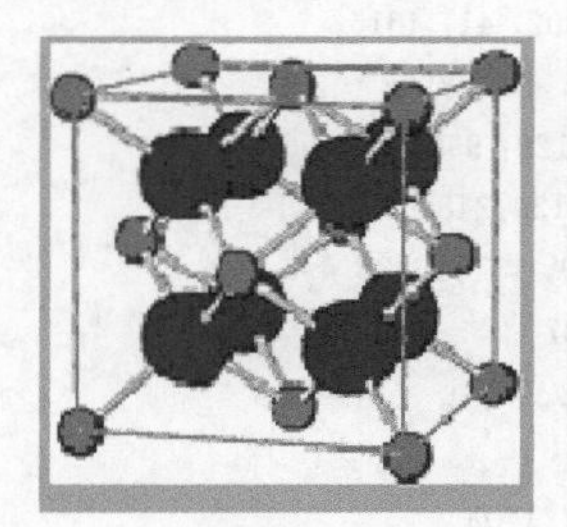
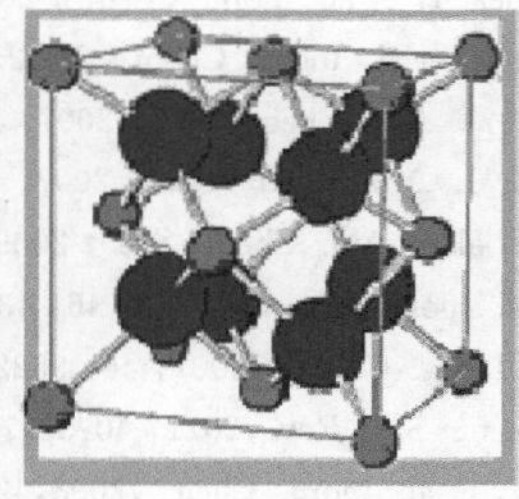
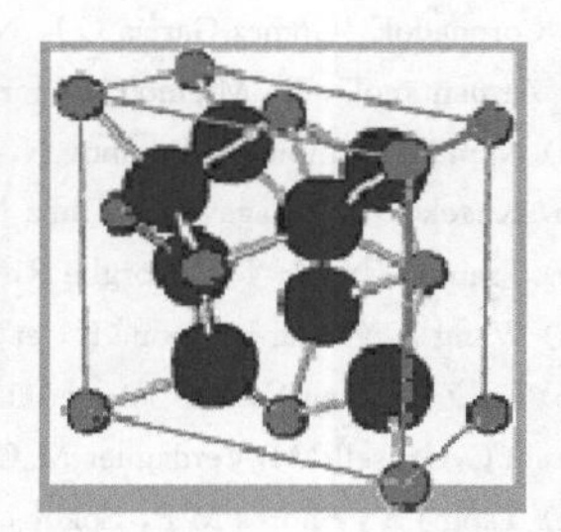

图 7.29　氧化锆的立方、四方和单斜晶格(灰球-Zr，黑球-O)

3. 内燃机中的智能陶瓷材料

智能材料的重要性已经扩展到更广的学科领域。例如，在内燃机工程材料设计中，要求能满足目标和性质各异的组件及工作条件的先进材料。比起金属材料，受到重视的就是先进陶瓷材料，它具有优越的耐磨损，高温下的高强度和化学稳定性。一般，它具有较低的导热导电性和脆性。虽然较低的脆性会导致微观裂缝的传递而不利于它的应用，但是现代的先进陶瓷材料研究已经可以克服这些不足之处，从而应用于功能各异引擎的燃烧室[61]。为此，已经提出了均匀燃烧作用(homogeneous combustion)这种方法，它是一种使整个燃烧室内同时释放出热(没有火焰)而具有均匀的温度场，随后使之均匀充电而在三维范围内点火的过程。探讨这种能节约燃料而又能减少排放的多孔"均匀燃烧法"陶瓷已成为该领域各国研究者的焦点。为了实现这种均匀燃烧法，除了控制点火时间和热释放速率外，其他三个必要条件是：均匀放电(charge)，3D 点火和整个放热。为了同时满足这三个条件，关键就在于在燃烧室内引入多孔陶瓷材料及其特殊智能特性。这种均匀

燃烧法的操作方式可节约 15%的燃料；循环效率高；使燃料和空气均匀地混合，减少了 NO_x、CO 的排放，减少污染；接近热机效率理想卡诺循环(Carnot cycle)时，所需的绝热压缩及释放所忍受的温度差等条件。它比其他改变活塞、温度、废气循环、压缩比等复杂技术更为优越。

参考文献

[1] 陈纲，廖瑶几. 晶体物理学基础. 北京：科学出版社，1992

[2] (a) WadhawanV K. Introduction to ferroic materials. United Kingdom：Gordon & Breach，2000

(b) WadhawanV K. Resonance，2002

[3] (a) 钟维烈. 铁电体物理学. 北京：科学出版社，1996

(b) 姜寿亭. 铁磁性理论. 北京：科学出版社，1993

[4] Kang Min OK，Eun OK Chi，Halasyamain P S. Chem. Soc. Reviews，2006，35：710

[5] (a) 赵成大. 固体量子化学. 第二版. 北京：高等教育出版社，2003

(b) Burns G. Introduction to group theory with applications. Academic Press，1977

[6] 冯端. 凝聚态物理. 北京：高等教育出版社，2003

[7] Rikken G L J A，Raupach E. Nature，2000，405：932

[8] (a) Bode1M，Heide M，von Bergmann K，et al. Nature，2007，447：190

(b) Krivorotov I N，Emley N C，Sankey J C，et al. Science，2005，307：228

[9] (a) CoronadoE，Gómez-García C J，Nuez A，et al. Inorg. Chem.，2002，41：4615

(b) ArmentanoD，De Munno G，Lloret F，et al. Inorg. Chem.，2002，41：2007

[10] (a) NumataY，Inoue K，Baranov N，et al. Am. Chem. Soc，. 2007，129：9902

(b) Knaeko W，Kitagawa S，Ohba M. J. Am. Chem. Soc.，2007，129：248

(c) Train C，Nuida T，Gheorghe R，et al. J. Am. Chem. Soc.，2009，131：16838

[11] (a) Wang Z，Zhang B，Inoue K，et al. Inorg. Chem.，2007，46：437

(b) Gu Z-G，SongY，Zuo J-L，et al. Inorg. Chem.，2007，46：9522

[12] Train C，Gruselle M，Verdaguer M. Chem. Soc. Rev.，2011，40：3297

[13] (a) Yang J Y，Shores M P，Sokol J J，et al. Inorg. Chem.，2003，42：1403

(b) Gao E Q，Yue Y F，Bai S Q，et al. J. Am. Chem. Soc.，2004，126：1419

[14] (a) Knmagai H，Inoue K. Angew. Chem. Int. Ed.，1999，38：1601

(b) Kaneko W，Kitagawa S，Ohba. J. Am. Chem. Soc.，2007，129：248

(c) Gao E Q，Bai S Q，Wang Z M，et al. J. Am. Chem. Soc.，2003，125：4984

[15] Namata Y，Inoue K，Baranoy N，et al. J. Am. Chem. Soc.，2007，129：9902

[16] Wang Z，Zhang B，Kurmoo M，et al. Inorg. Chem.，2005，44：1230

[17] (a) Milon J，Danie M C，Kaiba A. J. Am. Chem. Soc.，2007，129：13872

(b) Wang Z X，Shen X F，Wang J，et al. Angew. Chem. Int. Ed.，2006，45：3287

[18] (a) Sheikholeslami A. Proc. IEEE，2000，88：667

(b) A-Paz de Araujo C，Cuchiaro J D，Macmillan L D，et al. Nature，1995，374：627

(c) Scott J F，A-Paz de Araujo C. Science，1989，246：1400

[19] (a) Hu X，Chen X M，Wang T. J. Electroceram.，2005，15：223

(b) Tagantsev A K，Sherman V O，Astafiev K F，et al. J. Electroceram.，2003，11：5

(c) Vanderah T A. Science，2002，298：1182

[20] CuiH B，Wang Z，Takahashi K，et al. J. Am. Chem. Soc.，2006，128：15074

[21] (a) Ohkoshi S，Tokoro H，Matsuda T，et al. Angew. Chem. Int. Ed.，2007，46：3238

(b) Nakagawa K，Tokoro H，Ohkoshi S. Inorg. Chem.，2008，47：10810

[22] Bai Y L, Tao J, Wernsdorfer W, et al. J. Am. Chem. Soc. ,2006, 128: 16428
[23] Ye Q, Fu D-W, Tian H, et al. Inorg. Chem. , 2008,47:772
[24] (a) Gu Z-G, Zhou X-H, JinY-B,et al. Inorg. Chem. , 2007, 46: 5462
(b) Wang C-F, Gu Z-G, Lu X-M, et al. Inorg. Chem. , 2008, 47: 7957
[25] Tokura S H. Nature Material,2008,7:358
[26] Mcintyre G J,Szafranski M, Katrusiak A. Phys. Rev. Lett. ,2002,89:215507
[27] Aizu K. Phys. Rev. B,1970:754
[28] (a) 程开甲.固体物理学.北京:高等教育出版社,1959
(b) Wang C,Guo G-C, He L. Phys. Rev. Lett. ,2007, 99:177202; Phys. Rev. B, 2008, 77: 134113
[29] (a) Leblan N W B,Aubm N M P,Pasguier S C. Chem. Matter. ,2009,21:4009
(b) Zalesk J,Pawlaceyk C,Jakubas R,Unruk H G. J. Phy. Conds. Matter. ,2000,12:7509
(c) Bujak M,Angel R J. J. Solid State Chem. ,2005,178:2237
[30] Wojtas M,Medycki W,Baran J,Jakubas R. Chem. Phys. ,2010,371:66
[31] (a) Aken B B V, Rivera J-P, Schmid H, Fiebig M. Nature, 2007, 449: 702
(b) Spaldin N A, Fiebig M. Science, 2005, 309:391
(c) Fiebig M. J. Phys. D: Appl. Phys. , 2005, 38:R123
[32] Hur N, Park S,Sharma P A, et al. Nature,2004, 429:392
[33] (a) FamoduO, Lee S Y, Ramesh R, et al. Appl. Phys. Lett. , 2004, 84:3091
(b) Lim S H,Murakami M, Sarney W L, et al. Adv. Funct. Mater. , 2007, 17: 2594
[34] Fiebig M. J. Phys. D,2005, 38: R123
[35] Zhao T, Scholl A, Zavaliche F, et al. Nature Mater. , 2006, 5: 823
[36] Scott J F. Science,2007,315:954
[37] Yang S Y, Seidel J,Byrnes S J,et al. Nature Nanotec,2010,5:143
[38] Sugite A,Suzuki K,Tasuga S. Phy. Rev. B. ,2004,69:212201
[39] (a)[苏] 福里德金 B M. 光铁电体.肖定全译.北京:科学出版社,1987
(b)Fridkin V M. Photoferroelectrics. Springer,1979
(c)Huang H T. Nat. Photonics. ,2010,4:134
[40] Kolobov A V, et al. Nature Mater. , 2004,3: 703
[41] (a) Durr H, Bouas-Laurent, H. Photochromism: Molecules and systems. Elsevier, 1990
(b) Irie M, Fukaminato T, Sasaki T, et al. Nature, 2002,420:759
[42] Collet E, et al. Science,2003,300:612
[43] Letard J F, et al. J. Am. Chem. Soc. , 1999,121: 10630
[44] Varret F, et al. Mol. Cryst. Liq. Cryst. , 2002,379:333
[45] Tokoro H, et al. Chem. Mater. , 2008,20:423
[46] Fiebig M, Miyano K, Tomioka Y, et al. Science, 1998,280:1925
[47] Ohkoshi S, Tsunobuchi Y, Matsuda T,et al. Nature Chem. ,2010,2:539
[48] Wang Z L,Wu W Z. Angew. Chem. Int. Ed. , 2012,51: 11700
[49] Pei Y Z, Shi X Y, LaLonde A, et al. Nature, 2011, 473: 66
[50] Sootsman J R, Chung D Y, et al. Angew. Chem. Int. Ed. , 2009, 48:8616
[51] 黄昆著,韩汝琦改编.固体物理学.北京:高等教育出版社,1988
[52] Minnich A J, Dresselhaus M S, Ren Z F, et al. Energy Environ. Sci. , 2009, 2: 466
[53] Graetzel M. Acc. Chem. Res. , 2009, 42: 1788
[54] Garnier F. Angew. Chem. Int. Ed. , 1989, 28: 513
[55] Kim J, Yun S. Macromolecules, 2006, 39: 4202
[56] Auciello O,Scott J F, Ramesh R. Physics Today,1998

[57] Scott J F. Science, 2007, 315: 954
[58] Meng H, Li G. Polymer, 2013, 54: 2199
[59] Qiu X Y, Hu S W. Materials, 2013, 6: 738
[60] Liebert T. Cellulose solvents-remarkable history, bright future//Liebert T F, Heinze T J, Edgar K J, eds. Cellulose solvents: For analysis, shaping and chemical modification. Washington, DC. USA: American Chemistry Society, 2010: 3-54
[61] Chidambaram K, Packirisamy T. Science, 2009, 13: 153

第 8 章　分子非线性光学

在信息技术高速发展的时代，将比电子传递更快的光子作为传递信息载体的研究和技术日益受到重视。随着 1960 年激光的发现和应用，以非线性光学(non-linearoptics, NLO)为特征的光电材料的研究和开发就应运而生。

我们熟知光和物质相互作用会产生光的吸收、反射、散射和发光等现象，其效应和光的强度无关而只和入射光的波长(或能量)有关。当使用高强度的电磁场(包括激光)和物质相互作用时会产生非经典光学的频率、相位、偏振和其他传输性质变化的新电磁场。研究通过这种相互作用而使光受到调制的学科称为非线性光学。具有上述性质的物质就是非线性光学材料。它在光学通信、光子计算、动态成像和液晶显示等高新技术中都有广泛应用。材料化学家可以设计、合成、分析、改进和应用不同类型的化合物以适应不同的需要。

目前研究的主要非线性光学材料有三大类：①无机氧化物和铁电单晶，如 $LiNbO_3$ 等，其特点是透光，但 NLO 系数不高；②半导体，如 GeAs 等Ⅲ-Ⅴ族类，可由能带理论进行晶体设计，组分可调，易和衬底兼容和匹配，但易于和量子阱作用而产生耗散和漂白现象；③分子化合物，本章重点将放在分子二阶和三阶非线性光学效应的讨论上。该领域充分体现了凝聚态物理，材料化学等学科的交叉和伙伴关系[1-2]。

8.1　非线性光学的物理基础

作为基础，首先简述光通过物质时是如何影响其中电子密度的重排的，以及其产生非线性光学的物理原理(参见 6.1 节)[3-4]。

8.1.1　极化作用

1. 线性极化作用

我们首先介绍当强度不大时，经典线性光学中的一些基本概念。它们总是遵循式(2.1.2)所示的 Maxwell 电磁方程。其中主要包括电场 $\boldsymbol{E}$、磁场 $\boldsymbol{H}$、介质位移 $\boldsymbol{D}$、磁场强度 $\boldsymbol{B}$、电流密度 J 和电荷密度 ρ 这六个宏观变量。这里所指的宏观是指比原子和分子尺寸大的，但又比通常宏观小的体积内各个微观变量的平均值。为了求解 Maxwell 方程，就需要更明确的确定 $\boldsymbol{E}$、$\boldsymbol{D}$、$\boldsymbol{B}$ 和 $\boldsymbol{H}$ 这几个矢量之间的关系。正如在式(2.1.2)中所讨论的，在我们的光学讨论中，当只关心 $\boldsymbol{B}=\boldsymbol{H}$ 的非磁介质和外场电荷密度 $\rho=0$ 和外场电流密度 $J=0$ 的诱导效应时，可以将式(2.1.2)中的变量 $\boldsymbol{H}$ 消除，就可以得到 $\boldsymbol{D}$ 和 $\boldsymbol{E}$ 的关系(其中算符含义参见附录 1)：

$$\nabla\times\nabla\times\boldsymbol{E}=-\frac{\partial^2\boldsymbol{D}}{\partial t^2} \tag{8.1.1}$$

这是一个描述宏观线性及非线性介质中光传播的基本方程式。分子中的电子分布比较复杂，当分子为非中心对称群时，具有一个固有的偶极矩 $\boldsymbol{\mu}_0$。当角频率为 ω（它和常用的频率 ν 的关系为 $\nu = 2\pi\omega$）的光通过物质时，考虑该电磁场中的电场 $\boldsymbol{E}$ 和物质的电荷 q 作用。当加在物质上的电场 $\boldsymbol{E}$ 远小于微观粒子中的内部电场时，其受到的 Lorentz 作用力为

$$\boldsymbol{F} = q \cdot \boldsymbol{E} \tag{8.1.2}$$

该力使得物质中微观的分子中的电荷相对于固定的原子核骨架发生位移，亦即导致了分子的极化，从而产生诱导偶极矩 $\boldsymbol{\mu}$：

$$\boldsymbol{\mu}_i(\omega) = \boldsymbol{\alpha}_{ij}(\omega)\boldsymbol{E}_j(\omega) \tag{8.1.3}$$

其中 $\boldsymbol{\alpha}_{ij}(\omega)$ 即为分子在频率 ω 时的线性极化率（有些文献也用小写的 p 表示）。由于 $\boldsymbol{E}$ 和 $\boldsymbol{\mu}$ 都是矢量 $(i,j = 1,2,3)$，所以 $\boldsymbol{\alpha}_{ij}$ 以二阶张量的形式表示（参见附录 1）。如果这个诱导偶极矩能够对外部的光源及时响应，则它就起着重新发射出和入射光相同的频率和位相光源的作用。

对于由分子所组成的各向异性物质，在频率为 ω 的波矢 $\boldsymbol{k}$ 光源作用下的宏观线性极化度 $\boldsymbol{P}$ 可以表示为

$$\boldsymbol{P}_i(\omega,k) = \boldsymbol{\chi}_{ij}(\omega,k)\boldsymbol{E}_j(\omega,k) \tag{8.1.4}$$

其中 $\boldsymbol{\chi}_{ij}$ 称为该物质的宏观线性极化率。如果组成该物质的分子之间没有相互作用，则 $\boldsymbol{\chi}_{ij}(\omega,k)$ 与微观的分子极化率 $\boldsymbol{\alpha}_{ij}(\omega)$ 的矢量和相关。为了简化，有时在表达式中略去光矢量 $\boldsymbol{k}$ 不写。

当物质中的分子在外界电场 $\boldsymbol{E}$ 中发生极化作用时，在偶极矩近似下，分子体系实际所感受的总电场[也称为位移电场，参见式(6.1.3)]为

$$\boldsymbol{D}(\omega) = \varepsilon_0\boldsymbol{E}(\omega) + \boldsymbol{P}(\omega) = [1 + \boldsymbol{\chi}(\omega)]\boldsymbol{E}(\omega) \tag{8.1.5}$$

理论上可以导出，其中 $\boldsymbol{\chi}(\omega)$ 是电荷极化所诱导出的内部电场，它的空间取向可能和应用的外界电场 $\boldsymbol{E}$ 不一致。分子的极化率 $\boldsymbol{\alpha}_{ij}(\omega)$ 和宏观的 $\boldsymbol{\chi}_{ij}(\omega)$ 的张量性质描述了这种特性。

两个常用的宏观参数介电常数 $\varepsilon(\omega)$ 和折射率 $n(\omega)$ 反映了上述这种线性光学特性。介电常数 ε 可以定义为指定方向上位移内部电场 $\boldsymbol{D}$ 和外加电场 $\boldsymbol{E}$ 的比值[参见式(6.1.3)]，由式(8.1.4)可以表示为

$$\varepsilon(\omega) = \boldsymbol{D}/\boldsymbol{E} = 1 + \boldsymbol{\chi}(\omega) \tag{8.1.6}$$

我们熟知当光从一种介质进入另一种介质时，由于光速的不同而产生折射（例如由空气进入水）。折射系数为

$$n = c/v \tag{8.1.7}$$

其中 c 和 v 分别为光在真空和在介质材料中的速度。当光频率 ω 远离分子共振区波段时[参见式(6.1.16)]，介电常数 ε 和折射率 n 之间的关系可简化为

$$\varepsilon(\omega) = n^2(\omega) \tag{8.1.8}$$

从而得到折射率和主体的线性光学系数 χ 的关系为

$$n^2(\omega) = 1 + \boldsymbol{\chi}(\omega) \tag{8.1.9}$$

这两个宏观参数 ε 和 n 对 $\boldsymbol{\chi}$ 的依赖性说明了分子中的电子极化性质是如何影响物质的光

学性质的，亦即一旦分子的微观电子分布结构发生变化必将影响物质的光学宏观性质。

上面着重叙述了线性光学现象的特征之一是光波在介质中透过或反射时保持频率 ω 不变。我们熟知线性光学现象的另一个特征是，当两束以上的光波在介质中传输时，若各自独立地传播，则完全服从线性叠加原理，即如果它们是具有不同频率的非相干光，则以叠加的形式增加发光强度，如果它们是频率相同的相干光，则发生经典的干涉和衍射（又称绕射）等叠加现象。

2. 非线性极化作用

上面简述了当强度不大的光和微观分子或宏观物质相互作用所产生的极化作用 $\boldsymbol{\alpha}$ 或 $\boldsymbol{\chi}$ 都是线性地比例于外界电场 $\boldsymbol{E}$。当外界的电场强度 $\boldsymbol{E}$ 很高时，则会引起我们所关心的非线性光学特性。当分子，例如对硝基苯胺之类的具有电子给体 D（$-NH_2$）和受体 A（$-NO_2$）基团的分子，在高强度电场 $\boldsymbol{E}(\omega)$ 作用下发生诱导极化作用时，电子在不对称的势场中的运动必将引起不对称的诱导极化偶极矩 $\boldsymbol{\mu}$，特别对图 8.1(a)中的电子给予-接受型的分子（非中心对称），电子密度易于移向电子接受基团 A 而难于移向给予基团 D。对比式(8.1.3)，这时会产生二阶非线性极化作用。当频率为 ω 的光波入射到介质中，光频的电场 $\boldsymbol{E}=\boldsymbol{E}_0\cos\omega t$ 时就会得到如图 8.1 所示的形象的组合结果。这种不对称的极化作用对应于数学上的 Fourier 函数形式，分解为 $0, \omega, 2\omega, 3\omega$ 等不同 Fourier 的展开组分。其中倍频(2ω)组分就对应于下述式(8.1.19)中非线性光学的倍频效应。（对于群论基础不熟悉的读者可以略去这一节下述内容！）

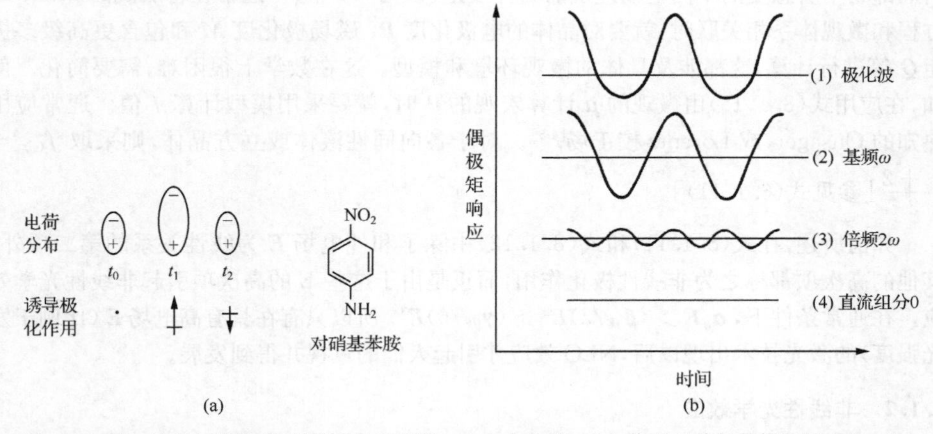

图 8.1　对于具有电子推-拉型基团的分子沿 x 方向在电场 $\boldsymbol{E}(\omega)$ 作用下其极化偶极矩响应 $\boldsymbol{\mu}(x)$ 随时间 t 的变化(a)，以及其极化波(1)的 Fourier 分解后的基频 ω(2)，倍频 2ω(3) 和直流 0(4)组分的示意图(b)

从数学上来表达上述分子的微观极化率的物理概念，即分子在激光之类的强电场 $\boldsymbol{E}$ 作用下的偶极矩按 Taylor 级数展开可表示为

$$\boldsymbol{\mu}_i=\boldsymbol{\mu}_0+\sum_j\boldsymbol{\alpha}_{ij}\boldsymbol{E}_j+\frac{1}{2}\sum_{j,k}\boldsymbol{\beta}_{ijk}\boldsymbol{E}_j\boldsymbol{E}_k+\frac{1}{6}\sum_{j,k}\boldsymbol{\gamma}_{ijkl}\boldsymbol{E}_j\boldsymbol{E}_k\boldsymbol{E}_l+\cdots \tag{8.1.10}$$

式中，$\boldsymbol{\mu}_0$ 为分子的固有偶极矩；下标 i,j,k 和 l 是分子坐标系中的三个主轴 x,y 或 z 的分量。或者除去多余的重复求和号，也可表示为

$$\boldsymbol{\mu}_i = \boldsymbol{\mu}_0 + \sum_j \boldsymbol{\alpha}_{ij}\boldsymbol{E}_j + \sum_{\substack{j,k \\ i\leqslant k}} \boldsymbol{\beta}_{ijk}\boldsymbol{E}_j\boldsymbol{E}_k + \sum_{\substack{i,j,k,l \\ j\leqslant k\leqslant l}} \boldsymbol{\gamma}_{ijkl}\boldsymbol{E}_j\boldsymbol{E}_k\boldsymbol{E}_l + \cdots \tag{8.1.11}$$

同样，对于由分子组成的宏观物质，其主体电极化度 $\boldsymbol{P}_I$ 也可表示为

$$\boldsymbol{P}_I = \boldsymbol{P}_0 + \sum_J \chi_{IJ}^{(1)}\boldsymbol{E}_J + 1/2\sum_{J,K} \chi_{IJK}^{(2)}\boldsymbol{E}_J\boldsymbol{E}_K + 1/6\sum_{J,K,L} \chi_{IJKL}^{(3)}\boldsymbol{E}_J\boldsymbol{E}_K\boldsymbol{E}_L + \cdots \tag{8.1.12}$$

式中，$\boldsymbol{P}_0$ 为主体材料的宏观极化度；下标 I,J,K 和 L 是物质宏观坐标系的各轴向 X,Y 或 Z 的分量。

式(8.1.12)中宏观物质的主体非线性光学系数 $\boldsymbol{\chi}$ 和其组成分子式(8.1.12)中的微观非线性光学系数 ($\boldsymbol{\alpha}$、$\boldsymbol{\beta}$、$\boldsymbol{\gamma}$ 等)间的关系可表示为

$$\boldsymbol{\chi}_{IJ}^{(1)} = \frac{1}{V}\sum_{i,j} f_I < \cos\theta_{Ii} > f_J < \cos\theta_{Jj} > \boldsymbol{\alpha}_{ij} \tag{8.1.13}$$

$$\boldsymbol{\chi}_{IJK}^{(2)} = \frac{1}{V}\sum_{i,j,k} f_I < \cos\theta_{Ii} > f_J < \cos\theta_{Jj} > f_K < \cos\theta_{LKk} > \boldsymbol{\beta}_{ijk} \tag{8.1.14}$$

$$\boldsymbol{\chi}_{IJKL}^{(3)} = \frac{1}{V}\sum_{i,j,k,l} f_I < \cos\theta_{Ii} > f_J < \cos\theta_{Jj} > f_K < \cos\theta_{Kk} > f_L < \cos\theta_{Ll} > \boldsymbol{\gamma}_{ijkl} \tag{8.1.15}$$

其中求和号是对晶体中单胞体积 V 中的所有分子求和；分子取向因子中的 θ_{Ii} 表示宏观体系坐标轴 I 和微观分子坐标 i 轴之间的夹角；局部场因子 f 是对分子在自由空间和在材料局部场中所感受的不同电场差别的一种校正(参见 6.1 节)。通常在将宏观的 Maxwell 方程和微观体系相关联时，就要对晶体的电极化度 $\boldsymbol{P}$、磁场极化度 $\boldsymbol{M}$ 和包含更高级多极矩 $\boldsymbol{Q}$ 等进行计算，这都涉及具体的微观环境和模型。这在数学上很困难，需要简化。例如，在应用式(8.1.15)由微观的 $\boldsymbol{\mu}$ 计算宏观的 $\boldsymbol{P}$ 时，就要采用模型计算 f 值。通常应用熟知的 Onsager，或 Lorentz 校正场[4-5]。对于各向同性液体或立方晶体，则采取 $f_{(\omega)} = \frac{\varepsilon_\omega + 2}{3}$ [参见式(6.1.11)]。

如前所述，在式(8.1.11)和式(8.1.12)中除了和外电场 $\boldsymbol{E}$ 为线性关系的第二项外，其他的高次项都称之为非线性极化作用，而正是由于这些 $\boldsymbol{E}$ 的高次项引起非线性光学效应。在通常条件下，$\boldsymbol{\alpha}_{ij}\boldsymbol{E} > (\boldsymbol{\beta}_{ijk}/2)\boldsymbol{E}^2 > (\boldsymbol{\gamma}_{ijk}/6)\boldsymbol{E}^3$。所以只有在具有高电场 $\boldsymbol{E}$(比例于发光强度)的激光技术出现以后，NLO 效应才引起人们的重视并得到发展。

8.1.2 非线性光学效应

为了更明确极化作用对频率的依赖性，一般地考虑分子在外加频率为 $\omega_2,\omega_3,\omega_4\cdots$ 的电场作用下诱导出频率为 ω_1 的极化率，则在数学上可将式(8.1.11)明显地写成：

$$\begin{aligned}\boldsymbol{\mu}_i(\omega_1) = \boldsymbol{\mu}_i^0 &+ \sum_j \boldsymbol{\alpha}_{ij}(-\omega_1;\omega_2)\boldsymbol{E}_j(\omega_2) + \sum_{j\leqslant k} \boldsymbol{\beta}_{ijk}(-\omega_1;\omega_2,\omega_3)\boldsymbol{E}_j(\omega_2)\boldsymbol{E}_k(\omega_3) \\ &+ \sum_{j\leqslant k\leqslant l} \boldsymbol{\gamma}_{ijkl}(-\omega_1;\omega_2,\omega_3,\omega_4)\boldsymbol{E}_j(\omega_2)\boldsymbol{E}_k(\omega_3)\boldsymbol{E}_l(\omega_4) + \cdots\end{aligned} \tag{8.1.16a}$$

相应地，式(8.1.12)中的宏观电极化度张量 $\boldsymbol{\chi}^{(n)}$ 可以记为

$$\boldsymbol{P}^{(n)} = \boldsymbol{\chi}^{(n)}(-\omega;\omega_1,\omega_2,\cdots,\omega_n) \vdots \boldsymbol{E}(\omega_1)\boldsymbol{E}(\omega_2)\cdots\boldsymbol{E}(\omega_n) \tag{8.1.16b}$$

其中的$\vdots$记号为通常张量乘积记号的缩写。

由式(8.1.16)可见，在外电场$\boldsymbol{E}$作用下诱导出的极化作用可分别用极化张量$\boldsymbol{\alpha}$、$\boldsymbol{\beta}$、$\boldsymbol{\gamma}$表示(参见附录 1)。它们分别根据电场$\boldsymbol{E}$的幂次，将$\boldsymbol{\alpha}$称为一阶，$\boldsymbol{\beta}$和$\boldsymbol{\gamma}$分别称为二阶和三阶电极化率。在实际上，重要的是二阶非线性光学系数$\boldsymbol{\beta}$，文献上也称为二阶 NLO 极化率或二次(quadratic)超极化率。这些极化张量的形式可以通过其下标而加以标记。例如，对于极化二阶张量$\boldsymbol{\beta}_{ijk}$，其中下标含义为在取向分别为j和k轴的外加电场作用下沿着分子的i轴方向所产生的极化作用。目前对于二阶非线性分子体系，主要是偶极子体系，其特点是分子具有非零偶极矩。这种分子为非中心对称的各向异性分子，特别是其超极化率的二阶张量$\boldsymbol{\beta}$也是各向异性的，例如图 8.1 所示的给体 D 和受体 A 所示的电荷转移轴和共轭π分子体系。从量子力学和群论不可约张量的理论分析可以得到更定量的结果。对于非偶极对称性分子才可能对三阶非线性光学系数$\boldsymbol{\gamma}$有贡献。

虽然物理上很多二阶非线性光学都用二阶极化度$\boldsymbol{\chi}^{(2)}$（或极化张量$\boldsymbol{P}^{(2)}$）来描述。但是参数的数值和表达方式却因不同的二阶过程而有所区别。特别是由于不同的输入和输出方式而呈现名目繁多的不同的非线性光学效应。这种极化效应可统一用记号$\boldsymbol{\chi}^{(n)}(-\omega;\omega_1,\omega_2,\cdots,\omega_n)$来表示。括号内的$\omega$之和为零，即$\omega=\omega_1+\omega_2+\cdots+\omega_n$，光子发射则$\omega$为负值，若为吸收则$\omega$为正值。该式的物理意义是当该物质中的电荷受到频率为$\omega_1,\omega_2,\omega_3,\cdots,\omega_n$等强场时，它们就以非简谐方式发生振荡而产生以$\omega_1,\omega_2,\omega_3,\cdots,\omega_n$线性组合的极化场$\omega$。这种非简谐振荡的机理取决于$\omega_j$相对于介质自然频谱的位置(参见 6.1 节)。表 8.1 中列出了一些代表性的非线性光学效应。其中较重要的非线性光学效应是倍频效应、混频效应和 Pockels 效应等。

表 8.1　非线性光学效应总结

输入频率	输出频率	效应
$0,\omega$	ω	直流电-光效应(Pockels 效应)
ω,ω	2ω	二次谐波发生作用(SHG)
ω_1,ω_2	$\omega_1\pm\omega_2$	混频效应
ω,ω,ω	3ω	三次谐波发生作用(THG)
ω,ω,ω	ω	光双稳态
ω,ω,ω	ω	光 Kerr 效应
ω,ω,ω	ω	简并四波混频
ω,ω,ω	ω	相共轭

1. 倍频效应-改变光波的频率

具体考察下列频率为ω平面电磁波的电场：

$$\boldsymbol{E} = \boldsymbol{E}_0\cos(\omega t) \tag{8.1.17}$$

作用于非线性光学物质后所重新发射的电场。这时式(8.1.12)可以重写为

$$\boldsymbol{P}=\boldsymbol{P}^{0}+\boldsymbol{\chi}^{(1)}\boldsymbol{E}_{0}\cos(\omega t)+\boldsymbol{\chi}^{(2)}\boldsymbol{E}_{0}^{2}\cos^{2}(\omega t)+\boldsymbol{\chi}^{(3)}\boldsymbol{E}_{0}^{3}\cos^{3}(\omega t)+\cdots \tag{8.1.18}$$

由三角公式：

$$\cos^{2}(\omega t)=[1/2+1/2\boldsymbol{E}_{0}\cos(2\omega t)]$$

得到其中前面三项为

$$\boldsymbol{P}=[\boldsymbol{P}^{0}+(1/2)\boldsymbol{\chi}^{(2)}\boldsymbol{E}_{0}^{2}]+\boldsymbol{\chi}^{(1)}\boldsymbol{E}_{0}\cos(\omega t)+(1/2)\boldsymbol{\chi}^{(2)}\boldsymbol{E}_{0}^{2}\cos(2\omega t)+\cdots \tag{8.1.19}$$

从物理上看，其中第一项中 $(1/2)\boldsymbol{\chi}^{(2)}\boldsymbol{E}_{0}^{2}$ 为二级直流场对静态极化作用的贡献，第二项为对应于入射光频率 ω 的贡献，而第三项则为一种新的倍频 2ω 的贡献(图 8.1)。由式(8.1.19)可见，当强光源通过 NLO 材料时，由于极化作用，除了发射出原有入射光频率 ω 的光波外，还将产生频率为零的静电场和 2 倍于入射光频率 2ω 的倍频光波。前者称为光学整流作用，后者称为二阶谐波发生作用(SHG)。SHG 是一种三波混频作用，因为它是由两个具有频率为 ω 的光子相组合而发生频率为 2ω 的光子，因而可以记为 $\boldsymbol{\chi}^{(2)}(-2\omega_{1};\omega_{1},\omega_{2})$。以此类推，三阶非线性光学过程应为四波混频作用。

2. *混频效应*

在导出式(8.1.18)时，只考虑了单个电场 $\boldsymbol{E}(\omega,t)$ 作用于物质上的情况，更一般的二阶 NLO 效应是应用于两个不同频率 ω_1 和 ω_2 的激光电场 $\boldsymbol{E}_1$ 和 $\boldsymbol{E}_2$ 作用在 NLO 材料上。则式(8.1.18)中的二阶项变为

$$\boldsymbol{P}^{(2)}=\boldsymbol{\chi}^{(2)}\boldsymbol{E}_{1}\cos(\omega_{1}t)\boldsymbol{E}_{2}\cos(\omega_{2}t) \tag{8.1.20}$$

按熟知的三角公式，式(8.1.20)可写为

$$\boldsymbol{P}^{(2)}=(1/2)\boldsymbol{\chi}^{(2)}\boldsymbol{E}_{1}\boldsymbol{E}_{2}\cos\{(\omega_{1}+\omega_{2})t\}+(1/2)\boldsymbol{\chi}^{(2)}\boldsymbol{E}_{1}\boldsymbol{E}_{2}\cos\{(\omega_{1}-\omega_{2})t\} \tag{8.1.21}$$

该式表明当两束 ω_1 和 ω_2 频率的光束作用在 NLO 材料后，由于极化产生和频 $(\omega_1+\omega_2)$ 和差频 $(\omega_1-\omega_2)$，其数值与 NLO 系数 $\boldsymbol{\chi}^{(2)}$ 有关。这种频率的组合作用称为和频或差频 $(\omega_1\pm\omega_2)$ 发生作用。和频(SFG)相应于 $\boldsymbol{\chi}^{(2)}(-\omega_1;\omega_1,\omega_2)$，差频(DFG)相应于 $\boldsymbol{\chi}^{(2)}(-\omega_1;\omega_1,-\omega_2)$，而 $\boldsymbol{\chi}^{(2)}(0_1;\omega_1,\omega_2)$ 就相当于光整流。

3. Pockels *效应——改变光波的传播方向*

与光波传播方向相关的折射率随频率变化而变化(色散现象)。也可能通过对物质施加直流(DC)电场而使其极化并改变其折射率的方式，使得相同频率下光的振幅和位相发生变化。相对于考虑式(8.1.19)中 $\omega_2=0$ (直流电场)这种特殊情况，这时物质中的电场为 $\boldsymbol{E}=\boldsymbol{E}_2+\boldsymbol{E}_1\cos(\omega t)$。由二阶非线性光学效应引起的光频极化度 $\boldsymbol{P}_{\text{opt}}^{(2)}$ 为

$$\boldsymbol{P}_{\text{opt}}^{(2)}=\boldsymbol{\chi}^{(2)}\boldsymbol{E}_{1}\boldsymbol{E}_{2}\cos(\omega t) \tag{8.1.22}$$

其中 $\boldsymbol{E}_2$ 为作用于非线性材料上的外加直流电场。由于折射率与式(8.1.9)中的线性极化度相关，因此它可由式(8.1.20)中的第二项来表示：

$$\boldsymbol{P}_{\text{opt}}^{(1)}=\boldsymbol{\chi}^{(1)}\boldsymbol{E}\cos(\omega_{1}t) \tag{8.1.23}$$

因此，总的光频极化度为

$$\boldsymbol{P}_{\text{opt}}=\boldsymbol{\chi}^{(1)}\boldsymbol{E}_1\cos(\omega_1 t)+\boldsymbol{\chi}^{(2)}\boldsymbol{E}_1\boldsymbol{E}_2\cos(\omega t)=[\boldsymbol{\chi}^{(1)}+\boldsymbol{\chi}^{(2)}E_2]\boldsymbol{E}_1\cos(\omega_1 t) \tag{8.1.24}$$

可见该直流电场明显地改变了物质的线性极化度，从而也改变了物质的折射率，这种现象称为线性电光(LEO)或 Pockels 效应，常应用于利用外加直流电压以对光进行调制，使光的偏振状态(椭球性)随外加电压的强度和取向而变化；或使在不同的方向以不同的速度传播。这时可以记为 $\boldsymbol{\chi}^{(2)}(-\omega_1;\omega,0)$ Pockels 效应对光进行调制在技术上有很大实用意义，如光学开关、调制器和波长滤波器等。

物理上通常定义电光系数 $\boldsymbol{\gamma}$ 为由于外界静电场所诱导穿透度 $\boldsymbol{\kappa}$ (impermeability, $\kappa=1/\varepsilon$) 的相对变化：

$$\delta\boldsymbol{\kappa}_{ij}=\boldsymbol{\gamma}_{ijk}\boldsymbol{E}_{\kappa} \tag{8.1.25}$$

因此，由式(8.1.8)则折射率随外加电场的变化可以定量地表示为下列一般形式：

$$1/\boldsymbol{n}_{ij}^2=1/\boldsymbol{n}_{ij}^{02}+\boldsymbol{\gamma}_{ijk}\boldsymbol{E}_{\kappa}+\boldsymbol{S}_{ijkl}\boldsymbol{E}_k\boldsymbol{E}_l \tag{8.1.26}$$

其中右边第一项中的 $\boldsymbol{n}_{ij}^0$ 称为在没有外电场时的折射率，$\boldsymbol{\gamma}_{ijk}$ 称为线性或 Pockels 系数，而 $\boldsymbol{S}_{ijkl}$ 称为二级或 Kerr 系数。可以证明电光系数和非线性光学系数之间关系为

$$2\boldsymbol{\chi}_{ijk}(\omega;0,\omega)=\boldsymbol{\varepsilon}_{ii}\boldsymbol{\varepsilon}_{jj}\boldsymbol{\gamma}_{ijk} \tag{8.1.27}$$

4. 三阶非线性光学效应

一般只有非中心对称的分子及由此组成的宏观材料才可以呈现二阶 NLO 效应。但是无论其具有还是不具有中心对称的分子或物质都有可能产生三阶 NLO 效应。为了简化，我们只考虑具有对称中心的分子，这时式(8.1.11)所示的电场作用下分子的偶极矩可以表示为

$$\boldsymbol{\mu}=\boldsymbol{\mu}_0+\boldsymbol{\alpha}\boldsymbol{E}_0\cos(\omega t)+(\boldsymbol{\gamma}/6)\boldsymbol{E}_0^3\cos^3(\omega t)+\cdots \tag{8.1.28}$$

根据三角公式：

$$\cos^3(\omega t)=(3/4)\cos(\omega t)+(1/4)\cos(3\omega t) \tag{8.1.29}$$

代入式(8.1.28)，且只考虑其中的前三项得到

$$\begin{aligned}\boldsymbol{\mu}&=\boldsymbol{\mu}_0+\boldsymbol{\alpha}\boldsymbol{E}_0\cos(\omega t)+(\boldsymbol{\gamma}/6)\boldsymbol{E}_0^3(3/4)\cos(\omega t)+(\boldsymbol{\gamma}/6)E_0^3(1/4)\cos(3\omega t)\\&=\boldsymbol{\mu}_0+\{\boldsymbol{\alpha}+(\boldsymbol{\gamma}/6)\boldsymbol{E}_0{}^2(3/4)\}\boldsymbol{E}_0\cos(\omega t)+(\boldsymbol{\gamma}/6)\boldsymbol{E}_0^3(1/4)\cos(3\omega t)\end{aligned} \tag{8.1.30}$$

由式(8.1.30)可见，强的光源和三阶 NLO 分子相互作用后会产生三倍频率的极化组分 THG，可记为 $\boldsymbol{\chi}^{(3)}(3\omega;\omega,\omega,\omega)$。此外在基频组分中也有三阶 NLO 系数 $\boldsymbol{\gamma}$ 的贡献。上式中 $\{\boldsymbol{\alpha}+(\boldsymbol{\gamma}/6)\boldsymbol{E}_0^2(3/4)\}$ 项类似于导致线性电-光效应的项次。上面对分子的讨论也可类似地适用于宏观物质的非线性光学讨论，只是对应地用 $\boldsymbol{\chi}^{(3)}$ 代替 $\boldsymbol{\gamma}$。类似地，在高电场 $\boldsymbol{E}$ 中也将引起三阶 NLO 材料折射率的变化。这些效应分别称为光学的直流 Kerr 效应[参见式(8.1.25)]和最后一项光学的 Kerr 效应 $\boldsymbol{\chi}^{(3)}(-\omega;\omega;-\omega_1',\omega)$，其中的实数部分就相当于折光指数的变化。

再次强调的是，不同的频率对不同的非线性光学过程有不同的极化效应。例如，很多无机非线性光学材料本身也是铁电体。在直流的电-光效应中，静电场或低频电场通过晶体中电子的重新分布和铁电体核的位移这两种机理而改变材料的折射率。这种折射率改

变的数值和 $\chi^{(2)}$ 有关。当将这种物质用于在高频率的光波电场中作用下的 SHG 材料时，由于核的运动不如电子对光的响应快，而使核对 SHG 效应不会有贡献。因此其 $\chi^{(2)}$ 的数值比由直流电-光效应导致的要小。此外，当实验中输入或输出接近物质中分子的共振频率时，也会使得其非线性效应大为增加[参见式(8.2.9)]。总之，要注意不同实验条件下及数据的具体分析。

8.1.3 非线性电极化率 χ 的对称性分析

和其他物理性质一样可以从物质的对称性原理推导出非线性电极化率的性质，特别是其对称性降低所引起极化率的分类和数目。首先讨论本征对称性：由式(8.1.12)可见在诱导偶极矩近似下，在外电场 $\boldsymbol{E}$ 的作用下，晶体的电极化率中的矢量 $\boldsymbol{P}^{(n)}$ 是 n 个矢量 $\boldsymbol{E}(\omega t)$ 的连乘。n 阶电极化率 $\chi^{(n)}$ 是一个 $(n+1)$ 阶的张量。作为张量的极化率 $\chi^{(n)}$ 在进行正交张量坐标变换时也按照 $(n-1)$ 阶极性张量变换的一般规则，而按对称性原理还应该可以减少其矩阵元参数(参见附录 1)。在用笛卡儿 (x,y,z) 表象时，$\chi^{(n)}$ 应有 $3^{(n+1)}$ 个笛卡儿矩阵元，亦即 $\chi^{(1)}$ 有 9 个，$\chi^{(2)}$ 有 27 个，而 $\chi^{(3)}$ 有 81 个矩阵元等[5]。例如，在进行式(8.1.14)之类的变换时，仍保持其空间对称性。由于 $\chi^{(n)}$ 和平移无关，所以变换后仍保持其原有点阵的对称性。通过从老的直角坐标系 (x,y,z)，即通过转动这种正交矩阵 $\boldsymbol{R}[\cos\theta_{ij}]$ 旋转 θ_{ij} 角而变换到新的 (x,y,z) 坐标系。这种变换反映了介电质的空间点群对称性。再者，在某些条件下还有些特定限制。例如，在式(8.1.16b) $\chi^{(n)}_{ijk\cdots n}$ 的实数条件下，当其中最后两个指标互相交换时是不变的。例如，式(8.1.15)所描述的偶极矩电极化率张量的坐标变换就是遵循 $(n-1)$ 阶极性张量变化的规律。结果是所有的偶极阶电极化率 $\chi^{(2n)}$，特别是$[\chi^{(2)}_{ijk}(-2\omega;n,\omega)]$，因而 $\chi^{(2)}$ 中就只有 10 个非中心对称群不为零。这样可以减少独立矩阵元的数目。在一般教科书中，可以找到常用的 $\chi^{(2)}$ 和 $\chi^{(3)}$ 阶的非零矩阵元[5,6]。

另一种对称性来自于旋转变换。一般在外场微扰下会引起原有对称性的降低，而引起能级的分裂，正如具有旋转对称性的原子一样，其中角动量量子数为 l 的简并状态，在磁场作用下分解为不同$(2l+1)$个磁量子 m 可约表示，它们的不可约张量即可以用式(2.1.27)的球面函数 rem 的形式表示。旋转群中的这种不可约表示是由其权重(即原来的简并度)J 来表示[7]。电极化率张量(χ)也是属于这种表象的不可约张量有$(2J+1)$个独立的分量。电极化率张量 $\chi^{(n)}$ 有 $(3n+1)$ 个矩阵元，即可以应用群论中的群分解公式将可约表示为 $(3n+1)$ 维的张量 Γ 分解为权重 $J(\leqslant n)$ 的不可约张量 Γ_i 之和[5]，

$$\chi^{(n)}=\sum\chi^{(n)}_{\tau,J} \tag{8.1.31}$$

当分解后出现多个相同的不可约表示时，则可用式(8.1.31)中附加的下标 τ 以区分这种多重不可约的线性张量。

根据上述讨论，可见对于我们重点讨论的 $\chi^{(2)}$ 非线性的情况，对应于角动量组合的规则二阶张量 $\chi^{(2)}$ 的 $3^3=27$ 个矩阵元的可约表示可以分解为 1 个标量 $(J=0)$，3 个矢量 $(J=1)$，2 个偏斜张量 $(J=2)$ 和 1 个七重张量 $(J=3)$，即仍保持为$(1+3\times3+2\times5+7)=27$ 个矩阵元。在 Kleinman 对称性条件(即无热损耗或不考虑介电系数 ε 的虚数部

分)下，就只有 1 个矢量和 1 个七重张量是处在 $\boldsymbol{\chi}^{(2)}$ 的透明波段。这种群论的分析方法简单明了，对应于不同效应的功能参考的关联很有指导作用(但概念抽象，可略而不读)。

在讨论分子或晶体的极化作用时，应注意各向异性和不对称性概念的区分。各向同性的分子表示它具有和圆球一样高的对称性，而其性质具有标量的性质。它的张量性质只能表现在有纯标量和 $\boldsymbol{\gamma}^{(0)}$ 张量中。各向异性的分子则在分子中各个方向都不再等价，但它仍可像个圆盘或椭球那样仍具有对称中心，它只存在于偶数阶次不可约张量性质的偶数分量中，如 $\boldsymbol{\alpha}^{(0)}$、$\boldsymbol{\alpha}^{(2)}$、$\boldsymbol{\gamma}^{(0)}$、$\boldsymbol{\gamma}^{(2)}$ 和 $\boldsymbol{\gamma}^{(4)}$ 中。如果分子没有对称中心，则该分子可称为不对称的。这时奇数的不可约张量 $\boldsymbol{\mu}^{(1)}$、$\boldsymbol{\beta}^{(1)}$ 和 $\boldsymbol{\beta}^{(3)}$ 将对它的宏观偶性极化性质 $\boldsymbol{\chi}$ 作出贡献。

上述这种分子体系的张量分析，促进了分子工程设计的新思路。例如，由 Zyss 等发展了八极矩体系的非线性光学设计[7]。一般认为分子体系中只有偶极矩 $\boldsymbol{\mu}$ 的分子才具有非线性光学 $\boldsymbol{\chi}^{(2)}$ 特性，但实验表明，图 8.2(a)所示的三(2,2'-联吡啶)钌(Ⅱ)溴六水配合物(RuTB)或者与其结构类似的三(1,10)-菲啰啉钌(Ⅱ)氯六水化合物(RuTP)，它们都具有宏观 $\boldsymbol{\chi}^{(2)}$ 非线性光学性质。这与传统上认为这种不具有永久偶极矩 $\boldsymbol{\mu}_0$ 的分子应不具有非中心对称和各向异性。现在从实际结构看，这二种分子中都还具有由上下、前后、左右六个给体(D,吡啶)-受体(A,共用的中心金属)组成的电荷转移型轴(即配位键)。对图 8.2(b)中配合物的乙醇溶液吸收光谱的分析证实，其中在 450nm 的 d-π^* 吸收峰是一种电子从金属 d 轨道跃迁到配体反键 π^* 的电荷转移光谱(MLCT)。这种三联吡啶和三菲啰啉钌的 β 值高达 100×10^{-30} esu。分子具有各向异性的超级 $\boldsymbol{\beta}$ 张量。该分子属于 D_{3h} 点群，具有八极矩(看作三个偶极矩，$2^3=8$)的分子，其各向同性 $\boldsymbol{\beta}$ 张量。为了阐明上述不同的现象，可以认为该分子中的 $\boldsymbol{\gamma}^{(2)}$ 贡献是来自三个偶极子指标的三阶张量 $\boldsymbol{\gamma}^{(3)}$ 的贡献[参见式(8.2.12)]。

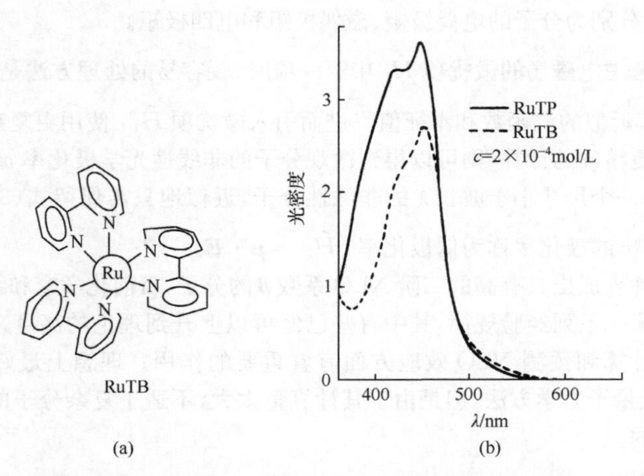

图 8.2　RuTB 配合物的分子结构(a)及其吸收光谱(b)

(b)中实线为 RuTP，虚线为 RuTB

关于这类创新性实验的理论解释可以从上述的不可约张量及群论不可约表象理论上加以阐明。这表明在实际的 $\boldsymbol{\gamma}^{(2)}$ 有序晶体中，强偶极矩分子更易于形成中心对称晶格堆积而减小了二阶非线性效应，从而用分子工程设计出使其激发态及其基态的偶极相互抵消而优化其非零 $\boldsymbol{\beta}$ 张量和 $\boldsymbol{\gamma}^{(2)}$ 分量的对称中心分子，但它和三阶张量 $\boldsymbol{\gamma}^{(3)}$ 中所具有的 $J=3$ 的分量共存。

8.2 非线性光学的分子设计

在讨论分子非线性光学材料时，可以将其相对地分成两个部分，即以合成高 $\boldsymbol{\beta}$ 系数分子为对象的分子设计和将这些分子组装成高 $\boldsymbol{\chi}^{(2)}$ 系数晶体为对象的晶体工程。本节我们将着重以二阶非线性光学为例加以阐明。

8.2.1 分子设计基础

在讨论分子体系的非线性光学时，涉及光电磁场和分子内偶极矩电荷转移作用理论的方法。原则上，如第 2 章图 2.22 所示，为了从量子电动力学原理描述分子和一组单色光场相互作用，首先应将包括时间 t 的电磁场微扰 $\hat{H}_1$ 在内的哈密顿算符写为

$$\hat{H}=\hat{H}_0+\hat{H}_1+\hat{H}_2=\hat{H}_0+\sum_j\left(\frac{e_j}{2m_jc}\right)[\boldsymbol{A}(r_j,t)\cdot\boldsymbol{p}_j+\boldsymbol{p}_j\boldsymbol{A}(r_j,t)]+\left(\frac{e_j^2}{m_jc^2}\right)\boldsymbol{A}^2(r_j,t) \tag{8.2.1}$$

其中 $\boldsymbol{A}(r_j,t)$ 是势能矢量，p_j 是粒子 j 的动量；这种相互作用哈密顿 $\hat{H}_1$ 可用量子力学的正则变换而写成的多级展开形式为

$$\hat{H}_1=-\boldsymbol{\mu}\cdot\boldsymbol{E}+\boldsymbol{m}\cdot\boldsymbol{H}+\boldsymbol{Q}\cdot\nabla\boldsymbol{E}+\cdots \tag{8.2.2}$$

其中 $\boldsymbol{\mu}$、$\boldsymbol{m}$ 和 $\boldsymbol{Q}$ 分别为分子的电偶极矩、磁偶极矩和电四极矩。

一般当不考虑电磁场的微扰项 $\hat{H}_1$ 中第一项时，较容易的处理方法是，由未微扰的哈密顿 $\hat{H}_0$ 求出其近似的波函数和本征值。进而引入微扰项 $\hat{H}_1$，使用更复杂的量子力学理论计算方法作更精确的计算，则可以得到微观分子的非线性光学极化率 $\boldsymbol{\alpha}$、$\boldsymbol{\beta}$ 和 $\boldsymbol{\gamma}$ 等参数。如前所述，对于一个尺寸小于波长 λ 的非磁性分子，近似地只需保留式(8.2.2)中的第一项(这种近似求出的极化率称为偶极化率) $\hat{H}_1=\boldsymbol{\mu}\cdot\boldsymbol{E}$。

为了设计并合成出具有高的二阶 NLO 系数 $\boldsymbol{\beta}$ 的分子，目前化学家和物理学家已经根据实验总结出了一系列经验规律，其中有些已经可以上升到理论的高度来进行概括。量子化学在理论计算和预测 NLO 效应方面有着重要的作用。理想上最好采用从头计算(*ab initio*)的全量子力学方法，但是由于其计算量太大，不适于复杂分子的计算。因而近似是不可避免的。

图 8.3 中表示了二阶 NLO 计算的一般过程[7,8]。首先要选择适当的哈密顿 $\hat{H}$，再依次确定几何构型、选择足够大的基函数 φ(参见 2.1 节)，选择适当的计算方法还应考虑是否要包含组态相互作用以对基态进行校正，最后还应讨论系数 $\boldsymbol{\beta}$ 对频率的依赖性。量子力学计算方法主要有以下两种类型[7]。

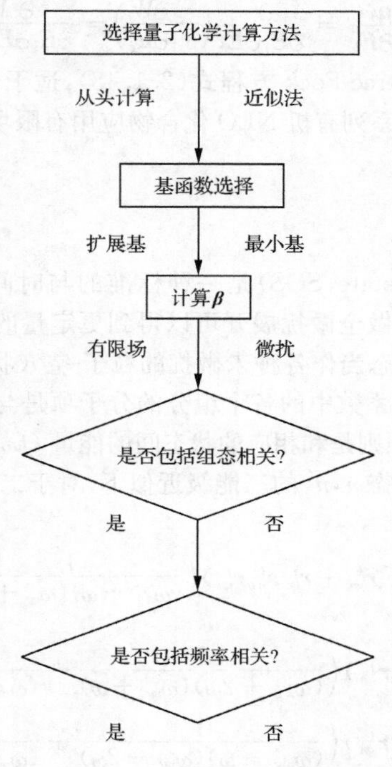

图 8.3 二阶 NLO 计算的流程图

1. *有限场(finite-field)方法*

这时在哈密顿 $\hat{H}$ 中明显地包含式(8.2.2)中的电场作用项 $(-\boldsymbol{\mu}\cdot\boldsymbol{E})$。在给定场强下,求解出分子波函数 $\varphi(\boldsymbol{E})$,求出期望能量值 $W(\boldsymbol{E})$ 和偶极矩 $\boldsymbol{\mu}(\boldsymbol{E})$

$$W(\boldsymbol{E}) = \langle \varphi(\boldsymbol{E}) \,|\, \hat{H}(\boldsymbol{E}) \,|\, \varphi(\boldsymbol{E}) \rangle \tag{8.2.3}$$

$$\boldsymbol{\mu}(\boldsymbol{E}) = \left\langle \varphi(\boldsymbol{E}) \,\middle|\, \sum \boldsymbol{q}_i(\boldsymbol{E}) \cdot \boldsymbol{r}_i(\boldsymbol{E}) \,\middle|\, \varphi(\boldsymbol{E}) \right\rangle \tag{8.2.4}$$

其中 $\boldsymbol{q}_i$ 和 $\boldsymbol{r}_i$ 为第 i 个电子电荷及其和核的坐标矢量。根据式(8.2.5)～(8.2.7),并应用数学上的数值差分或分析梯度技术对电场进行偏微分而得到在零电场下的 NLO 系数:

$$\boldsymbol{\alpha}_{ij} = \left.\frac{\partial \boldsymbol{\mu}_i}{\partial \boldsymbol{E}_j}\right|_{\boldsymbol{E}=0} \quad 或 \quad [\alpha] = \nabla_E \boldsymbol{\mu} \tag{8.2.5}$$

$$\boldsymbol{\beta}_{ijk} = \frac{1}{2}\left.\frac{\partial^2 \boldsymbol{\mu}_i}{\partial \boldsymbol{E}_j \partial \boldsymbol{E}_k}\right|_{\boldsymbol{E}=0} \quad 或 \quad [\beta] = \frac{1}{2}\nabla_E \nabla_E \boldsymbol{\mu} \tag{8.2.6}$$

$$\boldsymbol{\gamma}_{ijkl} = \frac{1}{3}\left.\frac{\partial^3 \boldsymbol{\mu}_i}{\partial \boldsymbol{E}_j \partial \boldsymbol{E}_k \partial \boldsymbol{E}_l}\right|_{\boldsymbol{E}=0} \quad 或 \quad [\gamma] = \frac{1}{3}\nabla_E \nabla_E \nabla_E \boldsymbol{\mu} \tag{8.2.7}$$

类似地也可以通过将分子能量 W 对 $\boldsymbol{E}$ 进行微分而得到 NLO 系数。例如,对于二阶 NLO 系数可以得到

$$\boldsymbol{\beta}_{ijk} = \frac{\partial^2 \boldsymbol{\mu}_i}{\partial \boldsymbol{E}_j \partial \boldsymbol{E}_k} = \frac{\partial^2}{\partial \boldsymbol{E}_j \partial \boldsymbol{E}_k}\left(-\frac{\partial W}{\partial \boldsymbol{E}_i}\right) = \frac{\partial^3 W}{\partial \boldsymbol{E}_i \partial \boldsymbol{E}_j \partial \boldsymbol{E}_k}\bigg|_{\boldsymbol{E}=0} \tag{8.2.8}$$

这种方法可采用类似于 Hartree-Fock 方程式(2.1.48),适于分子不太大的体系,更多的细节这里就不再详述。对一系列有机 NLO 化合物应用有限场方法的计算结果和实验结果的趋势相当一致[8a]。

2. 状态求和法

状态求和法(sum over state,SOS)是一种标准的与时间有关的微扰理论[参见式(8.2.2)]。对分子的本征态做全微扰展开可以得到更定量的结果,但计算过程较复杂。由激发微扰场所引起的微扰态当作各种未微扰的粒子-空穴状态(相当于基态激发态)的贡献之和,由此得到的 NLO 系数中的各个组分的分子项是与偶极矩 $\boldsymbol{\mu}$ 中的位移矢量矩阵元 r 的乘积有关,而分母项则是和相应的状态间的能量 $(\hbar\omega)$ 的线性组合相乘的形式相关。在只考虑基态 g 和激发态 n, n' 的三能级近似下,对于二阶 NLO 系数,由 SOS 理论导出其表达式为[6,7]

$$\begin{aligned}\boldsymbol{\beta}_{ijk}^{\mathrm{SHG}} = -\frac{e^3}{8\hbar^2}\Bigg\{ &\sum_{n\neq g}\sum_{\substack{n'\neq g\\ n'\neq n}}\Bigg[(\boldsymbol{r}_{gn'}^{j}\boldsymbol{r}_{n'n}^{i}\boldsymbol{r}_{gn}^{k} + \boldsymbol{r}_{gn'}^{k}\boldsymbol{r}_{n'n}^{i}\boldsymbol{r}_{gn}^{j})\left(\frac{1}{(\omega_{n'g}-\omega)(\omega_{ng}+\omega)} + \frac{1}{(\omega_{n'g}+\omega)(\omega_{ng}-\omega)}\right)\\ &+ (\boldsymbol{r}_{gn'}^{i}\boldsymbol{r}_{n'n}^{j}\boldsymbol{r}_{gn}^{k} + \boldsymbol{r}_{gn'}^{i}\boldsymbol{r}_{n'n}^{k}\boldsymbol{r}_{gn}^{j})\left(\frac{1}{(\omega_{n'g}+2\omega)(\omega_{ng}+\omega)} + \frac{1}{(\omega_{n'g}-2\omega)(\omega_{ng}-\omega)}\right)\\ &+ (\boldsymbol{r}_{gn'}^{j}\boldsymbol{r}_{n'n}^{k}\boldsymbol{r}_{gn}^{i} + \boldsymbol{r}_{gn'}^{k}\boldsymbol{r}_{n'n}^{j}\boldsymbol{r}_{gn}^{i})\left(\frac{1}{(\omega_{n'g}-\omega)(\omega_{ng}-2\omega)} + \frac{1}{(\omega_{n'g}+\omega)(\omega_{ng}+2\omega)}\right)\Bigg]\\ &+ 4\sum_{n\neq g}\Bigg[\left[\boldsymbol{r}_{gn}^{j}\boldsymbol{r}_{gn}^{k}\Delta\boldsymbol{r}_{n}^{i}(\omega_{ng}^2-4\omega^2) + \boldsymbol{r}_{gn}^{i}(\boldsymbol{r}_{gn}^{k}\Delta\boldsymbol{r}_{n}^{j} + \boldsymbol{r}_{gn}^{j}\Delta\boldsymbol{r}_{n}^{k})(\omega_{ng}^2+2\omega^2)\right]\\ &\times\frac{1}{(\omega_{ng}^2-\omega^2)(\omega_{ng}^2-4\omega^2)}\Bigg]\Bigg\}\end{aligned} \tag{8.2.9}$$

其中 $\boldsymbol{r}_{n',n}^{i} = \langle\psi_{n'}|r^i|\psi_n\rangle$ 为电子状态 $\psi_{n'}$ 和 ψ_n 间位移矢量 $\boldsymbol{r}^{(i)}$ 沿第 i 个分子轴的矩阵元,$(\boldsymbol{r}_{m}^{i} - \boldsymbol{r}_{gg}^{i})$ 为激发态 n 和基态 g 之间的偶极矩之差,$\hbar\omega_{ng}$ 为基态和激发态之间的能量差。式(8.2.9)只适于非共振极化频区域,在用于共振区时,应在式(8.2.9)分母项中加上相应弛豫阻尼参数的虚数 $\mathrm{i}\Gamma$ 项部分。

由于有很多激发态,故展开式(8.2.9)是一个无限项的求和。在实际计算时,总是收敛到一定合理值就进行切断,即使这样计算工作量也是很大。对于实际的化学工作者,经常应用下列高度简化的双能级模型(基态 g 和激发态 e)进行估计:

$$\boldsymbol{\beta} = \frac{3\mu_{eg}\omega_{eg}(\mu_{ee}-\mu_{gg})}{2\hbar^2(\omega_{eg}^2-\omega^2)(\omega_{eg}^2-4\omega^2)} \tag{8.2.10}$$

其中,ω_{eg} 与跃迁能量有关,μ_{eg} 与分子跃迁偶极矩或振子强度 f 相关[参见式(2.3.22b)],它们分别与分子吸收光谱的波长 λ 和强度 I 有关。μ_{gg} 和 μ_{ee} 分别为基态和激发态的偶极矩。因此为了得到高 NLO 系数 $\boldsymbol{\beta}$,就要求在分子设计时使它具有很强的跃迁吸收(大的 f),激发态和基态的电荷分布差别要大(即大的 $\mu_{gg}-\mu_{ee}$)。

为了比较不同化合物的 NLO 系数,从式(8.2.10)中可以看出,当实验应用光的频率为基频 (ω) 或倍频,而接近分子的跃迁频率 ω_{eg} 时,$\boldsymbol{\beta}$ 值增加很快(共振增强)。但不利的是,这时分子的吸收也很大,因此实际上还是应该足够远离分子吸收峰以避免吸收损耗(最终变为非辐射热)。因此为了避免这种"色散"效应,可以比较不同分子在 $\omega \rightarrow 0$ 时的"零场" $\boldsymbol{\beta}(0)$ 值:

$$\boldsymbol{\beta}(0) \approx f \frac{(\mu_{ee} - \mu_{gg})}{\omega_{eg}^3} \tag{8.2.11}$$

即要求分子有较低的跃迁能量(长波最大吸收),但这又限制了材料的有效的范围。这种既要材料 $\boldsymbol{\beta}$ 值高,又要在 400～900nm 波长内完全透明[特别是对二极管(diode)激光倍频器]就成为对合成化学家的基本挑战。

实际上很难直接测定分子的 $\boldsymbol{\beta}$ 值。一种较近似的实验是所谓的电场诱导二次谐波(electric field induced second harmonic generation,EFISHG)方法[9]。实验时,是制备含有待测试分子的稀溶液以减少分子间的作用。溶液中各向同性分子的分布并不呈现二阶 NLO 效应(即 $\boldsymbol{\beta}$ 平均为零)。但在外加一个与激光脉冲同步的强直流电场 $\boldsymbol{E}$ 的微扰下,辅以入射的 SHG 脉冲激光,则可以诱导分子偶极矩一定的取向,这时可以看作一个具有二阶 NLO 的体系,从而测定其 $\boldsymbol{\beta}$ 张量沿分子偶极矩 $\boldsymbol{\mu}$ 的二阶 NLO 效应。这个过程就表示了一种三阶 $\boldsymbol{\chi}^{(3)}(-2\omega;2\omega,\omega,\omega)$ 过程。这种方法也可以用在气体、液体和固体样品。在溶液中这种偶极矩为 $\boldsymbol{\mu}$ 的分子是在 SHG 作用下的 $\boldsymbol{\chi}^{(3)}$ 效应,它的 $\boldsymbol{\gamma}$ 值可以表示为

$$\boldsymbol{\gamma}^{EF} = \boldsymbol{\gamma}^{e} + \boldsymbol{\gamma}^{v} + \frac{\boldsymbol{\mu\beta}}{5kT} \tag{8.2.12}$$

式中右侧三项分别为电子、振动和转动对于极化的贡献。也可以由实验上测定宏观的主体 NLO 的 $\boldsymbol{\chi}^{(2)}$ 值,然后根据已知或假定的局部场 f 的形式而由式(8.1.14)导出分子的 $\boldsymbol{\beta}$ 值。

幸运的是,目前已有较完备的量子化学计算方法,即可以通过式(8.2.9)之类的公式从理论上对分子的 $\boldsymbol{\beta}$ 值进行计算[6]。我们曾经对一系列不同结构染料分子的 $\boldsymbol{\beta}$ 值进行理论计算[8b],结果和实验值相当一致。从而有可能用实验和理论结合的方式建立系列数据库,关键是如何由这些分子制成具有高 $\boldsymbol{\chi}^{(2)}$ 值的晶体。

目前,实用的非线性光学材料大都以大的单晶形式出现,因此采用的 NLO 材料几乎都是无机化合物。例如 KDP(二氢磷酸钾),虽然其 NLO 系数低,但较易制得大晶体而用于强激光倍频。我国中国科学院福建物质结构研究所发展的 BBO(β-硼酸钡)不易损伤,透光度由 200 nm 到 2.6μm,可用到紫外部分的倍频及混频[10]。$LiNbO_3$(铌酸锂)易于用钛离子扩散而制成波导倍频和电光器件。较新的有 KTP(磷酸钛钾)等,但这类无机材料 NLO 系数不高,还易于遭受光学损伤。例如,在 10ns 脉冲的 1.06μm 下,分子材料尿素的"光损伤阈值"为 5GW/cm^2,而 KDP 只有 0.5 GW/cm^2。因此分子型化合物的 NLO 研究受到人们的重视。

8.2.2　二阶非线性光学效应

1. 有机化合物

早已发现共轭 π 键的有机分子具有高的二阶 NLO 系数 $\boldsymbol{\beta}$,因为其中较易流动的 π 电子易于和光波作用。例如,图 8.1 所示的对硝基苯胺分子,按照 2.1.2 节的分子轨道理

论，其中垂直于分子平面的 p_z 轨道相互共轭而形成了在整个分子离域的 π 轨道，在外加电场的微扰下 π 电子就可以做较大的位移，因而易于极化。在这种共轭体系中，若再引入具有给电子基团(D，具有较高的 HOMO 而能给出电子的给体)和吸电子基团(A，具有较低的 LUMO 而能接受电子的电子受体)则会在分子中导致不对称的电荷分布而有利于增大分子的系数 $\boldsymbol{\beta}$。例如，简单的苯分子具有对称中心，所以并不显示二阶 NLO 效应。但引入一个硝基—NO_2后的硝基苯，其 $\boldsymbol{\beta}$ 值就增至约 2×10^{-30} esu。同样，引入一个推电子的胺基—NH_2后的苯胺则 $\boldsymbol{\beta}$ 值就增至约 1×10^{-30} esu。但对于 4-硝基苯胺，由于同时存在分别处于这两种基团并形成电子推-拉对的有利位置(矢量加和)，则其 $\boldsymbol{\beta}$ 值大为增加。从化学观点，更一般地可以将拉电子(负的常数)和吸电子(正的常数)的官能团按其取代基团的 Hammett 常数 σ 大小而排列成一定的次序(表 8.2)。按式(8.2.10)，这种效应比例于其取代官能团和激发态之间的差别。表 8.3 中列出了一些具有二阶 NLO 有机化合物的 $\boldsymbol{\beta}$ 值，更详细数据请参考文献[11]。这种由取代基 R 取代了 X-C_6H_5 中的 X 基团后的静电场影响可以采用“等价内电场模型”加以解释。由式(8.1.1)可见，对于具有中心对称的苯分子，在外电场 $\boldsymbol{E}$ 作用下，其 π 电子偶极矩可表示为：$\boldsymbol{\mu}=\boldsymbol{\alpha}_\pi\boldsymbol{E}+\boldsymbol{\gamma}_\pi\boldsymbol{E}^3+\cdots$，其中不含 β 项。但当在苯被 X 取代的 X—C_6H_5 分子体系中的非中心对称共轭分子中，电子的偶极矩 $\boldsymbol{\mu}$ 中则为$\boldsymbol{\mu}=\Delta\boldsymbol{\mu}_X+\boldsymbol{\alpha E}+\boldsymbol{\beta E}^2+\cdots$，其中含有 $\boldsymbol{\beta E}^2$。可见取代基 X 的影响相当于制造了一个偶极矩 $\Delta\boldsymbol{\mu}_X$，它和 6.1.2 节中的静内电场 $\boldsymbol{E}_X=\Delta\boldsymbol{\mu}_X/\alpha_\pi$ 等价。因而当存在强的波光场 $\boldsymbol{E}_1$ 和取代基 X 时，应有 $\boldsymbol{E}=\boldsymbol{E}_1+\boldsymbol{E}_X$，因而经同 $\boldsymbol{E}$ 二次合并后，对于被 X 取代的共轭苯分子衍生物可以推导出关系式：

$$\boldsymbol{\beta}=3\left(\frac{\boldsymbol{\gamma}_\pi}{a_\pi}\right)\Delta\boldsymbol{\mu}_X \tag{8.2.13}$$

其中 $\Delta\boldsymbol{\mu}_X$ 为取代基的跃迁偶极矩，$\boldsymbol{\beta}$ 的符号由 $\Delta\boldsymbol{\mu}_X$ 的符号决定，其大小由取代基强度和共轭基长度决定。图 8.4 为不同取代基苯分子的二阶极化率 $\boldsymbol{\beta}^\pi$ 和取代基诱导偶极矩 $\boldsymbol{\mu}_z^\pi$ 的关系，其中(a)为实验值，(b)为理论值。

表 8.2 一些有机取代官能团的 Hammett 常数

	取代基	基态 σ 值	激发态 σ 值
给予电子	CH_3	−0.08	−0.12
	CF_3	−0.02	−0.04
	NH_2	−0.47	−1.55
	$N(CH_3)_2$	−0.60	−2.33
	OH	−0.43	−1.00
	OCH_3	−0.48	−1.20
接受电子	COOH	+0.17	+0.47
	CHO	+0.22	+0.81
	CN	+0.13	+0.19
	NO_2	+0.11	+1.06
	NO	+0.43	+2.29

表 8.3　代表性有机化合物的 *β* 值

结构	截止波长/nm	$\beta/(10^{-20}\,\text{esu})$
O; H_2N, NH_2	200	0.45
O; H_2N, N, O	~210	—
O; H_2N, CH_3	~210	—
CH_3; O_2N; N^+; O^-; POM	410	5
O_2N; N; N; H; MBA-NP	430	—
O_2N; NH_2; NA	470	35
O_2N; CH_3; NH_2; MNA	480	42
O_2N; NO_2; N; H; $COOCH_3$; MAP	500	220
O_2N; NMe_2	430(λ_{max}) ~580	450
Me; N^+; $MeSO_4^-$; NMe_2	473(λ_{max}) 588(MeOH)	—
Me; N^+; O^-	570(λ_{max}) ~650	1000

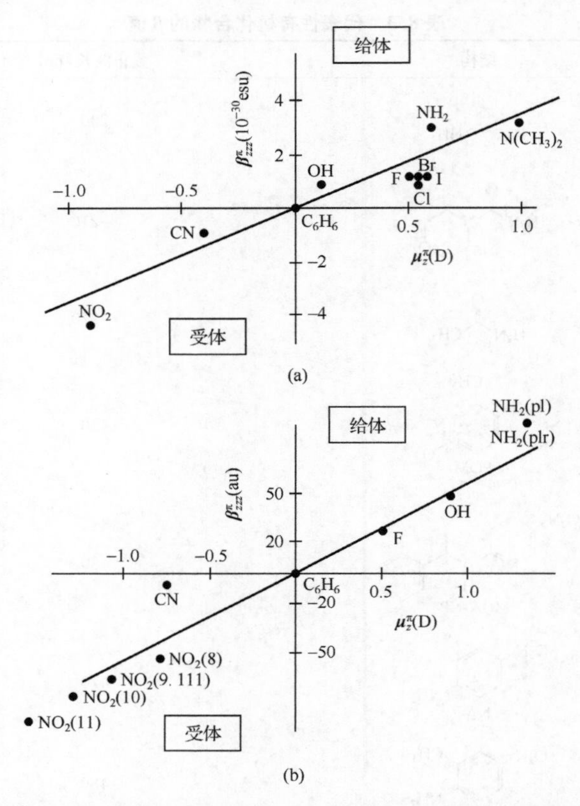

图 8.4　单取代苯分子在不同取代基 D 和 A 下分子 $\boldsymbol{\beta}$ 值的计算值(b)和实验值(a)的比较

2. 有机金属化合物

这种化合物的 NLO 特性为分子设计提供了新的途径。可以通过改变过渡金属的氧化状态(d 电子数目)、几何构型、配位方式和它们的磁性从而改进这类化合物的非线性光学特性。特别是在紫外和可见区的金属和配体之间的电荷转移跃迁吸收带常常伴随着大的二阶 NLO 效应,其含金属发色团的强吸收带和大的电荷跃迁偶矩密切相关。金属的强烈氧化还原性可作为新的强给予或接受基团,它可以稳定卡宾(M ═C—)和卡拜(M≡C—)之类的有机碎片,并改变其电子性从而改变它们的 NLO 特性。这些都是纯有机 NLO 材料所不具有的特点。

目前已经对一系列有机金属和配合物分子的 NLO 系数和不同金属离子配体成键方式、共轭性间的关系进行了研究,其中重要的有以下几种化合物。

(1) 金属羰基配合物:如 $Cr(\eta^6\text{-}C_6H_5X)(CO)_3$(X═H,OMe,$NH_2$,COOMe),其中芳基作为电子给体通过 d-π 相互作用向金属转移电子,而羰基通过 d-π* 反馈键而作为基态受体[12]。$\boldsymbol{\beta}$ 值随分子偶极矩的增加按 X 的不同依次为:−0.6(NH_2),−0.9(OMe),−0.8

(H)，−0.7(COOMe)。按双能级模型式(8.2.10)，负的 $\boldsymbol{\beta}$ 值表示激发态偶极矩小于基态偶矩。此外，对金属吡啶羰基配合物 $(CO)_5W(PyX)$ 也进行过类似的研究，它们的 $\boldsymbol{\beta}$ 值接近或略大于尿素的 $\boldsymbol{\beta}$ 值。

(2) 金属茂烯：一系列铁和钌的二茂金属作为给体，以共轭键联结不同受体的配合物(图 8.5)呈现很高的 $\boldsymbol{\beta}$ 值[13]。它们在 UV 和可见区具有两个强吸收带。由图 2.4 中的简单 EHMO 计算方法表明，能量最低的跃迁是金属→配体的电荷转移(MLCT)带。而能量最高的跃迁是具有一定金属成分的配体的 $\pi\rightarrow\pi^*$ 跃迁。这两个跃迁的电子密度改变最大，因此是对 $\boldsymbol{\beta}$ 值的主要贡献。一般在配体上引入增加电子密度的基团会升高轨道的能量，从而增加金属 D 的电子给予能力。这种 HOMO 轨道的不稳定性可由大的光谱红移而证实。对金属配合物目前应用较多的是 ZINDO 计算方法。

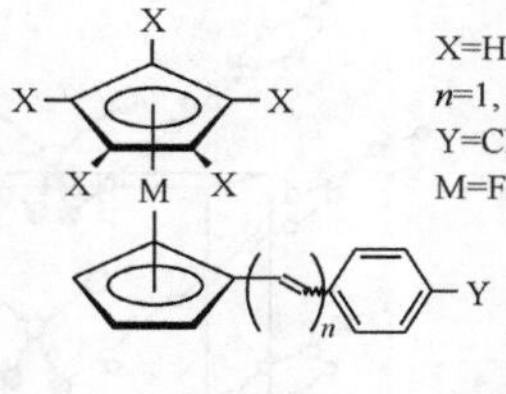

X=H, CH_3
n=1, 2
Y=CN, CHO, NO_2
M=Fe, Ru

图 8.5　具有 NLO 效应的金属茂衍生物的结构

(3) 电子给予-接受取代硅烷：这一类主要是 $N(Me)_2(C_6H_4)\{Si(Me)_2\}_n(C_6H_4)$—$CH=C(CN)_2$ 型化合物，其中 n=1,2 和 6[14]。其主要特点是改进了它的透明度，并通过 Si—Si 单键而加强了 σ-π 体系的偶合。由于沿骨架的 σ 离域随 n 的增大而增强(长程电荷转移)，其 $\boldsymbol{\beta}$ 值也随之增大。

3. 金属配合物

对配位化合物的 NLO 效应研究不多，代表性的是图 8.6 所示的平面型反式[$M(L)_2X(\sigma\text{-}C_6H_5A)$] 金属配合物[12,15]。其中以 M(=Ni, Pd, Pt) 作为桥，联结 X(=I, Br, Cl) 等电子给体和 Ph-A(A=CHO, NO_2) 等电子受体，L=$P(Et)_3$。人们已经研究了它们的一些反式结构，其中金属的 d_{xy}(HOMO) 和芳香体系的 π 轨道相互作用，使得 $\boldsymbol{\beta}$ 值和偶极矩都随着受体强度的增加而增加。例如当 M=Pt 和 L=PPh_3 时，有 $\boldsymbol{\beta}(A=NO_2, 3.8\times10^{-30}\,esu) > \boldsymbol{\beta}(A=CHO, 2.1\times10^{-30}\,esu)$[16]。由于金属中心同时作为基态和激发态的中心，激发态有较大的偶极矩，所以其 $\boldsymbol{\beta}$ 值为正值。

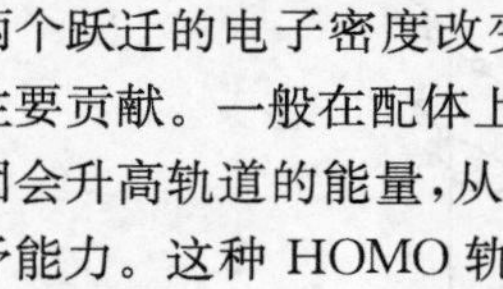

X=Br, I
M=Pd, Pt
A=CHO, NO_2
L=$P(Et)_3$

图 8.6　具有 NLO 效应的金属配合物

后来也对一系列过渡金属配合物的二阶 NLO 进行过研究[17-18]，特别是对于混合价配合物 $[(NH_3)_5Ru—N\equiv C—Ru(CN)_5]^-$ 的研究[19]。它具有目前过渡金属化合物中最大的二阶 NLO 系数(约为尿素的 1000 倍)。电荷转移光谱一般在 UV-可见光谱区，但是其颜色较深使它的实际应用受到限制。颜色不深的一些硫脲(TU)和氨基硫脲(TSC)的变形四面体的主族元素配合物 ML_2X_2(M=Zn, Cd) 等的研究，受到人们的重视[20-21]。特别是我们得到了具有比尿素的 SHG 系数高达 7 倍的良好晶体 $ZnC_{18}H_{22}O_2N_6S_2Cl_2$ 的 Cc 空间群变形四面体配合物(图 8.7)[22]。值得指出的是，席夫碱配体[$CH_3OC_6H_4CH=$

$NNHCSNH_2$]晶体本身并不具有二阶非线性$\left(P\frac{2_1}{c}\text{空间群晶体}\right)$。应用 MOPAC 量子化学计算,我们得到配体及锌配合物的 $\boldsymbol{\beta}$ 值分别为 2.6×10^{-30} esu 和 4.6×10^{-30} esu,它们接近于对硝基苯胺(6.3×10^{-30} esu),而远大于尿素(0.14×10^{-30} esu)的值。

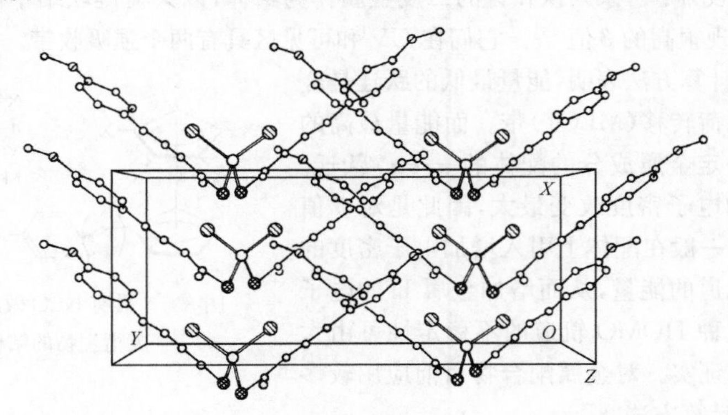

图 8.7　$ZnC_{18}H_{22}O_2N_6S_2Cl_2$ 配合物的结构(空间群 Cc)

8.2.3　三阶非线性光学效应

非线性光学和光电效应的实质都涉及非线性极化率 $\boldsymbol{\chi}$。但是这些不同的性质常发生在不同的频率,且有不同的发展历史,所以常用不同的表达方式。通常极化率用复数表示,其中含有实数和虚数两部分[参考式(6.1.9)]。在前面二阶非线性光学 $\boldsymbol{\chi}^{(3)}$ 时,只讨论了其中没有耗散的实数部分,对其涉及有吸收的虚数部分未加细述。这里通过对 $\boldsymbol{\chi}^{(3)}$ 讨论来说明虚数部分吸收作用的实际应用。

目前对于 $\boldsymbol{\chi}^{(3)}$,研究的大多是 GaAs、GaAlAs 和 InSb 等半导体材料(由于光折射率 n_{mn}^2 和光频率的介电常数 $\varepsilon_{mn}(\infty)$ 具有关系 $n_{mn}^2=\frac{\varepsilon_{mn}(\infty)}{\varepsilon_0}$[参见式(8.1.8)],所以它们的二阶 NLO 很低)。在光双稳态开关中,特别要求它们的非线性折射率 n_2 随光强度有很大的变化,n_2 和三阶 NLO 系数的实数部分 $\boldsymbol{\chi}_{\mathrm{R}}^{(3)}$ 的关系为

$$n_2=\left(\frac{4\pi^2}{c}\right)\left(\frac{\boldsymbol{\chi}_{\mathrm{R}}^{(3)}}{n^2}\right) \tag{8.2.14}$$

式中 c 为光速,n 为线性折射率;$\boldsymbol{\chi}_{\mathrm{R}}^{(3)}$ 的单位为 cm^4/esu^2,但通常仍然将它简记为 esu。在 GaAlAs 多量子阱器件(MQW)中,其 $\boldsymbol{\chi}_{\mathrm{R}}^{(3)}$ 值可高达 6×10^{-2} esu,但已确定其大的 $\boldsymbol{\chi}^{(3)}$ 值不是由于通常的电荷和入射电磁场的非谐振动而引起的,而是与在半导体带尾端吸收光后引起的复杂激发和弛豫过程有关,从而导致折射率的变化。这就使得它只有在特定的波长下才能呈现三阶 NLO 特性,并使其应用受到一定的限制。关于不同类型电光效应的机理很复杂,也不够成熟,目前已提出了电场或极化对于能带宽度和带隙的影响、格子畸变和激发态极化等模型。

一般对于具有较高对称性的含单键σ电子的饱和有机化合物，特别是聚合物，在引入不同的电负性基团X后会诱导出短程C—X的电荷转移极性，从而产生一定的$\boldsymbol{\beta}$和$\boldsymbol{\gamma}$值。由于这种诱导极化具有短程定域性，所以对于饱和分子的$\boldsymbol{\alpha}$和$\boldsymbol{\gamma}$的键极化率常可用键极化率加和性规则进行近似处理（参见6.1.3节）[23]。虽然其$\boldsymbol{\chi}^{(3)}$只有$10^{-9}\sim10^{-8}$esu，但它易于加工，价格低廉，又没有半导体的上述缺点，而且由于不涉及弛豫过程，所以响应时间也较快（亚皮秒级），从而受到人们重视。对有机化合物三阶系数$\boldsymbol{\gamma}$的研究不如二阶系数$\boldsymbol{\beta}$得多。三阶系数$\boldsymbol{\gamma}$是一个四阶张量，在对分子的对称性上的要求有所不同，例如它并不要求分子没有对称中心或D、A基团，但看来分子具有π共轭结构和具有D、A基团是有利的。曾经应用类似的EFISHG方法测定溶液中分子的$\boldsymbol{\gamma}$值。对于$\boldsymbol{\beta}=0$的分子也可以通过测定$\boldsymbol{\chi}^{(3)}(2\omega;\omega,\omega,0)$加以计算。结果表明，$\boldsymbol{\gamma}$值也随共轭链长而增大。苯、硝基苯和硝基苯胺的$\boldsymbol{\gamma}$值依次为$2.3\times10^{-36}$esu、$43.3\times10^{-36}$esu、$596\times10^{-36}$esu。$\boldsymbol{\gamma}$值的理论计算远比$\boldsymbol{\beta}$值计算式(8.2.9)复杂得多，因为其包括了更多的跃迁矩阵元计算[24]。

聚合物的微观$\boldsymbol{\gamma}$和宏观$\boldsymbol{\chi}^{(3)}$的关系在形式上也类似于式(8.1.15)。由于聚合物适于加工和沉积，实际上大多工作都集中于薄膜波导器件研究。应用三次谐波发生(THG)和简并四波混频(DFWM)方法分别可以测定三阶NLO系数$\boldsymbol{\chi}^{(3)}(-3\omega;\omega,\omega,\omega)$和$\boldsymbol{\chi}^{(3)}(-\omega;\omega,\omega,\omega)$，其数值只有在$\omega$和$3\omega$处没有吸收时才可以比较（值得注意的是，激光脉冲$<$10ps则可能会引入振动和转动机理对NLO的贡献）。表8.4列出了一些典型聚合物的三阶NLO系数。

表8.4　一些聚合物的三阶非线性光学系数

聚合物	命名	$\boldsymbol{\chi}^{(3)}/(10^{-12}\text{esu})$	λ/μm
[—CH=CH—]（聚乙炔结构式）	polyacetylene	1 300 100	1.92 0.9
[PBT结构式]$_n$	poly-p-phenylene-benzobisthiazole(PBT)	9	0.604 (DFWM)
[—Si(CH_3)(Ph)—]$_n$	polysilane	1.5	1.9
[—CH_2—C(CH_3)($COOCH_3$)—CH_2—C(N)($COOC_2H_4$—N(CH_3CH_2)—C$_6$H$_4$—N=N—C$_6$H$_4$—NO_2)—]$_n$		1.3	2.05

续表

聚合物	命名	$\chi^{(3)}/(10^{-12}\mathrm{esu})$	$\lambda/\mu m$
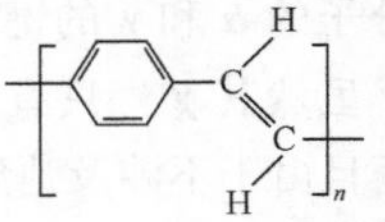	poly-*p*-phenylene-vinylene (PPV)	7.8	1.9
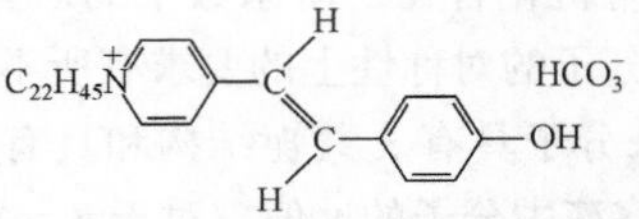 $C_{22}H_{45}N^+$ … HCO_3^- … OH	merocyanine	0.5	1.06

相对于其他分子基材料而言，含金属 M 的配合物在三阶 NLO 中有着明显的发展前途。变换金属既可调节基态结构，又可通过影响寿命、荧光产量或系间窜越而调节化合物的激发态性质。我们制备了$(Bu_4{}^nN)_2[M(S_2C{=}NC_6H_4NH_2)_2]$配合物（M=Pt，Pd），其$\chi^{(3)}$ 值比 $M(S_2C{=}NC_6H_4NH_2)_2$ 的大，这可能是由于前者的除质子形式比其母体具有较大的离域性。一些二硫烯金属配合物，由于其中的分子间 S…S 作用而具有导电特性（参见 4.1 节），而且还呈现了$\chi^{(3)}$ 为7.16×10^{-14}到1.4×10^{-14}esu 的三阶 NLO[25]。它在700～1400nm 区域内有强的 $\pi\rightarrow\pi^*$ 跃迁。它们还具有饱和吸收特性和光化学稳定性，因此也可开发为激光 Q-开关和作为自聚焦材料[26]。

酞菁类（图 4.31）强的低能量吸收性有利于它作为三阶 NLO 材料使用。形成配合物后对其吸收影响不大，但却调节了其激发态光物理性质，故经常应用其分子的共振三阶 γ 值作为有效的光限制器（optical limiting）或开关（参见 8.3.3 节）。

8.3 非线性光学的晶体工程

在大多数的实际应用中，都要求主体材料为有序的单晶的形式。这时将面临很多实际问题。不对称苯分子不易形成微观有序堆积；偶极矩太强的分子易形成中心对称晶格；主客体结构易于聚集成团簇；准一维苯分子易在电荷转移方向（D—A）形成单一张量成分；在用沿电场方向增加极化时，易发生弛豫效应而不稳定。作为晶体工程的第一步，我们必须将各个已有较大 β 系数的分子进行定向组装以使宏观的材料具有最大的 $\chi^{(2)}$ 值。

8.3.1 晶体工程基础

在很多非线性光学材料的实际应用中，如在倍频材料中，除了要求大的 β 系数外，还希望具有强的倍频光强，这时最重要的一个因素是要求光矢的位相匹配，即当入射发光强度为 I^{ω} 的激光在通过非线性光学系数为 d、折射率为 n、长度为 L 的 NLO 晶体时，根据式（8.1.1）可以导出其产生的 SHG 强度 $I^{2\omega}$ 表示式为

$$I^{2\omega} = 2(\omega L)^2(\mu_0/\varepsilon_0)^{3/2}(d^2/n^3)(I^{\omega})^2[\sin^2(\delta \boldsymbol{k}\cdot L/2)/(\delta \boldsymbol{k}\cdot L/2)^2] \quad (8.3.1a)$$

式（8.3.1a）中实验上常用到的二阶非线性光学系数 d 和前述 $\chi^{(2)}$ 的关系为

$$d = 1/2\chi^{(2)}(2\omega;\omega,\omega) \quad (8.3.1b)$$

式(8.3.1a)中出现的波矢量差 $\delta \boldsymbol{k}=\boldsymbol{k}^{2\omega}-2\boldsymbol{k}^{\omega}$：数学上定义的超三角函数 $\mathrm{Sinc}\{x\}=(\mathrm{Sin}x)/x$ 的性质是一个随变数 x 而振荡的函数，在 $x=0$ 时有一个极大值(=1)的尖峰。因此式(8.3.1a)表示只有满足 $\delta \boldsymbol{k}\cdot L=0$，即要求 $\boldsymbol{k}^{2\omega}-2\boldsymbol{k}^{\omega}=0$ 时才会产生很强的 SHG 值。满足这种 $\delta \boldsymbol{k}=0$ 的条件就称为位相匹配。由于光矢 $\boldsymbol{k}^{\omega}=\omega n^{\omega}/c$ 和 $\boldsymbol{k}^{2\omega}=2\omega n^{2\omega}/c$[参见式(9.2.13)]，则有

$$\delta \boldsymbol{k}=\boldsymbol{k}^{2\omega}-2\boldsymbol{k}^{\omega}=(2\omega/c)(n^{2\omega}-n^{\omega}) \tag{8.3.2}$$

因而位相匹配条件就是要求所使用 NLO 晶体的基频折射率 n^{ω} 等于倍频的折射率 $n^{2\omega}$。例如，对于不同方向具有不同色散度的双折射晶体可以对其进行定向切割而使之在该方向满足位相匹配条件。

在实际应用中还定义 SHG 的效率为 $I^{2\omega}/I^{\omega}$，由式(8.3.1a)可知，它比例于 I^{ω}，可见 NLO 过程只有在激光之类的高入射强度作光源时才是显著的。此外，由于 $I^{2\omega}$ 比例于 (d^2/n^3)，它常被用作 SHG 效应材料的品质指标。

对于非中心对称的分子，按式(8.1.13)，若所有分子都对称地排列，则求和时各个分子的非线性 $\boldsymbol{\beta}$ 贡献相互抵消而使得 $\boldsymbol{\chi}^{(2)}$ 为零[图 8.8(b)]。至于分子应如何取向则依赖于具体的应用。例如，在传输电-光效应时，希望所有分子平行取向以使得 $\boldsymbol{\chi}^{(2)}$ 张量的单个对角矩阵元(如 $\boldsymbol{\chi}^{(2)}_{zzz}$)最大。对于要求位相匹配的 SHG 效应时，则可能要求 $\boldsymbol{\chi}^{(2)}$ 中的非对角矩阵元(如 $\boldsymbol{\chi}^{(2)}_{yzz}$)最大，这时分子完全平行[图 8.8(a)]并不一定好，而要求分子在晶体中作更复杂的排列[图 8.8(c)]，以满足式(8.3.2)的位相匹配。后面我们将会看到，可以通过适当的结晶方式，如 Langmuir-Blodgett 膜(LB 膜)和聚合物在电场下加工等一系列方式，来达到这种取向组装。

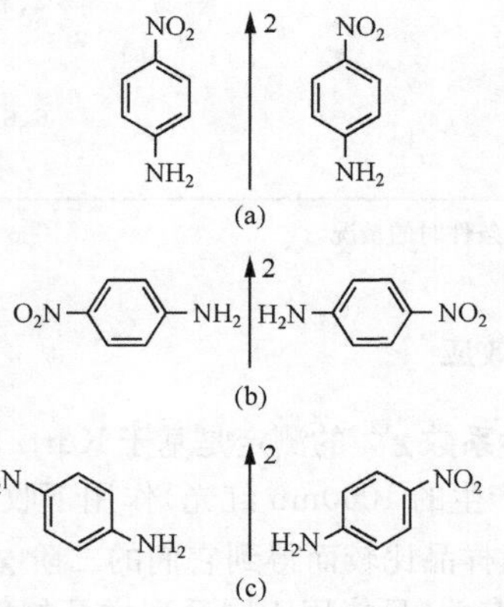

(a)

(b)

(c)

图 8.8　晶体对称性对 NLO 效应的影响

在极化度的式(8.1.15)和式(8.1.16)中，n 阶非线性光学系数一般是各相异性的，其大小和光的传播和偏振方向以及外界电场的方向有关。由于 $\boldsymbol{E}$ 和 $\boldsymbol{\mu}$ 或 $\boldsymbol{P}$ 都是向量，故 $\boldsymbol{\chi}^{n}$ 为 $(n+1)$ 阶张量，它有 3^n 个分量。例如，对于三阶张量的 $\boldsymbol{\chi}^{(2)}$，应有 $3^3=27$ 个不同的分量，$\boldsymbol{\chi}^{(3)}$ 应有 $3^4=81$ 个分量。实际上由于物质的对称性，其独立的非零元素数目大为减

少[5]。以二阶非线性光学极化率张量为例，经过对称性论证后可以导致下列结论：①由于 $\boldsymbol{\chi}^{(2)}(-\omega_3;\omega_1,\omega_2)$ 的固有对称性，对于 $\boldsymbol{E}_j(\omega_1)\boldsymbol{E}_k(\omega_2)$ 和 $\boldsymbol{E}_k(\omega_2)\boldsymbol{E}_j(\omega_1)$ 按式(8.1.16)应对应于相同的极化度 $\boldsymbol{P}_i^{(2)}$，因而有：

$$\boldsymbol{\chi}_{ijk}^{(2)}(-\omega_3;\omega_1,\omega_2)=\boldsymbol{\chi}_{ijk}^{(2)}(-\omega_3;\omega_2,\omega_1) \tag{8.3.3}$$

说明 $\boldsymbol{\chi}_{ijk}^{(2)}(-\omega_3;\omega_1,\omega_2)$ 对后两个下标具有置换对称性。这样就导致 $\boldsymbol{\chi}^{(2)}$ 的 27 个独立分量降低到 18 个。Kleinmam 还曾论证，当光的频率远离晶体的离子共振频率(近红外或可见光波)时，则只须考虑电子极化对晶体极化的贡献，这时从热力学考虑晶体的 NLO 过程对所有频率都是透明而无吸收损耗的，则 $\boldsymbol{\chi}_{ijk}^{(2)}$ 对 i,j 和 k 三个下标具有全置换对称性

$$\boldsymbol{\chi}_{ijk}^{(2)}=\boldsymbol{\chi}_{jki}^{(2)}=\boldsymbol{\chi}_{ikj}^{(2)}=\boldsymbol{\chi}_{kij}^{(2)}=\boldsymbol{\chi}_{kji}^{(2)}=\boldsymbol{\chi}_{jik}^{(2)} \tag{8.3.4}$$

这时使晶体的 $\boldsymbol{\chi}_{ijk}^{(2)}$ 独立分量进一步由 18 个减少至 10 个。

晶体的对称性的影响也很大。如前 8.1.3 节所述，在晶体的 32 个点群中，凡具中心对称的点群都不可能具有二阶 NLO 效应。此外还由于上述全对称性等原因而使得 422，622 和 432 等点群也不可能具有二阶 NLO 效应。因此在 32 个点群中只有表 8.5 所示的 18 个点群可能具有二阶 NLO 效应(参见表 8.1)。

表 8.5　具有 $\boldsymbol{\chi}^{(2)}$ 晶体的点群

晶系	点群
三斜	1
单斜	$2(2//x_2),m(m\perp x_2)$
正交	$222,mm2$
四方	$4,\bar{4},{}^*422,4mm,42m(2//x_1)$
三方	$3,32,3m(m\perp x_1)$
六方	$6,\bar{6},{}^*622,6mm,62m(m\perp x_1)$
立方	$23,43m$

* 为不加上 kleinmam 全对称性条件时的情况。

8.3.2　有序聚集体的倍频效应

大多数二阶非线性光学系数 $\boldsymbol{\chi}^{(2)}$ 的测定是基于 Kurtz 的粉末技术[27]。粉末晶体样品在激光(常用 YAG 激光器产生的 1060nm 红光)作用下收集及测量它的倍频(530nm)发光强度并和已知 $\boldsymbol{\chi}^{(2)}$ 的参考样品比较而得到它们的二阶 $\boldsymbol{\chi}^{(2)}$。粉末法的缺点是其结果与晶相、位相匹配及粒子大小有关，只能用于同系列样品的比较，但适于初步筛选。表 8.6 中列出了一些有机单晶的 NLO 数据，包括 SHG、电光效应和折射率，详细数据参考文献[11]。对于分子体系的研究，一般是在溶液中进行，已经用电场诱导二次谐波产生技术(EFISHG)测定了大量分子的超极化率。但当二次倍频偏离分子跃迁能量不太远而进行色散校正时，由于双能级模型不太适用于包含金属的分子体系，类似式(8.2.10)的方法并不有效。对于薄层(<30 层)的 LB 膜则可以采用图 8.9 的装置测定其 SHG 效应[28]。

表 8.6　一些有机化合物单晶的 NLO 性质

化合物	电光系数/(pm/V)	SHG 系数/(pm/V)	折射率(波长/nm)	点群	品质指标 d^2/n^3
MNA	67	250* 32	2.0,1.6 (638)	*m*	7812 128
POM	5	10	1.6,1.7,1.9	222	—
DCNP	87	—	1.9,2.7 (633)	*m*	—
MAP	—	17	1.51,1.60,1.84 (1064)	2	—
NPP	—	84	—	2	880
尿素	0.5	1.4	1.48	42*m*	—
SPCD	430**	—	1.5,1.3 (633)	*mm*2	—
m-NA	16.7	—	—	—	—
PNP	28	68	2.18,1.88,1.49 (532)	2	580
DNA	—	50	1.66,1.71,1.78 (546)	2	420
MBA-NP	—	34	1.75(532)	2	—
COANP	—	15	1.70,1.85,1.68 (550)	*mm*2	—
MMONS	39.9	184* 71	1.57,1.69,2.13 (633)	*mm*2	850
$LiNbO_3$	31	5.9 34*	2.272 (700)	3*m*	3.0 99

* 非相位匹配系数。

** 基于折射率 1.5 和 1.3,其值太低,特别是在靠近吸收边缘时。

通常采用在溶液中结晶或熔融法获得单晶,前者适用于高溶解度物质、结晶质量高,后者结晶速度较快,但只适用于在熔点时稳定的化合物。单晶的特点是可以用 X 射线衍射法精确地测定单晶的空间结构。表 8.6 中列出了一些有机单晶的 NLO 数据,包括 SHG、电光效应折射率和品质指标。可惜的是,目前还没有什么理论可以精确预见分子应如何结晶成具有高 $\chi^{(2)}$ 非对称的倍频材料。经常是微小的分子结构变化就导致很大的晶体结构变化。例如,我们对于 CdL_2X_2($L=ClC_6H_4CH=NNHCSNH_2$)二阶 NLO 的研究表明,当 X=Br 时,其晶体为没有对称中心的空间群 *Cc*,其 SHG 远大于尿素。而当 X=I时,却得到具有对称中心的三斜空间群 $P\bar{1}$,不具有 SHG 效应[29]。

尽管在预言晶体结构方面还有困难,但是化学家还是可以基于物理原理从化学的经验及直觉进行晶体工程学施工,下面是一些常规途径。

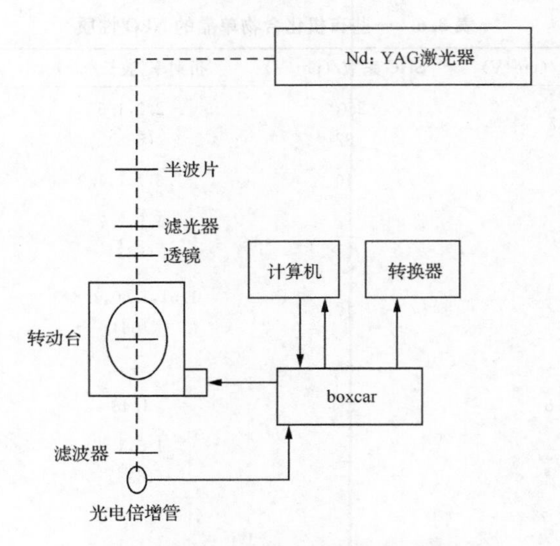

图 8.9　测定 LB 膜 SHG 效应的示意图

1）改变取代官能团

改变取代官能团可以降低分子偶极性而利于形成非对称中心晶体。特别是引入手性(chiral)中心，甚至应用本身就是手性的 NLO 分子。因为单一对映体手性化合物所形成的晶体常具有非对称中心结构[30]，但这不能保证有高的 $\boldsymbol{\chi}^{(2)}$ 值。手性分子若通过外消旋形成杂手性(heterochiral)，晶体则可以形成对称中心的晶体结构。

在分子中引入能形成氢键的基团，只要氢键强到足以克服偶极矩间的取向力则对形成非对称中心很有利。例如，高 NLO 材料 *N*-(4-硝苯基)-(*S*)-脯氨醇(NPP)就是由于形成氢键而达到的。也可以合成出具有低 μ_g 和高 μ_e 的分子[31]，也有利于获得高倍频材料。

2）成盐方式

很多极性有机分子倾向于偶极子反平行地成对排列而形成具有对称中心的空间群(图 8.8)[32]。根据统计大约还不到 10％的晶体能结晶成非对称中心的空间群。

Marder 在有机 NLO 分子中加入较大体积的阴离子而形成分子盐，这时由于离子-电偶极子间的静电作用而使晶体的对称中心消失，从而生成具有 SHG 效应的材料。事实上，他正是应用这种方法得到了目前 SHG 效应最大的有机金属化合物 $Fe(\eta\text{-}C_5H_5)(\eta\text{-}C_5H_4)—CH=CH—(4)—C_5H_4N(CH_3)^+I^-$，其 $\boldsymbol{\beta}$ 值为尿素的 220 倍。

我们的研究则采用大的准球形的杂多酸阴离子，由于它具有还原性，并易于形成晶体，将它和作为受体和具有碱性的有机 NLO 分子相互作用后可能有利于形成电荷转移盐[33-34]。例如，我们得到 $\alpha\text{-}H_4SiW_{12}O_{40}\cdot 4HMPA\cdot 2H_2O$ 盐(图 8.10)，其 $I^{2\omega}=0.71I^{2\omega}_{KDP}$ 和 $\boldsymbol{\chi}^{(3)}=2.63\times10^{-11}$esu。阳离子对 NLO 效应有影响，一般 W 的比 Mo 的杂多酸大，而且中心离子以 B＞Si＞Ge＞B 规律增大。这种化合物有时还可能由于发生氧化-还原作用而兼有光致变色特性。

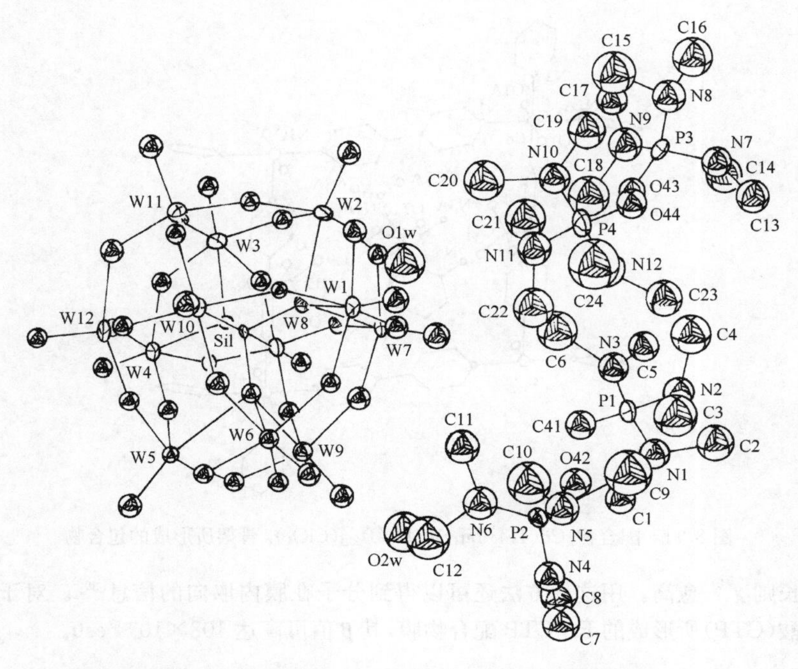

图 8.10　α-$H_4SiW_{12}O_{40}$・4HMPA・$2H_2O$ 盐的晶体结构

3）主体-客体化合物的生成

有些具有 NLO 特性的分子自然结晶时只形成具有对称中心的晶体，但将它作为客体分子和其他作为主体分子的骨架作用后所生成的包合物(inclusion compounds)或嵌入物(interclation compounds)却可能为具有非对称中心的 NLO 材料[35-36]。它们之间常是通过弱的超分子作用而包合。常用的主体分子有硫尿、脱氧胆酸、环糊精等。对形成嵌入物的主体要求是：主体的大环或空腔要含有较多的作用位点，主体和受体的范德华引力表面势和静电势必须匹配，主体要有足够的刚性以使在和客体结合时构型熵没有太大损失。

我们新近合成了一些以[Cd(4,4′-bipy)$_3$(H_2O)$_2$](ClO_4)$_2$二维骨架为主体的 NLO 有机包合物(图 8.11)，其中 2-硝基苯胺等包合物[Cd(4,4′-bipy)$_3$(H_2O)$_2$](ClO_4)$_2$・(4,4′-bipy)($C_6H_6N_2O_2$)$_2$・H_2O($C2$ 空间群)呈现二阶 SHG 效应[37]。

4）成膜技术

在波导器件应用中要求加工成 NLO 膜材料，这时分子膜内分子的聚向及其和基底的结合十分重要。通常采用 Langmuir-Blodgett(简记为 LB，参考 12.2 节)拉膜技术对分子进行组装(详请参考文献[38])。这时主要是在玻璃或石英基片上将一端具有亲水基团(—COOH，—NH_2等)，另一端具有亲脂基团(如烷基—R 等)的双亲性分子，通过提拉方法，每次一层地形成有序的多层膜(图 8.12)。虽然这种方法可以制成大于 1μm 的厚度，但大都制成小于 30 层的薄膜。表 8.7 中列出一些双亲分子 LB 膜的二阶 NLO 系数。可

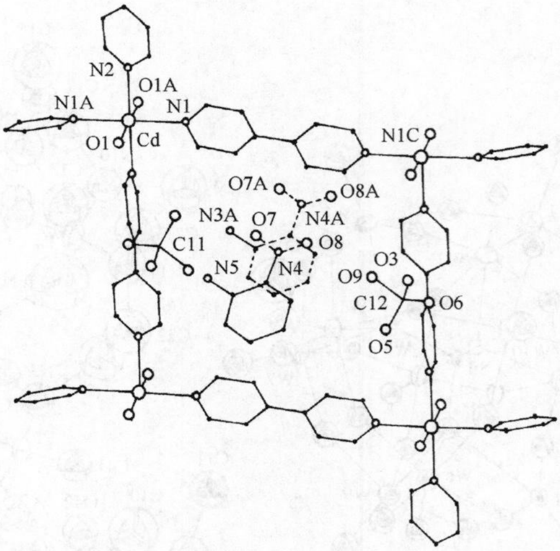

图 8.11　配合物$[Cd(4,4'\text{-bipy})_3(H_2O)_2](ClO_4)_2$ 骨架所形成的包合物

见链愈长则 $\boldsymbol{\chi}^{(2)}$ 愈高。用这种方法还可以得到分子在膜内取向的信息[39]。对于钌和胞苷三磷酸(CTP)所形成的 Ru-CTP 配合物膜，其 $\boldsymbol{\beta}$ 值可高达 108×10^{-30} esu。

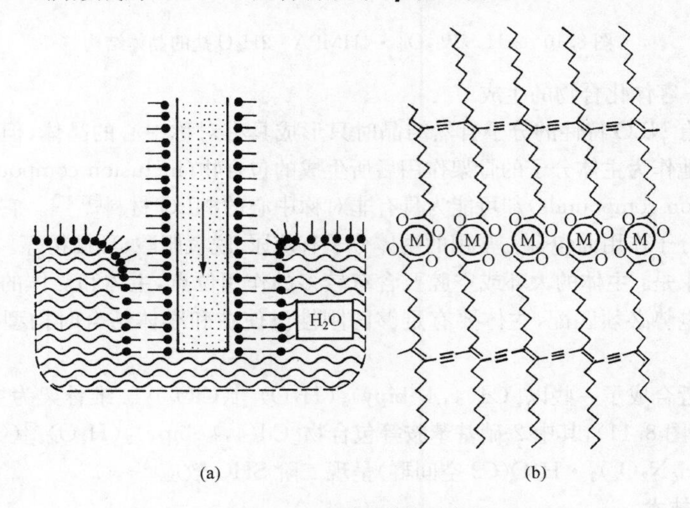

图 8.12　LB 膜形成的示意图

(a) LB 膜的拉制；(b) 用 LB 膜技术制得的交链羧酸盐

表 8.7　LB 单分子膜的 NLO 系数

分子	$\chi^{(2)}$/(pm/V)	γ/(pm/V)
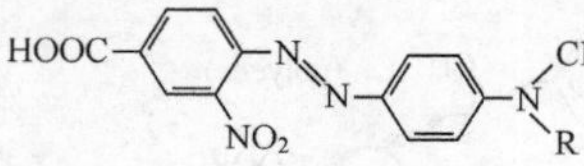 HOOC–C$_6$H$_3$(NO$_2$)–N=N–C$_6$H$_4$–N(CH$_3$)R (DPNA)	670	57
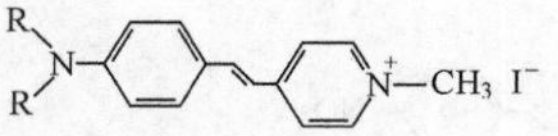 R$_2$N–C$_6$H$_4$–CH=CH–C$_5$H$_4$N$^+$–CH$_3$ I$^-$ (DMAS)	2615	—
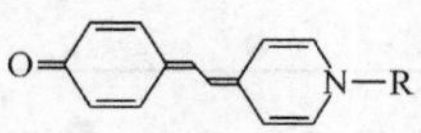 O=C$_6$H$_4$=CH–CH=C$_5$H$_4$N–R	550	—
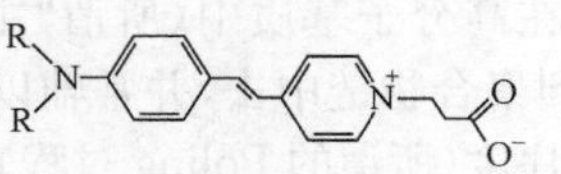 R$_2$N–C$_6$H$_4$–CH=CH–C$_5$H$_4$N$^+$–CH$_2$CH$_2$COO$^-$	—	69
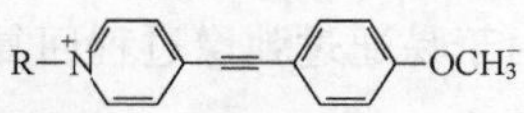 R–N$^+$C$_5$H$_4$–C≡C–C$_6$H$_4$–OCH$_3^-$	—	0.7

LB 膜的缺点是存在微缺陷引起的散射以及结构的不稳定性及不规整性。我们采用化学自组装的方法，通过缩合反应在羟基化硅表面上制得了图 8.13 所示的多层表面膜。其二阶 NLO 等实验结果列于表 8.8[40]。其中 η 为反应产量，θ 为接触角，φ 为发色团偶极矩的取向角，$\chi_{zzz}^{(2)}$ 为膜的 SHG 系数。当层数 $n<7$ 时，在 300℃下仍相当稳定，实验结果和 SHG 理论处理一致；当薄膜厚度远小于光的相关长度时，其 SHG 强度的平方根和膜厚度成正比。

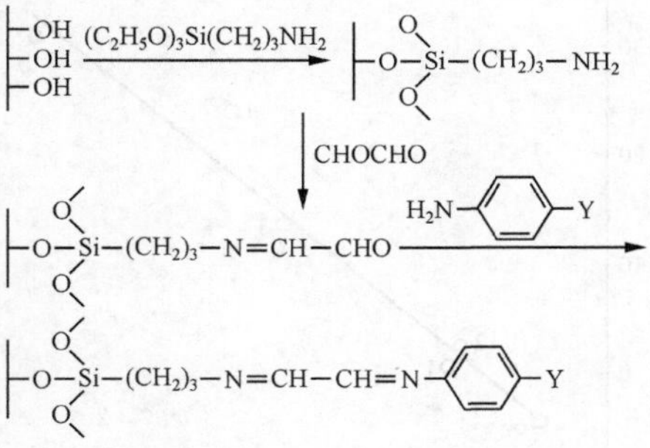

$$
|\text{–OH} \xrightarrow{(C_2H_5O)_3Si(CH_2)_3NH_2} |\text{–O–Si(O)(O)–(CH_2)_3–NH_2}
$$

$$
\xrightarrow{\text{CHOCHO}} |\text{–O–Si(O)(O)–(CH_2)_3–N=CH–CHO} \xrightarrow{H_2N\text{–C}_6H_4\text{–Y}} |\text{–O–Si(O)(O)–(CH_2)_3–N=CH–CH=N–C}_6H_4\text{–Y}
$$

图 8.13　自组装界面膜的合成

表 8.8　交替 Y 型 LB 膜的 NLO 系数

分子 A	分子 B	$\chi^{(2)}$/(pm/V)
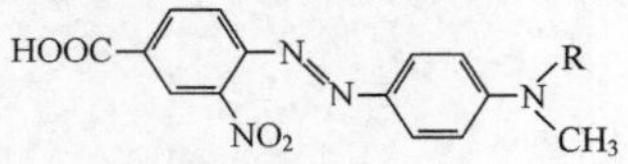 HOOC–C$_6$H$_3$(NO$_2$)–N=N–C$_6$H$_4$–N(R)CH$_3$	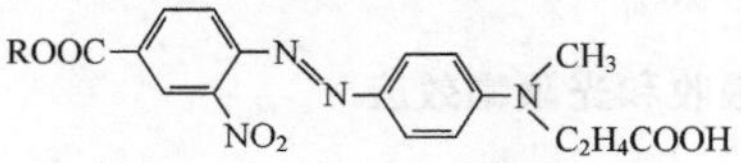 ROOC–C$_6$H$_3$(NO$_2$)–N=N–C$_6$H$_4$–N(CH$_3$)C$_2$H$_4$COOH	340
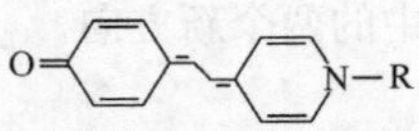 O=C$_6$H$_4$=CH–CH=C$_5$H$_4$N–R	CH$_2$=CH(CH$_2$)$_{20}$COOH	550

续表

分子 A	分子 B	$\chi^{(2)}$/(pm/V)
H_3C, N, R, CH_3, H_3C, COOH, CN	$HOOC(CH_2)_2$, N, H_3C, CH_3, (polyene), H_3C, COOR, CN	2000
H_3C, N, H_3C, Br^-, N^+—R	H, N, R, O, NO_2	400

对于高分子膜则可以通过将 NLO 分子分散在高分子基质中(所谓“主体-客体”体系),也可以将 NLO 活性分子通过化学方法接入到聚合物链中去,并常辅以在玻璃转变温度 T_g以下施加强直流电场以增强分子的取向有序度(所谓的 Poling 过程)[41]。这种膜的特点是易于通过旋转涂膜方式形成多层器件,但由于易通过弛豫过程回复原有的无序取向,从而降低其稳定性。

非线性光学的晶体工程是一个很具有吸引力的方向,目前仍有相当的难度。我们基于超分子概念,根据一般公式(8.1.14),建立了一种计算有机 NLO 材料的宏观二阶非线性光学系数 $\boldsymbol{\chi}^{(2)}$ 的方法[42]。该方法为了考虑分子间的相互作用,将一个晶胞作为一个超分子,利用 ZINDO-MECI-SOS 方法计算 $\boldsymbol{\beta}_{cell}$,并根据 Lorentz 公式计算局部场[参考式(6.1.7)],我们将这种改进的方法用于典型的有机晶体,其计算值与实验值符合较好(图 8.14)。这种简单易行的方法对于分子体系的 NLO 设计有一定指导作用。

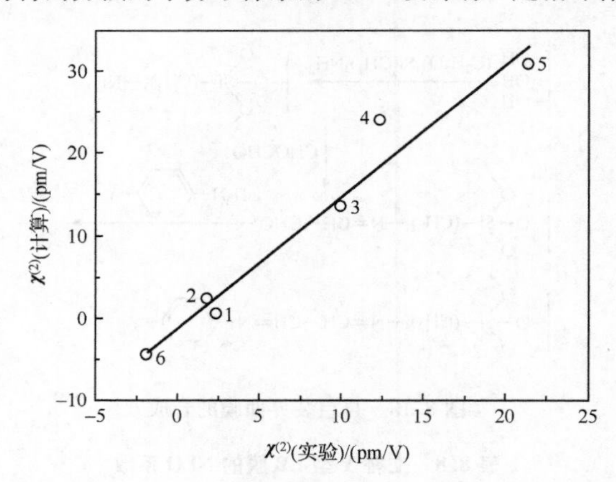

图 8.14　有机 NLO 材料理论计算的 $\boldsymbol{\chi}^{(2)}$ 值和实验值的比较

8.3.3　双光子吸收和光限幅效应

双光子吸收和光限幅效应是当前非线性光学在分子材料中的两个新方向。

1. 双光子吸收(*TPA*)材料

它是在强光激发下,电子由连续两步方式通过上转换同时或先后吸收两个光子后跃迁到两倍光子能量激发态的过程[43]。根据式(9.1.9)的光谱跃迁矩公式,说明了对于分子中的单光子吸收中只允许有对称的 ϕ_g→非对称的 ϕ_u 宇称之间($\Delta l=\pm 1$)才具有高的跃迁概率。但是在双光子跃迁中则由式(9.1.9)出发考虑到电子和振动相互偶合等因素,也可以导出 g→g 和 u→u($\Delta l=\pm 1$ 或 2)这种相同宇称态之间也是允许的。为了说明其基本原理,我们结合简单的三能级图 8.15 中的符号进行说明[44]。具有强吸收截面 σ 发色团的分子吸收频率为 ω 的光子从基态 S_0 跃迁到第一单重激发态 S_1,振动弛豫后再从 S_1 吸收光频为 ω 的第二个光子从 S_1 跃迁到单重激发态 S_n,再回到基态 S_0 而发出 2ω 的荧光。在三阶极化 $\boldsymbol{\chi}^{(3)}$ 中,这相当于 $(-\omega;\omega_1',\omega_1',\omega)$ 的虚数部分,在符号为正时相当于诱导吸收,为负时相当于诱导增益,这些效应就分别表现在双光子吸收(TPA)和受激拉曼散射 ($\omega_1-\omega\approx\omega_{振动}$) 光谱中。

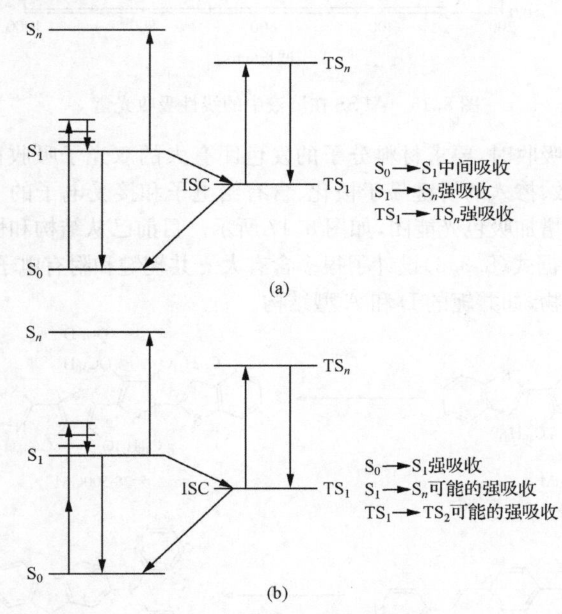

图 8.15　双光子和反转饱和吸收的能级图

(a)RSA 反转饱和吸收;(b)TPA 双光子吸收

在非线性光学材料研究中,近来双光子吸收光电材料引起了人们的重视。双光子吸收截面 σ_2 正比于三阶 NLO 系数的虚数部分 $\mathrm{Im}(\boldsymbol{\chi}^{(3)})$:

$$\sigma_2=\frac{8\pi^2 h\nu}{n^2c^2N}\cdot\mathrm{Im}(\boldsymbol{\chi}^{(3)}) \tag{8.3.5}$$

其中,ν 为入射光频率,n 为介质的线性折射率,c 为光速,N 为吸收光子的数目。由于双光子吸收截面的数值和实验的频率 ω 有关,一般用纳秒测定的 σ 值大于用皮秒测定的 σ

值。常用的单位 σ 为 1GM≡1×10^{-50} cm^4 · s · photon^{-1} · 分子$^{-1}$。20 世纪 90 年代中期发现 APSS(4-[*N*-(2-羟乙基)]-*N*-甲胺苯基-4′(6-羟己基亚砜基)芪)等有机化合物的 σ_2 值比一般化合物高两个数量级以上而深受人们的重视[45]。图 8.16 为一种有机染料 APSS,其溶液在 400nm 有一个强的线性吸收,而在 800nm 处没有。但在 800nm 处用 5ns 进行激光脉冲,则该染料分子通过双光子上转换而在 800nm 波长处发出强烈的荧光吸收。

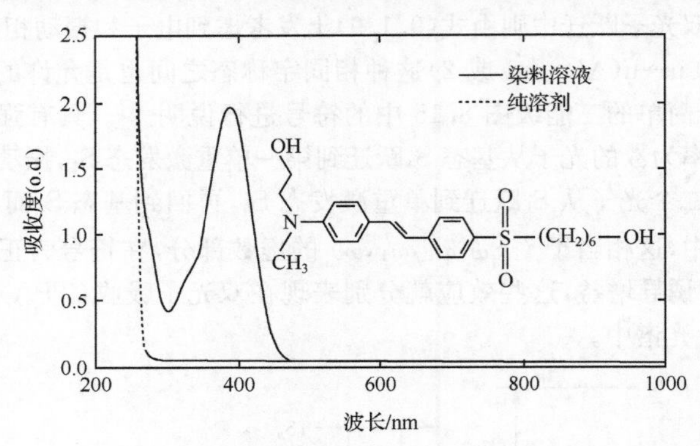

图 8.16　APSS 在溶液中的线性吸收光谱

在进行双光子吸收时,要求材料分子的发色团有大的双光子吸收截面积 σ。主要因素是:高共轭桥联数、掺入的桥键易于极化、含有给电子和接受电子的 D-A 官能团、增加分子的共平面性和增加吸色光能团,如图 8.17 所示。目前已从结构和性质的观点进行了设计[46-48]。早期根据式(8.3.5)设计了很多含有大 π 共轭键和附有电子给体 D 和受体 A 型双光子吸收化合物,如共轭的 D 和 A 型结构。

A-π-A　　　　D-π-D

$C_{10}H_{21}$　$C_{10}H_{21}$　　$C_{10}H_{21}O$　$OC_{10}H_{21}$　$C_{10}H_{21}O$　$OC_{10}H_{21}$

δ=390GM　　　　δ=28 500GM

D-π-A

$C_{10}H_{21}$　$C_{10}H_{21}$

δ=3 900GM　　　　δ=115 600GM

D-A-π-A-D

A: R_1=CN, R_2=H; B: R_1=CN, R_2=$C_{12}H_{25}$; C: R_1=OCH_3, R_2=CN

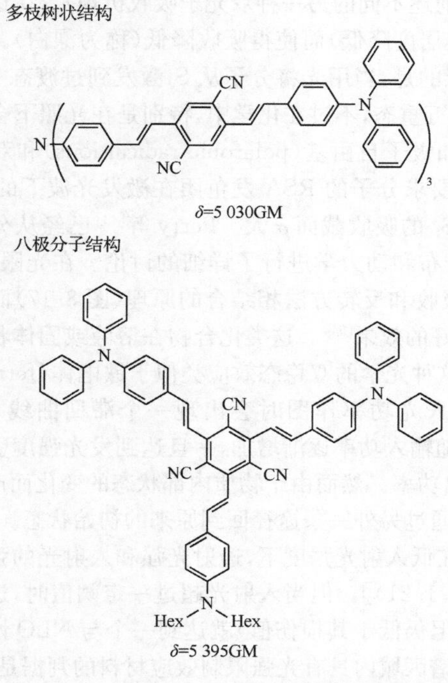
多枝树状结构
CN
N
N
NC
3
δ=5 030GM
八极分子结构
N
CN
N
NC
CN
N
Hex
Hex
δ=5 395GM

图 8.17　有机分子结构和对应的双光子吸收截面 σ

应用分子非线性光学效应也可以制备小型、有效和能在不同波长下操作的激光器件，在日常生活(CD 盘)和军事上(夜视器)都有广泛应用。例如，直接或多步通过上转换双光子吸收在空腔内共振而产生电子的集居度逆转而发射短波长、可见和相干激光光源。它之所以受到人们重视是因为它可以避免在前述利用谐波发生器和三波混合波那种上转换高密度光存储器。其在技术上也不需要式(8.3.2)所示的位相匹配，还可以具有易调节的宽可调范围，因而可以用于纤维结构的波导材料。这种材料在上转换材料[49]、3D 信息存储[50]、微加工[51]、双光子荧光成像和纤维技术[52]以及光化学治疗[53]等领域都有应用前景。和无机双光子吸收材料(如在稀土发光材料)比较，它的优点是：易于进行分子剪裁和器件制作与集成；激发能量低、成本低、光学损伤阈值高、光学响应快。作为双光子泵浦上转换以得到高频激光源，它可采用低发光成本的 LED 作为泵浦源(参见 9.2 节)，具有很宽的可调输出光范围，较长的泵浦光波长使其光损伤较低、发光寿命长，并易于制成光波导和光纤。双光子效应还可应用于高密度、高速度三维信息存储。

2. 光限制效应

酞菁类等分子化合物具有饱和吸收特性，其简单机理可由图 8.15 说明。即其处于基态 S_0 的电子在强激发光源的激发下发生吸收跃迁到单重态 S_1 后再强吸收一个光子激发到另一个更高的激发态 S_n(双光子吸收)或者从 S_1 通过系间窜越(ISC)过程而达到寿命长的三重过渡态 TS_1，从而不能及时通过弛豫过程而回到基态 S_0。TS_1 再强吸收一个光子跃迁到更高的过渡态 TS_n(这也是和前述不同的另一种双光子吸收机理)。在这种双光子过程中,由于基态电子的不断消耗(集居度降低)而使得吸收降低(称为漂白)。这种现象称为反转饱和吸收(RSA)。应该注意的是,当用光将分子从 S_0 激发到过渡态 TS(transition state)时,图中的 TS 就是通常的五重态,不过在化学中,特别是在光照下会产生其他多种光电荷转移形式的过渡态 TS,如极子自由基(polaronic radical-ions)和双极子的双离子。在这里讨论光限制效应时,就要求分子的 RSA 发色团在激发光波下的 S_1 和通过 ISC 到 TS_1 态的吸收截面 σ 比 S_0 到 S_1 的吸收截面 σ 大。Perry 等[43]已经从分子设计的观点对这种光限制吸收剂的集居度分布和动力学进行了详细的讨论。在光限幅材料中,另一个新的方向是将前述的双光子吸收和反转方法相结合的原理(图 8.17)而设计含有两种功能成分的新型结构,以达到更好的效果[54]。这类化合物在溶液或固体状态就会呈现出所谓的光双稳态开关效应[24]。这种光学的双稳态效应类似于铁电体(ferroelectrics)的(图 7.1)。当将输出光功率对输入光功率作图时会出现一个滞回曲线(hysteresis loop)。在曲线的上升部分输出功率随输入功率逐渐增加,一旦达到发光强度引起物质内的"相变"(即漂白)从而达到高的输出功率。然而由于物质内部状态的变化而产生的某种协同效应,在降低应用的场强时则会通过另外一条途径回到原来的初始状态。

酞菁可作为光功率限制器[28]。在低入射光强度下,透射光强和入射光的强度成线性正比关系[化学中的 Beer 定律,式(9.1.21)]。但当入射光超过一定阈值时,透射光强就达到一个极限值。在高发光强度下(但仍低于其损伤值)就达到一个与 NLO 性质有关的饱和值。从上述机理出发,在给定光谱区域内具有光强限制效应材料的判据是:在低光强下具有较高的透光度,有强的激发态吸收和较长的激发态寿命,以使激发的吸收能与弛豫到基态的相竞争。一些酞菁配合物符合上述要求,它们在 400～600nm 窗口内透明并呈现激发态吸收,有些还可以达到在可见激光内保护传感器或眼睛的作用。$M(OR)_2Pc$ 表现出强的激发态吸收,其光强限制效应次序为:Sn＞Ge＞Si。这是由于轨道-自旋偶合作用随着原子序数 Z 的增加而增加,从而使系间窜越速率加大,三重态吸收增强。对二硫代烯金属配合物的研究表明,它们具有优良的皮秒级光限制效应[28](图 8.18)。

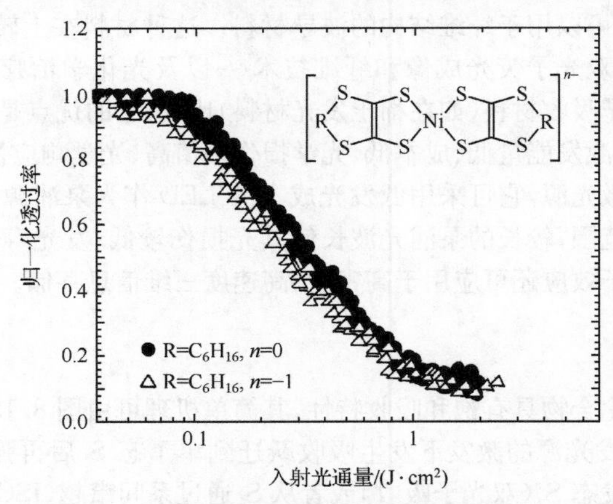

图 8.18　二硫烯金属配合物 bddt 的光限制效应(25℃)

这种从1960年观察到的光限制“智能材料”已从有机化合物[55]发展到不同的化合物[55]和金属簇合物[56]、富勒烯[57-59]等结构。含有过渡金属配合物的特点是具有多变的氧化-还原态、配位数和几何构型，可以和配体生成共轭体系，以及在金属(M)和配体(L)之间生成多种金属-配体电荷转移(MLCT)及配体-金属电荷转移(LMCT)之间电荷转移光谱。它们还可以制备成溶液、主-客体和溶胶-凝胶[59]等形态。

由于非线性光学效应和电光材料在频率变换和纤细处理等高新技术中的应用，对它们有一些基本要求：①由于输出功率比例于非线性的光学平方，要求有大的NLO系数；②要求位相匹配，以提高光强度；③透明波段要宽，以提高透光率；④晶体在光和热条件下具有化学和结构稳定性，抗损伤阈值高；⑤有足够大的尺度(远大于几个厘米)。目前已设计和发展了很多无机、有机、高分子等非线性光学材料。在我国已有陈创天等发展的无机BBO[10]和蒋民华等发展的分子型L-精氨酸$(NH_2)_2^+CNH(CH_2)_3CH(NH_3)^+COO^-\cdot H_2PO_4^-\cdot H_2O$倍频材料[20]。

参 考 文 献

[1] Ashwell G J. //Ashwall G J, ed. Molecular electronics. New York: John Wiley & Sons, 1991

[2] Shen Y R. The principles of nonlinear optics. New York: John Wiley & Sons, 1984

[3] Munn R W, Ironside C N, eds. Principles and applications of nonlinear optical materials. London: Blackie Academic & Professional, 1993

[4] Levine B F, Bethea C G. J. Chem. Phys., 1975, 63: 2666

[5] (a)陈纲，廖强儿. 晶体物理学基础. 北京：科学出版社，1992

(b) Hurst M, Munn R W. J. Mol. Electron. 1986, 2: 35

[6] Kanis D R, Ratner M A, Marks T J. Chem. Rev., 1994, 94: 195

[7] (a)叶成，习斯J. 分子非线性光学的理论与实践. 北京：化学工业出版社，1996

(b) Cotton F A. 群论在化学中的应用. 第2版. 刘春万，游效曾，赖伍江，译. 福州：福建科学技术出版社，1999

[8] (a)Zhao C Y, Zhang Y, Fan W H, You X Z. J. Mole. Struc. (Theochem), 1996, 73: 367

(b)Zhang Y, Zhao C Y, You X Z, et al. Theo. Chim. Acta., 1997, 96: 129

[9] Oudar J L. J. Chem. Phys., 1977, 67: 446

[10] Chen C, Lin G Z. Ann. Rev. Mater. Sci., 1986, 16: 203

[11] Nicoud J F, Twieg K J. //Chemla D S, Zyss J, eds. Nonlinear optical properties of organic molecules and crystal. Vol 2. New York: Academic Press, 1986

[12] Cheng L T, Tam W, Meredith G R, Marder S R. Mol. Cryst. Liq. Cryst., 1990, 189: 137

[13] Calabrese J C, Cheng L T, Green J C, et al. Am. Chem. Soc., 1991, 113: 7227

[14] Mignani G, Kramer A, Puccetti G, et al. Organometallics, 1990, 9: 2640

[15] Parshall G W. J. Am. Chem. Soc., 1974, 96: 2360

[16] Arnold D P, Bennett M A. Inorg. Chem., 1984, 23: 2117

[17] Long N J. Angw. Chem. Int. Ed. Eng., 1995, 34: 21

[18] Bella S D, Fragala I, Ledonx I, Mark T J. J. Am. Chem. Soc., 1995, 17: 9481

[19] Laidlaw W M, Denning R G, Verbiest T, et al. Nature, 1993, 363: 58

[20] Xu D, Jiang M H, Tao X T, Shao Z S. J. Synth. Cryst. (China), 1987, 10: 1

[21] Schellenberg F M, Byer R L, Miller R D. Chem. Phys. Lett., 1990, 166: 331

[22] Tian Y P, Duan C Y, Zhao C Y, et al. Inorg. Chem., 1997, 36: 1247

[23] 钟维烈. 铁电梯物理学. 北京：科学出版社，1996

[24] (a)Bhawalkar J D,He G S,Park C K,et al. Opt. Commun.,1996,124:33
(b)He G S,Cui Y P,Parasad P N. J. Appl. Phys.,1997,81:2529
[25] Zuo J L, Yao T M, You F, et al. J. Mater. Chem., 1996, 6 :1633
[26] Marder S R, Sonh J E,Stucky G D, eds. Materials for nonlinear optical: Chemical perspectives. Washington D C:American Chemical Society,1991,616
[27] (a) Kurtz S K,Perry T T. J. Appl. Phys. 1968, 39: 3798
(b) Lupo D, Prass W, Scheunemann U, et al. J. Opt. Soc. Am. B, 1988: 300
[28] Messier J,Kajzar F, Prasad P, eds. Organic molecules for nonlinear optics and photonics, NATO ASI Series E, 194 . Boston:Kluwer Academic Publishers, 1991:369
[29] You X Z. J. Photochem. Photobiol. Chem., 1997,106:85
[30] Twieg R W, Jain K. //Williams D J,ed. Nonlinear optical properties of organic and polymeric materials. Washington D C:American Chemical Society, 1983,57
[31] Marder S R,Perry J W, Schaefer W P. Science, 1989, 245: 626
[32] Mardre S R, Beratan D N,Chang L T. Science, 1991, 252: 103
[33] Niu J Y, You X Z, Duan C Y, et al. Inorg. Chem., 1996, 35 : 4211
[34] (a) Xu X X, You X Z. Polyhedron, 1995, 14 : 1815
(b) Zhang X M, Shan B Z, Dnar C Y, You X Z. J. Chem. Soc. Chem. Commun., 1997:1131
[35] Tam W, Eaton D F,Calabrese J C, et al. Chem. Mater., 1989, 1: 128
[36] Cox S D, Gier Y E, Bierlein J D,Stucky G D. J. Am. Chem. Soc., 1989, 110: 2986
[37] Liu C M, Xong R G, You X Z, Chen W. Acta. Chem. Scand., 1998,52: 88
[38] 芬德勒J H. 膜模拟化学.程虎民,高月英,等译.北京:科学出版社,1991
[39] Lupo D,Prass W,Scheunemann U, et al. J. Opt. Soc. Am. B, 1988, 5: 300
[40] Zhang X Q, Wang W Y,You X Z, Wei Y. Appl. Surf. Sci., 1995, 4: 267
[41] Singer K D, Kuzyk M S,Holland W R, et al. Appl. Phys. Lett., 1988, 53: 1800
[42] Zhu X L, You X Z. J. Mol. Struct.,2000,523:197
[43] Perry J W. // Nalwa H S,Miyata S, ed. Nonlinear optics of organic molecules and polymers. Boca Raton:CRC Press,1997,813
[44] Spangler C W. J. Mater. Chem.,1999,9:2013
[45] (a) Garito A F, Wu J W,Lipscomb G F,Lytel R. Mater. Res. Soc. Sym. Proc., 1990, 137: 467
(b) He G S,Cui Y P, Prasad P N. J. Appl. Phys., 1997,81:2529
[46] (a) Reinhardt B A, Brott L L, Prasad P N. J. Chem. Mater.,1998,281:1653
(b) Chung S J, Rumi M, Alain V,et al. J. Am. Chem. Soc.,2005,127(31):10844
[47] Yoo J, Yang S K, Cho B R,et al. Organic Lett.,2003,5(5):645
[48] Zyss J, Ledous I. Chem. Rev.,1994,94(1):77
[49] Maruo S, Ikuta K. Proc. SPIE,2000,3937:106
[50] Alexey B, Natalia B, Valery S. J. Mater. Chem.,2000,10(5):1075
[51] Maruo S, Ikuta K. Applied Phys. Lett.,2000,76(5):2656
[52] Coenjarts C, Garcia O, Llauger L,et al. J. Am. Chem. Soc.,2003,125(3):620
[53] Yawata S, Kawata Y. Chem. Rev.,2000,100(5):1777
[54] Charles W,Spangler J. Mater. Chem.,1999,9:2013
[55] Cumpston B H, Ananthavel S P, Barlow S,et al. Nature,1999,398:51
[56] Shi S, Ji W, Tang S H. J. Am. Chem. Soc.,1994,116:3615
[57] Tott L W, Kost A. Nature,1992,356:225
[58] Sun Y-P, Riggs J E, Liu B. Chem. Mater.,1997,9:1268
[59] Beutivegna F, Canva M, Georges P, et al. Appl. Phys. Lett.,1993,62:1721

第 9 章　光的吸收和光致发光

材料的光谱学主要是研究光辐射场和物质及其界面相互作用后光的吸收、反射、折射、衍射等行为的规律，从而进一步研究物质的微观结构、性质及其应用[1,2]。本章将重点讨论分子和分子晶体的光致发光材料。

9.1　分子的吸收和发光

9.1.1　分子发光基础

一般晶体是由分子组成，分子又是由原子组成。从微观电子结构来看，分子状态的波函数(分子轨道，MO)是原子波函数(原子轨道，AO)的线性组合，而晶体的波函数(能带)又是分子波函数的线性组合。对分子能级及其光谱的讨论是研究分子晶体光谱的基础。分子内部的运动很复杂，除了像原子一样具有原子核能 E_n、质心在空间的平移能 E_t 外，为了简化，我们将只讨论所关心的分子内部的运动状态。分子中的分子轨道所对应的电子能级 E_e、原子间的振动状态对应的振动能 E_v 和分子转动状态的转动能 E_r。当不考虑它们之间的相互作用时，可将分子的能量 E 近似地表达为

$$E = E_e + E_v + E_r \tag{9.1.1}$$

在外部光辐照下，分子由低能级 E 吸收辐射光中的频率为 ν 的光子后，发生对应于式(9.1.2)的跃迁能级 ΔE 的变化：

$$\nu = \Delta E_e/h + \Delta E_v/h + \Delta E_r/h \tag{9.1.2}$$

图 9.1 以双原子分子为例表示了这种能级和在光照下所发生的相应光谱过程(称为 Jablonski 图)。在实验中若使用能量较低的微波或远红外光源照射分子，就会引起 ΔE_r 跃迁(图 9.1 中①)而获得转动光谱(或称微波谱)；相应地，若分别使用红外或紫外-可见波长的光源，则可以分别得到由于分子振动能级 ΔE_v 和 ΔE_e 跃迁所导致的红外光谱和紫外-可见光谱(图 9.1 中②和③④)。

分子转动的能级较小，在分子介电性质讨论中十分重要，但在材料的光学性质中一般不加讨论。

1. 分子的光物理过程

分子 A 在吸收了光子后，从电子基态 S_0 跃迁到激发态 S_n 后会引起一系列物理变化和化学变化，后者属于化学中的光化学领域。两者实际上也很难区分，这里重点讨论与光物理有关的光物理过程[3]。

当基态的分子 A 受光辐射而吸收光子 $h\nu$ 时，发生吸收作用：

$$A + h\nu \longrightarrow A^* \tag{9.1.3}$$

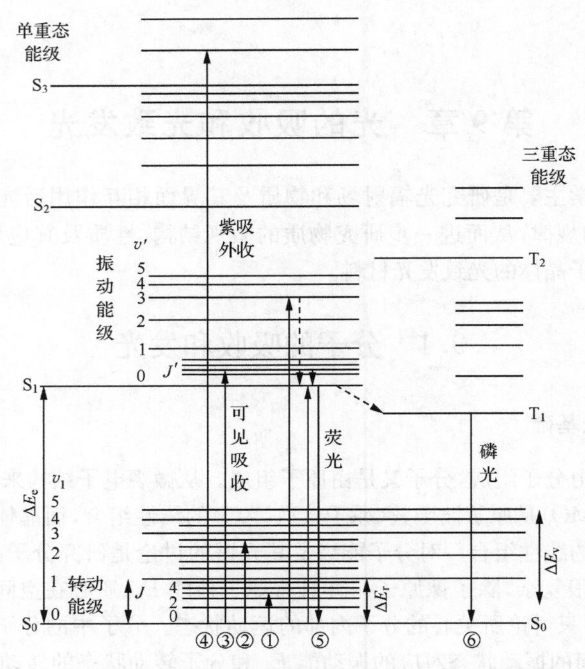

图 9.1　分子中光物理过程的 Jablonski 图

A^* 可以是(包含振动量子态 v 在内)S_1 态的激发分子或更高单重态 S_2 或 S_n 等激发态的分子,或当电子激发到 S_n 态后自旋随即变化到三重态 T 时(图 9.1 中⑥),其后分子中就可以发生各种光物理过程,例如对于单分子过程有:

$A^* \longrightarrow A$ + 热能　　内转换(IC′)　　$S_1 \longrightarrow S_0$　　(9.1.4)

$A^* \longrightarrow A + h\nu$　　荧光发射(FE)　　$S_1 \longrightarrow S_0$　　(9.1.5)

$A^* \longrightarrow {}^3A$ + 热能　　系间窜越(ISC)　　$S_1 \longrightarrow T_1$　　(9.1.6)

${}^3A \longrightarrow A + h\nu$　　磷光光谱(PE)　　$T_1 \longrightarrow S_0$　　(9.1.7)

${}^3A \longrightarrow A$ + 热能　　可逆系间窜越(ISC)　　$T_1 \longrightarrow S_0$　　(9.1.8)

其中 A^* 和 ${}^3A$ 分别为处于第一激发单重态 $S_n(2S+1=0)$ 和三重态 $T(2S+1=3)$ 的分子。在图 9.1 中,如发生式(9.1.4)所表示的无辐射跃迁,图中常用波形(或虚线)箭头表示(将多余的能量转换到周围环境);图 9.1 中⑤和⑥为如式(9.1.5)表示的辐射跃迁,图中常用直线表示。

分子激发态是分子(或晶体)发光的重要环节。除了上述的光激发方式外,还可以通过电激发和化学反应激发等方式实现。

2. 分子光谱的选择规则

和基态相比,在激发态的分子的一系列性质,如分子轨道、分子能量、分子内电荷密度分布、分子的构型、激发态的弛豫时间、化学活性以及所引起的物理和化学性质都会发生变化[4-6]。例如，当分子在基态跃迁到激发态间发生吸收或发射光谱时，从量子力学可以证明式(2.3.22b)，它们之间的跃迁速率和跃迁偶极矩的矩阵元$\langle H' \rangle$的平方成正比：

$$\begin{aligned}\text{跃迁速率}(\mathrm{s}^{-1}) &= \int S_{\mathrm{i}} S_{\mathrm{f}} \mathrm{d}\tau_S \int \chi_{\mathrm{i}}\ \chi_{\mathrm{f}} \mathrm{d}\tau_n \int \varphi_{\mathrm{i}} \mu_{\mathrm{if}} \varphi_{\mathrm{f}} \mathrm{d}\tau_e \\ &= (4\pi^2 \rho/h) \langle H' \rangle^2 \end{aligned} \tag{9.1.9}$$

其中 μ_{if}为跃迁偶极矩；ρ 为初态(i)和与之相偶合的终态(f)的态密度，即每个状态能量曲线上单位能量间隔(以 cm^{-1}为单位)中的振动能级数，参考图 9.2。由于波函数 S、χ 和 ψ 分别为电子的自旋(多重性)、振动(几何构型)和电子(组态)，其中任何一个积分为零都会导致跃迁速率为零，从而导致相应的一系列光吸收和发射的跃迁选择规律：$\langle H' \rangle^2=0$ 为禁阻跃迁；反之$\langle H' \rangle^2 \neq 0$ 为允许跃迁。其中最常见而重要的选择规律是：①自旋对称跃迁原则。由式(9.1.9)可见，若始态和终态不同自旋波函数 S_{i} 和 S_{f} 之间具有不同的自旋 S，则由量子力学可知不同的自旋态必然正交，因而$\int S_{\mathrm{i}} S_{\mathrm{f}} \mathrm{d}\tau_S=0$。所以图中只有在相同的单重态($S=0$，记为↑↓)之间或三重态($S=1$，记为↑↑)之间的跃迁才是允许的$\int S_{\mathrm{i}} S_{\mathrm{f}} \mathrm{d}\tau_S=1$；而单重态和三重态之间的跃迁是不允许的$\left(\int S_{\mathrm{i}} S_{\mathrm{f}} \mathrm{d}\tau_S=0\right)$。②Franck-Condon原理：当分子受到光激发时，电子由初态 i 跃迁到终态 f 轨道，当激发态分子的核间距离发生变化而偏离了基态的平衡核间距离 r_0 时，则会产生激发态的弛豫过程。按照 Heisenberg 的测不准定则 $\Delta E \cdot \Delta t \sim \hbar/2\pi$，当偏离 r_0 较大时，相应核构型变化的核振动能量 ΔE 变化也较大，这就导致电子跃迁过程的弛豫时间 Δt 大到约为 $10^{-6} \sim 10^{-14}$ s，跃

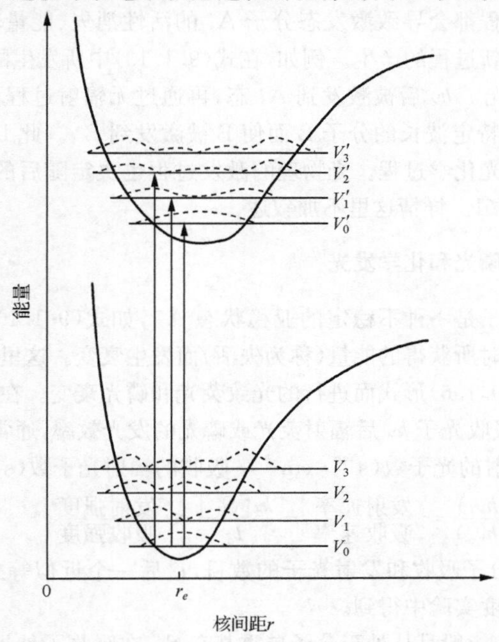

图 9.2　双原子分子基态和激发态的 Morse 曲线，虚线表示振动概率函数($\chi^2_{振动}$)

迁速率(s^{-1})就小(称为间接跃迁);但当偏离较小时,则会导致电子跃迁过程的弛豫时间发生在较短时间内,当小到10^{-13}～10^{-12} s范围内,跃迁速率就大(称为直接跃迁)。当电子跃迁瞬间小到核的构型来不及发生变化时,由式(9.1.9)可见,这时由于不受式(9.1.9)中第二项积分的约束,电子的跃迁的速率最大,这就是Franck-Condon原理。

图9.2为在自旋多重性相同的条件下,分子由基态φ_i跃迁到激发态φ_f过程的Franck-Condon原理示意图,其跃迁速率则按式(9.1.9)和其中第二项核振动积分$\int \chi_i \chi_f \mathrm{d}\tau_n$相关。

上面讨论的这些规律都只适用于简单体系,没有更复杂相互作用的理想情况。实际上常发生一些不符合上述规律的实例。例如,考虑到自旋S和轨道L相互偶合而引起不同自旋S_1(单重态)$\rightsquigarrow$ T_1(三重态)间的系间窜越[ISC,式(9.1.6)]或式(9.1.4)所示$^3A \rightsquigarrow S_0$的无辐射逆向系间窜越。这种系间窜越过程和前述的无辐射热过程的跃迁速率都比较小,分别约对应于10^7～$10^{11}\ s^{-1}$。

更复杂的是,当分子A处在溶剂S或含有杂质Q(包括淬灭剂)甚至含有另外一种分子B时,可能通过下列一些双分子过程而发生比上述分子更复杂的双分子过程,如:

$$A^* + S \longrightarrow A + S + \text{热能} \quad \text{溶剂淬灭} \tag{9.1.10}$$

$$A^* + A \longrightarrow 2A + \text{热能} \quad \text{自淬灭} \tag{9.1.11}$$

$$A^* + Q \longrightarrow A + Q + \text{热能} \quad \text{杂质淬灭} \tag{9.1.12}$$

$$A^* + B \longrightarrow A + B^* \quad \text{能量转移} \tag{9.1.13}$$

这些双分子光物理过程都会导致激发态分子A^*的活性消失、能量转移(ET),但也会导致新的催化中间态或新过程的产生。例如,在式(9.1.13)中所发生的能量转移(ET)过程中,一个分子A吸收光子$h\nu$后被激发到A^*态,再通过无辐射过程而将它的激发能转移给另一个可吸收这个特定波长的分子B而使B被激发到B^*。此B^*又可以发生其特有的上述其他光物理和光化学过程。光物理的激发过程也决定随后的光化学过程,并使光学反应的量子产率$\phi<1$。详情这里不加叙述。

9.1.2　分子的荧光、磷光和化学发光[7-8]

处于激发态的分子是一种不稳定的亚稳状态A^*,如式(9.1.1)所示,它可以通过各种途径失去其在激发时所获得的能量(称为失活)而发生衰变。这里我们只讨论其中通过辐射式(9.1.5)和式(9.1.6)形式而进行的光致荧光和磷光衰变。在这种衰变过程的研究中,为了定量地表示吸收光子$h\nu$后辐射荧光或磷光的发光效率,通常定义它为

$$\phi_{\text{发光}} = \text{发射的光子数}(s^{-1}\cdot cm^{-2}) / \text{吸收的辐射光子数}(s^{-1}\cdot cm^{-2})$$

$$= \frac{n_f(h\nu_f)}{n_a(h\nu_a)} = \frac{\text{发射速率}}{\text{吸收速率}} = \frac{k_f[S_1]}{I_a} \approx \frac{\text{发射强度}}{\text{吸收强度}} \tag{9.1.14}$$

其中n_a和n_f分别为分子吸收和发射光子的数目,最后一个近似等式可以近似地从吸收光谱和发射光谱的强度实验中得到。

对于发射的过程,一般是从处于分子单重基态S_0,在吸收了外界光源中的光子$h\nu$而跃迁到激发态后,如图9.5所示,原则上优先激发到单重的激发态S_1、S_2或S_3而后发出

荧光。但实际上因为处于高激发态的 S_2 或 S_3 很容易通过式(9.1.4)的非辐射方式(常称为振动热弛豫),特别易发生在柔性凝聚态中,回到 S_1 态,因而只观察到从第一激发态 S_1 发出的荧光。这种现象可以从式(9.1.9)出发进行阐明,即比起高激发能的高激发态来说,从较低激发能的激发态跃迁($\Delta E=E_{激发}-E_{基态}$)回到基态具有更大的概率。这也正是早期的 Kasha 规律:在刚性或凝聚态时,只能观察 S_1 态发出的荧光或通过系间窜越从 T_1 态发出的磷光。

1. 分子的荧光发射

根据前述的 Franck-Condon 原理和振动热弛豫模型可知,荧光或磷光谱总是出现在吸收光谱 ν_a 中的红端(ν 较小的一端,称为 Stokes 红移)。对于荧光发射 ν_f,就有 $h\nu_f<h\nu_a$。对于多原子分子,它们的吸收光谱和荧光光谱之间还具有如图 9.3 所示的镜像对称关系。有时也会出现在高温下,这时分子的基态集居在较高振动态上,则会观察到反 Stokes 效应($h\nu_f>h\nu_a$,称之为蓝移)。

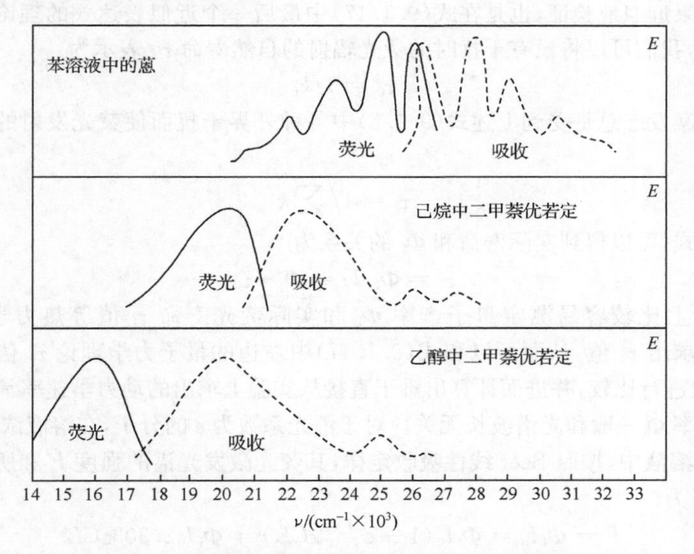

图 9.3　分子中吸收光谱和发射光谱的 Stokes 效应

当激发态和基态的势能曲线或几何构型有很大区别(位移)时,则可能观察不到镜像关系(图 9.3)。也可能在吸收光谱和发射光谱之间出现一个重叠区域,这就可能涉及另外一类的能量转换过程(图 9.3)。

对于从单重态 S_1 发射荧光的分子,它可能有如式(9.1.3)中不同的一级反应类型的失活过程。在考虑到化学中的稳态动力学处理时,荧光分子的吸收光子生成 S_1 态的生成速率 I 应和其各种衰变速率(k)相关,即

$$I=[S_1]/\sum k=[S_1]/(k_f+k_{ic}+k_{isc}) \tag{9.1.15}$$

根据式(9.1.14)所示的荧光量子产率定义,有

$$\Phi_f = k_f / \sum k \tag{9.1.16}$$

其中$[S_1]$为单重激发态 S_1 的浓度；k_f、k_{ic}和 k_{isc}分别为式(9.1.5)、式(9.1.4)和式(9.1.6)所对应的荧光发射、内转换以及系间窜越等过程的速率常数。对于这些一级过程，它们的速率常数 k 是它们寿命τ 的倒数，即 $\tau=1/k$。理想情况下，即使当分子处于没有受到任何外界干扰而处于孤立激发 S_1 状态下，按照物理上的 Einstein 自发发射理论，分子还具有一个自然辐射寿命 τ_N，当溶解在折射率为 n 的介质中时，它可以表示为

$$\tau_N = \frac{3.47\times 10^8 g_m}{n^2 \bar{\nu}_{max}^2 g_n} \cdot \frac{1}{\int \varepsilon_{\bar{\nu}} d\bar{\nu}} = \frac{1.5}{\bar{\nu}_{max}^2 f} \tag{9.1.17}$$

其中 g_m 和 g_n 为所处高能 m 状态和低能 n 状态的自旋 S 的多重性校正因子$(2S+1)$，例如，对于单重态→单重态的荧光跃迁 $g_m=g_n=1$，对于单重态→三重态的磷光跃迁$g_m=3$、$g_n=1$；$\bar{\nu}$ 为是 ν 为函数的吸收光谱和荧光光谱的平均值；化学中按 Beer 定律常称 ε 为摩尔消光系数；f 为振动强度。式(9.1.17)左边的理论值结果可以由式(9.1.17)中得到的实验谱学结果近似地验证，也是在式(9.1.17)中最后一个近似表达式的理论依据。根据式(9.1.17)，我们可以将没有干扰时的荧光辐射的自然寿命 τ_N 表示为

$$\tau_0 = 1/k_f \tag{9.1.18}$$

实际上这种激发态总是受到上述式(9.1.5)中各种外界干扰而使荧光发射的实际寿命减小为

$$\tau_f = 1\Big/\sum k \tag{9.1.19}$$

综合上面各式，可以得到实际寿命和 Φ_f 的关系为

$$\tau_f = \Phi_f / k_f = \Phi_f \cdot \tau_0 \tag{9.1.20}$$

若能从实验上比较容易测定量子产率 Φ_f 和实际荧光寿命 τ_f 值等热力学量，就可从式(9.1.20)求出 τ_0 值，从而可以和式(9.1.17)中左边的量子力学理论 τ_0 值和右边求得的实验 τ_0 值进行比较，并进而计算出难于直接从实验上求出的动力学速率常数 k。

量子产率 Φ 一般和光谱波长无关。对于消光系数为 ε 的分子，在溶液浓度为 C、光程长度为 L 的溶液中，按照 Beer 线性吸收定律，其荧光激发光谱的强度 F 和所吸收的光强度 I_a 的关系为

$$F = \Phi_f I_a = \Phi_f I_0 (1 - e^{-2.303} \varepsilon CL) = \Phi_f I_0 2.303 \varepsilon CL \tag{9.1.21}$$

由式(9.1.21)可见，当固定实验的激发光的光强度 I_0 时，将 F 作为波长(或频率 ν)的函数作图，就可得图 9.3 所示的荧光激发光谱，这种光谱应重现分子吸收光谱的特征，但比后者更灵敏。由于式中还反映了光谱强度 F 和分子浓度 C 的正比关系，所以也常用于化学中的定量分析。式(9.1.21)也是荧光计仪器的基本原理[9-11]。

2. 分子的磷光发射

如前述的 Kasha 规则所示，通常观察到的磷光发射也是按式(9.1.5)从激发态 A^* 经过的一些失活过程(特别是从 $S_1 \rightarrow T_1$ 自旋禁阻的 ISC 过程而到达不同的低能状态，特别是 T_1 态向 S_0 状态跃迁时释放出的辐射)。

对于这种自旋禁阻的 $T_1 \rightarrow S_0$ 的磷光发射，它的磷光自然发射速率当然很低，其 $k_p^0 \approx$

$10^2 \sim 10^{-2}$ s，例如对于具有 $T_1(n,\pi^*)$ 组态的丙酮类分子，其 $k_p^0 \approx 60^{-1}$ s；而对于具有 $T_1(n,\pi^*)$ 组态的萘类分子，其 $k_p^0 \approx 0.1$s。

与式(9.1.16)类似，考虑到各种微扰后，实际的分子磷光量子产率可写成：

$$\Phi_P = \Phi_{isc} k_p^0 / (k_p^0 + \sum k_d + \sum k_p[Q]) \tag{9.1.22}$$

其中 k_p^0 为磷光自然发射的速率常数；$\sum k_d$ 为 T_1 态各种如式(9.1.3)所示的单分子无辐射衰变途径的速率常数之和；类似于式(9.1.16) $\sum k_p[Q]$ 为 T_1 态中所有的双分子淬灭作用的速率常数之和，这种淬灭速率和淬灭剂 Q 的浓度[Q]的关系称为 Stern 公式。式(9.1.21)中引人注目的是，发生磷光必经之路是系间窜越(ISC)的量子产率 Φ_{isc}，这一系数会使磷光量子产率降低。为了使 ISC 过程快速进行，通常是在被研究分子的外部或内部引入有强自旋-轨道偶合作用(s-l)的重原子或金属离子，从而增大 Φ_{isc} 和整个分子的磷光量子产率 Φ_P。

前面简要介绍了分子发光的基本原理。除了广为研究的有机分子外[7]，对于目前发展很快的聚噻吩之类的聚合物[12]和金属有机骨架(MOF)之类发光的新型化合物[13-14]也日益受到人们的关注。

9.1.3　其他非辐射过程

1. 无辐射跃迁

当激发分子 A^* 通过态-态跃迁的物理过程[更一般地也应包括我们将在 12.3 节中讨论的化学过程(图 9.1)]向环境释放热能而达到低能态时，这种过程就称为无辐射跃迁。特别常见的典型无辐射跃迁有两种：①自旋多重态不变的内转换(IC)，如式(9.1.4)中的 $S_n \to S_1$，$S_1 \to S_0$ 和 $T_n \to T_1$ 等态-态跃迁，由于其间在离解为单个原子前能隙 ΔE 较小，因而其速率常数 k 高达 $10^{11} \sim 10^{13}\,s^{-1}$；②自旋多重性发生改变的系间窜越(ISC)，如 $S_1 \to T_1$ 和 $T_1 \to S_0$ 等跃迁。其 k 较小，约为 $10^3 \sim 10^{11}\,s^{-1}$。

这种无辐射跃迁的特点是电子态间的能量是通过分子内的振动而耗散的，所涉及的始态和终态这两个电子跃迁电子态(及其所属的振动态 V_V)的势能面必有一个交叉点出现(称为等能面)，如图 9.4 所示，这一交点的行为就对应于双原子分子的预离解态。而对于 n 个原子组成的多原子分子，由于它具有 $(3n-6)$ 个正则振动，从而使较高能态的始态和终态之间在能量上很接近，因而它总是具有多个可能交叉的点。由于在交叉点的振动

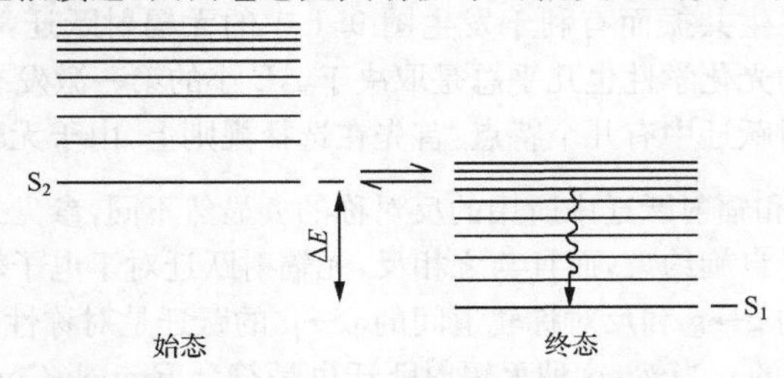

图 9.4　作为态密度函数 ρ_E 的始态和终态间能量交叉和跃迁

转移是能量转移速率的关键步骤，它一定要发生在分子开始振动之前(约 $10^{-12} \sim 10^{-3}$ s)。由于始态 S_2 和终态 S_1 的能态密度 ρ_E 不同(由于这种 $S_2 \rightarrow S_1$ 非辐射转移概率不同)而引起这种能量转移是不可逆的，从图 9.4 中可以看出，始态 S_2 零点能附近的振动能级很稀(ρ_E 小)；而终态 S_1 零点能的顶部(振动量子数 v 大)处的振动能级密度(ρ_E 大)，一旦起始态 S_2 的能量转移到终态 S_1 的密度不同，振动模式就不可能耗散，从而不会回到始态了。这时初态和终态的简并能级可以分别表示为

$$E = \Delta E \pm \frac{1}{2}\rho_E \tag{9.1.23}$$

其中电子能态 ΔE 为 S_2 和 S_1 间的 0-0 振动能级差。ΔE 虽然可以随着 ρ 的增大而增加，从而增加能量转移速率和振动概率，但 ΔE 太大会使体系远离共振条件反而不利于能量转移。

与辐射跃迁理论中的式(9.1.9)类似，在非辐射跃迁理论中两个状态之间的跃迁概率也可以分为自旋、振动和电子三种运动形式的贡献，只是对于此处讨论的 $V=0$ 的跃迁(参见图 9.2)，其中的微扰作用(量子力学上称为微扰算符)不是非对称的偶极矩算符 $\hat{\mu}$，而是用具有对称的，称之为核振动动力学能量算符的 $\hat{J}_N$ 来代替。经过含时间的微扰量子理论处理后，分子在吸收光子而到达激发态 M^* 后的无辐射跃迁可以看作由两个步骤完成。首先发生如图 9.4 所示的等能面交叉点上的跃迁，即从激发态的零振动能(初态)跃迁到低能态(它可以是基态或第一激发态)的高振动态(终态)，这一步只是共振而没有能量损失，继而通过后者的振动弛豫(即与时间有关的核振动动力学)失去振动能而回到终态的振动能级。

在遵守对称性和自旋多重性选择条件下，导出了类似于式(9.1.9)的单位时间的这种无辐射跃迁概率 k_{NE} 为

$$\begin{aligned} k_{NE} &= \frac{4\pi^2}{h}\rho_E V^2 \\ &= \left[\frac{4\pi^2}{h}\rho_E\right][\beta^2]\left[\int x_f^v x_i^v \mathrm{d}\tau_v\right] \\ &= \text{态密度因子} \times \text{电子 - 振动相互作用因子} \times \text{Franck-Condon 因子} \end{aligned} \tag{9.1.24}$$

其中 β^2 为两个态之间的电子-振动相互作用因子，也依赖于包括在式(9.1.23)中的 ΔE。这种关于光激发态的理论也和 Kasha 规则一致：初态和终态的能隙 ΔE 越小，则由于能级接近而使它们容易发生共振而有利于发生图 9.1 中的无辐射跃迁，核构型的变化也小。实际上多原子分子的光化学性也几乎总是取决于 ΔE 小的第一激发态。

由上可见无辐射跃迁中有几个特点：首先在选择规则上，由于无辐射中的动力学算微扰算符 $\hat{J}$ 是对称的[和辐射跃迁中所用的反对称的 $\hat{\mu}$ 显然不同，参见式(8.1.10)]，因而它的发射选择规则不受自旋约束，而且与之相反，无辐射跃迁对于电子轨道的对称性选择规则是对称性轨道间的 g→g 和反对称轨道间的 $\mu \rightarrow \mu$ 的跃迁是对称性允许的，而 g→u、u→g 之间的跃迁是禁阻的。当然，这种无辐射跃迁也是符合 Franck-Condon 规则：发射始态和终态的垂直跃迁的分子构型越接近，则其跃迁概率越大。

2. 能量转移

上述式(9.1.4)～式(9.1.8)介绍的是没有其他外部分子影响时在光的激发下所发生的各种单分子失活反应,其中也包括弛豫到基态的过程。当有其他分子 B(也可以是相同的分子 A)接近激发态分子 A^* 时,除了发生式(9.1.12)～式(9.1.13)的双分子反应外,还可以发生一些其他过程,主要为光致电子转移过程和能量转移过程这两种。关于光致电子转移机理涉及如式(9.1.25)所示的不同分子之间的电子转移的光氧化还原化学反应,它类似于化学中的氧化还原反应:

$$D + A \longrightarrow D^+ + A^- \tag{9.1.25a}$$

这就更多地涉及光化学反应,特别是涉及由 1992 年诺贝尔得主 Marcus 的电子转移理论,这里不加细述。下面只简单介绍与光物理相关的能量转移过程。

在非辐射能量转换过程中,也可以用化学反应过程中发生电子给体 D 和电子受体 A 之间的下列反应而表达为

$$D^* + A \longrightarrow D + A^* \tag{9.1.25b}$$

式(9.1.25b)的辐射能量转移过程是通过激发态的 D^* 分子发出的光能被处于基态的受体 A 吸收而实现的。通常将这种能量转移表示为

$$D^* \longrightarrow D + h\nu, \quad h\nu + A \longrightarrow A^*$$

这时能量给体 D 的发射光谱必须和受体 A 的荧光光谱有足够的重叠,以使有较高的转移效率。

当不考虑光发射的非辐射型能量转移过程机理时,能量转移主要有两种机理:①共振能量转移机理。这是将激发分子 A^* 看作一个振动偶极子而引起另一个分子 D 的电子振动偶极子,当在两者能级接近到下列共振状态时就发生共振能量转移:

$$\Delta E(D^* \rightarrow D) = \Delta E(A \rightarrow A^*) \tag{9.1.26}$$

这两种偶极子 μ_A 和 μ_D 之间的偶合能比例于 $\mu_D^2\mu_A^2/r_{DA}^6$,其能量转移速率常数 k_{ET} 为

$$k_{ET}(\text{共振机理}) \propto \mu_D^2\mu_A^2/r_{DA}^6 \tag{9.1.27}$$

可见 k_{ET} 反比于 r 的六次方,r 为 D^* 和 A_i 间的距离。这种机理也称为 Förster 长程能量转移。②电子交换能量转移。这种机理是通过能量的给体 D 和受体 A 在空间发生碰冲而导致电子云重叠所产生的电子交换而实现能量的交换,这种能量交换的速率常数和 D→A 两者的距离 r_{DA} 有关,可表示为

$$k_{ET}(\text{交换机理}) = kJ\exp(-2r_{DA}/L) \tag{9.1.28}$$

其中,常数 J 为 A 和 D 两者光谱的重叠积分,L 为分子的范德华半径。这种机理称为 Dexter 短程能量转移机理。

值得指出的是,本节虽然主要是讨论有关分子体系在基态的光吸收,激发态的辐射荧光、磷光和无辐射的过程,但其中很多基本概念及过程对于固体晶体也是很必要的。例如,分子轨道理论和能带理论的关联性(参见 2.1.2 节)、跃迁的对称性原理、选择规则等;又如当我们提到无辐射跃迁时,激发态分子通过"环境"放出其热能而回到基态的过程,或在推导激发态受到外界"微扰"而得到不同的速率常数 k 时,所提到的"环境"和"微扰"有时就是指晶体刚性或介质环境或晶体的配体场微扰。

3. 化学发光和电化学发光

在将不同的能量转换成光能的形式中，除了上述的物理过程外，就是图 9.1 中所述的通过化学和电化学反应的方式将化学能转换成光能。

1）化学发光

化学发光是通过化学反应（通常是氧化-还原反应）而引起的产物处于激发态，在适当的条件下，就会自身或通过能量转移到另一个受体而发射出光子（荧光）这两个基本步骤进行。最基本的条件是分子 A 和 B 发生化学反应的自由能变化（$-\Delta G \geqslant hc/\lambda_{em} = 1.20\times10^5/\lambda_{em}$ (J/mol)是以将产物分子 C 和 D 中激发到一定的发光激发态 C^*，然后再发射出光子 $h\nu$，即

$$A + B \longrightarrow C^* + D \tag{9.1.29}$$

$$C^* + F \longrightarrow F^* + C, F^* \longrightarrow F + h\nu \tag{9.1.30}$$

这时按照 Förster 机理[参见式(9.1.26)]，化学发光过程受到光敏剂 F 的控制。这种化学发光的基本概念也说明了通常在土葬墓地上常现“鬼火”现象，它就是腐烂动物中的磷和空气中的氧发生弛豫时间长的磷光辐射的光。

化学发光方法常用于化学发光分析，例如由此可以分析式(9.1.29)中的反应物 A 和 B，反应中作为光敏剂的 F 等物质。在生物化学中则常通过酶偶合反应和过渡金属离子配位化合物所导致的催化反应而影响发光体系。能产生化学发光的体系很多，熟知的有早期发现的所谓鲁米诺(iumirol)化学发光物，其学名为 5-氨基-2，3-二氢-1，4-酞嗪二酮。它在水溶液中，可以被过氧化氢氧化产生叠氮醌，再被氧化为不稳定的中间体内过氧化合物，再通过分子重排而生成激发态的氨基邻苯二甲酸根离子，其价电子从第一电子激发态的最低振动能级跃迁到基态，从而发出波长为 425nm 的光[8]（图 9.5）。图 9.6 为一些吖啶酯衍生物的结构，它是由吖啶杂环和各种离去基团两部分组成。在化学发光免疫分析等领域有实际应用。其他一些主要化学发光有图 9.6 所示按顺序对应的光泽精(Lucigenin)，咪唑、吖啶酯衍生物(acridinium derivatives)和发生能量转移机理的过氧草酸酯等分子。

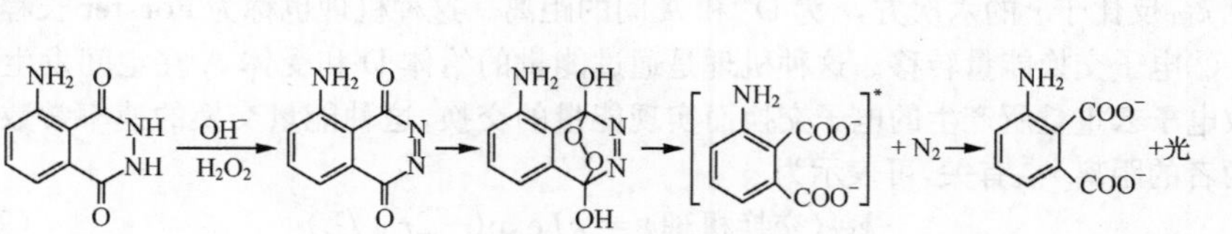

NH₂ O NH NH O —OH⁻/H₂O₂→ NH₂ O N N O → NH₂ OH O N N O OH → [NH₂ COO⁻ COO⁻]* + N₂ → NH₂ COO⁻ COO⁻ +光

图 9.5　鲁米诺分子的发光机理

2）电化学发光

电化学发光(electrogeneraled chemiluminescence，ECL)也可以看作是化学发光的另一种类型，只不过是在电池的电极表面通过稳定的前体物电化学反应以代替通常化学氧化还原反应而使分子达到激发态[7,15]。

除了常用的具有高电子转移反应的转换共轭芳烃外，目前已广泛应用 Ru、Os、Pd、Pt、Ir、Mo 和稀土 Eu 等离子形成的配合物来产生电化学发光。如图 9.7 所示的联吡啶钌

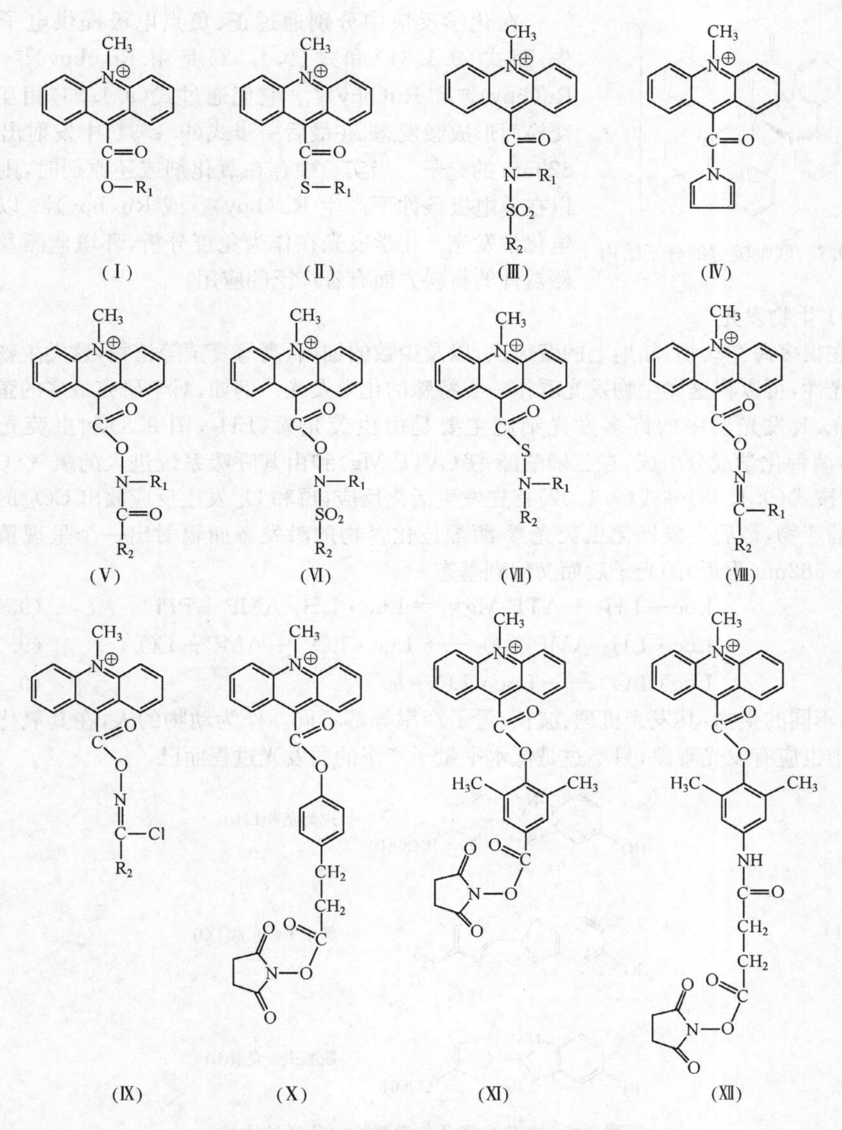

图 9.6　一些吖啶酯衍生物化学发光分子的结构

$Ru(bpy)_3^{2+}$ 配位离子及其衍生物，它在固体和水相中非常稳定并在常温下具有很高的量子产率。式(9.1.31)～式(9.1.34)为它的电化学反应机理过程：

$$Ru(bpy)_3^{2+} - e \longrightarrow Ru(bpy)_3^{3+} \qquad \text{氧化} \qquad (9.1.31)$$

$$Ru(bpy)_3^{2+} + e \longrightarrow Ru(bpy)_2^{+} \qquad \text{还原} \qquad (9.1.32)$$

$$Ru(bpy)_3^{3+} + Ru(bpy)_3^{+} \longrightarrow Ru(bpy)_3^{2+} \qquad \text{电子转移} \qquad (9.1.33)$$

$$Ru(bpy)_3^{*3+} \longrightarrow Ru(bpy)_3^{3+} + h\nu \qquad \text{化学发光} \qquad (9.1.34)$$

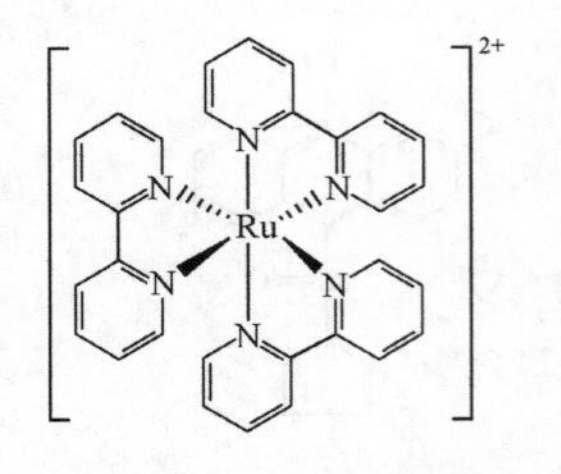

图 9.7　联吡啶钌的分子结构

在化学反应中分别通过正、负点电极提供电子的得失，而式(9.1.31)和式(9.1.32)是由 $Ru(bpy)_3^{2+}$ 产生 $Ru(bpy)_3^{3+}$ 和 $Ru(bpy)_3^{+}$。它们通过式(9.1.33)相互电子交换而形成激发态，在最后一步式(9.1.34)中发射出 $h\nu$=620nm 的光子。当实验中存在氧化剂或还原剂时，则也可以在单电极条件下产生 $Ru(bpy)_3^{+}$ 或 $Ru(bpy)_3^{3+}$ 以获得电化学发光。化学发光在作为免疫分析、环境监测及传感器器件的材料方面有着广泛的应用。

3) 生物发光

在很多海洋动物、陆地上的萤火虫，以及少数的细菌、高等真菌等植物，这类生物都具有发光性，可以将这类生物发光看作一类特殊的化学发光。例如，对于研究最多的萤火虫的发光，其发光层中的许多发光细胞主要是由虫荧光素(LH_2，图 9.8)和虫荧光素酶(Luc)两种化学成分组成，在三磷酸酯-镁(ATP-Mg)和由其呼吸系统进入的氧气(O_2)存在下，按式(9.1.35)～式(9.1.37)首先发生活化反应，再和 O_2 发生反应放出 CO_2 的氧化反应的产物，最后生成氧化虫荧光素-酶配位化合物的激发态而辐射出一个呈现黄绿色(543～582nm 附近)的光子后而又回到基态。

$$\mathrm{Luc} + \mathrm{LH_2} + \mathrm{ATP\text{-}Mg} \rightleftharpoons \mathrm{Luc} \cdot \mathrm{LH_2\text{-}AMP} + \mathrm{PPi} \tag{9.1.35}$$

$$\mathrm{Luc} \cdot \mathrm{LH_2\text{-}AMP} + \mathrm{O_2} \longrightarrow \mathrm{Luc} \cdot \mathrm{LO}^* + \mathrm{AMP} + \mathrm{CO_2} \tag{9.1.36}$$

$$\mathrm{Luc} \cdot \mathrm{LO}^* \longrightarrow \mathrm{Luc} \cdot \mathrm{LO} + h\nu \tag{9.1.37}$$

当然，不同的生物，其发光机理、波长、量子产率等都不同。作为动物的人，在其氧化代谢过程中也应有发光现象，只不过是低水平量子产率的弱发光过程而已。

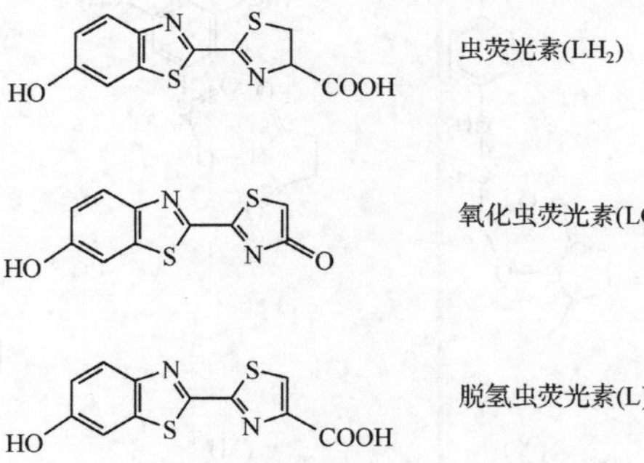

虫荧光素(LH_2)

氧化虫荧光素(LO)

脱氢虫荧光素(L)

图 9.8　虫荧光素及其类似物的化学结构式

9.2　半导体的光吸收和发光

众所周知，光是电磁波的一种特殊形式，如太阳或灯泡之类的光源所发出的光波是光源中大量分子和原子振动所辐射出的混合光波(图 9.9)。这种间歇性辐射性光波在某一瞬间 t 和空间(r) 时的电磁波 $\boldsymbol{E}(r,t)$ 或 $\boldsymbol{H}(r,t)$ 具有图 2.1 所示的形式：向各个方向辐射的自然光。我们所观察的光是这种不规则的、随机变化着的自然光的统计平均值。振动矢量和光波传播的方向所确定的平面称为振动面。由此导出光的偏振现象十分重要。

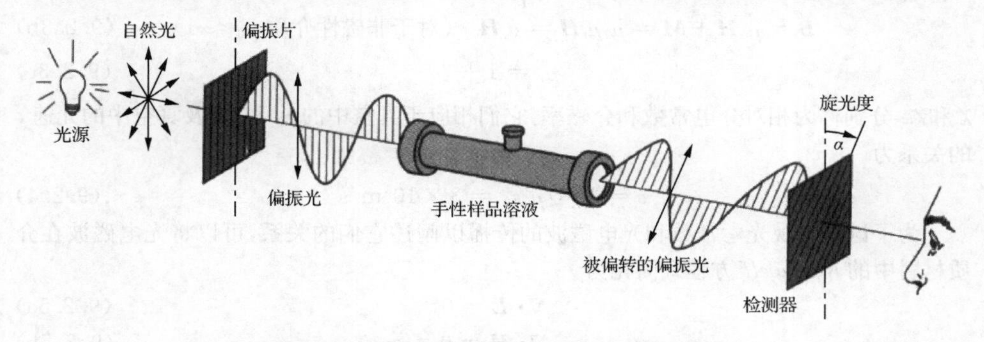

图 9.9　光的偏振及其在旋光仪上的应用原理示意图

作为介质影响吸收光谱偏振性的一个应用实例，当自然光入射到电器石晶体薄片的主轴方向时，晶片会强烈地吸收振动面与晶轴垂直的光波而只允许振动面平行于晶轴光通过，这种光就称为平面偏振光。当这样形成的偏振光通过手性分子溶液样品后，会引起被偏转角度 α，其 α 值可由检测器所确定(图 9.9 旋光仪)。在 6.2.3 节和 7.1.2 节中我们已经介绍了不同手性介质在隐身材料和磁光材料中的应用。

在分子的吸收和发光的基础上，我们将进一步介绍在物理和化学中十分重要的半导体材料的光吸收和发射特性[16-17]。

9.2.1　介电质的光学性质

首先将在第 6 章中对介电质的极化作用介绍的基础上结合其光学性质作进一步介绍。

1. 各向同性介质中光的传播

在第 6 章中我们介绍了介电体的一般物理性质。在讨论电磁波的光和半导体等介质的相互作用时，最好先从经典的电磁理论和将半导体看作各向同性连续介质的观点加以讨论，再进行相互关联。

从经典的电磁理论，在使用 SI 单位制时(其电磁学部分就是 MKSA 单位制，参见附录 2)，可以简单地用 Maxwell 方程式(2.1.2)来描述。当我们只研究无源体系[不存在电流密度矢量 $\boldsymbol{J}(=\sigma E)$，即外电荷 $\rho(=0)$ 和 $\sigma(=0)$] 的光学各向同性的均匀半导体和电介质时，根据 6.1 节的讨论，在外电场 $\boldsymbol{E}$ 中可以分别得到介质线性电极化强度 $\boldsymbol{P}$、电位移矢量 $\boldsymbol{D}$ 和相对介电系数 ε_r 的式(9.2.1)和式(9.2.2)：

$$\boldsymbol{P} = \varepsilon_0\ \chi(\omega)\boldsymbol{E} \tag{9.2.1}$$

$$\boldsymbol{D} = \varepsilon_0 \boldsymbol{E} + \boldsymbol{P} = \varepsilon_0 \varepsilon_r \boldsymbol{E} \tag{9.2.2a}$$

$$\varepsilon_r(\omega) = 1 + \chi(\omega) \tag{9.2.2b}$$

在形式上类似基于电极化的电介质，磁极化的磁介质中对外磁场 $\boldsymbol{H}$ 的磁极化强度 $\boldsymbol{M}$，磁

感强度 $\boldsymbol{B}$ 可以表示为相对导磁系数 μ_r。

$$\boldsymbol{M}=\mu_0\,\chi_m(w)\boldsymbol{H} \tag{9.2.3a}$$

$$\boldsymbol{B}=\mu_0\boldsymbol{H}+\boldsymbol{M}=\mu_0\mu_{\mathrm{r}}\boldsymbol{H}=\mu_{\mathrm{r}}\boldsymbol{H}\quad(\text{对于非磁性介质}\ \mu_0\approx 1) \tag{9.2.3b}$$

$$\mu_{\mathrm{r}}=1+\chi_m \tag{9.2.3c}$$

χ 和 χ_{m} 分别称为相对介电常数和介磁率。它们相应于真空中的 ε_0 和 μ_0 及真空中的光速 c 的关系为

$$c=1/\sqrt{\mu_0\varepsilon_0}=3\times10^8\mathrm{m/s} \tag{9.2.4}$$

为了讨论宏观光学常数和光电磁波的传播以阐述它们的关系，可以将光电磁波在介质材料中的 *Maxwell* 方程式简化为

$$\nabla\cdot\boldsymbol{E}=0 \tag{9.2.5a}$$

$$\nabla\cdot\boldsymbol{H}=0 \tag{9.2.5b}$$

$$\nabla\times\boldsymbol{E}=-\mu\frac{\delta\boldsymbol{H}}{\delta t}=-\mu_0\mu_{\mathrm{r}}\frac{\delta\boldsymbol{H}}{\delta t} \tag{9.2.6a}$$

$$\nabla\times\boldsymbol{H}=\varepsilon\frac{\delta\boldsymbol{E}}{\delta t}=\varepsilon_0\varepsilon_{\mathrm{r}}\frac{\delta\boldsymbol{E}}{\delta t} \tag{9.2.6b}$$

进一步讨论宏观光学常数和相关光电磁波传播参数的关系时，一方面，我们对式(9.2.6*a*)两边取旋度($\nabla\times$)，并将(9.2.6*b*)代入该式左边，得到：

$$\nabla\times(\nabla\times\boldsymbol{E})=\nabla\times\left(-\mu\frac{\partial\boldsymbol{H}}{\partial t}\right)=-\mu\frac{\partial}{\partial t}(\nabla\times\boldsymbol{H})=-\mu\left(\varepsilon\frac{\partial\boldsymbol{E}}{\partial t}\right)=-\mu\varepsilon\frac{\partial^2\boldsymbol{E}}{\partial t^2} \tag{9.2.7a}$$

另一方面，根据矢量运算的恒等式有：

$$\nabla\times(\nabla\times\boldsymbol{E})=\nabla(\nabla\cdot\boldsymbol{E})-(\nabla\cdot\nabla)\boldsymbol{E}=-\nabla^2\boldsymbol{E} \tag{9.2.7b}$$

后一等式中用到式(9.2.5*a*)，可以导出均匀介质中的电场 $\boldsymbol{E}$ 的波动方程：

$$\nabla^2\boldsymbol{E}-\mu\varepsilon\frac{\mathrm{d}^2\boldsymbol{E}}{\mathrm{d}t^2}=0 \tag{9.2.8}$$

和上面类似方法可以导出对应的磁场 $\boldsymbol{H}$ 的波动方程：

$$\nabla^2\boldsymbol{H}-\mu\varepsilon\frac{\mathrm{d}^2\boldsymbol{H}}{\mathrm{d}t^2}=0 \tag{9.2.9}$$

上述标准电磁波传播的二次微分方程的最简单的特解就是常用的单色平面电磁波方程：

$$\boldsymbol{E}=\boldsymbol{E}_0\exp[-\mathrm{i}(\omega t-\boldsymbol{k}\cdot\boldsymbol{r})] \tag{9.2.10}$$

$$\boldsymbol{D}=\boldsymbol{D}_0\exp[-\mathrm{i}(\omega t-\boldsymbol{k}\cdot\boldsymbol{r})] \tag{9.2.11}$$

$$\boldsymbol{H}=\boldsymbol{H}_0\exp[-\mathrm{i}(\omega t-\boldsymbol{k}\cdot\boldsymbol{r})] \tag{9.2.12}$$

式(9.2.10)～式(9.2.12)中 $\boldsymbol{E}_0$、$\boldsymbol{D}_0$ 和 $\boldsymbol{H}_0$ 为对应电磁场的振幅；角频率 $\omega=2\pi\nu$ 为确定频率为 ν 的电磁波在时间上的周期性；波矢 $\boldsymbol{k}$ 确定了角频率 ω 的电磁波在空间上的方向性。当式(9.2.12) 中的 $\boldsymbol{H}=\boldsymbol{H}_0$，可令指数项中的$(wt-\boldsymbol{k}\cdot\boldsymbol{r})=0$，可以得到 $\boldsymbol{k}$ 的数值为

$$\boldsymbol{k}=2\pi/\lambda=\omega n/c \tag{9.2.13}$$

其中 λ 和 n 分别为介质中的波长和折射率。通常引入电磁波沿 $\boldsymbol{k}$ 矢方向的单位矢量 $\boldsymbol{k}$

后，也可以将一般 $\boldsymbol{k}$ 写为

$$\boldsymbol{k}=\frac{\omega n}{c}\boldsymbol{k} \tag{9.2.14}$$

通常定义式(9.2.10)之类的某一恒定位相的波前沿着 $\boldsymbol{k}$ 方向传播的速度称为相速度 v_P，由式(9.2.13)和式(9.2.14)可以导出：

$$v_P=\frac{dz}{dt}=\frac{\omega}{\boldsymbol{k}}=\frac{1}{\sqrt{\mu\varepsilon}} \tag{9.2.15}$$

和在介质中电磁波的传播速度应为

$$v_p=\frac{c}{\sqrt{\mu_r\varepsilon_r}}=\frac{c}{n} \tag{9.2.16}$$

可见折射率 n 是取决于介质的 ε_r 和 μ_r 数值。对于非磁性介质，介磁性 $\mu_r=1$，因而有：

$$n=\sqrt{\varepsilon_r} \tag{9.2.17}$$

对于单色平面波，将式(9.2.10)和式(9.2.12)分别按矢量运算，并和它们相应的 Maxwell 方程式(9.2.6a)和式(9.2.6b)进行微分算符对比，就可以理解在运算上：$\left(\frac{\delta}{\delta t}\right)$和$(-i\omega)$是等价的，而$\left(\frac{\delta}{\delta x}\right)$算符和$(+i\omega nkx_i/c)$是等价的。亦即对式(9.2.6a)和式(9.2.6b)中的右边可以写成：

$$\left(\frac{\delta}{\delta t}\right)\boldsymbol{D}=-i\omega\boldsymbol{D}\ 和\left(\frac{\delta}{\delta t}\right)\boldsymbol{B}=-i\omega\boldsymbol{B} \tag{9.2.18}$$

而对于式(9.2.6a)和式(9.2.6b)左边的两个旋度就可以写成：

$$\nabla\times\boldsymbol{H}=i\frac{\omega n}{c}\boldsymbol{k}\times\boldsymbol{H} \tag{9.2.19}$$

$$\nabla\times\boldsymbol{E}=i\frac{\omega n}{c}\boldsymbol{k}\times\boldsymbol{E} \tag{9.2.20}$$

从而可以得到：

$$\boldsymbol{D}=\varepsilon_0\varepsilon\boldsymbol{E}=-\frac{n}{c}\boldsymbol{k}\times\boldsymbol{H} \tag{9.2.21a}$$

$$\boldsymbol{H}=\frac{n}{\mu\mu_0 c}\boldsymbol{k}\times\boldsymbol{E} \tag{9.2.21b}$$

对上面式(9.2.21a)和式(9.2.21b)和 $\boldsymbol{k}$ 的标积就可以证明：

$$\boldsymbol{D}\cdot\boldsymbol{k}=\boldsymbol{H}\cdot\boldsymbol{k}=0 \tag{9.2.22}$$

虽然也有 $\boldsymbol{E}\cdot\boldsymbol{k}=0$，但对于所讨论的 $\boldsymbol{D}$ 和 $\boldsymbol{E}$ 在各向同性介质中是相互平行的。式(9.2.21a)和式(9.2.21b)说明了光波的横波本性，如图 9.9 所示，电场矢量 $\boldsymbol{D}(\boldsymbol{E})$、磁场矢量 $\boldsymbol{H}(\boldsymbol{B})$ 和传播方向 $\boldsymbol{k}$ 是按右手法则相互正交取向。

光波具有一定的能量，在它传播的过程中，能量密度矢量可以定义为单位时间通过单位面积传播的光能量，通常表示为 Poynting 矢量 $\boldsymbol{S}$：

$$\boldsymbol{S}=\boldsymbol{E}\times\boldsymbol{H}=\boldsymbol{E}\frac{n}{\mu\mu_0 c}\boldsymbol{k}\times\boldsymbol{H} \tag{9.2.23}$$

后一等式用到了式(9.2.21b)。对于各向同性的介质，光的能流速度和式(9.2.16)所表示的光相速度 v_P 相等，而且由于 $\boldsymbol{k}\perp\boldsymbol{H}$，所以能量 $\boldsymbol{S}$ 传播的方向和波矢方向也相同。

2. 半导体的光传播参数和介电常数间的关系

值得强调的是，前面根据线性极化强度的式(9.2.1)所涉及的式(9.2.2)～(9.2.6)中出现的介电常数 ε、导磁系数 μ 以及折射率 n 都为实数值。但是根据我们在第 6 章中关于介电常数 ε 的一般讨论，这只有在光电磁波等外界场 $\boldsymbol{E}$ 以较低频率 ω 下以使介电极化偶极子能够及时响应而跟得上时(二者同步)才是正确的。当外界光电磁波频率增大时，介质中的晶格振动或电子运动会导致介质极化效应不同而引起极化滞后和介质色散现象。因而，应用宏观的 Maxwell 方程求解光电磁波的传播时，就要用到复数的介电常数 ε 和介磁 μ 等以正确表达介质极化滞后等效应。

当所研究的半导体是各向同性的均匀性连续介质时，其宏观光学(高频)性质作为角频率 ω 的函数可以用复数折射率 n 表示为

$$n(\omega) = n'(\omega) + \mathrm{i}n''(\omega) \tag{9.2.24}$$

其中实数部分 n' 和虚数部分 n'' 分别为它们的折射率 n' 和消光系数 k''。对于沿 x 方向传播的单色平面波，按式(9.2.10)，其电场强度应表示为

$$\begin{aligned}\boldsymbol{E} &= \boldsymbol{E}_0 \exp[-\mathrm{i}(\omega t - \boldsymbol{k} \cdot x)] \\ &= \boldsymbol{E}_0 \exp[-\mathrm{i}\omega(t - nx/c)]\end{aligned} \tag{9.2.25}$$

因而有：

$$\boldsymbol{k} = \frac{\omega n(\omega)}{c} = \frac{\omega n'(\omega)}{c} + \mathrm{i}\,\frac{\omega k(\omega)}{c} \tag{9.2.26}$$

该式表明，由于在耗散介质中所引起的弛豫现象，使得单色平面电磁波的波矢 $\boldsymbol{k}$ 应表达为复数矢量：

$$\boldsymbol{k} = \boldsymbol{k}' + \mathrm{i}\boldsymbol{k}'' \tag{9.2.27}$$

其中 $\boldsymbol{k}'$ 表示波的传播方向，其大小为介质中波长 λ 的倒数 $\left(\frac{1}{\lambda}\right)$，而 $\boldsymbol{k}''$ 为电磁波能量的耗散或衰减。对于消光系数 $\boldsymbol{k}'' \neq 0$ 的固体，其衰减率取决于 $\frac{\omega k(\omega)}{c}$。当光频率不太高时，从实验测定光强度 $I(x)$ 随传播距离 x 的衰减，可以由式(9.2.28) 定义吸收系数 $\alpha(\omega)$：

$$I(x) = \boldsymbol{E}(x) \cdot \boldsymbol{E}^*(x) = I_0(x)\exp[-\alpha(\omega)x] \tag{9.2.28}$$

将式(9.2.28)和式(9.2.25)进行比较就可以得到吸收系数 α 和消光吸数 $\boldsymbol{k}''$ 的关系式：

$$\alpha(x) = \frac{2\omega \boldsymbol{k}''(\omega)}{c} = \frac{4\pi \boldsymbol{k}''(\omega)}{\lambda_0} \tag{9.2.29}$$

其中 λ_0 为光波在真空中的波长，k'' 对应于化学中的吸收系数 α。

由上面的讨论不难理解，在有极化滞后和耗散效应的均匀介质中(包括半导体)，其介电常数也是个与频率有关的复数矢量[详见式(6.1.9)]。

$$\begin{aligned}\varepsilon(\omega) &= \varepsilon'(\omega) + \mathrm{i}\varepsilon''(\omega) \\ &= \varepsilon_0 \varepsilon_\mathrm{r}(\omega) \\ &= \varepsilon_0 \varepsilon_\mathrm{r}'(\omega) + \mathrm{i}\varepsilon_0 \varepsilon_\mathrm{r}''(\omega)\end{aligned} \tag{9.2.30}$$

特别是对于金属或需要考虑传导电流贡献的半导体中电磁波或交变电磁时，还要进一步考虑 Maxwell 方程中的式(9.2.5b)中电导率 σ 所引起的 $\boldsymbol{J} = \sigma\boldsymbol{E}$ 项的贡献。这时在形式上

仍写成$\nabla\times \boldsymbol{H}=\frac{\partial \boldsymbol{D}}{\partial t}=\varepsilon\frac{\partial \boldsymbol{E}}{\partial t}$,从而得到了包括电导项$\sigma$贡献的复数介电常数$\varepsilon(\omega)$的等效形式:

$$\varepsilon(\omega)=\varepsilon(\omega)+\frac{\mathrm{i}\sigma(\omega)}{\omega} \tag{9.2.31}$$

其中虚数部分的σ项在低频下就是式(9.2.29)中的光频吸收系数。这对半导体中的自由或载流子的吸收光谱、回旋共振谱和等离子振谱等讨论十分重要。

为了进一步明确半导体中光电磁波传播参数$n,\boldsymbol{k}$和介质的介电常数ε'和ε''间的关系,由式(9.2.27)得到:

$$\begin{aligned}\boldsymbol{k}^2&=\boldsymbol{k}'^2-\boldsymbol{k}''^2+2\mathrm{i}\boldsymbol{k}'\boldsymbol{k}''\\&=\varepsilon\mu\omega^2\end{aligned} \tag{9.2.32}$$

在后一等式的推导中应用了式(9.2.10),再应用式(9.2.8)和式(9.2.9),就得到:

$$n'^2(\omega)=n'^2-\boldsymbol{k}'^2+2\mathrm{i}n'\boldsymbol{k}=\varepsilon_{\mathrm{r}}\mu_{\mathrm{r}} \tag{9.2.33}$$

对于半导体,若其$\mu_{\mathrm{r}}=1$,则由式(9.2.30)可将式(9.2.33)化为

$$n'^2-\boldsymbol{k}'^2+2\mathrm{i}n'\boldsymbol{k}=\varepsilon_{\mathrm{r}}'+\mathrm{i}\varepsilon_{\mathrm{r}}'' \tag{9.2.34}$$

其虚数和实数部分可分开写成:

$$\varepsilon_{\mathrm{r}}'=n'^2-\boldsymbol{k}^2\qquad \varepsilon_{\mathrm{r}}''=2n\boldsymbol{k} \tag{9.2.35}$$

或

$$n'=\frac{1}{\sqrt{2}}[(\varepsilon_{\mathrm{r}}'^2+\varepsilon_{\mathrm{r}}''^2)^{1/2}+\varepsilon_{\mathrm{r}}']^{1/2} \tag{9.2.36a}$$

$$\boldsymbol{k}=\frac{1}{\sqrt{2}}[(\varepsilon_{\mathrm{r}}^2+\varepsilon_{\mathrm{r}}'')^{1/2}-\varepsilon_{\mathrm{r}}']^{1/2} \tag{9.2.36b}$$

若介电常数的虚数部分是由光吸收过程引起的,则由式(9.2.29)可将吸收系数α表示为

$$\alpha(\omega)=\frac{2\omega\boldsymbol{k}''(\omega)}{c}=\frac{\omega\varepsilon''_{\mathrm{r}}(\omega)}{nc} \tag{9.2.37}$$

对于各向异性的介质,其介电函数$\varepsilon(\omega)$为更复杂的复数形式,它和电磁波的作用更为复杂。但对各向同性介质的讨论,对于光电磁波对材料的透射、反射、折射等物理光学性质的表达和研究也十分重要,在此不再细述。下面我们在此基础上对半导体的发光性质进行介绍。

3. 半导体的宏观光辐射

通常要区分热辐射和光辐射这两种类型的区分。在热辐射中是物质中原子粒子或分子等微观粒子的不断振动使这些微粒处于不同的激发态而达到的一种平衡状态。温度T就是表征这种内部运动的一个物理量。温度愈高,则处在高能级的概率愈多,辐射的光子概率也增大,其波长λ也越短。由于体系中的粒子在不同态激发的分布不同,跃迁所引起的波长范围变宽。这种情况就类似于从 Planck 的量子理论,根据 Boltzmann 统计处理由不同频率$nh\nu$振子所组成体系和外界隔光、绝热的理想黑体辐射所导出的下列公式类似:

$$E_\lambda\mathrm{d}\lambda=\frac{8\pi hc}{\lambda^5}\cdot\frac{\mathrm{d}\lambda}{\mathrm{e}^{hc/\lambda kT}-1} \tag{9.2.38}$$

图 9.10 为该式的图示，其中 E_λ 为单位波长 λ 间隔内的辐射能。温度愈高，吸收入射光的能力愈强(所以冬天宜穿黑衣服)，因此发射能力也愈强。图 9.10 和后述图 17.9 中的太阳光谱十分近似。由于黑体的辐射和其吸收的能力完全相同，为了维持太阳体内的热辐射和温度，太阳能应用的是核聚合反应，其表面温度高达 5800℃，引起的较强的热辐射在可见光范围内，使人感觉上是混合成白天看到的白色自然光。这种仅取决于温度 T 的热辐射是一种所有物体都存在的普遍现象。

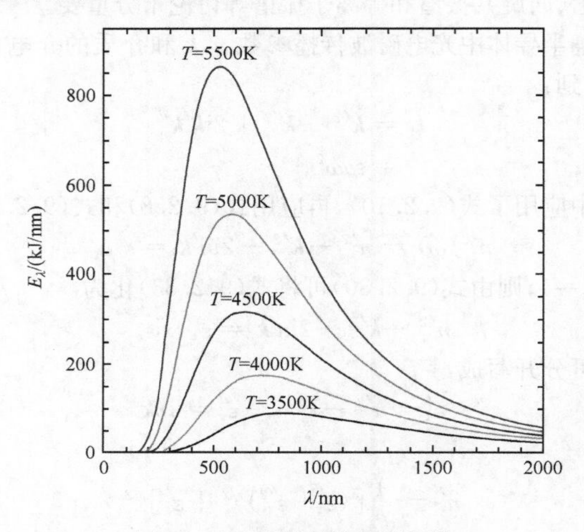

图 9.10　理想的黑体辐射光谱

当然，实际物体的发光情况较为复杂。例如，燃烧蜡烛所发的光，它既有烃类化合物氧化时发生的氧化反应热使分子处于激发态的化学发光贡献，也有化学能部分转化为热能而导致的温度升高而引起的类似黑体辐射光的贡献。

本节所要讨论的仅限于非平衡态的晶体或半导体体系的辐射能。这种不稳定的状态是由于另外的光、电等方式将能量转换到物体，使其中电子能量的分布偏离原有热平衡下的分布，通过这种激发过程及弛豫过程而发射光辐射。

在讨论半导体的光吸收、反射或发射光谱的微观讨论中都涉及在量子理论基础上建立的能带理论[4]。当半导体在不同能量 $h\nu$（或 $\hbar\omega$）的光子照射下时，出现光吸收现象。对于常见的紫外-可见光波(或具有窄禁带能隙 E_g 的红外)波段的吸收光谱是指电子从价带中的最高跃迁到导带中的最低的吸收过程。这种强而宽的吸收区称为基本吸收区(图 9.11)。一般它们可以用以能量 E 和波矢 $\boldsymbol{k}$ 所形成的三维空间来表示(参见图 2.14 和图 2.15)。对于晶体 GaAs 和 Ge 半导体，图 9.11 为其在 $\boldsymbol{k}$ 空间中低能端带尾附近的单晶吸收光谱图。

不同的晶体具有不同的能带结构(图 2.13)，根据其跃迁时的 $\boldsymbol{k}$ 矢量(动量)是否变化而分为直接半导体和间接半导体。它们常呈现不同的吸收光谱特性。例如，图 9.12 分别对应于直接和间接半导体单晶 GaAs 和 Ge 的吸收光谱。

可以从半经典的量子力学，由图 9.12 的能带结构，对它们的光谱作定性说明。

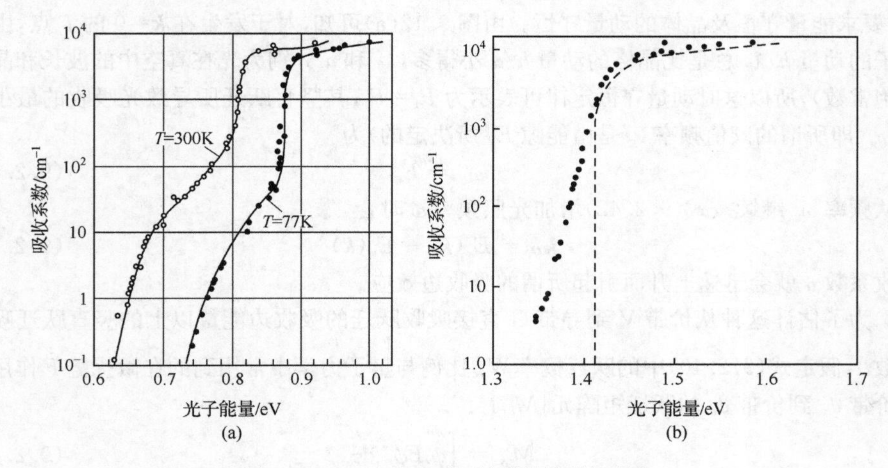

图 9.11　Ge(a)和 GaAs(b)单晶的吸收光谱

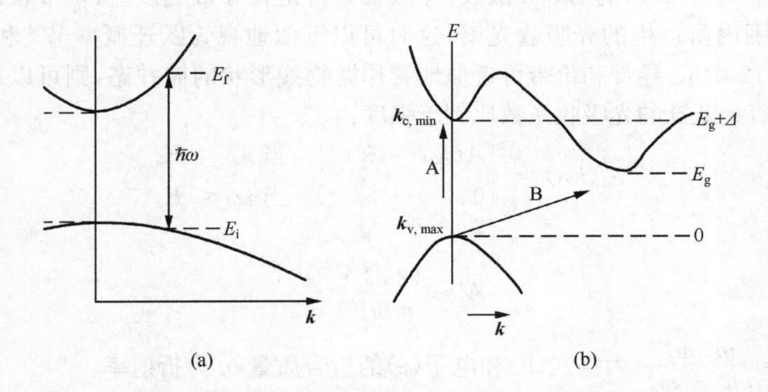

图 9.12　半导体中光学的直接跃迁(a, GaAs)和间接跃迁(b, Ge)的示意图

由于半导体的真实能带结构十分复杂，跃迁机理也多种多样。原则上讲，在不同光子能量 $\hbar\omega$ 照射下，其吸收光谱的吸收系数 $\alpha(\hbar\omega)$ 应比例于初态 i 和终态 f 的吸收跃迁概率 $W_{\mathrm{if}}^{\mathrm{ab}}$ 和其对应的被电子占据的态密度 n_{i} 和空穴的终态的态密度 n_{f}'，即

$$\alpha(\hbar\omega)=A\sum W_{\mathrm{if}}^{\mathrm{ab}}n_{\mathrm{i}}n_{\mathrm{f}}' \tag{9.2.39}$$

其中求和是对过程中所有能吸收能量为 $\hbar\omega$ 的 a→b 跃迁进行的。如式(9.2.40)所示，光的吸收就是光辐射场中光子密度平均的衰减自由程。

类似地，对于电子-空穴间的辐射复合跃迁，即 π 和 f 态间光发射的速率 $R(\hbar\omega)$ 可表示为

$$R(\hbar\omega)=B\sum W_{\mathrm{if}}^{\mathrm{em}}n_{\mathrm{i}}n_{\mathrm{f}}' \tag{9.2.40}$$

而光的发射就是单位体积中光子产生的速率。

为了简明，首先讨论直接跃迁半导体能带结构[图 9.12(a)]。这时导带最低能量的 k 状态和价带最高能量状态 k 都处于 $\boldsymbol{k}$ 空间的原点 $\Gamma=0$。在从 $\mathrm{k_i}$ 到 $\mathrm{k_f}$ 的跃迁吸收过程

中,要求能量守恒及晶体的动量守恒。由图 9.12(a)可知,对于发生在 $\boldsymbol{k}=0$ 的 Γ 点,由于光子的动量 h/λ_0 总是比晶格的动量 h/a 小得多(λ_0 和 a 分别为光在真空中的波长和晶格单胞常数),所以这时动量守恒定律可表示为 $P_f=P_i$,其竖直跃迁所导致光吸收的最小频率 ω_g(即所谓的阈值频率 ν_g 是由能隙 E_g 所决定的)为

$$h\omega_g = E_g \tag{9.2.41}$$

当从频率 ω_g 继续按式(9.2.42)增加光照频率 ω 时,

$$\hbar\omega = E_\kappa(\boldsymbol{k}) - E_\kappa(\boldsymbol{k}) \tag{9.2.42}$$

吸收系数 α 就会迅速上升而引起所谓的吸收边效应。

为了估计这种从价带 V 到导带 C 直接吸收跃迁的吸收边能量以上的竖直跃迁吸收系数 α,假定式(9.2.40)中的跃迁概率 W_{vc}^{ab} 比例与量子力学中常用到的在微扰势 $\hat{F}$ 作用下从价带 ψ_v 到价带 ψ_c 的跃迁矩阵元 $|M_{cv}|^2$:

$$M_{cv} = \int \psi_v F \psi_c^* \mathrm{d}\tau \tag{9.2.43}$$

中 ψ 为对应于式(2.2.7)的 Bloch 函数,并假设只讨论在导带底以上、价带顶以下这段较小的能量范围内所产生的光吸收光谱,这时可以近似地视为跃迁概率 W_{vc}^{ab} 和波矢 $\boldsymbol{k}_{cv}$ 无关。如图 9.12 所示,导带和价带可近似地看作抛物线形状的简并态,则可以从量子力学近似地得到直接跃迁的光吸收系数比例于强度:

$$\alpha_d(\hbar\omega) = \begin{cases} A(\hbar\omega - E_g)^{1/2} & 当\ \hbar\omega \geqslant E_g \\ 0 & 当\ \hbar\omega \leqslant E_g \end{cases} \tag{9.2.44}$$

其中

$$A \approx \frac{(2m_r^*)^{3/2} e^2}{ncm_e^* \hbar^2 \varepsilon_0} \tag{9.2.45}$$

式中,$m_r^* = \dfrac{m_h^* m_e^*}{m_h^* + m_e^*}$ 为空穴(h)和电子(e)的折合质量,n 为折射率。

现在讨论半导体中 Ge 能态间的间接跃迁光谱。若取价带顶的能量为零点,则布里渊区的原点 Γ 处的最低导带谷的能量 $E_0=E_g+\Delta$,导带底的能量为 $+E_g$。当入射光子能量 $E_0 \geqslant \hbar\omega$ 时,发生图 9.12(b)中箭头 B 所示的间接跃迁;而当 $\hbar\omega \geqslant E_0$ 时,则发生图中箭头 A 所示的直接跃迁,由于这种跃迁是选择规则所允许的,所以在光子能量 $\hbar\omega=0.80$eV 附近吸收系数 α 骤然上升。随后,在图 9.11(b)中其吸收系数 α 在 10^2cm^{-1} 处出现的拐点,表明开始从间接跃迁向直接跃迁的过渡。显然,对于 GeAs 等直接跃迁半导体,由于其导带最低能量状态和价带能量最高能量状态都位于波矢同一 $\boldsymbol{k}=0$ 的 Γ 点,所以在其基本吸收曲线中不会出现这类拐点。

值得注意的是,在这两类半导体的吸收光谱的吸收区,低能级尾端在 $10^{-1}\sim10^2$meV 能量范围内都非常陡尖地下降了 3~4 个数量级。这种现象被称为吸收边或吸收陡坡,大致处在图 9.12(a)中将电子从价带顶激发到最低导带底的最小光子能量位置。由于纯半导体或绝缘体的价带顶和导带底之间不存在其他能量状态,所以 GaAs 之类的直接半导体的吸收边不如 Ge 之类的间接半导体的尖锐。

对于在 $\boldsymbol{k}=0$ 处 Γ_0 的直接跃迁 GaAs 晶体的吸收中,上面讨论得到的式(9.2.45)与

光谱实验结果较为一致。但是根据量子力学的选择规则，并不是所有的不同能带之间的直接跃迁都是允许的。这可以从化学上的分子轨道的紧密束缚法能带概念加以理解(参考 2.1 节)。由于晶体中的能带是由其组成原子的原子轨道通过线性组合而形成的离域能带，若半导体的价带和导带分别主要由轨道量子数 $l=1$ 的 p 原子轨道和 $l=0$ 的 s 原子轨道所组成，则由类似于原子光谱中的选择规则，这种 $\Delta l=\pm 1$ 的跃迁是允许的，因而对应于这种能带间的直接跃迁也是允许的(如 GaAs)。但是当价态和导带之间分别由对应于 s($l=0$)和 d($l=2$)的原子轨道所组成的 s 能带和 d($l=2$)能带，则根据其原子光谱中的选择规律，这种 $\Delta l=\pm 2$ 的跃迁是禁阻的，因而对于固体即使 $\boldsymbol{k}=0$ 处发生的直接跃迁，由式(9.2.40)也必然导出 $W_{\text{if}}^{\text{ab}}=0$，则这种能带之间的直接跃迁也必然是禁阻的。

在讨论图 9.12(b)所示的能带间的间接跃迁 B 时，虽然在吸收光子 $\hbar\omega>E_{\text{g}}$ 时，它们满足能量守恒定律；如前所述，由于其跃迁前后的动量变化很小($P_{\text{i}}\approx P_{\text{f}}$)，它不足以使位于波矢空间原点附近价带定点 $\boldsymbol{k}_{\text{v,max}}$ 的电子跃迁到附近能量为 E_{g} 的波矢量为 $\boldsymbol{k}_{\text{c,min}}$ 的导带最低点，当忽略光子的动量 h/λ_0 时，它们之间在 $\boldsymbol{k}$ 坐标上的动量差为 $P_{\text{f}}-P_{\text{i}}$。所以为了满足量子力学的动量守恒定律，与直接跃迁半导体不同的是，在间接跃迁中只有在其他如声子等之类的准粒子参加下才能发生这种跃迁过程。常见是晶体本身所存在的晶格振动所引起的声子参与这种光电子跃迁。如图 9.12(b)所示，可以将该过程用两步过程来描述：首先在由初态 $\boldsymbol{k}_{\text{i}}$ 不变时，电子垂直地跃迁到某个虚拟的中间态，再通过吸收或发射一个动量为 $\hbar q=\hbar\boldsymbol{k}_{\text{c,min}}$，能量为 E_{P} 的声子而跃迁到波矢为 $\boldsymbol{k}_{\text{c,min}}$ 的导带最低能态。这时能量守恒定律可表示为

$$\hbar\omega_{\text{e}}=E_{\text{c}}(\boldsymbol{k}_{\text{c}})-E_{\text{v}}(\boldsymbol{k}_{\text{v}})\pm E_{\text{P}} \tag{9.2.46}$$

其中＋和－分别对应于吸收和发射能量为 E_{P} 的声子。

上述介绍的声子机理，不但可以解释能带间直接跃迁时出现的吸收带尾机理，可以说明某些直接半导体中原来禁阻跃迁附近也出现的吸收带尾的机理之一，也说明了图 9.11(b)中低温下，随着声子激发的减弱而使吸收带尾也随之变弱的实验结果。

实际的半导体的吸收带尾和吸收光谱结构很复杂，这和它的微观结构及跃迁机理有关。对诸如半导体晶体中同一能带内的跃迁、晶体杂质掺杂和晶体缺陷引起的分立施主和受主能级、激子、量子阱、超晶格的微结构以及外界温度、压力、光、电、热、磁等条件的影响，已经做了深入的研究，这里不再细述[4]。

9.2.2　半导体吸收和发光基础

在半导体的光吸收讨论中，涉及电子从初始的价带能态在吸收光子后跃迁到最终的导带中的激发态。这种激发态是不稳定的非平衡态。它可以处于布里渊区的任意位置，其中的电子会通过电子-声子(热)弛豫或其他电子-空穴辐射复合过程而返回到原有体系的基态。正如与在 9.1 节对分子光谱中所讨论的情况类似，其中主要是采取光致或电致发光等辐射的形式将部分能量转移给环境而发热的无辐射形式，亦即弛豫到导带或价带中的某个能量最低态，再返回到基态。[16]

这里讨论的光致发光是指电子自发或在电磁场微扰下从高能级跃迁回低能级的过程(图 9.13)，因而也可以从带间跃迁的跃迁概率式(9.2.40)出发加以理解。电子-空穴间

的辐射复合速率取决于较高和较低能态上的载流子密度 n_u 和 n_l 以及上态和下态的跃迁概率 W_{ul}^{em} 见 9.2.1 节式(9.2.4)。

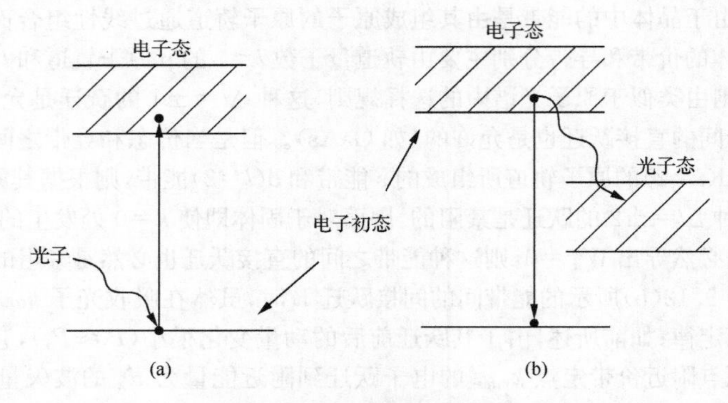

图 9.13 辐射跃迁的示意图

(a) 吸收过程;(b) 发光过程

值得注意的是,按照 Einstein 光辐射理论[参见式(9.1.17)],在考虑发射概率时,不仅要考虑自发发射跃迁而且也要考虑受激发射的贡献。对于半导体中的直接能带间的跃迁,如图 9.13 所示,由于处于布里渊区能带极值处,根据跃迁动量守恒定律有 $k_e=k_h=0$。当假定跃迁矩阵元 M_{cv} 与能量 E 无关,而且所涉及的能带简化为具有恒定的有效质量 M^* 的抛物线形时,则类似于式(9.2.45),可以将其自由电子-空穴的直接辐射复合跃迁发光的概率近似地比例于:

$$R_T(\hbar\omega) \propto (\hbar\omega)^2(\hbar\omega - E_g)^{1/2}\exp\left(-\frac{(\hbar\omega - E_g)}{k_B T}\right) \tag{9.2.47}$$

其中指数形式的权重因子是由对辐射复合有贡献的载流子的 Boltzmann 热分布引起的。

图 9.14 为 n-InAs 在 77K 下的光致发光光谱,其中实线为理论计算结果。高能部分大致如式(9.2.48)所示,随着掺杂浓度的增加和费米能级向导带的深入、温度 T 的升高、激发的增强,由于有更多高能量光子的发射跃迁而引起发光谱峰值及高能边缘都会像高能方向移动。

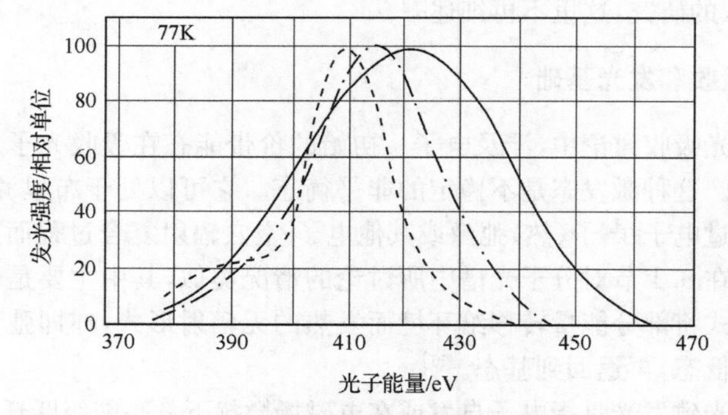

图 9.14 掺杂的 n-InAs 的发光光谱

77KF,不同掺杂程度用虚线和实线表示

由于半导体的光致发光和分子的吸收光谱类似，导致其电子-空穴的辐射复合过程也有很多和吸收过程类似的机理。例如，除上述的能带-能带间跃迁过程外，还有能带-禁带定域的杂质能级间的跃迁、施主-受主对之间复合跃迁和电子-声子之间的发射过程等。但发射光谱和吸收光谱之间也有相当的不同。首先由于图 9.2 所述的 Franck-Condon 跃迁总是使得发射光谱的能量比所对应吸收光谱的小(Stokes 红移)，吸收光谱涉及半导体的费米能级上下的所有能态，因而实验上产生较宽的吸收谱带；而在发射过程中，激发电子和空穴经常是在发射复合前首先通过和晶格声子作用而弛豫到布里渊区附近中的能量最低能带附近，由于经历了这种弛豫过程而使得发光强度的表达式会出现衰减因子 $\exp\left(-\frac{\hbar\omega}{k_B T}\right)$，随后再发生辐射发光，其发光过程仅涉及吸收更小的狭窄的能级范围。发射光谱的谱带也较狭小而明锐。因而在实验时当光子能量超过禁带能隙 E_g 时，辐射复合发光强度会很快下降。这也说明在进行光致发光实验时，要预先通过激发光谱实验选出特征的激发频率以增加发射光谱的效率及强度。

9.2.3　激子的吸收和发光

在讨论半导体的光激发下的光致发光过程时，一般有两个重要的环节：①是吸收光子而引起光的激发产生电子-空穴对的载流子；②是这种非平衡态载流子电子和空穴的扩散及二者之间的辐射复合而发射光子。在这些不同类型的机理中，最常发生而又十分重要的就是激子机理[18-19]。

1. 激子理论

在 9.2.2 节中介绍吸收光谱的能带间的跃迁机理时，采用了在光子作用下将半导体中单个电子从价带激发到导带的单电子近似理论，从而形成各自独立，但能自由传导电流的电子和空穴对，进而阐明吸收过程及其吸收边效应。但这里所讨论的激子机理观点是：上述光激发的电子-空穴对之间并没有完全独立，二者之间由于存在库仑相互(吸引)作用而“定域”地结合在一起。这是一种“中性”的、非传导电的、束缚态的电子激发态，称之为激子。在化学上激子就相当于氢原子的激发态，它含一个带正电荷的质子和一个被激发到高能态电子(参见 2.1.1 节)。在半导体或绝缘体中，激子的机理导致其禁带区中的导带底部附近出现与之相关的定域能级，从而为 9.2.2 节所述吸收边分立峰的出现提供了一个新的途径。

一般可以将激子分为两种类型：①Frankel 激子。电子和空穴之间形成的激子相距约为晶格常数大小的一个点偶极子，它也可以看作一个格子点整体从一个原胞运动到另一个单胞位置。如图 9.15(a)所示，由于这种激子的结合较为定域，一般出现在分子晶体中，有较强的电子-声子相互作用，因而常用 2.1.2 节所述的紧密束缚能带理论进行处理。②Wannier 激子。电子和空穴之间的结合较弱，它们之间相距远比晶格常数大，有较大的离域特性。一般出现在半导体和绝缘体晶体中。这种激子可以在晶体内迁移或进行能量传递。

总体上可以将这种由电子-空穴对所形成的激子看作一个双粒子体系，但对它们的理

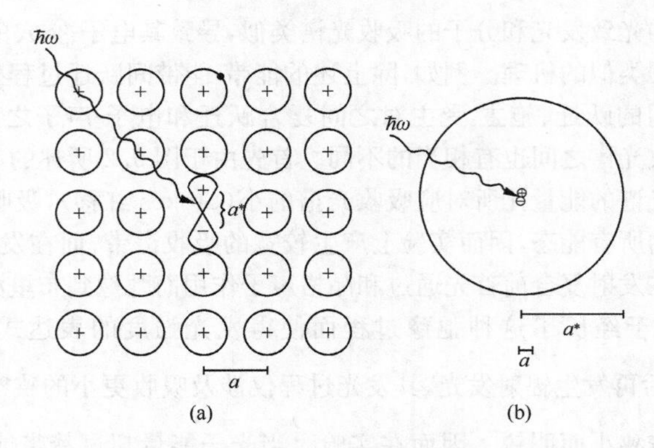

图 9.15　Frankel(a)和 Wannier(b)激子示意图

论处理较为复杂。对于半导体中常见的 Wannier 激子，在经过简化后的理论处理中，可以导出和我们熟知的类氢原子的相似结果[参见式(2.1.25)]，激子中电子-空穴相对运动的波函数 $\psi(r)$ 和能量 E_n 以及其激子总能量 $E_n(\boldsymbol{k})$ 表达式分别为

$$\psi(r) = R_{nl}(r)Y_{lm}(\theta,\phi) \tag{9.2.48}$$

$$E_n = -\frac{R^*}{n^2} \tag{9.2.49}$$

$$E_n(\boldsymbol{k}) = E_g + \frac{\hbar^2\boldsymbol{k}^2}{2M} - \frac{R^*}{n^2} \tag{9.2.50}$$

其中 R^* 为激子的等效 Rydberg 能：

$$R^* = \frac{\mu e^4}{2[4\pi\varepsilon(0)]^2\hbar^2} = \frac{\mu}{\varepsilon_r^2(0)} \cdot 13.6\text{eV} \tag{9.2.51}$$

和类氢原子中式(2.1.26)相似，从波函数 $\psi(r)$ 可以估计范尔尼激子态的等效玻尔半径：

$$a^* = \frac{4\pi\varepsilon(0)\hbar^2}{\mu e^4} = \frac{m_0}{\mu} \cdot \varepsilon_r(0)a_0^{\mathrm{H}} \tag{9.2.52}$$

其中 a_0^{H} 为氢原子玻尔半径，$\varepsilon(0)$为介质的介电常数。对于 GeAs 晶体的激子，其空间扩展范围 a^* 值约为 130Å；折合质量 μ，激子的总质量为 $M = m_e^* + m_h^*$

$$\frac{1}{\mu} = \frac{1}{m_e^*} + \frac{1}{m_h^*} \tag{9.2.53}$$

$$r = R_e - R_h \tag{9.2.54}$$

和在量子化学中处理类氢原子结果中的符号含义一样，$R_{nl}(r)$ 为拉盖尔多项式，$Y_{lm}(\theta,\phi)$ 为球谐函数，激子的准动量(或波矢)$\boldsymbol{k} = \boldsymbol{k}_e - \boldsymbol{k}_h$。为了方便，图 9.16(a)用单电子的能量图表示了布里渊区中心附近式(9.2.51)中能量 $E_n(\boldsymbol{k})$和波矢 $\boldsymbol{k}$ 的示意图。当电子由激子态电离后就会进入连续态。图 9.16(b)中的斜线部分表示对应于 $\boldsymbol{k}=0$ 的激子基态(量子力学中采用态符号|0>表示)有贡献的能带态范围，其中横坐标分别为电子或空穴的波矢 $\boldsymbol{k}_e$ 或 $\boldsymbol{k}_h$，因而该图值表示了波矢 $\boldsymbol{k}=0$ 的激子相对于导带的位置，而不是激子的色散图。

光激发的激子效应引起的分立峰只发生在较纯的半导体中，例如只有在超纯的 GaAs 中才能观察到该效应(图 9.17 中间)。因为杂质引起的高自由载流子所产生的吸

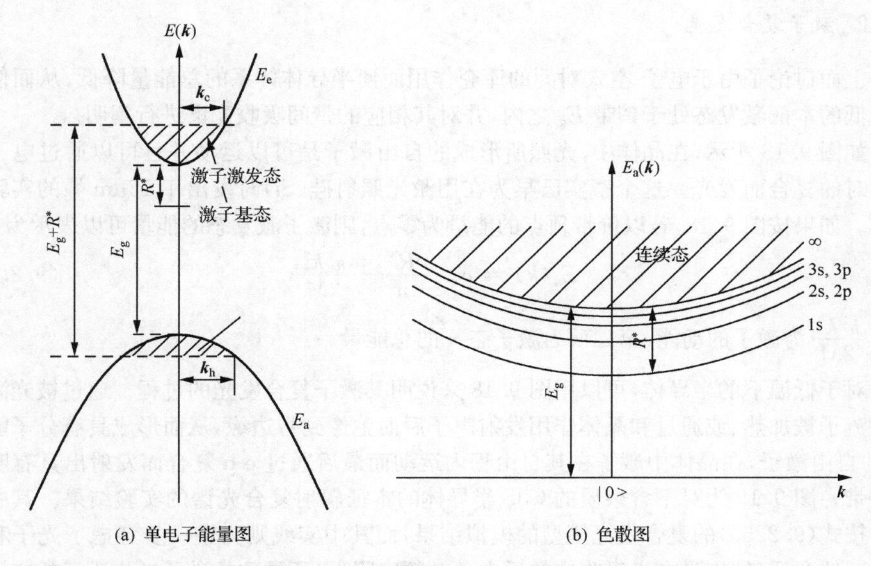

图 9.16　半导体中单电子能量图(a)中 $\boldsymbol{k}=0$ 附近处激子态(b)的示意图

收边会和激子峰混在一起，甚至使激子峰消失，从而使图 9.17 中右边的 GaAs 在 $n\geqslant 4$ 后的自由激子峰就分辨不出而会呈现准连续的吸收带，但由这种连续峰可以外推到 $n=\infty$ 而求出 E_g 值。图 9.17 左下方为束缚激子 D^0X 的吸收谱线，D^0 为中性施主，X 为自由激子；右下角为不存在激子效应时的吸收系数 $\alpha_h(\hbar\omega)$。

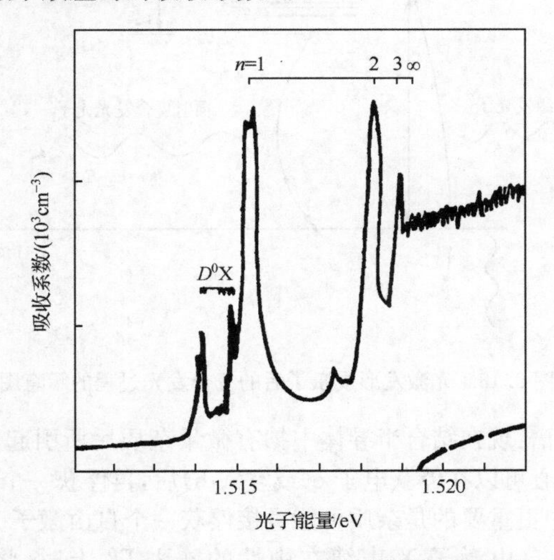

图 9.17　超纯 GaAs 在 1.2K 的高分辨吸收光谱

2. 激子复合发光

上面讨论了由于电子-空穴对间的库仑作用而使半导体体系的总能量降低，从而使得其最低的本征激发态处于禁带 E_g 之内，并对其相应的带间吸收光谱进行阐明。

如图 9.18 所示，在晶体中，光照所形成的自由激子是可以运动并且可以通过电子和空穴对的复合而发光。这个事实已早为在用激光照射硅(Si)时发出 1.15μm 峰的实验所证实。如果按图 9.18，若以价带顶点的能量为零点，则激子激发态的能量可以表示为

$$E_n(\boldsymbol{k}) = E_g - \frac{R^*}{n^2} + \frac{\hbar^2 \boldsymbol{k}^2}{2M} \tag{9.2.55}$$

其中 $\frac{\hbar^2 \boldsymbol{k}^2}{2M}$ 为激子的动能，第二项为激子态 n 的总能量。

对于低温下的半导体，可以用图 9.18 来说明其激子复合发光的过程。通过被光激发的载流子被加热、或通过和晶体作用发射声子后而弛豫到带边缘，从而形成具有分子能级 E_n 的自由激子，在晶体中激子在其自由程内运动而最后通过 e-h 复合而发射出具有明锐的谱带。图 9.19 为对不含杂质的 CdS 半导体的本征辐射复合光谱的实验结果。其中虚线为按式(9.2.55)的复合发光模型的模拟结果，而其中实线则为进一步考虑了光子和激子相互偶合后(特别是在光吸收中的反常色散频率附近)所导致的激子极化激元效应模型[参见式(9.2.56)]所得的结果。

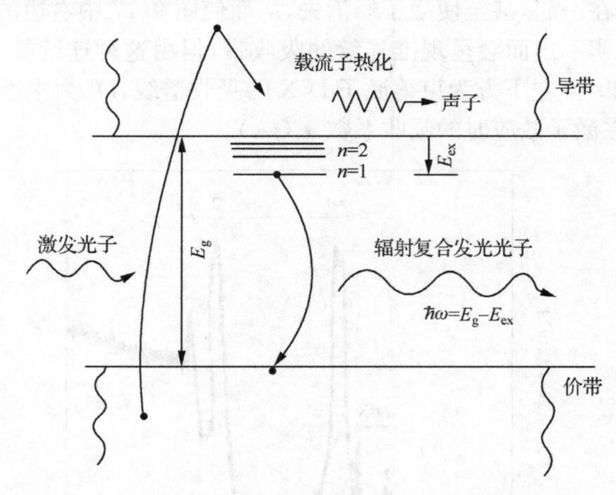

图 9.18　光激发形成激子后的复合发光过程的示意图

束缚激子的发光谱：现在结合半导体中掺有微量杂质后所引起的发光光谱。半导体中的杂质或者缺陷中心可以在俘获电子 e(或空穴 h)后，再俘获一个相反符号的相应载流子；在发光光谱研究中更重要的是杂质可能直接俘获一个自由激子 X 而形成所谓的束缚(或定域)的激子。当自由激子 X 束缚在中性的施主 D^0 上时，将这种束缚激子记为(D^0X)，由于它总的看来是由一个施主离子⊕、两个电子 e 和一个空穴 h 组成的，所以文献也将这种束缚激子记为 D^+eeh 或者⊕－－＋。如图 9.17 所示的 GaAs 吸收光谱中就出现了在中性施主上的激子复合物 D^0X 的吸收谱峰，其中施主的浓度约为 $10^{15}\,cm^{-3}$。

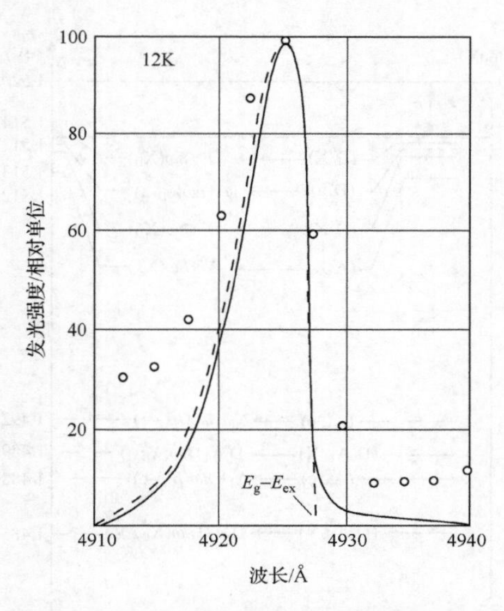

图 9.19　CdS 半导体在 12K 时的发射光谱

○为实线；虚线为激子模型，实线为激子极化激元模型

除了上述的束缚在中性施主上的激子复合物外，激子也可以和电离的施主 D^+、中性的受主 A^0 和电离受主 A^- 结合而形成相应的激子复合物(D^+X)、(A^0X)和(A^-X)。至于对于具体的半导体而言，实际能否生成这种稳定的激子复合物取决于激子被杂质(或缺陷)中心俘获后体系的总能量是否下降。Sharma 和 Herbert 等曾采用量子化学方法对此加以阐明。他们的结论是：当体系中的有效质量比 $\sigma=\frac{m_e^*}{m_h^*}<0.71$ 时，才可能形成(D^+X)；而只有当 $\sigma<0.2$ 时，(D^+X)才是稳定的。

自由激子的激发能就是其基态的能量，在固体物理中常将这种激发态看作一种激元(或激子)。在直接跃迁这种简单情况下，由式(9.2.55)可见自由激子复合发光的光子能量就是激发能：

$$\hbar\omega=E(X)=E_g-R^*+\frac{\hbar^2\boldsymbol{k}^2}{2M}=E_g-E_{ex} \tag{9.2.56}$$

作为一个例子，图 9.20 给出了对 GaAs 中实验观察到的和理论计算的发光位置结果[3]。在温度为 2K 时，$E_g\approx1.5205$eV，自由激子谱线在 1.5161eV，$E_{ex}=4.4$meV。由于 GaAs 的有效质量比 $\sigma=\frac{m_e^*}{m_h^*}\approx0.15$，因而按上述的 σ 值判据不会形成(A^-X)束缚激子。

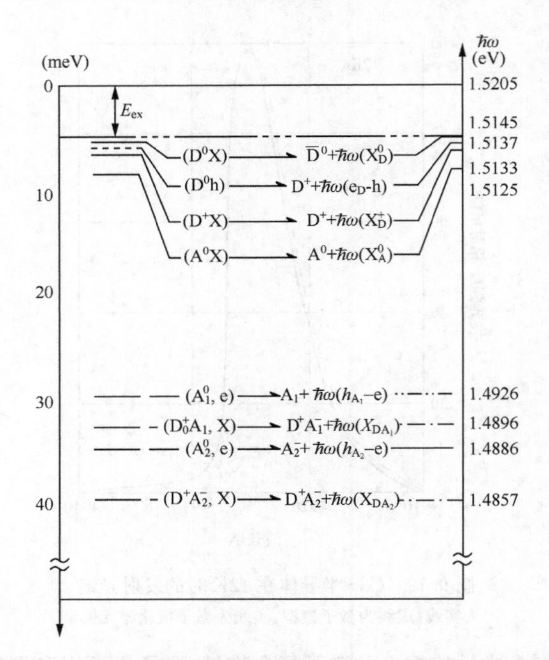

图 9.20　GaAs 半导体中束缚激子和其他类型激子复合物的能量(温度为 2K 时)

9.3　稀土发光材料

9.3.1　稀土发光特性

镧系元素价电子构型可写为[Xe]$4f^n5d^16s^2$,其中从 La(Z=57)到 Ln(Z=71)的 f 轨道电子数 n 分别为 0 到 14。如图 9.21 所示的 Gd 原子的径向密度分布,其特点是 4f 轨道被外层的 5s、5p 和价轨道所屏蔽。稀土 RE^{3+} 的半径几乎取决于充满的 $5s^2$ 和 $5p^6$ 轨道,这就决定了稀土化合物的独特物理和化学性质[6]。深藏在内的 4f 电子对稀土化合物的化学性质影响不大。稀土元素 RE 中的 $5d^16s^2$ 电子电离后,产生 RE^{3+},所以 RE^{3+} 的化学性质差别不大,难于分离,只是离子半径随着原子序数 Z 的增加而呈现有规则的降低(称为镧系收缩)。稀土离子不易形成共价键,而其光学和磁学性质则可以用通常的原子理论加以说明,晶体场影响只看作是微扰。如图 9.22 所示,稀土离子能级图几乎与主体格子无关,而保持了原子能级的特性。

f 轨道的轨道量子数 l=3,用磁量子数表示有 7 个磁轨道:m_l=+3,+2,+1,0,−1,−2,−3。当将 f^n 组态的几个电子在 Pauli 不相容原理的条件下填入不同的 m_l 值的磁轨道时可以得到用总轨道量子数 L 和总自旋量子数 S 来表示不同量子状态[称为光谱项^{2S+1}L,参见式(2.1.28)]。按照洪德规则,其中 S 最大的能级最低,因为它直接度量了平行电子的数目。S 相同时,L 最大的谱项能级最低,从经典的概念来看,L 最大表明电

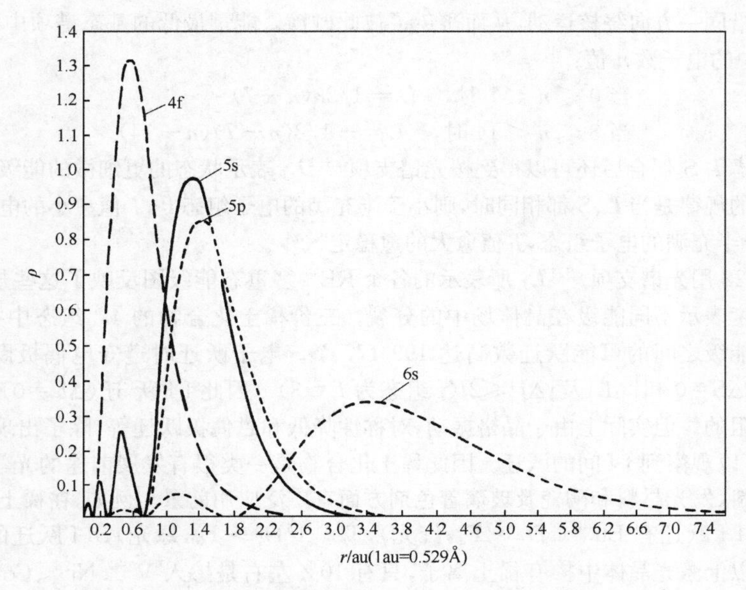

图 9.21　Gd^{+}径向波函数的平方(1 个原子单位 au＝0.529 172Å)

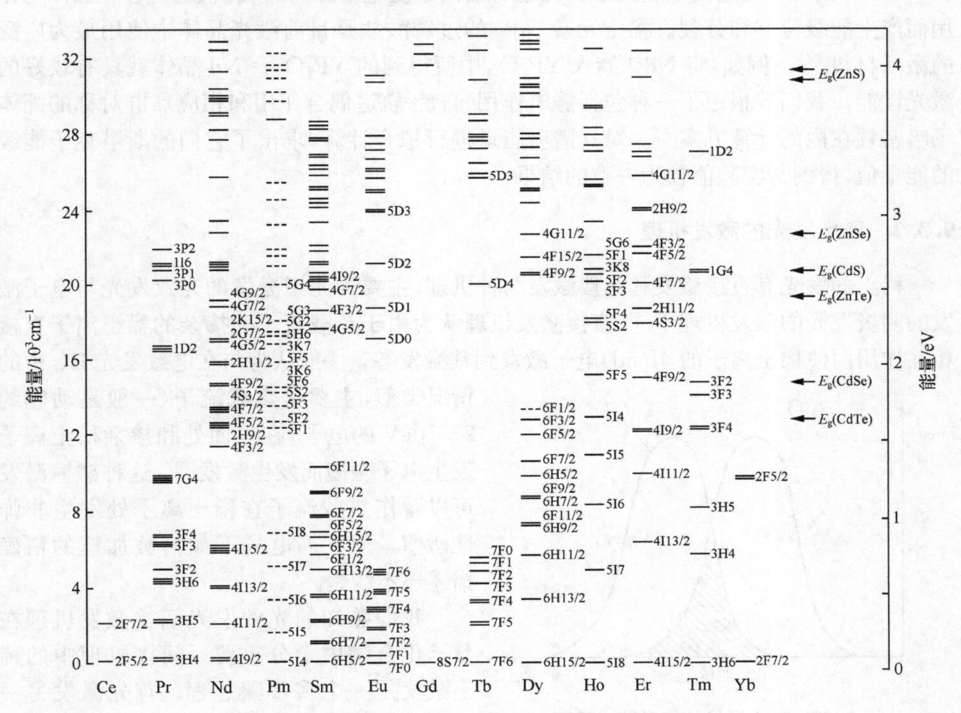

图 9.22　$LnCl_3$ 稀土 RE^{3+} ($4f^n$)氧化物的能级示意图

图中也列出了常见Ⅱ-Ⅵ族化合物的能隙

子倾向于沿同一方向绕核运动,从而避免了彼此碰撞。能量最低的基态谱项中的 L 值取决于 $4f^n$ 中的电子数 n 值:

$$\text{当}\ 0 \leqslant n < 7\ \text{时}, \quad L = 1/2n(n-7)$$
$$\text{当}\ 8 \leqslant n < 14\ \text{时}, \quad L = -1/2(n-7)(n-14) \tag{9.3.1}$$

进一步考虑 L-S 偶合后还可以得到按光谱支项 $^{2S+1}L_J$ 表示状态的更细微的能级分裂。其能级高低的规律是当 L、S 都相同时,则小于半充满的电子组态 f^7,J 值愈小的电子组态愈稳定;大于半充满的电子组态,J 值愈大的愈稳定[20,21]。

图 9.22 用光谱支项 $^{2S+1}L_J$ 所表示的各个 RE^{3+} 多重态能级图反映了这些规律,其中谱项的宽度表示不同能级在晶体场中的分裂。三价稀土化合物的 $4f^n$ 组态中共有 1639 个能级。能级之间的可能跃迁数高达 199 177 个。电子跃迁时遵守电偶极跃迁规则:$\Delta L=\pm1$,$\Delta S=0$ 和 $|\Delta L|$ 及 $|\Delta J| \leqslant 2l$(f 组态为 $L=3$)。因此 f-f 跃迁($\Delta L=0$)应是宇称对称性禁阻的。但实际上由于晶格振动、对称性降低和磁偶极跃迁等,除了出现 f-d 跃迁外,还是可以观察到 f-f 间的跃迁。因此稀土化合物是一类很有发展前途的光学材料库,在激光材料、发光材料和陶瓷及玻璃着色剂方面有广泛应用前景。例如,在稀土发光材料中常用的 f-f 跃迁有 Eu^{3+}($^5D_0 \rightarrow {}^7F_2$,红光),$Tb^{3+}$($^5D_4 \rightarrow {}^7F_5$,绿光),d-f 跃迁的 Eu^{2+} 蓝光。90%以上激光晶体中掺有稀土离子,只有 10%左右是掺入 V^{2+}、Ni^{2+}、Co^{2+}、Co^{3+}、Ti^{3+}、Cr^{3+} 和 U^{3+} 等过渡金属离子。稀土自由离子受电子斥力、自旋轨道偶合和晶体场作用而产生能级位移和分裂。稀土元素 Nd^{3+} 的过磷酸盐是目前激光晶体中使用最为广泛的激活材料[22]。例如,将 Nd^{3+} 掺入 YP_5O_{14} 中所得到的 YP_5O_{14}:Nd 晶体就具有较好的激光性能。我们曾报道了一种包括静电作用、自旋-轨道偶合作用和相应点群对称的配体场哈密顿在内的计算方案[6]。对其谱项能量进行拟合计算,求出了它们的斯塔克子能级的能量值,得到与实验值较为一致的结果。

9.3.2 稀土发光的激发机理

稀土的发光有直接激发和间接激发两种机理,主要为光子激发的光致发光与电子激发的阴极发光的激发机理不同,直接激发机理认为由于热载流子和掺杂的稀土离子直接相互作用而使稀土离子的 4f(5d)电子激发到其激发态。一般认为与在电致发光 EL 中的情况类似,主要是热载流子(一般是动能约 2~10eV 的电子)在界面处和掺杂稀土离子发生电子碰撞而发生激发[23],这种碰撞激发可以看作热载流子在稀土离子处发生非弹性碰撞。但在高电场下如何被加速的精确描述还不清楚。

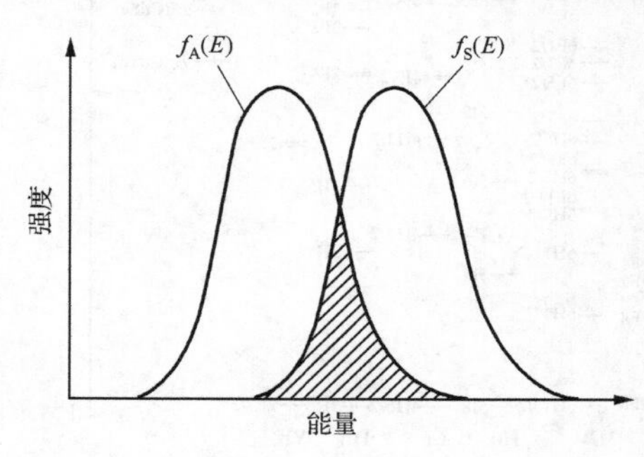

图 9.23 稀土激发的能量传递机理
可能并不适用于掺杂稀土 DAP 分离间距较远的情况

我们熟知的光致发光间接激发机理在分子化合物中十分重要。间接机理中的稀土激发是一个多步骤过程。首先激发另一个并不发光的光敏剂 S 中心(例如配位体 L 这时作为电子给体 D),再由该中心通过能量传递而激发稀土离子(作为电子受体 A)(参考图 2.22)。图 9.23 为通过激发的电子给予-接受对(DAP)进行能量传递而激发稀土离子的示意图。在这种著名的 Forster 和 Dexter 能量传递模型的间接过程中,速率限制性步骤一般是从光敏剂激发态 S^* 到稀土离子的能量传递过程。Schaffer 和 Williams[24] 曾将光敏离子 S 和发光离子 A 之间的电子偶极-偶极(d-d)传递机理所引起的传递机理表示为

$$P_{\mathrm{S\text{-}A}}(\mathrm{dd}) \approx \int f_{\mathrm{S}}(\mathrm{E}) f_{\mathrm{A}}(\mathrm{E}) \mathrm{d}E / E^2 \tag{9.3.2}$$

其中 $f_S(E)$ 和 $f_A(E)$ 分别为光敏剂 S 和稀土离子 A 的发射和吸收谱的谱形函数。该式表示 DAP 发射的能级和稀土的吸收能级重叠能量愈多交换效率愈高。在 ZnS 中的稀土离子大都存在这种重叠性(图 9.24)[25]。

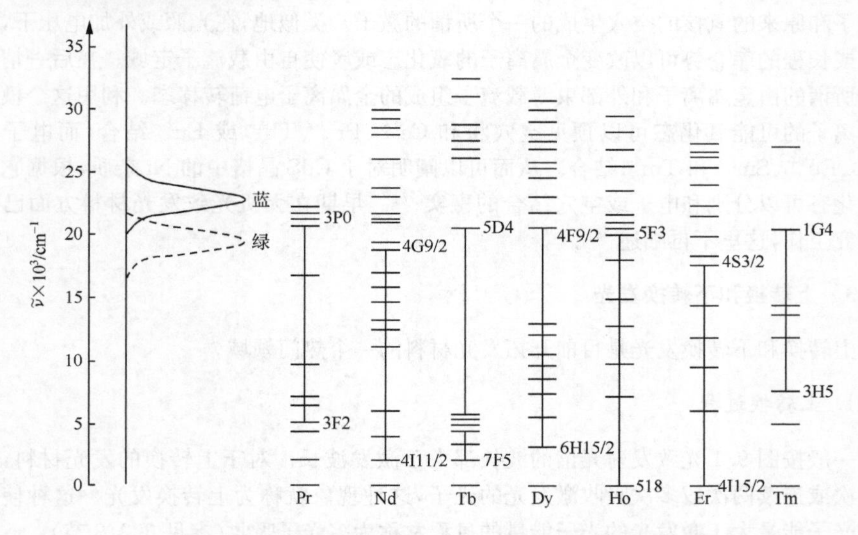

图 9.24　在 ZnS 中给予-接受对的跃迁能量和某些 RE^{3+} 能级图的光谱重叠

由于作为光敏剂 S 的 ZnS 和其他 Ⅱ-Ⅵ族化合物中的带隙 E_g 很宽,所以它的发射带和不同稀土的狭吸收带应有类似的重叠,结果对不同的稀土离子应有相同的光致发光谱(PL)。但实际上并非如此,这是由于式(9.3.2)的模型在 S 和 RE 间距离很靠近的情况下,必须考虑比偶极子作用更高的多极子相互作用,即应该用 E^q(多极子 $q=4$ 或 6)代替分母中的 E^2(偶极子),而且当 S 和 A 的波函数重叠大到不能区分时还应考虑交换作用。

稀土的光致发光和第 10 章叙述的电致发光的主要激发方式和发光机理很类似。实际上,两者的发光光谱也很类似。镧系中的 Ce 和 Eu 等稀土元素分别掺入 SrS 或 CaS 等磷光体基质中时,在基质光发射中电子的迁移虽然不会直接受周围稀土离子的影响,但是这时基质也可作为光敏剂 S,从而促进作为定域光发射中心的稀土离子会从中吸收激发能而使稀土中电子从基态激发到激发态,当它回到激态时就发射出光。这对于了解稀土的发光性质十分重要。

另外,对不同稀土离子及不同位置稀土的光致发光性质进行了研究。问题集中在 S 和稀土中心间的能量传递是分离较远还是定域的。最近的实验表明,能量传递是在紧密

缔合的复合中心(complex centers)间进行的。对 ZnS 中不同 Sm 位置的衰减动力学表明[26],远距离的 S-RE 传递只占总的 PL 强度的百分之几,而相邻的 S-RE 中心在 PL 过程中起主要作用。因此为了保证稀土离子和 S 相邻,这就要求 S 或 A 成分本身同时就是稀土离子的电荷平衡离子和光敏剂,这就是文献上报道的“发光中心(lumocens)”这个名词,以描述稀土离子复合中心可以增加稀土激发效率的事实。其原因是靠近的 S-RE 距离对于能量传递有利,更重要的是,靠近稀土离子的电荷平衡离子降低了局部电场的对称性而使原来禁阻的 4f-4f 跃迁得以解禁。

最近对于过渡金属或稀土离子的激发过程提出了一种类似于半导体中所述的激子机理,正如对于氢原子,在光激发下,一个电子被激发到激发态后就相当于形成了由一个激发电子和原来的氢核的空穴生成的一个所谓的激子。类似地,在光照或外加电压下,通过短程或长程的库仑势可以改变金属离子的氧化态或者使自由载流子定域。在后一情况形成了所谓的由金属离子和外部束缚载流子组成的金属离子电荷转移态。利用这个模型和已知离子的可能氧化态可以预见空穴将和 Ce^{3+}、Pr^{3+}、Tb^{3+} 或 Eu^{2+} 结合,而电子将和 Yb^{3+}、Eu^{3+}、Sm^{3+} 和 Tm^{3+} 结合。从而可以阐明对于 CdS 晶格中的 Ni 杂质,根据它的初始氧化态可以分别和电子或空穴结合的事实[27]。早期在无机光致发光材料方面已有很多研究工作,这里不再细述[28]。

9.3.3 上转换和下转换发光

上转换和下转换发光是目前开拓发光材料的一个热门领域。

1. 上转换过程

一般按图 9.1 光致发射光谱的波长都大于激发波长。对于上转换的发光材料,它可以一次或连续两次或多次吸收激发光的光子,这种现象就称为上转换发光。这种使发射光的光子能量大于激发光的光子能量的过程常称为多光子吸收(参见 8.3.3 节)。

用这种上转换材料可以将人们看不见的红光变为可见光,因而可以应用于红外探测器、防伪油墨、生物探针和上转换激光器。后者的一个实际应用就是将三价稀土离子 Tu^{3+} 掺杂到三氟化镧(LaF_3)晶体,在氪离子激光器发出的 647.1nm 的红外激发下(图 9.25),除了可以发出来自 $^1G_4$、$^1D_2$ 的蓝光和 $^1D_2$、$^1I_6$ 的紫外光外;还可以通过上转换发光,其双光子过程是一个光子使电子从 $^3F_4$ 能级激发到 $^3F_2$,电子很快弛豫到其能级邻近的 $^3H_4$ 能级,然后再吸收第二个光子从 $^3H_4$ 能级跃迁到 $^1D_2$ 能级,再后跃迁到 $^3F_4$ 或基态而发射出红外光;也可以是 $^3F_4$ 上的电子吸收第二个光子跃迁到 $^1G_4$,$^1G_4$ 的电子再吸收第三个光子而跃迁到更高的 $^3P_1$ 能级,最后弛豫到 $^1I_6$ 能级。

2. 下转换发光

按照式(9.1.16)发光材料量子产率的定义,当材料的高能级可看成是连续或差距很小[图 9.26(a)]时,则电子吸收一个光子而从基态 G 激发到激发态,再通过弛豫(发热)到较低的态 E_2 后,回到基态 G 而发出可见光(图 9.26 中 3)时,其(如荧光灯中)量子产率即使较高到 90%也不会超过 100%;而由于过程 2 所消耗的能量,其能量效率还可能低到约

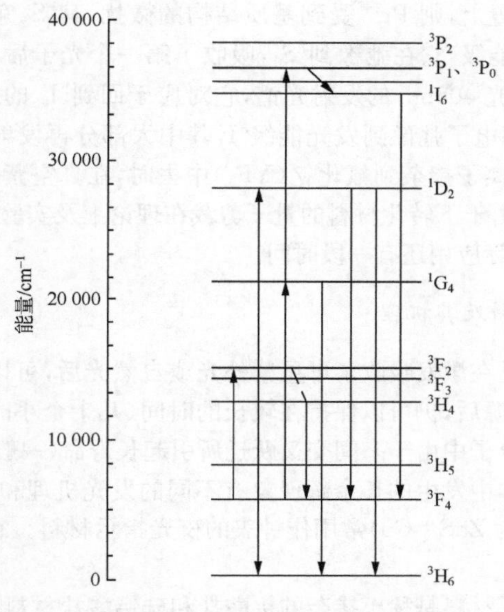

图 9.25　稀土 Tm^{3+} 的能级图

50%。但是如果发光材料具有图 9.26(b)所示的能级图，其中 E_2 到 E_1 及 E_1 到 G 的跃迁都可以发射出可见光。和上转换过程相反，使原来的一个能级较高的激发光子向下激发出两个能量低的光子，这种现象就称为下转换发光。

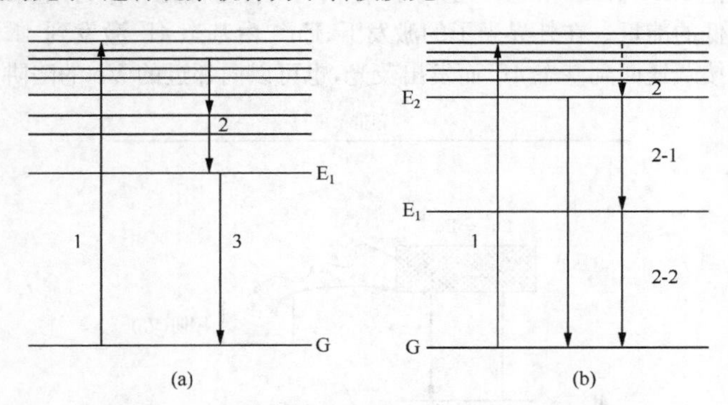

图 9.26　发光材料中基于能级图的量子剪裁示意图

稀土离子晶体具有丰富的发光能级，这种能带结构有可能由一个能级较高的紫外或真空紫外光子发射两个不同波长的光子。其量子产率可以超过 100%，这也是一种提高能量效率和亮度的途径。由于有可能通过调控材料的微扰而改变其能带结构及分裂以适应能级和光子能量的匹配，所以也将这种现象称为量子剪裁。常用的调控途径如：在电视机中用惰性气体等离子激发真空紫外荧光可以使之辐射红蓝绿三色基的荧光粉；对于三价稀土离子 Pr^{3+}(参见图 9.22)，其 $4f^2$ 组态的最高能级是第一激发态 $^1S_0$，它处在真空紫外区(214nm)，其下方是更低的能级 4f5d。但是当 Pr^{3+} 作为杂质占据在具有高配位数基

质 $SrAl_{12}O_{19}$ 中晶格位置上，则 Pr^{3+} 受到基质结构的微扰，其 $^1S_0$ 就可能处于 4f5d 之下。这时被激发的是 4f5d 能级，它在弛豫到 $^1S_0$，吸收了第一个光子后，发射出 4 条强的发射光，其中最强的是可见光 405nm 的发射光谱，它对应于回到 $^1I_6$ 的跃迁，其他的 3 条落在紫外区；然后再从 $^1I_6$ 态电子弛豫到发光能级 ^3I，其中大部分再发射第二个光子而发射出可见光区内。当将 Pr 离子掺杂到氟化钇(YF_3)中去时，在真空紫外光激发下，其光发射量子产率可达 95%。由于下转化材料的量子剪裁在理论上及实验上都不够成熟，机理也较为复杂，所以距其实际应用还有一段时间。

3. 长余辉发光材料及其机理

这种材料的特点是在激发吸收了可见紫外光或自然光后，可以将光能量储存在某种中间激发态，当撤去光源后，仍可以保持在较长的时间(几十个小时)内缓慢的发射出来。这种现象有点类似于分子中由于态间交叉跃迁所引起长寿命(一般为几个微秒到毫秒)的磷光现象。只是在固体中发生的长余辉现象有不同的发光机理和更长的寿命。例如，掺有 Cu 杂质的 ZnS(记为 ZnS : Cu)常用作钟表的夜光指示材料。它们常具有非化学计量的组分。

研究最多的长余辉材料是稀土掺杂的铝酸盐和硅铝酸盐材料[28]。为了简单，下面用图 9.27 所示的电子缺陷模型加以说明。对于掺有二价稀土离子 RE^{2+} 的碱土金属 M 的铝酸盐 $MAl_2O_4 : RE^{2+}$，它在还原气氛中合成的余辉发光体晶格中可能形成带有一个正电荷的 O^{2+} 空位记为 Vö。这个正电荷缺陷会和晶格中的电子之间有库仑吸引力。相比于晶格中的其他 RE^{2+}、Al^{3+} 和 M^{2+} 正离子，陷阱 Vö 将会优先和作为杂质的 Eu^{2+} 相邻以导致体系有较低的能量。在外界光子的激发下，Eu^{2+} 由基态 $4f^7$ 激发到 $4f^65d^1$，然后该激发电子可以直接跃迁回到基态 $4f^7$ 而发出荧光，也可以向邻近的 Vö 的陷阱能级弛豫。

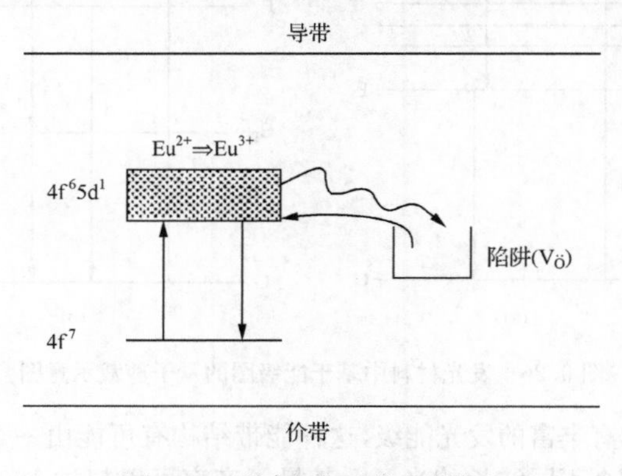

图 9.27　长余辉机理的陷阱模型

这个定域的量子势阱并不深，当被它俘获的 $4f^65d^1$ 电子在一定的时间后，有时会从周围晶格环境中获得足够的能量而重新从陷阱中溢出而回到发光中心的 $4f^65d^1$ 激发态，最后又回到基态而导致余辉发光。在整个过程中，整个晶格中的 Eu^{3+} 在 $4f^65d^1$ 被陷阱俘获前后没有变化。其长余辉发光机理也较为复杂，大多涉及电子和空穴缺陷的存在及材料中组分间的电荷和能量转移过程。

参考文献

[1] 姚启钧著,华东师范大学光学教材编写组改编.光学教程.北京:高等教育出版社,2008
[2] 梁灿彬,秦光戎,梁竹健.电磁学.北京:高等教育出版社,2010
[3] (a)罗哈吉-泰克吉 K K.光化学基础.丁革非,孙万林,盛六四,等译.北京:科学出版社,1991
(b)Rohatgi-Mukherjee K K. Fundamentals of photochemistry. New York: John Wiley & Sons, 1978
[4] 沈学础.半导体基础.北京:科学出版社,1992
[5] 吴世康.超分子化学导论——基础与应用.北京:科学出版社,2005
[6] 游效曾.配位化合物的结构和性质.第二版.北京:科学出版社,2010
[7] 徐叙瑢,苏勉曾.发光学和发光材料.北京:化学工业出版社,2004
[8] 徐叙瑢.发光材料与显示技术.北京:化学工业出版社,2000
[9] 曹怡,张建成.光化学技术.北京:化学工业出版社,2004
[10] 潘祖仁.高分子化学.增强版.北京:化学工业出版社,2008
[11] 励杭泉,张晨.聚合物物理学.北京:化学工业出版社,2007
[12] Perepichka I F, Perepichka D F, Meng H, Wudl F. Adv. Mater., 2005, 17: 2281
[13] Allendorf M D, Bauer C A, Bhakta R K, Houk R J T. Chem. Soc. Rev., 2009, 38: 1330
[14] Cheetham A K, Rao C N R, Feller R K. Chem. Commun., 2006, 46: 4780
[15] 林仲华,叶思宇,黄明东,沈培康编著,田昭武审.电化学中的光学方法.北京:科学出版社,1990
[16] 沈学础.半导体光学性质.北京:科学出版社,1992
[17] Bebb H B, Williams E W. //Willardson R K, Beer A C, eds. Swmiconducters and semimetal. New York: Academic Press, 1972, 8: 181
[18] Rashba E I, Sturge M D. Exciton. Amsterdam: North Holland Publ, 1982
[19] 黄维,密保秀,高志强.有机电子学.北京:科学出版社,2011
[20] Bunzli J C G, Piguet C. Chem. Soc. Rev., 2005, 34: 1048
[21] 苏锵.稀土化学.郑州:河南科学技术出版社, 1992
[22] Kaminskii A A. Laser crystal. New York, Berlin Heideberg: Springer-verlag, 1981
[23] Mnler G O, Mach R. Phys. Status Solidi A, 1983, 77: K17a
[24] Schaffer J, Williams F. Phys. Status Solidi, 1970, 38: 657
[25] Brown M R, Cox A F J, Shard W A, Willians J M. Adv. Quant. Electron., 1974, 2: 69
[26] (a)Hommel D, Bryant F, Swift M J R, Gumlich H E. J. Lumin., 1992, 52: 325
(b)张中太,张俊英.无机光致发光材料及应用.北京:化学工业出版社,2005
[27] Sokolov V I, Snrkova T P, Knlakov H P, Fadeev A V. Solid State Commun., 1982, 44: 391
[28] 肖志国,罗昔贤.蓄光型发光材料.第二版.北京:化学工业出版社,2005

第10章　电致发光

处于激发态的分子或固体的发光现象在高新材料和技术应用中处于十分重要的地位。这种激发态的形成可以分为三类：①光照（光致发光，photoluminescence，PL），引起光敏剂和发光金属离子间的能量传递（参见第9章）；②外加电场（电致发光，electroluminescence，EL），导致电子直接对分子或金属或离子的撞击；③在阴极电子流（阴极发光，cathodoluminescence，CL）作用下分子或固体被载流子撞击电离而形成激子。它们分别通过不同的激发方式和机理进行发光。

其中第③类是我们熟知的阴极射线管（CRT）技术。例如，早期作为日常电脑和电视机中所用的显示器，就是应用电子在真空中高电压加速后轰击由红、绿、蓝三基色（RGB）荧光粉而辐射出很多光点（称为像素 pixel）所组成的图案。其特点是色彩丰富、技术成熟。为了实际生产出体积小、质量轻、分辨率高的CRT显像管，其后发展了真空荧光平板显示器（VFD），后来又朝低压、高效、长寿命方向发展了各种形式的冷阴极场发射（FED）显示技术。

目前利用一种特殊的分子化合物“液晶”所具有的各向异性双折射等物理原理的液晶显示技术也得到很大的发展。这种液晶分子大都是一种具有棒状的X—R—L—R分子结构，其中端基X为烷基、烷氧基、链烯基，R为苯、环己烷等环状基团，L为以单链方式和两边环状结构相连的—C═C—，—N═N—，CH═N—和COO—等之类的双键化合物，如*N*-*P*-乙氧基苯亚甲基-*P*′-(-*β*苯丁基)苯胺（详见14.1.1节）。液晶显示器则是将液晶夹在两片偏振片之间，在非偏振光源的照射下，用外加电压控制片间的液晶发生不同的分子取向而控制显示器的明暗。但其主要缺点是液晶分子化合物本身并不发光，从而导致应用时视角很小而且分子本身的稳定性也较差。其最近已得到迅速的发展，这里不加细述。本章将讨论新近发展很快的第②类电致发光。

电致发光是一种电-光转换现象。从转换机理上电致发光有两种类型：①真正的本征电致发光。电压直接或间接加在电极之间的发光体（也称为磷光体，phosphores）上，受热的电子和基质中的或发光体中心碰撞或激发后引起的发光。例如，通常的日光灯。②电荷注入电致发光。电压加在直接固定于单晶半导体（例如GaAs）p-n结表面的电极上，由于载流子的注入而引起带负电的电子和带正电的空穴在界面上复合发光。通常的发光二极管（LED）就是这种类型。

从化学组成上，发光材料可以分为无机材料和有机分子（包括高分子和金属配位化合物）材料两大类。早在1936年，Destriau就基于ZnS构造了第一个粉末电致发光磷光体（phosphor），但Inoguchi报道了第一个有效的掺Mn的ZnS薄膜电致发光显示装置（ELD）[1]。人们曾经将这种ELD和光导膜结合用于光放大器和X射线增强器。1960年在日本曾被用于电视成像。1962年发明了第一个GaAs商品化光发射二极管（LED）。在无机的电致发光化合物中，目前主要的研究方向是发展掺杂稀土元素的多色显示材料。

它们广泛应用于视频器件、音响设备和测控仪器中。其优点是稳定性高,目前已取得了令人瞩目的成就[2]。然而无机EL材料也有一些明显的缺点,例如信息量和频率ν成正比的短波半导体发光二极管发光(蓝光)有待开发,作为显像管体积太大,大面积平板显示器工艺上制作有困难,发光颜色也不易改变,很难提供全色显示。

1968年,美国Bell实验室首先报道了有机化合物的EL。此后很多工作都注意了应用蒽、萘等高荧光量子产率的有机晶体以制备实用的EL器件,但需要高达1000V左右的激发电压。经过采用固体电极镀膜、掺杂等工艺条件后[3],驱动电压可降至30V左右,亮度也大为提高,但由于载流子注入产率低及发光薄膜质量差,有机EL分子及材料的发光效率仍较低,量子产率当时只有0.05%左右。

1987年,美国柯达公司的Tang等将具有高荧光量子产率的8-羟基喹啉铝配合物(简记为Alq_3)作为发光层,并采用蒸发镀膜法制备和组装了多层结构器件后,才重新激发了人们研究电致发光器件的高潮[4],其激发电压已在10V以下,发光亮度大于10 000cd/m^2,发光效率高于1.5lm/W。有关发光性质方面的单位请参见附录1。

分子薄膜电致发光(EL)器件之所以得到发展是由于其具有一系列优势及特点。从化学上看是由于它的多样性及易于实现分子设计,从而大大地丰富了发光的颜色。例如,8-羟基喹啉衍生物(Alq_3)中发光颜色为绿色(其最大发光波长$\lambda_{max}=520nm$),Mgq_2和Znq_2的发光颜色则分别是绿色($\lambda_{max}=518nm$)和黄色($\lambda_{max}=570nm$)。从工艺上看,分子EL器件易于实现大面积彩色显示及加工成不同形状,并具有与集成电路相匹配的直流低电压驱动特性。目前已出售64×256像素和更大像素的绿色平板显示器[5]。

电致发光器件在学术及实用上都已取得了巨大的进展,但目前真正实用的仍然主要是无机化合物器件。本章将从高场EL的无机化合物器件开始讨论,进而讨论有机分子器件,以助于了解其各自的EL过程的物理基础。

10.1 无机电致发光材料和器件

大多数多色的磷光体电致发光材料是掺有不同过渡元素或稀土元素(作为活化剂)的Ⅱ～Ⅵ族半导体化合物(称为基质)[6]。例如,早期制备含掺杂金属M的硫化物ZnS荧光粉,它们可以在通过下列化学反应制备ZnS的过程中混入不同激发剂M^{2+}以取代Zn^{2+}等条件下进行:

$$Zn + S = ZnS \quad (干法、高温) \tag{10.1.1}$$

$$ZnSO_4 + H_2S = ZnS \quad (湿法、低温) \tag{10.1.2}$$

实际上采用不同的化学、物理等方法及过程可以得到不同颜色如红、绿、蓝、黄色的荧光粉。从发光机理上我们将介绍发生在主体内的本征电致发光和界面注入电致发光。根据磷光体是分散于透明介质的粉末或蒸镀薄膜,以及根据所采取的激发电压是直流电致发光(DCEL)还是交流电致发光(ACEL)的不同而分为下述几种类型进行讨论。

10.1.1 分散型无机电致发光

这种发展较早的材料器件大致可以分为以下三种类型。最简单的分散型直流电致发光(DCEL)器件如图 10.1 所示[2]。将一层 CuS(p 型半导体)热敷在预先烧制好的 ZnS(n 型半导体)上。在这种光发射磷光体的表面上[即发绿光的掺 $Cu_{1-x}S$ 的 ZnS,记为 ZnS：Cu],用能够防水并导电的介质将这些细粒混合黏结在透明 ITO 玻璃基板和通过真空蒸镀而成的铝背面金属电极之间(厚度约为 40μm),从而形成一个由 Cu_xS 所包住的 ZnS：Cu 微粒的异质 pn 结。当在透明的 ITO 玻璃板接上电源的正极(+),金属背板接上负极(−)就形成了图 10.1 所示的分散型 DCEL 器件。发光层夹在透明的电极和金属电极之间,在图 10.1 所示方向的外加直流电场下就可以发光。

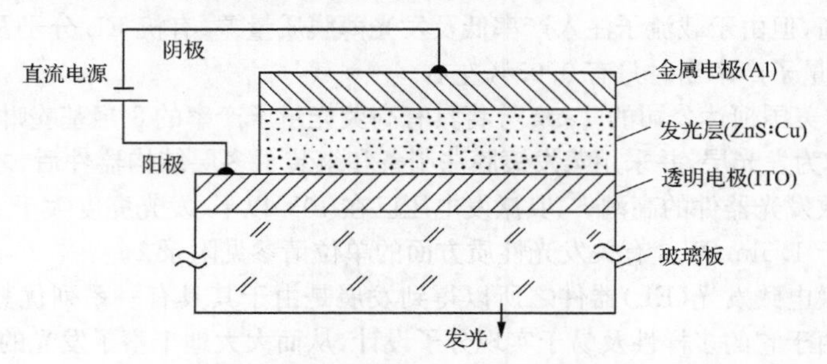

图 10.1　分散型直流电致发光器件的结构

直流电场发光中还可以掺入不同金属元素作为活化剂,在 ZnS：Mn(Cu)这类材料中,也可以采取直流脉冲电致发光。对于多层薄膜的方式,也可采用 SiO_2：Ni 之类的介电薄膜作为电阻层,通过其限流作用而改进器件的老化作用。它们的发光光谱情况如图 10.2所示。

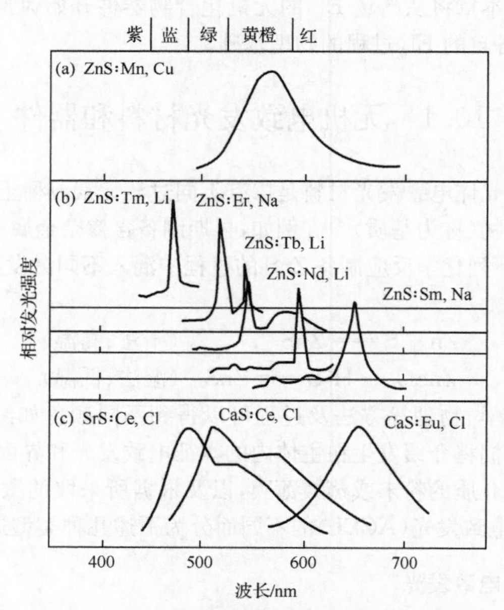

图 10.2　分散型直流 EL 的发光光谱

这种分散型直流电致发光的机理可以用图 10.3 所示的能级结构图表示。在接通直流电源后，首先是 ITO 阳极附近荧光体粒子中的 Cu^{2+} 会向 Al(—)电极方向朝负电极迁移，而在 ITO 电极附近生成一层没有被 Cu_xS 包裹的 ZnS 层。这种脱铜层的 ZnS 具有较高的电阻率，因而在外加电压下在该层中会形成很强的($\sim10^6$ V/cm)电场，使从电池负极注入导带的电子高速注入阳极 ZnS：Mn 层中的发光中心 Mn^{2+} 而激发出橙黄色的荧光。对于这种 ZnS：Mn(Cu)体系，在使用 100V 左右的直流电压下，其亮度约可达 500cd/M^2，发光效率约为 0.5～1lm/W，其寿命约为 1000 多小时。当不使用 Mn^{2+}，而使用三价稀土离子来活化 ZnS 时，可以得到不同的发光颜色，为了同时得到蓝绿红(BGR)全色的发光，例如用 Tm^{3+}、Tb^{3+}(或 Er^{3+})和 Nd^{3+}(或 Sm^{3+})离子掺入 ZnS 中可以分别获得蓝光、绿光和红光(参见图 10.2)。在信息材料研究中，由于信息-存储量和激光的频率 ν 成正比，则要求在电场下被加速的电子有足够高的能量以发出蓝光。

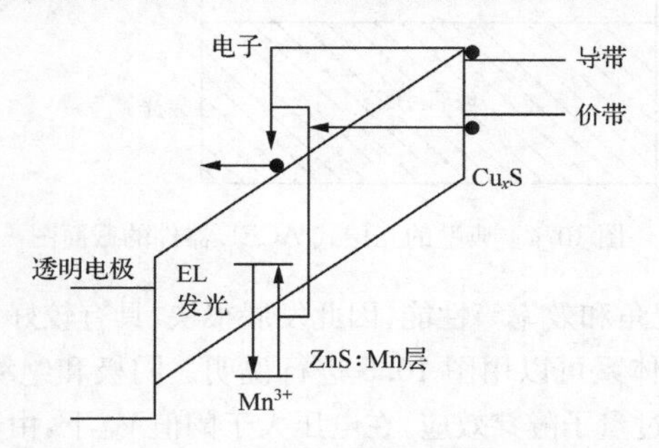

图 10.3　分散型直流电致发光机理

与在光致发光中的情况一样(参见图 9.24)，复合中心的概念在电致发光结构中也十分重要。已经证实，对于给定的稀土离子，选择适当的共掺杂量可以改进电致发光的效率。例如，对于掺 Tb 的 ZnS，以 F/Tb＝1 的比例共掺杂氟(F)后可以获得最好的发光，特别是对于掺入较大的 TbSF 和 TbOF 等分子。其直观解释是大几何尺寸的分子具有较大的碰撞激发截面。

10.1.2　交流型薄膜电致发光

这种方法最早是由日本的朱口敏夫提出来的。他采用电子束蒸发镀膜技术，在发光层前后还镀了几百纳米厚度的 SiO_2 及 Si_3N_4(或 Al_2O_3，$AlTiO_3$)的复合层作为绝缘等工艺，制得了如图 10.4 所示的含介电质绝缘膜结构的交流型薄膜电致发光器件。

通常对电致发光薄膜器件采用(图 10.4)多层式的金属-绝缘体-半导体-绝缘体-金属(MISIM)结构。在典型的 ACEL-MISIM 器件中(图 10.4)，介电质-半导体-介电质(DSD)薄膜层夹心在前后电极中，发光的半导体 S 并不和电极直接接触。衬底为玻璃，薄膜沉积在可具有预定花样的透明 In-Sn 氧化物(ITO)上，再用后电极(Al)覆盖。载流子是由交流电场下的某种碰撞电离机理而产生的电子。当电子到达绝缘体-半导体的界面时就被空穴捕获。当交流电场反向时电子又隧穿界面陷阱并在半导体中加速运动。因此绝缘体-半导体界面必须包含有捕获电子和空穴的状态。这种薄膜式 ACEL 器件具有非

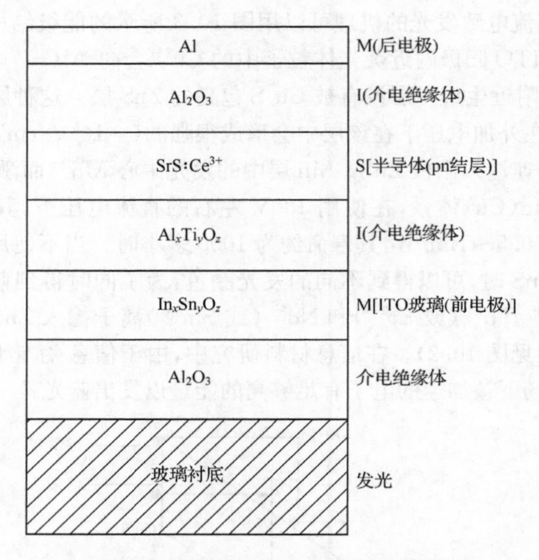

图 10.4　典型的三层式 ACEL 器件的截面图

常好的亮度、稳定性、视角和效率等性能，因此发展很快，具有较好市场前景[7]。对于上述的 ZnS：Mn 电致发光体系可以用图 10.5 进行说明。阴极和绝缘体之间虽然有高的阻挡电位，但电子可以通过量子隧穿效应，在电压大于阈值 V_{th} 下，由于薄的介电膜所造成的 $\sim10^{-6}$ V/cm 高电场，电子可能通过该界面能级。这种过热的高能电子碰击并激发 Mn 等的发光中心，使得其被激发的内层电子从激发的能级（导带）跃迁回其基态（价带）而发射出光。在使用交流外加电场时，如上所述，在发光层与绝缘层之间产生极化作用所形成

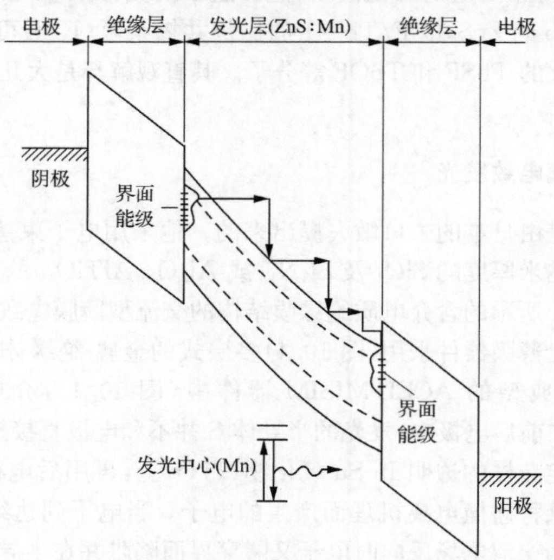

图 10.5　交流型薄膜电致发光器件的发光机理

的电场和外加电场方向相一致。而外加交流电场的反极性脉冲电压时，外加方向的改变有利于光辐射，从而会使发光层中的电场强度增大(参见2.1节)。对于粉末型材料，也可以用交流电源实现电致发光的目标，但是材料的制备方法、材料成分以及对粉末颗粒和材料封装的黏合剂，有更高的要求。交流粉末电致发光的机理更为复杂，至今仍无定论。由于其在发光时，外加电压虽然随时间而周期性变化，但是由于其频率一般超过15Hz，人们的视觉暂留现象，因而人们是观察不到其发光亮度的变化。但电源的频率固定时，发光亮度(或强度)B和应用电压V之间有如下关系：

$$B = B_0 \exp \frac{-C}{\sqrt{V}} \tag{10.1.3}$$

其中B_0和C为由激发条件、元件结构和磷光材料所决定的常数。但频率f愈高则B_0愈大(比例于f^n，$n \approx 1$)。对于ZnS：Cu(Mn)这种具有两种光敏化剂的双谱带材料还会有非线性的亮度增强效应。

目前，对这种在高电场下的电致发光的物理本质仍然不太清楚，其主要过程大致如下：①由电极注入载流子[如从阴极(－)注入电子(e)或从阳极(＋)注入空穴]；②在电场下加速载流子；③通过某种机理(如电子和稀土离子碰冲或电子和空穴复合后将能量传递给金属离子)以激发金属活性离子；④电子从离子激发态弛豫到基态而发光；⑤从透光器件中偶合输出所发射的光。

对于ACEL中的衬底玻璃，透明导电膜、绝缘膜和金属电极等材料的一般要求可总结如下[8]：①可以在电场(110V/cm)下激发而不引起击穿；②在发光的阈值电压下介电材料的行为类似于绝缘体；③能设法将磷光体沉积成薄膜(如用溅射、蒸发、化学液相沉积和原子层外延法等)。

无机分散型交流EL器件中的介电材料是为了获得高的交流阻抗(包括等效电感和电容阻抗)以建立强内电场，故可以应用$TiBaO_3$作为高介电材料。

在薄膜交流电致发光膜中所用介电材料的ε从10～180不等，其中包括SiO_2(ε＝3.5)、Si_3N(ε＝8.5)、Y_2O_3(ε＝11)、Sm_2O_3(ε＝16)、Ta_2O_3(ε＝22)、$BaTiO_3$(ε＝55)、$PbTiO_3$(ε＝100)。一般发光阈值电压V_{th}随ε的增加而降低。但这并不意味着ε愈大对电致发光愈好，因为还必须保证发光层的电场强度不应小到妨碍载流子的形成，并考虑它和发光及电极材料的相容性。

对于发光器件中主要成分磷光体的要求是其亮度强(cd/M^2)、发光效率高(lm/W)、颜色纯及其寿命长。满足这些条件的有Ⅱ～Ⅵ族化合物(ZnS、ZnSe、CaS和SrS)和某些三元硫化物($CaGa_2S_4$、$SrGa_2S_4$)的掺杂半导体。例如，发射绿色的ZnS：Tb，红色的CaS：Eu、ZnS：Sm等稀土掺杂物以及蓝色的ZnS：(Cu,Cl)，绿色的ZnS：(Cu,Al)，黄色的Zn(S,Se)：(Cu,I)和ZnS：Mn，红色的ZnSi：Cu等过渡金属掺杂物。对于全色显示，除了绿色和红色外，还要求难于得到的发射蓝光的磷光体，其中包括ZnS：Tm，SrS：Ce。它们大都是在约1000℃高温下用熔融法制备的。表10.1中列出了另外一些典型例子(参见11章)。表中L_{40}为超过阈值40V的发光性，有关表中CIE坐标的含义请参考第12章。

表 10.1 某些薄膜电致发光磷光体的颜色坐标、亮度和发光效率(60Hz,L_{40})

材料	发光颜色	CIE 坐标		发光亮度	发光效率
		x	y	/cd·m^{-2}	/m·W^{-1}
ZnS:Mn/filter	黄	0.65	0.35	65	0.8
CaS:Eu	红	0.68	0.31	12	0.05
ZnS:(Sm,Cl)	红	0.64	0.35	12	0.08
ZnS:TbOF	绿	0.31	0.60	120	1.4
ZnS:(Tb,F)	绿	0.28	0.62	100	0.5～1
ZnS:TbS_x	绿	—	—	70	—
SrS:Ce	蓝绿	0.19	0.38	70	0.4
ZnS:(Tm,F)	蓝	0.11	0.09	0.2	0.01
SrS:Ce/filter	蓝	0.12～0.13	0.16～0.19	12	0.07
$CaGa_2S_4$:Ce	蓝	0.15	0.19	10	—
ZnS:Mn/SrS:Ce	白	0.44	0.48	220	1.3
SrS:(Ce,K,Eu)	白	0.28～0.40	0.42～0.40	55	0.2～0.3

10.1.3 界面注入型发光二极管

1. pn 结型发光二极管

这是一种通过不同半导体表面或界面分别注入电子或空穴载流子,再在它们的结点或结面上进行载流子复合的发光器件。

这里我们用同质的 n-p 结半导体发光为例进行说明。根据图 10.6 所示的 pn 结原理,由于它们各自不同的 Fermi 能级,在形成相互接触后的结面上 n 型区电子向 p 型区扩散,p 型区的空穴同时也向 n 区扩散。二者达到 Fermi 能级相同时处于平衡状态,因此产生一个阻止它们继续扩散的势垒,使得在没有外加电场下,两个方向运动的电子或空穴所产生的电流相等而处于平衡状态[图 10.6(a)]。当在结上外加正电压的电源时,即 n 型区接上负极(－),p 型区接上正极(＋),使得靠近 p 型或 n 型结半导体一边的少数载流子浓度增加从而打破原有的平衡[图 10.6(b)]。外加偏压的升高也使得从 n 区越过势垒到达 p 区的电子增多,并成为 p 区的少数载流子,这种现象称为少数载流子的注入。这些增加的少数载流子(电子)继续向前扩散就和多数载流子(空穴)在界面附近发生复合而发光。和上述讨论类似,p 区空穴向 n 区扩散而成为 n 区的少数载流子,而其和多数载流子(电子)也在界面处发生复合而发光。

由两种不同材料所组成的 pn 结称为异质结。从功能上可以分为三种类型:半导体-半导体,金属-半导体和绝缘体-半导体之间的不同界面。它们具有不同的能带结构从而使其晶格相互匹配的制备过程都十分不同。有关它们复合发光的详情请参阅相关专著[9],这里不加细述。

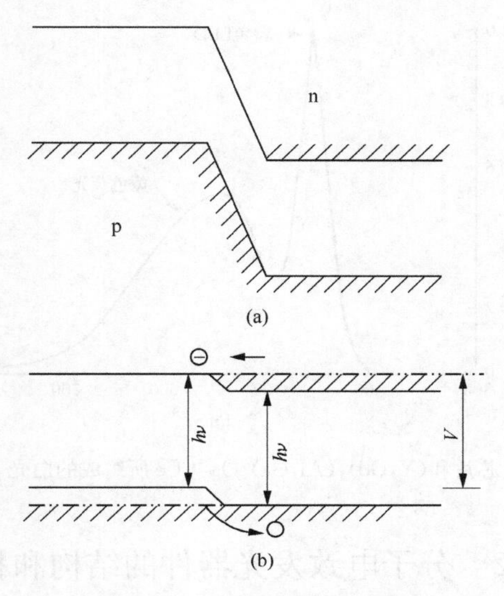

图 10.6 pn结的电致发光原理
(a) 热平衡；(b) 外加偏压

2. 白光发光二极管

自使用白炽灯泡以来，继1938年开发了实用的荧光灯和各种高强度气体放电灯光源之后，白光电致发射二极管(LED)的固体光源已成为第四代新的照明电光源。它具有耐振动、响应快(μs)、节能、长寿命等优点。

白光发光的基础是根据12.1.1节的发光和光度学原理，实现由蓝、绿、红(BGR)三色或蓝光和黄光混合而成白色的原理，通过电致发光和光致发光的途径而实现电-光转换的白光。下面举几个例子加以说明[10]：

(1) 蓝光LED和光致荧光体的组合：将前述的发蓝光的半导体芯片(如InGaN)和涂有可被蓝光激发的黄光荧光体，如钇铝石榴石$(Y,Gd)_3(Al,Ga)_5O_{12}$：Ce所组成的白光LED，如图10.7所示[10]，它是由InGaN芯片本身的蓝色发射光谱和黄色荧光体的发射光谱所组成的。当然，图中的蓝色光谱是原来芯片的蓝色光经过光的吸收及中间的一些转换过程，所以两者有所不同。

(2) 由LED或激光二极管所发出的紫外光可有效地激发出由蓝、绿、红三色基荧光体相互组合而成的白色LED，这和前述一般的三基色紧凑型荧光灯的原理类似。但这里所述的紫外光是在直流条件下发出紫外光，用以激发三基色荧光体，以达到从紫外到可见光的转换。

文献上还提出了其他各种方案，包括我们前面介绍的有机光致发射二极管(OLED)的方法。目前国内外对多光子下转换机理(参见9.3.3节)、无辐射能量传递和系间交叉弛豫过程等基础及应用研究做了很多工作，白光LED的新光源的开发已成为世界性的一个新产业链。

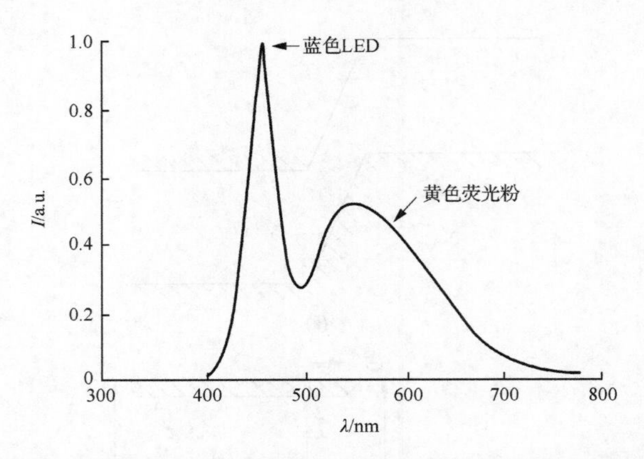

图 10.7　InGaN 芯片和$(Y,Gd)_3(Al,Ga)_5O_{12}$：Ce 所组成的白光 LED 的发射光谱

10.2　分子电致发光器件的结构和材料

有机分子电致发光二极管(OLED)发展较迟,但进展迅速,很多问题有待深入探讨[11],这里仅作简单综述。

10.2.1　分子电致发光器件

最简单的分子电致发光器件具有如图 10.8(a)所示的阴极、发光层和阳极所组成的单层夹心式结构。这是一种注入型的发光,在外加正向电压驱动下通常用 ITO 玻璃作为正极向发光层注入空穴,作为负极的金属电极向发光层注入电子。注入的空穴和电子在发光层中相遇而结合成激子。激子复合后再将其回至原来基态后所释放出的能量传递给发光材料,后者被激发的电子经过辐射弛豫过程而发光。

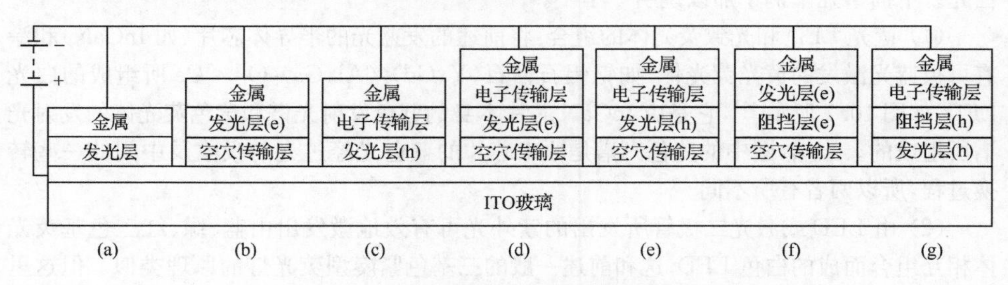

图 10.8　分子薄膜电致发光器件结构示意图

(a) 单层结构;(b),(c) 双层结构;(d)～(g) 三层结构

为了改进发光亮度,1987 年,Tang 首次提出了双层结构器件[12][图 10.8(b)、(c)],其中加入了一层所谓的传输层[图 10.8(b)],它是起着具有帮助输送空穴和阻挡电子作用的一层有机双胺染料膜。在此基础上,后来就发展了其他形式的双层、三层甚至多层[13]的有机电致发光器件[图 10.8(d)～(g)]。在三层的(f)和(g)中的阻挡层是为了阻

挡发光层中的载流子扩散。例如,在图 10.8(g)中的阻挡层(h)是为阻挡发光层(h)中的空穴向负极扩散,反之对图 10.8(f)中的阻挡层(e)的位置也可做类似解释。图 10.9 表示了其中一种典型真实三层发光器件的结构,其中所用到的分子材料缩写参看图 10.11。在具体选用哪种器件的结构时,应该在提高发光层中少数载流子的注入密度以提高器件的亮度和效率。例如,当发光层主要载流子是电子,少数载流子是空穴时,则应加入空穴载流子输运层。

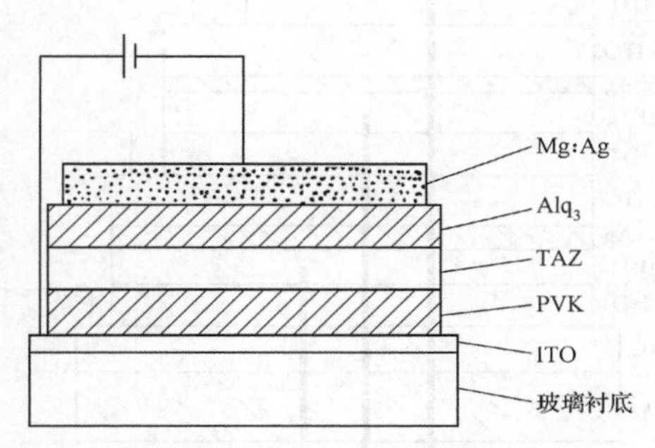

图 10.9 三层电致发光器件的实例

我国黄春辉等报道了一个由铽与吡唑酮衍生物、中性配体 TPPO 形成的三元稀土配合物 PTT 所组成的三层式发光器件[14]。郑佑轩等报道了发光器件 ITO/TPD(40mm)/PTT(40nm)/Alq_3(40mm)/Al,其亮度可达 920cd/m^2(18V),流明效率为 0.51lm/W,是目前稀土配合物中最好的器件之一。

在多层结构器件中,n 型(或 h 型)载流子传输层的引入既有利于输送 n 型(或 h 型)载流子,又有利于阻挡来自发光层中的 h 型(或 n 型)载流子的通过。这样既提高了载流子浓度,又防止了载流子的流失,从而加强了发光层中电子和空穴的复合,提高了有机电致发光的亮度和效率。目前电致发光聚合物的亮度已经达到了液晶所实现的 20 F_tL (1F_tL=3.426cd/m^2)。其缺点是制作工艺复杂,分子间的弱相互作用影响其机械稳定性。有机小分子发光材料则在~10^6/cm 的高电场下易于结晶而降低其寿命[16]。

通过染料分子的掺杂,有可能获得所需的各种颜色,特别是白光电致发光器件的发展更引人注目。例如,将 TPB(发蓝光 450nm)、香豆素(发绿光 510nm)和 DCM(发橙光 550nm)这三种染料掺入可以制成发白光的器件[17]。图 10.10 为发白光的一种多层器件结构。目前在稀土发光二极管[18]、胶体纳米晶红外发射[19]和太赫量子激光等方面也开展了工作。

10.2.2 分子电致发光材料

如图 10.8 所示,在电致发光器件中包含了电极、发光材料及载流子传输材料[20]。根据它们的作用对它们都有一定的要求。

1. 发光材料

处于首要地位的是发光材料的选择。对于小分子,其基本条件是:①高量子效率的荧光特性,其光谱应处在 400~750nm 的可见光区域;②良好的半导体特性,能有效地传导电子或空穴；③良好的成膜特性，不易形成针孔或微晶；④良好的热稳定性及机械加工性。下面是一些典型的小分子发光材料(包括金属配合物和有机分子，参看图 10.11)。

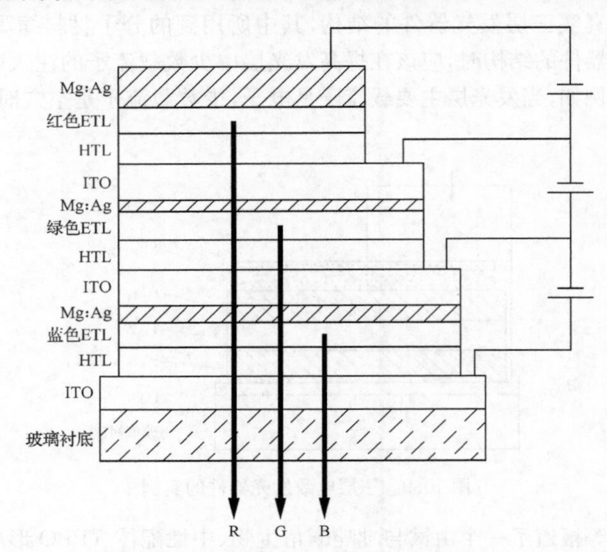

图 10.10 同时发出红光、蓝光和绿光的三色(白光)电致发光器件

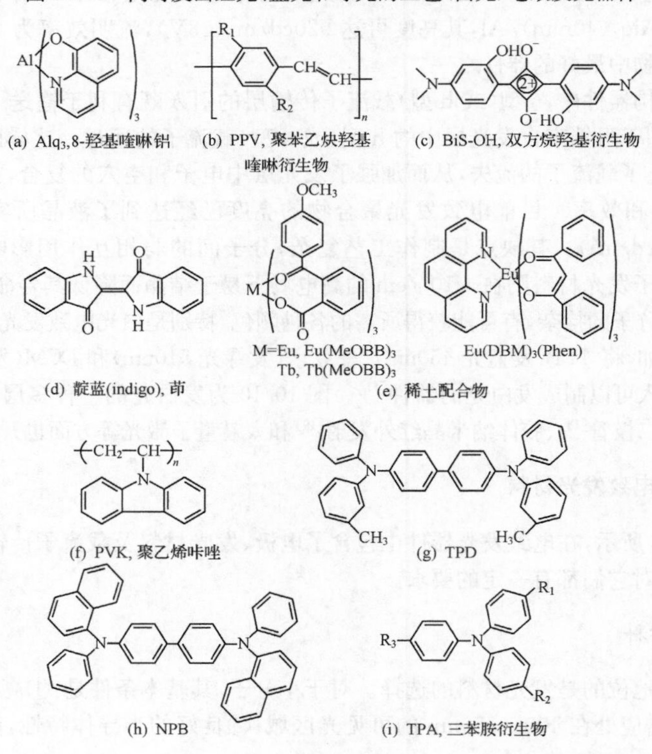

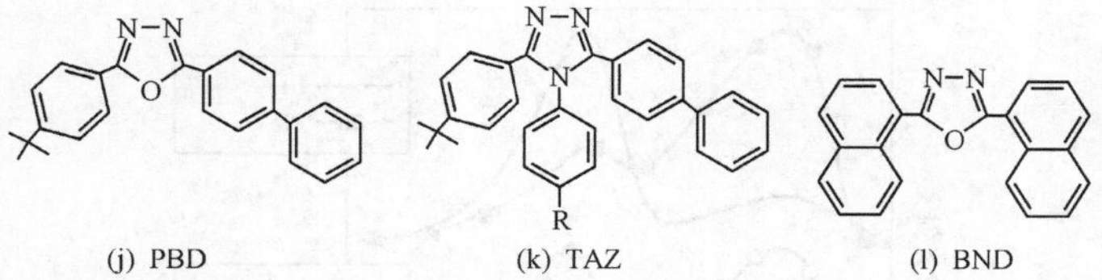

(j) PBD　　(k) TAZ　　(l) BND

图 10.11 电致发光器件中的典型分子材料

发光：(a) Alq_3；(b) PPV。染料掺杂：(c) BiS-OH；(d) indigo；(e) 稀土配合物。空穴传输：(f) PVK；(g) TPD；(h) NPB；(i) TPA 衍生物。电子传输：(j) PBD；(k) TAZ；(l) BND

非过渡金属离子 Al^{3+}、Zn^{2+}、Ga^{3+}、In^{3+}、Be^{2+}、Th^{4+}、Zr^{4+}、Sc^{3+} 和芳香族有机化合物所形成的配合物受到人们广泛重视。其中的配体通常含有一个能与金属离子形成 σ 键的—OH、—SH、—NH_2 或—COOH 官能团，还含有一个能与金属离子形成配位键的 N、O 或 OR 等官能团。例如，羟基蒽染料、偶氮染料和 8-羟基喹啉所形成的螯合物。这类材料的发射光谱都较宽，有时也可观察到其振动光谱轮廓，其强度随金属离子的原子序数的增加而增大，并略微红移。

人们对不同取代基的 8-羟基喹啉金属的发光进行过较为系统的研究。尽管 Alq_3 的光致发光效率只有 10%左右，电子迁移率也只有 $10^{-5}cm^2/V$，但其发光亮度强达 $1000cd/m^2$，寿命高于 5000h。由于它的玻璃化温度高达 175℃，真空镀膜性能好，其较完整的球形配位可以防止其与界面上有机分子接近而发生电荷转移。目前 Alq_3 衍生物[21]已广泛应用。采用 ZINDO 分子轨道理论计算表明，其 HOMO 主要是酚环的贡献，LUMO 主要是喹啉环的贡献。电子的发光跃迁可以看作是分子内的电子给予基团和接受基团之间的跃迁(图 10.12)[22]。在喹啉环上引入给予性取代基会引起和 LUMO 对应的空穴能级升高，酚环上引入接受性取代基则会引起和 HOMO 对应的电子能级的降低，从而引起发光波长发生蓝移。图 10.13 表示了对配合物进行染料(靛蓝)掺杂而改变电致发光光谱(EL)的一个例子[23]。为了比较，其中也给出了靛蓝在氯代甲烷溶液中的光致发光谱(PL)。这也证实了分子内电荷转移的发光机理。

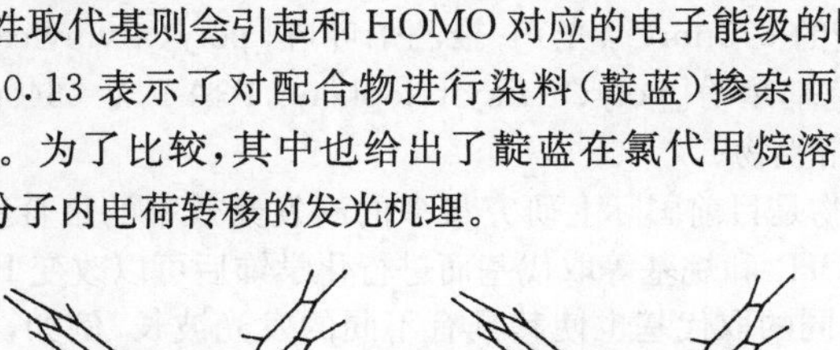

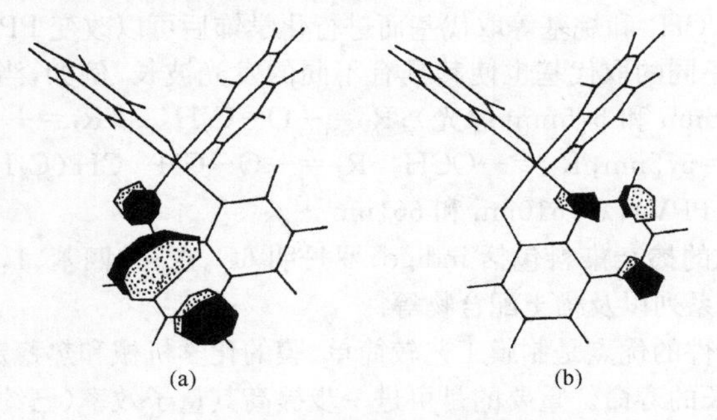

图 10.12 8-羟基喹啉铝的前线分子轨道

(a) HOMO(酚环)；(b) LUMO(喹啉环)

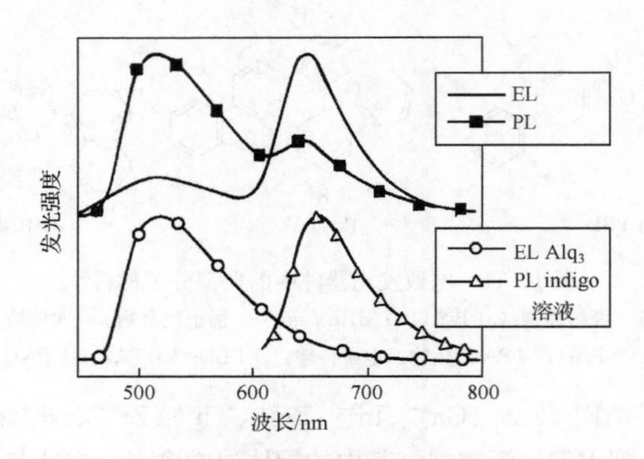

图 10.13　8-羟基喹啉铝和掺靛蓝后的光谱

发光有机化合物由于具有高荧光量子效率和易于提纯而得到应用，但由于其导电性差，故常仅用于薄膜器件。常用的有：二苯代酚酞(phthaloperinone)衍生物、四氰基对醌二甲烷、亚苯基亚乙烯两亲性(phenylenevinylene amphiphile)衍生物、噁二唑(oxadiazole)衍生物、联苯乙烯苯(distyrylbenzene)衍生物、蒽(anthracene)衍生物、晕苯(coronene)衍生物、苝(perylene)衍生物，等等。

各种取代基不同的衍生物具有不同的电致发光波长。例如，对于空穴型的三苯胺(triphenylamine)衍生物[21]：当 R_1 ═—O—CH_3，R_2 ═—O—CH_3，R_3 ═—CH ═CH—Ph 时，λ=535nm；当 R_1 ═—H，R_2 ═—H，R_3 ═—CH ═CH—Ph 时，λ=480nm。

发光聚合物虽然不易提纯，但其热稳定性好、易于成膜。常用具有大π共轭结构或发色团的高分子聚合物作为发光材料。作为电子传输型的发光聚合物有图 10.11(j～k)等有机化合物。研究较多的是空穴传输型：聚对苯乙炔[poly(*p*-phenylene vinylene)，PPV，λ=535nm 和邻近处的 575nm(绿光)]；聚乙烯咔唑[poly(*n*-vinylcarbazole)，PVCZ，λ=420nm(蓝光)]；聚烷基噻吩[poly(3-alkylthiophene，P3AT，λ=640nm]；聚烷基芴(poly alkylfluorene)及其衍生物。

PPV 及其衍生物是目前国际上研究最多的高发光效率的聚合物。通过在苯环上引入卤素、S、N、NO_2、CH_3 和烷基等取代基而进行化学饰后可以改变 PPV 的禁带宽度从而改变其光电性质，不同的取代基也使其具有不同的发光波长，例如，当 R_1 ═—H，R_2 ═—H(PPV)时，λ=535nm 和 575nm(绿光)；R_1 ═—O—C_nH_{2n+1}，R_2 ═—O—C_nH_{2n+1}(ROPPV)，$n=8$ 时，λ=575nm；R_1 ═—OCH_3，R_2 ═—O—CH—CH(C_2H_5)—CH_2—CH_2—CH_2—CH_3(MEH-PPV)，λ=610nm 和 661nm[24]。

改变发光颜色的掺杂染料包括 indigo、罗丹明 6G、蒽、并四苯、1,1,4,4-四苯基丁二烯(TPB)和香豆素系列以及稀土配合物等。

聚合物发光器件的优点是制膜工艺较简单、膜的化学机械和热稳定性高，在电场下不易结晶，从而有较长的寿命。重要的是可进一步提高其量子效率(已约达到 4%左右)。

2. 载流子传输材料

在电极和发光层之间引入载流子传输层是获得高亮度和高效率发光器件的一个重要

途径。这类分子中常含有电子给予和接受基团。前者易于给出电子而形成阳离子自由基,通过不断的可逆氧化-还原(相当于接力赛跑的跳跃机理)给出电子过程而形成空穴传输;后者易于接受电子而形成阴离子自由基,通过不断的氧化-还原过程接受电子而形成电子传输。当分子中同时含有给予和接受电子基团时,则该分子材料就可能兼具有传输空穴和电子的特性。

(1) 电子传输材料:常用的为共轭芳香族化合物。例如,噁重氮衍生物(PBD)[25]、苝四羟酸衍生物(PV)、三唑衍生物[26](TAE),以及8-羟基喹啉铝(Alq_3)。

(2) 空穴传输材料:常用的为芳香多胺类衍生物。如图10.11所示的TPD和PBD。此外还有聚对苯乙炔(PPV)、聚二烷基氧对苯乙炔[27]、三苯胺衍生物和铜酞菁染料等。

其中有些化合物如电子传输的8-羟基喹啉螯合物和三唑衍生物本身也是很好的电子型发光材料。大多数聚合物都具有良好的空穴传输特性。如前述的PVK、PPV和聚甲基苯基硅烷[poly(methyl phenylsilane),PMPS],聚二硫化碳[poly(carbon disulfide)]等,它们也是很好的空穴型发光材料。

在发光器件中还常应用在电场作用下不具传导特性及不能发光的聚甲基丙烯酸甲酯(PMMA)。其具有很好的成膜特性,可以掺入高度纯化和易于溶解的发光及传输的其他活性成分而使之可作为成膜的基质。

3. 电极的选择

空穴注入用的正极几乎都是采用高功函数(4.5eV)的所谓ITO透明电极(参见图10.9),即在玻璃衬底上镀上一层In_2O_3:SnO混合物,器件所发出的光就是由此侧层面辐射出去。作为电子注入的负电极则是采用有利于电子注入的功函数低的金属[28],如金属铝(4.3eV)、钙(2.9eV)、镁(3.7eV)、铟(4.1eV)、银(4.3eV)等金属或其合金。常用的是金属镁,但由于镁的附着力较差且易于氧化,因而常将镁和银,铟及铜等混合(10:1)以达到保护镁的作用。除了透过性好外,电极的导电性对于提高响应速度也十分重要。

4. 薄膜电致发光器件的制备

ITO电极和金属铝电极等一般是用真空热蒸发制备。为了控制由于易于被氧气氧化引起的阳极表面电压降,要求其表面电阻控制在小于50Ω,铝电极的厚度约为100~200nm。有机小分子成膜时也是采用在高于5×10^{-3}Pa的真空度下,以2~4Å/s的生长速率以真空热蒸发方式制备。典型的发光层厚度为100~200nm,载流子传输层厚度控制在30~50nm。对于一些同时具有亲水和亲油特性的双亲性分子,如亚苯基亚乙烯双亲性衍生物也可以采用Langmuir-Blodgett(LB)制膜技术(图15.27)。

有机分散型交流EL器件中则应用高介电常数(ε为8~15)的聚合物介电材料,它们还具有很好的黏结和成膜能力。典型的介电黏合材料有聚偏三氟乙烯(ε=8,m.p.=160~180℃),氟化橡胶(ε=13.8,约在250℃裂解),二氟乙烯-三氟乙烯共聚物(ε=15,m.p.=155℃)等。对于聚合物材料,由于其熔点较高、不易升华,故真空热蒸发易分解而破坏其共轭链结构,所制备低质量薄膜中还会产生大量针孔而丧失其电致发光特性。通常采用旋涂(spin-coating)法制膜[29],即将聚合物溶解在氯仿、甲苯或二氯乙烷等有机溶剂中，在氩气和氮气保护条件下进行简单浸涂或旋转涂膜。制膜过程中，温度、真空度、成膜速度及厚度等工艺条件对器件的发光性能至关重要。

10.3 分子电致发光原理

有机化合物及配位化合物分子的电致发光虽然有些特性和前述典型的无机化合物有很多相似之处，但是由于这两类的结构和成键特性差别，在具体机理上有所不同。

10.3.1 分子材料的电致发光

为了更深入地讨论分子的电致发光机理，我们结合其类似分子光致发光的特性进行介绍。以目前受到重视的三价稀土(Ⅲ)配合物的电致发光为例。图 10.14 表示了它们的典型能级图。由于未充满电子的 f 轨道被外层的 s 和 p 轨道所屏蔽，它不易受配体的微扰。为了清楚起见，图 10.14 近似地将在配合物分子轨道中作主要贡献的配体和稀土离子的能级分开标记。当配合物分子吸收了图 10.14(a)中向上(实线)紫外光而激发就会导致第 9 章中所述的光致发光；但是当分子受到外加电压加速电子的碰冲激发后就会导致电致发光，从而也会产生相应于中心离子 m-m* 跃迁的可见荧光发射[图 10.14(a)中朝下实线]；只是光致发光和电致发光两者初始使用的激发方式不同。产生这种发光有下列几种途径[30-31]。

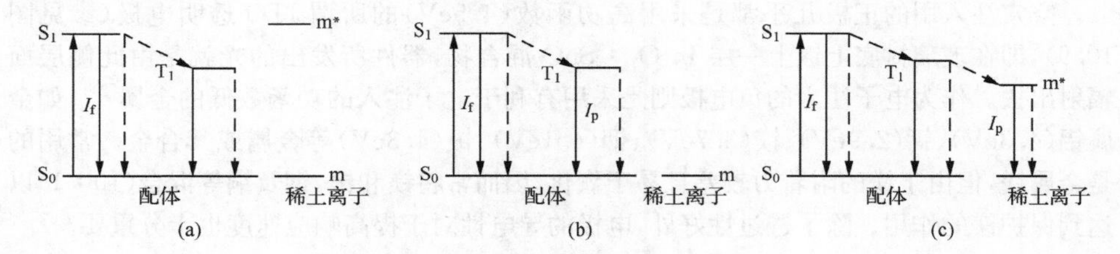

图 10.14 稀土配合物的典型简化能级图

当中心稀土离子的最低激发能级 m* 高于配体的最低单重态能级 S_1[图 10.14(a)]，或中心离子的电子构型为全空或全满(如 La^{3+} 和 Lu^{3+})而不具有 m* 激发能级[图 10.14(b)]这两种情况时，只能观察到受中心金属离子微扰的配体荧光光谱(I_f)或通过 S_1-T_1(虚线)的系间窜越而发射磷光光谱(Ip)。例如，在电致发光中最重要的发射绿光物质的 Alq_3 配合物就是这样(图 10.12)。这时貌似惰性的 Al^{3+} 和配体 8-羟基喹啉生成配合物后使配体成为刚性环；促使配体由原来的基态 S_1 态(n，π_1^*)转化为(π，π_1^*)，从而使原来不发光或发光很弱的有机化合物转化为发出强荧光的配合物。

当中心离子(特别是镧系中间元素 Sm^{3+}、Eu^{3+}、Tb^{3+}、Dy^{3+})的最低激发态能级 m* 低于配体的能级 T_1 时，则会通过配体 $S_1 \rightarrow T_1$ 系间窜越无辐射分子内能量传递将配体的受激能量从 T_1 态传递给稀土离子激发态 m*，从而发出稀土离子(Ⅲ)的特征荧光[图 10.14(c)]。由于稀土离子在紫外-可见区的吸收系数比配体的小，这种被配体敏化了的中心离子会发射出比单纯金属离子更强的发光效应(参见图 10.13)，这在实践中有很大意义。很多β-二酮配合物，如 $Eu(TTA)_3 \cdot 2H_2O$ 等三氟噻吩乙酰丙酮配合物就比不含 TTA 配体的稀土具有很强的稀土荧光发光效率。若用中性配体三苯基氧膦(TPPO)取代其中溶剂分子而形成 $Eu(TTA)_3(TPPO)_2$，则其荧光强度大为增加[32]。图 10.14 中虚线为激发态的无辐射弛豫过程。这是发光研究中应该避免的过程，可以利用光声光谱通过其热效应而对其进行研究[33]。

在前述的无机电致发光机理中，主要涉及原子或离子晶格中的杂质缺陷和分立原子或离子的激发态。而有机电致发光物质本身则常为具有π键电子结构的荧光物质，其发光现象也是和这些离域π电子激发态所产生的荧光相关联。激子(exciton)的概念在有机电致发光中也具有重要意义[34]。按化学中的分子轨道理论(参见 2.1.2 节)，与将HOMO中成对的两个电子之一激发到 LUMO 时所处的情况类似，激子是在有机半导体中一种处于激发态能级上的电子与价带中的空穴通过静电作用结合在一起而形成的一种中性准粒子(参看 9.2.3 节)。在物理上有两种类型的这种准粒子(参见图 9.15)。①Frankel激子：它是一种其激发电子仅定域在分子内部或其附近的紧束缚激子，故也称为小激子；②Wannier 激子：这种激发电子可以在多个分子间离域，其电子和空穴之间的库伦作用由于相距较远而变弱，故也称为大激子。

对于弱相互作用的有机半导体，处于激发态的电子和空穴的相互作用大都属于Frankel 激子。当激子的能级 E_{ex} 处于导带底能级 E_c 和价带顶能级 E_v 之间，则其吸收或激发能 $E'_q=E_{ex}-E_v$，激子的束缚能则为 E_c-E_{ex}(参见图 9.16)。所谓激子的复合就是被激发的电子跃迁回到空穴中，从而通过辐射复合产生光子。

综上所述，有机电致发光器件的发光过程如图 10.15 所示，从负极注入的电子和从正极注入的空穴在发光层中相遇形成激子，激子经适当扩散后再复合并发生跃迁而产生荧光，即导致所谓的电致发光。其结果是产生一个光子(辐射复合)，或者产生多个声子(非辐射热复合)。为了达到最大的光辐射而避免非辐射的热复合，必须采用较为刚性的分子或介质结构，避免由基态到三重态的跃迁；要尽量应用纯化的材料，以避免单重态被杂质所猝灭；还要像对于无机材料那样要避免溶剂化而使分子碰撞而去活化。

10.3.2 电致发光器件中载流子的传输

1. 分子膜中电子的传递

有机发光半导体中的电荷传递机理主要有三种理论模型，即能带理论、隧穿(tunning)理论和跳跃(hopping)理论[35]。能带理论已在 2.5 节中作了介绍，它特别适用于电子迁移率较大的导体和半导体体系。在小分子半导体晶格中的原子或离子是以强相互作用的共价键或离子键相互作用，载流子的迁移率较低。对它们的解释我们将用到下面将作简单说明的后两种理论。

在分子型材料中，非共价的分子间弱相互作用(范德华引力和氢键等)或相邻分子间电子云的微弱重叠，使得载流子的迁移率低。对于具有共轭体系的聚合物，分子间的电子迁移率则远比分子内键间电子的迁移率低。对于这些作无规排列的分子固体显然不能应用具有周期结构的能带理论。这些定域在各个分子中的电子在外加电场下只能通过隧穿或跳跃的形式克服分子间所形成的势垒 ΔW 而进行传递。特别是对于在由单元结构通过聚合作用所组成的共轭分子聚合物中，可以将电子看成是在具有方形[36]或三角形[37]的周期性势阱中运动(图 10.15)。对于隧穿模型，其电子迁移率可表示为

$$\mu=(e\nu/k_{\mathrm{B}}T)R^{2}\mathrm{e}^{-2\alpha R} \tag{10.3.1}$$

其中 k_{B} 为玻尔兹曼常数；R，α 和 ν 分别为电子所处分子间的平均距离、隧穿和声子振动频率。假定 α 为分子长度的倒数，声频约取 $\nu=10^{13}\,\mathrm{s}^{-1}$，$R$ 取适当的数值则其电子迁移率约为 $10^{-2}\,\mathrm{cm}^2/(\mathrm{S}\cdot\mathrm{V})$，远小于导带中的电子迁移率$[>1\mathrm{cm}^2/(\mathrm{S}\cdot\mathrm{V})]$。当 R 值增大，则要进一步考虑到分子间势垒 ΔW，式(10.3.1)就变成热活化的势垒跃迁模型。其迁移率是将式(10.3.1)再乘以温度系数 $\exp(-\Delta W/kT)$。当 ΔW 比 kT 大很多时就转换为热激发的跳跃模型，其迁移率约在 $10^{-2}\,\mathrm{cm}^2/(\mathrm{S}\cdot\mathrm{V})>\mu>10^{-8}\,\mathrm{cm}^2/(\mathrm{S}\cdot\mathrm{V})$之间。

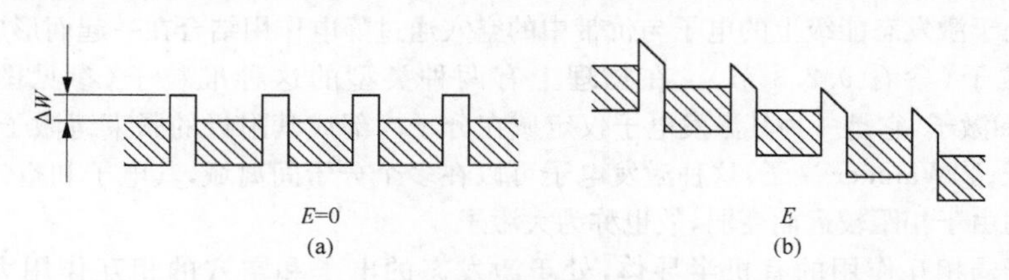

图 10.15　电子传递的周期性方形(a)和三角形(b)隧穿势阱模型

对于电子和声子相互作用较强的低迁移率$[<1\mathrm{cm}^2/(\mathrm{S}\cdot\mathrm{V})]$体系，例如，非晶体的有机材料聚乙烯咔唑(PVK)[38]等，一般采用跳跃理论。这时分立的中心分子(或基团)被看作是载流子的跳跃格点。当分子被氧化(相当于电子给体，故看作空穴)时可从邻近的其他分子接受一个电子而被还原为中性分子，这就相当于空穴从一个格点跳跃到另一个格点(参见 4.4 节)。类似地，当分子被还原而看作电子受体时，可以将电子给予邻近的其他分子而被氧化为中心分子，即电子从一个格点跳跃到另一个格点。这种物理上接力赛跑式的电子跳跃机理实际上就是化学上的氧化-还原的链式传播方式。

2. *表面层间的电接触*

在电致发光结构中，发光的有机半导体和作为注入电子和空穴的金属或无机半导体电极之间的异质结以及不同有机层之间的电接触特性对其性能有重要影响[39]。

当功函数分别为 W_{m} 和 W_{s} 的金属和有机半导体相接触时，由于功函数的不同而使它们间的电位差 V_{D} 所产生接触势垒为

$$qV_{\mathrm{D}}=W_{\mathrm{m}}-W_{\mathrm{s}} \tag{10.3.2}$$

在良好的接触条件下，它们之间一般会通过隧穿机理进行电荷传输，一直到它们间具有相同的 Fermi 能级为止(参见 3.1 节)。它们之间的电接触有以下两种类型：

(1) 阻挡接触：在电致发光器件中(参考图 10.8)，作为负极的金属常是采用和电子型(n 型)有机层接触，因为这对从金属向有机层注入电子有利，正极则常采用导电玻璃(ITO)。接触处在反向偏压下，金属中的电子向有机层中注入时会受到物理上称为金属和有机界面间所形成的反向肖脱基(Schottky)势垒的阻挡。所以，对这类阻挡型的电接

触，应采用功函数 W_m 较低的金属作为发光器件的负极，而采用空穴(h)型有机半导体和金属接触则不利于电子从金属向半导体的注入。

(2) 欧姆接触：一般有机半导体的电阻较大。当金属与半导体之间的接触阻抗比半导体内的串联阻抗小得可以略而不计时就形成所谓的欧姆接触。这时在接触处及其附近的自由载流子密度比半导体内的要高，从而可以作为载流子集存器。当从金属电极向有机半导体注入的载流子不超过半导体内的热生成载流子时，有机半导体可以输运全部通过电极注入的载流子，其导电服从一般的线性欧姆定律，但当电极在高电场下注入了大量的载流子或高空间电荷效应时，则有机半导体不能及时输送全部的载流子，这时 V-I 曲线呈现非线性特性，其形式之一是所谓的 Child 定律[40]：

$$J = 9\varepsilon\mu V^2/8d^3 \tag{10.3.3}$$

其中 μ 为载流子迁移率，V 为距离金属为 d 处的电势差，ε 为介电常数。实验表明，V-I 非线性愈强则电致发光亮度愈高。

由以上两种接触的方式可见，有利的是选择低功函数的金属作为电子注入的阴极，或选择高功函数的金属作为空穴注入的阳极，以降低热电子发射的势垒，并使接触处自由电荷载流子密度高于有机半导体内部值。为了降低势垒也可以采取将接触处附近的有机半导体重新掺杂，从而有利于通过量子隧穿效应传递电子。

3. 载流子传输层

由于很多发光材料不仅能够导电，而且本身就具有半导体特性，可以输送电子或空穴。但通常，发光材料对于这两种载流子的输送速率并不相等。这时若采取简单的夹心式单层 EL 结构器件，则电子和空穴的复合区将会离某一电极较近，从而可能使某一载流子提前被电极猝灭而降低 EL 发光效率。为了有利于载流子进入有机发光层，在多层电致发光器件中大多在靠近金属电极处加一载流子传输层，具体采用哪种结构则取决于发光层材料的半导体性质。若发光层主要为电子导电，即其多数载流子为电子，例如 n 型半导体中少数载流子为空穴，这时应提高少数载流子向发光层中的注入密度以达到提高有机薄膜电致发光器件的亮度和发光效率，即宜采用加入以空穴导电为主的空穴载流子传输层，在外电流由正极到负极的正向偏压下可以提高载流子的注入密度，即电致发光器件结构应为(参见图 10.8)：

| ITO－| 空穴传输层 | 发光层 | M＋|　　(10.3.4)

反之，当发光层以空穴导电为主，如 p 型半导体，则应采取其结构：

| ITO－| 发光层 | 电子传输层 | M＋|　　(10.3.5)

当发光层兼具传导电子和空穴的性质时，则可以采用三层结构：

| ITO－| 空穴传输层 | 发光层 | 电子传输层 | M＋|　　(10.3.6)

这就使器件的稳定性和发光效率大为提高，甚至使发光体薄到像 LB 膜(参见 15.2.2 节)那样不多的分子层也能发光。

在具体选择载流子传输层材料时，除了考虑上述高电导率及导电类型的匹配外，还应考虑有机发光材料和载流子传输材料所构成异质结构间的能带匹配(参考图 10.8)。这样，一方面可以促进某种载流子优先注入发光材料，抑制另一种载流子进入传输层；另一方面这也就使得电子和空穴的复合可以在传输层的发光层一侧进行，并有效地阻止载流子在电场作用下顺流穿过发光层而流入异号的相应电极。这两个因素的综合可以提高器件的复合效率。在实际分子设计时，要求作为载流子源的传输层材料的能隙比作为载流子复合区的发光有机层的能隙 E_g 大，并使发光层的能隙处于载流子传输层的能隙内，从而在这两种不同半导体的接触表面处电势会发生突变，在发光层中的载流子能够形成“势阱”(图 10.16)[41]。这时电子较容易地从电子传输层注入发光层，并且受到空穴传输层材料的阻挡而定域在发光层中。图中用小圆圈表示和电子相反的空穴的流动方向(即电流)。与上类似，可以说明空穴注入的情况。这就解释了包括载流子传输层的多层结构可以增加载流子注入密度而提高电致发光亮度和效率的事实。可以用实验方法在发光层中不同位置制备发出不同颜色的探测层的方法来直接检测载流子复合区域的位置。实验表明，有机小分子发光器件的载流子复合区处在靠近 ITO 或空穴传输层与发光层的界面附近。

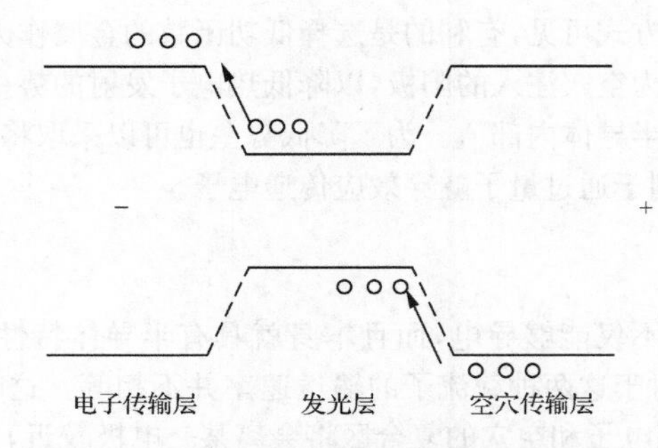

图 10.16　电致发光三层结构器件能带及载流子示意图

4. 有机薄膜掺杂

光谱实验表明，载流子传输层的引入不会改变有机发光材料固有的电致发光波长(它决定其 E_g)。如前所述，对小分子的有机发光材料可以通过掺杂的少量荧光染料(如 indigo)来调节器件的发光性质及颜色[42]。这时和图 10.16 不同，应选择掺杂剂的能隙小于基质材料的禁带宽度(图 10.17)，以使能量从发光的有机基质分子激发态 E_1 向掺杂分子的激发态 E_2 进行能量传移。进而通过能量弛豫从 E_2 跃迁到掺杂剂的基态 S_2，致使发光能量 $h\nu$ 比原有基质的荧光能量低，电致发光的波长向长波移动。通过图 10.17 所示的双激发态能级模型，其中 ω_i 和 ν_i 为相应载流子转移和释放概率，N 为载流子空穴浓度。对其发光动力学过程进行理论分析，并经过简化后可以得到掺杂发光衰减强度为[43]

$$J = B\exp(-f_2 t) + C\exp(-\omega_1, rt) \tag{10.3.7}$$

其中 r 是掺杂浓度，B 和 C 为实验参数，f 为跃迁概率[参见式(9.1.9)]。可见，影响掺杂薄膜的电致发光衰减强度 J 有两个因素：其一是与 f 有关的杂质能级寿命，另一是与载流子被杂质俘获概率 ω 及掺杂浓度 r 有关。

电致发光的发光强度和效率与发光材料、载流子输运材料、发光器件的结构、电极的选择以及各种涂膜的厚度有关[44,45]。分子器件的发光效率目前约为 4%，但尚未达到根

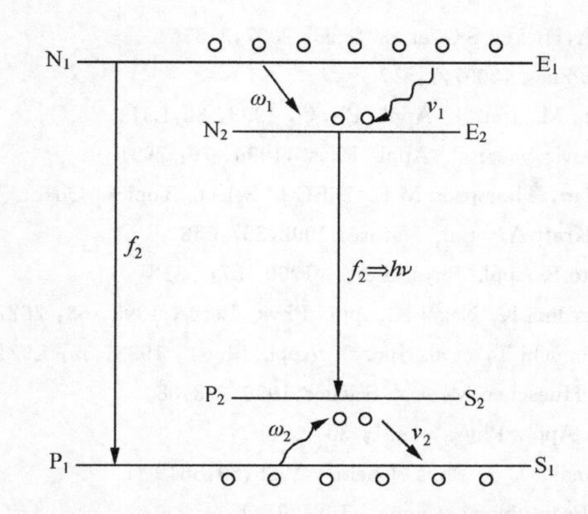

图 10.17 杂质能级俘获载流子能级的示意图

据激发的自旋禁阻三重态 T_1 和自旋允许单重态 S_1 的理论权重极限值$\left(\frac{1}{1+3}=25\%\right)$。值得注意的是，目前主要应用发光材料的单重态($S_1$)荧光发射而忽略了开发三重态 T 的磷光发射。Forrest 等应用卟啉铂衍生物 PtOEP 作为磷光染料，通过能量传递作用和 Alq_3 相互作用得到了目前为止最高的电致发光效率[46]。

前面分别简述了无机和有机电致发光材料。进一步将无机和有机材料相结合[47-48]，深入研究无机-有机异质结将给电致发光器件带来新的发展。但要发展出兼具无机材料的高发光强度、发光效率和寿命，又具有能提供全色(白色)及耗能低优点的有机电致发光材料及器件还有待进一步的探索[49]。

参考文献

[1] Inoguchi T, Takeda M, Kahikara Y, et al. SID74 Digest., 1974, 5: 86
[2] Matsumoto S. Electronic display devices. New York: John Wiley & Sons, 1984
[3] Vincett P S, et al. Thin Solid Films, 1982, 94: 171
[4] Tang W X, Van Slyke A. Appl. Phys. Lett., 1987, 51: 913
[5] Partridge R H. Polymer, 1983, 24: 755; Partridge R H. USA Patent 3995299. 1976. 11. 3
[6] Godlewsk M, Leskela M. Critical Reviews in Solid State and Materials Science, 1994, 19(4): 199
[7] Curran T V, King C N. Inf. Display., 1990, 12: 20
[8] Ono A. //Encyclopedia of Applied Physics, Vol. 15. New York: VCH, 1992
[9] 黄维，密保秀，高志强. 有机电子学. 北京：科学出版社，2011
[10] 徐叙瑢，苏勉曾. 发光学与发光材料. 北京：化学工业出版社，2004
[11] 邱勇，高鸿锦，宋心琦. 化学进展，1996，8: 221
[12] Tang C W, Vanslyke S A, Hen C H. J. Appl. Phys., 1989, 65: 3610
[13] Kido J, Hongawa K, Okuyama K, Nagai K. Appl. Phys. Lett., 1993, 63: 2627
[14] Gao X C, Cao H, Huang C H, et al. Appl. Phys. Lett., 1998, 72: 2217
[15] Zhu Y C, Zhou L, Li H Y, et al. Adv. Mater., 2011, 23 (35): 4041
[16] Kido J, Kohda M, et al. Appl. Phys. Lett., 1992, 61: 761
[17] Kido J. Appl. Phys. Lett., 1994, 64: 815
[18] Bettencourt-Dias A. Dalton Transactions, 2007, 2229

[19] Rogach A L,Eychmuller A,Hickey S G,et al. Small,2007,3:536
[20] Williams S S. Nature Photonics.,2007,1:517
[21] Hamada Y, Sano T, Fujita M. Jpn. J. Appl. Phys., 1993, 32:L511
[22] Burrows P E, Shen Z,Bulovic V, et al. Appl. Phys.,1996, 79: 7991
[23] Shoustikov A A,You Yujian, Thompson M E. IEEE J. Select. Topics. Quant. Electro., 1998, 4: 3
[24] Burn P L, Holmes A B, Kraft A, et al. Nature, 1992,357:356
[25] Mchi C A, Tsntsui T,Saito S. Appl. Phys. Lett., 1990, 57: 531
[26] Kido J, Hongawa K, Okuydma K, Nagai K. Appl. Phys. Lett., 1993, 63: 2627
[27] Uchida M, Ohmore Y, Noguchi T, et al. Jpn. J. Appl. Phys., 1993, 32: L921
[28] Sheats J R,Antoniadis H,Hueschen M,et al. Science,1996,273:884
[29] Ohmore Y, et al. Jpn. J. Appl. Phys., 1991, 30: 1941
[30] Tobita S, Arakawa M,Tanaka I. J. Phys. Chem., 1985,89:5649
[31] Harrocks W D, Albin N. Prog. Inorg. Chem., 1984,31:1
[32] 黄春辉.稀土配合物化学.北京:科学出版社,1997
[33] Owzafe M, Poulet P,Chambron J. Photochem. Photobiol.,1992,55:491
[34] Veldman D,et al. J. Am. Chem. Soc.,2008,130:7721
[35] 高观光,黄维. 固体中的电子输送.北京:科学出版社,1991
[36] Keller R A,Rost H Z.J. Chem. Phys., 1962, 36: 2640
[37] Kemeny G,Rosenberg B. J. Chem. Phys., 1970, 55:3549
[38] Partrdge R H. Polymer, 1983, 24: 739
[39] Braun S,Salaneck W R,Fahlman M. Adv. Mater.,2009,21:1450
[40] Seanor DA. Electrica properties of polymers. London:Academic Press Inc. Ltd, 1982, 932
[41] Hosokuwa C, Higashi H,Kusumoto T. Appl. Phys. Lett.,1993, 62: 3238
[42] (a) Uchida M,Chmori Y, et al. Jpn. J. Appl. Phys., 1993, 32: 921
(b) Bggren, et al. Nature, 1994, 372:444
[43] 彭俊彪,刘行仁. 物理,1994, 23:461
[44] Gustaffsson G, Cao Y, Treacy G M, et al. Nature, 1992, 357: 477
[45] Alivisatos A P. Science, 1995, 269:23
[46] Baldo M A, Brien D F O, You Y, et al. Nature,1998, 395:151
[47] Wong W Y,Ho C L. Coordination Chemistry Reviews,2009,253:1709
[48] Fra M, Morimoto S, Tsutsui T, Saito S. Appl. Phys. Lett., 1994, 65: 676
[49] 黄春辉,李富友,黄维.有机电致发光材料与器件导论.上海:复旦大学出版社,2005

第 11 章　机械化学、机械发光和机械发电

物理化学通常可以根据其能量的转换关系或其效应来划分分支学科和进行沟通。例如，根据不同的物理功能可以划分为热化学、电化学、磁化学、光化学、声化学和放射化学等。但作为基础的力学和机械与物理和化学的关联却鲜备重视。例如，在航天和能源领域中新近发展的所谓机械化学(mechano chemistry)，文献上也称为摩擦化学，它是研究固体物质在机械力的作用下所发生的化学和物理变化。这种变化不仅对合成新的化学物质和预定功能新材料的开发和加工提供了新前景，而且也为深入探讨特殊条件下的固体物理及化学特性及学科交叉的基础问题开辟了新的途径[1]。

人们早就知道用机械能(如摩擦、断裂或冲击)来激发物理过程和化学反应。除了热能、磁能、光能和电能以外，机械能也能引起化学反应[2]。18 世纪对铁腐蚀的研究就发现金属的溶解因其表面摩擦作用而加快。20 世纪末，Garey-Lea 第一次用分解银、金、铂和汞的氯化物的实验表明，用普通的化学反应方法要得到稳定的 NH_4CdCl_3 型化合物需要进行几十年的时间，如果采用将反应物简单研磨的机械化学方法就相当容易[3]。我们熟知的碳酸钙在煅烧制备生石灰时，需要 1000℃的高温，而将其轻轻地在大理石上一划，就有氧化钙生成。这些都是机械能作用于物质而引起化学反应的实例。

人类最古老的实践之一是在史前就应用的燧石取火，后来燧石点火器在射击武器中起了重要的作用。现在已合成大量对撞击敏感的起爆物质。早在 17 世纪就有关于在黑暗条件下压碎结晶糖块产生机械发光等物理现象的报道[4]。又如，将水银在真空条件下摇动或干燥条件下毛刷衣料也可以产生摩擦发光和放电[5]。在第 7 章中，我们也已经介绍了物理中铁弹性及其引起凝聚态-材料的物理性质的变化。机械发光(mechano luminescence)等新型材料及其在物理过程的研究正在受到重视。

在我国，早期研究较多的是机械化学在颜料、陶瓷、机械工业和高分子合成领域中的应用[6,7]。现在国际上对于机械引发的光、电等物理功能和机械能-化学能转化的基础研究已经起步，值得引起重视。机械作用的化学效应和物理效应的关系类似与光化学和光物理的关系。下面将首先介绍材料中相关的机械化学。

自 Ostwald 第一个提出机械化学这个名词以来[8]，一直沿用至今。但在 Heinicke 的专著中把上述学科称为摩擦化学(tribochemistry)[9]。美国《化学文摘》则用 mechanical chemistry 作为关键词来检索。由国际纯粹化学与应用化学联合会(IUPAC)下属的国际机械化学协会组织了每四年一次的国际机械化学会议(INCOME)。机械化学在化学工业中的诸多行业，如颜料工业、陶瓷工业、橡胶工业、硅酸盐工业和催化剂工业有着广阔的应用前景，对合成化学研究也有着重要的意义。Kubo，Awakumov 和巴拉姆鲍伊姆等的专著反映了这方面的进展[9-11]。

11.1 机械化学及其物理过程

机械能作为一种普通的能量形式,其转换形式一般并不被物理化学家所关注,但仔细琢磨其应用范围还是相当广泛的。通常进行机械化学的实验装置主要有四种类型:球磨机、振动磨、松针磨和喷射磨。前两种为破碎面之间单独或集体受力,后两种为冲击应力。用于机械化学的研磨介质为惰性小球类,如陶瓷球、玻璃球和碳化钨球。这些机械的构造和工作过程可参考一般的涂料工业手册。除了Heinicke在《摩擦化学》一书中叙述了其多种用途以外,由于机械能及其效应鲜为人知,这里列举一些它在合成化学及机械领域中的应用示例[12]。

11.1.1 机械化学合成和润滑剂

1. *无机和有机材料为机械合成*

1) 无机化学合成

(1) 碱金属卤化物的固相反应[3]。采用下列简单的研磨反应可以制备碱金属卤化物 $Cs(Na \cdot H_2O)_2 \cdot X_3$,其中 X=Cl,Br

$$CsX + 2NaX + 2H_2O \xrightarrow{\text{研磨}} Cs(Na \cdot H_2O)_2 \cdot X_3 \tag{11.1.1}$$

(2) H_2S 的氧化反应[13]。在催化剂 CaO 等的作用下,它们可以发生下列反应:

$$H_2S + O_2 \xrightarrow[\text{催化剂}]{\text{研磨}} SO_4{}^{2-} + H_2O \tag{11.1.2}$$

这种研磨氧化速度方程也可以表示为

$$\alpha/(1-\alpha) = kt^3C_j \tag{11.1.3}$$

其中 α 为氧化程度,t 为时间,C_j 为第 j 种催化剂的浓度。

(3) 耐火材料的合成。在 Al 和 Mg 的作用下,Cu_2O、MnO_3、FeO、WO_3、VO^{3-}、B_2O_3 和 SiO_2 发生还原反应。在热爆炸条件下,用机械化学合成了耐火材料,其过程如下[14]:

$$M + Non - M \xrightarrow[\text{12Hz, 90mm}]{\text{振动研磨}} M - Non - M \tag{11.1.4}$$

其中金属 M=Hf,Zr,Ti;非金属(Non—M)=C,B,Si。

(4) 钛酸盐的合成[15,16]。金属氧化物和二氧化钛在机械化学作用下,发生如下反应:

$$MO + TiO_2 \xrightarrow[(M = Mg, Pb)]{\text{机械活化}} MTiO_3 \tag{11.1.5}$$

(5) MnO_2 的还原。用X射线衍射和红外光谱跟踪研究了 MnO_2 的下列变化,当研磨时间为46h时,MnO_2 的原有谱峰基本消失,生成新的相[17]:

$$MnO_2 \xrightarrow[\Delta]{\text{球磨}} Mn_2O_3 + MnO \tag{11.1.6}$$

2) 有机化学合成

以下几个为金属有机化合物合成的实例[18]:

(1) 第Ⅳ主族元素与卤代苄等在机械振动磨中处理3h后发生下列反应(X=Cl,Br,

I;Ph＝$C_6H_5^-$，p-Cl-$C_6H_4^-$）：

$$Sn + 2PhCH_2X \longrightarrow (PhCH_2)_2SnX_2 \quad (11.1.7)$$

而 Si、Ge 和 Pb 与卤代苄反应后，则形成聚合下基化合物。化学合成二氯二下锡需要在甲苯中回流 3h，产率为 80％[19]。而采用上述的机械方法，室温下 3h 就可得到 90％的产率。由此可见机械化学方法的优越性。

第Ⅴ主族元素也有类似的反应，其过程如下[20]

$$Sb + PhCH_2Cl \longrightarrow (PhCH_2)_3SbCl_2 \quad (11.1.8)$$

$$Bi + PhCH_2Cl \longrightarrow (PhCH_2)_n + BiCl_5 \quad (11.1.9)$$

而 As 和 P 不反应。

（2）羰基镍的合成[5]。为加快反应，实验在 N_2 气氛下进行：

$$Ni + 4CO \xrightarrow{\text{振动研磨}} Ni(CO)_4 \quad (11.1.10)$$

同样方法也可以制备六羰基钼。

3）机械变色反应

固体之间的摩擦和撞击（或挤压）可以引起物质的颜色变化，并可作为检验某些元素的简易方法。表 11.1 列出了几类常见的机械定性分析物质，其中应用了有色物质的生成。机械变色定性分析方法可用于分析材料中许多已知金属物质，设备简单、灵敏度高，可望发展为全新的微量分析检验方法[5]。

表 11.1　机械化学反应引起的颜色效应

被检验的物质	分析试剂	反应产物	颜色
Ni^{2+}	丁二酮肟	镍丁二酮肟	红色
$Ni(CN)_2$	丁二酮肟＋$AgNO_3$	镍丁二酮肟＋AgCN	红色
Pb^{2+}	碱性碘化物	碘化铅	黄色
Ce^{4+}	过氧化钠	过氧化铈	黄色
Fe^{3+}	硫氰酸钾	硫氰酸铁	红色
Fe^{2+}	试铁灵	有色配合物	红色
Cr^{3+}	过氧化钠＋乙酸铅	铬酸铅	黄色
	过氧化钠＋硝酸银	铬酸银	红色
Co^{2+}	碱性硫氰酸盐	硫氰酸钴	蓝色
$MoO_4{}^{2-}$	碱性硫氰酸盐	硫氰酸钼	黄色
$WO_4{}^{2-}$	碱性硫氰酸盐	硫氰酸钨	黄色
Ag^+	硫代硫酸钠	硫代硫酸银	黄变黑

2. 聚合物材料合成

聚合物材料在加工和应用中经常受到高应力作用，因此研究其机械化学反应历程和动力学可以为材料的工艺性能、优选材料配方和使用寿命提供科学依据，也为开发新材料和加工方法提供理论指导。我们早就知道橡胶的强烈控炼可以提高其可塑性能，例如对于具有 10 000 个键的聚乙烯的分子，只要分子中部有一个键断裂就会使其相对分子质量下降到 7000，而使其性能变差。关于聚合物机械化学方面研究，人们先后发表了一些专著及评论[7,21-23]。

应力作用下聚合物可能有三种反应机理，即自由基、离子和离子-自由基反应。具体采用哪种机理与高聚物的组成、物理状态和反应介质有关。当大分子中含有较不稳定的离子键，或在含有会降低离子键强度的高介电常数液体介质中时，则可能归属于离子或离子-自由基机理[24]。聚合物与 SiO_2、Al_2O_3、TiO_2、ZnO、MgO、KCl、LiF、BaO、BaS、ZnS、$CaCO_3$、$BaSO_4$、NaCl 和金属等无机物在塑炼及振动磨中的相互作用可能在新形成的固体表面产生接枝反应。这时就可能生成离子或离子-自由基反应。经常出现并经大量实验证明的是自由基反应，例如天然橡胶在机械力作用下均裂成两种自由基：

$$—CH_2—\overset{CH_3}{\overset{|}{C}}=CH—CH_2—CH_2—\overset{CH_3}{\overset{|}{C}}=CH—CH_2— \longrightarrow —CH_2—\overset{CH_3}{\overset{|}{C}}=CH—CH_2\cdot + \cdot CH_2—\overset{CH_3}{\overset{|}{C}}=CH—CH_2— \tag{11.1.11}$$

当高聚物在受机械应力和研磨时，直接的结果是其超分子结构的有序性被破坏。机械能可以部分地转化成分子的势能，从而增加原子间的距离、改变分子的键长和键角，并都有可能使其化学键得到活化。聚合物也可以因纯粹键伸张而积累的弹性能引发化学反应。应力的集中使高聚物网络中较弱的聚合链断裂，所产生的自由基起着自催化的作用。特别是在氧和其他试剂存在时更容易进行构型变化和氧化作用，因而机械化学反应并不是简单的表面或分子中链断裂的反应。例如，在进行橡胶热机械化学反应时必须大于一个极限相对分子质量 M_∞[25]。可见真实的过程可能是机械力、热、氧化和其他介质的共同作用。虽然在聚合反应中，若机械作用也是引发链过程，则其和热化学的作用类似，也有典型的链引发、链增长和链终止过程，但在反应机理上与它们还是有区别的。由表 11.2 可见机械化学反应最大的特点是负的反应温度系数，即其活化能具有和通常化学反应相反的符号。这是由于一般聚合物在热和化学反应中引发反应的有效范围很广，这时所有原子都受到激发，这主要和聚合物中原子团的热稳定性有关而与其相对分子质量大小及分布关系不大。其反应特征是解聚或分解，反应温度系数为正值，反应产物为单体或小链段分子。而在机械化学反应中其反应特征与相对分子质量大小和物理状态密切相关。对于通常分子链间存在整体相对位移的熔融态，其纯黏滞力是不会使聚合物产生机械化学反应的。固态聚合物的机械化学反应发生在摩擦和断裂的表面部位。

表 11.2 聚合反应中不同反应机理的特征

	机械化学反应	热反应和化学反应
一般效应	最高相对分子质量利于反应	反应相对分子质量范围很宽
反应产物	大的链段，不产生单体	一般产生单体或小的链段
反应专一性	适中，和机械力及聚合物性质有关	去聚合转移或高度专一性的分解作用
反应温度系数	负	正

在机械力的作用下，聚合物的内应力不均匀分布使部分链集中了足够的能量而产生断裂。其断裂的位置可由相对分子质量随时间或机械力强度的分布函数以及物理谱学等

方法加以推断。一般认为，支化高聚物中主链分支的结点处、网络中的横键、主链的杂原子处和季碳原子附近的刚性链节等处，是变形时应力集中而易于断裂的位置。而对于通常宏观的固体则应是在裂纹深处及裂解面处易于裂解。由于问题的复杂性，目前仍然有随机性和非随机性两种断裂过程的观点。但其共同的观点是，在降解过程中较长的链产生断裂的概率较大，并且都导致实验观察到的产生机械化学反应的极限相对分子质量 M_∞ 条件。在选择性的降解中可能出现短链段的断裂，但更经常观察到的是靠近链中间的链断裂。在 Frankel 的机械降解机理中认为：聚合物分子的大多数键在流动方向上受拉伸时，在链末端多少保持一定的卷曲状态。而中间链的变化随相对分子质量的平方而增加。超过临界剪切速度时，大分子中部的链优先被破坏。例如，天然橡胶在塑炼过程中，$—CH_2—CH_2—$链的中间变弱从而使得烯丙基相对稳定[26]：

$$R_1—\overset{\displaystyle CH_3}{\overset{|}{C}}=CH—CH_2—CH_2—\overset{\displaystyle CH_3}{\overset{|}{C}}=CH—R_2$$

$$\downarrow$$

$$R_1—\overset{\displaystyle CH_3}{\overset{|}{C}}=CH—CH_2\cdot+\cdot CH_2—\overset{\displaystyle CH_3}{\overset{|}{C}}=CH—R_2$$

$$\uparrow\downarrow \qquad\qquad \uparrow\downarrow$$

$$R_1—\underset{\displaystyle CH_3}{\underset{|}{C^{\cdot}}}—CH=CH_2+\overset{\displaystyle CH_2^{\cdot}}{\overset{|}{CH_2=C}}—CH—R_2 \tag{11.1.12}$$

高聚物经机械化学断裂生成大的游离基时，其增长和终止的机理与通常化学方法产生游离基的类似，可表示为

$$R—R \longrightarrow R\cdot+R\cdot \quad (剪切断裂) \tag{11.1.13}$$

$$R\cdot+R\cdot \longrightarrow R—R \quad (重新结合) \tag{11.1.14}$$

$$R\cdot+R \longrightarrow R+R\cdot \quad (歧化作用产生饱和和不饱和的产物) \tag{11.1.15}$$

$$R\cdot+R—R—R \longrightarrow R+R—R\cdot—R \quad (链传输) \tag{11.1.16}$$

$$R\cdot+A \longrightarrow R—A \quad (受体反应) \tag{11.1.17}$$

在式(11.1.17)中接受电子的自由基受体 A 可以阻止大自由基再化合。终止反应则至少可以通过下列三种途径之一进行：

(1) 大自由基按式(11.1.18)进行扩散：

$$X=(2D\tau)^{1/2} \tag{11.1.18}$$

其中 X 为扩散路径长度，D 为扩散系数，τ 为自由基的寿命。由于 τ 较短，所以只有在温度高于玻璃化温度 T_g，$D>10^{-16}\sim10^{-18}$ 情况下，该机理才会有效。

(2) 电子在能量等价的位置间运动，或者在氧存在时发生通过自动氧化循环：

$$R\cdot+O_2 \longrightarrow ROO\cdot \tag{11.1.19}$$

$$ROO\cdot+RH \longrightarrow ROOH+R\cdot \tag{11.1.20}$$

(3) 生成通过链传递反应而可以进行快速扩散的低相对分子质量的自由基。

也可以采取机械化学的方法制备聚合金属配合物，例如，将二氮（或三氮）唑的乙醇溶液和铜在摩擦条件下进行反应，可以生成高熔点（>280℃）的聚合金属配合物。

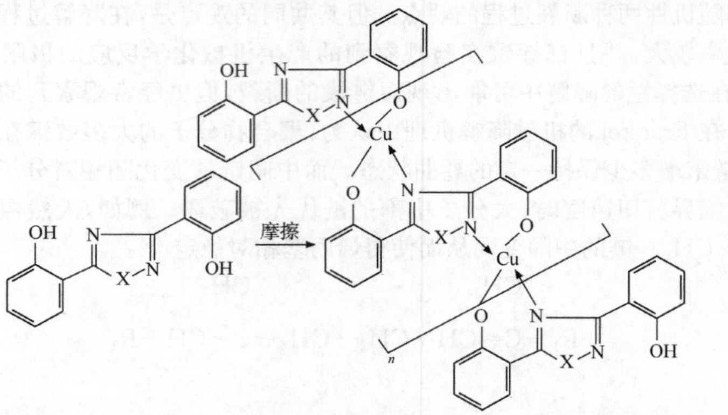

$$\xrightarrow{\text{摩擦}} \tag{11.1.21}$$

除了测定分子量变化等化学方法外，还可以应用红外光谱、飞秒时间质谱、核磁共振和热分析等物理方法测定机械化学作用下分子微观结构的变化。对自由基来说，电子顺磁共振（ESR）法最为有效，从自由基ESR谱的位置，强度及其谱峰分裂的精细结构可以阐明高分子链的裂解位置、活性自由基的类型，以及氧和自由基的偶合等情况。图11.1是聚合物尼龙6（nylon 6）于室温下在电子自旋共振谱（ESR）仪空腔中拉伸样品所显示的—CO—NH—CH—CH_2·自由基的ESR信号[27]。按ESR谱中谱线分裂的（n+1）规则，对于有机分子中的—CH_2·自由基，在图11.1中的ESR谱中的确是出现了（n+1）=3个精细结构的分峰，其中n为CH_2·中的质子H的数目（n=2）。

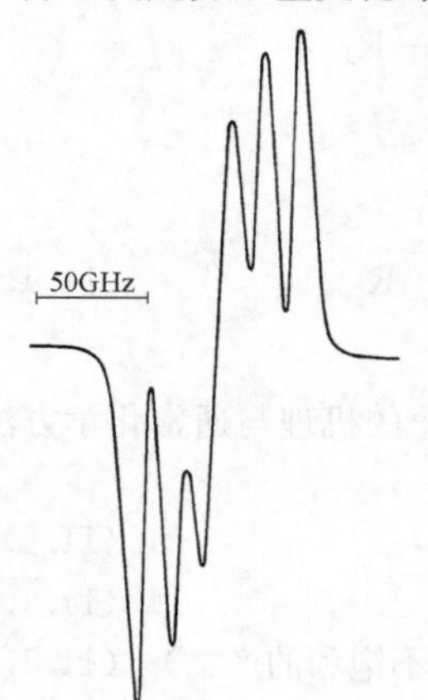

图11.1　拉伸nylon 6所产生二次自由基的ESR谱

由于自由基的寿命较短，通常应用适当的电子受体化合物作为自由基的捕获剂，以确定机械化学反应生成自由基的浓度和反应的途径。例如，可以用二苯基苦基酰肼（DPPH）作为捕获剂而应用于确定自由基浓度的比色滴定，由此测定的DPPH浓度变化的绝对值可以计算出链断裂数。很多胺抑制剂与含氧自由基反应而不与烃自由基反应。反之，4-羟基哌啶与烃自由基反应而不与胺自由基反应，由此可以确定是否存在过氧化物自由基在内的中间产物。

3. 润滑材料

摩擦化学主要应用在机械工业、润滑工程和空间材料方面。一般的润滑油都加能耐极端压力的抗磨剂。这些加在油品中的活性物质，在边界润滑条件下，发生分解和聚合。分解的活性物质与摩擦表面作用，形成了改性的表面层，从而减少了磨损并降低了摩擦系数。其结果是延长了机械的寿命，节约了能源。下面着重叙述目前常用添加剂的摩擦化学机理。

（1）硫系极压抗磨剂：如二苄基二硫醚（DBDS）在边界润滑状况下与金属铁表面可能发生下面一些反应，生成有机聚合物，如硫化铁和硫酸铁极压膜[28]。

$$\mathrm{R{-}S{-}S{-}R + Fe \xrightarrow{研磨} Fe\begin{matrix}\diagup S{-}R\\ \diagdown S{-}R\end{matrix} \xrightarrow{研磨} Fe\begin{matrix}\diagup S{-}R\\ \diagdown S{-}R\end{matrix} \xrightarrow[\Delta]{研磨} FeS}$$

$$\mathrm{+\,R{-}S{-}R \xrightarrow[O_2]{研磨} FeSO_4 + Fe_2S_3 + R{-}R} \qquad (11.1.22)$$

（2）二烷基二硫代磷酸盐（MDTP）：过渡金属配合物 MDTP 可作润滑油极压抗磨剂，但要超过 ZnDTP 的综合性能，仍需要做大量的工作。ZnDTP 的摩擦化学主要机理可概括如下[29]：

$$\mathrm{(RO)_2P({=}S){-}S{-}Zn{-}S{-}P({=}S)(OR)_2 + Fe \xrightarrow{研磨} FeS + {\left[P(O)(OR){-}S{-}Zn{-}S{-}P(O)(OR){-}S\right]_n}}$$

$$\xrightarrow{研磨} \mathrm{O_2P{-}S{-}Zn{-}S{-}PO_2 + R{-}R + FeSO_4} \qquad (11.1.23)$$

$$\mathrm{O_2P{-}S{-}Zn{-}S{-}PO_2 + Fe \xrightarrow{研磨} \left[\begin{matrix}{-}O{-}Zn{-}O{-}P({=}O)(O{-}){-}O{-}P({=}O)(O{-}){-}O{-}Zn{-}O{-}\\ {-}O{-}Zn{-}O{-}P({=}O)(O{-}){=}O\quad O{=}P({=}O)(O{-}){-}O{-}Zn{-}O{-}\end{matrix}\right]Fe_3}$$

$$\xrightarrow{\Delta} \mathrm{Zn_3(PO_4)_2 + FePO_4} \qquad (11.1.24)$$

其中 R＝环己基。对应的 MoDTP 则分解成层状的 MoS_2[30]。NiDTP 也与 ZnDTP 具有同样的摩擦化学机理。二硫酚钨盐在四球研磨机试验后，在钢球表面也检测到层状的 WS_2，其摩擦化学机理如下[31]：

$$\mathrm{\left[W\begin{matrix}\diagup S\\ \diagdown S\end{matrix}C_6H_3{-}Me\right]_3 \longrightarrow WS_2 + W + WO_3 + Ph{-}Me} \qquad (11.1.25)$$

（3）磷系极压抗磨剂：三苯氧基磷酸酯（TCP）在金属铁表面上形成磷酸盐膜后，进一步分解为磷酸铁极压膜等[32]。

$$\mathrm{(PhO)_3P{=}O + Fe \xrightarrow[H_2O]{研磨} FeP + FePO_4 + Fe_3(PO_4)_2 + C_6H_6} \qquad (11.1.26)$$

（4）有机硼酸酯：在研究有机硼酸酯的摩擦化学机理时，发现摩擦表面有渗硼现象，并用 X 射线光电子能谱法（XPS）等检测手段验证了其摩擦化学机理。

$$\begin{matrix}RO \\ \quad\backslash \\ \quad B—OR \\ \quad / \\ RO\end{matrix} + Fe \xrightarrow{研磨} Fe\langle\begin{matrix}O\\O\end{matrix}\rangle B—RO + R—R \xrightarrow[\Delta]{研磨} FeB + Fe_2O_3 + R—R \tag{11.1.27}$$

当有机硼酸酯分子引入 N 原子时，摩擦表面也有层状的 BN 生成[33]。

$$\begin{matrix}RO \\ \quad\backslash \\ \quad B—OR—NH_2 \\ \quad / \\ RO\end{matrix} + Fe \xrightarrow{研磨} Fe\langle\begin{matrix}O\\O\end{matrix}\rangle B—OR—NH_2 + R—R \xrightarrow[\Delta]{研磨} FeB + BN + R—R + Fe_2O_3 \tag{11.1.28}$$

机械化学在其他方面的应用正在逐步开发和扩大。日本学者 Hosokawa 第一个申请了离子-配合物机械化学材料和它的制造专利[34]。接着 Hosoda 申请了机械化学人工肌肉制造的专利[35]。美国 Texter 在扩散-转移彩色胶卷体系中申请了机械化学层剥离技术[36]。Vale 和 Morozov 大胆地把机械化学原理应用到生物物理方面的研究和结晶酶变形的测定中[37,38]。在地质化学领域中，从力化学观点还有可能解释地球上有机物和生命的起源。下面介绍机械化学在材料学科中的重要作用。

11.1.2 机械化学的物理机理

对于大量机械化学现象的机理及其物理基础仍然众说纷纭。早在 20 世纪初，Parker 根据摩擦力使两种简单的盐之间进行了复分解反应，从而认为在摩擦时局部产生的热是加速该反应的原因[39]。20 年代，Tamman 研究了机械处理引起的固体活性变化。他发现不是全部的机械能都转变为热，在所消耗的能量中有 5%～15%保留在金属内转化为势能，从而增加了固体的热力学势[40]。

在随后的 20 世纪 30 年代中，研究了滚动摩擦与滑动摩擦条件下金属的氧化反应和分解反应。当铁在受应力的表面上的滚动摩擦期间，短短的几分钟内就出现了锈层。而在没有机械应力时，根据这些生锈层的生长速度估计需要 10^{17} 年。在解释这一结果时，Fink 排除了温度的影响，认为塑性变形是加快反应的原因[41]。Bowden 和 Tabor 却提出了采用热点模型来说明机械作用引发的化学反应[42]。他们发现对于 10^{-3} s→10^{-4} s 的摩擦过程，产生超过 1000K 的高温是机械激发化学反应的一个重要原因。50 年代，Grohn 研究了聚合物的降解反应。Peter 研究了机械能对无机反应的影响。60 年代中期，Jost 创立了摩擦学[43]。70 年代后，则主要集中在机械化学的机理研究[44]。前苏联学者在机械化学方面做出了卓越的贡献[45]。目前，许多国家的科学工作者正在这古老而又深奥的领域中进行工作[17,46]。

引发机械化学反应过程的作用力的形式有很多，主要有下列几种类型[7]：①摩擦、塑炼、挤出混合、振动等低频剪切作用；②破碎、粉碎及分散等高频冲击作用；③液体或固体的超声波振动作用；④溶液冷冻时的相转变作用；⑤封闭容器中或受剪切作用时的高压或超高压作用；⑥爆炸冲击波作用等。

实际的过程绝不是单一的，例如摩擦作用除伴随有静电作用和电子发射外，同时伴有温度的升高。机械能对材料性质的影响相当复杂，以至于还没有哪一种理论能完全合理而定量地解释机械化学中所产生的众多现象。由于物体高速地与固体表面碰撞因此它在一开始就在亚微观变形区的作用点出现准绝热的能量积累，并且形成一个能量集中的“泡”。在很短的时间内导致了高激发状态和晶格弛豫与结构裂解。同时伴随晶格组分、光子和电子的分离。图 11.2 列出了机械作用诱发的物理过程。这些复杂现象的研究仍然处于唯象的探索中。

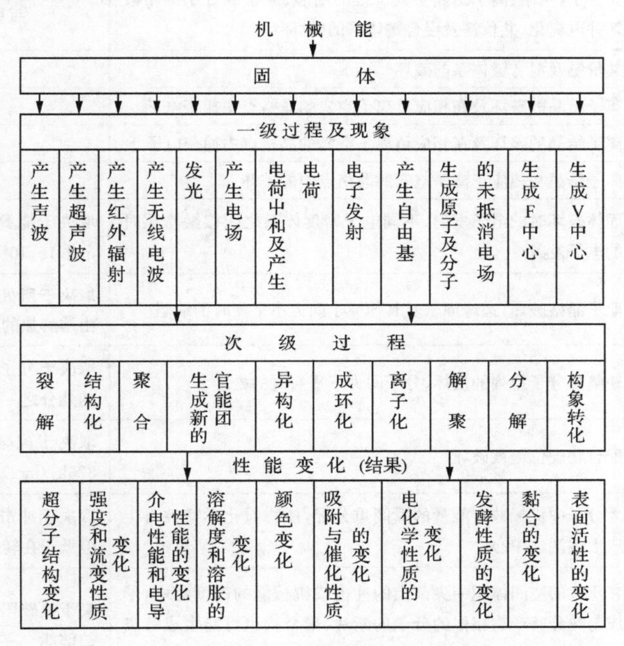

图 11.2　固体中机械能转变过程示意图

可见其引发活性状态的主要过程有[7]：

表 11.3　机械力作用下产生初始活化状态的途径

初始活性中心	生成活性中心的典型条件	生成活性中心的能量
自由基	线形大分子、平面网络(如在石墨中)及三维体系(在热固性树脂固化时、硫化等)在各种机械作用下破坏时共价键的断裂	209～419kJ/mol
自由离子	大分子、网络、离子结晶中共价键的断裂、原子或分子晶格破坏并电离化,共价键及混合键体系的破坏	与自由基相当
离子-自由基	共价键及混合键体系的破坏	同上
F 中心	离子结晶的破坏及在相应负离子空穴的晶格点中捕获电子	3eV
F′中心	离子结晶的破坏及在相应负离子空穴的晶格点中捕获电子	—
V 中心	离子结晶在相应正离子空穴的晶格点中的破坏	—
自由电子	固体破坏时的电子发射,不同电子密度体系之间接触摩擦时的电子发射	取决于能源($300\sim3\times10^6$kJ/mol,$1\sim10^4$eV)
活性原子	原子晶格破坏,边缘原子及其他原子间力不平衡时的缺陷	取决于所处的位置,其大小可由熔解热的几分之一到挥发能
活性分子	缺陷处分子排列的破坏,分子间力不平衡时的松动	取决于分子位置,可由熔解热的几分之一到挥发能
配合物空穴	配合物配位键被破坏	取决于配合物的键能(251～376kJ/mol)
过渡活化状态	大分子中机械冲击能量的瞬间重分配,按物质化学特性再生成上述活性中心	取决于冲击能和活化能类型。但低于在转化前键能
等离子体状态	在不大的空间体积中尖部上的冲击或机械能的高度集中,形成与热分解产物相似的分子的断片,聚合物也可能生成等离子聚合物,即大分子多自由基片段	高于被破坏分子或“热”自由基的键能

对机械作用引起的一些现象,如发射电子、摩擦发光和断裂过程等的机理的研究仍然是当前的热门课题。目前较为流行的是 Thiessen 创立的等离子体理论[47]。在高频机械冲击波作用于物质后,分子处于过渡活化状态,通过能量重新分配而使物质分解成热自由基或离子而形成等离子体。由于它的寿命极短($<10^{-7}$s)并限于局部的晶格范围和高的激发状态内,这些高的激发态可以导致电子从晶格释放而形成带电或不带电的粒子。由于机械碰撞能量不是 Boltzmann 分布,粒子的相互作用具有随机性质,因而不能给出平衡的温度。这种激活态进行的化学过程也就不能应用可逆热力学定律来描述。反应的主要特征是反应物通过迅速冷却而被稳定以防止反应产物进一步反应为副产物。能量激活的最高状态可以动态地变成“边缘等离子体”和“后等离子体”的次级状态,而此状态可以用不可逆过程的热力学来处理。图 11.3 表示了其整个过程的能量耗散步骤[47]。等离子体中产生的电子能量可以超过 10eV。而一般的热化学,当温度高于 1000℃时,其电子的能量也只有 4eV,即使光化学在紫外电子的能量也不会超过 6eV。因而,有可能进行通常热化学不能进行的反应。

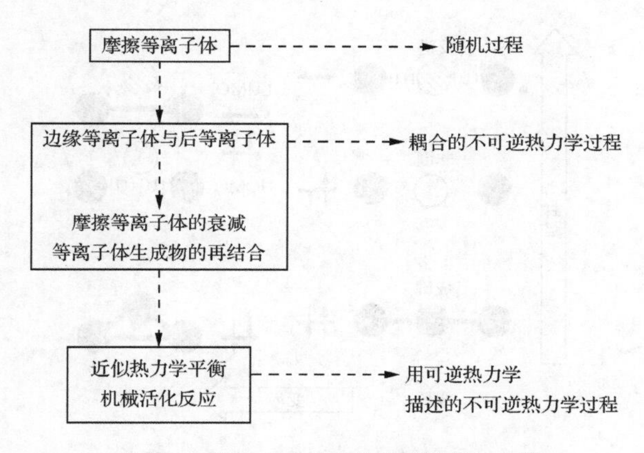

图 11.3　受冲击应力固体的能量耗散步骤

11.1.3　机械化学的微观理论

通常将机械化学效应归之于应变能促进的热效应。但在低温下应变能密度可能比热能密度大，所以，这种说法不太合理。从分子轨道理论观点来看，机械化学微观机理之一是应力改变分子或固体的对称性，从而比各向同性的压缩反应具有更有效的反应活性[48]。形变使球形变成椭球，立方对称变为四方对称等，这种低对称性的结构使得分子键的电子结构变得更不稳定，固体更易于发生化学反应。

根据式(2.1.52)分子轨道中原子轨道组合系数为正时，相角 $\Phi=0$ 用实球表示；组合系数为负时，$\Phi=\pi$ 用空球表示；同相为成键，反相为反键，混合为非键。例如，考虑最简单的三原子情况：图 11.4 表示了和叠氮离子 N_3^- 等电子的 H_3^- 分子轨道的能级图，其中由 3 个氢原子的 3 个 1s 原子轨道线性组合成成键、非键和反键三个分子轨道。在机械应力的作用下，它们的能级随变形角度而变化(称为 Walsh 能级图)，其中向上和向下的箭头表示所占据的能级，体系中总共有 4 个价电子和 3 个质子 s 轨道。由于原来的线性分子构型，受力形变后形成弯曲分子，其 LUMO-HOMO 间隙降低而使得分子的总能量升高，分子的内部稳定性降低，从而有利于其发生化学反应。这表明当共价键受力弯曲时，其最高占据轨道(HOMO)能级升高，而其最低未占据分子轨道(LUMO)能量则降低，决定其稳定性的这两个能级间的间隙也随之降低(这恰恰和通常的 Jahn-Teller 效应相反)。

对于周期性的一维晶体，可用能带间隙 ΔE_g 代替上述 LUMO-HOMO 之间的分子能隙。带隙愈大晶体结构愈稳定(参见图 2.13)。我们知道有两种途径可使绝缘体转换成金属导体：一种是 Herzfeld-Mott 途径，即减少原子间距以增加波函数的重叠；另一种是通过应力改变键角，从而降低价带顶和导带底间带隙的间距。对于二维和三维的固体，也发展了类似的观点[49]。在二维的情况下，当应力使一个晶轴增长而使另一晶轴压缩时，两个能带的间隙的能量向相反的方向移动(而对于各向同性的压缩则向同一方向移动)，因而最低的(间接)带隙也由于不均匀压缩而降低，从而使晶体变得不稳定。当应变大到足以使带隙接近时，成键(或价带)电子可以自由运动，则可以发生非热传递反应。在中等

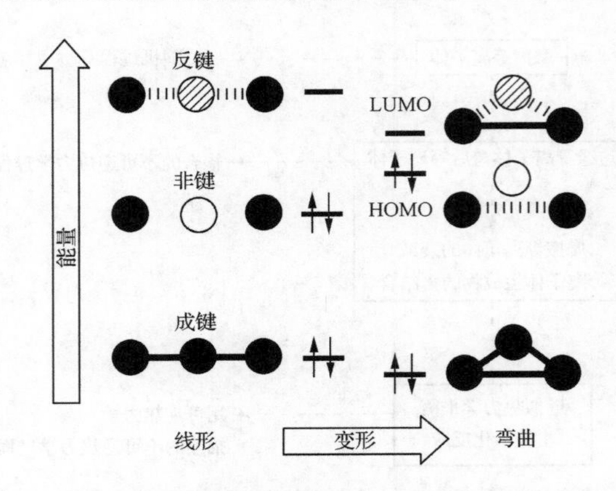

图 11.4 机械应力引发 H_3 分子的分子轨道能级示意图

的应力情况下，可以在光作用下于低温时很快地发生反应。可见机械化学对固体中以非热活化的超声进行的爆炸冲击波和以热活化的声波进行的爆燃等超快反应特别重要。

11.2 摩擦发光

11.2.1 声致发光

纯机械作用除了引起化学反应外，还会伴随着电荷放电、电子发射、超声和发光等物理现象。溶液在超声作用下并非纯机械作用，但也会伴随着机械作用，因而也可以将超声甚至微波等不同的物理过程纳入机械化学的观点进行讨论[50]。顺便提到的是，这种少用甚至不用溶剂的超声或微波的合成方法在以减少污染为目标的绿色化学(green chemistry)中也有很大意义。在众多的机械发光现象中，这里先介绍声致发光，更重要的摩擦发光将在下一节中介绍。

超声波是声波之一，它是频率在 $10^5 \sim 10^8$ Hz 的机械振动能量的传播形式之一。也可以应用其频率、振幅、周期、速度、声压及能量等参数来描述。当声波在气体、流体或固体弹性媒质中进行时，介质(如空气)中被挤压的分子会依次挤压前面一层的分子，而使被挤压的稠密状态会向前传播；而在其后的振动方向会形成稀疏区，而稀疏区的前一层的分子会向稀疏区膨胀而自身变得稀疏，也会向前传播，从而形成稀疏和密集相间的声波。其振动方向与传播方向一致，故称为纵波。其和二者相互垂直的光波(横波)不同。假定声波的振幅为 P_A、角频率为 ω、声速为 c，若其作用于密度为 ρ、介质的声压为 $P_a = P_A \sin\omega t$，则其强度 I 为单位时间内经过垂直于声波方向单位面积上的声波能量：

$$I = P_A / 2\rho c \tag{11.2.1}$$

设流体的静压力为 P_h，则在稀疏相(即负压相)内媒质受到的作用力为($P_h - P_a$)。若声压足够大(对于水在 15kHz 时约为 1.6～20.0W/m^2)，则液体受到强的负压而使其分子间的平均距离增大，破坏了液体结构的完整性，从而出现空腔。该空腔将随负升压增大到极大值($-P_A$)而继续增大。但是，随着声波正压相的到来或频率超过一定极限(2～

3MHz)，这些空腔又将被压缩。结果使一些空化泡进入持续振荡，而另一些空化泡将完全崩溃。崩溃时形成许多微空泡，构成新的空化核。在气体和固体介质中不会产生空腔现象。因为在气体中超声波很快减弱而传递范围有限。在高密度固体中超声波传播速度很快并在较大距离内传播。在固体边缘或界面上发生的反射性及强烈摩擦产生大量的热，因此这种现象可以用于材料的缺陷检测和焊接。值得指出的是，即使对于液体，当超声波强度高至 $10^4\,W/m^2$ 时，也不会产生空腔，因为在短时间内空腔来不及生成。反之，凡能降低液体自黏强度的因素，例如降低静压力、介质中具有溶解的气体和加入高蒸发气压的挥发性流体等，都有利于空腔的生成。

如果这种崩溃过程是绝热过程，则相关的理论及实验研究证实，在这种极短时间内，在空化泡周围的极小空间内以 $10^9\,K/s$ 的温度变化速率产生 5000K 以上的高温(T_m)和 $5\times10^7\,Pa$ 的高压，并伴随有强烈的冲击波和 400km/h 的射流。据估计，无机化合物中有 36%、有机化合物中有 19%具有不同大小的机械发光的功能。这就为声致发光等物理现象提供了一种途径。

声致发光(sonoluminescence)是指液体中的声空化过程中生成、长大和崩溃所伴随的光发射现象。早在 1933 年，Marinesco 和 Trillat 就用照相底片发现了水的超声发光现象。目前可以用光电倍增管和图像识别等技术检测无机(如浓度为 2mol 的 NaCl 和 $MnCl_2$，海水)，有机(如乙二醇，氯苯血浆)，高分子和液态金属等介质的声致发光现象。目前，声致发光机理大致有电学机理和热化学机理两类：

(1) 电学机理：1940 年，Frenkel 认为是在空化过程中声波的负压相作用下，液体中形成了类似透镜的空腔。由于表面离子分布的不均匀，产生类似于微电容器的电势差，其内部电场强度 $\boldsymbol{E}$ 近似为

$$\boldsymbol{E} = 4e/r(w/d)^{1/2} \tag{11.2.2}$$

其中 r 为空腔半径，w 为单位体积中解离的分子浓度，d 为荷电表面间的距离。实际上，若 $d=0.5$nm(H_2O 分子的直径为 0.2nm)，空腔半径 $r=1\mu$m 时，该 $\boldsymbol{E}$ 值可高达数百伏/厘米。这已足够使空腔泡击穿。一般认为在空腔崩溃时发生击穿放电。若液体中溶有气体则它会不对称地吸附在空腔内表面。由于分子变形而产生诱导偶极子[参见式(6.1.1)]，并将电荷转移给空腔壁，而在声波正压相内电荷密度增大到某一临界值时，可产生微放电而发光。这种理论后来有了新的发展[51]。在放电引发自由基等活性物质中，它们随后转入介质，再引发不同的声化学反应，这方面的工作也十分重要。其缺点是不能解释非极性液体也有声致发光的事实。

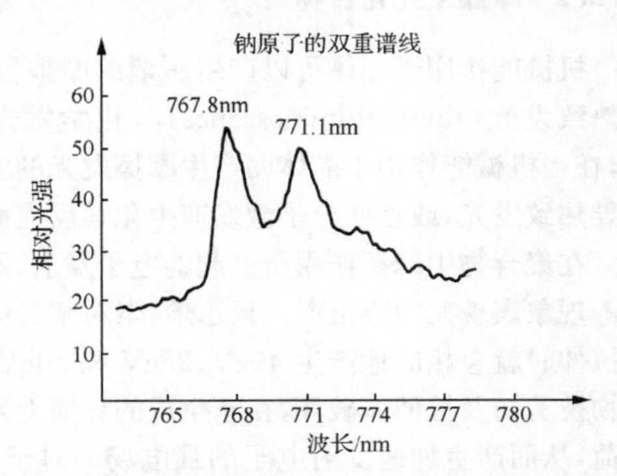

图 11.5　亚饱和碘化钠水溶液的高分辨声致发光

(2) 热学机理：这种所谓的热点(hotspot)理论包括两种模型。一种认为是在绝热崩溃的空化泡内温度的急遽升高而导致发光的黑体辐射模型[参见式(9.2.34)][52]。这个理论在解释不同气

体空腔内声致发光阈值的规律性方面取得了成绩。而在另一种化学发光模型中则认为是声致空化泡崩溃时所产生离子或自由基的重新复合而引发的光发射，或者是在空化腔崩溃时形成 H_2O_2 之类的过氧化物溶解于液体中，随后发生化学发光。Sehgal 等应用 460kHz 超声波得到了图 11.5 所示的碘化钠溶液的声致光谱[53]。尽管还不太清楚其中的钠原子双重谱线是由蒸发的金属离子而变为原子，还是由金属原子的蒸发所引起，但发生蒸发这一事实则说明空腔内出现高温而有利于热点理论。

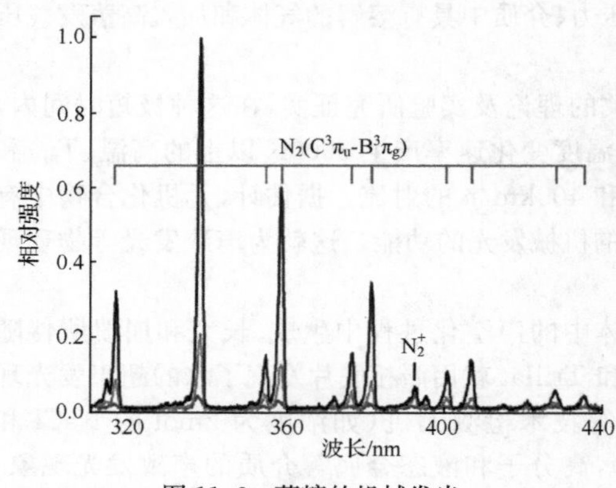

图 11.6　蔗糖的机械发光

晶体浆（slurries）的超声发光：一般常在液相中形成超声泡。已经证明，强烈振荡的超声波可以加速微米（μm）粒子达到高速，使得粒子间发生碰撞，其速度可以达到液体中声速的一半（每秒几百米），声穴膨胀后形成的内爆炸（每秒几十米）也可以促使粒子碰撞或附着在其表面。特别是对于蔗糖之类的晶体，受到应力作用导致电荷的极化作用[54]。其间的强电场会引起介电破裂，在粒子破碎成两个不同表面时将产生相反的电荷（参见 7.3 节），从而使固体或气体间产生机械发光（图 11.6）。图 11.6 中的实验是在空气和 N_2 气中进行声化作用，其中会出现氮气的机械发光（类于雷雨中的闪电），其发射光谱对应于双原子 N_2 的光谱[按分子光谱项记号将这种跃迁表示为：$C^3\pi_u$-$B^3\pi_g$]和 $N_2^+\left(B^2\sum_g^+ - X^2\sum_g^+\right)$ 所产生的等间距渐进序列。图 11.6 为蔗糖粉末在十二烷中放电的机械发光谱，其强度远小于氮气的发光，但是比一般用人工摩擦粉碎晶体蔗糖的发光强度大得多。这是因为人工粉碎速度（每秒大约几次）远小于超声波机械法的速度，因而其发光的强度变大这种现象和粉碎后创造了更小的新表面积有关。

11.2.2　摩擦发光化合物

机械能作用于固体可以产生所谓的摩擦发光（triboluminescence，TL）。严格地将它和热致发光（thermoluminescence）与化学发光（chemiluminescence）区分比较困难。例如，在当机械能作用于晶体而产生摩擦发光的实验中，机械能可能转化成热能而引起摩擦诱导热致发光，或者使分子激发产生化学反应而引起摩擦诱导化学发光反应。

在聚合物中摩擦作用所引起的电子发射、不同波长的光发射、变色，以及红外光谱变化等现象表现尤为突出[6]。聚乙烯、聚对苯二甲酸乙二（醇）酯、聚氨酯等聚合物在进行单轴拉伸时就会相应地产生 40eV、25eV 和 10eV 的机械电子发射（图 11.7）。这是由于聚合物被剪切及拉伸所破坏，在新生成的界面上发生分子重排及超分子结构变化并聚集有电荷，从而产生加速发射电子的强电场。对于聚对苯二甲酸乙二（醇）酯，会产生宽度为 25×10^{-9}m 左右的裂纹，其表面电荷密度为 $10^{-8}m^{-2}$，在电场梯度约为 10V/m 时发生电子自发射。实验表明，当聚合物和金属摩擦时也会产生这种电荷和电场。

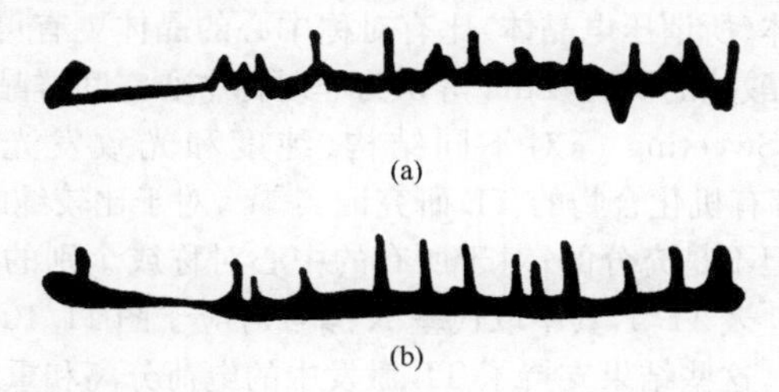

图 11.7　橡胶薄膜与聚对苯甲酸乙二(醇)酯以 10^{-3}m/s 速度剥离时的无线电发射(a)及发光(b)的示意图

正是这种电场才使电子加速到具有高的能量。机械力产生电子发射的另一个例子是 β-古塔波胶的单轴拉伸(图 11.8)。一般认为这种发射与聚合物单元的相互位移的形变有关。其发射频率随着拉伸的形变时间而增加到 5×10^3 脉冲/s，然后在破坏前的瞬间急速下降。这种发射电子的能量比通常价电子所具有的几个电子伏的能量要高出 10 倍。当然，也有发射强度随时间而增加的例子。一般认为生成的缺陷及裂纹所形成的强电场加速电子而使发射电子的能量高达 10^5eV。

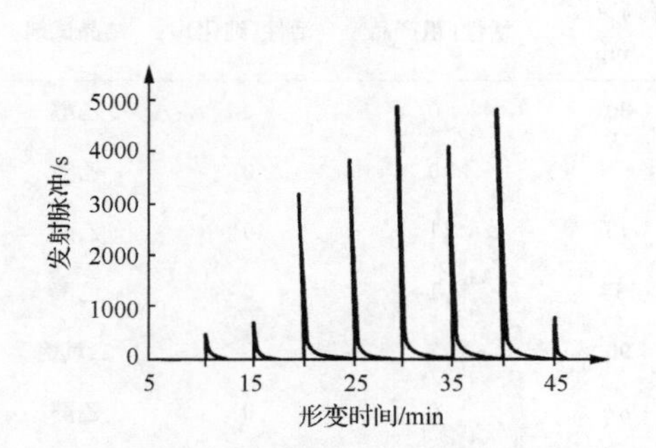

图 11.8　β-古塔波胶薄膜在形变时电子发射强度随时间的改变

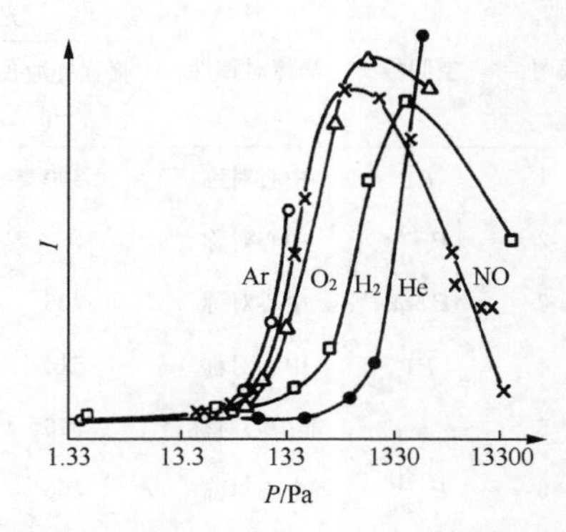

图 11.9　聚对苯二甲酸乙二(醇)酯分散时发光强度与不同气体压力的关系

引人注目的是聚合物机械破坏时所伴随的发光现象。目前将其发光现象归纳为三方面原因：包括过氧化物自由基在内的自由基结合，电荷结合和气体放电现象。具体情况依赖于实验时的聚合物、气体介质的温度和压力等因素。实验表明，低于－120℃时，电荷结合的可能性较大，温度高时自由基的可能性较大。而在机械力作用下的发光中，根据聚对苯二甲酸乙二(醇)酯的实验结果，发光强度和光谱组成只与气体介质的特性有关而与聚合物的特性无关(图 11.9)。该事实说明这时机械力发光中气体放电现象起着主要作用。气体放电现象中发光光谱处于 300～400nm 的短波段区，而自由基结合时发光光谱处于远红外区，电荷结合时处在蓝绿区。这些物理现象之间的关系，以及它们对聚合物进一步转化及产品性质的影响还不太清楚，但可能也是引发聚合物转化的初级活性状态的原因之一。

很多无机和有机分子都呈现出典型的摩擦发光(TL)现象。后来的研究工作大都证实了非对称中心的晶体(所谓压电晶体)比有对称中心的晶体更有可能产生 TL。后来通过对 58 种硫酸盐和硝酸盐的研究,Zink 等认为非对称中心空间群晶体的要求对 TL 并非必要,也非充分[55a]。Sweeting 等对不同结构、纯度和光致发光的一系列 9-蒽羧酸(图 11.10)和它的酯等有机化合物的 TL 研究证实[55b],对于比较纯的 TL 材料,非对称中心晶体结构是必需的但不是充分的;对于所有的中心对称或个别的非中心对称 TL 晶体材料,杂质是必要条件[表 11.4,其中取代基 R 编号对应于图 11.10(a)]。结晶特点和其他结构因素影响不大。这些结果支持了 TL 激发中的电荷分离和重组的机理。

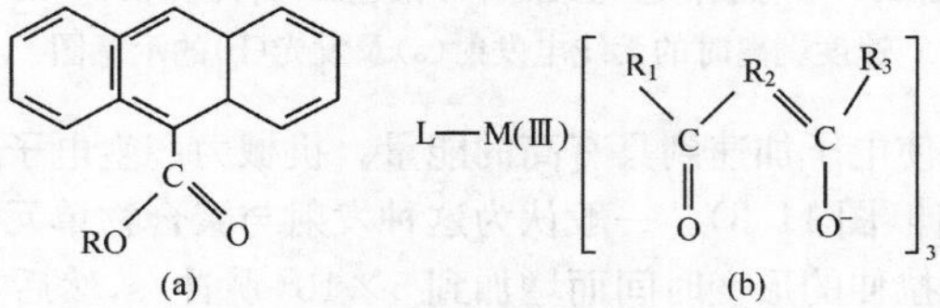

图 11.10 摩擦发光分子(a)蒽羧酸及酯的衍生物;(b)二酮配合物

表 11.4 9-蒽羧酸及其酯的晶体特征及 TL 和 PL 特征

编号*	空间群	晶体对称性	光致发光		摩擦发光**		
			最强处波长/nm	半高宽度/nm	活性(粗产品)	活性(纯化)	结晶试剂
1	$P\bar{1}$	中心对称	490	80	0	0	乙醇
2	$P\frac{2_1}{n}$	中心对称			0	0	乙醇
3	$P\,bca$	中心对称	436	45	1	0	乙醇
4	$P\bar{1}$	中心对称	514	114	1	0	乙醇
5	—	非中心对称	516	96	3	3	二氧烷
6	$P\frac{2_1}{n}$	中心对称	506	87	0	0	乙醇
7	$P\,bca$	中心对称	436	45	1	0	乙醇
8	$P\frac{2_1}{c}$	中心对称	473	83	1	0	乙醇
9	$P\bar{1}$	中心对称	512	90	0	0	乙烷
10	$P\frac{2_1}{n}$	中心对称	425	40	0	0	乙醇
11	$P2_1$	非中心对称	425	45	5	4	甲苯
12	$P\bar{1}$	中心对称	513	98	0	0	环己烷
13	—	非中心对称	465	81	1	0	乙醇

* 此编号与图 11.10(a)中编号一一对应。

** 数据指活性标度;0——检测不到,1——刚可检测到,3——相当于蔗糖的活性,6——相当于(EuD_4TEA)的活性,其他介于其间很多配位化合物都呈现很强的摩擦发光现象，$MnBr_2$、$(Et_4N)_2MnBr_4$ 和 $(MePh_3P)MnCl_4$，特别是一些稀土二酮配合物，如图 11.10(b)，其中 M 为 Eu、Tb、Dy 或 Sm，R 为 C_1～C_6 或 H，L 为对-二甲基胺吡啶、N-胺甲基咪等配体，以及强橘红色的(EuD_4TEA)化合物[56]。其发光机理是激发的配体通过分子内能量传递到离子再激发出荧光，有机阳离子对于 TL 的发光效率有很大的影响。我们研究了一系列 $Eu(TTA)_4Y$(其中 TTA 为 2-噻吩三氟甲酰丙酮，Y 为不同的有机阳离子)配合物的摩擦发光[57]，结果表明，对于这类配合物杂质并不起重要作用，但噻吩环和 CF_3 基极性基团的无序性对摩擦发光起着重要作用。

Chandra 等还通过对酒石酸、糖、单水硫酸锂等单晶的 TL 研究导出了 TL 的发光强度 I 及其对时间 t 的动力学关系[58]：

$$I=(\eta bVu^3v^3/\alpha^2h^3)e^{-\alpha t}(1-e^{-\alpha t})^2\exp[-\beta u^2v^2/\alpha^2h^2(1-e^{-\alpha t})^2] \quad (11.2.3)$$

由此可以说明发光强度 I 和撞击速度 v，应用的应力，温度和晶体体积 V 的关系。其中，α 和 β 由 TL 实验测定，α 与晶体的黏度有关，β 与晶体中运动的裂解分布系数有关，η 为考虑到活性的归一化常数，u 为考虑到冲击仪器压缩性的因子，h 为晶体的厚度。

几个世纪以来已经观测到地震时岩石摩擦会导致发光。1965 年，首次在日本获得了这种摩擦发光现象。基于很多长石和云母的摩擦发光(TL)现象，将 Ce^{3+}、Yb^{2+} 和 Sm^{2+} 稀土离子掺入六方钡长石(hexacelsian，$BaAl_2Si_2O_8$)中可以分别得到蓝光、绿光和红光(图 11.11)。这就可能发展为全色 TL 发光材料[59]。它们的空间群为 $P6/mmm$，并和云母类似具有层状结构。由于它们的真实成分是 $Ba_{0.92}Al_{2.02}Si_{2.01}O_{8+x}:Sm_{0.05}$，$Ba_{0.91}Al_{2.03}Si_{2.01}O_{8+y}:Y_{0.05}$ 和 $Ba_{0.90}Al_{2.04}Si_{2.01}O_{8+z}:Ce_{0.05}$，可见原有结构中的 Ba^{2+} 被稀土离子取代。由光谱实验证实，Sm^{3+} 和 Ce^{3+} 取代 Ba^{2+} 位置时伴随有阳离子空位。

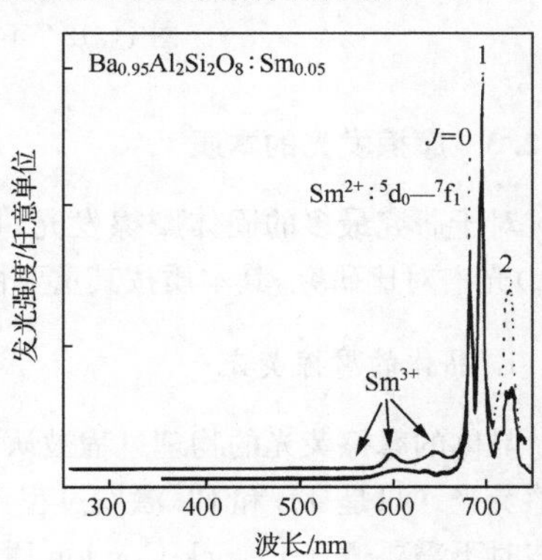

图 11.11　$Ba_{0.95}Al_2Si_2O_8:Sm_{0.05}$ 的摩擦发光光谱

TL 光谱和 PL 光谱的相似性(虚线和实线)表明发光主要是由稀土的 f-f 跃迁，只是在涉及较宽的 f-d 电子跃迁时摩擦发光(TL)较光致发光(PL)有点向长波移动。其激发机理可能是由于摩擦带电的气体放电引起的光子激发稀土离子，然后再弛豫到基态而发光。

最近还对在技术上很重要的薄膜 TL 材料进行了研究。将图 11.12 所示的稀土、二酮和邻菲罗啉衍生物的配合物(质量分数 10%)、聚碳酸酯(质量分数 90%，M_w=48 000)在玻璃衬底上制成薄膜[60]。摩擦发光(TL)和光致发光(PL)的发射光谱及其瞬态光谱实验表明，粉末状态化合物(a)和(b)的 TL 谱和其 PL 谱基本类似，发射出 Eu(Ⅲ)离子的光谱。(c)和(d)则不具有 TL 谱，而制成聚合物膜后，它们也都具有 TL 谱。可见在粉末和薄膜态时的 TL 发射机理是不同的。瞬态光谱的寿命实验表明有两种过程，其中快过程对应于聚合物(带正电)和玻璃(带负电)表面电接触和摩擦引起氮气放电的场致发射，慢过程则可能是由于电子对稀土配合物的撞击而引起的激发。

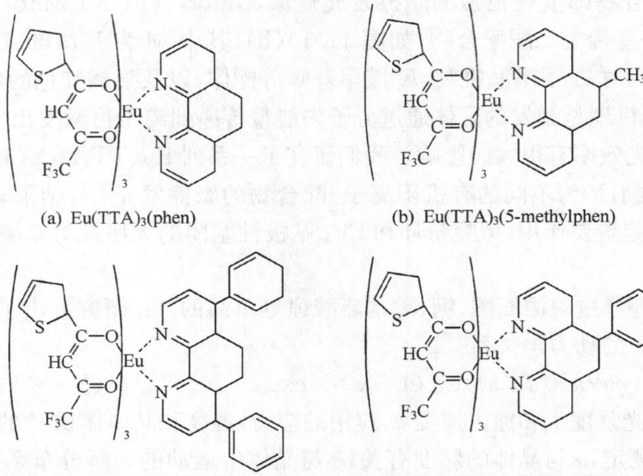

(a) $Eu(TTA)_3(phen)$　　(b) $Eu(TTA)_3(5\text{-methylphen})$

(c) $Eu(TTA)_3(bath)$　　(d) $Eu(TTA)_3(5\text{-phenylphen})$

图 11.12　不同 Eu(Ⅲ)配合物的分子结构

11.2.3　摩擦发光的本质[61]

对于研究最多的固体摩擦发光，可以将其较强的摩擦发光光谱的特性和光致发光(PL)光谱对比研究，其本质按其重要性次序简述如下。

1. 晶体的摩擦荧光

晶体的摩擦荧光的物理过程被认为是电子从激发态跃迁到相同自旋的基态而发射出摩擦荧光。只是 TL 和 PL 激发过程不同，TL 不是由于吸收光子，所以从基态激发到激发态时不需要遵守 Franck-Condon 原理的垂直跃迁。按照这种观点，对于同样的分子在相同的温度、压力、晶格点邻近环境条件下，TL 和 PL 光谱应该相同。如对于间氨基苯醇、间苯二酚和对-甲氧基苯胺[8]，其 TL 就和 PL 相似，如对于间-氨基苯醇都在 330nm(室温)出现强度近乎相同的峰，表现出它们具有相同电子跃迁的荧光光谱。但是对于菲等大多数化合物则 TL 和 PL 虽然具有大致相同的谱峰(410nm、430nm 和 460nm)，但强度并不一致(在 TL 中为 1∶1∶0，而在 PL 中为 1∶0.6∶0.2)。对于荧光寿命短的分子或因压力效应弛豫快时，一般可以从压力对振动强度重新分配来说明这种变化[即所谓 Franck-Condon 因子，参见式(9.1.9)]，这对于荧光寿命长的发射则不适用。其他改变两者发射带强度的因素有：晶体缺陷引起的缺陷或陷阱，不同的量子产率，反-Stokes 振动发射的自吸收作用和杂质效应。

2. 非光致发光晶体的摩擦发光

有时在相同条件下，晶体不具有光致发光却有摩擦发光。不少糖和芳香化合物都具有这种性质。如对于邻苯二甲酸酐，它只在液氮温度 77K 时发出了 340nm 的荧光，及寿命为 800ms 的 470nm 磷光(图 11.13)。在室温下,它不具有 PL 光谱,但却可以出现和上述大致重叠的 334nm、355nm 和 420nm TL 荧光光谱(但不出现磷光光谱)。一般也是从压力增强 TL 振动发射等机理进行解释。

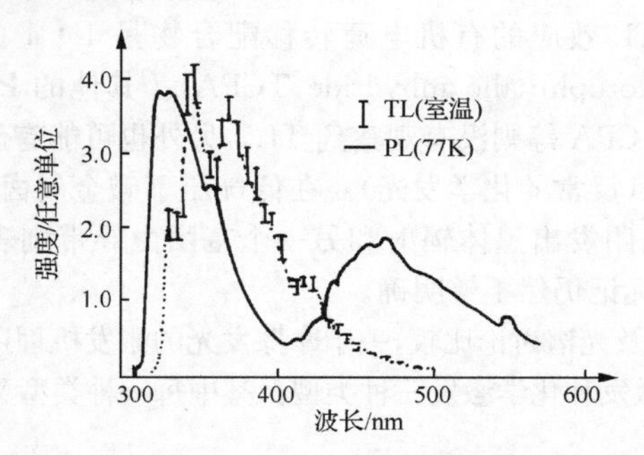

图 11.13　邻苯二甲酸酐的 TL(室温)和 PL(77K)

3. 摩擦磷光

这是一种由于机械应力激发所引起的自旋禁阻发光。例如,对于$(Ph_3P)_2C$(hexaphenylcarbodiphosphorane),其室温 TL 和 PL 基本一致,它在 77K 时的寿命为 0.11ms,人们证实其 PL 为 n-π^* 跃迁的磷光。更有意义的是,它可以在不同的条件下结晶成产生 TL 和不产生 TL 的两种晶体。X 射线结构分析表明,有 TL 的晶体中包含 P—C—P 键角为 130° 和 140°两种分子,而非 TL 的晶体只有单一 P—C—P 键角的分子。可见分子的结构及晶体的排列在 TL 中也很重要。

4. 金属中心的 TL

特别是在金属配合物中,发现其 TL 只是来自金属中 d 或 f 轨道的定域跃迁。

最常见的是来自分立的金属配合物所产生的磷光发射。例如,对于 Mn(Ⅱ)的配合物 $Mn(Ph_3PO)_2Br_2$,其 TL 可以标记为$^4T \rightarrow {}^6A$ d-d 磷光发射(当然,由于自旋-轨道偶合,对于这些重金属,自旋标记 s 意义已不大)。金属杂质引起的 TL 可用 ZnS 晶体中掺入 Cu、Ag 和 Mn 杂质作为例子,相对于 PL 光谱的少许位移,可以用对应于 2.5～3.7kbar 的静压来说明。但是其 TL 更加接近电致发光(EL)光谱的事实证明了其电激发的本性。不同地质构造萤石的 TL 谱则是由于稀土杂质所引起的。

5. 气体 TL

早就注意到蔗糖晶体的 TL 对应于 N_2 的荧光发射。它是对应于 N_2 的 330nm$^3\pi_u \rightarrow {}^3\pi_g$发射。为了将 N_2 激发到其$^3\pi_u$状态,至少需要有 $8.9\times10^4 cm^{-1}$ 的能量。非常奇怪的是,仅用手持玻棒压碎晶体就可以达到这样大的能量。后来在盐酸苯胺、酒石酸等有机晶体中也观察到由 N_2 发出的 TL。在上述的 Mn(Ⅱ)配合物及 As_2O_3、NaCl 等无机化合物中,除了观察到金属中心的 TL 外也观察到 N_2 的谱带。特别是对于$(Ph_3PO)_2Br_2$ 晶体,将它在真空抽气而在 Ar 气气氛下实验,其 TL 光谱中 N_2 的谱带消失而仍保留了

Mn(Ⅱ)的光谱。

6. 电荷转移配合物的光谱

目前已知的具有 TL 效应的有机电荷转移配合物是 1∶1 的菲/四氯邻苯二甲酸(phenanthrene/tetrachlorophthalic anhydride,TCPA)。其他的 PL 电荷转移配合物,如 1∶1的蒽/TCPA,芴/TCPA 等则没有观察到 TL。另外也可能有研究得很少的小分子自由基固体相变时的发光(反常的化学发光)。在低气压下碱金属卤化物的发光谱中,宽的峰可能来自其中一个基团发出黑体辐射和另一个基团由导带到表面态的辐射跃迁。目前,对发光谱峰正确的标记仍然不够明确。

与上述激发态本性及光谱讨论比较,关于摩擦发光的激发机理还知之甚少,目前大概可以归于下述电激发、热激发和化学激发三种类型。其中每一种类型又包含了很多物理过程。

1) 电激发机理

要求机械能产生自由电子,再通过电子碰撞分子,电致发光或阳离子和阴离子的重新组合而发射出光子。电子的产生可能由压缩非中心对称晶体产生的压电效应和摩擦这两种不同的方式而引起的摩擦生电作用,或者由于晶体的切变裂解或撕裂而引起的生电作用,要清楚地区分这些机理很困难,因为它们可能同时并存。虽然很多 TL 晶体确实是非对称中心空间群的压电晶体,但这并不具有一般性。例如,对-甲氧基苯胺就是具有中心对称的 TL 晶体,而且也不具有光致发光。

2) 热激发机理

有几种不同的类型,即压力诱导的分子内变形引起的激发、分子间相互作用激发和位错运动的激发。前两种机理是彼此联系的。高压实验证实基态和激发态间的能隙随压力的升高而降低。激发态的热占据度也会随压力的升高而增加,而压力一旦解除后就会发射光谱。对四面体 Mn(Ⅱ)配合物的实验证实,其 TL 的发射能量随压力升高而降低。这种能级的变化就是由于分子内或分子间的变化而引起的。这也可以解释为随着压力的升高,分子间距减小或金属-配体间距降低,从而引起配体场参数 D_q 增加(参阅 2.1.2 节),使得新的$^2T_2$ 状态降到低于发射态。可以将前面讨论的$(PH_3P)_2C$ 作为分子内变形激发的例子。经过计算键角为 140°的 TL 分子比 130°键角的非 TL 分子能量要高 12kcal/mol。假定压力效应是通过裂解或塑性变形途径将 TL 晶体转换成非 TL 晶体,并且释放的能量全部转变为光子,则估计六个分子可以产生一个光子,或 1mol 晶体可以产生 10^{23} 个光子。当然,这种机理并不具有一般性。第三种位错运动机理包括运动的位错和陷阱电子的撞击,位错和陷阱的平移所伴随的价电子激发。这种机理主要是针对碱金属卤化物和蔗糖的 TL。

3) 化学激发机理

在固体相变时反应中间体的发光及熔融乙酸盐结晶时发光都属于这种情况。由于 TL 主要研究初始分子的发光性质而不研究新反应产物的发光,所以这类机理不如前两种机理重要。

作为光电功能性分子化合物的一个代表性化合物就是早就闻名的 β 二酮稀土化合物,已广泛应用于液-液萃取,后来发展到液体激光、核磁共振化学位移试剂、金属-有机化学蒸气沉积前体物(3.3 节)、有机电致发光(OLED)(10.2 节)和光致发光(3.3 节)、有机催化剂、非线性光学(第 8 章),甚至单分子磁体(5.4.3 节)。在这些功能化合物中,伴随的机械变形过程也一直深受关注。

一个典型的例子就是近来合成的配合物[Ln(hfa)$_3$(dmtph)]$_\infty$无机聚合物(Ln＝Eu 和 Tb)[62],其中 hfa 为六氟乙酰二乙酰丙酮,dmtph(　　)为 Ln^{3+} 八配位并形成四方反棱柱体结构。它在氮气中于真空 10^{-2} Torr 下,一直在 180～210℃下都具有热稳定性。在高真空下可以制备成 100～170nm 薄膜。图 11.14 表示了它们在不同比例下的摩擦发光光谱,将它以不同的比例和[Tb(hfa)$_3$(dmtph)]$_\infty$混合后可以制备出在室内用肉眼可观察到的从红色到绿色的微晶材料,图 11.14 摩擦发光机理可以由图 11.15 所述的能级图加以说明。由于摩擦作用使得配体 hfa^- 和 dmtph 被激发到三重态,其能级约处在 24 500cm^{-1}。从这些配体的激发态正好和稀土离子的对应能级发生从配体到金属的能量转移相匹配,随后和 Eu^{3+} 和 Tb^{3+} 分别发射出下列荧光:

$$^5D_0 \rightarrow {}^7F_J(J=0\sim4) \text{ 和 } {}^5D_4 \rightarrow {}^7F_J(J=6\sim0)$$

它们的量子产率分别为 51%(Eu)和 56%(Tb)。

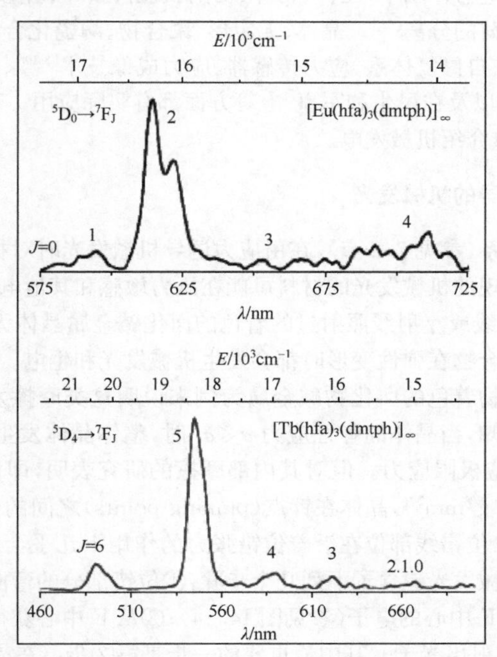

图 11.14　[Eu(hfa)$_3$(dmtph)]$_\infty$和[Tb(hfa)$_3$(dmtph)]$_\infty$以不同比例混合后的 Eu^{3+} 的摩擦发光光谱(从室温下的配体谱谱线激发)

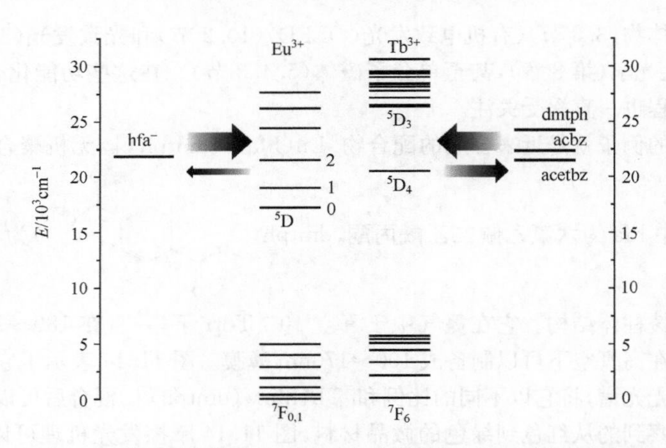

图 11.15　阴离子配体和 Eu^{3+}、Tb^{3+} 形成配合物的三重态简化能级图

11.3　机械变形诱导的发光和发电

固体材料在机械应力作用下(压伸、粉碎、切割、裂解、撕碎、研磨、摩擦、冲击等[1-3])都可能有光的发射和电荷的分离[62]。晶体、无定形、聚合物、陶瓷化合物和复合材料都可能具有这种性质,它们在自修复体系、应力传感器、应力成像技术[3-10]、无限损伤光电传感器体系、损伤[7-11]传感器以及在民生和军事[5-7]等方面都有实际应用。11.2 节已结合摩擦发光作了叙述,本节着重介绍机械发电。

11.3.1　弹性变形诱导的机械发光

对于弹性应变体系(参见 7.2 节),在由应力诱导机械发光时对材料并不产生损伤,因此具有弹性变形所表现的机械发光的材料可能在压力敏感和其他电子器件中很有用。目前已经报道了被 X 射线或 γ 射线照射过的着色的卤化碱金属晶体无机化合物,如掺锰的硫化锌[19-20]和少数聚合物在弹性变形时都会发生机械发光和生电。

现在以无机化合物着色的卤化物碱金属为例来说明这类摩擦发光的机理[62]。从晶体的弹性变形理论可知,当晶体的弹性应力 $\sigma \ll \sigma_e$ 时,整体晶体发生位错(dislocation)不会运动,其中 σ_e 为对应极限应力。但对其内部摩擦的研究表明,即使在很小的应力作用下(如对于 KCl 约为 $4g/mm^2$),晶体在针点(pinning points)之间的位错部位之间会发生弯曲。在除去负载后,位错线部位在沿着位错张力的作用下几乎会完全回到它们原来的位置。这时晶体的机械发光包含了下列几个步骤:①位错部分的弯曲或运动;②位错部分获取和与之相互作用 F-中心的电子(参见图 14.14);③从 F-中心获得电子的传输;④电子和空穴(e-h)复合后发射出光子。其中最重要的一步是第②步。在晶体中,位错能带正好处在 F-中心基态的上方,靠近邻位错的膨胀区域。由于晶体定域密度的降低,位错带和 F-中点基态的能隙而降低,以至在热活化(kT)作用下有可能使位错能带和 F-中心状态进行相互作用而发生电子交换,而使位错部位获得电子(e),在 F-中心处产生一个空穴(h)。

随后继续③、④过程而发光。这种机理还从理论上阐明了机械发光的强度及其弛豫效应，得到了和实验一致的结果。

11.3.2　机械发电

很多电子器件，如在生物医学方面的微型器件，只要用微小的电源就可以使用。现在已经发展了甚至不要外加电源也可以利用自身或环境作为蓄电池而供电。例如，应用身体本身的运动、肌肉的伸缩、血管浓度差的机械运动、声波的振动能、葡萄糖的化学能和血液流动的液力能。但关键是如何提高它们的发电效率，或能应用于纳米大小的发光、生物传感和共振器等功率要求不高的体系。

1. 无机化合物

ZnO 等纳米线的压电性半导体的偶合，以及金属和 ZnO 间接触时产生的 Schottky 势垒有可能实现将机械能转成电能[63]。王中林等利用图 11.16 所示的这种纳米发电机就有可能从周围环境（如上述的血液流动）吸收能量而通过纳米技术而为自身提供动力。之所以选择一维纳米 ZnO 是因为：①它同时具有压电和半导体特征，从而有可能发生电子-机械偶合；②ZnO 具有和生物材料的生物相容及安全性（无毒性）；③ZnO 具有 1D～3D 纳米线、纳米带、纳米环和纳米螺旋等多种结构组态。

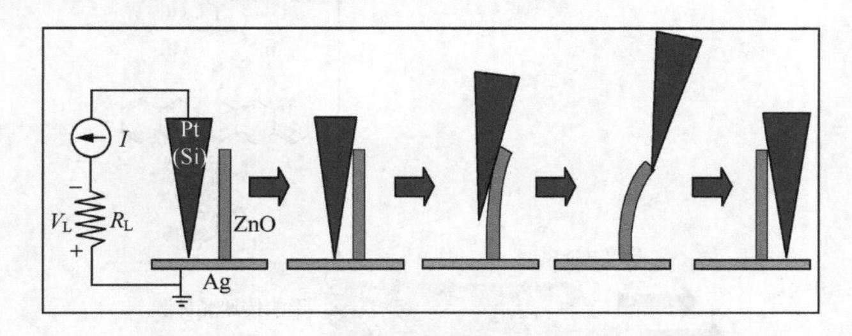

图 11.16　压电 ZnO 纳米线作为机械能转换为电能的实验设计示意图

实验设计是应用金（Au）作为催化剂，采用蒸汽-液体-固体过程在 α-Al_2O_3 衬底上生长出沿其 C 轴的 ZnO 纳米线。这样形成的大薄膜层可以将 ZnO 纳米线和大电极相连接以进行测量。利用原子力显微镜（AFM）的针尖（箭头为镀了 Pt 膜的 Si 尖作为测量仪器），在测量时可以使它只和一根 ZnO 纳米线接触而不碰到其他 ZnO 纳米线。针尖和样品表面间维持约 5nN 的力，将针尖对 ZnO 纳米线顶部进行扫描。监控外线路的负载电阻 R_2 = 500MΩ，在整个实验中不外加电压。这样就应用 AFM 的金属探针使 ZnO 纳米线发生弯曲，结果在 ZnO 纳米线上产生应变场和电荷分离，从而相当于形成了图 11.16 中所示的电源，这就实现了电流 I 的输出，估计该机械能转化为电能纳米器件的效率可达 17%～30%。

这种方法后来又进一步发展到更广的纳米光电体系。晶格应变调节有机半导体中的电荷转移：在半导体电子材料的应用中提高其载流子（电子或空穴）的淌度十分重要[参见式(4.1.23)]。对于无机半导体，可以采用在外延法生长时使晶格不匹配而在其晶格中引入应变以参加其淌度，这是一种常用的方法[10]。

2. 有机聚合半导体

类似地，对于有机半导体也可以改变其化学结构或介电界面的化学成分或组装方式而影响其淌度。这里介绍一种用溶液法制备柔性、低价、应变型有机和高淌度半导体材料的方法以增加其应变及其淌度[64]。应用的有机半导体的分子式如图 11.17 中右上图所示的 TIPS-pentacene[6,13-bis(triisopropylsily-ethynyl)]pentacene。由于这种分子本身为平面型的π键共轭分子，当这些分子在形成固体晶体时，其中不同分子间就会通过π-π相互作用形成共平面堆积的平面层状结构(参见图 11.17)。一般有机共轭分子形成晶体时其层状间的间距为 3.3Å 左右。上述的 TIPS-pentacene 平面分子中的多个π共轭键在形成层状晶体结构时，层状间的 p 电子轨道有更大的重叠和很强烈的相互作用，层间距就从一般的 3.33Å 压缩到了 0.8Å(也是目前有机半导体中分子间的最短距离)。在实验中，作者应用了一种溶液切变装配方法(solution-shearing method)，使有机分子在应变板的拖曳下沿切变方向进行组装，下部为经过处理的加热衬底用以控制温度。对这种情况下分子的有机半导体 TIPS-pentacene 的薄膜晶体管，其淌度 μ 由未经拉伸的 0.8cm²/(V·S)增加到经过拉伸薄膜的淌度 4.6cm²/(V·S)。因而使用这种溶液过程修饰分子组装的晶格应变方法，有助于得到高性能、低价格的有机半导体器件。

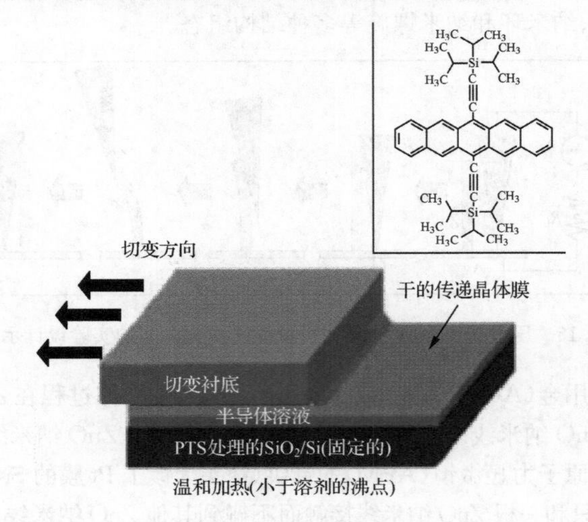

图 11.17 溶液-切变方法图示

11.3.3 人造皮肤

人造皮肤又称人造电子皮肤。其在具有机械柔性衬底上大规模(例如 1cm²)制备高性能电子元件在电子学、传感器和能源方面中发展了新的应用[65]。其也有可能用作人造电子皮肤、高空间分辨率的压力剖面监控电缆、低电压(<5V)操作可靠和刚性的电路，为未来纳米材料继承实际应用提供了一种途径。Javey 等介绍大尺寸(7cm×7cm)平行纳米线序列集成的柔性压力传感阵列(18×19 像素)[66]，它利用了纳米线无机晶体半导体

材料具有高的载体淌度的优点，它的微纳米性可以增加它的机械柔性，关键是要提高它的有序纳米均匀的组装性质。他也报道了一种用接触打印的方法[66]，即在聚咪唑衬底上组装 Ge/Si 核/壳层阵列，再采用器件加工过程得到图 11.18 所示的电子皮肤结构示意图，它可以用作微型纳米场效应管(FET)的活性基体。

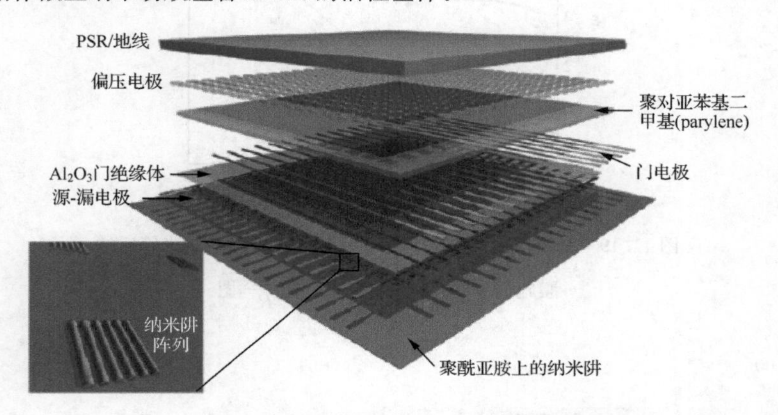

图 11.18　基于纳米线制备的大尺寸柔性电子皮肤的电子器件示意图

用夹层(laminated)压力传感橡皮(PSR)作为传感元件。纳米序列 FET 中的源电极通过 PSR 连接地线。应用外加压力改变 PSR 的导电性以及调节 FET 的特性，从而在从像素输出信号，FET 的门电压(V_{GS})和漏电压(V_{DS})的偏压(bias)分别用于记录基体的字(word，即行)和比特(bit，即列)线(lines)。利用记录和监控在这种活性基体中的各个像素就可以很快得到所应用外加压力的空间分布图。这种器件表现了一种 p 型半导体性质，在 $V_{DS}=3V$ 时，具有高的开(on)-电流 $I_{on}\sim 1mA$，在 $V_{DS}=0.5V$ 时，峰值场效应淌度 $\sim 20cm^2/(V \cdot S)$，静电模式的电容 $C_{ox}\sim 0.9pF$。这种纳米线的 FET 的性能约比对应的通常有机材料大 10 倍。

透明、弹性类皮肤压力和应变传感器是电子和发光电子器件中的重要元件，可用于生物移植医用、机器人体系等器件。这种导电性质的薄膜又可作为人造皮肤传感器。在具有弹性底物上的金属膜在控制弹压和磨碎过程中可以产生应变，但它们大都是不透明的。导电聚合物作为电极也有透明的，但它们在经弹压后可能会失去器件的平面性要求。石墨和碳纳米管作为可伸缩的透明电极的优点在于：①没有缺陷的膜中电子具有长自由程，具有高导电性而又不会减少其透明性；②它们的网络或片状结构使之保持弹性而不破坏膜的抗疲劳性。

鲍哲楠等报道了一种透明、导电喷射沉积在聚二甲基硅烷[poly(dimethy siloxane), PDMS]上的单层碳纳米管(长度约 2～3μm)[67]，它可以沿轴向方向进行拉伸，而且这种应变可以恢复。这种像弹簧一样的纳米管，它的应变可以高达 100%，而且其在拉伸时其导电性仍可达 $2200cm^{-1}$，而且其可以作为透明、可伸缩的电容器。

图 11.19 表示了经过了七步的外加应变和弛豫步骤的演变过程中的相对电阻变化 $\left(\frac{\Delta R}{R_0}\right)$：0→50%→0→100%→0%→150%→0→200%。估计在应变 ε 达到 150%时最低

的电导 σ 极限为 2220S/cm。图 11.20 表示了其在压缩过程中形态演变过程的示意图。

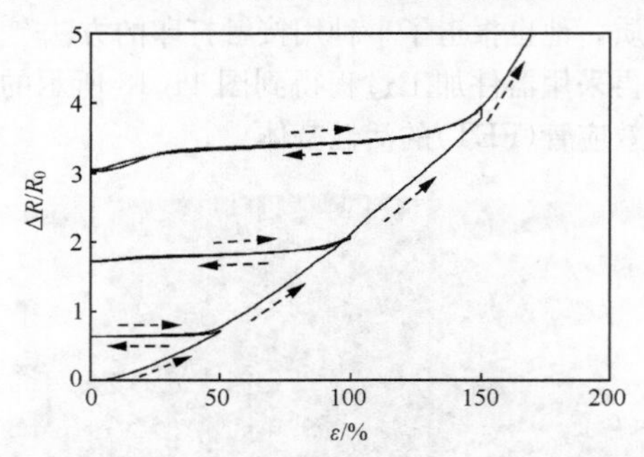

图 11.19　对于用喷射法在 PDMS 底物上涂上单层纳米管后的膜施加应变 ε 和相对电阻变化 $\dfrac{\Delta R}{R_0}$ 图

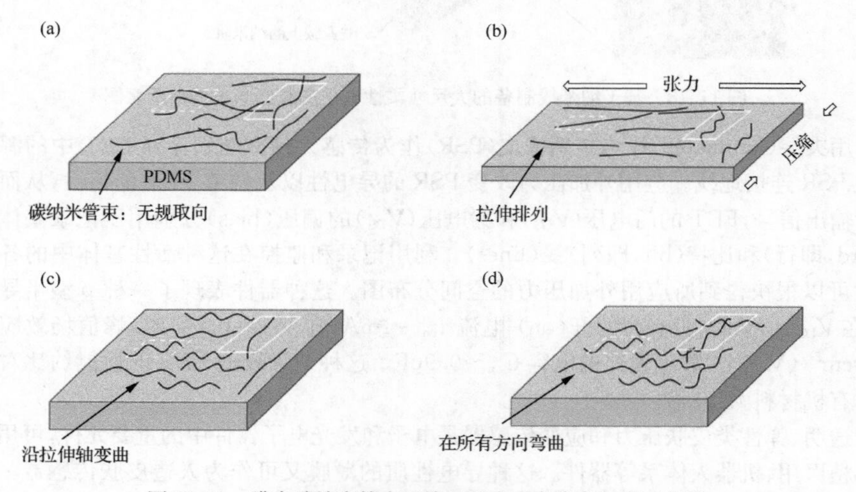

图 11.20　膜中碳纳米管在压缩过程中形态演变过程示意图

(a) 沉积；(b) 拉伸；(c) 弛豫；(d) 双轴拉伸，弛豫

机械能诱导出发光和起电的功能有可能应用于制造感压发光体、冲击或压力探测传感器，或作为防伪保密材料。

机械化学和机械发光这个古老而又未曾引人注意的学科，在历史长河中，比起其他学科对它的研究要缓慢得多。其主要原因是机械作用下涉及的化学与物理现象十分复杂，很难用一种理论得到圆满的解释。虽然有人建立了数学模型和新的理论，但仍然没有突破[68,69]。另外，在实验的定量描述方面也有一定困难。这就需要我们深入研究以完善和丰富机械化学理论和内容，为材料化学这块百花园地增添新秀。

参考文献

[1] 温诗铸. 摩擦学原理. 北京：清华大学出版社，1989
[2] Carey-Lea M. Pill. Mag.，1892,34:46
[3] Ingrid S H, et al. J. Solid State Chem.，1990，88：401
[4] Lofthus A，Kruppenie P H. J. Phys. Chem. Ref. Data，1977，6：1136
[5] De Paoli S，Strause O P. Can. J. Chem.，1973,48:3756
[6] 薛群基，党鸿章. 固体润滑，1988,8:65
[7] (a) 张进，陈克强，刘启溶，徐僖. 高分子学报，1990,3:271
(b) 胡丽娟，孙扬名. 石油炼制，1992,2：65
[8] Ostwald W. Handbuch d. allg. Chemie I，Leipzig，1919
[9] (a) Heinicke G. Tribochemistry. Berlin：Akademie-Verlag，1984
(b) Kuba I. Mechanochemistry of inorganic substance. Tokyo：Shuppan,1987
[10] Avvakumov E G, ed. Mechanochemical synthesis in inorganic chemistry. Novosibirsk：Nauka，1991
[11] 巴拉姆鲍伊姆 H K. 高分子化合物力化学. 江畹兰，费鸿良译. 北京：化学工业出版社，1982
[12] 游效曾，熊仁根. 化学通报，1992,37(8)：657
[13] Kurakbaeva P Kh, et al. Zh. Prikl. Khim.，1992，65(3)：487
[14] Popovich A A，Uchebn I V. Zaved. Chem. Metall.，1992，2(5)：58
[15] Isobe T. J. Non-Cryst. Solid，1992，150(1-3)：144
[16] Martinez-Lope M J. Thermochem. Acta.，1992，206：113
[17] Mendelovici E. J. Mater. Sci. Lett.，1993，12：314
[18] Grohn H，et al. Z. Chem.，1963，3：89
[19] Grohn H，et al. Z. Chem.，1962，2(1)：24
[20] Sisido K，et al. J. Am. Chem. Soc.，1961，83：588
[21] Casale A，Porter R S. Adv. Polym. Sci.，1974，17：1
[22] Kausch H N. J. Macromol. Sci. Rev. Macromol. Chem.，1970，C4(2)：243
[23] Watson W F. //Fetters E M, ed. Mechanochemical reactions in chemical reactions of polymers. New York：John Wiley & Sons，1964：1085
[24] Berlin A A. Rubber Chem. Technol.，1961，34：215
[25] Casale A，Porter R S. Polymer stress reaction. New York：Academic Press Inc，1978
[26] Pike M，et al. J. Polym. Sci.，1952，9：229
[27] Roylance D K，Devries K L. Am. Chem. Soc. Polym. Preprint，1976，17：720
[28] Kajdas C Z. ASLE Trans.，1985，28(1)：21
[29] 仓知祥晃. 润滑，1983，28(2)：131
[30] 樱井俊男. 润滑，1985，28(5)：338
[31] Xiong R G，et al. 93' International Tribology Conference. Beijing,1993
[32] Dornson A. Mechanics and chemistry in lubrication. New York：Elsevier,1985
[33] (a) Dong J X，Xin Z M，Chen G X，et al. Lubrication Sci.，1990,2:253
(b) Song B L，Xiong R G，You X Z，et al. Lubrication Sci，1997,9:283
[34] Hosokawa J. Jpn. 01 129 064 (89 129 064)；Jpn. 01 129 063 (89 129 063)
[35] Hosoda J. Jpn. 04 347 165 (92 347 165)
[36] Texter J. USA. 5 164 280,1990
[37] Vale R D. Adv. Biophys.，1990，26：970
[38] Morozov V N. J. Biobchem. Biophys. Methods，1992，25(1)：45
[39] Parker L H. J. Chem. Soc.，1992，113：396

[40] Tamman G. Z. Electrochem. , 1929, 35:21
[41] Fink M. Z. Anorg. Allg. Chem. , 1933, 210:100
[42] Bowden F P, et al. The friction and lubrication of solid. London: Methaen,1958
[43] Jost H P. Reports, Committee on Tribdogy, Ministry of Technology and Industry. London: Methaen, 1966
[44] Fox P G. J. Solid State Chem. , 1970, 2:491
[45] Zharov A A. //Lovarskii A L, ed. High pressure chemistry and physics of polymers. Bocaraton: CRC Press, 1994
[46] Dewers T, et al. J. Phys. Chem. , 1989, 93(7):2942
[47] Thiessen K P, et al. Z. Phys. Chem. 1979, 260: 410
[48] Gilman J J. Science, 1996, 274: 65
[49] Kunz A B. Mat. Res. Soc. Symp. , 1996, 418: 287
[50] (a) 冯若，李化茂. 声化学及其应用. 安徽科技出版社，1992
(b) Verma R I. Green Chem. , 1999, 1:430
[51] Margulis M A. Ul Trasonics, 1985, 23(4): 157
[52] Neppiras E A. Phys. Rep. , 1980, 61:160
[53] Sehgel C, et al. J. Phys. Chem. , 1980, 84:396
[54] Elisenva S V, Pleshkov D N,. Lyssenko K A, et al. Inorg. Chem. ,2010,49:9300
[55] (a) Chandra B P, Zink J I. J. Phys. Chem. Solids, 1981, 42:529
(b) Sweeting L M,Rheingold A L, Gingerich J M, et al, Chem. Mater. , 1997, 9: 1103
[56] Hurt C R, Bjorkiund N M,Filipescu N. Nature, 1966, 212(8):179
[57] (a) Chen X-F, Liu S-H, You X-Z, et al. Polyhedron, 1998, 17: 1883
(b) Chen X-F, Liu S-H, You X-Z,et al. J. Coord. Chem. , 1999, 47: 349
[58] Chandra B P, Zink J I. Physical Rev. B, 1980,21: 816
[59] Ishihara T, Tanaka K, Fujita K, et al. Solid State Comm. , 1998, 107: 763
[60] Takada N, Sugiyana J I, Kotoh R,et al. Synthetic Metals, 1997, 91: 351
[61] Zink J I. Acc. Chem. Rev. , 1978, 11: 289
[62] Chandra B P. J. Luminescence, 2007,128:1217
[63] Wang Z L,Song J H. Science,2006,312:242
[64] Giri G, Verploegen E, Mannsfeld S C B, et al. Nature, 2011,480:504
[65] (a) Fan R U, Tian Z Q, Wang Z L. Nano Energy,2012,1:328
(b) Eddingsaas N C, Suslick K S. Nature, 2006,444:163
[66] Kuniharu Taka, Takaheshi T, Ho J C,et al. Nature Materials,2010,9:821
[67] Lipomi D J, Vosgueritchien M, Tet B C-K, et al. Nature Nanotechnology, 2011,6:788
[68] Molchanov V A. Mat. Metohdy Bio. Tr. Rep. Konf. , 2nd, 1979
[69] Radtsig V A. Ser. Khim. Nauk. , 1987, 5: 60

第 12 章　颜色和热致变色

在外界激发源的作用下一种物质或体系发生明显颜色变化的现象称为变色性。在气相、溶液、凝胶或固体中都可以观察到变色性[1,2]。这种外界激发源可以是热(热致变色性)、电(电致变色性)、光(光致变色性)、压力(压致变色性)、温度、磁场,甚至是 pH、离子强度等。这种材料对于周围环境变化很敏感。目前已发展到能自动采取响应对策的智能材料(smart materials),它在人类生产和生活中受到了特别的重视。热变材料(thermotropic materials),特别是其中的热致变色材料(thermochromic materials),也是一类重要的智能材料。颜色的变化不仅给人们以直观的感觉而应用在日常生活的染料和涂料上,而且在微观分子水平上通过其光谱的吸收、透射和反射等特性作为信息存储和传递的介质而应用在微电子和光子技术中。

12.1　颜色和热致变色的本质

12.1.1　光谱和颜色

在讨论变色的微观机理以前,我们要大致了解一下物理上对物质在受热后温度、光谱和表观颜色之间的关系。

人类最熟悉的莫过于太阳,其中发生原子核间反应。根据 Einstein 相对论的质能互变原理 $E = mc^2$,在一定条件下质量为 m 的物质可以转化或释放出大量能量 E。类似于常用的白炽灯,其中物质的原子、分子等会由于它们的部分电子,振动和转动的状态发生变化,根据能量守恒定律 $\Delta E = h\nu$,这种转换会发射出光子。随着温度的升高,产生出不同波长的光子,它们和人眼的视觉神经相互作用而显示出颜色序列为黑、红、橙、黄、白和蓝等色。这就使人们常将其赋以色温这个概念。它们对应于人们眼中的黑体辐射的温度(参见图 9.10)。这种光源的光子在能量、方向和空间的相干性是各不相同的。

早期牛顿就曾将由各种波长光谱组成的白色太阳光经过三棱镜后得到波长由低到高的红、橙、黄、绿、青、蓝、紫的七色带。颜色是人们基于眼睛所观察到的光谱及头脑分析所作出的反应和诠释。应用现代的分光光度计可以测出不同光谱成分的波长和强度。幸运的是,从这种测量结果人们可以预言眼-脑组合所感觉的实际颜色。

从微观的分子结构观点来看,分子的颜色变化和分子吸收光子而发生由低能级到高能级跃迁所发生吸收光谱的位置密切相关。吸收峰一般处在可见区(400～800nm)或紫外区(200～400nm)。当吸收光谱处在可见区就显示颜色,其颜色为不被吸收那部分光的颜色(所谓的补色,表 12.1)。例如,某溶液吸收位置在蓝区上则呈黄色,颜色的深浅与吸收物质的浓度有关。本章将着重介绍热致变色。光致变色和电致变色的分子材料将在第 13 和 14 章分别介绍。

表 12.1 吸收光谱的位置和光谱的颜色

近似的波长范围/nm	吸收位置	补色
400～465	紫	黄绿
465～482	蓝	黄
482～487	蓝中带绿	橙
487～493	蓝-绿	红-橙
493～498	绿中带蓝	红
498～530	绿	红-红紫
530～539	绿中带黄	红紫带红
539～571	黄绿	红紫
571～576	黄中带绿	紫
576～580	黄	蓝
580～587	橙中带黄	蓝
587～597	橙	蓝中带绿
597～617	橙中带红	蓝-绿
617～780	红	蓝-绿

颜色的色品图：图 12.1 所示的所谓色品图在描述人视觉颜色的品质中有着重要应用[3]。牛顿的纯净光谱(从 400nm 的紫光到 700nm 的红光)就分布在图 12.1 中马蹄形曲线外围上。曲线上两个边点的连线之间表示了其混合所得的紫红与品红等深浅不同的颜色。图 12.1 中的中心点 D 则为各种颜色混合而得的白色日光。

图中通过 D 的这条虚线表示从边沿上的 480nm 的饱和蓝色通过一系列浅淡的非饱和蓝色到达位于 D 的白色,然后通过一系列的淡黄色到达位于 580nm 的饱和黄色。因此将适当的饱和蓝色和 580nm 的黄色以相应的比例进行混和就可以产生介于其间的任何一种颜色,包括点 D 所对应的“标准日光 D_{65}”(对应于 6500K 的日光)。反之,若从白色中除去蓝色则保留为黄色,即黄色和蓝色为互补色,余此类推。可见绿的颜料在人眼看来是绿色的原因是因为它吸收了白光中紫的互补色。连接 400nm 和 700nm 的马蹄形底线的虚线是非光谱色彩,它们是紫光束和红光束的混合得到的色彩。但 520nm 的绿色和非光谱的紫红色也可以看成互补色对。通过中心白色 D 的任何直线的两端都是互补色(表 12.1)。可以应用图 12.2 所示的“杠杆定律”来一般地描述这种规律:在闭合曲线上的颜色 A 的量 a 与颜色 B 的量 b 相混合即可产生颜色 C。画家在颜色搭配方面得心应手是因为应用了 $A\times a=B\times b$ 的杠杆定律。

根据色度学理论,为了更完整地表征所观察到物体的颜色,需要用三个项目以进行完整描述,即它的色彩(图 12.1 中曲线边界上的主要颜色,这是人眼对颜色的直观感觉,人们将它分为红、橙、黄、绿、青、蓝、紫等),饱和度(单一颜色的深度或颜色纯净的程度,或白色混入的程度)以及光束的亮度或发光的强度(描述颜色的鲜艳度或灰暗度)。描述前两个项目的方式通常是采用国际照明学会(Commission Internationale deI'Eclairage,CIE)所提出的 xyz 表色系统。图 12.1 中给出的色品坐标 x 值和 y 值描述了图中的任何一点

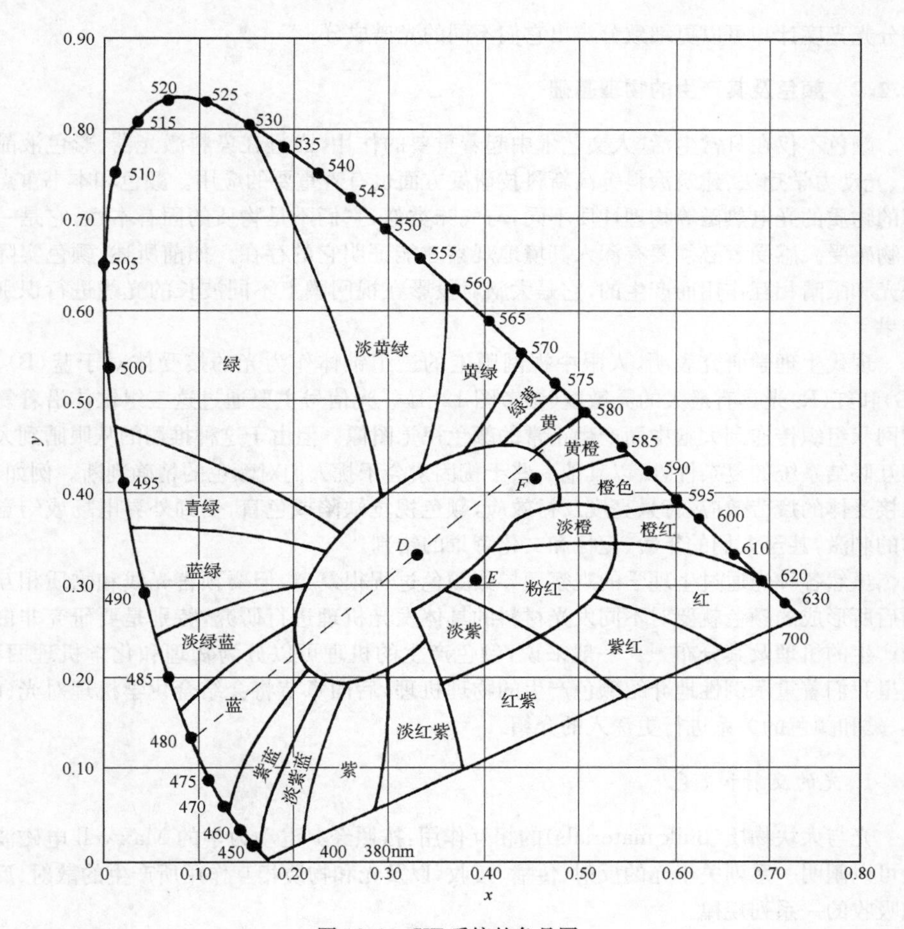

图 12.1　CIE系统的色品图

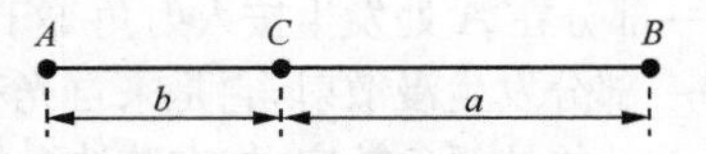

图 12.2　色品图中的杠杆定律

(由于 $x+y+z=1.00$,故另一个 z 值不是独立的),其数值可由色差计进行实验测定。图 12.1 表示了各种颜色的大致区域及其色品坐标。例如,为了描述居间强度的粉红色光束 E,可以说“620nm 的橙色,20%的饱和度,中间亮度”,或者说其“$x=0.4$,$y=0.3$ 和居间亮度值”。请注意:图 12.1 中并未标明第三个项目的亮度轴标。但是 CIE 规定了亮度轴是垂直于此图的平面,距平面远亮度愈大,反之离平面愈近愈灰暗。

应用图 12.1 我们还可以推论产生这种粉红色 E 光的不同方式。例如,可以将 25%的纯净的 620nm 橙色光和 75%的白光混合,也可以将 700nm 的红色光和 505nm 的蓝绿色光混合,则得到居间的饱和黄光(F 点)。对于人眼来说,它们都具有相同的颜色,但应用分光光度计却可以更细致分辨出它们不同的光谱成分。

12.1.2 颜色及其产生的物理基础

颜色不仅在日常生活、人文艺术中起着重要的作用，而且在染料激光器、彩色液晶显示、光动力学疗法、建筑涂料等高新科技研发方面也有着重要的应用。颜色和本书重点介绍的物质的光电热磁等物理性质不同，与气味类似，它们不是物质的固有本性，它是一种生物感受。感受者必须要有深入其境地观察才能证明它的存在。如前所述，颜色实际上是光和眼睛相互作用而产生的，它是大脑对投影在视网膜上不同波长的光线进行识别的结果。

现代生理学研究表明，人眼中视网膜上的三组锥体作为光的接受体对于蓝(B)、绿(G)和红(R)光具有最大的灵敏度(参考图 12.1)。光信号主要通过这三组锥体沿着复杂的网状组织传递到大脑中而产生正常的颜色视觉图像。但由于这种推测的从眼睛到大脑相互联结系统的复杂性，所以其他一些干扰因素会干扰人们对颜色的精确判断。例如，光线接受体的疲劳效应，背景亮度反衬效应，颜色视觉缺陷或色盲，受到外界电场或幻觉药物的刺激，甚至人们的年龄、记忆和文化背景的错判。

虽然各种光通过生理学的观察而导致颜色过程很复杂，但要预言光线和物质相互作用后所形成的颜色就要对不同发光材料的具体发光机理进行研究，特别是要研究非白色光产生的机理及其分布[1]。一般来说，颜色产生的机理可以分为物理和化学机理两种。这里我们着重示例性地介绍颜色产生的物理机理，后面章节将会结合化学机理对光、电、热、磁和颜色的关系进行更深入的介绍。

1. 光的反射和颜色

光与大块物质(bulk materials)的相互作用：按照经典电动力学的 Maxwell 电磁波理论可以阐明一系列关于光的反射、传播、接收，以及光和物质相互作用所产生的散射、反射和吸收的一系列规律。

从宏观上看，一束光通过一块部分透明物质时，它们之间的相互作用会沿着图 12.3 的途径。从 A 处入射的光，一部分在 A 处发生按入射角等于反射角(反射定律，参见 9.1 节)这种通常的镜面反射，另一部分发生漫散射，它是来自光和物体更密切的相互作用，特别是粗糙表面所引起与波长 λ 有关的颜色效应，如在胶体微粒大小中出现的瑞利散射，其散射强度 $I/I_0 \sim 1/\lambda^4$，由于日光中的蓝色波长对空气中微粒有较强的散射作用，从而可以说明天空为什么是蓝的。另一种散射是由粗糙的粉末的空气-粒子间表面效应引起的。有时这种散射使光不会穿过表面，而看不到原来的颜色。例如，由纤维和矿石制成的纸张由于散射而呈白色，在滴入油脂于其中空隙后就会使空气-粒子的界面消失而使纸张变成半透明的。有时在物体内部 B 处还可能发生内反射。

光线在图 12.3 中 A 处不反射也不反射散射的光，在进入物体内部后会产生光的吸收和透过现象。按照能量守恒定律应有：

$$入射光能 = 散射光能 + 反射光能 + 吸收光能 + 投射光能 \tag{12.1.1}$$

式(12.1.1)并没有考虑光和物质作用后所产生的荧光(参见 9.1.2 节)和吸收时所产

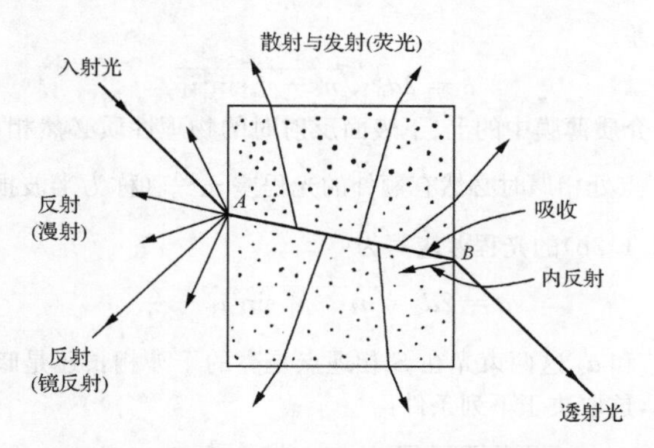

图 12.3　一束光通过一块部分透明物质时的路径

生的热转换效应以及透过光的偏振效应(Snell 定律,它是由两种介质间的折射率差别 Δn 引起的)。

2. *光的干涉现象和颜色*

光的波动性所产生的干涉、衍射和偏振等现象也会引起颜色变化[4]。这里我们举一个由于光的干涉现象所引起肥皂泡薄膜多彩色的实例。

根据物理上的几何光学原理,将置于透镜焦平面的点光源发出平行的入射光束 a 照射到两种折射率分别为 n_1 和 n_2 的介质表面上,薄膜厚度为 d_0,则在 a_1 和 a_2 的方向上会产生明暗相间的干涉条纹现象。

图 12.4 中 a、a_1 和 a_2 三条直线分别代表入射光及按反射和折射定律所导致的三束平行的光束。i_1 为 a 的入射角,i_2 为折射角。a_2 和薄膜的第一表面相交于 C 点。由图 12.4 可见由于光线路径的不同产生 a、a_1 和 a、a_2 两束光程差就等于薄膜内的光程 n_2AB+n_2BC 和膜外介质里的光程 n_1AC' 之差,其差为

$$\delta = n_2(AB+BC) - n_1AC' \tag{12.1.2a}$$

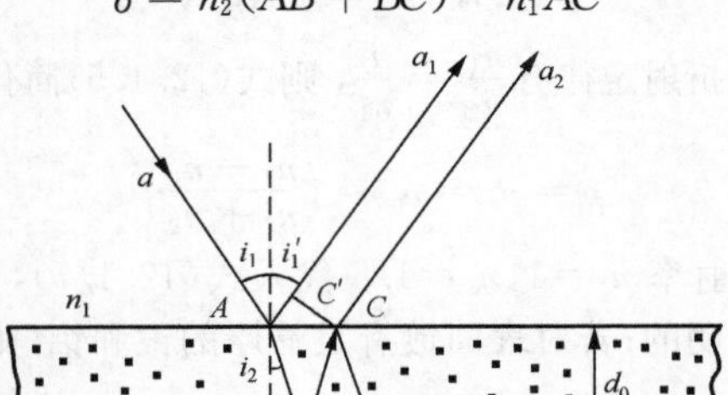

图 12.4　薄膜光程差计算示意图

其中 $AB = BC = d_0/\cos i_2$,d_0 为膜的厚度。

$$n_1AC' = n_1AC\sin i_1 = (2d_0 + \tan i_2)n_2\sin i_2 = 2n_2d_0(1-\cos^2 i_2)/\cos i_2$$

$$n_2\cos i_2 = \sqrt{n_2^2 - n_2^2\sin^2 i_2} = \sqrt{n_2^2 - n_1^2\sin^2 i_1}$$

因而最后导致光程差

$$\delta = 2d_0 \sqrt{n_2^2 - n_1^2 \sin^2 i_1} \tag{12.1.2b}$$

由于光在同一介质薄膜中的上、下表面反射时的物理性质必然相反，可以证明：这两束反射光在屏幕 S' 点处相遇时必然有额外的光程差 $\pm\frac{\lambda}{2}$（称为半波损失）。这里半波损失取负号，则式(12.1.2b)的光程差应写为

$$\delta = 2d_0 \sqrt{n_2^2 - n_1^2 \sin^2 i_1} - \frac{\lambda}{2} \tag{12.1.3}$$

至于上述由 a_1 和 a_2 这两束光在 S' 相遇点是亮的干涉相长还是暗的干涉相消，则可以由光学理论导出，这取决于下列条件：

$$2d_0 \sqrt{n_2^2 - n_1^2 \sin^2 i_1} = (2j-1)\frac{\lambda}{2} \quad 相长(亮) \tag{12.1.4a}$$

或

$$2d_0 n_2 \cos i_2 = 2j \frac{\lambda}{2} \quad 相消(暗) \tag{12.1.4b}$$

其中 $j=0,1,2\cdots$，为明暗条纹的级数。

电磁波在通过不同介质的界面时，在电动力学方面上可以从菲涅耳公式导出入射、反射和折射三束波在界面上振幅的大小和方向之间的关系（参见图 6.18）。对于上述的界面情况可以导出反射光的强度取决于反射率：

$$\rho = \left(\frac{A'}{A}\right)^2 \tag{12.1.5}$$

其中 A 和 A' 分别为入射光和反射光的振幅。相对于入射面的振幅，其反射光振动的垂直方向的分量 ρ_s 和平行方向的分量 ρ_p 分别为

$$\rho_s = \left(\frac{A'_{s1}}{A_{s1}}\right)^2 = \frac{\sin(i_1 - i_2)}{\sin^2(i_1 + i_2)} \tag{12.1.6a}$$

$$\rho_p = \left(\frac{A'_{p1}}{A_{p1}}\right)^2 = \frac{\tan^2(i_1 - i_2)}{\sin(i_1 + i_2)} \tag{12.1.6b}$$

当入射角很小时，按折射定律有 $\frac{i_1}{i_2} = \frac{n_2}{n_1}$，则式(12.1.5)简化为

$$\rho = \rho_s = \rho_p = \left(\frac{n_2 - n_1}{n_2 + n_1}\right)^2 \tag{12.1.7}$$

当将空气-玻璃的折射率 $n_1=1$，$n_2=1.5$ 代入式(12.1.7)，可见其反射率 $\rho=4\%$ 很小，因此玻璃看起来是透明的；若对表面镀有足够厚的银和铝，则其 ρ 值可高达 95%，从而有强烈的反射。

由此可以说明在日光照射下，肥皂泡的薄膜、金属如铝表面上的薄膜氧化层、昆虫的翅膀的鲜艳色彩就是由这种光程差干涉图像现象所引起的。应该注意的是，当薄膜厚度 $d_0 \ll \lambda$ 时，则由于两个表面反射的外光程差是主要贡献，而与薄膜几何路程长短或入射角大小无关。这时光程差总是等于 n_2，总是处于相消干涉，反射光中看不见薄膜，而在折射光中总是透明无色的。

颜色的形成本质及其理论是多样复杂和精巧奇妙的。没有一种单一的观点可以理解

这个多彩世界的颜色，人们大致将其归纳为表 12.2 中所示的五种理论或形式对颜色的起因[1]。如前所述，物体的温度取决于赋予它的能量。在核反应的太阳能表面的温度高达六千多摄氏度时，它的辐射光谱类似于黑体辐射谱。当温度不太高时，就会由于分子的本身电子激发、振动和转动或固体吸收了部分光能后所引起的简单振动激发，这就是表 12.2 所列出的第一类颜色的起因。本书会在后面有关章节作简介，这里就不再细赘。

表 12.2　颜色起因的几种类型

起因	类型
振动与简单激发	1. 白炽：火焰，灯，碳弧，石灰光
	2. 气体激发：蒸气灯，电闪，极光，某些激光
	3. 振动与转动：水，冰，碘，蓝色气体火焰
涉及配位场效应的跃迁	4. 过渡元素化合物：绿松石，多种颜料，某些荧光，激光，磷光体
	5. 过渡金属杂质：红宝石，祖母绿，红铁矿，某些荧光与激光
分子轨道之间的跃迁	6. 有机化合物：大多数染料，大多数生物着色，某些荧光及激光
	7. 电荷转移：蓝宝石，磁铁矿，青金石，多种颜料
涉及能带的跃迁	8. 金属：铜，银，金，铁，黄铜，红玻璃
	9. 纯半导体：硅，方铅矿，辰砂，金刚石
	10. 掺杂的或激活的半导体：蓝与黄金刚石，发光二极管，某些激光与磷光体
	11. 色心：紫晶，烟水晶，褪色的“紫晶”玻璃，某些荧光与激光
几何与物理光学	12. 色散的折射，偏振等；虹，晕，幻日，太阳的绿闪光，宝石的光辉
	13. 散射：蓝天，红的落日，银白色的月亮，月长石，拉曼散射，蓝眼睛以及某些生物颜色
	14. 干涉：水面上的油膜，肥皂泡，照相机镜头上的涂层，某些生物颜色
	15. 衍射：光轮，衍射光栅，蛋白石，某些生物颜色，大多数液晶

综上所述，可见颜色和光、电、能量有着密切的关系，为日常生活的宏观感受和深奥的微观量子理论之间，以及物理、化学、生物分子之间搭起了一坐桥梁。颜色的研究对于地质学、矿物学、大气、视觉、艺术领域也起着推动作用，但在目前教育和研究中还未受到应有的重视，估计是因为涉及的领域太广，概念及本性太深邃，但值得人们进一步探讨。

12.1.3　热致变色的物理和化学机理

热致变色可以是可逆的，也可以是不可逆的。由于大多数在加热时发生的不可逆化学反应都会引起颜色的变化[5-7]，因而通常特指可逆的反应。

在无机化学中最简单的一个热致变色的例子就是二氧化氮(NO_2)分子。将封有该气体的玻璃试管放在热水中呈棕色，浸在冰中则颜色退去而只呈淡黄色。这是由于发生了下列缔合离解反应[8]：

$$2NO_2(\text{棕色}) \rightleftharpoons N_2O_4(\text{无色}) \tag{12.1.8}$$

NO_2 分子的几何形状为 V 形结构。从 $N(2s^22p^3)$ 和 $O(2s^22p^4)$ 的电子组态可知，NO_2 分子共有 17 个价电子，由价键理论来看，每个原子采用 sp^2 杂化的形式成键[图 12.5(a)]。在成键时，两个 σ 键用去 4 个电子以形成 σ 键骨架，两个氧原子各有两个孤对电子，N原子有一个孤对电子，所以还剩下 17－(2×2)－(4×2)－(1×2)＝3 个电子。从MO理论来看，三个原子中未参与杂化的三个 p_z 轨道按MO理论组合成三个共轭的分子轨道。按能级次序分别为成键、非键和反键分子轨道。这三个未成对电子，一对占据成键轨道，另一个电子占据非键轨道。定量的计算结果表明，该未成对电子主要是在氮原子上[图 12.5(a)]。该电子受光的激发在 400nm 处产生一很宽的吸收光谱而呈现棕色。另一方面，两个 NO_2 分子中两个未成对电子又容易通过配对成键而双聚成平面型 N_2O_4 分子[图 12.5(c)]。它的吸收峰在 340nm 附近，呈现无色。N_2O_4 中 N—N 键比一般的 N—N 单键弱，所以该分子又很容易受热分解成 NO_2 而呈现热致变色性。

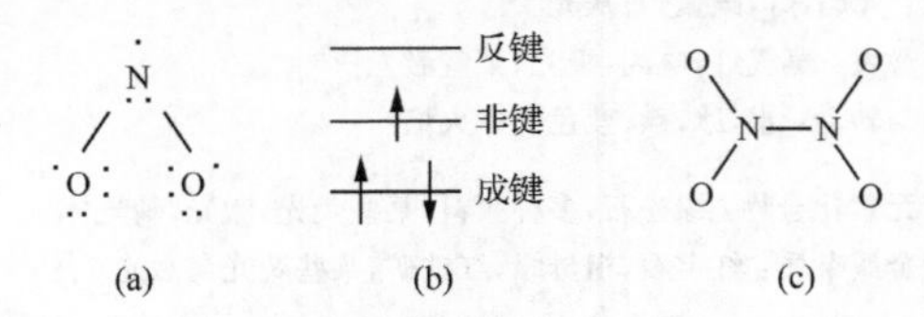

图 12.5 NO_2 分子结构和分子轨道及 N_2O_2 分子结构

很多配合物溶液在加热、冷却或改变溶剂时颜色都发生特别的变化，后者常称之为溶致变色效应。作为溶致变色最好的一个例子是碘在不同溶剂中的颜色变化[9]。碘分子的结构为原子实(core)加上外层的 $\sigma^2\pi^4\pi^{*4}$，碘在非极性 CCl_4 溶剂中于 500nm 处出现吸收峰(图 12.6)，故呈现紫色，该峰标记为 $\pi^*\rightarrow\sigma^*$。从简单的 Lewis 酸碱理论观点可以将这种反应看作为电子给体(D)的丙酮、乙醚和吡啶之类的极性或含有 π 共轭体系的芳香烃类溶剂中加入上述的碘溶液时，这类给体(D)和作为受体(A)的碘之间生成了新的加合物 D—A。

$$D:+A \rightleftharpoons D—A \tag{12.1.9}$$

这时，除原有的峰出现向短波移动(蓝移)外，在紫外区 250nm 附近还出现一个新的强吸收峰。前者使溶液呈红色，后者呈现黄色到棕色(图 12.6)。从分子轨道理论来看(图 12.7)，碱(B)中的给予性轨道(如吡啶中氮的孤对电子所占据的非键轨道)n_B 和自由碘分子的反键 $\sigma^*(I_2)$ 轨道线性组合成加合物的分子轨道 σ_C 和 σ_C^*。成键的 σ_C 轨道主要是

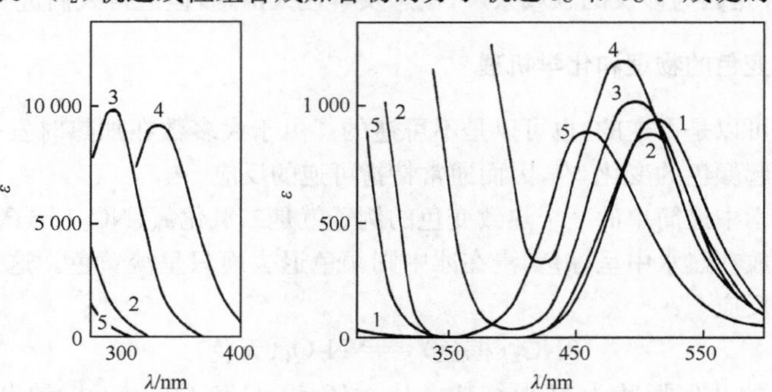

图 12.6 I_2 在各种溶剂中的吸收光谱

1. CCl_4；2. $C_6H_5CF_3$；3. C_6H_6；4. $C_6H_3(CH_3)_3$；5. $(C_2H_5)_2O$

n_B 的贡献，其能量比 n_B 还低，反键的 σ_c^* 主要是 $\sigma^*(I_2)$ 的贡献，其能量比 $\sigma^*(I_2)$ 的高。自由碘分子的反键轨道 $\pi^*(I_2)$ 由于碱中无相应对称性的 π 轨道参与组合，所以 π_c^* 和 $\pi^*(I_2)$ 能量差不多。因而实验中的溶致变色现象可以阐明为：由于跃迁能量(2)大于(1)，所以碘峰出现蓝移。新出现的紫外峰是由于电子由碱(给体)迁移到碘(受体)的跃迁(3)所引起的所谓电荷迁移(CT)峰。

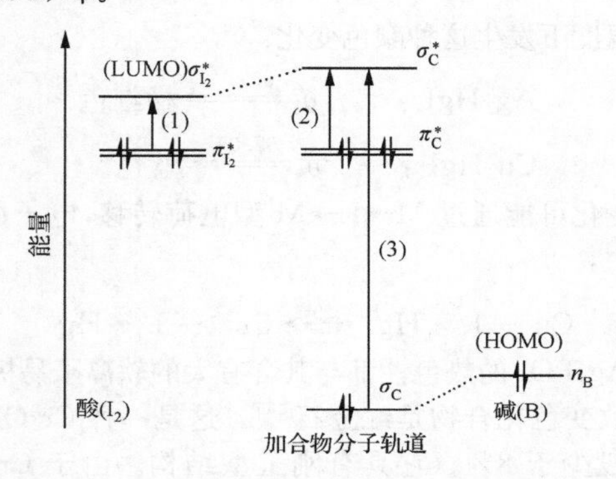

图 12.7　D—A 加合物的部分分子轨道图

从广义的酸碱电子理论来看，加合物的电荷迁移光谱的频率 ν 和碱的电离电位 I_B、酸的电子亲和势 E_A 之间有半经验关系：

$$h\nu = I_B - E_A - \Delta \tag{12.1.10}$$

其中 Δ 对同系列的碱为一经验常数。我们对碘与一系列吡啶衍生物所形成加合物在不同温度下的可见光谱进行了研究[10]，并结合实验求得了相应的热力学函数 ΔG、ΔH 和 ΔS(表 12.3)。实验表明，ΔG 与 $\pi^* \rightarrow \sigma^*$ 跃迁吸收波数之间存在线性关系，并且证实了这一系列加和物的平衡常数 K 符合 Hammett 方程：

$$\lg(K/K_0) = \sigma\rho \tag{12.1.11}$$

表 12.3　碘-吡啶衍生物加合反应的热力学函数

取代基	σ	K/(mol/L)(25℃)	$-\Delta G$/kJ	ΔH^0/kJ	$-\Delta S^0$/(J/K)	λ_{max}/nm
吡啶	0	160	12.67	31.22	14.90	422
2-氯吡啶	—	5.0	4.01	12.87	7.10	448
3-氯吡啶	0.373	26.74±0.18	8.15	27.21	15.61	435
4-氯吡啶	0.227	55.03	9.95	—	—	—
2-甲基吡啶	—	225.1	13.50	33.23	15.80	421
3-甲基吡啶	−0.069	297.0	14.21	34.82	16.51	418
4-甲基吡啶	−0.170	362.8	14.71	37.33	18.20	417
3-氰基吡啶	0.56	9.74±0.08	5.34	—	—	440
4-氰基吡啶	0.66	8.77±0.16	5.14	18.89	10.62	445
4-二甲胺基吡啶	−0.83	(6±1)×10³	20.61	—	—	400

在固体的热致变色中，可以发生金属离子在晶格中位置变换所引起有序-无序的相变。例如，红色的四方 HgI_2 在 127℃时可逆地变成黄色的斜方晶系变体，这时发生了强吸收的电子从 I^- 到 Hg^{2+} 的电荷转移（L→M）。这个谱带的尾巴延伸到了可见区，像 I^- 这种高变形的阴离子和具有可变氧化态的金属离子相接触时，常可发生这种电子转移：

$$I^- + Hg^{2+} \rightleftharpoons I{-}Hg^+ \tag{12.1.12}$$

很多复盐甚至在更低温度下发生这种颜色变化：

$$Ag_2HgI_4: \quad 黄 \xrightleftharpoons{50.7℃} 橘红色 \tag{12.1.13}$$

$$Cu_2HgI_4: \quad 黄 \xrightleftharpoons{67.0℃} 蓝色 \tag{12.1.14}$$

后者剧烈的颜色变化可能通过 M→L→M′型电荷转移，电子由 Cu^+ 转移到 Hg^{2+} 而使吸收峰移向长波[11-13]：

$$Cu^+{-}I^-{-}Hg^{2+} \xrightarrow{h\nu} Cu^{2+} - I^-{-}Hg^+ \tag{12.1.15}$$

AgI 和很多含氧酸盐 Ag_3PO_4 的热色性都与其含有大的软离子易极化有关。

最有名的固体热致变色化合物是红宝石[14]。这是一种 Cr_2O_3 掺在 α-Al_2O_3 中的固溶体，Cr 原子含量一般少于 8%。它具有刚玉型结构。由于 Cr_2O_3 的晶格常数（a=496pm，c=1360pm）比 α-Al_2O_3 中（a=476pm，c=1299pm）大，随着晶胞中 Cr 含量的增加，晶胞常数线性增加，从而会使材料从紫色变成蓝色（Cr_2O_3 的颜色）。由于热膨胀也会引起晶胞常数增大，对应于 58%、8%和 2%Cr 含量的红宝石，由紫到蓝的可逆热致变色的温度分别发生在－183℃、187℃和 377℃。

这种现象可以从配体场理论得到解释。过渡金属配合物的颜色是由于被配体所分裂的 d-d 轨道之间的跃迁所引起（参看 2.1 节）。红宝石中的离子是挤压在由 O^{2-} 所形成的八面体[$Cr^{III}O_6$]孔隙中，强的配体场导致 d 轨道分裂进而呈现通常红宝石的红色，当加热时晶格就会膨胀，八面体中的 Cr^{3+} 就比较松散，配体场变弱，从而呈现从紫到蓝的颜色。

在压力下引起的颜色变化称为压色现象（piezochromism）。但由于要在几百、甚至几千个大气压下才会引起变色，因而这类实验在技术上有困难[15]。实际上，在研钵中对某些物质进行研究时也发生明显的颜色变化。这时可能是由于摩擦引起粒子大小、形态改变而引发或由前述的热色效应所引起，要将它们和 11.1 节摩擦变色进行区分是不太容易的。值得指出的是，上述的红宝石也是一种压色材料[16]。它的吸收带通常在 551nm（对应于 d 轨道分裂 Δ），当压力增加到 100kbar 时向短波方向移动到 522nm。一般发生热致变色时其热焓变化 $\Delta H^0 \neq 0$，而发生压致变色时体积变化 $\Delta V^0 \neq 0$。对于同样一种类型的变化，观察到颜色的变化随着 ΔH^0 和 ΔV^0 的增加而更为明显。

根据结构和光谱的特点进行配体分子设计的最好例子是 Ni(Ⅱ)配合物。对于具有 d^8 电子组态的 Ni(Ⅱ)配合物，在水溶液中，根据其配位环境的不同而生成基态为三重态的高自旋八面体顺磁型配合物、基态为单重态的低自旋的反式八面型配合物（图 12.8 下图，参见图 2.2）。顺磁型的八面体配合物 $Ni(H_2O)_6^{2+}$ 和 $Ni(en)_3^{2+}$（en 为乙二胺）分别呈现绿色和紫色，其三个弱的谱峰（ε<10）源自电子由 t_{2g} 到 e_g 的跃迁（图 12.8 上图）。另一方面，当乙二胺中乙烯基链的所有 H 原子都用甲基取代后而形成 Me_4en，该配体由于具有较大的空间和亲水性，所以它在水溶液中不利于生成八面体[$Ni(diam)_3$]$^{2+}$ 型，而是生

成黄色的反磁性平面配合物$[Ni(diam)_2]^{2+}$型，其中 diam 为乙二胺或丙二胺$[NH_2CH_2CH(CH_3)NH_2]$，此处即$[Ni(Me_4en)_2]^{2+}$[17]。光谱中出现在 400～600nm 的强单重峰($\varepsilon \approx 10^2$)来自较低的四个低轨道跃迁到高的空 $d_{x^2-y^2}$ 轨道。

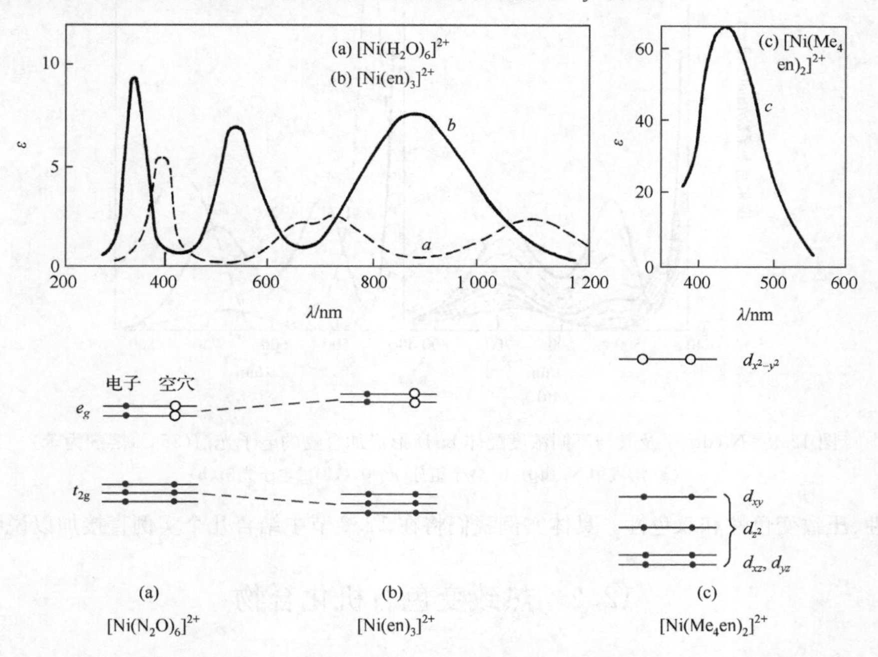

图 12.8　典型八面体(a、b)和四方平面型(c)Ni(Ⅱ)配合物的光谱(上图)及其相应的能级图(下图)

这种二胺变色配合物的另一个实例是通过下列去溶剂化反应得到的[18]：

$$[Ni(diam)_2(EtOH)_2]^{2+} \underset{冷却}{\overset{加热}{\rightleftharpoons}} [Ni(diam)_2]^{2+} + 2EtOH \tag{12.1.16}$$

蓝紫色(八面体)　　　　　　　　　　橘红色(平面型)

我们曾经应用光谱和量热法定量的研究了 $Ni(dtp)_2[dtp=(C_2H_5O)_2PS_2]$和 Py 及其衍生物 4-氰基吡啶等配体(L)生成加合物$[Ni(dtp)_2L]$和$[Ni(dtp)_2L_2]$的反应[19]：

$$Ni(dtp)_2 + nL \overset{\beta}{\rightleftharpoons} Ni(dtp)_2L_n \tag{12.1.17}$$

得到了它们的生成常数 β，反应焓 ΔH^0 和反应熵 ΔS^0。图 12.9 为不同配体浓度(L＝苄胺，记为 ba)时的电子吸收光谱(a)及应用计算机分峰方法得到溶液中各个组分 $Ni(dtp)_2Ln$(其中 n＝0，1，2)，其中 $Ni(dtp)_2$(0，平面型)、$Ni(dtp)_2L$(1，$NiNS_4$ 五配位)和 $Ni(dtp)_2L_2$(2，八面体)的电子吸收光谱。

有机化合物的热致变色机理更多地涉及分子结构的多种变化形式。它们可能是不同分子物种的酸碱、醇酮、内酰亚胺、内酰胺、立体异构或晶体结构之间的平衡或变化，还可能是由于开环以及热引起的三重态构型或自由基的生成引起的。其中很多是已知的染料并具有明显的荧光，它们在荧光的温度猝灭时而引起热致变色。其中有些还具有光致变

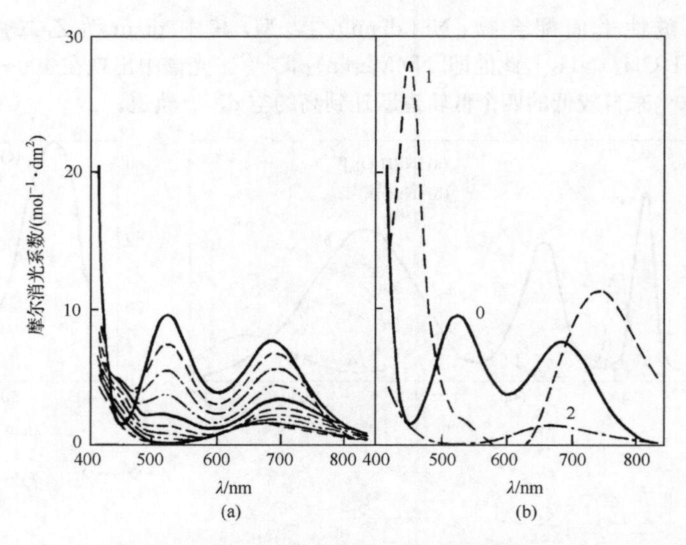

图 12.9　$Ni(dtp)_2$ 及其与不同浓度配体 ba 所形成加合物的电子光谱(25℃,溶剂为苯)
(a) 溶液中 $Ni(dtp)_2L_n$ 各个组分(n=0,1,2)的电子光谱(b)

色性、压致变色性和双色性。具体实例我们将在 12.2 节中结合几个实例直接加以说明。

12.2　热致变色有机化合物

有机化合物的变色温度上限范围仅限于液体化合物的沸点,溶液中溶剂的沸点或者固体的熔点。目前研究最多的热致变色有机化合物是螺吡喃,过分拥挤的次乙基和二硫化物的衍生物[6]。

12.2.1　有机热致变色化合物

螺吡喃的衍生物:早在 1926 年就报道了无色的二-β-萘螺吡喃在熔融时呈现蓝紫色,而在惰性溶剂中的无色溶液在加热时也变为蓝紫色,冷却时又回到无色状态(图 12.10)。此后人们又合成了一系列热致变色的化合物。

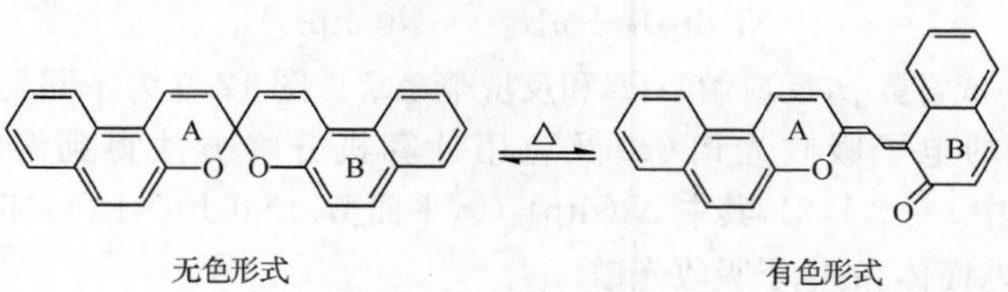

A　O　O　B　Δ　A　O　B　O

无色形式　　有色形式

图 12.10　螺吡喃的热致变色平衡

二-β-萘螺吡喃变色机理涉及无色螺吡喃化合物螺旋碳和环氧裂解所形成平面型开环形式之间的平衡,有色形式是一种由多种共振结构所稳定的极性结构。加热极性溶剂和在氧化硅上的吸附等条件都有利于有色形式的生成，在酸性溶液中则以盐的形式存在。研究大都集中在有色物种的结构。例如，对苯并-β-萘螺吡喃，就曾经提出过其如图 12.11 所示的有色结构。在平面开环内的双键结构大都倾向于反式而不是顺式结构。也有人认为采取分子的中央为单键而两边为双键时，则倾向于形成平面型顺反异构。

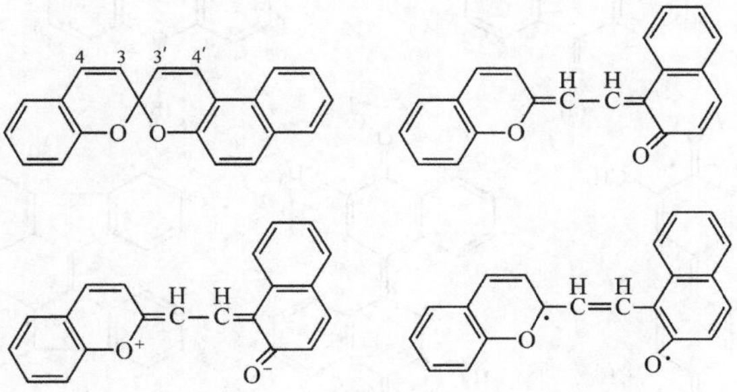

图 12.11　苯并-β-萘螺吡喃有色物种的可能结构

一般对热致变色螺吡喃结构的要求是：①吡喃环至少有一个萘吡喃，虽然它本身并不具有热致变色性，但可影响杂环的性质；②在 3′-C 的位置上的取代可能破坏开环形式立体结构的平面性而妨碍热色性；③化合物的热色性还和杂环的电子释放能力有关；④在环上取代的结果能导致螺旋-碳或杂原子上的正电性，或吡喃环上的负电荷贡献都会增强热色性。根据 $\lg\varepsilon$（ε 为消光系数）对 $1/T$ 作图的研究，得到一系列螺吡喃衍生物的热致变色过程的转化热约为 3.1～6.9kcal/mol，其值随溶剂而变化。

12.2.2　次乙基和二硫化物的衍生物

早在 1909 年就发现了在 25℃时呈柠檬黄色的双蒽酮[图 12.12(a)]在熔融时为绿色，热溶液中为深绿色，在加压下又变成绿色，而再将溶液加热又变为绿色。1928 年发现淡黄色的二夹氧蒽[图 12.12(b)]在液态时为无色，熔融时为黑绿-蓝色，而在 282℃时的溶液为深蓝-绿色并呈现荧光。后来又发展了各种类似的次乙基的衍生物，并且对其颜色的形成提出了双自由基生成和离解后离子共振结构等机理。这类化合物的特点是至少有一个乙烯基使多重的芳香环共轭相关，含有杂原子（通常是 N 或 O）以提供过量的电荷。

基于双蒽酮等的研究，已经总结出：其平面的有色状态图 12.12(c)芳香部分必须具有可以开半对折（若中心环是五元环则不可能），而且只有在杂环原子[图 12.12(f)中 X 原子位置]的键角可以达到 120°时才可能具有热色形式。因此可以说明化合物图 12.12(c)和(d)分子中两半（含有 CH_3 基）不能对折，(e)含有五元环，所以都不具有热色性，但在(f)中的 X 若是氧或羰基而不是硫则具有热色性，(h)不具有热色性，因为它可以绕着中心单键自由转动。平面性的(g)则具有很深的热色性。

为了避免双蒽酮的拥挤，除了上述两半对折的结构外，也可以使两个蒽酮平面彼此交叉 60°。其位垒的计算值约为 20kcal/mol，和实验值较为一致。这种观点和阻止 4,4′-二取代物扭曲而使 4,4′-二氟双蒽酮只有在比双蒽酮更高的温度时才具有热致变色的事实

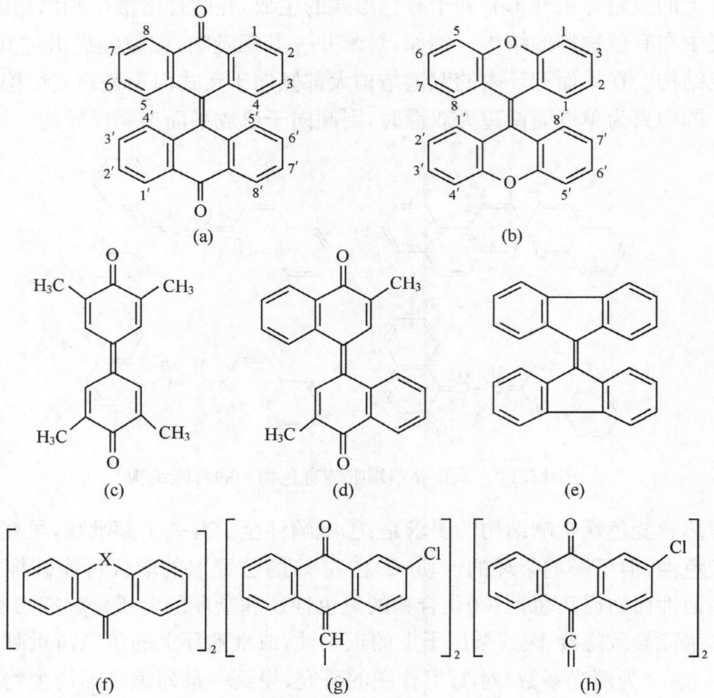

(a) (b) (c) (d) (e) (f) (g) (h)

图 12.12 热致变色的次乙基衍生物

一致。当在二夹氧蒽烯中的氧被硫取代后也不是一个过分拥挤的结构，从而不具有热色性。为了验证加热能使过分拥挤的平面性分子具有热致变色性的理论，还合成了红荧烯($C_{42}H_{28}$)和四环酮等变色化合物。

很多二硫化合物都具有热色性。例如，二苯基二硫化物及其衍生物在固体时为无色，但在熔融时为黄色。根据它们在溶液中的光谱不符合 Beer 定律，对热和氧的稳定性，以及正常的相对分子质量，通常用自由基的生成来阐明其热致变色机理。但是后来从它们不具有很多的共振结构，自由基浓度不高(~10^{-7} mol/L)和磁性实验结果也不一致，所以认为自由基机理不正确，而倾向于认为可能是高温时发生离解的前体物或可逆的歧化作用而引起热致变色，其颜色的出现是由于光谱朝可见光方向变宽造成的。

将电子给体化合物(如芳香胺，取代位阻芳香物)和电子受体化合物(如硝基取代的芳香或脂肪族化合物和杂环化合物)相结合可能形成热致变色化合物[参见式(12.1.9)]。它们在离解或熔融态时生成明亮色彩的配合物，而在冷却或冰冻时颜色消失。硝基苄基吡啶羧酸酰肼(nitrobenzylidenepyridinecarboxylic acid hydrazides) 被称为光热致变色化合物。该淡黄色化合物在阳光下转变成红色，而在逐渐加热下退色。

目前已报道了几千种热致变色有机化合物，但其化合物的类型还为数不多，表 12.4 列出了 一些代表性实例。

表 12.4　代表性有机热致变色化合物

名称	结构
4-(对苯甲氧基)乙烯 tetrakis(*p*-methoxyphenyl)ethylene	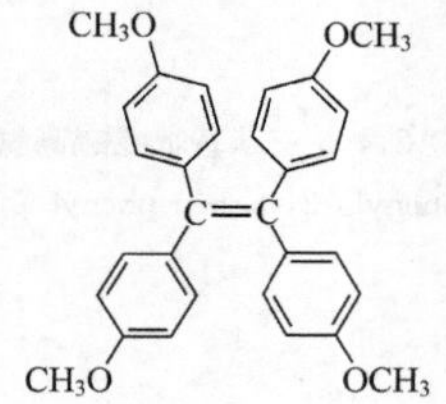
3-[2-(2-羟基-1-萘基)乙烯基]-5,5′-二甲基-2-环己烯-1-酮 3-[2-(2-hydroxy-1-naphthyl) vinyl]-5, 5′-dimethyl-2-cyclohexene-1-one	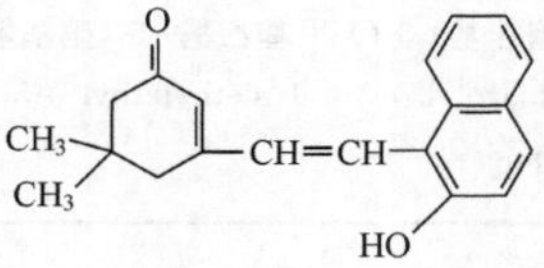
2-苯基-4-(2-苯基-4H-1-苯并吡喃基-4-内鎓烯盐)-4H-1-苯并吡喃 2-phenyl-4-(2-phenyl-4H-1-benzopyran-4-ylidene)-4H-1-benzopynan	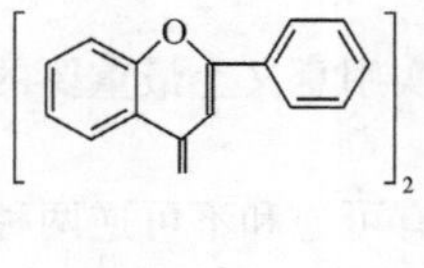
4-{[3-(4-甲氧基苯基-4-甲基苯并喹啉-1(4H)-内鎓烯盐)]亚乙基}-2,5-环已二烯-1-酮 4-{[3-(4-methoxyphenyl-4-methylbenzo[f]quinoline-1(4H)-ylidine)]ethyline}-2,5-cyclohexene-1-one	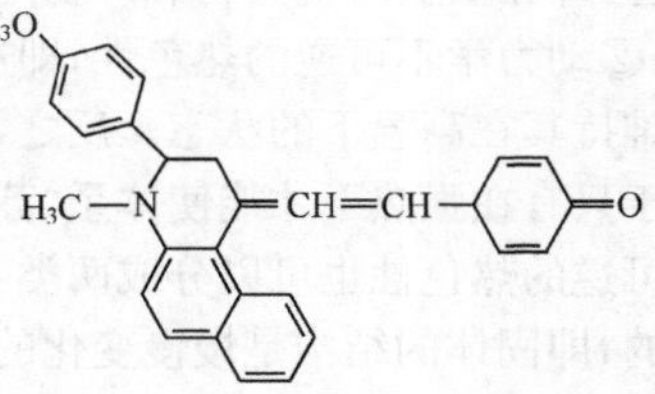
4-{2-(2,3-二氢化-9,9-二甲基蒽唑[3,2-*α*]吲哚-9*α*(9H)-基)乙烯基}-*N*,*N*-二甲基苯胺 4-{2-(2,3-dihydro-9,9-dimethyloxazolo[3,2-*α*]indol-9*α*(9H)-yl)ethenyl]-*N*,*N*-dimethylbenzeneamine	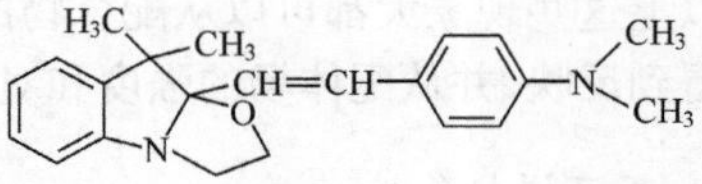
4,4′-(2H-萘并[1,8-bc]}呋喃-2-内鎓烯-二[*N*,*N*-二-甲基苯胺] 4,4′-{2H-naphtho[1,8-bc]}furan-2-ylidine-bis[*N*,*N*-dimethyl-benzeneamine]	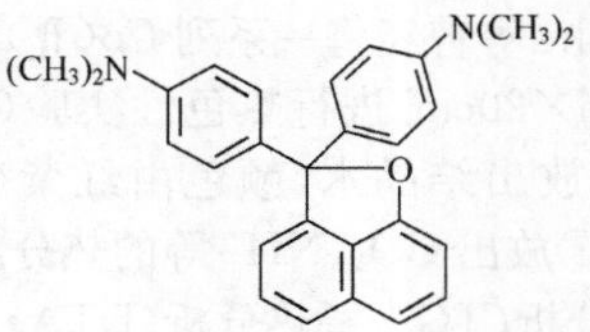
2,4,5-三苯基咪唑的氧化二聚体 oxidized dimer of 2,4,5-triphenylimidazole	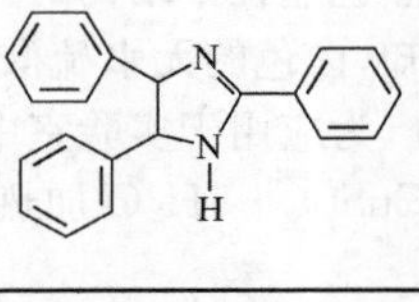

续表

名称	结构
1-(4-羟基苯基)-2,4,6-三苯基吡啶鎓高氯酸盐 1-(4-hydroxyphenyl)-2, 4, 6-triphenyl pyridinium perchlorate	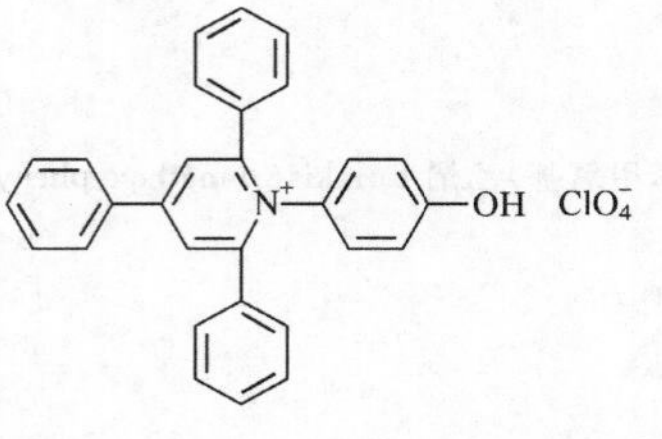 N^+—OH ClO_4^-
1-(2-苯并噻唑基)-3-(1-甲基乙基)-5-(硝基苯基)甲臜 1-(2-benzothiazolyl)-3-(1-methylethyl)-5-(nitrophenyl) formazane	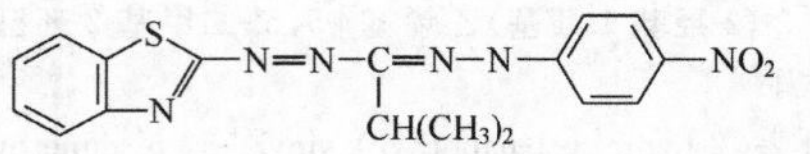 S, N —N=N—C=N—N— —NO_2 $CH(CH_3)_2$

12.2.3 无机和过渡金属配合物

这是在实用意义上最重要的热致变色材料。这里我们还将重点描述其去水化和异构化机理。

热色性有可逆和不可逆两种形式。不可逆的热色性可以分为两类：①真正不可逆的热色性，即在反应时初始物和产物间没有平衡，在反应温度下热力学上只有利于其中一种形式；②动力学不可逆的热色性，即反应本身是平衡的，但将加热的固体冷却得很快时，体系仍维持其在高温下的状态。反之，当体系处于“深度冻结”的低温状态时，反应速度太慢以至于只有在强热下才能使体系“苏醒”，这时观察到的是介稳状态下的颜色。

可逆的热色性也可以分成两类：①连续热色性，即在比较宽的温度范围内颜色是连续变化的，即固体的结构是慢慢变化的；②不连续热色性，即它具有比较明显的热色性变化温度 T_{th}，这时体系发生明显的结构变化。

以上这些现象大都可以从配合物的 d-d 跃迁光谱和 CT 跃迁光谱的位移、分裂和变形上得到反映，并从配体场的强度和对称性以及金属-配体间的氧化-还原性质加以阐明。

1. 不可逆热色性

Wilke 等曾经将一系列 Co(Ⅱ)和 Co(Ⅲ)的配合物粉末分散在温度可调节的金属条上(20cm×20cm)进行热色性实验(表 12.5)[20]。其结果可以分成三种类型：①在 50～100℃释放出结晶水，颜色由红紫变到蓝色；②＞200℃时发生氧化作用，变成黑色的 Co_3O_4；③放出 CO_2、NH_3 等的热分解反应所引起的各种颜色变化。应用反射光谱(RS)和热重分析(TG)、差热分析(DTA)、微分扫描量热计(DSC)和 X 射线衍射等方法相互配合可以了解热色过程中结构的变化。

我们熟知，白色的无水硫酸铜粉末在吸收水后会变成鲜蓝色的 $CuSO_4 \cdot 5H_2O$。这种变色性已广为应用于实验室中作为有机溶剂的除水剂和掺在干燥器的硅胶中作为吸水的指示剂。$CuSO_4 \cdot 5H_2O$ 加热后失水并使蓝色退去的反应是：

表 12.5　钴配合物的热致变色性

配合物	变色情况
$CoSO_4 \cdot 7H_2O$	黑红色 $\xrightarrow{60℃}$ 淡紫色 $\xrightarrow{170℃}$ 蓝色 $\xrightarrow{235℃}$ 深红紫色
$CoCO_3 \cdot 6H_2O$	紫色 $\xrightarrow{162℃}$ 灰色 $\xrightarrow{195℃}$ 黑色
$Co(OAc)_2 \cdot 4H_2O$	紫色 $\xrightarrow{95℃}$ 淡蓝紫色 $\xrightarrow{170℃}$ 黑灰色
$Co(C_2O_4) \cdot 2H_2O$	玫瑰红 $\xrightarrow{150℃}$ 淡紫色 $\xrightarrow{230℃}$ 黑色
$CoSiF_6$	玫瑰红 $\xrightarrow{105℃}$ 紫色 $\xrightarrow{265℃}$ 黑色
$[Co(NCS)_2Py_4]$	玫瑰红 $\xrightarrow{85℃}$ 浅绿色 $\xrightarrow{120℃}$ 黑灰色
$[Co(NH_3)_6]PO_4 \cdot 6H_2O$	红色 $\xrightarrow{185℃}$ 紫色 $\xrightarrow{285℃}$ 蓝色
$[Co(NH_4)_5Cl]Cl_2$	玫瑰红 $\xrightarrow{120℃}$ 紫色 $\xrightarrow{170℃}$ 土耳其蓝色 $\xrightarrow{230℃}$ 黑色

$$CuSO_4 \cdot 5H_2O \xrightarrow{75℃} CuSO_4 \cdot 3H_2O \xrightarrow{120℃} CuSO_4 \cdot H_2O \xrightarrow{240℃} CuSO_4 \tag{12.2.1}$$

但是它的退色机理是什么？Nagase 等的光谱研究表明，$CuSO_4 \cdot 5H_2O$ 升温变到 $CuSO_4$ 时，其 d-d 谱带只是由 750nm 向可见光谱的红端移动到 800nm 左右，而强烈的吸收是来自 $SO_4^{2-} \rightarrow Cu^{2+}$ 的 CT 谱带。因而有理由认为 $CuSO_4 \cdot 5H_2O$ 脱水后由蓝色变成无色 $CuSO_4$ 的原因来自 CT 谱带[21]。图 12.13 所示的晶体结构更加说明了这一点。$CuSO_4 \cdot 5H_2O$ 是一个伸长的八面体，其中轴向的两个氧来自 SO_4^{2-}。由于 H_2O 和 SO_4^{2-} 的配位场强度差不多，脱水过程中 Cu 周围的 H_2O 被 SO_4^{2-} 配体所逐步取代，d-d 跃迁位移不大。而 $SO_4^{2-} \rightarrow Cu^{2+}$ 的 CT 谱则由于更多的赤道方向的 SO_4^{2-} 配位而增强，这就说明了其变化的机理。很多硫酸根复盐都具有这种脱水后变色的性质，例如：

$$\underset{\text{黑红色}}{Co_2Cu(SO_4)_3 \cdot 18H_2O} \xrightarrow{32 \sim 76℃} \underset{\text{深红色}}{Co_2Cu(SO_4)_3 \cdot 3H_2O} \xrightarrow{200 \sim 300℃} \underset{\text{紫色}}{Co_2Cu(SO_4)_3} \tag{12.2.2}$$

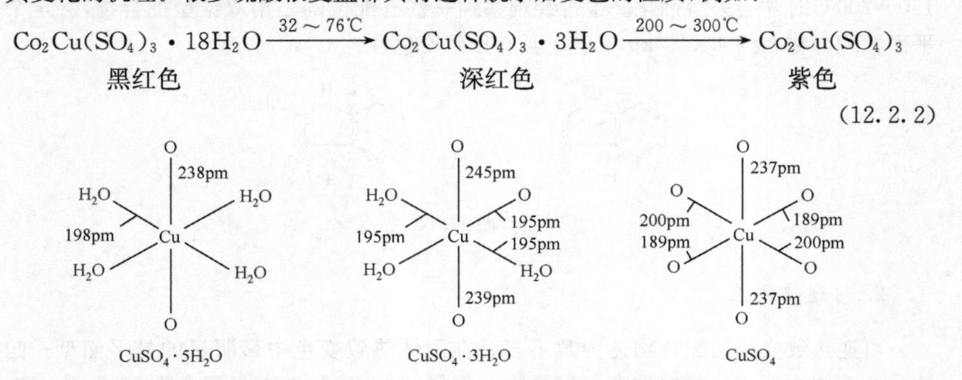

图 12.13　不同水合 $CuSO_4$ 配合物的结构

实验证实 $Co_2Cu(SO_4)_3 \cdot 18H_2O$ 的黑红色是来自[CuO_6]和[CoO_6]两个发色团颜色的叠加，而含 3 个水和无水的后两种的颜色则仅来自[CuO_6]发色团。

Ni(Ⅱ)配合物最大的特点是它具有多种分子几何构型，如四配位（四面体或四方平面）、五配位（四方锥和三角双锥）、六配位（八面体和三角棱柱体），甚至七配位构型。对一系列固体乙二胺(en)的 *N*-烷基取代配体(diam)所形成 Ni(Ⅱ)配合物的热致变色进行了深入研究。结果发现，它们通过去水化作用和阴离子加合作用(anation)而产生八面体-四方平面型变化。按其具体 diam 和 X 的不同，可以分为下列三种情况[22]：

(1) 先脱去配位水，再配位阴离子而保留六配位数

$$[Ni(diam)_2(H_2O)_2]X_2 \cdot nH_2O \longrightarrow [Ni(diam)_2X_2] + (n+2)H_2O \quad (12.2.3)$$

蓝紫色(n=0 或 2)　　　　蓝色或绿色

(2) 去水后配位数从 6 降至 4 而生成低自旋配合物

$$[Ni(diam)_2(H_2O)_2]X_2 \cdot nH_2O \longrightarrow [Ni(diam)_2]X_2 + (n+2)H_2O \quad (12.2.4)$$

蓝紫色　　　　黄色

(3) 同上反应，但无需加热而是自发去水生成平面配合物。

对于一系列的固体乙二胺的 C 取代配体所形成的 Ni(Ⅱ)配合物，除了上述三种情况外，还可能出现下列两种情况：

(1) 去水化和阴离子加合反应分两步进行

$$[Ni(diam)_2(H_2O)_2]X_2 \longrightarrow [Ni(diam)_2]X_2 \longrightarrow [Ni(diam)_2X_2] \quad (12.2.5)$$

蓝紫色　　　　黄色　　　　蓝色

(2) 只发生阴离子加合作用

$$[Ni(diam)_2]X_2 \longrightarrow [Ni(diam)_2X_2] \quad (12.2.6)$$

黄色　　　　蓝色

在一系列苯基咪唑[bimd，图 12.14(a)]和 2-氨基苯基咪唑[abi，图 12.14(b)]配体所形成的配合物中也观察到热致变色：$[Ni(bimd)_4](NO_3)_2 \cdot 2.5EtOH$，$[Ni(bimd)_4]I_2$ 和 $[Ni(abi)_4]X_2 \cdot nH_2O$($X^-$=$Cl^-$，$Br^-$，$NO_3^-$；$n$=1 或 3)等都是黄色低自旋配合物[23]。按照上述式(12.2.6)的阴离子加合反应转换成高自旋绿色的八面体配合物，只有在高达 150～200℃时才会去溶剂化。也曾经观察到一些五配位的三角双锥型配合物，甚至个别平面型配合物在约 $4\times10^4 kg/cm^2$ 下具有压致变色性。

H N N (a)　　H N NH₂ N (b)

图 12.14

2. 可逆热色性

可逆热致变色的配合物还为数不多。在固体热致变色中最明显的是平面型—四面体—八面体构型变化的热致变色配合物。例如，Cu(Ⅱ)的四卤素配合物 M_2CuX_4(X^-=

F^-，Cl^-或Br^-，M^+为碱金属离子)，其氟的配合物为含有八面体$[CuF_6]$单元的聚合物结构，但其氯和溴的配合物则由于Cl^-间的排斥作用而含有分立的变形四面体CuX_4^{2-}阴离子。对于含有 N—H 键阳离子的$[Pt(NH_3)_4][CuCl_4]$配合物，其结构和光谱研究表明，这类配合物中除了正负离子间的静电作用外还形成了氢键：N—H…Cl[24]。当这种氢键足够强时，则Cl^-上的负电荷减少，而具有拉长的八面体结构；当轴向为弱配体场的配体时，则变成近乎四方平面型结构[25]；当阳离子中含有 N—H 键的$[Et_2NH_2][CuCl_2]$加热到43℃时，通过氢键的减弱，近乎平面型的$[CuCl_4]^{2-}$离子急剧地转化为黄色的变形四面体。$[i\text{-}PrNH_3]_2[CuCl_4]$中也出现同样类型的变化。

对于$[Me_2NH_2]_3[CuCl_4]Cl$和$[MeNH_3]_2[CuCl_4]$，其热致变色性随温度的变化是渐变式的(图 12.15)，低温时的宽峰在加热时逐渐变得更宽而最后融合在一起(为了清楚，图中纵坐标作了适当移动)。这可能是由于分子振动而引起$[CuCl_4]^{2-}$的剧烈变形，从而导致电子能级的变化。

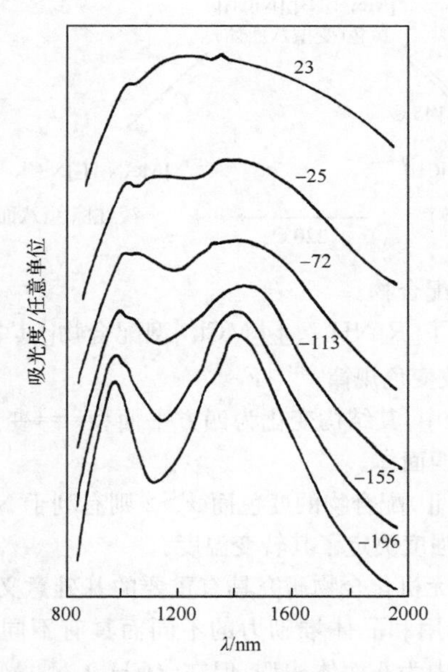

图 12.15　夹在玻璃板间$[Me_2NH_2]_3[CuCl_4]Cl$晶体中$[CuCl_4]^{2-}$的热致变色光谱

含CuX_3单元的配合物也呈现可逆的热致变色性。例如，$[i\text{-}PrNH_3][CuBr_3]$，其中的$[CuBr_3]^-$基团二聚成平面型$[Cu_2Br_6]^{2-}$：

Br　　Br　　Br
　Cu　　Cu
Br　　Br　　Br
$^{2-}$

它们弱聚合成长链型结构，并在约 78℃时变成六配位的八面体结构：

但由于其 CT 谱出现在可见区，配合物的深黑色使得难以精确观察其伴随的颜色变化。在约 100℃时，由于热运动而使三重桥联破裂生成单个桥联的四面体链[26]：

很多 $NiCl_4^{2-}$ 配合物在热致变色过程中都伴随有八面体⇌四面体构型变化。例如，其 1,1,1-三甲基肼盐有[27]：

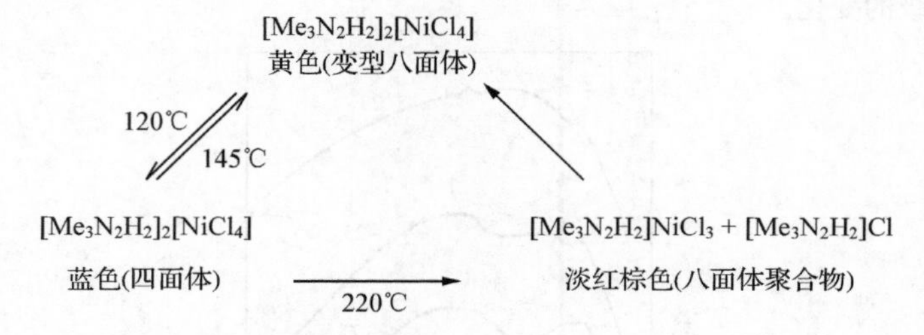

最后混合物还会回到黄色配合物。

Bloomguist 等总结出了$[R_xNH_{4-x}]_2[MCl_4]$型配合物[其中 M＝Cu(Ⅱ)、Ni(Ⅱ)，R 为烷基或芳香基团]的热致变色规律[28,29]：

(1) 在 Cu(Ⅱ)配合物中，其结构变化为四方平面型⇌变形四面体，而在 Ni(Ⅱ)配合物中为变形八面体⇌四面体。

(2) $x>1$ 有利于 Cu(Ⅱ)配合物的变色而 $x>2$ 则有利于 Ni(Ⅱ)配合物的变色。

(3) 氢键网络结构的强度决定了其转变温度。

对不连续的热致变色无机化合物研究具有重要的基础意义，这时在基态中的金属离子根据对抗离子的氢键作用和晶体堆砌力的不同而具有不同的配位几何构型。例如，Mn^{2+} 在$(C_2H_5)_4NMnCl_3$ 中为八面体构型，但在$[(CH_3)_4N]_2MnCl_2$ 中为四面体，事实上在适当的条件下，如在$[(CH_3)NH]_3Mn_2Cl_7$ 中，它们可以共存。虽然对稳定各种构型力的本性进行了研究，但对于决定这种晶体结构差别的本性仍然不太真正了解。热色性研究为这种配位几何和相互作用提供了一种理想的体系，因为当相变时，结构中的对抗离子没有变化，所有的变化只能归结于晶体中作用强度随温度的变化。

在经典的无机立体化合物中，这类行为可归结为存在立体异构体。然而不同异构体经常具有非常不同的基态能量，不稳定的异构体只能在能量上不利于稳定异构体的条件下进行制备。类似地，不同异构体间的势能不能被室温下的热能 kT 所超越时就不能发生相互转换。因此热致变色材料必须满足两个判据：不同的配位几何结构或异构体必须具有近似的能量，而且它们之间必须有较低的势垒。

众所周知，化学反应是朝着 Gibbs 自由能负的方向进行：

$$\Delta G = \Delta H - T\Delta S \tag{12.2.7}$$

其中，H 为焓，S 为熵。所以即使在热致变色能量判据可以满足时，也应考虑熵变项的贡献，它代表了反应过程的驱动力。虽然熵值的增加可以由离解过程引起(如在双聚体→单体变换中)，但更通常的是由晶体中有机组分的动力学无序所引起。不管热致变色的机理如何，原则上总是涉及分子的电子状态的变化。由于分子内能量的变化远大于分子间的势能，所以通过典型的相变时(涉及分子或自旋的有序-无序机理，或原子位置的置换机理)，分子的结构保持不变，即在相变时分子中的电子能量的变化小到可以忽略不计。因此，热致变色的研究也为晶体的动力学行为提供了一种手段。

固体热致变色在实际中有一系列应用。例如，作为颜色指示剂，可用于涂料、陶瓷、印刷、变色墨水、蜡笔、纸或塑料粘贴标签。商品应用涂料的温度范围根据所选材料和制备方法可由 4℃到 1300℃以上，这对于机件、锅炉或反应塔不同部分温度以及在动态操作条件下的刀具都可以给予一个明显的颜色显示。在日常生活中，可以作为水下浴室或厨房温度计，因饮料冷热而引起玻璃或容器变色的产品也已经投入市场。表 12.6 中列出了一些不可逆变色和可逆变色的化合物[5,6,30-32]。不可逆的化合物大都为 Co(Ⅱ)或 Co(Ⅲ)配合物，可逆的则大都为 Ag^{+} 或 Hg^{2+} 配合物。这种温度表示的精确度约为±5%。

表 12.6　用作温度指示计的热致变色化合物

A：不可逆体系

化合物	颜色变化		转变温度/℃
	低温	高温	
$CoI_2 \cdot 2hmta \cdot 8H_2O$	棕红色	绿色	50
$NiBr_2 \cdot 2hmta \cdot 9H_2O$	绿色	蓝色	62
$Co(AcO)_2 \cdot 4H_2O$	粉红色	紫色	82
$Co(NCS)_2 \cdot 2py \cdot 10H_2O$	淡紫色	蓝色	93
$CoSiF_6$	橙粉红色	亮粉红色	99
$Co(HCO_3)_2 \cdot 2H_2O$	粉红色	深淡紫色	116
$[Cr(en)_3]Cl_3$(Ⅰ)	黄色	红色	119
$[Cr(en)_3](NCS)_3$(Ⅰ)	黄色	红色	121
NH_4VO_3(Ⅰ)	白色	粉红色	132
NH_4VO_3(Ⅱ)	粉红色	黑色	164
$[Cr(en)_3](NCS)_3$(Ⅱ)	红色	黑色	252
$[Cr(en)_3]Cl_3$(Ⅱ)	红色	黑色	270

B：可逆体系

化合物	颜色变化		转变温度/℃
	低温	高温	
Ag_2HgI_4	黄色	橙色	47～50
Cu_2I_4	红色	棕黑色	70～71
$PbHgI_4$	橙红色	黄色	129～135
HgI_2	红色	黄色	130～133
AgI	黄色	棕色	144～145

注：其中 hmta 为六亚甲基四胺(hexamethylenetetramine)。

12.3　聚合物的热变性

在科学研究和技术应用中常需要一类变色性材料(chromorgenic materials)。例如，这时就要应用到便于进行设计和连续控制的热致变色，热变材料和电致变色材料。其中聚合物分子材料有着特别的应用意义。

人们常利用太阳光的红外和紫外辐射的反射和吸收性质相互结合的方法而制备不同的太阳保护膜，以减少在夏天入射的太阳热能；或用热色及热致变色提高建筑物多色美观的外表及室内的能量利用效率，又便于从室内向外，而不能从室外向内进行观察。

这里我们首先介绍人们在面对太阳时就要控制阳光照射人眼睛产生的眩晕(glazing)现象。在实际中很重要的实例是利用聚合物保护膜的反射现象来减低阳光辐射对建筑物及电子器件受热损伤。

12.3.1　热变体系的光散射

热变体系显示了其光散射性质(参见图 12.4)，它们对温度有依赖性。只有其光散射性质随温度的增加而增加的材料才适于作为控制阳光的热变材料或防止阳光眩晕的遮光材料[33]。这就要求这种材料在温度变化时有一个相分离过程，即其会在各向同性和各向异性(例如液晶中)状态之间在某个临界温度 T_c 时会产生相转变，从而产生一个相分离过程，进而引起该材料中的基体(matrix)和相畴之间的折射率 n 随温度有很大的差别。聚合物和聚合水溶胶体系就是被人们深入研究的这类材料。其理论考虑如下。

这类聚合体系至少要有两个具有不同折射率 n 的组分。在温度低于转变温度(switching point) T_s 时，折射率的差别对散射没有影响，因为在分子水平上所有的组分都是均匀的混合或者具有同样的平均折射率，在这种状态下材料对于太阳辐射来说是高度“透明的”。当达到转变温度 T_s 时，产生相变或相分离，因而这两个组分的折射率就不同。当散射畴区的大小和阳光的波长有类似数量级时情况就会发生变化。在两个组分之间的界面太阳辐射就被散射，入射阳光发生反射(背散射)。已经提出了理论的模型和根据畴区大小 r_{SD}、散射区折射率 n_{SD} 和基体折射率 n_M 的差别和散射畴区的体积分数 V_{SD} 等参数模拟了散射过程[34,35]。Nitz 基于 Lorentz-Mie 理论，应用 Maxwell 方程(2.1.2)对球形畴区的电磁波辐射的散射进行了严格的分析解[36]。原则上对于畴区小于或大于波长 λ 时，可以分别近似地应用 Rayleigh 散射($r_{SD} \ll \lambda$)和几何光学近似。对于分立的球形粒子包含在透明基体的情况内，光散射的结果使透过光的强度 I/I_0 可以用式(12.3.1)表达为

$$I/I_0 \sim \exp\left[\frac{-3V_{SD}xr_{SD}^3}{4\lambda^4}\left(\frac{n_{SD}}{n_M}-1\right)\right] \tag{12.3.1}$$

其中，x 为光程。式(12.3.1)明显地说明了对于给定的波长 λ 和折射率不匹配(即 $n_{SD}/n_M \neq 1$)时，透射光强度会随着粒子的半径(r_{SD}^3，即散射畴区)的增加而降低。而光程长度 x 和 n_{SD}/n_M 等其他参数则影响不大。当散射畴区的大小 r_{SD} 比光的波长 λ 小 1～2 数量级时，畴区/基体-复合体对光而言就像一种连续介质，而且处在低散射态。

为使阳光屏蔽性质处于最优可能情况，则就要求材料具有高的背散射(back scattering，即反射)。然而式(12.3.1)并没有考虑散射光的角度分布。应用Lorenz-Mie理论可以说明因光散射角度分布的不同而使得后散射比前散射的效率低。更全面地考虑到散射光在阳光区的更宽分布，则畴区的大小最好处在400～1000nm内。

由上面的原则可见，为了应用热度体系来调节太阳光的散射，可以利用不同折射的相分离；改变粒子大小(纳米级)、聚合物嵌段共聚作用；对固定的畴区进行热铸处理(casting)的相转换等方法。

这里列举一个应用聚集体作为热色材料的简单实例，它可能被用于调制阳光的散射。这时将聚合物中的三嵌段共聚物分散在水中，从而设计出新的原型智能窗[37]。这种具有热可逆明-亮转换特性的材料是基于氧化聚乙烯-(-氧化丙烯-Co-氧化乙烯)的三嵌段三聚物(简称EPE)热聚合物。如图12.16所示，这种均匀分散的EPE随着温度的升高开始形成微胶(micelles，参见15.2.3节)，进一步加热使得微胶排列成簇状物。只要含体积分数为10%[38] EPE的1mm水层，在600nm波长下，其直射透过率变化就可由85%降到近似0%。在添加十烷基硫酸钠(SDS)时，对图12.14中的过程影响很大。在溶液中加入不同量的表面活性剂SDS时，其明-亮转变温度范围可由25℃调减到60℃，在进一步制作智能窗时，还可在ITO透明电极上附加电极而人工外控其亮度。

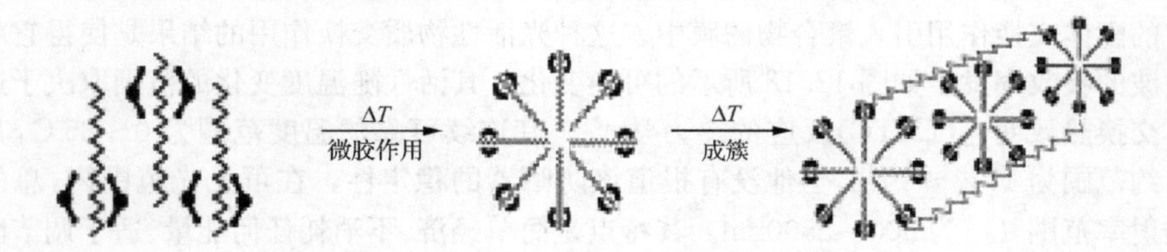

图12.16 分散在水中的EPE分子随温度升高而成簇状物

12.3.2 热变性聚合物的智能材料

1. 热变聚乙烯膜

这时可以将光的吸收和散射性质相结合。将塑料挤压成薄膜已广泛应用于保温房、建筑物和防晒房的屋顶。这是一种最经济的将塑料和热变性混合在一起生产防晒产品的方法。一般将由正烷烃混合物核(core)和基于乙烯基(CH_2 ═CH—)单体直接混在一起进行挤压和反应[39-40]。热变离子的含量可以从1%到10%，含量更高时即使加了分散剂也会使热色粒子在膜中不均匀地分布。一个典型的例子是对于热变聚乙烯(PE)膜，当其厚度为300μm，在室温时其正射光透过率可以由10%升到85%、厚度可达≥500μm。但厚度太低，会由于聚乙烯膜的部分结晶而使其在室温下的透光率降低。

透射率的降低是和热变材料的相变及其引起这种变化的非线性转换有关。由图12.17可知，转变温度T_s受热度材料成分的影响。一般其在超冷约10K左右时，才能回到其原来开始的透明状态。

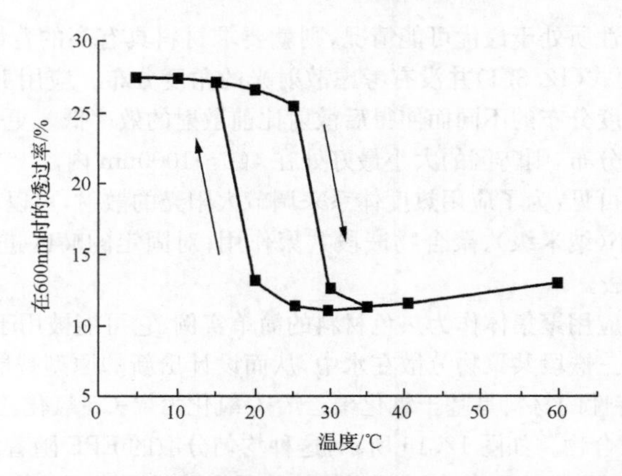

图 12.17　一种热变性修饰的聚乙烯膜在波长 600nm 入射光直射时的透过率随加热或冷却温度的变化

2. 配体交换热致变色

Millett 报道了可以利用阳光通过热致变色材料来制备防晒器[41]，这时须将一种配合物中的配体交换作用引入聚合物的膜中。这种光活性物质交换作用的结果是使得它对光电磁波的吸收率发生如图 12.18 所示的可逆变化。其活性随温度变化的范围取决于这种配体交换热致变色(LETC)反应的热力学[42]。其连续可靠的温度范围为 0～85℃，其能量节约范围为 17%～30%，但他没有报道该防晒器的稳定性。在可见光范围内，总的阳光透射率范围 T_{S01} 为 300～2500nm。其特点是简单经济、不消耗任何能量、适于调节防晒器。白天，自动控制天气变化，减少建筑物内能量损耗。这种热致变色薄层状聚合物间也可以掺入过渡金属配合物，其在光和热流的影响下也可改变薄膜的配位和透过率或颜色。

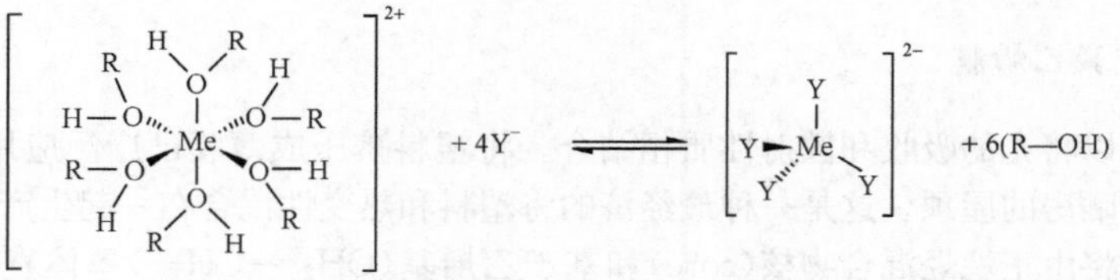

$$[Me(ROH)_6]^{2+} + 4Y^- \rightleftharpoons [MeY_4]^{2-} + 6(R\text{—}OH)$$

图 12.18　配体-交换热致变色体系中的配体交换反应

3. 水凝胶热致变色及其杂化热度材料

上述重点介绍了有机分子聚合物的调光材料。这里将介绍另一种应用无机聚合物作为基体进行调光的材料。

正如 3.1.2 节所述，水凝胶是一种能在水中溶胀，但不能溶解的亲水聚合物。这种三维交联网络结构和介质共同组成的多元体系，特别是其大分子主链或侧链上含有离子溶解性、极性或疏水性基团，在受到外来刺激或扰动后会引起形状、相变、应变、光束性质和识别等性质发生连续或突变。其中的可逆变化在传感中有着重要的意义。

现在我们举一个应用聚合凝胶网络的方法制备所谓着色材料的实例。它是一种透明的同时独立地在不同温度下由于光散射变化和热致变色而进行调控其透明-浑浊的杂化材料。这时有两种途径：一种是将热色性引入热变水凝胶；另一种是将热变性引入热色变性水凝胶。

图 12.19 是一个聚醇盐/LiCl/溴百用酚蓝(bromothymol blue)水凝胶的着色和透光过程[42]，并显示了其将热致变色性导入热色水凝胶的细节。两性表面活性剂的浓度会影响凝胶的调光性能。

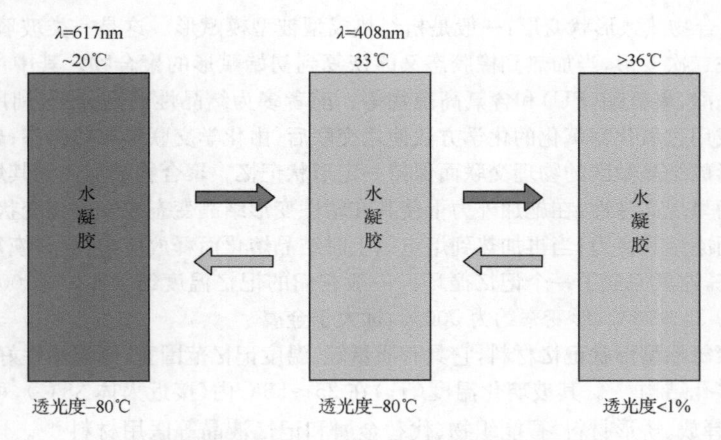

图 12.19　聚醇盐/LiCl/溴百用酚蓝等体系中的着色和透光过程

12.3.3　热感应形状记忆材料

一般的金属材料在其形变超过其弹性极限时会产生永久性塑性变形，这种塑性变形是不可逆的。但在所谓的形状记忆功能材料中，它会记忆在高温状态下的形状。

形状记忆材料的特点是具有一定初始形状，经过某种形变固定后，在通过加热等外部条件作用下又可使其“记忆”而回到初始形状，这种功能材料可用于自动控制、机器人、仪器仪表和能量转换等领域。一般可以将其分为下列三类：

(1) 形状记忆合金(SMA)：这是由两种以上的金属元素所构成的合金，这种形状记忆效应来自冶金学中的在马氏体热弹性相变时，由相界/时界的运动而提供的可逆变形。其使用的温度受相变点(约为−150～+100℃)温度的限制。例如，在实际中得到应用的 Ti-Ni、Fe-Mn-Si 和 Cu-Zn-Al 等合金，它们具有一定的初始形状，在低温下经过塑性形变后具有另一种形状，再通过加热到某一个临界温度 T_c 以上时又可恢复成初始形状的一类合金。这种恢复记忆的原动力是由这种高温相和低温相间的相变自由能之差引起的[43]。

(2) 形状记忆陶瓷材料(SMC)：如 7.1.3 节所述，利用陶瓷的铁电性，在外电场作用下会产生位移和相变[44]。例如，$PbErO_3$(PET)和 $PbTiO_3$ 的固溶体陶瓷在高温时为立方晶系，冷却到居里温度 T_c 时发生相变，通过调节温度和陶瓷中两种成分的比例，可以改变这种 ABO_3 型钙铁矿晶体的形状，其中四面体结构和六面体结构都是铁电相，而八面体结构可由反铁电相转变为铁电相，通过这种微结构的变化会产生应力。当将铁电体放置于电场中时，则由于材料的极化导致机械应力；而对于反铁电性，由于内部含有两个磁矩相反的区域，宏观极性抵消产生的应力也很小。因而若反铁电相和铁电相两者组分相接近时，在高场下其相变必伴随着晶格变形并产生形状记忆效应；而当电场降低时材料是恢复到初始形状还是保留铁电状态就取决于材料的组成。一般在相图边界上的稳定态组分较易于发生形状记忆陶瓷。这类记忆材料的相变温度 T_c 常是随着粒子尺寸的减小而降低。

(3) 聚合物热致形状变形：一般是指经热成型被型模赋形。这是一类玻璃化温度 T_g 至室温时被二次变形，当加热到橡胶态又能恢复到初始赋形的聚合物。其中主要有交联聚烯烃聚乳酸、聚氨酯(PU)和含氟高聚物等。前者多为结晶性的高分子，利用辐射交联物理方法或用过氧化物氧化的化学方法使之交联后，由化学交联形成热弹态；聚氨酯因高分子链内形成结晶微区的物理交联而保持一定形状记忆。聚合物被加热到其熔点以上时不再熔化而呈现高弹性，在施加外力下使其在塑性变形结晶变态或发生相变状态下冷却，重新结晶而冻结其应力；当再加热到熔点以上时结晶熔化而释放应力；材料恢复到原来赋予的形状态，这就完成了一个记忆循环。一般它们的记忆温度约为 120～200℃，形状恢复温度约为 35～90℃，形变率约为 500%，远大于金属。

对于聚氨酯型形状记忆材料，它具有质量轻、温度记忆范围宽、高温热性好优点，并可具有泡沫多孔结构[45]。其玻璃化温度(T_g)在 25～55℃内(接近人体 38℃)，可适于生物降解、药物释放、矫形材料、智能织物、代替金属和记忆液晶等医用材料[46]。通过形状变形引起的高强度和韧性增强，使其可以用于变形断面、电流、接头的连接件、食品包装、玩具工艺品等。

参 考 文 献

[1] (a) Nassau J K. The physics and chemistry of color—The fifteen causes of color . New York: John Wiley & Sons Inc, 1983

(b) 拿骚 K. 颜色的物理和化学——颜色的 15 种起源. 李世杰，张志三译. 北京：科学出版社，1991

[2] 张海璇，孟旬，李平. 化学进展，2008，20(05)：657

[3] 沈永嘉. 有机颜料——品种和应用. 北京：化学工业出版社，2001

[4] 姚启钧. 几何光学教程. 北京：高等教育出版社，2010

[5] Day J H. Kirk-Othmer's encyclopedia of chemical technology. New York: Wiley-Interscience, 1979, vol. 6: 126

[6] Yoo W J, SeoJ K, Jang K W. Optical Review, 2011, 18: 144

[7] Sone K, Fukuta Y. Inorganic thermochromism. Berlin: Springer-verlag, 1987

[8] Bell C F. Syntheses and physical studies of inorganic compounds. Oxford: Pergamon Press, 1972: 35

[9] Yarwood J. Spectroscopy and structure of molecular complexes. London: Plenum Press, 1973

[10] Drago R S, 游效曾, Miller J G. 化学学报, 1984, 42: 618

[11] Briegleb G, Czekalla J. Z. Phys. Chem(Frankfurt), 1960, 24: 37

[12] Drago R S. Coord. Chem. Rev., 1980, 33: 251

[13] Day J H. Chem. Rev., 1968, 68: 649

[14] Teitelbaum R C, Ruby S L, Marks T J. J. Am. Chem. Soc., 1978, 100:3215
[15] Burns R G, ed. Mineralogical applications of crystal field theory. Cambridge:Cambridge University Press, 1977
[16] Minomura S, Drickamer H G. J. Chem. Phys., 1961, 35: 903
[17] Basolo F, Chen Y T, Murmann R K. J. Am. Chem. Soc., 1954, 76:956
[18] Sone K, Kato M Z. Anorg. Chem., 1959, 301:277
[19] Ishiguro S I, Suzuki H, You X-Z, et al. Inorg. Chem. Acta., 1991, 180:111
[20] Wilke K T, Opfermann W. Z. Phys. Chem. (Leipzig), 1963, 224, 237
[21] Nagase K, Yokobayashi H, Sone K, et al. Thermochim. Acta., 1978, 23, 283; 1979, 31: 391
[22] Ihara Y, Wada A, Fukuda Y, Sone K. Bull. Chem. Soc. Jpn., 1986, 59: 2309
[23] Ihara Y, Tsuchiya R. Bull. Chem. Soc. Jpn., 1980, 53:1614
[24] Willett R D, Haugen J A, Lebsack J, Morrey J. Inorg. Chem., 1974, 13:2510
[25] Bloomguist D R, Willett R D. J. Am. Chem. Soc., 1981, 103:2615
[26] Bloomguist D R. J. Am. Chem. Soc., 1981, 103: 2610
[27] Goedken V L, Vallarino L M, Quagliano J V. Inorg. Chem., 1971, 10:2682
[28] Ferraro J R, Sherren A T. Inorg. Chem., 1978, 17:2498
[29] Bloomquist D R, Willett R D. Coord. Chem. Rev., 1982, 47: 125
[30] Gvozdov S P, Erunova A A. Khim. Khim. Technol., 1958, 5:154
[31] Cowling J E, et al. Ind. Eng. Chem., 1953, 45:2317
[32] (a) Halmos Z, Wendlandt W W. Thermochim. Acta., 1973, 113:7
(b) Herbst W, Hunger K, Wilker G, et al. Industrial organic pigments: Production, properties, application. Weinhem: VCH, 1993
[33] Seeboth A, Ruhmann R, Muhling O. Materials, 2010, 3:5143
[34] Nitz P, Ferber J, Stangl R. Solar Energy. Mater. Solar Cells, 1998, 54:297
[35] Nitz P. Optische Modellierung und Vermessung thermotroper Systeme. Ph. D. Freiburg, Germany, 1999
[36] Bohren C F, Huffmann D R. Absorption and scattering of light by small particles. New York. Wiley-Interscience, 1998
[37] Gong X, Li J, Wen W, et al. Appl. Phys. Lett., 2009, 95:251907
[38] Park M J, Chen K. Macromol. Rapid Commun., 2002, 23:688
[39] Muehling O, Seeboth A, Haeusler T, et al. Solar Energ. Mater. Solar Cells, 2009, 93:1510
[40] Ruhmann R, Muehling O, Seeboth A. Final report to German Federal Ministry of Economics and Technology. Bonn, Germany, 2008
[41] Millett F A, Byker H J, Bruikhuis M D. 2008, WO 2008/028099A2, 6
[42] Kriwanek J, Vetter R, Lotesch D, Seeboth A. Polym. Adv. Technol., 2003, 14:79
[43] (a) Funakubo H. Shape memory alloys. London : Gordon and Breach, 1987, 108
(b) Liang W, Zhou M. Nano. Lett., 2005, 5(10):2039
[44] Evans A G. Noyes Publication, 1984, 16.
[45] (a) Lendlein A, Kelch S. Angew. Chem. Int. Ed., 2002, 41 (12):2034
(b) LiuY, Lv H, Lan X. Compos. Sci. Technol., 2009, 64:2064
[46] Rousseau I A, Mather P T. J. Amer. Chem. Soc., 2003, 125:15300

第 13 章　光 致 变 色

光致变色(photochromism)这个名词的英文来源于希腊文 *photo*(light)和 *chroma*(color),其含义为物质受光的影响产生颜色。“五光十色”这个成语就反映了绚丽多彩的光和色对于人类直接感知的重要性。早在 1867 年,Fritsche 第一次报道了光致变色现象。当时只注重在日光和黑暗环境中物质显示不同的颜色。1949 年,Hirshberg 比较明确地提出了光致变色代替光色性(phototropism)这个名词。光致变色定义是在光的电磁场辐照下,单个化学物种在一个或两个方向上具有明显不同吸收光谱的 A 和 P 两种状态间的可逆变化[1-3]:

$$\mathrm{A} \underset{\Delta\text{或}h\nu}{\overset{h\nu}{\rightleftharpoons}} \mathrm{P} \quad (\text{单分子反应}) \tag{13.0.1}$$

之所以强调可逆变化原则上是由于几乎所有的不可逆化学反应都会产生不同颜色(光谱)的产物,这已属于光化学研究范围。但对光致变色逆反应 P→A 的变化方式则未加限制,可以通过加热(称为 T 型)或加光(称为 P 型)的形式进行。但是后来光致变色新材料的进展还是认为光致变色应包括可逆的光环加成和转移等双分子反应。

$$\mathrm{A}+\mathrm{B} \underset{\Delta\text{或}h\nu}{\overset{h\nu}{\rightleftharpoons}} \mathrm{P} \quad (\text{双分子反应}) \tag{13.0.2}$$

在物理光学中,全息照相(hologram)记录的是物体各点的全部光信息,包括振幅和相位可以完全再现原物的波前,能观察到一幅非常逼真的立体像。随着全息照相等高技术的发展,还应将光化学扩充到多光子光致变色过程[3]。例如,对于式(13.0.1)的简单情况下,除了考虑单光子 $h\nu$ 吸收[图 13.1(a)]外,在图 13.1(b)的三能级双光子体系中,分子 A 从在基态 S_0 吸收频率为 ν_1 的光子而达到 S_1 状态(它可以是基态的高振动态或第一电子激发态)时,还不能发生光致变色反应,只有在继续或分步地吸收了第二个频率为 ν_2 的光子而达到高激发态 S_2 后才产生光致变色反应[2]。在图 13.1(c)的四能级双光子体系中,吸收 ν_1 的光子到达第一单重激发态 S_1 后通过系间窜越(ISC)而达到 A 的激发三重态

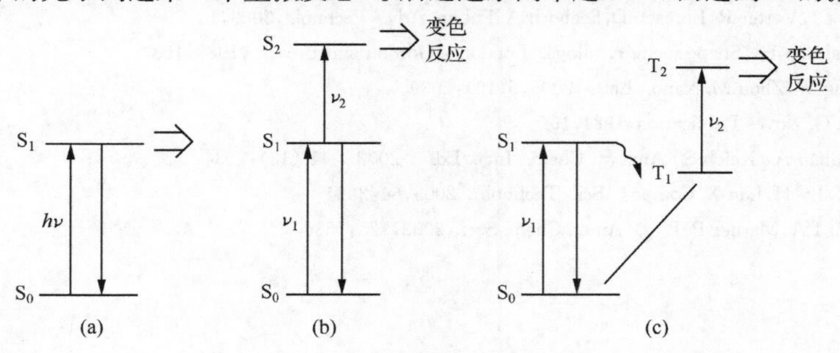

图 13.1　双光子变色过程

(a) 双能级单光子体系;(b) 三能级双光子体系;(c) 四能级双光子体系

T_1(也可以是 A 反应生成的活泼中间体),再吸收 ν_2 的光子由 T_1 跃迁到激发三重态 T_2,从而实现光致变色。这种双光子体系的最大特点是其和光强度的非线性关系,因而在光记录体系中有较大应用前景(参见图 8.15)。

光致变色后引起体系吸收、发光和反射光谱、折射率、介电常数,甚至相变等一系列物理性质的变化[4]。与热致变色等变色性相比,光致发光的优点是它可以是一个高能过程,可以通过光纤进行远距离的遥控,甚至只要求对光源进行简单的“开-关”操作。反应式(13.0.1)~式(13.0.2)的逆反应(热)或其产物的光化学副反应则会引起光致变色的退色(fatigue)反应。图 13.2 表示了光致变色分子在光照前后及过程中一个典型吸收随时间的变化曲线。对光致变色的研究,目前用得较多的有可见-紫外吸收光谱、红外光谱(IR)、拉曼(Raman)光谱、核磁共振(NMR)、光诱导电子自旋顺磁共振(ESR)等方法。自从 Porter 发现时间分辨光谱和闪光光谱后,开创了研究瞬态,寿命和激发态性质的分子动态学及机理的新领域。

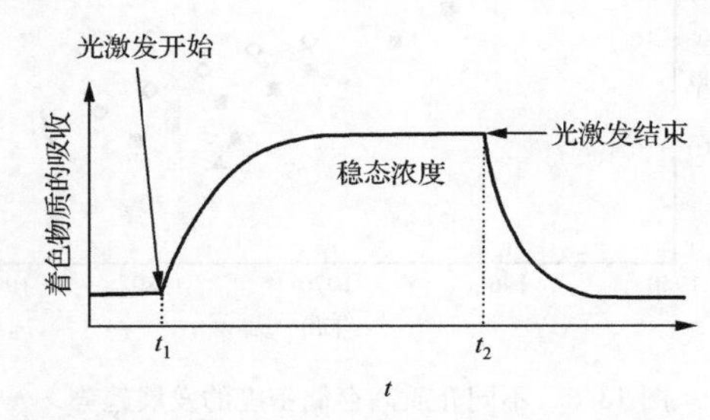

图 13.2　光致变色体系的光度随时间变化(固定波长)的示意图

众所周知,很多海洋生物可以随环境不同而改变颜色以保护自己。但对其过程仍知之甚少,且其变化速率至少在秒的数量级内。又如人工制造的太阳镜也可以是一种以卤化银(AgX)为变色材料的应用。它的颜色随光强度的增加而降低,从而起着保护眼睛的作用。这种变化可以可逆循环地开关 10^6 次以上。这是目前一般分子型材料所不可比拟的。但是分子材料具有可设计剪裁,从而具有可随波长改变响应范围而作为光数据存储介质等优点,备受人们的重视。

20 世纪 80 年代以后,材料科学在基础研究及应用方面取得了重大进展,从而形成了高技术的物质基础。其中一个原动力是下一代高存储计算机的发展。目前是信息存储密度比电记忆器件高得多的光记忆器件。1982 年,使用低功率半导体作光源后,人们在视听设备上有了突破性进展。用作视听的 CD 盘就是基于类似留声机原理的一种光记忆器[5]。一般应用最大发射波长在 780~840nm 红外光,以其选择性热诱导作用引起结构或相变而进行信息编码,再应用另外的方法使原有信息复原。只读光盘(compact disc read only memory,CD-ROM)的出现及以后的只写(WORM)和可擦(EDRAW)光盘的出现是这方面的又一个进展。目前应用上主要集中在开发 WORM 体系的红外吸收染料和 EDRAW 体系的稀土/过渡金属的磁-光器件。WORM 记忆器应用的是介质的不可逆物理变换,比如,生成针孔、泡孔、鼓胀、表面结构变换和不可逆光致变色等。

可逆的 EDRAW 介质的光数据存储器主要应用的是磁-光效应(参见图 1.6)和可逆

相变，如 PbTeSe 和 InSeTlCo，后者在 14mW 激光源下于 60ns 内发生从无定形到晶型的快速相变。此外还应用下列方法：液晶聚合物、Langmuir-Blodgett 膜、特殊荧光染料、Al_2O_3 中掺入发光物质、压电、LIESST 效应（5.4.1 节）等。还有一些尚未得到实际应用的光化学烧孔、全息照相记忆器等方法。

图 13.3 表示了不同介质高存储密度（每一个比特所需的面积）。目前的信息密度约为 10^8 bit/cm^2（二维存储），尽管在小型工艺和新存储材料的发展方面有很大进步（参见图 16.23），但离分子信息存储水平仍有差距。例如，DNA 生物分子的基因信息所对应的信息密度约为 10^{21} bit/cm^3（三维存储）。

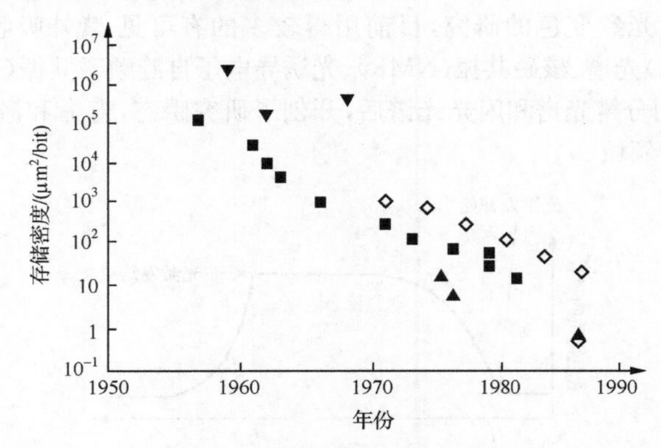

图 13.3　不同介质高存储密度的发展趋势

■磁盘，▲磁泡，▼薄膜存储器，○光盘，◇半导体

光致变色染料和光致变色化合物除了可以作为光能和光电转换材料外，还可以作为光盘和光计算分子器件等光存储材料[5]。在光致变色染料中，其是基于两种互变异构体的光吸收作用，要求应用“写”和“读”两个激光源。对近红外波段灵敏的染料主要有四类[6,7]：①次甲烷染料，如 A＝CH—X＝CH—D^+，其中 A 和 D 分别为电子受体和给体，

O^-

X 为—HC═　　CH═等；②酞箐（PC）配合物，如 MgPc、AlClPc、TiClPc 等；③特殊的稠芳

O　　O

香烯，如 5,8-二胺-1,4-萘醌和图 13.4 所示的吩噻嗪等衍生物，这些染料的特点是分子小、溶解度低、不带电荷，故便于应用气相沉积技术；④金属配合物，如图 13.4 所示的配体的二硫代配合物。我们曾经合成了一系列新型的富瓦烯金属配合物，它们除了具有较好的导电性外，在近红外也有好的选择吸收特性[7b]。

如前所述，光致变色可以由光物理效应或光化学反应引起。在光物理效应中，物质吸收光子后发生电子从分子中一个能级跃迁到另一个能级，或者固体中的离子从一个位置移到另一个位置而改变它的价态，从而呈现不同的光谱，导致光致变色。在光化学效应中，化合物（或固体及聚集体的缺陷中心）吸收光子后电子由基态跃迁到激发态，在该激发态可能并不引起吸收，但其随后引起的光解化学反应的产物则可能引起吸收光谱的变化，从而导致光致变色。对于光致变色材料的一般要求是：①灵敏度高，放大能力强，光反应

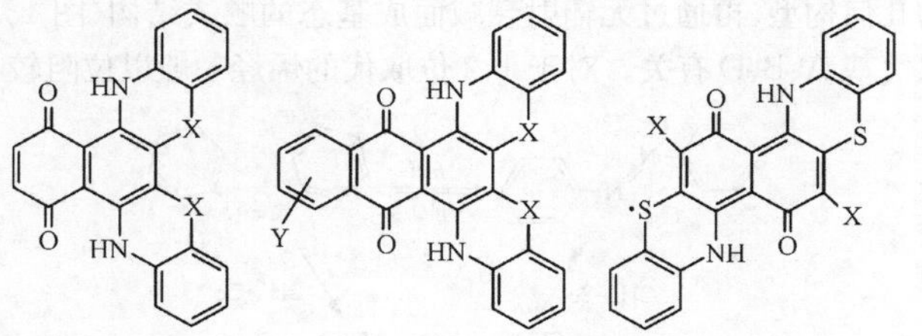

X=S, Se
λ_{max}=730nm
(a)

X=S, Se
Y=H, 4F
λ_{max}=650~850nm
(b)

X=H, Br
λ_{max}=720~800nm
(c)

图 13.4 吩噻嗪和砂硒嗪衍生物的红外吸收

(a) 苯醌；(b) 萘醌；(c) 含 1,4-二酮基

的量子效率高；②“开”和“关”两种形式的对比度大；③其吸收系数和折射率等物理性质随波长而变化；④宽的操作波长，对辐射（或加热）的不可逆范围宽；⑤开关次数多，光稳定性及可逆性好。光致变色化合物的类型很多，其变色机理各不相同，主要组分为：①有机化合物，其中包括共价键的几何异构和质子位移；②无机化合物，其中主要为电荷转移；③配合物，包括金属有机化合物。此外还有三重态-三重态吸收等，这里我们就不再加以介绍。

13.1 有机化合物的光致变色

13.1.1 几何异构体

几何异构体是早期研究最多的一类光致变色化合物。

1. *顺-反异构*

很多化合物在光诱导下会产生几何异构体，例如乙烯衍生物产生双键顺-反异构作用：

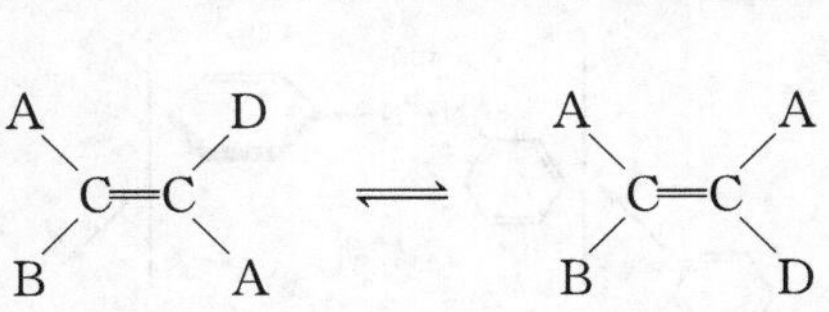

$$\underset{\text{反式}(Z)}{\mathrm{ABC{=}CDA}} \rightleftharpoons \underset{\text{顺式}(E)}{\mathrm{ABC{=}CAD}} \qquad (13.1.1)$$

在没有催化剂时，反应易于通过加热过程而活化，但也很容易通过光激发到最低的单重态和三重态进而发生异构。在这类顺-反异构反应中，像二苯乙烯、硫靛蓝$(C_6H_4COC{:})_2$（经S相连）等衍生物都没有太大实际意义，而偶氮苯之类含 N═N 双键顺-反异构体却有可能作为光数据存储器。

在讨论这种顺反异构的动力学时通常要用到势能面的概念。由于激发，稳定的反式 $>$C═C$<$ 双键的键级降低，激发的烯烃通过扭曲、垂直或虚拟的单重或三重激发态而形

成一种过渡态的几何构型，再通过无辐射衰减而成基态的顺式结构(图 13.5)。具体速率和分子中的不同取代基 A、B、D 有关。对于 1,2 位取代的烯烃一般以位阻较小的反式占优势。

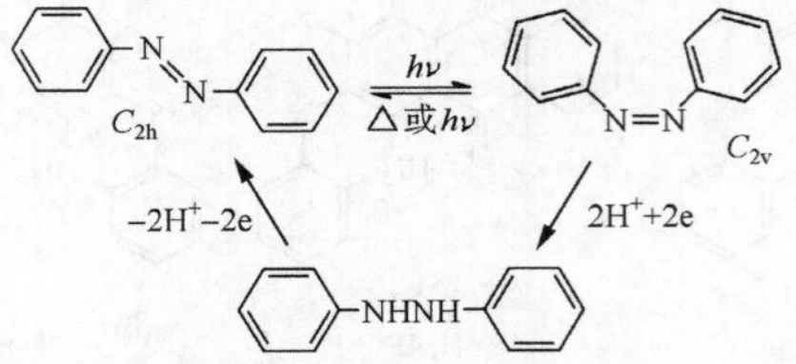

图 13.5　偶氮苯的异构体及其光化学开关效应

现在讨论典型的偶氮苯化合物的光致变色反应。它有黄色的反式(也称 E 型)和红色的顺式(也称 Z 型)两种异构体(图 13.5)。由于这种异构体间的变换反应和其他类型的光反应相互竞争，因而需要从光谱实验考虑它的反应状态以及变换机理。这方面已作了大量的研究[8]。图 13.6 表示了偶氮苯在溶液中的光谱，其中出现了低强度的长波和高强度的短波谱带，它们分别对应于低能的$^1(n,\pi^*)$态和高能的$^1(\pi,\pi^*)$跃迁(图 13.8)。

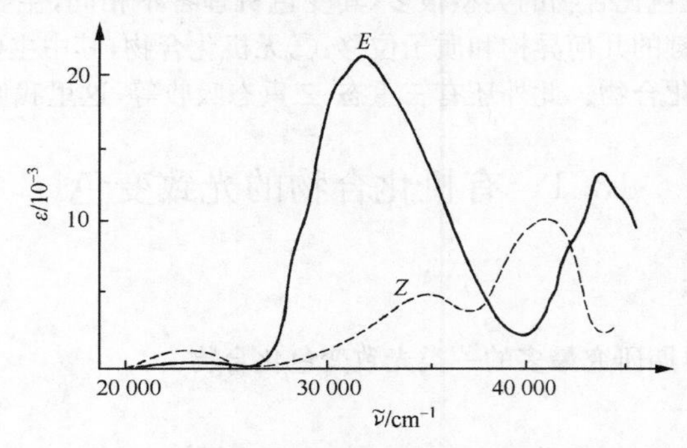

图 13.6　E 型(—)和 Z 型(----)偶氮苯的吸收光谱(乙醇溶剂，298K)

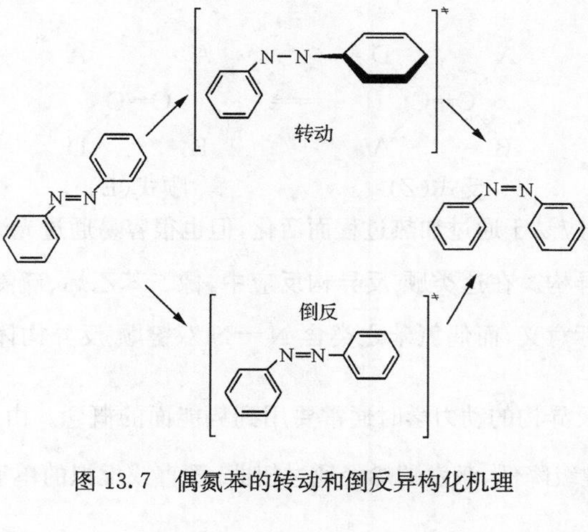

图 13.7　偶氮苯的转动和倒反异构化机理

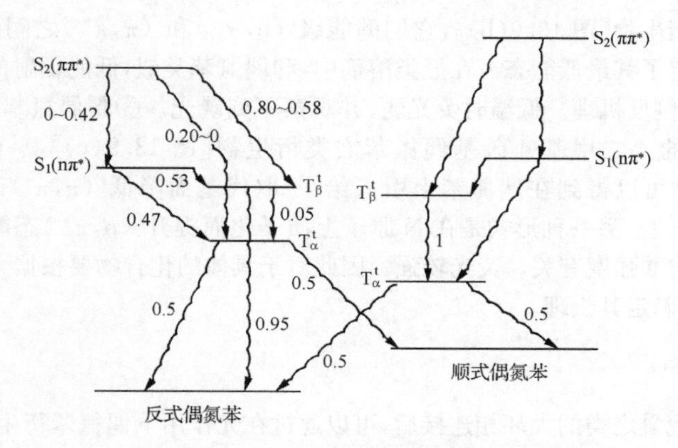

图 13.8　偶氮苯异构化的能级图

对于靠近 22 000cm^{-1}(440nm)的低能 n→π* 谱带不出现振动结构。其 Z 型的强度(ε_{440}＝1250mol^{-1} · L^{-1} · cm^{-1})比 E 型的(ε_{449}＝405mol^{-1} · L^{-1} · cm^{-1})大，这是由于根据选择规则：对于平面型的 C_{2h} 和 C_{2v} 对称性分子 n→π* 跃迁，E 型是禁阻的，而 Z 型是允许的跃迁。但图 13.6中其他谱线则正好相反，E 型强度大于 Z 型，这可以用平面变形和电子-振动偶合作用进行阐明。

关于偶氮苯的异构化机理目前主要有图 13.7 所示的两种途径：一种是 N＝N 键断裂的平面过渡态(转动机理)，另一种是在氮原子上重新杂化为 sp 杂化构型的侧面位移(倒反机理)。对于这两种不同的机理，人们曾经进行了一系列理论计算及实验。图 13.8 所示的能级图大致可以说明实验数据[9,10]，图中对应跃迁旁边的数值为量子产率 Φ，T_α 和 T_β 为两种三重激发态。所有计算表明，这两种机理的激发态和基态的能量差别不大，所以有利于无辐射去活性。实验表明，E 型激发态可以通过部分系间窜跃到三重态，再通过去活化作用而达到基态，说明了它们的荧光发射强度很弱，但是并不出现磷光发射。

分子结构对于光谱有很大的影响。例如，对于刚性的平面型分子[图 13.9(a)]，其 π→π* 谱带比 Z 型的偶氮苯有较大的红移。实际上可以对有机的芳香偶氮苯按照它们的 ^{1}(n,π*)和 ^{1}(π,π*)的相对能级分为三种类型：①偶氮苯型。其特点是 ^{1}(n,π*)和 ^{1}(π,π*)状态之间的能级差大(图 13.8)，这就限制了它在光激发后的系间窜跃和快速几何变化。高能激发态的 E→Z 异构化产率比低能激发的要低。目前倾向于在基态和 ^{1}(n,π*)态采取倒反机理，在 ^{1}(π,π*)态是否采取转动机理仍在讨论之中。强荧光，没有观察到磷光。除了这种直接光激发到单重态的机理外，也可以通过加入适当的电子给予体——^{3}D*(称为敏化剂)而以三重激发传输的形式达到偶氮苯的三重态从而使之发生异构化作用。但是这方面研究难度较大，工作不多。②邻位和对位被氨基

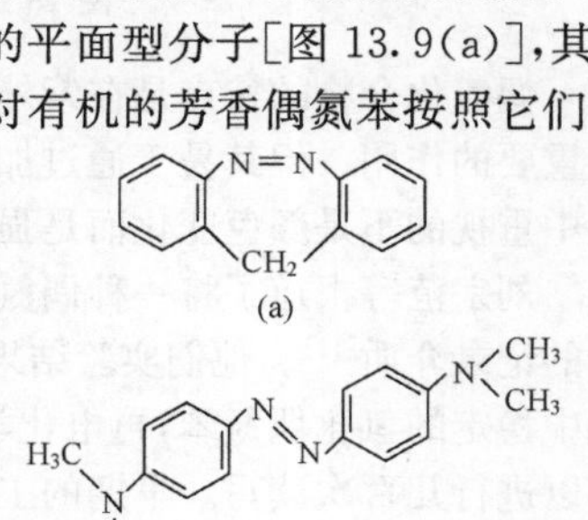

(a)

(b)

(c)

图 13.9　三种偶氮苯衍生物

取代的偶氮苯衍生物[图 13.9(b)]，它们的能级$^1(n,\pi^*)$和$^1(\pi,\pi^*)$之间的距离较接近，所以溶剂常决定了其最低能态。在烃类溶剂中，和偶氮苯类似，低能辐射的 $E\rightarrow Z$ 量子产率较高，可能是倒反机理。低温时荧光弱，并观察不到磷光。③腰偶氮苯。例如，在商品染料中最重要的 4-二甲基-4-硝基偶氮苯之类衍生物[图 13.9(c)]其$^1(n,\pi^*)$能级比$^1(\pi,\pi^*)$的高，这可以得到在偶氮苯上引入给予/取代基而降低$^1(\pi,\pi^*)$态能级的结果。$Z\rightarrow E$ 异构化很快。另一种形式是在 N 原子上质子化而提升$^1(n,\pi^*)$态能级。热致 $Z\rightarrow E$ 异构化作用与酸强度有关。荧光较强。因此对于具体的化合物要根据大量光谱实验作具体的分析，以确定其机理。

2. 几个实例

偶氮苯和冠醚之类的大环相连接后，可以通过在光作用下偶氮苯衍生物中 N ═N 键的异构变化而诱导冠醚几何构型的变化[11](图 13.10)，从而引起冠醚空穴大小的变化，进而导致其中所配位金属离子的释出或吸入，这就起着主-客体体系的光开关作用。

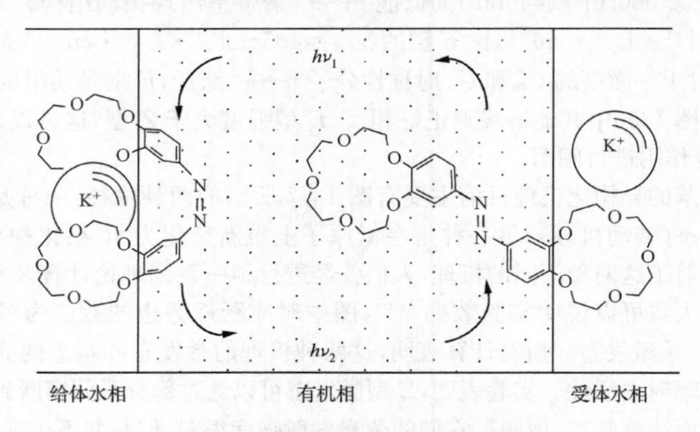

图 13.10 冠醚偶氮衍生物的光开关作用

偶氮化合物的特点是在紫外可见光下易于异构化，所以在作为触发器和开关等方面有重要的作用。但其易于通过加热回至 E 型结构而不利于信息存储的稳定性，何况在信息中重视的不是颜色变化而是强度变化。

刘宗范等报道了将一种偶氮苯衍生物的 LB 膜通过两步光电化学还原而将其作为稳定的记录介质[12]。他们实验结果表明，太稳定的顺式结构可以用电化学还原到在惰性气氛中稳定的氢化偶氮苯，再电化学氧化到反式偶氮苯(图 13.5)。应用这种光电化学过程可以进行几百次读写。早期的工作认为偶氮苯可能用作可擦的光数据存储，其极限存储密度约为 10^8 bits/cm^2(比例于 $1/\lambda^2$)。应用电化学扫描隧道显微镜的方法有可能使存储密度达到 10^{12} bits/cm^2。N,N'-二取代靛蓝(indigo)衍生物的光致变色反应可能用于太阳能转换体系[式(13.1.2)]。

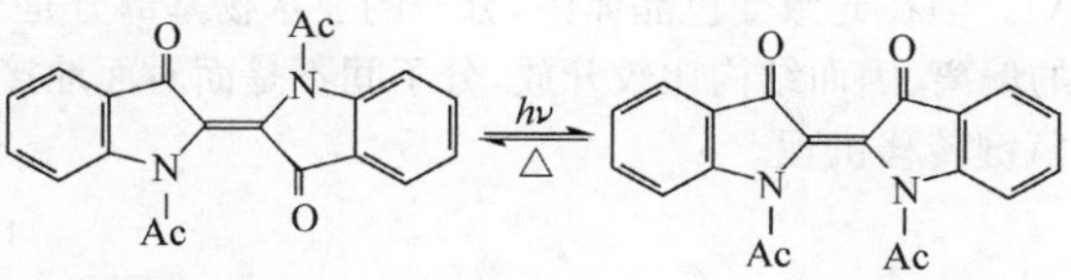

$$(\mathrm{I}) \underset{\triangle}{\overset{h\nu}{\rightleftharpoons}} (\mathrm{II}) \tag{13.1.2}$$

其特点是(Ⅰ)的吸收光谱和太阳光谱的光化学活性区域非常一致。该染料有很好的坚牢度,其逆反应(Ⅱ)→(Ⅰ)是严格定量的。硫代靛蓝衍生物也有类似的性质,而且发现它在银离子作用下,由于顺式的优先配位作用而抑制在加热下顺式向反式异构化的转换[13]。

13.1.2 质子转移型

1. 有机互变异构

很多邻位取代的芳香族化合物的光致变色是由于光激发时发生质子转移而引起醇-酮互变异构[14,15]。例如,水杨酸(或它的酯)在光激发下所引起的分子内质子转移:

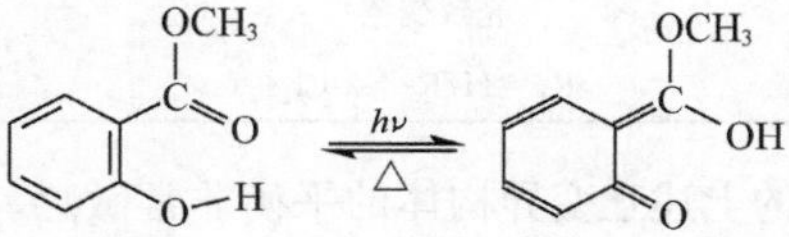

$$\text{醇式} \underset{\triangle}{\overset{h\nu}{\rightleftharpoons}} \text{酮式} \tag{13.1.3}$$

对于固体,其光致变色通常只有在低温(约75K)下才能观察到,其速度($k \approx 10^3\,\mathrm{s}^{-1}$)比溶液中要慢 10^6,并较易于回到基态,故实用性不大。

早已观察到通过这种分子给予和接受基团间的质子转移会引起它们的荧光光谱有较大的Stock位移[指所用激发波数 $\tilde{\nu}_0$ 和所观察到的荧光波数 $\tilde{\nu}$ 之差($\tilde{\nu}_0-\tilde{\nu}$),参见图9.3],而且使得激发态的酚芳香化合物的酸性(或对于芳香胺的碱性)比其基态的大为增加。对于基态G和其激发态 * 的酸碱性差别,可以由光谱数据通过所谓的Foster循环推导出来的公式(13.1.4)加以估计(请注意 $\mathrm{p}K=-\lg K$,K 为质子离解常数)。

$$\mathrm{p}K^* - \mathrm{p}K_\mathrm{G} = -hc/KT\Delta\tilde{\nu} = (0.625/T)\Delta\tilde{\nu} \tag{13.1.4}$$

其中 $\Delta\tilde{\nu}(\mathrm{cm}^{-1})$ 为芳香酚RH及其烃基 R^- 的长波吸收带的波数差,T 为实验温度。例如,对于2-萘酚,由吸收光谱实验得到 $\mathrm{p}K_\mathrm{G}=9.46$,$\Delta\tilde{\nu}=3.3\times10^3\,\mathrm{cm}^{-1}$,因此由式(13.1.4)可求出 $\mathrm{p}K^*=2.5$[16]。

Cohen等对固体亚水杨苯胺(图13.11)的光致变色反应作了细致的研究,发现它们具有黄色和紫红色的不同晶型,而且常受其几何拓扑化学的控制。基于它的光谱化学实验,可以将这类化合物分成表13.1所示的两种类型[17]。应该指出的是,表中所示的两个例子都具有稳定的和不稳定的两种结构形式。表中列出的是室温稳定的那种形式。除了应用光谱加以区分外,也可以从结构上对 α 和 β 型进行区分。在热致变色晶体中,平面型分子面对面地排列(分子

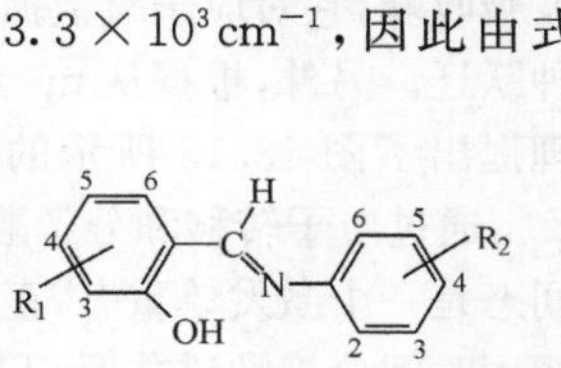

图13.11 亚水杨苯胺的结构

平面间距离约 3.3Å)。但在光致变色晶体中,分子的亚水杨基部分是平面型,苯胺环和前一平面有 40°～50°的偏离,因而结构比较开放,分子间不是面对面地接触。他们还对变色机理提出了分子内氢键转移机理[18]:

烯-醇型("OH-型") ⇌ 顺式-酮型("NH-型") ⇌ 反式-酮型("NH-型")

(13.1.5)

表 13.1 N-亚水杨基苯胺晶体的分类

	α型	β型
分子结构	非平面	平面
UV 光效应	可逆变色,没有荧光	不变色,有荧光
热效应	不变色	可逆变色
名称	光致变色	热致变色
实例	$R_1=H$;$R_2=2$-Cl	$R_1=H$;$R_2=4$-Cl

温度对于晶体中分子的上述互变异构体的平衡非常敏感。当温度升高时,能吸收长波的顺式-酮式成分增多,从而引起颜色变深的热致变色效应。分子内的氢键转移,既可以发生在基态,也可以发生在激发电子态。但是对于光致变色晶体,由于它的扭曲构型需要高能量,使得其分子基态发生质子转移,所以观察不到顺式-酮式的吸收,因而也不产生荧光。然而它在激发电子态时却可以发生质子转移。而且晶体结构较为开放,使之发生几何异构化,从而导致有色的反式-酮式结构,其中不存在分子间氢键。这就说明在这类晶体中,光致变色和热致变色不能共存的事实。

图 13.12 表示了光致变色 2-氯-N-水杨酸苯胺光照前后(−131℃,250W 高压汞灯通过滤光片照射 20min)和热致变色 5-氯-N-水杨酸苯胺在光照前(−153℃)和光照后(−49℃)的多晶薄膜吸收光谱及荧光光谱(−153℃,用 365nm 光激发)[19]。

它们的区别是在光致变色晶体谱中不出现荧光,但出现了附加的 540～580nm 的长波吸收峰,它对应于氧上孤对电子的 $n\rightarrow\pi^*$ 跃迁。而含氢键的热致变色晶体中不含有这种跃迁。另外,根据从 ms 到 ps(皮秒)的时间分辨光谱技术及 IR 光谱,对其光致变色机理提出了图 13.13 所示的能级图[20],烯-醇型吸收光子后从基态 E 跃迁到激发单重态 E^*,通过质子转移和分子顺反异构重排而达到光致变色的物种 P 的基态。其中存在的中间态是一个激发单重态,正是通过它而导致变色物种 P 和顺式-酮型的荧光状态。我们曾经用时间分辨顺磁共振(TRESR)法对图 13.14 所示的一系列席夫碱化合物的激发态分子内质子转移(EREPR)和荧光光谱进行了研究[21]。在光激发下于 ps 时间标度内产生烯醇式单重激发态,产生激发的扭曲二性离子,它再异构化成单重激发的反式-酮型异构体,在弛豫时也应产生其激发三重态[22],只是由于其磷光谱很弱或不存在而妨碍了对其电子结构和性质的研究。在其 77K 玻璃态 TRESR 实验中出现的自旋磁量子数跃迁 $\Delta M_S=$

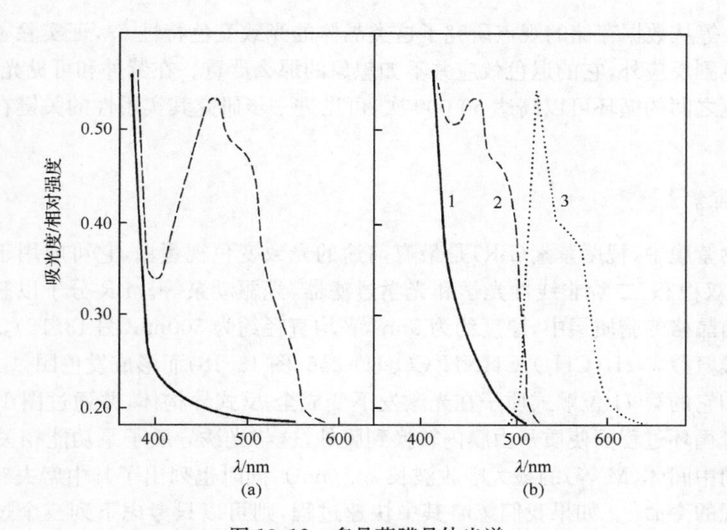

图 13.12　多晶薄膜晶体光谱

(a) 2-氯-*N*-水杨基苯胺光照前(实线)和光照后(虚线)的吸收光谱

(b) 5-氯-*N*-水杨基苯胺光照前(实线)和光照后(虚线)的吸收光谱及荧光光谱(点线)

±2 的信号表明,弛豫过程中存在这种三重激发态。表 13.2 列出了三重态酮式的零场分裂参数 D 和 E,(由顺磁共振实验得到的这种参数反映了电子自旋之间的偶合程度,详情可参考第 1 章参考文献[3]第 300 页),以及三重态 $\pi\pi^*$ 的集居度 P。由表 13.2 可见,吸电子的 NO_2 基影响系间窜跃选择性,但对其零场分裂参数影响很小。

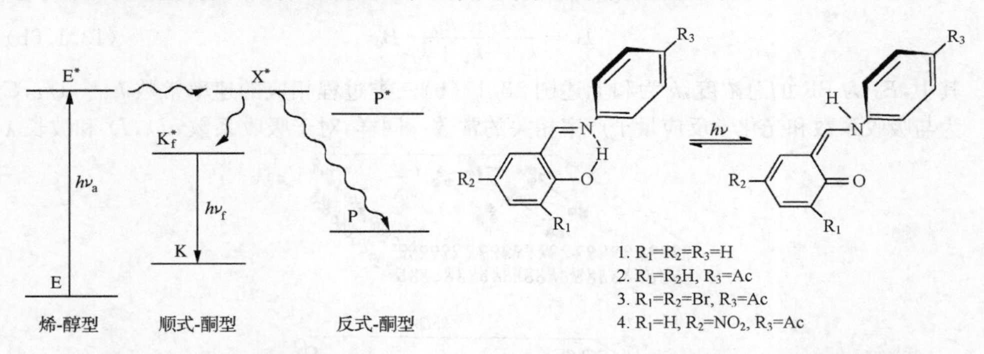

图 13.13　生成光致变色物种的机理　　　　图 13.14　席夫碱化合物的光致质子转移

表 13.2　TREPR 实验的三重态酮式结构的零场分裂参数和相对集居度

样品	$\|D\|/cm^{-1}$	$\|E\|/cm^{-1}$	P_x	P_y	P_z
1	0.060	0.019	0.00	1.00	0.0
2	0.070	0.016	0.25	0.75	0.0
3	0.085	0.010	0.67	0.33	0.0
4	0.073	0.017	0.40	0.60	0.0

Andes 等从数据存储的观点研究了这类晶体的光致变色特性[23]，证实除了杂质引起的光致变色副反应外，它的退色效应并不如想象的那么严重。在紫外和可见光照射下，其红色和黄色之间的循环可以高达 50 000 次，可见进一步研究其实用性的关键在于其可逆程度。

2. 视菌紫素

在生物紫膜中，视菌紫素(BR)是最有前途的光致变色视蛋白，它可应用于光学数据存储、检测双稳态、二阶非线性光学和光学过滤器、光驱动泵等。BR 分子以三聚形式嵌在二维六角晶格的脂质层中，厚度约为 5nm，平均直径约为 500nm(图 13.15)。视黄醛分子连接于赖氨酸($NH_2(CH_2)_4CHNH_2CO_2H$)-216(图 13.16)而形成发色团[24]。BR 的光致变色性和它的第 11 位顺式质子在光激发下变成全-反式异构体，并通过图 13.17(a)所示的复杂光循环过程而使质子由膜内转换到膜外，这与光诱导质子泵功能相关[25]。图中括号为不同中间体(M 等)的最大吸收波长 λ_{max}(nm)，同时也列出了其中席夫碱的质子化状态及过程的寿命 τ。如果我们忽略其中快速过程，则可以只考虑下列三个过程的简化模型[图 13.17(b)]。光诱导由初始态 B 转换到中间态 M(B→M)，M 态以寿命 τ_M 热弛豫回到 B 态和光化学跃迁回到 B 态(M→B)[26]。与这种状态转变相应的吸收系数(ε)和折射率(n)的变化是用于光信息技术的基本参数。例如，可以证明，在简化情况下，该体系的折射率 n 和波长 λ 及光强度 I 的关系为

$$n(\lambda, I) = n_M(\lambda) \cdot B_0 + \Delta n(\lambda) \cdot B_0 \cdot \frac{1}{1 + C \cdot \tau_M \cdot I} \tag{13.1.6a}$$

其中，

$$B = \frac{k_2 + k_M}{k_1 + k_2 + k_M} B_0 \tag{13.1.6b}$$

其中，B_0 为 BR 的总浓度，k 为和上述图 13.17(b)三类过程相应的速率常数 $k_M \sim 1/\tau$，C 为与吸收系数和光化学反应量子产率相关的常数。同样，对于吸收系数 $a(\lambda, I)$ 和波长 λ

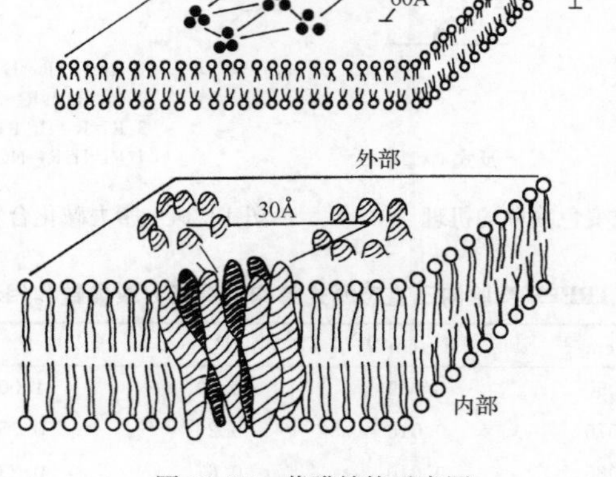

图 13.15　紫膜结构示意图

与强度 I 的关系也可导出与式(13.1.6)类似的关系式。这两个动态公式对于 BR 在非线性光学的应用非常重要。BR 的这种性质除了可用于光信息存储外,一个直接的应用是作为光学计算机中的光学开关。这种双稳态的开关功能是通过其非线性的折射和吸收对光的灵敏变化而实现的。基于 BR 中 B 和 M 之间的“高”和“低”双稳态变化只能达到 ms 的低开关速度,但原则上高开关速度可以在低温下通过图 13.17(a)中其他前期状态间的快速过程而实现。

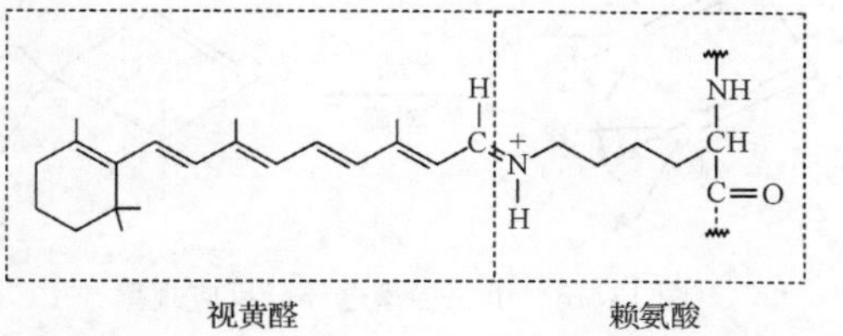

视黄醛　　赖氨酸

图 13.16　处于七个氨基酸螺旋所形成紫膜孔洞中的视黄醛分子及其和赖氨酸的连接

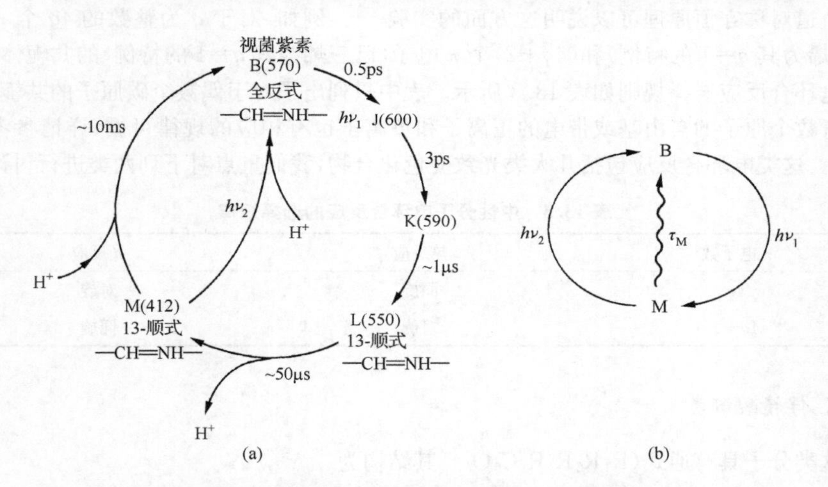

图 13.17　BR 的光和热诱导转换的示意图(a)及其简化模型(b)

13.1.3　键裂解反应

很多光致变色反应涉及化学键的裂解和重建,其中我们要特别介绍其中最重要的周环反应中的电环合反应。由共轭体系的两端间 π 电子环合而形成单键的这类反应称为电环合反应。反应的结果是少了一个 π 键,多了一个 σ 键。这类同时进行协同的反应最大特点是它的立体选择性。例如,对于图 13.18 所示的丁二烯型分子,通过电环合反应生成环丁烯型分子(其中 A、B、C、D 为不同的基团)。实践表明:在加热条件下,通过发生图 13.18中箭头所示的同向旋转而使生成物的 A 和 C 在平面的同一侧,B 和 D 在平面的另一侧。反之,在光照条件下,发生图 13.18 中所示的对向旋转,生成物的 A 和 D 在同一侧,B 和 C 在另一侧。而对于己三烯型分子,反应后生成环己二烯型分子的电环反应则与丁二烯恰恰相反,加热时发生对旋的构型,而光反应时则生成同旋构型。

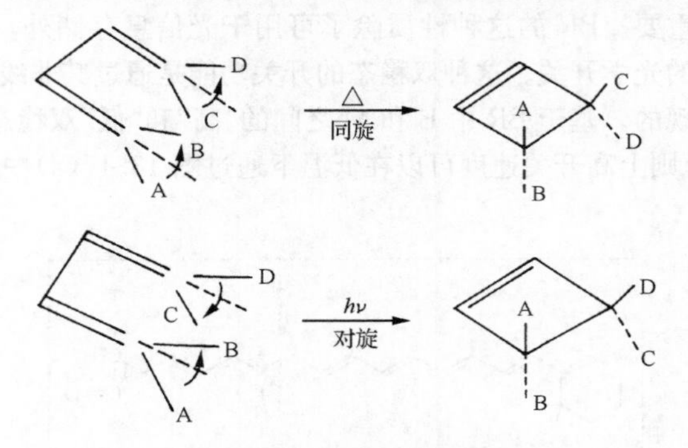

图 13.18　丁二烯型电环合反应规律

诺贝尔奖获得者 Hoffman 和 Woodward 根据化学实验及量子化学理论总结出来的分子轨道对称守恒原理可以说明这方面的实验[27]。例如,对于 q 为整数的 $4q$ 个 π 电子(乙二烯为其 $q=1$ 的特例)和($4q+2$)个 π 电子(已三烯为其 $q=1$ 的特例)的共轭体系,它们的电环合反应选择规则如表 13.3 所示。表中只列出了对于偶数个碳原子的共轭体系,对于奇数个原子的自由基或带电的正离子和负离子也有相应的规律可循(详请参考文献[27])。这类电环合反应包括几大类光致变色化合物,我们重点对下列两类进行讨论。

表 13.3　中性分子电环合反应的选择规律

π 电子数	热反应	光反应
$4q$	同旋	对旋
$4q+2$	对旋	同旋

1. 俘精酸酐类

这类分子具有通式($R_1R_2R_3R_4C_6O_3$),其结构为

(13.1.7)

由于有四种不同的 R_1、R_2、R_3 和 R_4 基团,因而可能存在 (E,E),(E,Z),(Z,E) 和(Z,Z) 四种顺式和反式构型,可以用质子核磁共振(NMR)谱对它们加以判别。

Stobbe 早在 1911 年就发现,R 中至少有一芳香基团的这类物质在紫外光照下会变色,通常是由黄色或紫色变成红色或蓝色。对于由这类物质组成的晶体、溶液、聚合物及玻璃等,其特点是在很宽温度及条件范围下都会引起光致变色效应,故调节其空间和电子效应可以改变其光致变色性,这特别适于分子设计和剪裁。Heller 等[28]早就确立了俘精

酸酐的光和热电环合反应规律。它们遵循 Woodward-Hoffman 规则(图 13.19):*E* 型俘精酸酐(a)在光作用下通过同旋反应变成顺式结构(b),再加热开环通过对旋成为 *Z* 型俘精酸酐(c)结构。

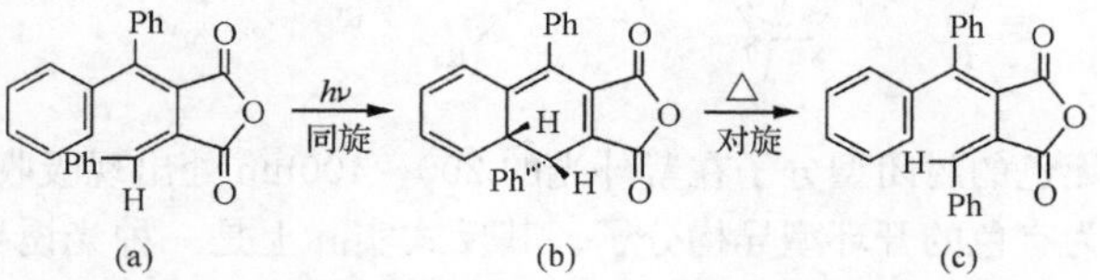

图 13.19 俘精酸酐的电环合反应规则

可以用对这类化合物中研究较多的如图 13.20 所示实例来说明其光开关及退色反应[29]。早期误认其光致变色机理为顺-反异构。光照后的颜色(λ_{max}=490nm)随着苯环上第 5 位置的取代基而变化,电子给予基团(如烷氧基)使谱带红移(λ_{max}=550nm),而电子接受基团(如乙酰基)使谱带蓝移(λ_{max}=470nm),乙酰基的存在也通过形成氢键而抑制了它的退色反应。这类古老的光致变色化合物(特别在 300～370nm 范围)至今仍具有科研及商用价值,因为它具有明显的抗退色性和便于分子设计,可用于防伪标签和太阳眼镜。也曾报道其可用于空间光调制[30]、光导结构[31]和非线性开关[32]。但是由于它对于白光漂白的量子效率不高,用于光学数据存储还有待深入研究。

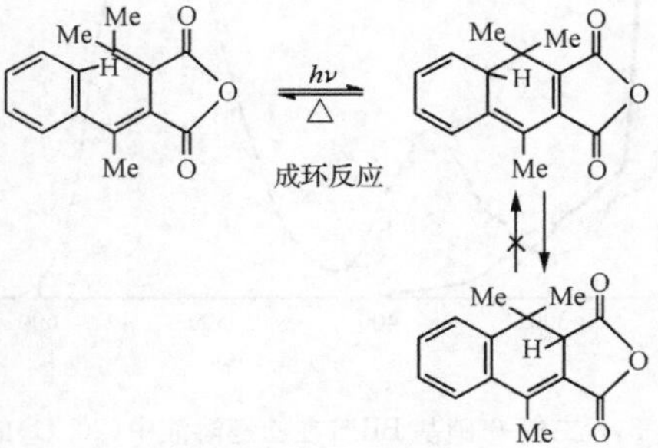

图 13.20 俘精酸酐的光致变色开关和退色反应

2. 螺吡喃类

早在 1921 年,人们就注意到螺吡喃的热致变色性,1952 年后 Fischer 等[33]才注意到它的光色性,其可逆变色性使得它有可能作为计算机存储器二进制元件和可变光密度的光栅,从而引起工业及研究的广泛兴趣。

螺吡喃型分子是互相垂直的两个杂环通过 sp^3 杂化的碳原子相连接而形成的(参考图 12.10)。

$$\underset{k,\,h\nu_2}{\overset{h\nu_1}{\rightleftharpoons}} \qquad (13.1.8)$$

溶液中这种无色的封闭型分子在紫外光的 200～400nm 处出现吸收峰，C—O 间 σ 键的裂解使之转变为有色的开环型异构分子。其反式实际上是一种光诱导的部花青结构。在加热(△)或可见光($h\nu_2$)照射下，式(13.1.8)的逆过程就是一种($4n+2$)的电环合反应。从而使得两个杂环产生共轭并从原来的紫外吸收移到了可见区。图 13.21 为 5,7-二氯-6-硝基 BIPS 在溶液中的光谱[34]。其光致变色性与它的结构(杂环及其取代基位置)、介质(溶剂、黏度)、温度及光解能量都有关系。在长时间紫外或大气中氧的存在下，会使之通过自由基过程而产生光降解作用。图 13.22 表示了在连续光照下达到光稳定态下具有最大吸收 ε，其数值与热漂白动力学和光降解作用有关。

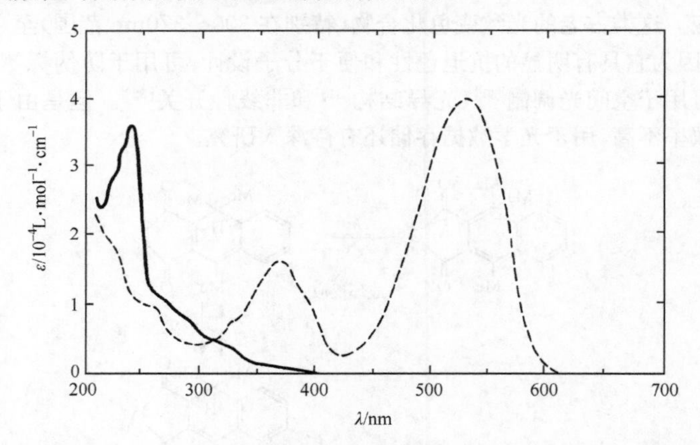

图 13.21　5,7-二氯-6-硝基 BIPS 在乙醇溶液中(20 ℃)的吸收光谱
无色结构(实线)和有色结构(虚线)

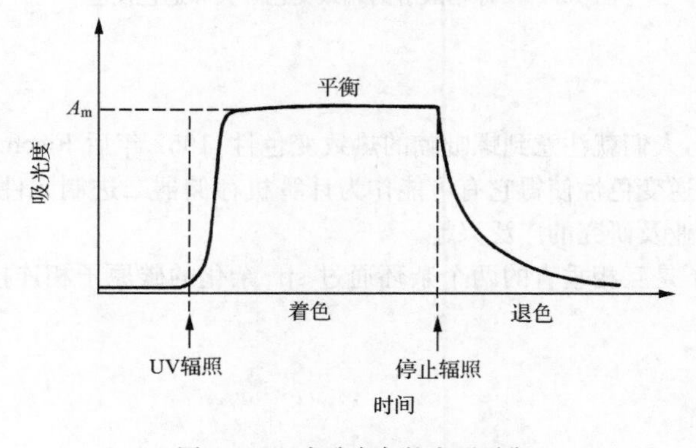

图 13.22　光致变色的光照平衡

如果认为退色反应是由于酚基阴离子对杂原子上正电荷的吸引，则可以发现这种退色反应的速率常数$-\lg k$和取代基团的σ值之间符合熟知的Hammett线性关系[34]。实际上用直接合成方法，不需经过光照也可以得到具有可见区吸收的部花青结构。式(13.1.8)右边表示的是稳定光照反式部花青结构。这种两性离子中负电荷在酚基的氧上，而正电荷在左边杂环的杂原子N上。真正的中间过程很复杂，特别是在σ键断裂的瞬间具有顺式部花青结构，但其寿命很短，在约几十个纳秒范围内会转换成稳定的反式结构。由于左边不对称的杂环体系还会引起几种歪扭的顺式立体异构体和类平面的反式异构体[34]。由于^{1}H和^{13}C核磁共振谱可得到化学位移、偶合常数和不同类型质子数目的数据，因此其是研究螺吡喃结构的有力工具。例如，图13.23表示了光致变色的开放式3′-甲基-苯并噻唑啉螺吡喃-3，8-二甲氧基-6-硝基-苯并吡喃的^{1}H NMR谱（DMSOd^{6}溶剂）[1]。

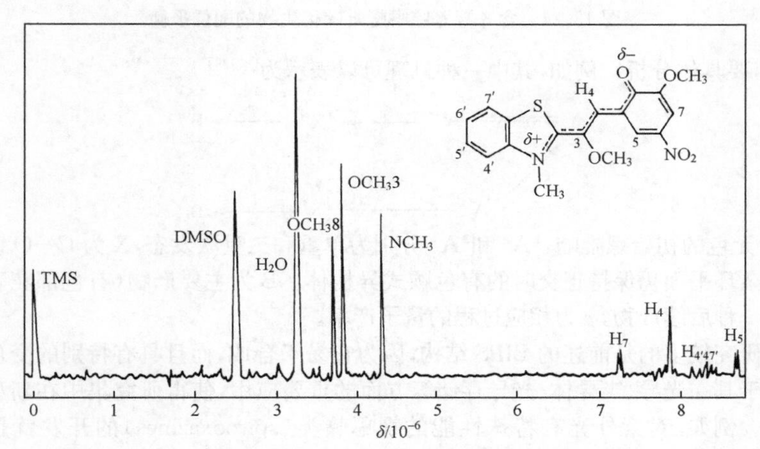

图13.23　一种螺吡喃的^{1}H NMR谱

无色和有色的螺吡喃是不同的化学物种，因而具有不同的化学反应性。有色开环形式的一个特点是它含有酚基阴离子，该高活性基团和分子中其他可配位的官能团一起可以和金属离子M^{n+}配位生成环状螯合物。这种选择性配位作用可以起到去敏化作用和分离或稳定其某种异构体之一的作用。Phillips等曾得到含不同8-羟基喹啉螺吡喃衍生物，在光照下有图13.24所示的平衡过程[35]。

图13.24中M＝Cu^{2+}，Fe^{3+}，Ni^{2+}，Ca^{2+}，Zn^{2+}和Cd^{2+}等。在加入金属离子后，8-羟基喹啉形式的(b)参与螯合，在约-78℃时的光照下会形成深色的化合物(c)。很多与氧相邻的8位的取代物R＝CH_2OH，CH_2OR，CH_2NR^2，CH＝NR′和N＝N—Ar等官能团都有可能参与配位而形成螯合物。图13.24(c)是M为Co^{3+}和R为OCH_3的一种苯并噻唑啉螺吡喃反应时所得到的一种双聚螯合形式，它具有近似平面锥体的$CoCl_3O_2$配位结构。在同一单胞中还有一种$CoCl_2O_3$形式的单聚形式[36]。

人们对螺吡喃的光化学和光物理过程作了大量研究。实验结果的分析表明，其光致变色活性、发光性质与它的低激发态的能级和轨道性质密切相关。其光致变色机理并无

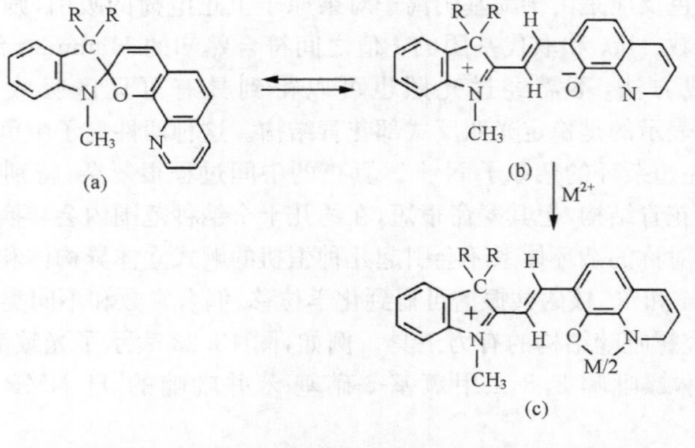

图 13.24　含 8-羟基喹啉螺吡喃衍生物的配位平衡

统一模式,要具体分析。例如,其中一种机理可以表示为[37,38]

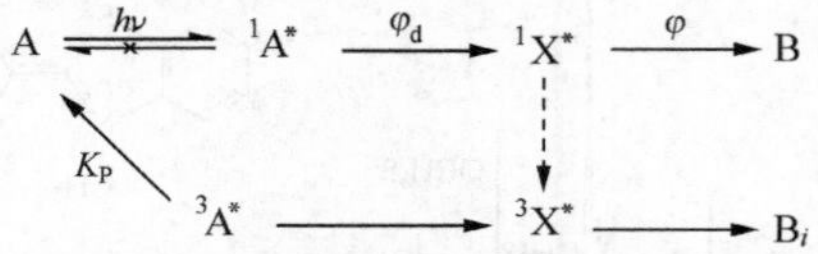

$$\begin{array}{ccccccc} A & \underset{\times}{\overset{h\nu}{\rightleftharpoons}} & {}^{1}A^{*} & \xrightarrow{\varphi_{d}} & {}^{1}X^{*} & \xrightarrow{\varphi} & B \\ \nwarrow K_{P} & & & & \downarrow & & \\ & & {}^{3}A^{*} & \longrightarrow & {}^{3}X^{*} & \longrightarrow & B_{i} \end{array} \tag{13.1.9}$$

其中 A 为无色的初始螺吡喃,$^{1}A^{*}$ 和 $^{3}A^{*}$ 分别为单重和三重激发态,X 为 C—O 键刚刚离解但两个杂环平面仍保持正交时的有色顺式异构体。B 为主要产物(有色部花青结构)。B_i 为其第 i 种后续产物,φ 为相应过程的量子产率。

目前研究较多的是前述的 BIPS 结构,因为它易于合成,而且具有特别的变色和退色性质。由于其在光导、半导体、光导存储等方面的重要应用,使得研究集中在新型固态螺吡喃方面。例如,对紫外光有特殊性能的螺噁嗪类(spirooxazines)的开发就是一个例子[1]。该材料作为三维信息存储器技术也有了新的发展。例如,将包含在高聚物中的螺吡喃用双光子进行读写;或对具有不重叠吸收带的光致变色层的多重 J-聚集态 LB 膜,可以在同一膜点上用不同波长记录不同层上的信息[39,40]。

13.2　无机电荷转移型光致变色

13.2.1　卤化银体系

有些化合物可以通过在光照下给体和受体间的电荷转移实现光致变色性。其中最熟知的就是通常感光照相使用的卤化银体系。分散在玻璃或胶片中的微晶银在紫外光照下成黑色,但在黑暗下加热又可逆变成无色状态[41-42]:

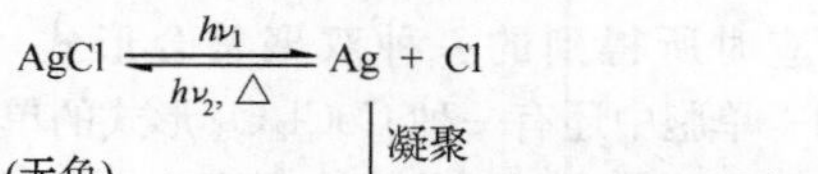

$$\underset{(\text{无色})}{AgCl} \underset{h\nu_2,\,\triangle}{\overset{h\nu_1}{\rightleftharpoons}} Ag + Cl \qquad Ag \xrightarrow{\text{凝聚}} \underset{(\text{黑色})}{(Ag)_n} \tag{13.2.1}$$

其重要的应用之一是作为自动调节光强度的太阳变色眼镜。这时分散在玻璃中的银粒和易于挥发的卤素靠得很近而利于可逆过程。作为变色玻璃材料，其可逆过程最好不是通过光而是通过热使其颜色复原。

卤化银光致变色玻璃的品种很多，表13.4中列出了一些代表性组分[43]。其主要组分是SiO_2、B_2O_3、Al_2O_3、P_2O_5、PbO、La_2O_3，以及含碱金属和碱土金属的氧化物。除必要的Cl^-和Br^-外，F^-和I^-倒不一定必要。值得注意的是，为了增加黑度和逆向速率，CuO则是非常必要的。

表13.4 卤化银光致变色玻璃的组分(质量百分数，%)

组分	1	2	3	4	5	6	7
SiO_2	62.8	54.0	51.0	10.5	0.8	—	—
B_2O_3	15.9	16.0	19.5	30.3	46.5	54.0	55.0
Al_2O_3	10.0	9.1	6.8	14.9	22.3	22.8	8.0
Na_2O	10.0	3.0	1.7	—	3.5	5.1	—
K_2O	—	1.4	—	3.5	1.6	1.3	—
Li_2O	—	2.3	2.5	—	—	—	0.3
PbO	—	4.3	4.7	23.9	0.2	—	29.6
ZrO_2	—	1.9	4.6	3.2	2.2	—	—
BaO	—	6.6	5.0	1.0	1.7	—	2.0
MgO	—	—	—	8.1	7.7	14.9	2.0
P_2O_5	—	—	—	0.8	0.3	0.6	—
Ag_2O	0.41	0.27	0.65	0.5	0.26	0.3	0.55
Cl	1.7	0.5	0.69	1.2	2.6	0.2	0.4
Br	—	0.5	0.11	2.1	2.3	0.5	0.7
F	2.5	0.1	—	—	8.8	0.3	1.4
CuO	0.016	0.03	0.016	0.008	0.04	0.01	0.03
总量	103.326	100.00	100.266	100.008	100.80	100.01	99.98

在商品生产中通常应用Al-B-Si玻璃(折射率n_d一般调节到1.5)。制备时配料在熔槽中升温至1200～1450℃，快速冷却到室温的物质并不显示光致变色性，必须在500～730℃下热处理1h后以形成卤化银粒子，才会显示出光致变色性。应用波长430nm(约略为太阳光能量密度最大对应的波长)的激发光对光致变色玻璃的研究表明，观察的黑度比例于热处理过程所形成介稳粒子的数目和大小。粒子愈大，卤素离子X^-半径愈大(极化率大)，则吸收峰越倾向于长波方向[44]。人们曾经提出了其光致变色的动力学模型，以描述颜色载体浓度C随时间t的变化[43]：

$$\mathrm{d}C/\mathrm{d}t = k_\mathrm{d} I_\mathrm{d} A - (k_\mathrm{f} I_\mathrm{f} + k_\mathrm{d} I_\mathrm{d} + k_t) C \tag{13.2.2}$$

其中k_d、k_f和k_t分别为变黑、光退色和热退色的速率常数，系数A为饱和变黑透明性。为了从原子水平上了解所发生的微观过程，我们将应用半导体中的能带理论(参考2.2节)对铜离子的加速热退色机理作定性的阐述。图13.25表示在紫外光照射开始时卤化银粒子及其基质间界面的能带图[45]。设卤化银为n型半导体，所以费米能级E_f处在价

带 E_v 和导带 E_c 能隙间的上部。$E(Cu^{+/2+})$ 为+1 和+2 价态间铜离子的氧化还原电位。

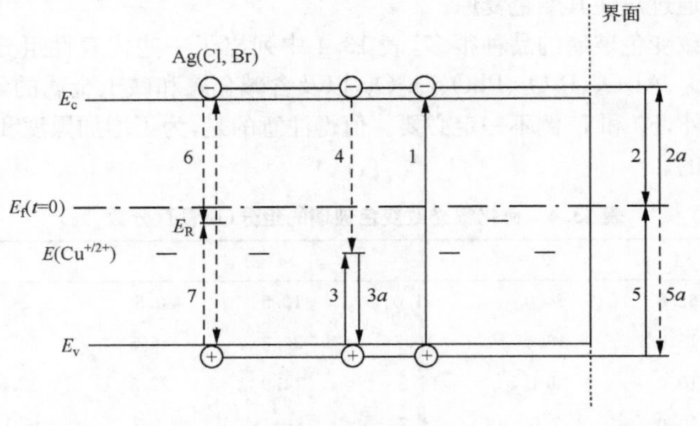

图 13.25 开始变黑时卤化银粒子及其界面处的光电子过程能带图

对于光致变色玻璃，光照后卤化银中的电子从价带跃迁到导带(图 13.25 中过程 1)，分别在这些带中引入了空穴和电子。电子和空穴原则上可能重新结合而将能量传递给另一个光子或晶格。然而由于 AgCl 或 AgBr 是非直接型能隙，具有不同波矢 $\boldsymbol{k}$ 的电子和空穴不容易直接发生重新组合(参见 2.2 节)。反之，这些光诱导产生的电子和空穴可以迁移到半导体的结合中心处并被俘获而有效地重新结合。这种设想的重新结合中心的能级假定为 E_R，它对电子和空穴的俘获速率对应于图 13.25 过程 6 和 7。当半导体中这种载流子(电子和空穴)的浓度足够大时，这种结合途径一般是很有效的。但是当卤化银中掺有 Cu^+ 时，它优先俘获空穴(过程 3)而使上述重组作用的速率大为降低。光电子的寿命很长，直到它被电子陷阱(如粒子和玻璃基质的界面)俘获为止(过程 2)，这就说明了 Cu^+ 的存在可以提高光致变色玻璃的灵敏度。一旦电子被界面俘获后，它就会吸引带正电的 Ag^+ 而形成 Ag 原子(Ag^+ 在 AgCl 晶格中很容易迁移)。在太阳光照下，几秒内就会形成 Ag 层，Cu^+ 变成 Cu^{2+} 的同时也增加了吸光度，从而总的变黑反应可以表示为

$$[Ag^+(Cl,Br)]_n + [Cu^+(Cl,Br)]_m \underset{\triangle}{\overset{h\nu}{\rightleftharpoons}} [Ag^+(Cl,Br)]_{n-1} + 2(Cl,Br)^- + Cu^{2+} + [Cu^+(Cl,Br)]_{m-1} + Ag \tag{13.2.3}$$

有很多理由可以说明这种光解反应有一定的限度(约 10%)。在 Ag^+ 到达界面前，空穴可以被在界面上俘获的电子所吸引，从而由于电子寿命的增长，它们可能重新组合(过程 5)。

当停止紫外光照后，束缚于 Cu^{2+} 的空穴可以重新发射进入价带(过程 3a)，并扩散到界面，而使黑斑的 Ag 原子变换成 Ag^+(过程 5)，该 Ag^+ 可以扩散到光解卤化银粒子的中心，最终被内部的补偿负电荷所吸引。另外一种机理是当有足够的热能时电子从银黑斑中发射而进入中心(2a 过程)，它和 Cu^{2+} 中心重组而变成 Cu^+(过程 4)。表面的 Ag 就变成了 Ag^+ 并扩散到光致变色中心内部。这就是式(13.2.3)的逆过程，从而回到了光照前的状态。当然，由于目前的机理仍不成熟，这种模型也有待考验。

13.2.2 其他变色体系

在一类硅酸盐(sillenites)中掺入过渡金属 Mn、Cr、Cu、Co、Ag 和 Pb，以及稀土金

属[45]Nd、Tb、Dy、Ho、Er和Yb[46]后，也显示出有趣的光致变色效应。掺入离子引起的吸收峰在光或热照射下会改变甚至会消失。光致变色吸收的强度随着掺杂浓度的增加而增加，估计这与杂质中心和同时建立的束缚极化子间的电荷转移过程有关[45]。在室温下，着色及退色速率常数至少为几秒钟。最近报道了掺钼的硅酸盐，其退色时间标度可以降低到几个毫秒而光着色速度则可达皮秒数量级[46]。这就可能被开发为光存储器。一些WO_3[47]和TiO_2[48]等氧化物以及甲酸等有机物给体所形成体系的光致变色性也开始受到重视。

另外一种研究较多的是电荷转移型的铜和银配合物，例如[47]：

$$[Ag^+\ TCNQ^-]_n \underset{\triangle}{\overset{h\nu}{\rightleftharpoons}} [Ag^+\ TCNQ^-]_{n-x} + x\text{Ag} + x\text{TCNQ} \qquad (13.2.4)$$

其中TCNQ为7,7,8,8-四氰基-对-二甲基醌。4,4-联吡啶盐是众所周知的光致变色和电致变色盐，它通过单电子还原成有色的自由基阳离子，但很快地通过电荷转移回去。Nagamura通过改变图13.26所示的阴离子结构而展示了永久和可逆着色作用。它在0℃，24h内不会受热衰减[45]。这种开关状态的稳定性是由于膜内离子间的取向或分离所引起的结构变化。

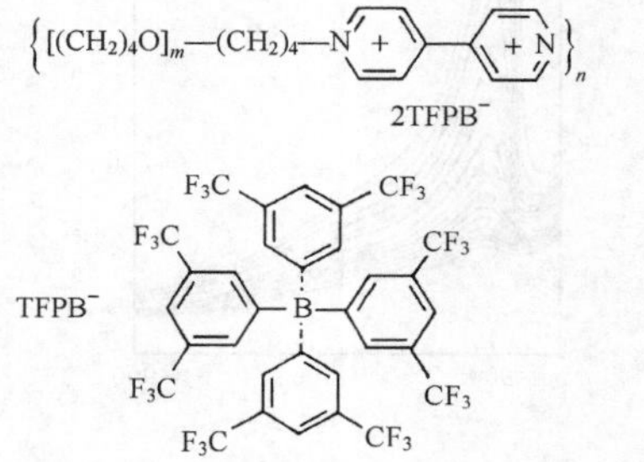

$$\left\{[(CH_2)_4O]_m-(CH_2)_4-N^+\langle\ \rangle-\langle\ \rangle N^+\right\}_n \quad 2TFPB^-$$

TFPB⁻：$B[C_6H_3(CF_3)_2]_4^-$

图13.26 一种弹性高聚硼酸联吡啶盐

以π键桥连的两性离子也可以归之于这一类。例如图13.27所示的分子，在可见光照下会退色[49]。但在黑暗中，溶液会可逆地呈现古怪的颜色，而被拉制成Langmuir-Blodgett膜(参看图8.12)时并不再着色。这种在低能量可见光下的转变不像是有立体阻碍的顺-反异构，在黑暗下的可逆变化也不像是由乙烯桥引起的光二聚作用。但它在溶液中所呈现的古怪颜色变化说明它可能具有不止一种光致变色机理。

初期认为这种LB膜的退色作用是由于分子内带负电的氰基甲基化物(dicyanomethanide)基团和带正电杂环间的电子转移，再重排为稳定的平面形中性醌式(quinonoid)结构引起的。但是最近有人将在495nm的电荷转移峰重新标记为分子间的跃迁，而将光退色作用归之于分子取向的变化而减弱了分子间的相互作用，这和用大的取代基团能抑制电荷转移峰的事实一致。

光致变色化合物嵌入层状化合物可使其以固体形式发挥其光电功能。将它们包含在有序的基质中时，还有利于在分子水平上研究其物理化学行为。例如，存在电子给予体D时，紫色素(violetin)会发生可逆的光还原而形成蓝色的自由基阳离子：

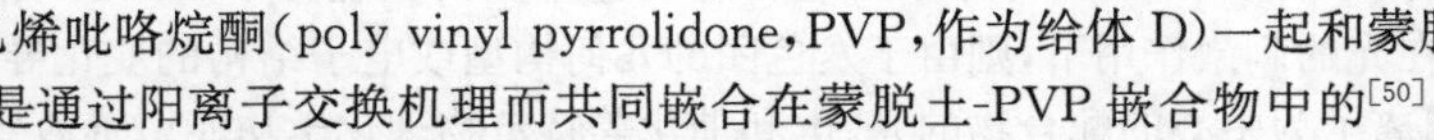

$$R-{}^{+}N\langle\ \rangle-\langle\ \rangle N^{+}-R + D \underset{O_2}{\overset{h\nu}{\rightleftharpoons}} R-N\langle\ \rangle\cdot\langle\ \rangle N^{+}-R + D^- \qquad (13.2.5)$$

将它和聚乙烯吡咯烷酮(poly vinyl pyrrolidone，PVP，作为给体D)一起和蒙脱土形成嵌合物时，它是通过阳离子交换机理而共同嵌合在蒙脱土-PVP嵌合物中的[50]。图13.28表示了经汞灯UV照射后，其吸收光谱与照射前的区别。也曾经研究过MV[式(13.2.5)中$R=CH_3$时]在不同过渡金属氧化物(如$K_2Ti_4O_9$，作为主体)和其他分子作为电子给予体的半导体(作为客体)等的体系,其蓝色的稳定性和其微结构有关。

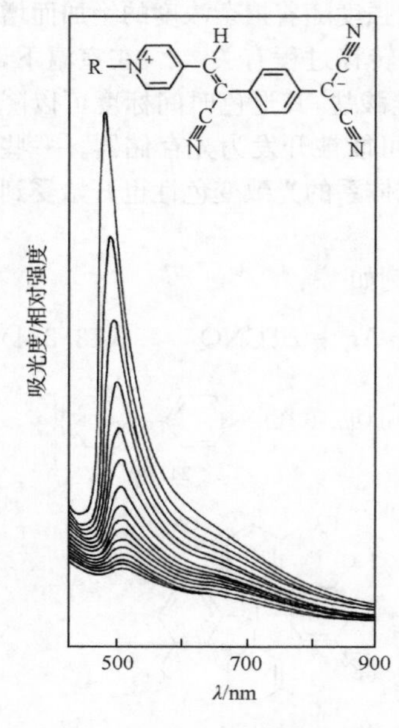

图 13.27 两性离子 LB 膜逐步退色的光谱

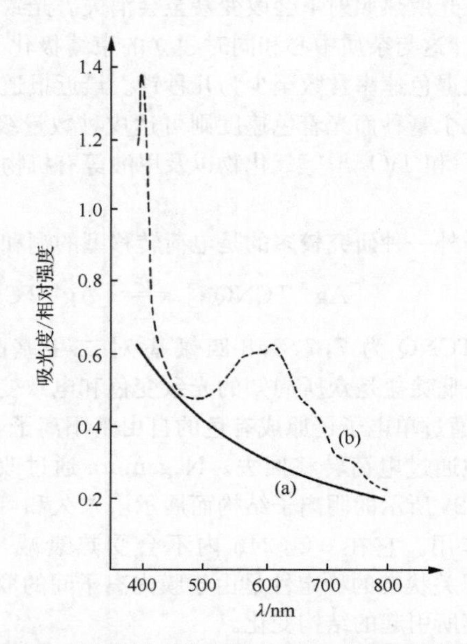

图 13.28 正戊基紫色素-蒙脱土-PVP 嵌合物的吸收光谱
(a) 照射前;(b) 照射后

13.3 配位化合物和有机金属的光致变色

前面我们介绍了多种有机和无机化合物电荷转移的光致变色的体系。本节将讨论另一种体系,即从化学键电子结构观点,对介于前两者之间的配合物和金属有机化合物进行讨论,后者是一类含有金属—碳(M—C)键的化合物。有时也将含 M—C 键的化合物看成是一类广义的配合物(参见 1.1 节)。

对于这类含有 d 轨道的金属原子 M 参与成键后的化合物[51-53],由于其特殊的氧化还原和光物理性质而更容易受周围环境的触发,从而在智能化学体系中起着重要的作用[54]。值得强调的是,这类化合物变色机理是指一种化学物在光作用下会可逆的发射两种不同吸收光谱的现象。这是一种发生在可见光谱区的颜色变化。

13.3.1 金属配合物的光致变色

当金属离子可以和表 13.5 中所示的含有变色基团的共轭分子以共价或配位键的形式成键时,在光的刺激作用下,则由于发色团的几何构型或电子结构的变化导致在以含 d 轨道的金属离子为中心的配合物的光、电和催化等特定物理化学功能敏感地变化。例如,它们可以用于作为光开关及光存储器件。

表 13.5　可以和金属配位而形成光致变色配合物的代表性光致变色有机分子

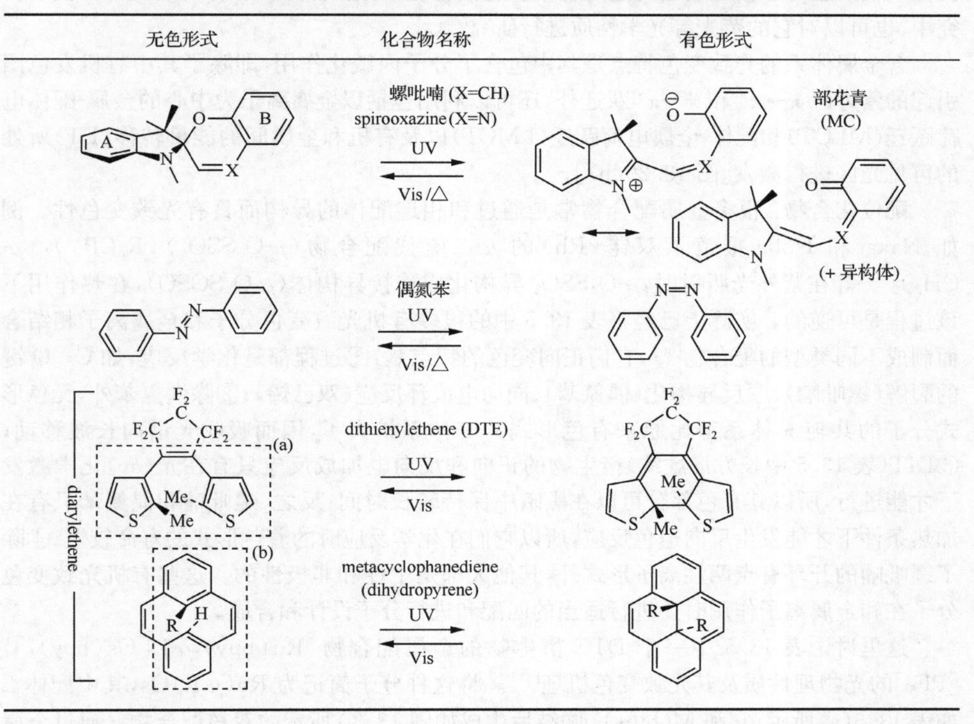

对于图 13.29(a)中，在 λ_1 的光辐射作用下曝光作为信息记录，而在 λ_2 辐照下作为读

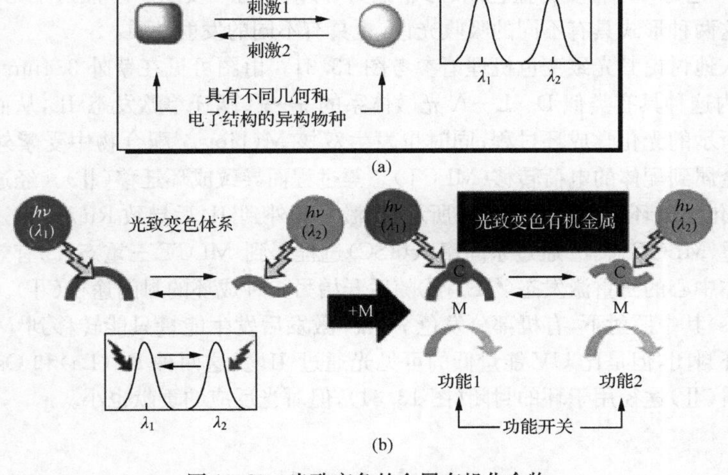

图 13.29　光致变色的金属有机化合物

(a) 异构变色体系；(b) 含金属离子 M 导致的光致变色体系

出记录辐照也可以使之引起可逆光化学反应而将记录数据擦除。在作为非破坏性读出研究中,也可以对它的荧光等光学性质进行研究[55]。

含金属体系的光致变色特点是其中包含了分子内敏化作用,即除了其中有机发色团引起的紫外区 $\pi\rightarrow\pi^*$ 和 $\pi\rightarrow\pi^*$ 跃迁外,还可以利用包括以金属离子为中心的金属-配体电荷跃迁(MLCT)和配体-金属电荷跃迁(LMCT)以及有机和金属间的能量转移(ET)所处的可见光区进行激发[图 13.29(b)]。

配位化合物:很多金属配合物常是通过和相连配体的异构而具有光致变色性。例如,Nakai 和 Isobe 报道了双铑(Rh)的 μ-二硫代配合物(μ-O_2SSO_2)(R_hCP^*)$_2$(μ-CH_2)$_2$[55]等在紫外光照射时,μ-O_2SSO_2 异构化成连接异构体(μ-O_2SOSO),在热作用下该过程是可逆的。实际上已经将表 13.5 中的很多有机光致变色分子和金属离子相结合而制成不同类型的配合物[56],它们正向变色的特点是:①过程都是化学反应,如 C—O 键的裂解(螺吡喃)、顺反异构化(偶氮苯)、同向电成环反应(双己烯);②除偶氮苯外,无色形式分子的共轭 π 体系都比原来有色形式的 π 体系扩大了,因而吸收光谱向长波移动;③DIT(表 13.5 中长方形虚线)衍生物的正向和反向电加成反应只有在光($h\nu$)化学激发下才能进行,所以其有色部分可以在黑暗中保持较长时间;反之,螺吡喃和偶氮苯只有在加热条件下才能发生反向退色反应,所以它们在化学反应时的着色形式的寿命较短;④除了螺吡喃的开环有点两性离子形式外,其他大都是中性和非极性的。这些有机光致变色分子在和金属离子作用时要进行适当的匹配和进行分子设计和合成。

这里讨论表 13.5 中一个 DTE 衍生物的金属配合物{Ru(bpy)$_2\mu$-L[Os(bpy)$_2$]}[PF_6]的光物理性质及其光致变色机理[57]。将这种分子简记为 Ru(μ-L)Os,其中配体 L 如表 13.5(a)所示,它和 M(bipy)$_3$ 联结后生成如图 13.30 所示的双核配合物。通过金属片段 Ru 和 Os 配合分别作为电子给体 D 和受体 A,配体 L 作为桥基发生分子内的光敏光化学环封闭作用。在紫外 $h\nu_1$ 光照射下,如图 13.30 所示,该双核分子由无色开环式[图 13.30中记为(a)]转变为蓝色闭环式[记为(b)],它在可见光 $h\nu_2$ 照射下,又可回复到开环式。这两种形式具有不同的吸收光谱,也具有不同的发射性质。

更深入地讨论其光致变色机理请参考图 13.31。由图可见在紫外 334nm 照射下,产生配体 L 内这种具有类似 D—L—A 光敏体系的 $\pi\rightarrow\pi^*$ 跃迁单激发态^{1}IL,从而直接导致虚线(Ⅰ)所示的光化学成环过程;同时也发生双核 M(bipy)$_3$ 配合物中受紫外照射后发生由激发金属到配体的电荷转移(MLCT)态等过程而导致成环迁移(Ⅱ)。经过进一步详细研究,光化学成环过程如图 13.31 所示:①激发紫外到^{1}IL 后导致 Ru 和 Os 这两种配合物中的单重^{1}MLCT 态;②通过系间窜跃(ISC)过程得到^{3}MLCT 三重态;③有效地将能量转移到配体中心的三重激发态(^{3}IL);④随后开始另一种成环的封闭途径(Ⅱ)。在 450nm 可见光(Vis)其中照射下,有机部分发色 $\pi\rightarrow\pi^*$ 激发后发生能量只能转移到^{1}MLCT(Os)也会导致环封闭,但是比 UV 能量低的可见光通过^{3}IL 及这两种 Ru(La)和 Os(Lb)只可按图中虚线(Ⅱ)途径用于环的封闭(图 13.31),但对光反应的贡献也小。

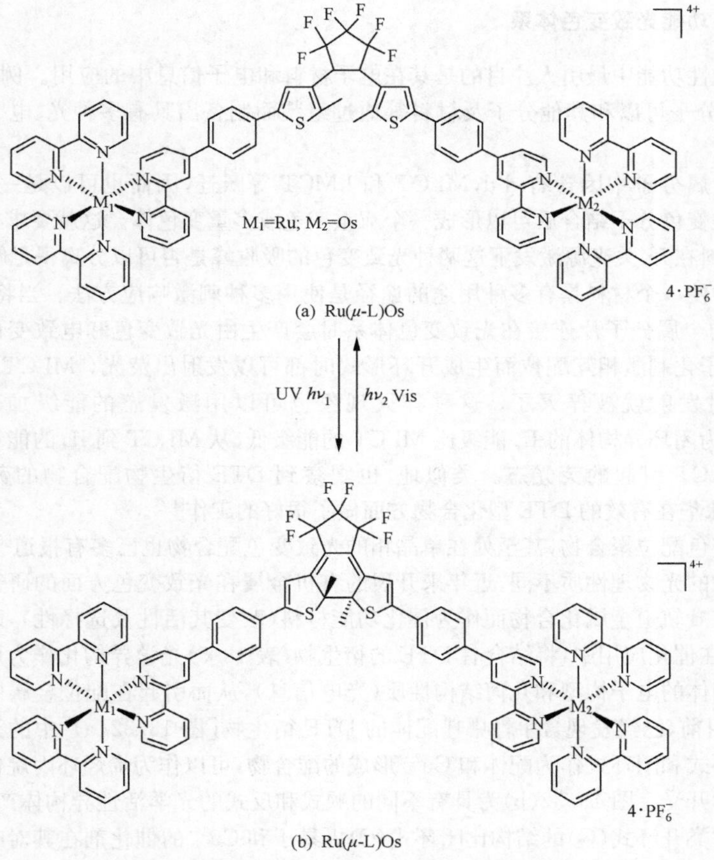

M_1=Ru; M_2=Os

$4\cdot PF_6^-$

(a) Ru(μ-L)Os

UV $h\nu_1$　　$h\nu_2$ Vis

$4\cdot PF_6^-$

(b) Ru(μ-L)Os

图 13.30　双核配合物 Ru(μ-L)Os 的光致变色

(a) 开环式；(b) 闭环式

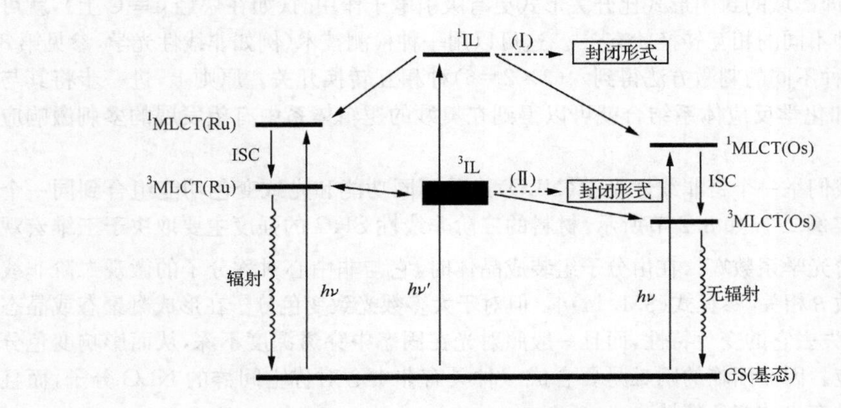

图 13.31　Ru(μ-L)Os 配合物光过程的能级示意图

13.3.2 多功能光致变色体系

在光色性功能中最引人注目的是其在电子材料和电子信息中的应用。例如,表 13.5 中的 DTE 分子可以和其他分子及材料等通过组装而制备出具有多种光、电、热、磁功能的器件[58]。

过渡金属分子中因含有 d-d,MLCT 和 LMCT 等跃迁,因而也可以是一种发色团。当它与光致变色分子结合后可以形成一个双重变色或多重变色体。这就要求在分子设计时,使得材料在开-关光源激发下这两种光致变色的吸收峰是否可以分离得足够开。

另一种使一个材料具有多种用途的途径是使用多种刺激响应方法。当将含有氧化-还原活性的金属分子片连接在光致变色体系时会产生由光致变色和电致变色的双重效应;当和质子化刺激相互配位而生成开环形式时都可以发射出荧光(^{3}MLCT 基态 GS),但当闭环时发射就被猝灭了。这种猝灭现象也可以用激发态的能级加以阐明(图 13.31),因为闭环异构体的 IL 能级比 MLCT 的能级低,从 MLCT 到 IL 的能量转换可以猝灭由^{3}MLCT 引起的荧光态。类似地,也观察到 DTE 衍生物配合物的荧光开关行为[59]。任泳华在有效的 DTE 型化合物方面做了很好的工作[60]。

光致变色配位聚合物,甚至处在单晶相的光致变色配合物也已多有报道[61]。与主要研究配合物的光物理性质不同,近年来开展的有机金属在光致变色方面的研究主要是结合其中含有 d 轨道金属化合物而作为催化功能材料(改变其活性及选择性),以及分子开关。例如,在催化应用中,将结合有 DTE 的衍生物(表 13.5)光学异构化作为可以改变有机金属中间体的电子构型和几何结构性质(光电信息),从而引起在配位金属中心的催化功能[62]。目前,已经发现含手性噁唑配体的 DTE 衍生物[图 13.32(a)]中的光致变色异构体中开环式和闭环式作为配体和 Cu^{2+} 形成的配合物,可以作为烯烃环丙烷作用催化功能的光化学开光。图 13.32(b)为具有不同的顺式和反式的光学活性异构体产物及比例。这是由于这类开环式(O)的结构比闭环式(C)更易于和 Cu^{2+} 的催化剂在其对映体的几何构型中更有利于形成配合物。二膦基(diphospine)和噁唑(oxazoline)配体也可以和 Au(Ⅰ)配位后将电子给予 Au^+,从而导致 C→O 和 DTE 骨架中 π 共轭体系的电子状态发生变化,即离域的封闭形式比开关形式更有吸引电子作用时(如在炔烃 C≡C 上),就可以得到六种不同的相互转换状态[63]。这可以用一种检测技术(例如非线性光学,参见第 8 章)应用三种不同的刺激方法得到六(3×2=6)种相互转换开关。原则上,进一步将其与其他变色和化学反应体系结合就可以得到在奥妙的逻辑体系中有望发展的多刺激响应体系。

这里我们举一个将非线性光学(NLO)这种不同功能和光致变色功能组合到同一个分子中的实例[64]。如 8.2 节所示,材料的二阶非线性 SHG 的强度主要取决于三维宏观材料的二阶光学系数$\chi^{(2)}$,在由分子组装成晶体时,它与非中心对称分子的微观二阶非线性光学系数 β 相关[参见式(8.1.14)]。但对于大多数光致变色分子在形成凝聚态或晶态时,通常会失去它的变色特性,而且一般照射光在固态中穿透深度不深,从而影响变色分子的光响应。因而面临的困难是要合成一种具有非中心对称空间群的 NLO 分子,而且在固态时具有光致变色特性。

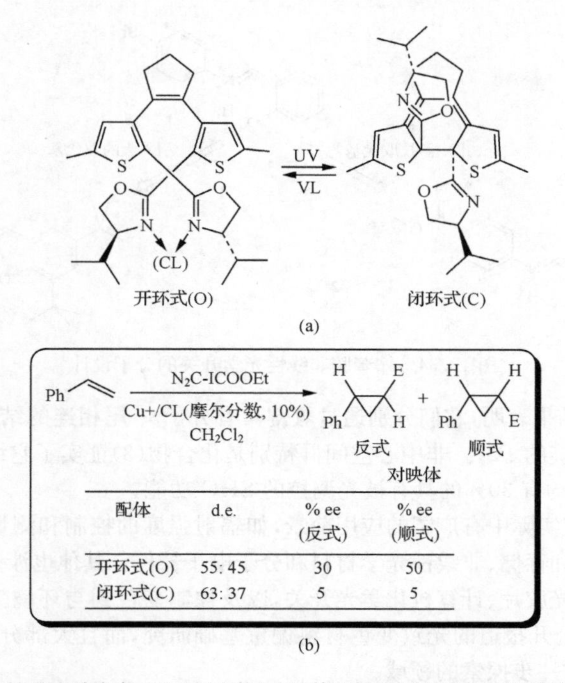

配体	d.e.	% ee (反式)	% ee (顺式)
开环式(O)	55:45	30	50
闭环式(C)	63:37	5	5

图 13.32 代表性的光致变色 DTE 衍生物(a)及其对烯烃环丙烷化的光学催化开关功能(b)

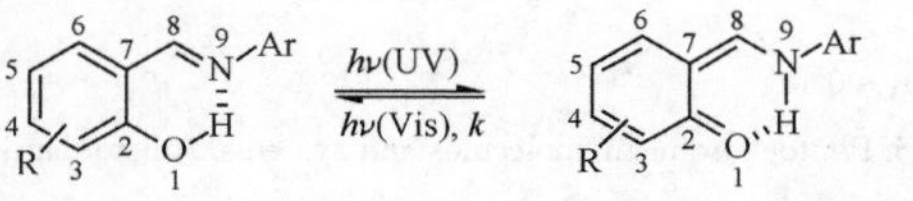

$h\nu$(UV)
$h\nu$(Vis), k

图 13.33 缩苯胺中的“—OH”和“—NH”形式的光致变色性

有一类所谓的缩苯胺(anil,通常指某种醛或酮缩苯胺 $RCH=NC_6H_5$)化合物,通常称为席夫碱,其相关的化合物在溶液和固体中都可能存在图 13.33 中所示的“—OH”醇式(imine)和“—NH”酮式(amine)的分子内互变异构体。它们在光和热作用下会发生光致变色和热致变色效应。例如,图 13.34 中的分子(1)可以修饰其中基团而导致 *N*-(4-hydroxy)-salicylidene-amino-4-(methylbenzoate)(2)和 *N*-(3,5-di-tert-butysalicylidene)-4-aminopyridine(3)。

不少研究者认为这类缩苯胺晶体的光致变色和热致变色性是不能共存的,但新的研究认为这两种性质是可以共存的。其中初始的“—OH”形式一般是无色或略带黄色,其吸收带在近紫外;而“—NH”形式一般是红色,在 500nm 附近出现另一个附加峰。通常“—OH”形式是比较稳定的。在黑暗下的热转换或用可见光照射下发生从“—NH_2”到“—OH”的逆反应。

实验表明,在这一类缩苯胺类光致变色化合物中,化合物(3)具有最稳定的酮式结构,在室温时,其寿命 $\tau=460$d。这两种化合物粉末具有 SHG,分别为尿素的 10 倍和 3 倍。

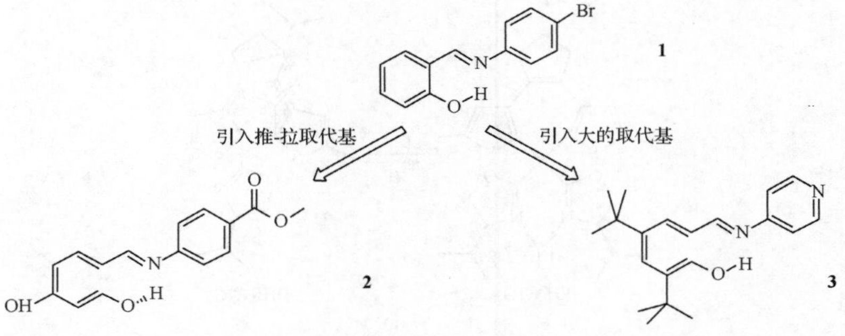

Br
N
O H
1
引入推-拉取代基
引入大的取代基
O
O
N
OH
O H
2
N
N
O H
3

图 13.34　缩苯胺非线性光学开关的分子设计

粉末 X 射线晶体结果表明，它们分别通过氢键具有分子头-尾相连的结构，(2)和(3)分别具有 Pc 和手性螺旋的 $P3_2$。非中心空间群特别是化合物(3)证实了它结构变化的可逆性和这种 NLO 晶体约有 30%的具有被光调控的 SHG 功能。

光致变色性在实际中有广阔的应用前景，如辐射强度的控制和测量、可见显示、太阳能转换、信息成像和存储、非线性光学材料和分子电子器件。其他也涉及高新技术的发展和应用，如无银感光胶片、计算机化学光开关，以及控制变色到与环境颜色一致的新型隐身材料等 。目前公开报道的光致变色材料偏重基础研究，而且大部分以专利形式出现，因此是一个值得进一步探索的领域。

参考文献

[1] Irie M. Chem. Rev. ,2000:100
[2] Durr H,Bouas-Laurent H. Photochoromism,molecules and systems. Amsterdam: Elsevier, 1990
[3] Ashwell G J. Molecular electronics. New York:John Wiley & Sons Inc, 1992
[4] Durr H. Angew. Chem. Int. Ed. Eng. ,1989,28:413
[5] Balzani V,Credi A,Rayno F M,Stoddan J F. Angew. Chem. Int. Ed. ,2003,39:3348
[6] Dessauer R, Paris J P. // Noyes W A,Hammond G S, Pitts J N. Advances in photochemistry. New York:Wiley-Interscience, 1963: 275
[7] (a)Emmelius M, Pawlowski G, Vollmann H M. Angew. Chem. Int. Ed. Eng. ,1989, 28: 1445
(b)Zuo J L,Yao T M,You X Z,et al. J. Mater. Chem. , 1996,6(10):1633
[8] Ross D L,Blanc J. // Brown G H. Photochromism. New York: Wiley-Interscience,1971
[9] Jaffe H H, Orchin M. Theory and application of Ultra-Violet spectroscopy. New York: John Wiley & Sons Inc,1962
[10] Ronayette J, Arnaud R,Lemaire J. Can. J. Chem. , 1974, 52:1858
[11] Shinkai S, Shigamatsu K, Manabo O, et al. J. Chem. Soc. Perkin. Trans. , 1982,1:2735
[12] Liu Z F, Hashimoto K,Fujishima A. Nature,1990, 347:658
[13] Scharf H D, Fleischhauer J, Leismann H, et al. Angew. Chem. Int. Ed. Eng. , 1979,18: 652
[14] Hadjoudis E, Vitorakis M,Moustakali-mauridis I. Mol. Cryst. Liq. Cryst. , 1986, 137 : 1
[15] Kawamura S, Tsytsui T, Saito S, et al. J. Am. Chem. Soc. , 1988,110:509
[16] Godfrey T S, Porter G,Suppan P. Disc. Farad. Soc. , 1965, 39: 194

[17] Cohen M D,Green B S. Chem. Britain., 1973, 9:490

[18] Cohen M D, Schmidt G M J, Flavian S. J. Chem. Soc., 1964, 2041

[19] Cohen M D, Schmidt G M J. J. Phys. Chem., 1962, 66: 2442

[20] Nakagaki R, Kobayashi T, Nakamura J,Nakakura S. Bull. Chem. Soc. Jpn, 1977, 50:1909

[21] You X Z, Fan W H, Kubota S T. J. Chem. Soc. Chem. Commun., 1994: 2391

[22] Kubota S T, Nognchi T, Katsuki A, et al. Chem. Phys. Lett.,1991,187:423

[23] Andes R V,Manikoski D M. Appl. Opt., 1968, 7:1179

[24] Schreckenbach T. //Barber J. Photosynthesis in relation to model system. North-Holland: Biomedical Press, Elsevier,1979, 189

[25] Kouyama T, Nasuda-Kouyama A. Biochem., 1989, 28:5963

[26] Groma G I, Helgerson S L, Wolber P K, et al. J. Biophys., 1984, 45 : 985

[27] 伍德沃德 R B, 霍夫曼 R. 轨道对称守恒. 王志忠,杨忠志译. 北京:科学出版社,1978

[28] Hart R J, Heller H G. J. Chem. Soc. Perkin. Trans., 1972, 1 : 1321

[29] Heller H G. IEE Proc., 1983, 130: 209

[30] Kirkhy C J,Bennion I. IEE Proc., 1986, J133: 98

[31] Bennion I, Hallam A G. Radio and Electronic Engineer, 1983,53:313

[32] Cush R, Trundle C, Kirkby J G,Bennion I. Electron. Lett.,1987, 23: 419

[33] Fischer E,Hirshberg Y. J. Chem. Soc., 1952: 4522

[34] Bertelson R C. //Brown G H. Photochoromism. New York: John Wiley & Sons Inc, 1971

[35] Przystal F, Rudolph T,Phillips J P. Anal. Chim. Acta, 1968, 41:391

[36] Miler-Srenger E, Guglielmetti R. J. Chem. Soc. Perkin. Trans.,1987, 1413

[37] Kalisky Y, Orlowski T E, et al. J. Phys. Chem., 1983, 87: 5333

[38] Lenoble C, Ralph S. J. Phys. Chem., 1986, 190 :62

[39] Miyazaki J,Morimoto K. Thin Solid Films, 1985, 133: 21

[40] Miyazaki J, Ando E, Yoshino K, Morimoto K. Eur. Pat. Appl. EP. 193931 A2,1986; US. Pat. 4737427 A,1988

[41] 利亚利可夫 K C. 照相过程的物理化学. 刘敦译. 北京:科学出版社,1963

[42] Gliemeroth G, Madex K-H. Angew. Chem. Int. Ed., 1970, 9:434

[43] Araujo R J, Stooky S D. Glass Ind.,1967, 687

[44] 沈菊云,王梓,等. 硅酸盐学报,1993,290

[45] Svensson J S E M,Granqvist C G. Solar Energy Materials,1985,12:31

[46] Borowiec M J, Korankie Wicz B. J. Phys. Chem. Solids, 1993, 54(8) :955

[47] Potember R S, Hoffman R C, et al. Appl. Technical Digest., 1986. 7, 129

[48] Nagamure T, Isoda Y. J. Chem. Soc. Chem. Commun.,1991: 72

[49] Ashwell G J, Dawnay E J C,Kuczunski A P. J. Chem. Soc. Chem. Commun., 1990: 1355

[50] Miyata H, Sugahara Y, Kuroda K, Kato C. J. Chem. Soc. Faraday Trans.,1987, 83: 1851

[51] Akita M. Organometallics,2011,30:43

[52] Raymo F M,Tomasulo M. Chem. Soc. Rev.,2005,34:327

[53] Beaujuge P M,Revnolds J R. Chem. Rev.,2010,110:268

[54] Schwartt M. Encyclopedia of smart materials. New York:John Wiley & Sons Inc,2002

[55] Isobe K, Nakai H, Nonaka T,et. al. J. Am. Chem. Soc.,2008,130:17836

[56] Bamfield P, Hutchings M G. Chromic phenomena:Technological applications of color chemistry. Cambridge:The

Royal Society of Chemistry, 2010
[57] Jukes R T F, AdamoV, Hartl F, et al. Coord. Chem. Rev. ,2005, 249:1327
[58] Giread M, Leaustic A, Guillot R, et al. J. Chem. ,2009,33:1380
[59] Tian H, Yang S. Chem. Soc. Rev. ,2004,33:85
[60] Yam V W-W, Ko C C, Zhu N J. J. Am. Chem. Soc. ,2004,126:12 734
[61] Matsude K, Tekayame K, Ire M. Inorg. Chem. ,2004,43:482
[62] Sud D, Norsten T B, Branda N R. Angew. Chem. Int. Ed. ,2005,44:2019
[63] Hirasa M, Inagaki A, Akita M. J. Orgnamet. Chem. ,2007,692:93
[64] Michel S, Sylvie L, Isabelle M, et al. Chem. Mater. ,2005,17:4727

第14章　电致变色

电致变色(EC)的材料和前述的热致变色和光致变色材料类似，只是在外加电压环境刺激下通过可逆物理化学作用可以引起其外观颜色变化。它在近代高科技材料中有许多应用，这里先介绍其在电子信息和显示器件方面的作用及其类型。

14.1　电子显示器件

电子显示技术不仅在传统工业和日常生活中广为应用，而且在信息时代其越来越重要。电子显示器件是人们可以通过视觉识别而传递数据的人-机交流器件。通常它将光学信号在二维空间以数字或图像的形式显示。[1,2]

14.1.1　电子显示器件的类型及其特性

1. 电子显示器的类型

当光信号采取光发射显示时称为主动(active)或发射显示，但当通过反射、散射、干涉等类似现象调节入射光而进行显示时则称为被动(passive)或非发射显示。表14.1和表14.2分别列出了这两种电子显示器件的基本结构[3,4]。其中阴极射线管(CRT)显示器的历史最长，曾在市场上占主要地位，它是应用电子束扫描荧光体而发出荧光的。目前，发射二极管及液晶则日趋重要。由于集成电路及半导体技术和低电压低功率固体电子器件的发展，以及计算机中多功能数据处理器件的开拓，电子器件趋向小而轻，新的电子显示器件不断增多。

除了本章将要叙述的电致变色显示器件和第10章已叙述的电致发光显示器件外，下面对其他几种平面显示器的基本原理、结构和材料作简要的介绍(表14.1)。其共同点是显示材料(固体、液体或气体)都是以层状形式铺展于附有电极的衬底上。

1) 液晶显示器(LCD)

液晶是一种从晶体(C)熔融变化成各向同性的液体前的一种中间状态(Ⅰ)，它不具有平移有序，但却是取向有序[5]。利用外加电压改变液晶的取向，从而改变其双折射、旋光性、双色性或者光散射等光学特性而显示信息。液晶池是由夹在以玻璃作衬底的两片透明电极间的约10μm厚的液晶所组成。将液晶池置于偏振元件之间，则其在电压为零时发亮，而在电压加大到V时则变暗(表14.2)。按其分子排列方式划分，热致液晶大致可分为三类。

(1) 向列(记为N)液晶。其中分子几乎沿长轴方向排列，如p-氧化偶氮基苯甲醇(C 391 N408 I)，

表 14.1　主动显示器件

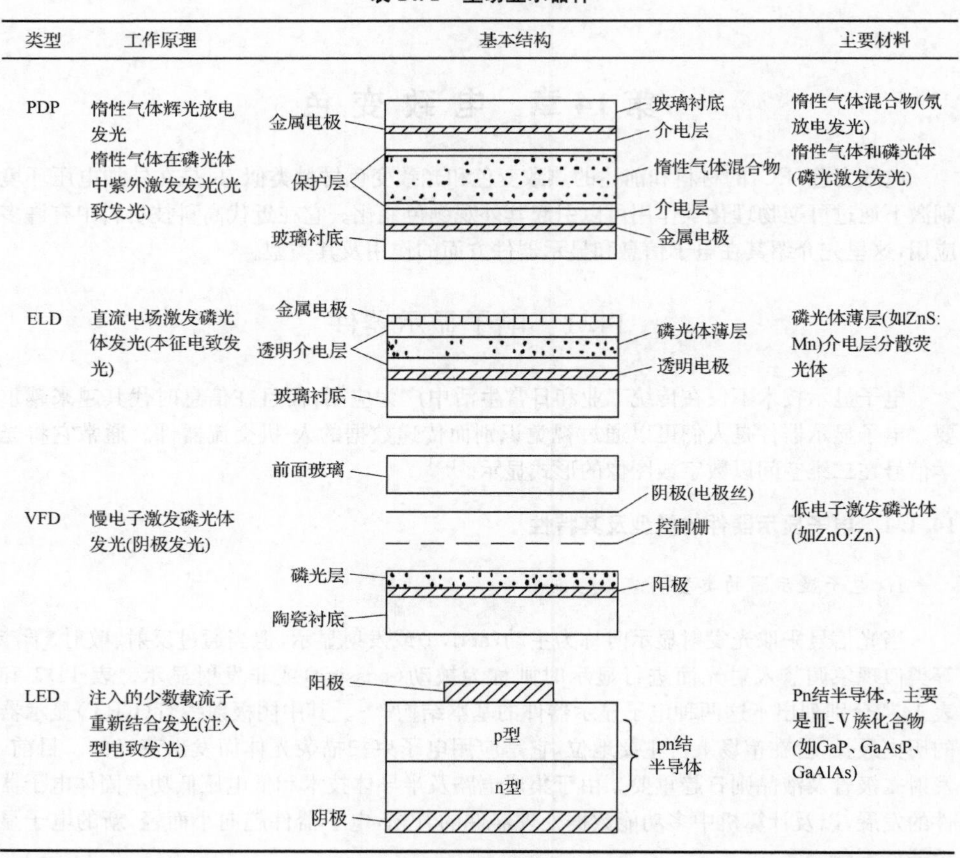

类型	工作原理	基本结构	主要材料
PDP	惰性气体辉光放电发光 惰性气体在磷光体中紫外激发发光(光致发光)	玻璃衬底、金属电极、介电层、保护层、惰性气体混合物、介电层、金属电极、玻璃衬底	惰性气体混合物(氖放电发光) 惰性气体和磷光体(磷光激发发光)
ELD	直流电场激发磷光体发光(本征电致发光)	金属电极、透明介电层、磷光体薄层、透明电极、玻璃衬底	磷光体薄层(如ZnS:Mn)介电层分散荧光体
VFD	慢电子激发磷光体发光(阴极发光)	前面玻璃、阴极(电极丝)、控制栅、磷光层、阳极、陶瓷衬底	低电子激发磷光体(如ZnO:Zn)
LED	注入的少数载流子重新结合发光(注入型电致发光)	阳极、p型、n型、pn结半导体、阴极	Pn结半导体，主要是Ⅲ-Ⅴ族化合物(如GaP、GaAsP、GaAlAs)

表 14.2　被动电子显示器件

类型	工作原理	基本结构	主要材料
LCD	液晶排列引起的旋光性、双折射、双色性或光散射	偏振器、玻璃衬底、透明电极、液晶、分子取向层、透明电极、玻璃衬底、偏振器、反射层	向列液晶 碟状液晶 胆甾液晶
ECD	由于电化学氧化还原反应引起的可逆着色和退色现象	玻璃衬底、透明金属氧化物层、透明电极、电解质溶液、多孔背景层、玻璃衬底	透明金属氧化物(如WO_3、IrO_2)，紫精衍生物，金属酞酞配合物，碘化银

续表

类型	工作原理	基本结构	主要材料
EPID	分散胶体粒子的电泳现象	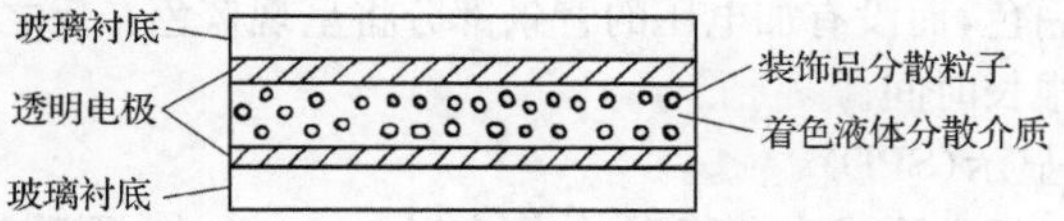 玻璃衬底；透明电极；装饰品分散粒子；着色液体分散介质；透明电极；玻璃衬底	具有染料粒子(如TiO_2)在着色液体介质中的胶体溶液
SPD	取向粒子的光吸收或偏振效应	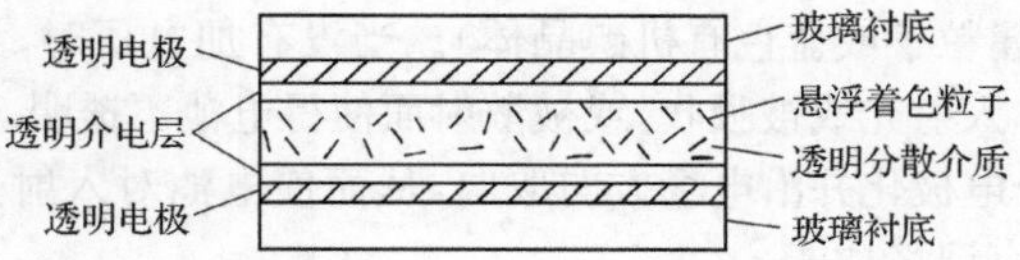 玻璃衬底；透明电极；悬浮着色粒子；透明介电层；透明分散介质；透明电极；玻璃衬底	具有针状或板状着色粒子(如聚碘有机晶体)在透明液体分散介质中的胶体溶液
PLZT	畴取向效应的双折射现象(泡克耳斯效应)	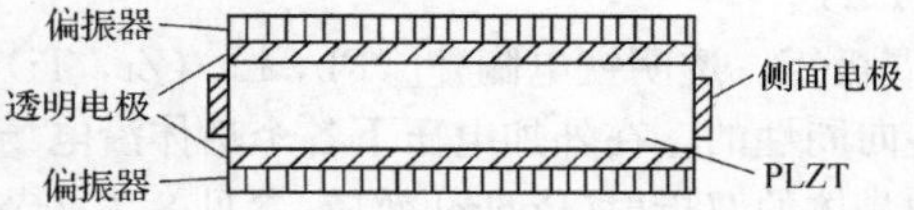 偏振器；透明电极；侧面电极；PLZT；偏振器	透明铁电陶瓷 PLZT

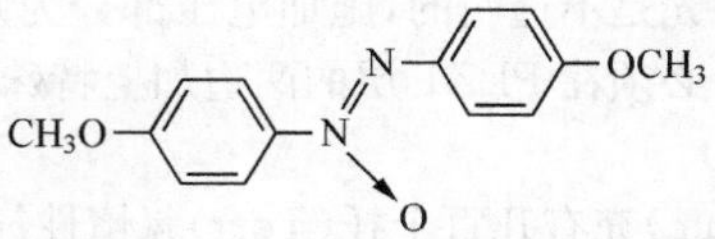

CH_3O–C₆H₄–N(→O)=N–C₆H₄–OCH_3

(2) 碟状(记为 S)液晶：除了上述取向有序外，还具有层状相的某些位置取向性，如 p,p'-二壬基偶氮苯(C311 S_B314 S_A327 I)，

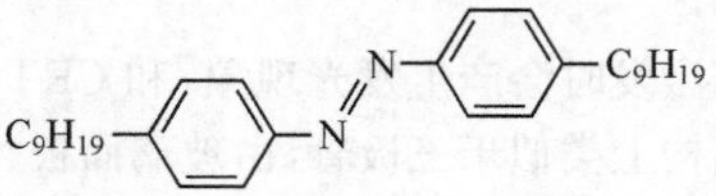

C_9H_{19}–C₆H₄–N=N–C₆H₄–C_9H_{19}

括号中的数字还表示了化合物的液晶状态随温度的变化情况，如对于 p,p'-二庚基氧化偶氮苯分子(C34.5 S368.5 N397 I)，

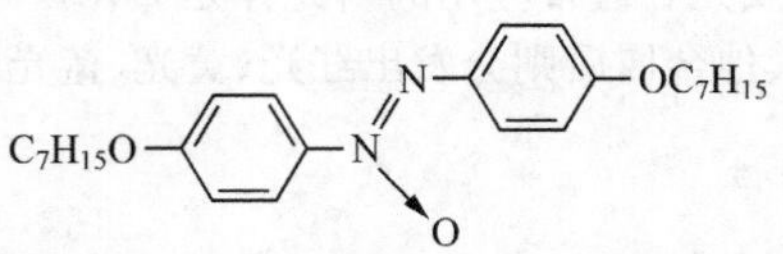

$C_7H_{15}O$–C₆H₄–N(→O)=N–C₆H₄–OC_7H_{15}

括号内记号说明，C 相(晶体)在 34.5K 时转变为 S 相，397K 时再由 N 相转变为 I 相(各向同性)等。

(3) 胆甾(记为 S)液晶：例如螺旋状的胆甾醇的脂肪酸酯，但它也可归之于手性分子形成的碟状液晶(记为 N*)。

2) 电泳成像显示(EPID)

微细粒子分散在液体中所形成的胶体悬浮体具有双电层结构(参见图 15.31)，从而使得分散粒子带有正电或负电。当加上直流电压时则由于库仑力使悬浮粒子在胶体中运动。在 EPID 器件中，两个电极（其中至少有一个是透明的）充以 50 μm 的胶体悬浮液，例如亚微米粒子大小的 TiO_2 之类的白色染料分散在着了蓝色的有机溶剂中，加上直流电后带电的白色液体将按其所带电荷的极性移向相应电极，并附着在底物上。从而使加有电压的部分呈现白色，而没有加电压的背景部分将呈现蓝色。反之亦然，而除去电压后这种显示可以保持很长时间。

3）悬浮粒子显示（SPD）

在两个透明电极上形成介电薄膜，其间充以 50μm 左右、悬浮在无色液体中的针状或板状有色粒子（如金属粒子或蓝色有机碘晶体）。当没有加电压时，悬浮粒子通过布朗运动作无规则的取向。入射光或被吸收，或被散射而使得电池不透明。一旦施加电压，则悬浮粒子沿着其长轴介电极化并沿电场方向取向，从而使电池对入射光是透明的。在交流电场下，这种显示没有记忆功能。

4）透明陶瓷显示（PLZT）

铁电体具有永久电偶极矩。透明铁电陶瓷[(Pb, La)(Zr, Ti)O_3]一般具有无序畴体取向，因而整体来说是各向同性的。在外加电压下各个畴体沿电场方向取向，光轴取向一致，从而产生类似于单轴晶体的双折射（Pockel 效应，参见 8.1.2 节）。从而在每个 PLZT 陶瓷（约厚 25～100μm）表面上形成透明的电极。将它夹在交叉的偏振元件间，则在池中没有施加电压的部分对入射光是不透明的，施加电压部分为则透明的。这是一种非挥发性显示器件，为了清除显示，必须在 PLZT 层的两边加上特殊的清除电极。

5）等离子体显示（PDP）

在电极阵列间（约 0.1mm）充有几百个托（Torr）氖惰性气体中等离子辉光放电时，会在其交叉点处产生光，显示的颜色为红橙色。在交流放电时，电极需要包以介电层，而直流放电则不必要。

6）真空荧光显示（VFD）

当磷光体被低速电子流激发时会产生发光现象，和 CRT 不同的是，其选择性地施加电压于栅极和阳极上。在结构上类似于三极管，由玻璃面板、阴极（丝）、控制栅极，以及表面上涂有磷光体的阳极和支持该阳极的衬底所组成。当对涂有氧化阴极材料的阴极电流加热时，在近似 650℃时发射出热电子。它们通过扩散并被金属网的栅极所加速，再冲击在阳极的磷光体上而使之发光。通常应用的磷光体是 ZnO_2：Zn，在低速电子束冲击时，高效地发出蓝绿光，掺入其他金属后则会发出红光、黄光、蓝光以及其他颜色。

2. 电子显示器件的特性

表 14.3 列出了这些平面显示器件的典型特性并对其作了比较，简单说明如下。

(1) 操作电压和功率消耗。驱动显示器件工作的操作电压 V 和流过器件的工作电流 A 的乘积为消耗功率 W。根据工作原理的不同，可以分别使用交流或直流电源。集成电路中操作电压限于 40V 以下，除 ECD 外，被动显示器件的电流密度（$\mu A/cm^2$）比主动的（mA/cm^2）小。

(2) 显示的背景。背景是指显示和关闭时发光照度之比，一般主动发光显示器的背景（＞30）比被动显示的（约 10～30）高。

表 14.3 电子显示器件的特性和性能

显示性质	被动器件					主动器件				
	LCD	ECD	EPD	SPD	PLZT	PDP 交流	PDP 直流	ELD	VFD	LED
工作电压/V	交流 2～5	直流 0.5～3	直流 ～50	交流 5～10	交流 50～100	90～150	180～250	交流 160～220	直流 12～40	直流 2～5
工作电流/($\mu A/cm^2$)	1～10	>5	～10	1～10	～50	10^3～10^4	10^3～10^4	10^3～10^4	10^3	～10^4
对比度	10～20	～15	10～25	10～30	～10	～30	～35	～40	～50	～40
响应时间/ms	30～150	～500	50～200	100～300	1～10	0.01～0.02	0.01～0.02	～0.1	～0.01	$\leq 10^{-3}$
流明/亮度/fL	一般	不错	不错	不错	一般	30～40	40～50	20～30	120	～50
发光效率/(lm/W)	—	—	—	—	—	0.3	0.1	0.3～1.5	～10	0.1～1.5
显示颜色	黑色白色单色多色	蓝、红、紫等色	单色	蓝色等	黑和白	红-橘红色	红-橘红色等	黄-橘红色等	绿色等	红、橘红、黄、绿
记忆功能	有一些	有	有	无	有	有	无	有	无	无
使用寿命	不错	中等	中等	中等	不错	不错	不错	很好	不错	不错

（3）响应时间。一般指上升时间，即加上电压后到出现显示功能所需的时间。一般被动显示（10～500ms）比主动的（1～100μs）慢，因为前者基于离子、分子或粒子的运动，而后者基于电子的运动。

（4）发光强度和亮度。通常用于主动显示器件的光发射强度，其单位为 Cd/m^2（烛光/平方米）。对被动显示器件常采用亮度。

（5）显示的颜色和光发射效率。颜色取决于显示原理和材料，可以是黑白、单色或多色等。光发射效率表示单位光发射能量对人眼感觉响应的程度，单位为 lm/W（流明/瓦）。

（6）记忆功能。表示关闭电源后是否保留显示的功能。

（7）操作寿命。取决于显示原理、材料的本性，特别是化合物的稳定性。

从高新技术中的信息处理观点来看，开发袖珍、平面、低重量、低操作电压和低功效消耗的显示器件有着重要前景。

14.1.2 电致变色薄膜器件的结构及表征

本章讨论的电致变色是一种在外加电压下会改变颜色的现象。

1. 电致变色器件的结构

根据通常电致变色材料的特性及功能要求，电致变色器件可以采用液体或固体的多种形式。在一般电致变色器件工作中，必须研究电子源和离子源在不同电位下的电化学光谱，从而可以对全固体器件得到如图 14.1 所示的 WO_3 膜的电化学光谱(参见表 14.1 和表 14.2)。对于作为调光窗口的器件，其多层薄膜结构表示于图 14.2，其中最外面的两层是银糊和透明导电层 TC，提供器件与非电源之间的电接触，常用 ITO、In_2O_3(Sn)或 SnO_2 玻璃镀膜。EC 为电致变色层，一般要求 EC 层是真空镀膜或具有无定形微晶结构，膜中含有适量的水可作为氢离子电解质，并增强晶体的不完整性(开放结构、晶粒边界及其缺陷)，而便于离子的传导(参见表 14.4)。EC 的一侧由相邻的 TC 层注入/抽取电子，另一侧和离子导电层 IC 相邻。IC 层大都由电解质组成，它提供了电致变色材料所需的补偿离子，并且必须是离子的良好导体和电子的绝缘体。液体电解质虽然能提供很好的电致变色响应，但使用不便。实际上大都采用固体电解质或用常温下有高温离子电导率的聚合物电解质取代液体电解质，以得到所谓的半固态器件。这时对电极层，要求它是惰性的，只作为电子收集/发射体。常用石墨辅以丙烯酸纤维和絮凝剂，以使表面碳原子通过反应式(14.1.1)对氢离子提供可逆的给予和接受作用：

$$(C=O)+H^{+}+e^{-} \rightleftharpoons (C-OH) \tag{14.1.1}$$

若再混以氧化剂 MnO_2 则该对电极的电动势增长率加到 0.95V 后，不必外加电压，只需短路就可擦除显示。

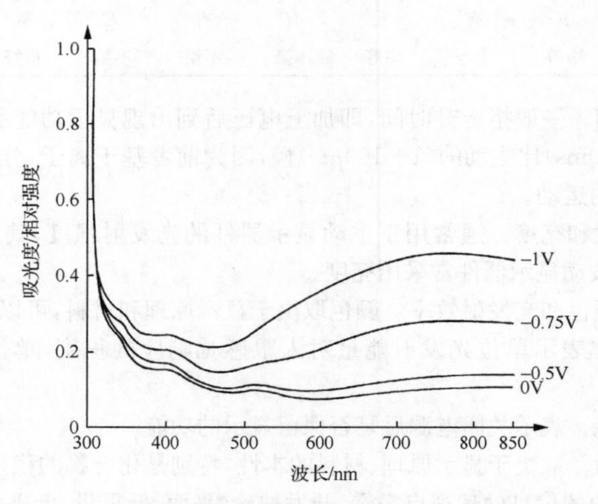

图 14.1　WO_3 膜在不同阴极极化电位条件下的吸收光谱

电解质溶液：含 1mol/L $LiClO_4$ 的丙烯碳酸盐

考虑有重要发展前途的互补型电致变色器件[6,7]。例如，WO_3 是一种阴极着色材料，而普鲁士蓝(PB)是一种阳极着色材料。可以将它们组合在一个器件中而产生互相补充的电致变色反应。图 14.3 表示了这种互补电致变色器件的示意图，着色时 WO_3 电极为阴极，PB 为阳极，反之，施加相反电压则为退色。与单个薄膜变色材料相比，其优点是节

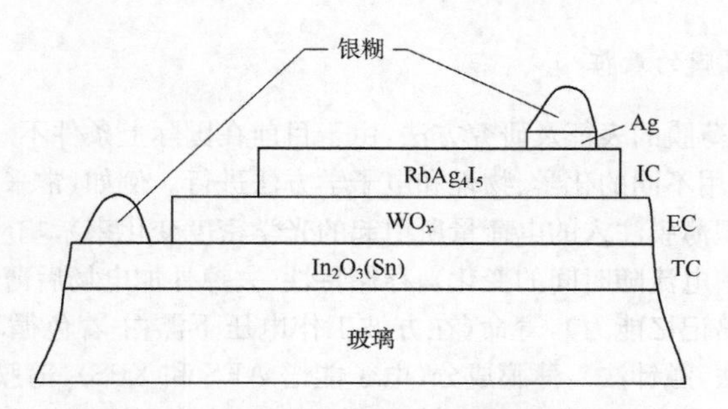

图 14.2　电致变色器件的多层薄膜结构

约电能和着色丰富。图中 PB 为普鲁士蓝，离子导体是用掺 Li^+ 的高分子电解质 OMPE (oxymethylene polyoxyethlene)。

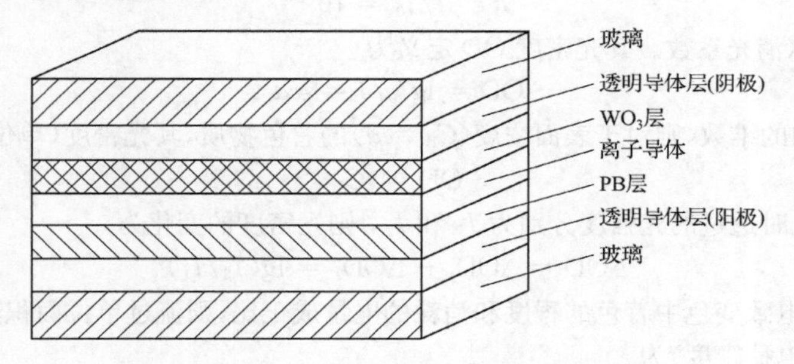

图 14.3　互补型电致发光器件示意图

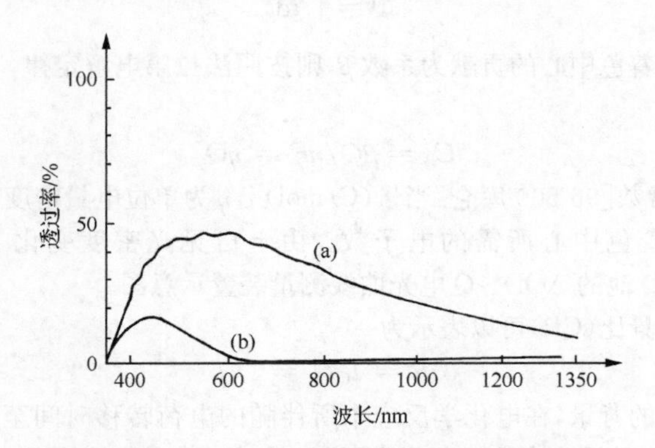

图 14.4　WO_3-PB 互补光致变色器件的透射光谱

(a) −0.16V，着色；(b) 1.0V，透明

图 14.4 表示了这种 WO_3-PB 组合器件在着色和漂白状态的透射光谱。这两种状态在 600nm 间有一极小的透过率(～15%)，在>600nm 谱区实际上不能透过，而在电压加到 1.0V 时则变为透明状态。这些结果与 WO_3 及 PB 的吸收光谱(图 14.1)是一致的。

2. 电致变色薄膜的表征

对于电致变色薄膜的表征及研究方法，由于目前在国际上条件不一而缺乏可比性，因此大都根据惯例采用不同的化学、物理和电子学方法进行。例如，常采用物理方法研究其着色效率(单位面积薄膜注入的电荷量所引起的光学密度变化率)，响应特性(在方波电压作用下，变色过程中电流随时间的变化)，存储特性(去掉外加电场后薄膜仍能保持其特性的能力，反映其开路记忆能力)，寿命(在方波工作电压下漂白-着色循环工作的次数)，薄膜厚度(椭圆偏振法，触针法)，薄膜成分(电子能谱 AES 和 XPS)，薄膜形貌表征(透射电子显微镜)，薄膜结构(X 射线和电子衍射法)等。下面简述电致变色膜的光电特性表征。

根据 Lambert-Beer 定律，光强 I_0 的入射光在透过厚度为 d，浓度为 c 的吸收物质后，其透光率 T 为

$$T = I/I_0 = 10^{-\varepsilon cd} \tag{14.1.2}$$

其中，ε 为摩尔消光系数。其光密度 OD 定义为

$$\mathrm{OD} = \lg I_0/I = \varepsilon cd \tag{14.1.3a}$$

忽略厚度方向的维数，则对于表面浓度($C_B = cd$)的着色物质，其光密度(单位面积)为

$$\mathrm{OD} = \varepsilon C_B \tag{14.1.3b}$$

若退色和着色时透过的光强度分别为 I_1 和 I_2，则光密度的变化为

$$\Delta\mathrm{OD} = \Delta\mathrm{OD}_1 - \Delta\mathrm{OD}_2 = \lg(I_2/I_1) \tag{14.1.4}$$

根据经验，在电致变色中着色的程度和消耗的电量成正比，则流过单位面积薄膜的总电流量(称为表面电荷密度)为

$$Q = \int_0^t i\mathrm{d}t \tag{14.1.5}$$

若令总电量对产生着色中心的贡献为系数 β，则按照法拉第电解定律，着色材料的面积密度 C_B 为

$$C_B = \beta Q/nF = \eta Q \tag{14.1.6}$$

其中，F 为法拉第常数[96 500 库仑/当量(C/mol)]，η 为单位电量密度所引起的光密度变化，n 为产生一个着色中心所需的电子数。由上可见光密度变化 ΔOD 比例于 ΔQ。图 14.5表示了 ECD 池的 ΔOD～Q 电光曲线测量装置示意图。

显示器件的背景比(CR)可以表示为

$$\mathrm{CR} = I_0/I = 1/T \tag{14.1.7}$$

为了得到适当的背景，在电化学反应中所伴随的电荷转移时间至少要小于 10ms 或 100ms。器件的可靠性及寿命取决于很多因素。例如，对于紫精体系，若应用电压过高则会发生不可逆的次级还原反应而沾污电极，记忆时间太长则沉积膜的结晶状态发生变化而损害其可擦性。

图 14.6 表示了常用的电化学和光谱装置[8]。对于紫外-可见吸收光谱及近红外光谱，则采用分光度计，光致变色器件则放置在光谱样品槽位置，并将电池中三个电极和外部电化学装置相连(其中 CE、PE 和 WE 分别为与对电极、参考电极和工作电极的连接口)。电化学部分包括恒电位/恒电流器、函数发生器、库仑计和记录器，由此可以测量电

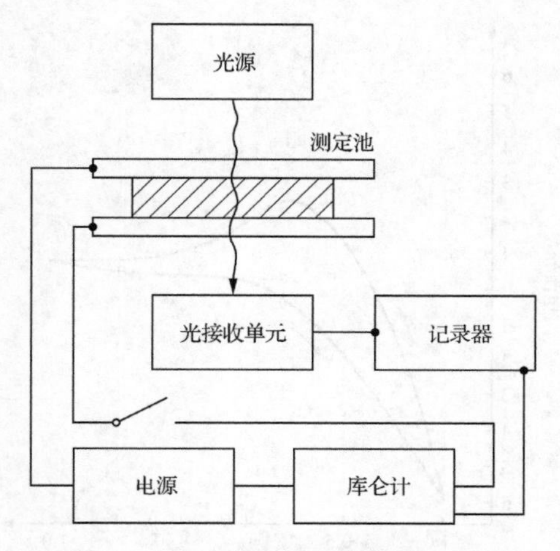

图 14.5　ECD 池的电光测量装置示意图

流(或电荷)对电位,或电流(或电荷)对时间的曲线。对于无机化合物,单电极的电位通常是相对于标准甘汞电极(SCE)而言的。电池的电压测量值 V 通常是以阴极相对于阳极而言。

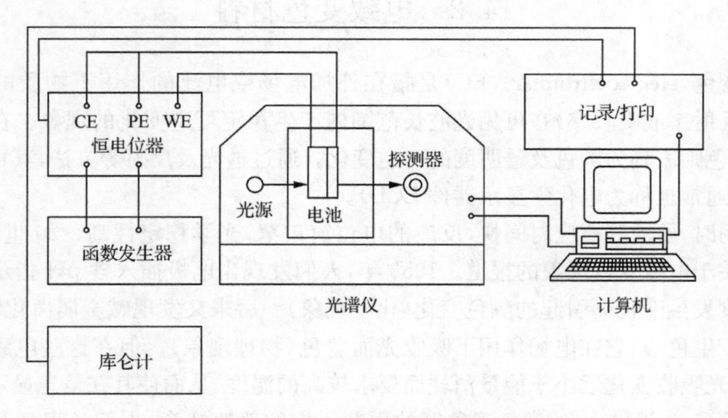

图 14.6　光谱电化学测量装置

图 14.7 表示了 WO_3 膜的循环伏安图,其特点是在负电位靠近 0.0V(相对 SCE)处出现大的阳极峰,而且其阴极电流一直减小到 −1V,在酸性水溶液中 H_2 的电位接近于反应式(14.2.1)。利用电极动力学方法还可以测量 Li^+ 在此 WO_3 膜中的扩散系数约为 3×10^{-11} cm/s。图 14.1 则为 WO_3 的吸收光谱。在整个可见光谱区域(400~850nm)范围内,其光学吸收随阴极极化作用而增加,由于着色的动力学过程到质子和碱金属离子扩散的限制,故着色过程是在 WO_3-电解质界面开始,并从电解质这一边继续向底物方向进行。原位红外光谱也是一种重要的手段,由此证实在 WO_3 着色过程中,H_xWO_3 结构中包含了 H_2O 分子。

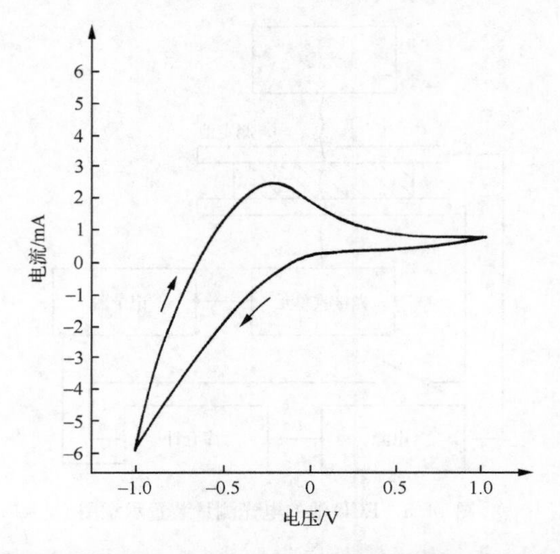

图 14.7　WO_3 膜的循环伏安图(含 1mol/L $LiCO_4$ 的丙烯碳酸盐溶液,扫描速度 100mV/s)

14.2　电致变色材料

电致变色(electrochromism,EC)是指在外加电场或电流的作用下物质的光学性能(透射率、反射率或吸收率)在可见光波长范围内产生稳定可逆变化的现象。在外观性能上,电致变色则表现为颜色及透明度的可逆变化。通过透光及反射等方法,其可用作被动显示器件(通常也称为电化学显示器件 ECD)。

在使用时,要求其响应时间快,反应的电位窗口窄,光学稳定性高。20 世纪 30 年代就出现了关于电致变色现象的报道。1953 年,人们发现当电极插入含 pH 指示剂的溶液时,H^+ 浓度发生变化而引起的颜色变化(化学现象)。后来又发现碱金属卤化物 NaCl 等在加热下产生色心,它在电场作用下吸收光而着色(物理现象)。但在这些电致变色的过程中,由于光吸收变化远小于能量消耗而要求较高的温度,从而使其在信息显示技术上未能得到应用。60 年代,电致变色现象开始引起人们的普遍注意,人们认识到其所具有的独特优点和潜在应用前景。1969 年,Deb 对 WO_3 薄膜电致变色效应等性能进行了系统研究,并首次提出了 WO_3 的电致变色"氧空位色心"机理。1973 年,Schoot 发展了紫精液体的电致变色,促进了电致变色研究的高潮。

尽管电致变色的研究已经取得了较大的进展,但是在理论和实际应用方面都还存在许多问题。即使是研究得最多的 WO_3 电致变色材料,其性能、制备工艺,以及变色机理也很不完善。因此,开展对电致变色的研究无论是从基础理论还是从应用研究方面都具有非常重要的意义。

目前研究最多的电致变色材料是氧化钨的膜。当它作为阴极(cathode,负极)并同时注入阳离子时,发生从无色变为有色的着色反应;反之,作为阳极(anode,正极)时发生颜

色的消退反应。其电化学反应可表示为

$$\underset{(\text{无色})}{xM^{+}+xe^{-}+WO_3} \xrightleftharpoons[\text{漂白}]{\text{着色}} \underset{(\text{蓝色})}{M_xWO_3} \tag{14.2.1}$$

其中，M^+ 为 H^+、Li^+、Na^+ 等离子半径较小的正离子。

对于实用的电致变色材料，必需满足以下条件：①在可见光区有足够的吸收谱带；②颜色变化必须是可逆的，没有副反应；③在室温低电压下具有适当的显示背景。可以将具有变色特性的固体和液体化合物分为无机和有机两大类。根据变色状态的不同也可分为施加负电压产生着色的阴极着色材料和加正电压而着色的阳极着色材料。

14.2.1 无机电致变色材料

具有电致变色特性的无机材料主要是过渡金属氧化物，例如：WO_3[9]、MoO_3[10]、Ir_2O_3[11]、Rh_2O_3[12]、NiO_2[13]、Co_2O_3[14]、V_2O_5[15]、Nb_2O_5[16]、TiO_2[17]、MnO_2[18]、CuO[19] 和 Fe_2O_3、Pt_2O_3、PtO、PdO、RuO 等过渡金属配合物[20]，杂多酸及聚金属氧盐也是重要的一类电致变色材料。表 14.4 列出了一些代表性的无机电致变色薄膜材料的制备方法及着色和漂白状态的颜色。下面着重介绍几种研究较多、性能较好的化合物。

表 14.4 无机电致变色材料

材料	制备方法	颜色(着色态/漂白态)
WO_3	真空蒸发，溅射等	蓝/透明
MoO_3	真空蒸发，溅射等	普鲁士蓝/浅黄(a)
Ir_2O_3	阳极氧化，溅射等	蓝黑/透明
Rh_2O_3	阳极氧化	棕/黄
NiO_2	溅射，真空蒸发等	褐色/透明
CoO	阳极氧化	灰黑/紫红
V_2O_5	真空蒸发，溅射等	黑/黄(b)
Nb_2O_5	阳极氧化	深蓝/透明(c)
TiO_2	溅射	蓝/透明(d)
CuO	真空蒸发	棕色/透明
PWA	粉末压制	蓝/白
PB	电化学沉淀	普鲁士蓝/透明
石墨(碱金属)	蒸发嵌入	金色/黑色

注：在阴极还原条件下：(a)黑色/蓝色/无色；(b)黑色/无色；(c)绿色/黄色；(d)黑色/无色。

1. WO_3 和 MoO_3

这类常用氧化物的单晶状态通常不具有电致变色特性，但化学计量比和非化学计量比的非晶、多晶及薄膜状态则具有电致变色特性。WO_3 的变色反应如式(14.2.1)所示。在晶体中钨原子被六个氧原子环绕呈八面体配位结构。实际的无定形则具有三维无序的部分缺氧原子结构。

吸附了水的 MoO_3 薄膜的电致变色反应为

$$\underset{(\text{无色})}{MoO_3} + xH^+ + xe^- \longrightarrow \underset{(\text{普鲁士蓝})}{H_xMoO_3} \quad 0 < x < 1 \tag{14.2.2}$$

H_xMoO_3 在波长 870nm 处出现吸收峰而呈现蓝色(参见表 14.4),与上述 n 型半导体不同,p 型半导体的氧化铬薄膜则通过反应式(14.2.3)发生可逆的电致变色反应:

$$Cr_2O_3 + xOH^- + xH^+ \rightleftharpoons (OH)_xCr_2O_3 \tag{14.2.3}$$

采用 WO_3/Cr_2O_3 和 V_2O_5/Cr_2O_3 混合物的固体电致变色器件还可以改善其功率消耗和记忆特性。

2. 其他无机氧化物

已报道了多种氧化铱膜的制备方法,如阳极氧化法、反应溅射法、离子蒸镀法、电镀法和热氧化法。但是只有用阳极氧化法和反应溅射法制备的氧化铱薄膜具有较好的电致变色特性。在阳极氧化时,将氧化铱置于 0.5mol/L 硫酸中,在约 1V 电压下可由透明变至蓝黑色。这种多孔膜的响应时间约为 20ms,寿命可至 6×10^5 周期。氧化铱膜有两种不同的变色机理,即在注入正空穴(表示为 h^+)的同时,分别发生:①萃取质子,即质子从膜中抽出;②注入氢氧根离子 OH^-。其反应可分别表示为

$$Ir(OH)_3 - H^+ + h^+ \rightleftharpoons IrO_2 \cdot H_2O \tag{14.2.4}$$

$$Ir(OH)_3 + OH^- + h^+ \rightleftharpoons IrO_2 \cdot H_2O + H_2O \tag{14.2.5}$$

其他 Rh_2O_3、CoO 和 NiO 也属于阳极着色材料,其反应为

$$NiO + OH^- \rightleftharpoons NiOOH + e^- \tag{14.2.6}$$

它具有高对比度、大光密度变化、良好稳定性及可逆性、长寿命、低成本、高着色效率和易于制作等优点,故适合于长时间记忆、低开关速度的大面积灵巧窗(smart window)及电子信息显示。

CuO 物理方法证实[19],当正离子($M^+ = H^+, Li^+$)向 CuO 膜内扩散而着色时发生式(14.2.7)电化学反应:

$$\underset{(\text{透明})}{CuO} + yM^+ + xe^- \rightleftharpoons \underset{(\text{棕色})}{M_yCuO} \tag{14.2.7}$$

电压变色范围为 2.5～−3.5V,其缺点为反应速度较慢。

3. 普鲁士蓝(prussian blue, PB),即铁的亚铁氰化物[21]

有两种普鲁士蓝,溶解的 PB,即 $KFeFe(CN)_6$ 和不溶解的 PB,即 $Fe_4[Fe(CN)_6]_3$。在这两者的立方晶格中都含有少量 H_2O。溶解和不溶解这两个名词并不表示其真正溶解度,而只是表示其胶溶作用的难易性。这两种形式的 PB 在注入电子并相应地嵌入碱金属离子 M^+ 晶格中时会还原而产生透明的 Everitt 盐(ES)。例如,对于溶解形式的 PB,其电致变色反应为

$$\underset{(\text{普鲁士蓝})}{MFeFe(CN)_6} + M^+ + e^- \rightleftharpoons \underset{(\text{无色的 ES})}{M_2FeFe(CN)_6} \tag{14.2.8}$$

其逆反应则氧化为PB,而PB则还可以氧化成黄色的普鲁士黄：

$$KFeFe(CN)_6 \rightleftharpoons FeFe(CN)_6 + K^+ + e^- \quad (14.2.9)$$

（普鲁士蓝）　（普鲁士黄）

反应式(14.2.9)可逆程度不如反应式(14.2.8)大,而且电位接近普鲁士黄的分解和释出氧的电位。由于阳极着色材料的普鲁士蓝可与阴极着色材料 WO_3 组成互补变色系统,因此是最常用于灵巧窗的电极材料。

4. 稀土酞菁

配合物分子结构如图14.8所示,其中M为镧系元素。对于稀土配合物,一个活泼氢仍留在配合物中,所以分子式可缩写为 $MH(Pc)_2$。例如, $VH(Pc)_2$、$ThH(Pc)_2$ 等。但最引人注目的是镥酞菁 $LuH(Pc)_2$,这种真空制备膜本身的颜色为绿色,在外加电压下(相对饱和甘贡电极),这种绿色膜经过氧化或还原,会产生电化学反应：

$$\text{红色} \rightleftharpoons \text{绿色} \rightleftharpoons \text{蓝色} \rightleftharpoons \text{紫色} \quad (14.2.10)$$

+1.0V　0.1V　−0.8V　−1.2V

其特点是响应速度快(<50ms),温度范围宽,功耗小(0.5～1.5mJ),但开关寿命不太高(<10^5 次)。

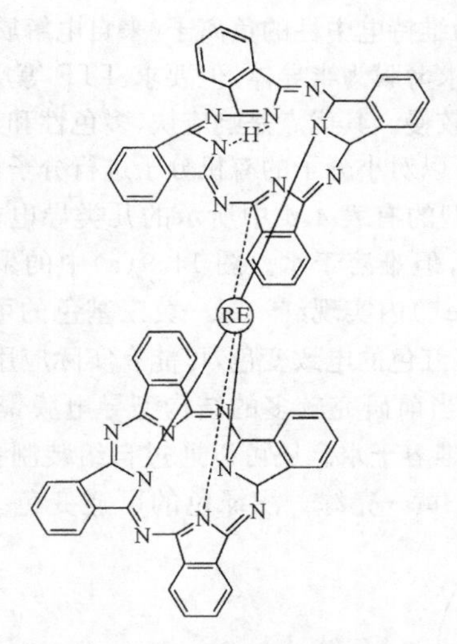

图14.8　稀土酞菁配合物

Er的酞菁化合物和Co的联吡啶配合物 $Co(2,2'\text{-by})_3 \cdot 2NO_3$ 也呈现电致变色效应。此外,石墨的碱金属(M)嵌入物 C_6Li,$C_{12}Li$,C_8M,$C_{24}M$,$C_{36}M$ 和InN等薄膜也具有电致变色效应。

14.2.2　有机及聚合物电致变色材料

属于这类电致变色特性的有机材料有：紫精(viologen)[22]、稀土酞菁(lanthanide phthalocyanine)[23]、吡唑啉(pyrazoline)[24]、聚苯胺(polyaniline)[25],以及一些导电有机

聚合物等。其变色机理较为复杂,大都涉及电子的得失,即发生了氧化还原反应,而导致颜色不同的反应物和产物。下面为其代表性化合物。

(1) 紫精衍生物:常用的紫精衍生物为溴化双庚基紫罗精(diheptyl viologen dibromide)和卤化苄基紫罗精(benzyl viologen halides)。其在溶液中能离解成二价离子,在阴极它能从无色状态还原成蓝紫色阳离子自由基。具有明显的电压阈值和快的响应速度,开关速度高达到 10^8 次的优点。其特点是通过改变取代基而得到不同的颜色,通过聚合作用还可以防止其重结晶作用而处于长寿命。

R—N⁺(吡啶)—(吡啶)N⁺—R′ + e⁻ $\underset{\text{漂白}}{\overset{\text{着色}}{\rightleftharpoons}}$ R—N⁺(吡啶)=(吡啶)N—R′

无色　　　　　　　　　　　　　　蓝色

(14.2.11)

(2) 导电聚合物:我们熟知的四硫富瓦烯(TTF,参见表 4.1)和吡唑啉是组成分子导体的良好给予体,将它以共价键的形式结合在聚苯乙烯所形成的导电聚合物,就可以用作电致变色材料。它们在正电极氧化下分别从淡橙色变为黑褐色和从黄色变为绿色。这类高分子膜的优点是电致变色发生在薄膜内,在电解质溶液中没有颜色变化,也没有反应伴生物质的析出和溶解。但为维持电中性的负离子(来自电解质)向膜内扩散较慢。电子在膜内的移动,虽然不一定要求薄膜为半导体,但要求 TTF 等空位之间允许发生电子跳跃或隧穿效应,故其着色效应较慢。其优点是响应快、多色性和具有记忆能力。

这类化合物的优点是可以对小分子的有机分子进行分子设计而合成不同电致发光性质的共轭聚合物[26]。最典型的有表 4.4 中所示的几类导电聚合物,示例如下。①聚噻吩:其特点是结构性聚合物,但难溶于水。图 14.9(a)中的聚合物[27] LPEB 态只可以在 −0.75～0.35V(相对 Fc/Fc^+)内实现红—绿—黄三基色的可逆变化[28]。图 14.9(b)为一种难以获得的由黄灰到亮红色的电致变色,可能有实际应用的[29]膜。易于加工和质子酸的形成。②聚苯胺:这是当前研究较多的结构型导电膜聚合物之一[30]。在掺杂条件下,稳定性高、导电性好,但难溶于水。还可以通过自组装制备成纳米结构聚苯胺[31],在 −1.0～1.0V 下实现无色—黄—亮绿—浅绿色的可逆变色。③聚吡咯:膜的吸收系数大,但不大稳定。

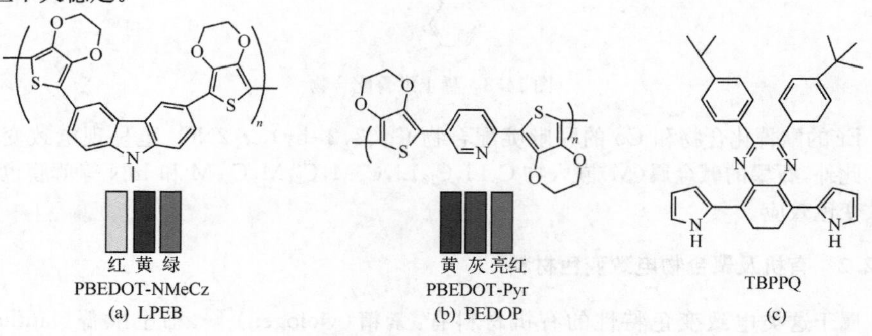

图 14.9 几种聚合物的分子结构

聚合物的电致变色器件是向电化学池中注入一种或几种电活性组分时在不同控制外电压下测定它的光学性质变化。对于离子导电界面，一般在传递时其性能都是受扩散控制的，并与界面的本性及所用电性质的组成有关。图 14.10 表示了一般共轭聚合物的透过型器件结构[32]。对于用多孔膜的反射型器件其多层器件会复杂些[32]。

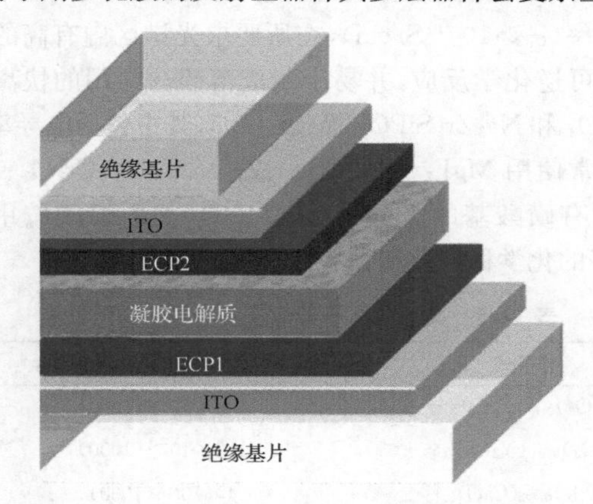

图 14.10 一般的双聚化合物透过型电致变色器件

与有机电致变色材料相比，无机电致变色材料不仅稳定性更好、可靠性更高，而且制备工艺简单，特别是更易实现大面积制备和电致变色器件全固态化。

14.2.3 混合物电致变色材料

将两种以上不同化合物以适当配比及恰当方法混合后，可以形成混合物电致变色材料，这是改善电色性能的一个重要方向[33]。由此可改善单组分材料电致变色性能。例如，改变最大吸收峰的位置，以接近日光光谱或适应人眼的峰值（使人安静的绿色相当于 2.25eV）。

这种方法对于聚合物情况较为单纯，但对于无机物则由其器件的结构及组分较复杂，考虑因素较多。例如，在吸收峰为 1.4eV(900nm)的 WO_3 中用蒸发法掺入 5%吸收峰为 1.56eV(800nm)的 MoO_3 后，就可使着色膜的吸收峰最大值降至 2.5eV(600nm)。在 WO_3 中加 MoO_3 还能提高 WO_3 的着色效率，缩短响应时间[34]。已研究过的混合氧化物电致变色材料有 La_2O_3-WO_3[35]、TiO_2-WO_3[36]、Nb_2O_5-V_2O_5[37]、TiO_2-CeO_2 等。混合稀土酞菁不仅改善了单元素酞菁的响应光谱曲线，使之更适应人的视觉响应峰值，而且使工作寿命提高至 10^7 以上[38]。为了改善固体电解质响应慢的缺点，有时采用将变色物质和氢离子导体组装成单层的办法以提高响应速度。例如，在电极间使用 $H_3PO_4(WO_3)_{12}\cdot 29H_2O$ 或 $H_3PO_4(WoO_3)_{12}\cdot 29H_2O$。

在电致变色材料中要注意以下两个实际问题。

(1) 离子导体（或称电解质）：它是电致变色器件中的一个重要的组成部分。在基础研究中大都使用液体电解质作为离子导体，因为它的电导率高，从而响应速度快。但是在实际应用中为了实现薄膜化、易于封装、避免腐蚀，故常采用固体快离子导体(fast ion conductor，FIC)，其离子导电率接近甚至超过电解质熔盐。其特点是具有高浓度的电荷载流子，高浓度空位和间隙位置和较低的离子跳跃活化能。

对于电致变色中的离子导体，还特别要求它在高离子导电率($\sigma_I > 10^{-7}$ S/cm)的同时还要有低的电子电导率($\sigma_e > 10^{-10}$ S/cm)，在所要求光谱区内有高的透射率或反射率，无化学腐蚀和不发生不可逆化学反应，并易于制成薄膜。常用的快离子导体有 $RbAg_4I_5$、Na-β-Al_2O_3、Li-β-Al_2O_3 和 $Na_3Zr_2SiPO_2$ 等(表 14.5，其中包括电导率和激发能)。在全固体电致发光器件中也常使用 MgF_2、CaF_2、SiO、ZrO_2、TaO_5、Cr_2O_3、LiF 等介电膜作为离子导体。通常使用含有磺酸基的高分子(表 14.6)，如丙烯酰胺甲基丙烷磺酸聚合物(AMPS)，它具有很好的化学稳定性和黏着性。

表 14.5　典型快离子导体及其电导率和激发能

分类	分子式	电导率* /(S/cm)	电子激活能/eV
氧化物离子导体	$(ZrO_2)_{0.88}(CaO)_{0.12}$	5.5×10^{-2}(1000)	1.1
	$(ZrO_2)_{0.81}(Y_2O_3)_{0.19}$	1.2×10^{-1}(1000)	0.8
	$(HfO_2)_{0.88}(CaO)_{0.12}$	4×10^{-3}(1000)	1.4
氟化物离子导体	β-PbF_2	1×10^{-4}(100)	0.45
	CaF_2	3×10^{-6}(300)	—
	$KBiF_4$	4×10^{-3}(100)	0.38
分类	**分子式**	**电导率* /(S/cm)**	**离子迁移激活能/eV**
银离子导体	α-AgI	0.12(25)	0.05
	$RbAg_4I_5$	0.3(25)	0.09
	Ag_3SI	1×10^{-2}(25)	—
	$Ag_2Hg_{0.25}S_{0.5}I_{1.5}$	1.5×10^{-1}(25)	0.14
铜离子导体	α-CuI_2	1×10^{-1}(450)	0.16
	CuTeBr	1×10^{-5}(25)	0.51
	$Rb_2Cu_3Cl_5$	1.5×10^{-6}(25)	0.49
钠离子导体	Na-β-Al_2O_3	1.4×10^{-2}(25)	0.15
	$Na_3Zr_2Si_2PO_{12}$	2×10^{-1}(300)	0.20
锂离子导体	Li_3N	1.2×10^{-3}(25)	—
	$LiAlCl_4$	10^{-6}(25)	—
	$LiAlF_4$	10^{-6}(25)	—
	$LiNbO_3$	2×10^{-6}(25)	0.4
质子导体	$H_3PW_{12}O_{40}\cdot29H_2O$	4×10^{-2}(25)	—
	$H_3PMo_{12}O_{40}\cdot29H_2O$	4×10^{-2}(25)	—
	$C_6H_{12}N_2\cdot1.54H_2SO_4$	2.7×10^{-5}(25)	0.53

*括号中为对应的测试温度，单位为℃。

在下面讨论聚合物的电致变色器件中还会用到下面的离子电解质。

表 14.6　聚合物电解质

名称	分子结构式
聚乙烯磺酸	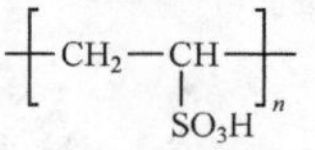 $\left[\!-CH_2-\underset{\displaystyle SO_3H}{\underset{\vert}{CH}}-\!\right]_n$
聚苯乙烯磺酸	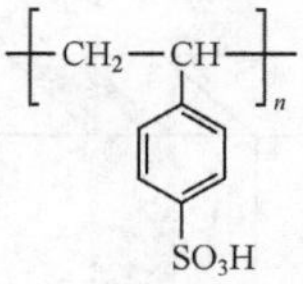 $\left[\!-CH_2-\underset{\displaystyle C_6H_4SO_3H}{\underset{\vert}{CH}}-\!\right]_n$
聚甲基丙烯酸丁基磺酸	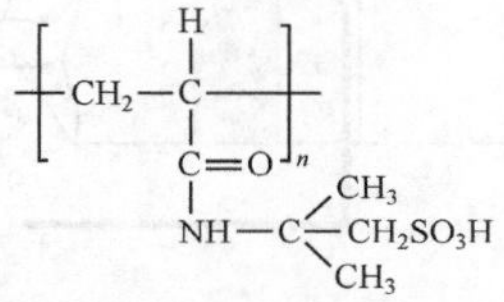 $\left[\!-CH_2-\overset{\displaystyle H}{\overset{\vert}{\underset{\displaystyle C{=}O}{\underset{\vert}{C}}}}-\!\right]_n$，$C{=}O$ 连 $NH-C(CH_3)_2-CH_2SO_3H$

(2) 制膜技术：一般使用的电致变色为薄膜状态，常用的膜制备技术有物理气相沉积技术(PVD)，如真空热蒸发[39]、电子束蒸发[40]、射频磁控溅射[41]和直流磁控反应溅射[42]等。化学沉积技术，如热分解法[43]、阳极氧化法[44]、溶胶-凝胶(参见3.1节)[45]法等。例如，在真空蒸发法中，将置于钨或钽盘中的 WO_3 粉末利用感应炉在约 10^{-5} Torr 真空下加热到 1000～1300℃使之升华，则可在作为电极用的玻璃衬底上(加热至 80～120℃)形成一层厚度约为 0.3～1μm 的 WO_x ($2<x<3$) 透明膜。物理方法是一种"干法"，其缺点是电色活性难于控制。目前也在发展温度较低的化学方法，其特点是简便、无需复杂设备、易于获得好的电色特性，但膜的结构比较松散，与衬底黏附不牢，且电致变色层容易带入"轻"元素，如碳等。

14.3　电致变色机理

颜色变化的理论很多，可以是物理的(物理光学或量子理论)，也可以是化学的(参考12.1节)[45]。对电致变色机理介绍有以下几种流行的模型。

14.3.1　无机化合物的电致变色能带结构和色心模型

1. 无机电致变色器件的基本结构

图14.11是一种较标准的电致变色器件[46]，也可用以说明其特性和操作的原理。其设计是可以将两个玻璃衬底或柔性树脂之间分为五个叠加的层面。中间一层是由纯离子构成的导体的电介质，它是由有机(一种黏结聚合物)或无机(常是氯化物膜)物质构成。离子应是易于迁移的质子 H^+ 或小的 Li^+ (或 Na^+、K^+ 等)，这种离子导体与电致变色膜(如 WO_3)连接，它是传导电或传导离子的。在离子导体另外一边是一个离子存储的膜，

理想的是，其是与第一个电致变色膜互补的电致变色膜(典型的是用氧化镍)。这三个中心结构处在导电透明膜之间。目前具有最好的光学和电学性质的材料就是含有 In_2O_3：Sn 的所谓 ITO 玻璃。

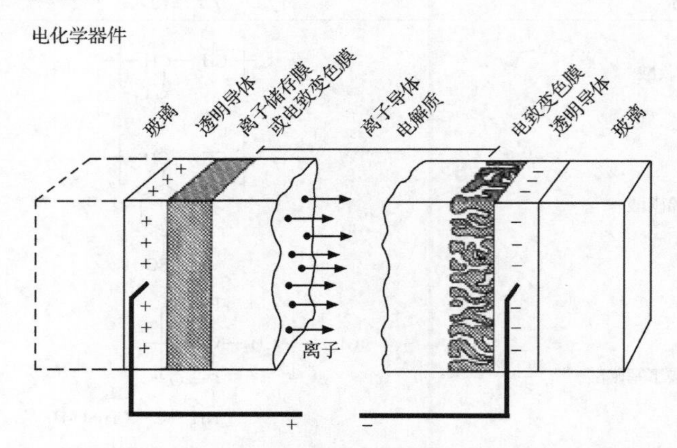

图 14.11　无机电致变色器件的基本结构在电场作用下正离子的输送过程

当用约 1V 电压加在两个透明电导体之间时，离子将在离子储存器和电致变色膜之间输出。电子则将从透明导体中流出或注入，并改变光的吸收性。电压的反转或短路会导致其恢复原来的性质，而着色作用可能停止在某种中间的水平上，而器件则呈现出一种记忆以致只有在电荷运动时光学性质才会发生变化。显然电致变色也可以看作是一种蓄电池，它的充电状态可以视为是一种光吸收作用。开发光致变色和蓄电池这两种技术间的相似性还有很多工作要做[47,48]。

2. 无机电致变色材料的能带结构

在无机电致变色技术中重要的是有关膜的性质。这就涉及膜材料的结构和性质。特别是关于它的微观结构及其中的离子扩散等理论问题。这里我们将讨论在历史上和实际应用方面有重要意义的氧化物 WO_3 的微观结构[46]。化学计量的 WO_3 在室温时为晶体，共顶点 WO_6 八面体结构。WO_3 可以看作由 W^{6+} 和 O^{2-} 组成，但它的成键并不是完全的离子键而是具有部分共价键，其中导带主要是 5d 轨道。如图 14.12(a)所示，Fermi 能级处在带隙的中间。多个 W^{6+} 被 6 个 O^{2-} 围绕形成一个八面体，多个 O^{2-} 线性结合 2 个 W^{6+}，它可以表示为

$$W^{6+}—O^{2-}—W^{6+} \tag{14.3.1}$$

除了透明的 WO_3 外，还存在对于化学计量的所谓 Magneli 相的 W_mO_{3m-1} 和 W_mO_{3m-2} (m=1,2,…)一直到 WO_2。这些相具有从绿色到棕色的 WO_2。如图 14.12(b)所示，它们的 Fermi 能级处在 W_{5d} 能带。理想的无定形结构是一种连续无序的网络结构，其中所有的键都是处于适当的价态。但实际上存在着各种缺陷，如悬键、晶格中原子和空位间隙。这些缺陷的图像可以用来简易地描述无定形非计量化合物的结构特点。也为 14.4 节所述的电致变色的性质和机理提供了一个微观结构基础。

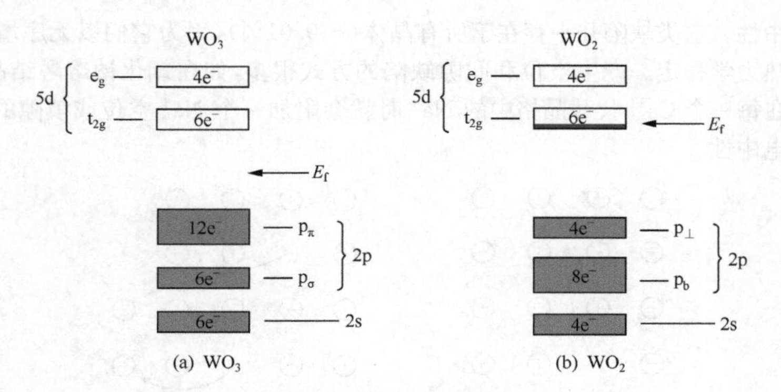

图 14.12 氧化物 WO_3(a)和 WO_2(b)的能带结构

其中钨的 5d 轨道和氧的 p 轨道和 Fermi 能级 E_f 都用标准符号标出，阴影部分为已被电子填充的轨道

在非化学计量氧化钨结构中最常见的是氧缺陷，相对于未受微扰的格子，它可以分为中性的($\square^0$)和单电荷的($\square^+$)，它表示一种类似于化学计量化合物中的电子构型。从能量观点出发，它也可以再转移一个或两个电子到邻近的离子而形成双电荷的($\square^{2+}$)。例如，对于无定形的 α-WO_3，从简单的离子键观点出发，当形成$\square^+$空穴态时保持电中性，其多余的一个电子必然和邻近的 W^{6+} 结合而在晶格中出现 W^{5+}，表示为

$$W^{5+}\square^+W^{6+} \tag{14.3.2}$$

这个多余的电子就转移到了晶格，在光的作用下就会进入导带而引起光的吸收。当然实际情况比这复杂得多。例如，在含氧多的环境下溅射制备 WO_3 膜时，会形成氧过量的非化学计量氧化钨，其中会出现 $O/W<2.5$ 和 W^{4+}；氧过剩时还可能在氧原子间出现—OH 键，这时可以用式(14.3.3)表示为[49]

$$W^{6+}—(O—O)^{2-}—W^{6+} \tag{14.3.3}$$

这时过量的氧原子可以看作是处在晶格间隙中，它可以作为电子陷阱而成为荷电体。在质子或碱金属离子型的氧化钨电致变色材料中形成嵌入结构时，若嵌入离子的原子比例为 x(=离子/W)，则嵌入离子(如 Li^+)进入无定形的氧化钨就会从无序的 W—O—W 转变为化学图像式(14.3.4)：

$$W^{6+}—O^{2-}—Li^+(W^{5+}) \tag{14.3.4}$$

其中 Li^+ 和氧结合，但是它的外部电子转移到了邻近的钨原子而有 W^{5+} 生成(它也相当于上述的一个缺陷)。当 x 达到 2 时，就类似于图 14.12(b)中 WO_2 的电子构型。由于它的化学吸收强度处在 $0.35<x<0.5$ 范围内为最大，所以在电致变色的实际应用为 $x<0.3$。

3. 无机电致变色的色心模型[50]

在电致变色机理中，缺陷和色心的概念十分重要。在自然界，和不具有理想的真空一样，也不存在理想晶体。在晶体中有两类熟知的缺陷(图 14.13)，即①弗仑克尔(Frenkel)缺陷：其中一个离子(正离子或负离子)，从其正常位置移到非正常的位置(即间隙位置)，结果出现空位(vacancy)与间隙离子这一对缺陷；②肖特基(Schottky)缺陷：其中一对电荷相反的离子移动到晶面而形成一对空位，而不存在间隙物。不论哪种缺陷，整个晶体仍

然保持电中性。这类缺陷几乎存在于所有晶体(～0.01%)，因为它们以无序增大熵的形式而达到热力学稳定。产生空位和间隙缺陷的方式很多，如在氯化钠熔融结晶时，加入$CaCl_2$，则在每一个Ca^{2+}代替晶格中的Na^+时就会附加一个Na^+空位或填隙的Cl^-以保持晶体的电中性。

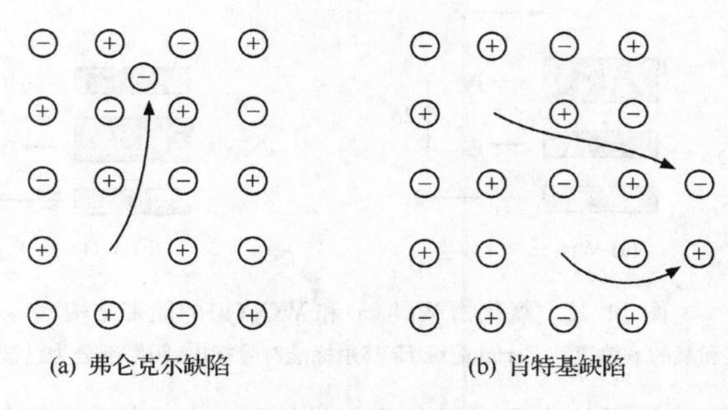

图 14.13　离子晶体中的 Frenkel 和 Schottky 缺陷示意图

缺陷本身并不能产生光吸收或颜色，如纯CaF_2也有缺陷，但它是无色的。但在高能辐射源照射下或阳光长期照射下，CaF 矿却会显示出紫色，常称之为形成了色心。在变色理论中，色心的概念十分重要。图 14.14 中表示了不同类型的色心缺陷，所谓的 F 色心是由一个负离子空位和一个被束缚在空位静电场中的电子所形成(F 为德文颜色 Farbe 的第一个字母)。

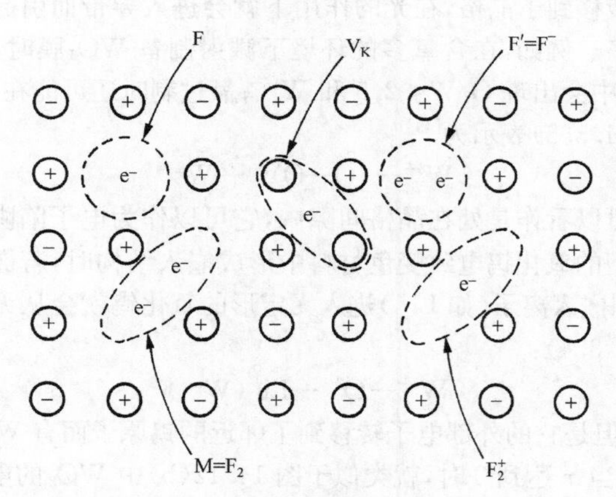

图 14.14　离子晶体中的各种色心缺陷

在色心形成的过程中有过剩碱金属的情况，则首先发生电离：

$$K \rightarrow K^+ + e^- \tag{14.3.5}$$

该K^+再从内部同卤离子在表面上晶化

$$K^+ + Cl^- \rightarrow KCl \tag{14.3.6}$$

式(14.3.5)中多余的电子被俘获在卤离子空穴中而形成 F 色心。在电解过程中 F 色心的生成则可看作K^+与阴极的电子以式(14.3.5)的逆过程结合成钾金属，然后钾金属又按前述两个化学反应式而产生F色心。

可以从能带理论观点来考察色心的显色过程,但可以从简单的配位场理论加以阐明。一旦在空位处电子被周围阳离子的正电荷所俘获,可将空位看作是配合物的中心原子,电子和它的结合就形成类似配合物中的能级。正是这些能级的跃迁导致光的吸收,从而显示出色心的颜色。而所谓的漂白作用就看作是被俘获电子的释放。对于碱金属卤化物,经验发现其吸收光谱峰(类似于静电理论结果):

$$E_a = 17.4/d^{1.83}(\mathrm{eV}) \tag{14.3.7}$$

其中,d 为以 Å 为单位的正负离子间的距离。

图 14.14 中也表示了其他常见的几种色心。其中 F=F′色心表示俘获了第二个电子的F心;M=F_2是两个相互作用的相邻F心;F_2^+心是两个相邻的负离子空位,但它们之间只有一个被俘电子。

另一类是所谓的V色心(图 14.14),是由一个正离子空位和一个被束缚在该空位上的空穴(hole)所构成,即从其正常位置失去电子后而产生吸收光的中心。图 14.14 中 V_K 色心就是两个相邻负离子之间只有一个(而不是两个)负电荷的色心。

金属钨的价电子组态为 $5d^4 6s^2$。在研究非晶态氧化钨电致变色现象时,Deb 认为由于无定形晶态 WO_{3-x}($0<x<1$)晶格结构的不完整性,其中存在氧空位的正电中心缺陷[51]。它可以俘获从阴极注入的电子而形成F色心,使薄膜着色。表面吸附的水在电场作用下离解为 H^+ 和 HO^-,HO^- 向阳极迁移,而 H^+ 向阴极迁移以补偿注入电子的电荷,保持薄膜的中性。当改变电源极性而抽出(氧化)薄膜中的电子时,色心消失而退色。但实验表明,氧化钨变色薄膜的光密度差 ΔOD 主要和制膜工艺、晶粒尺寸和膜层孔隙率等有关,而与氧空位的增减关系不大[52]。Fanghuan 等还发现,着色过程是从电解质-WO_3 的界面开始向阴极扩展的,而不是从电子注入点电极-WO_3 开始[53]的。这些现象与色心模型矛盾。

14.3.2 电化学反应模型和电荷转移模型

1. 电化学反应模型

对于 WO_3,电致变色是由于发生了下述电化学反应[41]:

$$\underset{(\text{无色})}{WO_3} + 2xH^+ + 2xe^- \rightleftharpoons \underset{(\text{蓝色})}{WO_{3-x}} + xH_2O \tag{14.3.8}$$

另一种观点是电化学反应的产物是 $WO_{3-x}(OH)_x$ 配合物[55]:

$$WO_3 + xH^+ + xe^- \rightleftharpoons WO_{3-x}(OH)_x \tag{14.3.9}$$

对于氧化镍的电致变色机理,也相应地提出了其电化学反应机理:

$$Ni(OH)_2 \rightleftharpoons NiOOH + H^+ + e^- \tag{14.3.10}$$

$$Ni(OH)_2 + OH^- \rightleftharpoons NiOOH + H_2O \tag{14.3.11}$$

其实验根据是在沉积薄膜变色前后,从红外光谱中发现了 OH^- 或 H_2O 的存在[54]。但是出现这些峰的实际原因很复杂(吸附水、污染、表面羟基化),特别是在高真空物理气相沉积条件下吸附水很少,因此红外光谱中出现 OH^- 峰并不意味着存在 $Ni(OH)_2$,何况后来发现在非水电解质中也可能发生电致变色[55]，所以这个理论也不够完善。

对于 WO_3，Faughman 等提出了双注入模型[56,57]。在负电压下，从变色膜-阴极侧面注入变色膜中的电子 e^- 和从变色膜-电解质侧面注入的正离子 M^+ 与 WO_3 发生氧化还原反应生成钨青铜 M_xWO_3（图 14.15）：

$$WO_3 + xM^+ + xe^- \longrightarrow M_xWO_3 \quad 0 < x < 1 \tag{14.3.12}$$

在相反电压下，电子和正离子分别从膜中朝和上述相反的方向移出，薄膜重新漂白为透明的 WO_3。

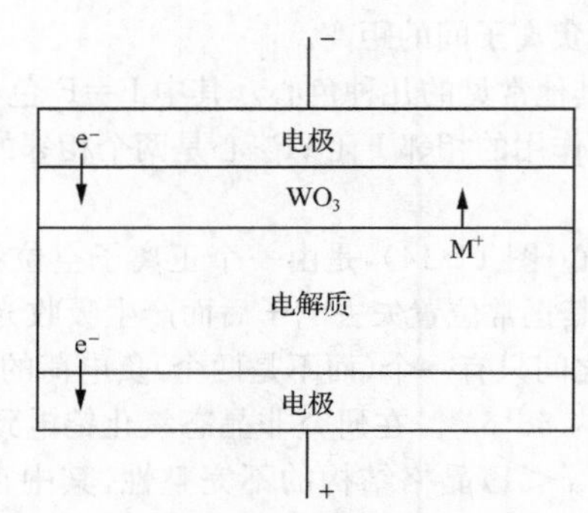

图 14.15　WO_3 双注入模型着色过程示意图

根据这个模型，导出的着色电流 I_C 和漂白电流 I_B 分别为

$$I_C = I_0 \exp(-x/x_1)(V_a/2RT)[(1-x)/x] \tag{14.3.13}$$

$$I_B = (n^3 \varepsilon\varepsilon_0 \mu_i)^{1/4} V_a^{2/9}/(4t)^{3/4} \tag{14.3.14}$$

其中，I_0 为起始电流；x 为 M_xWO_3 中的离子数目；V_a 为施加电压；x_1 为接近于 0.1 的常数；n 为扩散空间中的正离子浓度，R 为摩尔气体常数，T 为温度，ε 和 ε_0 为介电常数，μ_i 为离子迁移率，t 为时间。由上述动力学过程可见 I_C 随 V_a 成指数增加，I_B 随时间的增加而减小。

2. 电荷转移模型[45,58]

这时颜色变化过程中起作用的是不同原子价的原子之间发生电荷转移，即通过光的吸收，电子从一种过渡金属离子转移到另一种离子从而引起两种离子的价态变化，进而导致颜色的变化。这种电荷转移可以发生在不同原子之间，也可以发生在相同原子之间。

由同一种元素（通常为金属）以两种不同表观氧化态构成的化合物，通常称之为混合价化合物。例如，熟知的深蓝色普鲁士蓝和杂多钨钼蓝都是混合价化合物，应用光电子能谱（ESCA）和穆斯堡尔谱等谱学方法常可确定其不同价态原子的存在，甚至测定其交换速率[59]。我们以上面讨论的普鲁士蓝 $Fe_4[Fe(CN)_6]_3 \cdot 14H_2O$ 作为实例讨论其电致变色机理。该晶体中含有不同价态的铁离子，如 Fe^{2+} 和 Fe^{3+}。若这两种离子在晶体中占据相邻且等同的晶格位置，则电子在 Fe^{2+} 和 Fe^{3+} 之间的电子传递并不涉及能量的变化，因而也不引起光的吸收。但当这两个不同价态的铁离子处在不等同的八面体晶格位置 A 和 B 上时，实际上 Fe^{2+} 是与六个 CN^- 配体中的碳原子所配位，记为 $Fe^{2+}(A)$，Fe^{3+} 则为

与 CN^- 配体中的氧原子和 H_2O 分子的氧原子总共六个的混合配体所配位，记为 Fe^{3+}(B)。则当一个电子从 Fe^{2+} 转移到 Fe^{3+}（或其相反过程）时，其过程可表示为

$$Fe^{2+}(A) + Fe^{3+}(B) \rightleftharpoons Fe^{3+}(A) + Fe^{2+}(B) \tag{14.3.15}$$

显然，这两种状态间有一定的能量差 ΔE，左方大于右方，从而引起价间跃迁的光吸收而呈现蓝色（图 14.16），由于纯 Fe^{2+} 的亚铁氰化物是无色的，而具有 Fe^{3+} 的铁氰化物仅呈现淡黄色，这样就很好地说明了式（14.2.8）和式（14.2.9）所表达的电致变色过程。

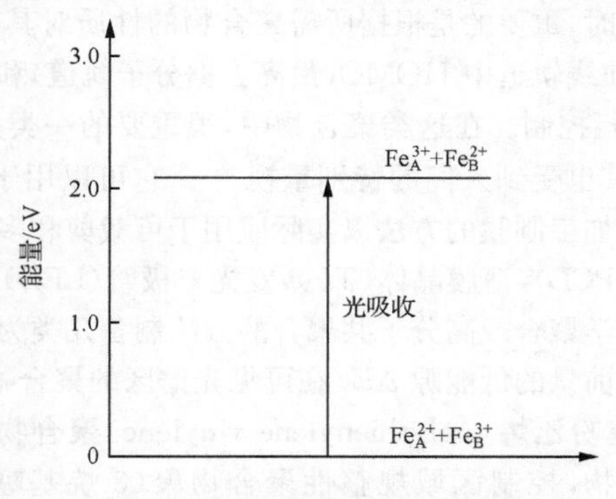

图 14.16　价间电子跃迁示意图

两个不同金属离子之间的原子价的电荷转移可以以蓝宝石为例。含有万分之几的钛的刚玉（Al_2O_3）晶体是无色的，含有万分之几的铁的刚玉也只呈淡黄色。但若这两种杂质同时存在则呈现艳丽的深蓝色，这就是著名的蓝宝石（若含杂质氧化铬，则为红宝石）。这是由于杂质 Fe^{2+} 和 Ti^{4+} 取代了 Al_2O_3 结构中的 Al^{3+}，当 Fe^{2+} 和 Ti^{4+} 处于相邻的 Al 晶格位置上时（约 2.65Å），它们就可能由于 dz^2 轨道的重叠而在吸收光后产生电荷转移。

$$Fe^{2+} + Ti^{4+} \longrightarrow Fe^{3+} + Ti^{3+} \tag{14.3.16}$$

这个吸收谱的中心位于 588nm 的黄色波区，除了这种电荷转移吸收峰外，在可见光谱区两端还有来自 $Fe^{2+} \rightarrow Fe^{3+}$ 的电荷转移吸收，Fe^{3+} 的配体场 d-d 跃迁和 $O^{2-} \rightarrow Fe^{3+}$ 的电荷转移跃迁。结果使得除了其互补色蓝色与紫蓝色光以外，其他颜色的光都被吸收。

这个模型可以说明一系列实验事实，但它仍然只涉及大致过程而未深入研究其机理。在这个化学模型的基础上，从物理基础出发提出了小极化子吸收机理[60]和自由电子气体机理[61]，这些理论各有千秋，目前还没有一个完满的理论模型。

14.3.3　聚合物电致变色机理及其调控

对于聚合物的电致变色理论情况也比较复杂。例如，在讨论掺杂机理时，当视为共轭导电聚合物阴离子“掺杂”，其中 HOMO 和 LUMO 之间的能隙差 E_g 会影响材料的光学和电学性质。正如在 4.4 节中所介绍的，随着掺杂程度的变化，在 HOMO 和 LUMO 的能隙之间会出现不同的导带和价带中的极子和双极子能级，当价带中的电子向这些能级跃迁时就会发生不同吸收光谱的变化，从而导致不同的颜色。特别是当在不同电极电位的作用下，聚合物更会出现更多样的电致变色现象[32]。下面我们将举几个关于多功能的

聚合物通过能带结构进行调控的实例。

1. 电致变色材料结构的调控

共轭聚合物是一种很重要的电致变色功能材料，其中包括典型的导电性聚苯胺(PANI)类(参见4.4节)以及它们的各类复合型聚合衍生物。比起无机电致变色化合物来说，它具有容易加工和掺杂、环境稳定及颜色变化多端性，并容易通过官能团调控进行分子设计。在分子设计时，重要的是根据所需聚合物的性质对其有机基元的结构进行电子能带结构，特别是其前线轨道中HOMO(最高占据分子轨道)和LUMO(最低未占据分子轨道)间能隙 ΔE_g 进行控制。在这类聚合物中，很重要的一类是可以溶解在有机溶剂中的新型透明聚合物，其也受到人们的特别重视[63]。它可以用于旋涂、喷涂、屏幕打印。喷射打印或卷曲打印等加工制膜的方法以实际应用于可裁剪和多功能的电子器件中。例如，太阳能中光电转换(PCD)，薄膜晶体(TF)，发光二极管(LED)和电致变色(ECD)等。

已经发展了用电化学聚合或高分子共聚合的方法制备几类为数不多的接近要求的可容、透明，并且具有应用前景的低能隙 ΔE_g 在可见光谱区的聚合物及其衍生物。例如，带隙在1.6～18eV的聚噻吩乙烯(polythienylene vinylene)聚合物，在聚合骨架中含醌型(quinoidal)特征的聚合物，控制区域规整性聚合物聚(3-烷基噻吩)[poly(3-alkylthrophenes)]，以及更为一般的不同给体-受体(D-A)相互交替共聚合物，这种电聚合物的 ΔE_g 低到0.3～0.5eV。这对于光伏器件十分重要，特别是其中有一类基于以氰基乙烯(cyanovinylenes, CNV)作为受体A和以富电子芳香化合物作为给体D的类型的可溶共聚物甚至可以低到 E_g 为1.1eV的bis(3,4-etylened dioxythiophene)-CN(简记为BEDOT-CNV)。已经采用Knoevenagel缩聚的方法制备了图14.17所示的CN-PPV聚合物，其

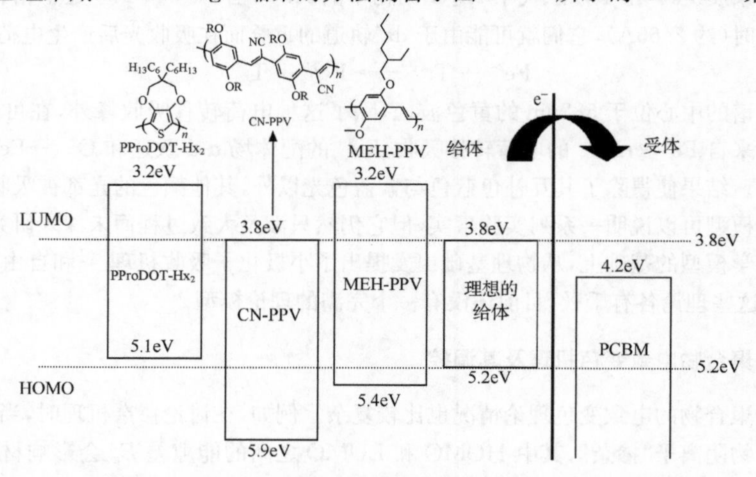

图14.17 PPV-PCBM异质结太阳能电池中不同MEH-PPV，CN-PPV和PProDOT-Hx_2聚合物给体的能带图

轨道能量是基于以标准电池SCE的能量，相对于真空为4.7eV，而二茂铁型电池 Fc/Fc^+ 相对于SCE电池的电位值为+0.38eV(即相对于真空为5.1eV)

中 CN 为受体，PPV 为给体，其 E_g 为 2.1eV。图 14.17 中还列出了一些其他可溶性聚合物的分子式和它们的能带结构。

由上可见这种 D-A 型可溶聚合物的优点就是可以选择不同的给体 D 和受体 A，为选择不同近似 HOMO 和 LUMO 的前线轨道提供了不同分子设计的途径。

2. 多功能电致发光材料的机理

这对于光伏太阳能等电子器件的应用特别重要。例如，目前已知光电转换效率最高的共轭聚合物的异质结器件可达到 2.5%～5.0%。这就是基于 dielkoxy-PPV（MEH-PPV 或 MDMO-PPV）以及聚（3-烷基噻吩）[poly（3-alkylthiophenes），P3AT]作为给体，可溶性富勒烯作为受体（PCBM）所组合成的一种异质结结构（图 14.17，参见 17.2.3 节）[66]。这种 PPV 和 P3AT 的能隙 E_g 分别为 2.2eV 和 2.3eV。考虑到太阳光的最佳吸收峰约为 1.8eV(700 nm)，可见这种两种聚合物并不是最好的光吸收材料。这就需要发展一类能向可见光红外方向移动的低能隙 E_g 的可溶聚合物。实际上，即使找到了一种能隙和 PCBM 电子受体相匹配的低能隙电子给体的聚合物也不能保证它们组成太阳能电池的电荷转移和收集是有效的。因为还要求它们的前线轨道 LUMO 和 HOMO 对于空气是稳定的（避免氧化），对指定的电子受体 PCBM 要易于发生电荷转移和有足够高的空穴淌度，这就要求关注低 E_g 聚合物中第二个能级 HOMO 的分子设计。图 14.17 中虚线为在空气中的能量阈值（5.2eV）和电子有效电荷转移到 PCBM 的阈值（3.8eV）。经过上述考虑后，可以近似得到相对 PCBM 电子受体在 MEH-PPV 中较为匹配的理想电子给体聚合物的能隙，其 HOMO 约为或低于 5.2eV，LUMO 应约为或大于 3.8eV。

对这种 PVD 体系，估计它们的开路电压 V_{oc} 约为电子给予体 HOMO 和电子受体 LUMO 的能级差（还应考虑电极的功函数）。由图 14.17 还可以看出，包括 MEH-PPV 和理想的给体在内的这些电子给体和电子受体 PCBM 的能带结构关系。这就为这类异质结有机太阳能电池的设计提供了一个思路。

Reynolds 等合成了一类基于二氧噻吩（dioxy-thiophenes）和氰基乙烯（cyanovinylenes）可溶性窄带隙的给体-受体（D-A）型共轭聚合物（图 14.17）[62]，其分子质量约为 10 000～20 000g/mol。用循环伏安等方法测得其 E_g 约为 1.5～1.8eV，因而和太阳光谱有很好的重叠性。用光谱化学方法加以证实，它们之间可以发生电荷转移并掺杂为 p 型成 n 型聚合物。如前所述，将这种 D-A 型聚合物作为给体，用富勒烯（C_6-butyic acid methyl ester，CBM）衍生物作为受体，可通过电荷转移组成太阳能电池。其光电转换率为 0.2%（AM1.5），短路电流为 1.3mA/cm^2，在波长大于 600nm 时观察到其外量子效率为 10%。从光电化学实验表明，这种窄带的聚合物在中性状态的黄色或紫色吸收带经过电氧化和电还原后转变到无黄色或灰色的三种电致变色状态[图 14.18，二氯甲烷溶液（质量分数为 1%）涂在 ITO 玻璃上，所有的电位都是以 Fc/Fc$^+$ 为参考电极]，这种多功能材料有可能用于电致变色显示器。

3. 光笔输出器件

光笔输出器件是由一种光传感器阵列。其中用到有光敏的生物视菌紫素（参见

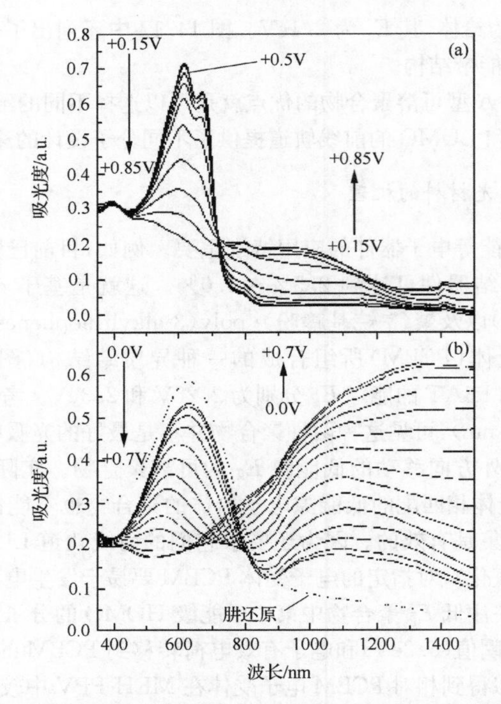

图 14.18　PProDOT-Hx$_2$ ∶ CN-PPV(a)和 PBProDOT-Hx$_2$ ∶ CNV(b)的氧化光电化学谱

图 13.15)和包含图 14.19 所示分子聚合物，其可作为光笔的光敏混料。集成电致变色光敏显板所制成的器件是用不含金属氧化物的塑料基材进行加工而成的，所以是一种机械柔性的，并且对应于光笔的输入而受激，导致电致变色颜色变化响应。[63] 图 14.20 表示了这种结构的示意图。光敏器阵列可以识别从光笔来的输入，并且活化集成的电致发光显示器。

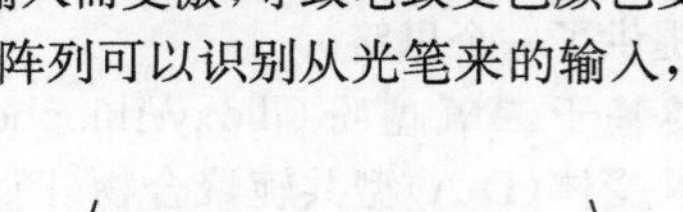

图 14.19　电致变色聚合物

电致变色材料对于建筑、汽车、家电设备以及其他电致变色显示器件有很重要的意义，它除具有重量轻、厚度薄而用于大面积和多色显示外，还具有下列特点：

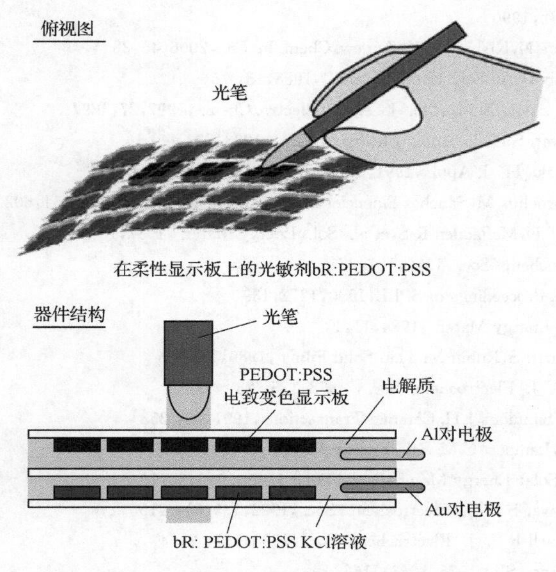

图 14.20　光笔输入器件概念示意图

(1) 视角大。由于它不需要偏振片，几乎不存在视角限制。而普通液晶显示器件视角限制在 45°～90°。

(2) 非发射显示。对比度高，在强光照射下也很容易辨别，长时间观看不会引起人眼疲劳。

(3) 容易调节灰度。不同灰度等级的显示可以通过改变外加电场的大小而实现。

电致变色器件最大缺点是由于其依赖离子导电而使响应速度较低(＜100ms)。但它们在另外一些领域中却备受重视。应用镀有变色膜的玻璃材料，通过反射和透射以控制太阳的光强。由此发展了电致变色智能窗：可以动态调节，具有光学开关作用的玻璃窗。由此可以动态调节穿透玻璃辐射能量，以适应季节和每天不同光强的变化。

无眩反光镜(glare-free minor)则可以避免因强烈的太阳光照射而使汽车后视镜产生令人目眩的反光。它是通过改变电致变色的吸收率来调节反射器的反射特性，以达到强光下无眩的目的。

电致变色材料在电转换和存储、中枢网络可编程存储电阻器、高分辨平面图像摄像器以及其他光电器件中的应用还有待于进一步开拓[64,65]。

参 考 文 献

[1] Granevist C G. Handbook of inorganic electrochromic materials. Amstardam：Elsevier，1995，31-32

[2] (a) 干福熹. 数字光盘光谱存储技术. 北京：科学出版社，1998

(b) 姜复松. 信息材料. 北京：化学工业出版社，2003

[3] Matsumoto S. Electronic display devices. New York：John Wiley & Sons Inc，1984

[4] Wiley-Interscience Publication，ed. Electronic displays. New York：John Wiley & Sons Inc，1979

[5] (a) Rao C N R，Gopalakrishnan F R S J. 刘新生译. 固态化学的新方向——结构、合成、性质、反应性及材料设计.

长春:吉林大学出版社,1990

(b) Kato T,Mizoshita N,Kishimoto K. Angew. Chem. In. Ed. ,2006,45:38

[6] Maheswar S P,Habib M A. Sol. Energy Mater. ,1988,18: 75

[7] You X Z,Shan B Z, Zhang X M,et al. J. Appl. Electro. Chem. ,1997,27:1297

[8] Habib M A,Maheswari S P. J. Appl. Electro. Chem. ,1993,23: 44

[9] Hashimoto S,Matsuoka H. J. Appl. ,1991,69(2):933

[10] Zelaya-Angel O,Cornelius M,Sanchez-Sinenciet F,et al. J. Appl. Phys. ,1980,51:6022

[11] Cogan S F,Plante T D,McFadden R S,et al. Sol. Energy Mater. ,1987,16:371

[12] Gotesfeld J. Electrochem. Soc. ,1980,127:273

[13] Hutchins MG,et al. Proceedings of SPLE,1990,1272:139

[14] Lampert C M. Sol. Energy Mater. ,1984,11:1

[15] Wruck D, Ramamurtti S,Rubin M. Thin Solid Films ,1989,182:79

[16] Dyer C K,Lech J S. J. Electrochem. Soc. , 1978,135: 23

[17] Ozer N,Chen D G,Simmons J H. Ceramic Transactions,1991,20: 253

[18] Garnich F,Yu P C,Lampert C M. Sol. Energy Mater. ,1990,20:265

[19] Ozer N,Tepehan. Solar Energy Materials and Solar Cells,1993,30:13

[20] Habib M A,Maheswar S P. J. Electrochem. Soc. ,1992,139(8): 2155

[21] Carpenter M K,Conell R S. J. Electrochem. Soc. ,1990,137: 2464

[22] Chang I F,et al. Proc. SID,1975,16(3):168

[23] Faugnan B W, Crandall R S. Appl. Phys. Lett. , 1977,31:834

[24] Kaufman F B,Schroeder A H,et al. Appl. Phys. Lett. ,1980,36: 442

[25] Jelle B P,Hagen G,Sunde S. Synthetic Metals,1993,54: 315

[26] 涂亮亮,贾春阳,翁小太,邓龙江. 化学进展,2010,22(10):2053

[27] Argun A A,Aubert P H,Thompson B C,et al. Chem. Mater. ,2004,16(23):4401-4412

[28] Wang F,Wilson M S,Rauh R D. Macromolecules,2000,33(6):2083-2091

[29] Gaupp C L,Zong K,Schottland P,et al. Macromolecules,2000,33(4):1132-1133

[30] Li D,Huang J X,Kaner R B. Acc. Chem. Res. ,2009,42(1):135-145

[31] Yang C H,Wang T L,Shieh Y T. Electrochem. Commun. ,2009,11(2):335-338

[32] Beaujuge P M,Renolds J R. Chem. Rev. ,2010,110:268

[33] Hiruta Y,Kitao M,Yamada W, et al. Japan. J. Appl. Phys,1984,23:1624

[34] Donnadieu A,Davazoglou D,Abdellaoui A, et al. Thin Solid Films,1988,164:333

[35] Zhang L W,Goto K S. Thin Solid Films,1988,6:67

[36] Coettsche J F,Hinsch A,Wittwer V. Proceedings of SPIE,1992:1728:13

[37] Cogan S F,Rauh R D,Nguyen N M. Electrochem. Soc. ,1993,140: 112

[38] Frampton C S, O'Connoer J M. Displays,1988,10: 174

[39] Tate T J,Garcia-Parajo M,Greeu M. J. Appl. Phys. ,1991,70: 3509

[40] Agrawal A,Hamid R H,Agrawal R K. Thin Solid Films,1992,221: 239

[41] 张旭苹,陈国平. 光电子技术,1994,14:215

[42] Marszalek K. Thin Solid Films, 1989,175: 227

[43] Davasoglou D,Donnaieu A. J. Appl. Phys. , 1992,72: 1502

[44] Bohnke O,et al. Solar Energy Materials and Solar Cells,1992,25: 361

[45] (a) Chemseddin A,et al. Rev. Chim. Miner. ,1984,21: 487

(b) 拿骚 K. 颜色的物理与化学. 李士杰,张致三译. 北京:科学出版社, 1991

[46] Niklasson G A,Gnangvist C G. J. Matar. Chem. ,2007,17:127

[47] Nauth P K,Tuller H L. J. Am. Ceram. Soc. ,2002,85:1654.

[48] Lampertand C M,Grangvist C G. Large area chromogenics,materials and devices for transmittance control. Bellingham,USA：SPIE Opt. Eng. Press,1990
[49] Vink T J,Boonekamp E P,Verbeek R G F A,Aamming Y. J. Appl. Phys. ,1999,85 ;1540
[50] 徐毓龙. 氧化物与化合物半导体基础. 西安:西安电子科技大学出版社,1989
[51] Deb S K. Philos. Mag. ,1973,27:801
[52] Otterman C R,Temmink A,Bange K. Thin Solid Films,1990,193/194:409
[53] Faughnan B W,Grandall R S,Heyman P M. RCA,1975,36：177
[54] Wruck D A,Rubin M. J. Electro. Chem. Soc. ,1993,140 ;1097
[55] Goldner R B,Amtz F O,Berera G. Proceedings of SPIE,1991,1536:63
[56] (a) Faughnan B W,et al. //Pankove J I. Display devies. Berlin,1980,181-211
(b) Faughnan B W,et al. Appl. Phys. Lett. ,1997,31：109
[57] Scarminio J,Estrada W, Andersson A J. Electro. Chem. Soc. ,1992,139：1236
[58] Crandell R S,Faughnan B W. Phys. Rev. Lett. ,1977,39:232
[59] Yu Z,Hsai Y F,You X Z,Gutlich P. J. Mater. Sci. ,1997,32:6579
[60] Schirmer O F,Wittwer V,Baur G,Brandt G. J. Electro. Chem. Soc. ,1977,124：749
[61] Svensson J S E M,Granqvist C G. Sol. Energy Mater. ,1985,126:31
[62] Thompson B C,Kim Y G,Mccarley T D,Reynolds J R. J. An. Chem. Soc. ,2006,128:12 714
[63] Takamatsu S,Nikolou M,Bermard D Y,et al. Sens. Actuators. B,2008,135;122
[64] Kitani A,Yanno J,Sasoki K, et al. J. Electro. Chem. ,1986,209：227
[65] Thakoor S,Moopenn A,Daun T,et al. J. Appl. Phys. ,1990,67：3132

第 15 章 分子光电材料的组装及其功能

前面章节主要从宏观层次上讨论了主体材料的光电功能。更微观的、分子层次上的分子光电器件(molecular photonic-electronic device)近来日益受到重视[1,2],这种器件特点是不仅在尺寸上,而且在分子或所谓超分子水平上发挥了其光电功能。不过目前还很难做到真正地以单个分子的形式进行实验、观察和应用。

15.1 超分子体系

超分子化学可定义为由多个分子通过分子间相互的弱作用而形成的有组织的超越分子的化学[3,4]。分子间的相互作用形成了各种化学、物理和生物中高选择性的识别、传递和调制机制。而这些机制就可以导致超分子具有和原来组装前单个分子不同的特定光电功能(参见 1.2 节)。

在生物化学体系中,常将这种分子间相互作用看作由受体(acceptor)和给体[receptee,或底物(substrate)上]相互组装过程而形成超分子体系。但在材料化学中,则常从电子的给予和接受的观点分别应用电子给体(donar,D)和电子受体(acceptor,A)这两个名词表示 D 和 A 之间进行电荷转移过程。因此,在同时涉及生物化学和材料化学体系的中文译名时,也只好屈从于习惯,就不加严格区分都称为给体和受体。(请根据文献上下文含义注意区分 1.1.1 节中定义类似的对应原有英文名词的中文含义!)

分子识别(molecular recognition)作用的概念特别重要,它可以定义为一个具有特殊功能的指定接受体分子与给予体分子的成键和选择作用。在生物分子学中常将其中具有较大的几何部分称为底物[图 1.2(d)]。一般说来,仅仅是成键并不一定是识别作用。受体和给体通过成键而形成超分子,信息存储于配位的构造及其成键位置(本性、数目、排列),并以超分子形成和离解的速率读出。可以将受体和给体的范围扩展到所有的有机、无机甚至生物的阳离子、阴离子或中性物种中,而且它们之间可以在较大的空间内进行接触。正如在图 1.1 所示,对于构筑分子基的超分子、纳米等光电材料时,由下而上的组装方法得益于化学方面的知识和发展,并已日益被物理和材料领域所重视。

值得注意的是,虽然超分子化学在组装分子材料中有非常重要性,但在文献上没有关于超分子的严格定义[5]。首先,什么叫弱相互作用。例如,配位化合物$[Ru(bpy)_3]^{2+}$(bpy=2,2′-联吡啶)中的配位键是否为分子间作用。如果不是,那么通常起着吸收光子天线器件作用的超分子$[Eu\subset bpy\cdot bpy\cdot bpy]^{3+}$穴状化合物(其中符号⊂是化学家借用数学上的一种表示“包含”的意义)是否是超分子体系(图 15.1)。其次,什么是超分子的严格定义。如图 15.2 所示的两个通常被认为是分子的体系(1)和(2)。它们都是由 Zn(Ⅱ)卟啉和 Fe(Ⅲ)卟啉基块组成的,但前者却是严格通过氢键弱相互作用组装的超分子体系,后者则是通过不饱和的共价桥基相连接的,那它是否算作超分子体系?文献上常将后一种类型称作为超级分子(supra-molecular)体系以示区分。看来是见仁见智,一般也就不从定义出发,统称为超分子体系。

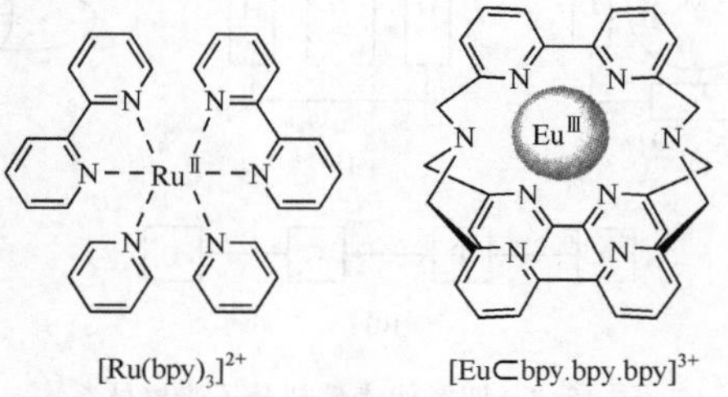

$[Ru(bpy)_3]^{2+}$　　$[Eu\subset bpy.bpy.bpy]^{3+}$

图 15.1　由 bpy 基组成的两个化合物是配位化合物还是超分子体系

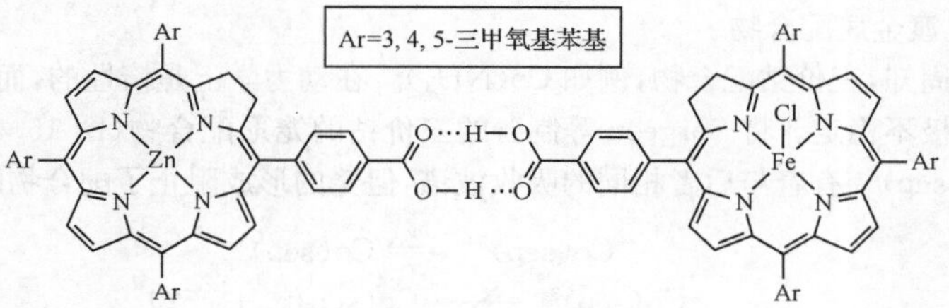

Ar=3, 4, 5-三甲氧基苯基

Ar=对甲氧基苯基

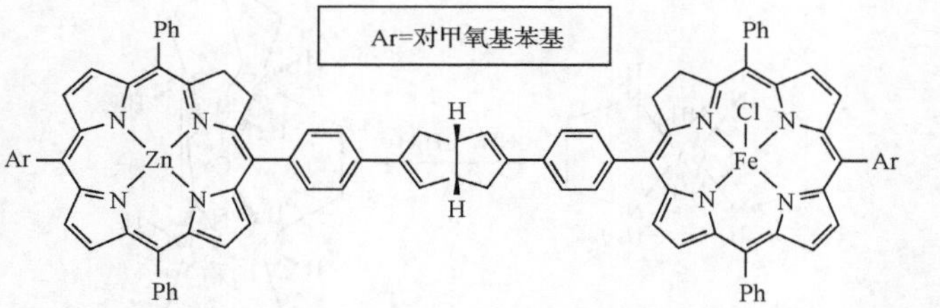

图 15.2　由 Zn(Ⅱ)卟啉和 Fe(Ⅲ)卟啉基块所组成的两个二元体化合物,从而说明超分子体系的多样性

15.1.1　分子识别

当受体卷曲而形成封闭的大环结构时,它和给体分子的非共价相互作用对于后者的分子大小、形状和结构非常敏感,从而产生各种形式的超分子体系。现在已经可以用计算机辅助人工设计[5]合成具有给定刚性和柔性的各种功能性分子。另外,最近光物理和光化学无论是实验方面还是理论方面也有了飞跃的发展。目前,已经对数以万种化合物的光物理和光化学性质进行了观察分析,并对其中几类重要分子的激发态结构、能量和动力学性质进行了研究[7]。超分子化学和光化学的结合就形成了分子光电器件研究的基础,其代表性的超分子光电体系如图 15.3 所示,下面分别略加说明。

1. 笼形体系

含有笼形配体的配合物常被认为是超分子体系[3,6]。

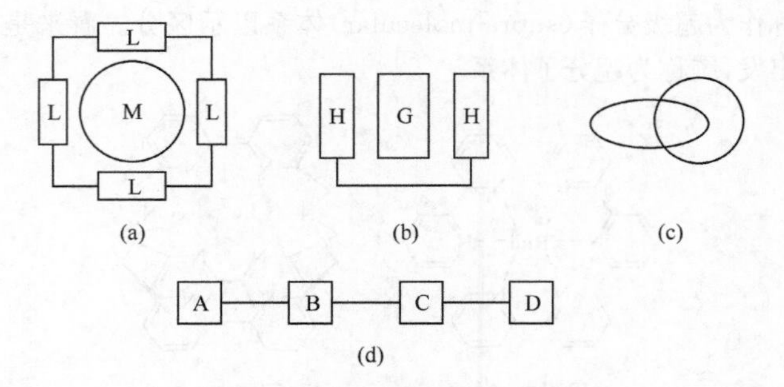

图 15.3　四类代表性超分子光电体系

(a) 笼形；(b) 主客体；(c) 轮烷式；(d) 多核式

1) 过渡金属配合物

众所周知，三价钴配合物，例如 $Co(NH_3)_6^{3+}$ 在动力学上是惰性的，而二价钴配合物在动力学上极不稳定。将 Sorgeon 等制备的三价钴的笼形配合物(图 15.4)与 $Co(NH_3)_6^{3+}$ 相比，$Co(sep)^{3+}$ 有着与后者相同的吸收波谱，但笼的形成阻止了配合物的光降解[8]：

$$Co(sep)^{3+} \underset{}{\overset{h\nu}{\rightleftharpoons}} Co(sep)^{3+} \tag{15.1.1}$$

$$Co(sep)^{3+} \not\longrightarrow Co(sep)^{2+} + \text{产物} \tag{15.1.2}$$

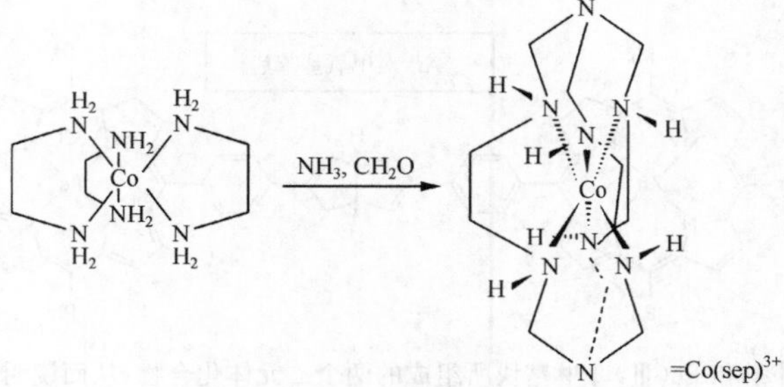

图 15.4　$Co(sep)^{3+}$ 笼形配合物的合成

由于单电子还原产物的惰性，$Co(sep)^{3+}$ 及其三价钴的笼形配合物可用作水的光解材料及电子转移的光敏剂。

2) 稀土配合物

稀土离子 Eu^{3+} 和 Tb^{3+} 等具有很强的荧光发射和长寿命的激发态，但光吸收能力很差，例如，Eu^{3+} 在 $\lambda_{max}=393nm$ 的消光系数 $\varepsilon<3000L\cdot mol^{-1}\cdot cm^{-1}$。Lehn 及其合作者合成了图 1.18 所示的 Eu^{3+} 和 Tb^{3+} 的笼形配合物[9]。它们具有三方面的优点：①形成稳定的配合物；②金属离子荧光效应增强；③激发态非辐射衰变减弱。

2. 主-客体体系

弱相互作用的主-客体体系化合物也是一类重要的超分子。生命依赖于分子识别、转换，其过程在极其复杂的体系(酶、基因、抗体)中进行。为了模拟神经细胞中阳离子的分布和输送，冠醚和穴状化合物的研究得到了发展。图 15.5(a)为一种以穴醚分子 **1**(作为主体)选择性地包含有阳离子 NH_4^+(作为受体)的穴状物，借用数学上“包含”符号⊂记为[NH_4^+⊂**1**]。由于 NH_4^+ 的大小和形状非常适于穴醚的空穴，并和四个 N 位置形成了四面体 $^+N—H\cdots N$ 氢键作用。由于大小匹配，稳定性增大。穴醚 NH_4^+ 的缔合常数 K_a 值比自由 NH_4^+ 的约大六个数量级。由双-三氨基三乙基胺(tren, **2**)[3]可以得到识别 N_3^- 阴离子底物的超分子[N_3^-⊂**2**-6H^+][图 15.5(b)]。其中 6 个质子化的双-tren 正好配位多原子的线性阴离子 N_3^-，两端各形成三个氢键。其他正电性(金属离子中心)或中性缺电子基团(B、Sn 等)，甚至中性极化氢键(—NHCO—或—COOH 官能团)，也都可以和阴离子作用。这种阴离子配合物的研究在生物体系中得到了明显的发展。当过渡金属阴离子配合物，如 $M(CN)_6^{n-}$ 通过这种作用而形成第二层配位界的配合物时就形成所谓再度配位的超配合物(super complexes)。

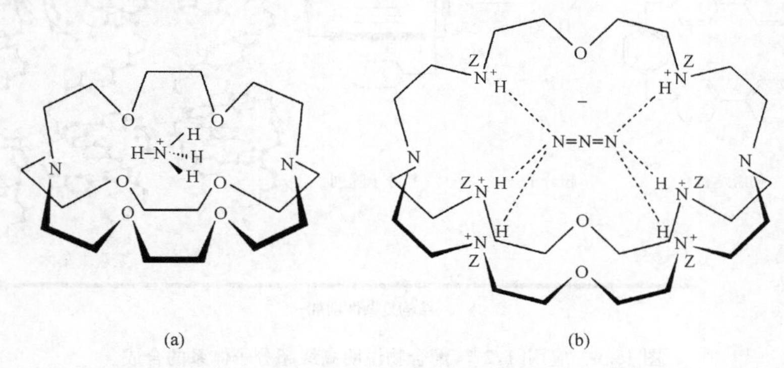

图 15.5　分子识别

(a) 阳离子识别；(b) 阴离子识别

3. 轮烷式体系

研究较多的是轮烷(rotaxans)这类具有美学意义的超分子结构。我们将用图 15.6 的实例来说明超分子高级结构的合成过程[10]。由二羧酸和联吡啶等基块共价结合所形成的分子 **1** 和 $\mathbf{2}^{4+}$ 作为体系的初级结构。在溶液中，由带有富 π-氢醌链的二羧酸 **1** 可以穿过缺 π 电子的四价阳离子环苯基的大环空穴 $\mathbf{2}^{4+}$ 以形成一个准轮烷的超分子[**1**,**2**]$^{4+}$。它是由芳基和芳基面对面和棱对面间的相互作用，辅以[C—H…O]氢键而被稳定。所具有的悬挂羧酸可以作进一步的非共价缔合而聚合成超分子阵列(array)。进而通过 π-π 堆积作用而凝聚成一种无限二维聚超分子网络。在图 15.6 所示的分子往复装置中，双联吡啶正离子在多醚链上来回运动，其最有利的位置就是处于其中的一个氢醌分子上，这时电子转移最为有利。这种超分子体系是构筑分子机器结构的第一步。如果能够通过外部信号控制单元的往复移动，这种结构可望用作分子记忆单元以构筑分子计算机[9]。

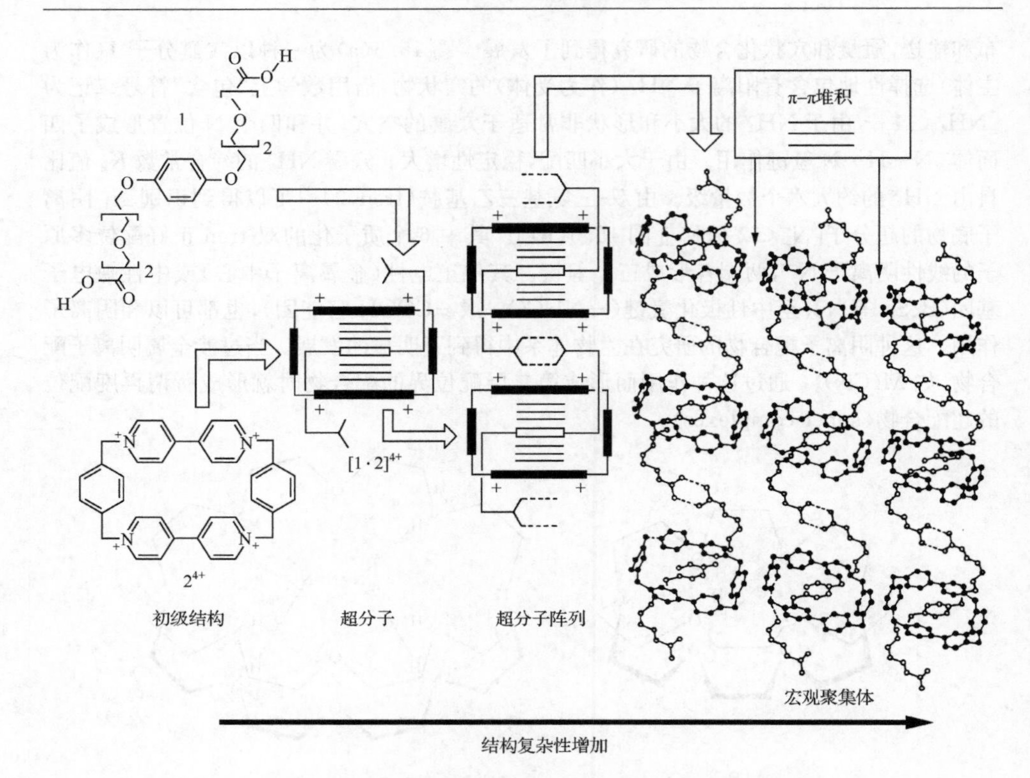

图 15.6　应用$[\mathbf{1,2}]^{4+}$配合物说明高级超分子体系的合成

4. 多核或多组分体系

应用金属-金属间相互作用作为分子开关[11]的最简单的一个例子是以4,4′-偶氮吡啶为配体的双核钌配合物$[(NH_3)_5Ru^{II}\{\mu\text{-Py-N}=\text{N-Py}\}Ru^{II}(NH_3)_5]^{4+}$。它在1200nm处($\varepsilon=500dm^3\cdot mol^{-1}\cdot cm^{-1}$)具有特征的价间电荷转移峰。在溶液中加入酸时立即发生下列反应：

$$\text{Ru(II)Py-N}=\text{N-PyRu(II)}+2H^+\longrightarrow\text{Ru(II)Py-NH—NH-PyRu(III)}\tag{15.1.3}$$

由于分子内的电子传递，偶氮中氮原子立即质子化。桥基还原为1,2-双-吡啶基-肼，2个Ru(Ⅱ)中心则氧化为Ru(Ⅲ)。在该还原形式下，桥联所连接的共轭性和金属间电子的传递性被破坏。这种桥基的还原性(或者共轭和非共轭结构间的可逆转换)，对酸性的依赖性是可逆的。因此这种分子可以作为pH诱导的开关。自然界的光合作用依赖于光诱导的能量转移和电子转移过程。

目前，化学研究的一个重要目标就是设计可以构筑人工光合作用的超分子体系。为了得到有效的电荷分离体系，最近几年的一个研究方法就是将一个电子给体和一个电子受体通过一个光敏基团PS连起来组成D-PS-A系统。对于图15.7中的钌配合物体系[12]，其中 $Ru(ttp)_2^{2+}$（$X=Y=—CH_3$）为光敏剂 PS。当给体 $X=—CH_2—PTZ$ 或 —DPAA，受体 $Y=—MV^{2+}$ 时，$—CH_2—PTZ—Ru(ttp)_2^{2+}—MV^{2+}$ 和 DPAA—$Ru(ttp)_2^{2+}—MV^{2+}$ 就组成了 D-PS-A 三元体系。这一体系的光诱导的电荷分离（D^+-PS-A^-）有如下三个步骤：①光敏剂 PS 吸收光而激发；②电子从激发态的光敏剂 PS 转向受体 A；③电子从给体 D 向氧化光敏剂的电子转移[参见图 16.33(b)]。

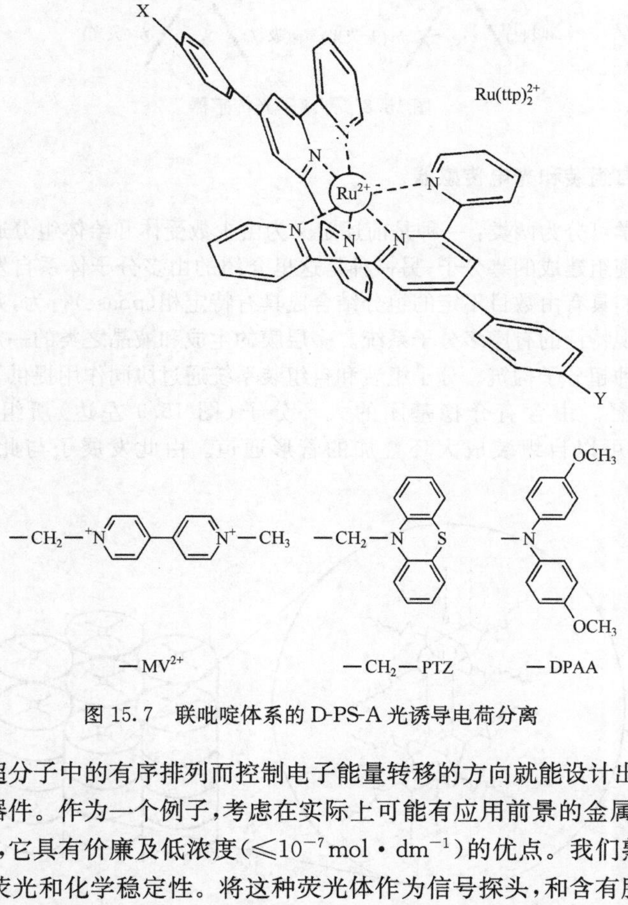

图 15.7　联吡啶体系的 D-PS-A 光诱导电荷分离

通过这类超分子中的有序排列而控制电子能量转移的方向就能设计出具有一定功能的光化学分子器件。作为一个例子，考虑在实际上可能有应用前景的金属离子荧光传感器(图 15.8)[12]，它具有价廉及低浓度（$\leqslant 10^{-7}\,mol \cdot dm^{-1}$）的优点。我们熟知，蒽分子具有很强的特征荧光和化学稳定性。将这种荧光体作为信号探头，和含有胺基的 18-冠醚相连接而组成一个受体分子。18-冠醚对作为底物的碱金属离子 K^+ 具有特殊的选择性识别作用。在它与金属配位以前，体系并不发射荧光。这是因为大环上叔胺基团具有很好的还原性，其中孤对电子会通过电子传递过程转移到光激发的荧光体萘上而使其荧光猝灭。但当受体(Ⅰ)和 K^+ 结合而形成超分子后，胺基的氧化电位大为降低，由于孤对电子参与和 K^+ 的配位，因而由于热力学的原因而阻止了电子转移过程，从而又恢复了荧光体萘的荧光。亦即通过外部荧光的显示反映了接受体和底物的作用。这种根据光诱导电荷转移机理(PET)[13]而设计的传感器在生物技术中富有应用前景。

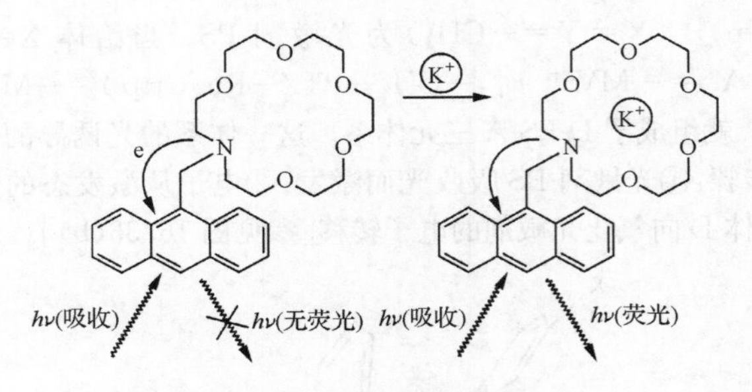

图 15.8 钾离子光传感器

15.1.2 分子自组装和光电传感器

超分子化学可分为两类：一种是前述定义为由少数受体和给体组分通过分子间缔合和分子识别原理组建成的寡分子；另一种是这里介绍的由多分子体系自发缔合而形成的分子系统。它们具有由数目不定的组分结合成具有特定相(phase)行为，并多少具有明确微观结构和宏观特性的有序多分子系统。多层膜的生成和液晶之类的一定物相的产生也有可能建立这种超分子构筑。分子组装和自组装系统通过协同作用提供了一种调节分子体系功能的途径。由含有介稳基团的大环分子(图 15.9 左边)所组成的盘状液晶(图 15.9右边)可以自组装成大环叠加的管形通道。由此发展了与此相有关的离子传导[14]。

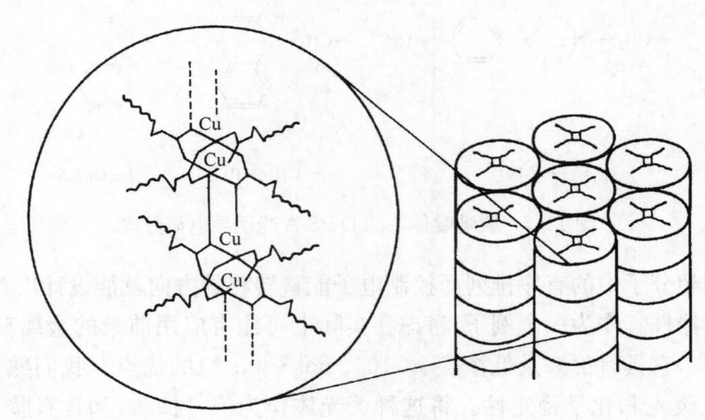

图 15.9 大环分子的自组装

分子识别技术的基本设想是以分子为材料，模拟如生命体内抗原与抗体反应的分子识别功能。Lehn 就从超分子化学观点出发，应用 Cu^{+} 形成四面体构型和适当的线性聚联吡啶配体所特有的键合方式，得到了类似天然 DNA 的无机双螺旋自组装结构(图 15.10)[3]。预计有目标地运用生物和医药的蛋白质工程将在分子电子器件中得到发展。

实际上，超分子中分子识别和传输是一个比较广义的概念。例如，可以将它应用于膜

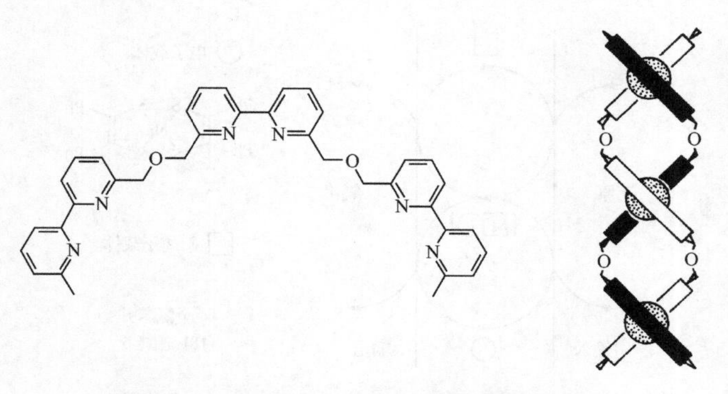

图 15.10　自组装联吡啶铜的无机双螺旋结构

中分子的传递过程和载体设计。在主体材料中,电子和离子传递过程的物理化学特性和在生物学上的重要性早已有所认识,但对膜的传递过程和载体的化学特性还是最近才得到发展。电子或离子选择性的穿透膜可通过图 15.11 所示载体介质和通道(或者称为门通道)这两种方式进行。前者的底物在通过膜时是通过缔合、离解、向前和向后扩散这四步循环过程进行的。电子、离子或分子以通道式穿过膜,这是通过直接流动或者从一个位置到另一个位置的接力赛跑式跳跃(hopping)机理进行的。目前已经设计了可以同时使阳离子和阴离子向同一方向或不同方向传递的所谓向量(vectorial)传递,从而可以通过电子(氧化还原梯度)、质子(pH 梯度)或其他物种(浓度梯度)的物理化学梯度而建立物种传递的所谓"梯度"或"泵递"体系。

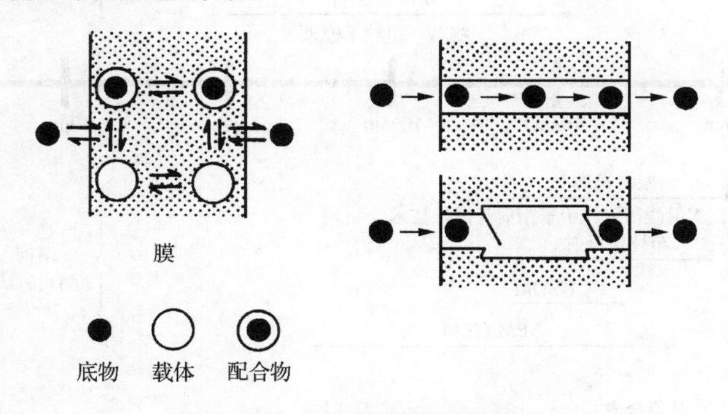

图 15.11　两种载体通道的形式

图 15.12 表示了以连二亚硫酸钾作为还原剂和 $Na_3[Fe(CN)_6]$作为氧化剂的电子-阳离子同相传递的一个实例。该过程的特点是 K^+ 和电子协同地进行传递,是一个氧化还原泵,并受阳离子/载体之比调节的阳离子选择过程。我们曾用谱学方法研究在电子传递中有重要作用的二茂铁衍生物阴极聚合表面膜[15]。

15.1.3　层级结构研究方法

从微观分子水平上针对具体的功能目标,将物理实验及理论和化学合成及组装相结

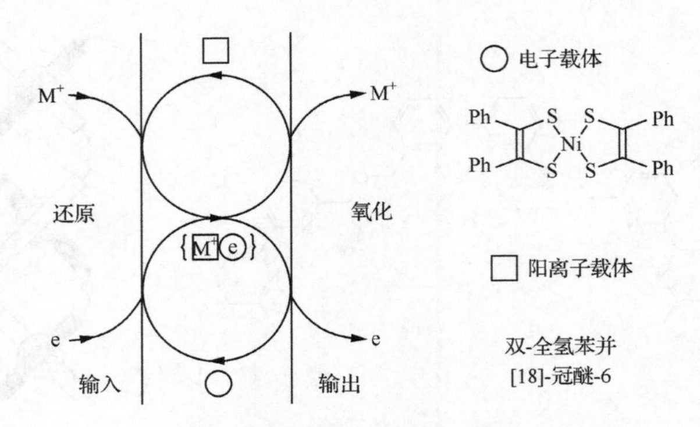

图 15.12 电子-阳离子通过膜的同向传递

合是研究分子材料的重要方法。近代分子材料的一个特点是它们从原子、分子经过簇合物、超分子、生物分子、纳米结构发展到宏观不同尺寸复杂的层级结构(hierarchical)。它们是由不同的化学组分,按不同的花样有序地组装成不同尺寸的多维、多相和拓扑的结构。它们表现的光电功能或传感功能是由局部结构或集体效应等不同形式引起的。因此应该选用不同的理论方法、实验技术和制备方法进行探讨 (图 15.13)[1]。

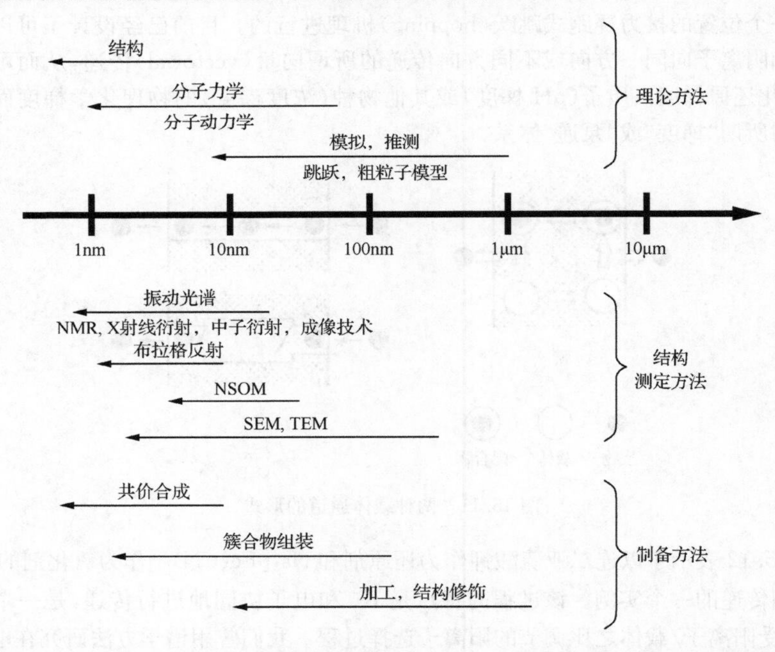

图 15.13 分子材料中与结构组装有关的长度标度,以及不同实验及理论方法所能适用的范围

在结构测定方法上,除了常规 X 射线衍射(XRD)法外,还要综合利用其他光谱和成像技术。例如,近场扫描光学显微镜(NSOM)技术,它可以同时获得 10 nm 左右的光学和拓扑图像。同样,对于不同长度标度的层级结构也应该选用不同的理论、模型和计算机

模拟方法，包括量子力学计算、分子力学、分子动力学方法。理论方法的短期目标是阐明实验结果和性质，长期目标则在于分子设计。对于不同长度标度的层级结构，在制备方法上也有所不同。

对于分子尺寸的基块，在研究其立体空间结构时，可能像现代建筑一样，将各种建筑块(基块)像搭积木似的组装成预期的材料结构。图 15.14 为一些应用不同几何形状的配体 L 基块组装成标准多面体的示意图[16]。其中 L 表示线性基块，A 表示角形基块，下标和上标分别为该基块的数目和边数。例如，按图 15.14 中第 6 行、第 2 列的 M 方式可以组装出纳米级的 $A_8^3A_{12}^2$ 立方八面体分子材料，它是由 8 个三边形的基形基块所做组成的纳米多面体(图 15.15)。

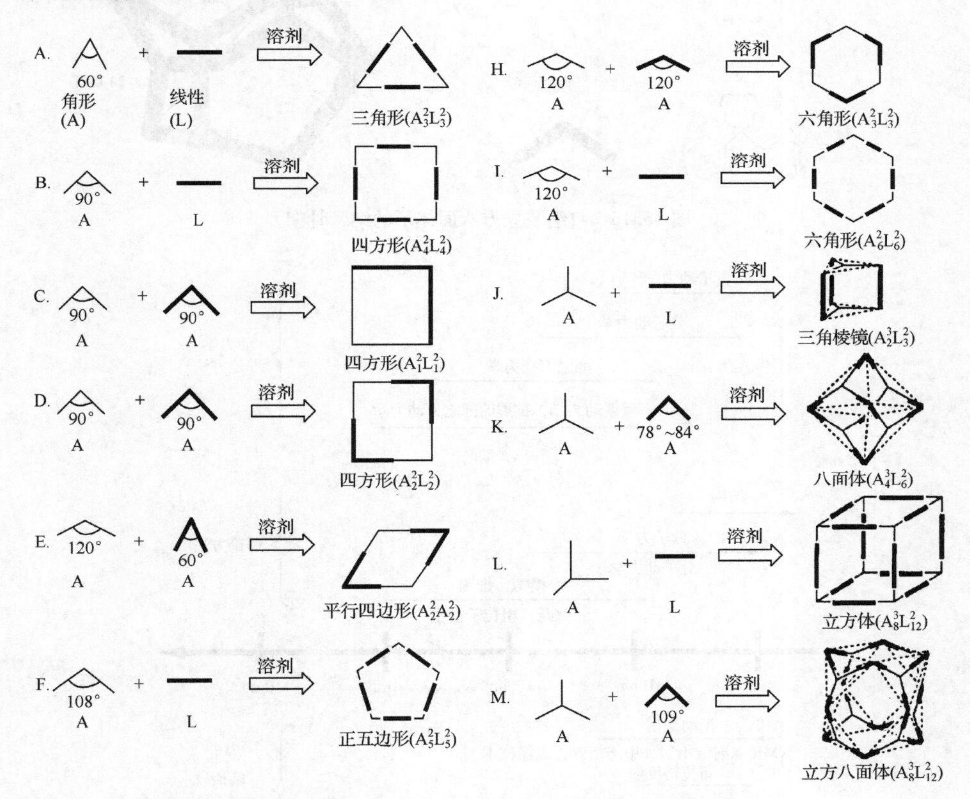

图 15.14　金属环形分子多面体分子设计的组合体

在分子材料研究中，常涉及一些与时间有关的过程，如光的吸收和激发过程以及激发态的衰减、寿命和弛豫机理，激子的生成、迁移以及电子-空穴对的复合机理，质子迁移的振动态-态动力学等。它们都有不同的时间标度(图 15.16)。在理论方法上，有从微观的量子动力学(<1ps)到粗粒子的类似布朗运动的郎之万动力学处理方法[参见式(15.1.4)]。目前的趋势则是将量子力学与经典力学相结合。在实验方法上，也应根据具体情况进行选择。例如，弛豫时间为 μs 左右则可采取核磁共振 (NMR)的方法进行

测定。

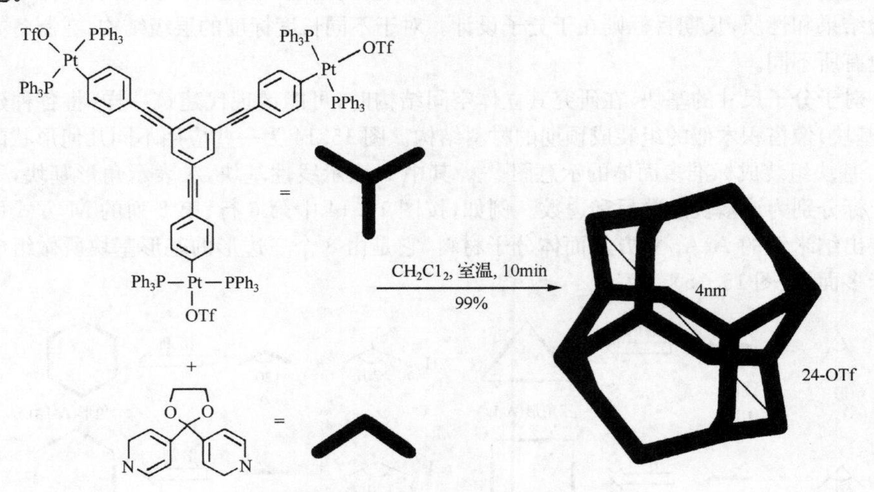

图 15.15 自组装立方八面体形的纳米骨架

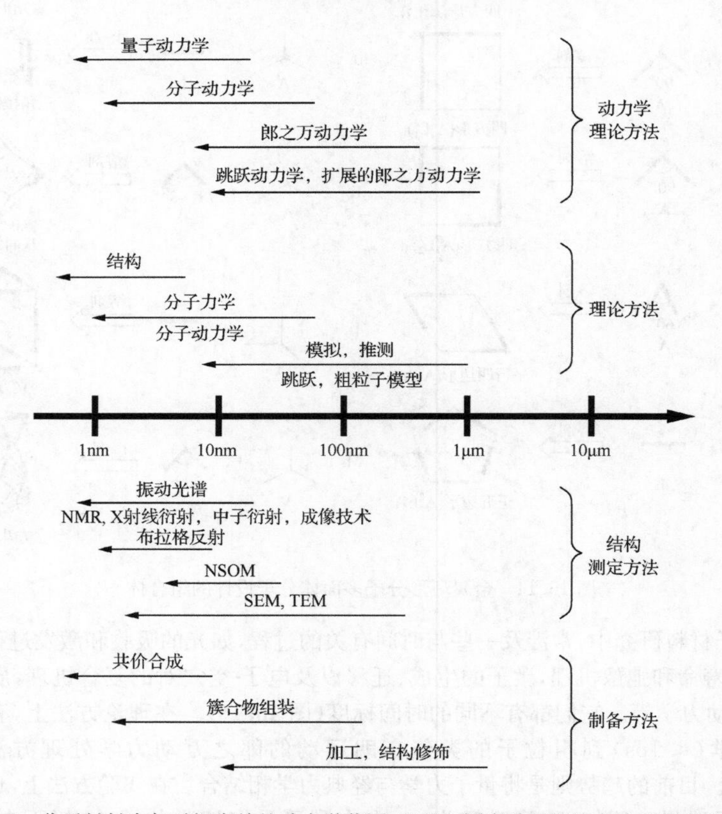

图 15.16 分子材料中与时间有关的动力学范围，以及不同实验及理论方法所能应用的范围

在研究分子材料的分子工程中，经常希望通过物理理论计算方法建立准确的“定量的结构-性质关系”(quantitative structure property relationship，QSPR)[17]。但由于分子材料的层级结构的空间尺寸和时间标度上的巨大差别，使得它们在量子力学处理中也会有不同的要求。例如，对于胶体大小的布朗粒，其速度就遵从一维郎之万方程：

$$m\frac{\mathrm{d}v}{\mathrm{d}t}=-\gamma+F(t) \tag{15.1.4}$$

其中洛伦兹力 $F(t)$ 就是一个对时间依赖的随机变量。当被研究体系的大小由原子的 ～Å到微粒的～1μm 时，时间标度和动力学行为由原子的 ～1fs(10^{-15} s)到宏观过程的约 1s，则对分子材料的能量计算精度一般由 0.1kcal/mol 到 10kcal/mol。可见当体系愈大，动力学过程愈长，要求的精度愈高，则要求计算的时间愈长。

15.1.4　有机-无机杂化材料

分子材料的功能涉及其特定的物理、化学和生物等性质。按传统的化学性质常包括家用清洁剂、医药、杀虫剂、肥料、燃料和催化剂等。而在光电功能无机材料中通常使用的大多具有固体网络结构的形式，和它们相比较，本章重点叙述非共价聚合分子材料的物理性质和应用，如表 15.1 所示[1]。可见在应用上，分子材料几乎具有所有非分子材料的特性。它们的一个特点是分子作有序排列的温度 T_c 较低。事实上，有些分子材料已经以商品形式得到了应用。例如，用于液晶显示的 4′-取代的 4-氰基联苯：

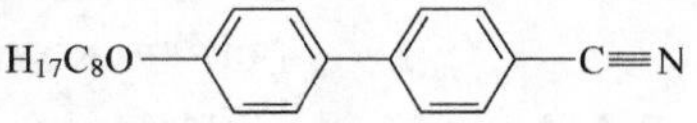

$H_{17}C_8O$—C_6H_4—C_6H_4—C≡N

电解质电容器的 TCNQ 衍生物$(TCNQ)_2$(*N*-*n*-propyl-*i*-quinolinum)，红外检测(热电)的硫酸三甘肽(triglycine sulfate)：

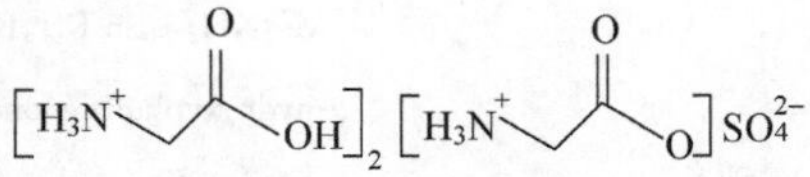

$[H_3N^+CH_2C(=O)OH]_2[H_3N^+CH_2C(=O)O]SO_4^{2-}$

电子振荡器或滤波器(压电)的 KNa(tartrate) · $4H_2O$，以及光接收敏感剂 VOPc 等。应该强调的是，尽管在目前发展水平上，分子材料在应用范围及功能指标上一般不如非分子材料，但在某些领域中，如在分子电子器件和生物芯片的发展中，有其独特的地位(参见第 16.2 节及 17.2 节)。

一个世纪以来，对无机材料(金属、陶瓷、玻璃)和有机材料(有机、高分子)已有了深入的研究。表 15.2 列出了它们之间典型性质的差别。应该强调的是，自 20 世纪 80 年代初，广义的材料科学已打破了传统的无机材料和有机材料的界限，在研究结构、合成和性能的关系中融合成一门综合性学科。其突出的表现是在纳米材料及杂化材料的发展上。材料的性质都和它们的工艺过程，特别是和其粒子尺寸效应有关。由此形成了独特的纳米材料(参见第 16 章)。特别是随着微电子器件沿着精细、微型、多功能化方向的发展，人们的研究思路也由三维主体材料转向二维薄膜、一维纤维和零维的超微粒。纳米微粒中的这种非定域价电子空间约束效应为进一步制备光电新材料开辟了一个新的途径。

表 15.1 无机网络和分子基材料的性质和实例

	性质	无机网络材料(非分子基材料)	分子基材料(不包含共价的聚合物)
结构型式	一维链状	$NbSe_3$	[TTF][TCNQ], NiPc, $K_2[Pt(CN)_4]Br_{0.3}\cdot 3H_2O$, [MnTPP][TCNE]
	二维层状	$NbSe_2$, MoS_2	$(PhCH_2NH_3)_2CrCl_4$
	三维网络	金属,金属氧化物和硫化物,Si,GaAs	$Cs_2Mn^{II}[V^{III}(CN)_6]$
	薄膜	蒸发,电化学,电子束,溅射	LB膜,自组装单分子层,旋转涂膜,蒸发,电化学,等离子体
	包合作用	沸石,MPS_3	硫尿,cyclotriphosphazenes,尿素
	嵌入作用	$NbSe_3$, MoS_2,黏土	NiPc, C_{60}
	液晶	有可能	*p*-heptyl-*p*′-cyanobiphenyl, *p*-azoxyanisole, $[Ph_2SiO)]_4$
	无定形	玻璃	$V(TCNE)_x\cdot y$ 溶剂
电子性质	超导	Nb, $BaPb_{0.8}Bi_{0.2}O_3$, TaS_2, $YBa_2Cu_3O_{7-d}$	$[TMeTSeF]_2[ClO_4]$, Rb_xC_{60}, $[ET]_2[Cu(SCN)_2]$
	导电(金属,DC)	Cu, Au	[TTF][TCNQ], $K_2[Pt(CN)_4]Br_{0.3}\cdot 3H_2O$,
	半金属	Bi, $TiSe_2$	[TTF][TCNQ]
	半导体	Si(掺入 P 或 B),GaAs(掺杂)	$[NMP]_x[phenazine]_{1-x}[TCNQ]$, anthracene
	光导电	Se, As_2Se_3	[PVK][TNF], squarylium 染料
	电荷密度波	$TaSe_2$, $NbSe_3$	[TTF][TCNQ], [HMTSeF][TCNQ]
	离子导体	$Na_{1+x}Al_{11}O_{17+x/2}$, $RbAg_4I_5$	$Li[ClO_4]$/poly(ethyleneoxide)(PEO)
	压电性	石英,(Pb,Zr)[TiO_4](PLZT)	poly(1,1-difluoroethene)
	热电性	$BaTiO_3$	triglycine sulfate, D(+)-hydrobenzoin, $[Me_2NH_2]_3Sb_2Cl_9$, $KNa(O_2CC(OH)H)_2\cdot 4H_2O$
	铁电	$BaTiO_3$	9-hydroxyphenalenone, tanane,手性向列 C 液晶
	介电性	AlN, SiC, Al_2O_3, SiO_2	kapton, teflon, nylon, mylar
光学性质	电致变色	H_xWO_3, H_xMoO_3	$LuPc_2$, viologens, TTF,或含 pyrazolium 的聚合物
	光致变色	AgX 玻璃,$SrTiO_3$(掺入 Fe^{3+})	fulgides, spiropyrans
	热致变色	Cu_2HgI_4, Au/Zn 合金	液晶
	压致变色	ZnTe, As_2Se_3	[TTF][chloranil], $Pt(methylethylglyoxime)_2$
	磷光体	活化的 ZnS, $CaWO_4$	$BaPt(CN)_4$, methylsalicylate, nathalene
	烧孔	BaClF(掺入 Sm^{3+})	H_2Pc, quinizarin
非线性	二阶	$KTiOPO_4$, $LiNbO_3$,石英	Urer, 3-methyl-4-methoxy-4′-nitro-stilbene(MNONS), methylnitroaniline
	三阶	CdS_xSe_{1-x}玻璃,GaAs	[PVK][TNF], *p*-toluenesulfonatediacetylene
	电光性	(Pb,Zr)[TiO_4](PLZT)	液晶
	磁光性	(Co,Pt) 合金,$Tb_x(Fe,Co)_{1-x}$	有可能

续表

	性质	无机网络材料(非分子基材料)	分子基材料(不包含共价的聚合物)
磁性质	反铁磁性质	VO_2,$LaFeO_3$	[TMeTSeF]$_2$[PF_6]
	自旋 Peierls 转变	$CuGeO_3$	[TTF]{Cu[$S_2C_2(CF_3)_2$]$_2$}
	自旋密度波	有可能	[TTF]{Cu[$S_2C_2(CF_3)_2$]$_2$},[TMeTSeF]$_2$[PF_6]
	介磁性	$FeCl_2$,MnP	$Fe^{III}(C_5Me_5)_2^{+\cdot}$[TCNQ]$^{+\cdot}$,tanol suberate
	亚铁磁性	Fe_3O_4,$HoCo_5$	Mn^{II}/Cu^{II} chains,Mn^{II} nitronyl nitroxides,$Cr^{III}(C_5Me_5)_2^{+\cdot}$[TCNQ]$^{+\cdot}$,
	铁磁性	Fe,CrO_2,$SmCo_5$,$Fe_{14}Nd_2B$,Rb_2CrCl_4	$Fe^{III}(C_5Me_5)_2^{+\cdot}$[TCNQ]$^{+\cdot}$,*p*-$O_2NC_6H_4C(NO)_2C_2Me_4$
	光磁性	$FeBO_3$	有可能
	低-高自旋转换	$LaCoO_{3.01}$	Fe(*o*-phenenthroline)$(NCS)_2$
其他	电阻性	掺入 Ag^+ 的 Se_xGe_{1-x}	diazonaphthoquinone 敏化的 novolac 聚合物,*o*-nitrobenzyl-cholate 敏化的 methacrylate 聚合物
	全息照相	$BaTiO_3$,AgX 膜,$Bi_{12}TiO_{20}$	*p*-toluenesulfatediacetylene

注：TNF 为三硝基芴酮(trinitrofluorenone);NMP 为 *N*-methylphenazenium。

表 15.2　有机和无机材料性质的比较

性质	有机(聚合物)	无机(SiO_2 和 TMO)
键的本性	共价键[C—C],弱的范德华力或氢键	离子键[M—O]
T_g(玻璃转变)	低(−100～200℃)	高(>200℃)
温度稳定性	低(<300℃)	高(≫100℃)
密度	0.9～1.2g/cm^3	2.0～4.0g/cm^3
折射率	1.2～1.5	1.4～2.7
机械性质	弹性;可塑性;类橡胶性(依赖于 T_g)	硬度;强度;易脆
亲水性	亲水性,憎水性,对气体的可渗透性	亲水,对气体渗透性低
电子性质	绝缘到导电,氧化还原性	绝缘到半导体(SiO_2 TMO);氧化还原
相容可塑性	在溶液中易控制黏度而形成薄膜	可通过溶胶和凝胶方法形成聚合物

有机和无机化合物相结合而形成兼具两者优点的所谓有机无机杂化(hybrid)材料，这是发展新型复合材料的另一个方向。根据有机相和无机相之间的结合形式可以分为两类杂化材料:一类是两种组分相互作用较弱时(氢键、范德华力或离子键)形成超分子或保持一定的双相结构,如利用溶胶-凝胶法制备的材料(参见 3.3 节);另一类是相互作用较强的化学键(共价键或离子共价键)结合,例如,应用中间的硅氧烷 Si—O—R 层将有机分子和具有 M—OH 基团的过渡金属氧化物(TMO)通过 M—O—Si 缩合所形成的杂化材料(图 15.17)。它可以生成[$TiO_x(OH)_y(OR'')_{4-x-y}$]$_p$ 之类的透明聚合涂层。

将分子和超分子材料与传统的无机固体材料相互结合在一起的材料称为有机-无机杂化材料。它是在化学尺度的分子水平上不同组元的组合,而不是物理上不同物质的混

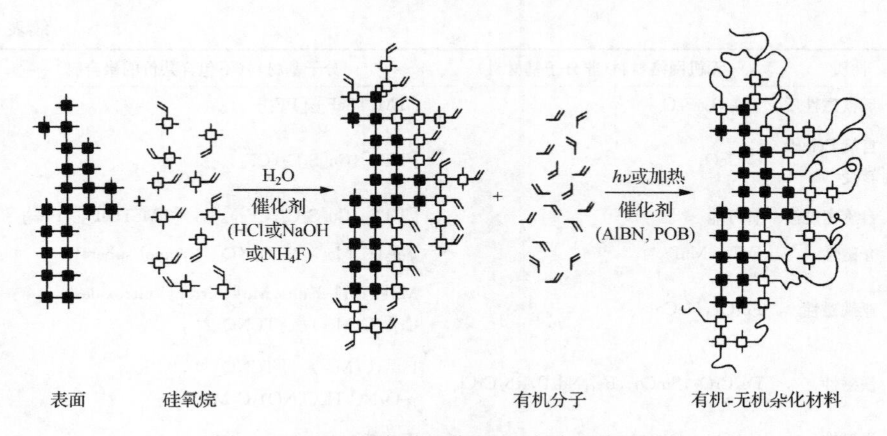

图 15.17　通过硅氧烷层将 TMO 与有机分子结合

合，其是具有新颖性的先进材料。其在光、电子、离子、能源存储与转换、传感剂、生物、机械、滤膜涂层催化剂等领域有着广泛的应用[18]。

无机-有机杂化材料这个领域属于很多传统学科的交叉。在文献上有不同名称和分类。方便的是按照杂化材料中的主相是无机还是有机以及它的连续相、主体或客体相来分类(表 15.3)。介于中间情况的材料就难以明确其称呼了[19]。当然也有人强调无机组分和有机组分之间的成键性质(共价或离子键、分子间键、配位键)或它们的应用。

表 15.3　有机-无机杂化材料的分类

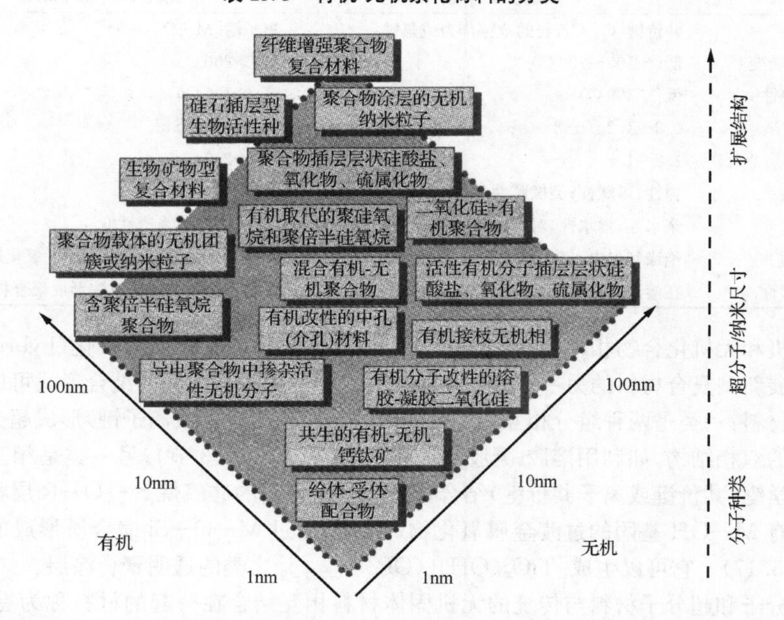

在制备有机-无机杂化材料方面的一个特点是在常温或<200℃的中温下进行，并且

大部分保持原有的骨架结构，但无机和无机部分之间的结合能和其界面之间的微观排列结构又有所不同，因而它们的物理化学性质和功能也不同于原有的组分[20]。现在研究最多的杂化材料可以划分为三种主要类型，即前面介绍过的溶胶-凝胶杂化材料（参见 3.1.1 节）、无机固体的有机衍生物和下面将要介绍的插层化合物，关键在于调整其中内部界面的结合本质，使它们能进行适应和匹配的组装。插层化合物有很多类型，最常见的形式是将作为客体的有机化合物（或无机化合物）可逆并定向的插入到作为主体的二维（或三维）无机层状结构层中去。例如，图 15.18 表示了一种天然的蒙脱石黏土矿物（膨润土）的 2∶1 层片状硅酸盐的晶体结构示意图，它具有由两种硅四面体层片（sheet）将中心八面体薄片夹在中间的结构，在有些天然蒙脱土中，会出现四面体的 Al^{3+} 被 Si^{4+} 或八面体薄层中的 Mg^{2+} 被 Al^{3+} 取代，这就会使主体骨架的电荷不足而带负电，即通过层间阳离子进行补偿而使骨架中存在可交换的阳离子。这时骨架中的阳离子就会在外加有机阳离子，例如，有机烷基铵离子在含有机阳离子溶液中发生交换反应而产生图 15.19 所示的插层结构，这时带正电的有机胺客体就会和带负电的蒙脱土主体的骨架之间通过层间静电吸附而结合一起，这可看成是一种超分子作用。这种已商品化的有机黏土分散在水溶液中的流变形为可使其作为增稠剂和触变剂[21]。文献上还可以找到更多应用以含金属离子配合物作为主体-客体间相互作用而组装成不同无机-有机杂化材料，这里不再复述。

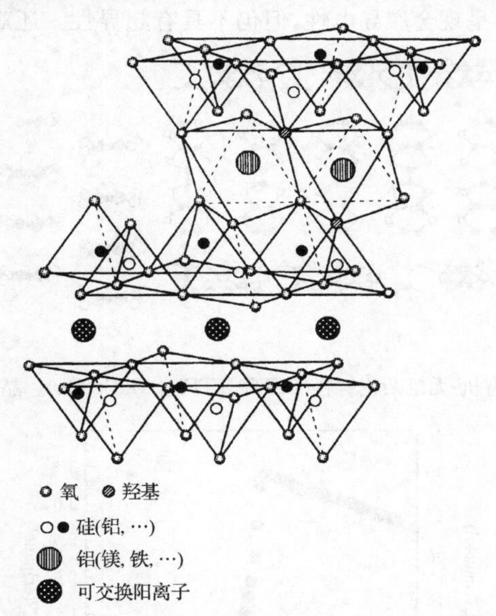

图 15.18　层状的蒙脱黏土 2∶1 层片的硅酸型结构

我们在 5.3.2 节和 7.1.3 节中多次讨论了导电性和磁有序难于共存的问题。在实验上，一直难于制备离域传导电子和定域的磁性间互相可调控的材料，例如，顺磁性和导电的两个亚晶格就相互准独立而缺乏相互作用；又如，超导材料和磁有序性材料是难于共存于一个相中。但后来在由有机 BEDT-TTF 层（参见 4.4.2 节，或自由基）和无机聚合 $[MnCr(Ox)_3]^-$ 二维网络交替排列的有机-无机杂化材料中出现了金属导电性和铁磁性

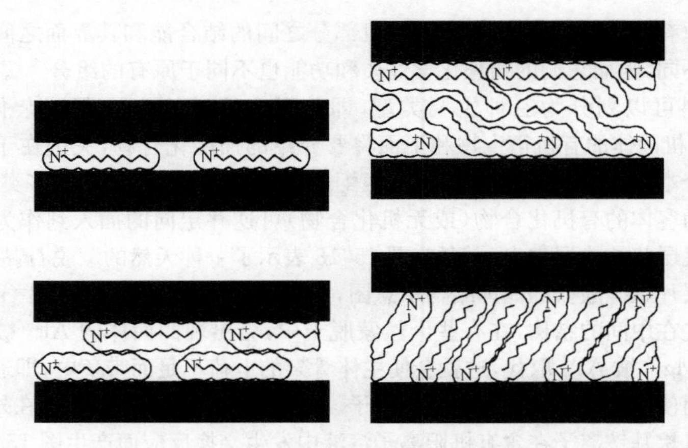

图 15.19　烷基铵客体插入层状硅酸盐蒙脱土中形成不同取向排列的插层结构示意图

的共存[22]。在这种杂化材料(BEDT-TTF)$_3$[MnCr(Ox)$_3$]的单相晶体结构中(图 5.20)，有机分子 TTF 呈现六元环层状排列，S…S 键通过层间弱相互作用而重叠；无机草酸双金属盐[MnCr(Ox)$_3$]则具有典型的二维蜂窝形结构。在临界温度 T_c(5.5K)下为铁磁性(图 15.21)，在 0.3K 时呈现金属导电性，但仍不具有超导性。还观察到它们的各向异性

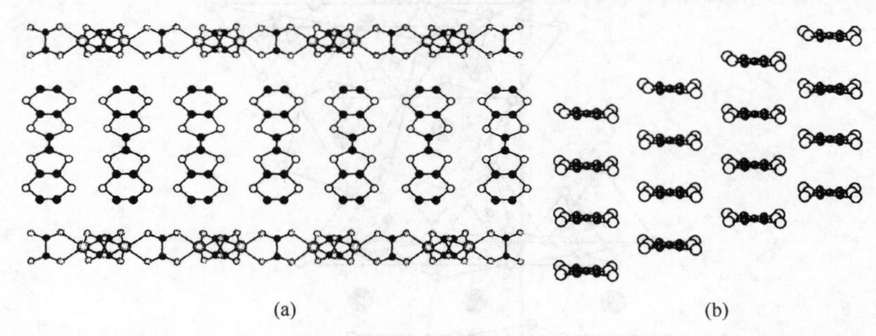

图 15.20　层状有机-无机杂化材料(BEDT-TTF)$_3$[MnCr(Ox)$_3$]晶体结构的示意图

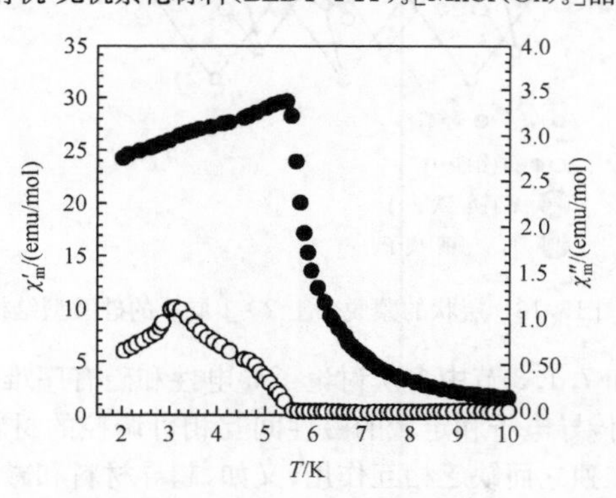

图 15.21　(BEDT-TTF)$_3$[MnCr(Ox)$_3$]的交流磁化率曲线

● 实数 X'，○ 虚数 X''

磁阻现象。虽然对其中的机理还不够清楚，但这个第一次表现出导电性和磁性存的电子给予(D)-接受(A)杂化层状分子材料为导电磁体材料的研究开辟了一个新的途径。

15.2　功能界面膜

界面膜被认为是 21 世纪的科学与技术革新的基础材料之一。膜的基本功能就是能有选择性地将电子、离子、分子等物种进行定向的透过、输送或反应。特定物质的选择性有序输送或反应是当今科学技术所面临的有关熵过程控制的重要课题。它具有操作简便、节约能源和干净无污染的特点，从而在诸如超滤膜、透析膜、反渗透膜、离子交换膜、气体分离膜等工业和医药领域中发挥重要作用。由于膜具有在二维空间扩展的结构特性，从而为广阔的科技领域提供了特异的反应场、信息传递场和能量转化场。界面膜可用作化学计量和反应控制。由于膜在二维空间扩展，呈现很薄的形态，在光、热、机械能的转化中，能量传播阻力小、响应快、扩散阻力小，因而也适于用作电能和机械能等能量转化材料。在电子领域中，膜的转换功能已广泛应用于电子材料中，例如，化学-电转换功能用于传感器，光-化学转换功能用于光合成和光分解，光-电转换功能用于光电池，热-电转换功能用于信息转换等。

首先举一个分子导电膜的实例。人们已经合成了多种多样的线状或棒状的超分子化合物，在实际应用和进行导电和光学功能测定时，如何将这种微观分子体系和宏观的电极或材料进行有效的连接是一个非常重要的基础和技术问题。例如，在研究超分子体系的导电性时，就要将所研究分子(图 15.22)和作为电极的金属间所生成的金属-分子界面膜[12]，要求形成的界面膜间分子有很好的有序取向，而且它和金属间有很好的相互作用(耦合)以提高电荷转移的效率。在这种界面上形成的自发单分子层成膜方式(SAM)作为电子传输模型和金属离子传感器的研究都很有意义。图 15.23 中用到含硫醇(—SH)或二茂铁基团的键，它们具有可逆的氧化-还原电位，又易于合成，故常用于实际的传感器。其中加入的烷基硫醇(RSH)作为稀释基团，以便于根据诺贝尔奖得主 Marcus 提出的电荷转移理论解释超分子中电子转移速率 k 与电子给体 D 和受体 A 距离 r 的关系［$k \propto \exp(-\beta r)$，其中 β 为衰减系数］。若使用图 15.22 中的含硅氧烷端基(SiOR)，则也可用于类似图 15.23 的方式和含 Si 半导体基底器件相连(参见图 15.23)。

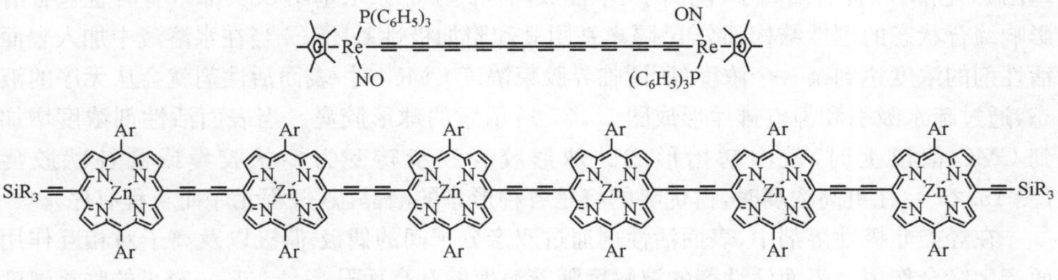

图 15.22　某些长共轭超分子导线

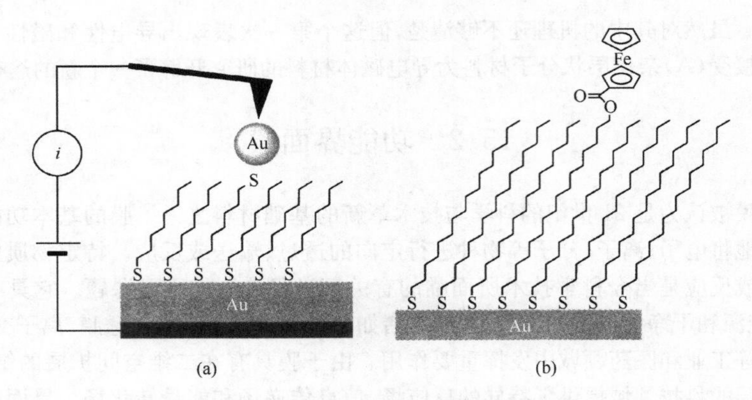

图 15.23　单分子体系电导性测定示意图

用含硫醇键(a)和用脂肪族二茂铁链隔开的金电极 SAM 系统(b)

应当强调的是,对于这种分子体系组装材料导电率的测定方法本身就是一个值得研究的问题。其中包括超分子电子活性中桥联基团单元和金属电极的联结设计及方法,即如何使得超分子的末端和金属导体有很好的联结的方法[4],其中包括用 STM 将共轭分子插入一个自组装单层(SAM);或在两个纳米级的金属电极之间插入一个 SAM 或用一个导电的原子力显微镜(AFM)接触分子。自然界中生物体的几乎所有功能都是被各种生物膜控制,从而使膜的功能得到很好的发挥[23-24]。但人们不能只限于模仿自然,而必须创造出满足特定要求的新型人造功能膜。对于开发功能材料而言,除了追求简单功能的扩大和复合外,还要通过协同效应以获得新的功能转变。

15.2.1　功能膜的类型

动植物之类的生物体之所以能维持生命就是依赖于生物膜与外界隔离,并控制体内化学反应和物质的转移方向。细胞表面膜基本上是由图 15.24(a)所示的磷脂质以形成既亲水又亲油的双亲分子膜。在生物膜的模拟研究中,常可将脂质分子之一的磷脂酰胆碱简化为二烷基铵盐[图 15.24(b)]。这类能够成膜的分子统称为表面活性剂。更一般的分子结构如图 15.24(c)所示,其特点是含有一个或多个 C_7 以上的柔性疏水烷基直链基团 a(尾部)和含有阳离子、阴离子、中性或两性离子的亲水基团 c(头部),有时也包含有影响缔合状态的刚性结构部分 b、隔离基团 d 和附加极性基团 e。当在水溶液中加入表面活性剂的浓度达到某一个浓度(所谓临界胶束浓度 CMC)时,表面活性剂就会从无序的液态,通过疏水吸引和静电排斥形成图 15.25 所示意的球形胶囊。当表面活性剂浓度增加到 CMC 值以上时,就由初始形成的球形胶囊逐步转变为棒状胶囊或圆柱状胶囊(图 15.25)。在更高浓度时,占优势的将是各种形态的液晶态(短程无序而长程有序)。

在烃类非极性溶剂中,表面活性剂通过双亲分子间的偶极-偶极以及离子对相互作用而产生缔合作用。表面活性剂的溶解度随着温度的升高而升高。在某一窄小的临界温度 T_K[称为克拉夫(Kraft)点]附近,其聚集作用急剧增强,溶解度急剧升高。实验表明,当存在少量水时,表面活性剂在有机溶剂中会形成所谓反胶囊的大聚集体(图 15.25),这时

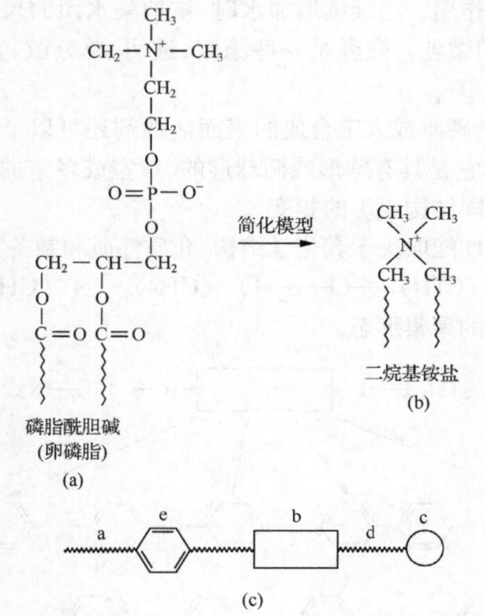

CH_3
$CH_2-N^+-CH_3$
CH_2
CH_2
O
$O=P-O^-$
O
$CH_2-CH-CH_2$
O　O
$C=O$　$C=O$

磷脂酰胆碱
(卵磷脂)
(a)

简化模型

CH_3　CH_3
N^+
CH_3　CH_3

二烷基铵盐
(b)

a　e　b　d　c

(c)

图 15.24　磷脂质双分子膜和表面活性剂结构

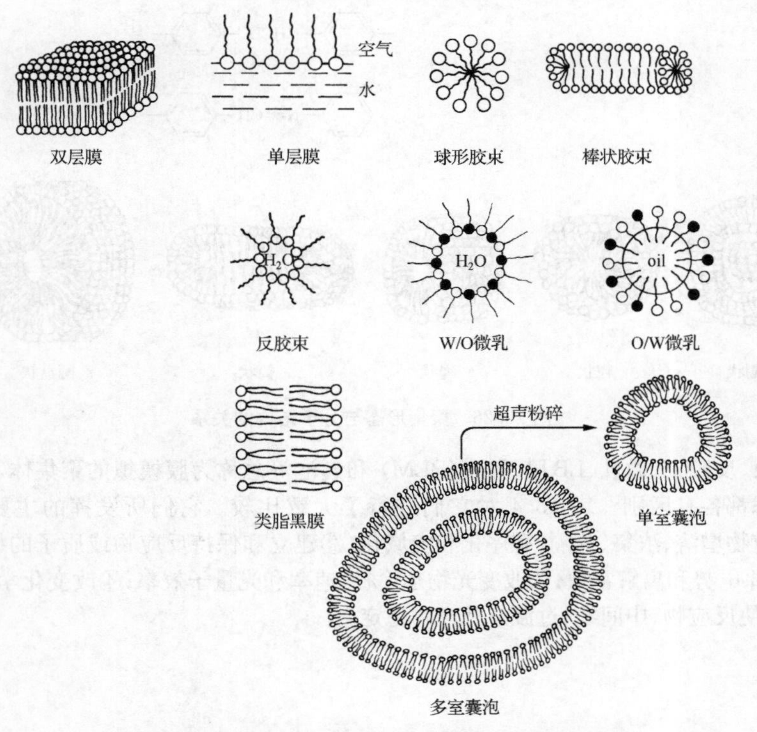

图 15.25　不同介质中表面活性剂的有组织结构示意图

氢键起着稳定反胶囊的作用。当继续增加水时，被捕集水团的尺寸就会形成油包水（W/O）甚至水包油（O/W）的微乳。微乳是一些稳定、透明、单分散、直径为 50～1000Å 的小水滴（O/W）或油滴（W/O）。

此外，天然或合成的磷脂或人工合成的表面活性剂还可以形成图 15.25 所示的脂质体（liposomes）或囊泡。它是具有球形或椭球形的、单室或多室的封闭双层结构。它和水的相互作用常会发生不同结构组织的相变。

表面活性剂的聚集性能取决于其化学结构、介质性质和制备方法。例如，图 15.26 列出了表面活性剂 $CH_3—(CH_2)_{11}—O—b—O—(CH_2)_4—N^+(CH_3)_3Br^-$，具有不同刚性部分 b 的结构时所对应的聚集形态。

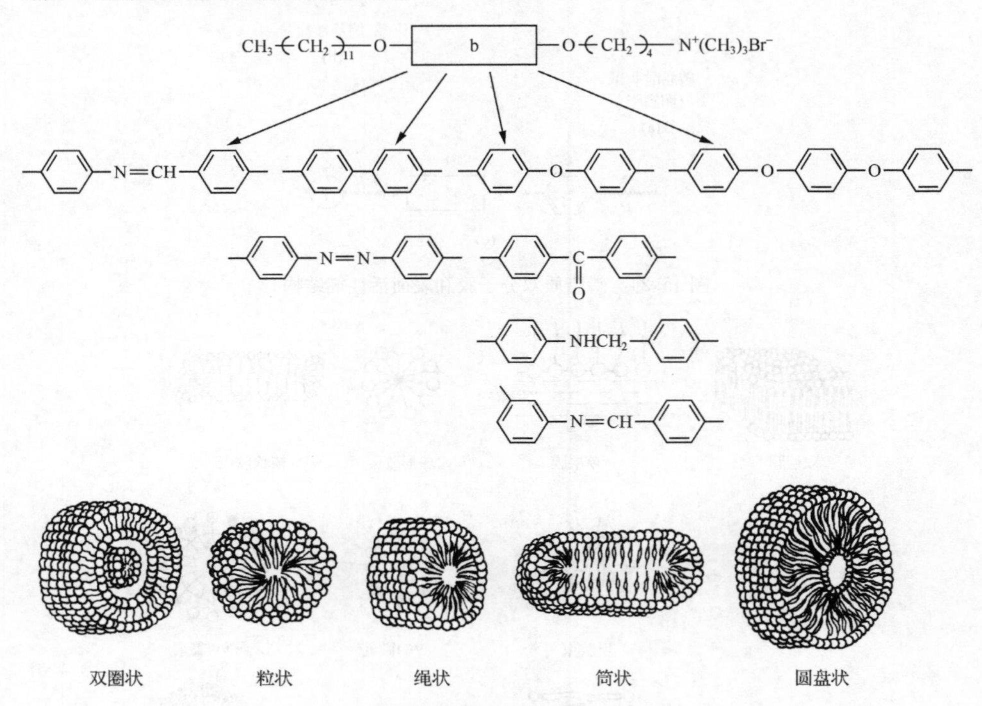

图 15.26 聚集形态与分子结构的关系

胶束、反胶束、微乳、LB 膜、黑膜（BLM）和囊泡等总称为膜模拟的聚集体，它们的组成和形态都各有区别。表 15.4 对它们进行了大致比较。它们所发挥的主要功能是：①使反应物增溶、浓集、分隔、有序化和定域化；②建立和保持反应物或质子的梯度，改变氧化-还原电势和离解常数；③改变光物理途径、速率和光量子效率；④改变化学机理和反应速率，使反应物、中间物、过渡态及产物稳定。

表 15.4　不同模拟膜聚集特征的比较

特征	水溶胶束	反胶束	微乳	单层膜	黑膜	囊泡
组成	各种表面活性剂	各种表面活性剂	表面活性剂、共表面活性剂、极性和非极性溶剂	各种表面活性剂	大部分生物体的类脂	类脂和表面活性剂
制备方法	在水中溶解适当浓度的表面活性剂(＞临界胶束浓度)	在非极性溶剂中溶解适当浓度的表面活性剂	在适当溶剂中溶解适当浓度的表面活性剂和共表面活性剂	将溶解在一有机溶剂中的表面活性剂铺展在水面上	将溶解在一有机溶剂中的表面活性剂涂在针孔上	在水中摇动薄的类脂膜，超声破碎，将类脂的乙醚或乙醇溶液注入水中，凝胶过滤类脂-洗涤剂胶束
重均分子量	2000～6000	2000～6000	10^5～10^6	取决于所覆盖的面积和覆盖密度	取决于所覆盖的面积和覆盖密度	＞10^7
直径/mm	3～6	4～8	5～100	取决于所覆盖的面积和覆盖密度	取决于所覆盖的面积和覆盖密度	30～1000
稳定性	数周、数月	数周、数月	数周、数月	几小时、几天	几小时	数周
用水稀释	破坏	水团增大→形成W/O微乳	O/W＋水→水溶胶束，W/O＋水→相分离	破坏	破坏	不变
温度变化的影响	T↑→呈现克拉夫特点	T↑→呈现克拉夫特点 T↓→可能呈现过冷水	T↑→呈现克拉夫特点 T↓→呈现过冷水的可能性	相变	相变	相变
可增溶量	少	少	大	大	大	大
有效的增容位置	表面、Stern 层、头基附近	水团、内表面、表面活性剂的尾部	内部水团、内表面、表面活性剂的尾部	表面上、烃周围	表面的任一侧或两侧、双层中间	水团、表面的任一侧或两侧、双层中间

15.2.2　LB 膜界面成膜技术

大多数光电功能性质只有在分子定向地形成有序聚集体时才能显示出来。因此，研究分子电子器件必须对功能分子进行组装使之构成有序聚集体。用常规加工方法加工非晶体的导电高分子和液晶材料时，就可使其呈现特定物理特性。对于像非线性光学之类的材料，常要求应用完整的单晶。晶体是最完美的分子有序聚集体，因此固体结晶本应是最理想的分子组装技术，事实上它在制备小分子多重夹层结构方面也有一定特点。然而，实际上不易制得较大尺寸的单晶，尤其是不易得到由不同功能的分子组成的多分子单晶。在界面和膜化学研究以及波导等微电子学实际应用中，目前广泛应用有序分子组合技术，包括：LB膜技术、化学自组装，分子束外延(MBE)，扫描隧道显微(STM)技术等。

所谓的LB膜就是通过特定的LB拉膜机将铺展在水面上的单分子层转移到固体基板上而制成的膜，其操作规程大致是：先将长链脂肪酸、醇、肟、酮、胺、铵盐、硫酸盐和磺酸盐等两亲性分子溶解在有机溶剂中，再逐滴地滴在纯水中以便形成单分子膜；压缩单分子膜，并测定其表面压-面积(*F-A*)等温曲线(图15.27)，从而在水面上形成有序的紧密单分子层膜；在固定表面压下，再利用端基的水亲水、油亲油作用，将单层膜转移到固体基片上(图15.27)。多次拉膜可以累积成多层膜。可以控制膜的厚度从单层膜的几个埃到多层膜的几十个纳米范围内。交替挂膜可形成不同分子层交替的各向异性的三维有序结构。LB膜中分子间的作用力为范德华力，因此膜的稳定性难于满足实际器件的要求。另外一个缺点是相邻层间的分子不易将其中心对准。

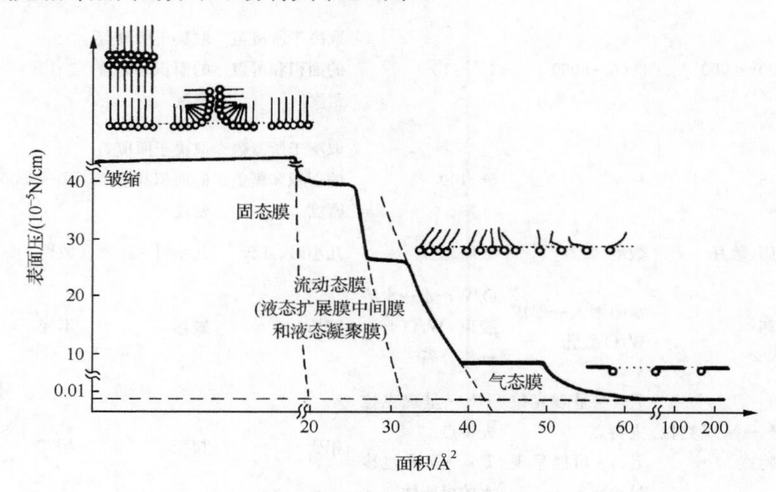

图15.27　LB膜的制备

Kuhn等将性质不同的分子在一定的浓度下组装到多分子集合体的某一个单分子层中[25]。一个典型实例是，研究增感剂S(染料Ⅰ)和受体A(染料Ⅱ)处在不同距离单分子层时发生Forster型的能量转移(图15.28)。当用紫外光照射时，在区域1，S和A层很近(50Å)，发生能量有效地从S转移到A而呈现黄色的荧光。在区域2，S和A层相距较远(150Å)，不会发生能量转移，只呈现S所发出的蓝色荧光。在区域3中，不包含增感剂S，故不呈现荧光。

也采用了TTF衍生物SF-EDT和含有铁磁性聚金属含氧酸盐$[Co_4(H_2O)_2(P_2W_{15}O_{56})_2]^{16-}$通过LB膜技术制得了交替膜。POM/DODA/SF-EDT经过碘氧化后，制得了首个离域电子和定域磁性共存的LB膜[26](图15.29)。

化学自组装(SA)技术的原理是通过固-液界面间的化学吸附，将某种具有特定表面基团的基片浸在含功能分子的溶液中，通过固-液相界面反应在基片表面发生自动而连续的化学反应而形成多层膜[27]。图15.30为Mark等在玻片上通过SA技术制备的超晶格染料多层膜。由于在链中引入了不对称的发色团而形成了强烈的矢量叠加非中心对称的

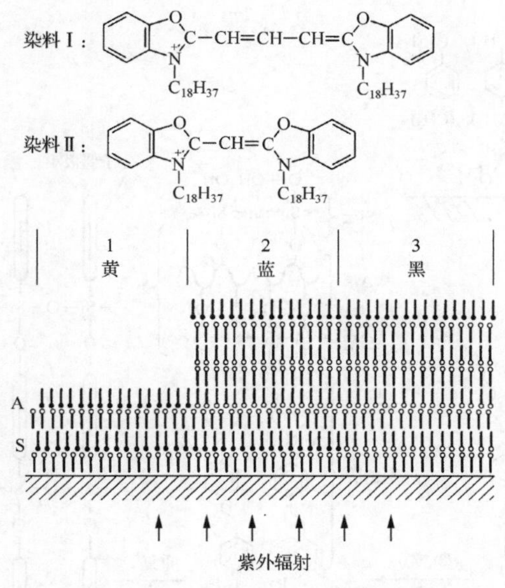

图 15.28　染料单分子之间的能量转移

S单分子层:染料Ⅰ和花生酸酯的比 $r=1:20$；A单分子层:染料Ⅱ和花生酸酯的比 $r=1:20$

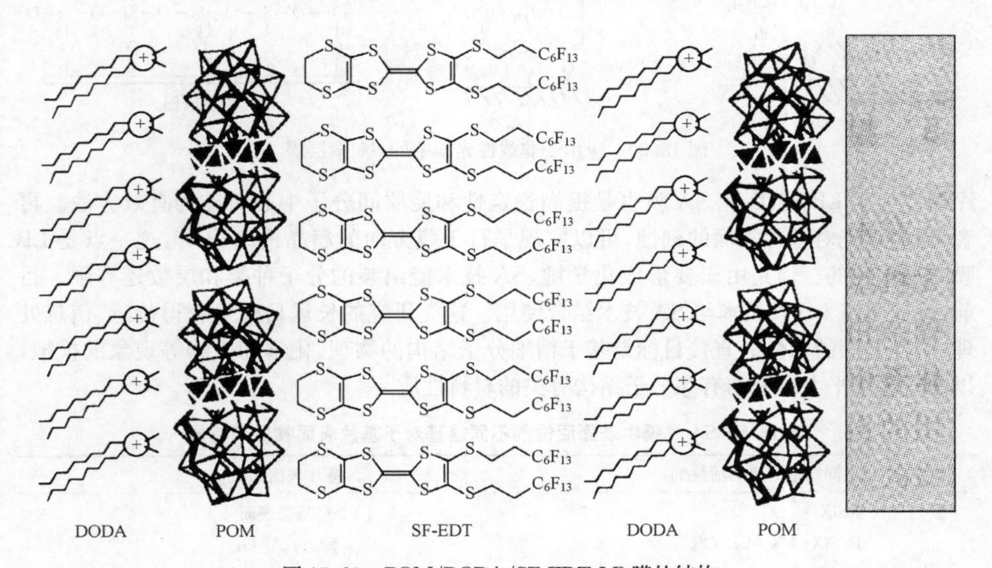

图 15.29　POM/DODA/SF-EDT LB膜的结构

极性结构，其二阶非线性光学系数 $\chi_{xxx}^{(2)}=6\times10^{-7}$ esu，高于已有的极性聚合物[28]。表 15.5列出了一些 SA 成膜中表面活性剂不同端基 X 对基片表面物质的选择。这种膜对热、时间、外压、化学环境的稳定性、机械稳定性及技术上的简便性和垂直于膜方向的有

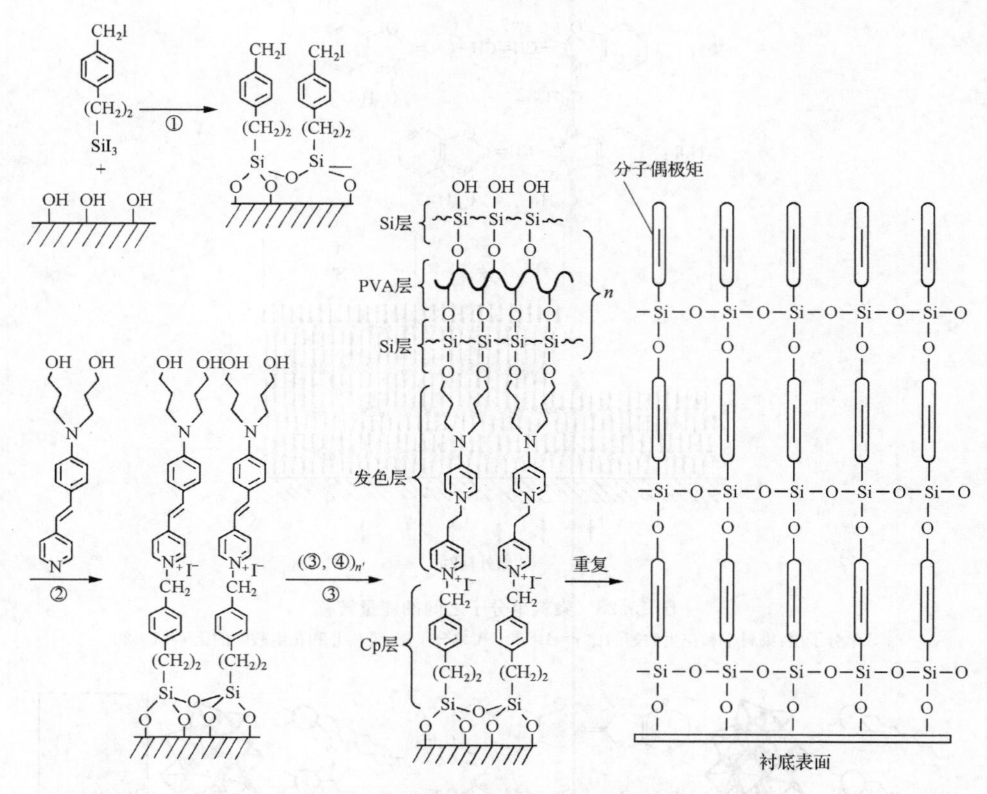

图 15.30　应用于非线性光学中的 SA 多层膜

序性都优于 LB 膜,因此 SA 膜也是提高稳定性和使层间分子中心对准的有效方法。再者,通过预先对基片表面的刻蚀,可以实现平行于膜方向的超晶格结构[20],这一点是 LB 膜难以做到的。但是由于要形成化学键,SA 技术能组装的分子种类和层数还有限。目前,倾向于将 LB 膜技术与 SA 技术结合使用。这类研究的长远目标是获得传感、信息处理、仿生方面的器件。直接目标是基于精细分子结构的物理、化学和生物等现象的模拟,以在分子水平上研究与有序分子结构有关的材料性质。

表 15.5　SA 成膜中表面活性剂不同端基对于基片表面物质的选择

不同端基的表面活性剂	基片表面物质
$RSiX_3$ R_2SiX_2　X=Cl, OR′ R_3SiX	羟基化表面 SiO_2, Al_2O_3
R—SH RS—S—R R—S—R	贵金属表面 Ag, Au, Cu

续表

不同端基的表面活性剂	基片表面物质
R—OH R—NH_3	Pt
R—COOH	Al_2O_3

分子束外延(MBE)生长技术已广泛应用于电子工程中无机材料的薄膜制备。应用于高温易分解的有机和生物材料时，对设备有特殊要求。如超高真空(10^{-7}～10^{-8} Pa)，控制在 0℃以下的蒸发源以避免高蒸气压有机物的升华。已制备了 TCNQ 和酞菁衍生物等表面粗糙度小于±1.5×10^{-10} m 的超薄膜。但在用于制备交替多层膜时，层与层间分子排列不易控制，在稳定性方面不如化学 SA 膜。

15.2.3　胶体和胶体晶体

在化学中常将一种称为分散相的一种或几种物质分散在另一种称为分散介质的物质中，由它组成的体系称为分散体系。胶体就是一种高度分散的分散体系，其直径为 0.1μm～1mm。胶体又可分为两种类型：一种是 4.4.1 节中所述的聚合物溶液，其大小虽处在胶体尺寸范围内，但它仍是一种分子分散的真溶液，具有热力学稳定的可逆体系。它和介质的亲和力很亲，甚至可以接近过渡到超微不均匀体系。另一种是由难溶物分散在分散介质中形成所谓憎液溶胶，其中的粒子是由很多不同数目的分子组成，也就是通常所谓的溶胶。

我们要重点讨论的溶胶的特点是：分散性、多相性和热力学不稳定性。这些特点使它具有接近纳米微粒的特性[2]，如高比表面、高表面能、易于聚合成更大的粒子。为使溶胶稳定，需要外加稳定剂(如少量电解质)而起着保护粒子不聚沉的作用。

例如，在用 KI 作为稳定剂以制备 AgI 的水溶胶时得到具有图 15.31 所示的结构的物质。其中初始形成的$(AgI)_m$称为胶核，m(～10^3)为 AgI 分子的数目。当溶液中含有略微过量的 KI 时，则有 n 个 I^- 粒子优先在胶核表面上吸附，而使胶核带有负电，溶液中的$(n-x)$个 K^+ 吸附在其周围而形成电荷为 z^- 的胶粒，其中 x 是和胶粒以扩散形式结合较弱的所谓扩散层中的反号离子(K^+)的数目。溶剂化了的胶粒和介质中的 K^+ 则组成了胶团(图 15.31)。整个胶团是中性的，而通常提到溶胶带负(或正)的电荷则是指胶粒的电荷。由于胶团中的 m 值是随实验条件而变化的，所以它的大小、质量和性质各不相同。

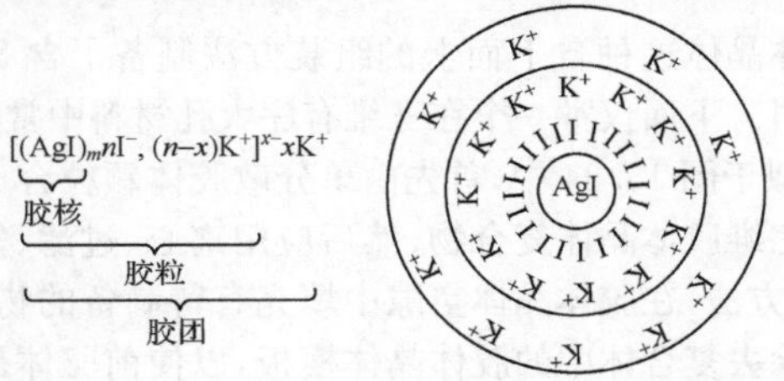

图 15.31　碘化银胶团的结构示意图

相对胶团而言，溶胶中胶粒是独自运动的单位，它和扩散层中的 K^+ 形成所谓的双电层，它们之间的电位就称为 ξ 电位(参考图 17.23)。

1. 胶体晶体

当胶体粒子体系中所有胶粒均匀地分散在连续的液体介质中具有高度均一的大小、形状、化学组成、内部结构和表面性质时就形成单分散胶体粒子。当这种单分散胶体粒子组装成规则的有序排列而形成多维的有序类似晶体的结构时就称为胶体晶体，其晶格点是由具有比原子和分子尺寸大的胶粒组成。

当胶体晶体的胶粒小到纳米大小时也常称其为纳米粒子超晶格，其中的构筑单元——纳米粒子也称为“人造原子”。

在基础研究中，这种胶体晶体可以作为研究晶体的成核和生长、熔化、玻璃化转变等过程的模型，而且在纳米材料的制备和应用中也日益受到重视。

2. 光子晶体

这是目前胶体晶体最热门的应用之一。在半导体性质的能带理论讨论中可知，电子在半导体中的跃迁间存在一定的能隙。人们早就发现，自然界存在一种呈现多种颜色的宝石，所谓的蛋白石(pal)就是一种由单分散的直径约为 150～400mm 的不同大小 SiO_2 粒子组成的胶体晶体。后来的研究表明，它的多彩色性是由于该晶体的重复周期 a 与可见波长 λ 有相似数量级，从而按照熟知的 X 射线结构衍射法所用的 Bragg 公式而产生强烈颜色：

$$n\lambda = 2d\sin\theta \tag{15.2.1}$$

其中，整数 n 为衍射级次；d 为晶体中相邻平面的晶面间距，θ 为入射光和晶面间的夹角。所谓的光子晶体(或称光子带隙)就是一种由介电常数不同的介质在空间呈现有序结构，其周期 a 和入射光波长 λ 为同一数量级的晶体。这种衍射的结果类似于半导体中电子所发生的“禁带”，光子处于“光子禁带”频率时被禁止传播。显然，由胶体粒子和空气两种介质呈现周期性点阵排列的有序结构，只要能通过制备和组装时控制其周期处在可见或红外等波长 λ 的范围内或引入可控制的点缺陷或线缺陷，就可以得到具有实际意义的光子晶体。与电子半导体相比，光子具有传输速度快、信息容量大、频带宽、能耗低等优点，从而可以应用在波导、光纤、高性能反射镜、光学微腔、低阈值激光发射器、光子计算机等高新技术中。

现在已经应用胶体晶体这种自下而上的组装方法制备了含 Se、Cd、Pt、Ag_2Se、TiO_2 等金属和半导体的材料。下面仅举一个在三维有序大孔材料中常用来说明其制备过程的实例(图 15.32)。类似于图 15.34 中，首先由单分散胶体颗粒合成作为胶体模板剂和产物前驱体共同组合的三维胶体晶体复合物；然后应用离心、过滤、氧化还原、溶胶凝胶、电化学、化学气相沉积等方法，在胶体晶体空隙中填充有待制备的物质或前驱体；最后用化学腐蚀或煅烧的方法除去复合体中的胶体晶体模板，以使前驱体最后转化为大孔道的产物。在实际应用时，要求胶粒的非球对称性和组成离子间有较大的介电常数差。

这种由胶体晶体作为模板，通过反向复制所形成的三维有序孔结构也被称为反蛋白

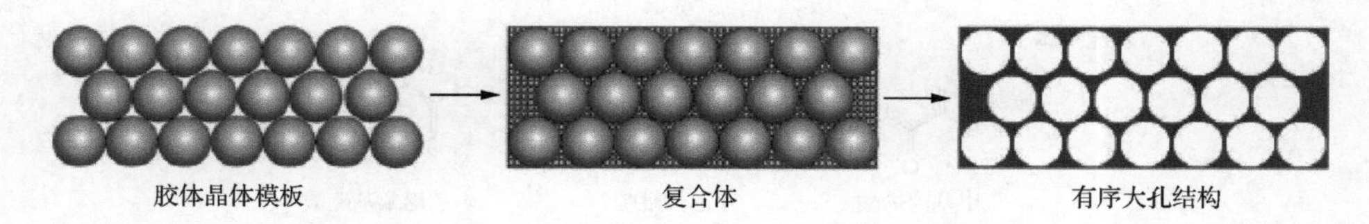

图 15.32　合成大孔结构胶体晶体的模板法

石结构。

15.3　分子印迹法技术

在分子化合物的形成过程中，由于在气相或液相中分子作无序的运动，所以生成的中间分子复合物的平衡常数 K 很小、寿命较短、浓度也很低。只有在某些特殊情况下，例如在 1.2 节中讨论给体和受体形成配合物或在制备结构明确的多功能、多配位的大配合物或超分子情况下，才会较容易生成稳定的化合物。特别是在生物体系中的酶这类特殊的受体(acceptor)，由于其微结构特性才能很精确地和一些特定的底物(substrate)或给体相结合，才可以专一地作为催化剂而生成很稳定的复合物。和 3.3 节所讨论的“组合化学”方法类似，这里将介绍的“分子印迹”方法也为人们提供了一种获得有预期的结构和性质的分子组合体。原则上，组合化学法强调了有机给体的探索和应用，而分子印迹法中则着重在受体的作用[29]。

15.3.1　分子印迹法基础

在分子印迹技术中(图 15.33)，当体系中存在作为模板的分子时，加入含有一种或多种可聚合的功能单体溶解在溶剂中，在少量偶联剂下进行混合后，后者就会通过配位键或分子间键的弱互补(或匹配)作用而将模板分子固定下来；聚合后形成印迹复合物，再通过分子切割试剂除去模板分子，从而在该聚合物中就留下了一个空洞的模板分子的印迹，即通过适当预组装而形成具有少许柔性变形的“印迹”组装体。这种分子印迹体就可能用于将和原来模板分子或和其他类似的分子重新再组装进去或取出来。这种印迹法的效果取决于一系列因素：模板分子化学官能团和功能单体官能团之间组装的互补作用、印迹体系中溶液介电系数、交联体的亲水性和疏水性、溶剂在过程中起着造孔剂的作用。这样得到的分子印迹聚合物中含有具有特殊性能的空穴、印迹位点和模板分子，以至目标药物或被分析的分子在几何空间或化学性质上都存在着互补性。分子印迹法的发展为制备价格低廉、操作简单、行之有效的功能材料提供了一种新途径。

由上可见，作为受体骨架的聚合物在分子印迹法中起着重要的作用。目前已经发现了很多天然的受体(即底物)，如酶、纤维、抗体、细胞表面以及植物纤维素、矿物等。在人工合成的受体中，最便宜且已有的就是有机的高分子和无机的硅酸盐等含有—OH、—NH_2、—COOH、咪唑基、主键酰胺基等结构明确的化学官能团的大环或聚合物(它们具有较大的刚性)。人工合成受体的优点是它们在必要时可以化学修饰和改造以适应外界刺激如光照、电场、磁场、pH 的变化，而作出适当的响应，从而发挥其更多的功能。从

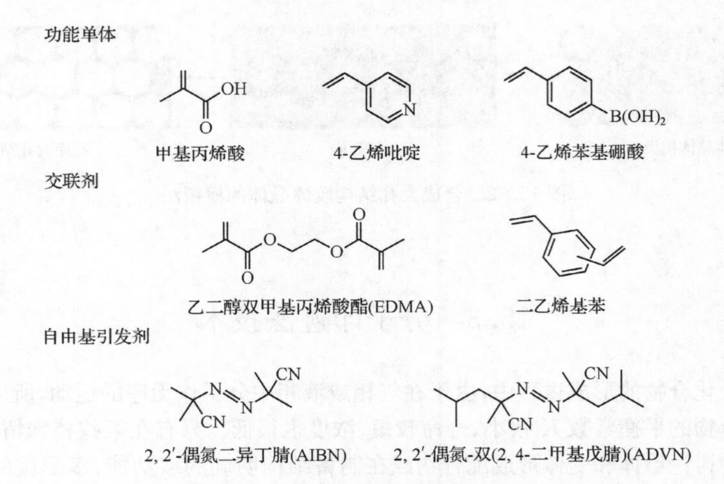

图 15.33 分子印迹法中所需原料的典型分子

超分子观点来看,作为有效的受体在进行分子识别作用时要求:①受体和底物上(特别是氨基酸)的残基间必须是空间互补;②二者之间组分的构象自由度为最小;③化学环境可适当进行调节以使二者更为相互匹配。更一般的实际要求是:底物或靶分子不要太大以使受体在溶剂中对它进行识别。与固体组装化学法相比,其选择性高。但这个要求不易满足,这也是分子印迹技术得以发展的重要动力。

分子印迹法较为简单,且大多在温和常温下进行。制备过程中需要的原料有:能与模板相互作用的化学官能单体;作为目标客体的模板;在溶液中发生聚合;使模板化合物从聚合物中断键的溶剂;和自由基之类的交联剂等。这些原料的分子式列于图 15.33,这里我们通过图 15.34 所示的方式,来说明其中三个主要的有序组装过程。

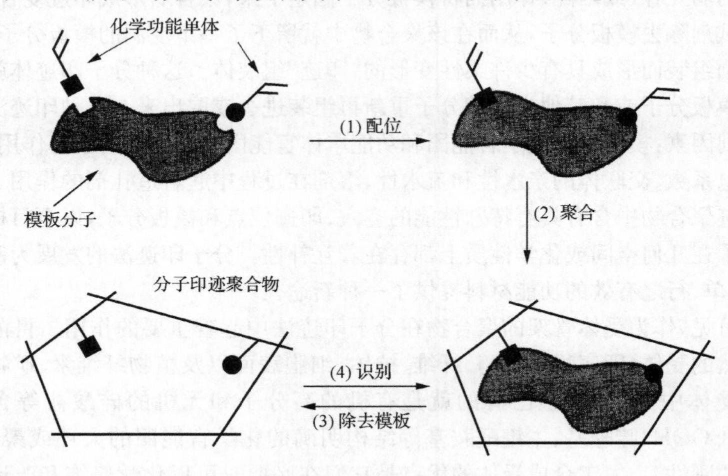

图 15.34 对于非共价的分子印迹聚合物制备过程示意图

(1) 官能单体和模板分子之间的连接:这时作为含化学聚合单体的官能分子和作为客体的模板分子在含有适当溶剂的溶液中通过非共价的弱相互作用或非共价的配位作用而组装成相互匹配为有序排布的超分子或“配合物”产物。

(2) 功能单体-模板配合物(或加合物)在交联剂引发下进行聚合:这时作为连接体的受体或“配合物”被冻结在高分子的网络内,而由官能单体中所含的官能残基则与模板以互补的方式嵌入聚合物骨架中。

(3) 最后将模板分子在适当溶剂下水解或改变 pH 等条件下从聚合物中切割除去,从而得到印迹聚合物,其中内部留下一个类似模板分子的空腔。留下的空穴就起着“记忆”原来模板的结构、大小,甚至它的物理性质的作用。

(4) 以至于在之后能够在和制备这种“印迹”的类似条件下(但要具体调控)选择性地键合和识别其他类似化合物。

15.3.2　分子印迹法在生物分离制备上的应用

这种简便的方法在实际上有很多应用。例如,常用作药物或环境保护中的分离介质,光电传感器,信号高聚物,微孔聚合物催化剂,离子识别;从非水相到水相,从分子到纳米尺寸,从零维到三维空间等新领域。但是目前用得最多的还是在药物制备和分析分离技术方面。

1. 在生物分离制备中的应用

图 15.35 表示了利用分子间的弱相互作用,或称非共价印迹法对一种茶碱药物的印迹聚合物的制备过程。根据上述印迹技术中的客体和主体相互匹配作用原理,不难理解,由它可以将结构相似的客体分子进行捕获。

前面我们主要介绍了在制备分子印迹聚合物母体材料中的交联剂主要是用参加自由基聚合物的烯烃化合物,它们只能在有机溶剂中使用。另外一种受到重视的是可用在水相或有机中可以发生水解而形成高聚物的有机硅烷作为交联剂[30],其中既含有和印迹分子相互作用的官能团,又可以作为功能单体而应用于印迹聚合物合成。这种含硅基质材料的优点是:相容性好、机械性能强、表面易修饰。

2. 在硅胶固体表面上复合物的生成

将常温下将不易于进行的溶胶-凝胶法制备了 SO_2 凝胶和 1-三代(甲氧基)-甲烷基-丙基 3-氯化胍盐混合,胍盐残基会以共价键的形式结合在凝胶表面上。从化学上可知,膦酸[$RP(OH)_2O$]易于和胍盐上的残基形成复合物[31]。因此在制备印迹聚合物时可以将膦酸盐作为模板以制备能选择性键合客体的硅胶表面。对于这种分子印迹混合物和苯基膦酸客体间的表面作用示意于图 15.36[5]。图中下部为其^{31}P-NMR 谱的实验图谱。图中出现的化学位移 δ 分别为 15.5ppm 和 6.5ppm 波峰,对应于“常点键合”和“两点键合”的磷原子。同样也可用^{29}Si-NMR 得到类似信息。

带有金属配位链的印迹技术对于功能分子体系的发展具有潜力。介于非共价键和共价键之间的金属离子和配体之间所形成的配位键较为稳定。将乙烯基连接到金属配合物

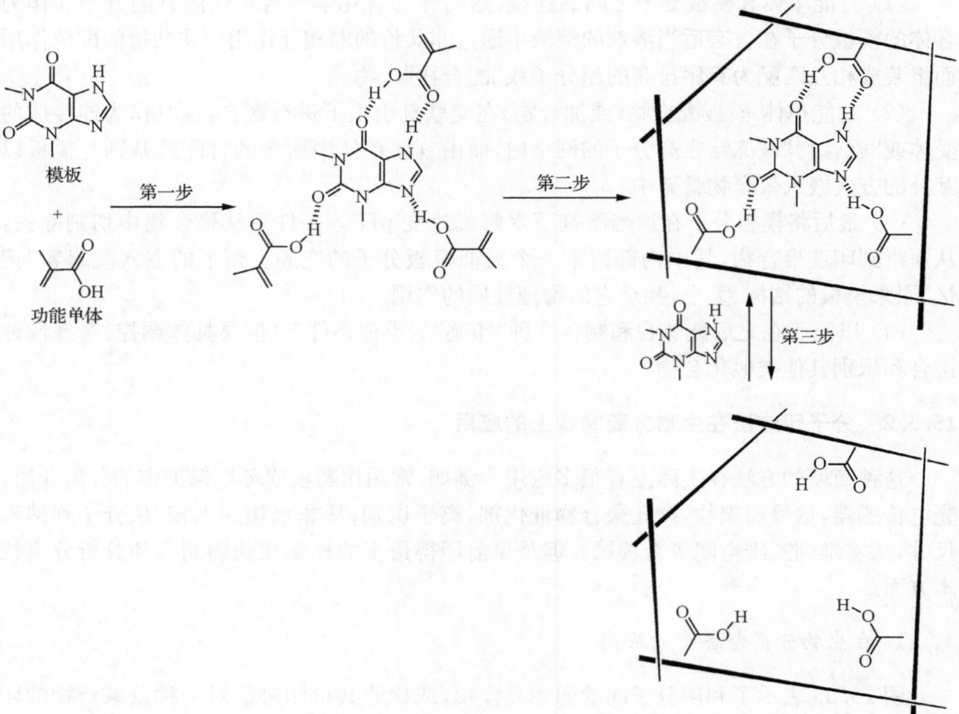

图 15.35　对于一种茶碱药物的非共价印迹法过程的示意图

上，这些可聚合的金属配合物就可以作为功能性的单体化合物。它们可以在有适当配体(模板)存在时进行聚合，从而使得整个金属-配体配合物被冻结于聚合物中。当除去配体后，客体就可以通过生成相同的配位键而被键合。图 15.37 中表示了模板金鸡纳啶分子可以在印迹聚合物中和卟啉锌(Ⅱ)相配位[32]，在客体分子和这种锌(Ⅱ)配合物相键合时，后者强度会不断的降低，这是一种可潜在应用于敏感器的材料。这样制得的聚合物材料，既有分子识别功能，又是具有独特功能的金属配合物，可用作电子转移试剂和催化剂。这种印迹高聚物得到的过渡稳定性甚至比初始态还好，使得这两种状态间的自由能差减小，有利于实行缩合反应的催化。这就制得了生物反应中的一种所谓人工的“催化抗体”。它是一种和反应过渡态类似的能催化相应反应的抗体。

值得指出的是，如图 15.35 所示，对于用硅胶或磷酸这一类无机固体作模板时，核磁共振(NMR 谱)是一种很好的检测方法。不过由于最常用的^{1}H-NMR 信号太宽，为了获得更多的信息，应充分应用固体 NMR 中的^{13}C、^{31}P 和^{29}Si 等丰度很高的信号，以获得更多的微观结构信息。例如，用印迹高聚物制备类似于纤维-光学器件的荧光光学传感器件(但响应慢)[33]。又如，用 2,4-D 印迹高聚物可以通过以 4-乙烯基吡啶为功能单体和 EDMA为交联剂，制备在硒化锌-衰减全反射元件的表面[34]。

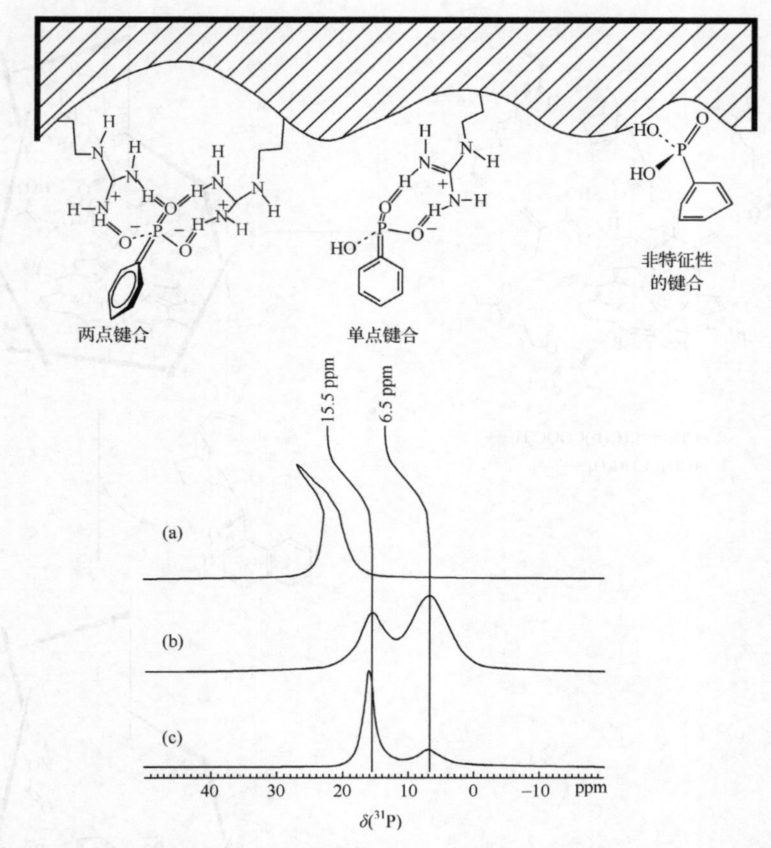

图 15.36　胍基功能化气溶胶表面和苯基膦酸客体间的键合模型(上部)；及其固态 ^{31}P-NMR 谱(下部)，其中(a)为固体苯基膦酸；印迹胶体以 1∶1(b)和 2∶1(c)的比例与胍盐相作用

15.3.3　固相芯片、光刻和三维打印技术

如 3.3 节所述，以气相淀积法为基础的材料薄膜库制备技术是一类重要的固态组合合成方法。本节将要介绍两种与成膜有关的新技术。

1. 固相生物芯片、光刻技术

该技术把薄膜淀积与蒙片技术结合起来，通过某种溅射技术将原本为易挥发固态的前体化合物依次转变为气态物质，利用光刻(photolithographic)蒙片技术，在一块耐高温单晶的某一平面上不同区域内，分别沉积不同组合及厚度的前体化合物薄膜，形成一个分散的前体薄膜阵列。然后对该薄膜阵列进行平行热处理，就得到了一个立体定位的材料化合物组合库。有人形象地称之为集成材料芯片，暗示它与集成电路芯片有相似之处。本节通过实例简述分子材料与生命科学相关的生物功能。

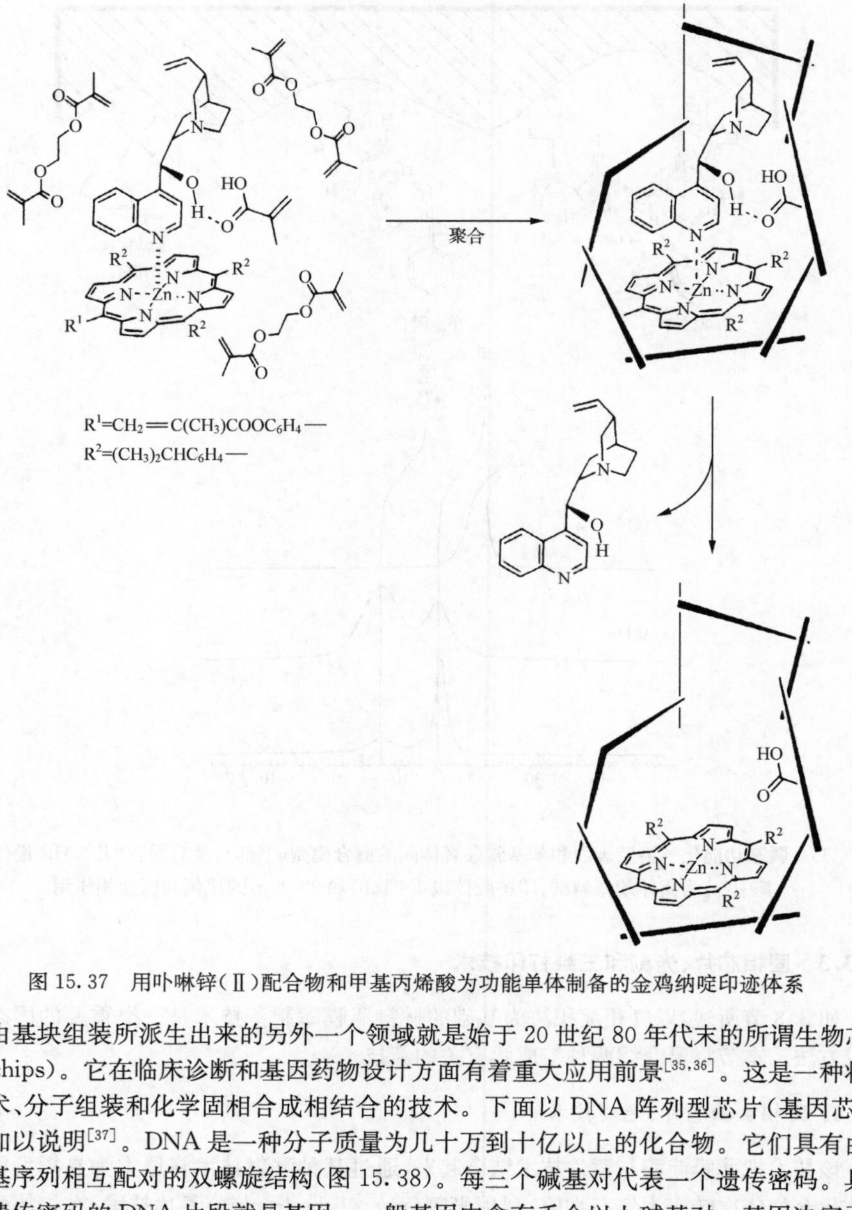

图 15.37 用卟啉锌(Ⅱ)配合物和甲基丙烯酸为功能单体制备的金鸡纳啶印迹体系

由基块组装所派生出来的另外一个领域就是始于 20 世纪 80 年代末的所谓生物芯片(bio-chips)。它在临床诊断和基因药物设计方面有着重大应用前景[35,36]。这是一种将光刻技术、分子组装和化学固相合成相结合的技术。下面以 DNA 阵列型芯片(基因芯片)为例加以说明[37]。DNA 是一种分子质量为几十万到十亿以上的化合物。它们具有由特定碱基序列相互配对的双螺旋结构(图 15.38)。每三个碱基对代表一个遗传密码。具有特定遗传密码的 DNA 片段就是基因。一般基因中含有千个以上碱基对。基因决定了将来合成蛋白质的类型。人类的疾病与基因中碱基序列的变异密切相关。DNA 芯片可以在较短时间内检测出这种异常基因。为此,在硅、玻璃或多硅端等含有羟基—OH 的固相载体表面上接上光敏性保护基团——X。类似于图 15.38,应用光刻蒙片 M1 使得在光照下,载体曝光的 X 基团脱去而产生—OH,该羟基再与带有活性羟基的核苷酸偶合,从而

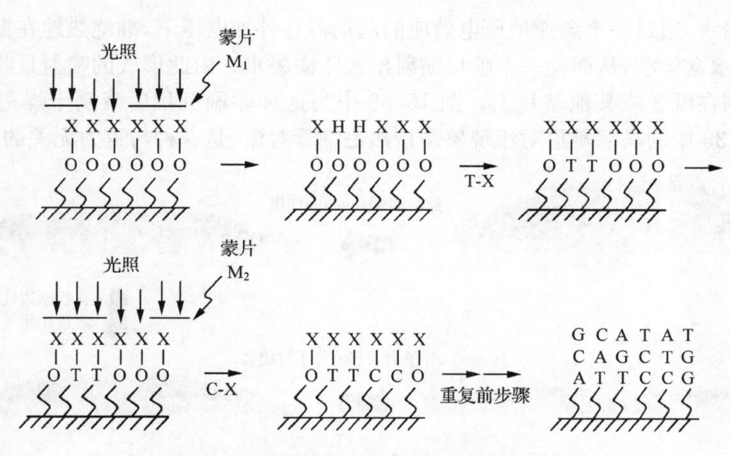

图 15.38　原位固相合成寡核苷酸阵列示意图

使得载体上结合了第一个核苷酸 T。同样，再应用光刻蒙片 M2 按上述步骤选择性地保护和偶联就可以结合上第二个核苷酸 C。当芯片第一层上的羟基都接满了核苷酸后就可将模旋转 90°，再重复上述步骤进行反应就可按所设计的序列依此接上 8～10 个不同核苷酸的寡核苷酸链或较长的 DNA 分子片段。在生物上，将一条核酸链和另一条不同来源的单链相结合，称为分子杂交。因此以上法制成的 DNA 芯片作为探针，可以和溶液中经过一系列预处理而带有特殊标记的(如同位素或荧光)靶样品中单链基因或 DNA 序列，通过碱基对之间的互相识别而杂交。进而通过激光共焦荧光检测系统，即可得到杂交产物的二维荧光图像。应用预先储存在计算机中不同位置探针 DNA 序列的软件库即可对芯片上某特定点的探针序列和荧光强度进行定性和定量的分析。例如，对于一个 13-mer 靶基，若根据芯片杂交反应测序方法测得其探针的寡核苷酸序列为 GCTAGGCTAGTCA，则根据核苷酸中四个碱基腺嘌呤 A，鸟嘌呤 G，胞嘧啶 C 和胸腺嘧啶 T 的 A-T 和 C-G碱基配对原理就可以推测靶基 DNA 的原来序列为 CGATCCGATCAGT。即使从这种少量碱基对的 DNA 探针也可能鉴定某种基因的片段。

DNA 芯片的发展动力之一是被人们称为“20 世纪最后一次重大的技术革命”的《人类基因组组织计划》。目前已可在 $1cm^2$ 大小的芯片上固定 40 万～100 万种 20-mer DNA 探针序列，原则上 10 块这种高密度芯片就可以扫描整个人类的约 10 万个基因组。

2. 分子喷雾印刷

在有机电子学和印刷电子学的市场发展规划中，在石墨和有机印刷墨水市场化的推动下，近 20 年来其产值约大于 1300 亿美元[1]。特别在分子薄膜技术方面取得了巨大的进展，如其在有机薄膜三极管(OTFT)、光发射器件(LED)、太阳能电池、磁性纳米材料等领域都有巨大市场。

喷墨打印是一种用于溶液法中节约材料的沉降技术。我们通常应用的打印机需要的这种材料或墨水是将溶质溶解或分散在溶剂中的。其过程主要是将储存在一个墨水盒子中的定量墨水，通过一个急速地压电效应的起动器在外加电压下，准绝热地在振荡波作用下，压缩墨水盒体积，从而使一个喷口喷射出来印刷墨水。由此形成的喷射且收缩的液体就可以印刷在纸膜或其他基片上。图 15.39 中为这种印刷沉积后液滴干燥过程的示意图。图 15.39 中的马兰哥尼对流现象是指热毛细管对流，是一种与重力无关的对流。

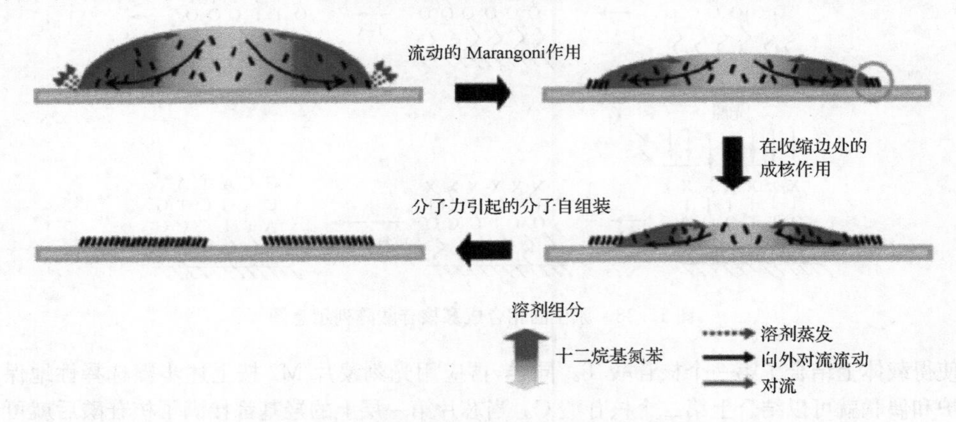

图 15.39　喷墨打印沉积后液滴干燥过程示意图

3. 三维印刷技术

在分子印迹法、光刻和喷墨印刷等技术的基础上，新近发展了声名鹊起的“三维印刷技术”。

和上述喷墨印刷技术不同，喷射出来的不是液体的墨水，而是用不同方法制备的液态分子、分子聚集态石蜡、塑料、树脂、无定形，以及不同的黏结剂和其他等广义的“墨水”。根据打印的方式常可分为两大类：①选择性沉积打印机：打印机通过注射器或打印头注射、喷洒或挤压液体、胶体或粉末态的原料分层地将原材料沉积在固态底物上。这种方式较为方便和廉价，所以常用于家庭和办公室。②选择性黏合打印机：一般是利用激光、加热或光照条件下，向原料中加入特殊黏合剂，以固化粉末或光敏聚合物进行处理的。

三维打印(three dimensional printing，3DP)起源于 20 世纪 90 年代美国麻省理工学院(MIT)所发明的一种快速成形技术。所以它和一般的借助模具锻压、冲压、铸造和注射等强制成型的工艺技术，或本章前述的组合化学或分子印迹或材料科学中的光刻技术不同。这种三维打印技术实质上不是一种印刷技术，而是一种制备技术。其具体过程是根据计算辅助设计(CAD)模型，经过格式转换后，对零件进行分层切片，得到各层界面二维轮廓形状，然后再一层一层地叠加而打印为三维立体零件，所以这种技术严格的应称为“增量制造”(additive manufacturing)技术。目前打印的主要原材料为价廉的聚合物，这种增量技术为分子功能材料也为大量专有材料的发展提供了机会。这种技术更接近于“由下而上”的纳米合成和化学组装方法。现在 3D 打印制造业会自然地将重点投资开发高性能和低廉的原材料以推动 3D 打印技术的发展。目前大多数为塑料、金属陶瓷、半固体食品、混凝土和玻璃之类常规材料，但也包括活体组织或具有微小计算能力等特殊功能材料(如人造耳朵和生物器官、机器人)的开发。3D打印技术的优点是可使用的材料很广(从软的奶酪到合金);应用的范围广(食品、建筑、发动机、人体支架),打印的速度、厚度、时间(几小时到几天)都可以设计、控制,对于低档家庭用3D打印机价格也较低廉(从几百到几十万美元),颜色由添加剂可得到几十种色彩以及设备简单、易于操作等。但随之而来也有一些缺点,例如在易挥发问题、经济方面上,可能购制原材料的费用高于3D打印的设备费用,买得起用不起。因而要将这种技术和半导体、计算机等并列成为第三次制造业工业革命的火车头还有待努力,但毕竟这种3D打印技术的发展会引起社会、经济、生产、教育和研发的重大变更。

这种增量剂制造的创意使人感到它是可以制造任何构件和材料。由于3D打印技术中数字世界和物质世界之间的差别和多样性,对于原材料的微小性和快速响应性要求就成为对原材料的一种挑战,也为催生3D打印原材料形成了一个绝好的革命性机遇。

参考文献

[1] (a) Alivisators A P, Barbara P F, Casdeman A W, et al. Adv. Mater., 1998, 10:1297

(b) Carter F L. Molecular electronic devices. New York and Baser: Marcel, Dekker, Inc., 1982

[2] (a) Ashwell G J. Molecular electeonic. New York: John Wiley & Sons, 1991

(b) Tour J M. Chem. Rev., 1996, 96:537

(c) Garo E, Marce R M, Brorrull F, Corma C K, et al. Trends Anal. Chem., 2006, 25:143

[3] Lehn J M. Angew. Chem. Int. Ed. Eng., 1989, 27: 89

[4] BalzaniV, Scandola F. //Atwood J L, Davis J E D, Macnicol D D, Vogtle T. Comprehansive supramolecular chemistry. Oxford: Pargamon Press, 1996

[5] (a) Balzani V, Credi A, Venturi M. Chemistry-A European J, 2002, 8:5525

(b) Balzani V, Credi A, Venturi M. 分子器件和分子机器-纳米世界的概念和前景. 马骧,田禾译. 上海:华东理工大学出版社,2009

[6] (a) Ranghino G, Romano S, Lehn J M, Wipff G. J. Am. Chem. Soc., 1985, 107: 7873

(b) Lifson S, Levitt M. Structure and dynamics of macromolecules. Isr. J. Chem., 1986, 2: 27

[7] Balzani V, Luca H. Coord. Chem. Rev. 1990. 97: 313

[8] Creaser I, Geue R J, Harrowfield, J M, et al. J. Am. Chem. Soc. 1982, 104: 6016

[9] Prodi L, Maetri M, Bakani V, et al. Chem. Phys. Letls. 1991. 180: 45

[10] (a) Asakawa M, Ashton P R, Brown G R, et al. Adv. Mater., 1996, 8:37

(b) Anelli P L, Spencer N, Stoddard J F. J. Am. Chem. Soc, 1991, 114: 193

[11] Ward M D. Chem. Soc. Rev., 1995: 121

[12] (a) Waielewski M R, Niemczyk M P, Svec W A, Pewitt E B. J. Am. Chem. Soc., 1985, 107: 3562

(b) James D K, Tour J M. Top. Curr. Chem., 2005; 257:33

[13] (a) Bissell R A, de Silva A P, Gunaratne H Q N, et al. Chem. Soc. Rev., 1992, 187

(b) Marcus R A. Biochem. Biophys. Acta, 1985, 811:265

[14] Masurel D, Sirlin C, Simon J. New J. Chem., 1987, 11: 445

[15] You Xiao-Zeng, Ding Zhi-Feng, Peng Xing, Xue Qi. Elect. Chem. Acta., 1986, 28

[16] (a) Gerhard F S, Tshepo J M. Chem. Rev., 2000, 100: 3483

(b) Stang P J, Olenyuk B. Acc. Chem. Res., 1997, 30:502

[17] (a) Carter S R, Rimmer S. Adv. Func. Mater., 2004, 14:553

(b) Yee G T, Manriquer J M, Dixon D A, et al. Adv. Mater., 1991, 3: 309

[18] Mark J E, Lee C Y C, Bianconni P A. Hybrid organic-inorganic composites. Washington D C: American Chemi-

cal Science, 1995
[19] 佩德罗·哥曼斯·罗曼罗，克莱芒·桑切斯. 功能杂化材料. 张学军，迟伟东译. 北京：化学工业出版社，2006
[20] Ogawa M, Kuroda K. Chem. Rev., 1995, 95: 399
[21] Sanz J, Sarratosa J M. //Yariv S, Cross H. Organic clay complexes and interactions. New York: Mercel Dekker Inc., 2002
[22] Coronado E, Galań-Mascaròs J R, Gomez-Garcia C I, Laukhin B. Nature, 2000, 408: 447
[23] 芬德勒 J H. 膜模拟化学. 程虎民，高月英译. 北京：科学出版社，1991
[24] 清水刚夫，斋藤省吾，仲川勤. 新功能膜. 李福绵，陈双基译. 北京：北京大学出版社，1990
[25] Kuhn H, Mobius D, Bucher H. //Wessberger A, Rossiter B W. Physical methods for chemistry. New York: Wiley-Interscience, 1972
[26] MClemente-León E, Coronado P, Delhees C J, Gomez-Garcie C. Mingotaud. Adv. Mater., 2001: 13: 574
[27] (a) Ulman A. An introduction to ultrathin organic films: From Langmuir-Blodgett to self-assembly. Boston: Academic Press, 1991
(b) Marks T J. J. Am. Chem. Soc., 1990, 112: 7389
[28] (a) Yin Y, Alivisatos A P. Nature, 2005, 437: 664
(b) 顾惕人. 表面化学. 北京：科学出版社，1994
(c) Stein A, Schroden R C. Curr. Opin. Solid State Mater., 2001, 5: 553
[29] 小宫山真. 分子印迹学. 吴世康、汪鹏飞译. 北京：科学出版社，2006
[30] Dai S, ShimY S, Bannes C B, et al. Chem. Mater., 1997, 9: 2521
[31] Sasaki D Y, et al. Chem. Mater., 2000, 12: 1400
[32] Takeuchi J, Mukawa T, Matsui J, et al. Anal. Chem., 2001, 73: 3869
[33] Kriz D, Ramström O, Svensson A, Mosbach K. Anal. Chem., 1995, 67: 7142
[34] Jakusch M, Jamotta M, Mizaikoff B, et al. Anal. Chem., 1999, 71: 4786
[35] Robert F. Service, Science, 1998, 282: 396
[36] McGall H, Barone A D, Diggelmann M, et al. J. Am. Chem. Soc., 1997, 119: 5081
[37] Pease A C, Sullivan E J, et al. Proc. Natl. Acad. Sci. USA, 1994, 91: 5022

第 16 章　功能纳米及其膜层体系

在人类研究的物质世界中，有上至天体及人眼可见的宏观领域，也有下至我们常说的原子核、原子、分子及其聚集体等在空间和时间标度上都很小的微观领域，还有存在于两者之间的所谓介观领域，其中包括微米、亚微米和纳米尺寸领域。

本章主要介绍尺寸为 1～100nm 的微观体系（$1nm=10\mathring{A}=10^{-9}m$）[1]。在实验上主要借助于研究微观的扫描隧道显微镜（STM）、扫描电子显微镜（SEM）、原子力显微镜（ATM）等物理技术[21]。早期将它应用于表面结构分析，近几年发展为在原子水平上进行操作的分子组装技术。它主要是应用 STM 装置中的针尖与样品间存在的范德华力和静电力，将吸附于表面上的原子或分子按照人们的意愿有目的地进行排列。例如，可以将吸附在铂金表面上的 CO 分子排列成“人”字型结构，这样使得直接在分子水平上组装超分子结构成为可能。英国科学家利用 STM 技术研制出一种大小只有 4mm 但具有开关特性的复杂分子。目前有关纳米材料和纳米化学方面已有专著出版[3]。

16.1　纳米微粒的特征及其制备

16.1.1　纳米微粒的特征

随着高技术的发展，原来被当作完整晶体的固体材料有了新的进展。一方面进展是由于晶格中存在杂质原子、空位或位错等缺陷而使得原来用于分子化学的与整数比例有关的定律不再有效，从而导致宏观的一系列光电等物理性质也随之变化。半导体“掺杂”所引起的一系列效应和应用却正好是在这个基础上发展起来的。另一方面的进展就是当固体粒子大小减低到约 5～100nm 尺寸后所引起的量子限制效应。

我们所讨论的纳米微粒是由有限数量的原子、分子或其所组成的分子聚集体所组成，从物理化学观点来看，它处于一定的亚稳状态。这种纳米形态使它的结构和性能发生重要的变化。其中最基本的特性表现在四个方面：小尺寸效应、表面效应、量子尺寸效应和宏观量子隧穿效应[3,4]。

纳米微粒的一个特点是它的内部电子结构及其与周围环境的相互作用都会引起巨大变化，特别是微形化的电光器件对响应时间、能量损耗和传输效率等方面都有一系列实质性改善。

1. 小尺寸效应

和经典物理不同，从量子力学观点看，由于微观粒子具有粒子和波动的双重性，所研究的纳米体系的尺寸大小 a 和电子波函数所对应的相关长度（德布罗意波长）或光波的波长、投射深度或超导态的相干长度、玻尔半径等物理长度相当或更小时，使得在求解式

(2.2.5)之类的 Bloch 方程时用到的晶体周期性边界条件就会被破坏;非晶态的纳米晶的表面层附近的原子密度也会降低。这种小尺寸效应会导致一系列光、电、热、磁和力学等功能的特征性变化,从而为技术发展创造了新的前景。

纳米小尺寸效应在力学等物理性质上有着明显的变化。纳米材料的硬度和强度一般随着粒子的减小而增大,这是由于阻碍位错滑移的晶界增多。但当尺寸继续减小时,由于粒子界面滑移其硬度反而会降低(Hell-Petch 经验关系)。对于 TiO_2、Fe-B-Si 等材料一般都符合上述这种关系,但对其理论解释还有待探索。

小尺寸效应在磁体的超顺磁性起源方面有着重要影响[参见式(5.4.3)],当微粒变小到纳米尺寸时,其各向异性能量差接近热运动能量 kT,其磁化强度 M_p 就不会固定在一个晶磁化的取向而会引起方向的起伏,从而导致超顺磁性。

2. *表面效应*

单位质量(有时也用单位体积)粉末或多孔体的总表面积称为比表面,其单位为 m^2/g。比起非纳米材料,纳米微粒尺寸愈小,其微粒表面上的原子数目愈多,从而使其单位面积的原子数目或比表面 S_g 与微粒半径具有关系 $S_g \propto 1/r^2$ 的比例关系,即随着微粒的半径 r 的减小而变大。

比表面的增加使得表面上的原子数目愈多,与主体原子相比,表面上每个原子的配位数得不到满足,从而形成所谓的悬键,表面能也迅速增加,从而导致表面的原子不够稳定而具有很高的活性,易于和其他原子发生物理吸附而结合或发生化学反应。其中最重要的一类性质是引起的吸附和催化效应。我们熟知的金属铂(Pt)是化学惰性的贵金属,但当用在电极的铂黑这种纳米微粒状态却具有很高的化学吸附氢及化学还原催化反应活性。

纳米材料有着独特的电学性质。作为常用的共价键的氮化硅材料,当将它制成纳米陶瓷材料时,由于其表面的价键未饱和而出现部分的极性结构,从而在交流电下由于其表现为电容而显现低电阻效应。纳米半导体材料的介电常数 ε 随着测量频率 ω 的减小而明显上升(参见 6.2 节)。类似地,由于界面的大量悬键所引起界面的电偶极矩,使半导体在外界压力下会产生强的压电效应(参见 7.3 节)。

与单晶材料相比,纳米结构的表面效应为原子的短程扩散提供了一种途径,由于扩散系数的增加,从而通过对材料的退火热处理,对其蠕变、超塑性等力学性质产生很大的影响。烧结温度是指将粉末样品加压成型后在低于熔点温度下使其结合收缩成密度更接近于理论密度的温度。一般纳米结构的烧结温度大为降低。例如,对于 TiO_2 粉末粒径为 12nm 的,在 1273K 加热会致密化而达到一定的硬度,但若粒径减小到 12nm,在达到上述类似硬度下,在不加任何助剂下,通过增大扩散性,其烧结温度可以在低约 500℃下进行。超塑性是指材料在一定的温度和应变速率下,在进行拉伸而断裂时产生延伸量。类似地,当温度较高和应变速率较高时,纳米 TiO_2、Al_2O_3 和 Si_2N_4 等陶瓷材料都会随着扩散性的增加而引起超塑性。这种形变不是由多个晶粒发生相应的形变,而是依赖晶粒的相对移动,即晶粒界面的滑动和扩散实现的。

3. 量子尺寸效应

这是物理、化学研究中最重要的一种量子效应。很多具有纳米大小的Ⅱ-Ⅵ族半导体或导体粒子具有所谓的量子尺寸效应。例如，一般认为 CdS 晶体是典型的具有硫空位的晶体，其高电子亲和势使得它获取电子后成为 n 型半导体材料(参考 3.1 节)。在 CdS 中，由此产生的电荷-空穴对分离得足够远，从而使电子可能高度定域而导致具有长寿命的激发态(通常称为激子)。该电子通过复杂的过程被粒子中的陷阱俘获后再从较低能级发射出较宽的红光。但在 1994 年却发现了分散在导电聚合物中的 CdS 可以组装成发射蓝光的光致发光器件(LED)。这种随着粒子变小到纳米尺寸而使荧光蓝移现象的本质很复杂。简化地可以从量子力学理论定性地阐述：对于理想长度为 a 的一维量子阱由式(16.1.1)可以得到其能级为

$$E_n = n^2\pi^2\hbar^2/2ma^2 \quad (n=1,2,\cdots) \tag{16.1.1}$$

其中 m 为电子质量，量子数 $n=1,2,\cdots$。可见电子在量子阱中的运动受到约束而形成分立能级间的能量和量子阱的宽度 a 的平方成反比。因此粒径 a(如 100nm)较小的纳米粒子具有较大的能级差 ΔE，从而说明了 CdS 粒子的蓝移现象。在纳米尺寸下的金属(或半导体)的 Fermi 能级 E_f 由准连续的离域能级变为离散的定域能级(图 16.1)。这就使得一般导电的银在粒径小于 20nm 后变为绝缘体，而一般绝缘的 SiO_2 在纳米时却变为导体。对于纳米微粒半导体，由于其定域性而产生最高占据分子轨道(HOMO)和最低未占据分子轨道(LUMO)(参考 2.1 节)，从而引起能级变宽。实验证明，采用 p-i-n(i 为绝缘层)结构中的本征量子阱，使其吸收光子 $h\nu$ 后，经过逐级复合作用，可以导致其吸收光谱逐次扩展到太阳能的长波区 E_a，从而改善其光电流值，提升光电池的转换效率。对比单个半导

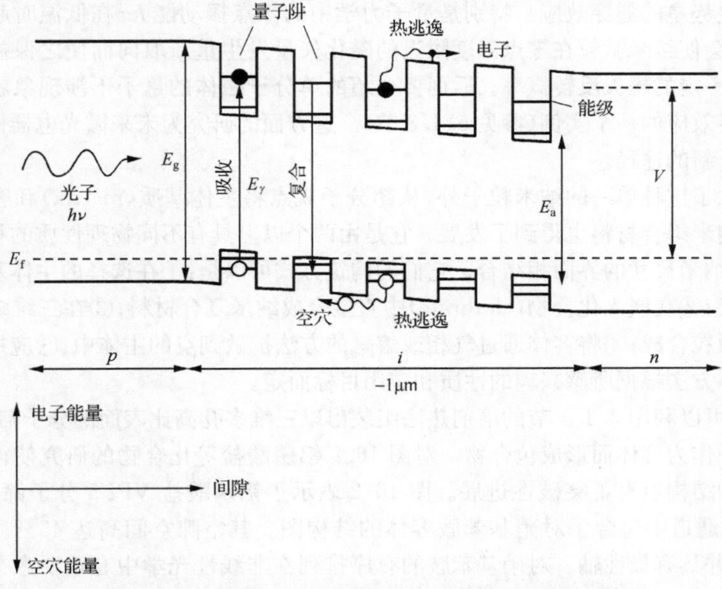

图 16.1　半导体多层量子阱太阳能电池的结构和间隙示意图

体(参见图 3.12),这种由于尺寸不同而引起的量子尺寸效应会导致其中电子的输运过程、电子状态、元激发机理等都和宏观体系的不同(参见图 17.12)。关于纳米半导体的吸收、发光和光转换等光电功能更多的实例可以参见第 11 章和第 12 章。

另一个量子尺寸效应的例子是日本的久保论证了:金属在低温时随着其粒径变小而出现由导电体转变为绝缘体的现象。例如,这种现象也可以从式(16.1.1)加以定性地说明。为使纳米微粒出现量子效应,必须要求其能级分裂 $\Delta E > kT$(温度 T 时的热动能)。从而可以估计微粒出现粒子尺寸 a 的大小和能量分裂 ΔE 的大小相关。这就说明了下面事实:微粒粒径 $a < 14\mathrm{nm}$ 时为绝缘体;而当温度降低到 1K 时,则只有 $a \ll 14\mathrm{nm}$ 时才可能变为绝缘体。

又如 5.3 节所述,一般 $SrTiO_3$ 等晶体是典型的铁电体,Fe_3O_4 是典型的铁磁性,但一般进入纳米级尺寸时,则可能从多畴性进入单畴结构而呈现强烈的顺电体或顺磁性。例如对于 Fe_3O_4,当其粒径小于 16nm 时就会出现顺磁性。对于铁磁化合物,一般当粒子小到纳米尺寸时,其矫顽力 H_c 会随之增大,这可以由式(5.1.10)和式(5.1.25)所导出的摩尔磁化强度公式 $M \approx \mu^2 H / 3K_B T$ 加以说明。在居里温度 T_c 以下,其处于单畴状态,而使矫顽磁场 H_c 增大。

4. *宏观量子隧穿效应*

在宏观的主体(bulk)材料中,已经发现了一系列的宏观量子隧穿效应。例如绝缘体的导电性,超细金属微粒在低温时仍保持超顺磁性和量子相干等效应。由于这种宏观量子隧穿效应限制了电、磁等作为信息处理器件的时间和空间的极限。

根据量子力学,当材料的尺寸小到纳米级别时,根据其波函数的概率 $|\varphi(r)|^2$ 特征,它具有越过势垒的隧穿效应。特别是量子力学中的零点振动能 $h\nu$ 在低温时起着热涨落的效应,它会使纳米微粒在零点温度附近的磁化矢量发生重新取向而使之保持一定的弛豫时间,有一定的磁矢反转概率。后面要介绍的单分子磁体的量子干涉现象就是这种宏观量子隧穿效应的一个实例(参见 5.4.3 节)。这方面的研究为未来微光电器件的微型化开辟了一个新的途径。

目前除了这种单一的纳米粒子外,从超分子观点将主体基质(matrix)和客体相组合而形成的纳米组合材料也得到了发展。它是由两个以上具有不同物理性质的相所组成的材料,具有纳米尺寸的界面相结合。它们的构筑方式可以是:①在选择的主体基质上进行单分子加工;②在嵌入化合物(clathrate)中直接合成纳米复合材料;③在三维多孔主体中进行纳米微粒合成;④将客体通过气相或熔融的方法扩散到空的主体中;⑤应用离子交换方法。具体方法根据所感兴趣的性质和应用目标而定。

例如,可以利用 3.1.1 节的溶剂热法组装出以三维多孔高比表面的分子筛作为主体,以简单分子作为客体而形成包合物。对图 16.2 铝磷酸盐等化合物的研究使得分子筛在通道类型和结构上有了突破性进展。图 16.2 表示了铝磷酸盐 VPI-5 分子筛中 18 元环(1.3nm)的通道中包合了对硝基苯胺客体的结构图。其空隙空间高达 45%。通道为非中心对称,并具有极性轴。对硝基苯胺的有序排列在非线性光学中有重要意义。我们应用水热合成法根据分子识别原理制得了仅含有 12 元环三维开放通道的铝磷酸盐及其以配合物为客体的包合物 $Mn_4Al_5(PO_4)_{12}(C_{24}H_{91}N_{18})\cdot 14H_2O$。进一步的实验表明，这类不同金属离子的分子筛具有不同的荧光猝灭特性。

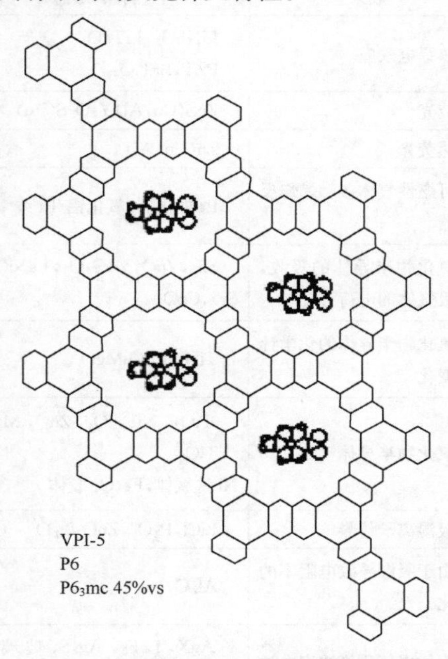

图 16.2　分子筛结构及其孔穴中的包合物

VPI-5 分子筛的对硝基苯胺包合物

合成具有主-客体界面纳米微粒的优点是双向的。主体对客体给予了空间和反应性限制，客体也可以修饰主体表面的电子构型和空间结构及其性质。

5. 纳米传感器材料

如上所述，由纳米尺寸引起的一些物理效应会导致一系列材料光、电、热、磁和力学、机械性质的变化。这些性质的变化对于材料所处的周围环境，如温度、压力、浓度、湿度和气氛都有影响，从而使得由微粒，特别是纳米所制得低能耗、超小型和多功能的传感器材料得到迅速发展。表 16.1 列出了一些代表性纳米传感器材料，这里不加细述[1b]。

表 16.1　代表性纳米传感器材料

物理效应		效果	材料(形态)	备注
温度传感器	电阻变化	载体浓度的温度变化	NiO，FeO，CoO CoO-Al_2O_3，SiC(块，厚膜，薄膜)	温度计 测辐射热计
		半导体-金属相变	VO_2，V_2O_3	温度开关
	磁性变化	铁磁性-顺磁性转移	Mn-Zn 体系	温度开关
位置、速度传感器	反射波的波形变化	压电效应	PZT：钛酸锆铅探伤器	鱼群探测器、血流计

续表

物理效应		效果	材料(形态)	备注
光传感器	电动势	热释电效应	$LiNbO_3$,$LiTaO_3$ PZT,$SrTiO_3$	红外线检测
	可见光	荧光	ZnS(Cu,Al)Y_2O_2S(Fu)	彩电显像管
		热荧光	Zn(Cu,Al)	X线监视器
气体传感器	电阻变化	可燃性气体接触燃烧反应器	Pt催化剂/氧化铝/Pt线	可燃性气体浓度计,报警器
		氧化物半导体的吸收,解吸气体的电荷移动	Sn_2,ZnO,γ-Fe_2O_3,$LaNiO_3$(La,Sr),CoO_3	气体报警器
		氧化物半导体的化学计量变化	TiO_2,CoO-MgO	汽车排气传感器
温度传感器	电阻	氧化物半导体	TiO_2,$NiFe_2O_4$,ZnO,$MgCr_2O_4$＋TiO_2 Ni铁氧体,Fe_3O_4胶体	温度计
	湿电率	吸湿离子传导	LiCl,P_2O_5,ZnO-Li_2O	温度计
		由于吸湿导致电阻率的变化	Al_2O_3	温度计
电子传感器	电动热	固体电解质模浓度电池	AgX,LaF_3,Ag_2S,玻璃薄膜,CdS,AgI	离子能浓度传感器
	电阻	门脉冲吸附效应MOS-FET	Si门脉冲材料; H用:Si_3N_4,SiO; S_2用:Ag_2S; X用:PbO,AgX	离子敏感器PET-ISFET

16.1.2 纳米材料的制备

纳米材料的制备方法花样繁多,取决于所需材料的类型,如纳米块状、纳米粉体、纳米薄膜、无机纳米、有机纳米、高分子纳米或纳米有机-无机杂化材料、纳米分子、纳米胶囊,甚至小至分子纳米。

纳米材料的制备方法,按其体系状态可以分为气相方法、液相方法和固相方法;按其具体使用的过程则可以粗分为物理方法、化学方法和将化学和物理方法结合在一起的综合法。择其要者简述如下。

纳米材料制备的一般过程及其形状控制:如前所述,和宏观材料不同,纳米材料的一个特点是可以通过设计和控制不同的合成方法而得到大小和形状不同的材料,从而使其具有不同光、电、热、磁物理和吸附、反应、催化化学性质。这里以在实际应用和基础研究中有重要意义的金属纳米晶态材料为例加以阐明[6]。在宏观晶体中,金属单体常呈现简单立方、体立方、面心立方和六方的密堆积结晶结构。因为这类结构中的低指数$\{h,k,l\}$晶面中原子面密度较大的{100}{020}等晶面具有较低的表面能。但在不同的实验条件和环境下，进行纳米微晶的合成时，可以得到不同的外型(参见图16.4)[8]。Xia等[7]提出了下述一般方法。例如，金属盐在加热分解或还原剂作用下发生反应：

$$\text{分子前体金属化合物}\xrightarrow{\text{分解或还原剂}}\text{纳米晶} \tag{16.1.2}$$

其化学反应虽然看来简单，但是其物理过程仍很复杂。大致的合成过程可以分为以下几步：首先是将含金属离子的前体物(如卤化金属盐MCl_n)和某种化学还原剂进行反应成金属原子$(M)_M^{red}$，然后通过核化作用而发展成为核种(seeds)，晶核再生长为比它更大的纳米晶。应该强调的是，最后的纳米晶的形状主要取决于晶种形成时的反应条件，这些条件包括所加的其他添加剂，甚至反应器的形状，因为它们会优先地吸附、成键或形成某种晶格缺陷而限制(或促进)某些晶面的生长，从而得到不同形状的纳米晶。

当反应受热力学控制，在生成单晶的晶种时，按照Wulff原理，为达到稳定的产物应在给定体积下使体系的总界面自由能最小化，则界面自由能γ可以定义为创建“新”的表面所需的能量，即

$$\gamma=\left(\frac{\partial G}{\partial A}\right)_{V,T} \tag{16.1.3}$$

其中，G为自由能，A为表面积。

对于新形成的种子，由于在表面上的原子键结合的不匹配而使晶体的对称性受到破坏，引起表面原子的键不饱性而使之向外部吸引。为使表面原子回到原来的位置需要一定的界面自由能，利用这种简单的理想模型可以按式(16.1.4)计算出界面自由能：

$$\gamma=\frac{1}{2}N_b\varepsilon\rho_a \tag{16.1.4}$$

其中，N_b为断裂键的数目，ε为键的强度，ρ_a为表面原子的密度。对于面心立方结构，若其晶格常数为a，则由式(16.1.4)可以求出纳米晶的界面自由能：

$$\gamma_{\{111\}}=3.36\left(\frac{\varepsilon}{a^2}\right)<\gamma_{\{100\}}=4\left(\frac{\varepsilon}{a^2}\right)<\gamma_{\{110\}}=4.24\left(\frac{\varepsilon}{a^2}\right) \tag{16.1.5}$$

可见单晶种子应优先形成八面体或四面体形状以使其{111}晶面的γ最大而总表面能极小化。但由于这两种外形在相同体积下总表面积都比其正立方体的大，因而可以产生{111}和{100}晶面反而有利(或称为Wulff多面体)。这种接近于球形的多面体，具有小的总界面自由能。

在纳米晶合成中有以下几点是值得注意的。

1) 成核作用

这是任何晶体生长的第一步。曾经用各种理论模拟方法对其研究，例如以一定大小胶体球离子构筑块为模型研究成核和结晶作用，以及利用原子在表面上成核过程等方法研究微晶生成中的成核过程。

由于成核机理较复杂，这里简述应用Lamer等提出的溶液相合成中热分解成核的分子机理。当以含硫酸金属盐的溶液或胶体粒子作为式(16.1.2)中的前体物，在加热或声

波作用下使前体物分解，开始溶液中金属 M 的浓度 C 随之增加，一旦金属的浓度增加到饱和的临界浓度 C_{min} 时，溶液中的金属浓度会突然下降（图 16.3），成核作用不再进行，继续提供金属前体物原料时分解反应继续发生，核就会继续长大到最大的微晶，一直到原子在微晶上的金属原子和溶液中的金属浓度达到平衡态。

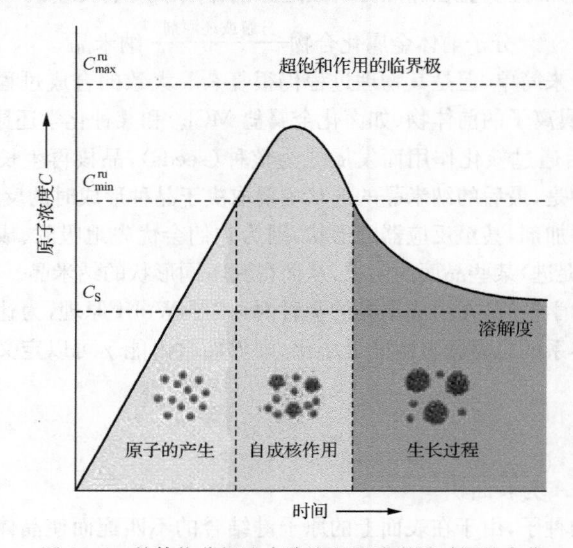

图 16.3　前体物分解法中溶液金属浓度随时间的变化
该图说明了其中金属原子的产生、成核及其随后的生长过程

在成核作用中除了通过上述金属原子外，也可能是晶核或其他的各种通过聚集等作用(agglomeration)而直接熔合形成更大的物种而再还原成金属。这种情况经常出现在溶液中的化学还原法中。仍然不清楚的是，其成核过程是从高价氧化态前体物首先还原到零价金属原子产物，然后再聚集成核、生长和长成微晶，还是尚未还原的金属物种在被还原前先形成核。利用分子动力学（MD 法，参考 2.2.4 节）计算方法说明可能是后一种情况。例如，在钯金属纳米微晶的制备中，常采用$[PtCl_4]^{2-}$作为前体物，在溶液中会水解出$[PtCl_2(H_2O)_2]$配合物，后者会通过外加还原剂发生单电子转移作用而将两个$[PtCl_2(H_2O)_2]$双核缔合离子和Cl^-形成稳定的 Pt^{II}-Pt^{I} 的二聚物。

Pt^{II}-Pt^{I} 和 Pt^{I}-Pt^{I} 这两个二聚物还可再接受一个电子而和另一个$[PtCl_2(H_2O)_2]$配合物反应，从而又还原产生一个三核的中间配合物。与原来的单核前体物相比，双核和三核前体物具有较高的电子亲和性（轨道离域作用），更易于接受电子，继续这类反应就可以产生多种的大簇合物或晶核。这种通过金属多核配合物（或簇合物）以加速金属微晶增长的方法常称为自动催化生长。这种还原机理有助于在较温和的催化剂或高浓度前体物下进行金属离子的还原，可能只有在其表面上和其他带正电的金属离子和配体或溶剂配位后才会终结反应，这时在表面上会出现和一些 Cl^-、Br^- 和酒石酸根或聚合物相结合的结构。

这种晶核在指导由原子组装成纳米微晶时起着重要地位。用电喷雾质谱和光谱等方法证实，由此生成了 AuI_3、Au_{20}、Pt_{38}、M_{56}（M＝Au，Pt，Rh）、Pt_{309}、Pt_{1415}、Pd_{2057} 等簇合物，

除了其中的 Au_{20}、Pt_{38} 以外，其他可以看作“满壳簇合物”(类似于原子中稳定壳层电子结构的 $2n^2$ 规则)。其中的组成原子采取密堆积球形几何构型。例如，对一个中心原子，它的外围第一层和第二层分别具有 12 个和 42 个原子，即可称为 M_{13} 和 M_{55} 簇合物。

再以还原剂中接受一个电子和失去一个 Cl^- 就生成双核的 Pt^{I} - Pt^{I} 二聚物。一般的规律是：簇合物中第 n 个壳层的原子数为 $(10n^2+2)$ 个原子，即理想的满壳层结构具有“幻数”(magic numbers，若加上中心总原子数就是奇数了)。

2) 从晶核到晶种

由上可见，当簇合物生长到一定的临界大小就锁定为一定结构的晶种，这种晶种在后面的纳米晶体中就起着重要的桥梁作用，即根据不同的实验条件及反应途径，晶种可能生长成不同形状的单晶、单个或多个孪晶甚至它们的混合物。由于晶种大小的分布不均匀，为了得到某种预定形状的微晶，可以使用一定的方法来控制实验条件以得到较窄范围的晶种分布。这就不仅涉及前述的反应和结晶热力学问题，而且涉及动力学问题。例如，可以使用化学浸蚀的方法，即应用氧化-还原剂以改变金属离子的价态来控某些特定晶面的发展，但是情况还是相当复杂的。图 16.4 表示，通过金属还原或分解反应由前体物得到

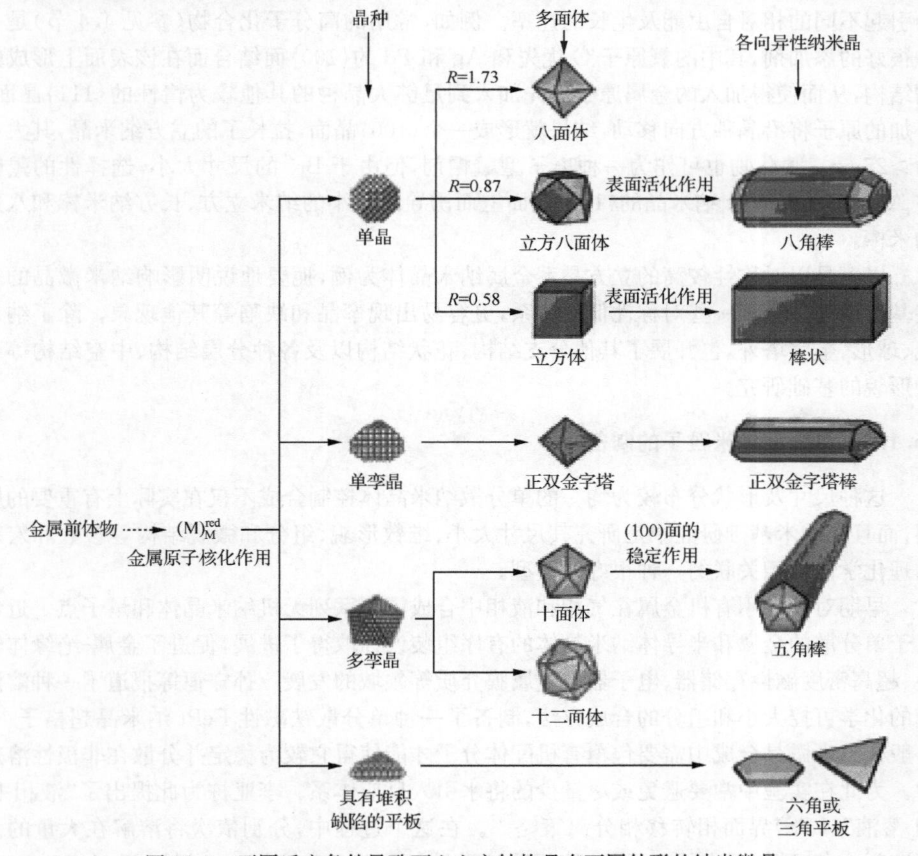

图 16.4　不同反应条件导致面心立方结构具有不同外形的纳米微晶

晶核(即小的簇合物),当晶核长大到一定大小就成为晶种,这种晶种就会长大为单个的单晶或单个和复杂的孪晶结构。

3) 从晶种到纳米单晶

一旦形成了晶种,便可以在溶液中加入金属原子,使其扩散到晶粒表面而逐步台阶式地长大。这时有两种相互作用竞争:主体能量的减少有利于微晶的生长,而表面能量的增加利于微晶的溶解。这种动力学过程在一定条件下就会导致纳米晶的形成。有时可以借助显微镜观察到这种过程。

在这个理想过程中如果受外加添加剂或杂质的介入,就会引起的表面戴帽(capping)作用或者生长过快而引起晶格缺陷或错位,并会使微晶的外形发生很大变化。这种情况在催化作用中经常出现。例如,在气相反应中,原子或分子物种在金属表面原子会发生选择性吸附或分解而使其拓扑结构发生很大的变化。典型的例子是金属M的表面上吸附了有杂质一氧化碳后就很容易生成羰基化合物 $M_x(CO)_y$,从而破坏原有金属纳米微晶的继续生长。

在溶液相中添加"戴帽剂"也可以控制纳米晶的外形,只是要注意戴帽在不同的晶面会引起不同的相对自由能及生长的速率。例如,常用的高分子化合物(参见4.4节)是一种很好的添加剂,其中的氧原子O优先和Ag和Pd的{100}面结合而在该表面上形成戴帽结构,从而使得加入的金属原子优先加入到足够大晶种的其他较为惰性的{111}晶面。外加的原子将沿晶种方向移动,结果就形成一个{100}晶面,拉长了的立方纳米晶,其大小为>25nm。溴化物也可作为一种离子型戴帽剂,但由于 Br^- 的尺寸太小,选择性的戴帽在Ag、Au、Pd和Pt纳米晶的{100}晶面上而诱导出较小的纳米立方、长方纳米棒和八角纳米棒。

以上是以对称性较高的立方晶系金属纳米晶体为例,扼要地说明影响纳米微晶的一些基本原理。对于一些对称性低的体系,更容易出现孪晶和缺陷等其他现象。除了纳米线、球形、金字塔外,也开展了其他分支结构、花状结构以及各种分层结构、中空结构等各种形貌的基础研究。

16.1.3 单分散纳米粒子的制备

这种尺寸及形状分布较为均一的单分散纳米晶体控制合成不仅在实际上有重要的应用,而且在纳米基础研究中是研究其尺寸大小、维数形貌、组分和微观结构等参数和宏观物理化学性质相关联的一种很好的模型。

早期对于应用有机金属在气相和液相中合成了一系列无机纳米晶体和量子点。近年对于单分散的金属和半导体纳米晶体的有序组装设计取得了进展,促进了金属-绝缘体转换、超高密度磁性存储器、电子器件金属膜介质等领域的发展。孙守恒等报道了一种溶液相的化学可控大小和组分的合成方法,制备了一种单分散铁磁性FePt纳米晶超格子[8]。一般在纳米微晶合成中需要包覆有机配体分子才能使得它较为稳定并分散在非极性溶剂中。为此在实验中常要避免或尽量少的将水引入反应体系。李亚栋为此提出了"液相-固相-溶液"(LSS)界面相转移相分离策略[9]。在这个过程中,分别依次将溶解在大量的混合溶剂水/乙醇体系中的无机盐(液相)、油酸钠(固相)、亚油酸(十八羰二烯 $C_{18}H_{32}O_2$)/

乙醇(液相)加到反应器中(图 16.5)。在所设计的温度下,经过搅拌后体系内形成大量微小的"溶液相-固相""液相-固相""溶液相-液相"界面的反应分散体系。根据一般的离子交换反应和相转移原理,该过程中发生重金属离子和钠离子的交换反应而生成$(RCOOH)_nM$,钠离子进入溶液相,分子也在不同相中自发穿过固体-溶液界面重新分配,从而金属离子界面在液相和溶液相中被乙醇还原。

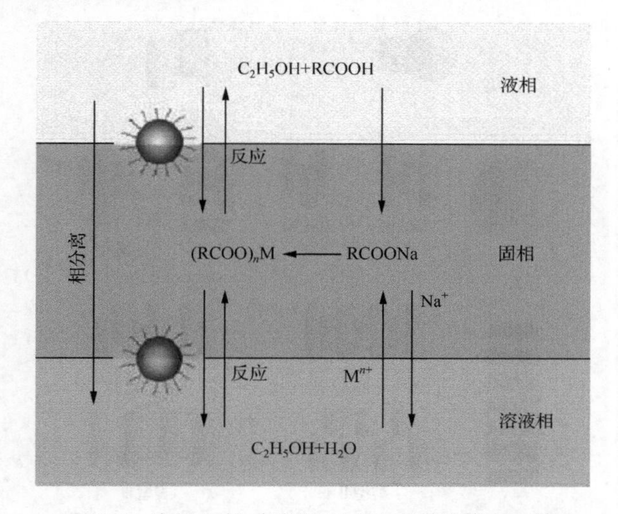

图 16.5　液相-固相-溶液(LSS)界面相转移策略示意图

在金属离子被还原时,就会在原位发生亚油酸在金属微晶表面上吸附,以其烷基——R 端朝外的方式产生憎水的微晶表面,随后由于金属微晶本身较重,以及粒子间亲油性表面间的不相溶性(相斥)和它的亲水性环境(相吸),使得重金属纳米晶会很容易自动地沉积在容器中而进行收集。这种 LSS 相转移和相分离过程几乎可以用到各种过渡金属和主族金属离子。特别是当相转换过程中使金属离子从溶液相进入到$(RCOOH)_nM$时,可以设计实验反应条件,使得 M^{n+} 脱水得到 TiO_2、CuO、ZnO_2、MFe_2O_4和其他含阴离子S^{2-}之类的 CdS 等化合物。它们可以具有半导体、荧光、磁性和介电等各种物理化学性质。

半导体纳米材料一直是纳米材料研究的重要领域,但是单一组成和单一结构的半导体材料不能满足现代高新材料的多功能需求。如前所述,半导体纳米的宏观空间几何和微观电子能级结构是影响其功能的主要因素[11]。为此首先要对半导体的组成进行微观调控以获得适当匹配的能带结构,必要时再对其纳米晶进行复合和组装,这不仅可以使材料发挥更多的光、电、热、磁功能,也避免了其在制备过程中所存在的聚集作用。

根据半导体理论,可以将具有多元组分或复合纳米材料的组合结构能带理论大致分为图 16.6 所示的三种基本结构和几种类型[11]:①耦合性,这种半导体/半导体结构是一种半导体附着(不是包覆)在另一种半导纳米结构上[图 16.6(a)]。适当的设计这种能带结构可以使光伏效应中的电子在两种不同半导体材料中进行电子转移,从而延迟或避免电子-空穴间的复合(参见 17.3 节)。例如,pn 结太阳能电池。②核/壳型结构。它是一种半导体将另一种半导体完全包覆的纳米组合结构，常见于核壳量子点或壳层结构中，它还可以细分为图 16.6(b)中所示的几种类型。通过不同的实验条件可以调节壳层的厚度、量子点发光材料的效率。③半导体超晶格结构。这是由不同晶格组元所组成有序点阵结构的纳米材料。这种超晶材料的能带结构如图 16.6(c)所示。前述铁电性 FePt 纳米微晶就具有这种结构。

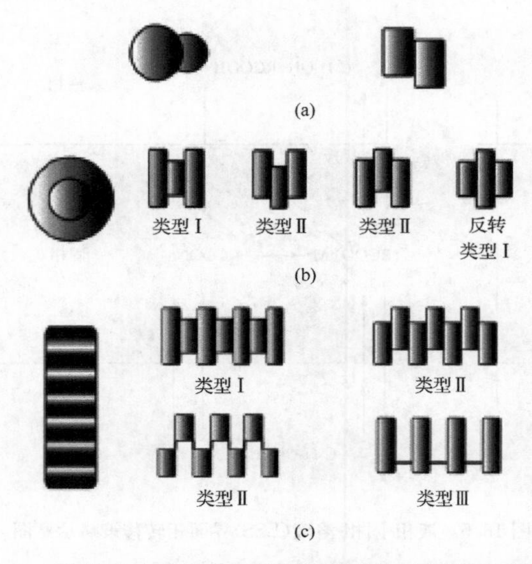

图 16.6 不同复合半导体纳米材料的三种结构及其能带结构示意图
其中长方形代表价带和导带之间的能隙 E_g

进一步可由前述的不同物理化学方法从实验上将这些具有电子能带电子结构和层级(hierarchical)几何结构特色的半导体纳米材料，根据其基体材料的维度分别制备出零维、一维、二维和多维四种类型。进一步克服制备环境和实验调节的稳定性和可复性，提高效率、降低成本，加强构效关系及机理研究，确立系统的理论探讨及模型，为各种实际应用提供更开阔的前景。

16.1.4 中空纳米材料的合成

如前所述，纳米的微结构及其表观形态决定了纳米材料的各种物理性质。有一种尺寸在纳米到微米、内部中空的纳米壳层结构材料，其具有特定的物理化学性质，例如较低的密度、较高的比表面、较好的表面渗透性。

1. 无机的中空壳球

无机的中空壳球还具有较好的稳定性和机械稳定性，在光催化(如低成本、高比表面和选择性的空心 TiO_2)、药物(调节药物选择性的负载于球表面、孔道和内部空腔，以有效地控制其传输和释放)、环境、能源(如提高 Li^+ 电池的能量密度和循环应用性能)和光电传感器件(如 Cu_2O 空球壳层可以感受气体而输出电压信号)等方面都有实际应用。

已经对无机中空壳球的制备技术提出了如层状自组装、水热法、声化学方法、喷雾干燥法以及前述的溶胶-凝胶方法,合成了一系列金属单质(Au、Pd、Cu),金属ⅥA 族(SiO_2、In_2S_3、ZnS)、Ⅱ～Ⅵ族二元化合物,以及其他无机-有机负荷材料(Fe/Pt,ZnO/SnO_2)等壳层纳米材料。目前,这类中空壳球纳米结构的制备方法可以分为几大类,即硬模板法、软模板法、牺牲模板法和无模板法[12]。图 16.7 是一个用表层化学吸附法制备壳层结构的示意图。其一般步骤是:①硬模板的制备;②硬模板的表面改性;③壳层的形成;④除去硬模板。这时应用油酸和油酸铵(oleyh amine)混合物作为稳定剂以阻止 FePt 胶体被氧化。用多醇将 Pt(acac)(其中 acac 为乙酰二酮,$CH_3COCHCOCH_3$)还原,并在高温溶液中分解羰基铁 $Fe(CO)_5$ 以作为铁源。这种将金属盐还原成金属微粒的方法称为“多醇过程”。控制不同的前驱体比例等实验条件,可以得到 $Fe_{48}Pt_{52}$ 和 $Fe_{52}Pt_{48}$ 等粒子。这种方法也可推广到其他金属合金、铁磁性氧化物、铁酸盐以及Ⅲ～Ⅴ族半导体化合物。

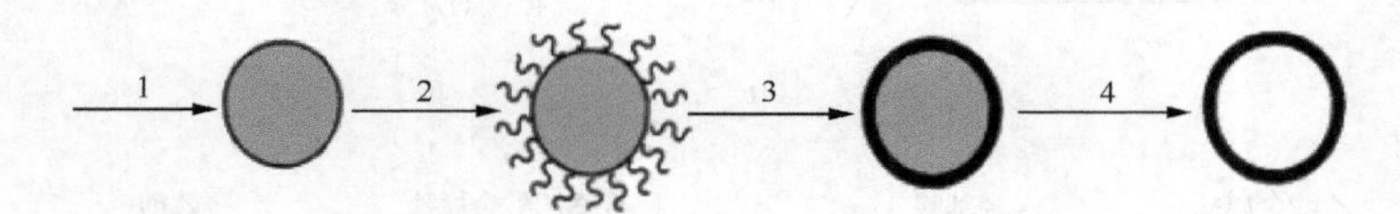

图 16.7　表层化学吸附法合成中空壳球过程图

2. 多孔纳米粒子的制备

在很多高电流密度的电子器件中要用到可控制其从微孔到多孔的纳米多孔结构的材料。例如,蓄电池、燃料电池、超电容和太阳能电池的电极,介电质,以及涉及表面、催化等领域。为了满足不同的特定要求常用到无机的 SiO_2 溶胶-凝胶和高分子的聚合作用而制备多种功能的多孔纳米薄膜材料。特别是使多孔薄膜兼具有导电性的材料一直是一个令人挑战的难题。

新近发展了一种易于控制其微孔结构的溶胶-凝胶法,从而组装出含有周期表中多种金属纳米级蜂窝优导电二氧化硅微结构[13]。这种多孔导体材料要求满足三个条件:①要求有高的热和电化学稳定性,而如活性炭之类就不满足这个条件;②要有多层次(hierarchical)结构和稳定性,即空隙分布要宽,如中介孔易于电子传输,大孔则利于引入活性物质(催化剂或质子传递);③为了节约和控制电子载体(如金属组分)的用量,就要使它们在材料中保持连续连接而又保持其导体性质,即要求金属在纳米材料中占有的体积分数尽量小(逾渗现象,参见 4.4.2 节)。

使用 SiO_2 体系,通过溶胶-凝胶方法(参见 3.1.2 节)以控制金属纳米结构较为有利。其特点是应用预先设计的氨基酸、肽基或蛋白质等双配位端基[作为桥基,参考图 16.8(a)和(b)]将金属原子和硅原子桥接起来,其优点是可以避免离子的进一步聚合而引起金属薄膜自组装过程中的相分离(使生成多孔金属中断)。应用图 16.8(c)的方法合成了钯(Pd)-L-isoleucine(赖氨酸)-ICPTS(3-isocyanatopropyl triethoxysilane)纳米薄膜。在不同温度下,经过热处理,可以得到不同组分和结构的多孔 Pd-SiO_2-C 纳米材料,经过透射电子显微镜(TEM)和粉末 X 射线衍射法(PXRD)等方法证明，它形成的钯纳米粒子分散在多孔的金属-硅-碳基底中。图 16.9 表明，这种体系随着其中有机分子的热分解温度的增加及其中金属的体积含量的增加(30%～35%，一般陶瓷物质为 50%)会形成逾渗网络(参见 4.2 节)而过渡到导电体的相变(对于各向异性的一维纳米管，其值甚至可以降到更低的 0.01%)。

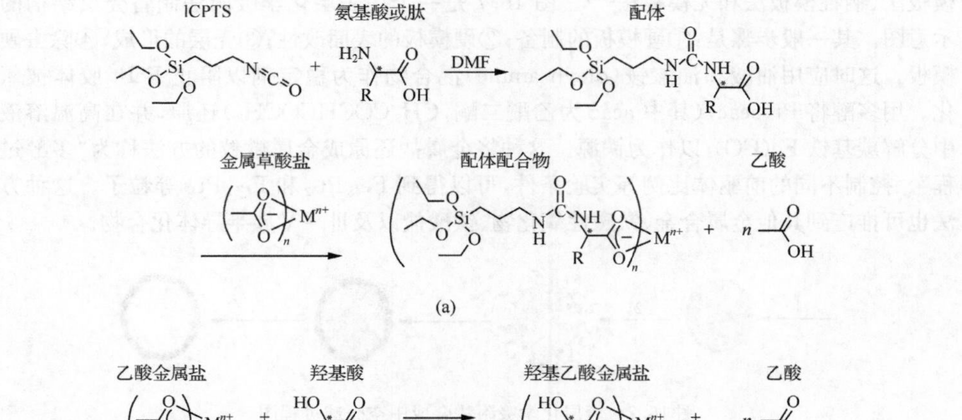

ICPTS　氨基酸或肽　DMF　配体

金属草酸盐　配体配合物　乙酸

(a)

乙酸金属盐　羟基酸　羟基乙酸金属盐　乙酸

ICPTS　配体配合物

(b)

赖氨酸　抑二肽素A　1-甲基-L-天冬氨酸

(c)

图 16.8　用作溶胶-凝胶前体物的合成

(a)氨基酸和肽基；(b)羟基酸和氨基酸配合物；(c)其他(其中 * 为手性碳原子)

由图 16.9 可见其中(c)发生逾渗现象相变而转变为金属导电纳米。由此发展了一种多孔纳米金属(NMF)泡沫领域。图 16.10 表示在不同应用领域中所特有的孔径大小和泡沫密度/金属主体密度之间的关系[13]。

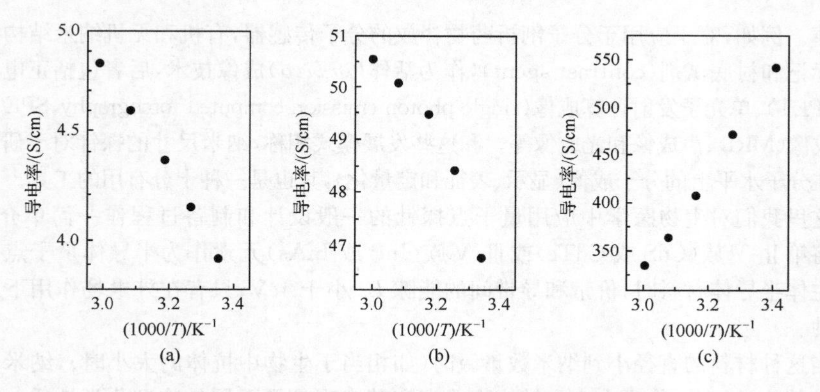

图 16.9　多孔，热解和钯基薄膜的导电性和温度的关系

(a)热解温度 550℃，同一钯样品加热 2h，$\ln\sigma \sim -T^{-1}$；(b)625℃时，Pd 含量增加到 33.3%，电导不符合一般模型[(a)和(b)的纵坐标取对数]；(c)为线性坐标

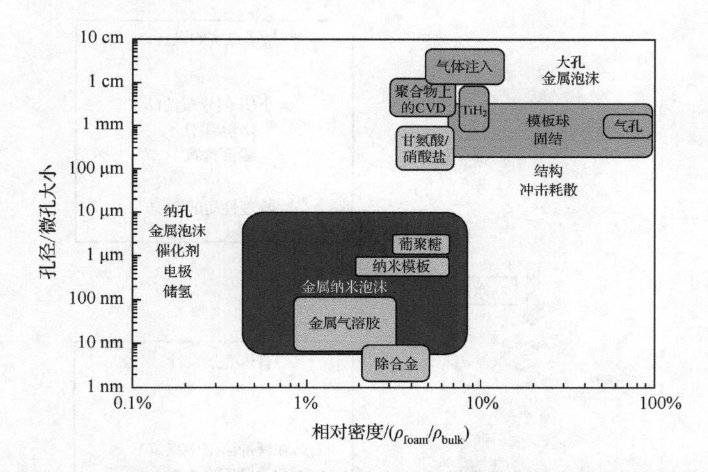

图 16.10　金属纳米泡沫在低密度多孔金属材料参数空间中所占据的地位

16.2　纳米生物材料

这是一种将纳米技术和有机、生物体系相结合的材料。早期应用于诊断治疗或代替生物机体中的组织器官或改进其功能。后来又从基础研究深入到纳米生物体系，特别是核酸的拓扑及纳米结构的研究，并进入到分子机器的微观研究。由于其研究内容太广，下面只作一些示例性介绍。

16.2.1　量子点在生物成像和药物检测中的应用

量子点和半导体微粒的光物理性质在催化、计算技术、光电器件、能源和医药领域已得到广泛应用，特别是在生物纳米技术的发展中引起了生物医学和临床应用中的一场新的变革。例如，对于应用于分子剖析药物释放的分子传感器，有机和无机纳米结构结合放射性标记和衬底试剂(contrast agent)，作为活体(*in vivo*)成像技术，后者包括正电子发射成像(PET)、单光子发射计算成像(single photon emission computed tomography，SPECT)、磁共振成像(MRI)、声成像和光成像等。和这些发展模式相称，纳米尺寸的探针对于研究生物过程在分子水平上的分子成像(显示、表征和定量化)，其也是一种十分有用的工具。

这里我们对生物医学中应用量子点探针的一般设计和制备过程作一简单介绍[14]。通常将第Ⅱ-Ⅵ族(CdS 或 CdTe)或Ⅲ-Ⅴ族(InP 或 InAs)元素作为半导体量子点。它们作为主体半导体材料时，价带和导带间的能隙 E_g 小于 4eV，只有在外电场作用下才显示导电性。

当这种材料的直径小到纳米数量级时(如相当于生物中抗体的大小时)，纳米粒子就会随着其化学组分、物理大小和结构而具有和其宏观粒子不同的物理化学性质。根据式(16.1.1)，当纳米粒子的尺寸变小时，其能隙 E_g 会随之增大，吸收光谱波长 λ 随之减小，显示的颜色由红而向紫移，电荷载流子的运动也受到一定的限制(图 16.11)。

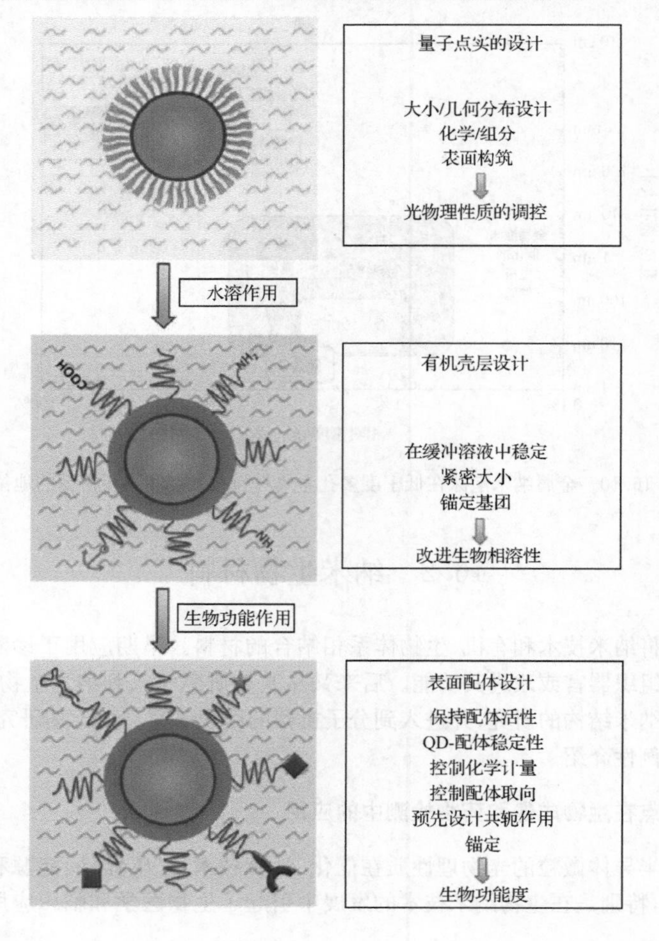

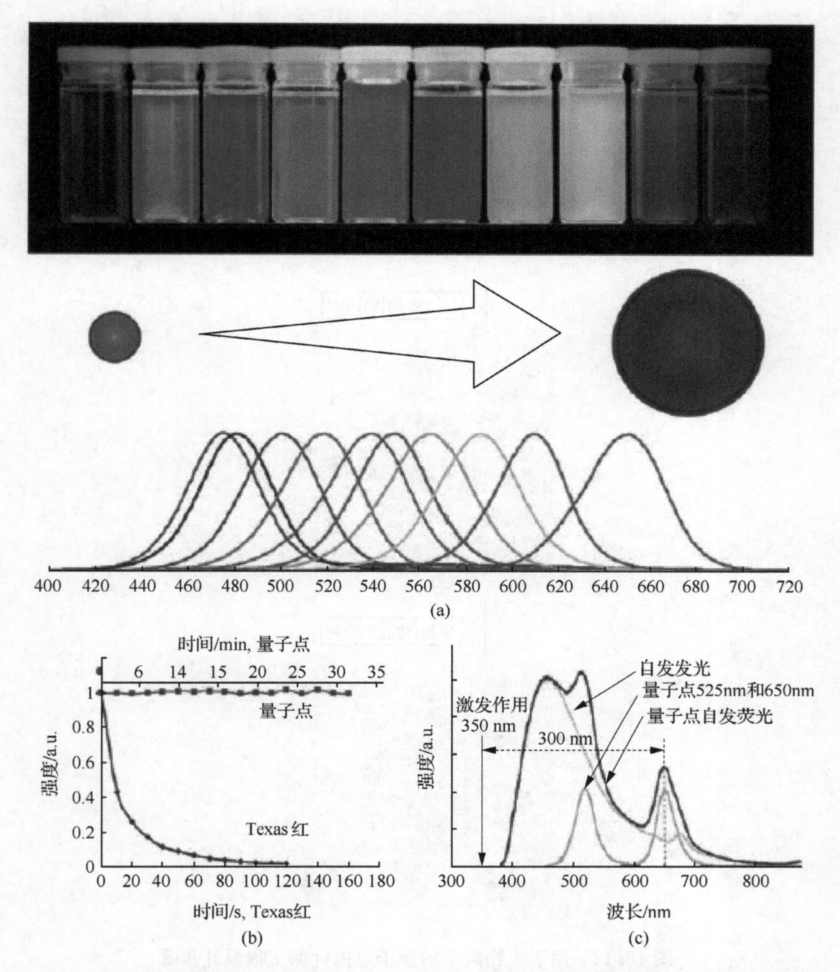

图 16.11 纳米量子点尺寸和其能级 E、能隙 E_g、吸收光谱、荧光光谱及其颜色的关系

这里我们将以量子点(QD)的光学性质在生物医学中的输送和检测上的应用为例，对设计和制备的三个过程(图 16.12)加以简述[15]。

(1) 具有适当荧光物理性质的量子点实(core)的设计：一般要求根据图 16.11 中所述的原理使制备的量子点实有一定的结构，并控制纳米核具有明确的探针的光学性质，并且其应有足够的紧密性和稳定性、可控及均匀分布的几何大小、化学组成及表面结构。例如，图 16.11 所示的表面上含有水溶性的量子点，其为具有较高的量子产率(40%～50%)和大小分布较窄的(发射光谱约为 50nm)CdTe 粒子。常用于覆盖量子点的表面活性剂是三辛基氧化膦(triocyl phosphine oxide，TOPO)，它和金属离子配位后可以阻止半导体生长而阻止纳米微晶继续聚合。

(2) 改进具有生物适应性的探针：一般在有机相合成过程中得到的是具有高性能的

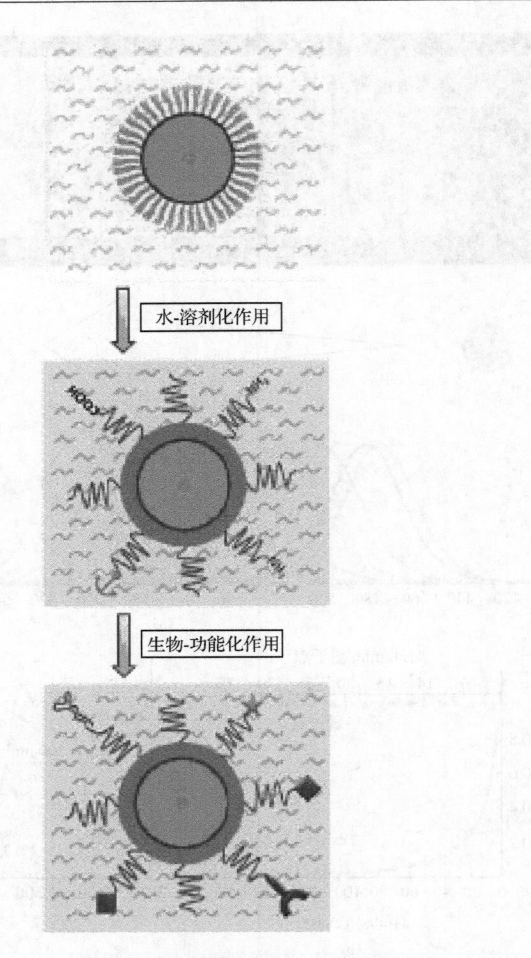

图 16.12 用于生物医学的量子点探针的工程设计步骤

憎水性的量子点，它只溶解在非极性的有机溶剂中，如氯仿和已烷。然而对于生物上应用的量子点必须是水溶性的。这就要求在生物缓冲液中产生的纳米微晶必须是可溶和稳定的，以保持原有的光物理性质和适当的粒子大小，并提供下一步和体内生物分子的共轭连接作用。目前，已经发展了各种途径以产生这种水溶性纳米晶的方法。例如，采用配体交换的方法，利用亲水表面基团取代原有的憎水基团表面(参见图 15.24)，从而使表面具有—NH_2或—OH 亲水基团。

(3) 生物功能量子点纳米器件：其在实际应用于生物成像、检测或药物输送时，必须将上述高质量的量子点附加到另一种惰性的纳米粒子中去，即将量子点装配到已与活体相连的蛋白质、多肽、核酸或其他生物分子上去(图 16.13)。这种表面工程实施的过程不仅可以调控纳米材料的基本性质，而且可以使它们在不同的生物环境下具有适当的稳定性和相容性。图 16.13 中具体表示了纳米表面和生物配体之间相互结合或组装的形式：

共价结合(a)；聚酰胺酸靶或巯基 SH(b)；与量子点表面上金属原子的非共价配位作用(c)；生物分子上带电分子和有机壳层上量子点上电荷之间的静电相互作用(d)。

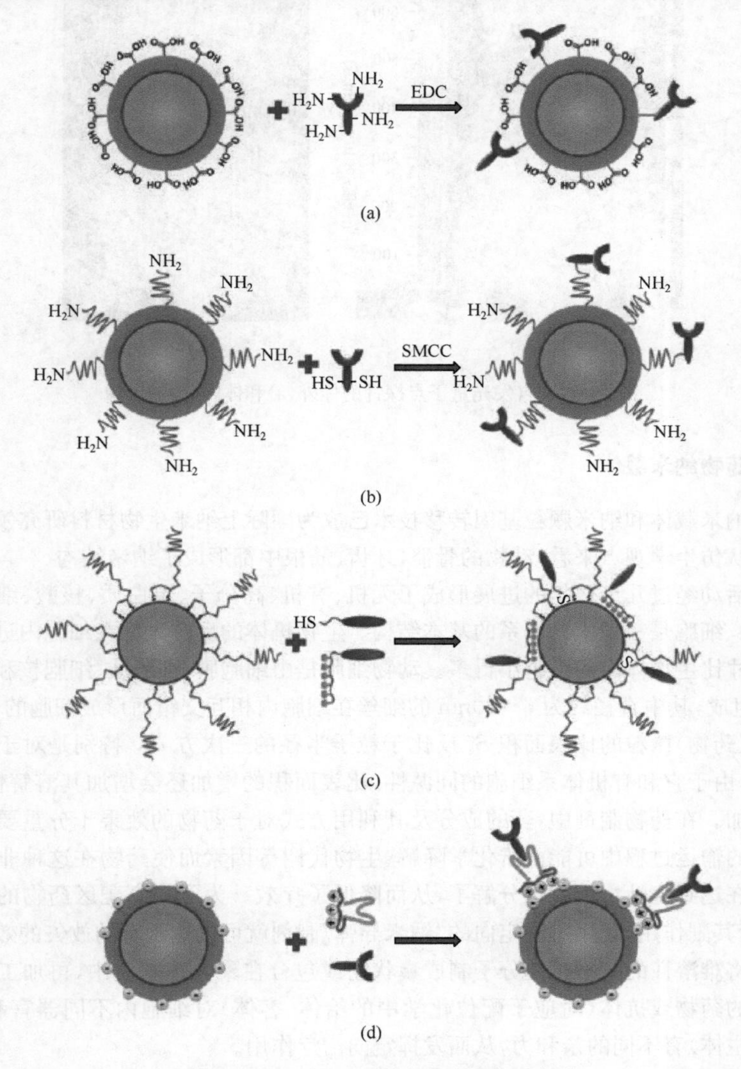

图 16.13　量子点生物功能化方法的示意图

基于上述原则，目前已发展了多种多样的纳米科学建筑块(building block)的生物量子点探针，并已发展到具有高灵敏度、高分辨率和实时的多功能探针(MRI，PET 等)。通常用无机 SiO_2 或高分子作为量子点的包装层壳而用于临床的活性实验。图 16.14 为量子点激发的由共轭的荧光素酶(luciferase)共振能量转移探针法，使我们清楚可见整个动物的非体内(non invasive)和体内(in vivo)的成像。

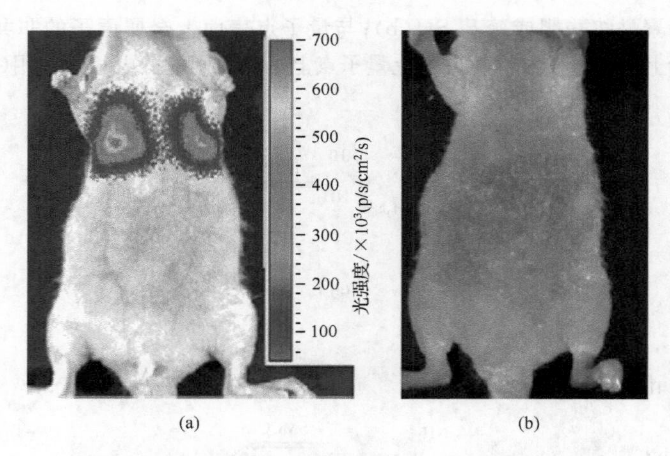

图 16.14　自发光量子点探针的体外(a)和体内(b)的成像

16.2.2　药物纳米载体

药物纳米载体和纳米颗粒基因转移技术已成为国际上纳米生物材料研究领域中的热点之一。从仿生学观点来看,动物的骨骼、牙齿、筋根中都形成了纳米结构。

生命活动经过几十亿年的进展形成了无机、有机、高分子、蛋白质、核酸、细胞而达到生物体系。细胞是一切生物体系的基本结构。生物机体的反应大都在细胞内进行。纳米微粒的尺寸比生物体内的细胞小得多。动物细胞是由细胞膜、细胞质、细胞核和细胞丝等4个部分组成,其中直径约为6～20nm的细丝在细胞内相互交错而形成细胞的骨架。

纳米(药物)微粒的比表面积 S_g 反比于粒子半径的三次方 r^3,特别是对于难溶性的无机药物,由于它和有机体系细胞的同源性,比表面积的增加还会增加其溶解性,使其疗效大为增加。在药物制剂中,药的成分及其利用方式对于药物的效果十分重要。口服药在胃肠道的输运过程中可能由于化学降解、生物代谢等因素而使药物在这种非靶向注射经循环后在达到病灶之前就被分解了,从而降低了疗效。为了提高靶区药物的浓度及效果,以减少其副作用,利用一种定向的“纳米导弹”制剂就可以达到有的放矢的效果[16]。

通常将难溶性的药物抗体分子制成囊状物或包合在聚合物基质中,再加工成纳米颗粒。不同的药物或抗体(对应于配位化学中的给体、客体)对细胞内不同器官和组织(抗原、受体、主体)有不同的亲和力,从而发挥定向治疗作用。

目前研究得最多的是表面包敷有高分子之类载体的纳米颗粒在药物上的应用。在大多数恶性肿瘤的诊断和治疗中,药物或含有基因的芯片或蛋白质芯片是以可降解性高分子生物材料为载体的,如聚丙交酯(PLA)、聚己内酯(PCL)、PMMA、聚苯乙烯、聚羟基丙酸脂、明胶及其共聚物,再在其外部结合利于注入生物体中的蛋白质、磷脂、糖蛋白、脂质体、胶原蛋白。为了不同的其他定向、标记、减轻患者痛苦等目的,还可能加入其他抗原等成分,甚至为实现基因修复而引入含有既亲水又亲脂的双亲脂体的基因。

有可能应用高分子蛋白质作为载体而将磁性超微粒作为药物,经静脉注射到小鼠、白兔动物的体内，在磁场的引导下，纳米微粒向病变癌细胞部位移动而达到治疗的目的。由于正常细胞和癌细胞表面糖链的不同，癌细胞和注入纳米微粒中的生物活性剂具有特殊的亲和力，当在加热或光照下使顺磁性纳米温度达到其居里温度 T_c 时，按照式(5.1.32)，再将温度降低就会使纳米磁体中磁矩的重新取向，使其由超顺磁性变为铁磁性而放出一定的热量(这也是磁致冷器的基本原理)，从而导致癌变部位局部升至高温而杀死癌细胞。在这种磁疗研究中(图 16.15)，要特别注意纳米微粒中生物活性剂和癌细胞的选择性作用。例如，目前广为应用的是将 10～50nm 的 Fe_3O_4 铁磁性粒子的表面用甲基丙烯酸包覆后，使其尺寸增大到约 200nm，再将这种纳米级的微粒再携带上蛋白质、抗体和药物就可以进行癌症的诊断和治疗。显然，在这种技术过程中不能应用磁性的金属 Ni、Co 等微粒，因为这种重金属反而会产生致癌作用。

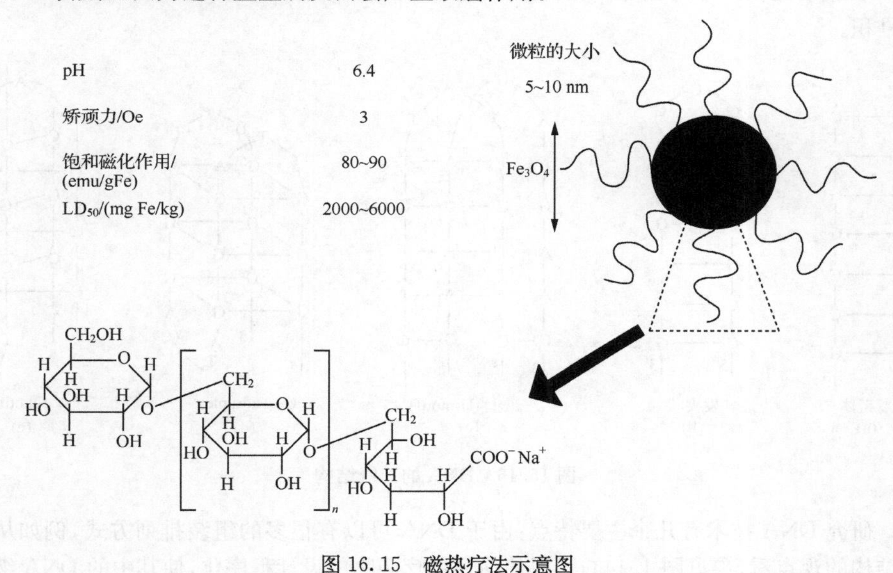

图 16.15　磁热疗法示意图

16.2.3　纳米拓扑结构

在化学分子体系中，已有很多的关于纳米分子和技术的研究。与物理中大多采取自上而下(top-down)的方法不同，在大多数生物仿生学纳米技术中，采取自下而上(bottom-up)的组装方法，利用 DNA 一级结构的可编程性和二级结构的多样性，仿照超分子的设计组装成类似蛋白质的一、二、三和四级拓扑结构(参见 1.2.1 节)，进而发展到生物分子机器。

用蛋白质作为组装的建筑块虽然比高聚物有更好的纳米折褶特性，但是以核酸分子作为建筑块则更为简单，特别是它所具有的碱基配对的识别能力，从而在纳米技术中受到特别的重视。如前所述，核酸(DNA)是所有生命体系的遗物质。从化学观点看，我们也可以将它看成为一个复杂的纳米建筑块，它是由腺嘌呤(A)、鸟嘌呤(G)、胞嘌呤(C)和腺嘌呤(T)等四种碱基和核糖、磷酸所组成的(图 1.12)的核苷酸聚合而成的一种特殊的高分子构型。对于单链的 DNA,通过局部的碱基配对原则,自身折褶成图[16.16(b)]中的发夹形(哑铃或锤头形)的二级结构。对于双链的 DNA[图 16.16(a)],在一般生理条件(缓冲体系:盐浓度不低于 10mmol/L,中性 pH)下,则可能呈现为 B 形的右手螺旋构象;当条件不同时也可能为紧密的 A 型右手螺旋构象和细长的 Z 型左手螺旋结构[图 16.16(a)]。由于四种碱基上都有很多 H 给体和供体基团,所以 DNA 中除了碱基互补结合外还有其他方式。此后又发现了如图 16.16 所示的三链 DNA(tsDNA),它是一种基于同形嘌呤和同形嘧啶所生产的双链 DNA,再利用嘌呤键上多余的质子受体和质子给体与一条额外的嘧啶链生成 Hoogsteen 键或与额外的嘌呤链形成反 Hoogsteen 链而得到的一种新的 DNA 二级结构。后来人们还发现了图 16.16(d)、(e)所示的不同的四链 DNA 结构[17]。前者是由 4 个鸟嘌呤 G 两两间形成正方形片层堆积,后者是由两个胞嘧啶 C 交叉而堆积。

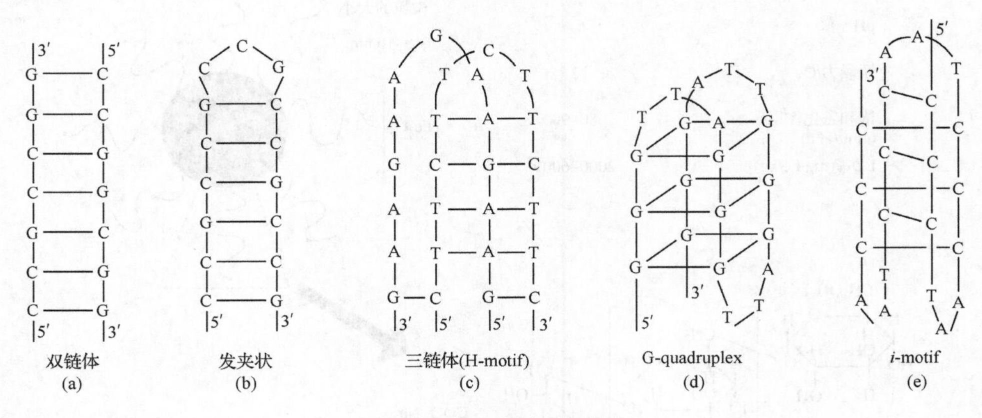

图 16.16　DNA 的二级结构

研究 DNA 技术有几个主要特点:由于 DNA 可以有很多的组装排列方式,例如从晶体结构的观点看(参见图 1.14),可以使前述治疗药物的设计程序化,使其中的 DNA 纳米微粒具有周期性的排列;在分子电子器件研究中,将这些 DNA 单元结合起来可以增加储存信息及器件的密度;在经济上可以充分应用细胞中 DNA 的复制酶;DNA 分子具有丰富的结构变换性能(参见图 2.26),为获得多种稳定的超分子纳米机器提供了机会。下面我们举几个相关的例子加以说明。

1. DNA 组装及其拓扑结构

由单链 DNA 分子所生成的 DNA 双链螺旋结构已成为生命体系中的一个标志。对于一般两个大分子之间的结合是很难以预料其产物的几何结构的,要精确地理论计算其优先的几何结构也是很困难的。但从分子设计的观点看,DNA 是通过分子中四个碱基间的相互配对作用,从而可能以可预测并易于操作的程序进行结构组装[18]。

例如,在图 16.16 中,在适当的条件下,两个互补(即相互配对)的链将按照碱基配对的原理相互作用而优先形成一个双螺旋链。当两个 DNA 分子优先配对后仍超过完全互补的序列长度时,就称它为具有"棒端"(stickyends)。图 16.17(a)表示了通过碱基氢键的 DNA 分子的"棒端"缔合的情况,图示中用只有尾端半箭头的黑线表示两个反平行的骨架,半箭头表示骨架中尾端 5′3′的方向。其中左边分子的右端和右边分子的左端都是单链过长的("棒端"),它们(左和右)是彼此完全互补的。

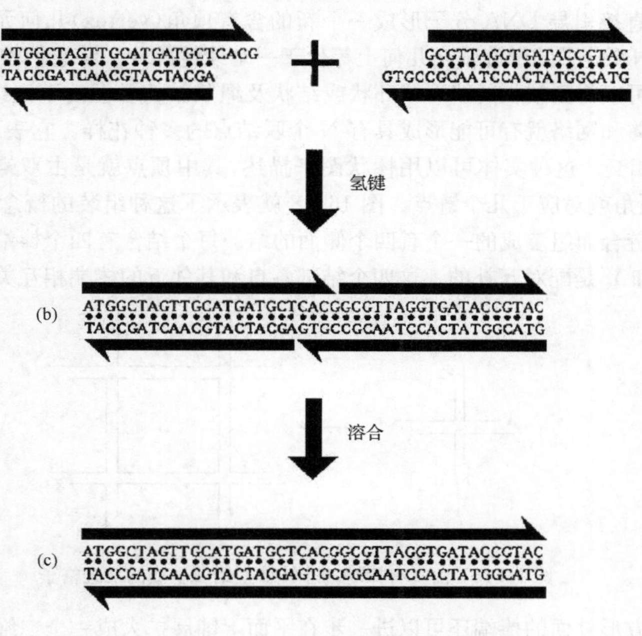

图 16.17　两个未完全配对的线性 DNA 双螺旋
氢键连接(a)和(b)溶合成(c)

一个长的 DNA 聚合物不具有生物功能,但有可能利用它巧妙的遗传重组功能设计出一种将 DNA 分子棒端结合(tack)在一起聚合物。这种目标对化学的分子组装是很有意义的。遗传重组的基本特征是将两个 DNA 片段通过相互作用联合在一起而成为一个新的遗传材料。

例如,在重组作用中关键的一步是形成 Holliday 联结(junction)[19],这时四个相连的 DNA 双螺旋围成一个分支点(branch point),这种围成 Holliday 联结链点的序列具有一个二级对称轴,这种对称性可以使此区域中的链点通过异构化作用而发生重新定位,这种异构化作用称为"链转移"(branch migration)。很幸运的是,也可能设计合成出不具有对称型的序列,从而可以得到具有固定链点的链接分子。

图 16.17 表示在适当条件下,(a)中两个双螺旋 DNA 在氢键的特定作用下彼此进一步结合,(c)表示在适当的氢化酶(hydrogen enzyme)和辅因子作用下进一步共价键溶合(ligation)在一起而得到更大的双螺旋结构。这样得到的碱基成对区域的三维结构具有和 DNA 在溶液中类似的 β-DNA 结构。

由此可见,我们不仅由此可以由较小的 DNA 作为分子基块有预见地程序合成和组装出更大更复杂的分子间配合物，而且可以说明其间的局部结构，应用 DNA 的熔合作用催化骨架中磷酸酯链的形成，可能将两个分子同时闭合，还可以扩展到含其他基团的分子钉住“棒尾”等方法。这种方法已较为方便地合成了约 500nm 以下的较刚性的纳米 DNA 材料，并正在开展 RNA 核酸甚至蛋白质纳米材料的研究。

有可能直接引导 DNA 分子形成一个新的含有顶角(vertex)几何元素的新 DNA 结构。线性 DNA 分子的螺旋轴在几何上等价于一个线性碎片。将它们按图 16.17 的方式联结起来就可以得到较长的线形或环状或结状及绳状结构。但由于该组分中含有顶角，所以这种实体和网络就有可能形成具有 N 个联结点的多种花样。它表示有 N 个棱(edges)在顶点相交。这种实体可以用棒状图来描述，其中顶点就是由双螺旋 DNA 来表示的棱，而其顶角就对应于几个链点。图 16.18 就表示了这种组装的概念。它是由四个含有四个链臂链合而组装成的一个有四个侧面的结。每个结含有四个棒端，其中棒端 X 和 X'，以及 Y 和 Y' 是配对互补的。这四个结都各自和其邻近的棒端相互关联。

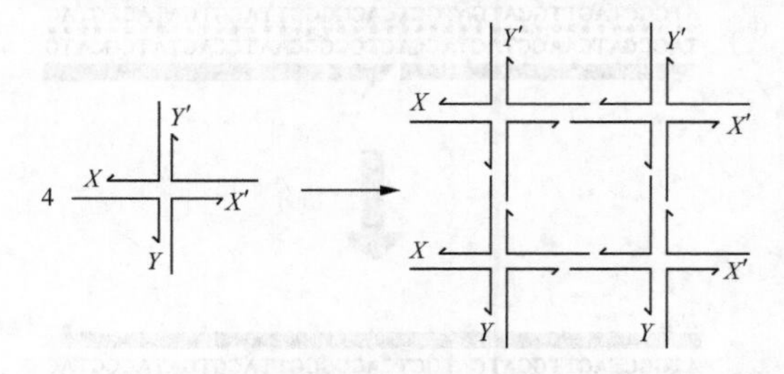

图 16.18　由具有棒端的非转移型结所生成的二维格子

这种四方形外面的棒端还可以进一步在平面上铺展扩大成一个二维的平面。从热力学观点看，将这种无序的 DNA 分子组装成有序的多维结构导致熵变 ΔS 减小，这可能是由于碱基配对所贡献的热焓(ΔH)为正，而使整体上热力学自由能 ΔG 为负值所致。

2. DNA 的拓扑结构

DNA 具有螺旋结构而不是简单的梯子型结构，这也为创造新的更稳定的拓扑结构提供了实际途径。例如，图 16.19 表示用和图 16.18 类似的分子组装为两种不同设计的拓扑结构。其中图 16.19(a)为由严格具有两个中途转弯的 DNA 链分离的结链点，得到的单链为由一系列分子链条(chain)联结在一起的串联环状分子。用拓扑键形成结合在一起的环状分子称为绳索烷(catenanes)。图 16.19(b)是用同样的设计组装的，但这时它的顶角是由转了 1.5 个弯的 DNA 所隔离。所得到的单键没有成环，从而形成一种反卷弯曲和织纺型起伏的网络。可见“结”的整数和半整数的隔离会重复性地引起 DNA 拓扑结构的差别。在这种含义上，双螺旋的半途转弯是单股(strand)DNA 拓扑的一种量子数值，它常对应于 DNA 中绳索(knot)的交叉或结(node)。有时在拓扑学中还将结称为单位结(unit tangle)。进一步研究表明，当顶点间是由非整数的半途转变的 DNA 时，还可以设计出三维的构型。

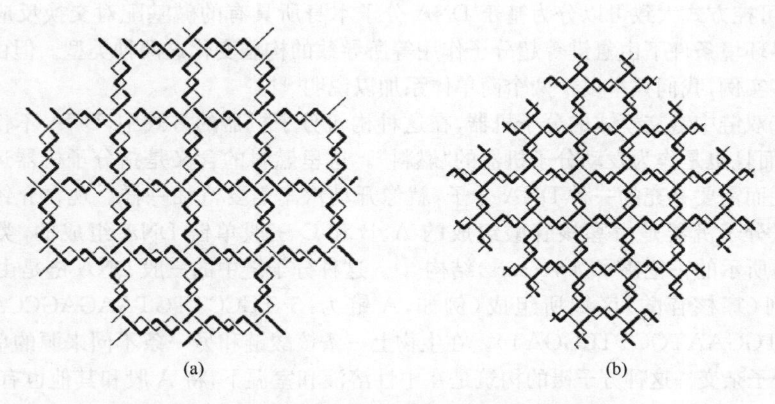

图16.19　含有偶数和奇数个在每个棱上中途转弯的DNA分子相结合的拓扑序列

如果棒端只是一个单纯的互补配对，则DNA支链结的柔性是个不利因素。但是用一种特有棒端串联起来也可以形成具有一定形状的多角或棒状的多面体。如图16.20所示，通过螺旋轴联结，DNA分子成为一个立方体。每个棱边的双螺旋转了两次，就像一个二维的方型格子，每棱边转动了整数次就导致了环形股，每个面对应于环形股和它四个邻近的每个股联结了两次，所以这种分子是一个六绳索烷的DNA。这六个环形股用它们所处位置的第一个英文字母标注为：U(上)、D(下)、F(前)、B(后)、L(左)、R(右)。每个棱边含有20个DNA的核酸配对，所以其长度约为68Å，从所搭建的模型上估计，沿四方向轴-轴的对角线距离约为100Å，该立方体的体积约为1760nm³。

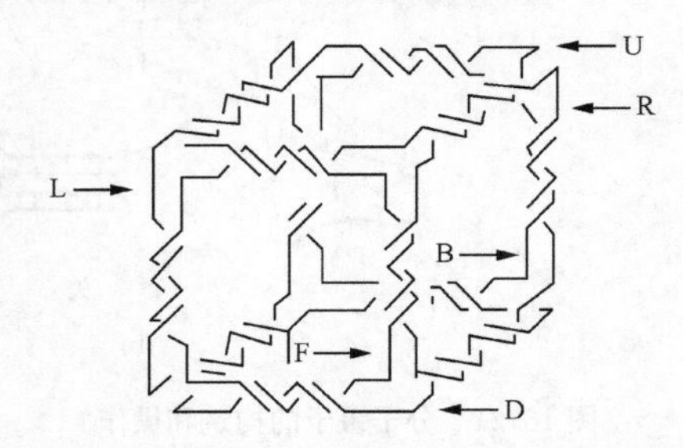

图16.20　DNA分子的螺旋轴联结为具有立方体的结构

16.2.4　纳米DNA分子机器

DNA分子通过分子识别可以构筑纳米大小的胶体粒子等体系，还可作为模板导向生长半导体纳米晶、导向沉积金属线及电子线路。作为结构材料，如上所述，它本身就可以作为构筑块组装成各种有序的拓扑结构；作为功能材料DNA可以通过构型的可控转变等作用而诱导出手性、光吸收等物理化学变化而具有纳米开关之类的分子机器特性。特别是结合单链DNA的柔性和双链DNA的适度刚性可能设计出两者兼具的分子机器。

DNA 的可控方式大致可以分为基于 DNA 分子本身所具有的碱基配对交换反应和基于不同外界环境条件下由氢键等超分子作用等所导致的构型变化这两种类型。但由于目前已有很多实例,我们只举以下两个简单体系加以说明[20]。

基于双链中链交模式的分子机器,在这种构筑分子机器的方式中,DNA 不仅用作结构材料,而且也是作为发动分子机器的"燃料"。这里燃料的含义是指分子机器运转过程中会消耗而需要补充的一种 DNA 分子,就像开动汽车需要汽油一样。现在介绍的这种链交模式分子机器是由寡核苷酸组成的 A、B 和 C 三股单链 DNA 组成的,类似于图 16.21(a)所示的一把镊子(tweezers)结构[21]。这种分子链中的三股 DNA 链是由两个 18 碱基序列(寡核苷酸)区域所组成(例如,A 链为:5′TGCCTTGTAAGAGCCACCAT-CAACCTGGAATGCTTCGGAT)。在生物上一条核酸链和另一条不同来源的单链相结合称为分子杂交。这种分子镊的构筑是在中性溶液和室温下,将 A 股和其他也有 18 个碱基,但具有不同序列的 B 股和 C 股的这三股 DNA,按化学计量的方式混合在一起。由上述两股 18 碱基序列所组成的 A 股、B 股和 C 股具有可以按碱基互补的形式在尾端进行杂化(图 16.21)。

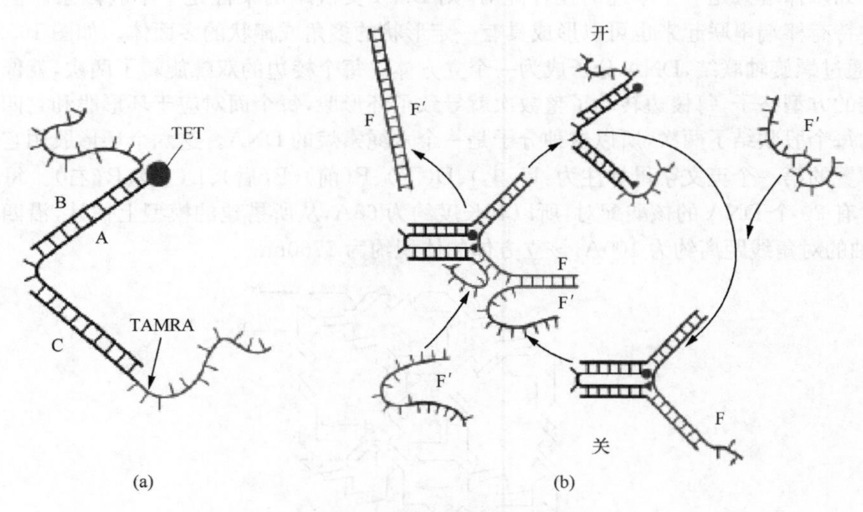

图 16.21　分子镊子的构筑和操作

A 链中的四个碱基单链区分别和 B 链、C 链杂化区通过氢键形成了两个刚性的臂。在机器的其他部分,B 链及 C 链的 42 个碱基中的 24 个未杂化的区域悬挂在镊子的尾端;双股 DNA 的总长度约为 100 个碱基对,而在盐溶液中单股的 DNA 长度约为 1nm(近似 3 个碱基对)。为了显示分子镊的开关状态,在 A 股的 5′和 3′处尾端分别用可发生荧光的染料 TET(5′tetrachloro-fluorescein phosphorandinte)和 TAMRA(carboxy tetrame-hylrhodamine)加以标记。图 16.21(a)的分子在 514.5nm 波长的光激发下在 536nm 处发生荧光。该荧光被从 TET 到 TAMRA 分子之间发生的共振能量转移而猝灭。当这两种染料之间距离增加时,这种猝灭效应大为降低[参见图 16.21(b)],所以从荧光的猝灭增减可以判断分子镊的开关信息。A 链经过和 B 链及 C 链杂化后,使得 A 链的有序状态变得更长，以致 A 链中的两个染料间的距离分离得更远，从而使荧光更强。

为了通过两个染料间距而实现分子镊的“开”和“关”的功能，可以在 DNA 镊子溶液中进一步先后加入其他相互完全配对的 DNA 单链 F 和 F′作为“燃料”，使得镊子“关住”或“打开”。56 个碱基 F 的加入起着关闭作用，它是由两个相连的 24 个碱基部分组成的。当 F 链和 B 链或 C 链的悬挂尾端用它的其他过量的 8 个碱基部分发生完全的互补配对，从而使染料更加靠近，荧光强度增强。图 16.21(b)也表示了当加入起关闭作用的 F′链后，和 B 链或 C 链的自由尾端优先形成 FF′双链杂化，会使分子镊中的 A 链两个尾端再度靠近，从而使分子又回到原来的关闭状态，使得荧光被猝灭。总之，每次循环都会产生一个复合(duplex)DNA 的废料 FF′产物[图 16.21(b)]，亦即每次发动这个分子机器都要消耗燃料 F 和 F′。

在分子机器的研究中，另外一种方式是考虑溶液中的外界环境因素所引起双螺旋 β-DNA 二级构象变化的方法[22]。这些因素包括物理上的温度和光能量调控，化学上的离子浓度、pH 等。基于蛋白质的分子机器，在生物体系中，通常对 ATP 之类的能转换作用进行了较多的研究。但对于 β-DNA 的环境因素可以得到更为快捷的响应，而且还常可借助于其动力学模型(参见 2.2.4 节计算)组装不同分子的结构和性质。一个典型例子是，利用 DNA 中 B-Z 异构互变组装了一种 DNA 分子机器。它是由两个双重交叉的(double-crossover)DNA 接在一起而组成的超分子机器(图 16.22)。图 16.22(a)为它的分子模型。在一般的缓冲溶液中，双链采取右旋的 B 型构象，但在特殊条件下也可能采取左手螺旋的 E 型构象。图 16.22 中的核心区是图中心双链 DNA 部分的序列。在低浓度的六氨合三氯化钴 $Co(NH_3)_6Cl_3$配位化合物的溶液中，图 16.22 中上方为完全的右手 B 型构象，两个核苷酸各自用小球来表示用作荧光信号的染料大圆球，联结在分子中部。当在高浓度的钴配位化合物溶液中时，DNA 由左手的 B 构象转变为右手的 E 构象，如图 16.22 下方所示，其中两个 DNA 分子就发生协同性结构变化而改变它们的相对位置，由原来处

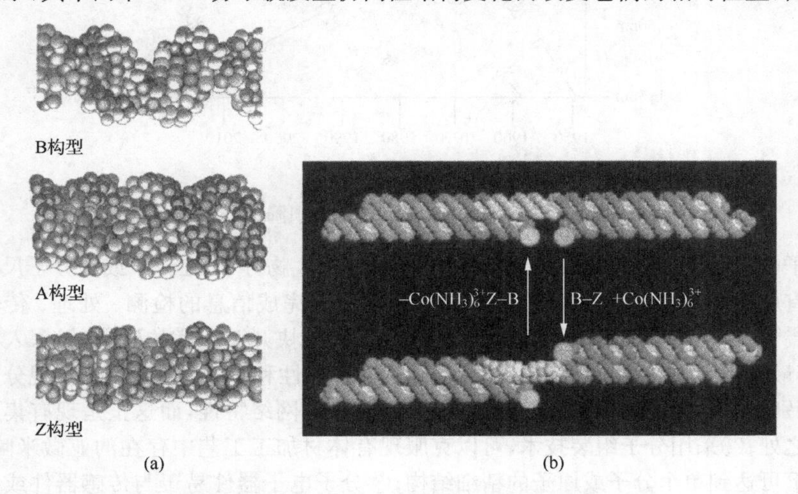

图 16.22　两个 DNA 分子组成的纳米分子器件
(a)双链 DNA 的 B、A、Z 构型；(b)离子浓度调节的 B-Z 异构 DNA 机器

在 DNA 分子的顺式同侧而变为处在 DNA 分子反式的异侧，这种位置改变引起的距离变化可以由机器两端接有的染料的荧光强度变化来探测。反之亦然，当从溶液中除去钴配合物，则 E-DNA 又回到 B-DNA，即通过改变溶液中钴配合物的浓度而达到了改变分子机器构型的目标。

16.3 分子电子器件

电子工程技术经历了电子管、晶体管、集成电路、大规模集成电路和超大规模集成电路等五个阶段后，目前已能在指甲大小的芯片上制成几十万个元件。图 16.23 为不同年代晶体管尺寸与日俱小的示意图。摩尔(Moore)定律表明：元件的信息量随着它的尺寸大小成指数增加，即每隔 18 个月，三极管尺寸约缩小 1/2。目前集成电路工艺中应用的电子器件大小约为 350nm。然而，计算和实验表明，要使电子布线小到 0.1μm 以下和在 1mm^2 的硅片上制作 25 万个门电路将是不太可能的。集成电路的发展目前似乎已达到了技术上所能容许的极限。为了进一步提高集成度、缩小体积及增加功能，人们渴望在分子水平上实现模拟生物过程来制造电子器件。这时所谓的分子电子器件这门交叉性学科就应运而生了 。基于此类器件的第六代计算机将会引起计算机领域乃至整个人类生活的巨大变革。

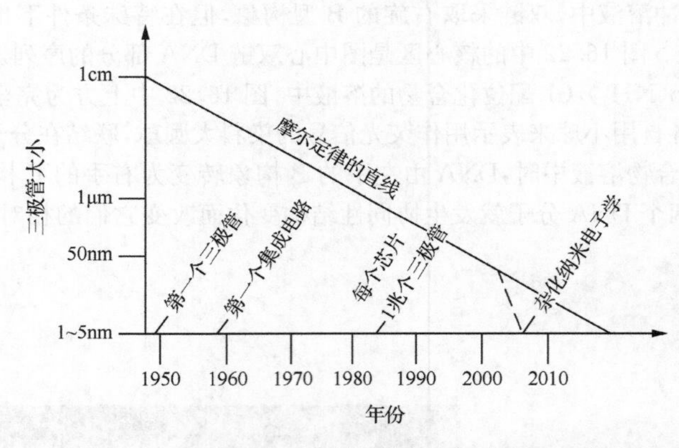

图 16.23　电子器件中晶体管尺寸与日俱降(Moore 定律)

分子电子器件是应用具有一定功能的分子(包括生物分子)在分子或超分子尺度范围内构成有序系统，通过分子层次上的物理和化学作用完成信息的检测、处理、传输和存储功能[23-24]。分子电子器件早期致力于缩小尺寸和加快开关速度的研究，但深入的研究表明，其最有吸引力的优点还在于：①分子结构的多样性和可剪裁性，易于实现分子间的连接，特别是可以用外加信号控制和改变这种连接，即网络特性，而这正是现有集成芯片的局限之处；②采用分子组装技术，可以克服现有体材加工工艺中存在的亚微米障碍，极限情况下可达到单个分子或原子的精细结构；③分子电子器件易于与传感器件或生物体兼容，为仿生信息系统的研制提供了可能。分子电子器件的近期研究重点是功能材料、元件和器件模型的基础研究，远期目标是研制分子计算系统。

16.3.1　分子电子器件的元件

正如前几章所述，化学及材料科学的研究积累了大量具有特定光、电和磁性质的分子材料，其中有些适于成为分子电子器件中组成元件的基础。

分子电子器件是由分子电子元件组成的，包括分子导线、分子开关、分子整流元件及分子存储元件等。它们也可独立作为单功能器件，如导电膜、分子整流器等。由于它们在分子层次上起作用，量子力学和结构化学就成为其理论分析和分子设计的共同基础。

1. 分子导线

分子导线是分子元件与外部连接的纽带，它起着传输信息作用。早期有无机导电的 $\leftarrow NS \rightarrow_n$ 链。目前用作分子导线的材料多为表 4.4 所示具有共轭多重链的导电聚合物和 TTF_x 炔基以及其他含有—Py、—NH_2、—CN、—SH 等端基的有机金属配合物，具体如下所示：

$$M\cdots D\cdots B\cdots D\cdots M \tag{16.3.1}$$

其中，电子给体 D 为易于和金属 M 相连的配位原子（M 为电子受体 A）；B 为共轭体系的桥基。配合物中与端基原子 D 和 M 作用后，由于 M 本身也是富电子的，可以通过控制其氧化还原电位而和外界电极进行连接，同时其 d 轨道要和配合物内部共轭体系的 π 轨道电子云有很好的重叠性[24]。在分子导线中，信息载流子除了电子和空穴外，还可以是自由基离子、极子和孤子（参见图 4.26）。1999 年，*Nature* 报道了嵌有给予和接受电子基团的 DNA 分子链（约 600nm）的导电性，其可望用作生物分子导线。

2. 分子存储元件

光致变色、电致变色和自旋交叉等引起的双稳态和多稳态变化都可能实现信息的存储。式(13.1.8)所示螺吡喃光致变色机理既可用于光开关，也可用于信息存储（无色螺吡喃可记录二进制信息“0”，而有色螺吡喃记录信息“1”，信息以频率 ν 写入，而以另一频率 ν' 读出）。在生物体系中，通过氢转移而存储 DNA 内的基因信息密度为 10^{14} bit/cm^2，由于体系为三维结构，因此如果能制得仿生分子存储器，其存储密度可达 10^{20} bit/cm^3，而且由于生物分子的自我组织、自我修复又与生物体同质，可以埋入人体内成为器官外延而实现人工智能。分子水平上的信息存储和能量传输对仿生研究具有重大意义。

3. 分子整流元件

如将 A-σ 键桥-D 型线形分子（图 16.24）用 LB 膜技术有序组装在金属电极 M 间，则体系可能显示出交流电源变为直流电源的整流性质[25]，其机理如图 16.24 所示[26]。分子处在功函数为 Φ 的金属之间时其受体 A 和给体 D 的分子轨道（LUMO 和 HOMO）分别与金属的能带之间有较薄的外部隧穿位垒 A 和 C，同时和非导体的桥基之间有较厚的位垒 B[图 16.24(a)]。在外加正偏压 V 较小时，受体的 LUMO π_1^* 与左侧金属接触的 Fermi 能级 E_f 共振而接受从金属注入的电子。另一方面，给体的 HOMO π_2 与右侧金属接触的 Fermi 能级共振使其电子给予金属[或称空穴从右侧金属注入 π_2，图 16.24(b)]。也可以看作电子和空穴分别通过隧穿 A 和 C 后再通过位垒 B 而进行电子-空穴复合，从而顺利完成导电回路。反之，在反向外加偏压下[图 16.24(c)]，要求比正向更高的电压才会使受体的 HOMOπ_1 与给体的 LUMO π_2^* 和电极的 Fermi 能级产生共振而导电。因此这种材料具有和半导体 pn 结(图 3.2)类似的分子整流效应。

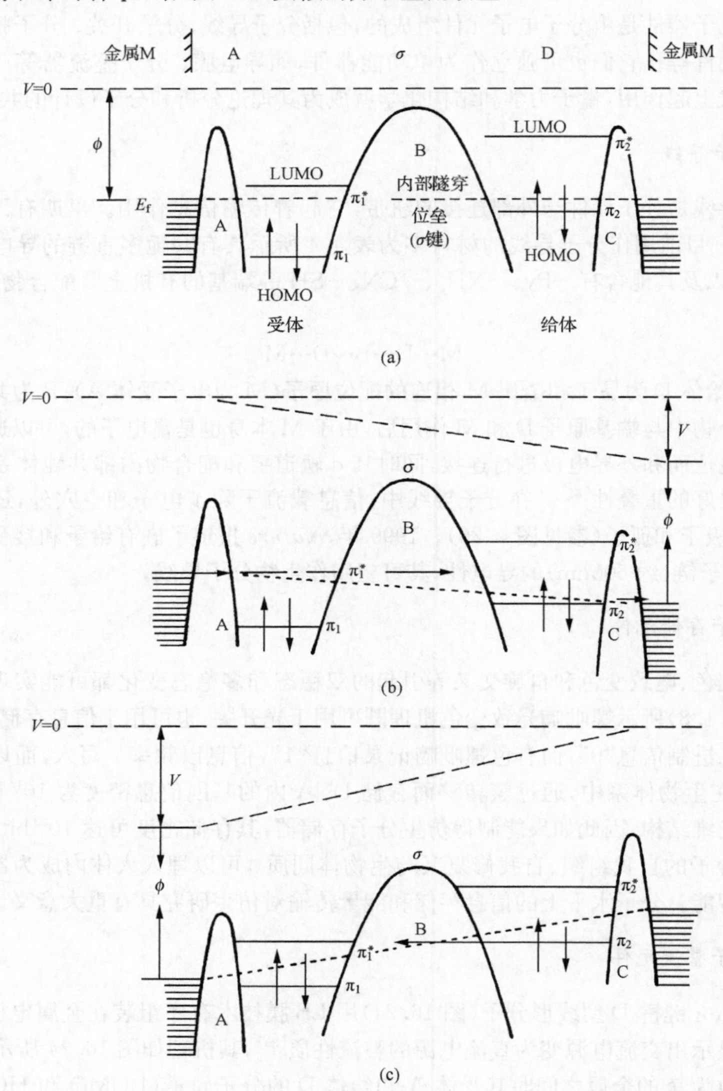

图 16.24　分子整流元件 M | D-桥基 σ-A | M 的能级图

(a) 零偏压；(b) 正向偏压；(c) 反向偏压

4. 分子开关

分子开关是具有双稳态的分子化合物体系。因此具有双稳态的光致变色、电致变色和热致变色材料都可能作为分子开关，如图 13.5 所示的光致变色开关。按信息传输机理，又可分为隧道型开关和比声速还慢的孤子型开关两类。下面对信息科学十分重要的分子开关作较详细的叙述[23]。

1) 光化学开关

很多分子内氢原子具有不同的势能阱(极小)。例如，对于光致变色的甲基二咪唑(图 16.25)。在光化学开关中，要求这种不等价位置的势阱要分离得足够开，以避免因隧穿效应及热涨落使分子从一个状态到另一个状态而引起干扰。图 16.26 表示了在外界光脉冲下一个开关的工作过程。图中三条势能曲线分别代表分子的三个电子状态。电子基态(a)有两个分别对应于态 0 和态 1 的不等价极小值；电子激发态(b)和(c)提供了作为开关的跃迁途径。由于键强及分子状态的变化，两个激发态势阱也是不对称的，势阱高低也有所不同。

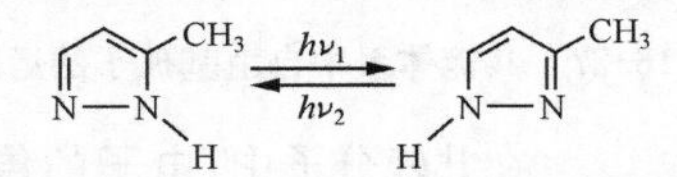

图 16.25　甲基二咪唑中的不对称氢键

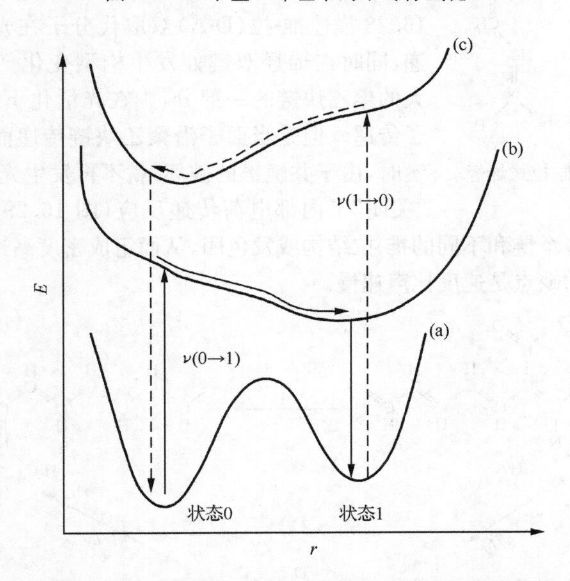

图 16.26　理想的光开关(表现为不等价的质子互变异构体)

在外界辐射 ν(0→1)的光照下，按照实线箭头，光开关由态 0 到态 1 而跃迁到低激发态(b)。按照量子力学中 Franck-Condon 原理产生的振动激发态分子，通过振动弛豫而变到态 1 的平衡质子坐标，再经过荧光衰减回到(a)的状态基态，从而起到质子开关的作用。然后，按照虚箭头路线，通过光辐照 ν(0→1)由(a)的状态 1，再由状态 1 经过更高的激发态(c)返回到状态 0。不同异构体有不同光谱吸光度，这就提供了读出储存信息的方法。由上可见，关键在于合成出符合势能面设计要求的特定分子，并研究其激发态光谱特性。

2）共轭体系的孤子开关

从微观量子力学处理结构看，孤子是一种没有能量损耗的非线性微扰结构。它类似一个沿一维或二维方向运动的“质点”(参考图 4.26)。在共轭体系中，单一双键的重排提供了孤子传递的一种机理。图 16.27 表示了一个自由基孤子由左向右的移动。有点类似于光学中的“波包”，在孤子中心存在一个运动的“相”(带正负电荷的孤子则在孤子中心产生比这种自由基更大的微扰)。

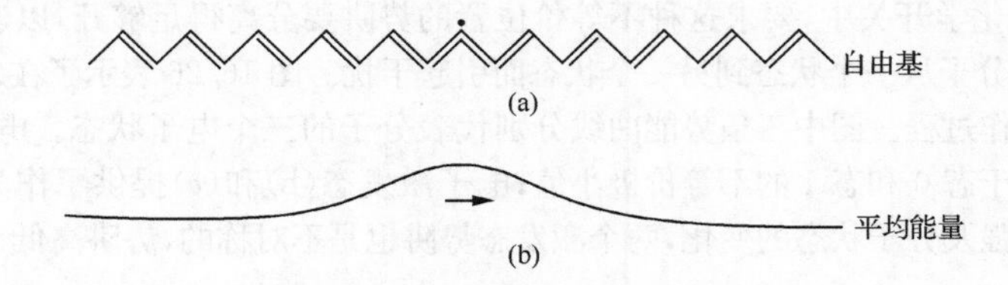

图 16.27　共轭体系中自由基孤子的运动

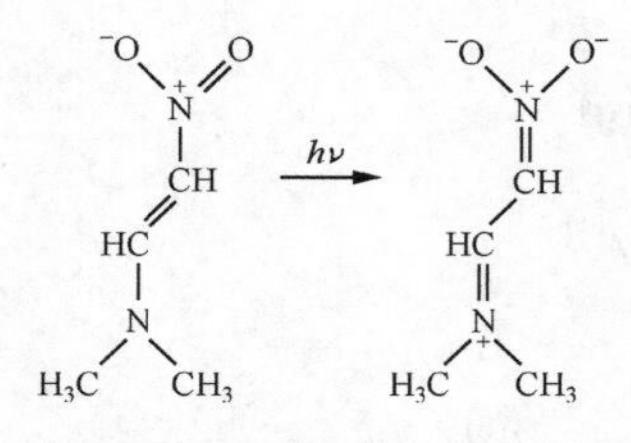

图 16.28　D-A 推-拉式烯烃

在共轭分子中，电子的传递常常伴随着单键-双键的交替变换。这种现象在孤子开关中起着重要的作用。图 16.28 描述推-拉(D-A)双取代分子在光活化下的电子传递，同时在烯烃双键处发生构型变化[27]。若该双键作为大的聚乙炔链的一部分，则在光活化下，仍然可以发生电子传递。但是当孤子沿聚乙炔链传递而使该双键变为单键时，由于共轭键的破坏，就不再发生光活化过程，即孤子“关闭”了内部电荷传递反应(图 16.29)。可以将这种开关的概念推广到多个链和不同的推-拉结构或发色团，从而组成密度高达 10^{18} bit/cm^3 的开关。孤子型开关的缺点是速度比声速慢。

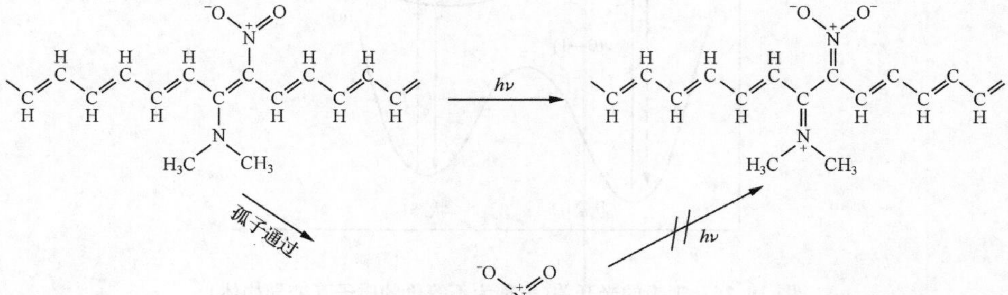

图 16.29　推-拉双取代烯烃嵌入反式聚乙烯的孤子开关作用

16.3.2　分子电子器件的模型

由于分子电子器件中状态稳定性的检测、控制和线路的连接等一系列高度难题还有待解决，对器件的研究还处于模型设计及基础研究阶段，较乐观的估计是在不久的将来进入商业性应用。目前的发展趋势之一是结合界面膜电子器件逐步向分子电子器件过渡。

为了说明原理，我们先简略介绍目前在现代数字线路中广为使用的金属氧化物半导体场效应管(MOSFET)的基本原理和结构(图16.30)。图中所示NMOSFET(其中N表示n型半导体)。电流流入和流出的高导电n型Si源极和漏极被绝缘的p型Si槽和基体分开。一个作为栅极(gate)的金属电极由一个薄层的氧化物分开而附着于Si槽。当栅极和基体之间没有外加偏压时，由于p型槽是绝缘的("关"状态)，电流不能在源极和漏极之间流动。当栅极加上正电压V_g后，使得电子通过在源极和漏极之间的n型导体途径迁移到p型槽内("开"状态)。类似地还可以制备p型槽而得到PMOSFET。当将这类双态(开/关，1/0)晶体管集成在一块芯片上时就称为组合MOSFET(称为CMOSFET)。再将这些CMOSFET进行不同组合，就可以形成计算机操作的非门(NOT)、或门(OR)以及与门(AND)逻辑功能电路。

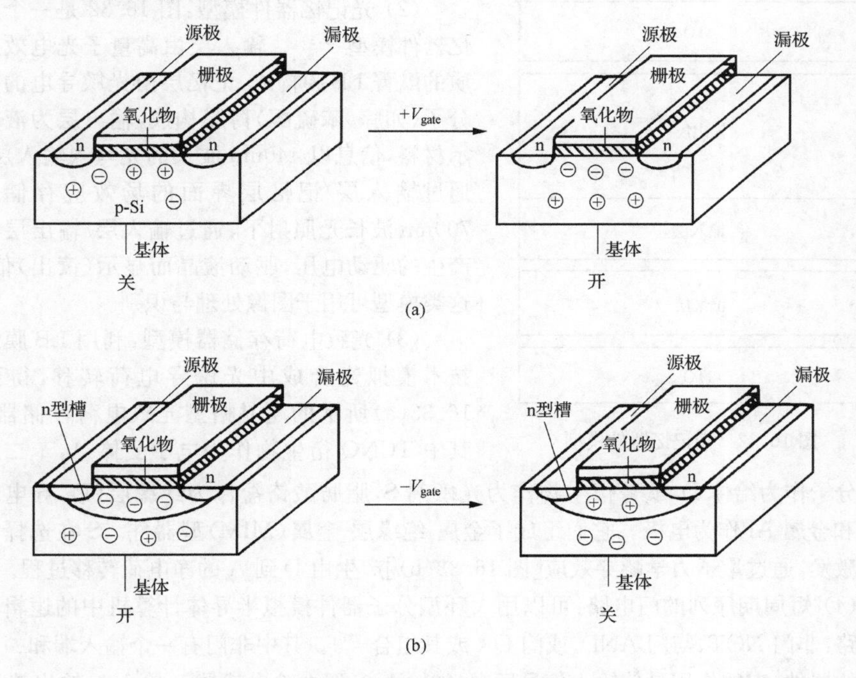

图16.30　NMOS场效应管示意图

MOSFET的重要功能之一是信号放大。这是由于电子在穿过槽区的电场时受到加速引起的。这种放大作用可以由栅极的电压大小来控制。MOSFET器件在计算机技术中之所以得到发展是由于它的低操作电压(0.1V)、低功率消耗(低热)、高速运作而且尺寸较小。但是,当小到 100nm 以下时,n-p-n 区的电子行为将受到量子力学中电子通过隧穿效应的干扰,这就推进了纳米微电子技术的发展。下面是其他几个有代表性的器件模型。

(1) 场效应三极管模型:图 16.31 是利用导电性聚合分子薄膜构成的三极管模型[28]。导电薄膜在源极间构成导电通道,两电极与导电薄膜的接触处分别构成两个欧姆结,两结间距可控制在 10μm 左右,薄膜与绝缘层/栅极之间构成耗尽层(参见图 17.18 固-液界面),其起着降低薄膜导电作用。调节栅极电压就可以调节薄膜-绝缘层界面上的载流子浓度,通过耗尽层的减流作用,从而控制源极与漏极间载流子的流动。

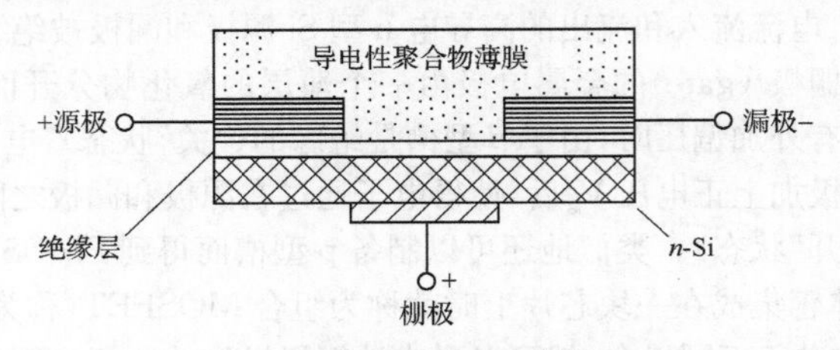

图 16.31 场效应三极管模型

图 16.32 光记忆器件模型

(2) 光记忆器件模型:图 16.32 是一个光记忆器件模型[29,30]。输入层由高量子光电效应性质的酞菁 LB 膜构成,记忆层由光敏导电的共轭分子(如脎、苯硫酮)薄膜构成,输出层为液晶显示材料,信息以 440nm 波长的光写入输入层,并通过输入层/记忆层界面的场效应存储。在 700nm 波长光照射下,通过输入层/输出层界面产生的驱动电压,驱动液晶而显示(读出)信息。这类模型可用于图像处理与识别。

(3) 光致电荷存储器模型:利用 LB 膜组装技术模拟光合成中光诱导电荷转移,得到图 16.33(a)所示的超晶格型光致电荷存储器[31]。其中 TCNQ 衍生物作为电子受体 A,苯二胺衍生物分子作为给体 D,酞菁衍生物作为光敏剂 S,脂肪酸铬盐作为绝缘层(I),导电玻璃 ITO 和金属 Al 作为电极。它们组成了金属-绝缘层-金属(MIM)型器件。S 在选择波长下光激发,通过量子力学隧穿效应[图 16.33(b)]产生由 D 到 A 的净电荷转移过程。

(4) 短周期序列的门电路:可以用大环型分子器件模拟半导体计算机中的逻辑功能门电路:非门 NOT、与门 AND、或门 OR 或其组合[23b]。其中非门有一个输入端和一个输出端的器件,它的作用是使输入信号反向,如输入 0,那么输出就是 1,输入 1,输出就是 0。与门是有两个或者两个以上输入端和一个输出端的器件。当一个输入端为 0 时,输出就是 0。只有所有的输入端是 1 时,输出才是 1。或门是有两个或者两个以上输入端和一个输出端的器件。当一个输入端为 1 时,输出就是 1。只有所有的输入端是 0 时,输出才是 0。图 16.34 表示了用一个以氟为桥基的酞菁-Ga 的轴向堆积物[图 16.34(a)]来模拟

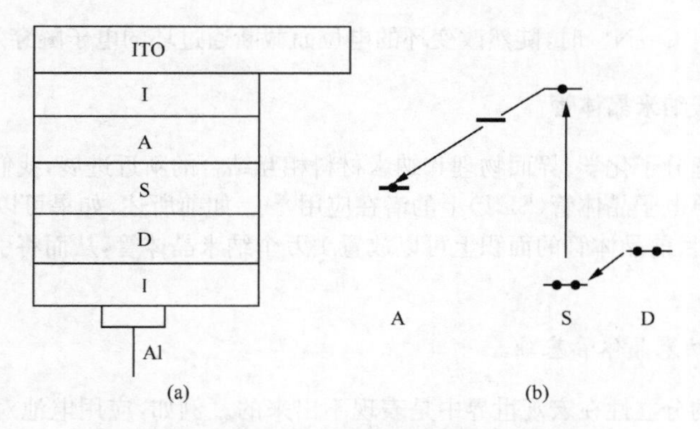

图 16.33　光致电荷转移存储模型

(a) A-S-D 存储模型；(b) 电荷转移机理

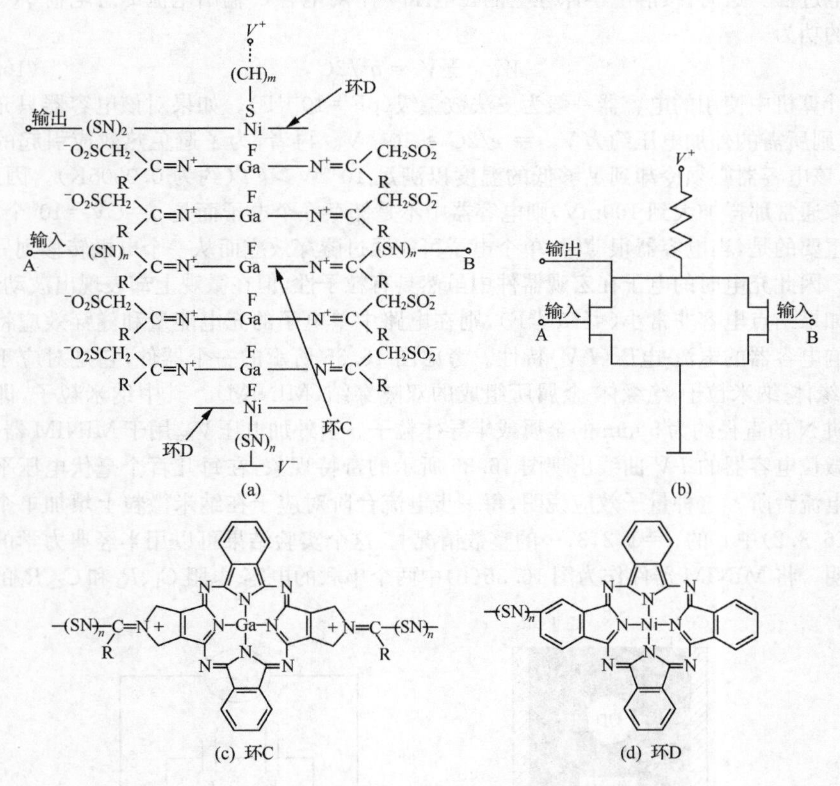

图 16.34　分子门电路

或非门电路[图 16、34(b)]的分子结构。这种堆积主要由图 16.34(c)的环组成(R 为有机基团)，其中氟桥在环之间形成一个绝缘势阱。图中酞菁-Ni 环 D 通过 Ni—S 键[图 16.34(d)]连接地线和负电位 V^-，并以$(SN)_n$作为输出分子导线。通过$\leftarrow SN \rightarrow_n$导线 A 或 B 引

入电子而中和 $\rangle C{=}N^+$ 时，陡然改变环的电位而截断通过环的电子隧穿效应。

16.3.3　单电子纳米晶体管

为了综合超分子化学、界面物理和纳米材料相互结合的新近进展，我们将介绍纳米电子限制效应在单电子晶体管(SET)上的潜在应用[32]。如前所述，如果可以设计小到5nm的晶体管，则在目前晶体管的面积上可以放置1万个纳米晶体管，从而将引起电子工业的一次革命。

1. 单电子纳米晶体管基础

电子电荷的分立性在宏观世界中是表现不出来的。例如，应用电池对大面积的电容器的充电过程。它是电子从电容器一个电极上的正离子脱离而传输到电容器另一个极上的充电过程。这时，按静电学原理电池在电压 V 下对电容 C 输出电流 I 总电荷 $q(=ne)$ 所做的功为

$$W=\pm V=q^2/2C \tag{16.3.2}$$

计算机中使用的电容器一般为皮法数量级($\mathrm{pF}=10^{-9}\mathrm{F}$)。如果对该电容器只充一个电子，则所需的外加电压约为 $V_{ext}=e/2C\approx10^{-8}\mathrm{V}$。再者，为了避免热效应引起的隧穿破坏，该电容器必须冷却到足够低的温度以满足 $10^{-8}\mathrm{V}>kT$(约为0.0005K)。因此，若电压像通常那样加大到100mV，则电容器中不是储存一个电子而是 $q=CV=10^6$ 个电子。更为重要的是，当电容器很薄时，单个电子可能通过隧穿效应而从一个电极转移到另一个电极。因此充电时的电子在宏观器件中虽然具有粒子性，但在微观上却表现出波动性。

如果结点电容非常小($<10^{-18}\mathrm{F}$)，则在电路中单电子的充电能量和隧穿效应将大大地影响电容器的电流-电压(I-V)特性。考虑图16.35所示的一个器件，它是对应于由金属-绝缘体-纳米粒子-绝缘体-金属所组成的双隧穿结(MINIM)。其中纳米粒子，即作为量子阱N的直径约为50nm的金属或半导体粒子。当外加电压 V_{ext} 用于MINIM器件时，纳米微粒电容器的 I-V 曲线出现图16.36所示的奇特现象：在每几百个毫伏电压平台中出现电流台阶。这种量子效应说明，每一步电流台阶对应于在纳米微粒上填加单个电子[式(16.3.2)中 q 的 $n=1,2,3,\cdots$ 的整数情况]。这个实验结果可以用半经典力学的方法来阐明。将MINIM器件作为图16.35(b)中两个串联的电容-电阻 C_1、R_1 和 C_2、R_2 的等效

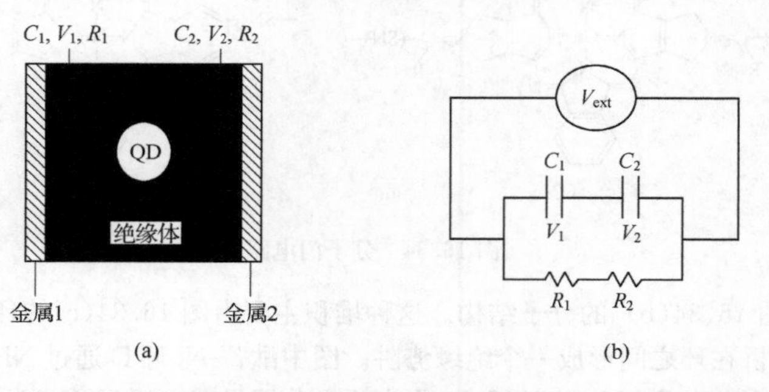

图16.35　金属-绝缘体-纳米粒子-绝缘体-金属(MINIM)的器件(a)及其等效电路图(b)

电路。体系的状态由通过每一个结点上的电压降 V_1 和 V_2，以及纳米微粒上的电子数目 Q_0 等经典物理量来描述。体系的动力学则取决于电子隧穿结点 1 和/或结点 2 的概率，从而改变 Q_0 的数值（随机近似）。这种隧穿过程取决于电子从金属 M 通过绝缘体 I 结点隧穿到纳米微粒 N 时的能量变化。应用这个模型可以说明图 16.36 所示的电流台阶结果。其中结论之一是电流台阶的出现必须使外电压满足条件：

$$V_{ext} > Q_0/C_2 - e/2C_2 \tag{16.3.3}$$

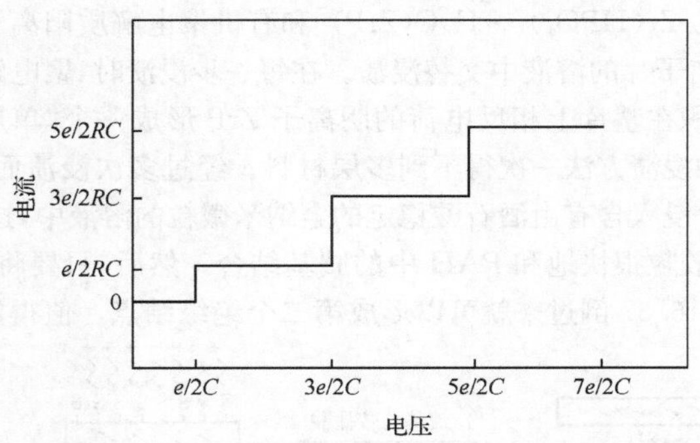

图 16.36　理想 MINIM 单电子晶体管的 *I-V* 曲线

否则电子会立即隧穿回去。对于初始为中性的纳米粒子（$Q_0=0$），电流通过电路所要求的起始电压 V_{ext} 是克服反向的 $e/2C_2$，因而这种单电子器件也称为库仑阻塞（Coulomb blockade）。当达到该电压时，单电子就由 M_1 隧穿到纳米粒子。该电子并不是一直保留在粒子上，而是很快地隧穿到另一个由 M_2 引起的结点（约 100ps，具体取决于 R_2C_2/R_1C_1 的比值）。但是它停留的时间仍长到足以阻止更多的电子同时隧穿到纳米粒子上，从而在粒子上每增加一个电子的电流 $I=e/2R_2C_T$（其中粒子总电容 $C_T=C_1+C_2$）就要求电压增加并联的 e/C_2，这就导致图 16.36 中每个电流台阶的总电压分别为 $e/2C$，$3e/2C$，$5e/2C$，…

在设计 MINIM 器件时，最大的障碍是热效应。为了避免热活化隧穿过程，要求 $e/C_2 \gg kT$。当温度升高时，单电子电流台阶逐渐消失而得到通常的欧姆响应所导致的线形 *I-V* 曲线。因此在室温下操作的单电子器件仅限于直径约 $<$12nm 的纳米粒子。另外，在很多实验中是使用 n 个纳米粒子的平行阵列，例如，金属-绝缘体-(纳米粒子)$_n$-绝缘体-金属器件。上述论证仍然适用于这类体系，但其 *I-V* 曲线中的电流台阶增大到 Ne/RC 倍。当然，这些纳米微粒的分散度必须足够低，否则相互影响也会导致线形的 *I-V* 关系。

进一步的发展是在双隧穿结 MINIM 的纳米微粒（也称为中心岛）附近装置一个栅极，改变栅极的偏压就可以调制充电效应。这种三终端器件和上述的 MOSFET 完全类似，特称之为单电子晶体管（SET）。在 SET 中，单电子从源极向漏极的流动受通过栅极从金属量子点注入（或移去）的单电子所控制。有时不用栅极而是通过扫描隧道显微镜（STM）的针尖从单个金属岛（即上述纳米微粒）注入电子也可以得到明锐电流台阶的 *I-V* 曲线[33]，这种用湿化学合成的 SET 可望作为未来高级计算机的基础。

2. 单电子隧道显微镜器件的自组装

现在考虑如何通过组装的方式来实现直径<20nm 粒子的 MINIM 器件。通常可以采用在固体表面上组装胶体粒子等方法。这里介绍将无机聚电解质和金纳米微粒一层层地组合的方式来制备 MINIM 器件(图 16.37)[34]。将一个清洁的基底片浸入巯基乙胺盐酸以在表面上形成固有的($-NH_4^+$)阳离子位置。再将基片分别在含有层状无机金属酸盐固体[$KTiNbO_5$,α-$Zr(HPO_4)_2 \cdot H_2O$(ZrP)]和有机聚电解质阳离子[聚丙烯酰胺盐酸(PAH)]的单个阴离子片的溶液中交替浸渍。在每一步浸渍时,聚电解质阳离子 PAH 通过离子交换和已沉积在基片上相反电荷的阴离子 ZrP 形成一个“单层”。由于离子的静电排斥作用,用这种浸渍方法一次得不到多层材料。经过多次浸渍而组装成所希望的结点厚度后,将此基片浸入含有由酒石酸稳定的金纳米微粒的溶液中,这样就可以将金纳米微粒引入膜中。金胶粒很快地和 PAH 中的胺基结合。然后,只要将上述形成第一个结点的吸附次序按图 16.37 倒过来就可以形成第二个绝缘结点。值得注意的是,可以通过

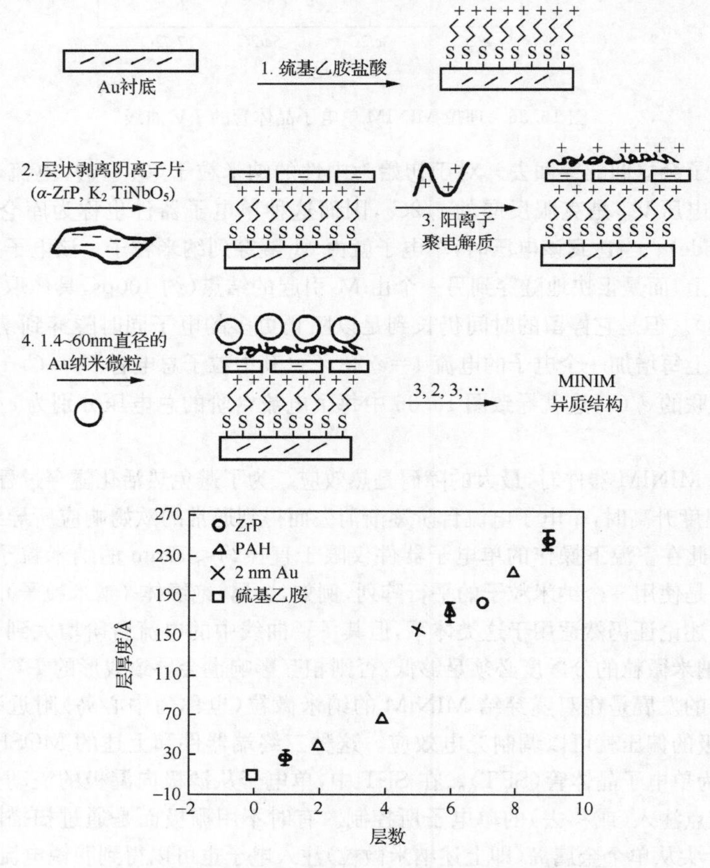

图 16.37　顺序组装 MINIM 器件的示意图

设计使得这种 MINIM 器件中的两个结点具有不同的厚度或组成(即选择不同的无机组分去组装结点 2)。最后,在 MINIM 器件顶部再聚合一层薄的有机导电聚吡咯作为保护层。

用这种直径 2.5～1.5nm 的纳米金粒组装成的 I-V 曲线在室温下显示的库仑阻塞电位符合式(16.3.3)。不过这种组装方式的 I-V 曲线虽然显示了非线性,但其电流台阶不太明显。后来采用 Au-双硫醇-纳米金粒-双硫醇-Au 组装器件显示了更明锐的电流台阶的 I-V 曲线[35]。用库仑阻塞模型得到它的模拟参数为 $C_1=2.1\text{aF}(1\text{aF}=10^{-18}\text{F})$,$C_2=1.50\text{aF}$,$R_1=32\text{M}\Omega$ 和 $R_2=2\text{G}\Omega$。

这种单电子器件可望用于超高密度信息存储、超灵敏电量计、近红外辐射接受器和直流电流标准。进一步发展的挑战是:①用于室温,要合成直径<10nm 的大量单分散纳米粒子,近几年来在这方面已有进展;②必须发展将各个组件连接或组合成具有逻辑线路功能器件的方法;③这些线路必须依次排列成大的二维花样。从这个角度来看,化学自组装方法具有重大的发展前景。采用生物大分子自组装成三维分子电路、生物芯片和生物计算机是目前能设想到的分子电子器件的目标。

从 1974 年 Arrian 等提出分子整流器,1980 年 Carter 提出“分子电子器件”概念到今天,分子电子器件在理论、材料和技术上都有很大发展,形成了全球范围内的一个高科技领域。下面是几个有代表性的成果[30]:①Garnier 等获得了世界上第一只由聚噻吩制成的“塑料晶体管”,其性能可与硅材料器件相比;②Wittman 用类似单晶的聚四硫乙烯单层膜作诱导层,其他许多有机分子可在此膜表面上形成高度有序的薄膜,为制备有序膜提供了灵巧有效的方法;③Tour 等用四氯化硅分子作为接线盒,将聚噻吩制成的分子导线交叉地连接起来,跨出了纳米电子学中导线和线路连接的重要一步;④Sailor 等用低温化学法将导电聚乙烯结合在硅表面上得到分子二极管;⑤在英国,已用 STM 技术进行单个原子操作,使新型超分子系统成为可能。这些成果给我们预示了一个美好的信息时代。但是,现在面临的问题远比能回答的多,尤其是对分子计算机的研制。无可置疑的是,尽管困难重重,但已是曙光在前。分子器件的研制,将会引起信息处理系统和材料科学的巨大变化,对未来科学技术和社会发展产生深远影响。

16.4　分子巨磁阻和分子自旋电子学

我们熟知电子具有固定的电荷 e 和自旋 s(有两种自旋方向,分别用↑和↓表示)这两种本征的性质。从经典的电子学观点看,以速度 v 运动的电子 q 会产生电流 I 的方向(请注意:这时习惯上为实际用的方向)和理论上常指的电子流动的方向相反。在受外加电场 $\boldsymbol{E}$ 和磁场 $\boldsymbol{B}$ 的作用下,电子就会受到附加洛伦兹力 F(高斯制):

$$F=q(\boldsymbol{E}+v\times\boldsymbol{B}) \tag{16.4.1}$$

而作圆形运动。它们二者方向遵守图 16.38 所示的右手法则关系。

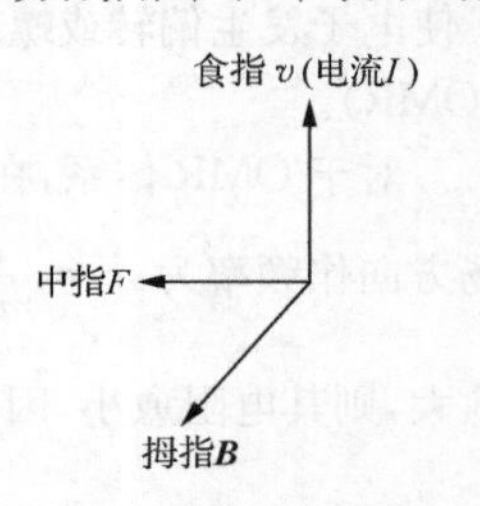

图 16.38　右手法则

这种关系说明了由 I 和 $\boldsymbol{B}$ 的作用导致电动机(F)的发现,

相应地由 F 和 $\boldsymbol{B}$ 的作用导致发电机(I)的发现。另外我们在图 3.12 中还讨论了 pn 结的半导体特征。但是在这些讨论中都只应用了电子的荷电特性而没有涉及电子“自旋”的另一个特性。由 5.1 节可知电子的自旋和磁性有密切关系。其实早在 20 世纪 30 年代就由物理学家 Dirac 从相对论预示了电子自旋的存在。后来其就发展为电子自旋电子学(spin-electronics)这门学科[36]。它是研究依赖电子自旋的发生、传递、检测和存储来执行某些功能的一门学科。1990 年被物理界誉为十大重大事件之一。

16.4.1 巨磁阻材料[37-39]

1. 非磁导电材料的磁阻性质

一般导电体之所以导电是在外电场 $\boldsymbol{E}$ 的加速下使其中电子(或电流)流动而引起的。不同导体的电导率 σ(或电阻率 ρ)虽不同,但它们为什么都只体现出电子的电荷特性而不体现电子的自旋特性?这是由于虽然电子在理想完整晶体的周期势场中运动时(参见 2.2.2 节),可以畅通无阻,但是对于实际的导电体其中电子在传输过程中会产生散射、吸收和透过。当电子和原子核或其他电子因碰撞、热引起的晶格振动、晶体缺陷、杂质、界面声子和磁振子等而引起散射和能量的损耗,从而使得实验测量的电阻发生变化,特别值得关注的是电子的散射所引起的电阻变化。在我们的常规研究中,为什么观察不到电流中两种不同自旋电子(↑和↓)的电阻区分?这是由于电子的自旋所能够维持在一定方向运行的距离 l 太短,即电子不受散射影响的平均自由路程 l 太短,以至自旋在经过距离 l 后,由于自旋不断翻传的平均效应而使两种(↑和↓)自旋无法区分。在实验上常用和 l 大小成正比的弛豫时间 τ 来表示这种概念。

早期法拉第就发现磁与电可以相互影响[也体现在 Maxwell 总结的式(2.1.2)中],后来大量的实验证实磁场强度 $\boldsymbol{H}$ 影响导体电子运动所引起的电阻率 $\rho(\boldsymbol{H})$ 的变化太小,这种现象称为磁阻(MR)效应。为了描述物质的电阻随外加磁场的变化,通常定义其没有外加磁场 $\boldsymbol{H}=0$ 时的电阻率为 $\rho(0)$,在外加磁场 $\boldsymbol{H}$ 下的电阻率为 $\rho(\boldsymbol{H})$,在一定温度 T 下,其磁阻为

$$\mathrm{MR}=\frac{\rho(\boldsymbol{H})-\rho(0)}{\rho(0)} \tag{16.4.2}$$

其值可正可负。

所有的金属都存在磁阻效应。这是由于上述(图 16.38)的磁场 $\boldsymbol{H}$ 对电子的洛伦兹力 F 使电子发生偏转或螺旋运动而引起电流 I 降低或电阻升高。这种现象称为正常磁电阻(OMR)。

对于 OMR 体系,在磁场 $\boldsymbol{H}$ 作用下,磁感应强度为 $\boldsymbol{B}$,其中电荷为 e 的电子会绕着磁场方向作频率为 $\omega_c=\frac{e}{m^*}B_0$ 的回旋进动,运动的频率 ω_c 愈小,则其电子的散射弛豫时间 τ 愈大,则其电阻愈小,因而产生大 MR 的条件是 $\tau>\frac{1}{\omega_c}$。根据式(4.1.15),零磁场电导率 $\sigma_0=\frac{ne^2\tau}{m^*}$,所以从实验上可估计要获得大的磁阻条件是

$$\omega_c\tau > 1 \text{ 或 } \frac{\sigma_0 B_0}{ne} > 1 \tag{16.4.3}$$

式中，n 和 m^* 分别为金属中电子的密度和有效质量。由式(16.4.2)可见其MR总是大于零，而且其 MR～$\boldsymbol{B}^2$。例如，对于非磁性之类的金属铜，已知其 $n=8.5\times10^{28}\ \mathrm{m}^{-3}$，$\sigma_0=7.8\times10^7\ \Omega^{-1}$ 或 $\omega_c\tau=4.7\times10^{-3}B_0$，因而只有在 $B_0>202\mathrm{T}$(T为Tesla单位)这个难以达到的高磁场时，才能满足上述 $\omega_c\tau>1$ 而呈现 MR>0 的性质。但在通常实验条件 $B_0\sim30\mathrm{T}$ 下，其OMR约为40%，在 $B_0\sim10^{-3}\mathrm{T}$ 时，其OMR值约为 $4\times10^{-8}\%$，因此几乎所有非磁性导体(如Cu、Au、Ag等)的MR数值都只有百分之几。对于常规磁阻，由于对非磁性金属相对于磁场垂直(⊥)的取向总是优先于平行(//)的取向，因而其总是具有 $\rho_\perp>\rho_{/\!/}>0$ 的各向异性特征。

2. 磁性金属的磁电阻

磁性金属的 R 值较高，其值可高达15%。和5.5.1节中介绍的分子磁体类似，每个原子或分子中的未成对电子可以看成一个小磁子，各个磁子(↑和↓)可以相互有序地聚集在一起而形成铁磁体(↑↑)或反铁磁体(↑↓，AF)。对于铁磁性金属固体(如Fe和Co)，它们的磁阻效应主要是源自这类金属中包含了自发极化强度 M_s 所引起的附加内场 $4\pi M_s$[参考式(5.1.1)]叠加在OMR的贡献上。

后来又发现了一些经过原子工程加工而成的磁性超晶格(如Fe/Cr)结构，它是由铁磁(FM)和反铁磁(FM)，甚至非磁性金属(NM)所组成的双层或多金属层结构，其也呈现出很大的磁阻性，特称它们为巨磁阻(giant magnet resistance，GMR)。除了这些层状磁性材料之间形成层状的材料外，也发现将铁磁性颗粒分散在顺磁性金属中(如Co/Cu)，特别是新一类的掺杂的磁半导体(如 n-$\mathrm{Cd}_{1-x}\mathrm{Mn}_x\mathrm{Se}$)，也呈现GMR性质，这些巨磁阻材料在磁记录、传感器等近代技术及前沿基础研究中都有着突破性的进展。这就为自旋电子学的新领域奠定了基础。

3. 庞磁阻

自从巨磁阻的发现在材料科学和信息科学中取得了重大成就后，人们又发现了 $\mathrm{ABO_3}$ 型钙钛矿[40]，特别是其中A为三价的稀土：La^{3+}、Pr^{3+}、Nd^{3+}、Sm^{3+} 或 Bi^{3+}，B为二价的碱土金属：Sr^{2+}、Ca^{2+}、Ba^{2+} 或 Pb^{2+} 之类的元素。它们的晶体结构一般为畸变的钙钛矿结构($CaTiO_3$，参见图1.5)，如 $La_{0.7}Ca_{0.7}MnO_3$，它们具有特大的巨磁阻，称为庞磁阻(CMR)。这类材料具有接近100%的自旋极化率。其在铁磁居里温度 T_c 附近发生相变，甚至发生磁致绝缘体-金属相变，在几个特斯拉(Tesla)磁场下，显示出的庞磁阻 $R=\dfrac{\Delta\rho}{\rho(H)}$，高达 $10^6\%$。目前出现庞磁阻的主要困难是因为其只有在低温和高磁场下才能显示，而对低温软磁性分子材料还有待发展。

铁磁金属：由于其中含有未成对电子，它的实际总磁电阻(MR)的来源除了前述磁场引起的正常磁电阻(OMR)外，还可以由于磁场使磁化状态变化而引起各向异性的磁电阻(AMR)和顺磁电阻(PMR)，即

$$\mathrm{MR} = \mathrm{AMR} + \mathrm{PMR} + \mathrm{OMR} \tag{16.4.4}$$

对于铁磁性材料，一般它是由很多小磁畴组成的具有微观的结构材料(参见 5.3 节)，每个磁畴中的自旋都具相同的取向(↑或↓)，因而铁磁金属的电阻率 ρ 随电流 I 和自发磁化强度 M_s 的相对取向为垂直(⊥)或平行(//)变化，从而产生电阻率的各向异性磁电阻(AMR)贡献。一般在制备工艺上，常将铁磁材料从退磁状态转化成磁饱和状态。在该过程中它的电阻会产生相应的变化。若假定退磁状态下的磁畴为各向同性分布，则可取其各向异性的平均值 $\rho_{\mathrm{AMR}} = \rho(0) = \frac{1}{3}(\rho_{\perp} + 2\rho_{/\!/})$，由于多数材料有 $\rho_{/\!/} > \rho(0)$，从而定义 AMR 值为

$$\mathrm{AMR} = \frac{\rho_{/\!/} - \rho_{\perp}}{\rho_0} \tag{16.4.5}$$

若测得样品的 $\rho_0 \neq \rho_{\mathrm{AMR}}$，则说明它是具有磁畴结构的磁状态。

显然，在外加磁场 $\boldsymbol{H}$ 下，使磁畴中的磁化强度 M 超过 M_s 的过程($M > M_s$)称为顺磁过程。这时电阻率比自发磁化状态下的电阻率更低，因而 PMR<0。通常为了方便而使磁阻值不为负值，而另外定义 $\mathrm{MR} = \frac{\rho_0 - \rho_H}{\rho_H}$，但其数值可能大于 100%。

16.4.2　自旋相关散射双电流模型

铁磁金属的反常磁阻、巨磁阻和庞磁阻以及后面将要讨论的铁磁金属特性的理论还有待发展。虽然各种磁阻的形式不同，具体机理也各不相同，但它们通常都是采用以日本久保等早期提出的自旋相关散射双电流导电模型为基础[41]。

1. 双电流模型的定性概念

在原子结构研究中，根据泡利原理：一个能级中只能允许两个电子自旋相反(↑和↓)的电子占据同一个原子轨道(AO)；在由原子组成的分子结构中也是一样。每一个分子轨道(MO)也只能允许两个自旋相反的电子所占据。如前所述，在金属中传导的电子发生散射时其两种自旋(↑或↓)方向也不太会发生反转。对于铁磁性金属在其 T_c 以上的顺磁性相时，其反转概率也很小，但在 T_c 以下，传导自旋电子的扩散长度 l 比其不考虑自旋时的平均自由程 λ 大，而自旋弛豫时间 τ 也比其通常的动量弛豫时间 τ 长。例如，一般导体的平均自由程 λ 约为 $10\sim10^2$ nm，而 Au 在 4.2K 下 l 约为 1.5μm。因而也可以将电阻率 ρ 分解为独立的自旋向上(即其自旋为与总磁化强度 M 平行的多数能带电子)的 $\rho_{\uparrow}$ 和向下的(即少数能带电子) $\rho_{\downarrow}$ 这两种电流并联的通道。即在低温时有总电阻 $\rho_L = \frac{\rho_{\uparrow}\rho_{\downarrow}}{(\rho_{\uparrow} + \rho_{\downarrow})}$。由于这两种正向和反向自旋不同而引起下述不同的电阻的双电流模型，从而可以对金属和铁磁性金属的磁电阻性及其和温度的关系进行定性的说明。

对于正常的金属，由于 $\rho_{\uparrow} = \rho_{\downarrow}$，从而可得 $\rho_{\uparrow} = \rho_{\downarrow} = \rho_L/2$。因而它的 ρ_L 值和电子中的自旋↑或↓无关，或称其散射为非自旋相关散射。

对于铁磁金属，由于不同自旋间的无序散射或称之为自旋相关的散射，其 $\rho_{\uparrow} \neq \rho_{\downarrow}$。两种自旋通道间为并联关系，其中电导率 σ 高、电阻率 ρ 低的通道起着短路作用。从而使

得在居里温度 T_c 下，总电阻 ρ_L 会发生剧烈的变化，从而引起负值的巨磁阻。若进一步考虑晶格振动中的声子对电子的散射作用，则该过程消灭了一个磁振子并使其↑和↓自旋反转的自旋混合效应从而引起新的 $\rho_\uparrow\rho_\downarrow$ 贡献，进而导致 ρ_L 随着温度的上升而增加。亦即要将总电阻公式改写为

$$\rho_T=[\rho_\downarrow\rho_\downarrow-\rho_\downarrow\rho_\uparrow(\rho_\downarrow+\rho_\uparrow)]/(\rho_\downarrow+\rho_\uparrow+4\rho_\downarrow\rho_\uparrow) \tag{16.4.6}$$

这就定性地从理论上解释了一些铁磁金属和合金的电阻率 ρ 和温度 T 的实验关系(图 16.39)。反之，可以由实验的 ρ_T-T 结果反推出理论的 $\rho_\uparrow$ 及 $\rho_\downarrow$ 值。

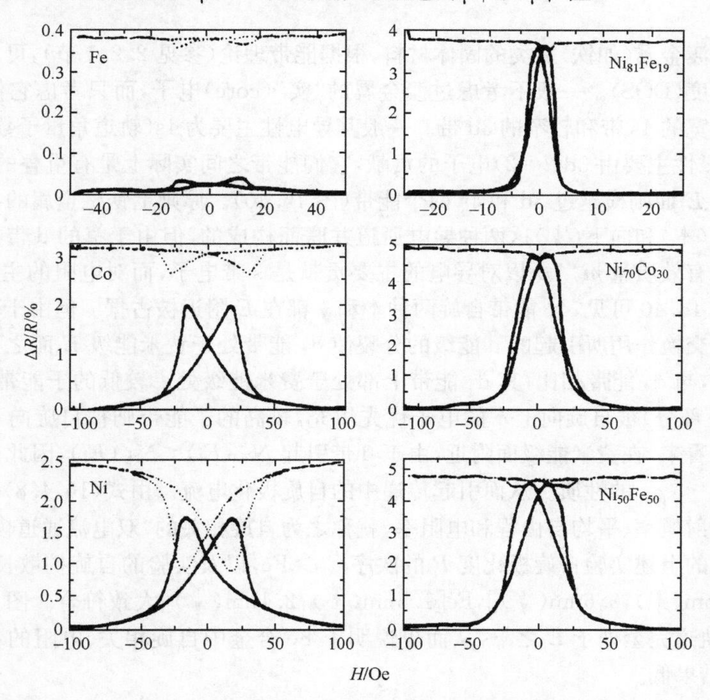

图 16.39　铁磁金属和合金薄膜庞巨磁的电阻率、磁化率和各向异性磁电阻曲线

2. 双电流模型的能带诠释

自旋相关散射中 $\rho_\uparrow\neq\rho_\downarrow$，其本质上是由自能带中自旋态 σ(为了简化，也表示为↑或↓)的微观参数引起的。根据前述式(16.4.3)中的概念，散射弛豫时间 τ_σ 愈小，电阻率 ρ_σ 愈大，它们间的关系是

$$\rho_\sigma=m_\sigma^*/(n_\sigma e^2\tau_\sigma) \tag{16.4.7a}$$

理论分析表明，式(16.4.7a)中的散射弛豫时间 τ_σ 可以表示为

$$\tau_\sigma^{-1}\sim 1/\lambda\sim|\boldsymbol{V}_\sigma|^2N_\sigma(E_\mathrm{f}) \tag{16.4.7b}$$

其中 λ 是电子的平均自由程，正是由于可以将这种自旋 σ 分别表示为↑和↓时，具有不同的 τ 值，从而引起自旋相关散射中 $\rho_\uparrow\neq\rho_\downarrow$。根据具体自旋散射机理的不同，式(16.4.7a)

中自旋散射矩阵元 $|\boldsymbol{V}_\sigma|$ 具有不同的形式(类似于分子轨道理论中的自旋非限制近似)。

当电流注入铁磁性金属材料(如 Fe、Co、Ni)时,会产生自旋极化,对自旋散射影响最大的是式(16.4.7b)中的 $N_\sigma(E_f)$,它表示在费米能级附近自旋向上(↑)或向下(↓)状态中的电子数 N_σ,因此该材料的自旋极化 P 可以按式(16.4.7)定义为

$$P=\frac{N_\uparrow(E_f)-N_\downarrow(E_f)}{N_\uparrow(E_f)+N_\downarrow(E_f)}(\%) \tag{16.4.8}$$

不同的材料有不同的 P 值,例如实验上测得 Fe 为 44%,Co 为 45%,Ni 为 30%,FeCo 为 51%等。

对于过渡金属(如铁)之类的固体材料,根据能带理论(参见 2.2.1 节),可以求出各个电子状态密度(DOS)。一般不考虑过渡金属的"实"(core)电子,而只考虑它们的外层电子所形成较宽的 4s 带和较窄的 3d 带。一般其导电性主要为 4s(轨道角量子数 $l=0$)电子的贡献;而磁性主要由 3d($l=2$)电子的贡献,它们能带之间实际上是有重叠的,过渡金属的费米能级 E_f面则横越过 3d 和 4s 两个能带(图 16.40)。原则上铁磁金属的导电是分别由自旋向上(↑)和向下(↓)这两种导电通道并联而构成的,但由于窄的 d 带比宽的 s 带具有较大的有效质量 m^*,所以对导电的主要贡献是 s 带电子,而对电阻的主要贡献是 d 电子。由图 16.40 可见,4p 能带自旋两种↑和↓都在 E_f附近被占据。但由于不同自旋↑和↓之间的交换作用所引起的 d 能级的分裂使 $d_\uparrow$ 能带处于费米能级 E_f 面之下。对于金属 Co 和 Ni,与 $d_\uparrow$ 能带相比,其 $d_\downarrow$ 能带上部处于费米能级处。较低的子能带(在费米能级 E_f面以下部分)被自旋向上↑的电子优先填充,较高的子能带则被自旋向下↓的电子填充。总的看来,在费米能级面附近,由于 d 带引起 $N_\uparrow(E_f)<N_\uparrow(E_f)$,因此这一类铁磁金属具有 $\rho_\uparrow<\rho_\downarrow$ 的性质。从而引起传递中的自旋极化电流。由式(16.4.8)导致不同的自旋电子散射概率、平均自由程和电阻率,就称之为自旋相关的"双电流通道模型"。理论结果和它们的上述实验自旋极化度 P 的次序 Co>Fe,以及实验的自旋扩散长度(在室温下)Co[5.5nm(↑),0.6nm(↓)],Fe[1.5nm(↑),2.1nm(↓)]大致符合。图 16.40 中铁的 $d_\uparrow$ 自旋轨道完全处于 E_f之下,从而也说明了 Fe 合金中自旋相关、电阻的不对称性比 Co 的实验结果低。

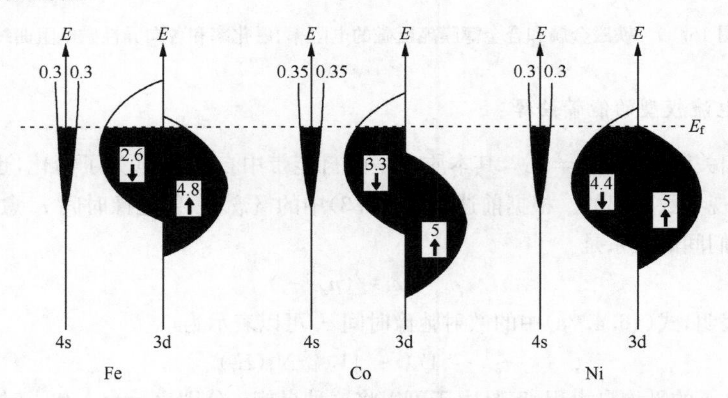

图 16.40　过渡金属 Fe、Co 和 Ni 的电子能级密度示意图

以上考虑的是基于 $N_\sigma(E_f)$ 对本征性铁磁金属计算的。对于由于存在某些杂质或缺陷的这类铁磁材料(如 Ni 中溶有杂质 Cr 时)就还要考虑类似式(16.4.7b)中杂质的自旋相关势 $|\boldsymbol{V}_\sigma|$ 所导致的这类非本征性自旋相关散射。

3. 多层膜的巨磁阻双电流模型

对于前述的多层膜的巨磁阻及其器件也可以由自旋相关的双电层模型的基础加以解释。其中最简单的是所谓的等效电阻模型。

首先考虑由两种不同金属铁磁金属 Fe 膜和非铁磁金属 Cr 膜所组成的多层(Fe30A/Cr18A)$_{30}$(图 16.41)。其中数字记号分别表示了其实际结构厚度 t_{Cr} 分别为 30Å 的 Fe 和 18Å 的 Cr 的(Fe/Cr)多层膜中包含了 30 个(Fe/Cr)周期,可以将它简记为 Fe/Cr。图 16.41 为它的磁电阻实验结果[46]。

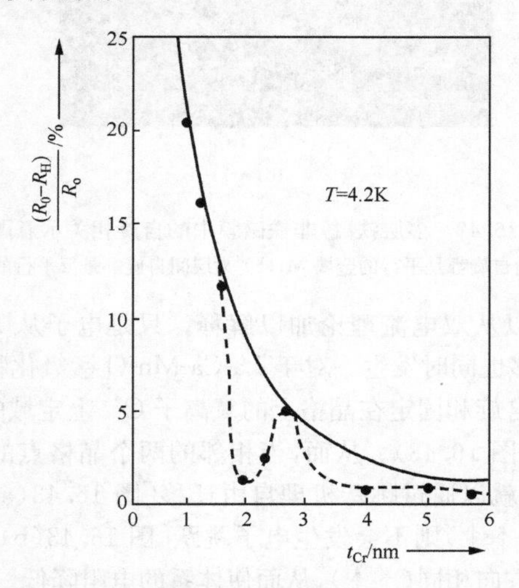

图 16.41　Fe/Cr 多层膜中巨磁电阻与 Cr 厚度 t_{Cr} 的依赖关系

图中实线为计算结果

在外加高的正磁场或高的负磁场下,分别对应于多层膜中相邻层中的自旋取向相互平行(↑↑)或相互反平行(↓↓)。在零场($\boldsymbol{H}=0$)下,Fe/Cr 多层膜中相邻 Fe 层中的自旋则呈现自旋相互反平行(↑↓)的取向排列。

现在可以很自然地从双电流模型来说明上述实验结果。在外加磁场作用下,若两个 Fe 层的自旋作反平行排列与平行排列(↑↑或↓↓)相比,所引起的自旋相关必然导致电阻的巨大变化(巨磁阻)。图 16.42 为双电流模型的示意图,其中用白色和黑色箭头分别表示了铁膜中的固有的自旋磁矩的取向和注入铁膜中传导电子的自旋方向(图 16.42 中用→或←),用灰色表示这两种电子的通道。当白色和黑色这两种箭头方向相同时,则图 16.42 散射很少(图中以直线表示),电阻较低;当这两种箭头相反时,则散射很多(图中以折线表示),电阻较高。每个通道中的高阻态和低阻态相互串联。根据上述原则,不难理解,图 16.42(a)中的铁磁多层间自旋平行时受的反射较弱,故为低阻态,图 16.42(b)中则为零场($\boldsymbol{H}=0$)下多层膜的反铁磁耦合(↑↓),故为高阻态。高阻通道和低阻通道则相应并联,低阻通道起着短路作用。

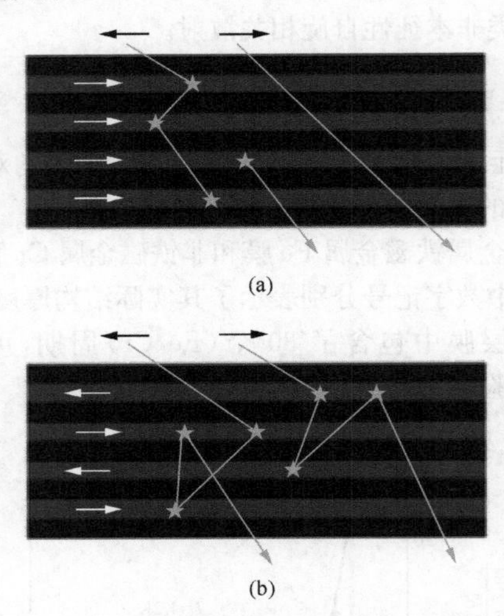

图 16.42　多层铁磁/非铁磁膜中的自旋相关示意图

(a) 为层间自旋都是平行的金属 M;(b) 为层间自旋都是反平行的金属 M

庞磁电阻性质也可以从双电流理论加以解释。只是电子从 $M^{3+}\rightarrow O^{2-}$ 和从 $O^{2-}\rightarrow Mn^{4}$ 时的跳跃式电子转移也同时发生。对于 La-Ca-Mn-O 锰氧化物体系,Mn^{3+} 上可自由流动的离域(导带)电子自旋和固定在晶格上的氧离子 O^{2-} 上定域的(价带)电子自旋之间会产生强烈的耦合作用(图 16.43)。从而,当相邻的两个晶格点的定域电子自旋方向相同(↑↑)时,导电载流子就以通过跳跃机理自由迁移[图 16.43(a)];若相邻两个格点间的定域电子的自旋相反(↑↓)则不会发生电子跳跃[图 16.43(b)]。外加磁场可以使相邻格点的定域电子自旋方向相同(↑↑),从而使体系的电阻降低。

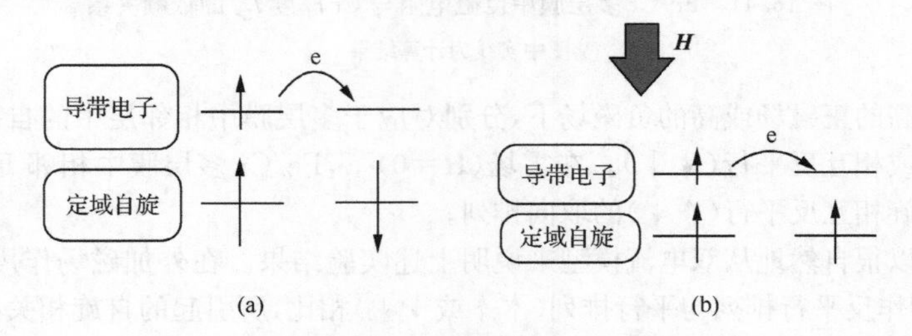

图 16.43　庞磁阻效应机理的示意图

16.4.3　多层膜巨磁阻器件

值得注意的是,上述的 Fe/Cr 层间反铁磁耦合并非出现零场下磁化反平行的唯一途径或必要条件。出现巨磁阻的必要条件是多层膜的总厚度 d 必须小于自旋的扩散长度

l_f，因而要观察到 GMR 效应必须在纳米结构中才有可能。有的多层膜(如 Fe/V)甚至只观察到 AMR 而观察不到巨磁阻现象。虽然目前对于非纳米薄膜的电磁器件及薄膜场效应三极管(TFT)进行了很多研究[42-43]，但本节仍将重点讨论纳米膜。近几十年来，人们对自旋电子学有了更深入的研究[44-46]，在应用上出现了形式多样的多层膜器件。层间反铁磁耦合的高磁电阻比的 Fe/Cr，Co/Cu，FeNi/Cu，Co/Ru，CoA/等双层巨磁阻，它们的 MR 远大于其 AMR 值，基本上具有$(MR)_{/\!/}$接近$(MR)_{\perp}$值的各向同性，其高场部分的差值就是 AMR 值。自从发现巨磁阻现象后，一系列有关自旋电子学的新现象、新材料新器件和新理论得到了蓬勃的发展。下面择其要者做些介绍。

前述庞电阻 Co/Cu 和多层材料虽然也有很高的 CMR 值，但这种反铁磁耦合的缺点是它们的饱和磁场 $\boldsymbol{H}_s$ 很高，以致它们在使用上的另一个指标，即磁场传感灵敏度 $S=\frac{\Delta R}{R}/\boldsymbol{H}_s$ 并不高。例如，Co/Cu 多层膜，它们分别为 $\boldsymbol{H}_s\sim1T$，MR≈70%，S<0.01%Oe。为了提高 GMR 的灵敏度 S，人们都在探求降低 $\boldsymbol{H}_s$ 以降低磁层间偶合的方案。

1. 铁磁性隧穿结

这种新近发展很快的隧穿结采取三层式的三明治结构 $F_1/I/F_2$，其中 F_1 和 F_2 为铁磁性金属，中间用薄层的绝缘层 I 隔开，如 $Fe/Al_2O_3/Ni$ 铁磁性隧穿结。或采用分子注外延法(MBF)制备的以氧化镁为基片的沿(001)晶面的 Fe(001)/MgO(001)/Fe 磁隧穿管结[47]。在垂直于膜面的电压作用下，当电子通过第一层铁电体 F_1 时，使载流电子的自旋发生极化，在从 F_1 进入非磁性的绝缘层 N 时，由于量子力学考虑的电子波动性而引起自旋相关量子隧穿效应，电子穿越此阻挡层 N 而到达第二个铁磁体 F_2。实验及理论表明，在沿膜方向的外加磁场作用下，在 F_1 及 F_2 中由于磁化强度 M_1 和 M_2 的相对取向的不同会引起观察到的磁电阻发生很大的变化。Greunberg 曾将此现象解释为由于非铁磁层 N 的存在而引起相邻层交换耦合的不同。因而当外加磁场 $\boldsymbol{H}$ 使两个铁磁层 F_1 和 F_2 之间的磁化方向相反时，两种自旋方向的导电子分别受两种磁铁的强散射，多层膜处于高阻态[图 16.44(a)]；当使两个铁磁 F_1 和 F_2 层的磁化方向相同时，两种自旋电子中的一种受到与其自旋方向相同铁磁层的散射就较弱。由于二者的并联关系，从而由多层膜中处于低散射通道的起着短路作用而使整个器件处于低阻态[图 16.44(b)]。利用上述这种两个反铁磁层的耦合性质及其大小能够通过磁控制自旋的方向和大小。所谓“自旋 ”设计就

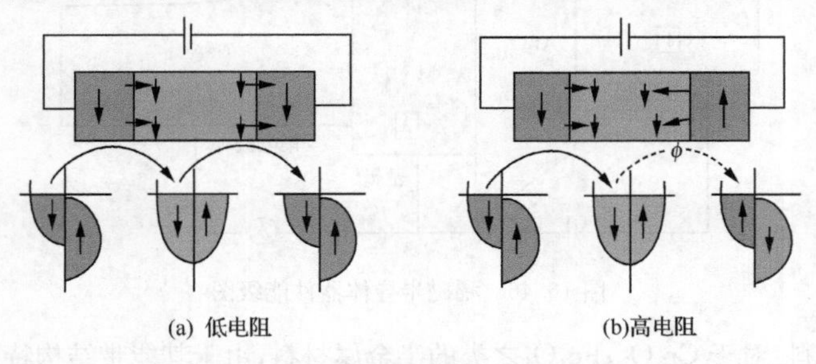

(a) 低电阻　(b)高电阻

图 16.44　磁隧穿结原理的示意图

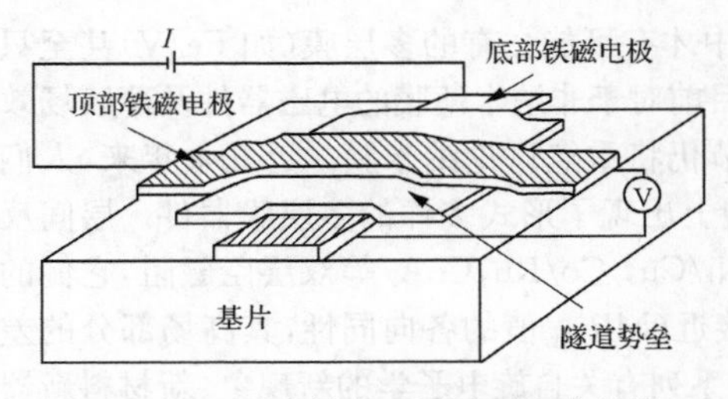

图 16.45　隧穿效应、磁动态随机存储器

在计算机的信息存储材料中的磁随机存取存储器(MRAM)中得到重要应用。例如,将要读的信息记录在机器带动磁带上作为 F_2,而将第一层铁磁体 F_1 使载流电子极化作为固定磁头(图 16.45),即将"写"在硬盘中的磁信息(如取 F_2 中的低磁阻态↑为"0",而取高磁阻态↓为"1")通过改变自旋阀的自旋状态从而被 F_1 的磁头"读"出来。

非耦合型夹层自旋阀结构:这种方法就是采取类似前述的 $F_1/N/F_2/AF$ 结构,其中 F_1 选用 $\boldsymbol{H}_s$ 小的软铁磁体作为铁磁体,F_2 的 M_s 值则为被相邻反铁磁层 AF 的交换耦合所引起的单向各向异性偏振场所"钉扎"(固定之意),N 仍为非铁磁层。这时 F_1 由于又采用了易于被在弱磁场作用下随 F_2 而改变它和 F_2 的相对方向,所以有很大的 GR 值,从而更适于作为自旋阀(开关)。

2. *半导体自旋电子学*

上面简单介绍了利用铁磁性隧道效应实现了电子自旋极化的注入、传递、操作和检查的大致概念及过程(相当于线偏振光通过具有旋光性的石英会使产生圆偏振光)。人们早就注意到,将磁性的铁磁金属的自旋极化电流通过直接欧姆接触,可将极化电流注入到半导体材料中去,并保持适当的自旋扩散长度。但是由于这种界面的肖特基反向势垒(金属和半导体接触形成表面能势垒)太高而导致注入效率的很低。且目前还很难找出一种在居里温度 T_c 以下同时兼有磁性和导电的材料,从而发展了一种将磁性杂质掺入半导体中的所谓稀磁半导体材料。目前人们已经开始探索到有可能应用在室温 GaAs 半导体制备 $CoFe/Al_2O_3/CoFe$ 的磁性隧穿结三极管[48]。图 16.46 表示了该器件组装及能级图。

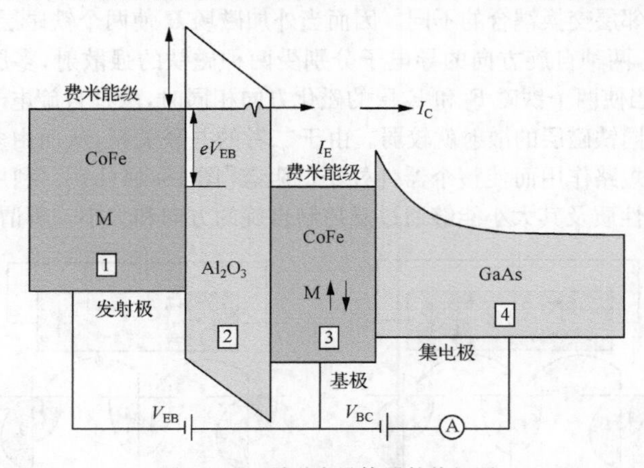

图 16.46　稀磁半导体器件能级图

半金属材料:对于 Cr_2O_3、Fe_3O_4 之类的半金属材料,由于其能带结构特点是一个自旋相关能带为金属性,另一个为绝缘性(图 16.47 中的左右两半能级)。在费米能级 E_f 面

附近处自旋向下的能带是空的，所以按式(16.4.8)其极化强度 $P\approx100\%$。而 Fert 所观察到的 $La_{2/3}SrY_3/MnO_3/SrTiO_3/La_{2/3}\ Sr_{1/3}\ MnO_3$隧穿结，其 TMR 高达 1800%。

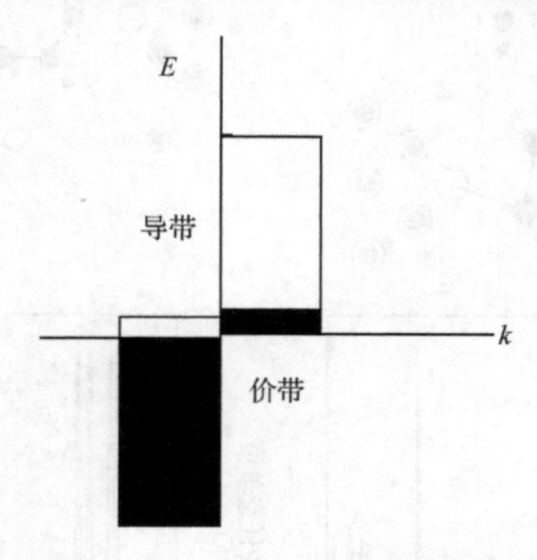

图 16.47　半金属材料的巨磁阻效应能级图

有关自旋电子学请参阅文献[49,50]。

16.4.4　分子磁体的自旋电子学

前面我们介绍了通过巨磁阻和隧穿磁阻现象，借助改变外磁场强度以控制电子的自旋态而达到自旋阀的目的。其中所用于自旋注入和输送的材料几乎都是用无机的非磁体(N)或半导体夹层式纳米薄膜材料。

新近发展的一个领域是探讨应用含有 π 共轭键的有机化合物或兼有金属和有机分子特性的配位化合物这类分子型材料来控制电子的自旋[51]。这种新颖的概念在基础和技术研究中都有很大意义。

比起通常的金属或半导体夹层材料，这种分子材料最大的可能优势在于具有弱的自旋-轨道耦合和超精细作用而可能保持较长的自旋相关弛豫时间 τ 和自由程长度 l，其另一个特点是其居里温度 T_c较低。

目前已经对分子体系的输送性质进行了系统研究，如有机隧穿结[52]等。特别是对于一些典型的简单分子，例如，通过 1,4-苯二硫醇分子体系的分子自旋阀[53]和分子磁体对其输送特性的理论研究。例如，图 16.48 所示的两种典型的有机分子、辛二硫醇(HS—(CH)$_7$—SH)和三苯二硫醇[HS—(phen)$_3$—SH]，它们分别代表了两种三层夹心式的 Ni/有机分子桥基/Ni。

辛二硫醇的非共轭分子为类似于绝缘体 N 为隔离层的类隧穿效应的隧穿结(对比图 16.44)，后者的共轭分子则类似于非磁性金属体(图 16.46)，S 为隔离层的导体隧穿结。图 16.48 中的左和右两边分别为以有机分子和 Ni(001)晶面为接触电极的自旋阀分子结构及电子性质，通过定域自旋密度近似(LSDA)的密度函数理论(DFT)和格林函数计算得到的态密度函数 DOS 以及相应孤立分子的最高占据分子轨道(HOMO)和最低未据轨道(LUMO)的等电荷密度面等结果表示于图 16.48(下图)，其中圆圈为能量最高的 LUMO轨道。由图可见对于辛二硫醇和三苯硫二醇的 HOMO-LUMO 的能隙分别约为 5eV 和 2.5eV，而且前者的前线轨道 HOMO 和 LUMO 态的电荷密度主要集中在靠近电

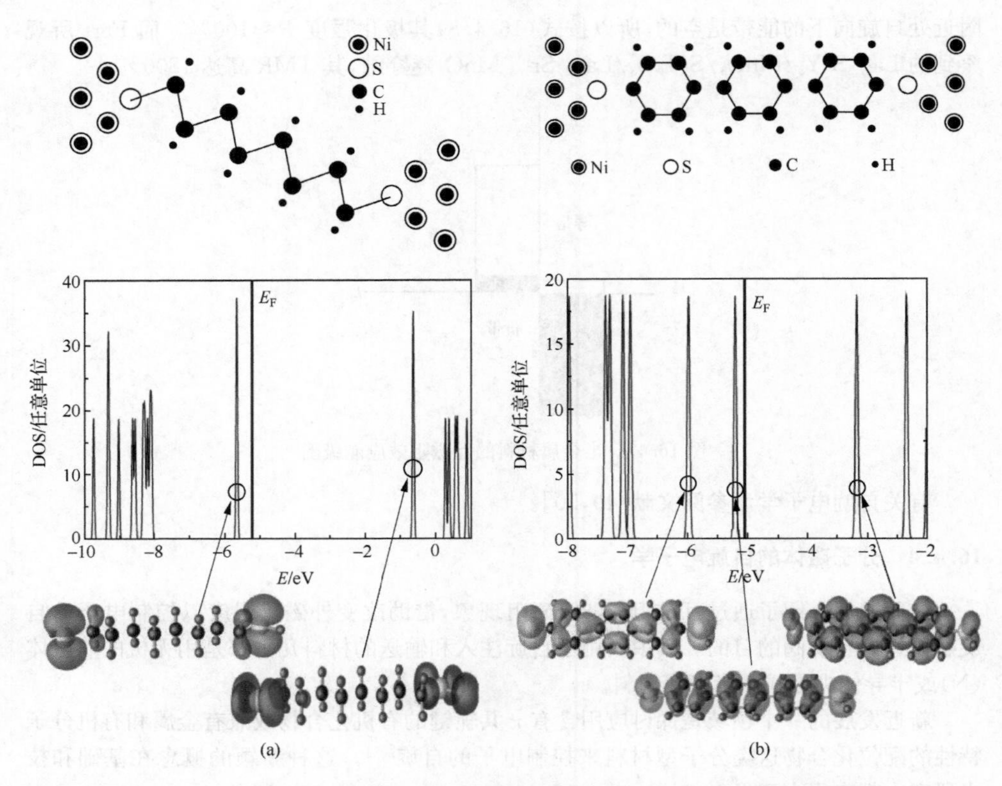

图 16.48 Ni(001)/有机分子/Ni(001)自旋阀的分子结构(上图)及其电子性质(下图)

(a) 辛二硫醇桥基;(b) 三苯二硫醇桥基

极巯基的硫原子上,后者的前线轨道则在整个分子上离域于端基和苯环的中心部分,这也就说明非共轭的硫醇对应于隧穿结,而共轭的 π 键分子三苯二硫醇对应于类金属自旋结的特性。理论得到的结果是辛二硫醇的类隧道磁电阻值约为 100%,这和最近的实验事实很一致[52]。反之,对于通过 π 轨道输送的三苯二硫醇得到的是比非共轭分子更大的磁电阻比,这可以由该分子对电极具有更大的自旋轨道选择性耦合作用而引起反平行构型的强电流抑制作用加以解释。

到目前为止,对于应用磁场于分子体系的自旋电子器件的研究仍为数甚少。例如,曾对通过将 π 共轭分子作为桥基的热电子相干自旋传输[55]和应用碳纳米管引进过自旋阀进行研究[55]。这里我们介绍由熊诗红等首次采用含有金属离子和有机配体的八羟基喹啉铝(AlQ_3)配位化合物半导体作为自旋阀隔离层,其结构为 LSMO/AlQ_3/Co。AlQ_3 还是一种很好的有机电致发光(OLED)材料,既便于和金属电极结合,有利于对器件的注入、传输和检测研究(图 16.49)[56]。该器件采用具有不同矫顽磁场 $\boldsymbol{H}_{C1}$ 和 $\boldsymbol{H}_{C2}$ 的两个铁磁性 Ni 作为联络 F_1 和 F_2 的电极,在施加不同外磁场 $\boldsymbol{H}$ 时,它们的磁化方向可以采取平行或反平行的两个相反构型。在图 16.49(a)中,两个相反的铁磁性电极是选择用半金属型

的 $La_{0.07}Sr_{0.33}MnO_3$(LSMO)作为底部电极(F_1),而以金属型的 Co 作为顶层电极 F_2。在采用不考虑电荷注入的弛豫和极化能的刚性能带近似时,可以用图 16.49(a)表示这种三层式结构的能带示意图。

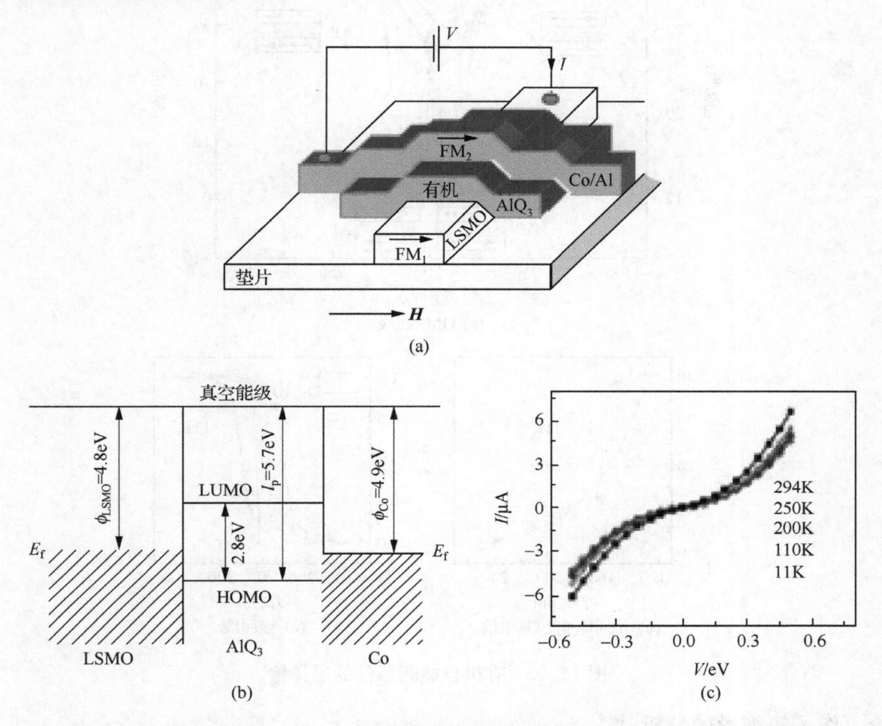

图 16.49　LSMO/AlQ_3/Co 器件的结构(a)和能级结构(b)以及传输性质(c)示意图

在应用偏低电压时,由于 AlQ_3 的 LSMO 比 E_f 高约 2.00eV,从而使空穴从金属克服底部势垒通过隧穿效应从阳极(+)注入有机半导体 AlQ_3 的 HOMO(能级比铁磁电极的费米能级 E_f 约低 0.9eV)。由于两个电极的功函数 ϕ 比较接近,从而导致它们具有对称的 I-V 曲线[图 16.49(c)],该曲线只有器件厚度 $d>100$nm 时,才会随电场的加大而出现随温度变化不大的非线性。这也说明了载流子注入时的隧穿效应实质。图 16.50 为这种 LSMO(100nm)/AlQ_3(130nm)/Co(3.5nm)自旋阀在 11K 的实验巨磁阻曲线。它们是分别在增加和降低外加磁场 $\boldsymbol{H}$,不同铁磁性磁化作用取向下,反平行(AP)和平行(P)构型状态分别对应地标记在低磁场和高磁场 $\boldsymbol{H}$ 附近。这类实验表明,这种分子自旋电子器件的低温巨磁阻效应可以高达 40%。

由此可见,在一般的隧穿结中,器件的自旋极化主要由磁性电极和绝缘体的界面电子状态所引起,但是对于分子体系,它们相互接触的几何形状、分子的分子本性及其端基官能团都可能导致不同的巨磁效应。值得注意的是,对于分子体系,不仅要重视电子的自旋相关效应和自旋-轨道耦合效应,而且也要重视分子轨道(MO)在通过电场和磁场的影响下直接调控电子的输运性质,并且通过对苯分子和石墨烯之类的电子自旋极化输运等,从

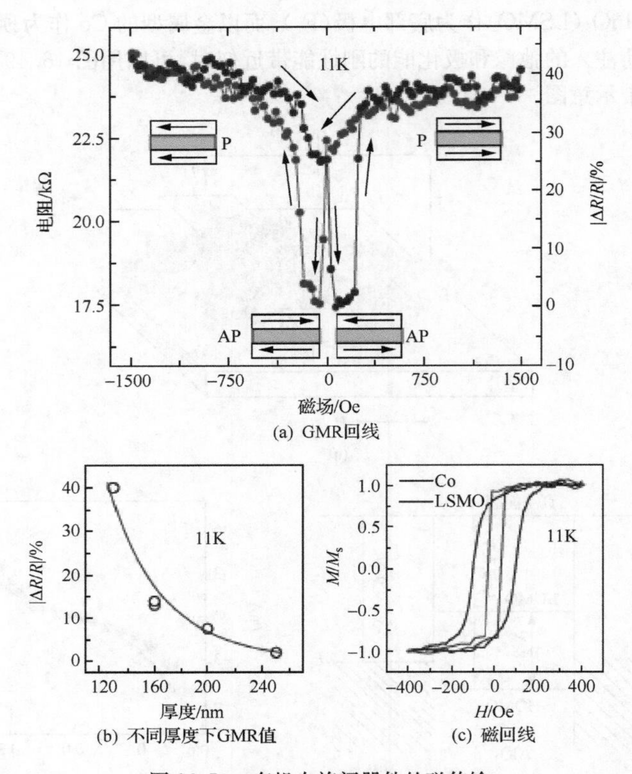

(a) GMR回线

(b) 不同厚度下GMR值　　　(c) 磁回线

图 16.50　有机自旋阀器件的磁传输

理论上作了较细微的分析[57-58]。

这些关于分子型电子自旋的初步成果是令人鼓舞的，并为分子自旋电子学和自旋-有机光致发光（spin-OLED）的分子工程设计和研究提供了一个新的前景。再次强调，不论离子型还是分子型的巨磁阻材料，它们的发展和纳米技术的发展密切相关。现在已经发展到对真正可以应用单分子磁体（参考 5.4.3 节）[$Mn_{12}O_{12}CH_2COO_{16}(H_2O)_{14}$]进行分子自旋电子学研究[59]。在基础研究方面，要保持电子自旋极化运输过程，制备层间交换耦合的巨磁阻材料及器件的设计；在应用研究方面要发展与纳米科学有关的高灵敏传感器和读出磁头。

进一步使物质通过光辐射可导致铁电性，通过磁场或电磁导致物质从绝缘体变为金属的相变，或使电荷/轨道有序相和自旋有序相之间的强关联竞争等方式都有可能导致磁阻新材料及电子器件的发展。更为新颖的是，在某些材料中，由于自旋和轨道的相互作用（磁-电耦合）导致一类介于绝缘体和低维金属导体之间的所谓“拓扑绝缘体”新物态，如 Bi_2Se_3[58-62]，其特点是在该体系中的内部具有通常的绝缘体性质，但在边界上却具有稳定的金属性质，从而避免了电子输运中的散射效应。我国薛其坤及其团队在这方面结合反常 Hall 效应做了创新性工作[63]。

参 考 文 献

[1] (a) Huang Y, Duan X F, Wei Q Q. Science, 2001,291 :630

(b) 张立德,牟季美. 纳米材料和纳米结构. 北京 :科学出版社,2011

(c) 李珍,向航编著. 功能材料与纳米技术. 北京:化学工业出版社,2002

[2] 白春礼. 扫描隧道显微术及其应用. 上海:上海科学技术出版社,1992

[3] (a)Geoffey A O, André C A,Ludovico C. Nanochmistry :A chemical approach to nanomaterials. 2nd. Cambridge : RSC Publishing,2008

(b)Brechignac C,Houdy P,Lahmani M. Nanomaterials and nanochemisry. Berlin: Springer,2007

[4] Williams R S, Alivisatos P. Springer,2010

[5] Nozik A J,Beard M C,Luther J M. Chem. Rev. ,2010,110 :6873

[6] Tang Z Y,Kotov N A. Adv. Mater. ,2005,17 :951

[7] Xia Y, Xiong Y, Lim B, Skala-blak S E. Angew. Chem. Int. Ed. ,2009,48:60

[8] Sun S H, Marray C B,Weller D,et al. Science, 2000,287 :1989

[9] Wang Xun , Zhuang Jing, Peng Qing, Li Yadong. Nature, 2005,437

[10] (a) Park J,Joo J,Kwon S G, et al. Angew. Chem. Int. Ed. 2007,46 :4630

(b) Angang D,Chen J, Vora P M, et al. Nature,2010,466 :474

[11] 李涛,陈德良. 化学进展,2011,23:2498

[12] 谢飞,齐美洲,李文江,王凯,等. 化学进展, 2011,23(12):2522

[13] (a) Wada S, Yue L, Tazawa K, et al. Oral Diseases, 2001, 7:192

(b) Tappans B C, Steiner S A, Luther E P. Angew. Chem. Int. Ed. ,2010,49 :4544

[14] Liong,M. Lu J,Kowochich M,et al. Acs Nano,2008,2 :889

[15] Warren SC, Perkins M R, Adams A M, et al. Nature Materials, 2012,11:460

[16] Zrazhevskiy P, Sena M, Gao X. Chem. Soc. Rev. ,2010, 39: 4326

[17] 刘云圻,等. 有机与分子器件. 北京:科学出版社,2010

[18] Seemen N C. Angew. Chem. Int. Ed. ,1998,37:3220

[19] 杨洋,柳华杰,刘冬生. 化学进展, 2008,20(2/3):197

[20] Braun E,Echen Y,Svan U,Berr Yoseph G. Nature,1998,391:775

[21] Meo C, Sun W, Shen Z, Seeman N C. Nature, 1999 ,397:144

[22] Yurke B, Turberfield A J,Mills A P,et al. Nature, 2000,466/10:605

[23] (a) Balzani V, Credi A, Venturi M. 分子器件与分子机器—纳米世界的概念和前景. 马骧,田禾,译. 上海:华东理工大学出版社,2009

(b)Carter F L. Molecuar electronic devices. New York:Baser Marcel Dekker,1982

[24] (a) Robertson N,McGowan C A. Chem. Soc. Rev. , 2003,32(2):96

(b) Hong W, Manrigue D Z, Moreno-Garcia P, et al. J. Am. Chem. Soc. , 2011,134:2292

[25] (a) Aviram A, Ratner M A. Chem. Phys. Lett. , 1974, 29:277

(b) Gedds N J,Sambles J R. Appl. Phys. Lett. , 1990, 56 : 1916.

[26] (a) Zhou S Q, Liu Y Q, et al. Chem. Phys. Lett. , 1998, 97 :72

(b) 周淑琴,刘云圻,朱道本. 化学通报,1998, 10 : 1

[27] Hazell A, Mukhopadhyay A. Acta. Cryst. , 1980, B36 : 747

[28] Burroughes J H, Joones C A, Friend R H. Nature, 1988, 335: 137

[29] Fujii A, Yoneyama M,Ishihara K. Appl. Phys. Lett. , 1993, 62 :648

[30] Fujii A, Yoneyama M,Ishihara K. Extended Abstracts of the 4th International Symposium On Bioelectric and Molecular Electric Devices, 1992,62

[31] Naito K, Miura A, Azuman M. Thin Solid Films, 1992, 210/211:268

[32] Feldheim D L, Keating C D. Chem. Soc. Rev., 1998, 27: 1
[33] Amman M, Wilkins R, Ben-Jacob E, et al. Phys. Rev., B, 1991, 43: 1146
[34] Feldheim D L, Grabir K C, Natan M J, Mallouk T E. J. Am. Chem. Soc, 1996, 118: 7640
[35] Klein D L, McEuen P L, Katari J E B, Roth R, Alivisatos A P. Appl. Phys. Lett., 1996, 68: 2574
[36] Awschalom D D, Flatte M E, Samarth N. Spintronic, 2002, 52
[37] 詹文山. 物理, 2006, 35: 811
[38] Coronado E, Galan-Mascaros J, Gömaz R. Nature, 2000, 408: 447
[39] 翟宏如, 鹿牧, 赵宏武, 夏钶. 物理学进展, 1997, 17: 159
[40] Rao C N R, Cheothan A K, Mahesh R. Chem. Mater., 1996, 8: 2421
[41] (a) Mott N F. Adv. Phys., 1964, 13: 325
(b) Roy V A L, Xu Z X, Xiang H F, Che C M. Adv. Mater., 2008, 20: 2120
[42] Roy V A L, Zhi Y G, Xu Z X, et al. Adv. Mater., 2005, 17: 1258
[43] Lu W, Roy V A L, Che C M. Chem. Commun., 2006, 38: 3972
[44] Bode M. Prog. Phys., 2003, 66: 523
[45] Sankar D S. American Scientist, 2001, 89: 517
[46] Parkin S S P, et al. Appl. Phys. Lett., 1991, 58: 1473
[47] (a) Berkowitz A E, Mitchell J R, Carey M J, et al. Phys. Rev. Lett., 1992, 68: 3745
(b) Xiao J Q, Jiang J S, Chien C L, et al. Phys. Rev. Lett., 1992, 68: 3749
[48] van Dijken S, Jiong X, Parkin S, et al. Phys. Rev. Lett., 2003, 90: 197203
[49] 蔡建旺等. 物理学进展, 1997, 17: 119
[50] Jiao L, Zhang L, Wang X, et al. Nature, 2009, 458: 877
[51] Rocha A R, García-SuÁrez V M, Bailey S W, et al. Nature Materials, 2005, 4: 335
[52] Petta J R, Slater S, Ralph D C. Phys. Rev. Lett., 2004, 93: 136601
[53] (a) Pati R, Sanapati L, Ajayan P M, Nayak K. Phys. Rev., 2003, B68: 100407(R)
(b) Emberly E G, Kirczenow G. Chem. Phys., 2002, 281: 311
[54] Tsukagoshi K, Alphenaar B W, Ago H. Nature, 1999, 401: 572
[55] Dediu V, Murgia A, Matacotta F C, et al. Solid State Commun, 2002, 122: 181
[56] Xiong Z H, Wu D, Vardeny Z V Shi J. Nature, 2004, 427: 821
[57] Kim W Y, Kim K S. Acc. Chem. Res., 2010, 43: 111
[58] Kim G H, Kim T S. Phys. Rev. Lett., 2004, 92: 137203
[59] Lapo Bogani, Wofgang Wernsdorfer. Nat Mater, 2008, 7: 179
[60] 叶飞, 苏刚. 物理, 2010, 39: 564
[61] Moore J. Nat Phys., 2009, 5: 378
[62] Bogani L, Wernsdorfer W. Nat Mater., 2008, 7: 178
[63] West D, Sun Y Y, Zhang S B, et al. Phys. Rev., 2012, B85: 081305(R)

第17章　光伏电池和化学储能

在能源和资源领域，要求其节约、高效、清洁、可循环利用。随着化石能源的枯竭和环境污染的日益恶化，提高能源的利用率，调整能源结构，发展新能源和可再生能源，构建可持续发展和社会进步、太阳能电池和储能新概念是目前国际上关注的主题之一[1-3]。

能源的类型很多，可以根据其形成方式分为两类，一类为自然界天然存在而且可直接使用的一次能源，如煤炭、石油、天然气、太阳能等；另一类为经加工转化而成的二次能源，如蒸汽、煤气和电池等。也可按其是否再生而分为再生能源(如氢能)和不可再生能源(如石化燃料)。随着高新科技的日益发展及人们对环境保护的重视，能源也可按其成熟程度分为常规能源，如水力发电；新能源，如氢能、太阳能、核能、生物质能、地热、风能、海洋能等[4]。真是所谓万物生长靠太阳，地球上的各种能源都离不开太阳光辐射的直接或间接的支撑，而地球上所有的能源又都是通过材料作为载体，应用物理、化学和生物等方法进行能量转换，从而又可以将能源分为物理能源、化学能源和生物能源等。本章将在介绍一些代表性能源的基础上重点介绍新能源如光转换为电的光伏电源及储能的研发。

17.1　新　能　源

作为基础，我们将首先简单介绍几种新的化学和光化学电源。将物质的化学能通过化学氧化还原反应而转化为电能的装置称为化学电源，常称为伏特(Volta)电池。

17.1.1　化学电池

化学电池在民用的手机、照相机、汽车、飞机，甚至军用的国防、宇航等领域都有重要应用。通常按电极反应是否可逆而将其分为两大类：反应不可逆的称为一次电池，也称为原电池(非再生型)，它在放电后就不能再充电用了，例如市场上常见的锌-锰干电池(1.5V)、碱性锌-锰电池(1.5V)和银-碘固体电解质电池等；反应可逆的称为二次电池，它可以通过充电方法使活性物质复原(再生型)而循环多次使用，因而既可进行放电作为电池，又可反向充电作为蓄电池，其实例除了常用的铅-酸蓄电池，还包括下面述及的新化学电源，如镉-镍电池、氢-镍电池、锂离子电池和金属氢化物-氧燃料电池等[5]。

对于化学反应中的氧化还原反应，例如，将金属锌加在硫酸铜溶液中可以发生氧化还原反应：

$$Zn + Cu^{2+} \longrightarrow Zn^{2+} + Cu$$

而转化为热能。但也可以设计如图17.1所示的铜-锌化学电池而将这类化学能转化为电能。它一般是由负电极(－)、正电极(＋)、电解质、隔膜和外壳四个主要部分组装而成。图17.1表示了一种典型可逆的Cu-Zn电池的氧化-还原反应和结构。其核心部分分别是由发生氧化-还原反应的两种活性物质(还原剂和氧化剂)组成的负极和正极。在放电过程中将化学反应能变为电能。按物理上的习惯，指定电流从正极(＋)流向负极(－)，反之，电子 e 则是由负极流向正极；但在化学上，通常规定起着氧化作用的电极称为负极，起还原作用的电极称为正极。但请注意，在电解池中则用阴极和阳极，溶液中的正离子趋向阴极，在阴极上发生还原作用，反之，负离子趋向阳极而发生氧化作用(参见 14.3.2 节)。文献上对电极命名并不统一，易于混淆。

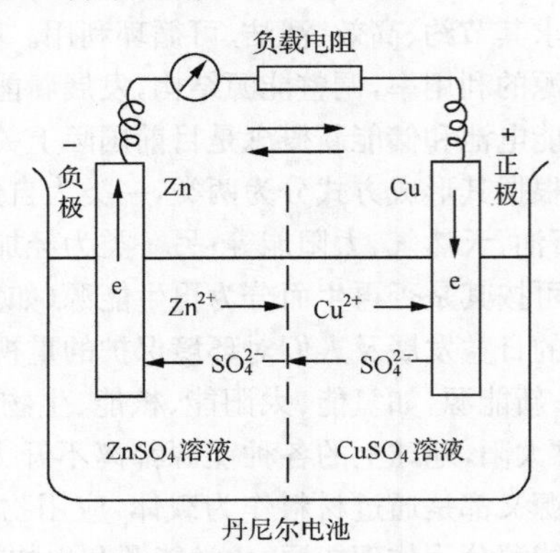

图 17.1　铜-锌电池

(－)极锌(氧化反应)：$Zn \rightarrow Zn^{2+} + 2e$

(＋)极铜(还原反应)：$Cu^{2+} + 2e \rightarrow Cu$

图 17.1 之类的化学电池的基本构造可以简单地表示为

$$(-)\ \text{还原剂} \mid \text{电解质} \mid \text{氧化剂}(+) \tag{17.1.1}$$

图中竖线(|)表示为了避免不同介质在界面之间扩散的隔膜。按化学热力学原理，在等温等压条件下，氧化-还原反应的 Gibbs 自由能 ΔG 为

$$\Delta G = -nEF \tag{17.1.2}$$

其中，按 SI 单位 F 为 Faraday(＝96 485C)常数；E 为可逆电池的电动势(对于水溶液，常以氢标准还原电位 $E^0_{H^+/H_2}=0$ 作为相对标准值，记为 NHE)；n 为反应物质的摩尔数，这里即反应的电荷转移数。显然，按式(17.1.2)，若电池是自发反应(ΔG 为负)，则其 E 值为正值，反之，E 为负值。根据物理化学原理，若电池的总反应为

$$aA + bB = cC + dD \tag{17.1.3a}$$

则根据 ΔG 和反应平衡常数 K 的关系 $\Delta G = -RT\ln K$，由式(17.1.1)，其电动势为

$$E = E^0 - \frac{RT}{nF}\ln a_C^c a_D^d / a_A^a a_B^b \tag{17.1.3b}$$

其中 E^0 为标准电动势，是个常数，其值 $E^0 = \varphi_{右} - \varphi_{左}$，$\varphi$ 分别为左边(+)或右边(－)半电池单个电极的标准电势，其值可根据相关表获得；a_C^c 为反应系数为 c 的反应物质C的活度系数(相当于有效浓度)，其他 a 的含义以此类推。所以原则上由各个 $\varphi_{右}$ 和 $\varphi_{左}$ 电极的高低可以确定电池中的正极和负极，以及该电池的理论(或最大)电动势取决于正负电极电位值的氧化还原电位之差(参见表 17.1 中最后一列)，例如对镍/氢电池可得其理论电动势为 $E=0.49-(-0.828)=1.318$V。值得注意的是，国际上对于电池电极中标准电势的

符号及计算方法有不同的系统，我们通常使用IUPAC所规定的欧洲惯例，即标准电极还原电位。实际电位则和其过电位、内阻等各种动力学因素有关。化学电池所使用的电解质通常是水溶液电解质、有机溶液电解质、熔融电解质、固体电解质和聚合物电解质等。具体选择取决于电池的类型和电解质情况、相互匹配的最佳工作温度、能够减少电池内阻及改善充放电特性的高电导率电解质、稳定而不和活性物质界面反应及不腐蚀电池壳体等因素。自1859年普兰特研制成铅酸蓄电池和1868年勒克朗谢发明锌锰干电池至今100多年来，化学电源已有100多种，一些新型高能的化学电源也得到空前的发展(表17.1)。下面将介绍几种新化学电源[6]。

表17.1 常用化学电源的电极反应及电位

电池	电极反应	单电极电位 φ 和电池的标准电动势 E^0/V
铅酸	(+)$PbSO_4+2H_2O \rightleftharpoons PbO_2+4H^++SO_4^{2-}+2e^-$	1.685
	(−)$PbSO_4+2e^- \rightleftharpoons Pb+SO_4^{2-}$	−0.356
	总反应：$2PbSO_4+2H_2O \rightleftharpoons Pb+PbO_2+4H^++SO_4^{2-}$	2.041
镍/镉	(+)$Ni(OH)_2+OH^- \rightleftharpoons NiOOH+H_2O+e^-$	0.49
	(−)$Cd(OH)_2+e^- \rightleftharpoons Cd+2OH^-$	−0.809
	总反应：$2Ni(OH)_2+Cd(OH)_2 \rightleftharpoons 2NiOOH+Cd+2H_2O$	1.3
镍/氢	(+)$Ni(OH)_2+OH^- \rightleftharpoons NiOOH+H_2O+e^-$	0.49
	(−)$M+H_2O+e^- \rightleftharpoons MH+2OH^-$	−0.828
	总反应：$Ni(OH)_2+M \rightleftharpoons NiOOH+MH$	1.318
	[$M(H_2)$为储氢合金]	
空气/锌	(+)$4OH^- \rightleftharpoons 2H_2O+O_2+4e^-$	0.401
	(−)$Zn(OH)_2+2e^- \rightleftharpoons Zn+2OH^-$	−1.249
	总反应：$2Zn(OH)_2+4OH^- \rightleftharpoons 2Zn+2H_2O+O_2$	1.649
空气/氢	(+)$4OH^- \rightleftharpoons 2H_2O+O_2+4e^-$	0.401
	(−)$M+H_2O+e^- \rightleftharpoons MH+OH^-$	−0.828
	总反应：$4M+2H_2O \rightleftharpoons 4MH+O_2$	1.229
	[$M(H_2)$为储氢合金]	
锂离子	(+)$LiMO_2 \rightleftharpoons Li_{1-x}MO_2+xLi^++xe^-$	4.0
	(−)$C_6+xLi^++xe^- \rightleftharpoons Li_xC_6$	0.2
	总反应：$LiMO_2+C_6 \rightleftharpoons Li_{1-x}MO_2+Li_xC_6$	3.8
	(M为Co,Ni或Mn等)	

(1) 镍/氢电池：H_2 除了本身可望作为清洁、高效的能源外[参考式(17.1.10)]，还可以通过多种途径而应用于其他能源，例如镍/氢电池就是它的主要应用之一。这种新型蓄电池是以储氢合金[$M(H_2)$]作为负极材料，氢氧化镍作为正极活性材料，碱金属氢氧化合物水溶液为电解质，它的结构是：

$$(-)M(H_2)\mid AK/Li(OH)\text{ 水溶液}\mid \text{氢氧化镍}(+)\qquad E=1.3V \tag{17.1.4}$$

其中，正极NiOOH在放电时还原为$Ni(OH)_2$；负电极$M(H_2)$表示储氢合金，它在充放电反应时伴随有吸氢和放氢反应。目前应用较多的负极材料是 AB_5 型稀土镍系(图 17.2)，在结构测定实验中常用较重的氘(D)代替氢(H)原子和 AB_2 型 Laves 型相合金(即大小不同的 AB 金属原子密堆积所形成的一类合金结构)，其化学反应及电位列于表 17.1 中。和类似的镍/镉电池比较，其优点是：无镉污染、能量密度高，常用于移动通信和笔记本电脑等小型电子设备中。

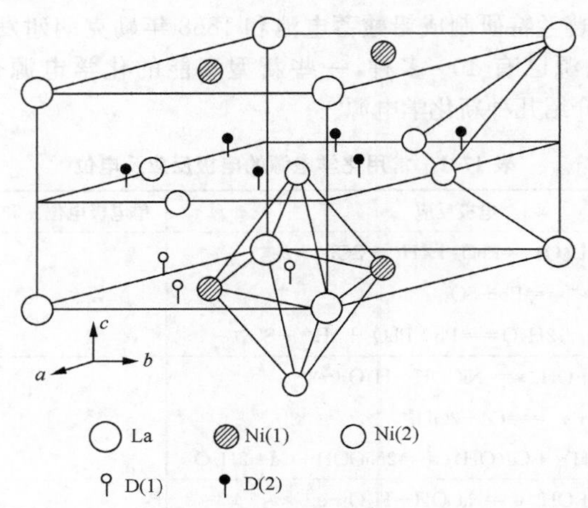

图 17.2　$LaNi_5$ 合金负极的结构及其储氢(用其同位素氘 D 代表)的结构

(2) 锂离子电池：我们首先介绍锂电池。在周期表中，锂是最轻的金属原子，并有最负的标准还原电极电位，因而采用金属锂作为负极和适当的正极材料相匹配形成的锂电池将具有高电压和高能量密度的特性。例如，Li/MnO_2 和 $Li/(CF)_n$ 等锂电池。

与锂电池不同，在锂离子电池中，锂离子 Li^+ 是负极材料。通常负极采用天然或人工插层结构的石墨(C_6)、石墨化碳纤维或活性炭(AC)；起着重要作用的正极材料则为高电位的钴酸锂($LiCoO_2$)等，它们也具有层状的结构；电解质则为由含有晶格能较小的无机锂盐($LiClO_4$、$LiBO_4$ 等)和碳酸丙烯酯、碳酸乙烯酯等有机溶剂所组成；电池的隔膜常用聚丙烯和聚乙烯之类的多孔薄膜[6](图 17.3)。在电池放电时，锂离子从层状负极中离开(相当于电子向外电路输出)，通过隔膜进入电解质后嵌入正极(充电过程则与此相反)。在这种放电和充电过程中，锂离子往返于正、负电极之间，类似于式(17.1.5)，应用于浓差电池，具体反应和电池的电位参见表 17.1，其中 x 为 O 的分数。其代表性结构为

$$(-)\mathrm{AC}(\mathrm{Li}x) \mid \mathrm{Li}\ 盐电介质 \mid \mathrm{LiCoO_2}(+) \qquad E = 3.8\mathrm{V} \qquad (17.1.5)$$

其正极也是一种锂离子插层化合物，因而有很好的可逆性和安全性。其优点是重量轻、功率大。在以大功率电动车为目标的高能化学电源中，寿命长、污染小，若能继续降低价格且克服易爆性，则可能有良好的市场前景。

17.1.2　太阳能光解制氢和氢燃料电池

人们早就观察到，利用太阳能和植物叶绿素中的卟啉 Mn 和 Mg 催化剂[图 17.4(a)]的光合作用，就可以使空气中的 CO_2 和 H_2O 转化为 O_2 和糖等碳水化合物，从而为生命

活动提供所需的能量。

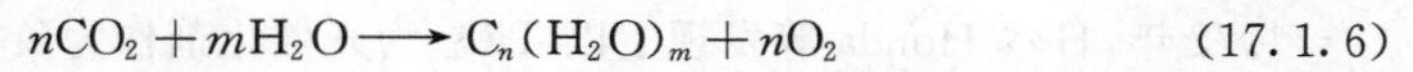

$$nCO_2 + mH_2O \longrightarrow C_n(H_2O)_m + nO_2 \tag{17.1.6}$$

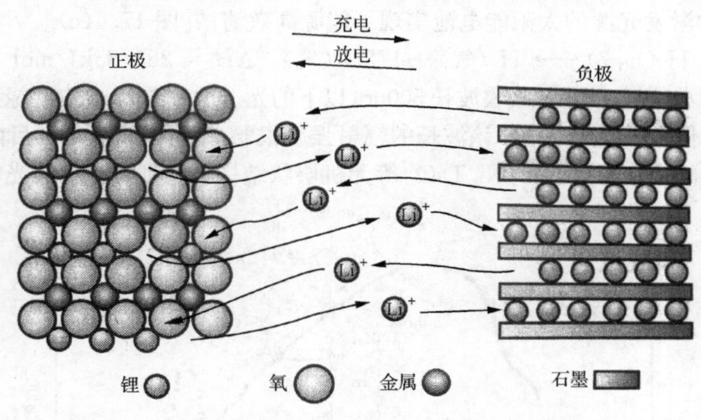

图 17.3　锂离子电池的层状结构

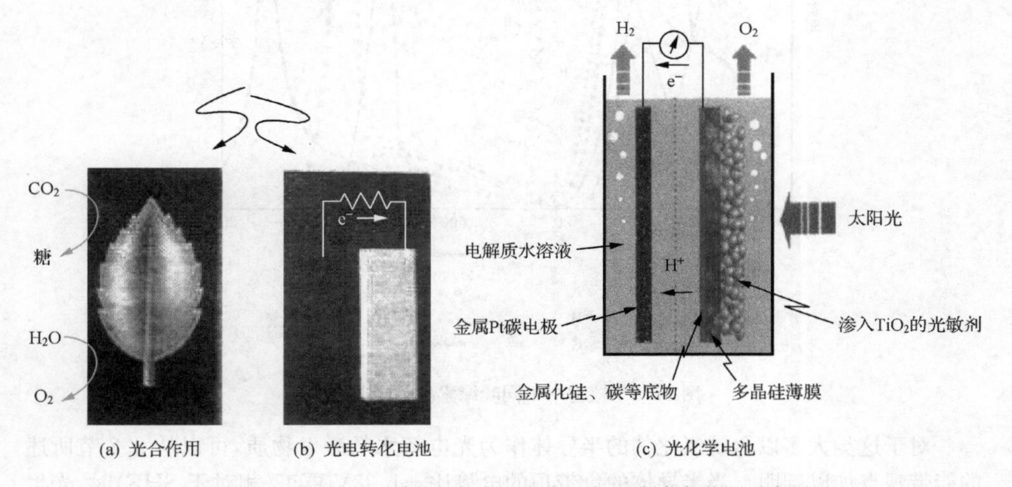

(a) 光合作用　　(b) 光电转化电池　　(c) 光化学电池

图 17.4　化学(a)、生物(b)和太阳光分解水(c)制备氢能源示意图

氢是一种理想的高能物质。它的发热值为 1.4×10^5kJ/kg，在所有化石燃料和生物燃料中是最高的。其广泛存在于地球上水的资源中。氢(燃料)、氧(氧化剂)组合是探月计划中的推进剂，用 H_2 代替汽油在 Pt-Pd 或 Mn-Cu-Co-Ag-O 等催化剂下可作为发动机燃料。

我们熟知化学中的电化学原理，在含有 H_2SO_4 为催化剂的酸性水溶液中，只要在阳极(＋)和阴极(－)之间外加大于＋1.23V 的电压时(相对于以标准氢电极的 $E^0=0$，常记为 SHE)，就会使 H_2O 中的 H^+ 接受电子而还原为氢(H_2)，使水中的 O^{2-} 氧化成氧气(O_2)[图 17.4(b)]。

$$H_2O(液) \longrightarrow H_2(气) + 1/2O_2(气) \tag{17.1.7}$$

受自然界光合作用的启发，人们就发展了利用光能在催化剂作用下分解水以制备氢

(和氧)的技术[图 17.4(c)][7-8]。

1972 年,日本 Honda 等发现了以 TiO_2 为光催化剂作为负极,Pt 为正极的光电池。以太阳能作为激发光源的太阳能电池实现了能源高效清洁[图 17.4(c)]。

$$H_2O(液) \longrightarrow H_2(气) + 1/2O_2(气) \quad \Delta H = 285.85kJ/mol \tag{17.1.8}$$

因此为了光解水制氢,就必须吸收波长 500nm 以下的光。这和图 17.5 中叶绿素的吸收光谱结果相印证。但是在太阳光谱中该波长的辐射强度很弱,制氢效率极低。目前已发现很多钌等过渡金属配合物以及 $In_{1-x}Ni_xTaO_4$ 等无机层状结构材料都有很好的光解水活性。

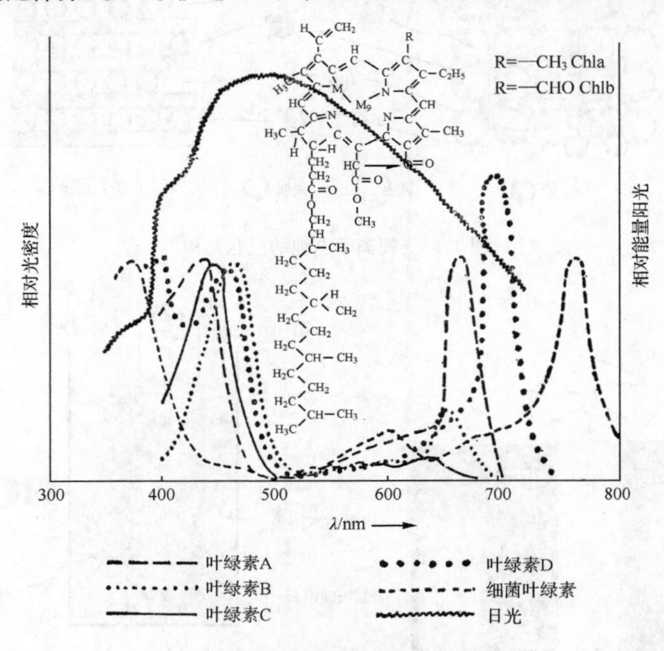

图 17.5　植物中不同叶绿素类的吸收光谱

对于这类大多以金属氧化物的半导体作为光电解水的激发物质,可以从 2.2 节所述的能带观点加以阐明。当半导体的价带顶的电势比+1.23V 更正(相对于 SHE)时,光生空穴(h^+)可以直接传输到电解质而发生反应(文献上常将电子-空穴对 $e^- - h^+$ 中电荷除去,简记为 e-h):

$$2H_2O + 4h^+ \rightleftharpoons O_2 + 4H^+ \tag{17.1.9}$$

只要能隙 E_g 足够宽,所选择的半导体中的电子 e 就可能通过外电路传输到阴极,其费米能级 E_f 可能处在比氢电极的更负的电位,从而发生还原反应:

$$2H^+ + 2e^- \rightleftharpoons H_2 \tag{17.1.10}$$

早期所用的 n 型 TiO_2 半导体其带隙高达 3eV,所以只有在吸收了紫外光下才会产生电荷载流子对 e^--h^+,所以光转换效率低。在释放 O_2 的过程中[式(17.1.9)],由于这是一个难以进行的多电子反应过程。所以要得到高效而稳定的工作,还有很多改进催化剂、电极的选择、克服过电位、光腐蚀等过程有待进行。

与氢能应用相关的新能源是燃料电池，其结构为

$$(-)\text{ 燃料 } | \text{ 电解质 } | \text{ 氧化剂}(+) \tag{17.1.11}$$

当以氢为燃料还原剂，氧为氧化剂，水溶液、熔融盐或有机盐为电解质时，在电催化作用下，则按式(17.1.6)的逆向反应，将化学能变为电能(1.23V)。氢燃料电池是一种理想的零污染能源。

氢的存储和输送是氢能实现应用的关键。与化学密切相关的除了利用合金吸附储氢外，还有配位硼氢合物[$Zr(BH_4)_4$，$Be(BH_4)_2$]储氢、吸附储氢(碳纳米管)、金属有机骨架[$Zn_4O(COD)_6$]储氢等材料[9]。

17.1.3　光伏效应和硅太阳能电池的结构和特性

在应用物理方法实现能量转换的物理电源中，最重要的就是太阳能电池。它的基本原理是利用太阳的光能，通过由能隙为 E_g(如 $E_g \sim 1.2\text{eV}$)的单晶硅或多晶、粉末硅所组成的半导体 pn 结而转换为直流电能，这就是所谓光(生)伏(特)效应[10-11](参见图 3.11)。它的工作过程是导带和价带间的能隙为 E_g 的半导体吸收了一定波长 λ 的光子能量 $h\nu$ 后，根据能量守恒定律 $E=h\nu$ 而产生电子-空穴对，这两种载流子被半导体中的 pn 结界面上所产生的内场静电场分离后，分别被太阳能电池的两个电极收集，从而在外电路中产生电流(参考 3.1 节)。

目前硅太阳能电池已成为太阳能应用的主流，并已进入产业化阶段。据报道，光电转换效率 η 在实验室中已高达 24.4%(单晶)、19.8%(多晶)或 12%(粉末硅)。太阳能电池的主要优点是：太阳能有取之不尽的储量，是一种不产生污染的绿色能源，安全可靠，随地取用，初始原料不受市场冲击。但目前主要的缺点是：在地面应用中受气候条件限制，特别是晚上和阴雨天供电就成问题，需要配备蓄电池之类的储能装置；太阳能辐射强度约为 1000W/m^2，故占用面积大；更主要的是单晶硅材料制备困难，使用天然 SiO_4 或有机硅化合物[12]，经过

$$SiHCl_3 + H_2 \longrightarrow Si + 3HCl \tag{17.1.12}$$

还原等化学过程，纯度要求高达 99.999%；光刻蚀片及电池的组装等技术含量高；成本投入比水力发电约高 10 倍。实际应用的太阳能电池是一种将不同掺杂的 n 型和 p 型半导体组件，用串并联方式经过复杂工艺和技术组装成的器件。图 17.6 为商品硅片结构的示意图，其中包括透明盖板、表面电极、全反射膜、pn 结和背电极等部件。

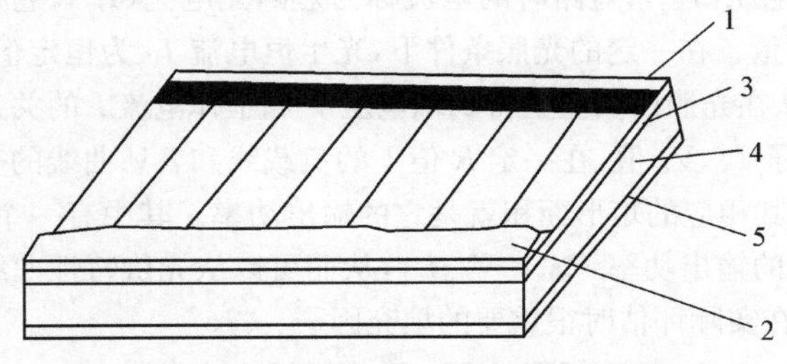

图 17.6　单层太阳能电池片的组装结构

1. 上电极；2. 减反射膜及盖板；3. 扩散顶区；4. 基体或衬底；5. 下电极或称为底电极或背电极

1. 太阳能电池的等效电路及其输出特性

为了描述太阳能电池的结构特性，并对它的宏观性能进行表征。一般采用电子学中常用的方法，即将实际的太阳能电池虚拟为如图 17.7 所示的等效电路。它是由一个恒电流发生器，一个二极管及一个负载电阻 R 所组成。其中太阳能本身的电阻由两部分构成：①串联电阻 R_s，其中包括电池导电栅极扩散层横向电阻、基体电阻、电极和基底材料的接触电阻；②并联电阻 R_{sh}，其中包括 pn 结电阻和导电膜电阻等（一般 $R_{sh}>R_s$）。图中 I_j 为通过 pn 结的结电流。太阳能电池受到光照后产生 I_L，其中一部分用来抵消 pn 结的结电流 I_j，另一部分为供给负载的电流 I。因而工作电流 $I=I_L-I_j$。可以用光电流 I_L 除以以光电流面积 A 所定义的光电流密度 $J_L=q\eta_c N(E_g)$ 公式加以计算，其中 η_c 称为收集效率或光电池的光电效率[参见式(17.1.17)]，则基于半导体中的 Shockley 的扩散理论，最后可以导出工作电流表示为

$$I=I_L-I_0\left(e^{\frac{qV_j+IR_s}{AkT}}-1\right)-\frac{V-IR_s}{R_{sh}} \tag{17.1.13}$$

其中，I 为工作电流，V 为端电压，A 为曲线拟合常数，q 为电子电荷（1.6×10^{-19} C），V_j 为结电压，I_0 特指反向饱和电流，即在黑暗中通过 pn 结的少数载流子的空穴电流和电子电流的代数和[13]。

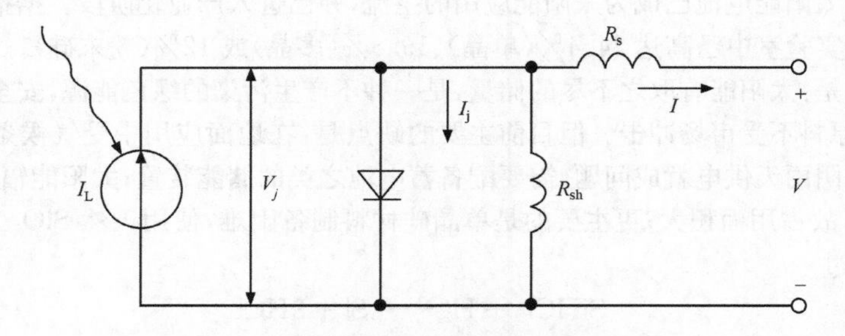

图 17.7　实际太阳电池的等效电路

1）太阳能电池的伏安曲线

通常在实验上可用伏安（V-A）曲线来描述太阳能的输出特性。太阳能电池在开路时的电压称为开路光电压（V_{oc}）；短路时的电流称为短路光电流（I_{sc}），它表示光子转换为电子-空穴对的绝对数量。在一定的光照条件下，光生恒电流 I_L 为恒定值，可以在电路中不同的负载 R 值下，从在光照的实验上得到端电压 V 和工作电流 I 的关系[图 17.8(a)]。在该伏安曲线中标明了 I_{sc}、V_{oc} 值，在一定 R 值下的负载线和 I-V 曲线的交叉坐标为该 R 值下端电压和电流 I，其相应的矩形面积就是它的输出功率。其中有一个特定工作点（V_{mp}，I_{mp}），由它得到最大的输出功率 $P_{max}=V_{mp}I_{mp}$，从而可以从光伏特性曲线中最大的方形程度的虚线面积定义在实际评估时很重要的填充因子：

$$FF=V_{mp}I_{mp}/(V_{oc}I_{sc}) \tag{17.1.14}$$

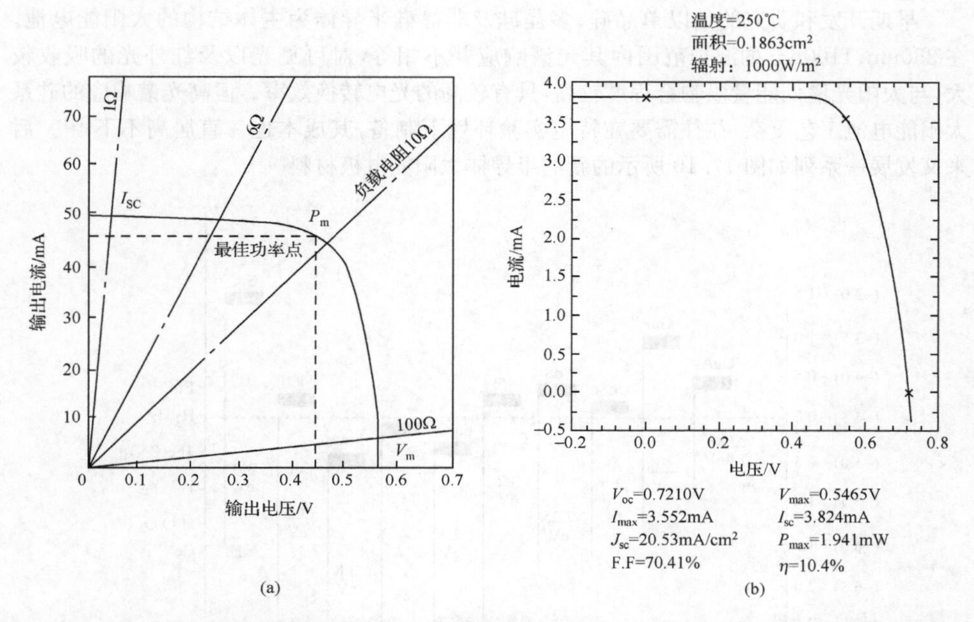

图 17.8　硅太阳能电池的特性曲线(a)；太阳能染料敏化电池(b)；在太阳光照下的 I-V 特征曲线

2）太阳能电池的光谱响应

太阳内部由于核反应而发射出不同波长的辐射光谱。由图 17.9 可知，太阳光谱主要由 400nm 以下的紫外光、400～750nm 的可见光以及 750nm 以上的红外光组成。太阳能电池材料的特性之一就是要求太阳能电池对太阳光谱中特定波长 λ 的光能产生最佳的相互匹配，即响应能给出最大光谱响应的电流。

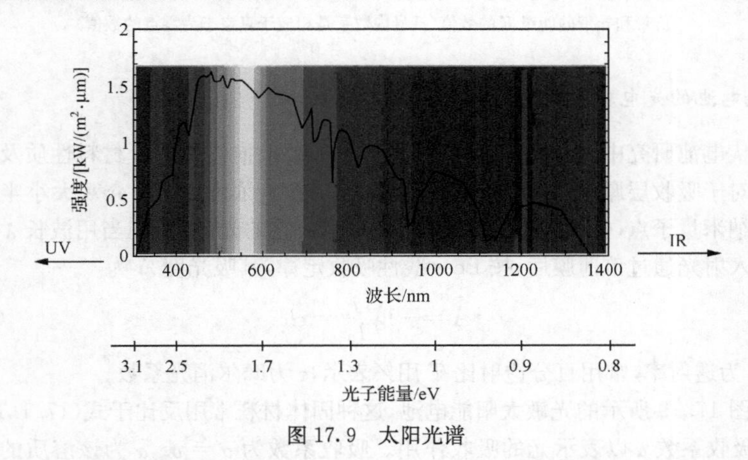

图 17.9　太阳光谱

在实验环境下，太阳能电池的光谱响应曲线与太阳光谱曲线的吻合程度越高，其理论可转化的电流量也就越高。

早期开发和研究的是以单晶硅、多晶硅及非晶硅半导体为主体结构的太阳能电池。在350nm、1100nm的波长范围内其光谱响应并不相等，对可见光以及红外光的吸收较大，与太阳光谱低能量段吻合程度较高，具有较高的光电转换效率。但高光谱响应的硅系太阳能电池工艺复杂，往往需要在特定实验环境下制备，其成本也一直居高不下[14]。后来又发展一系列如图17.10所示的新的半导体太阳能电极材料。

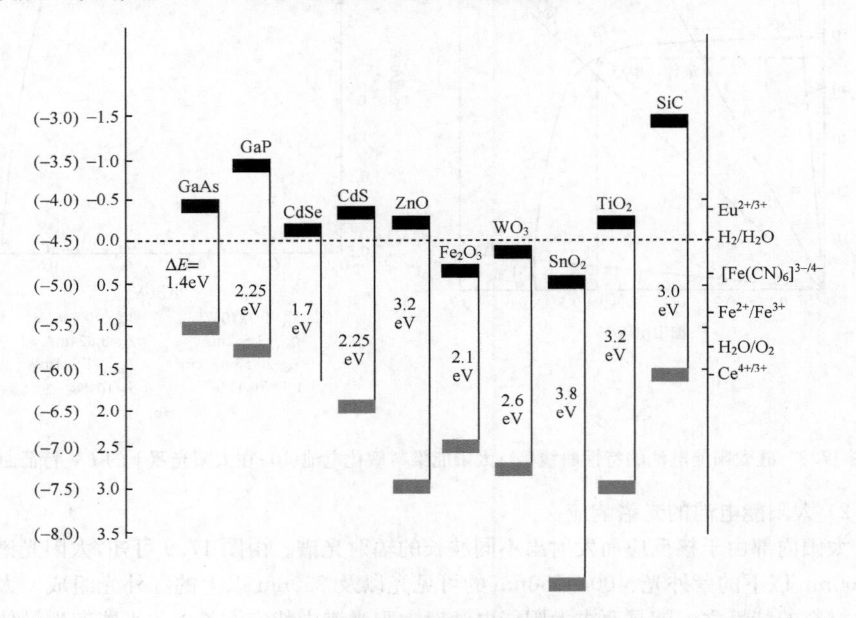

图17.10　不同半导体电极的能隙 E_g 值

图右纵坐标为相应于化学上[氧化]/[还原]电偶对的标准还原电极电位 E_0；图左纵坐标相应于半导体价带和导带的能级 E 的数值(括号内数字是相应于真空态为零点的数值)

2. 光电池的光电转换率

在光伏电池研究中，我们常要用到一些基本参数来描述和评价材料性质及其实验结果。例如对于吸收层厚度为 l 的微米级薄膜，膜中含有浓度为 c 的介观大小半导体粒子或溶质为纳米量子点(QD)，若认为薄膜透光并略去它的光散射，则当用波长 λ 单色光强度为 I 的入射光通过该薄膜后，按Beer线性吸收定律，其吸光度 A 为

$$A = -\lg \frac{I}{I_0} = \varepsilon lc \tag{17.1.15}$$

其中 I/I_0 为透射率，常用百分透射比 T 用%表示，ε 为摩尔消光系数。

对于图17.19所示的光敏太阳能电池，这种固体材料常用反比于式(17.1.16)中吸收长度 l 的吸收系数 α 以表示光的吸收作用。吸收系数为 $\alpha = \sigma c$，α 为该溶质的光吸收系数，σ 为光敏剂粒子的光吸收横截面。它可由粒子的消光系数 ε 按式(17.1.16)确定(这时习惯用CGS制)：

$$\sigma = \varepsilon \times 1000(\mathrm{cm^2/mol}) \tag{17.1.16}$$

太阳能的光电转换效率定义为太阳能电池单位受光面积的最大输出功率 $P_{\max}$ 和入射的太阳能密度 P_{L} 的百分比

$$\eta = \frac{P_{\max}}{P_{\mathrm{L}}} = \frac{\mathrm{FF} \times I_{\mathrm{sc}} \times V_{\mathrm{oc}}}{P_{\mathrm{L}}} \tag{17.1.17}$$

对于单层光伏电池，理论上其值估计不会超过30%。

由此可以导出在半导体膜中两个重要的指标：

(1) 在一定的波长 λ 下，薄膜中该半导体的光捕获系数或光吸收率为

$$\mathrm{LHE}(\lambda) = 1 - 10^{-\alpha d} \tag{17.1.18}$$

其中 d 为纳米微晶膜的厚度。例如，对于式(17.1.18)，当染料分子 $\mathrm{RuL_3}$(配体 L=2.2′-联 bpy-4,4′-二羧酸)负载在单分子层的微晶纳米 $\mathrm{TiO_2}$ 膜时，若该染料最大吸收波长的光学截面为 $1\times10\mathrm{cm^2/mol}$，在膜中的浓度约为 $2\times10^{-4}\mathrm{mol/cm^3}$，则可以得到该染料的吸收长度 $\frac{1}{\alpha}$ 约为 2.5μm，从而可以求出其 LHE 约大于90%，也说明了这种纳米微晶 $\mathrm{TiO_2}$ 膜呈现深的颜色。进一步对纳米粒子大小、能带结构、散射机理等因素进行调整，都有可能控制薄膜在不同光波下的性质。

(2) 另一个重要的指标是由外电路测量光电流所测得的电子数目，即当波长为 λ 的单色光照射在电池上所产生的电流量。这种入射光电流转换效率 IPCE 有时也称为“外部量子效率”(EQE)，可表示为

$$\mathrm{IPCE}(\lambda) = \mathrm{LHE}(\lambda)\phi_{\mathrm{inj}}\eta_{\mathrm{c}} \tag{17.1.19}$$

其中 η_{c} 为电子碰冲效率；ϕ_{inj} 为量子效率，即分子吸收光后(如激发的光效应)，将电子注入半导体中导带中电子所占的百分数。从动力学的观点看，可以用相应的反应速率常数 k 将 ϕ_{inj} 表示为

$$\phi_{\mathrm{inj}} = k_{\mathrm{inj}}/(k_{\mathrm{d}} + k_{\mathrm{inj}}) \tag{17.1.20}$$

其中 k_{d} 为去活化通道(辐射或非辐射)的速率常数，当然，这种和 k_{inj} 相互竞争的逆向机理 k_{d} 对提高光电转换效率 ϕ_{inj} 是不利的。

如式(17.1.19)所示，为了获得高的 IPCE 值，必须将各种波长的光生载流子都收集到电极上去，这时所谓的电子扩散长度参数 L_{n} 就显得十分重要。

$$L_{\mathrm{n}} = \sqrt{D_{\mathrm{e}} c \tau_{\mathrm{r}}} \tag{17.1.21}$$

其中 D_{e} 和 τ_{r} 分别为电子的扩散系数和扩散寿命。当然，只有当载流子的扩散长度 L_{n} 大于膜的厚度 $d(L_{\mathrm{n}}>d)$ 时，载流子才能被电极收集。再者，为了使载流子在所有光波的吸收长度 $(1/\alpha)$ 内都定量的被吸收，还必须满足条件 $L_{\mathrm{n}}>d>1/\alpha$。一个可发展方向是使用不同 E_{g}(～1.42eV)半导体(图17.10)，从而制备能分别收集不同波长太阳光的多层 pn 结太阳能电池，其光电转换效率可高达50%，但成本更高。

无机化合物太阳能电池的兴起与发展也使得太阳能电池的光谱响应特性得到进一步提高。以 GaAs、GaAlAs、GaLnAs 半导体及 ZnSe/GaAs/Ge 三叠层、CIGS(铜铟镓硒)薄膜太阳能电池为代表，其量子效应在400～1200nm 之间形成高宽带，具有对可见光及红外光的强吸收率。目前此类电池成本昂贵，而且具有毒性和容易造成污染，因而只用于航

天等特殊情况，仍未到普及阶段[15]。目前已通过量子阱(参见图 16.1)和纳米晶体(NC)的有效结合，制备了改进的 GaN/InGaN 型量子阱纳米层叠杂化太阳能电池的结构(图 17.11 中的上层和下层)，其光电转换的原理如图 17.12 所示。图中具有不同下标的 τ 分别对应地表示量子阱(QW)及其间的电子(e)和空穴(h)以及电子跃迁的弛豫时间。通过量子尺寸效应(参见 15.1 节)所引起的能隙 E_g 宽度和电子转移的弛豫效应、外量子效率(EQE)及光电转换率 η 都会得到有效的提高[16,17]。特别要指出的是这种杂化电池高效和稳定性的提高是由于量子阱和纳米晶体之间的 Forest 能量交换(ET)机理(参见 9.1.3 节)及 τ_{ET} 所引起的。

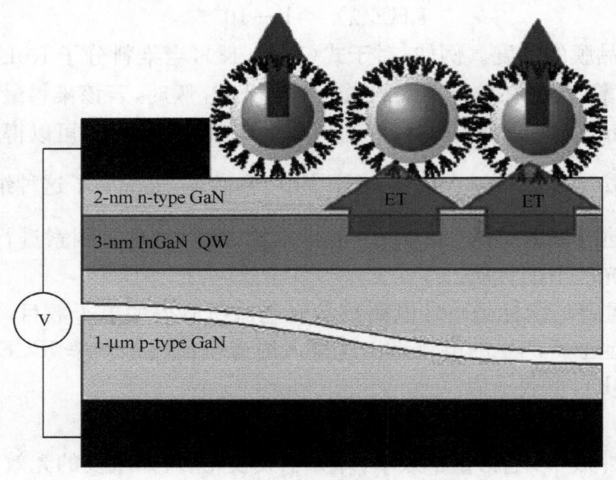

图 17.11 GaN/InGaN 量子阱 nm 晶体层叠太阳能电池

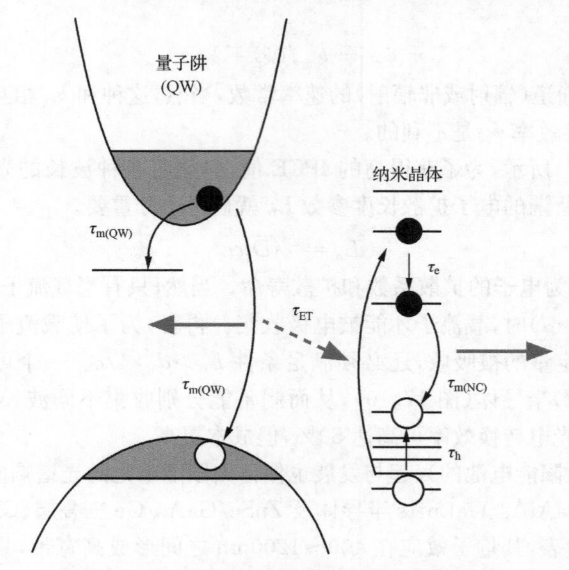

图 17.12 量子阱、纳米晶体层光电转换原理

将量子阱结构作为一种对太阳能电池光谱响应特性向长波长扩展的方法,正被尝试于各种电池[18],如硅电池[19]、叠层太阳能电池[20]中。这也是科学工作者研究的热点。对于其受质子辐射失活的不稳定性以及相对于高昂的成本等问题,还有待进一步研究。

17.2 有机和塑料太阳能电池

前面介绍的传统无机半导体的光电转换机理是吸收光子产生电子-空穴对载流子和载流子传输过程。这两步是同时进行的。下面要介绍的有机太阳能电池和敏化染料电池的光电转换机理则是光吸收光能产生激发态,再发生电子转移。自从 1990 年获得一种光伏转换效率达到 3%的有机和塑料电池后,这类新型的太阳能电池得到蓬勃的发展[13,21-23]。有机太阳能的一般结构为

$$(-)\text{ITO 玻璃} \mid \text{n 型染料} \mid \text{p 型染料} \mid \text{金属电极}(+) \tag{17.2.1}$$

一般它是由具有共轭 π 体系的电子受体(A,对应于 n 型)和给体(D,对应于 p 型)分子的有机或聚合物相互接触而组成半导体异质 pn 结(参见 3.2.2 节)。根据式(17.1.2)可以作出图 17.13 的 D-A 型异质结太阳能电池的能带结构,在太阳能的光照下,电子给体 D 捕获光子使 HOMO 的电子跃迁(1)到 LUMO,从而通过光诱导电荷转移(2)而在D/A界面之间建立了一种激子态 $D^+—A^-$ 机理,即空穴 h 保留在 D 上,而电子保留在 A 上,最后在 D/A 层之间形成一种彼此自由的电荷分离层 $D^+—A^-$ 状态。存在内电场的界面与金属电极隔开,避免了激子在电极上的失活,提高了激子分离的概率和光电池的性能。

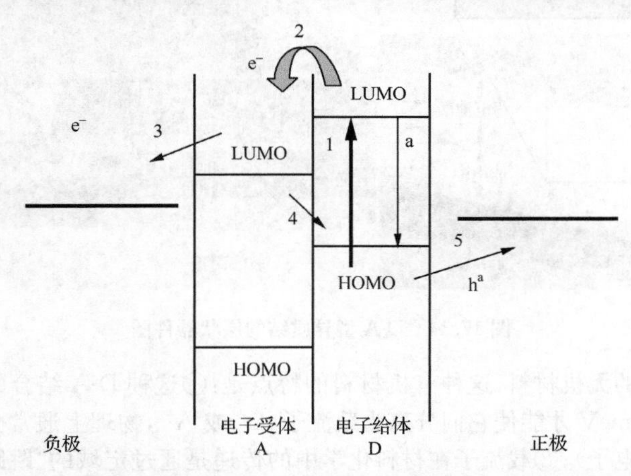

图 17.13 D-A 异质结有机太阳能电池能级结构示意图及其光诱导电荷转移机理

由图 17.13 可知,如果与受体材料相比,给体 D 的激发态(LUMO)或基态(HOMO)足够高,则在能量上有利于激子到达界面而使之离解。从动力学观点,为了有效地产生光电流,电荷分离过程(2)应该大于电子-空穴复合作用(a)。随后载流子还回到电极时的过程(3)应大于和界面复合作用(5)。

17.2.1 激子机理

和前面利用无机半导体物理原理中通过 pn 结而形成电子-空穴对的结构和机理不同，在有机太阳能电池中，则是利用化学中的有机分子材料间发生电子转移而产生电子-空穴对。激子机理在有机半导体电池中很重要[2,15]，它是含有大 π 共轭键的固体有机材料在太阳光的光子激发下，发生含有部分离域的 π 或 π^* 轨道的电子给体(donor)和电子受体(acceptor)之间电子转移，从而形成具有正-负偶极的激子。这里所说的激子就是指在光激发下由给体的 HOMO 激发一个电子，但该激发电子还并未完全转移到受体的 LUMO，而是作为离域的电子仍受到带正电的$(D\text{-}A)^+$骨架的库仑作用，从而相互结合而成为“激子”。这种新体系也常形象地记为 D-A 或⊕-⊖。这种应用于光伏电池的电子给体或受体可以是“小分子”(一般相对分子质量约为几百)，也可以是寡聚的高分子(甚至包含少量无机材料)，以及较复杂的配位化合物。它们可以用低真空蒸镀或直接从溶液中镀膜的方法制备为 DA 成对的层状结构，进而加工成有机太阳能电池器件(图 17.14)。

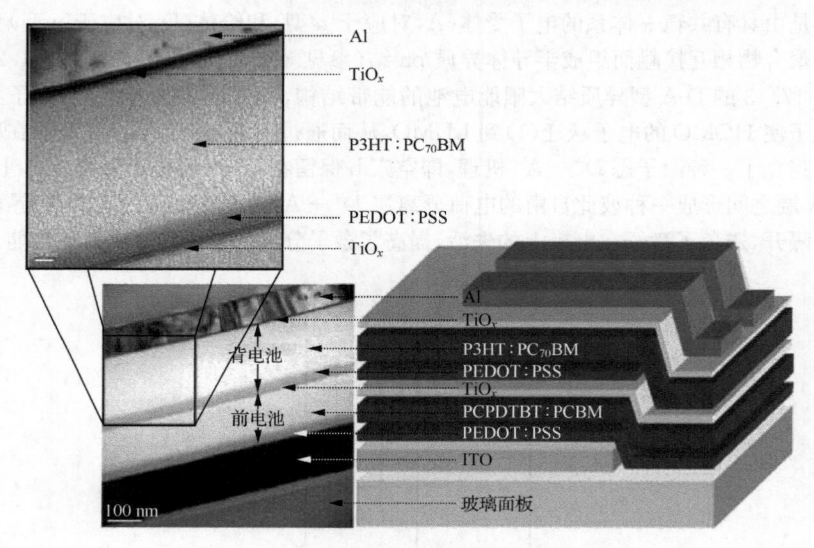

图 17.14 D-A 型异质结的层状器件图

相对于前述的无机材料，这种有机材料的特点是：①这种 D-A 结合的激子结合能很强，要高至约 100meV 才能使它们分离为载流子(D^+ 或 A^-，物理上通常分别将这种带电离子称为空穴和电子)；②载流子在材料化学中的传递是通过定域的“跳跃”机理，而不是无机材料中离域的能带机理完成的，因而其低的载流子淌度不利于薄膜设计，光电流和激子的离解性都会受温度的影响；③吸收太阳光的谱带较窄，不利于光电流的提高；④有机共轭体系的光吸收系数高达约 $10^5 cm^{-1}$，所以即使<100nm 的薄膜在吸收峰处也有很高的光密度，但太薄了易于受干扰；⑤很多有机化合物在 O_2 和空气下易于光解，不稳定；⑥由于它是一维 π 共轭体系，并易通过改变化学官能团进行调节，所以易于进行光电器件的分子设计。

17.2.2　有机太阳能电池模式

它是给体-受体(D-A)这两类型的异质结层状器件(图 17.15)。其中在 D-A 两种不同材料间的界面上,由于二者的电子亲和力和电离势不同而形成静电势(图 17.13)。如果其中的电子受体(A)的电子电离势比另一种材料电子给体(D)的大,则界面上的局部电场强大到会发生驱使由太阳光所激发而形成的激子 D-A 结合。由图 17.13 可见,当 D 的最高占据轨道(HOMO)和最低未占据轨道(LUMO)足够高时,其能量会促使激发离解而生成 D^+-A^-,从而导致在界面处正电荷的载流子 D^+ 在 D 材料的一边,而带负电的载流子 A^- 处在 A 材料的一边。这种平面的有机分子有很高的光量子效率,必须避免 D^+ 和 A^- 键的逆向重新结合生成 DA,以使 D^+ 和 A^- 在它们各自的输送自由程 l 之内能够及时到达负极(—)和正极(+)。

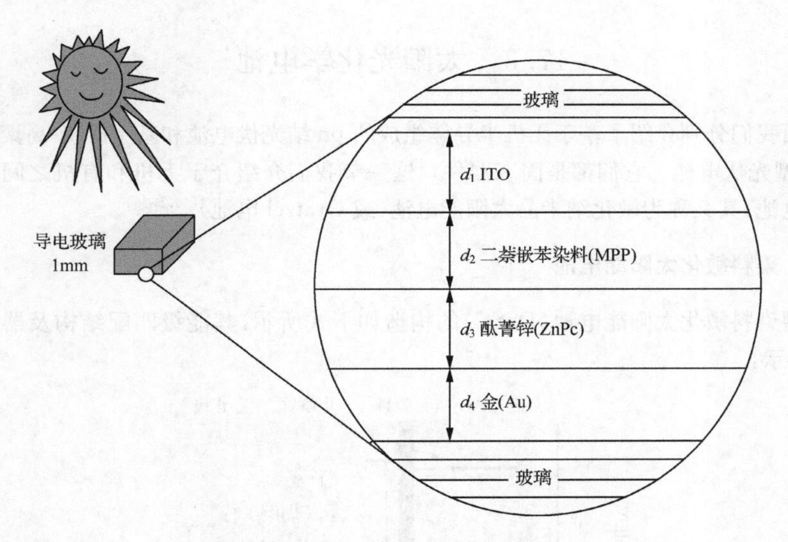

图 17.15　D-A 型有机异质结

分散型异质结:1990 年后,有机光伏中一个重要的进展是将电子给体 D 和电子受体 A 材料混杂在一起而形成分散型异质结。它们的作用畴域大小(一般为纳米数量级)类似于激子的扩散长度,从而使得这种被光激发的激子可以都扩散到其畴域的界面,并在界面处分离。分离后的载流子(正离子 D^+ 和负离子 A^-)就可以通过这种连续的途径分别向负极和正极输送,并在外电路中发生电流(参见图 17.19)。Yu 等曾用以聚苯乙烯(PPV)为空穴传输体和 C_{60} 的衍生物作为电子传输体,其量子产率达到 29%[24]。

一般有机光伏电池有很多优点,如廉价方便、从化学上易于设计调控,但其主要缺点是光电效率不高(约 10%),因而从分子水平上对这类低电流和光电转换效率有机材料和器件的设计是一个很大的挑战。目前主要的研究关注于:①提高捕获光的效率,尽量使用能增加材料在红外光域中吸收(E_g 低)的 D 或 A 聚合物。例如,用聚噻吩衍生物(图

17.14)代替 PPV。②增加薄膜层中吸收光子光电流产生的能力。例如,用光陷阱结构通过干涉作用提高捕获光子能力,利用共轭分子的各向异性捕获大角度入射和反射光的吸收。③改进电荷传输性。除了改进聚合物本身的分子结构以改进其淌度[参见式(4.1.23)]外,还可以引入不同大小和方向的 TiO_2 纳米微晶,甚至液晶相(phase)等组分。④深入理解器件功能性的实质及其数值,特别是对于载流子的激子传输、扩散长度等基本物理机理。对于混合异质结,更要注意其分子间由于聚集作用而呈现的物相状态(morphology)。⑤改进工艺技术和材料的稳定性。根据不同的材料及要求,目前生产工艺尚无较成熟的规则,大致和有机发光晶体管(OLED)的制备过程类似(参考 10.2.2 节)。对于聚合物膜,目前在研究中常用蒸镀或旋镀法,而在应用方面已趋向使用连续的印刷式(screen print)、喷镀打印式(Inkjet printing)和更为连续的滚动式(reel to ree)的制备方式。

17.3 太阳光化学电池

前面我们分别介绍了基于无机半导体组成的 pn 结光伏电池和基于有机-高聚物组成的 D-A 型光伏电池。它们都是固态器件。这一节我们介绍介于无机和有机之间的太阳光化学电池,其又称为敏化纳米晶太阳能电池(或 Gratzel 电池)[16,25-26]。

17.3.1 染料敏化太阳能电池

典型染料敏化太阳能电池(DSSC)的构造如下式所示,其能级匹配结构及器件如图 17.16 所示:

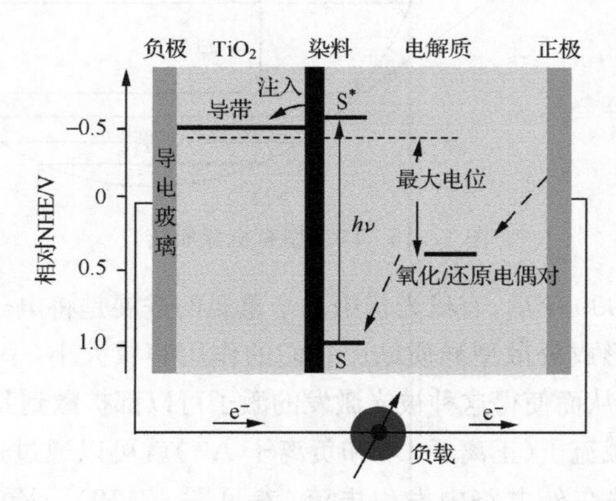

图 17.16 染料敏化太阳能电池的能级匹配及结构示意图

(—)TiO_2 薄膜导电玻璃|有机染料敏化剂 S|I_2/I^3 液体电解质|对电极(Pt)(+)

通常是用跃迁能量和太阳光谱匹配的有机或聚合物染料作为光敏剂 S 吸附到附在导电玻璃上的宽带隙半导体(通常用多孔的 TiO_2)表面作为负极。这样 TiO_2 就使得 TiO_2 体系的光谱响应由原来 TiO_2 的紫外(1.3V)延伸到包括光敏剂 S 的可见区。常用含 I_2/

I_3^- 氧化-还原电偶对的有机溶液作为电解质溶液（目前倾向于发展较为刚性的全固态和凝胶固态电解质）。光敏剂S大多为金属配位化合物（图17.17）。作为正极的对电极铂（常用在透明导电膜的玻璃上镀以铂），它除了导电之外，还能反射光线、增加光吸收，并催化正电极上 I_3^- 还原为 I_2。

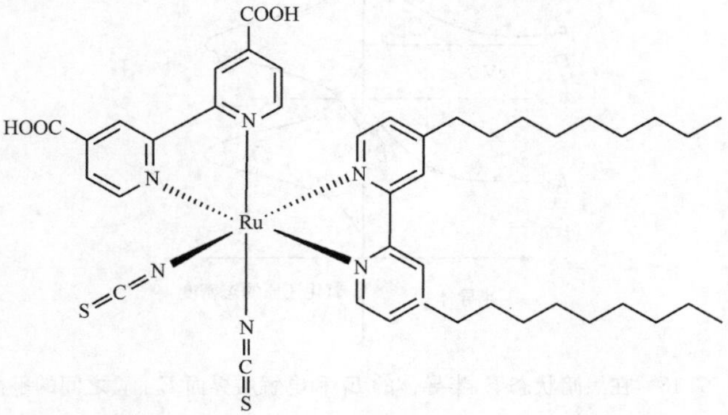

图17.17　光敏钌(Ⅱ)配位化合物

这种DSSC电池的光电转换过程大致分为三步：光波产生e-h对；e-h对的电荷分离和电荷向外负载输送。（请注意，电池中的正负极，在化学中则常称为阴极和阳极）。染料分子S吸收了透过导电玻璃和 TiO_2 的光后，从基态跃迁到激发态 S^* 形成激子，激发态电子转移到 TiO_2 半导体的导带底部中，导带电子可以瞬间到达导电玻璃，从而流向外电路的负载，输出电能[15]。处于氧化态的光敏分子S则会从电解质中得到电子而恢复成还原态（基态）而得到再生。电解质 I_3^- 则被来自 TiO_2 导带回归的电子还原成 I^-，从而完成了一个循环。

和固体"pn结"中的情况类似，光照时光子的能量 $h\nu$ 也必须大于半导体的能隙 $E_g(h\nu>E_g)$，将价带电子激发到导带，价带中留下可移动的空穴。对于n型半导体能带梯度也会引起载流子对的定向分离，空穴将沿电解质界面，在那里将氧化-还原系统（I_2/I_3^-）中还原态[Red]I_3^- 离子氧化。这时(−)电极起着光阳极的作用，因为在电极表面上发生氧化反应，所累积的电子通过欧姆接触输送到外电路，再通过对光是惰性的(+)金属电极而回到电化学体系。在对电极上，这时阴电极表面上就发生相应的还原反应，使得电解质中的光敏剂S又恢复了光氧化还原前的组分的再生循环而保持不变。电荷转移引起的光化学作用当然会引起费米能级 E_f 分裂成分别被空穴和电子占据的所谓准费米能级（quasi-E_f），其分裂程度表示了电解质氧化-还原能级和连接于光阳极的欧姆收集器之间的光伏差，这就是该光电池的开路电压 $V_{oc}=(E_f)_{TiO_2}-E_{ox}$（eV，参见图17.18）。

若用p型半导体做光阳极和惰性金属阳极作为氧化的对电极，其作为一种可再生电池，也可用和上述相应的"逆"（镜像）过程进行描述。

和pn异质结型太阳能电池相比，染料敏化太阳能电池的优势在于，吸收光子和传导电子两项任务被分开，分别由有机染料敏化剂和无机半导体承担，避免了电子和来自光敏剂S空穴间的逆向复合，大大提高了电池的性能。

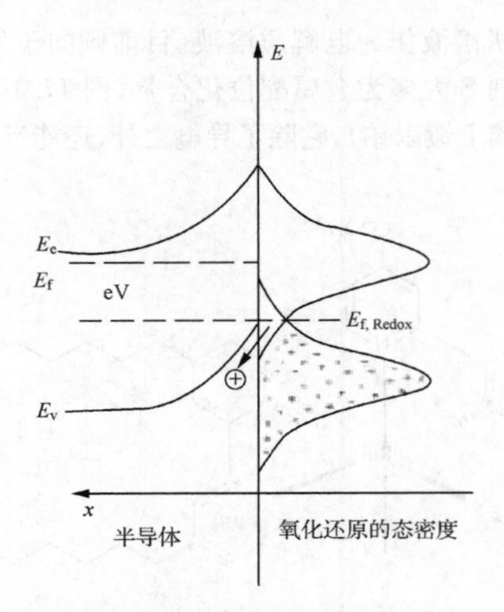

图 17.18 在黑暗状态下,半导体的 E_f 和电解质界面 $E_{f,Redox}$ 之间的平衡

17.3.2 半导体和氧化-还原溶液界面处的能态分析

在前述的无机半导体 pn 型和有机 D-A 型两种固体电池中,都是在黑暗(没有光照)的平衡时分别通过材料中的费米能级 E_f 在界面附近形成了由电子-空穴对极性偶极子。在电化学染料电池中,可以用类似的由图 17.13 来讨论半导体和氧化还原电解质界面间在黑暗时的 E_f 情况(图 17.18)[15]。由于氧化/还原电解质(如 I_2/I_3^-)是由相同的元素但具有不同的氧化态组成,所以还原态[Red]在阳极(anode)获得一个正电荷(空穴)就会转换成氧化态[Ox],在阴极(cathode)则发生相反的过程。由电化学热力学可以理解,在给定的可逆氧化-还原系统中,当处于电子得失平衡的所谓标准氧化还原电位 E_0 时(常以相对于氢电极的 $E_0=0$ 为标准),没有电流通过该电极。在这里的光电化学讨论中,这种离子的氧化还原电位 E_0 在功能上就相当于光伏接触材料的 E_f,图 17.18 中将它标记为 $E_{f,Redox}$。因而在光电子转换过程中,更易消耗具有带更正电的氧化离子,其电位处在相应于半导体的导带,而接受了电子的还原状态相当于半导体的价带。因而和凝聚态固体的能带类似,电解质中不同的离子能级由于处于不同的溶剂,电解质和环境之间的相互作用引起的取向能也会导致能级的分散而形成能带,它们的大小约为 1eV。

为了对高光敏剂 S 进行分子设计,由图 17.18 可见,在光敏剂上用化学方法接上一些羧基、羟基或者磷酸盐等基团是有利的。它们可以和半导体表面金属氧化物更好地结合而形成较强的配位键,增加光敏剂的 LUMO 和半导体导带之间的耦合,由于配位化合物中的金属 M 和配体(L)之间的电荷转移跃(MLCT)特性而使得电子可以很快地从皮秒,甚至飞秒的时间标内由配体的激发态注入半导体中,其量子产率可达到 90%。

和在有机太阳能中的情况类似,也可以采取将有机光敏剂联合无机纳米微粒混合在一起而形成纳米光敏太阳能电池(图 17.19)[16],特别是根据式(17.1.20),可以增加光电荷转移的速率。其过程是:①光激发光敏剂 S;②光敏剂通过辐射和非辐射的去活作用

(这是应该避免的);③电子陷入并扩散到粒子表面,注入导带表面;④氧化的光敏剂 S^* 俘获导带电子;⑤氧化-还原电偶对的氧化形式俘获导带电子而再生光敏剂,并将正电荷传递到对电极。图 17.19 中灰色球为 TiO_2 纳米微粒,左边放大图为光敏剂,深色和浅色小球分别为还原/氧化电耦合对的氧化和还原形式。

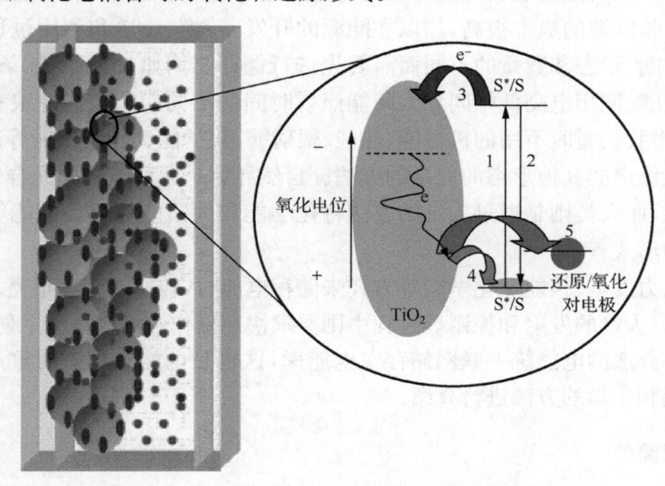

图 17.19　在纳米晶 TiO_2 表面膜上光电能量的转移过程

继 1993 年 Gratzel 以多吡啶钌类化合物(图 17.17)制成有机太阳能电池后,经多年发展,光电转化效率已高达 11%[27-29];2003 年以铜酞菁和 C_{60} 制成的塑料太阳能电池,其光电转换效率达到 6%。染料敏化纳米晶太阳能电池以其廉价的原材料、简单的制作工艺和稳定的性能,成为人们研究的焦点。太阳光电化学电池具有广泛的应用前景。为进一步提高光电转换效率,目前关注的问题是:使 TiO_2 纳米电池具有宽频的光电响应(掺杂和选择光敏剂),制备以薄层透明衬底 Pt(Ni)等为基体的透明纳米晶镀膜,研发含有实用的柔性离子固体电解质的染料敏化太阳能电池。光伏电源的开发是一个与化学、材料、物理、环境等学科相互交叉的热点研究领域[29]。这就不仅为纳米科学、无机有机杂化材料、储氢材料等新的边缘学科提供了一个平台,也为电化学、无机固体、光电材料、凝聚态物理等学科本身的基础研究与发展提供了动力。虽然各国投入了大量的人力和财力对其进行研究,并取得了一定的进展,但由于其难度比预料的大得多,因而取得重大进展或突破尚需时日。

新型的有机-无机 ABO_3 型 $CH_3NH_3PbI_3$ 太阳能电池:前面讨论的低温制备的光伏太阳能电池的主要弱点是电子-空穴激子的扩散长度太低(~10nm)。近几年来,发展了一种以 ABO_3 型结构的 $CH_3NH_3PbI_3$ 杂化材料作为固体光捕获剂,将它和电子激发层 PCBM 和空穴层 spiro:OmeTAD 进行设计组装所形成的杂化太阳能电池,其光电转换效率可以高达 15%,电子和空穴的扩散长度大到~100nm[29b]。这种新兴电池的优点是低温(~100℃)制备,价格低廉,因此日益受到人们的重视。

17.4 物理储能和化学储能

开源节能的重要性已经受到国际上的普遍关注。在某种含义上，节能的重要性不亚于开源。由于新能源的成本很高，加以在能源的开发、转换、输送和利用过程中通常由于供求之间的时间、形态和数量的不同而需要先进行储存。例如，由于实际条件，如天气不稳定性，白天和晚间用电高低峰间和太阳能照射时间的不同而造成能源浪费。储能也称为蓄能，就是将我们暂时不用的机械能、热能、辐射能、化学能、电能、核能等形式的能量转化为一种比较稳定的其他形态的能量的方法。自然界就是通过植物的光合作用将太阳能转化为化学能，而人类则是通过人工的方法将化学能和太阳能转化为电能等将能量储存起来的另一种形式[9]。

一般以水力发电、核能及化学能等方式来储存电能时，转换过程都很慢。但在电动车的启动和刹车、火箭的发射和控制等过程中则要求快速操作和响应。为了便利和节能，还希望有直接将分散的电能统一联网储存在电能库，这也是电能应用中的重点技术。下面仅对基于物理和化学的方法进行介绍。

17.4.1 物理储能

1. 介电储能

在介绍介电材料中的第 6 章中所述的介电常数 ε_r 是衡量电介质储存电荷能力的一个标准；动态介电常数 ε 则衡量了在电场 E 作用下电介质极化引起的位移电流的传导能力。在静电场 E 的作用下，介电常数为 ε_r 的介电体，其单位体积的储存电能[参考类似磁场中的式(6.3.10)]为

$$W=\frac{1}{2}\varepsilon_0\varepsilon_r E^2 \tag{17.4.1}$$

在实用上，常用介电储能材料有陶瓷无机和有机聚合物两种(表 17.2)，它们在电学、力学、热性能和制备工艺上也各有差异及优点[30]。目前的一个发展方向是将高分子材料和无机材料结合为复合材料，而发挥它们的协同效应。这里我们介绍陶瓷材料中的反铁电性储能材料。由于一般陶瓷体具有高耐电强度，其介电常数比有机聚合物的要高几千倍，所以有可能发展高储能密度的陶瓷之类的无机材料。

表 17.2 常用无机和分子电容器材料的介电性能

材料	介电常数 ε_r	介电损耗 $1000\tan\delta$/1000Hz	最高使用频率 MC/S	耐电强度 /(10^3kV/m)	计算储能密度 /(J/cm³)
X7R 陶瓷	1800	20	25	10	0.8
Z5U 陶瓷	6000	30	2	10	2.7
NPO 陶瓷	60	1	70	10	0.027
PET 聚合物	3.2	4	2	30	0.013
PS 聚合物	2.5	0.1	2500	20	0.005

具有高介电常数的线性储能材料主要是在外加电场 E 超过矫顽场强度 E_c(参见 6.3 节)时,可应用图 17.20(a)所示 D-E 滞回效应的线性关系。这时的储能密度为 $\frac{1}{2}DE$,它可以用图 17.20(a)中的阴影面积表示。为了进一步提高储能电荷及能量,除了上述增加外加电场 E 外,也可以采取 D-E 图中的非线性(弯曲)的铁电[图 17.20(b)]电容器。这时由 7.1.3 节可知,对于铁电性介质由于非线性部分贡献时的 E_r 值比仅有线性时的式(17.4.1)大,在同一电场 E 下,虽然储存的电荷也会随之增加,但在放电(即 E 降低)时,释放的电荷也随之增加,因而真正储存的电荷反应减少。

对于铁电体介质,由于 D-E 曲线中所表现的剩余极化 P_r 的出现,使得其在应用时在外部负载中实际能应用的电能就只有图中阴影的三角形面积部分是有效的。对于反铁电介质,同理也可以说明在放电时,可得到图 17.20(c)中的结果。因而,对于图 17.20 中所表现的三种材料的电滞回曲线相互比较时,可以得到在对实际晶体工程设计有用的能量时要遵守的一些原则:为了得到高介电常数 ε 和耐电压储能材料,可采用图 17.20(a)中第一类材料;为得到高饱和电场强度 E、低剩余极化 P_r 和电滞回曲线面积小的较高储能材料,应采取非线性极化的图 17. 20(b)第二类铁电材料;为得到较高储能密度,可以采取非线性极化的如图 17.20(c)所示第三类反铁电体。但在实际上,希望得到既具有储能和在有负载时又能充分地将所储存的能量释放出来的这种材料,即它是具有在电场诱导下发生反铁电体-铁电相变的材料,在室温时是反铁电材料,但在外电场超过一定的这种转变场强度 E 后变为铁电体。这种材料在外加电场减低而回到零电场的过程中又会从铁电相返回到反铁电相,从而使得它具有双电滞回曲线的特征。其概念类似于铁磁性中所表现为如图 5.3 所示的变铁磁体 M-H 磁滞回曲线。

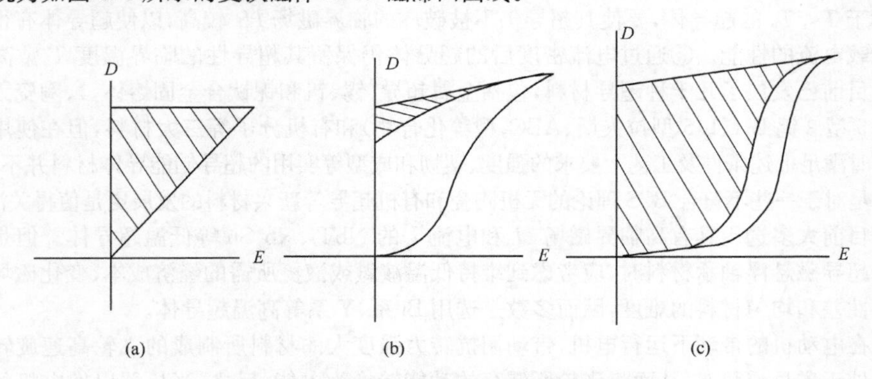

图 17.20　不同铁电介质的 D-E 弛豫曲线

(a) 一般的线性介质;(b) 铁电介质;(c) 反铁电介质

真正要完全达到上述较理想的双电滞回曲线的材料还是有一定困难的。例如,对于在 ABO_3 型的 $PbHfO_3$ 陶瓷体系中,通过加入镧系元素 Lns 改性而得到的 PLHT 材料大致具有铁电-反铁电相变,其中 PLHTZ/9515 材料的储能密度已达 $5J/cm^3$[31],但离实际要求还有一定差距。高储能密度反铁电材料还有待发展。

2. 其他物理储能方法

除了上述的典型储能方法外还有多种其他储能方法，下面对此加以简单介绍[9]。

1) 基于磁性的储能方法

该方法是基于近代超导材料发展的，所以也称为超导储能技术。它可以分为超导磁储能和磁悬浮飞轮储能两大类形式。

超导磁储能技术是将电能以磁场的形式储能。当在一个电感量为L(单位为亨利(H))的电感应线圈中通过的电流强度为I(A)时，在该线圈内可以储存一定的电磁能W(J)为

$$W=\frac{1}{2}L_0I^2=\frac{1}{2\mu_0}B^2=\frac{10^2}{8\pi}B^2 \tag{17.4.2}$$

其中用磁感应强度B(1T＝1Wb/m^2)表示能量密度W(J/m^2)，μ_0为线圈材料的介磁系数。和前述用的静电能的方法相比较，它具有较大的电能密度。但在实际应用中，当电流I很大时，会由于线圈内一定的内部电阻引起发热而引起消耗能量。因而自然会想到若使用近代发展的超导材料(其电阻$R\approx0$)作为线圈就可以大大减小内部电阻引起的消耗，而且可以产生很大的永久电流(＞100kA)，并以磁场的形式储存在超导的线圈中。这种超导磁储能的优点不仅有高达10^8J/m^{2}以上的储能密度，而且还具有减少送电、变电损耗以及快速启动和停止等优点。超导磁储能原理虽然较为简单明了，但在高效率、大容量等实用方面仍存在很大困难，有待于进一步的研究。特别是对于超导材料，还要求它具有：①导电电阻突然转变为零的临界温度T_c高。这就是目前已发展到的T_c达到室温的重大意义，1987年柏诺兹和缪勒在钡镧铜氧系统方面的创新性工作荣获诺贝尔奖得主。②对于$T<T_c$的超导体，要使其超导仍不被破坏的临界磁场H_c较高，以使超导体有很好的负载电流的性能。③通过电流密度后的超导体仍保留其超导性的临界温度T_c愈高愈好。目前已发展了几千种超导材料，包括金属超导(锡、钒和铌钛合金固熔体，)、陶瓷无机(A-15型β钨B-1、L-5型拉夫斯、ABO_3型等化合物)和有机分子等三大材料，但在使用上能同时满足上述条件及工艺上要求的强度、塑韧和成型等实用的超导储能导体材料并不多。特别是对于一些不符合BCS理论的无机陶瓷和有机超导等新兴材料的发展更是值得关注。

目前大多选用具有高临界磁场H_c和电流I_c的NbTi、Nb_3Sn等低温超导体。但是在选择超导磁悬浮轴承材料时，应考虑到维持低温液氦或液氮所需的经济成本、变化磁场的稳定性差和均匀材料的难度，因而多数是选用Bi系、Y系等高温超导体。

在电动机的带动下运行电机，带动用抗转力强度大的材料所制成的飞轮高速旋转而使其处于磁悬浮状态，从而将飞轮所储存的动能转换为电能；反之，当机器以发电机的方式工作时，飞轮所储藏的动能就会转换为电能。这也是大力发展高速度、低耗能磁悬浮火车的基本原理，但它的很多关键高新技术及降低成本问题还有待更多的研究。

2) 超导磁悬浮飞轮储能技术

对其可基于两方面的基本原理来理解。从经典力学来看，当其质量为m，质心以角速度ω做旋转运动时，它的动能表示为

$$E=\frac{1}{2}I\omega^2 \tag{17.4.3}$$

这就是说，以机械轴支撑该飞轮以动能的形式储存能量。这种飞轮和其承轴之间的摩擦力所引起的损耗使得储能效率低、容量变小。另一方面，从量子力学的超导理论可以导出迈斯纳(Meissnar)效应，其基本含义是超导体在磁场中呈现出完全的抗磁性。用图 17.21 形象化地显示，磁通线不能通过处于超导态的物体。

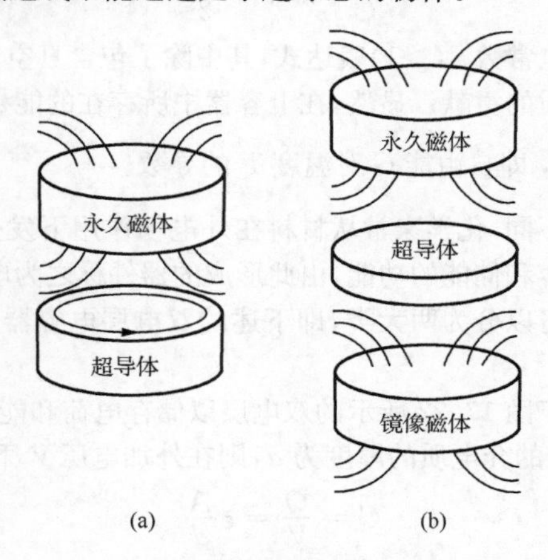

图 17.21　超导体抗磁性的诠释

如果我们用一个能产生磁场的磁体连接飞轮，在接近超导体时，就会由于上述的抗磁性，在超导体内产生感应电流，而该感应电流由于楞次(Lenz)效应而产生与外磁场强度成正比的相反磁场。这就相当于以超导体为对称面，出现了一个镜面磁场。两种磁场间的相互斥力 F 为

$$F = \frac{B^2 A}{2\mu_0} \tag{17.4.4}$$

其中 B 为磁通密度，μ_0 为介磁常数，A 为与两种相反磁场强度相互作用成正比的参数。这种磁体和超导体的相互电磁作用的磁斥力 F 就使得超导体或永久磁体稳定的处于悬浮状态。这种浮力本身也起着磁悬浮轴承的作用，从而大大减少了应用磁性物作为稳定飞轮轴与机械轴承装置间所引起的摩擦损耗。

实际设计时，还要求超导磁悬浮轴的刚性 k 要大，它是指作用在轴承上的负荷 F 和轴承在该处产生的弹性变形 δ (参见 11.3.1 节)的比值。

$$k = F/\delta = BdJ_c t \tag{17.4.5}$$

其中 t 为材料的厚度，d 为其中晶粒的大小。

17.4.2　双电层超电容器

正如我们在 6.1 节中所讨论的介电质的极化作用一样，一个简单的两个平行板所组成的电容器就是一个简单的电容器模型。当我们在开始的未充电的两个极板的表面上逐渐注入相应的电荷 λq 时(其中 λ 为 $0 < \lambda < 1$ 的分数，表示充电程度)，由于每个电极板上相同电荷之间的排斥作用，就要对它们做功。假定我们将最后所储存电荷的这一部分 λ 置于电极板上，则产生的电位为 $\lambda q/C$。若加入一个无穷小的电荷 δq，则此充电能量为吉

布斯自由能变化

$$dG=\frac{\lambda q}{C}dq=\int_0^1\frac{\lambda q}{C}q\,d\lambda \tag{17.4.6}$$

$$=\frac{q^2}{C}\int_0^1\lambda d\lambda=\frac{1}{2}q^2CV^2$$

根据式(17.4.1)中的介电常数ε(>1)表达式,其中除了包含真空部分($\varepsilon_0=1$)外,还包含了两个电容板之间电介质的贡献。显然,在电容器中所存在的能量就是吉布斯自由能,因而它的熵函数 $S=-\frac{dG}{dT}$,即自由能 G 对温度 T 的导数。

和物理充电的方法不同,化学家常从材料在外电场作用下发生电荷转移或氧化还原的电化学方法来研究电容和储能的功能,由此形成的器件称之为电化学超电容器[32]。

电化学电容器大致可以分为两大类,即下述的双电层电容器(简记为 EDLC)和下一节介绍的膺电容器[33]。

双电层电容器是基于图 17.22 所示的双电层以储存电荷和能量[34-35]。若电极板的表面积为 A,介电常数为 ε_r 的介电质的厚度为 d,则在外加电压 V 下,电容器的电容为

$$C=\frac{Q}{V}=\varepsilon\frac{A}{d} \tag{17.4.7}$$

从这个简单模型,不难理解,为了增加电容,就要增加介质的介电常数ε(涉及介质极性),或者增加电极的表面积 A(涉及多孔性),或者减小介质层的厚度 d(涉及纳米粒子大小)。从物理上看,其储存的能量就是式(17.4.6)所述的自由能。

$$\Delta G=\frac{1}{2}Q\Delta V=\frac{1}{2}C(\Delta V)^2 \tag{17.4.8}$$

由式(17.4.8)可见,除了增加电容 C 外,也可以用增加外电压 V 的方式达到储能的功能。但实际上,对于通常的电介质,在电压超过约 4V 时,会引起介质击穿而受到限制。

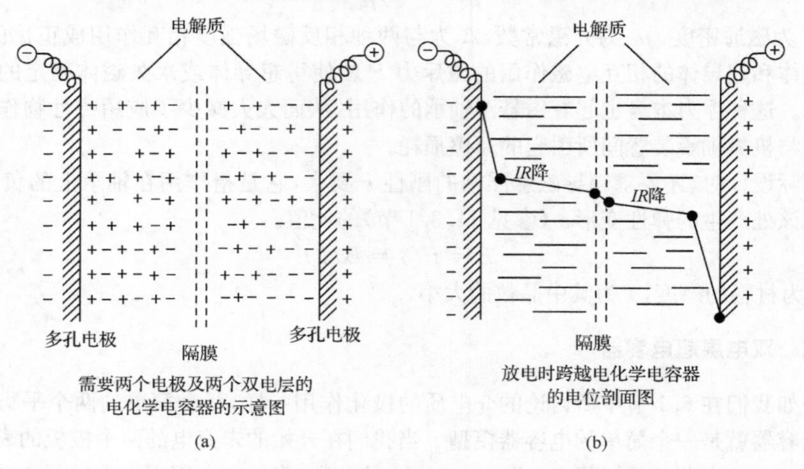

图 17.22　二个双电层电容所组成的膺电容器示意图
(a) 开路的充电电容器;(b) 放电时电容器的电位剖面图

下面我们从材料化学的观点进一步对其基础及应用加以阐明。和前面从物理观点讨论了由电极界面所形成的两个电容板所形成电容器类似，所谓的双电层就是由相距为分子尺寸的微小距离 d 的两个相反电荷层构成的界面平板(图 17.22)。其电容可以简单的从式(17.4.7)进行估计。

和物理电容器中讨论固体/固体电介质的图 6.12 情况类似，但在电化学超电容器中重点是讨论电极/溶液的界面双电层电容。为了便于理解，我们采用图 17.22 所示的双电层电容器数学模型。和式(17.1.1)所示的电池的结构类似，通常为了提高电极的表面储电量，使用两个多孔的电极板，并用隔膜将两个分别带有正电和负电的电容板隔开，避免直接接触[图 17.22(a)]。为了更深刻地了解“膺电容”的起源和工作机理，我们首先具体地分析图 17.23 中单个电极/溶液双电层[如对于图 17.22(b)中的左侧]的电容 C 和其对电势的关系。

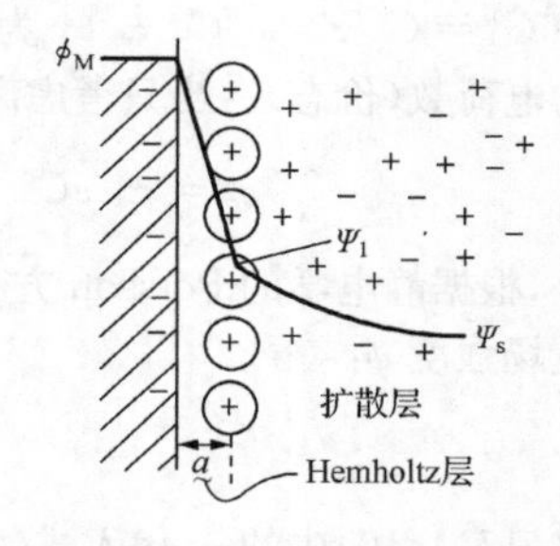

图 17.23　Stern 的双电层模型

早在 1887 年，Hemholtz 就提出了关于双电层电容的理论，经过 Gouy、Chepmun 和 Stern 的发展，该理论在胶体化学中得到了重要的应用(参见 15.2.3 节)，之后，自然地将它推广到膺电容的基础研究中。当固体和溶液接触时，所形成的双电层的原因有很多。如由于固体从溶液中选择性地吸附某种带电荷的离子，或者固体电极本身(如酸-碱或蛋白质，聚合物)的电离作用使其本身的离子进入溶液中，或溶液中的离子或分子选择性吸附，或界面间发生氧化还原反应等。当以半导体材料作为电极时，则会由于 n 型或 p 型半导体中在电极的表面上的作为载流子的电子或空穴都会分别导致表面与固体主体中不同的电荷密度。这两种不同的电荷差常称为剩余或不足电荷，一般它们定域于电极表面，从而导致在电解液中符号相反的离子聚集在界面附近(距离 d 约几个纳米)而在界面形成双电层。这种固液两相的界面上分别具有符号相反的等量电荷，这样所形成双电层的微观结构实际上是很复杂的。例如，对于 n 型半导体电极，它在离子介电质溶液中，可采用 Stern 等所发展的简化双电层模型(图 17.23)，可以定性地认为：由于电极和溶液两相剩余电荷间的静电作用和电极及溶液中各种范德华引力及共价键短程作用，使得溶液中的剩余离子电荷与固体表面离子电荷间相反的离子有一部分紧密地吸附在固体表面上形成紧密层；另一部分离子则由于热运动效应而以较为弥散的形式分散到溶液本体中心区而形成扩散层。上面我们简要地将双电层看作是由紧密层和扩散层组成的。

如果我们将距离电极表面很远的溶液主体(即剩余电荷为零处)的电位 ψ_s 作为零点，则可以将图 17.23 中的电势分为三部分：由于溶液中离子的极化作用，在固体和溶液之间的电位(即整个双电层电势 ψ_M，对应于热力学上的单电池电势)、距离固体表面约为水化离子半径的紧密层 a 处的电势 ψ_1(由于这种电势受外界电场的变化而变动，所以在胶体和生物化学中也常称为电动电势 ξ，文献上有时也称为离子雾点的电位 ψ_1)，以及被电极松散束缚的扩散层处的电势 ψ_s。

在定量处理时，借助于 Poisson 的静电方程式(2.1.2a)和 Boltzmann 方程式[参见式(5.3.14)]的结合，得到双电层中的空间电荷密度 ρ 和电极表面电位 ψ 的关系。

若距离电极表面 r 处的电位为 ψ_r，阳离子(z_+)和阴离子(z_-)的局部浓度分别为 C_+ 和 C_-，按 Boltzmann 分布原理，其浓度也分别可表示为

$$C_{\pm}=C_{\pm}^{0}\exp\left(-\frac{z_{\pm}e\psi_r}{kT}\right) \tag{17.4.9}$$

其中 $C^0=C_+z_+=|C_-z_-|$，为相关离子的平均体积浓度；z_+ 和 z_- 分别为阳离子和阴离子的电荷数(价态)。当只考虑离子的静电作用，则在 r 处的空间电荷密度 ρ_r 为

$$\rho_r=z_+eC_+^0\exp\left(-\frac{z_r e\psi_r}{kT}\right)+z_-eC_-^0\exp\left(-\frac{z_{\pm}e\psi_r}{kT}\right) \tag{17.4.10}$$

此外，根据静电学的 Poisson 方程，有了空间电荷密度 ρ 就可以由式(17.4.11)求出相应的电场强度 ψ：

$$\frac{\partial}{\partial r}\left(\varepsilon_r\frac{\partial\psi_r}{\partial r}\right)=-4\pi\rho_r \tag{17.4.11}$$

将式(17.4.10)中的 ρ_r 代入式(17.4.11)，近似地认为介电常数 ε_r 为平均常数值 $\bar{\varepsilon}_r$，则有

$$2\frac{\partial^2\psi_r}{\partial r^2}=\frac{\partial}{\partial r^2}\left(\frac{\partial\psi_r}{2r}\right)^2 \tag{17.4.12}$$

就可以得到

$$\frac{\partial\psi}{\partial r}=\pm\left\{\frac{8\pi kT}{\bar{\varepsilon}}\sum_{+}^{-}C_{\pm}^{0}\left\{\exp\left[-\frac{z\pm re(\psi_r-\psi_s)}{kT}\right]-1\right\}^{\frac{1}{2}}\right\} \tag{17.4.13}$$

在对这种扩散层进一步处理时，考虑到边界条件 $\frac{\partial\psi}{\partial r}\to 0, r\to\infty, \psi_s\to\psi$ 时，$\rho_r=0$；$r\to a$ 时，$\partial(\psi_r/\partial r)_s=4\pi q_M/\varepsilon_s$；以及在电极表面由于溶质偶极矩取向而导致在 $r\approx a$ 值时的 ε 值比溶液中主体的 ε 较低等各种效应。经过繁琐的推导可以得到电极 M 表面电荷 q_M 和双电层电位 ψ 之间较定量的关系为

$$q_M=\left[\frac{kT\bar{\varepsilon}}{2\pi}\sum_{+}^{-}C_{\pm}\left(\exp\frac{zeC(\psi_a-\psi_s)_{\pm}}{kT}-1\right)\right]^{\frac{1}{2}} \tag{17.4.14}$$

由式(17.4.14)可知，若在电极和溶液界面之间所转移的电荷量为 q（它们和金属表面的电子密度、溶液一侧的离子浓度 C 及介电常数 ε 有关）和电极上的电势 ψ（和金属中的费米能级有关）的微分形式就可以表示为双电层膺电容：

$$C_{dl}=\frac{dq}{dE} \tag{17.4.15}$$

它的积分形式可以表示为 $C_{dl}=q/E$ 或 dq/dE。

按上述的 Gouy 双电层模型，金属 M 电极和溶液间的总电位差（$\varphi_M-\psi_s$）应由（$\varphi_M-\psi_1$）和 $|\psi_1-\psi_s|$ 这两部分组成(其中 ψ_1 或称 ξ 是一个不连续而涨落的动力学参数)，所以由电荷转移、电荷储量 q_M 而引起的电位变化可以写成：

$$\frac{\partial(\varphi_M-\psi_s)}{\partial q_M}=\frac{\partial(\varphi_M-\psi_1)}{\partial q_M}+\frac{\partial(\psi_1-\psi_s)}{\partial q_M} \tag{17.4.16}$$

$$\frac{1}{C_{dl}}=\frac{1}{C_t}+\frac{1}{C_{diff}} \tag{17.4.17}$$

其中左边为单个双电层电极总电容量 C_{dl} 的倒数，右边对应的 C_t 称为 Hemholtz 紧密层电容，C_{diff} 称为扩散层(或离子雾区)电容。式(17.4.17)的一个重要意义是可由该理论公

式和实验测定的双电层电容 C_{dl} 值来评价其中 C_t 和 C_{diff} 的贡献。实验表明，紧密层电容 C_t 的贡献是主要的。这种更细微地比较和研究有利于阐明双电层的结构和机理。

显然，当阳离子优先在界面聚集时，$(\phi_M-\psi)$ 为负值，但当阴离子在界面上占优势，则 $(\phi_M-\psi)$ 为正值。

前面通过式(17.4.17)简述了单个电极的双电层性质。它可以看作为由式(17.4.17)表示的两个 C_t 和 C_{diff} 电容器的并联。但实际的赝电容器是由两个电极/溶液界面通过隔膜分离而形成的器件，其中一个电极带正电，而另一个带负电。图 17.22 表明了其放电时整个电化学电容器的电位剖面。

17.4.3　电化学赝电容器

上面介绍了传统的双电层电容的机理是起源于表面电荷 ρ 对电势 V 的关系，它们仍是以静电的形式将电荷储存于界面[金属 M 或碳的界面[即不遵守式(3.1.7)非法拉第形式]。下面我们介绍赝电容器(pseudo capacitors)。它则是起源于介质中的电活性物质和电极发生的三类主要作用：吸附/脱附、电化学氧化/还原反应，或发生离子交换反应而造成浓度梯度作用。电化学电荷转移是通过双电层[即形式上符合 Faraday 定律式(12.1.3)]而奠定了储能电容器的基础。虽然赝电容和经典静电电容的机理不一样，但将它们进行对比讨论还是有益的。下面对三种赝电容的数学模型细加说明。

如式(17.4.17)所示，由化学反应而引起的电荷转移作用所导致的 C_t 值远大于物理中的式(17.4.1)形式的双电层电容值，所以通常近似称它为赝电容或称之为超电容。影响式(17.4.17)中 C_t 值的具体因素较复杂，主要有下述三种情况。

1. 吸附赝电容

这种电化学反应的过程是基于电化学活性物质以单分子或多分子形式在金属电极 M 表面上发生吸附或脱附而引起电荷转移，从而导致赝电容 C_t。本节中采用简单的热力学处理。例如，对于 H 原子，其在金属电极上沉积的还原反应过程为

$$H_3O^+ + M + e^- \underset{k}{\rightleftharpoons} MH_{ads} + H_2O \qquad (17.4.18)$$

$$C_{H^+} \quad 1-\theta \qquad\qquad V \qquad\quad \theta$$

其中，k 为平衡常数，这时氧化剂是 H_3O^+(或 H^+)，还原剂是 MH_{ads} 中的吸附 H_{ads}。实验是在所谓的“负电位”(即其阴极电位低于释放 H_2 的可逆氢电极电势 $E^0_{H_2}$)下进行的，即在阴极释放 H_2 之前，氢原子就被吸附在金属 M 上(甚至嵌入到金属晶格)。所以式(17.4.18)中阴极反应可以看作是释放氢气 H_2 的第一步，基板金属 M 一般为具有催化作用的 Pt、Rh、Ru 等贵金属。假定采用 Langmuir 等温吸附式来描述 H 在金属 M 上的吸附：

$$\frac{\theta}{1-\theta} = kC_{H^+}\exp(-VF/RT) \qquad (17.4.19)$$

其中，θ 为金属 M 吸附氢原子的吸附分数，$(1-\theta)$ 为金属 M 上未被吸附氢原子的分数，C 为 H_3O^+ 的浓度，V 为电压。将式(17.4.19)整理得到

$$\theta = kC_{H^+}\exp(-VF/RT)/1 + kC_{H^+}\exp(-VF/RT) \qquad (17.4.20)$$

若式(17.4.18)中金属 M 上形成的单层 H 原子的电量为 q_t，则由式(17.4.20)得到赝电

容 C_t 为

$$C_t = q_t\left(\frac{d\theta}{dV}\right) = \frac{q_t E}{RT} \cdot \theta(1-\theta) = \frac{q_t E}{RT} \cdot \frac{kC_{H^+}\exp(-VF/RT)}{[1+kC_{H^+}\exp(-VF/RT)]^2} \tag{17.4.21}$$

当 M 为多晶 Pt 时，$q_t \approx 210\mu C/cm^2$，而在 Au 电极上沉积 Pt 原子时，$q_t \approx 280\mu C/cm^2$，对式(17.4.21)的 θ 微分求极值可知，C_t 在 $\theta = 0.5$ 时，其最大值为 $\frac{q_t F}{4RT}$。

值得注意的是，式(17.4.21)的推导是过分简化的，经过对 Langmuir 吸附式和考虑到分子和固体间的相互作用后，可以得到更精确的 C_t 表示式。

在电化学电容研究中，要使用各种实验方法和仪器以研究它们的等效电路(ESR)、能量和功率密度、自放电、寿命等参数，以及热力学和动力学过程。循环伏安曲线法是研究溶液电化学电容器的简单而有效的实验方法。它的重要性相当于物理中研究固体的伏安(V-I)曲线。详情这里不加叙述，请参阅有关参考书籍，这里将用循环伏安法曲线实验对所得赝电容 C_t 的性质加以验证。例如，在该实验中，用不同的线性扫描速率 $\frac{dV}{dt}$ 来回进行扫描电位信号，以测试电路中的响应电流 i，从而得到电极极化状况的信息。由于有关系：

$$C_t \cdot \frac{dV}{dt} = I \quad 或 \quad C_t = I\Big/\left(\frac{dV}{dt}\right) \tag{17.4.22}$$

因而应用这种电容 C_t和电路 I 比例关系，在不同扫描速率 $\frac{dV}{dt}$ 下得到的 I-V 曲线可以精确地反映 C_t 随电位 V 的变化性质。图 17.24 为金 Au 单晶(100)表面在负电位沉积下所得到的吸附 A 和脱附 D，Pb 原子的循环伏安曲线。在单晶或多晶的电极表面上在扫描电位范围内常会出现几个不同的电池流最大值，这是由于不同反应机理所引起的多个峰。

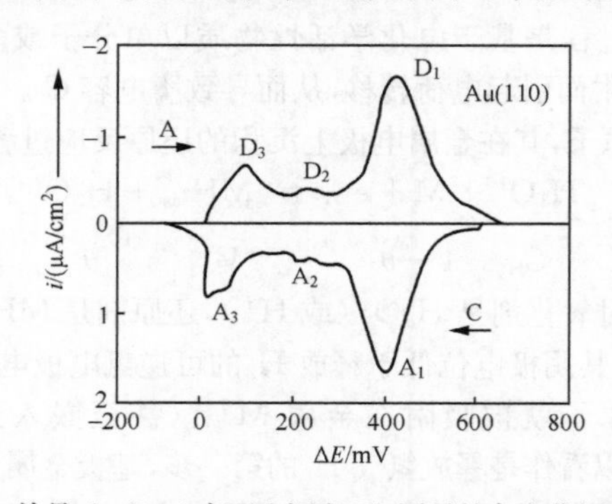

图 17.24　单晶 Au(100)表面上沉积 Pb 原子的负电位沉积循环曲线

2. 氧化-还原赝电容

这类最终的赝电容是通过化合物的氧化-还原反应而储存电量的。例如，对于铁氰化物/亚铁氰化物这一对单电极反应：

$$[Fe(CN)_6]^{3-} + e^- \rightleftharpoons [Fe(CN)_6]^{4-} \tag{17.4.23}$$

一般的可以将它用其氧化态[Ox]和还原态[Red]形式表示为

$$[\mathrm{Ox}]+\mathrm{e} \rightleftharpoons [\mathrm{Red}] \tag{17.4.24}$$

按照热力学，这种发生电子转移的电极反应可以用下列 Nernst 方程表示其平衡态的氧化还原电位[参考式(17.1.3)]。

$$E=E^0+(RT/F)\ln[\mathrm{Ox}]/[\mathrm{Red}] \tag{17.4.25}$$

其中，E^0 为标准氧化还原电势；F 为 Faraday 常数；[　]表示对应 Ox 态和 Red 态离子的摩尔浓度[Ox]和[Red]，因而对于给定反应物的摩尔数 Q=[Ox]+ [Red]，则有

$$E=E^0+(RT/F)\ln[\mathrm{Ox}/Q]/[1-(\mathrm{Ox}/Q)] \tag{17.4.26}$$

整理式(17.4.26)得到

$$(\mathrm{Ox}/Q)/[1-\mathrm{Ox}/Q]=\exp(E-E_0)F/RT=\exp(\Delta E\cdot F/RT) \tag{17.4.27}$$

将式(17.4.27)对 ΔE 微分就得到一个便于从实验上测定的电容 C 的表达式：

$$\frac{C}{Q}=\mathrm{d}(\mathrm{Ox}/Q)\mathrm{d}E=\frac{\frac{F}{RT}\cdot\exp\left(\Delta E\cdot\frac{F}{RT}\right)}{\left[1+\exp\left(\Delta E\cdot\frac{F}{RT}\right)\right]^2} \tag{17.4.28}$$

和式(17.4.25)类似，当[Ox]=[Red]=$\frac{1}{2}$时，该函数具有最大值，这相当于 $E=E^0$，Q 对应于反应物的转移电荷量。但式(17.4.28)表示的不是一个真正的静电电容，而是氧化还原反应的赝电容。

$$C=\frac{QF}{RT}\cdot\frac{\Delta E\cdot\frac{F}{RT}}{\left[1+\exp\left(\Delta E\cdot\frac{F}{RT}\right)\right]^2} \tag{17.4.29}$$

由式(17.4.29)，可估计 C 的最大值约为 $10Q$，因此对于一个浓度为 $5\times10^{-3}\mathrm{mol/cm^3}$ 的反应溶液，其 Q 值约为 $5\times10^{-3}\mathrm{F/cm}$(或 $500\mathrm{C/cm^3}$)，而其最大电容约为 $5000\mathrm{F/cm^3}$，远大于下述高比表面碳材料的吸附电容器。

3. 离子嵌入赝电容

这种储电体系和式(17.1.5)所述的锂离子插层型电池很类似，它所用的材料就是电池中的层状阴极材料 MoS_2、CoO_2、TiS_2 和 V_6O_{13}(参考图 17.3)。例如，对于 Li^+ 作为客体吸附进入上述宿主的三维晶格的层片之间时，就会形成这类嵌入赝电容。这种插入过程也需要 Faraday 电流，这时类似于电化学的热力学处理，当客体 Li^+ 在主体晶格中所占据的位置分数为 x 时，对应于浓差电池的电位为

$$E=E^0+\left(\frac{RT}{F}\right)\ln\left[\frac{x}{1-x}\right] \tag{17.4.30}$$

从而也会得到和式(17.4.26)所对应形式的赝电容 C 表达式[参见式(17.4.28)]。由于溶液中的客体离子或分子在嵌入固体宿主晶格层间扩散较慢，因而它在 I-V 曲线等谱图上所显示的响应比一般双电层电容要慢得多。

图 17.25 为 Li^+ 在富勒烯 C_{60} 的微分电吸附和脱附的 V-I 曲线(由图 17.25 可见，一般的曲线经过微分后得到的曲线在拐点处更明锐)。由于这种嵌入是以范德华引力等弱

相互作用而和宿主结合，所以在图 17.25 中出现三个不同的渐进式的峰，它们可能反映了晶格中有几种不同的占据度 x(对应于图 17.24 中三个二维吸附的峰)，吸附和脱附曲线的不对称性可以归之于缓慢的扩散性。

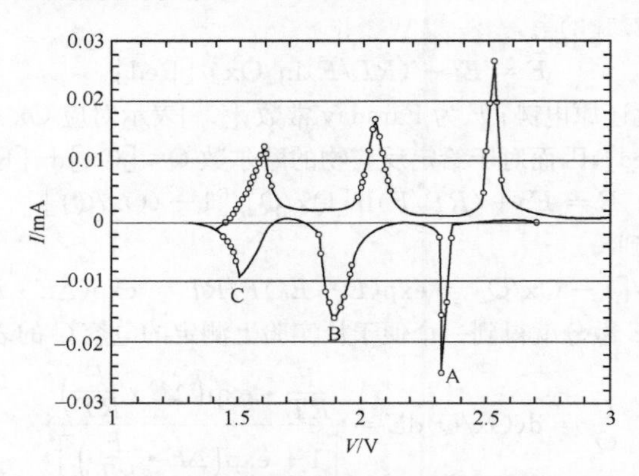

图 17.25　Li^+ 在 C_{60} 中三种不同占据度 x 状态的微分电吸附和脱附的循环 I-V 曲线

表 17.3 综合了上述三种膺电容体系的特点。由此可知，从热力学观点看，只要在电能储存过程中出现与上述三种传输电荷成正比的某种特性 y，它就与电位 E 具有下列一般形式：

$$\frac{y}{1-y} = k\exp[VF/(RT)] \tag{17.4.31}$$

表 17.3　三种膺电容类型特性

系统类型	基本关系
(a) 氧化还原系统 在氧化物晶格 $Ox + ze^- \leftrightarrow$ 还原和 $O^{2-} + H^+ \leftrightarrow OH$	$E = E_0 + [RT/(zF)]\ln[R/(1-R)]$ R=[Ox]/([Ox]+[还原]) $R/(1-R)\equiv$[Ox]/[还原]
(b) 插层系统 Li^+ 插入 MA_2	$E = E_0 + (RT/zF)\ln[X/(1-X)]$ X=层晶格位置占据分数 (如 Li^+ 插入 TiS_2)
(c) 欠电位沉积 $M^{z+} + S + ze^- \leftrightarrow SM$(S≡晶格表面位置)	$E = E_0 + (RT/zF)\ln[\theta/(1-\theta)]$ θ=二维位置占据分数

从而可以通过式(17.4.31)两边对电位 V 微分得到和电容 C 的相关式：

$$\frac{\mathrm{d}y}{\mathrm{d}V} = \frac{k\exp\left(\frac{VF}{RT}\right)}{\left[1+\exp\left(\frac{VF}{RT}\right)\right]^2} \tag{17.4.32}$$

其中的 y 值分别对应于表 17.3 中三种膺电容类型的 R、X 和 Q 之一。可见其本质是要求自由能变化 $\Delta G(=-nEF)$ 和结构类型中的活性项存在对数形式的关系。

值得注意的是，在式(17.4.32)中，只考虑了离子或分子的理想情况，而没有深入考虑到它们之间的相互作用、溶液和电极界面之间的相互作用、反应的不可逆性以及实际器件结构和不同频率下的测试方法等问题。因而在分析理论等效电路形式及实验结果时都要具体情况具体分析。特别是在电化学电极系统中，应该将依赖于电极电位 E 的双电层电容 C_{dl} 和随电位变化的法拉第膺电容 C_ϕ 加以区别。图 17.26(a)中，R_s 为串联欧姆电阻，C_{dl} 为双电层电容，C_ϕ 为法拉第膺电容，R_F 为充电法拉第漏电阻，R_F' 为吸附法拉第电阻。

在研究界面电容的极化性、机理及其交流阻抗特性和等效电路表征时，除了前述的循环伏安法为主要的研究方法外，就是应用已有商品生产的电化学系统。它是将电极表面在施加交流电压(AV)下所产生的交流阻抗(z)特性的方法。这种从实验上得到的对电极/溶液界面交流响应的阻抗谱方法不仅可以研究电容 C 与频率 ω 的关系，还能将所测定的总复数阻抗 $z = z' + iz''$ 分成为实数部分 z' 和虚数部分 z''。与通常的电学方法类似，其中包括与 ω 无关的直流电阻 R、与交流频率 ω 相关的电容 $C(\sim i\omega c)$ 和电感 $L(j\omega L)$。从而对不同的微观电极结构参数和按不同元件方式组合的整个电容器件的宏观等效电路进行更具体的理论分析和验证，而更有利于对微观机理地理解和对宏观设计地指导。

对于每一个特定的双电层结构在不同的实验频率 ω 下所得到的实数 z' 和虚部 z'' 实验值可以作图[称为 Nyquist 图，图 17.26(b)]。图中实数轴 z' 会出现几个对应于欧姆电阻和感应电阻。

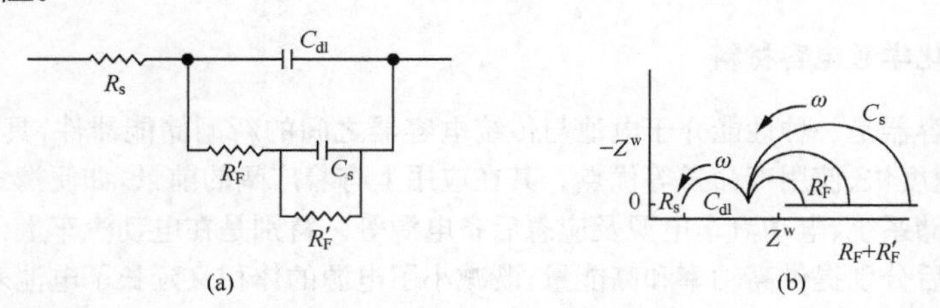

图 17.26　复杂的等效电路(a)及其在阻抗 Z 复平面上的频率 ω(b)响应曲线示意图

根据将电化学的动力学反应机理和双电层电容理论相结合的方法可以设计体系的等效模拟电路。对于一个复杂的电化学电容体系，可以建立一个如图 17.26 所示的等效电路模型，其中包括的参数有：①普遍存在的双电层电容 C_{dl}；②和电极界面阻抗串联的溶液电阻 R_s；③和任何与电位 V 相关的诱导电荷转移电阻 R_F；④膺电容 C_ϕ；⑤和 C_ϕ 相关的诱导阻抗 R_F；⑥也可能在电容 C_ϕ 所处的电位下有与表面形成复层所引起的过电位沉积(OPD)而发生的解吸附等效电阻 R_F'。

例如，对于简单的双电层电容器，其等效电路的组成就只相当于图 17.26(a)左边所示的 C_{dl} 及其附有的溶液串联电阻 R_s、并联 C_ϕ、膺电容法拉第漏流电阻 R_F。在用不同频率 ω 对等效电路实验进行分析时，由于 C_{dl} 对应于高频响应，而 C_ϕ 和 R_F 对应于低频响应，通过将阻抗实部和虚部分开就可以分别求出 C_{dl} 和 C_ϕ 的不同特性[图 17.26(a)]。当 R_F 很小，C_ϕ 较大，或者在多孔电极材料中时，C_{dl} 和 C_ϕ 并联叠加在一起而很难区分。对应于化学电池中的自放电过程，扩展到多孔电极，它还具有沿着孔结构的电解质溶液阻抗 R_s 以串并联的方式结合后，可以得到近似的图 17.26(a)所述等效电路的串联。对于 17.1 节中的蓄电池(氧化还原反应)而言，其主要贡献为 R_F，而且在其组件中使用了高压，从而减少了等效电路中器件中的电阻元件，提高了功率。

作为本节小结，我们将不加详细说明，通过列出的表 17.4 来对前面电容型储能材料作一个简单的比较。详细内容请参考该领域经典著作文献[32]。

表 17.4　电化学电容和化学电池储能材料的比较

电池	电化学电容器
(1) 具有理想的单值自由能元件 (2) 随着充电和放电程度的变化，电动势原则上保持常数，除非伴随非热力学的效应，或在散电过程中产生相变的情况 (3) 除去最通常的功能外，不具电容特性 (4) 通常具有不可逆性(材料不可逆及运动学不可逆) (5) 在非恒定电流时，对于电位的线性响应调制给出了 i 对于 V 的可逆变化 (6) 除非对于插层式 Li 电池外，在近于恒电位时能恒电流放电	(1) 自由能随着材料的变化程度或电荷保特时限连续变化 (2) 电位与充电状态通过 $\lg[X/(1-X)]$ 形式热力学相关，对于膺电容是连续方式，对于双电层电容则直接比例于 Q (3) 具有电容特性 (4) 一般具有高度的可逆特性(RuO_2 或 C 双电层电容的循环寿命为 $10^{-4}\sim10^{-3}$) (5) 对于电位的线性相应响应调制给出了大致恒定的充电电流曲线，但尚与材料有一定关系 (6) 恒电流放电时给出了电位随时间而衰变，这是电容器的特性

17.4.4　电化学超电容材料

超级电容器是一种性能介于电池与传统电容器之间的新型储能器件，具有功率密度高、充放电速度快、使用寿命长等优点。其在应用上有着广阔的前景，如便携式仪器设备、数据记忆存储系统、电动汽车电源及应急后备电源等。特别是在电动汽车上，超级电容器与电池联合后分别提供高功率和高能量，既减小了电源的体积又延长了电池寿命，因而对材料的选取也有一定的要求。

在进行充电和放电时，其工作方式正好和化学电池相反。作为一个储能电容器，它是由电解质隔开的两个双电层(它们可以是相同或不同)单元组成的。

作为双电层电容器重要部分的电解质，它需具有高导电率以降低其内阻；高的分解电压以利于它的高储能[式(17.4.1)]；宽的稳定应用温度范围；低的腐蚀性及利于封存。目前的趋势是研究开发新的无机(如 $RbAg_4I_4$，β-Al_2O_3 等)和有机[如聚丙烯氰(PAN)，聚氧化乙烯(PEO)和 $LiClO_4$ 的交替电解质等]类型的电解质。

根据储能材料的化学特性及机理的不同，超级电容器材料主要分为碳基超级电容器、金属氧化物以及导电聚合物材料三种，实用上为了优化性能，也使用不同材料的复合电极[33]。

1. *碳基超电容材料*

在周期表中，碳元素具有特殊地位，其电子结构为 $1s^2$，$2s^2$，$2p^2$，除了熟知的无定形单质碳材料外，还有以 sp^3 杂化的四个单键所形成的有机分子 CH_4 之类的烷烃化合物结构及固体的金刚石结构，通过 sp^2 杂化形成层状的石墨结构以及球状共轭的富勒烯 C_{60} 结构等。作为双电层形式的电容器，要求碳电极是：高的比表面积，如 $1000m^2/g$；对于多孔碳电极要有良好的导电性；电极表面和电解质有良好的接触润湿性；避免有害的杂质引起的自泄漏过程。

碳材料，特别是石墨，表面上由于价键的部分不饱和性而具有所谓的“悬链”，因而表面或棱边等活性位置会和氧等环境分子发生化学反应而形成不同类的官能团（有机酮 $>C{=}O$，酚醛 $-$OH 和酸 $-$COOH 等）。这些基团中的羰基也可能在表面上发生氧化还原反应，从而增加 C_ϕ 活性，并被作为酸、碱基团而被滴定。

$$>CH{=}O \xrightarrow[H^+]{e} -OH \longrightarrow -O^{2-} + H^+$$

可见碳电极电容的主要贡献来自双电层电容 C_{dl}，但同时也可能出现 5%～10%的氧化还原电容 C_ϕ 的贡献。

对于具有层状结构的石墨（图 17.27），这类亲水性基团有助于碳的润湿性及多孔结构导致的 C_{dl} 贡献，更重要的是石墨可以和其他离子或分子形成具有一定比例的嵌入型夹心化合物，如 C_6Li、$C_{18}Li$、$C_{74}M$、$(CF)_n$、$C_m^+[AlC_4^- + nAlCl_3]$、$C_{6.8}CrO_3$、$C_{1850}(Sb_2O_4)$，其中前两种石墨化合物已用作阴极材料。

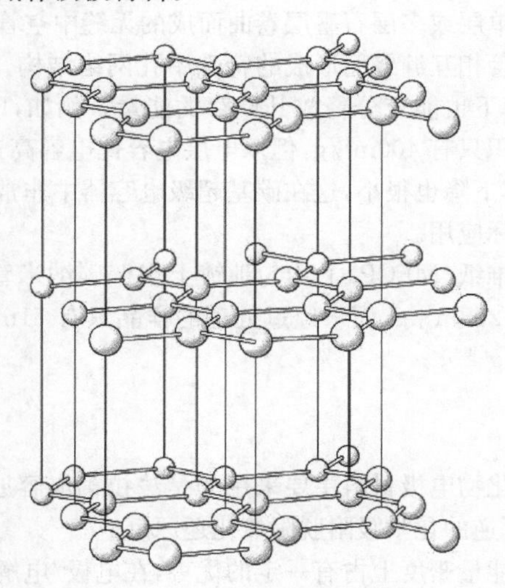

图 17.27　石墨的层状结构

碳电极储能材料利用碳极化电极/电解液界面形成双电层可以实现静电储能。它由两个插入电解液中的极化电极构成，电解液采用固体或液体电解液。

碳材料具有价格便宜、电导率较高以及比表面积大、良好的抗腐蚀性及稳定性，同时，其孔结构可控、容易处理、不与其他复合电极材料反应，故应用广泛。其主要类型有：活性炭、碳气凝胶、活性炭纤维和碳纳米管等。

1）活性炭

一般说来，只要找到合适的含碳前驱体，然后进行表面活化，调整孔径分布，增加中孔率，就可制备出比电容高的电极材料，例如，以活性炭为电极材料的电容器比电容最高电容器都能达到 200F/g 以上。现在中孔炭材料的研究越来越普遍。碳电极的孔径分布是影响超级电容器性能的关键因素。

将纳米多孔碳在 950～1150℃下用水蒸气活化[35]，经过 X 射线衍射(XRD)分析样品，发现温度在 1150℃以上其结构有所变化，比表面积为 $2240m^2/g$。两个电极都为活性纳米多孔碳的电容器比电容为 60F/g，只有一个电极为活性纳米多孔碳的比电容则为 240F/g[1.2mol/L$(C_2H_5)_3CH_3NBF_4$＋乙腈溶液]。不过纳米多孔碳运输大量电荷的能力有限。

2）活性炭纤维

Leitne 等[36]以 Nomex(芳香族聚酰胺)为原料制备了比表面积在 $1300～2800m^2/g$ 的活性炭纤维，其在 5.25mol/L H_2SO_4 电解液中的比电容达 175F/g。

此外还报道了通过催化法制得的极化电极在 6mol/L KOH 电解液中的比电容高达 297F/g[37]。人们还制备了膨胀活性炭纤维电极，其具有最大比表面积为 $300m^2/g$、比电容高达 450F/g[38]。

3）碳纳米管

碳纳米管是一种由单层或多层石墨层卷曲而成的无缝中空管，管径大小可调，有利于双电层的形成。由纳米管相互缠绕而形成的特殊中孔网络结构，能使碳纳米管具有良好的频率特性，在较高频率下也能充分释放其储存的能量。例如，Frackowiak 等[39]制得的多壁碳纳米管的比表面积只有 $400m^2/g$，但双电层电容比电容高达 135F/g，在高达 50Hz 的工作频率下，其比电容下降也很小，这在碳基超级电容器中非常罕见。但由于它的体积大、价格高，目前尚无实际应用。

在三维粉末状碳纤维纸(MFCP)上均匀地镀上多壁碳纳米管(MWCNT)，其在硝酸溶液中比表面积增高到 $208m^2/g$，而未经过处理的样品只有 $71m^2/g$，电化学性能有明显改善，比电容达到 165F/g[40]。

2. 金属氧化物

作为超电容金属氧化物电极材料主要采用的是法拉第电容原理，电极活性物质进行欠电位沉积，发生高度可逆的化学吸附脱附氧化还原反应。

金属氧化物材料在能量密度上占有一定的优势，在电极/电解液界面产生的法拉第准电容远大于碳材料表面的双电层电容，具有广阔的应用前景。归纳起来，金属氧化物电极材料主要有氧化钌、氧化锰，其他金属氧化物如氧化镍、氧化钴等。目前混合金属氧化物也得到广泛研究。图 17.28 为金属钌氧化物的循环伏安曲线图。其中最初两个阶段扫描时，发生的阳极氧化和阴极还原扫描在 0.0～0.3V 之间出现 H 的吸附和脱附，以及在约大于 0.3V 时，出现第一亚单层 OH 或 O 的沉积，然后在≥0.3V 后出现一段对应于形成表面氧化物的宽电位区，一直到在氧化膜阳极上氧化释放出 O_2，在 1.4V 附近发一个 O 原子和一个 Ru 原子协同沉积。在 1.4V 后反向扫描发生不可逆的氧化膜的还原峰。Ru 电极的特点是氧化膜的厚度随着循环扫描的增加而增加，而在 0.05～1.4V 大的电压范围内(可能通过几个钌氧化层)形成一个近乎矩形的 V-A 曲线，并且在阴极还原的半循环中不会还原到金属 Ru 的状态。关于这种反应的机理曾结合电位-pH 等热力学和谱学结构进行过研究，但仍有待进一步探讨。

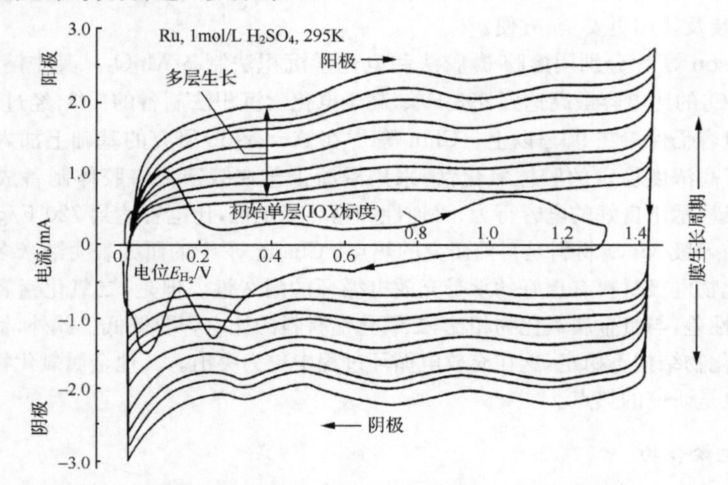

图 17.28　在 Ru 氧化物电极上进行多次电压循环而持续生长出氧化膜的循环伏安曲线
图中展现出随着可逆电流响应的增大，电容也随之增大

1）钌的氧化物

RuO_2的电导率比碳基材料大两个数量级，且在硫酸溶液中稳定，比电容高达 768F/g，它的工作电压高达 1.4V，而在一定电压范围内，其特征却与静电电容器类似，即循环伏安曲线呈对称的矩形，无尖锐的氧化还原峰，是性能最好的金属氧化物电极材料(图 17.28)。但是其昂贵价格和对环境的毒性限制了它的大规模商品化，只能应用在军工和航天这些特殊领域。

氧化钌电极材料有以下多种形式：

(1) 晶态氧化钌电极材料由于电子的运动受阻，导电性差，而且晶体 RuO_2 的氧化还原反应只能在电极表面进行，电极材料的利用率低。通常使用无定形 $RuO_2 \cdot xH_2O$，其具有像活性炭那样的多孔结构，氧化还原反应不仅可在电极表面发生而且也深入到电极内部进行。纳米级多孔结构利于 H^+ 的传输及内部 Ru^{4+} 的利用从而提高了电极的比电容。这可能和水合钌氧化物中的电子和质子易于传递从而产生和 Li^+ 嵌入过渡金属氧化物的机理相似。Zheng[41] 运用溶胶凝胶法，在低温下制备了无定形水合电极材料 $RuO_2 \cdot xH_2O$，其比电容可达 720F/g。

(2) 二氧化钌/导电聚合物复合电极材料：在聚合物表面上产生较大的双电层的同时，通过导电聚合物在充放电过程中的氧化还原反应，在聚合物膜上快速生成 n 型或 p 型掺杂，从而使聚合物存储密度很高的电荷，产生很大的法拉第电容。具有高电化学活性聚合物的比电容较活性炭要大 2～3 倍。

2）锰氧化物

二氧化锰在自然界中的丰度较高，价格低廉，制备工艺较简单。常用的制备方法有溶胶-凝胶法、液相沉淀法、化学共沉积法和氧化还原法等。二氧化锰基超级电容器可采用中性电解质溶液，而不像其他金属氧化物或碳基超级电容器那样必须采用强酸强碱电解质，这使组装及使用更安全、方便。

Anderson 等[42]分别用溶胶-凝胶法和电化学沉积法制备 MnO_2。其中溶胶-凝胶法制备的 MnO_2 的比电容最高达到 698 F/g，高于电化学沉积法制备的 1/3，经过 1500 次循环后其比电容仍保持在 90%以上。Chin 等[43]在 Anderson 研究的基础上加入四烷基季铵盐获得了高浓度稳定的胶体氧化锰，采用浸渍工艺在镍箔上将胶体制备成 MnO_2 电极。该电极显示出良好的电容行为、可逆性和循环稳定性，比电容达到 720 F/g。

制备纳米级 MnO_2 材料是目前研究的热点。Chang 等[44]的研究表明纳米多孔纤维结构的锰氧化物电极材料有更好的承受充放电循环的耐久性。但是，二氧化锰属于半导体材料，导电性差，与贵金属氧化物相比，二氧化锰材料的比电容要偏低。此外，锰化合物的价态多，氧化物结构不稳定，这在充放电循环过程中更为突出。其他金属氧化物，如镍、钴的氧化物也是研究的热点。

3. 导电聚合物

在 4.3 节中我们已介绍了通过化学掺杂制备具有多种 π 键的共轭聚合物。由于电子的得失或氧化还原作用而导致其导电性增加，颜色也会发生变化。将这种聚合物当作电极材料直接在阳极或阴极界面上进行电化学氧化或还原时也可以得到这种类似于半导体硅中 p 型掺杂和 n 型掺杂的结果。通过这种电化学氧化还原反应使在聚合物链键上形成的电荷中心程度(q)与其电极电位(V)有关。从而建立的电容 C_ϕ 可用作膺电容器。当然，由于导电聚合物本身也有类似于金属的性质。因而也兼有双电层电容 C_{dl} 的贡献。有些聚合物本身就含有一些极性官能团，它们会和电解质中的正、负离子发生 Lewis 酸和 Bronsted 碱而相互作用形成一种类似一维圆柱形的双电层。但要严格区分这两种机理的贡献是十分困难的。为了简化，不妨将图 17.29 所示的在 p 型和 n 型半导体掺杂导电聚合物链上形成一维双电层的过程作为一个较为直观的图像。

在应用超级电容器的电极材料时，由于材料表面和内部分布着大量的可充满电解液的微孔，并且能形成网络式立体结构，因此电极内电子和离子的迁移可通过与电解液内离子的交换而完成，从而使作为超级电容器电极材料的导电聚合物无需很高的导电性。由于其固有的导电性，甚至不需要电流收集基底。以导电聚合物为电极的超级电容器，其电容一部分来自电极/溶液界面的双电层，更主要的部分是来自电极在充放电过程中的氧化和还原反应。其价格虽然比金属氧化物电容器便宜，但常易于降解而寿命较短。Kwang 等[46]制备了用锂盐掺杂的聚苯胺，并利用它来做超级电容器的电极材料。作为电容器的聚合物，它的氧化还原过程很复杂。例如，苯胺在电氧化过程中形成阳离子 $H_2N:-C_6H_5 \rightleftharpoons N_2\cdot-C_6H_5$ 等基本氧化还原反应，但对它的循环伏安曲线(图 17.30)中为什么只有三个电流响应峰仍然无明确的解释。

Kim 等[47]研究了在聚吡咯中掺杂高氯酸盐或全氟磺酸后所显示的电化学性质。掺杂高氯酸离子或全氟磺酸离子的聚吡咯分别具有 355F/g 和 344F/g 的比电容。循环周期实验则显示掺杂全氟磺酸的材料在 3000 次循环后可以保持原来电容的 98%，而掺杂

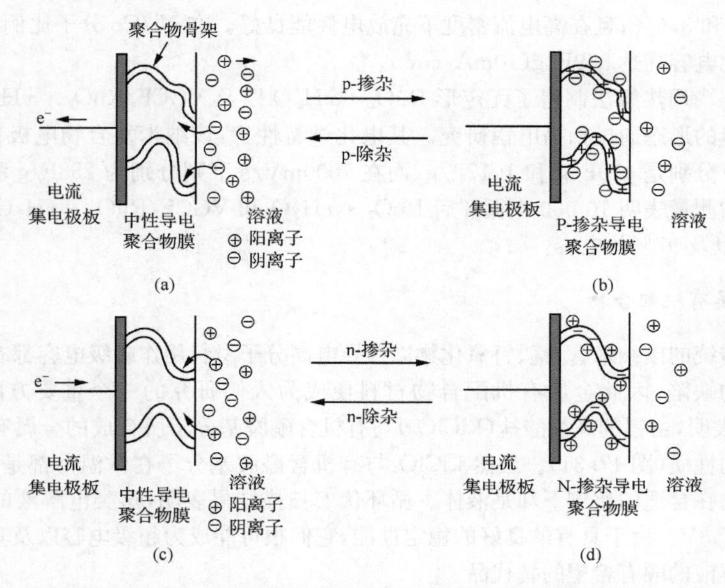

图 17.29　p 型和 n 型充电聚合物链上形成准双电层示意图

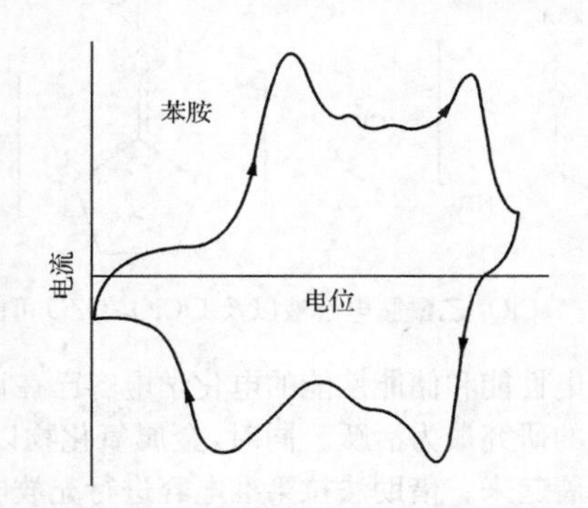

图 17.30　在 H_2SO_4 水溶液中 Au 电极上聚苯胺薄膜的 *I-V* 曲线

了高氯酸的材料在 3000 次循环后只能保持 70%。扫描电镜显示其有一些机械上的退化。

Mondal 等[48]在多孔碳基底上通过电化学沉积聚苯胺制得的电极具有良好电容性能。不同条件下沉积聚苯胺具有网状表面形态，电容值最高能达到 1600F/g，充放电电流密度达 45mA/cm^2(19.8A/g)。虽然起初性能有些下降，但具有长时间的循环性。

4. 其他复合电极

Fan 等[49]通过在碳纳米管/石墨电极的表面直接热分解镍和钴的硝酸盐的方法制得了镍-钴氧化物/碳纳米管(CNT)复合物。使用的碳纳米管是直接在石墨基底上通过气相流动法制得的。其充放电循环稳定性好，1000 次和 2000 次充放电循环后比电容分别只下降 0.2%和 3.6%;且在高电流密度下充放电性能良好。在 Ni/Co 分子比例(1∶1)下,该电容器比电容高达 569F/g(10mA/cm²)。

Lee 等[50]用热解法制得了无定形 $RuO_2 \cdot xH_2O$ 以及 VGCF/$RuO_2 \cdot xH_2O$ 纳米复合物。材料的形态通过扫描电镜研究。其电化学特性为:该纳米复合物电极在 10mV/s 扫描电压下分别是 410F/g 和 1017F/g,而在 1000mV/s 下则分别为 258F/g 和 824F/g。交流阻抗谱测量表明 10 000 次循环后 $RuO_2 \cdot xH_2O$ 和 VGCF/$RuO_2 \cdot xH_2O$ 电极分别保持 90%以及 97%的电容。

5. 金属有机配合物

由于传统的碳纳米管,锰、钌氧化物以及导电高分子材料用作超级电容都有或多或少不可避免的缺陷,因此金属有机配合物材料便成为人们研究的一个重要方向[51]。Wu 等[52]研究表明,由锂的高氯酸盐($LiClO_4$)与有机含酰胺基分子所合成的金属有机配合物具有优越的性质(图 17.31)。虽然 $LiClO_4$与有机含酰胺基分子在常温下都是固体,但它们的合成物在合适的比例下却是液体。循环伏安扫描结果表明,这类电解液的电化学稳定电压高于 3V。由于具有的良好的稳定性能,它们很可能成为超级电容以及其他电化学设备中电解液的颇有希望的替代品。

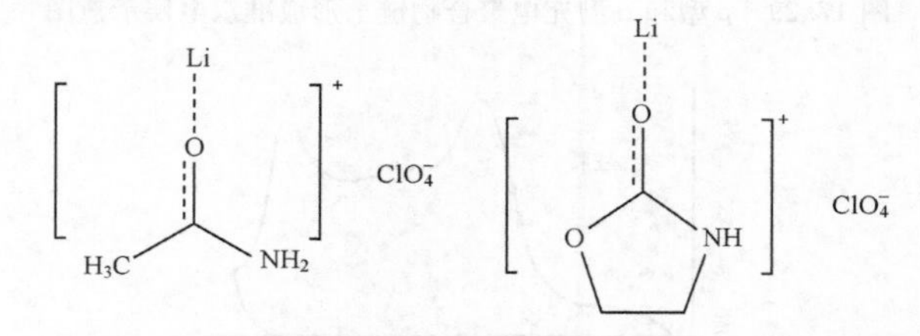

图 17.31　$LiClO_4$-乙酰胺电解液以及 $LiClO_4$-OZO 可能的结构

兼具优异的连续充放电性能和储能性能的电化学电容已在世界各国引起了重视。其中以碳基电容器电极材料的研究最为活跃。同时,金属氧化物以及导电聚合物作为电极材料的研究也正在逐步开展起来。借助法拉第准电容进行充放电反应的超级电容器准电容远大于双电层电容器,故该领域的研究和应用具有广泛的前景。

参 考 文 献

[1] Luque A, Marti A, Bett A, et al. Solar Energy Materials & Solar Cells, 2005,87:467
[2] Markvart T,Cinstaner L,eds. Solar cells materials,manufacture and operation. Elsevier,2005
[3] 杨德仁. 太阳电池材料. 北京:化学工业出版社,2006
[4] 陈军,袁华堂. 新能源材料. 北京:化学工业出版社,2003
[5] 管从胜,杜爱玲,相玉国. 高能化学电源. 北京:化学工业出版社,2005
[6] (a) 李建保、李敬锋. 新能源材料及其应用技术:锂离子电池,太阳能电池及温差电池. 北京:清华大学出版社,2005
(b) van Schalkwijk W A, Scrosati B. Advanced in lithium-ion batteries. Springer,2002
[7] 曹怡,张建成. 光化学技术. 北京:化学工业出版社,2004
[8] 罗哈吉-泰克吉. 光化学基础. 北京:科学出版社,1991
[9] 樊栓狮,梁德青,杨向阳,等. 储能材料与技术. 北京:化学工业出版社,2004

[10] Sze S M. Physics of semiconductor devices. New York:Wiley,1981,798
[11] Kumaraa G R R A, Konnoa A, Senadeerab G K R, et al. Solar Energy Materials & Solar Cells,2001,69:195
[12] 张招贵,刘峰,余政. 有机硅化合物化学. 北京:化学工业出版社,2010
[13] 张正华,李陵岚,叶楚平,杨玉华. 有机太阳电池与染料太阳电池. 北京:化学工业出版社,2006
[14] Vincent C A, Scrosati B. Morder batteries-an introduction to electrochemical power sources. 2nd. Buterworth Heinmnann, 1997
[15] Archer M D, Nozik A J. Nanostructured and photo-electrochemical systems for solar photon conversion in series on photoconversion of solar energy. Imperial College Press,2009
[16] Grätzel M. Inorg. Chem. ,2005,44:6841
[17] Achermann M, Petruska M A, Kos S, et al. Nature, 2004, 429:642
[18] Kawakami R K, Rotenberg E, Choi H J, et al. Nature, 1999,398:132
[19] (a) KuoYu-Hsuan, Lee Y K, Yangsl Ge, et al. Nature, 2005, 437:1334
(b) Kuo Mei-Ling,Poxson D J Kim Y S,et al. Optics Letters, 2008, 33: 2527
[20] Li C H,Wang K,Zheng W,et al. Progress in Chemistry,2012,24:8
[21] Barnham K W J, Duggan G. J. Appl. Phys, 1990,67: 3490
[22] (a) Nelson J. Organic and Pastic Solar Cells,2003,420
(b) Jenekhe S A. Nature, 1986, 322: 345
[23] 马丁·波普,钱人元,等. 有机晶体中的电子过程. 上海:上海科学技术出版社,1987
[24] Yu G,Gao J, Hummelen J C,et al. Science,1789:270
[25] Meng Q B, Takahashi K,Zhang X T, et al. Langmuir, 2003, 19:3572
[26] Markvart T,Castaner L. Solar cell:Materials ,manufacture and operation. Elsevier,2005
[27] Wang P, Zakeeruddin S M, Moser G E, et al. Nat. Mater. ,2003,2:402
[28] (a) Nazeeruddin M K, Pechy P, Grätzel M. Chem. Commun, 1997,17:1705
(b) Wang P,ZakeeruddinS M, Comte P, ExnarI, Grätzel M. J. Am. Chem. Soc. , 2003, 125:1166
[29] (a) Archer M D,Nozik A J. Nanostructured photoelectic chemical systems for solarphoton conversion. National Renewable Energy Laboratory,USA,2008
(b) Xing G,Mathews N,Sun S,et al. Science,2013,342:344
[30] 殷之文. 电介质物理学. 第二版. 北京:科学出版社,2003
[31] Nye J F. Physical properties of crystals. Oxford:Claredon Press,1964
[32] 康维 B E. 电化学超级电容器——科学原理及其技术应用. 陈艾,吴孟强,张绪礼,高能武,等译. 北京:化学工业出版社,2005
[33] 邓梅根. 电化学电容器——电极材料研究. 合肥:中国科学技术出版社,2007
[34] Debarge L, Stoquert J P, Slaoui A,et al. Mater. Sci. Semicon Proc. , 1988, 1281-1285
[35] Janes A, Kurig H, Lust E. Carbon, 2007,45:1226-1233
[36] Leitner K, Lerf A,Winter M, et al. Journal of Power Sources, 2006,153:419-423
[37] Tao X Y, Zhang X B, Zhang L, et al. Carbon, 2006,44:1425
[38] Soneda Y, Toyoda M, Tani Y, et al. J. Phy. Chem. Solids, 2004,65:219-222
[39] Frackowiak E,Metenier K, BertagnaV, et al. Appl. Phys. Lett. , 2000,77:2421-2423
[40] Tarik B, Mohamed M, Le H, et al. Chem. Phy. Lett. , 2007,441: 88-93
[41] Zheng Y Z,Ding H Y,Zhang M L. Thin Solid Films,2008,516
[42] Anderson M A, Pang S C, Chapman T W. Electrochem. Soc. , 2000,1 47(2):444
[43] Chin S F,Pang S C,Andarson M A. J. Electrochem. Soc. , 2002,149:A379
[44] Chang J K,Huang C H,Lee M T,et al. Electrochimica Acta,2009,540:3278
[45] Liu S,Fan C Z,Zhang Y,et al. Journal of Power Sources,2011,196:10 502
[46] Kwang S R, Kim K M,Park Y J,et al. Solid State Ionics, 2002,152:86

[47] Kim B C, Ko J M, Wallace G G. Journal of Power Sources, 2008, 177: 665-668
[48] Mondal S K, Barai K, Munichandraiah N. Electrochimica Acta, 2007, 52: 3258-3264
[49] Fan Z, Chen J H, Cui K Z, et al. Electrochimica Acta, 2007, 52: 2959-2965
[50] Lee B J, Sivakkumar S R, Ko J M, et al. Journal of Power Sources, 2007, 168: 546-552
[51] 褚道葆,张秀梅,张莉艳,尹晓娟. 化学通报, 2006
[52] Wu F, Chen R J, Wu F, et al. Journal of Power Sources, 2008, 184: 402-407

第18章 结 束 语

本书主要立足于化学组装、物理原理、材料应用和生物分子学科，扼要地介绍了“分子光电功能材料”的主要内容及与其相关交叉学科的关联。从物质科学的早期历史发展来看，它们本来就是密不可分的综合性的自然科学，只是随着研究的日益深入及扩大的需要，才分化为“物理化学”“化学物理”“化学材料”“材料化学”“化学生物”“生物物理”和“物理生物”等不同分支领域。本书在介绍这种不同学科之间的内容和交流时，难免对于同一现象由于使用不同的专业语言或“名词”而造成迷惑。但实质上，不同学科和论点之间存在着天然的联系，既有特性又有共性，既有独立性又有交叉性，以致我们很难说法拉第、居里夫人是化学家还是物理学家；DNA、半导体超分子的发现是化学、物理、材料，还是生物学科的新成就。人们常是从不同的学科观点或术语表达相关的内容。目前，材料科学进展的重要特征是从宏观到微观、从静态到动态、理论结合实际、从广度到深度进行探讨。在结束本书时，拟结合书中内容通过下面几个侧面来反映这种物质学科间的交叉性及内容关联性。

关于宇宙中物质的起源，到目前为止，流行的天文物理学的认识是：我们的宇宙起源于130多亿年前的一次大爆炸(big bang)。一开始在很短时间内就产生了夸克、胶子、电子以及它们同时产生的反粒子等。至今为止，还没有发现有更深层次的结构，因此将它们称之为基本粒子。现代物理学就是研究这些基本粒子以及它们之间的相互作用，从而提出了基本粒子理论的标准模型。其特点是可以用规范场描述所有基本粒子之间的强相互作用、弱相互作用和电磁相互作用。但是这种规范场(包括后来发展的统一场论)无法解释为什么基本粒子不具有质量这个更深层的问题。为此，英国物理学家希格斯(P. Higgs)提出了希格斯机制：假定宇宙遍布着一种特别的、能够和基本粒子相互作用的量子场，从而产生所谓的希格斯粒子。根据这种包含了希格斯机制的标准模型，认为其他粒子在希格斯粒子所构成的“海洋”中游弋，受它的作用产生惯性，而最终具有质量。这种希格斯粒子的观点最近被欧洲核子研究中心(CERN)的正负电子对撞机2012年的里程碑实验所加强。由上概述可见希格斯粒子(被戏称为“上帝粒子”)是质量之源。基本粒子有了质量才会产生引力，从而演化出周期表中元素、生命、恒星、行星、星系，以及整个宇宙。在我们简要地介绍了目前关于物质的质量及其相互作用的起源后，再回到本书中涉及原子层次以上物质科学中的结构和性质的相关讨论。

18.1 从化学分子到固体材料的空间结构

人们常根据物质的存在形式从简单到复杂，从微观到宏观地将其粗分为下列一些层次，并从不同的学科角度进行研究：夸克和胶子→中子、质子→微观原子核→原子(原子核、核旋转的电子)→分子→超分子→聚集体(纳米)→固体(生物和无定形)，经过长期演化后形成更大的宏观体系和复杂的生命。

一般化学和生物学重点研究分子体系的合成、结构及其性质，而物理学则侧重研究这些体系的光、热、磁等的运动形式及其相互转换，材料学则偏重研究这些物质的不同层次体系的制备、结构和应用[1]。“材料”(materials)这个名词在字典中可简单地认为是有用的物质(substances)。目前应用最多的材料也是按照化学上的定比定律定义为由一定化学组分的原子或分子为基块所组成的固体材料。早期的原子基固体物理和固体化学主要以长程有序点阵结构的晶体为研究对象，其特点之一是每个特定原子周围有较为明确的最邻近原子数目 z，化学上通常称它为配位数。这一观点也已为固体物理学家所接受，本书在表 1.1 中列出了化合物的不同化学成键方式。特别是其中“共价键”为物理学家判断固体的基本多维结构提供了坚实的基础。例如，对于原子基的二元 AB 化合物半导体 GaAs 材料的晶体，其中每个原子的 $z=4$，它们之间就是共价键。后来发现非整数原子的非化学计量(如 A_{2-x}，B_{2+x})的物质合成，为实用的光、电、热、磁等功能材料提供了更多的空间(参见 14.2 节)。

对于分子基的低维(1D 和 2D)到三维(3D)的晶体，其中不仅在分子中存在简单的共价键或离子键，而且还有表 1.1 中的其他金属键或范德华键，还存在分子间的有方向性超分子作用。所以它们的实际化学分子结构及其所组装的固体结构更为复杂。一般难于形成一维到三维的空间有序的晶体结构。这也是聚合物或生物分子体系难于获得有序单晶的原因。但毕竟化学家也结合了包括 X 光衍射等物理光谱、能谱、质谱等方法(图 2.4)，提供了大量包括 DNA、C_{60}、纳米管结构的信息。荧光素等分子化合物及其固体的微观结构，为固体物理提供了大量的空间几何结构。

纳米层次是联系微观和宏观的一个重要层次。它可以采用对宏观固体经过自上而下(或经过微米)，也可以从溶液中的微观分子由下而上的方法制备和控制纳米尺寸材料或器件，从而导致其性质和功能的变化(参见第 16 章)。目前对于溶液纳米微晶的合成和结构的研究受到人们的关注。生长出不同大小、形状和不同组分的纳米材料为以无机半导体为核心，有机分子附着在其表面纳米离子(有时也称其簇状纳米粒子为“人造原子”)，其结构(1D-3D)可控和易于加工，在 3D 有序的光子晶体等光电器件方面有新的应用潜力[2]。又如，在涉及集体效应的非线性光学多重波混频性质的光折射效应时，就要了解每个孤立分子和光场或电场的相互作用[3]。

在对材料的器件进行设计时，一般常是按照相互关联的两个步骤进行，即鉴别或构思所需功能的分子设计；再进一步根据实际目标由分子建筑块组装成一定宏观结构的材料工程，进而根据实际需要达到可以被控制加工，取向有序工艺，从而创造成器件。典型的非线性光学材料就是采用这种处理方式(参见 8.2 节)。

已经应用有机分子组装了一系列光电材料[4]及分子光电器。在分子聚合物中，除了典型的有机聚合物(也称为高分子)外，还有新近发展的配位聚合物，也常称为金属有机框架(MOF)化合物[5]。它是由金属离子和有机桥联配体通过配位键而形成的一类化合物(图 7.7)。它们可能具有一维、二维、三维的新型网状或多孔的空间结构。这种含有金属离子 d^n(或 f^n)轨道电子构型的无机和有机杂化材料具有易于进行分子设计而呈现光、电、热、磁等多功能特性[6]。

目前对于多功能光电材料的研究受到化学和物理学家的重视，追求一种能将磁性和导电性融合于同一相中的材料在信息材料及理论研究中有所突破。在化学上，采用无机和有机杂化材料进行组装是一种很好的策略。例如，已经制备了顺磁性/超导体、反磁性/超导等多功能杂化体系。新近又合成了一种单分子磁体/电导体的多功能材料[7]。

在生物体系中，已经应用不同形式的氨基酸、蛋白质和DNA等分子通过自下而上的分子组装及识别方法设计了一系列具有光电开关及传感功能的分子及机器[8]。但目前仍处于基础研究，期望有朝一日可以克服长期的进化过程而用人工分子设计和组装的方式于分子机器甚至工厂。

从新型有机-无机杂化材料合成的多样性中可以设想，在未来智能材料的设计和组装中有可能心到事成的构筑出能对外界光、电、热、磁及力学等(或刺激)做出及时响应，适应外界环境，有自我修复，或在生命周期结束时自我损坏等材料。这就为智能材料开辟了一个新领域(参见7.3节)。在喷墨打印技术基础上，新近发展的三维打印技术得到发展(参见15.3.3节)。其充分发挥了不同的分子材料或固体组分作为“墨水”分别在低温或高温下，经过计算机辅助设计(CAD)模型和格式转换技术后，原则上几乎可以制造各类产品[9,10]。在物理科学中，对于非晶态(化学上常称为无定形，材料科学中也称为玻璃体)，过去只进行了很少的研究，实际上目前对于这种短程有序的无机玻璃和有机、聚合物以及配位化合物所形成的分子基体系(参见3.3节和4.4节)也日益受到重视。早期的学者具有“对于玻璃态中的原子排列，我们实际上是什么也不知道”的悲观情绪。现在，已经从定域的短程有序“化学键”的观点，结合各种物理模型及理论和方法，我们已经看到了如何处理非晶态的曙光(参见图2.18)。特别是借助于能带概念，从对简单的金属无规密堆积、无机共价键玻璃的均匀连续-无规模型到适于分子聚合物的无规线团模型都得到了应用。

18.2 材料的宏观性质和微观结构

和无机化合物的原子基材料一样，由分子基所组成的材料的宏观性质和它的微观结构密切相关。只是由于分子微观化学键结构的多样性和复杂性，使这种“结构-功能”关系比原子基材料更难于获得便于研究的有序单晶，难于定量化和规律化(参见2.3节)。有时需要借鉴已有的原子基材料已总结出的半经验规律。

特别值得指出的是，由数学家所创建的“群论”(group theory)从而建立了特定体系的半经验公式和拓扑学(topology)原理已被物理学家和化学家在研究化合物结构、谱学和材料的结构和性质的关系时广泛应用。群论是基于分子和晶体的点群、平移群、空间群及其子群、商群对称性质。这种数学理论虽然比较抽象，但结论可靠[11]。由此不仅可以简化对电子态、振动态以及它们相互耦合作用的理论计算，也可以对各种实验谱学结构进行明确地分类和标记，更可以根据它们的结构和性质之间关系进行关联而进行材料设计(参见表2.3)。即使对于非晶态材料，我们也可以从它失去了平移对称性后，从群论的对称性分析非晶态将会在哪些功能和性质引起什么样变化。

讨论材料的微观结构和宏观性质，实际上也就是我们通常讨论的“结构和效应”(构-效关系)。这也是本书的主要光、电、热、磁等物理分章内容。现在还有一些专门的计算机程序用于材料的设计。如前所述，由于材料的多样性，我们已从群论分析的观点对于分子化学中的定域成键和固体物理中的离域结合作用的电子结构从分子及晶体的几何对称性和其复杂物理化学性质之间的关联有个大致定性的了解或估计。但更具体定律则需要通过实验和理论的结合而导出一些有用的规律，例如，对于聚金属烯烃[12]、层状石墨烯[13]、磁性的控制[14]、有机场效应的控制[15]、介晶无机超结构的控制[16]、纤维纳米材料[17]、纳米材料的分散作用和微结构[18]、分子铁电液晶[19]等。有些领域中已对结构和性质关系有专论评述[20-24]。

我们知道在地壳中含量最高的是碳和硅这两个元素，它们分别在有机及无机材料中起着重要的作用。例如，含碳基的碳纳米管、有机高分子光电材料金刚石、石墨烯，以及含硅基的硅酸盐材料、太阳能和硅基光电材料半导体(参见第 17 章)。它们都是具有外层 s^2p^2(及空 d 轨道)的电子结构，通过 sp 杂化(甚至 dsp 杂化)而形成各种功能的材料。近几年来，一个引人注目的发展就是有可能发展出含 sp^2 杂化的硅稀(silicene)材料。它有可能通过在 Cu(110)面上合金化而合成出类似石墨的层状材料，具有很好的透明性和导电性[25]。

我们熟知的硅(Si)和其无机半导体之所以在光电材料及器件中引起一次革命性的改变，是由于它们具有结构和功能相关的独特特点：易于制备(纯化剂亿万分之一，ppb 级)，并易于控制掺杂(到百万分之一，ppm 级)；发展了光电器件中晶体生长和不同微米高分辨花样的技术；得到不同材料可控制电荷及自旋高注入和快速传输和重合的方法；界面和阻挡层对于性质及多层结构的控制有深刻的理解(参见 16.4 节)。在发展分子光电功能材料，涉及器件时也应该考虑在无机 Si 材料及其器件中所出现的类似观点，并考虑分子材料及器件的特殊要求。这时，除了我们在本书中所分别介绍的光电功能材料外，有一个更一般而通用的观点是：我们也可以将这些物理和材料观点的分子光电材料也起着像化学中的分子催化剂一样的作用[1]。

正如化学中的分子及生物酶一样，这些光电材料也可以催化一种特殊的化学反应。但这里的光电分子材料是催化光场和电场间的相互混合和耦合。例如，在发光二极管(LED)中，所制造二极管器件的材料就是催化剂，它催化输入的电流转化为输出的光。这种电光器件是应用电场改变光在通过材料时的传递作用，即该分子材料在混合电场和光学中也是一种活性的催化剂。类似的，所有的这类分子型光学也可能出现在非线性光学材料中，它可以有效地催化多种光场的混波以得到一个新的电场。在场效应管中，则可以将分子材料看作是将弱电场和强电场耦合的一种催化剂。最近生物物理学家报道了一种关于生命起源的论述，即铁铜镍等过渡金属离子和有机分子通过配合物催化剂在深海的热泉中的新陈代谢和生命的起源方面起着关键的作用。联想到自然界中，植物在 Mn^{2+} 和 Mg^{2+} 的催化作用下使光能转换成化学能的事实，就不难理解上述观点对分子材料构-效设计器件的启示(参见 6.3.2 节)。

18.3　物理化学中的微观电子结构理论

理论和模型奠定了固体材料光、电、磁、热等功能的微观电子理论，图 5.9 就表示了从化学中原子⟶分子⟶固体中电子结构间的关联。

对于实际物质中的每个原子核、原子、分子、固体等层次都有它们的层级结构。从物理和化学的观点都可以看成是由电子和原子核等所组成的多粒子体系。从量子力学理论,由于核的质量远大于电子,为了简化理论处理,在 Born-Oppenhaimer 近似中可以将核看作处于静止状态的体系。在由电子和核所组成的体系中,我们将核作为一个相对固定的骨架,而只讨论多电子体系,建立相应体系中相互作用的 Hamilton 算符[式(2.1.21)],从而可以由式(2.1.23)所表示的 Schrodinger 方程求出能量 E 和波函数 ψ 等来描述电子的运动规律和相应状态的物理化学性质,为相应材料的功能和应用奠定坚实的理论基础。

与在经典牛顿力学所描述的情况类似,对于这种多粒子体系,即使我们分为各种层次经过简化和近似也不可能借助纯粹数学和物理的方法,从理论严格求解这么复杂体系的量子力学问题。在定性的讨论中,如对于简单的非晶硅,采用近似的杂化理论就可得到定性的能带结构(参见图 2.15)。目前,对于半导体之类的固体材料应用就是基于 2.2.2 节的能带理论(定域的紧密束缚法和离域的单电子理论)。具体发展的方法就是密度泛函数理论和格林函数的所谓从头计算法。因而针对具体的层次和体系需要更特定而精确的计算,从而对原子由单中心屏蔽近似导致的原子壳层结构就很好地阐明了元素周期表规律及原子光谱等重要结果;对于分子层级,提出了图 2.4 所列的各种化学键理论,阐明了分子基材料的各种化学和物理性质;基于分子间电子给予-接受弱相互作用的分子识别组装和设计的思路,促进了超分子和生物等聚集体系中碱基对和四级结构基因等复杂概念的创建;对于固体层级,提出了定域配位点阵结构、能带理论、无机密堆积、拓扑结构、连续无机网络(参见 2.2.4 节)等。

目前,化学家已经将量子化学、计算化学、分子模型和化学信息学作为研究开发能源和信息材料设计的有力工具。1998 年,理论化学家 Pople 和 Kohn 共享诺贝尔奖,这也标志化学已不再是纯粹的实验科学。

应该指出,群论是一种数学理论,只能按照对称性的一般规律定性地指出所研究材料是否有可能出现某种性质和功能,而不能定量地确定它的大小和数值。另外,在对称性讨论中,由于涉及对电子自旋 s 和对称性破缺等光、电、磁等功能性材料的深入研究,有关时间反演及手性对称性受到重视(参见 7.1.2 节)。这时,原则上对于光的电磁场和物质材料的相互作用可以从量子力学进行较定量的处理。但是实际上经常是由实验参数或更多的问题,特别在涉及光波的传递及和物质相互作用时,大都在一定条件下(如当自由程 l 长和弛豫时间 τ 短),仍可方便地使用经典的 Maxwell 电磁场方程[式(2.1.2)]和电动力学方法加以处理。

应用计算机进行模拟的方法从能量计算上对无机材料,如固体缺陷和分子筛结构的研究也早就开展了[26]。目前已对有机分子和药物分子设计进行常规应用(参见 16.2 节)。一个新材料的开发,大致要经过提出思路、实验、优化、产品设计整合、测试论证、生产销售和回收利用等多个过程,平均时间跨度约 15 年。理论上根据量子力学原理,只要计算机有足够速度及容量是可能由此节约人力、财力进行分子或工程设计。实际上,从分子设计到相图的构筑,需要进行初始条件及化学反应动力学边界条件的输入和性质的优化。即使应用热力学、动力学和量子力学进行经历各种状态的计算几乎是不可能的,但是人们在根据已有实验的积累及直观感知的基础上仍然是可以通过计算化学和工具来达到"分子工程"或"晶体工程"设计功能材料的目标。美国不久前发布的"先进制造业伙伴关系"计划中"材料基因"的概念,已受到广泛关注[27]。

过去认为仅从已知化合物的化学组装是不可能预测它们的晶体结构及功能,但现在这已经逐步成为现实,为新材料的开发提供了一条途径。例如,Organov 等发展了一种采用全局搜索的结构来进化算法的晶体结构预测工具(USPEX)软件,其成功地预测了具有二阶非线性光学材料 Ba_2BiInS_5 的晶体结构[28,29]。

最近,分子基材料的设计、结构和性质已发展成了一个很宽广的领域。与无机的硅材料相比[30],其加工方便,可以使用不同的分子基块,表现为不同层次的结构和大小很宽的尺度及维度,有助于发展新的原理,用于不同领域及目标。2013 年,诺贝尔奖得主 Karplus,Levitt 和 Warshel 以"发展复杂化学体系的多尺度模型"为主题所作出的贡献就是一个范例。这个领域将会吸引更多的年轻人创造出更新和更激动人心的材料以及建立新的学科交叉领域。

参考文献

[1] Alivisators A P, Barbara P F, Castleman A W, et al. Adv. Mater. ,1998,10(16):1297
[2] Yin Yadong, Alivisators A P. Nature, 2005,437:29
[3] Burland S M, Miller R D, Waclsh C A. Chem. Rev. ,1994,94:31
[4] 刘云圻等. 有机纳米与分子器件. 北京:科学出版社,2010
[5] Yaglhi O M, Li G, Li H. Nature,1995,378:703
[6] Moulton B. Zaworotko M J. Chem. Rev. ,2001,101:1629
[7] Quahab L, ed. Multifunction molecular material. Pan Stanford Publishing Pte, Ltd,. 2013
[8] van dan Heuvel M G, de Graeff M P, Dekker C, et al. Science,2006,312:910
[9] Singh M, Haverinen H M, Dhagat P, et al. Adv. Mater. ,2010,22:673
[10] Lipson H, Kurman M. 3D 打印:从想象到现实. 赛迪研究院专家组译. 北京:中信出版社,2013
[11] Cotton F A. 群论在化学中的应用. 刘春万,游效曾译. 福州:福建科学技术出版社,1999
[12] Sergeyev S, Pisula W, GeertsY H. Chem. Soc. Rev. ,2007,36:1902
[13] Reina A, Jia X T, Ho J, et al. Nano Lett. ,2009,9:30
[14] Sato O, Tao J, Zhang Y Z. Angewandte Chemie-International Edition,2007,46:2152
[15] Sirringhaus H. Adva. Mater. ,2005,17:2411
[16] Colfen H, Antonietti M. Angewandte Chemie-International Edition,2005,44:5576
[17] Moon R J, Martini A, Nairn J, et al. Chem. Soc. Rev. , 2011, 40:3941
[18] Shama Parveen, Sohel Rana, Raul Fangueiro. Journal of Nanomaterials, 2013,2013:19
[19] 郑远洋,唐岳,侯君,宋晓凤. 液晶与显示, 2005, 20: 516
[20] Cazacu O. Multiscale modeling of heterogenous materials: From microstructure to macro-scale Properties. Wiley-ISTE,2008
[21] Mittemeijer E J. Fundamentals of materials science: The microstructure-property relationship using metals as model systems. Springer,2011
[22] Halary J L, Laupretre F, Monnerie L. Polymer materials: macroscopic properties and molecular interpretations. Wiley,2011
[23] Meijer M R. Macro-meso-micro thinking with structure-property relations for chemistry education. Utrecht University,2011

[24] Torquato S. Random heterogeneous materials：Microstructure and macroscopic properties. Springer，2006

[25] Kara A，Enriquee H，Seitsonen A P，et al. Surface Science Reports，2012，67：1

[26] 林晨升，程文旦，张娣龙，等. 化学进展，2012，24(6)：1185

[27] Maddox J. Nature(London)，1988，335：201

[28] Organov A R，Lyakhov A O，Valle M. Acc. Chem. Rev.，2011，44：227

[29] (a) Catlow R，Kotomin E. Computational materials science. IOS Press，2003

(b) 蒋鸿. 化学进展，2012，24：910

[30] Bachmann K J. The materials science of macroelectronic. New York：VCH，1995

附录 1　物理参数的张量运算

本书主要介绍分子材料的光电物理性质，特别是宏观晶体物理的性质，观察和描述物质的宏观物理量及其在外界光、电、热、磁等物理化学作用(或微扰)下的性质及它们之间的关系，如在外界电场强度 $\boldsymbol{E}$ 的作用下诱导出的电极化强度 $\boldsymbol{P}$，它们之间的关系[参见式(6.1.4)]为

$$\boldsymbol{P}=\varepsilon_0\boldsymbol{\chi}\boldsymbol{E} \tag{1}$$

其中 $\boldsymbol{E}$、ε_0 和 $\boldsymbol{P}$ 都是可以测量的物理量。通常，当所研究的材料在外加可测量的作用物理量 $\boldsymbol{A}$ 和被 $\boldsymbol{A}$ 诱导而产生(或响应)出的物理量 $\boldsymbol{B}$(或称效果物理量)之间具有线性关系时，则可以写为类似于式(2)的形式

$$\boldsymbol{B}=C\boldsymbol{A} \tag{2}$$

其中 $\boldsymbol{A}$ 和 $\boldsymbol{B}$ 是外加的光、电、热、磁、力等之类的外加作用物理量，故称为场量，它们不是材料本身固有的性质；只有式(2)中的系数 C 才是材料本身固有的物理特性，故称为物质量，如式(1)中的电极化率 $\boldsymbol{\chi}$ 和介电常数 ε 等。

我们所讨论的某些物理量只需要一个数量就可以完全确定，如质量 m、体积 V 和密度 ρ 等，其数值与测量方向无关，故称为各向同性量，数学上称为标量。另外一些物理量需要一个数量和一个方向来完全确定，如电场强度 $\boldsymbol{E}$ 和极化强度 $\boldsymbol{P}$，在直角坐标中，它们可以分别用 $(\boldsymbol{E}_1,\boldsymbol{E}_2,\boldsymbol{E}_3)$ 和 $(\boldsymbol{P}_1,\boldsymbol{P}_2,\boldsymbol{P}_3)$ 等具有三个方向的分量表示，数学上将它们称为矢量。当材料本身就不均匀，又受到不均匀外电场的作用时，则在空间上各点 (x,y,z) 的电场强度 $\boldsymbol{E}$ 和电极化强度 $\boldsymbol{P}$ 就可能既有不同的方向，也有不同的数值。还有一些更为复杂的物理量，为了确定它们需要一个数量和两个或更多个方向，如需要两个方向的物理量可以设想为其中一个方向为沿着某种物理作用发生的方向，另一个方向为沿着某种测量或观察的方向，这种量就称为张量。

在进一步讨论张量以前，我们从分子化学的观点举一个分子电极化张量的含义来阐明二级张量的物理意义。

正如式(1)所示，处于电场 $\boldsymbol{E}$ 中的一个分子，如图 1 所示的以碳原子为中心的含 a、b、c、d 4 个原子的分子，它的原子核和电子受到电场力的作用而使其电荷重心发生瞬间位移，从而产生一个诱导电偶极矩 $\boldsymbol{\mu}_{诱导}$，这时分子的电极化率为 $\boldsymbol{\alpha}$。这些物理量之间的关系为

$$\boldsymbol{\mu}_{诱导}=\boldsymbol{\alpha}\boldsymbol{E} \tag{3}$$

其中 $\boldsymbol{E}$ 和 $\boldsymbol{\mu}$ 分别为含 3 个分量的矢量，极化率 $\boldsymbol{\alpha}$ 就是一个有双指标分量的张量。式(3)的矩阵表示式为

$$\begin{pmatrix}\mu_x\\ \mu_y\\ \mu_z\end{pmatrix}=\begin{pmatrix}\alpha_{11} & \alpha_{12} & \alpha_{13}\\ \alpha_{21} & \alpha_{22} & \alpha_{23}\\ \alpha_{31} & \alpha_{32} & \alpha_{33}\end{pmatrix}\begin{pmatrix}\boldsymbol{E}_x\\ \boldsymbol{E}_y\\ \boldsymbol{E}_z\end{pmatrix} \tag{4}$$

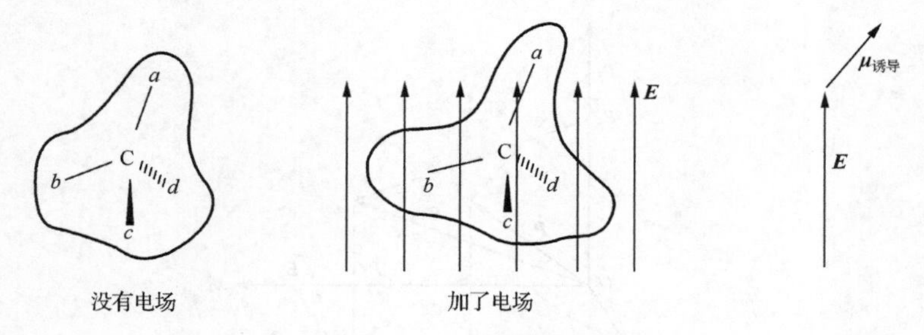

图1　分子 C_{abcd} 的极化作用

若将式(4)中用列表示偶极矩 $\boldsymbol{\mu}$ 的方向,则1个张量 $\boldsymbol{\alpha}$ 的元素 $\boldsymbol{\alpha}_{12}$ 表示当一个电场 $\boldsymbol{E}$ 从某个任意角度作用于一个分子时,电场的 y 分量将使分子被这样极化:其诱导偶极矩的 x 分量 $\boldsymbol{\mu}_x$ 的大小为

$$\boldsymbol{\mu}_x = \boldsymbol{\alpha}_{12}\boldsymbol{E}_y \tag{5}$$

其他的张量 $\boldsymbol{\alpha}$ 的物理含义照此类推。

如果我们从分子极化率张量 $\boldsymbol{\alpha}$ 转到对宏观晶体电极化强度 $\boldsymbol{P}$ 的讨论就可用式(6a)的 $\boldsymbol{\chi}$ 张量的形式(6b)来表述。其分量 $\boldsymbol{\chi}_{ij}$ 就具有和式(4)相应的物理含义。

由上可以理解晶体的各向异性在某个坐标点 $(\boldsymbol{\chi}_1, \boldsymbol{\chi}_2, \boldsymbol{\chi}_3)$ 的电极化强度 $\boldsymbol{P}$ 和该点的电场强度 $\boldsymbol{E}$ 具有不同的方向和数值。如图2所示,它们可以写成:

$$\begin{aligned} \boldsymbol{P}_1 &= \varepsilon_0(\boldsymbol{\chi}_{11}\boldsymbol{E}_1 + \boldsymbol{\chi}_{12}\boldsymbol{E}_2 + \boldsymbol{\chi}_{13}\boldsymbol{E}_3) \\ \boldsymbol{P}_2 &= \varepsilon_0(\boldsymbol{\chi}_{21}\boldsymbol{E}_2 + \boldsymbol{\chi}_{22}\boldsymbol{E}_2 + \boldsymbol{\chi}_{23}\boldsymbol{E}_3) \\ \boldsymbol{P}_3 &= \varepsilon_0(\boldsymbol{\chi}_{31}\boldsymbol{E}_3 + \boldsymbol{\chi}_{32}\boldsymbol{E}_2 + \boldsymbol{\chi}_{33}\boldsymbol{E}_3) \end{aligned} \tag{6a}$$

用矩阵形式表示为

$$\begin{bmatrix} \boldsymbol{P}_1 \\ \boldsymbol{P}_2 \\ \boldsymbol{P}_3 \end{bmatrix} = \varepsilon_0 \begin{bmatrix} \boldsymbol{\chi}_{11} & \boldsymbol{\chi}_{12} & \boldsymbol{\chi}_{13} \\ \boldsymbol{\chi}_{21} & \boldsymbol{\chi}_{22} & \boldsymbol{\chi}_{23} \\ \boldsymbol{\chi}_{31} & \boldsymbol{\chi}_{32} & \boldsymbol{\chi}_{33} \end{bmatrix} \begin{bmatrix} \boldsymbol{E}_1 \\ \boldsymbol{E}_2 \\ \boldsymbol{E}_3 \end{bmatrix} \tag{6b}$$

式(6)中用两个下标 (i,j) 表示含9个分量的 $[\chi_{ij}]$ 张量可以简化 (χ_{ij})

$$(\boldsymbol{\chi}_{ij}) = \begin{vmatrix} \boldsymbol{\chi}_{11} & \boldsymbol{\chi}_{12} & \boldsymbol{\chi}_{13} \\ \boldsymbol{\chi}_{21} & \boldsymbol{\chi}_{22} & \boldsymbol{\chi}_{23} \\ \boldsymbol{\chi}_{31} & \boldsymbol{\chi}_{32} & \boldsymbol{\chi}_{33} \end{vmatrix} \tag{7}$$

另外一种引入张量的方式是对于作用于晶体材料上的应力 $\boldsymbol{T}_{kl}$ 和其诱导的应变 $\boldsymbol{S}_{ij}$,$\boldsymbol{T}_{kl}$ 本身也可以是二阶张量。在直角坐标中,$\boldsymbol{E}$ 不能仅用三个分量,而必须由类似于式(6)的9个分量的可能组合来描述,其中每个分量具有两个下标。这种类似应力和应变的物理量也称为二阶张量。在弹性极限内应力和应变具有线性关系时,这种广义的Hooke定律常可记为

$$\boldsymbol{S}_{ij} = \boldsymbol{S}_{ijkl}\boldsymbol{T}_{kl} \tag{8}$$

和式(5)类似,但式(8)代表9个方程式,每个方程式的右边由9项组成共有81个分量。

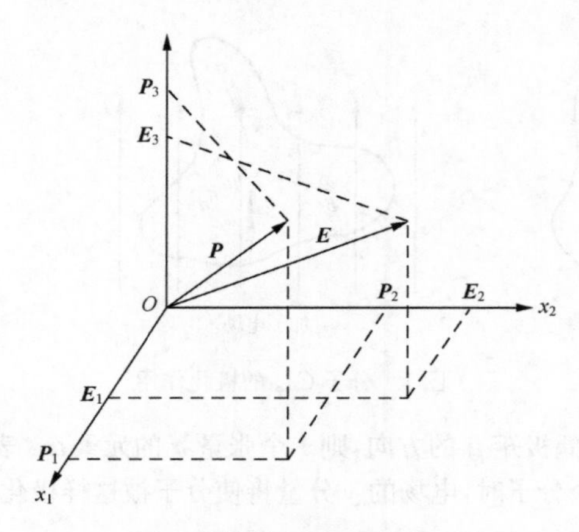

图 2　晶体中 $\boldsymbol{P}$ 和 $\boldsymbol{E}$ 的关系

这些分量称为晶体的顺电系数（S_{ijkl}）。例如，类似于式(7)其中一个分量为

$$\boldsymbol{S}_{13}=\boldsymbol{S}_{1111}\ \boldsymbol{T}_{11}+\boldsymbol{S}_{1112}\ \boldsymbol{T}_{12}+\boldsymbol{S}_{1113}\ \boldsymbol{T}_{13}+\boldsymbol{S}_{1121}\ \boldsymbol{T}_{21}+\boldsymbol{S}_{1122}\ \boldsymbol{T}_{22}+\boldsymbol{S}_{1123}\ \boldsymbol{T}_{23} \\ +\boldsymbol{S}_{1131}\ \boldsymbol{T}_{31}+\boldsymbol{S}_{1132}\ \boldsymbol{T}_{32}+\boldsymbol{S}_{1133}\ \boldsymbol{T}_{33} \tag{9}$$

这种表示弹性系数的物理量（$\boldsymbol{T}_{ijkl}$）称为四阶张量。

由上面的叙述可见，式(2)中的场量 $\boldsymbol{A}$ 和 $\boldsymbol{B}$ 或物质量 C 等晶体物理量或性质都是张量。因此材料的物理性质（特别是物质量 C）可以用张量来清晰表示。在本书的讨论中，一般都采用直角坐标系将这些既有方向，又有数值的物理量在坐标系中用具有数目不同的分量及下标表示，因而称为具有不同阶的张量。

表 1 列出了在直角坐标系中不同张量的表示式、张量的阶数及其分量的数目。

表 1　张量的表示式及其物理量示例

张量表示式和名称	阶数 m	分量数 3^m	物理量示例
$[T]$标量	0	$3^0=1$	质量、温度、密度
$[\boldsymbol{T}_i]$一阶张量(矢量)	1	$3^1=3$	电场强度、电极化温度、热释电系数
$[\boldsymbol{T}_{ij}]$二阶张量	2	$3^2=9$	介电系数、电极化率、应力、应变
$[\boldsymbol{T}_{ijk}]$三阶张量	3	$3^3=27$	压电模量、线性电光系数、二级非线性极化率
$[\boldsymbol{T}_{ijkl}]$四阶张量	4	$3^4=81$	弹性系数、光弹系数、二次电光系数、电致伸缩系数

由表 1 可知，对于阶数为 m 的张量，该张量分量的下标数目和阶数是相等的。一般在三维空间的张量是由 3^m 个数（分量数）的有序集合所组成的张量和矩阵。

在表 1 中第一列用方括号 $[\boldsymbol{T}]$ 来表示其张量形式及符号。实际上若真要把高阶张量的全部分量都列出来，则是很困难和麻烦的。为了方便易记，有时在低阶张量情况下，一般约定用其相应的圆括号的矩阵形式进行关联。特别是要根据所研究体系本身所具有张量的对称性特点而将其分量的下标进行简化而使其可以写出相应的矩阵表达式。但是张量和矩阵是有区别的。因而一般将矩阵写成圆括号如式(6b)，而将张量写成方括号如式(7)。

在这里,张量描述的是各种宏观可测量的客观物质量,对于同一个物质量,实体是不随所使用的不同坐标系而变化的,但是张量的各个分量 T_{ij} 是随坐标系而变化的有序组合,因而在不同的坐标系中张量的各个分量之间必然存在一定的变化关系。亦即张量的变换定律确定了张量的各个分量如何从一个坐标系转换到另一个坐标系时的表达式若不满足张量所确定的一些交换规律的矩阵就不是张量,例如数学上的长方形的矩阵就不是张量,因为其中矩阵元 $(i,j) \neq (j,i)$,就不满足交换律。这些规律大都是基于张量的对称性。

值得强调的是,例如,当我们讨论晶体的性质及其坐标变换时,只限制在点群操作范围内,而在数学上要求其矩阵具有正交归一化的正交变换矩阵形式,或由于所讨论的物理性质常属于对阵矩阵,对于二阶张量的9个元素就可由于其高对称性而降低到6个独立元素;在实验中适当选择主轴坐标后,通过对角化过程还可以只用3个独立元素。对于这些关于张量及其相关矩阵的变换、运算及性质等更多的讨论请参考有关数理文献。

在用张量描述晶体的物理性质时,由于式(2)中的场量 $\boldsymbol{A}$ 和 $\boldsymbol{B}$ 可以是不同的阶数,例如,当 $\boldsymbol{A}$ 为 p 阶的作用张量 $[\boldsymbol{A}_{emn\cdots}]$,$\boldsymbol{B}$ 张量 $[\boldsymbol{B}_{ijk\cdots}]$ 为 q 阶的诱导张量,所以用张量的形式来表示式(2)时应写成:

$$\boldsymbol{B}_{ijkl\cdots} = C_{ijkl\cdots emn\cdots}\boldsymbol{A}_{emn\cdots} \tag{10}$$

其中 $\boldsymbol{A}_{emn\cdots}$ 和 $\boldsymbol{B}_{ijkl\cdots}$ 分别为 $\boldsymbol{A}$ 和 $\boldsymbol{B}$ 张量的分量;$C_{ijkl\cdots emn\cdots}$ 为阶数为 $(p+q)$ 阶分量。对于非物理专业的读者,值得注意的是,和式(10)对比,应将式(10)的左边理解为一个对 l、m、$n\cdots$ 各个下标的求和。这种在物理上通常的求和习惯称为 Einstein 求和惯例,即对下标重复进行求和。

如前所述,在本书中我们仅采用了简单直观的笛卡儿直角坐标系以表示张量之间的变换关系。在广义相对论等研究中,用到的是在两个曲线坐标系之间进行张量的变换,而在用量子力学研究核物理和分子对称群的不可约张量法中也得到很大的发展,这已经远超过了我们所关心的范畴。

参考文献

[1] 陈纲,廖理几. 晶体物理基础. 北京:科学出版社,1992

[2] (a) Brain L,Silver B L. Irredueible tensor methods, An introduction for chemists. New York, San Francisco London: Academic Press,1976

(b) 曾成,杨频,王国雄等译,不可约张量法导论. 太原:山西人民出版社,1987

附录2　物理量的单位、换算因子和常数

在对物质科学进行研究时总要对物理规律进行表达和测量。这种物理规律通常可用物理公式的数学等式表达。例如，在力学中的万有引力定律可以表示为

$$f = G\frac{m_1 m_2}{r^2} \tag{11}$$

其中附加因子 G 称为万有引力常数。但是要定量化计算其中各个物理量的数值，就要明确所采用的一套单位制。因为同一个物理规律在选择不同的单位时，会得到不同的数值，它们之间总会差一个附加数值。单位的选择本来是任意的，但是任意选定单位会增加麻烦并难于记忆。在早期力学研究中，根据牛顿方程式：

$$f = ma \tag{12}$$

选定厘米(cm)、克(g)和秒(s)作为长度、质量和时间物理量基本单位，而形成所谓的 CGS (Centimeter-Gram-Second)单位制；不是基本单位的量称为导出单位，例如，在 CGS 制中力的导出单位“牛(N)”就是由式(12)的牛顿定律所定义的。当某个物理规律所联系的一些物理量的单位已经选定后，其中出现的常数因子就不能随意指定了。例如，万有引力定律式(11)中的系数 G 值就只能从 CGS 单位制通过实验来进行测定。基于上述的 CGS 单位制，目前常用的有下列两种单位制。

1. 国际单位制

在科学技术活动中涉及的计量单位十分复杂。为克服这种混乱局面，国际计量委员会于 1960 年制定了一种国际单位制(SI)，我国国务院于 1977 年颁布文件规定我国逐步采用国际单位制。这种公制把各学科计量统一在唯一的单位制中，从而避免各种单位的混乱，简化各种单位的换算手续，适于一切科学技术及经济方面的计量。国际单位制也被许多国家及联合国科教文组织所使用。但由于国情、传统、习惯及专业不同，仍然出现各种非法定的计量单位名称符号及单位。

表 2 列出了一些包括力学、电磁学、热学、光学、化学等领域的物理量的名称(第 1 列)和两种常用的国际单位制(SI)和高斯(Gauss)单位制的符号和单位，其中第 2 列为国际单位制。表中前七个为国际单位的基本单位，其中与力学、电磁学有关的基本单位只有长度、质量、时间和电流这四个，所对应的单位分别是 m(米)、kg(千克)、s(秒)和 A(安培)。这也就是实用上常称的 MKSA 有理制。之所以采用 A 作为电流的基本单位是因为在没有确定国际单位制以前就已经根据毕奥-萨伐尔定律(参见表 3 中公式)从电磁实验中确定。为了更实用而人为地在该公式中引入 4π，所以也称之为“有理”制。表 2 中第 2 列中的其他物理量单位是由基本单位衍生出来的导出单位，最后一列为 SI 和高斯这两套单位制间的互换因子。

表 2　两种常用单位制的名称、符号和单位

物理量		mks——SI			cgs——Gauss 制			$N_{cgs}Q=N_{SI}$
名称	符号	名称	符号	单位	名称	符号	单位	Q
长度	L	米	m	m	厘米	cm	cm	$(\mathrm{m/cm})\times10^{-2}$
质量	m	千克	kg	kg	克	g	g	$(\mathrm{kg/g})\times10^{-3}$
时间	t	秒	s	s	秒	s	s	
物质的量	n	摩尔	mol	mol				
温度	T	开尔文	K	K				
能量	E	焦耳	J	$\mathrm{m^2\cdot kg\cdot s^{-2}}$	尔格	erg	$\mathrm{cm^2\cdot g\cdot s^{-2}}$	$(\mathrm{J/crg})\times10^{-7}$
力	F	牛顿	N	$\mathrm{J\cdot m^{-1}}$	达因	dyne	$\mathrm{erg\cdot cm^{-1}}$	$(\mathrm{N/dyne})\times10^{-5}$
压力	p	帕斯卡	Pa	$\mathrm{J\cdot m^{-3}}$			$\mathrm{dyne\cdot cm^{-2}}$	$(\mathrm{Pa/dyne\cdot cm^{-2}})\times10^{-1}$
频率	ν	赫兹	Hz	$\mathrm{s^{-1}}$				
电荷	Q	库仑	C	$\mathrm{A\cdot s}$	静库仑	sC	sC	$(\mathrm{C/sC})\times c^{-1}\times10$
电流	I	安培	A	A				
电位差	U	伏特	V	$\mathrm{J\cdot C^{-1}}$	静伏	sV	$\mathrm{erg\cdot sC^{-1}}$	$(\mathrm{V/sV})\times c\times10^{-3}$
电场强度	E		E	$\mathrm{V\cdot m^{-1}}$			$\mathrm{sV\cdot cm^{-1}}$	$(\mathrm{V\cdot m^{-1}/sV\cdot cm^{-1}})\times c\times10^{-6}$
电容	C	法拉第	F	$\mathrm{C\cdot V^{-1}}$				
电阻	R	欧姆	Ω	$\mathrm{V\cdot A^{-1}}$				
磁场	B			$\mathrm{T\cdot m\cdot H^{-1}}$ $(\mathrm{A\cdot m^{-1}})$	高斯	G	emu	$(\mathrm{T\cdot m\cdot H^{-1}/G\mu_0^{-1}})\times10^{-4}$
转动惯量	I			$\mathrm{kg\cdot m^2}$			$\mathrm{g\cdot cm^2}$	$(\mathrm{kg\cdot m^2/g\cdot cm^2})\times10^{7}$

2. 电磁学的高斯单位制

本书很多章节涉及材料的电磁性质，而在电动力学和电磁的资料文献中，人们长期存在单位制不统一的困扰，特别是对于非物理专业的学生和研究者。

由于历史的原因，在电磁理论研究中已经存在两种单位制，即在电学范围内采用绝对静电制(CGSE 制)和在磁学范围内采用绝对电磁制(CGSM 制)，它们的优点是分别使在电学和磁学中出现的公式变得简单明了。后来又发展了一种兼具两者的所谓的高斯制，它实际上是一种混合制，它规定所有的电学量(如 g、I 等)采用 CGSE 制单位，所有的磁学量(如 LB、ϕ 等)采用 CGMS 制单位，而当物理公式中同时出现电学量和磁学量时，其中虽然会出现类似于公式中的出现的系数不同，但在大多数情况下这个系数就是 $c\approx3\times10^{10}$(例如，对比表 3 中的洛伦兹力公式、毕奥-萨伐尔定律和麦克斯韦方程组)。应该强调的是，在高斯制中，所有的力学(长度、质量和时间)单位制中的基本量单位仍然保留 CGS 制。但目前仍然有大量文献使用高斯制。

由于同一个物理规律在用公式时使用了不同的单位制，从而会有不同的表达形式。特别是对于不同的电磁单位制更易于混淆，表 3 详细地列出了 MKSA 有理制和高斯制中电磁学常用公式的对照，以便于公式及单位间的换算。

表 3　MKSA 有理制和高斯制中电磁学常用公式对照表

公式名称	MKSA 有理制	高斯制
库仑定律(真空)	$F=\frac{1}{4\pi\varepsilon_0}\frac{q_1q_2}{r^2}$	$F=\frac{q_1q_2}{r^2}$
点电荷的场强(真空)	$E=\frac{1}{4\pi\varepsilon_0}\frac{q}{r^2}$	$E=\frac{q}{r^2}$
平行板电容器内场强(真空)	$E=\frac{\sigma}{\varepsilon_0}$	$E=4\pi\sigma$
平行板电容器内场强(电介质)	$E=\frac{\sigma}{\varepsilon_r\varepsilon_0}\frac{\sigma}{\varepsilon}$	$V=\frac{4\pi\sigma}{\varepsilon}$
点电荷的电势(真空)	$V=\frac{1}{4\pi\varepsilon_0}\frac{q}{r}$	$V=\frac{q}{r}$
平行板电容器的电容(真空)	$C=\varepsilon_0\frac{S}{d}$	$C=\frac{S}{4\pi d}$
平行板电容器的电容(电介质)	$C=\varepsilon_r\varepsilon_0\frac{S}{d}=\varepsilon\frac{S}{d}$	$C=\frac{\varepsilon S}{4\pi d}$
电偶极矩	$p=ql$	$p=ql$
极化强度	$\boldsymbol{P}=\sum p_i/\Delta V$	$\boldsymbol{P}=\sum p_i/\Delta V$
$\boldsymbol{E}$、$\boldsymbol{D}$、$\boldsymbol{P}$之间的关系	$\boldsymbol{D}=\varepsilon_0\boldsymbol{E}+\boldsymbol{P}$	$\boldsymbol{D}=\boldsymbol{E}+4\pi\boldsymbol{P}$
ε_r 与 χ_e 的关系	$\varepsilon_r=1+\chi_e$	$\varepsilon=\varepsilon_r=1+4\pi\chi_e$
欧姆定律(不含源电路)	$U=IR$	$U=IR$
欧姆定律(含源电路)	$E=U+IR$	$E=U+IR$
洛伦兹力公式	$\boldsymbol{F}=q(\boldsymbol{E}+v\times\boldsymbol{B})$	$\boldsymbol{F}=q\left(\boldsymbol{E}+\frac{1}{c}v\times\boldsymbol{B}\right)$
毕奥 - 萨伐尔定律(真空)	$\mathrm{d}\boldsymbol{B}=\frac{\mu_0}{4\pi}\frac{Idl\times e_r}{r^2}$	$\mathrm{d}B=\frac{1}{c}\frac{Idl\times e_r}{r^2}$

3. 换算因子和基本常数

除了表 2 中最后一列列出了不同单位间一些物理量的换算关系外，在分子材料及谱学研究中用得最多的就是表 4 中不同的能量单位及其间的换算因子。例如，根据

$$E=h\nu=hc/\lambda,\quad 1/\lambda=E/hc$$

$$1/hc=1.986\,48\times10^{-23}\,\mathrm{cm^{-1}}\cdot\mathrm{J^{-1}}$$

因此得到表 4 中 $1\mathrm{cm^{-1}}=1.986\,48\times10^{-23}$ 的结果。

表 4　能量转换因子表

	J	erg	eV	cm^{-1}	$cal\cdot mol^{-1}$
J	1.0	10^{7}	$6.241\,46\times10^{18}$	$5.034\,04\times10^{22}$	$1.438\,34\times10^{23}$
erg	10^{-7}	1.0	$6.241\,46\times10^{11}$	$5.034\,04\times10^{15}$	$1.438\,34\times10^{16}$
eV	$1.602\,19\times10^{-19}$	$1.602\,19\times10^{-12}$	1.0	8 065.48	$2.304\,50\times10^{4}$
cm^{-1}	$1.986\,48\times10^{-23}$	$1.986\,48\times10^{-16}$	$1.239\,85\times10^{-4}$	1.0	2.857 24
$cal\cdot mol^{-1}$	$6.952\,46\times10^{-24}$	$6.952\,46\times10^{-17}$	$4.339\,34\times10^{-5}$	$3.499\,89\times10^{-1}$	1.0

一些像光速 c，普朗克常数等基本物理量常数值可见表 5。

表 5　基本物理常数表

物理量	符号	数值	单位	相对标准不确定度
光速	c	299 792 458	m/s	定义值
真空磁导率	μ_0	$4\pi=12.566\,370\,614\cdots$	$10^{-7}N/A^2$	定义值
真空介电常量 $1/\mu_0c^2$	ε_0	$8.854\,187\,817\cdots$	$10^{-12}F/m$	定义值
万有引力常量	G	6.674 28(67)	$10^{-11}m^3/(kg\cdot s^2)$	1.0×10^{-4}
普朗克常量	h	6.626 068 96(33)	$10^{-34}J\cdot s$	5.0×10^{-8}
约化普朗克常量	$\hbar$	1.054 571 628(53)	$10^{-34}J\cdot s$	5.0×10^{-8}
元电荷	e	1.602 176 487(40)	$10^{-19}C$	2.5×10^{-8}
电子质量	m_e	9.109 382 15(45)	$10^{-31}kg$	5.0×10^{-8}
质子质量	m_p	1.672 621 637(83)	$10^{-27}kg$	5.0×10^{-8}
质量-电子质量比	m_p/m_e	1836.152 672 47(80)		4.3×10^{-10}
精细结构常量	α	7.297 352 537 6(50)	10^{-3}	6.8×10^{-10}
精细结构常量的倒数	α^{-1}	137.035 999 679(94)		6.8×10^{-10}
里德伯常量	R_∞	10 973 731.568 527(73)	m^{-1}	6.6×10^{-12}
阿伏伽德罗常量	N_A	6.022 141 79(30)	$10^{23}/mol$	5.0×10^{-8}
法拉第常量	F	96 485.339 9(24)	C/mol	2.5×10^{-8}
摩尔气体常量	R	8.314 472(15)	$J/(mol\cdot K)$	1.7×10^{-6}
玻耳兹曼常量	k_B	1.380 650 4(24)	$10^{-23}J/K$	1.7×10^{-6}
斯特藩-玻耳兹曼常量	σ	5.670 400(40)	$10^{-8}W/(m^2\cdot K^4)$	7.0×10^{-6}
电子伏	eV	1.602 176 487(40)	$10^{-19}J$	2.5×10^{-8}
原子质量单位	u	1.660 538 782(83)	$10^{-27}kg$	5.0×10^{-8}

参 考 文 献

[1] Phys. Chem. Ref. DATA,1973,2(4):714

[2] 梁灿彬,秦光戎,梁竹健,原著.梁灿彬,修订.电磁学.北京:高等教育出版社,1980

索 引

Z

其他